HANDBUCH DER PHYSIK

UNTER REDAKTIONELLER MITWIRKUNG VON

R. GRAMMEL-STUTTGART · F. HENNING-BERLIN

H. KONEN-BONN · H. THIRRING-WIEN · F. TRENDELENBURG-BERLIN

W. WESTPHAL-BERLIN

HERAUSGEGEBEN VON

H. GEIGER und KARL SCHEEL

BAND X

THERMISCHE EIGENSCHAFTEN DER STOFFE

SPRINGER-VERLAG BERLIN
HEIDELBERG GMBH
1926

THERMISCHE EIGENSCHAFTEN DER STOFFE

BEARBEITET VON

C. DRUCKER · E. GRÜNEISEN · PH. KOHNSTAMM · F. KÖRBER
K. SCHEEL · E. SCHRÖDINGER · F. SIMON
J. D. VAN DER WAALS Jr.

REDIGIERT VON F. HENNING

MIT 207 ABBILDUNGEN

SPRINGER-VERLAG BERLIN
HEIDELBERG GMBH
1926

ISBN 978-3-642-98716-8   ISBN 978-3-642-99531-6 (eBook)
DOI 10.1007/978-3-642-99531-6

Inhaltsverzeichnis.

Kapitel 5.

Kapitel 6.

Kapitel 7.

Kapitel 8.

Allgemeine physikalische Konstanten (Ende 1925) [1].

Gravitationskonstante . . . . $6,6_5 \cdot 10^{-8}$ dyn $\cdot$ cm$^2 \cdot$ g^{-2}
Normale Schwerebeschleunigung . . . . $980,665$ cm $\cdot$ sec^{-2}
1 Meterkilogramm (mkg) . . . . $0,980665 \cdot 10^8$ erg
Normale Atmosphäre (atm) . . . . $1,01325 \cdot 10^6$ dyn $\cdot$ cm^{-2}
Technische Atmosphäre . . . . $0,980665 \quad 10^6$ dyn $\cdot$ cm^{-2}
Maximale Dichte des Wassers bei 1 atm . . . . $0,999972$ g $\cdot$ cm^{-3}
Normales spezifisches Gewicht des Quecksilbers . $13,5955$
Absolute Temperatur des Eispunktes . . . . . . $273,2_0{}^\circ$
Normales Molvolumen idealer Gase . . . . . . $22,41_4 \cdot 10^3$ cm^3

Gaskonstante für ein Mol . . . . $\begin{cases} 0,8204_2 \cdot 10^2 \text{ cm}^3\text{-atm} \cdot \text{grad}^{-1} \\ 0,8312_9 \cdot 10^8 \text{ erg} \cdot \text{grad}^{-1} \\ 0,8308_7 \cdot 10^1 \text{ int joule} \cdot \text{grad}^{-1} \\ 1,985_7 \text{ cal} \cdot \text{grad}^{-1} \end{cases}$

LOSCHMIDTsche Zahl . . . . $6,06_1 \cdot 10^{23}$ mol^{-1}
BOLTZMANNsche Konstante k . . . . $1,37_1 \cdot 10^{-16}$ erg $\cdot$ grad^{-1}
$^1/_{16}$ der Masse des Sauerstoffatoms . . . . $1,65_0 \cdot 10^{-24}$ g
Atomgewicht des Sauerstoffs . . . . $16,000$
Atomgewicht des Silbers . . . . $107,88$

Energieäquivalent der 15°-Kalorie (cal) . . . . $\begin{cases} 4,184_2 \text{ int joule} \\ 1,1623 \cdot 10^{-6} \text{ int k-watt-st} \\ 4,186_3 \cdot 10^7 \text{ erg} \\ 4,268_8 \cdot 10^{-1} \text{ mkg} \end{cases}$

1 internationales Ampere (int amp) . . . . . . $1,0000_0$ abs amp
1 internationales Ohm (int ohm) . . . . $1,0005_0$ abs ohm
Elektrochemisches Äquivalent des Silbers . . . . $1,11800 \cdot 10^{-3}$ g $\cdot$ int coul^{-1}
Faraday-Konstante für die Valenz 1 . . . . . . $0,9649_4 \cdot 10^5$ int coul $\cdot$ mol^{-1}
    (gleich Ionisier.-Energie/Ionisier.-Spannung in
    Volt)
Elektrisches Elementarquantum e . . . . . . $\begin{cases} 1,592 \cdot 10^{-19} \text{ int coul} \\ 4,77_4 \cdot 10^{-10} \text{ dyn}^{1/2} \cdot \text{cm} \end{cases}$

Masse des Elektrons m . . . . $9,0_3 \cdot 10^{-28}$ g
Spezifische Ladung des ruhenden Elektrons e/m . $1,76_3 \cdot 10^8$ int coul $\cdot$ g^{-1}
Lichtgeschwindigkeit (im Vakuum) . . . . . . $2,998_5 \cdot 10^{10}$ cm $\cdot$ sec^{-1}
Wellenlänge der roten Kadmiumlinie . . . . . $6438,470_0 \cdot 10^{-8}$ cm
    (in trockener Luft von 15° und 1 atm)
RYDBERGsche Konstante für unendl. Kernmasse . $109737,1$ cm^{-1}
STEFAN-BOLTZMANNsche Strahlungskonstante σ . $\begin{cases} 5,7_5 \cdot 10^{-12} \text{ int watt} \cdot \text{cm}^{-2} \cdot \text{grad}^{-4} \\ 1,37_4 \cdot 10^{-12} \text{ cal} \cdot \text{cm}^{-2} \cdot \text{sec}^{-1} \cdot \text{grad} \end{cases}$
Konstante des WIENschen Verschiebungsgesetzes . $0,288$ cm $\cdot$ grad
WIEN-PLANCKsche Strahlungskonstante c_2 . . . . $1,43$ cm $\cdot$ grad
Proportionalitätskonstante des PLANCKschen
    Strahlungsgesetzes . . . . $5,89 \cdot 10^{-6}$ erg $\cdot$ cm$^2 \cdot$ sec^{-1}
PLANCKsches Wirkungsquantum h . . . . $6,55 \cdot 10^{-27}$ erg $\cdot$ sec
Quantenkonstante für Frequenzen $\beta = h/k$ . . . $4,78 \cdot 10^{-11}$ sec $\cdot$ grad

---

[1] Erläuterungen und Begründungen s. ds. Handb. II, Artikel HENNING-JAEGER

Zur Beachtung!

Das Vorwort wird den zuerst erscheinenden Bänden
nur lose beigegeben, da es beim ersten Bande wiederholt
werden wird.

Vorwort.

Das Handbuch der Physik, deren erste Bände hiermit der Öffentlichkeit übergeben werden, soll eine lückenlose Darstellung des derzeitigen Standes der experimentellen und theoretischen Physik bieten. Es umfaßt insgesamt 24 Bände, von denen Bd. 1 bis 3 Geschichte, Vorlesungstechnik, Einheiten, Mathematische Hilfsmittel; Bd. 4 Grundlagen der Physik; Bd. 5 bis 8 Mechanik einschließlich Akustik; Bd. 9 bis 11 Wärme; Bd. 12 bis 17 Elektrizität und Magnetismus; Bd. 18 bis 21 Optik aller Wellenlängen; Bd. 22 bis 24 Aufbau der Materie und Wesen der Strahlung behandeln. Durch weitgehende Unterteilung des gesamten Stoffes auf die in den einzelnen Sondergebieten tätigen Forscher wurde eine wirklich moderne und kritische Darstellung der Physik angestrebt.

Der Plan des Handbuches reicht bis zum Jahre 1922 zurück. Um seine erste Entwicklung haben sich die Herren M. BORN-Göttingen, F. EMDE-Stuttgart, J. FRANCK-Göttingen, W. KOSSEL-Kiel, R. POHL-Göttingen, E. REGENER-Stuttgart und M. VOLMER-Charlottenburg verdient gemacht, denen wir auch an dieser Stelle unseren herzlichsten Dank für ihre Bemühungen aussprechen. Beim weiteren Ausbau unseres Werkes haben wir uns der tätigen Mitarbeit der Herren R. GRAMMEL-Stuttgart, F. HENNING-Berlin, H. KONEN-Bonn, H. THIRRING-Wien, F. TRENDELENBURG-Berlin, W. WESTPHAL-Berlin zu erfreuen, welche die Redaktion einzelner Zweige der Physik übernommen haben.

Berlin und Kiel, im Januar 1926.

Die Herausgeber.

Kapitel 1.

Zustand des festen Körpers.

Von

E. Grüneisen, Charlottenburg.

Mit 11 Abbildungen.

a) Aufbau fester Körper.

1. Einleitende Bemerkung. Da außer der thermischen Ausdehnung die in das Kapitel „Wärme" gehörigen Eigenschaften fester Körper bereits in anderen Teilen dieses Werkes behandelt werden, so kann es sich in den folgenden Abschnitten nur darum handeln, einen Überblick über den Zusammenhang der thermisch-elastischen Eigenschaften fester Körper zu geben, wobei als Ziel vorschwebt, diese Eigenschaften auf wenige charakteristische Größen der Atome oder letzten Endes auf deren Bau selbst zurückzuführen. Es wird sich dabei empfehlen, als Richtschnur der Darstellung die Theorie fester Körper zu wählen, deren Ergebnisse wir, um Wiederholungen zu vermeiden, vielfach von anderen Stellen dieses Werkes übernehmen werden.

2. Definition des festen Körpers[1]). Dem üblichen Sprachgebrauch folgend, bezeichnete die klassische Elastizitätstheorie als „fest" jeden Stoff, der einer dauernden, auf Gestaltsänderung hinzielenden Einwirkung elastischen Widerstand entgegensetzt. Die Gläser wären hiernach ebensowohl feste Stoffe wie der Diamant oder die Metalle, ja man muß sogar die Gläser vom Standpunkt der elastischen Kontinuumstheorie als besonders einfache — isotrope — feste Stoffe ansehen, deren Eigenschaften von der räumlichen Richtung unabhängig sind. Die physikalische Chemie hingegen bezeichnet einen Stoff dann als fest, wenn er aus dem flüssigen Zustand durch allmähliche Abkühlung bei einem scharf definierten Erstarrungspunkt, unter Auslösung einer mehr oder weniger großen Wärmetönung, in den im Sinne der Elastizitätslehre festen Zustand übergeführt ist. Nähere Untersuchung lehrt, daß der Stoff in diesem Zustand kristallinische Struktur, nach verschiedenen räumlichen Richtungen also im allgemeinen verschiedene Eigenschaften besitzt. Er ist anisotrop. Gläser haben keinen scharfen Erstarrungspunkt. Aus dem in hoher Temperatur flüssigen Zustand abgekühlt, werden sie zäher und zäher, die Zeit, in der sie formändernden Kräften nachgeben, wird länger und länger, so daß sie zwar mehr und mehr als feste Körper im Sinne der Elastizitätstheorie wirken, aber vom Standpunkt der physikalischen Chemie als unterkühlte Flüssigkeiten anzusehen sind. Ihre Kristallisation ist durch Reibungskräfte hintangehalten, kann aber nach längerer Zeit noch eintreten (Entglasung).

Die Molekulartheorie fester Körper wird nur solche Systeme von kleinsten Bausteinen als fest bezeichnen, die sich im inneren Gleichgewicht befinden, bei denen also ein jeder Baustein eine Gleichgewichtslage besitzt, in die er, daraus entfernt, zurückzukommen sucht. Diese Bedingung erfüllen nach unserer heu-

---

[1]) Vgl. G. Tammann, Aggregatzustände. Leipzig 1922.

tigen Anschauung die homogenen anisotropen Kristalle, nicht aber die isotropen Gläser. Wenn trotzdem in molekulartheoretischen Betrachtungen über elastische Eigenschaften fester Körper auf den Fall isotroper Stoffe abstrahiert wird, so geschieht dies um rechnerischer Vereinfachung willen. Realisiert finden wir diesen Fall nicht streng, sondern nur angenähert in den Konglomeraten verschieden orientierter kleiner Kristallite, wie wir sie z. B. in Metallen gewöhnlich vor uns haben. Je kleiner die Kristallite sind, und je regelloser sie orientiert sind, um so mehr erscheint ihr Gemenge isotrop. Man nennt ein Gemenge von Kristalliten, welches einen hohen Grad von Isotropie erreicht hat, nach W. Voigt quasiisotrop. Das weite Gebiet der Mischkristalle, die sich selten im inneren Gleichgewicht befinden werden, sowie die Deformationen über die Elastizitätsgrenze hinaus (Plastizität) finden im Rahmen der folgenden Abschnitte nicht Platz.

3. Die Raumgitterstruktur fester Körper. Rein kristallographische Untersuchungen einerseits, die Röntgenstrahlenanalyse der Kristalle andererseits haben zu der Erkenntnis geführt, daß die Bausteine der Kristalle in regelmäßigen Raumgittern angeordnet sind[1]). Das allgemeinste Raumgitter können wir uns mit Born[2]) auf folgende Weise erzeugt denken: Von einem beliebigen Punkte 0 aus mögen drei Vektoren $\mathfrak{a}$, $\mathfrak{b}$, $\mathfrak{c}$ ausgehen, durch die ein kleinstes Elementarparallelepiped bestimmt wird. Innerhalb desselben sollen sich s Teilchen, die Bausteine des Kristalls, befinden, welche teils gleicher, teils verschiedener Art sein können. Auch der Ausgangspunkt 0 oder die in ihm zusammentreffenden Seitenflächen können Teilchen enthalten. Die Gesamtheit der s Teilchen heißt die Basisgruppe. Das Raumgitter entsteht jetzt dadurch, daß man die Basisgruppe allen Translationen unterwirft, die durch ganzzahlige Vielfache der Vektoren $\mathfrak{a}$, $\mathfrak{b}$, $\mathfrak{c}$ charakterisiert werden. Dabei liefert jedes der s Teilchen ein einfaches Gitter, das aus lauter gleichen Teilchen besteht, die in den Schnittpunkten dreier Scharen paralleler, äquidistanter Ebenen sitzen. Das allgemeinste Raumgitter besteht also aus parallel ineinandergestellten einfachen Gittern.

Nicht allein die regelmäßige Gitteranordnung, sondern auch die Art der Kristallbausteine wurde durch die Analyse mittels Röntgenstrahlen in vielen Fällen sichergestellt. Es zeigte sich, daß es atomare Teilchen sind, die in den Gitterpunkten sitzen[3]). Auch mehratomige feste Verbindungen lassen sich aus einfachen Gittern zusammenstellen, deren jedes mit einer Atomart besetzt ist. Dabei verliert häufig der Begriff des chemischen Moleküls im festen Zustand seine Bedeutung, da es bei der Regelmäßigkeit der Atomanordnung im Gitter nicht zu entscheiden ist, welche Atome zu einem Molekül gerechnet werden sollen. Ein bekanntes Beispiel hierfür ist das Steinsalz, bei dem ein flächenzentriertes kubisches Na-Gitter mit einem ebensolchen Cl-Gitter derart ineinandergestellt ist, daß ein einfaches kubisches Gitter mit regelmäßig abwechselnder Besetzung durch Na und Cl entsteht.

Dennoch kommt es sowohl bei einatomigen, wie bei mehratomigen Raumgittern vor, daß mehrere Atome der Basisgruppe unter sich eine engere Zusammengehörigkeit zeigen, als mit den übrigen Atomen, was sich entweder schon in der Anordnung der Basisgruppe ausprägt, oder durch physikalische oder chemische Eigenschaften nachweisbar ist. Solche Atomgruppen innerhalb der Basisgruppe umfassen in der Regel diejenigen Atome, welche zu einem chemischen Molekül

---

[1]) Wegen der einschlägigen Literatur sei z. B. verwiesen auf P. P. Ewald, Kristalle und Röntgenstrahlen, S. 312 ff. Berlin 1923. — Siehe ferner ds. Handb. XXIV.

[2]) M. Born, Dynamik der Kristallgitter, 1. Aufl. 1915; 2. Aufl. als „Atomtheorie des festen Zustandes" 1923.

[3]) Über die bisherigen Kristallanalysen s. besonders W. H. u. W. L. Bragg, X-Rays and Crystal Structure, London 1924; ferner P. P. Ewald, l. c.

oder wenigstens zu einem Radikal gehören. Bekannte Beispiele für solche Raumgitter mit Gruppenbildung sind Kristalle organischer Verbindungen, z. B. Naphtalin, bei dem sich die Basisgruppe zu zwei Molekülen gruppieren läßt, und die Karbonate, Nitrate, Sulfate u. a. der anorganischen Chemie, in denen die Radikale CO_3, NO_3, SO_4 im wesentlichen unabhängig vom übrigen Teil der Verbindung eine bestimmte, also in sich gefestigte Gruppierung bilden.

Man sieht, daß man nach dem Gesagten die Kristallgitter einteilen könnte in

1. einatomige Gitter ohne Gruppenbildung (z. B. Diamant und die meisten Metalle),

2. einatomige Gitter mit Gruppenbildung (z. B. Schwefel; auch Wismut und Antimon sind hierher zu rechnen, obwohl rein geometrisch die Gruppenbildung zu vier Atomen nur schwach ausgeprägt ist)[1]),

3. mehratomige Gitter ohne Gruppenbildung (z. B. die Alkalihalogensalze),

4. mehratomige Gitter mit Gruppenbildung (s. die obengenannten Beispiele).

Die Einreihung der Kristalle in diese vier Kategorien wird oft unsicher sein. Die Entscheidung, ob Gruppenbildung vorliegt, ist auf rein geometrischem Wege versucht worden[2]), wird sich aber wahrscheinlich nur auf Grund physikalischer Eigenschaften fällen lassen, die darüber Auskunft geben, ob die Atomgruppe in sich eine festere Bindung zeigt, als die Gruppen untereinander. Nur dann hat die Gruppenbildung physikalische Bedeutung.

Wir haben bisher die Frage nicht berührt, welche Art atomarer Teilchen in den Gitterpunkten anzunehmen ist. Ohne hier auf die Struktur dieser Teilchen näher einzugehen, stellen wir fest, daß der Unterschied, der in der Chemie zwischen homöopolaren und heteropolaren (unitarischen oder dualistischen) Verbindungen gemacht wird, sich auch im Kristallgitter zu erkennen gibt. Bei heteropolaren Verbindungen, d. h. solchen von ausgesprochenem Salzcharakter, sind die Gitterpunkte ohne Zweifel mit Ionen abwechselnden Vorzeichens besetzt[3]), d. h. mit Atomen, die ein oder mehrere Elektronen abgegeben oder aufgenommen haben, je nachdem das Atom einem elektropositiven oder elektronegativen Element zugehört. Das wird am deutlichsten durch die Fähigkeit solcher Gitter bewiesen, unter dem Einfluß elektrischer Wechselfelder von der Frequenz ultraroter Wärmestrahlen zu Eigenschwingungen angeregt zu werden. Man nennt Gitter, deren Punkte mit Ionen besetzt sind, Ionengitter, und zwar Atomionengitter, falls die Ionen aus einzelnen Atomen entstanden sind, Radikalionengitter, falls wenigstens ein Teil der Ionen aus Radikalen besteht, die in sich zu festerer Gruppierung im Gitter gebunden sind. Auch die Radikale, wie SO_4, CO_3, NO_3 usw., sowie die Atomgruppen einer wahrscheinlich großen Zahl von Kristallen anorganischer und organischer Verbindungen müssen innerhalb der Gruppe entgegengesetzt geladene Ionen enthalten, da sie für die jeweilige Gruppe typische ultrarote Eigenschwingungen besitzen[4]). Es ist jedoch bisher unbekannt, um welche Art Ionen es sich hier handelt. Nur das scheint sicher,

---

[1]) Vgl. P. P. EWALD, Kristalle und Röntgenstrahlen, S. 155. Berlin 1923.

[2]) A. REIS, ZS. f. Phys. Bd. 1, S. 204. 1920; K. WEISSENBERG, ZS. f. Phys. Bd. 34, S. 433. 1925; ZS. f. Kristallographie Bd. 62, S. 52. 1925.

[3]) Dieser Gedanke findet sich zuerst bei E. MADELUNG, Phys. ZS. Bd. 11, S. 898. 1910 ausgesprochen und begründet. Nach ihm besteht z. B. das Steinsalz aus einem $\overset{+}{Na}$-Ionengitter und einem $\overline{Cl}$-Ionengitter.

[4]) W. W. COBLENTZ, Jahrb. d. Radioakt. Bd. 4, S. 7. 1907; Bd. 5, S. 1. 1908; CL. SCHAEFER u. M. SCHUBERT, Ann. d. Phys. (4) Bd. 50, S. 283. 1916; ZS. f. Phys. Bd. 7, S. 297, 309, 313. 1921; TH. LIEBISCH u. H. RUBENS, Berl. Ber. 1919, S. 198 u. 876; REINKOBER, ZS. f. Phys. Bd. 3, S. 1. 1920; C. J. BRESTER, ZS. f. Phys. Bd. 24, S. 324. 1924.

daß die Radikalgruppe als Ganzes die ihr in der Elektrolyse zukommende Überschußladung besitzt, während die ein Molekül bildende Gruppe als Ganzes elektrisch neutral ist.

In homöopolaren einatomigen Stoffen lassen sich Ionen nicht nachweisen. Die in ihren Gitterpunkten sitzenden Teilchen sind scheinbar elektrisch neutrale Atome. Man nennt deshalb solche Gitter Atomgitter. Die homöopolaren organischen Verbindungen nennt man, da sie höchstens innerhalb des Moleküls Ionen enthalten, von Molekül zu Molekül aber homöopolar gebunden sind, Molekülgitter.

Welche Stellung nehmen aber nun unter diesem Gesichtspunkte die Metalle ein? Die Tatsache, daß sie die Elektrizität so viel besser leiten als Nichtmetalle, und daß die Leitung durch bewegte Elektronen stattfindet, legt die Vermutung nahe, daß die Metalle eine mittlere Stellung zwischen den Ionengittern und den Atomgittern haben. Indem sich die Valenzelektronen zeitweise weit von ihrem Kern entfernen, wie es Bohr für freie Metallatome annimmt, lassen sie ein Ion zurück. Geschieht dies zur gleichen Zeit bei Nachbaratomen, so hat man momentan und örtlich begrenzt ein Gitter von positiven Ionen mit eingestreuten negativen Elektronen. Im nächsten Stadium werden sich diese Elektronen den Kernen, aus denen sie stammten, oder auch den Nachbarkernen genähert haben und mit diesen Atome bilden. So kann man vermutlich die Bausteine des metallischen Raumgitters bald als Ionen + Elektronen, bald als Atome bezeichnen.

4. Verteilung der Elemente und Verbindungen auf die verschiedenen Kristallsysteme. Die Einteilung der Kristalle nach Systemen und Klassen wird in anderen Teilen dieses Werkes behandelt und darf deshalb als bekannt vorausgesetzt werden. Hier sei nur eine Statistik darüber aufgenommen, wie sich die chemischen Elemente und Verbindungen auf die verschiedenen Kristallsysteme verteilen. Für die Elemente ist das aus nachstehender Tafel des periodischen Systems (Tab. 1) sofort zu übersehen. Jedem Element ist die Ordnungszahl und, soweit bekannt, das System beigeschrieben, in dem es kristallisiert. Dabei bedeuten die Abkürzungen k. = kubisch, rz. = raumzentriert, fz. = flächenzentriert, hex. = hexagonal, tetrag. = tetragonal, trig. = trigonal, rhomb. = rhombisch, monokl. = monoklin.

Man erkennt, daß bei weitem die meisten Elemente (32) regulär oder kubisch kristallisieren, d. h. in dem System höchster Symmetrie, eine ebenfalls stattliche Zahl (11) hexagonal, während die Systeme geringerer Symmetrie nur wenige Vertreter aufzuweisen haben (4 tetragonal, 6 trigonal, 2 rhombisch, 1 monoklin. Elemente, die in verschiedenen Systemen vorkommen, sind jedesmal mitgezählt). Tabelle 1 lehrt aber mehr. Die Kristallstruktur steht in nahem Zusammenhang mit der Periodizität der chemischen Eigenschaften, ist also selbst angenähert eine periodische Eigenschaft der Elemente. Man vergleiche z. B. das Auftreten der hexagonalen Struktur in der Gruppe IIb sowie in IVa, das der tetragonalen in IIIb, das der trigonalen in Vb. Die Elemente Si, Ge, Sn (grau) der Gruppe IV folgen in ihrer Struktur dem C als Diamant, indem sie regulär kristallisieren, und zwar in zwei flächenzentrierten Würfeln, die um $^1/_4$ Würfeldiagonale längs dieser gegeneinander verschoben sind, usw. Hervorgehoben sei noch, daß Systeme geringerer Symmetrie nur bei solchen Elementen vorkommen (ausgenommen Graphit und γ-Mangan), die am Ende einer Periode stehen.

Dieser Befund spricht dafür, daß die für die Kristallstruktur maßgebenden Kräfte mit den chemischen Valenzkräften identisch sind, oder, wie wir vom Standpunkt des Bohrschen Atommodells aus sagen können, daß die Kristallstruktur ebenso wie die chemische Valenz der Elemente durch den äußeren Bau des Atoms bedingt ist.

Tabelle 1.
Periodisches System der Elemente mit Angabe des Kristallsystems.

Periode	Gruppe 0	I a	I b	II a	II b	III a	III b	IV a	IV b	V a	V b	VI a	VI b	VII a	VII b	VIII (1)	VIII (2)	VIII (3)
	1 H k.																	
I	2 He	3 Li k.rz.		4 Be hex.		5 B		6 C α) k (Diamant) β) trig. (Graphit)		7 N k.		8 O hex.		9 F				
II	10 Ne	11 Na k.rz.		12 Mg hex.		13 Al k.fz.		14 Si k.		15 P k. (weiß)		16 S α) rhomb. β) monokl.		17 Cl				
III	18 A k.fz.	19 K k.rz.		20 Ca kfz.		21 Sc		22 Ti hex.		23 V k.rz.		24 Cr k.rz.		25 Mn α u. β) k. γ) tetrag.		26 Fe α,β,δ) k.rz. γ) k.fz.	27 Co α) k.fz. β) hex.	28 Ni k.fz.
			29 Cu k.fz.		30 Zn hex.		31 Ga		32 Ge k.		33 As trig.		34 Se		35 Br			
IV	36 Kr	37 Rb		38 Sr		39 Y		40 Zr hex.		41 Nb		42 Mo k.rz.		43 —		44 Ru hex.	45 Rh k.fz.	46 Pd k.fz.
			47 Ag k.fz.		48 Cd hex.		49 In tetrag.		50 Sn α) tetrag. β) k.		51 Sb trig.		52 Te trig.		53 J rhomb.			
V	54 X	55 Cs		56 Ba		57 La		58 Ce α) hex. β) k.fz.	59—71 seltene Erden									
								72 Hf		73 Ta k.rz.		74 W k.rz.		75 —		76 Os hex.	77 Ir k.fz.	78 Pt k.fz.
			79 Au k.fz.		80 Hg hex.od.trig.		81 Tl tetrag.		82 Pb k.fz.		83 Bi trig.		84 Po		85 —			
VI	86 Em	87 —		88 Ra		89 Ac		90 Th k.fz.		91 Pa		92 U						

Für Verbindungen gilt in entsprechender Weise der schon von Buys-Ballot (1846) aufgestellte Satz, daß chemisch einfach zusammengesetzte Stoffe vorzugsweise regulär oder hexagonal kristallisieren. Je komplexer die Verbindung zusammengesetzt ist, um so geringer ist im allgemeinen die Symmetrie des Systems, in dem die Verbindung kristallisiert, wobei allerdings das tetragonale und trikline System besonders unbeliebt zu sein scheinen. Das zeigt deutlich eine freilich schon vor längerer Zeit aufgestellte Tabelle von Retgers[1]), die wir bezüglich der chemischen Elemente korrigiert haben (s. Tab. 2). Das trigonale System ist mit dem hexagonalen zusammengerechnet.

Tabelle 2.

Verteilung der chem. Elemente und Verbindungen auf die verschiedenen Kristallsysteme.

| Kristallsystem | Elemente | Anorganische Verbindungen aus | | | | | Organische Verbindungen |
| | | 2 Atomen | 3 At. | 4 At. | 5 At. | mehr als 5 At. | |
	%	%	%	%	%	%	%
Kubisch	57	68,5	42	5	12	5,8	2,5
Hexagonal . . .	31	19,5	11	35	38	14,6	4,0
Tetragonal . . .	7	4,5	19	5	6	7,0	5,0
Rhombisch . .	4	3,0	23,5	50	36	27,3	33,0
Monoklin . . .	1	4,5	3	5	6	37,3	47,5
Triklin	0	0	1,5	0	2	8,0	7,0
Anzahl der untersuchten Fälle	56	67	63	20	50	673	585

5. Die Raumerfüllung der Atome im festen Zustand. Die Anhäufung gleicher Kugeln, die möglichst dicht gepackt sind, hat entweder kubische oder hexagonale Symmetrie, und zwar ist das Achsenverhältnis des so erhaltenen hexagonalen Systems $c:a = 1{,}633$. Dieser Satz ist an Modellen leicht nachzuweisen[2]). Es liegt nahe, in ihm den Grund für das Ergebnis des vorigen Abschnitts zu sehen, daß die weitaus meisten Elemente und einfachsten Verbindungen ebenfalls kubische oder hexagonale Symmetrie besitzen und daß ein großer Teil der hexagonalen Stoffe ein Achsenverhältnis zeigt, das sich von 1,633 nur um wenige Prozent unterscheidet[2]). Wir werden schließen dürfen, daß bei vielen Stoffen die reguläre oder hexagonale Struktur der Ausdruck dafür ist, daß jedes Atom zu seinen Nachbaratomen in der gleichen Beziehung steht, also in keiner Weise mehr an das eine als an das andere gebunden ist, und daß umgekehrt, wo die Forderungen der dichtesten Kugelpackung nicht erfüllt sind, die Atome nach verschiedenen Richtungen verschiedene Beziehungen zu ihren Nachbarn haben.

Die Vorstellung starrer Kugeln, die sich bis zur Berührung genähert haben, kann gewiß nur ein sehr rohes Bild von der wahren Anordnung der Atome im Kristall geben. Dennoch ist es interessant, eine Konsequenz dieser Vorstellung zu verfolgen. Nach ihr müßten nämlich die Abstände der Atome von ihren nächsten Nachbarn in den einfacheren Kristallstrukturen sich additiv zusammensetzen aus den Radien der „Atomkugeln". W. L. Bragg[3]) hat dies Additionsgesetz geprüft und annähernd bestätigt gefunden. Es gelang ihm, indem er z. B. vom Abstand der C-Atome im Diamant ausging, den Elementen konstante, für

---

[1]) J. W. Retgers, ZS. f. phys. Chem. Bd. 14, S. 1. 1894.
[2]) W. Barlow u. W. J. Pope, Rapp. du Conseil de Physique Solvay (1913). S. 141. Paris 1921. Das reguläre System dichtester Packung ist das flächenzentrierte.
[3]) W. L. Bragg, Phil. Mag. Bd. 40, S. 169. 1920.

jedes Element charakteristische Kugelradien zuzuschreiben derart, daß durch
Addition dieser Radien die kürzesten Abstände zweier Atome in einem kristallisierten Element oder in einer kristallisierten einfachen Verbindung annähernd
richtig berechnet werden können. Die Beziehung gilt am genauesten für die
Verbindungen und die elektronegativen Elemente, weniger genau für die Metalle,
welche im metallischen Zustand teils größere (bis zu 20%), teils kleinere Kugelradien ergeben, als im Zustand der Verbindung. Welche praktische Bedeutung
die Kenntnis dieser Radien für die Entscheidung über bisher unsichere Kristallstrukturen haben kann, zeigt F. RINNE[1] an dem Beispiel der Caesiumhalogen-
salze CsCl, CsBr, CsJ. Nimmt man an, daß sie den gleichen Gittertyp haben
wie NaCl, so berechnen sich die Molvolumina aus den anderwärts bekannten
Atomkugelradien von Cs, Cl, Br, J viel größer, als aus Dichte und Molekulargewicht, während die Annahme, daß ein einfaches Cs-Würfelgitter raumzentriert
in ein einfaches Halogenwürfelgitter eingebaut ist, zwischen beiden Berechnungs-
weisen ziemlich gute Überein-
stimmung gibt (vgl. Tab. 3). Es
kann daher nicht zweifelhaft
sein, daß die Cs-Salze raumzen-
trierte Elementarwürfel haben.
Diese Struktur wurde auch mit
Röntgenstrahlen bestätigt[2].

Die BRAGGschen Kugel-
radien zeigen nun eine ähnliche,
sogar noch regelmäßigere Beziehung zum periodischen Sy-
stem der Elemente, wie die Atomvolumina nach LOTHAR MEYER. Sie nehmen
innerhalb jeder Periode von einem ausgeprägten Maximum für das Alkalimetall
stetig ab bis zu einem Minimum für das elektronegative Element am Ende der
Periode, um von hier wieder auf den hohen Wert des folgenden Alkalimetalls zu
springen. Von einer Mitteilung der Zahlenwerte sehen wir hier ab, da der
Gegenstand ds. Handb. XXII ausführlich behandelt wird.

Es fragt sich, welche physikalische Deutung diesen BRAGGschen Radien oder
Atombereichen zu geben ist. Auf Grund seiner Ableitung ist der Radius des
Atom- oder Ionenbereiches im BRAGGschen Sinne diejenige Entfernung vom Zen-
trum des Atoms oder Ions, bis zu welcher bei gewöhnlicher Temperatur unter den
gegebenen Verhältnissen des äußeren Drucks und der inneren Kräfte ein anderer
Atombereich sich im Mittel nähern kann. Die Größe des BRAGGschen Atombe-
reichs ist also unmittelbar nur bedingt durch die Ausdehnung der Kraftfelder, nicht
durch die Ausdehnung der materiellen Teile des Atoms, deren Gesamtheit einen
Raum beansprucht, den man als wahres Atomvolumen bezeichnen könnte. Dieses
würde nach BOHR den positiven Kern und die Elektronen umfassen, die gruppen-
weise in mehr oder weniger gestreckten Bahnen den Kern umlaufen, es ist also,
besonders für den festen Zustand, noch wenig genau definiert und wahrscheinlich
von der Nachbarschaft anderer Atome abhängig[3]. BRAGGscher Atombereich
und wahres Atomvolumen können also sehr wohl verschieden sein, und daß sie
es in vielen Fällen sind, hat BRAGG selbst in seiner zitierten Arbeit hervorgehoben.
Er begegnet dadurch dem scheinbaren Widerspruch, der darin liegt, daß die

Tabelle 3.

Prüfung des Additionsgesetzes der „Atomkugelradien".

	Molvolumen		
	Molgewicht / Dichte	ber. aus NaCl-Typ	ber. aus raumzentr. Typ
CsCl	41,80	(55,28)	42,56
CsBr	47,40	(63,28)	48,72
CsJ	56,85	(76,25)	58,70

[1] F. RINNE, ZS. f. phys. Chem. Bd. 100, S. 408. 1921.
[2] W. P. DAVEY u. F. G. WICK, Phys. Rev. Bd. 17, S. 403. 1921.
[3] Vgl. über die sog. Ionendeformation K. FAJANS u. G. JOOS, ZS. f. Phys. Bd. 23, S. 1.
1924; M. BORN u. W. HEISENBERG, ebd. Bd. 23, S. 388. 1924; M. BORN, ZS. f. Elektrochem. Bd. 30, S. 382. 1924.

Radien der Alkalimetallbereiche nach ihm viel größer sind als die der Halogenbereiche, obwohl nach der BOHR-KOSSELschen Theorie vom Atombau angenommen werden muß, daß z. B. die Gruppe von Elektronen, die den Na-Kern im Steinsalz umgibt, kleinere Dimensionen hat, als die Gruppe von Elektronen, welche den Cl-Kern umgibt. Auffallend ist, daß das BRAGGsche Verfahren nur geringe Unterschiede für die Ionen- und Atombereiche ergibt.

Da nach den BOHR-KOSSELschen Vorstellungen die Ionen räumlich geschlossenere Gebilde sind als die Atome, so war es gewiß zweckmäßig, wenn besonders FAJANS, GRIMM, HERZFELD sich darauf beschränkten, zunächst für Ionen die wahren Radien oder Volumina zu suchen. Das BRAGGsche Verfahren wird nur zur Bestimmung der Differenz von Ionenradien benutzt, und zwar für solche Ionen, welche den gleichen Bautyp der äußersten Elektronengruppen haben, so z. B. für $\overline{F}, \overline{Cl}, \overline{Br}, \overline{J}$ oder $\overset{+}{Na}, \overset{+}{K}, \overset{+}{Rb}, \overset{+}{Cs}$, oder $\overline{\overline{O}}, \overline{\overline{S}}, \overline{\overline{Se}}, \overline{\overline{Te}}$ oder $\overset{++}{Mg}, \overset{++}{Ca}, \overset{++}{Sr}, \overset{++}{Ba}$ usw. In den so ermittelten Differenzen ist noch kein bedeutender Unterschied gegen die BRAGGschen Zahlen zu bemerken[1]). Dieser tritt erst auf durch neue Annahmen, die eingeführt werden müssen, um die Absolutwerte der Ionenradien zu berechnen. Für die Alkalihalogensalze sind diese Annahmen folgende[2]): 1. Die 8 äußersten Elektronen jedes Ions werden im Anschluß an eine von BORN früher gemachte Annahme in den Eckpunkten eines Würfels, der Kern in seiner Mitte ruhend, vorausgesetzt. Die BORN-LANDÉsche Theorie (Ziff. 9ff.) erlaubt die Gleichgewichtsbedingung für Anziehung und Abstoßung der parallel orientierten Ionenwürfel aufzustellen, in die außer bekannten Zahlen nur die Dimensionen dieser Würfel (Radien der umbeschriebenen Kugeln) und der Ionenabstand eingehen. Dieser wird dem Experiment entnommen. Dadurch gewinnt man für jedes Salz eine Gleichung zwischen den beiden Ionenradien des Salzes. — 2. Es genügt nun, für ein Salz (z. B. KCl) das Radienverhältnis anzunehmen, um dann die Absolutwerte für $\overset{+}{K}$ und $\overline{Cl}$, und daraus für sämtliche Alkali- und Halogenionen zu berechnen. Das Verhältnis $\overline{Cl} : \overset{+}{K}$ wird mit Rücksicht auf die Forderung der BOHR-KOSSELschen Theorie (nämlich weil die Kernladung des $\overset{+}{K}$-Ions größer ist als die des $\overline{Cl}$-Ions bei sonst gleichem Bau) etwas größer als 1 gewählt, und zwar so, daß die sämtlichen, aus den Ionenradien rückwärts ausgerechneten Ionenabstände der Alkalihalogensalze mit den beobachteten am besten übereinstimmen.

Dieser Forderung genügt $\overline{Cl} : \overset{+}{K} = 1{,}2$, also ein von dem BRAGGschen Kugelradienverhältnis Cl : K = 0,51 sehr verschiedener Wert.

Aus ähnlichen Überlegungen ergeben sich Werte der Ionenradien für andere Gruppen chemischer Verbindungen[3]). Wegen der Zahlenwerte sei auf Bd. XXII verwiesen. Ihrer ganzen Berechnungsart nach sind die Absolutwerte der Ionenradien noch recht unsicher. Es verdient aber hervorgehoben zu werden, daß für die elektronegativen Ionen sich Zahlen ergeben, die von den BRAGGschen Kugelradien nicht sehr verschieden sind. Nur für die elektropositiven Ionen finden FAJANS, HERZFELD, GRIMM viel kleinere Dimensionen als BRAGG, woraus das für uns wichtige Resultat folgt, daß nach FAJANS und HERZFELD die wahren Ionenvolumina den Raum des heteropolaren Alkalihalogenkristalls bei weitem nicht ausfüllen. Man darf diesen Satz aber gewiß nicht beliebig verallgemeinern. Die Raumerfüllung wird größer sein für die Atomgruppen innerhalb eines Kristalls,

---

[1]) H. G. GRIMM, ZS. f. Elektrochem. Bd. 28, S. 75. 1922; Tab. 2.
[2]) K. FAJANS u. K. F. HERZFELD, ZS. f. Phys. Bd. 2, S. 309. 1920.
[3]) H. GRIMM, ZS. f. phys. Chem. Bd. 98, S. 353. 1921.

die als Radikalionen oder Moleküle in sich fester gebunden sind. Man nimmt an, daß in diesen Fällen die äußeren Elektronenbahnen benachbarter Atome sich bis zu einem gewissen Grade ineinander mischen. Daher würden hier auch die BRAGGschen Radien mit denen der wahren Atomvolumina nahe übereinstimmen.

Daß in Metallen und in Salzkristallen die Zwischenräume der Atome und Ionen nicht unerheblich sein können, folgt auch aus den Erscheinungen der Diffusion und der Ionenwanderung bei der elektrolytischen Leitung in Kristallen, die durch die Wärmebewegung der Atome und Ionen ermöglicht werden, also beweisen, daß die Lücken, die günstigenfalls durch die Elongationen zweier Nachbarteilchen entstehen, genügen, um ein drittes hindurchzulassen[1]).

b) Die zwischen den Atomen wirksamen Kräfte.

6. Allgemeines. Die Erfahrung lehrt, daß die festen Körper jeder Gestalts- oder Volumänderung, sei sie im einen oder andern Sinn, elastischen Widerstand entgegensetzen, oder anders ausgedrückt, daß sowohl die Annäherung wie die Entfernung zweier Atome auf elastischen Widerstand stößt. Diese Tatsache läßt sich am leichtesten verstehen, wenn man den in den Kristallgitterpunkten angenommenen Atomen gleichzeitig anziehende und abstoßende Kräfte beilegt, von denen die abstoßenden sehr viel rascher mit der Entfernung der Atome sich ändern, als die anziehenden. Man wird zunächst an Zentralkräfte denken, welche nur von der Entfernung der Atome abhängen. In der Abb. 1 soll K_2 die abstoßende (negative) Kraft zwischen zwei Atomen darstellen, die mit wachsendem Atomabstand ϱ sehr viel rascher sinkt, als die anziehende (positive) Kraft K_1. Beide setzen sich zusammen zu $K_1 - K_2$, d. h. zu einer Kraft, die für $\varrho < \varrho_0$ negativ oder abstoßend, für $\varrho > \varrho_0$ positiv oder anziehend wirkt, für $\varrho = \varrho_0$ aber verschwindet. Im Abstand ϱ_0 sind die beiden Atome im Gleichgewicht. Wäre die für $K_1 - K_2$ gezeichnete Kurve

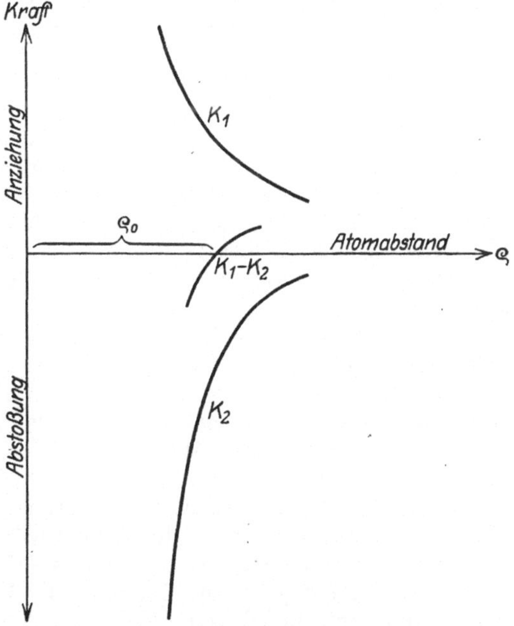

Abb. 1. Überlagerung von Anziehung und Abstoßung.

eine gerade Linie, so wäre die Kraft, welche ein aus der Gleichgewichtslage entferntes Atom dahin zurücktreibt, offenbar proportional der Entfernung aus der Gleichgewichtslage, das HOOKEsche Gesetz, welches die Grundannahme der klassischen Elastizitätstheorie des Kontinuums bildet, wäre erfüllt. In Wirklichkeit ist die Kurve für $K_1 - K_2$ nach den gemachten Annahmen zweifellos krumm, doch dürfen wir sie auf kurzer Strecke, d. h. für sehr kleine Abstandsänderungen der Atome als geradlinig betrachten. Demnach wird auch eine geringe Deformation eines Kristallgitters aus seiner Gleichgewichtslage für

---

[1]) Näheres bei G. v. HEVESY, ZS. f. phys. Chem. Bd. 101, S. 337. 1922; s. auch Ziff. 28.

jedes einzelne Atom eine Kraft erzeugen, die der Abstandsänderung der benachbarten Atome in erster Näherung proportional ist (quasielastische Kraft).

Kann man nun unter dieser Voraussetzung quasielastischer Kräfte für ein Kristallgitter die wohlbekannten, für ein Kontinuum aufgestellten Grundgleichungen der klassischen Elastizitätstheorie ableiten, welche die Gesamtheit der zur Elastizitätslehre gehörigen Erscheinungen fester Körper darstellen? Um diese Frage stritt man sich bereits vor 100 Jahren. Damals unterlag die molekulare Elastizitätstheorie, denn sie vermochte nicht die nötige Zahl von Elastizitätskonstanten in ihre Gleichungen hineinzubringen[1]). So sollte z. B. nach Poisson für den einfachen Fall des gedehnten isotropen Stabes das Verhältnis μ von Querkontraktion zu Längsdilatation gleich $1/4$ sein, unabhängig vom Stoff. Da die Versuche dem widersprachen, schien die Molekulartheorie gerichtet. Erst viel später hat Lord Kelvin und neuerdings M. Born nachgewiesen, daß auch die Molekulartheorie die richtige Zahl von Konstanten gibt, wenn man nur das Raumgitter des Kristalls in gehöriger Weise aufbaut. Ein einfaches Punktgitter (Ziff. 3) liefert in der Tat nicht die volle Konstantenzahl, wohl aber ein aus wenigstens zwei ineinandergestellten einfachen Gittern entstandenes Raumgitter, wie wir es z. B. beim raumzentrierten CsCl-Gitter vor uns haben. Da alle bekannten Kristallgitter durch Ineinanderstellung mehrerer einfacher Gitter gebildet sind oder, wie im Falle der einatomigen Metalle, deshalb nicht als einfache Gitter aufgefaßt werden können[2]), weil die den Atomkern umgebenden Elektronen eine beträchtliche Verschiebbarkeit besitzen, so lassen sich die Ergebnisse der klassischen Elastizitätstheorie auf die Kristallgitter übertragen. Sie verlieren erst da ihre Gültigkeit, wo die punktweise Verteilung der Masse mit endlichen Abständen der Gitterpunkte auf die Erscheinungen Einfluß gewinnt.

Die Annahme quasielastischer Kräfte genügt nicht mehr zur Erklärung der thermischen Ausdehnung, wie man leicht an dem einfachen Schema der Abb. 1 erkennt. Im Abstand ϱ_0 sollten sich die zwei Atome im Gleichgewicht befinden. Hält man etwa das eine fest und stößt das andere an, so wird es um die Gleichgewichtslage schwingen. Wäre die $K_1 - K_2$ darstellende Kurve eine Gerade (quasielastische Kraft), so würde das Atom reine Pendelschwingungen ausführen, da die Direktionskraft, d. h. der Quotient aus Kraft und Elongation konstant wäre. Der mittlere Abstand der Atome würde sich nicht ändern. Ein Grund zur thermischen Ausdehnung des Kristalls infolge der thermischen Bewegung der Atome wäre nicht gegeben. Ist aber die Kurve für $K_1 - K_2$ gekrümmt, wie in Abb. 1, so nimmt die Direktionskraft des Atoms bei Entfernung von seinem Nachbar ab, bei Annäherung zu, die Elongation bei Entfernung vom Nachbar wird größer als bei Annäherung an ihn. Der mittlere Abstand der Atome wächst, es tritt im allgemeinen eine Ausdehnung des festen Körpers infolge der thermischen Bewegung der Atome ein.

Wie aus dem Gesagten hervorgeht, hängt die thermische Ausdehnung aufs innigste mit der Veränderlichkeit der Direktionskraft zusammen. Diese muß aber auch Abweichungen vom Hookeschen Gesetz zur Folge haben, indem z. B. die Dehnung beschleunigt, die Zusammendrückung verzögert mit dem Druck wächst. Thermische Ausdehnung und Abweichungen vom Hookeschen Gesetz sind also eng miteinander verknüpft [Debye[3])].

---

[1]) Näheres bei M. Born, Dynamik der Kristallgitter, 1. Aufl. 1915.
[2]) M. Born, Atomtheorie des festen Zustandes, S. 570.
[3]) Debye, Vorträge über die kinetische Theorie der Materie und der Elektrizität. S. 17, B. G. Teubner 1914.

7. Annahme von Kräften, die sich nach einer Potenz des reziproken Atomabstands ändern. G. Mie[1]) hat in seiner grundlegenden Arbeit über die kinetische Theorie der einatomigen Körper die Annahme eingeführt, daß sowohl die anziehende, wie die abstoßende Kraft zwischen zwei Atomen ein Potential hat, das einer Potenz ihres Abstands umgekehrt proportional ist. Danach wäre die potentielle Energie zweier im gegenseitigen Abstande ϱ ruhender Atome gegeben durch

$$\varphi = -\frac{a}{\varrho^m} + \frac{b}{\varrho^n},\qquad(1)$$

wo sich der erste Summand auf die anziehende, der zweite auf die abstoßende Kraft bezieht, a und b Konstanten sind[2]). Da $\tfrac{1}{2}\varphi$ die potentielle Energie darstellt, die das einzelne Atom infolge der Nachbarschaft des anderen hat, so erhält man für die potentielle Energie des Grammatom, sofern die zu ihm gehörigen N-Atome in ihren für die jeweilige Temperatur geltenden mittleren Lagen als ruhend angenommen werden,

$$\Phi = -\frac{a}{2}N\sum\frac{1}{\varrho^m} + \frac{b}{2}N\sum\frac{1}{\varrho^n},$$

wo ϱ den Abstand eines bei der Summation festgehaltenen zentralen, d. h. hinreichend weit von der Oberfläche entfernten Atoms von allen übrigen bezeichnet. Über die hinzutretende potentielle Schwingungsenergie s. Ziff. 13.

Es ist zweckmäßig, alle Abstände ϱ auf einen Fundamentalabstand r zu beziehen, der z. B. dadurch definiert werden mag, daß das Atomvolumen $V = Nr^3$ sei. Dann wird

$$\Phi = -aN\frac{\sigma_m}{r^m} + bN\frac{\sigma_n}{r^n},\qquad(2)$$

wo die über die Abstände eines Atoms von allen übrigen gebildeten Summen

$$\sigma_m = \frac{1}{2}\sum\left(\frac{r}{\varrho}\right)^m,\qquad \sigma_n = \frac{1}{2}\sum\left(\frac{r}{\varrho}\right)^n\qquad(3)$$

nur von der räumlichen Anordnung der Atome, d. h. von der Kristallstruktur und von den Exponenten m und n abhängen. Die nahe der Oberfläche liegenden Atome bleiben hier außer Betracht[3]). Führt man noch das Atomvolumen $V = Nr^3$ ein, so wird

$$\Phi = -\frac{A}{V^{\frac{m}{3}}} + \frac{B}{V^{\frac{n}{3}}};\qquad A = aN^{\frac{m}{3}+1}\sigma_m;\qquad B = bN^{\frac{n}{3}+1}\sigma_n.\qquad(2\,\mathrm{a})$$

Wir bemerken, daß A und B nur solange als Konstante betrachtet werden dürfen, als die σ konstant sind, d. h. nur dann, wenn keine Verzerrung des Kristallgitters eintritt.

Da beim absoluten Nullpunkte ($T = 0$) und beim äußeren Druck $p = 0$ die Atome sich in einer Gleichgewichtslage befinden, so muß hier Φ ein Minimum haben, woraus folgt

$$\frac{m\,a\,\sigma_m}{r_0^m} = \frac{n\,b\,\sigma_n}{r_0^n};\qquad \frac{m\,A}{V_0^{\frac{m}{3}}} = \frac{n\,B}{V_0^{\frac{n}{3}}}.\qquad(4)$$

---

1) G. Mie, Ann. d. Phys. Bd. 11, S. 657. 1903; s. auch E. Grüneisen, ebd. Bd. 39, S. 257. 1912.
2) In Abb. 1, Ziff. 6, ist $m = 1$, $n = 3$ angenommen.
3) Über die Oberflächenenergie s. Born, Atomtheorie usw.

Mittels dieser Beziehungen lassen sich b und B durch a und A ausdrücken, wobei r_0 und V_0, die Werte von r und V für $p = 0$ und $T = 0$, als Konstante zu behandeln sind. Unter diesen Verhältnissen wird die potentielle Energie des Grammatom

$$\Phi_0 = -a\,\frac{N\,\sigma_m}{r_0^m}\,\frac{n-m}{n} = -\frac{A}{V_0^{\frac{m}{3}}}\,\frac{n-m}{n}\,. \tag{5}$$

Von den Exponenten m und n kann zunächst behauptet werden, daß $n > m$ ist (Ziff. 6). Eine zweite Aussage über m erhält man durch die Bedingung, daß σ_m stark konvergent sein muß, d. h. daß schon die Summation über die nähere Umgebung des zentralen Atoms mit großer Näherung den Wert von σ_m ergibt, denn die Erfahrung lehrt, daß die Nähe der Oberfläche die Energie eines Atoms im festen Kristall nicht wesentlich beeinflußt. Sind also alle Atome einander gleich und andere Kraftzentren nicht vorhanden, ist auch keine abschirmende Wirkung der nächsten Nachbaratome vorhanden, so muß $m > 3$ sein[1]). Andernfalls kann diese Beschränkung fortfallen. MIE rechnete mit $m = 3$, GRÜNEISEN hat außer diesem auch den Fall betrachtet, daß die Wirkung entfernterer Atome durch die nächsten Nachbarn abgeschirmt wird. Dann ist die Wahl von m unbeschränkt. Weder MIE noch GRÜNEISEN haben über den Ursprung der Kräfte Annahmen gemacht, die Potenzgesetze sind bei ihnen nur eine Arbeitshypothese, um die thermisch-elastischen Eigenschaften einatomiger fester Stoffe in theoretischen Zusammenhang zu bringen. So konnten die für die Atomkräfte charakteristischen Konstanten a, b, m und n günstigstenfalls nur empirisch bestimmt werden.

8. Sublimationswärme und Kompressibilität einatomiger Stoffe beim absoluten Nullpunkt. Zwei zur Konstantenbestimmung brauchbare experimentelle Möglichkeiten ergeben sich ohne weitere Annahmen. Erstens stellt der negative Betrag von Φ_0 die Arbeit dar, welche notwendig ist, um die hier als unveränderlich angenommenen Atome eines Grammatoms aus dem Gitterverband in große gegenseitige Entfernung zu bringen. Das ist aber die **Sublimationswärme** beim absoluten Nullpunkt, welche einer angenäherten experimentellen Bestimmung zugänglich ist.

Zweitens läßt sich durch eine einfache Rechnung[2]) die **Kompressibilität** beim absoluten Nullpunkt

$$\varkappa_0 = -\frac{1}{V_0}\left(\frac{dV}{dp}\right)_{p=0,\,T=0}$$

ableiten. Man erhält[3]) (s. Ziff. 22)

$$\varkappa_0 = \frac{9\,r_0^{m+3}}{m\,(n-m)\,\sigma_m\,a} = \frac{9\,V_0^{\frac{m}{3}+1}}{m\,(n-m)\,A}\,, \tag{6}$$

und durch Kombination mit Gleichung (5) die Sublimationswärme

$$-\Phi_0 = \frac{9}{m\,n}\,\frac{V_0}{\varkappa_0}\,. \tag{7}$$

Besonders diese letzte Gleichung erscheint wertvoll, da sie das Produkt der Exponenten m und n aus beobachtbaren Größen zu berechnen erlaubt.

9. Elektrostatische Kohäsion in heteropolaren Gittern. Daß die wesentliche Ursache der Kohäsion in einatomigen festen Körpern die COULOMBsche Kraft

[1]) Vgl. E. GRÜNEISEN, Ann. d. Phys. Bd. 39, S. 266. 1912.
[2]) M. BORN u. A. LANDÉ, Verh. d. D. Phys. Ges. Bd. 20, S. 210. 1918.
[3]) E. GRÜNEISEN, l. c. Gleichung (28) und (41).

zwischen Atomionen und Elektronen sein könne, hat zuerst HABER[1]) ausgesprochen und durch Rechnungen belegt, die den Charakter von Dimensionalbetrachtungen haben. Er ging von der Vorstellung aus, daß der feste Stoff ein Raumgitter von Elektronen enthalte, in welches die Atomionen eingelagert sind. Mit viel größerer Berechtigung als auf einatomige Stoffe, deren konstruktiver Aufbau aus Atomen und Elektronen noch recht ungeklärt ist (Ziff. 3), konnten BORN und LANDÉ[2]) die Annahme elektrostatischer Kohäsion auf die heteropolaren zweiatomigen Salze übertragen, nachdem bei diesen die zuerst von MADELUNG erkannte Ineinanderstellung positiver und negativer Ionengitter dank der BRAGGschen Röntgenstrahlenanalysen zur Gewißheit geworden war. Aus der COULOMBschen Kraftwirkung der in den Gitterpunkten konzentriert gedachten Valenzladungen der Ionen, die sich teils anziehen, teils abstoßen, resultiert im ganzen eine Kohäsion, deren potentielle Energie pro Mol aus der potentiellen Energie der Anziehungskraft in Ziff. 7 hervorgeht, wenn man setzt

$$m = 1; \qquad a = e^2 \quad (e = \text{Elementarladung}). \tag{7a}$$

Den Fundamentalabstand r wollen wir wieder durch die Beziehung $V = N r^3$ definieren, wo aber jetzt V das Molvolumen ist.

In der Summe σ_m [Gleichung (3)] erhält jedes Glied als Faktor noch das Produkt der mit dem Vorzeichen der Ladung einzusetzenden Wertigkeiten w_z des zentralen Ions und w_k des im Abstande ϱ_k befindlichen k-ten Ions, so daß

$$\sigma_m = \frac{1}{2} r \sum_k{}' \frac{w_z w_k}{\varrho_k}. \tag{3a}$$

Wir erhalten also für die potentielle Energie der Kohäsion pro Mol für $T = 0$, $p = 0$

$$\Phi_0' = - N \sigma_m \frac{e^2}{r_0}.$$

Zur Berechnung der Summen σ_m hat MADELUNG eine Methode angegeben, deren sich BORN und LANDÉ bedienen konnten. Daß trotz des niedrigen Exponenten $m = 1$ die σ_m rasch konvergieren, rührt von dem abwechselnden Vorzeichen der Reihenglieder her. Die σ_m [Gleichung (3a)] sind für fünf Gittertypen berechnet worden[3]):

$$\begin{array}{cccccc}
 & \text{NaCl} & \text{CaF}_2 & \text{ZnS} & \text{CsCl} & \text{Cu}_2\text{O} \\
\sigma_m = & 2{,}2017 & 7{,}3305 & 9{,}5324 & 2{,}0354 & 9{,}5044 .
\end{array}$$

Damit sind für diese Typen die Φ_0' genau bekannt, da r aus Molekulargewicht M, Dichte s und LOSCHMIDTscher Zahl $N = 6{,}06 \cdot 10^{23}$ zu berechnen ist:

$$r = \left(\frac{V}{N}\right)^{\frac{1}{3}} = \left(\frac{M}{sN}\right)^{\frac{1}{3}}.$$

10. Elektrostatische Deutung der Abstoßungskraft auf Grund der BOHRschen Atommodelle. In der obenzitierten Arbeit haben BORN und LANDÉ auch einen einleuchtenden Grund dafür angegeben, daß die elektrostatische Anziehung von einer Abstoßung begleitet ist, die einer hohen Potenz des Ionenabstands umgekehrt proportional gesetzt werden kann. Wenn man nämlich die Ionen nicht mehr, wie in Ziff. 9, als punktförmige Ladungen auffaßt, sondern entsprechend den Vorstellungen von RUTHERFORD, BOHR, KOSSEL als Systeme mit positivem Kern und umlaufenden Elektronen ansieht, so erscheint die Valenz-

---

[1]) F. HABER, Verh. d. D. Phys. Ges. Bd 13, S. 1117. 1911.
[2]) M. BORN u. A. LANDÉ, Berl. Ber. 1918, S. 1063.
[3]) M. BORN, Atomtheorie des festen Zustandes, S. 746. Leipzig 1923.

ladung nur als der Überschuß der Kernladung über die Gesamtladung der Elektronen oder umgekehrt. Denn in größerer Entfernung wirkt die Elektronenladung ähnlich, wie wenn sie im Kern konzentriert wäre, und zwar um so ähnlicher, je geschlossener das Elektronensystem den Kern umgibt. In der Nähe aber sind die Wirkungen des Kerns und der Elektronensysteme gesondert zu betrachten. Sie führen zu einem Potential in Form einer Reihe, die mit $\pm e/\varrho$ beginnt und nach steigenden ungeraden Potenzen von $1/\varrho$ fortschreitet, wenn ϱ der Abstand des betrachteten äußeren Punktes vom Ionenkern ist. Das erste Glied der Reihe, welches nach dem COULOMBschen wesentlich in Frage kommt, hat bereits einen hohen Exponenten und entspricht einer Abstoßung. Die Höhe des Exponenten dieses Gliedes hängt von der Geschlossenheit und Symmetrie des Elektronensystems ab. Unter sehr vereinfachenden Annahmen, nämlich Vernachlässigung der Elektronenbewegung, ausschließliche Berücksichtigung der äußersten Elektronen, während die inneren zum Kern gerechnet werden, Annahme der äußersten Elektronen in den Ecken eines Tetraeders oder Würfels, gelingt es, den Exponenten n im Potential der abstoßenden Kraft $+ b/\varrho^n$ zu berechnen. Dieser wird z. B. gleich 5 für Tetraederanordnung, gleich 9 für Würfelanordnung mit parallelen Würfelflächen der Nachbarionen. Diese letztere mit ihren 8 Außenelektronen wird von BORN für die Alkali- und Halogenionen (außer $\overset{+}{\text{Li}}$) als Näherung benutzt[1].

Die Größe b enthält die Dimensionen der um die Elektronenanordnungen umbeschriebenen Kugeln (Ionenradien) und ist daher nicht bekannt. Für die potentielle Energie der Abstoßungskräfte pro Mol für $T = 0$, $p = 0$ gilt

$$\Phi_0'' = + N\, \sigma_n\, \frac{b}{r_0^n}$$

und für die gesamte potentielle Energie pro Mol bei $T = 0$, $p = 0$

$$\Phi_0 = \Phi_0' + \Phi_0'' = - N \left(\frac{\sigma_m\, e^2}{r_0} - \frac{\sigma_n\, b}{r_0^n} \right), \tag{8}$$

wofür wir auf Grund der Gleichung (4), welche jetzt die Form hat

$$\frac{b\, \sigma_n}{r_0^n} = \frac{e^2\, \sigma_m}{n\, r_0}, \tag{4a}$$

schreiben können

$$\Phi_0 = - N \frac{\sigma_m\, e^2}{r_0} \left(1 - \frac{1}{n} \right). \tag{8a}$$

11. Gitterenergie und Kompressibilität heteropolarer Gitter beim absoluten Nullpunkt[2]. Wenn man n als bekannt ansieht (s. oben) oder aus der Kompressibilität berechnet [Gleichung (9)] und r_0 aus dem Molvolumen, so ist Φ_0 völlig bestimmt. Das ist von größter Bedeutung, denn $-\Phi_0$ stellt hier die Arbeit dar, welche notwendig ist, um die Ionen aus dem Gitterverband ($p = 0$, $T = 0$) in große gegenseitige Entfernung zu bringen (vgl. dagegen Ziff. 8). Diese sogenannte elektrostatische Gitterenergie läßt sich auch auf einem ganz anderen Wege berechnen, nämlich aus der Bildungswärme des Salzes aus festem Metall und gasförmigem Halogen, aus der Sublimationswärme des Metalls, der Ionisierungsenergie des Metalls, der Dissoziationswärme des Halogens und der Elektroaffinität des Halogens. Beide Arten der Berechnung führen zu guter Überein-

---

[1] M. BORN, Verh. d. D. Phys. Ges. Bd. 20, S. 230. 1918.
[2] M. BORN, Atomtheorie des festen Zustandes, S. 733 ff.

stimmung, wie in ds. Handb. XXIV ausführlich auseinandergesetzt ist, und stützen damit die Annahme, daß in den einfachsten heteropolaren Verbindungen die elektrostatischen Kräfte für den Zusammenhalt des Gitters maßgebend sind.

Eine weitere Bestätigung hierfür erhält man durch Berechnung der Kompressibilität $\varkappa_0$ aus Gleichung (6) und (7a)

$$\varkappa_0 = \frac{9\,r_0^4}{(n-1)\,\sigma_m\,e^2} \,. \tag{9}$$

Mit $n = 9$, den empirischen r_0 und den MADELUNGschen Zahlen σ_m erhält man für die Na- und K-Halogene, sowie auch für Flußspat die Kompressibilität in der richtigen Größenordnung. Setzt man umgekehrt die für gewöhnliche Temperatur beobachteten $\varkappa$ in Gleichung (9) ein, so folgt

	NaCl	NaBr	NaJ	KCl	KBr	KJ	CaF$_2$
$n =$	7,84	8,61	8,45	8,86	9,78	9,31	7,4 .

Die Inkonstanz von n kann auf verschiedene Ursachen zurückgeführt werden: Bewegung der Elektronen, das Vorhandensein weiterer Glieder auf der rechten Seite von Gleichung (8) u. a. m. Daß der zu zweit genannte Umstand eine wesentliche Rolle spielt, haben FAJANS und HERZFELD[1]) näher begründet. Indem sie außer dem Abstoßungsglied mit $n = 9$ noch Glieder mit der 5. und 7. Potenz von $1/r_0$ berücksichtigten, in denen ebenfalls die Ionenradien vorkommen, gelang es ihnen zunächst, eine der Gleichung (4a) entsprechende aufzustellen, aus der sie, wie in Ziff. 5 beschrieben, Werte für die Ionenradien ableiteten, und dann mit deren Hilfe Korrektionsglieder für Φ_0 zu berechnen. SLATER hat versucht, die $\varkappa$ auf $T = 0$ zu extrapolieren und aus den so erhaltenen $\varkappa_0$ die n zu berechnen. Seine Zahlen werden später in Tabelle 11 wiedergegeben.

Die Gitterenergie folgt auch aus Gleichung (7) mit $m = 1$.

SCHOTTKY[2]) hat gegen die vorstehende Ableitung der Gitterenergie eingewandt, daß die Ionen im Gitterverband und im Gaszustand nicht identisch wären. Wenn man das Kristallgitter als System elektrisch geladener Teilchen auffasse, von denen die meisten, nämlich die Elektronen, auch beim absoluten Nullpunkt noch eine kinetische Energie besitzen, und man wende Arbeit auf, um die Ionen beim absoluten Nullpunkt zu vergasen, so werde nach einem bekannten Satze der statistischen Mechanik die kinetische Energie der Elektronen um den Betrag der aufgewandten Arbeit verringert, wodurch die Ionen verändert, und zwar vergrößert würden. Die Gitterenergie sei also nicht die potentielle Energie zwischen ungeänderten Ionen. Das ist wohl richtig, doch hat BORN darauf hingewiesen, daß erstens die Änderung der kinetischen Energie, d. i. die Gitterenergie, nur klein sei im Verhältnis zum gesamten Energiegehalt der Ionen und zweitens die Erfahrung entscheiden müsse, ob die angenäherte Form des Abstoßungspotentials — denn nur dies, nicht die Coulombsche Anziehung, ändert sich mit der Gestalt der Ionen — der Veränderung der Ionen genügend Rechnung trage.

Auch BRIDGMAN[3]) sieht in der bei Kompression eines festen Körpers nach SCHOTTKY eintretenden Zunahme der kinetischen Elektronenenergie einen Grund zur Abnahme der Ionen- oder Atomradien, also eine Begründung zu der von RICHARDS[4]) schon früh vermuteten Atomkompressibilität. Er schließt daraus, daß der Koeffizient b im Abstoßungspotential nicht konstant sei. Man könne

[1]) K. FAJANS u. K. F. HERZFELD, ZS. f. Phys. Bd. 2, S. 309. 1920.

[2]) W. SCHOTTKY, Phys. ZS. Bd. 21, S. 232. 1920; BORN, Atomtheorie des festen Zustandes, S. 737.

[3]) P. W. BRIDGMAN, Proc. Amer. Acad. Bd. 58, S. 165. 1923; besonders S. 227ff.

[4]) T. W. RICHARDS, Journ. chem. soc. Bd. 99, S. 1201. 1911 (Faraday Lecture); Journ. Amer. Chem. Soc. Bd. 36, S. 2417. 1914.

hierauf die Tatsache zurückführen, daß der Abstoßungsexponent n nicht nur nicht konstant ist, sondern auch oft merkwürdig kleine Werte bekommt (s. Tab. 10).

Born[1]) ist es gelungen, für die einfachste Klasse regulärer Gitter (zentrische Diagonalgitter) außer der Kompressibilität auch die Elastizitätskonstanten c_{11} und $c_{12} = c_{44}$ formelmäßig durch r_0, m, n und die Elementarladung e darzustellen.

12. Elektrische Kohäsion in homöopolaren Gittern. Die Abstoßungskräfte können in homöopolaren Gittern wohl im wesentlichen ebenso erklärt werden, wie in heteropolaren, nämlich durch die bei großer Nähe der Atome überwiegende elektrostatische Abstoßung der äußersten mit dem Kern durch Quantengesetze gekoppelten Elektronen[2]). Schwieriger und bisher noch recht unsicher sind die Versuche, die Kohäsion in homöopolaren Gittern durch elektrische Kräfte zu deuten. Wir wollen hier nur auf einige dieser Versuche kurz eingehen, in denen nach unserer Meinung ein richtiger Kern steckt.

Haber[3]) hat die schon am Eingang von Ziff. 9 erwähnte Vorstellung vom Aufbau einatomiger Metalle später wieder aufgenommen. Die ineinandergestellten Gitter aus einwertigen Atomionen und Elektronen werden wie ein heteropolares Gitter nach Born und Landé behandelt. Aus den Formeln (8a) und (9) ergeben sich mit Hilfe von Nebenrechnungen, auf die hier nicht eingegangen zu werden braucht, Werte des Abstoßungsexponenten n von vernünftiger Größenordnung, z. B. Cu 8,0; Ag 9,0; Alkalimetalle 2,4 bis 3,4. Nun sind freilich verschiedene Gründe vorhanden, welche gegen die Annahme eines festen Elektronengitters sprechen, besonders bei den Metallen. Aber auch wenn man, wie in Ziff. 3 am Schluß angedeutet, dem Elektronengitter nur eine zeitweilige, örtlich begrenzte Existenz und Ionen bindende Wirkung zuspricht, so bleibt doch die Habersche Grundvorstellung von einer wesentlich elektrostatischen Kohäsion bestehen[4]).

Landé[5]) führt die Kohäsion homöopolarer, auch einatomiger Kristalle auf die Annahme zurück, daß die äußeren Valenzelektronen benachbarter Atome synchron, d. h. dauernd in gleicher oder wenigstens bestimmt geregelter Phase ihre Kerne umlaufen. Daß hierbei anziehende Kräfte entstehen können, macht Landé an folgendem einfachen Beispiel klar: Zwei neutrale H-Atome vom Radius a, in einer Ebene im Kernabstand r nebeneinander liegend, geben, wenn die gesamten Kreisbahnen gleichmäßig mit der Ladung e belegt aufeinander wirken würden, ein Abstoßungspotential der Ordnung $1:r^5$. Haben aber die kreisenden Elektronen beider Atome dauernd die gleiche Phase (Abb. 2a), so wirken die Atome in jedem Augenblick wie parallel gestellte Dipole aufeinander und im Zeitmittel mit einem Anziehungspotential $-a^2 e^2 : 2r^3$. Besteht dabei eine Gegenbewegung (Abb. 2b) der Elektronen, so ist das Anziehungspotential dreimal so groß. In analoger Weise erhält nun Landé in dem sehr viel komplizierteren Fall des Diamantgitters und unter Zugrundelegung eines von ihm vorgeschlagenen C-Atommodells ein Potential, das mit dem Gliede $-$ const $\cdot r^{-5}$

---

[1]) M. Born, Atomtheorie des festen Zustandes, S. 696ff. u. 739. 1923.

[2]) Vgl. hierzu P. Debye, Phys. ZS. Bd. 22, S. 302. 1921, wo nachgewiesen wird, wie die Abstoßungskraft auch bei der für die Stabilität des Atoms notwendigen Elektronenbewegung um den Kern zustande kommt.

[3]) F. Haber, Berl. Ber. 1919, S. 506 u. 990.

[4]) Vgl. auch die hiermit verwandten Untersuchungen von P. W. Bridgman, Proc. Amer. Acad. Bd. 58, S. 165. 1923, der die Hauptschwierigkeit in der Erklärung der Abstoßungskraft zwischen Elektronengitter und Ionengitter sieht, und von J. J. Thomson, Phil. Mag. (6) Bd. 43, S. 721; Bd. 44, S. 657. 1922, der sich nicht auf einwertige Stoffe beschränkt, sondern eine der Wertigkeit des Atoms entsprechende Zahl von Valenzelektronen in regelmäßiger Weise innerhalb des Atomionengitters fest anordnet und für das ganze System die potentielle Energie und die Kompressibilität elektrostatisch berechnet.

[5]) A. Landé, ZS. f. Phys. Bd. 4, S. 410. 1921; Bd. 6, S. 10. 1921; s. auch M. Born u. W. Heisenberg, ebenda. Bd. 14, S. 44. 1923.

beginnt, dem ein weiteres Anziehungsglied mit r^{-7} und ein Abstoßungsglied mit r^{-9} folgt. Die Gitterkonstante des Diamanten wird auf etwa 10% richtig erhalten. Die Sublimationswärme ergibt sich zu 262 kcal/Mol an Stelle der von H. KOHN beobachteten 168 kcal/Mol.[1]). In Ordnung ist also die LANDÉsche Theorie wohl noch nicht, doch enthält der Grundgedanke des Gittersynchronismus wahrscheinlich etwas richtiges und stellt einen beachtenswerten Versuch dar, die Bewegung der Elektronen zu berücksichtigen. Wir merken jedenfalls an, daß ein Anziehungspotential r^{-3} oder r^{-5} für homöopolare Gitter theoretisch nichts Unwahrscheinliches an sich hat (Ziff. 7).

Noch eine dritte Möglichkeit, die Kohäsion zwischen gleichartigen Molekülen auf elektrische Kräfte zurückzuführen, ist besonders von KEESOM und DEBYE[2]) erörtert worden. Wenn solche Moleküle zwar elektrisch neutral sind, aber doch elektrische Dipole oder Quadrupole enthalten[3]), die entweder von vornherein im Molekül vorhanden sind oder durch Polarisierbarkeit (Deformierbarkeit) im elektrischen Felde der Nachbarmoleküle entstehen können, so ziehen sich die Moleküle an. KEESOM und DEBYE sehen hierin den Ursprung der VAN DER WAALSschen Kohäsion in komprimierten Gasen. Aber auch für den Zusammenhalt der festen Stoffe, insbesondere der Molekülgitter, wird man derartige Kräfte als Ursache annehmen können, wie BORN und KORNFELD[4]) an dem Beispiel der Halogenwasserstoffe nachzuweisen versucht haben, deren geringe Sublimationswärme auf jene Erklärungsmöglichkeit hindeutet.

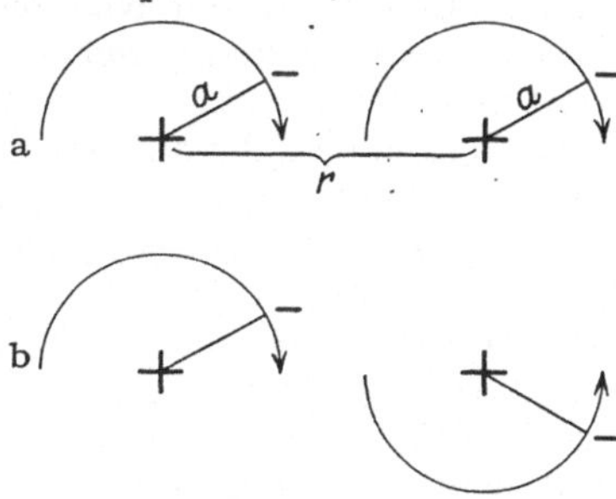

Abb. 2. Zur Erklärung der Kohäsion.

Diese ganzen Fragen der Kohäsion, insbesondere auch, ob der Forderung der Chemie nach räumlich gerichteten Valenzkräften durch die elektrische Deutung der Kräfte genügend Rechnung getragen wird[5]), sind noch stark in der Entwicklung begriffen.

c) Der Energieinhalt fester Körper.

13. Die thermische Energie einatomiger Kristallgitter ohne Gruppenbildung. Die bisher besprochene potentielle Energie Φ der in ihren Schwingungsmittelpunkten ruhend gedachten Atome ist nur ein Teil des gesamten Energieinhalts fester Körper. Ein anderer Teil wird durch die thermische Energie E gebildet, d. h. durch die Energie der Schwingungen, welche die Gitterbausteine um ihre Ruhelagen ausführen. Demnach ist der gesamte Energieinhalt eines Mols des festen Körpers bei der Temperatur T

$$U = \Phi + E. \tag{10}$$

Dabei ist E gegeben durch den Energiezuwachs, den das Mol gewinnt, wenn es

[1]) Nach neueren Versuchen von KOHN u. GUCKEL hält FAJANS die Zahl 147 kcal für wahrscheinlicher: ZS. f. Elektrochem. Bd. 31, S. 63. 1925.

[2]) W. H. KEESOM, Phys. ZS. Bd. 22, S. 129, 643. 1921; Bd. 23, S. 225. 1922; P. DEBYE, ebenda Bd. 21, S. 178. 1920; Bd. 22, S. 302. 1921.

[3]) Stimmt der Schwerpunkt der positiven elektrischen Ladungen eines Moleküls nicht überein mit dem negativen, so verhält sich das Molekül wie ein Dipol; fallen die Schwerpunkte zwar zusammen, besitzen die Ladungen aber elektrische Trägheitsmomente, so verhält sich das Molekül wie ein elektrischer Quadrupol.

[4]) M. BORN u. H. KORNFELD, Phys. ZS. Bd. 24, S. 121. 1923.

[5]) Dies wird besonders von W. NERNST bezweifelt. Vgl. dessen Theoretische Chemie, 8. bis 10. Aufl. 1921, S. 437ff.; dagegen M. BORN, ZS. f. Elektrochem. Bd. 30, S. 382. 1924.

vom absoluten Nullpunkt aus bei konstant gehaltenem Volumen bis zur Temperatur T erwärmt wird. Ob hier das Volumen V_0 oder V_T konstant gehalten wird, macht wenig Unterschied. Wir setzen

$$E = \int_0^T C_V \, dT \, . \tag{11}$$

Wie schon in Ziff. 6 angedeutet wurde, kann die Direktionskraft des Atoms unter dem Einfluß der Nachbaratome nicht konstant sein, weil es sonst keine thermische Ausdehnung geben würde. Trotzdem darf bei nicht zu hohen Temperaturen, solange also die Änderung der Direktionskraft mit der Amplitude nicht merklich ist, die mittlere kinetische Energie gleich der mittleren potentiellen Energie der Atome in bezug auf ihre Schwingungsmittelpunkte gesetzt werden wie für jede reine Sinusschwingung; E ist also mit der angegebenen Einschränkung zur Hälfte kinetische, zur Hälfte potentielle Energie. Hierauf beruht die von Boltzmann[1]) und später von Richarz[2]) gegebene Begründung des Dulong-Petitschen Gesetzes. Denn unter Annahme des Gleichverteilungssatzes der Energie würde E für das Grammatom eines einatomigen festen Körpers doppelt so groß sein müssen wie die mittlere kinetische Energie eines Grammatoms im idealen Gaszustand, also $E = 2 \cdot \frac{3}{2} RT = 3 RT$; $C_V = 3 R = 5{,}96$ cal/Grad. Daß das Experiment die Konstanz der Atomwärme höchstens für ein beschränktes Temperaturgebiet ergeben hat, nach tiefen Temperaturen hin aber einen starken Abfall bis zum Verschwinden in der Nähe des absoluten Nullpunktes[3]), und daß sich dieses Verhalten in weitgehendem Maße erklären läßt, wenn man statt des Gleichverteilungssatzes der Energie die Quantentheorie zugrunde legt, wird in anderen Teilen dieses Werkes ausführlich dargelegt. Wir können hier nur diejenigen Ergebnisse kurz wiederholen, welche für das Folgende wesentlich sind.

Den Ausgangspunkt der neueren Theorie der spez. Wärmen bildete Einsteins Formel für ein monochromatisch schwingendes Grammatom

$$E = 3RT \, \mathsf{P}\left(\frac{\Theta}{T}\right); \qquad \mathsf{P}(x) = \frac{x}{e^x - 1} \ (\text{Planck}), \tag{12}$$

wo Θ mit der Frequenz ν des Atoms und mit den Planckschen Strahlungskonstanten h und $k = R/N$ durch die Beziehung $\Theta = h\nu/k$ zusammenhängt und eine für die Änderung des Energiegehalts des betreffenden festen Körpers charakteristische Temperatur bedeutet. Für die Atomwärme folgt aus Gleichung (12)

$$C_V = 3 \, R \, \mathsf{H}\left(\frac{\Theta}{T}\right); \qquad \mathsf{H}(x) = \frac{x^2 e^x}{(e^x - 1)^2} \, , \tag{12a}$$

also eine Funktion, welche vom Werte 0 für $T = 0$ aus um so langsamer zum Grenzwert $3 R$ für große T ansteigt, je höher die Frequenz ν oder die charakteristische Temperatur Θ ist. Obwohl sich die Fruchtbarkeit des Einsteinschen Ansatzes insofern klar erwies, als sich der Abfall der Atomwärme einatomiger fester Körper nach einer universellen Funktion von Θ/T ziemlich gut bestätigte, genügte doch die Form der Funktion $\mathsf{H}(x)$ keineswegs.

Eine sehr befriedigende Annäherung an das Experiment erreichte Debye[4]), indem er annahm, daß die Wärmeschwingungen nicht monochromatisch seien,

[1]) L. Boltzmann, Wiener Ber. Bd. 63, 2. Abt., S. 731. 1871.

[2]) F. Richarz, Wied. Ann. Bd. 48, S. 708. 1893.

[3]) Vgl. W. Nernst, Die theoretischen und experimentellen Grundlagen des neuen Wärmesatzes, 2. Aufl., Halle 1924.

[4]) P. Debye, Ann. d. Phys. (4) Bd. 39, S. 789. 1912; die Ausrechnung der Funktionen $\mathsf{D}(x)$ und $\mathsf{C}(x)$ s. daselbst und bei W. Nernst, Grundlagen des neuen Wärmesatzes.

sondern das gesamte Gebiet der elastischen in dem Körper möglichen Schwingungen umfassen. Er erhielt für die Schwingungsenergie des Grammatoms eines einatomigen, isotropen Stoffs die Formeln

$$E = 3\,R\,T\,\mathsf{D}\left(\frac{\Theta}{T}\right); \qquad \mathsf{D}\,(x) = \frac{3}{x^3}\int_0^x \frac{\zeta^3}{e^\zeta - 1}\,d\zeta \tag{13}$$

und für die Atomwärme

$$C_V = 3\,R\,\mathsf{C}\left(\frac{\Theta}{T}\right); \qquad \mathsf{C}\,(x) = \frac{12}{x^3}\int_0^x \frac{\zeta^3}{e^\zeta - 1}\,d\zeta - \frac{3\,x}{e^x - 1}. \tag{13a}$$

Dabei bedeutet jetzt die Frequenz ν, welche mit h/k multipliziert die charakteristische Temperatur Θ des Stoffes liefert, eine obere Grenze des elastischen Schwingungsspektrums, deren Existenz sich leicht als notwendig erkennen läßt. Sie wird etwa erreicht sein, wenn benachbarte Atome mit 180° Phasenverschiebung gegeneinander schwingen. Indem DEBYE annahm, daß selbst für diese höchste Grenzfrequenz noch die gleiche Geschwindigkeit elastischer Wellen gelte wie für langsame akustische Schwingungen, und indem er weiter nur eine mittlere Schallgeschwindigkeit $\bar{u}$ einführte, die mit den Geschwindigkeiten für longitudinale Wellen u_l und transversale Wellen u_t zusammenhängt durch

$$\frac{1}{\bar{u}^3} = \frac{1}{3}\left[2\,\frac{1}{u_t^3} + \frac{1}{u_l^3}\right],$$

erhielt er die einfache Beziehung

$$\Theta = \frac{h}{k}\,\bar{u}\,\sqrt[3]{\frac{3\,N}{4\,\pi\,V}}, \tag{14}$$

mittels deren also die charakteristische Temperatur oder Grenzfrequenz der Atomschwingungen sich aus den elastischen Eigenschaften des Stoffs berechnen lassen soll.

Von besonderer Einfachheit ist nach DEBYE der Verlauf der Atomwärme in tiefster Temperatur. Ist $T < \frac{1}{12}\,\Theta$, so gilt mit weniger als 1% Fehler

$$E = \frac{3\,\pi^4}{5}\,\frac{R}{\Theta^3}\,T^4; \qquad C_V = \frac{12\,\pi^4}{5}\,\frac{R}{\Theta^3}\,T^3. \tag{15}$$

Die Gleichungen (13), (13a) und (15) sind von NERNST und seinen Mitarbeitern für einatomige regulär kristallisierende Stoffe gut bestätigt worden, weniger sicher ist die Gültigkeit von Gleichung (14) (s. später).

Die strengere BORNsche[1]) Formulierung der Theorie der Atomwärme für einatomige Kristallgitter ohne Gruppenbildung (Ziff. 3) trennt die longitudinalen und transversalen elastischen Wellen und berücksichtigt die Änderung ihrer Geschwindigkeiten mit der Richtung im Kristall. Sie ergibt nach Integration über den Raumwinkel Ω

$$E = R\,T\sum_{j=1}^{3}\int \mathsf{D}\left(\frac{\Theta_j}{T}\right)\frac{d\Omega}{4\pi}; \qquad C_V = R\sum_{j=1}^{3}\int \mathsf{C}\left(\frac{\Theta_j}{T}\right)\frac{d\Omega}{4\pi}, \tag{16}$$

---

[1]) M. BORN u. TH. v. KÁRMÁN, Phys. ZS. Bd. 13, S. 297. 1912; im übrigen M. BORN, Atomtheorie des festen Zustandes, S. 645ff.

übernimmt aber für Θ_j als erste Näherung die Debyesche Formel

$$\Theta_j = \frac{h}{k}\, u_j \sqrt[3]{\frac{3\,N}{4\,\pi\,V}}, \tag{14a}$$

wo j die Wellenart bezeichnet und Θ und u noch von der Richtung abhängen. Auf eine Änderung der Schallgeschwindigkeiten mit der Wellenlänge (elastische Dispersion) ist auch hier keine Rücksicht genommen, worin noch ein Mangel der Gleichung (14a), insbesondere bei Anwendung auf nicht regulär kristallisierende einatomige Stoffe zu liegen scheint[1]), für welche die Gleichungen (16) sonst gelten sollten.

Die Grenzgesetze (15) bleiben auch nach Born und v. Karman in tiefen Temperaturen gültig, wenn man unter Θ einen geeigneten Mittelwert versteht. In höheren Temperaturen ist aber die Atomwärme nicht notwendig durch denselben oder überhaupt nur durch einen Θ-Wert darstellbar.

14. Die thermische Energie der übrigen Kristallgitter. Mehratomige Gitter ohne Gruppenbildung fügen sich denselben Gesetzen wie die soeben besprochenen einatomigen Gitter, wenn die Massen der Verbindungskomponenten einander nahe gleich sind (z. B. KCl). Das ist experimentell von Nernst und seinen Mitarbeitern festgestellt und auch theoretisch verständlich. Sind dagegen die Massen sehr verschieden, so bildet das elastische Spektrum nicht ein einziges durch die Grenzfrequenz abgeschlossenes Gebiet „akustischer" Schwingungen, sondern es besitzt noch mehr oder weniger abgetrennte, in erster Näherung als monochromatisch zu behandelnde Spektralzweige höherer Frequenz[2]), deren Anzahl für ein p-atomiges Gitter höchstens $3\,(p-1)$ ist.

Ähnliches gilt für die Gitter mit Gruppenbildung, mögen sie einatomig (wie bei Schwefel) oder mehratomig sein. Für sie hat schon Nernst gezeigt, daß man innerhalb der fester gebundenen Gruppen gleichsam monochromatische Schwingungen annehmen müsse, deren Energiebeitrag durch Gleichung (12) wiedergegeben werden könne. Zu formell dem gleichen Ergebnis kommt die Bornsche Theorie mehratomiger Gitter[3]), nach der sich die thermische Energie eines p-atomigen Körpers pro Mol angenähert darstellen lassen sollte durch

$$E = R\,T\left\{\sum_{j=1}^{3}\int \mathsf{D}\left(\frac{\Theta_j}{T}\right)\frac{d\,\Omega}{4\,\pi} + \sum_{j=4}^{3p}\mathsf{P}\left(\frac{\Theta_j}{T}\right)\right\} \tag{17}$$

und die Molwärme durch

$$C_V = R\left\{\sum_{j=1}^{3}\int \mathsf{C}\left(\frac{\Theta_j}{T}\right)\frac{d\,\Omega}{4\,\pi} + \sum_{j=4}^{3p}\mathsf{H}\left(\frac{\Theta_j}{T}\right)\right\}. \tag{17a}$$

Die Glieder, welche durch $j = 1$ bis 3 gekennzeichnet sind, beziehen sich auf die Beiträge der longitudinalen und zweier transversaler Schwingungsspektren, ihre Θ_j hängen von der Richtung im Kristall ab; die durch $j = 4$ bis $3\,p$ gekennzeichneten Glieder sind die Beiträge der mehr oder weniger monochromatisch wirkenden inneren Schwingungen, die sich unter Umständen durch die metallische Reflexion im ultraroten Gebiet bemerklich machen (Reststrahlen).

15. Die thermische Energie in hoher Temperatur. Die Formeln der vorigen Abschnitte setzen voraus, daß die Atome quasielastisch schwingen, was nur bei kleinen Schwingungsamplituden, also in tiefer Temperatur, der Fall ist.

---

[1]) E. Grüneisen u. E. Goens, ZS. f. Phys. Bd. 26, S. 250. 1924.
[2]) M. Born u. Th. v. Kármán, Phys. ZS. Bd. 13, S. 297. 1912.
[3]) M. Born, Atomtheorie des festen Zustandes, S. 646.

Bei größeren Amplituden gilt das HOOKEsche Gesetz nicht mehr (Ziff. 6) und deshalb muß z. B. die Atomwärme eines einatomigen festen Körpers in hoher Temperatur über den aus Gleichung (13 a) oder (16) folgenden Grenzwert $3\,R = 5{,}96$ cal ansteigen. Hierauf hat bereits RICHARZ[1]) vor langer Zeit hingewiesen. BORN und BRODY[2]) berechneten den Einfluß des anharmonischen Charakters der Schwingungen und erhielten für die Atomwärme eines einatomigen festen Körpers in hoher Temperatur

$$C_V = 3\,R\,[1 - \sigma\,3\,R\,T]\,.$$

σ ergibt sich auch theoretisch als wahrscheinlich negativ. Die Atomwärme C_V soll also geradlinig mit wachsendem T ansteigen, und zwar so, als ob dieser Anstieg vom Werte $3\,R$ bei $T = 0$ aus dauernd beibehalten würde. Die Prüfung an Platin und Kupfer scheint diesen Verlauf zu bestätigen[3]). Näheres s. diesen Band, Artikel SCHRÖDINGER.

d) Die Zustandsänderungen fester Körper.

16. Freie Energie und Entropie fester Körper. Alle Fragen, welche die Zustandsänderungen fester Körper betreffen, lassen sich prinzipiell beantworten, wenn eine der charakteristischen Funktionen, die man als freie Energie oder Entropie bezeichnet, bekannt ist. Wir wollen von der freien Energie ausgehen und wählen zum Ausgangspunkt wiederum die aus der PLANCKschen Theorie folgende Formel für die freie Energie eines Resonators[4])

$$f = k\,T\,\mathsf{F}\!\left(\frac{\Theta}{T}\right), \qquad \text{wo} \qquad \mathsf{F}\,(x) = \log\,(1 - e^{-x})\,.$$

Hieraus ergibt sich die freie Energie eines monochromatisch schwingenden Grammatoms[5]) eines einatomigen festen Körpers

$$F = \Phi + 3\,R\,T\,\mathsf{F}\!\left(\frac{\Theta}{T}\right). \tag{18}$$

Die potentielle Energie Φ der in ihren Schwingungsmittelpunkten ruhend gedachten Atome ist bei konstant gehaltenem Volumen von T unabhängig. Demnach ergibt sich für die Entropie

$$S = -\left(\frac{\partial F}{\partial T}\right)_V = 3\,R\left[\mathsf{P}\!\left(\frac{\Theta}{T}\right) - \mathsf{F}\!\left(\frac{\Theta}{T}\right)\right]. \tag{19}$$

Die Annahme monochromatischer Schwingungen trifft, wie wir sahen, mit einer gewissen Annäherung nur für die inneren Schwingungen von Atomgruppen zu. Für die Wärmebewegung der Atome hat man aber nach DEBYE[6]) das gesamte elastische Frequenzspektrum zu berücksichtigen und erhält bei Annahme der Isotropie und eines einzigen mittleren Θ (entsprechend der DEBYEschen

---

[1]) F. RICHARZ, Wied. Ann. Bd. 48, S. 708. 1893.

[2]) M. BORN u. E. BRODY, ZS. f. Phys. Bd. 6, S. 132. 1921; s. auch E. SCHRÖDINGER, ebenda Bd. 11, S. 170, 393. 1922.

[3]) A. MAGNUS, ZS. f. Phys. Bd. 7, S. 141. 1921; G. v. HEVESY, ZS. f. phys. Chem. Bd. 101, S. 337. 1922.

[4]) Zum Beispiel M. PLANCK, Theorie der Wärmestrahlung. 4. Aufl. 1921, S. 127 u. 203.

[5]) L. S. ORNSTEIN, Proc. Amsterdam Bd. 14, S. 983. 1912.

[6]) P. DEBYE, Göttinger Vorträge 1914, S. 29.

Grenzfrequenz) für die **freie Energie des einatomigen festen Körpers**

$$F = \Phi + 3\,R\,T \cdot 3 \left(\frac{T}{\Theta}\right)^3 \int\limits_0^{\Theta/T} \mathsf{F}(x)\,x^2\,dx$$
$$= \Phi + 3\,R\,T \left[\mathsf{F}\left(\frac{\Theta}{T}\right) - \frac{1}{3}\,\mathsf{D}\left(\frac{\Theta}{T}\right)\right] \qquad (20)$$

und für die **Entropie des einatomigen isotropen festen Körpers**

$$S = -\left(\frac{\partial F}{\partial T}\right)_V = 3\,R \left[\frac{4}{3}\,\mathsf{D}\left(\frac{\Theta}{T}\right) - \mathsf{F}\left(\frac{\Theta}{T}\right)\right]. \qquad (21)$$

Die Entropie ist also auch hier eine Funktion von Θ/T.

Im allgemeinen Falle eines p-atomigen festen Körpers, dessen thermische Energie sich nicht durch eine Grenzfrequenz (Θ) wiedergeben läßt, sondern nach Gleichung (16) oder (17), hat man nach Born[1]) die freie Energie aus Gleichung (18) und (20) zusammenzusetzen und über F und D in (20) räumliche Mittelwerte zu bilden, wodurch man folgenden, allerdings auch nur angenähert gültigen Ausdruck erhält: Die freie Energie eines beliebigen Kristallgitters, dessen kleinste Zelle, aus der das Gitter aufgebaut werden kann, p Atome enthält, ist pro Mol

$$F = \Phi + RT \sum_{j=1}^{3} \int \left[\mathsf{F}\left(\frac{\Theta_j}{T}\right) - \frac{1}{3}\,\mathsf{D}\left(\frac{\Theta_j}{T}\right)\right] \frac{d\Omega}{4\pi} + RT \sum_{j=4}^{3p} \mathsf{F}\left(\frac{\Theta_j}{T}\right). \qquad (22)$$

Die Entropie ist in diesem Falle

$$S = -\left(\frac{\partial F}{\partial T}\right)_V = R \sum_{j=1}^{3} \int \left[\frac{4}{3}\,\mathsf{D}\left(\frac{\Theta_j}{T}\right) - \mathsf{F}\left(\frac{\Theta_j}{T}\right)\right] \frac{d\Omega}{4\pi} + R \sum_{j=4}^{3p} \left[\mathsf{P}\left(\frac{\Theta_j}{T}\right) - \mathsf{F}\left(\frac{\Theta_j}{T}\right)\right]. \qquad (23)$$

17. Die Zustandsgleichungen fester Körper. Für einen einatomigen isotropen festen Körper ergibt sich die gewöhnliche Zustandsgleichung aus Gleichung (20) nach der bekannten thermodynamischen Beziehung

$$p = -\left(\frac{\partial F}{\partial V}\right)_T$$

zu

$$p = -\left(\frac{\partial \Phi}{\partial V}\right)_T - \frac{1}{\Theta}\left(\frac{\partial \Theta}{\partial V}\right)_T 3\,RT\,\mathsf{D}\left(\frac{\Theta}{T}\right) \qquad (24)$$

oder mit Rücksicht auf Gleichung (13)

$$\left(p + \frac{\partial \Phi}{\partial V}\right) V = -\frac{\partial \log \Theta}{\partial \log V}\,E. \qquad (24\,a)$$

Wenn man unter E irgendeine Funktion von Θ/T versteht und nicht die spezielle Debyesche Form, so ist Gleichung (24 a) wesentlich identisch mit der von Mie[2]) und Grüneisen[3]) aus dem Virialsatz und unter Annahme der Potenzkraftgesetze für Φ [s. Gleichung (2) und (2 a)] abgeleiteten Zustandsgleichung. Die Deutung

---

[1]) M. Born, Atomtheorie des festen Zustandes, Gleichung (317), S. 678. 1923.

[2]) G. Mie, Ann. d. Phys. Bd. 11, S. 657. 1903, Gleichung (28).

[3]) E. Grüneisen, Verh. d. D. Phys. Ges. Bd. 13, S. 836. 1911, Gleichung (1) u. S. 843; Ann. d. Phys. Bd. 39, S. 257. 1912; Rapport du Conseil de Physique Solvay 1913, Paris 1921, S. 243.

des Faktors von E als des negativen Quotienten aus den relativen Änderungen der Atomfrequenz und des Volumens gab GRÜNEISEN. Die Ableitung der Gleichung aus der Entropie stammt von RATNOWSKY [1]), aus der freien Energie von DEBYE [2]).

Die Zustandsgleichung (24a) gilt für beliebige Formen von Φ und E, wenn nur E durch eine einzige charakteristische Frequenz bestimmt ist. Sie darf also auch für einatomige reguläre Kristalle ohne Gruppenbildung als gültig angesehen werden, wenn sich deren Atomwärme durch die DEBYEsche Gleichung (13a) darstellen läßt.

Um auch mit Gestaltsänderung verbundene Zustandsänderungen berücksichtigen zu können, hat man Φ als quadratische Form der 6 Deformationskomponenten x_x, y_y, z_z, y_z, z_x, x_y anzusetzen, auch Θ als von diesen abhängig anzusehen und die Beziehungen zu benutzen

$$X_x = -\frac{\partial (F/V)}{\partial x_x}, \qquad Y_y = -\frac{\partial (F/V)}{\partial y_y}, \quad \cdots$$

$$Y_z = -\frac{\partial (F/V)}{\partial y_z}, \quad \cdots$$

Man erhält auf diese Weise aus Gleichung (20) 6 Zustandsgleichungen [3])

$$X_x = -\frac{\partial (\Phi/V)}{\partial x_x} - \frac{\partial \log \Theta}{\partial x_x} \frac{E}{V}, \quad \left.\right\} \tag{25}$$

Die Zustandsgleichungen verlieren sofort an Einfachheit und Übersichtlichkeit, wenn wir zum Falle eines beliebigen Kristallgitters übergehen, dessen freie Energie pro Mol durch Gleichung (22) gegeben ist. Man erhält dann an Stelle der Gleichungen (25)

$$X_x = -\frac{\partial (\Phi/V)}{\partial x_x} - \frac{RT}{V}\sum_{j=1}^{3}\int \frac{\partial \log \Theta_j}{\partial x_x} \mathsf{D}\left(\frac{\Theta_j}{T}\right)\frac{d\Omega}{4\pi} - \frac{RT}{V}\sum_{j=4}^{3p} \frac{\partial \log \Theta_j}{\partial x_x} \mathsf{P}\left(\frac{\Theta_j}{T}\right), \quad \left.\right\} \tag{26}$$

Man erkennt, daß diese Gleichungen nur dann in die einfache Form der Gleichungen (25) übergehen könnten, wenn die Faktoren $\dfrac{\partial \log \Theta_j}{\partial x_x}$ von der Richtung im Kristall und von der Art der Schwingung unabhängig einen konstanten Wert hätten. Denn dann träte dieser vor die Raumintegrale und Summen Σ als gemeinsamer Faktor von $\dfrac{E}{V}$ [s. Gleichung (17)]. Im allgemeinen werden jene Faktoren aber für verschiedene Richtungen und Schwingungsarten verschieden sein.

18. Veränderlichkeit der Atomfrequenzen bei Deformationen. Frequenzformel von MADELUNG-EINSTEIN. Aus der Form der Zustandsgleichungen des festen Körpers geht hervor, welche ausschlaggebende Rolle bei den Zustandsänderungen die Veränderlichkeit der Atomfrequenzen bei Deformationen des festen Körpers spielt. Wir müssen versuchen, über diese Veränderlichkeit Aufschluß zu erhalten. Was zunächst die Grenzfrequenzen des elastischen Spektrums betrifft, so könnte man meinen, die Frage nach der Veränderlichkeit von Θ oder

---

[1]) S. RATNOWSKY, Ann. d. Phys. Bd. 38, S. 637. 1912.
[2]) P. DEBYE, Göttinger Vorträge über die kin. Theorie der Materie, S. 17. 1914.
[3]) R. ORTVAY, Verh. d. D. Phys. Ges. Bd. 15, S. 773. 1913; P. DEBYE, l. c. unter 2);
K. FÖRSTERLING, Ann. d. Phys. Bd. 61, S. 549. 1920.

Θ_j sei in den Gleichungen (14) und (14a) mit beantwortet. Das ist jedoch nicht der Fall, weil diese Gleichungen das Hookesche Gesetz zur Voraussetzung haben und es sich hier gerade um die Veränderlichkeit der elastischen Konstanten bei einer Deformation, also um die Abweichungen vom Hookeschen Gesetz handelt.

Eine Möglichkeit zur Berücksichtigung dieser Abweichungen gibt uns der Ansatz der Potenzgesetze für die Atomkräfte (Ziff. 7—12). Indem wir bezüglich einer strengeren Darstellung auf Borns Atomtheorie des festen Zustandes[1] verweisen, begnügen wir uns hier, eine hinsichtlich des Absolutwertes zwar rohe, hinsichtlich des Einflusses einer Volumänderung aber hinreichend genaue Berechnung der Grenzfrequenz eines einatomigen festen Körpers aus den Potenzgesetzen abzuleiten[2].

Es werde angenommen, daß alle Atome außer einem festgehalten sind. Dieses eine werde um ζ aus seiner Ruhelage verschoben, wodurch die potentielle Energie $\frac{1}{2} D \zeta^2$ entstehe (D = Direktionskraft). Ist μ die Masse des Atoms, so kann es unter dem Einfluß der übrigen Atome Schwingungen ausführen mit der Frequenz

$$\nu = \frac{1}{2\pi} \sqrt{\frac{D}{\mu}} \, .$$

Nach den Potenzgesetzen der Ziff. 7 wirkt zwischen zwei Atomen im Abstande ϱ die Kraft

$$f(\varrho) = - \frac{m\,a}{\varrho^{m+1}} + \frac{n\,b}{\varrho^{n+1}} \, .$$

Ist N_p die Anzahl der Atome eines regulären Gitters im Abstande ϱ_p von dem schwingenden Atom und ϑ_p der Winkel der Verbindungslinie zum schwingenden Atom mit der Schwingungsrichtung ζ, so ist die zurückziehende Kraft

$$- D\zeta = \sum_p \{ f(\varrho_p + \zeta) - f(\varrho_p - \zeta) \} N_p \cos^2 \vartheta_p$$

oder angenähert

$$- D\zeta = 2\zeta \sum_p f'(\varrho_p) N_p \cos^2 \vartheta_p \, ,$$

wenn die Summe über die Atome eines Halbraumes erstreckt wird. Bei Summation über den ganzen Raum und Einführung des Wertes von $f(\varrho)$ und des Fundamentalabstandes $r = \sqrt[3]{\dfrac{V}{N}}$ folgt

$$D = - \frac{m(m+1)}{r^{m+2}} a\, s_m + \frac{n(n+1)}{r^{n+2}} b\, s_n \, ,$$

wo s_m entsprechend s_n gebaut ist und

$$s_n = \sum_p \left(\frac{r}{\varrho_p} \right)^{n+2} N_p \cos^2 \vartheta_p$$

nur von n und der Gitterstruktur des festen Körpers abhängt. Eliminiert man b mittels Gleichung (4) und setzt mit Rücksicht auf Gleichung (3)

$$\psi_n = \frac{s_n}{\sigma_n} = \frac{\displaystyle\sum_p \left(\frac{r}{\varrho_p} \right)^{n+2} N_p \cos^2 \vartheta_p}{\dfrac{1}{2} \displaystyle\sum_p \left(\frac{r}{\varrho_p} \right)^{n}} \, , \tag{27}$$

---

[1] S. 674 ff.
[2] E. Grüneisen, Ann. d. Phys. (4) Bd. 39, S. 257. 1912.

so ergibt sich schließlich

$$\nu^2 = \frac{1}{4\pi^2}\frac{D}{\mu} = \frac{m\,a\,\sigma_m}{4\pi^2\,\mu\,r^{m+2}}\left\{(n+1)\,\psi_n\left(\frac{r_0}{r}\right)^{n-m} - (m+1)\,\psi_m\right\}. \qquad (28)$$

Indem man hier die Gleichung (6) benutzt, kann man schreiben

$$\nu^2 = \frac{9\,r_0}{4\pi^2\,(n-m)\,\mu\,\varkappa_0}\left\{(n+1)\,\psi_n\left(\frac{r_0}{r}\right)^{n+2} - (m+1)\,\psi_m\left(\frac{r_0}{r}\right)^{m+2}\right\}, \qquad (29)$$

wodurch die Atomfrequenz wiederum mit den elastischen Eigenschaften des Stoffes, in diesem Falle allerdings nur mit dem Grenzwert der Kompressibilität für $T = 0$, $p = 0$ in Zusammenhang gebracht ist, während DEBYES Formel·(14) die Schallgeschwindigkeiten und damit auch die übrigen Elastizitätskonstanten enthält (beim isotropen Stoff also noch das Verhältnis von Querkontraktion zu Längsdilatation).

Führt man noch das Atomvolumen $V = N r^3$ und das Atomgewicht $M = N\mu$ ein, so läßt sich Gleichung (29) schreiben

$$\nu^2 = z^2\, N^{\frac{2}{3}}\,\frac{V_0^{\frac{1}{3}}}{M\varkappa_0}, \qquad (29\,\mathrm{a})$$

wo der Zahlenfaktor

$$z^2 = \frac{9}{4\pi^2}\,\frac{(n+1)\,\psi_n\left(\dfrac{V_0}{V}\right)^{\frac{n+2}{3}} - (m+1)\,\psi_m\left(\dfrac{V_0}{V}\right)^{\frac{m+2}{3}}}{n-m} \qquad (30)$$

jedenfalls von der Größenordnung 1 ist, sich aber mit dem Volumenverhältnis $V : V_0$ ändert.

Die Annahme der Potenzgesetze beeinflußt nur den Faktor z^2. Abgesehen von diesem ist Gleichung (29 a) identisch mit der zuerst von MADELUNG[1]) für Halogensalzgitter, später von EINSTEIN[2]) für einatomige Stoffe aufgestellten Formel, die sich zur Berechnung der Grenzfrequenz für die Darstellung der beobachteten Atomwärmen verwerten läßt, wenn man etwa $z^2 = 0{,}13$ setzt.

Was die Größe der Zahlen ψ_m und ψ_n betrifft, die durch Gleichung (27) definiert sind, so können für großes n die Summen im Zähler und Nenner schon nach Berücksichtigung der nächsten Nachbaratome abgebrochen werden, so daß ψ_n unabhängig von n wird. Mit abnehmendem Exponenten aber müssen auch entferntere Atome berücksichtigt werden, besonders im Nenner von ψ, wodurch dieser wesentlich größer wird als der Zähler. In dem von MIE und GRÜNEISEN betrachteten Falle $m \backsim 3$, der sich nach Ziff. 12 für homöopolare Stoffe theoretisch vielleicht begründen ließe, wird $\sigma_m \gg s_m$, $\psi_m \ll \psi_n$, so daß

$$\nu^2 = \frac{9\,(n+1)\,\psi_n}{4\pi^2\,(n-m)\,\mu\varkappa_0}\,\frac{r_0}{r}\left(\frac{r_0}{r}\right)^{n+2} = \frac{9\,(n+1)\,\psi_n}{4\pi^2\,(n-m)}\,\frac{N^{\frac{2}{3}}\,V_0^{\frac{1}{3}}}{M\varkappa_0}\left(\frac{V_0}{V}\right)^{\frac{n+2}{3}}. \qquad (29\,\mathrm{b})$$

Unter der genannten Voraussetzung $\psi_m \ll \psi_n$, die wohl auch für die einfachsten regulären Ionengitter ohne Gruppenbildung zutrifft, wird also die relative Änderung der Grenzfrequenz ν oder der charakteristischen Temperatur $\Theta = h\nu/k$ mit dem Atomabstand oder Volumen gegeben durch

$$-\frac{d\log\nu}{d\log r} = -\frac{d\log\Theta}{d\log r} = \frac{n+2}{2}; \qquad -\frac{d\log\nu}{d\log V} = -\frac{d\log\Theta}{d\log V} = \gamma = \frac{n+2}{6}. \qquad (31)$$

[1]) E. MADELUNG, Göttinger Nachr. 1909, S. 100; 1910, S. 43; Phys. ZS. Bd. 11, S. 898. 1910; s. auch W. SUTHERLAND, Phil. Mag. (6) Bd. 20, S. 657. 1910.
[2]) A. EINSTEIN, Ann. d. Phys. Bd. 34, S. 170. 1911.

Die relative Frequenzänderung wird also ein niedrigzahliges Vielfaches der relativen Volumänderung, wobei der Zahlenfaktor γ in einer einfachen Beziehung zum Exponenten der Abstoßungskraft steht. Die Zahl γ ist von der Größenordnung 1 und unter den gemachten Annahmen für jeden Stoff eine Konstante. Stoffe mit gleichen Abstoßungsexponenten sollten das gleiche γ besitzen.

Führt man nicht die Annahme $\psi_m \ll \psi_n$ ein, so erhält man aus Gleichung (29 a) allgemeiner [1])

$$- \frac{d \log \nu}{d \log V} = \gamma = \frac{1}{6} \frac{(n + 1)(n + 2)\psi_n - (m + 1)(m + 2)\psi_m}{(n + 1)\psi_n - (m + 1)\psi_m} . \tag{32}$$

Es ist leicht einzusehen, daß bei festgehaltenem n im Falle der Vernachlässigung von ψ_m der Wert von γ kleiner herauskommt, als wenn ψ_m merkliche Beträge hat. Denn im Zähler von (32) ist das zweite Glied im Verhältnis zum ersten kleiner als im Nenner. Der Nenner wird relativ stärker vermindert. als der Zähler, γ wächst mit wachsendem Einfluß des Strukturfaktors ψ_m. Im Grenzfalle $\psi_m = \psi_n$ wird

$$\gamma = \frac{m + n + 3}{6} . \tag{33}$$

Im allgemeinen hängen die Θ nicht allein vom Volumen, sondern von allen 6 Deformationskomponenten x_x, y_y, z_z, $y_z = z_y$, $z_x = x_z$, $x_y = y_x$, durch die eine beliebige Deformation beschrieben werden kann, ab. Der bisher betrachteten Größe $\gamma = - \dfrac{d \log \Theta}{d \log V}$ entsprechen die partiellen Differentialquotienten

$$\gamma_{xx} = - \frac{\partial \log \Theta}{\partial x_x} , \qquad \gamma_{yy} = - \frac{\partial \log \Theta}{\partial y_y} , \quad \dots \quad \gamma_{xy} = - \frac{\partial \log \Theta}{\partial x_y} . \tag{34}$$

Diese Koeffizienten sind im allgemeinen für jede Schwingungsart verschieden und für das elastische Frequenzspektrum von der Richtung der Welle im Kristall abhängig. Über ihre Zahlenwerte läßt sich theoretisch nur weniges sagen [2]).

Für reguläre einatomige Gitter, bei denen man meist mit einem Θ auskommt, gilt

$$\gamma_{xx} = \gamma_{yy} = \gamma_{zz} = \gamma ,$$

denn es ist bei einer Volumenänderung $(y_z = z_x = x_y = 0)$

$$- \frac{\Delta \Theta}{\Theta} = \gamma_{xx} x_x + \gamma_{yy} y_y + \gamma_{zz} z_z = \gamma \frac{\Delta V}{V} = \gamma (x_x + y_y + z_z) .$$

Für reguläre Ionengitter ohne Gruppenbildung werden zwar im allgemeinen mehrere Θ_j für die thermische Energie maßgebend sein, aber gleichwohl wird man als Näherung annehmen dürfen, daß

$$(\gamma_j)_{xx} = (\gamma_j)_{yy} = (\gamma_j)_{zz} = \gamma_j \tag{35}$$

und alle γ_j $(j = 1, 2, \dots 3\,p)$ einander gleich sind.

Für nichtreguläre Gitter ohne Gruppenbildung sind γ_{xx}, γ_{yy}, γ_{zz} im allgemeinen verschieden, aber doch von gleicher Größenordnung.

Hat ein Gitter Atomgruppen, welche in sich stärker gekoppelt sind als die Gruppen untereinander, so werden durch eine Volumänderung oder andere Deformationen die Abstände der Atome innerhalb der Gruppen weniger stark

---

[1]) E. Grüneisen, Ann. d. Phys. Bd. 39. S. 269. 1912, Gleichung (11a). Eine strengere Berechnung der Größe γ für zentrische Diagonalgitter gibt Born, Atomtheorie des festen Zustandes, S. 691 ff.

[2]) Vgl. hierzu P. Debye, Vorträge über die kin. Theorie der Materie und der Elektrizität, S. 40. 1914.

verändert werden als die Abstände der Gruppenschwerpunkte, zwischen denen verhältnismäßig schwache Kräfte wirksam sind. Daher werden auch die auf der starken Koppelung innerhalb der Gruppen beruhenden hohen Frequenzen, denen die Θ_j ($j = 4, \ldots 3p$) der Gleichungen (17) und (17a) entsprechen, sicherlich weniger beeinflußt werden als die verhältnismäßig niedrigen DEBYEschen Grenzfrequenzen des elastischen Spektrums, für welche die lose Koppelung zwischen den Gruppen maßgebend ist. Wir können es also je nach der Art der Schwingungen mit ganz erheblich verschiedenen γ-Werten zu tun haben. Sehen wir von den Unterschieden in den drei Richtungen x, y, z ab, so müssen wir vermuten, daß die γ_j ($j = 4, \ldots 3p$) wesentlich kleiner sein können als die γ_j ($j = 1, 2, 3$), und das um so mehr, je fester die Koppelung innerhalb der Gruppen ist, und wir können ferner annehmen, daß die γ_j ($j = 1, 2, 3$) etwa die gleiche Größe haben müssen wie die γ für reguläre einatomige Gitter ohne Gruppenbildung.

Die vorstehenden Betrachtungen sind zwar nur qualitativer Art und entbehren noch eines festen Fundaments, sie werden uns aber bei der Deutung der Folgerungen aus den Zustandsgleichungen von Nutzen sein.

19. Zustandsgleichung für isotrope oder regulär kristallisierende einatomige feste Körper bei Annahme der Potenzkraftgesetze. Aus Gleichung (24a) folgt nach Einführung des Wertes von Φ aus Gleichung (2a) und desjenigen für $-\dfrac{d \log \Theta}{d \log V}$ aus Gleichung (31) die Zustandsgleichung

$$\left[p + \frac{m}{3} \frac{A}{V^{\frac{m}{3}+1}} - \frac{n}{3} \frac{B}{V^{\frac{n}{3}+1}} \right] V = \frac{n+2}{6} E . \tag{36}$$

Setzt man hier $E = 3 RT$, $m = 3$, so hat man die MIEsche Zustandsgleichung. Statt (36) werden wir abkürzend schreiben

$$p V + G(V) = \gamma E , \tag{37}$$

wo

$$G(V) = \frac{m}{3} \frac{A}{V^{\frac{m}{3}}} - \frac{n}{3} \frac{B}{V^{\frac{n}{3}}} . \tag{38}$$

In Übereinstimmung mit Gleichung (4) ist also für $p = 0$ und $T = 0$

$$G(V_0) = 0 . \tag{38a}$$

20. Zustandsänderung bei konstantem Volumen. Einatomige reguläre Kristalle. Wenn wir einen festen Körper, dessen thermische Energie E sich durch eine einzige charakteristische Temperatur Θ darstellen läßt, bei konstant gehaltenem Volumen erwärmen, so gilt, gleichgültig welche spezielle Form Φ haben mag, nach Gleichung (24a)

$$\left(\frac{\partial p}{\partial T} \right)_V V = \gamma C_V ,$$

also mit Rücksicht auf eine bekannte thermodynamische Beziehung

$$- \frac{V \left(\dfrac{\partial V}{\partial T} \right)_p}{C_V \left(\dfrac{\partial V}{\partial p} \right)_T} = - \frac{V \left(\dfrac{\partial V}{\partial T} \right)_p}{C_p \left(\dfrac{\partial V}{\partial p} \right)_S} = \gamma . \tag{39}$$

Der Index S möge die adiabatische Zustandsänderung andeuten. Auf der linken Seite von Gleichung (39) stehen lauter beobachtbare Größen, Atomvolumen, thermischer Ausdehnungskoeffizient, Atomwärme und Kompressibilität, aus denen die wichtige Zahl γ berechnet werden kann.

Tabelle 4 gibt die γ-Werte für alle regulär kristallisierenden Elemente, für welche die fraglichen Größen bekannt sind (s. die ersten Spalten der Tabelle).

Tabelle 4[1]).

Thermoelastische Eigenschaften regulär kristallisierender Elemente (20°C).

	Gruppe des period. Systems	Atom-gew. M	Dichte s	Atom-volum V	Ausd.-Koeff. $\frac{1}{V}\cdot\frac{\partial V}{\partial T}\cdot 10^6$	Kompressib. $-\frac{1}{V}\left(\frac{\partial V}{\partial p}\right)_T\cdot 10^{12}$	Atomwärme $C_V\cdot 10^{-7}$	$-\dfrac{V\frac{\partial V}{\partial T}}{C_V\frac{\partial V}{\partial p}}=\gamma$	n aus Glchg. (31)
Li	I	6,94	0,546	12,7	180	8,9	22,0	1,17	5,0
Na		23,00	0,971	23,7	216	15,8	26,0	1,25	5,5
K		39,10	0,862	45,5	250	33	25,8	1,34	6,0
Rb		85,5	1,53	56,0	270	40	25,6	1,48	6,9
Cs		132,8	1,87	71,0	290	61	26,2	1,29	5,7
Cu		63,57	8,92	7,1	49,2	0,75	23,7	1,96	9,8
Ag		107,88	10,49	10,3	57	1,01	24,2	2,40	12,4
Au		197,2	19,2	10,3	43,2	0,59	24,9	3,03	16,2
Al	III	26,97	2,70	10,0	67,8	1,37	22,8	2,17	11,0
C[2]) (Diamant)	IV	12,00	3,51	3,42	2,91	0,16	5,66	1,10	4,6
Pb		207,2	11,35	18,2	86,4	2,30	25,0	2,73	14,4
P (weiß)	V	31,04	1,83	17,0	370	20,5	24	1,28	5,7
Ta		181,5	16,7	10,9	19,2	0,49	24,4	1,75	8,5
Mo	VI	96,0	10,2	9,5	15,0	0,36	25,2	1,57	7,4
W		184,0	19,2	9,6	13,0	0,30	25,8	1,62	7,7
Mn	VII	54,93	7,37	7,7	63	0,84	23,8	2,42	12,5
Fe	VIII	55,84	7,85	7,1	33,6	0,60	24,8	1,60	7,6
Co		58,97	8,8	6,7	37,2	0,55	24,2	1,87	9,2
Ni		58,68	8,7	6,7	38,1	0,54	25,2	1,88	9,3
Pd		106,7	12,0	8,9	34,5	0,54	25,6	2,23	11,4
Pt		195,2	21,3	9,2	26,7	0,38	25,5	2,54	13,2

Mangan ist mit aufgenommen, obwohl es in drei Modifikationen vorkommen soll[3]), von denen zwei je einem komplizierten kubischen System, die dritte dem tetragonalen System angehören und es zweifelhaft ist, auf welche Modifikation sich die Beobachtungen der Tabelle beziehen.

In der letzten Spalte von Tabelle (4) sind noch unter der Annahme, daß Gleichung (31) gültig sei, die Exponenten $n = 6\gamma - 2$ berechnet worden. Da über den Wert von m keine Annahme gemacht zu werden braucht, so könnte sowohl die Vorstellung neutraler Atome in den Gitterpunkten, zwischen denen

---

[1]) Die Zahlen sind teils aus Landolt-Börnstein, Physik.-Chem. Tabellen 1923 übernommen, teils aus den Arbeiten von Th. W. Richards, Journ. Amer. Chem. Soc. Bd. 37, S. 1643. 1915; E. Grüneisen, Ann. d. Phys. Bd. 25, S. 825. 1908; Bd. 33, S. 1239. 1910; E. Madelung u. R. Fuchs, ebenda Bd. 65, S. 289. 1921; L. H. Adams, E. D. Williamson u. John Johnston, Journ. Amer. Chem. Soc. Bd. 41, S. 1. 1919; L. H. Adams, Journ. Washington Acad. Bd. 11, S. 45. 1921; P. W. Bridgman, Proc. Amer. Acad. Bd. 58, S. 163. 1923. Die Kompressibilitäten gelten für den Druck 0. Alle Zahlen gelten für Zimmertemperatur.

[2]) Die Kompressibilität des Diamanten ist von Adams und Williamson später (Journ. Frankl. Inst. Bd. 195, S. 475. 1923) noch erheblich höher zu $0{,}19\cdot 10^{-12}$ gefunden. Wir bleiben bei der zuerst bestimmten Zahl, da die Kompressibilität des Bezugsmaterials Stahl mit $0{,}60\cdot 10^{-12}$ mit Rücksicht auf das angewendete hohe Druckintervall (2000 bis 10000 Megabar) etwa um $0{,}03\cdot 10^{-12}$ zu hoch angesetzt sein dürfte.

[3]) A. Westgren u. G. Phragmén, ZS. f. Phys. Bd. 33, S. 777. 1925.

Kräfte vorläufig unbekannter Art anziehend wirken, wie auch die HABERsche Vorstellung ineinandergestellter Atomionen und Elektronen od. dgl. zur Anwendung kommen.

Die γ und n sind, wie die Theorie verlangt, für die verschiedenen Elemente von gleicher Größenordnung, was in Anbetracht der im Verhältnis 1 : 400 verschiedenen Kompressibilitäten sehr beachtenswert ist. Sie schwanken zwar nicht unbeträchtlich von Element zu Element, aber die Schwankungen sind nicht zufällig, sondern zeigen gewisse Gesetzmäßigkeiten, die man am besten erkennt, wenn man die Elemente, welche gleiche Kristallstruktur besitzen, zusammenstellt. Tabelle 5a vereinigt die raumzentrierten, 5b die flächenzentrierten kubischen Elemente[1]). Ihre Reihenfolge entspricht ihrer Ordnungszahl, nur daß die Alkalimetalle als Gruppe für sich vorangestellt sind. Man erkennt nun folgendes: Die Alkalimetalle haben die kleinsten γ und n, die übrigen raumzentrierten Elemente haben deutlich größere Werte, innerhalb jeder Gruppe ist eine bemerkenswerte Konstanz zu erkennen. Die flächenzentrierten Elemente haben noch größere γ und n, die im großen und ganzen mit wachsender Ordnungszahl steigen.

Tabelle 5. Abstoßungsexponenten.

a) Raumzentrierte Kuben			b) Flächenzentrierte Kuben		
	γ	n		γ	n
Li	1,17	5,0	Al	2,17	11,0
Na	1,25	5,5	Co	1,87	9,2
K	1,34	6,0	Ni	1,88	9,3
Rb	1,48	6,9	Cu	1,96	9,8
Cs	1,29	5,7	Pd	2,23	11,4
Fe	1,60	7,6	Ag	2,40	12,4
Mo	1,57	7,4	Pt	2,54	13,2
Ta	1,75	8,5	Au	3,03	16,2
W	1,62	7,7	Pb	2,73	14,4

Der Diamant mit seiner besonderen Struktur und Phosphor würden sich der Gruppe der Alkalimetalle anpassen, Mangan der Gruppe der flächenzentrierten kubischen Elemente.

Wie früher angegeben (Ziff. 10) sind Werte von n zwischen 5 und 9 von BORN und LANDÉ für gewisse Spezialfälle elektrostatisch sich abstoßender Elektronensysteme theoretisch abgeleitet worden. Ein Anwachsen der n-Werte über 9 läßt sich entweder auf Elektronensysteme zurückführen, die den Atomkern sehr geschlossen einhüllen, wie bei schweren Atomen, oder darauf, daß die Anwendung der Gleichung (31) zur Berechnung von n unzulässig ist und daß vielmehr Gleichung (32) Platz greifen müßte. Nach dieser würden sich die n aus den γ kleiner ergeben, und zwar im Grenzfall (Gleichung 33) um $m + 1$ (d. h. um 2 bis 4). Aus den Gleichungen (8) und (9) hatte HABER unter der Annahme der ineinandergestellten Atomionen- und Elektronengitter für Cu $n = 8,0$, für Ag $n = 9,0$ abgeleitet, Zahlen, die in der Tat etwas kleiner sind, als die in Tabelle 5.

Sehr auffallend ist die Kleinheit des γ für den Diamanten. Sie deutet darauf hin, daß seine homöopolare Bindung von anderer Art ist, als die der Metalle. LANDÉ[2]) hat aus der Sublimationswärme (168 kcal./Mol) und der Kompressibilität $(0{,}16 \cdot 10^{-12}\,\mathrm{cm^2/Dyn})$ nach Gleichung (7) das Produkt $m \cdot n = 27$ ermittelt. Andererseits hat er für sein Diamantgittermodell ein Potential abgeleitet, das mit einem Anziehungsglied vom Exponenten $m = 5$ beginnt. Der Abstoßungsexponent n würde damit ebenso unwahrscheinlich klein herauskommen, wie in Tabelle 4, nämlich ungefähr von gleicher Größe wie m. Es scheint daher entweder die Kompressibilität oder die Sublimationswärme des Diamanten zu groß eingesetzt (s. Ziff. 12) oder der Ansatz der Potenz-Kraftgesetze und damit auch

---

[1]) Von Rb und Cs ist die Struktur noch nicht bekannt, doch ist wohl wahrscheinlich, daß sie auch raumzentriert kristallisieren.

[2]) A. LANDÉ, ZS. f. Phys. Bd. 6, S. 10. 1921.

die Deutung von γ nach Gleichung (31) oder (32) für homöopolare Bindungen, wie sie der Diamant hat, unerlaubt zu sein.

Läßt man den Diamanten vorläufig als zweifelhaft außer Betracht, so läßt sich zusammenfassend sagen, daß für die regulär kristallisierenden Elemente die aus Gleichung (39) abgeleiteten Exponenten der Abstoßungskraft diejenige Größenordnung haben, die nach der elektrostatischen Deutung dieser Kraft zu erwarten ist[1]).

In recht befriedigender Weise ist die Forderung aus Gleichung (31) erfüllt, daß γ von der Temperatur unabhängig sein soll. Denn die Erfahrung [2]) hat gezeigt, daß für die obengenannten Stoffe, einschließlich Diamant, das Verhältnis von Ausdehnungskoeffizient zu Atomwärme $\dfrac{\partial V}{\partial T} : C_p$ in tiefer Temperatur nahezu unabhängig von T ist, in höherer Temperatur langsam ansteigt. Dasselbe gilt von der adiabatischen Kompressibilität $\dfrac{1}{V}\left(\dfrac{\partial V}{\partial p}\right)_s$. Also kann sich auch γ nur sehr wenig mit T ändern. Näheres s. Ziff. 24.

Mehratomige reguläre Kristalle ohne Gruppenbildung. Ähnlich einfach, wie die bisher besprochenen Stoffe, verhalten sich die zweiatomigen regulären Ionengitter ohne Gruppenbildung, denen wir Flußspat und vielleicht auch mit einer gewissen Einschränkung wegen seines Parameters[3]) den Pyrit zurechnen dürfen. Sind nämlich die Bedingungen (35) erfüllt, so geht die Zustandsgleichung (26) über in (25), der Kristall verhält sich bei reiner Volumenänderung wie ein isotroper fester Körper, und daraus folgt wieder die Beziehung (39), wo nunmehr V das Molvolumen, C_V die Molwärme bedeutet. Da für diese Ionengitter die angenäherte Gültigkeit der Potenz-Kraftgesetze mit $m = 1$, $n \gg m$ am sichersten erwiesen ist, so darf auch Gleichung (31)

$$\gamma = \frac{n+2}{6}$$

als angenähert gültig angenommen werden und daher erhalten wir aus Gleichung (39) wiederum Werte für den Abstoßungsexponenten n, die wir mit dem theoretischen Bornschen Werte $n = 9$ oder mit den früher angegebenen aus der Kompressibilität abgeleiteten (Ziff. 11) vergleichen können. Wie Tabelle 6 beweist, haben sowohl die γ für die einfachsten Ionengitter die gleiche Größenordnung wie der Mittelwert von γ für die einatomigen Elemente, als auch sind die hier erhaltenen n in verhältnismäßig befriedigender Übereinstimmung mit $n = 9$, bzw. mit den von Born aus der Kompressibilität berechneten Zahlen. Vgl. auch die Zusammenstellung der n in Tabelle 11.

Aus der hier gegebenen Darstellung würde folgen, daß auch für die besprochenen Ionengitter γ, und damit auch angenähert das Verhältnis von Ausdehnungskoeffizient und Molwärme, unabhängig von der Temperatur sein müßte. Daß diese Folgerung sich ziemlich gut bestätigt, wird in Ziff. 24 gezeigt werden.

Borns strengere Rechnung[4]) ergibt allerdings ein Anwachsen von γ mit der Temperatur. Beim absoluten Nullpunkt sollte für die Alkalihalogensalze vom NaCl-Typ etwa $\gamma = 1,5$, in hoher Temperatur $= 2,2$ sein.

---

[1]) Über eine Abschätzung der Werte γ und $m \cdot n$ für Argon vgl. F. Simon u, Cl. v. Simson, ZS. f. Phys. Bd. 25, S. 160. 1924.
[2]) E. Grüneisen, Ann. d. Phys. Bd. 26, S. 211. 1908.
[3]) P. P. Ewald, Kristalle und Röntgenstrahlen, S. 304. 1923.
[4]) M. Born, Atomtheorie des festen Zustandes, S. 697 u. 741. 1923.

Tabelle 6[1]).

Thermoelastische Eigenschaften regulär kristallisierender Verbindungen ohne Gruppenbildung.

	Mol-gew. M	Dichte s	Mol-volum V	Ausd.-Koeff. $\frac{1}{V}\cdot\frac{\partial V}{\partial T}\cdot 10^6$	Kompressib. $-\frac{1}{V}\left(\frac{\partial V}{\partial p}\right)_T\cdot 10^{12}$	Atomwärme $C_V\cdot 10^{-7}$	$-\dfrac{V\frac{\partial V}{\partial T}}{C_V\frac{\partial V}{\partial p}}=\gamma$	n aus Glchg. (31)
NaCl	58,46	2,16	27,1	121	4,2	47,6	1,63	7,8
NaBr	102,9	3,20	32,1	(120)	5,1	48,4	(1,56)	(7,4)
KCl	74,6	1,99	37,5	114	5,6	47,7	1,60	7,6
KBr	119,0	2,75	43,3	126	6,7	48,4	1,68	8,1
KJ	166,0	3,12	53,2	128	8,6	48,7	1,63	7,8
RbBr	165,4	3,35	49,4	(107)	7,9	48,9	(1,37)	(6,2)
RbJ	212,4	3,55	59,8	(102)	9,6	49,5	(1,41)	(6,5)
AgCl	143,3	5,55	25,8	99	2,4	50,2	2,12	10,7
AgBr	187,8	6,32	29,7	104	2,7	50,1	2,28	11,7
CaF$_2$ (Flußspat)	78,1	3,18	24,6	56,4	1,24	65,8	1,70	8,2
FeS$_2$ (Pyrit)	120,0	4,98	24,1	26,2	0,71	59,9	1,47	6,8
PbS (Bleiglanz)	239,3	7,55	31,7	60	1,96	50	1,94	9,6

Nicht reguläre Kristalle. Für nicht reguläre Stoffe hat die Bildung des Ausdrucks (39) einen zweifelhaften Wert. Immerhin gibt er häufig (s. Tab. 7) einen Anhalt dafür, ob man es mit Stoffen ohne oder mit Gruppenbildung zu tun hat. Im ersten Falle [z. B. Mg, Zn, Cd, Tl, Sn, J(?)] hat jener Ausdruck die normale Größenordnung (wieder mit wachsendem Atomgewicht steigend) und ist auch wenig abhängig von der Temperatur[2]), weil anscheinend auch hier die Bedingung (35) einigermaßen erfüllt ist, im zweiten Falle (As, Sb, Bi, S, Te, Quarz, Kalkspat usw.) ist jener Ausdruck wesentlich kleiner, weil der Ausdehnungskoeffizient unverhältnismäßig klein ist, und nimmt vermutlich erst in tiefster Temperatur, wo die inneren Schwingungen ($j = 4\ldots 3p$) mit ihren kleineren γ_j (Ziff. 18) keine merkliche Energie mehr besitzen, die normale Größe an[3]). Bestätigt wird diese theoretische Folgerung dadurch, daß bei Sb, Bi[4]), und noch viel deutlicher beim Quarz[5]), der kubische Ausdehnungskoeffizient mit T langsamer sinkt als C_V, so daß z. B. für Quarz im Intervall $20,4°-80,6°$ abs.
$$\left(-V\frac{\partial V}{\partial T}\right):\left(C_V\frac{\partial V}{\partial p}\right)$$ mehr als doppelt so groß ist, wie die Zahl der Tabelle 7, also dem normalen Wert für einatomige Elemente schon sehr nahe gerückt ist. Für die übrigen Stoffe fehlt es bisher noch an Messungen in tiefer Temperatur. Solche wären besonders für Kalkspat und Aragonit von Interesse. Denn hier scheint eine Ausnahme der oben ausgesprochenen Regel betreffs Gruppenbildung vorzuliegen. Der Aragonit besitzt, obwohl er nach W. L. Bragg[6]) dieselben

---

[1]) Die Zahlen sind den Landolt-Börnstein-Tabellen entnommen; besonders berücksichtigt sind E. Madelung u. R. Fuchs, Ann. d. Phys. Bd. 65, S. 289. 1921; J. C. Slater, Phys. Rev. Bd. 23, S. 488. 1924; Baxter u. Wallace, Journ. Amer. Chem. Soc. Bd. 38, S. 259. 1916 (wiedergegeben bei Fajans u. Grimm, ZS. f. Phys. Bd. 2, S. 300. 1920); die meisten Ausdehnungskoeffizienten sind nach Fizeau zitiert, nur für NaBr, RbBr und RbJ nach Baxter u. Wallace; deren Ausdehnungskoeffizienten sind durchweg zu klein, wie ein Vergleich mit Fizeau lehrt, daher geklammert.
[2]) E. Grüneisen u. E. Goens, ZS. f. Phys. Bd. 29, S. 141. 1924.
[3]) Näheres s. bei E. Grüneisen, Rapports du Conseil Solvay (1913), 1921, S. 276ff.
[4]) E. Grüneisen, Ann. d. Phys. Bd. 33, S. 73. 1910.
[5]) Ch. L. Lindemann, Phys. ZS. Bd. 13, S. 737. 1912.
[6]) W. L. Bragg, Proc. Roy. Soc. London Bd. 105, S. 16. 1924.

Tabelle 7[1]).

Thermoelastische Eigenschaften nicht regulärer Elemente und Verbindungen, teils ohne, teils mit Gruppenbildung. Alle Zahlen gelten für Zimmertemperatur.

	Gruppe des period. Systems; Struktur	M	s	V	$\frac{1}{V}\frac{\partial V}{\partial T}\cdot 10^6$	$-\frac{1}{V}\left(\frac{\partial V}{\partial p}\right)\cdot 10^{12}$	$C_V\cdot 10^{-7}$	$-\dfrac{V\frac{\partial V}{\partial T}}{C_V\frac{\partial V}{\partial p}}$
Mg	II	24,32	1,69	14,4	75	3,0	23,8	1,51
Zn	hex.	65,37	7,13	9,2	90	1,72	24,0	2,01
Cd		112,4	8,65	13,0	93	2,25	24,5	2,19
Tl	III	204,0	11,8	17,3	90	2,3	24,8	2,73
	tetrag.							
Sn	IV	118,7	7,30	16,3	64	1,91	25,5	2,14
As	V	74,96	5,7	13,2	16	4,5	24,3	0,19
Sb	trig.	120,2	6,68	18,0	33	2,7	24,1	0,92
Bi		209,0	9,80	21,3	40	2,97	25,2	1,14
S	rhomb.	32,07	2,07	15,5	180	12,9	21,6	1,00
	VI							
Te	trig.	127,5	6,2	20,6	52,8	5,18	25,2	0,83
	VII							
J	rhomb.	126,9	4,9	25,9	250	13,0	24,1	2,07
SiO_2 (Quarz)	trig.	60,3	2,649	22,8	36,2	2,67	43,7	0,71
TiO_2 (Rutil)	tetrag.	80,1	4,250	18,9	23,7	0,58	59	1,3
SiO_2ZrO_2 (Zirkon)	tetrag.	182,9	4,6	39,8	9,1	0,85	100	0,43
$Be_3Al_2(SiO_3)_6$ (Beryll)	hex.	539,3	2,703	199	1,2 [2])	0,57	447	0,09
$CaCO_3$ (Kalkspat)	trig.	100,07	2,71	37,0	15,4	1,34	80,5	0,51
$CaCO_3$ (Aragonit)	rhomb.		2,932	34,2	61,9	1,53	81,5	1,68

CO_3-Gruppen wie der Kalkspat enthält, einen viel größeren Volumausdehnungskoeffizienten als der Kalkspat und demnach einen normalen Wert für

$$-V\frac{\partial V}{\partial T}:\left(C_V\frac{\partial V}{\partial p}\right).$$

Es muß in der anderen Anordnung der CO_3-Gruppen und dem infolgedessen dichteren (und doch kompressibleren!) Kristallgitter des Aragonit begründet liegen, daß durch Deformationen die Frequenzen der inneren Schwingungen stärker beeinflußt werden, als beim Kalkspat. Jedenfalls wäre zu erwarten, daß beim Aragonit das Verhältnis $\frac{\partial V}{\partial T}:C_V$ sich mit abnehmender Temperatur verhältnismäßig wenig ändert. Ähnliches gilt für Rutil.

Die in Gleichung (39) ausgedrückte Beziehung gehört zu den ältesten Beständen der Theorie fester Körper. Guldberg[3]) hat für „ideale feste Stoffe"

---

[1]) Siehe die Anmerkungen zu Tabelle 4 und 6. Wegen der therm. Ausdehnung sei verwiesen auf die Zusammenstellung von K. Schulz, Fortschr. d. Mineral., Kristallogr. u. Petrogr. Bd. 4, S. 337. 1914; Bd. 5, S. 293. 1916; Bd. 6, S. 137. 1920; Bd. 7, S. 327. 1922. Hier findet sich auch in Bd. 4, S. 376 der Hinweis, daß der in die deutsche Literatur aus Pogg. Ann. Bd. 135, S. 372. 1868 übernommene Ausdehnungskoeffizient von Zirkon nach Fizeau durch Fortlassen einer Null 10mal zu groß ist. Oben ist der Wert aus der Originalabhandlung in den C. R. genommen, welcher offenbar der richtige ist.

[2]) Von Fizeau und Benoit nicht ganz übereinstimmend gemessen.

[3]) Guldberg, Forh. Kristiania 1867, S. 140; Ostwalds Klassiker Nr. 139, S. 8.

die Gleichung

$$V \frac{\partial V}{\partial T} = \text{const} \, \frac{\partial V}{\partial p}$$

aufgestellt und gibt an, daß sie schon früher von VOGEL gefunden sei. Später sind SLOTTE[1]) und MIE[2]) zu Gleichungen derselben oder ähnlicher Form gelangt. GRÜNEISEN schreibt Gleichung (39) auch in der Form

$$\left(\frac{\partial p}{\partial u}\right)_V = \gamma \,,$$

wo $u = U/V$ die Energie im cm³, d. h. die Energiedichte des festen Körpers bedeutet. Man kann die Beziehung dann so aussprechen: Die Änderung des Drucks mit der Energiedichte bei konstant gehaltenem Volumen ist für isotrope und regulär kristallisierende Stoffe ohne Gruppenbildung von gleicher Größenordnung und fast unabhängig von der Temperatur.

21. Verhältnis der spezifischen Wärmen für Stoffe mit nur einem γ. Aus der bekannten thermodynamischen Gleichung für das Verhältnis der spezifischen Wärmen bei konstantem Druck und konstantem Volumen

$$\frac{C_p}{C_V} = 1 - T \frac{\left(\frac{\partial V}{\partial T}\right)^2}{C_V \left(\frac{\partial V}{\partial p}\right)_T} = 1 - \frac{V \frac{\partial V}{\partial T}}{C_V \frac{\partial V}{\partial p}} \cdot \frac{T}{V} \frac{\partial V}{\partial T}$$

folgt für diejenigen festen Körper, für welche die Beziehung (39) gilt, die einfache Formel

$$\frac{C_p}{C_V} = 1 + \gamma \frac{T}{V} \left(\frac{\partial V}{\partial T}\right)_p = 1 - \frac{T}{\Theta} \left(\frac{\partial \Theta}{\partial T}\right)_p , \qquad (40)$$

welche sich auch praktisch gut verwerten läßt, weil die Zahl γ (Größenordnung 2) als temperaturunabhängig gelten kann. Zur Reduktion von C_p-Beobachtungen auf C_V haben NERNST und LINDEMANN[3]) unter nochmaliger Einführung der Beziehung, daß $\frac{\partial V}{\partial T} : C_p$ merklich unabhängig von T ist, statt (40) die Formel

$$C_p - C_V = a T C_p^2$$

angewandt, wo a für eine Temperatur bestimmt sein muß. Tabelle 8 zeigt, wie verhältnismäßig gering für die meisten einatomigen Elemente der Unterschied zwischen C_p und C_V ist.

22. Adiabatische Zustandsänderung. Änderung der adiabatischen Kompressibilität mit Temperatur und Druck. Nach der Thermodynamik tritt bei adiabatischer Druckänderung eine Temperaturänderung ein

Tabelle 8.
Verhältnis der spez. Wärmen bei konst. Druck und konst. Volumen bei 20° C und niedrigem Druck.

Element	$\frac{C_p}{C_V}$	Element	$\frac{C_p}{C_V}$
Li	1,056	Ta	1,010
Na	1,079	Mo	1,007
K	1,10	W	1,006
Rb	1,11	Mn	1,044
Cs	1,11	Fe	1,016
Cu	1,028	Co	1,020
Ag	1,040	Ni	1,021
Au	1,038	Pd	1,022
Al	1,043	Pt	1,020
Pb	1,067		

$$\frac{1}{T} \left(\frac{\partial T}{\partial p}\right)_S = \frac{1}{C_p} \left(\frac{\partial V}{\partial T}\right)_p .$$

---

[1]) SLOTTE, Öfversigt Finska Vetensk.-Soc. Förh. Bd. 35, S. 16. 1893.
[2]) G. MIE, Ann. d. Phys. Bd. 11, S. 657. 1903, Gleichung (37).
[3]) W. NERNST u. F. A. LINDEMANN, ZS. f. Elektrochem. Bd. 17, S. 817. 1911.

Demnach ist für alle festen Körper, für welche Gleichung (39) gilt,

$$\frac{1}{T}\left(\frac{\partial T}{\partial p}\right)_S = \frac{1}{C_p}\left(\frac{\partial V}{\partial T}\right)_p = -\gamma\,\frac{1}{V}\left(\frac{\partial V}{\partial p}\right)_S = \frac{1}{\Theta}\left(\frac{\partial \Theta}{\partial p}\right)_S. \tag{41}$$

Die relative Temperaturänderung ist gleich der relativen Frequenzänderung und γ-mal, d. h. etwa doppelt so groß wie die Kompressibilität. Dieser Satz folgt auch unmittelbar daraus, daß für jene Stoffe die Entropie S eine Funktion von Θ/T ist, daß also bei konstant gehaltener Entropie auch Θ/T konstant bleiben muß. Weiter folgt, daß auch jede Funktion von Θ/T konstant bleibt, z. B. C_V, während nach Gleichung (13) und (41)

$$\left(\frac{\partial E}{\partial p}\right)_S = \frac{1}{\Theta}\left(\frac{\partial \Theta}{\partial p}\right)_S E = -\gamma\,\frac{1}{V}\left(\frac{\partial V}{\partial p}\right)_S E. \tag{42}$$

Die thermische Energie ändert sich bei adiabatischer Druckänderung im gleichen Verhältnis wie die Frequenz (Θ).

Die adiabatische Kompressibilität erhält man durch Differentiation der Zustandsgleichung (37) nach p bei konstanter Entropie mit Rücksicht auf (42) nach einigen Umformungen

$$-\left(\frac{\partial V}{\partial p}\right)_S = \frac{V}{p\,(1+\gamma) + G'(V) + \dfrac{\gamma}{V}\,G(V)}. \tag{43}$$

Wir entnehmen hieraus zunächst, daß beim absoluten Nullpunkt und für niedrige Drucke nach Gleichung (38a)

$$-\left(\frac{\partial V}{\partial p}\right)_{p=0,\,T=0} = \frac{V_0}{G'(V_0)} \tag{43a}$$

und daher die Kompressibilität, wie schon in Gleichung (6) vorausgenommen,

$$\varkappa_0 = -\frac{1}{V_0}\left(\frac{\partial V}{\partial p}\right)_{p=0,\,T=0} = \frac{9\,V_0^{\frac{m}{3}+1}}{m\,(n-m)\,A} = \frac{9\,r_0^{m+3}}{m\,(n-m)\,\sigma_m\,a}. \tag{6}$$

Über die Form dieses Ausdrucks nach Einführung der COULOMBschen Kraft und seine Prüfung an der Erfahrung s. Ziff. 11.

Für beliebige Temperaturen, aber bei so niedrigen Drucken, daß das erste Glied im Nenner von Gleichung (43) vernachlässigt werden kann, erhält man nach einigen leichten Rechnungen[1])

$$\varkappa_S = -\frac{1}{V_0}\left(\frac{\partial V}{\partial p}\right)_S = \varkappa_0\left(\frac{V}{V_0}\right)^{\frac{m+n+6}{3}-\gamma}, \tag{44}$$

oder angenähert

$$\varkappa_S = \varkappa_0\left[1 + \left(\frac{m+n+6}{3} - \gamma\right)\frac{V-V_0}{V_0}\right]. \tag{44a}$$

Nun ist wegen der wiederholt benutzten Beziehung zwischen Atomwärme und Ausdehnungskoeffizient in erster Näherung [s. Ziff. 24, Gleichung (54)]

$$\frac{V-V_0}{V_0} = \frac{E}{Q_0},$$

---

[1]) E. GRÜNEISEN, Ann. d. Phys. Bd. 39, S. 277ff. 1912.

wenn

$$Q_0 = \left(\frac{C_p}{\dfrac{1}{V}\dfrac{\partial V}{\partial T}}\right)_{T=0} = \left(\frac{V\Theta}{\dfrac{\partial\Theta}{\partial p}}\right)_{T=0} \tag{45}$$

gesetzt wird. Also können wir (44a) auch schreiben

$$\varkappa_S = \varkappa_0\left[1 + \left(\frac{m+n+6}{3} - \gamma\right)\frac{E}{Q_0}\right]. \tag{44b}$$

Aus Gleichung (44) folgt

$$\frac{1}{\varkappa_S}\frac{\partial\varkappa_S}{\partial T} = \left(\frac{m+n+6}{3} - \gamma\right)\frac{1}{V}\frac{\partial V}{\partial T}. \tag{46}$$

Die adiabatische Kompressibilität wächst mit zunehmender Temperatur um einen Betrag, der der thermischen Energie proportional ist. Der Temperaturkoeffizient von $\varkappa_S$ ist ein niedrigzahliges Vielfaches des Volumausdehnungskoeffizienten. Er ist also sehr klein.

Ähnlich ergibt sich der Druckkoeffizient der Kompressibilität durch logarithmische Differentiation von Gleichung (43) nach p bei konstanter Entropie zu

$$-\frac{1}{\varkappa_S}\frac{\partial\varkappa_S}{\partial p} = \frac{m+n+9}{3}\varkappa_S. \tag{47}$$

Die adiabatische Kompressibilität nimmt ab mit wachsendem Druck, und zwar ist der Druckkoeffizient ein niedrigzahliges Vielfaches der Kompressibilität selbst. Je kompressibler der Stoff, um so stärker ändert sich seine Kompressibilität mit dem Druck.

Da in der Regel die isotherme, nicht aber die adiabatische Kompressibilität beobachtet wird, läßt sich eine experimentelle Bestätigung der Formeln (46) und (47) nicht unmittelbar geben. Andererseits ist der theoretische Nachweis des kleinen positiven Temperaturkoeffizienten von $\varkappa_S = -\dfrac{1}{V_0}\left(\dfrac{\partial V}{\partial p}\right)_S$ im Hinblick auf Gleichung (39) wichtig, weil damit aus der theoretisch geforderten Konstanz von γ der experimentell nachgewiesene nur geringe Anstieg von $\dfrac{\partial V}{\partial T}:C_p$ mit wachsendem T auch theoretisch folgt.

23. Isotherme Zustandsänderung. Änderung der isothermen Kompressibilität mit Temperatur und Druck. Wir fragen zunächst wieder nach der Änderung von Atomfrequenz (Θ), Atomwärme und thermischer Energie für solche Stoffe, die der Gleichung (39) genügen. Nach der Differentiationsregel

$$\left(\frac{\partial}{\partial p}\right)_S = \left(\frac{\partial}{\partial p}\right)_T + \left(\frac{\partial}{\partial T}\right)_p\left(\frac{\partial T}{\partial p}\right)_S$$

folgt mit Rücksicht auf die Gleichungen (40), (41) und (42)

$$\frac{1}{\Theta}\left(\frac{\partial\Theta}{\partial p}\right)_T = \frac{1}{\Theta}\left(\frac{\partial\Theta}{\partial p}\right)_S\frac{C_p}{C_V} = \frac{1}{C_V}\left(\frac{\partial V}{\partial T}\right)_p, \tag{48}$$

$$\left(\frac{\partial C_V}{\partial p}\right)_T = -\frac{T}{\Theta}\left(\frac{\partial\Theta}{\partial p}\right)_S\left(\frac{\partial C_V}{\partial T}\right)_p, \tag{48a}$$

$$\left(\frac{\partial E}{\partial p}\right)_T = -\frac{1}{\Theta}\left(\frac{\partial\Theta}{\partial p}\right)_S\left[T\left(\frac{\partial E}{\partial T}\right)_p - E\right]. \tag{48b}$$

Bei isothermer Drucksteigerung wächst also die Atomfrequenz im Verhältnis $C_p : C_V$ stärker als bei adiabatischer Drucksteigerung, Atomwärme und thermische Energie nehmen ab. Denn $(\partial E/\partial T)_p$ hat einen Wert zwischen C_p und C_V [s. Gleichung (52)], also ist der Ausdruck in der eckigen Klammer positiv.

Die isotherme Kompressibilität erhält man durch Differentiation der Zustandsgleichung (37) nach p bei konstantem T oder am einfachsten aus Gleichung (44a) auf Grund der thermodynamischen Beziehung

$$\frac{\varkappa_T}{\varkappa_S} = \frac{C_p}{C_V} = 1 + \gamma \frac{T}{V} \frac{\partial V}{\partial T}$$

zu

$$\varkappa_T = \varkappa_0 \left[1 + \left(\frac{m+n+6}{3} - \gamma \right) \frac{V - V_0}{V_0} + \gamma \frac{T}{V} \frac{\partial V}{\partial T} + \cdots \right] \tag{49}$$

Da $T \dfrac{\partial V}{\partial T}$ jedenfalls größer ist als $V - V_0$, so ist

$$\frac{1}{\varkappa_0} \frac{\partial \varkappa_T}{\partial T} > \frac{m+n+6}{3} \frac{1}{V_0} \frac{\partial V}{\partial T} > \frac{1}{\varkappa_0} \frac{\partial \varkappa_S}{\partial T} . \tag{50}$$

Setzt man in Gleichung (49) auf Grund der annähernden Konstanz von $\dfrac{\partial V}{\partial T} : C_p$ nach Gleichung (45)

$$\frac{1}{V} \frac{\partial V}{\partial T} = \frac{C_p}{Q_0} , \qquad \frac{V - V_0}{V_0} = \frac{E}{Q_0} ,$$

so wird

$$\varkappa_T = \varkappa_0 \left[1 + \frac{m+n+6}{3} \frac{E}{Q_0} + \frac{\gamma}{Q_0} (T C_p - E) \right] . \tag{49a}$$

Man erkennt aus dieser Gleichung, daß das dritte Glied in der eckigen Klammer einen Betrag hat, der im Bereich des T^4-Gesetzes für E dem zweiten Gliede an Größe nahe kommt, aber auch in mittleren und hohen Temperaturen einen merklichen Bruchteil (für $T = \Theta$ etwa 30%) ausmacht.

Den Druckkoeffizienten der isothermen Kompressibilität finden Grüneisen[1]) und Bridgman[2]), indem sie in Gleichung (37) $E = 0$ setzen, was für sehr hohe Drucke und niedrige Temperaturen zulässig sein mag, praktisch ebenso groß wie den Druckkoeffizienten der adiabatischen Kompressibilität, also

$$-\frac{1}{\varkappa} \frac{\partial \varkappa}{\partial p} = \frac{m+n+9}{3} \varkappa . \tag{51}$$

Das Verhältnis des Druckkoeffizienten der Kompressibilität zu dieser selbst sollte also ebenso wie das Verhältnis des Temperaturkoeffizienten der Kompressibilität zum Volumausdehnungskoeffizienten eine Zahl von der Größenordnung $\left(\dfrac{m+n+9}{3} \right)$ sein. Es wäre z. B.

$$\text{für } m = 3, \qquad n = 9: \qquad \frac{m+n+9}{3} = 7$$
$$\text{für } m = 1, \qquad n = 9: \qquad \qquad \quad = 6{,}3 .$$

Daß diese Zahlen nur der Größenordnung nach stimmen können, ist bei der Vereinfachung, die in dem Ansatz der Potenzgesetze liegt, und wegen der Annahme $E = 0$ in Gleichung (51) klar.

---

[1]) E. Grüneisen, Ann. d. Phys. Bd. 39, S. 283, Gleichung (37). 1912.
[2]) P. W. Bridgman, Proc. Amer. Acad. Bd. 58, S. 234. 1923.

Wir wollen jetzt die zuletzt gewonnenen Formeln an der Erfahrung prüfen. Freilich muß man bedenken, daß, wenn schon die Messung der Kompressibilität fester Körper zu den schwierigeren gehört, ihre Änderung mit Temperatur und Druck nur mit mäßiger Genauigkeit festgestellt werden kann.

Daß Gleichung (49) oder (49a) die Veränderlichkeit der Kompressibilität mit der Temperatur bei kleinen Drucken ziemlich richtig wiederzugeben vermag, wenn man $\varkappa_0$ und $\dfrac{m+n+6}{3}$ den Beobachtungen anpaßt, hat GRÜNEISEN[1]) durch Versuche an Kupfer-, Platin- und Eisenrohren gezeigt, die bei Innendruckerhöhung eine der Kompressibilität proportionale Verlängerung erfuhren. Die Temperatur der Rohre wurde zwischen $-190°$ C und $+165°$ C verändert. Tabelle 9 zeigt, daß die beobachteten und berechneten $\varkappa$ sehr gut übereinstimmen. Allerdings mußte

$$\frac{m+n+6}{3} = \begin{array}{ccc} \text{für} & \text{Kupfer} & \text{Platin} \quad \text{Eisen} \\ & 8,9 & 8,6 \quad\quad 9,5 \end{array}$$

gesetzt werden, d. h. Zahlenwerte, die etwas größer sind, als man erwarten sollte. Nimmt man z. B. mit MIE $m = 3$ an und n nach Tabelle 4, so erhält man statt der obigen die Zahlen 6,3; 7,4; 5,5. Für Aluminium und Silber genügte Gleichung (49a) in höherer Temperatur nicht mehr. Gleichwohl kann man eine Prüfung der Formel (50) für das Intervall von $-190°$ bis $+18°$ vornehmen. Hier ergeben GRÜNEISENS Messungen

$$\frac{1}{\varkappa_0}\frac{\partial \varkappa}{\partial T} : \frac{1}{V}\frac{\partial V}{\partial T} = \begin{array}{cc} \text{Al} & \text{Ag} \\ 9,1 & 7,3 \end{array}$$

also jedenfalls wieder die richtige Größenordnung.

Tabelle 9. Änderung der Kompressibilität mit der Temperatur.

$\varkappa \cdot 10^{12}$ [C.G.S]		$-273°$	$-190°$	$+17°$	$+131°$	$+165°$ C
Cu	beob.	—	0,718	0,773	0,815	0,828
	ber.	0,710	0,717	0,776	0,815	0,825
Pt	beob.	—	0,374	0,392	0,401	0,404
	ber.	0,371	0,374	0,391	0,401	0,404
Fe	beob.	—	0,606	0,633	0,664	0,675
	ber.	0,600	0,603	0,638	0,663	0,672

BRIDGMAN[2]) hat in einer großen Experimentaluntersuchung die Kompressibilität der Metalle, sowie ihre Veränderung mit Temperatur und Druck bestimmt. Die Temperatur wurde nur zwischen $30°$ und $75°$ C, der Druck bis zu 12000 kg/cm² verändert, deshalb ist der Temperaturkoeffizient von $\varkappa$ wohl nicht sehr genau. Tabelle 10 enthält für die regulär kristallisierenden Metalle die von BRIDGMAN gefundenen Verhältnisse

$$\frac{1}{\varkappa}\frac{\partial \varkappa}{\partial T} : \frac{1}{V}\frac{\partial V}{\partial T} \quad \text{und} \quad -\frac{1}{\varkappa}\frac{\partial \varkappa}{\partial p} : \left(-\frac{1}{V}\frac{\partial V}{\partial p}\right).$$

Die Zahlen der Tabelle schwanken ziemlich stark um die theoretisch erwarteten Werte. BRIDGMAN selbst sieht den Grund hierfür in einem Versagen

---

[1]) E. GRÜNEISEN, Ann. d. Phys. Bd. 33, S. 1239. 1910; Verh. d. D. Phys. Ges. Bd. 13, S. 491. 1911; Ann. d. Phys. Bd. 39, S. 284. 1912. Vgl. an der zweitgenannten Stelle auch die graphische Darstellung.
[2]) P. W. BRIDGMAN, Proc. Amer. Acad. Bd. 58. 1923.

Tabelle 10.

Temperatur- und Druckkoeffizient der Kompressibilität nach Bridgman.

Gruppe des per. Syst.		$\varkappa \cdot 10^6$ (30°) für $p=0$ cm²/kg	$\dfrac{1}{\varkappa}\dfrac{\partial \varkappa}{\partial T} : \dfrac{1}{V}\dfrac{\partial V}{\partial T}$	$-\dfrac{1}{\varkappa}\dfrac{\partial \varkappa}{\partial p} : \varkappa$		Gruppe des per. Syst.		$\varkappa \cdot 10^6$ (30°) für $p=0$ cm²/kg	$\dfrac{1}{\varkappa}\dfrac{\partial \varkappa}{\partial T} : \dfrac{1}{V}\dfrac{\partial V}{\partial T}$	$-\dfrac{1}{\varkappa}\dfrac{\partial \varkappa}{\partial p} : \varkappa$
Li	I	8,7	3,8	2,6	Pb	IV		2,4	6,3	4,6—6,1
Na		15,6	4,4	4,9	Ta	V		0,48	2,6	2,2
K		35,6	5,6	9,8	Mo	VI		0,35	5,7	16—21
Cu		0,72	4,2—9,4	10,0	W			0,30	1,2—13,7	32—35
Ag		0,99	6,7	9,0	U			0,97	—	5,4
Au	II	0,58	—	18,7	Fe	VIII		0,587	6,3	12
Ca		5,7	7,9	2,9	Co			0,54	8,9	14
Sr		8,2	—	2,2	Ni			0,53	6,0	15
Al	III	1,34	7,6—13,2	4,0—5,7	Pd			0,52	3,4	15
Ge	IV	1,38	—	7,2	Pt			0,36	9,2	28

des Ansatzes der Potenz-Kraftgesetze, weil diese keine Rücksicht nehmen auf den Schottky-Effekt (Ziff. 11) oder die Kompressibilität der Atome. Wir möchten glauben, daß die Unsicherheit der schwierigen Messungen einschließlich der Mängel der Versuchskörper doch auch eine große Rolle spielen. Insbesondere erscheinen die Druckkoeffizienten von Au, W, Pt unwahrscheinlich hoch, die von Li, Ca, Sr, Ta erstaunlich klein.

Von besonderem Interesse sind Versuche von J. C. Slater[1]) an den zwei-atomigen, regulären Alkalihalogenkristallen, für welche nach Ziff. 20 die Formeln (49) bis (51) ebenfalls gelten dürften Da für diese Salze $m = 1$ und auch $n \sim 9$ besser begründet ist, als für Metalle, so ist eine schärfere Prüfung der Formeln möglich. In Tabelle 11 sind die von Slater gemessenen Kompressibilitäten, Temperaturkoeffizienten (30° bis 75° C) und Druckkoeffizienten (bis 12000 kg/cm²)

Tabelle 11.

Kompressibilität, Temperatur- und Druckkoeffizient nach J. C. Slater. Ausdehnungskoeffizient von NaCl, KCl, KBr, KJ nach Fizeau, NaBr und RbJ nach Baxter u. Wallace (unsicher, s. S. 31).

	$\varkappa \cdot 10^{12}$ (30°) für $p=0$ cm²/Dyn	$\dfrac{1}{\varkappa}\dfrac{\partial \varkappa}{\partial T} : \dfrac{1}{V}\dfrac{\partial V}{\partial T}$	$-\dfrac{1}{\varkappa}\dfrac{\partial \varkappa}{\partial p} : \varkappa$	n ber. aus (51a)	n ber. aus (9)	n ber. aus (31) u. (39)
LiF	1,53	—	7,6	14,3	5,9	—
LiCl	3,41	—	5,8	11,9	8,0	—
LiBr	4,31	—	5,7	12,8	8,7	—
NaCl	4,20	5,6	5,2	9,8	9,1	7,8
NaBr	5,08	6,2	5,0	9,5	9,5	(7,4)
KF	3,31	—	6,1	8,9	7,9	—
KCl	5,63	4,2	4,7	6,5	9,7	7,6
KBr	6,70	4,8	4,7	7,1	10,0	8,1
KJ	8,54	4,7	4,6	6,8	10,5	7,8
RbBr	7,94	—	4,4	6,2	10,0	(6,2)
RbJ	9,58	6,7	4,5	6,8	11,0	(6,5)

sowie die Ausdehnungskoeffizienten nach Fizeau und Baxter und Wallace benutzt, um die Verhältnisse dieser Größen zu bilden. Gegenüber dem theo-retischen Wert 6,3 erscheinen sie zwar im Durchschnitt etwas zu klein, doch erklärt sich das zum Teil daraus, daß wir $\varkappa$ nicht auf den absoluten Nullpunkt extrapoliert haben. Dadurch würden Theorie und Experiment in recht befrie-

---

[1]) J. C. Slater, Phys. Rev. Bd. 23, S. 488. 1924.

digende Übereinstimmung kommen, was die Größenordnung anbetrifft. SLATER selbst hat die Extrapolation auf $\varkappa_0$ gewagt, um aus der Gleichung

$$-\frac{1}{\varkappa_0}\frac{\partial \varkappa_0}{\partial p} = \frac{n+10}{3}\varkappa_0 \qquad (51\,\text{a})$$

für die Salze der Tabelle den Exponenten n des Abstoßungspotentials zu berechnen. Wir geben seine Zahlen für n mit allem Vorbehalt in Spalte 5 der Tabelle 11 wieder. Daß die Größenordnung $n = 9$ mehr oder weniger gut herauskommen muß, ist nach dem bereits Gesagten klar. Was aber vor allem auffällt, ist die Höhe von n für die Li-Salze. Denn für das Li-Ion ist weder $n = 9$ noch ein höherer Exponent theoretisch begründet. Daß hier die Theorie noch unvollkommen ist, erkennt man aus der nächsten Spalte 6, in der die aus der Kompressibilität selbst nach Gleichung (9) berechneten n-Werte angegeben sind, allerdings nicht die von BORN für Zimmertemperatur (s. Ziff. 11), sondern die von SLATER aus seinen extrapolierten $\varkappa_0$ berechneten. Die Differenz zwischen Spalte 5 und 6 ist für die Li-Salze besonders groß. Die letzte Spalte gibt endlich noch die auf dem dritten unabhängigen Wege aus Gleichung (39) und (31) berechneten n (s. Tab. 6).

Man könnte nach den obigen Ausführungen zu der Meinung kommen, daß der Zusammenhang zwischen den Temperaturkoeffizienten der Kompressibilität und dem Volumausdehnungskoeffizienten regulärer Kristalle sich ähnlich auch bei den anderen Elastizitätskonstanten wiederfindet. Das ist in durchsichtiger Weise nicht der Fall. Nach Versuchen von VOIGT[1] und STEINEBACH[2] ist für Steinsalz der Temperaturkoeffizient der Elastizitätsmoduln von der Orientierung im Kristall stark abhängig, obwohl doch die thermische Ausdehnung nach allen Richtungen gleich ist.

24. Zustandsänderung bei konstantem Druck. Thermische Ausdehnung regulärer Kristalle ohne Gruppenbildung. Nach dem Energieprinzip ist die gesamte bei konstantem Druck dem Grammatom zugeführte Wärme gleich der Gesamtänderung der inneren Energie plus äußerer Arbeit, also nach Gleichung (10)

$$\int_0^T C_p\, dT = \Phi - \Phi_0 + E + \int_0^T p\, dV.$$

Hieraus läßt sich ableiten[3]

$$\left(\frac{\partial E}{\partial T}\right)_p = C_V + \gamma\frac{1}{V}\frac{\partial V}{\partial T}[T\,C_V - E] = C_V - \frac{1}{\Theta}\frac{\partial \Theta}{\partial T}[T\,C_V - E]. \qquad (52)$$

Die Änderung der thermischen Energie mit der Temperatur bei konstantem Druck liegt also, wie man durch Vergleich mit Gleichung (40) erkennt, zwischen C_p und C_V. Mit steigender Temperatur nähert sich $T\,C_V - E$ einem konstanten Werte $9/8\,R\Theta$, wenn für E Gleichung (13) angesetzt wird.

Die Änderung der Atomfrequenz mit der Temperatur ist für Stoffe mit einem γ gegeben durch

$$\frac{1}{\Theta}\left(\frac{\partial \Theta}{\partial T}\right)_p = -\gamma\frac{1}{V}\left(\frac{\partial V}{\partial T}\right)_p. \qquad (52\,\text{a})$$

<hr>

[1] W. VOIGT, Pogg. Ann., Erg.-Bd. 7, S. 1. 1876.
[2] TH. STEINEBACH, ZS. f. Phys. Bd. 33, S. 664. 1925.
[3] E. GRÜNEISEN, Ann. d. Phys. Bd. 39, S. 279, 280. 1912.

Die thermische Ausdehnung regulärer Kristalle ohne Gruppenbildung, welche der Zustandsgleichung (24a) folgen, ist in ihren wesentlichen Zügen schon durch Gleichung (39)

$$\frac{1}{V_0}\frac{\partial V}{\partial T} = \gamma\,\frac{C_V\varkappa}{V}$$

bestimmt. Nimmt man noch die Potenz-Kraftgesetze an und wählt Ionengitter, für die nach Born $m = 1$, $n = 9$ ist, so kann man auch den Absolutwert des Ausdehnungskoeffizienten annähernd berechnen[1]. Z. B. hat man für Steinsalz (NaCl) in gewöhnlicher Temperatur, indem man die Molwärme $C_V = 6R$, die Kompressibilität unter Vernachlässigung ihrer Änderung mit der Temperatur gleich $\varkappa_0$ [Gleichung (9)] setzt,

$$\frac{1}{V_0}\frac{\partial V}{\partial T} = \frac{n+2}{6}\cdot\frac{6R}{Nr^3}\,\frac{9r^4}{(n-1)\,\sigma_m\,e^2} = 9\,\frac{n+2}{n-1}\,\frac{kr}{\sigma_m\,e^2}\,,$$

also mit $k = 1{,}37\cdot 10^{-16}$, $e = 4{,}77\cdot 10^{-10}$, $\sigma_m = 2{,}202$ (Ziff. 9), $r = 3{,}55\cdot 10^{-8}$

$$\frac{1}{V_0}\frac{\partial V}{\partial T} = 120\cdot 10^{-6} \quad \text{(statt des beob. } 121\cdot 10^{-6}).$$

Für Bleiglanz (PbS), Typus CsCl, ist $\sigma_m = 4\cdot 2{,}0354 = 8{,}142$; $r = 3{,}74\cdot 10^{-8}$, also mit $m = 1$, $n = 9$

$$\frac{1}{V_0}\frac{\partial V}{\partial T} = 34\cdot 10^{-6} \quad \text{(statt des beob. } 60\cdot 10^{-6}).$$

Für Flußspat (CaF$_2$) mit $\sigma_m = 7{,}33$, $r = 3{,}44\cdot 10^{-8}$, $C_V = 9R$, $m = 1$, $n = 9$ folgt

$$\frac{1}{V_0}\frac{\partial V}{\partial T} = 52\cdot 10^{-6} \quad \text{(statt des beob. } 56\cdot 10^{-6}).$$

Auch das Gesetz, nach dem sich der Ausdehnungskoeffizient mit der Temperatur ändert, ist, wie schon wiederholt hervorgehoben, in der Gleichung (39) enthalten. Wegen der geringen Temperaturveränderlichkeit von $\varkappa$ wächst in nicht zu hoher Temperatur der Ausdehnungskoeffizient proportional mit der Atomwärme. Insbesondere steigt er vom Werte 0 bei $T = 0$ zunächst $\sim T^3$ an.

Wir wollen das Ausdehnungsgesetz der obengenannten einfachen Stoffe noch in etwas anderer Form herleiten, indem wir die Kompressibilität eliminieren. Der äußere Druck sei verschwindend klein ($p = 0$). Dann entwickeln wir die linke Seite der Zustandsgleichung (37)

$$G(V) = \gamma E$$

in eine Reihe nach fortschreitenden Potenzen von $\varDelta = V - V_0$, also

$$G(V) = G(V_0) + \varDelta\,G'(V_0) + \frac{\varDelta^2}{2!}\,G''(V_0) + \cdots$$

und berücksichtigen, daß nach Gleichung (38a) und (43a)

$$G(V_0) = 0, \qquad G'(V_0) = \frac{1}{\varkappa_0}$$

und ferner, wie sich leicht zeigen läßt,

$$G''(V_0) = -\frac{m+n+3}{3}\,\frac{1}{\varkappa_0\,V_0}\,,$$

---

[1] Vgl. M. Born, Atomtheorie, S. 741.

dann folgt

$$G(V) = \frac{\varDelta}{\varkappa_0}\left[1 - \frac{m+n+3}{6}\frac{\varDelta}{V_0} + \cdots\right] = \gamma E,$$

oder auch, wenn in dem Korrektionsglied der Klammer $\varDelta = \gamma E \varkappa_0$ gesetzt wird,

$$\varDelta = \frac{\gamma \varkappa_0 E}{1 - \dfrac{m+n+3}{6}\dfrac{\gamma \varkappa_0}{V_0} E + \cdots}.$$

Führen wir gemäß Gleichung (45) und (39)

$$\frac{V_0}{\gamma \varkappa_0} = \left(\frac{C_p}{\dfrac{1}{V}\dfrac{\partial V}{\partial T}}\right)_{T=0} = Q_0 \tag{53}$$

ein, so wird[1]

$$\frac{\varDelta}{V_0} = \frac{E}{Q_0\left[1 - \dfrac{m+n+3}{6}\dfrac{E}{Q_0}\right]}. \tag{54}$$

Da Q_0 stets groß gegen E ist, so ergibt sich der Satz: Die relative Volumänderung zwischen den Temperaturen 0 und T wächst annähernd proportional der thermischen Energie. Je kleiner T gegen Θ, je kleiner also E, um so strenger muß jene Proportionalität erfüllt sein. In höherer Temperatur wächst $\varDelta$ schneller als E, da $(m+n+3)/6$ eine positive Zahl ist.

Die thermische Ausdehnung hängt also von den drei Konstanten Q_0, Θ und $(m+n+3)/6$ ab (vgl. jedoch die folg. Ziff.). Durch passende Wahl derselben muß sich die Ausdehnung eines regulären Kristalls ohne Gruppenbildung darstellen lassen. Die so gefundenen Θ müssen identisch sein mit denen, die zur Darstellung von C_V geeignet sind. Die Konstante $(m+n+3)/6$ sollte theoretisch den Wert 2 bis 3 haben. Daß diese letzte Bedingung erfüllt ist, wird man kaum erwarten dürfen, wenn man E nach der Debyeschen Formel (13) mit einem vom Volumen (Temperatur) unabhängigen Θ berechnet. Der damit begangene Fehler ist von der gleichen Größenordnung wie das Korrektionsglied im Nenner. Denn wenn man E in eine Reihe nach $\Theta - \Theta_0$ entwickelt und den Wert von E für Θ_0 mit E_0 bezeichnet, so erhält man

$$E = E_0 + (\Theta - \Theta_0)\left(\frac{\partial E}{\partial \Theta}\right)_{\Theta_0} + \cdots,$$

$$= E_0 + \gamma \frac{E_0}{Q_0}(TC_V - E)_{\Theta_0} + \cdots.$$

Damit läßt sich Gleichung (54) auch schreiben

$$\frac{\varDelta}{V_0} = \frac{E_0}{Q_0\left[1 - \dfrac{m+n+3}{6}\dfrac{E_0}{Q_0} - \gamma\dfrac{TC_V - E_0}{Q_0}\right]}. \tag{54a}$$

Berechnet man also E mit einem konstanten Θ_0, so ist nach Gleichung (54a), besonders in mittleren Temperaturen, ein stärkerer Anstieg von $\varDelta$ zu erwarten, als nach Gleichung (54). Dies ist ein Beispiel dafür, daß man mit der Berechnung des Korrektionsgliedes im Nenner der Ausdehnungsformel an der Grenze dessen

---

[1] E. GRÜNEISEN, Ann. d. Phys. Bd. 39, S. 286. 1912; Bd. 55, S. 371. 1918; Bd. 58, S. 753. 1919.

angelangt ist, was die Theorie mit der hier befolgten Näherung liefern kann. Man wird sich damit begnügen müssen, daß sie die Größenordnung des Korrektionsgliedes richtig angibt.

Grüneisen hat die Formel (54) und die daraus abgeleitete

$$\frac{1}{V_0}\frac{\partial V}{\partial T} = \frac{\left(\dfrac{\partial E}{\partial T}\right)_p}{Q_0\left[1 - \dfrac{m+n+3}{6}\dfrac{E}{Q_0}\right]^2} \tag{55}$$

an einer Anzahl kubisch kristallisierender ein- und mehratomiger Stoffe geprüft, indem er die lineare Ausdehnung gleich einem Drittel der kubischen setzte und für $\left(\dfrac{\partial E}{\partial T}\right)_p$ statt des Ausdrucks (52) einfach C_V nahm, wodurch die theoretische Kurve für den Ausdehnungskoeffizienten in mittleren Temperaturen etwas abgeflacht wird. Bei größeren Temperaturintervallen ist der mittlere lineare Ausdehnungskoeffizient gebildet

$$\overline{\frac{1}{l_0}\frac{\partial l}{\partial T}} = \frac{1}{3}\frac{\varDelta_2 - \varDelta_1}{(T_2 - T_1)V_0},$$

wo die $\varDelta$ aus Gleichung (54) berechnet sind. In Tabelle 12, 13 und 15 sind die Rechnungen und Beobachtungen zusammengestellt. Die Beobachtungen stammen für den Diamanten von A. Dembowska[1]), für Platin und Iridium von Valentiner und Wallot[2]), Scheel[3]), Holborn und Day[4]), Holborn und Valentiner[5]) und Grüneisen[6]), für Kupfer von Dorsey[7]), Ch. L. Lindemann[8]), Henning[9]) und Dittenberger[10]), für Gold von Dorsey, Fizeau, Müller[11]) und Grüneisen, für Flußspat und Pyrit von Valentiner und Wallot, sowie Fizeau.

Tabelle 12. Ausdehnungskoeffizient von Diamant.

	$\varDelta T$	$\overline{\dfrac{1}{l_0}\dfrac{\partial l}{\partial T}}\cdot 10^6$		ber. — beob.
		ber.	beob.	
Diamant $\Theta = 1860$ $Q_0 = 457$ kcal	84,8/194,1	0,16	0,18	— 02
	194,1/273,2	0,61	0,58	+ 03
	273,2/296,2	0,97	0,97	$\pm$
	296,2/328,0	1,17	1,17	$\pm$
	328,0/351,1	1,37	1,45	— 08

Die interessanteste Prüfung der Theorie gestattet der Diamant, dessen $\Theta = 1860$, von Nernst und Lindemann[12]) aus der spez. Wärme ermittelt, so

[1]) W. C. Röntgen, Münchener Ber. 1912, S. 381.
[2]) S. Valentiner u. J. Wallot, Ann. d. Phys. Bd. 46, S. 837. 1915.
[3]) K. Scheel, Verh. d. D. Phys. Ges. Bd. 9, S. 3. 1907.
[4]) L. Holborn u. A. Day, Ann. d. Phys. Bd. 4, S. 104. 1901.
[5]) L. Holborn u. S. Valentiner, Ann. d. Phys. Bd. 22, S. 16. 1907.
[6]) E. Grüneisen, Ann. d. Phys. Bd. 33, S. 33. 1910.
[7]) H. G. Dorsey, Phys. Rev. Bd. 25, S. 98. 1907.
[8]) Ch. L. Lindemann, Phys. ZS. Bd. 12, S. 1197. 1911.
[9]) F. Henning, Ann. d. Phys. Bd. 22, S. 631. 1907.
[10]) W. Dittenberger, ZS. d. Ver. d. Ing. Bd. 46, S. 1532. 1902.
[11]) A. Müller, Phys. ZS. Bd. 17, S. 29. 1916.
[12]) W. Nernst u. F. A. Lindemann, Berl. Ber. 1912, S. 1160.

groß ist, daß die bei der Ausdehnungsmessung verwendeten Temperaturintervalle in einen Bereich der DEBYEschen C_V-Funktion führen, der unterhalb des
Wendepunktes in der bekannten Kurvendarstellung der Funktion liegt und zum
guten Teil mit dem Gebiet des T^3-Gesetzes zusammenfällt, welches zwischen
$0°$ und $155°$ abs. auf weniger als 1% gelten sollte. Das große Θ hat weiter zur
Folge, daß das Korrektionsglied in Gleichung (54) noch nicht in Frage kommt.
Die Übereinstimmung zwischen Rechnung und Beobachtung in Tabelle 12 bedeutet also Proportionalität zwischen Ausdehnungskoeffizient und spez. Wärme,
oder zwischen Volumdehnung und thermischer Energie.

Bei den folgenden Stoffen konnte der Zahlenfaktor des Korrektionsgliedes
$(m + n + 3)/6$ aus den Beobachtungen in hoher Temperatur mitbestimmt werden. Er ergibt sich für Cu und Au in befriedigender Übereinstimmung mit den

Tabelle 13. Thermischer Ausdehnungskoeffizient einiger Metalle.

	T	$\frac{1}{l_0}\frac{\partial l}{\partial T}\cdot 10^6$		ber.−beob.	ΔT	$\frac{1}{l_0}\frac{\partial l}{\partial T}\cdot 10^6$		ber.−beob.
		ber.	beob.			ber.	beob.	
Platin $\Theta = 230;$ $Q_0 = 231$ kcal; $\dfrac{m+n+3}{6}=4,8$	96,2 139,2 190,9 217,2 225,9 247,1 267,2 283,6	6,62 7,64 8,24 8,42 8,48 8,60 8,70 8,76	6,66 7,57 8,16 8,28 8,42 8,57 8,74 8,85	−04 +07 +08 +14 +06 +03 −04 −09	289/329 329/373 289/523 523/773 773/1023 1023/1273	8,85 9,02 9,18 9,87 10,60 11,38	8,95 9,11 9,23 9,84 10,52 11,1−11,4	−10 −09 −05 +03 +08
Iridium $\Theta = 283;$ $Q_0 = 307$ kcal; $\dfrac{m+n+3}{6}=6,5$	98,0 132,3 209,2 229,0 266,5 283,0 1445 1696 1924	4,44 5,27 6,09 6,22 6,40 6,46 9,3$_5$ 10,1 10,9	4,43 5,22 5,85 6,19 6,38 6,72 9,2 10,1 10,8	+01 +05 +24 +03 +02 −26 +1$_5$ ± +1	90/290 290/373 295/2003	5,77 6,62 8,66	5,71 6,58 8,75	+06 +04 −09
Kupfer $\Theta = 325;$ $Q_0 = 120$ kcal; $\dfrac{m+n+3}{6}=2,8$	103 123 143 163 183 203 223 243 263 283	10,6 12,1 13,1 13,9 14,5 15,0 15,4 15,8 16,0 16,3	10,4 12,1 13,1 14,4 14,7 15,0 15,9 16,1 16,1 16,3	+2 ± ± −5 −2 ± −5 −3 −1 ±	20,4/80,5 82/289 289/523 523/648 648/773	4,0 14,0 17,4 18,7 19,5	3,8 14,2 17,2 18,6 19,6	+2 −2 +2 +1 −1
Gold $\Theta = 190;$ $Q_0 = 145$ kcal; $\dfrac{m+n+3}{6}=3,0$	103 123 143 163 183 203 223 243 263 283 323	11,7 12,4 12,8 13,1 13,4 13,6 13,7$_5$ 13,9 14,0 14,1 14,4	11,8 12,3 12,7 13,0$_5$ 13,3 13,7 14,1$_5$ 14,2 14,3 14,4 14,5	−1 +1 +1 +0$_5$ +1 −1 −4 −3 −3 −3 −1	83/290 290/373 323 373 573 773	13,2 14,4 14,4 14,6 15,5 16,4	13,2 14,3 14,4 14,6 15,5 16,3	± +1 ± ± ± +1

theoretisch erwarteten Werten (für $m = 3$ und mit den n der Tab. 4 gäbe Cu 2,7, Au 3,7) für die übrigen Stoffe etwas größer, was nach dem oben Gesagten nicht verwunderlich ist.

Tabelle 14. Charakteristische Temperatur einiger Elemente.

	Diamant	Platin	Iridium	Kupfer	Gold
Θ_0 ber.	1860	236	280	325	180
Θ beob.	1860	230	283	325	190

Bemerkenswert ist die gute Darstellung der Ausdehnung durch Formel (54) für die mehratomigen Kristalle Flußspat und Pyrit, deren Molwärmen nach Eucken und Schwers[1] sich durch eine Debyesche Funktion mit den Θ der Tabelle 15 wiedergeben lassen. Beim Pyrit hätte man diesen Erfolg nicht erwarten müssen, da eine Gruppenbildung bei ihm nicht ausgeschlossen ist.

Tabelle 15.
Thermischer Ausdehnungskoeffizient von Flußspat und Pyrit.

	T	$\dfrac{1}{l}\dfrac{\partial l}{\partial T}\cdot 10^6$		ber. − beob.
		ber.	beob.	
Flußspat (CaF_2)	94,4	7,10	7,17	−07
	124,9	10,42	10,26	+16
$\Theta = 474$;	157,3	13,09	13,02	+07
	186,9	14,83	14,65	+18
$Q_0 = 309$ kcal;	209,8	15,93	16,04	−11
	231,4	16,80	16,78	+02
$\dfrac{m+n+3}{6} = 5,5$	255,6	17,62	17,58	+04
	278,6	18,30	18,53	−23
	313,0	19,22	19,12	+10
Pyrit (FeS_2)	108,0	2,88	2,95	−07
	129,7	4,00	3,92	+08
$\Theta = 645$;	155,0	5,15	5,16	−01
$Q_0 = 556$ kcal;	214,8	7,22	7,09	+13
	237,4	7,77	7,73	+04
$\dfrac{m+n+3}{6} = 4,65$	269,7	8,41	8,43	−02
	313,0	9,10	9,08	+02

Nach den mitgeteilten Beispielen scheinen nicht allein die einatomigen, sondern auch die mehratomigen regulären Kristalle ohne Gruppenbildung dem in Gleichung (54) ausgesprochenen Gesetz der thermischen Ausdehnung zu folgen, wobei allerdings der Zahlenfaktor des Korrektionsgliedes empirisch bestimmt werden muß und mit dem theoretischen $(m+n+3)/6$ nur ungefähr übereinstimmt. Ein abschließendes Urteil ist erst möglich, wenn weitere Messungen vorliegen.

25. Berechnung der Grenzfrequenz (Θ) aus dem Verhältnis des Ausdehnungskoeffizienten zur Atomwärme. Von den drei Konstanten, welche zur Darstellung der thermischen Ausdehnung in voriger Ziffer sich als nötig erwiesen, sind Θ und Q_0 bei einatomigen regulären Kristallen nicht unabhängig voneinander. Aus den Gleichungen (29a) und (53) folgt nämlich für die Grenzfrequenz

$$\nu^2 = \gamma z^2 N^{\frac{2}{3}} \frac{Q_0}{MV_0^{\frac{2}{3}}} = \gamma z^2 \frac{Q_0}{Mr_0^2}, \tag{56}$$

wo $\gamma z^2 \sim 0{,}26$ ist, und daher für $T = 0$

$$\Theta_0 = C\sqrt{\frac{Q_0}{MV_0^{\frac{2}{3}}}}, \tag{56a}$$

---

[1] A. Eucken u. F. Schwers, Verh. d. D. Phys. Ges. Bd. 15, S. 578. 1913.

wo

$$C = \frac{h}{k} N^{\frac{1}{3}} \sqrt{\gamma z_0^2},$$

also mit Rücksicht auf Gleichung (30) und (32)

$$C = \frac{h}{k} N^{\frac{1}{3}} \left[\frac{3}{8\pi^2} \frac{(n+1)(n+2)\psi_n - (m+1)(m+2)\psi_m}{n-m} \right]^{\frac{1}{2}}.$$

C ist also durch die Kraftgesetze bestimmt. Empirisch hat sich als bester Wert

$$C = 14,37$$

ergeben, wenn man Q_0 in gcal zählt. Für die Stoffe in Tabelle 12 und 13 sind in Tabelle 14 die aus den Q_0 nach (56a) berechneten Θ_0 mit den „beobachteten" verglichen, d. h. mit den in Tabelle 12 und 13 angegebenen, aus dem Verlauf des Ausdehnungskoeffizienten mit der Temperatur ermittelten.

26. Thermische Ausdehnung nichtregulärer Kristalle[1]). In jedem homogenen Kristall gibt es drei aufeinander senkrechte Richtungen, die während der thermischen Ausdehnung zwar ihre Lage im Raum ändern können, jedoch nach der Deformation wieder aufeinander senkrecht stehen. Es sind dies die Hauptachsen des Deformationsellipsoides, das aus einer Kugel mit dem Radius 1 durch die Temperaturänderung hervorgegangen ist. Sie heißen „thermische Achsen" oder „Hauptachsen der thermischen Dilatation". Sie mögen in ihrer ursprünglichen Lage mit den Achsen eines rechtwinkligen xyz-Koordinatensystems zusammenfallen. Einer jeden Achse entspricht ein besonderer „Hauptausdehnungskoeffizient" α_x, α_y, α_z, wenn abkürzend $\alpha = \dfrac{1}{l_0} \dfrac{\partial l}{\partial T}$ gesetzt wird.

Während für die Kristalle des regulären Systems, wie für isotrope Körper, $\alpha_x = \alpha_y = \alpha_z$ ist, sind bei den nichtregulären Kristallen die α von der Richtung abhängig. Die Abhängigkeit entspricht der Symmetrie des Kristalls.

In den Kristallen des hexagonalen, trigonalen und tetragonalen Systems ist die Lage der thermischen Achsen stets dieselbe. Eine der thermischen Achsen (z) fällt mit der kristallographischen c-Achse zusammen. Die beiden anderen (x und y) dürfen zwei beliebige auf der c-Achse und aufeinander senkrechte Achsen sein, da in der auf der c-Achse senkrechten Ebene die lineare thermische Ausdehnung von der Richtung unabhängig ist ($\alpha_x = \alpha_y$; $\alpha_z \gtrless \alpha_x$). Das Deformationsellipsoid ist ein Rotationsellipsoid.

Bei den Kristallen des rhombischen, monoklinen und triklinen Systems sind die Hauptausdehnungskoeffizienten alle voneinander verschieden. Das Deformationsellipsoid ist ein dreiachsiges Ellipsoid.

In den Kristallen des rhombischen Systems ist die Lage der thermischen Achsen von der Temperatur unabhängig, da sie bei jeder Temperatur mit den kristallographischen Achsen zusammenfallen.

In den Kristallen des monoklinen Systems hat nur eine der thermischen Achsen eine von der Temperatur unabhängige Lage, sie fällt mit der kristallographischen b-Achse zusammen. Die beiden anderen Achsen liegen in der zu

---

[1]) Alles, was bis zum Jahre 1920 über die thermische Ausdehnung der Mineralien, Gesteine und künstlich hergestellten Stoffe von entsprechender Zusammensetzung bekannt war, findet sich sorgfältig zusammengestellt in einer Studie von K. SCHULZ, Fortschr. d. Mineral., Kristallogr. u. Petrogr. Bd. 4, S. 337. 1914; Bd. 5, S. 293. 1916; Bd. 6, S. 137. 1920; Bd. 7, S. 327. 1922. Ihr sind auch die ersten Sätze dieser Ziffer wesentlich unverändert entnommen. — Weitere Messungsergebnisse s. bei P. W. BRIDGMAN, Proc. Amer. Acad. Bd. 60, S. 305. 1925.

der b-Achse senkrechten Ebene. Ihre Lage muß für jede Temperatur besonders ermittelt werden.

Bei den Kristallen des triklinen Systems ist die Lage aller drei thermischen Achsen für jede Temperatur eine andere; sie muß bei jeder Temperaturänderung besonders ermittelt werden.

Der Volumausdehnungskoeffizient $\dfrac{1}{V_0}\dfrac{\partial V}{\partial T}$ ist annähernd

für das reguläre System $\qquad\qquad\qquad 3\,\alpha\,,$

„   „ hex., trig., tetrag. System $\qquad 2\,\alpha_x + \alpha_z\,,$

„   „ rhomb., monokline, trikline System $\quad \alpha_x + \alpha_y + \alpha_z\,.$

Auch die Summe des linearen Ausdehnungskoeffizienten in drei beliebigen aufeinander senkrechten Richtungen ergibt[1] $\dfrac{1}{V_0}\dfrac{\partial V}{\partial T}$.

Der lineare Ausdehnungskoeffizient in irgendeiner Richtung, welche mit den Hauptdilatationsachsen x, y, z die Winkel φ_x, φ_y, φ_z bildet, ist gegeben durch die Formel[1]

$$\alpha = \alpha_x \cos^2\varphi_x + \alpha_y \cos^2\varphi_y + \alpha_z \cos^2\varphi_z\,. \tag{57}$$

Die thermische Ausdehnung ist also vollständig bestimmt, wenn man die drei Konstanten α_x, α_y, α_z kennt, oder im Falle des hexagonalen, trigonalen und tetragonalen Systems die zwei $\alpha_x = \alpha_y$ und α_z, aus denen dann

$$\alpha = \alpha_x \sin^2\varphi_z + \alpha_z \cos^2\varphi_z \tag{57a}$$

zu berechnen ist.

Für die Hauptausdehnungskoeffizienten gelten die thermodynamischen Formeln

$$V \cdot \alpha_x = -\left(\frac{\partial S}{\partial X_x}\right)_T, \qquad V \cdot \alpha_y = -\left(\frac{\partial S}{\partial Y_y}\right)_T, \qquad V \cdot \alpha_z = -\left(\frac{\partial S}{\partial Z_z}\right)_T,$$

wo die Entropie S des Mol durch Gleichung (23) gegeben ist. S ist nur insofern von $X_x, \ldots$ abhängig, als es die Θ_j sind. Man erhält

$$V \alpha_x = R \sum_{j=1}^{3} \int \frac{\partial \log \Theta_j}{\partial X_x}\, \mathsf{C}\left(\frac{\Theta_j}{T}\right) \frac{d\Omega}{4\pi} + R \sum_{j=4}^{3p} \frac{\partial \log \Theta_j}{\partial X_x}\, \mathsf{H}\left(\frac{\Theta_j}{T}\right) \tag{58}$$

Da die durch Gleichung (12a) und (13a) definierten Funktionen C und H für $T = 0$ verschwinden, so gilt das gleiche für α_x, α_y, α_z, wie es sein muß, da die Ausdehnungskoeffizienten jedes chemisch homogenen festen Körpers sich bei abnehmender Temperatur unbegrenzt dem Werte Null nähern[2]. Von einer auch nur angenäherten Proportionalität der Hauptausdehnungskoeffizienten mit der Molwärme [Gleichung (17a)] kann aber im allgemeinen nicht die Rede sein (vgl. den Schluß von Ziff. 17 und 18 und die Bemerkungen über nichtreguläre Stoffe in Ziff. 20).

27. Thermische Ausdehnung hexagonaler Kristalle (Zink, Kadmium). Die weitere Behandlung und Anwendung der Gleichungen (58) ist nur unter vereinfachenden Annahmen möglich, wie sie z. B. Grüneisen und Goens[3] zwecks Darstellung der thermischen Ausdehnung von Zink- und Kadmiumkristallen

---

[1] W. Voigt, Lehrbuch der Kristallphysik, S. 290ff. Leipzig 1910.

[2] M. Planck, Thermodynamik, § 285.

[3] E. Grüneisen u. E. Goens, ZS. f. Phys. Bd. 29, S. 141. 1924.

eingeführt haben. Diese Kristalle gehören dem hexagonalen System an und bilden keine Atomgruppen. Das zweite, auf innere Schwingungen bezügliche Glied auf der rechten Seite von Gleichung (58) fällt also fort, x und y sind gleichwertig, z ist Achsenrichtung.

Die Druckänderung ∂X_x oder ∂Z_z hat Deformationen x_x, y_y, z_z zur Folge. Daher ist

$$\frac{\partial \log \Theta_j}{\partial X_x} = \frac{\partial \log \Theta_j}{\partial x_x}\frac{\partial x_x}{\partial X_x} + \frac{\partial \log \Theta_j}{\partial y_y}\frac{\partial y_y}{\partial X_x} + \frac{\partial \log \Theta_j}{\partial z_z}\frac{\partial z_z}{\partial X_x}$$

und ebenso für Z_z. Nun gilt für das hexagonale System [1]

$$\frac{\partial x_x}{\partial X_x} = - s_{11}, \qquad \frac{\partial y_y}{\partial X_x} = - s_{12}, \qquad \frac{\partial z_z}{\partial X_x} = - s_{13},$$

$$\cdots \cdots \cdots \cdots \cdots \cdots \cdots$$

wo die s_{pq} die „Hauptelastizitätsmoduln" in VOIGTscher Bezeichnungsweise sind. Führt man schließlich nach Gleichung (34) noch die $(\gamma_j)_{xx}\ldots$ ein, so wird

$$\frac{\partial \log \Theta_j}{\partial X_x} = (\gamma_j)_{xx}(s_{11} + s_{12}) + (\gamma_j)_{zz}s_{13},$$

$$\frac{\partial \log \Theta_j}{\partial Z_z} = 2(\gamma_j)_{xx}s_{13} + (\gamma_j)_{zz}s_{33}.$$

Führt man diese Ausdrücke in die Gleichungen (58) ein, so erhält man

$$\left.\begin{aligned}
\alpha_x &= (s_{11} + s_{12})\,q_{xx} + s_{13}\,q_{zz}, \\
\alpha_z &= \qquad 2\,s_{13}\,q_{xx} + s_{33}\,q_{zz},
\end{aligned}\right\} \tag{59}$$

wo

$$\left.\begin{aligned}
q_{xx} &= \frac{R}{V}\sum_{j=1}^{3}\int (\gamma_j)_{xx}\,\mathsf{C}\!\left(\frac{\Theta_j}{T}\right)\frac{d\Omega}{4\pi}, \\
q_{zz} &= \frac{R}{V}\sum_{j=1}^{3}\int (\gamma_j)_{zz}\,\mathsf{C}\!\left(\frac{\Theta_j}{T}\right)\frac{d\Omega}{4\pi},
\end{aligned}\right\} \tag{60}$$

die sogenannten thermischen Druckkoeffizienten in den Richtungen $\perp$ und $\parallel$ zur hexagonalen Achse sind.

Die Absolutwerte der Hauptausdehnungskoeffizienten sind also ganz wesentlich durch die Größe der Hauptelastizitätsmoduln s_{pq} bestimmt, ihre Veränderlichkeit mit der Temperatur aber durch die Veränderlichkeit der thermischen Druckkoeffizienten, da die s_{pq} sich nur verhältnismäßig wenig mit der Temperatur ändern. Durch das Wechselspiel dieser Einflüsse treten unter Umständen merkwürdige Erscheinungen zutage, wie gerade die folgenden Beispiele Zink und Kadmium beweisen. Diese Metalle haben als Einkristalle eine sehr starke elastische Anisotropie[2], daher auch von der Richtung stark abhängige Θ. In Richtung z sind die Θ_j klein, senkrecht dazu groß. Über die γ kann theoretisch wenig Bestimmtes gesagt werden. Sie hängen ebenfalls von der Richtung ab, und zwar im vorliegenden Falle wahrscheinlich so, daß γ_{zz} ein Maximum in der Richtung z, γ_{xx} ein Maximum senkrecht zu z hat. Die Funktionswerte C gehen also bei der räumlichen Mittelung in q_{xx} und q_{zz} mit verschiedenen Gewichten ein. Ohne sich auf eine nähere Diskussion der Raumintegrale einzulassen, kann man

---

[1] W. VOIGT, Lehrbuch der Kristallphysik, § 280 u. 374.
[2] E. GRÜNEISEN u. E. GOENS, ZS. f. Phys. Bd. 26, S. 235 u. 250. 1924; P. W. BRIDGMAN, Proc. Nat. Acad. Amer. Bd. 10, S. 411. 1924; Proc. Amer. Acad. Bd. 60, S. 305. 1925.

versuchen, den geschilderten Verhältnissen mit einer gewissen Annäherung Rechnung zu tragen, indem man

$$q_{xx} = \frac{3R}{V}\,\bar{\gamma}_x \cdot \mathbf{C}\left(\frac{\bar{\Theta}_x}{T}\right), \qquad q_{zz} = \frac{3R}{V}\,\bar{\gamma}_z \cdot \mathbf{C}\left(\frac{\bar{\Theta}_z}{T}\right) \tag{60a}$$

setzt, wo die $\bar{\gamma}_x$, $\bar{\gamma}_z$, $\bar{\Theta}_x$, $\bar{\Theta}_z$ vorläufig unbekannte Mittelwerte darstellen. Dadurch ist eine große Vereinfachung der Formeln (59) erzielt. Die thermischen Druckkoeffizienten q sind jetzt einfachen Debyeschen Atomwärmefunktionen proportional. Die thermische Ausdehnung ∥ und ⊥ zur hexagonalen Achse soll sich mit den vier genannten Konstanten darstellen lassen, solange wenigstens die elastischen Konstanten s_{pq} als unabhängig von T angenommen werden dürfen, d. h. in nicht zu hoher Temperatur.

Tabelle 16 gibt die beobachteten und die nach Gleichung 59 und 60a berechneten Hauptausdehnungskoeffizienten von Zink und Kadmium nach Grün-

Tabelle 16.

Ausdehnungskoeffizienten von Zink und Kadmium ∥ und ⊥ zur hexagonalen Achse.

	t_1/t_2	T_m	$\alpha_{\parallel} \cdot 10^6$		$\alpha_{\perp} \cdot 10^6$		$\frac{1}{3}(\alpha_{\parallel} + 2\alpha_{\perp}) \cdot 10^6$	
	°C	abs.	beob.	berechn.	beob.	berechn.	beob.	berechn.
Zink	+ 100/+ 20	333,2	+ 63,9	—	+ 14,1	—	+ 30,7	—
	+ 20/− 20	273,2	64,3	+ 62,5	12,5	+ 12,0	29,7	+ 28,8
	− 20/− 60	233,2	65,1	62,8	11,3	11,2	29,2	28,4
	− 60/− 100	193,2	65,4	63,2	10,1	10,1	28,5	27,8
	− 100/− 140	153,2	65,6	63,7	8,3	8,4	27,4	26,8
	− 140/− 180	113,2	64,4	63,9	+ 5,0	+ 5,0	24,8	24,6
	− 187/− 253	53,2	52,5	51,2	− 2,1	− 3,9	16,1	14,5
Kadmium	+ 100/+ 20	333,2	+ 52,6	—	+ 21,4	—	+ 31,8	—
	+ 20/− 20	273,2	54,3	+ 57,8	19,1	+ 16,8	30,8	+ 30,5
	− 20/− 60	233,2	55,4	57,9	17,8	16,4	30,3	30,2
	− 60/− 100	193,2	56,7	58,1	16,4	15,8	29,9	29,9
	− 100/− 140	153,2	58,0	58,5	14,6	14,6	29,1	29,2
	− 140/− 180	113,2	58,9	58,8	11,7	12,3	27,4	27,8
	− 187/− 253	53,2	54,5	54,3	+ 3,6	+ 2,3	20,6	19,6

eisen und Goens, ebenso den Volumausdehnungskoeffizienten $\alpha_z + 2\alpha_x$. Tabelle 17 enthält die zur Rechnung benutzten s_{pq}, die ebenfalls von den genannten Autoren gemessen sind, und die den Beobachtungen angepaßten Konstanten $\bar{\gamma}$ und $\bar{\Theta}$. In den Abb. 3 und 4 entsprechen die gestrichelten Kurven den Beob-

Tabelle 17. Thermisch-elastische Konstanten von Zink und Kadmium.

	$\bar{\Theta}_x$	$\bar{\Theta}_z$	$\bar{\gamma}_x$	$\bar{\gamma}_z$	$(s_{11} + s_{12}) \cdot 10^{13}$	$s_{13} \cdot 10^{13}$	$s_{33} \cdot 10^{13}$
Zink	320	200	2,04	1,68	+ 7,5	−6,05	+28,2
Kadmium . .	214	160	2,9	2,36	+ 10,8	−9,3	+35,5

achtungen, die ausgezogenen der Rechnung. Die Richtungen ∥ und ⊥ haben verschiedenen Maßstab, so daß der große Unterschied zwischen α_x und α_z hier nicht in die Augen fällt, wohl aber das völlig verschiedene Verhalten mit sinkender Temperatur: für α_x rascher Abfall bis zu negativen (für Zink auch beobachteten) Werten, für α_z Anstieg bis zu einem (für beide Metalle beobachteten) Maximum und dann äußerst rascher Abfall zu Null.

Die $\bar{\gamma}_x$ und $\bar{\gamma}_z$ haben die für Kristalle ohne Gruppenbildung zu erwartende Größenordnung (vgl. Tab. 7, letzte Spalte, Werte für Zn und Cd), die $\bar{\Theta}_x$ und $\bar{\Theta}_z$ sind etwas größer, als man sie nach dem Verlauf der Atomwärme erwarten würde. Bisher fehlt jede Möglichkeit diese Mittelwerte theoretisch zu erfassen.

Die oben in Formeln gegebene Darstellung der thermischen Ausdehnung von Zink und Kadmium läßt sich in Worten etwa so anschaulich machen: Denken wir uns einen Zn- oder Cd-Kristall vom absoluten Nullpunkt aus, wo alle atomaren Schwingungsfreiheitsgrade frei von Wärmeenergie sind, etwas erwärmt, so wird eine merkliche Energie zunächst nur auf die langsameren Schwingungen ∥ zur Achse übertragen und erst bei weiterer Vermehrung allmählich auf andere Richtungen bis zu den raschen Schwingungen ⊥ zur Achse verteilt werden. Da nun die thermische Ausdehnung in irgendeiner Richtung die Folge der Schwingungen in dieser Richtung ist, weil nach DEBYE infolge der Abweichung vom HOOKEschen Gesetz durch die Schwingung eine Verlagerung des Schwingungsmittelpunktes eintreten muß (Ziff. 6), so werden bei beginnender Erwärmung vom Nullpunkt aus die Schwingungen zunächst nur eine Ausdehnung ∥ zur Achse bewirken, die relativ groß ist, weil

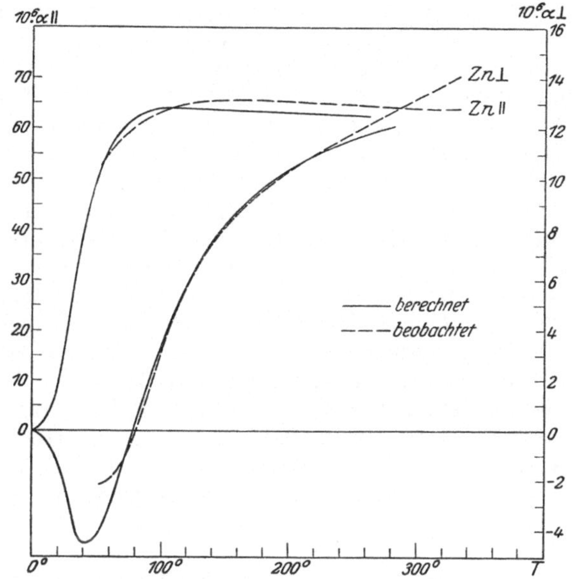

Abb. 3. Hauptausdehnungskoeffizienten von Zink in Abhängigkeit von der Temperatur.

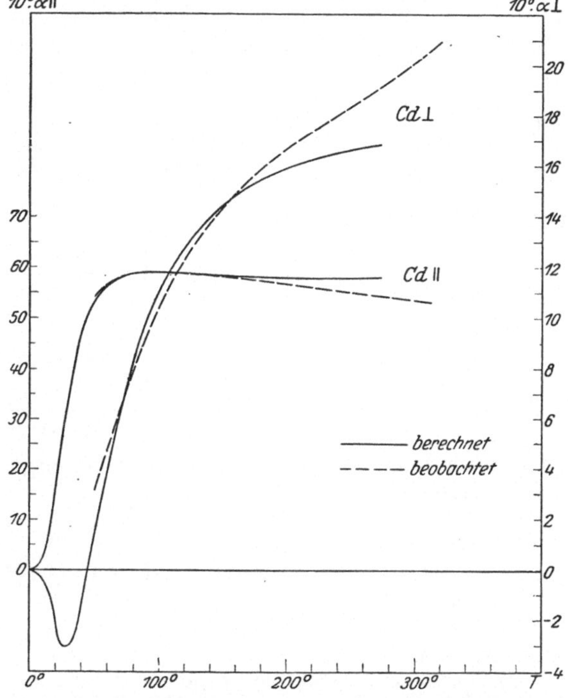

Abb. 4. Hauptausdehnungskoeffizenten von Kadmium in Abhängigkeit von der Temperatur.

in dieser Richtung die elastische Dehnbarkeit (s_{33}) groß ist. Mit dieser thermischen Ausdehnung ist aber eine elastische Querkontraktion ⊥ zur Achse (nach

Maßgabe der Konstante s_{13}) verbunden, die als negativer Ausdehnungskoeffizient in Erscheinung tritt, weil in dieser Richtung noch keine merklichen Wärmeschwingungen stattfinden. Bei weiterer Temperatursteigerung lagert sich nun über den bisher geschilderten Vorgang ein zweiter: die positive thermische Ausdehnung $\perp$ zur Achse, welche entsprechend der geringen elastischen Dehnbarkeit $\perp$ zur Achse (s_{11}) nur klein ist, aber doch die negative elastische Dehnung mehr und mehr kompensiert und schließlich das Vorzeichen umkehrt; und die elastische Querkontraktion $\parallel$ zur Achse (s_{13}), welche das Tempo des Anstiegs der $\alpha_{\parallel}$ verlangsamt und deren Maximum herbeiführt. Der Verlauf der Kurven für $\alpha_{\parallel}$ und $\alpha_{\perp}$ bei tiefer Temperatur gibt also einen anschaulichen Beweis für die Forderung der Quantentheorie, daß Oszillatoren höherer Frequenz erst bei höherer Temperatur Energie aufzunehmen beginnen als Oszillatoren niederer Frequenz.

Bekanntlich zeigen Zink und Kadmium im polykristallinen Zustande bei rascher Abkühlung (auf $-190°$ C z. B.) klingendes Geräusch und bei jedem raschen Temperaturwechsel oft lang andauernde Nachwirkungen der thermischen Ausdehnung. Diese Erscheinungen sind bei Einkristallen nicht zu finden, hängen also wahrscheinlich mit den infolge der starken Anisotropie der regellos orientierten Kristallite zwischen ihnen entstehenden inneren Spannungen und Gleitungen zusammen.

28. Das Verhältnis der mittleren Schwingungsamplitude zum Atomabstand[1]. Mit der Frage nach der wahren Größe oder Raumerfüllung der Atome (Ziff. 5) hängt offenbar nahe zusammen die Frage nach der Größe der Schwingungsamplituden. Definiert man die mittlere Amplitude $\bar{e}$ des Einzelatoms bei der hinreichend hohen Temperatur T durch die Gleichung[2]

$$E = 8/3 \, \pi^2 \, \nu^2 \, \bar{e}^2 \, M \,, \tag{61}$$

wo ν die Debyesche Grenzfrequenz ist, setzt nach Gleichung (56)

$$M \, \nu^2 = \gamma \, z^2 \, \frac{Q_0}{r_0^2}$$

und nach Gleichung (54)

$$E = Q_0 \frac{\Delta}{V_0} \left[1 - \frac{m+n+3}{6} \, \frac{\Delta}{V_0} \right],$$

so folgt

$$\frac{\bar{e}}{r_0} = \sqrt{ \frac{\Delta}{V_0} \, \frac{1 - \dfrac{m+n+3}{6} \dfrac{\Delta}{V_0}}{8/3 \, \pi^2 \, \gamma \, z^2} }$$

oder unter Vernachlässigung des Korrektionsgliedes im Zähler und Einführung des größeren z_0^2 statt z^2 im Nenner

$$\frac{\bar{e}}{r_0} = \sqrt{ \frac{\Delta}{8/3 \, \pi^2 \, \gamma \, z_0^2 \, V_0} } \,. \tag{62}$$

---

[1] E. Grüneisen, Ann. d. Phys. Bd. 39, S. 296. 1912; P. Lenard, Sitzungsber. Heidelb. Akad. A, 1914, S. 41/42.

[2] Setzt man nämlich die Energie einer Sinusschwingung von der Amplitude e gleich der mittleren Energie eines Planckschen Oszillators und bildet den Mittelwert $\bar{e}$ durch Integration über das elastische Frequenzspektrum, so erhält man für h o h e Temperaturen

$$\bar{e}^2 = \frac{9}{8} \frac{k\,T}{\pi^2 \, \nu^2 \, \mu} \,,$$

woraus mit $E = 3\,N\,k\,T$ und $M = N\,\mu$ Gleichung (61) folgt.

Der Zahlenfaktor $8/3\,\pi^2\,\gamma\,z_0^2$ hat für einatomige reguläre Stoffe etwa den Wert 8. Soweit dieser für verschiedene Stoffe als konstant betrachtet werden kann, gelten demnach folgende Sätze:

1. Das Verhältnis der mittleren Amplitude zum mittleren Abstand benachbarter Atome wächst mit der Temperatur annähernd wie die Quadratwurzel aus dem Volumenzuwachs.

2. Für verschiedene einatomige reguläre Kristalle ist bei gleicher relativer Ausdehnung die Schwingungsamplitude ungefähr der gleiche Bruchteil des Atomabstandes.

Nun ist der Schmelzpunkt T_s erfahrungsgemäß[1] eine Temperatur, für welche der Größenordnung nach

$$\left(\frac{\varDelta}{V_0}\right)_{T=T_s} = 0{,}08 \tag{63}$$

ist, also wird

$$\left(\frac{\bar{e}}{r_0}\right)_{T=T_s} = 0{,}10_5 . \tag{64}$$

Die mittlere Amplitude beträgt also selbst beim Schmelzpunkt nur etwa 10% des kürzesten Atomabstands, der etwas größer ist als r_0.

Nähme man mit F. A. Lindemann[2] an, daß beim Schmelzen die „wahren" Bereiche (Ziff. 5) benachbarter Atome zusammenstoßen, so müßte man aus der oben abgeleiteten Zahl auf eine ziemlich große für verschiedene Elemente im Verhältnis zu ihrem sog. Atomvolumen ungefähr gleiche Raumerfüllung der Atome schließen. Doch ist zu bedenken, daß $\bar{e}$ einen Mittelwert der Amplitude darstellt, der bei den Schwingungen einzelner Atome bedeutend überschritten werden kann. Auf diese Weise muß ein Ausgleich mit dem Ergebnis von Ziff. 5 gesucht werden, wonach die Raumerfüllung verhältnismäßig klein war.

Auch die Änderung der Amplitude mit Temperatur und Druck kann aus Gleichung (61) berechnet werden. Es wird

$$\frac{1}{\bar{e}}\left(\frac{\partial \bar{e}}{\partial T}\right)_p = +\frac{1}{2}\frac{1}{E}\left(\frac{\partial E}{\partial T}\right)_p - \frac{1}{\Theta}\left(\frac{\partial \Theta}{\partial T}\right)_p ,$$

also nach Gleichung (52), (52a) und (40)

$$\left(\frac{\partial \log \bar{e}}{\partial \log T}\right)_p = \frac{1}{2}\frac{T C_p}{E} - \frac{1}{2}\frac{\partial \log \Theta}{\partial \log T} = \frac{1}{2}\frac{T C_p}{E} + \frac{1}{2}\left(\frac{C_p}{C_V} - 1\right).$$

Bei einer adiabatischen Druckänderung bleibt $\dfrac{E}{\nu}$ konstant, also folgt aus (61)

$$\frac{1}{\bar{e}}\left(\frac{\partial \bar{e}}{\partial p}\right)_s = -\frac{1}{2}\frac{1}{\Theta}\left(\frac{\partial \Theta}{\partial p}\right)_s = -\frac{1}{2}\frac{1}{C_p}\left(\frac{\partial V}{\partial T}\right)_p = \frac{\gamma}{2}\frac{1}{V}\left(\frac{\partial V}{\partial p}\right)_s .$$

Da die Volumkompressibilität das Dreifache der linearen Kompressibilität ist und $\gamma \backsim 2$, so ergibt sich, daß die Amplitude bei adiabatischer Druckerhöhung etwa dreimal so stark relativ abnimmt, wie der Atomabstand. Absolut ist die Amplitudenänderung jedoch noch beträchtlich kleiner als die Abstandsänderung, so daß eine Annäherung der Schwingungsräume der Atome bei adiabatischer Kompression stattfindet.

---

[1] E. Grüneisen, Ann. d. Phys. Bd. 39, S. 296. 1912.
[2] F. A. Lindemann, Phys. ZS. Bd. 11, S. 609. 1910; Berl. Ber. 1911, S. 318.

Bei isothermer Kompression ist die relative Amplitudenänderung im Verhältnis $1 + \left(\dfrac{\partial \log \bar{e}}{\partial \log T}\right)_p$ größer als bei adiabatischer.

29. Beziehungen der Schmelztemperatur zu anderen Eigenschaften des festen Stoffs. LINDEMANNsche Schmelzpunktsformel. Der sehr lange bekannte Zusammenhang zwischen Schmelztemperatur und Ausdehnungskoeffizient findet durch Gleichung (63) den vernünftigsten Ausdruck und wird durch die Ausführungen von Ziff. 28 physikalisch verständlich.

Wichtiger ist eine von F. A. LINDEMANN[1]) gefundene Beziehung zwischen Schmelzpunkt und Grenzfrequenz der Atome. Setzt man in Gleichung (61) $E = 3 R T_s$ und nach (64) $\bar{e} = 0{,}10_5 r_0$, so erhält man für die Atomfrequenz beim Schmelzpunkt

$$\nu_s^2 = \frac{9 R}{8 \pi^2 \, 0{,}10_5^2} \frac{T_s}{M r_0^2} = \frac{9 R N^{\frac{2}{3}}}{8 \pi^2 \cdot 0{,}10_5^2} \frac{T_s}{M V_0^{\frac{2}{3}}} , \tag{65}$$

das ergibt

$$\nu_s = 2{,}5 \cdot 10^{12} \sqrt{\frac{T_s}{M V_0^{\frac{2}{3}}}} ; \qquad \Theta_s = 119 \sqrt{\frac{T_s}{M V_0^{\frac{2}{3}}}}$$

Da die Frequenz etwa doppelt so schnell mit der Temperatur abnimmt, wie das Volumen wächst, so sind ν_0 und Θ_0 etwa um 16% größer. Die Formel hat sich gut bewährt.

Eine andere Beziehung zwischen Schmelzpunkt und Kompressibilität ergibt sich durch Elimination der Atomfrequenz aus den Formeln (29a) und (65). Danach wird ungefähr[2])

$$\varkappa \sim \frac{V_0}{T_s} .$$

e) Experimentelle Methoden zur Bestimmung der Wärmeausdehnung fester Körper.

30. Interpolationsformeln. An Stelle der theoretisch begründeten Ausdehnungsgesetze (Ziff. 24, 26, 27) werden meistens die bequemeren Interpolationsformeln von der Form

$$l_t = l_0 \left[1 + \beta_1 t + \beta_2 t^2 + \beta_3 t^3 + \cdots\right]$$

benutzt, wo t die vom Eispunkt an gezählte Temperatur, l_0 also die Länge des Probekörpers beim Eispunkt, β_1, β_2, β_3,.. Konstanten sind, deren Anzahl man nach Möglichkeit beschränkt. Der lineare Ausdehnungskoeffizient bei der Temperatur t

$$\frac{1}{l_0} \frac{dl}{dt} = \beta_1 + 2 \beta_2 t + 3 \beta_3 t^2 + \cdots$$

stimmt dann mit der früher α bezeichneten Größe überein, wenn man davon absieht, daß l_0 jetzt beim Eispunkt und nicht beim absoluten Nullpunkt genommen wird.

---

[1]) F. A. LINDEMANN, Phys. ZS. Bd. 11, S. 609. 1910; Berl. Ber. 1911, S. 318.
[2]) Besser stimmt anscheinend die von TH. W. RICHARDS etwas abgeänderte empirische Formel $\varkappa = 0{,}00021 \dfrac{M}{s^{1,25}(T_s - 50°)}$. Journ. Amer. Chem. Soc. Bd. 37, S. 1652. 1915.

Als mittleren linearen Ausdehnungskoeffizienten zwischen den Temperaturen t' und t'' bezeichnet man die Größe

$$\bar{\alpha} = \frac{1}{l_0}\frac{l_{t''} - l_{t'}}{t'' - t'} = \beta_1 + \beta_2\,(t'' + t') + \cdots.$$

Eine besonders in tiefer Temperatur für manche Stoffe brauchbare Interpolationsformel von THIESEN[1] lautet

$$l_2 - l_1 = A\,(T_2^k - T_1^k),$$

wo l_1, l_2 die Längen bei den absoluten Temperaturen T_1, T_2 und A und k Konstanten bedeuten.

Die genannten Interpolationsformeln gestatten in begrenzten Temperaturgebieten die Längen als Funktion der Temperatur oft mit größerer Genauigkeit darzustellen als die theoretischen Formeln, sie sind aber zu Extrapolationen ungeeignet und theoretisch äußerst unübersichtlich. Bei Stoffen, wo es an theoretischen Formeln fehlt, insbesondere bei amorphen Gläsern, Legierungen und vielen nichtregulären Kristallen ist man natürlich auf Interpolationsformeln der obengenannten Art angewiesen.

In der Nähe von Umwandlungspunkten des festen Stoffs pflegt die Ausdehnung Unregelmäßigkeiten zu zeigen, die sich nicht durch Formeln darstellen lassen.

31. Absolute und relative Ausdehnungsmessungen. Bei absoluten Methoden wird nur der Probekörper auf verschiedene Temperaturen gebracht und seine Längenänderung gemessen. Experimentell leichter auszuführen sind relative Messungen, bei denen Probe- und Vergleichskörper gemeinsam auf verschiedene Temperaturen gebracht werden und der Unterschied ihrer Längenänderung gemessen wird. Der Vergleichskörper wird aus einem Stoff gewählt, dessen Wärmeausdehnung in dem fraglichen Temperaturbereich genau bekannt und wenn möglich auch sehr klein ist.

Als bester Stoff dieser Art gilt Quarzglas, für welches folgende Interpolationsformeln aufgestellt worden sind:

Bereich

$-253°/+100°\qquad l_t = l_0\,[1 + 0{,}0_6362\,t + 0{,}0_8181\,t^2 - 0{,}0_{10}0340\,t^3]$ [2]),

$0°/+100°\qquad l_t = l_0\,[1 + 0{,}0_6353\,t + 0{,}0_8131\,t^2]$ [3]),

$0°/+500°\qquad l_t = l_0\,[1 + 0{,}0_6395\,t + 0{,}0_81282\,t^2 - 0{,}0_{10}01698\,t^3]$ [4]),

$+100°/+1000°\qquad l_t = l_0\,[1 + 0{,}0_655\,t]$ [5]).

Danach ist die Ausdehnung des Quarzglases[6] im ganzen Bereich von $-253°$ bis $+1000°$ sehr klein und bewirkt meistens nur eine geringfügige Korrektion. Beachtung verdient aber, daß das Quarzglas bei etwa $-60°$ C ein Dichtemaximum hat, sich also bei weiterer Abkühlung wieder ausdehnt um Beträge, die gerade in tiefsten Temperaturen, wo die Ausdehnungskoeffizienten aller Stoffe sehr klein werden, stark ins Gewicht fallen.

Auch das Jenaer Glas 1565 III eignet sich wegen seiner geringen Ausdehnung gut zur Herstellung von Vergleichskörpern. Nach SCHEEL[7] gilt zwischen 0 und

---

[1] M. THIESEN, Verh. d. D. Phys. Ges. Bd. 10, S. 410. 1908.
[2] K. SCHEEL u. W. HEUSE, Verh. d. D. Phys. Ges. Bd. 16, S. 1. 1914.
[3] P. CHAPPUIS, Verh. d. naturf. Ges. Basel Bd. 16, S. 173. 1903; K. SCHEEL, Verh. d. D. Phys. Ges. Bd. 5, S. 119. 1903.
[4] K. SCHEEL, ZS. f. Phys. Bd. 5, S. 167. 1921.
[5] L. HOLBORN u. F. HENNING, Ann. d. Phys. Bd. 10, S. 446. 1903.
[6] Weitere Lit. s. bei KAYE, Phil. Mag. Bd. 20, S. 718. 1910.
[7] K. SCHEEL, ZS. f. Phys. Bd. 5, S. 167. 1921.

$500°$ C die Formel

$$l_t = l_0 \left[1 + 0{,}0_53306\,t + 0{,}0_814574\,t^2\right].$$

Grüneisen und Goens[1]) geben für den mittleren linearen Ausdehnungskoeffizienten in tiefer Temperatur folgende Werte:

$\dfrac{t_1}{t_2} =$	$\dfrac{-185{,}2°}{-139{,}8°}$	$\dfrac{-139{,}8^{\bullet}}{-99{,}1^{\bullet}}$	$\dfrac{-99{,}1°}{-50{,}6°}$	$\dfrac{-50{,}6°}{+19{,}6°}$	$\dfrac{+18{,}9°}{+99{,}4°}$
$\bar{\alpha} \cdot 10^6 =$	$+0{,}67$	$+1{,}48$	$+2{,}37$	$+2{,}66$	$+3{,}4$

Im übrigen kann man aber auch jeden anderen gut definierten Stoff, dessen Ausdehnung genau bekannt ist, z. B. Quarzkristall, reines Platin u. a., zum Vergleichskörper wählen. Ein reiches Zahlenmaterial über thermische Ausdehnung findet sich in Landolt-Börnsteins Tabellen, in den Wärmetabellen der Reichsanstalt sowie in der schon mehrfach zitierten Studie von K. Schulz in den Fortschritten der Mineralogie, Kristallographie und Petrographie.

32. Mikrometrische Messung der Längenänderungen. Der Probekörper in Stabform wird an beiden Enden mit kurzen Teilungen versehen, welche mittels zweier feststehender, zweckmäßig auf einer Schiene aus Invar ($\alpha = 1{,}6 \cdot 10^{-6}$) befestigter Mikroskope mit Okularmikrometern anvisiert werden. Zu Messungen in hoher Temperatur[2]) wird der Probestab, Teilungen nach unten, in ein längeres horizontales elektrisch geheiztes Porzellanrohr gelegt, das am Ort der Teilungen nach unten Öffnungen besitzt. Unter diesen befinden sich total reflektierende Prismen, durch welche die Teilungen in den horizontalen Strahlengang der Mikroskope gespiegelt werden. Zu Messungen in tiefer Temperatur[3]) liegt der Probestab, Teilungen nach oben, in einem Metallrohr, das ganz in ein Flüssigkeitsbad (z. B. flüss. Luft) eintaucht. Durch zwei aus dem Bad herausragende Rohransätze, die oben durch dünne Glasfenster geschlossen sind, werden die Teilungen beobachtet. Die Summe der mikrometrisch gemessenen Verschiebungen je eines Teilstrichs an beiden Stabenden gibt die **absolute Ausdehnung** des Stabes zwischen den Teilstrichen, falls nicht durch eine Temperaturänderung der Invarschiene noch eine kleine Korrektion hinzukommt. Die Stabtemperaturen mißt man mit Thermoelementen oder Widerstandsthermometern, die man in unmittelbare Nähe bringt.

Einfacher ist die Anordnung für **relative** Ausdehnungsmessung[4]). In einem langen vertikalen, unten geschlossenen Rohr (Abb. 5) aus einem gut definierten Glase (Quarzglas, Jenaer Glas, s. Ziff. 31) ruht unten auf einer Spitze der Probestab; auf ihm, wieder mittels einer Spitze, ein zweiter Stab, der aus demselben Glase hergestellt ist wie das Rohr. Dieser Stab und das Rohr sind am oberen, aus dem Temperaturbad herausragenden Ende halbzylinderförmig angeschliffen und auf den Schliffflächen mit Teilungen versehen. Die Verschiebung der Teilungen gegeneinander beim Einbringen des Apparats in das Bad

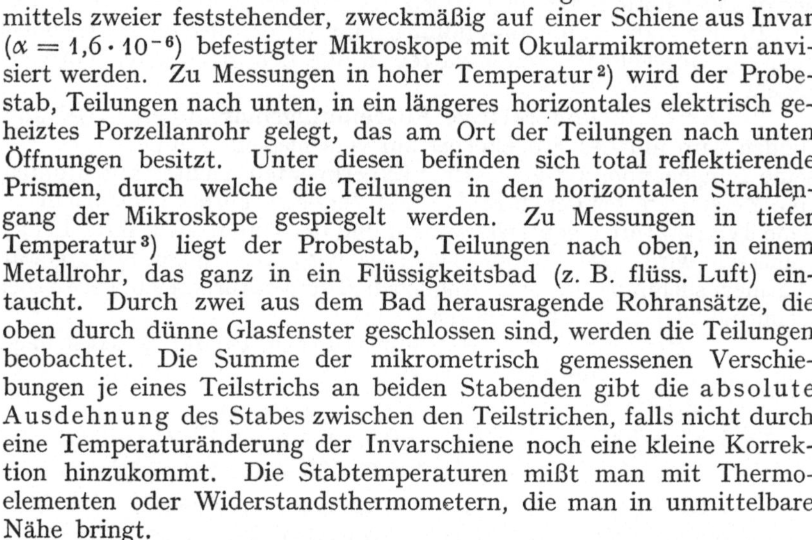

Abb. 5. Ausdehnungsapparat nach Henning.

[1]) E. Grüneisen u. E. Goens, ZS. f. Phys. Bd. 29, S. 144. 1924.

[2]) L. Holborn u. A. Day, Ann. d. Phys. Bd. 2, S. 505. 1900; Bd. 4, S. 104. 1901; Holborn u. S. Valentiner, Ann. d. Phys. Bd. 22, S. 1. 1907, woselbst ein frei ausgespanntes elektrisch geglühtes Iridiumband bis $1632°$ C gemessen wird.

[3]) K. Scheel u. W. Heuse, Verh. d. D. Phys. Ges. Bd. 9, S. 449. 1907.

[4]) F. Henning, Ann. d. Phys. Bd. 22, S. 631. 1907; Holborn u. Henning, ZS. f. Instrkde. Bd. 32, S. 122. 1912.

hoher oder tiefer Temperatur wird mit Mikroskop und Okularmikrometer gemessen und gibt die relative Ausdehnung des Probestabes gegen ein Glasrohr gleicher Länge. Vorausgesetzt ist dabei, daß der Glasstab im Innern und das ihn eng umschließende Rohr die gleiche Temperaturverteilung besitzen. Wegen der Unsicherheit dieser Bedingung ist es gut, ein Glas kleiner Ausdehnung zu wählen. Ist dies nicht möglich, so kann man auch nacheinander den Probestab und einen Quarzglasstab gleicher Länge unter genau gleichen Bedingungen (Badhöhe usw.) in einem Rohr aus gewöhnlichem Glase messen und die Differenz beider Ablesungen bilden.

Zu Messungen in flüssigem Wasserstoff muß, um die Kondensation von Luft auszuschließen, das Rohr mit Wasserstoffgas gefüllt und oben geschlossen werden[1]). Oder das Rohr wird durch einen offenen Rahmen aus Quarzglas ersetzt[2]), so daß der Probestab vom flüssigen Wasserstoff umspült wird.

33. Messung der Längenänderung mittels Poggendorffscher Spiegelablesung. Die Längenänderungen werden durch Hebelübertragung in Winkeländerungen umgewandelt, deren Betrag mittels Spiegel, Fernrohr und Skala in üblicher Weise gemessen wird. Seit den ersten Versuchen von Pfaff (1858) ist die Methode in mannigfachen Formen wieder angewandt worden. Ein neuer gut durchgebildeter Apparat von Leman und Werner[3]) ähnelt der Henningschen Anordnung (vor. Ziff.), nur daß die gegenseitige Verschiebung von Rohr (oder Rahmen) und Stab die Neigung eines kleinen dreibeinigen Tischchens mit Spiegel bewirkt.

34. Längenmessung mit Lichtinterferenz (Fizeau). Das Prinzip der Methode besteht darin, daß die durch thermische Ausdehnung hervorgerufene Längenänderung zwei geschliffene spiegelnde Flächen, zwischen denen eine Interferenzerscheinung erzeugt ist, parallel gegeneinander nähert oder entfernt und dadurch eine Wanderung der Interferenzstreifen bewirkt. Fizeau[4]) selbst benutzte noch Newtonsche Ringe, jetzt sind die fast geraden, äquidistanten Interferenzstreifen gleicher Dicke (Fizeau) in Gebrauch, die zwischen planen, schwach gegeneinander geneigten spiegelnden Flächen in monochromatischem Lichte entstehen. Wir beschreiben hier die Anordnung, wie sie von Abbe und Pulfrich[5]) angegeben wurde und noch heute im wesentlichen unverändert[6]) benutzt wird.

Der eigentliche Interferenzapparat besteht (Abb. 6) aus einem Ring R, einer Grundplatte G und einer Deckplatte D, sämtlich aus geschmolzenem Quarz. Der Quarzring (Abb. 7) ist aus einem Vollzylinder hergestellt, der mit ebenen, schwach gegeneinander geneigten Flächen versehen und dann erst ausgebohrt ist. Von den ebenen Flächen sind jedoch nur beiderseits je drei symmetrisch angeordnete kleine dreieckige Auflageflächen übriggeblieben, der Hauptteil der Ringflächen ist in der abgebildeten Weise ausgearbeitet.

Die kreisförmige Deckplatte ist schwach keilförmig geschliffen, um das an ihrer Oberfläche

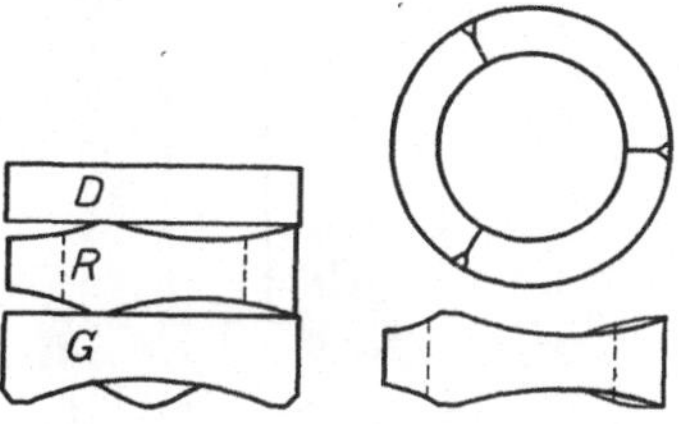

Abb. 6 und 7. Ringsystem des Ausdehnungsapparates nach Fizeau.

[1]) E. Grüneisen u. E. Goens, ZS. f. Phys. Bd. 29, S. 141. 1924.

[2]) Ch. L. Lindemann, Phys. ZS. Bd. 12, S. 1197. 1911.

[3]) A. Leman u. A. Werner, ZS. f. Instrkde. Bd. 33, S. 65. 1913; A. Werner, ZS. f. Dampfkessel- u. Masch.-Betr. Bd. 36, S. 227. 1913.

[4]) Fizeau, Ann. chim. phys. (4) Bd. 2, S. 143. 1864; Bd. 8, S. 335. 1866; Pogg. Ann. Bd. 119, S. 87. 1863; Bd. 123, S. 515. 1864; Bd. 128, S. 564. 1866; ferner R. Benoit, Trav. et Mém. du Bur. intern. Bd. 1. 1881; Bd. 6. 1888.

[5]) C. Pulfrich, ZS. f. Instrkde. Bd. 13, S. 365, 401, 437. 1893; E. Reimerdes, Inaug.-Diss. Jena 1896.

[6]) Über einige Verbesserungen s. K. Scheel, Ann. d. Phys. Bd. 9, S. 837. 1902.

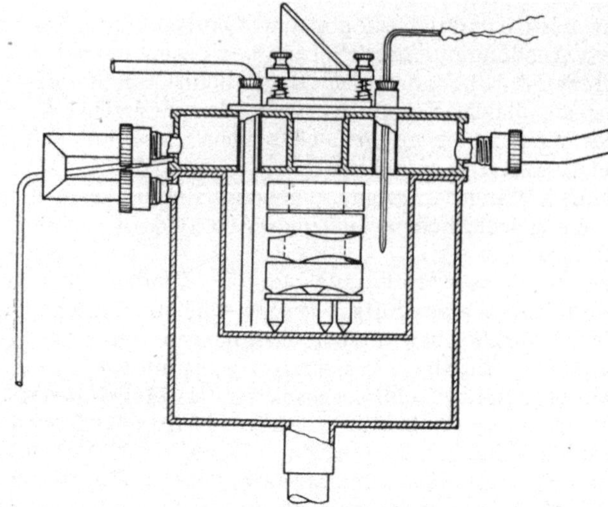

Abb. 8. Fizeauscher Ausdehnungsapparat für Temperaturen über 0°.

itstehende Spiegelbild aus em Gesichtsfelde zu schaffen. An der unteren Fläche er Deckplatte, welche bei bsoluter Messung des uarzringes mit der oberen läche der Bodenplatte, der bei relativen Messungen mit der plan geschliffenen Oberfläche des innerhalb des Ringes stehenden ersuchskörpers (nicht gezeichnet) die Interferenzstreifen ergibt, befindet sich n kleines Silberscheibchen on etwa $^3/_4$ mm Durchmesser, welches als feste Marke für die Verschiebung der Interferenzstreifen dient.

Die Grundplatte ist oben plan, unten ausgehöhlt und schwarz lackiert, um störende Reflexe auszuschließen. Auf die Grundplatte setzt man den Versuchskörper, dessen Höhe nur wenig geringer als die des Quarzringes gewählt wird.

Das Plattensystem (Abb. 6) steht auf einem dreibeinigen Tischchen im Innern des Heiz- oder Kühlraumes [Abb. 8 und 9[1])], aus dem ein Rohr nach oben führt, um den Lichtstrahlen Ein- und Austritt zu gewähren. Über dem Rohr, das durch Glasplatten abgedeckt ist, befindet sich justierbar ein total reflektierendes Prisma, welches Beobachtung in horizontaler Richtung ermöglicht. Der Heizraum wird ganz von Dampf umspült, der Kühl-

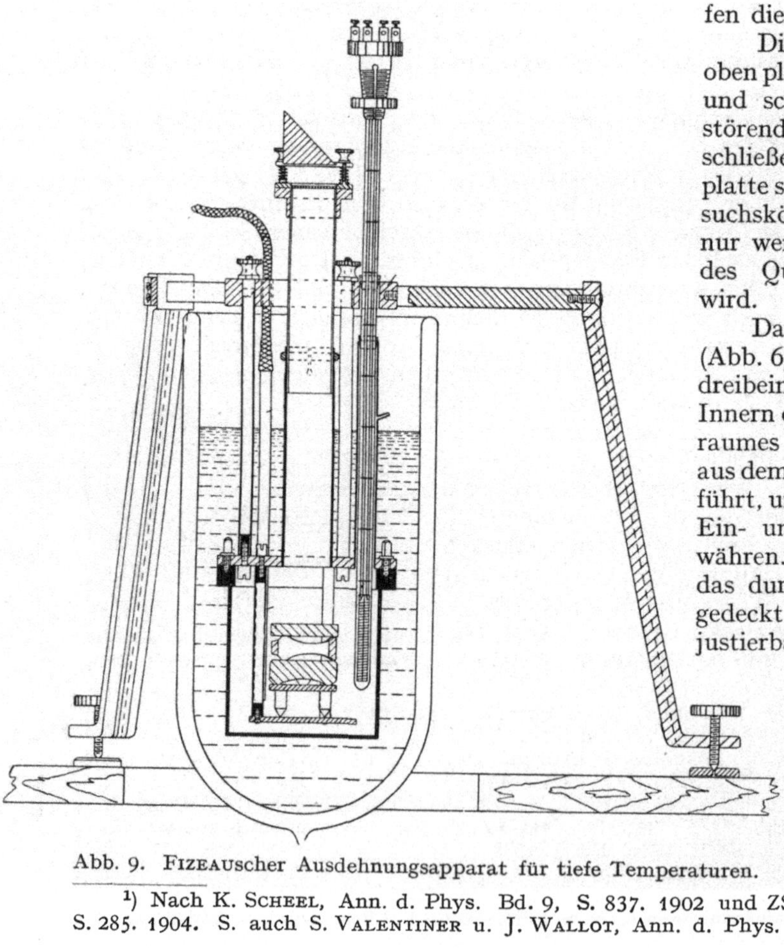

Abb. 9. Fizeauscher Ausdehnungsapparat für tiefe Temperaturen.

[1]) Nach K. Scheel, Ann. d. Phys. Bd. 9, S. 837. 1902 und ZS. f. Instrkde. Bd. 24, S. 285. 1904. S. auch S. Valentiner u. J. Wallot, Ann. d. Phys. Bd. 46, S. 837. 1915.

raum taucht in ein Bad (z. B. flüss. Luft, Wasserstoff). Dadurch erreicht man eine fast völlige Konstanz der Temperatur im Hohlraum.

Abb. 10 zeigt die ABBEsche Einrichtung von monochromatischer Lichtquelle und Beobachtungsfernrohr. Das Licht einer längsdurchsichtigen GEISSLERschen Röhre (mit etwas Quecksilber und Wasserstoff oder besser Helium gefüllt) wird in dem kleinen Prisma P konzentriert und total reflektiert, durch das nicht gezeichnete Fernrohrobjektiv parallel gemacht und durch zwei ebenfalls nicht gezeichnete Prismen mit vertikaler brechender Kante (bei der neueren Form) spektral zerlegt[1]). Das nunmehr einfarbige Licht gelangt in den Interferenzapparat (Abb. 8 und 9), nachdem es die total reflektierenden Prismen passiert hat. Die Farbe des Lichtes kann durch eine leichte Drehung des Fernrohrs und ersten Prismas um eine vertikale Achse gewechselt werden.

Die von dem Interferenzapparat normal reflektierten Strahlen kehren auf demselben Wege in das Fernrohr zurück. Durch das Okular des Fernröhrchens F mit Doppelfaden erblickt man ein System vertikaler, äquidistanter Interferenzstreifen in der jeweils eingestellten Farbe, dazwischen das Bild des Silberscheibchens. Den vertikalen Doppelfaden stellt man auf einen Streifen oder das Scheibchen ein, indem man das Fernröhrchen F mittels der Mikrometerschraube M um eine vertikale Achse dreht.

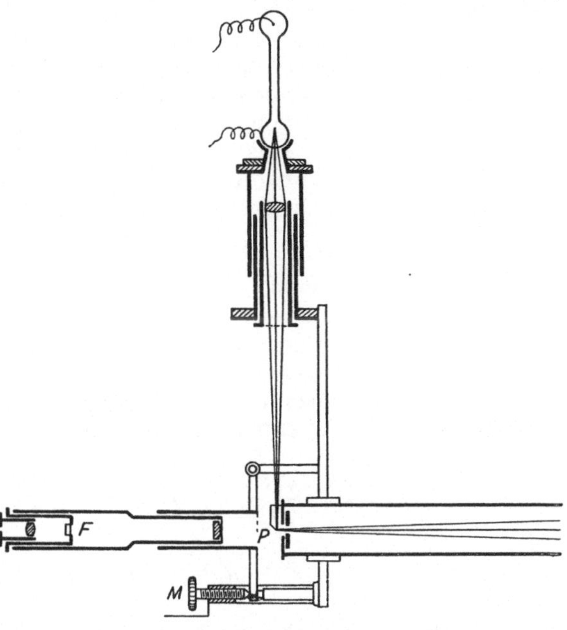

Abb. 10. Optische Einrichtung für den FIZEAUschen Apparat.

Bei einer Temperaturänderung des Interferenzapparates verschiebt sich das Streifensystem, und zwar entspricht einer Verschiebung um x Streifenbreiten eine Abstandsänderung der die Interferenz bewirkenden Flächen um $\lambda/2 \cdot x$, wenn λ die Wellenlänge des benutzten Lichtes ist. Um die Zahl x nicht abzählen zu müssen, was sich oft verbietet, weil bei rascher Temperaturänderung die Streifen vorübergehend verschwimmen, hat ABBE die Beobachtung mit mehreren Wellenlängen λ_1, λ_2, $\lambda_3 \ldots$ eingeführt.

In der Farbe λ_1 seien $x_1 + \xi_1$ Streifenbreiten an der Marke vorbeigewandert. Dabei sei x_1 eine ganze Zahl, ξ_1 ein Bruchteil einer Streifenbreite. Entsprechendes gelte in den Farben λ_2, $\lambda_3 \ldots$, dann ist die gesuchte Abstandsänderung

$$\varDelta = \frac{\lambda_1}{2}(x_1 + \xi_1) = \frac{\lambda_2}{2}(x_2 + \xi_2) = \frac{\lambda_3}{2}(x_3 + \xi_3) \cdots$$

Die Wellenlängen λ_1, λ_2, $\lambda_3 \ldots$ sind bekannt, ξ_1, ξ_2, $\xi_3 \ldots$ sind bei Temperaturgleichgewicht, d. h. bei ruhenden Interferenzstreifen, mikrometrisch ausgemessen.

---

[1]) PULFRICH, ZS. f. Instrkde. Bd. 13, S. 374. 1893. S. dort Ausführliches über die optische Einrichtung.

Dann findet man die ganzen Zahlen x_1, x_2, x_3 ... auf folgende Weise. Es ist

$$\frac{\lambda_2}{\lambda_1} x_2 - x_1 = \xi_1 - \frac{\lambda_2}{\lambda_1} \xi_2, \quad \text{und ebenso für } \lambda_3 \cdots .$$

Die rechte Seite ist ein echter Bruch, wenn $\lambda_2 < \lambda_1$, und ist bekannt. Man berechnet nun, während x_1 die Reihe der ganzen Zahlen durchläuft, die zugehörigen x_2. Nur dann, wenn x_2 sehr nahe ganzzahlig herauskommt, ist das ganzzahlige Wertepaar x_1, x_2 eine mögliche Lösung der letzten Gleichung. Unter den so gewonnenen Lösungen ist die zu wählen, deren x_1-Wert auch bei andern Farbenkombinationen λ_1, λ_3 oder λ_1, λ_4 usw. als Lösung für x_1 wiederkehrt. Mit dem richtigen x_1 hat man auch die x_2, x_3 ... und damit auch die entsprechende Menge von Werten für Δ, aus denen das Mittel zu nehmen ist.

Bisher wurde angenommen, daß die Wellenlängen λ während der Versuchs dauer konstant seien. Das ist nur dann der Fall, wenn der Heiz- oder Kühlraum des Interferenzapparates evakuiert wird. Ist er gasgefüllt, so ist die Lichtwellenlänge vom Brechungsvermögen n des Gases abhängig, und zwar gilt

$$n \lambda = \lambda_0 ,$$

wo λ_0 die Wellenlänge im Vakuum bedeutet.

Bezeichnen wir die den beiden Zuständen vor und nach der Temperaturänderung entsprechenden Werte von n und λ mit n', λ' und n'', λ'' und die Abstände der Interferenzflächen an der Stelle des Silberscheibchens mit a' und a'', so wird jetzt die Anzahl der Interferenzstreifenbreiten, welche der Abstandsänderung $\Delta = a'' - a'$ entspricht, gegeben durch

$$x + \xi = 2\left(\frac{a''}{\lambda''} - \frac{a'}{\lambda'}\right),$$

also

$$\Delta = a'' - a' = \frac{\lambda'}{2}\left[x + \xi + 2\frac{a''}{\lambda_0}(n' - n'')\right].$$

Das Korrektionsglied für die beobachtete Streifenzahl ist also um so kleiner, je kleiner die Dicke a der Gasschicht zwischen den spiegelnden Flächen ist. Bei relativen Messungen, wo man diese Schicht dünn machen kann, kommt die Korrektion wenig in Betracht, dagegen kann sie bei der absoluten Messung der Ausdehnung des Quarzringes selbst ein Vielfaches der Beobachtungsfehler sein.

Das Brechungsvermögen n', welches zur Temperatur t' und zum Barometerstand b' des Gases gehört, berechnet sich aus dem Brechungsvermögen n bei $0°C$ unter normalem Druck von 760 mm Hg nach der Gleichung

$$n' - 1 = (n - 1)\frac{1}{1 + 0{,}00367\, t'} \cdot \frac{b'}{760} .$$

Da man nach der Fizeauschen Methode die Abstandsänderung der reflektierenden Flächen auf einige tausendstel μ messen kann, so ist diese Methode allen andern an Genauigkeit überlegen, insbesondere wenn die Ausdehnung kleiner Stücke und wenn sie in kleinen Temperaturintervallen gemessen werden soll. Das ist aber gerade in tiefen Temperaturen von Bedeutung, wo sich der Ausdehnungskoeffizient rasch mit der Temperatur ändert.

35. Messung einer Neigungsänderung mit Lichtinterferenz. Eine am Bureau of Standards von J. G. Priest[1]) ausgearbeitete Methode benutzt die schon von Pulfrich bemerkte Tatsache, daß die Anzahl von Interferenzstreifen,

---

[1]) J. G. Priest, Scient. Pap. Bureau of Stand. Bd. 15, S. 669. 1920.

welche zwischen zwei festen Geraden auf einer der spiegelnden Flächen liegen, ein sehr genaues Maß für die Neigung der beiden spiegelnden Flächen bildet.

Der Apparat (Abb. 11) besteht aus einer plangeschliffenen Deckplatte aus Glas und einer besonders geformten Grundplatte aus Glas, Quarzglas oder einem andern Stoff von wohldefiniertem Ausdehnungskoeffizienten. Die Grundplatte besitzt eine Schneide SS, die plangeschliffene Spiegelfläche bb und den ihr parallelen Absatz für den Probekörper in der Ebene aa. Der Probekörper, in der Abbildung ein Zylinder mit drei Füßen und der Spitze X, paßt in einen nutartigen Einschnitt der Grundplatte. Seine Länge ist nahe gleich dem Abstand der Schneide SS von der Ebene aa, so daß zwischen der Grundplattenoberfläche bb und der auf SS und X aufliegenden Deckplattenfläche cc bei Beleuchtung mit monochromatischem Licht Interferenzstreifen $\parallel SS$ erscheinen, deren schwache Krümmung gegen X konkav oder konvex ist, je nachdem die Spitze über oder unter dem Niveau der Schneide liegt. Auf der Ebene bb sind parallel zu SS zwei parallele Strichmarken im gegenseitigen Abstand d gezogen, welche eine bestimmte Anzahl Interferenzstreifenbreiten (z. B. 10, höchstens 20) begrenzen. Die übrige optische Einrichtung ist ebenso zu treffen wie in der vorigen Ziffer.

Bei einer Temperaturveränderung des Apparates tritt entsprechend den verschiedenen Ausdehnungskoeffizienten von Probekörper und Grundplatte eine Neigungsänderung der Deckplatte gegen die Grundplatte ein und damit eine

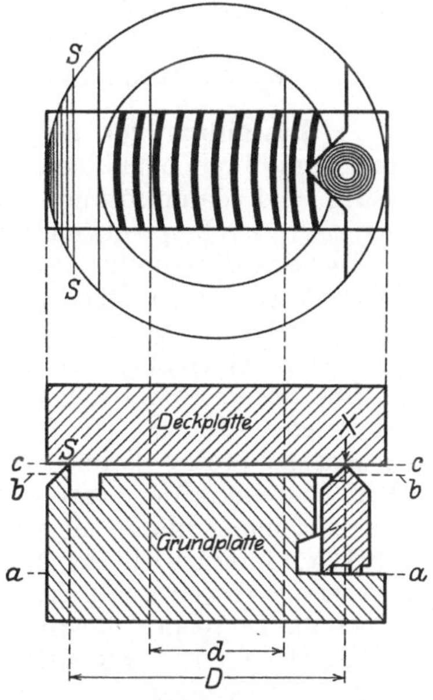

Abb. 11. Interferenzapparat nach PRIEST.

Änderung der Streifenzahl zwischen den festen Marken. Ist Δ wieder die relative Ausdehnung des Probekörpers gegen ein gleich hohes Stück der Grundplatte, D der Abstand der Spitze X von SS, so ist die Neigungsänderung

$$\varphi = \frac{\Delta}{D}.$$

Hat sich andererseits die Anzahl von Streifenbreiten (Farbe λ) zwischen den Strichmarken um $x + \xi$ geändert, wobei das richtige Vorzeichen an der Krümmung der Interferenzstreifen erkannt wird, so ist die Neigungsänderung

$$\varphi = \frac{\lambda}{2} \frac{x + \xi}{d},$$

also wird

$$\Delta = \frac{D}{d} \frac{\lambda}{2} (x + \xi),$$

womit der mittlere relative Ausdehnungskoeffizient des Probekörpers (Länge l) gegen die Grundplatte zwischen den Temperaturen t' und t'' gegeben ist zu

$$\overline{\alpha} = \frac{\Delta}{l(t'' - t')}.$$

Die PRIESTsche Methode hat gegenüber der FIZEAUschen den Vorteil, daß die Korrektion wegen Änderung der Luftdichte praktisch eliminiert ist.

Kapitel 2

Schmelzen, Erstarren und Sublimieren.

Von

F. Körber, Düsseldorf.

Mit 41 Abbildungen.

a) Thermodynamik der Gleichgewichtskurven.

1. Einteilung der Aggregatzustände. Die klassische Physik teilte entsprechend ihrer phänomenologischen Einstellung die Aggregatzustände in fest, flüssig und dampfförmig ein. Auf Grund atomistischer Vorstellungen und hier noch zu besprechender thermodynamischer Betrachtungen unterscheidet G. Tammann[1]) zwischen isotropen und anisotropen Zuständen. Im dampfförmigen sowie im flüssigen Zustande befinden sich die Moleküle bzw. Atome in ungeordneter Verteilung und Bewegung. Im glasartigen oder amorphen Zustande sind ebenfalls keine Gesetzmäßigkeiten der Atomanordnung festzustellen; ein Glas unterscheidet sich von einer Flüssigkeit nur durch besonders hohe Werte der inneren Reibung; die Beweglichkeit der Moleküle ist verschwunden, so daß ein glasiger Stoff äußeren Kräften gegenüber seine Form bewahrt, im Sinne der alten Einteilung der Aggregatzustände also zu den festen Stoffen gehört. Die innere Reibung nimmt in einer Flüssigkeit mit sinkender Temperatur zu. Bei der Abkühlung tritt in der unterkühlten Flüssigkeit in einem häufig eng begrenzten Temperaturintervall ein sehr starker Anstieg der Viskosität ein, bei dem sich jedoch die Temperaturkoeffizienten anderer Eigenschaften nicht merklich ändern. Der Stoff geht kontinuierlich von dem flüssigen in den glasigen Zustand über. Gläser sind demnach als unterkühlte Flüssigkeiten anzusehen. Sie zeichnen sich durch hohe Festigkeit[2]) und Sprödigkeit aus. Sämtliche Eigenschaften von Glas, Flüssigkeit und Dampf sind von der Richtung unabhängige Größen, Skalare. Der glasförmige, der flüssige und der dampfförmige Zustand sollen unter dem Begriffe der isotropen Zustände zusammengefaßt werden. Beim Übergang eines isotropen Zustandes in einen anderen isotropen tritt im allgemeinen eine diskontinuierliche Änderung der physikalischen Eigenschaften ein; jedoch kann man den Übergang auch so führen, daß er kontinuierlich, ohne sprunghafte Eigenschaftsänderungen, erfolgt, da der molekulare Aufbau sämtlicher isotropen Phasen nicht wesensverschieden ist.

Der Gruppe der isotropen Zustände stehen die anisotropen oder kristallinen gegenüber. Ein Kristall ist dadurch gekennzeichnet, daß eine Reihe seiner Eigenschaften Vektoren sind. Diesen gerichteten Eigenschaften entspricht eine besondere Struktur. Die Atome sind streng gesetzmäßig nach Raumgittern ge-

---

[1]) G. Tammann, Aggregatzustände, Leipzig 1922.
[2]) A. L. Day u. E. T. Allen, ZS. f. phys. Chem. Bd. 54, S. 32. 1906.

ordnet, in denen zum Unterschied vom isotropen Zustand nicht alle Richtungen äquivalent sind.

Bei einer Reihe von Stoffen treten verschiedene Raumgitteranordnungen, polymorphe Formen, auf. Dabei sind jedoch kontinuierliche Übergänge untereinander oder in isotrope Zustände als unausführbar anzusehen.

Wir gelangen damit zu folgender eindeutigen und vollständigen Einteilung[1]):

Isotrope Zustände	Anisotrope Zustände
Gas, Flüssigkeit, Glas	Verschiedene Kristallarten
Atome, ungeordnet im Raum	Nach Raumgittern geordnete Atome
Alle Eigenschaften sind Skalare	Die Eigenschaften sind teils Skalare, teils Vektoren
Kontinuierliche Übergänge untereinander sind möglich	Der Übergang anisotroper Zustände ineinander oder in einen isotropen vollzieht sich immer diskontinuierlich.

Daß auch in Gläsern und Flüssigkeiten durch äußeren Zwang vektorielle Eigenschaften zu erzielen sind, kann nicht als Einwand gelten; so wird z. B. ein isotropes Glas unter Belastung doppelbrechend. Entsprechende erzwungene Anisotropie zeigen Gläser nach ungleichmäßiger Abkühlung als Folge der dabei auftretenden inneren Spannungen. Auch in Flüssigkeitsschichten, die sich mit verschiedener Geschwindigkeit gegeneinander bewegen, ist Doppelbrechung beobachtet worden[2]). Diese vektoriellen Eigenschaften verschwinden aber, sobald die Stoffe in ihren natürlichen, spannungsfreien Zustand zurückkehren, auf welch letzteren allein obige Einteilung sich beziehen soll.

2. Die Phasenregel. Ein heterogenes System setzt sich aus in sich homogenen, gegeneinander räumlich abgegrenzten und in den physikalischen Eigenschaften unterschiedenen Teilen zusammen, die als Phasen bezeichnet werden. Die Gleichgewichtsbedingungen zwischen den verschiedenen Phasen werden durch die Phasenregel gegeben. Diese Regel wurde von J. W. GIBBS[3]) auf der Grundlage der Gesetze der Thermodynamik ganz allgemein und ohne irgendeine hypothetische Aussage über den molekularen Aufbau der auftretenden Stoffe und Phasen abgeleitet. Die heterogenen Gleichgewichte sind dadurch ausgezeichnet, daß sie unabhängig sind von den Mengen der beteiligten Phasen, vorausgesetzt daß nicht eine derselben verschwindet. Das Gleichgewicht wird lediglich bestimmt durch die Werte der unabhängigen Veränderlichen: Druck, Temperatur und Konzentration. Je nach der Art des Zustandes des Systems können diese veränderlichen Faktoren sämtlich oder nur zum Teil willkürlich geändert werden, ohne daß das Gleichgewicht gestört wird. Zur vollkommenen Bestimmung des Zustandes des Systemes muß also eine mit der Art des Gleichgewichtes wechselnde Anzahl der Veränderlichen willkürlich festgelegt werden. Die so bestimmte Zahl F der Freiheitsgrade des Systems hängt ab von der Zahl r der im Gleichgewicht stehenden Phasen und der Anzahl n der Komponenten, unter der die Mindestzahl der zum Aufbau der sämtlichen Phasen des Systems notwendigen chemischen Individuen verstanden ist. Die Phasenregel sagt dann aus, daß $F = n + 2 - r$ ist.

Wegen der Ableitung der Phasenregel und der allgemeinen daraus für die heterogenen Gleichgewichte herzuleitenden Folgerungen sei auf ds. Handb. IX, Kap. 1, verwiesen.

---

[1]) G. TAMMANN, Aggregatzustände, S. 2.
[2]) A. KUNDT, Wiedem. Ann. Bd. 13, S. 110. 1881; D. VORLÄNDER, ZS. phys. Chem. Bd. 118, S. 1, 1925.
[3]) J. W. GIBBS, Scient. Pap. Bd. I, S. 96. London 1906.

3. Das Einstoffsystem. Nachstehend sollen die Betrachtungen über die heterogenen Gleichgewichte zunächst auf Einstoffsysteme beschränkt werden. Die Zahl der Komponenten ist also gleich Eins, $n = 1$, so daß gilt $F = 3 - r$.

Abb. 1 stellt das Gleichgewichtsdiagramm für den kristallinen, flüssigen und dampfförmigen Zustand eines chemisch einheitlichen Stoffes in der Druck (p)-Temperatur(T)-Ebene dar.

Die Zustandsfelder d, f und k stellen die Gebiete dar, in denen Dampf, Flüssigkeit bzw. Kristall als stabile Phase existenzfähig sind. Die Zahl der Freiheitsgrade beträgt 2, so daß Druck und Temperatur innerhalb des ganzen Gebietes beliebig geändert werden können, ohne daß sich die Zahl der Phasen (1) ändert.

Längs der Begrenzungskurven zwischen den einzelnen Zustandsgebieten sind jeweils die beiden Phasen miteinander im Gleichgewicht, deren Existenzbereiche durch die betreffende Gleichgewichtskurve geschieden werden.

Das System besitzt nur einen Freiheitsgrad, so daß beide Variable, Druck und Temperatur, sich nur in gegenseitiger Abhängigkeit, die durch die betreffende Gleichgewichtskurve gegeben ist, ändern können. Die Gleichgewichtskurve Dampf-Flüssigkeit wird als Dampfdruckkurve, die zwischen Flüssigkeit und anisotroper Phase als Schmelzkurve und diejenige zwischen Dampf und anisotroper Phase als Sublimationskurve bezeichnet. Im Schnittpunkt von zwei Kurven sind Druck und Temperatur eindeutig bestimmt, bei denen drei Phasen miteinander im Gleichgewicht sind, da den Gleichgewichten längs der beiden Kurven stets eine Phase gemeinsam ist. Das System besitzt in diesem Zustandspunkt keinen Freiheitsgrad. Dieser Schnittpunkt muß gleichzeitig ein Punkt der dritten Gleichgewichtskurve sein; die drei Gleichgewichtskurven schneiden sich also in einem Punkte, dem Tripelpunkt. Für die gegenseitige Lage der Gleichgewichtskurven im Tripelpunkt gilt, daß die Verlängerung einer Gleichgewichtskurve über den Tripelpunkt hinaus immer in dem von den beiden anderen begrenzten Zustandsgebiete verläuft[1]).

Abb. 1. Zustandsdiagramm des Einstoffsystems.

Sind zwei Kristallarten k_1 und k_2 vorhanden, so tritt zu den bisherigen Gleichgewichtskurven die Umwandlungskurve hinzu, auf der die beiden anisotropen Phasen miteinander koexistieren können. Diese kann nach Abb. 2 die Sublimationskurve oder die Schmelzkurve schneiden, so daß ein zweiter Tripelpunkt in dem System auftritt.

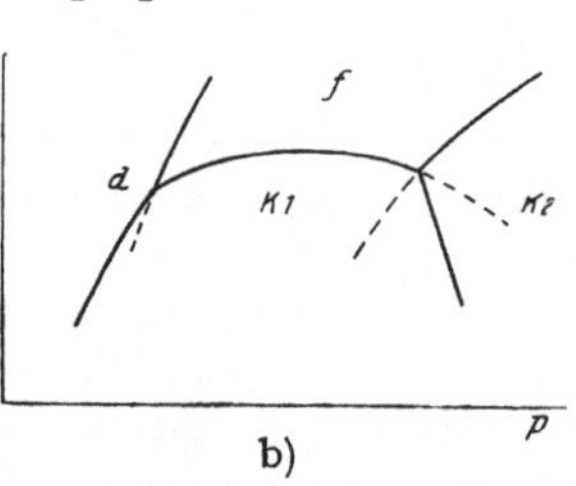

Abb. 2 a u. b. Zustandsdiagramm zweier Kristallarten.

4. Instabile Zustände. Es ist nicht notwendig, daß beim Überschreiten einer Gleichgewichtskurve die dem Übergang aus dem Stabilitätsbereich einer Phase in den einer andern entsprechende Umwandlung sofort einsetzt. Vielmehr ist ein Bestehenbleiben der betreffenden Phase im instabilen Zustande möglich, der jedoch bestrebt ist, in die in dem neuen Zustandsfeld stabile Phase überzugehen. Eine Flüssigkeit läßt sich in das Stabilitätsgebiet der anisotropen Phase hinein unterkühlen; die Dampfdruckkurve kann über den Tripelpunkt hinaus verfolgt werden (Abb. 1). Ebenso kann eine Kristallphase im Zustandsfelde einer anderen anisotropen Phase im instabilen Zustande bestehen, so daß

---

[1]) G. Tammann, Aggregatzustände, S. 55 u. 147.

die Sublimations- bzw. Schmelzkurven über den Tripelpunkt hinaus zu verlängern sind (Abb. 2). Die Überhitzung eines Kristalles und damit die Verfolgung der Grenzkurve des Zustandsfeldes einer anisotropen Phase in das einer
isotropen hinein ist dagegen nicht möglich (vgl. Ziff. 18).

5. Verlauf der Gleichgewichtskurven; Auftreten eines kritischen Punktes.
Auf den Gleichgewichtskurven hat das System einen Freiheitsgrad, so daß sich
der Druck p und die Temperatur T nur in gegenseitiger Abhängigkeit ändern
lassen. Die von den beiden Veränderlichen zu erfüllende Bedingung ist gegeben
durch die CLAUSIUS-CLAPEYRONsche Gleichung[1]

$$\frac{dT}{dp} = \frac{T\Delta v}{Q}.$$

Dabei bezeichnet Q die bei konstantem Druck je Masseneinheit bei der Zustandsänderung auftretende Wärmetönung, Δv die gleichzeitig stattfindende Volumenänderung (vgl. ds. Handb. IX, Kap. 1).

Die Dampfdruckkurve ist ebendort und in ds. Bd., Kap. 3, behandelt. Sie ist
dadurch ausgezeichnet, daß sie in einem kritischen Punkt endigt, in dem $\dfrac{dT}{dp} = \dfrac{0}{0}$
gilt, da Δv und Q gleichzeitig Null werden; beide Phasen werden identisch. Aus
diesem Grunde ist es möglich, die Überführung einer flüssigen Phase in den dampfförmigen Zustand so zu leiten, daß ein Überschreiten einer Gleichgewichtskurve,
also diskontinuierliche Eigenschaftsänderungen, vermieden werden. Atomistisch
findet die Möglichkeit dieser Art der Zustandsänderung auf völlig kontinuierlichem Wege ihre Erklärung in der ungeordneten Verteilung der Atome in beiden
Phasen.

Denselben stetigen Übergang halten J. H. POYNTING[2] M. PLANCK[3] und
W. OSTWALD[4] zwischen kristalliner und flüssiger Phase für möglich. Es soll
also auch die Schmelzkurve in einem kritischen Punkte endigen. OSTWALD begründet diese Auffassung in erster Linie damit, daß er in einem p-v-Diagramm
eine stetige Isotherme zwischen beiden Phasen als möglich annimmt. Sie würde
eine für beide Zustände gemeinsame Zustandsgleichung, wie sie für die isotropen
Phasen bekannt ist (vgl. ds. Bd., Kap. 3), bedingen. Die bisherigen Versuche,
eine solche aufzustellen, sind als ergebnislos anzusehen[5]. G. TAMMANN[6] hat die
Bedenken, die der Annahme eines kontinuierlichen Überganges zwischen isotropen und anisotropen Phasen entgegenstehen, eingehend erörtert. Auch die
Plastizität, das Fließen der Kristalle unter Einwirkung äußeren Druckes, kann
nicht als Beweis eines allmählichen Überganges in den flüssigen Zustand gedeutet
werden (s. Ziff. 20).

G. TAMMANN[6] geht bei seinen Erörterungen über den Verlauf der Schmelzkurve von einer grundsätzlich abweichenden Auffassung aus. Infolge ihrer ungeordneten Atomanordnung sind isotrope Phasen identisch, sobald ihre spezifischen Volumina gleich werden, daher muß auf der Gleichgewichtskurve mit
Δv gleichzeitig Q verschwinden, so daß ein kritischer Punkt auftritt. Dagegen
ist die unmittelbare Folge des verschiedenen atomistischen Aufbaues von Kristall
und Schmelze, daß bei übereinstimmenden Volumen die beiden Phasen keines-

---

[1]) M. PLANCK, Vorlesungen über Thermodynamik, S. 149. Leipzig 1921,
[2]) J. H. POYNTING, Phil. Mag. (5) Bd. 12, S. 32. 1881.
[3]) M. PLANCK, a. a. O., S. 165. 1921.
[4]) W. OSTWALD, Lehrbuch der allgem. Chem. Bd. II 2, S. 389. 1902.
[5]) Enzyklopädie d. m. W. V., Heft 5, Artikel 10, S. 890.
[6]) G. TAMMANN, Ann. d. Phys. Bd. 36, S. 1027. 1911; Bd. 40, S. 297. 1913.

wegs identisch sind, auch wenn sie miteinander im Gleichgewicht stehen. Daher können auf der Gleichgewichtskurve Q und Δv nicht gleichzeitig verschwinden. Die Möglichkeit des Auftretens eines kritischen Punktes auf der Schmelzkurve wird daher aus atomistischen Gründen abgelehnt, vielmehr ist als die allgemeinste Form der Umgrenzung des Zustandsfeldes der anisotropen Phase eine in sich geschlossene Schmelzkurve anzusehen.

Im nachstehenden sollen die von Tammann aus der Nichtexistenz eines kritischen Punktes auf der Schmelzkurve abgeleiteten Folgerungen kurz besprochen werden. Zur Behandlung der Gleichgewichtskurven werde das thermodynamische Potential herangezogen.

6. Das thermodynamische Potential. Eine der Masseneinheit eines Stoffes zugeführte Wärmemenge dQ, welche die Temperatur um dT steigert, wird zur Erhöhung des Energiegehaltes um dU und zur Leistung der äußeren Arbeit $dA = p\,dv$ verbraucht:

$$dQ = dU + dA = dU + p\,dv\,.$$

dU ist ein totales Differential, U ist damit als eindeutige Zustandsfunktion gekennzeichnet, deren Änderung nur vom Anfangs- und Endzustand bestimmt wird. Demgegenüber hängt der Wert von $A = \int_1^2 p\,dv$ wesentlich vom Wege ab, auf dem Druck und Volumen geändert werden. Gleiches gilt dann für Q. Der integrierende Faktor ergibt sich nach dem zweiten Hauptsatze zu $\frac{1}{T}$[1]). Daher ist $\frac{Q}{T}$, die Entropie, eine Zustandsfunktion. $\int_1^2 \frac{dQ}{T}$ hat einen von dem Wege, auf dem die Änderung der Zustandsvariabeln erfolgt, unabhängigen Wert, und zwar ist derselbe gleich der Differenz der Entropiewerte für die beiden Zustandspunkte, in denen sich der Stoff zu Beginn und Ende des Vorganges befindet:

$$\int_1^2 \frac{dQ}{T} = S_2 - S_1\,.$$

Aus $dQ = dU + p\,dv$ und $dS = \dfrac{dQ}{T}$ folgt als Gleichung der Energiefläche

$$dU = T\,dS - p\,dv\,.$$

Hieraus lassen sich durch Bildung der ersten und zweiten Ableitungen Neigung und Krümmung der Energiefläche gegen die Koordinaten-Ebenen im U-, v-, S-Raum bestimmen. Diese Variablen sind der Beobachtung schlecht zugänglich. Eine Legendresche Transformation führt zu den drei einfachen, charakteristischen thermodynamischen Funktionen

$$U - TS = F \quad \text{mit den unabhängigen Variabeln} \quad v \text{ und } T,$$
$$U + pv = J \quad\quad ,, \quad ,, \quad\quad ,, \quad\quad\quad ,, \quad\quad v \text{ und } p,$$
$$U - TS + pv = G \quad ,, \quad\quad ,, \quad\quad\quad ,, \quad\quad p \text{ und } T.$$

Wegen der guten experimentellen Bestimmung von p und T sei der letzten, der G-Funktion, der Vorzug gegeben.

---

[1]) G. Tammann, Aggregatzustände, S. 47.

Bei einem Massenumsatz in einem System ändert sich dessen Energie, und zwar proportional der umgesetzten Menge dm um $\mu\,dm$, wo μ das thermodynamische Potential bedeutet. Für die gesamte Energieänderung ergibt sich folglich

$$dU = T\,dS - p\,dv + \mu\,dm\,;$$

da

$$dG = dU - T\,dS - S\,dT + p\,dv + v\,dp$$

ist, gilt:

$$dG = -S\,dT + v\,dp + \mu\,dm.$$

Daraus folgt für unveränderliches p und $T : \dfrac{\partial G}{\partial m} = \mu$ oder auch, wenn wir alles auf die Masseneinheit beziehen:

$$\mu = G\,;$$

die G-Funktion ist also das auf die Masseneinheit bezogene thermodynamische Potential.

Wird die Masseneinheit des Stoffes von der Phase a in die Phase b in einem Gleichgewichtspunkt bei konstantem p und T übergeführt, so ist die dabei aufgenommene Wärmemenge $T(S_a - S_b)$ und die geleistete Arbeit $p(v_a - v_b)$. Nach dem ersten Hauptsatz gilt für die Änderung der inneren Energie

$$U_a - U_b = T(S_a - S_b) - p(v_a - v_b)$$

oder

$$U_a - TS_a + pv_a = U_b - TS_b - pv_b,$$

$$G_a = G_b.$$

Die Bedingung für die Koexistenz zweier Phasen und für isotherm-isobare Vorgänge zwischen denselben ist die Gleichheit ihrer G-Werte in dem betreffenden Zustandspunkt.

Jeder Phase entspricht eine besondere G-Fläche. Schneiden sich die G-Flächen zweier Phasen, so werden diese längs der Schnittkurve miteinander im Gleichgewicht sein; die Projektion der Schnittkurve auf die p-T-Ebene gibt den Verlauf der Gleichgewichtskurve der beiden Phasen wieder. In Zustandspunkten außerhalb der Gleichgewichtskurve sind die G-Werte und damit die Stabilitäten verschieden, und zwar entspricht der stabileren Phase immer der kleinere G-Wert [vgl. ds. Handb. IX, Kap. 1[1])]. Da im Einstoffsystem das Gleichgewicht unabhängig von dem Mengenverhältnis ist, werden hier besonders einfache Bedingungen gelten.

Die Richtung und Krümmung der G-Isothermen und G-Isobaren legen den Verlauf der Fläche fest. Sie sind gegeben durch die beiden ersten Ableitungen von G nach p und T:

$$\frac{\partial G}{\partial p} = v, \qquad \frac{\partial^2 G}{\partial p^2} = \frac{\partial v}{\partial p},$$

$$\frac{\partial G}{\partial T} = -S, \qquad \frac{\partial^2 G}{\partial T^2} = -\frac{c_p}{T}.$$

Da v für alle Phasen immer positiv ist, so steigen die G-Isothermen mit p an; sie sind konkav zur p-Achse gekrümmt, da $\dfrac{\partial v}{\partial p}$ in realisierbaren Zuständen stets negativ ist. Da ferner S und c_p stets positiv sind, fallen die G-Isobaren mit zunehmender Temperatur und sind ebenfalls konkav zur T-Achse gekrümmt.

---

[1]) In dem von HERZFELD verfaßten Kapitel sind zum Teil andere Bezeichnungen gewählt: der Energieinhalt U wird dort E_v, die freie Energie F wird F_v und das thermodynamische Potential G wird F_p genannt.

7. Die gegenseitige Lage der G-Flächen. Über die gegenseitige Lage
der G-Flächen der verschiedenen Phasen lassen sich folgende Aussagen machen
(vgl. Abb. 3). Wegen des stets größeren Volumens des Dampfes gegenüber der
Flüssigkeit verlaufen die G-Isothermen des ersteren stets steiler als die der letzteren. Die G-Flächen von Dampf und Flüssigkeit stoßen längs einer Kante $a\,c$
zusammen, deren Projektion auf die p-T-Ebene die Dampfdruckkurve $a'\,c'$ ist.
Da oberhalb des kritischen Punktes c' die beiden Phasen nicht mehr zu unterscheiden sind, müssen dort die beiden G-Flächen stetig ineinander übergehen.
Die G-Fläche des Anisotropen schneidet die der isotropen Phasen in den Raumkurven $d\,g\,e$ und $d\,f\,e$, deren Projektionen auf die p-T-Ebene wieder die betreffen-

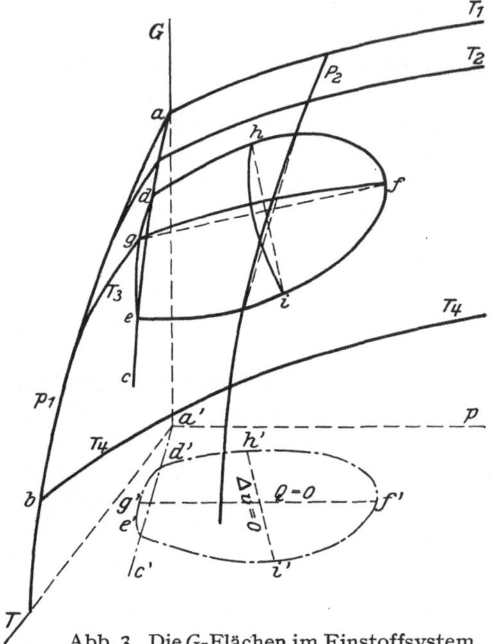

Abb. 3. Die G-Flächen im Einstoffsystem.

den Gleichgewichtskurven des Zu-
standsdiagrammes $d'\,g'\,e'$ = Sublimationskurve, $d'\,f'\,e'$ = Schmelzkurve
sind. Entsprechend der aus atomistischen Gründen geforderten Unmöglichkeit eines kontinuierlichen
Überganges von der anisotropen zu
einer isotropen Phase müssen diese
Schnittlinien einen geschlossenen Kurvenzug bilden. Innerhalb der geschlossenen Gleichgewichtskurve An-
isotrop-Isotrop werden, der oben besprochenen Stabilitätsbedingung entsprechend, die G-Werte des Kristallisierten kleiner als die von Schmelze
und Dampf sein.

Der Teil der G-Fläche des Isotropen, der zwischen der Schmelzkurve $d\,h\,f$ und der G-p-Ebene liegt,
entspricht einem Zustandsgebiet, in
dem der betreffende Stoff als Glas
stabil sein würde.

Die G-Flächen aller isotropen
Phasen, Dampf, Schmelze und Glas,
gleichgültig, ob im stabilen oder instabilen Zustande, gehen kontinuierlich
ineinander über.

8. Die neutralen Kurven. Legt man jeweils in zwei übereinanderliegenden Punkten Tangenten parallel der G-p-Ebene an die G-Flächen von Schmelze s
und Kristall k, so sind diese bei Annahme eines monotonen Verlaufes der G-Isothermen nur für solche Werte des Druckes einander parallel, für welche die Bedingung gilt:

$$\frac{\partial G_s}{\partial p} = v_s = \frac{\partial G_k}{\partial p} = v_k.$$

Die Projektion der Berührungspunkte solcher Tangentenpaare liefert in der
$p\,T$-Ebene eine Kurve, längs der $\Delta v = 0$ ist. Nach der Clausius-Clapeyronschen
Gleichung entsprechen deren Schnittpunkte mit der Schmelzkurve deren Tem-
peraturmaximum bzw. -minimum. Analog ist eine zweite neutrale Kurve $Q = 0$
als Projektion der übereinanderliegenden Berührungspunkte je zweier paralleler
Tangenten der G-Isobaren gegeben, die die Gleichgewichtskurven in Punkten
maximalen und minimalen Druckes schneidet. Im allgemeinen werden die
Tangentialebenen in Punkten mit gleichem p und T an die beiden G-Flächen

von Kristall und Schmelze sich schneiden. Nur in einem Punkte laufen sie einander parallel. Für diesen ist dann:

$$\frac{\partial G_s}{\partial p} = \frac{\partial G_k}{\partial p} \quad \text{und} \quad \frac{\partial G_s}{\partial T} = \frac{\partial G_k}{\partial T},$$

$$v_s - v_k = \Delta v = 0; \quad T(S_s - S_k) = Q = 0.$$

In dem entsprechenden Punkt der p-T-Ebene schneiden sich beide neutralen Kurven. Es sind hier aber keineswegs beide Phasen identisch, da dieser Punkt nicht auf einer Gleichgewichtskurve liegt, mithin

$$G_s \neq G_k, \qquad \text{d. h.} \qquad U_s \neq U_k$$

gilt.

Der allgemeine Verlauf der Gleichgewichtskurven wird durch die Lage des Tripelpunktes und der neutralen Kurven festgelegt. Die Kurve $\Delta v = 0$ muß immer steiler verlaufen als die Kurve $Q = 0$, da sich sonst die Schmelzkurve zu unendlich hohen Temperaturen erstrecken würde; dies würde mit den atomistischen Vorstellungen über den Aufbau der anisotropen Phase nicht zu vereinen sein, da anzunehmen ist, daß infolge der mit steigender Temperatur

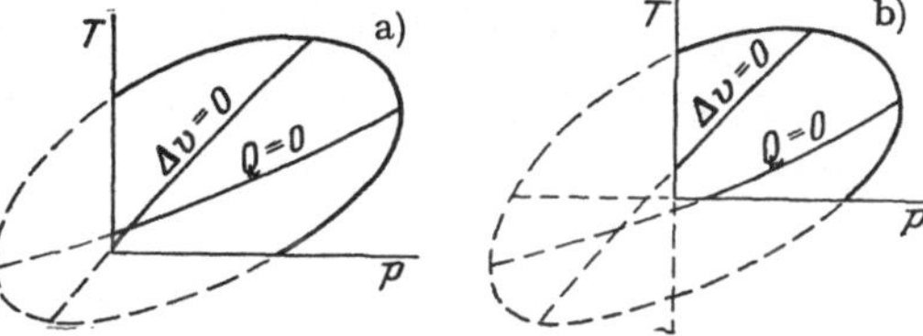

Abb. 4 a u. b. Der Verlauf der neutralen Kurven.

immer lebhafter werdenden thermischen Bewegung der Atome sich deren Schwingungsamplituden den Gitterabständen nähern, bis beim Schmelzpunkt die gittererhaltenden Kräfte überwunden werden[1]). Die neutralen Kurven teilen das Gebiet innerhalb der Schmelzkurve in vier Quadranten. Der Schnittpunkt beider kann entweder in das Gebiet realer Zustände fallen, oder ein Schneiden tritt erst bei negativen Werten von p und T ein (Abb. 4). Welche Teile der Schmelzkurve in das Gebiet realisierbarer Zustände fallen, richtet sich nach dem Verlauf der neutralen Kurven und der Änderung von Δv und Q auf der Gleichgewichtskurve.

9. Die Bedingungen für das Auftreten eines zweiten Gleichgewichtsdruckes bzw. einer zweiten Gleichgewichtstemperatur. Gleichbedeutend mit dem Vorhandensein einer maximalen Schmelztemperatur und eines maximalen Schmelzdruckes ist das Auftreten zweier Gleichgewichtsdrucke bei derselben Temperatur bzw. zweier Gleichgewichtstemperaturen bei demselben Druck.

Um die hierfür aus der gegenseitigen Lage der G-Flächen sich ergebenden Bedingungen abzuleiten, legen wir Schnitte parallel der T-G- und der p-G-Ebene durch dieselben. Erfahrungsgemäß gilt ganz allgemein

$$v_d > v_s \gtrless v_k$$

und

$$\frac{\partial v_d}{\partial p} > \frac{\partial v_s}{\partial p} > \frac{\partial v_k}{\partial p},$$

d. h.

$$\frac{\partial^2 G_d}{\partial p^2} > \frac{\partial^2 G_s}{\partial p^2} > \frac{\partial^2 G_k}{\partial p^2}.$$

Die G-Isotherme des Dampfes ist also stets stärker als die der Flüssigkeit und diese stärker als die des Kristalles gekrümmt.

---

[1]) F. A. LINDEMANN, Phys. ZS. Bd. 10, S. 609. 1911.

Bezüglich der gegenseitigen Lage des Tripelpunktes und des Schnittpunktes der neutralen Kurve und der Gleichgewichtskurve sind drei Fälle zu unterscheiden:

1. Der Tripelpunkt liegt bei kleineren Werten von p als der Schnittpunkt von $\Delta v = 0$ mit der Schmelzkurve; beim Tripelpunkt ist also $v_s > v_k$.

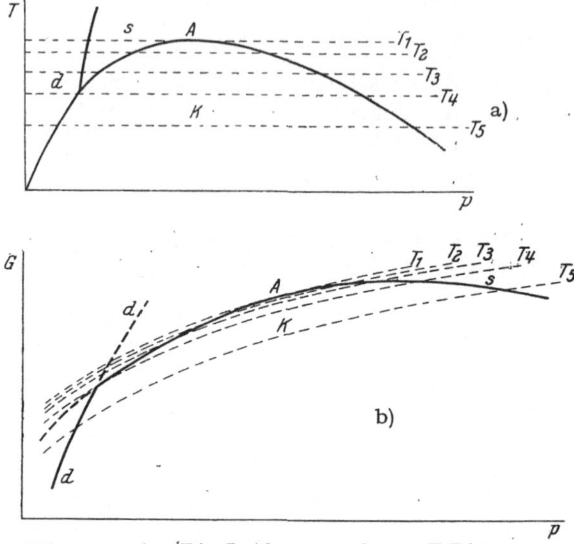

Abb. 5a u. b. Die Isothermen des p-T-Diagramms und der G-Flächen.

Abb. 5a u. b stellt schematisch die verschiedenen Möglichkeiten der gegenseitigen Lage der G-Isothermen von Kristall k, Schmelze s und Dampf d dar. Der einfacheren Darstellung wegen sind die beiden letzteren für die Schnitte bei den verschiedenen Temperaturen T_1 bis T_5 unverändert angenommen. Zwei Gleichgewichtsdrucke treten bei den Temperaturen T_2 bis T_4 auf. Bei T_5 liegt der zweite Schnittpunkt der G-Isothermen von Schmelze und Kristall im Stabilitätsgebiete des Dampfes und ist demgemäß nicht realisierbar. Bei der Temperatur T_1 rücken die beiden Schnittpunkte zusammen; die G-Isothermen von Schmelze und Kristall berühren sich in einem Punkt A, dessen Projektion auf die p-T-Ebene das Maximum auf der Schmelzkurve ergibt.

Ist die Kompressibilität des Kristalles bis zu den höchsten Drucken kleiner als die der Schmelze, bleibt also die Krümmung der G-Isothermen der anisotropen Phasen stets kleiner, als die der isotropen, so müssen dieselben bei genügend hohem Druck nochmals zum Schnitt kommen.

Da nun die Erfahrung lehrt, daß die Kompressibilität von Schmelze und Kristall mit steigendem Druck abnimmt, die G-Isothermen also immer geradliniger werden, rückt der Druck, bei dem die Isothermen einander parallel werden ($\Delta v = 0$), und erst recht ihr zweiter Schnittpunkt zu höheren Drucken, als entsprechend der gegenseitigen Neigung und Krümmung der G-Isothermen beim Tripelpunkt zu erwarten ist. Der zweite Gleichgewichtsdruck muß aber auftreten, sofern nur der Fall ausgeschieden wird, daß die Kompressibilitäten bei endlichen Drucken verschwinden.

2. Der Tripelpunkt fällt mit dem Schnittpunkt der neutralen Kurve $\Delta v = 0$ und der Schmelzkurve zusammen. In diesem Falle berühren sich die G-Isothermen von Kristall und Schmelze im Punkt A (Abb. 5), durch den jetzt auch die G-Isotherme des Dampfes geht. Der Punkt A würde also dem Tripelpunkt entsprechen. Oberhalb des Tripelpunktes sind Dampf und Schmelze die stabilen Phasen. Bei Temperaturen unterhalb des Tripelpunktes ist nur der bei höheren Drucken liegende Gleichgewichtspunkt realisierbar. Der erste Quadrant der Schmelzkurve würde dagegen in das Stabilitätsgebiet des Dampfes fallen, demnach nicht zu realisieren sein.

3. Der Druck des Tripelpunktes ist größer als der des Schnittpunktes von $\Delta v = 0$ und der Schmelzkurve. Für diesen Fall ist der Verlauf der G-Isothermen schematisch in Abb. 6 dargestellt.

Bei Temperaturen oberhalb des Tripelpunktes T_1 und T_2 treten nur Dampf und Schmelze als stabile Phasen auf. Bei der Temperatur des Tripelpunktes T_3 koexistieren alle drei Phasen in einem Zustandspunkt. Unterhalb des Tripelpunktes (T_4) tritt ein Stabilitätsbereich für den Kristall auf; wieder ist nur der bei höheren Drucken liegende Gleichgewichtsdruck realisierbar.

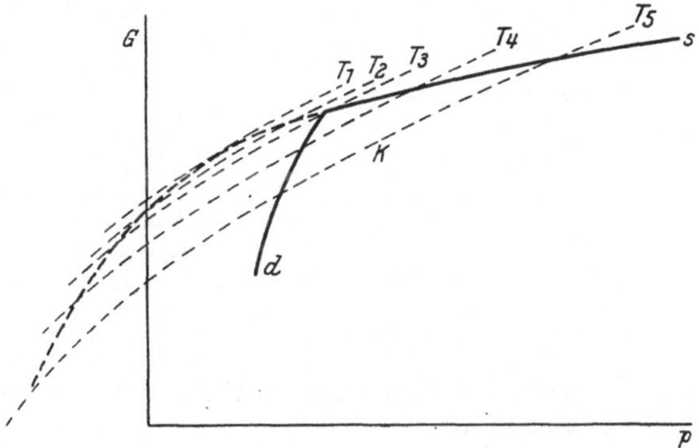

Abb. 6. Isothermen der G-Flächen.

In ganz entsprechender Weise würde die Lage des bei der geschlossenen Schmelzkurve möglichen zweiten Tripelpunktes (dampfförmiger, glasig-amorpher und kristallisierter Zustand) gegenüber der neutralen Kurve für den Verlauf der Schmelzkurve im dritten und vierten Quadranten maßgebend sein.

Für das Auftreten zweier Gleichgewichtstemperaturen bei demselben Druck muß der Verlauf der G-Isobaren der durch Abb. 7 skizzierte sein.

Bei der Temperatur T_1 muß $\dfrac{\partial G_s}{\partial T} > \dfrac{\partial G_k}{\partial T}$ gelten. Aus der allgemeinen Beziehung $\dfrac{\partial G}{\partial T} = -S$ folgt also für $T_1 : S_k > S_s$; die Schmelzwärme ist positiv. Bei dem zweiten, bei tieferer Temperatur liegenden Schmelzdruck muß das Neigungs-

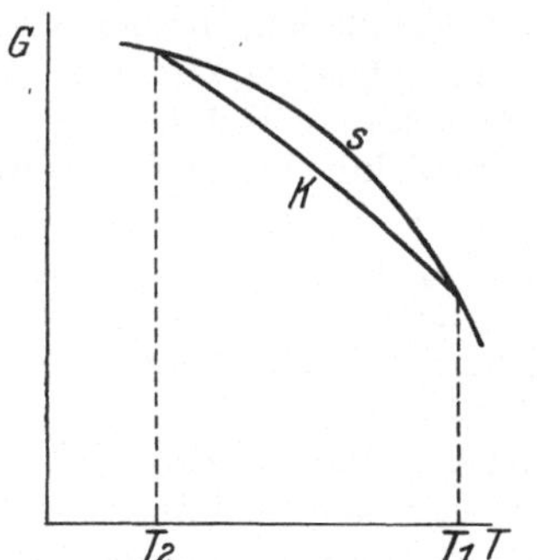

Abb. 7. Isobaren der G-Flächen.

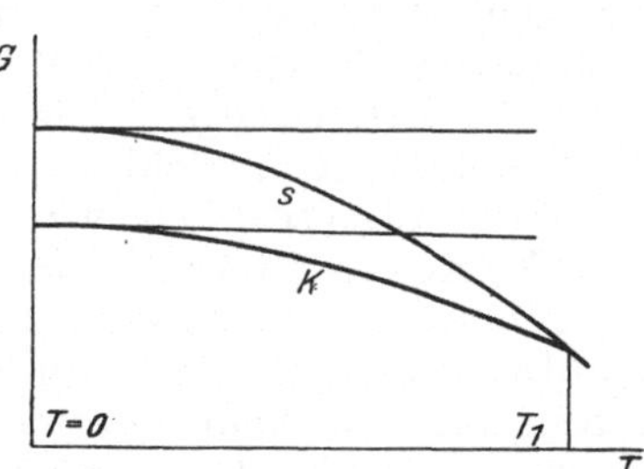

Abb. 8. Isobaren der G-Flächen.

verhältnis der G-Isobaren das entgegengesetzte sein, so daß $S_k < S_s$, die Schmelzwärme negativ ist. Es muß also zwischen T_1 und T_2 eine Temperatur T geben, bei der $S_s = S_k$ ist, die beiden Isobaren also einander parallel sind.

Als notwendige Vorbedingung für einen derartigen gegenseitigen Verlauf der G-Isobaren muß die Kurve der Schmelze stärker als die des Kristallisierten gekrümmt sein. Diese Bedingung sagt aus, daß die spezifische Wärme der isotropen Phase größer als die der anisotropen ist, was nach der Erfahrung allgemein zutrifft.

Kommen die beiden G-Isobaren nicht oberhalb des absoluten Nullpunktes der Temperatur zum zweitenmal zum Schnitt, so müssen Neigung und Krümmung beider Kurven beim absoluten Nullpunkt verschwinden (Abb. 8), da nach dem

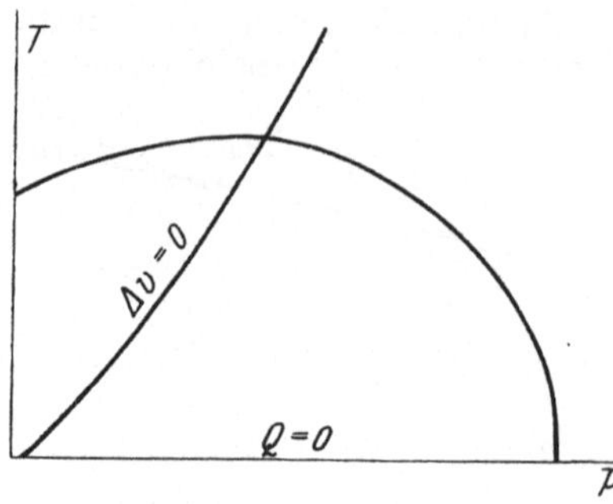

Abb. 9.   Schmelzkurve.

Nernstschen Wärmetheorem[1]) Entropie und spezifische Wärme mit sinkender Temperatur dem Nullwert zustreben.

Hält man an der durch die Erfahrung gestützten Beziehung fest, daß die spezifische Wärme der Schmelze stets größer als die des Kristalles ist, $c_{p_s} > c_{p_k}$, so wird für alle isobaren Schnitte die Schmelzwärme erst im absoluten Nullpunkt der Temperatur verschwinden. Die neutrale Kurve $Q = 0$ fällt dann mit der p-Achse zusammen.

Der maximale Schmelzdruck wird in diesem Falle bei der Temperatur $T = 0$ erreicht werden, so daß der Verlauf der Schmelzkurve der durch Abb. 9 angedeutete sein würde.

b) Schmelzkurven.

Im folgenden sollen die wichtigsten Versuchsergebnisse bezüglich der Abhängigkeit des Schmelzpunktes von Druck und Temperatur und die zu deren Bestimmung in Frage kommenden Verfahren besprochen werden. Auf Grund der bisher gewonnenen Erkenntnisse über den Verlauf der Schmelzkurve und die Abhängigkeit der Änderung des Volumens und des Wärmeinhaltes beim Übergang der isotropen in die anisotrope Phase wird dann ein Urteil möglich sein, welche der im vorigen Kapitel angegebenen, einander entgegenstehenden Auffassungen durch die Erfahrung gestützt wird.

10. Eigenschaftsänderungen beim Schmelzpunkt. Unter dem Schmelzpunkt eines Stoffes schlechthin sei die Temperatur verstanden, bei der bei einem äußeren Druck von 1 kg/cm² kristalline und flüssige Phase koexistieren. Beim Übergang vom anisotropen in den isotropen Zustand zeigt ein Teil der Eigenschaften eine sprunghafte Änderung, z. B. das spezifische Volumen, der Wärmeinhalt, das elektrische Leitvermögen, die thermoelektrische Kraft, die magnetische Suszeptibilität und die Löslichkeit für fremde Stoffe, während der Schmelzvorgang für andere Eigenschaften, wie Dampfdruck, thermodynamisches Potential und die E. M. K. von Umwandlungselementen nur durch eine plötzliche Änderung der Temperaturabhängigkeit ausgezeichnet ist.

α) **Volumenänderung beim Schmelzpunkt.** Das spezifische Volumen springt beim Schmelzpunkt mit nur wenigen Ausnahmen zu höheren Werten. Die Kurven 1 1 1 in Abb. 10a und b stellen für einen chemisch homogenen Stoff die Volumenisotherme bzw. -isobare dar.

Beimengungen, die sich in der isotropen, nicht aber in der anisotropen Phase lösen, bewirken eine Erniedrigung der Temperaturen des Beginns und Endes des Schmelzens oder eine Erhöhung der Anfangs- und Endschmelzdrucke, wobei gleichzeitig der beim chemisch homogenen Stoff isotherm bzw. isobar verlaufende Schmelzvorgang in einem Temperatur- bzw. Druckintervall vor sich geht (Kurven 2 und 3, Abb. 10).

Der Ausdehnungskoeffizient dv/dT und die Kompressibilität dv/dp werden im Bereiche des vollständig Kristallisierten bzw. Geschmolzenen durch Beimengungen wenig beeinflußt, so daß außerhalb des Schmelzbereiches die Volumenisothermen und -isobaren der reinen und der mit Beimengungen versehenen Stoffe nahezu zusammenfallen. Im Schmelzintervalle werden dagegen beide

---

[1]) M. Planck, Vorlesungen über Thermodynamik, 3. Aufl., S. 272. Leipzig 1911.

Eigenschaftswerte infolge des Einflusses der Beimengungen zu groß gemessen, weil hier mit steigender Temperatur bzw. sinkendem Druck ein teilweises Schmelzen erfolgt, das mit Volumenvergrößerung verbunden ist. Die Bestimmung der Volumenänderung beim Schmelzpunkt selbst ergibt infolgedessen in der Regel zu kleine Werte.

Aus dem Verlauf der Kurven, die die Änderung des Volumens mit Druck und Temperatur wiedergeben, lassen sich die Einflüsse der Beimengungen eliminieren und so die diskontinuierlichen Volumenänderungen beim Schmelzen des reinen Stoffes ermitteln[1]).

Neben den Beimengungen ist ein weiterer Faktor, der die Bestimmung der Volumenänderung ungünstig beeinflußt, die Vakuolenbildung bei der Erstarrung. Bei der Kristallisation bilden sich um so weniger Hohlräume, je näher die Badtemperatur der Schmelztemperatur liegt. H. BLOCK[2]) ließ die Erstarrung in Glasröhren 0,2 bis 0,25° unterhalb des Schmelzpunktes vor sich gehen. Ist die Weite des Rohres hinreichend klein gewählt — nach H. BLOCK < 1,5 mm —, so erstarrt die Schmelze zu einem einzigen Kristall. Gleichzeitig erfolgt in diesen engen Kapillaren eine selbsttätige Ausscheidung der Beimengungen im noch

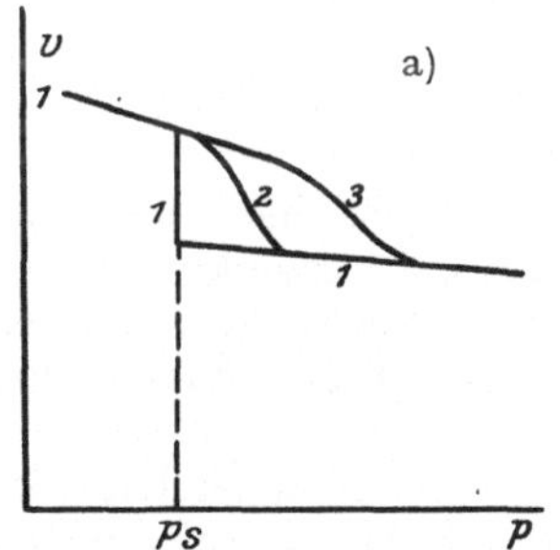
Abb. 10a. Volumenisothermen.

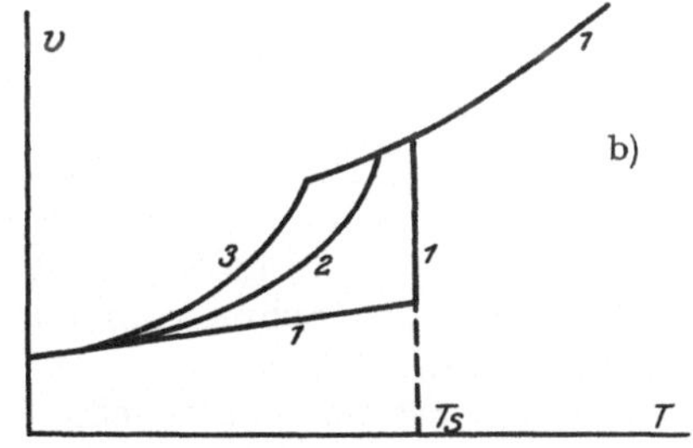
Abb. 10b. Volumenisobaren.

nicht kristallisierten Teil; da dieser infolge der Anreicherung der Beimengungen bei wesentlich tieferer Temperatur erstarrt als der reine Stoff, können sie leicht abgesaugt werden. Durch wiederholte Anwendung dieses Verfahrens läßt sich eine sehr weitgehende Reinigung erzielen.

β) Schmelzwärme. Beim Schmelzpunkt tritt eine sprunghafte Änderung des Wärmeinhaltes um den Betrag der Schmelzwärme Q ein. Bei Stoffen, die sich aus mehr als 6 bis 8 Atomen aufbauen, beträgt nach P. WALDEN die molekulare Entropieänderung beim Schmelzen $\dfrac{Q \cdot M}{T_s}$, wobei M das Molekulargewicht und T_s die Schmelztemperatur bedeuten, 12,5 bis 14,8 cal[3]). Ist dieser Ausdruck erheblich kleiner, so werden die Stoffe im flüssigen Zustande assoziiert sein.

Bei einem reinen Stoff zeigt die Abhängigkeit der spezifischen Wärme von der Temperatur beim Schmelzpunkt einen Sprung. Enthält der Stoff aber Beimengungen, so wird in Analogie zu dem Einfluß auf die Volumenänderung infolge teilweisen Schmelzens bereits unterhalb der Schmelztemperatur des reinen Stoffes Wärme an das Kalorimeter abgegeben. Die Folge ist, daß die spezifische Wärme für chemisch nicht homogene Kristalle bei Annäherung an den Schmelzpunkt zu groß ausfällt.

[1]) G. TAMMANN, Aggregatzustände, S. 86 u. 87.
[2]) H. BLOCK, ZS. f. phys. Chem. Bd. 78, S. 385. 1912.
[3]) P. WALDEN, ZS. f. Elektrochem. Bd. 14. S. 713. 1908.

Für die Temperaturabhängigkeit der Schmelzwärme, welche die diskontinuierliche Änderung des Energieinhaltes eines Stoffes beim Schmelzpunkt darstellt, gilt bei konstant gehaltenem Druck:

$$\frac{\partial Q}{\partial T} = c_{p_s} - c_{p_k},$$

für die Druckabhängigkeit bei konstanter Temperatur:

$$\frac{\partial Q}{\partial p} = \Delta v - T \left(\frac{\partial v_s}{\partial T} - \frac{\partial v_k}{\partial T} \right).$$

Auf der Schmelzkurve selbst gilt ganz allgemein

$$dQ = \frac{\partial Q}{\partial T} dT + \frac{\partial Q}{\partial p} dp.$$

Durch Einsetzen der Werte für

$$\frac{\partial Q}{\partial T} \quad \text{und} \quad \frac{\partial Q}{\partial p}$$

folgt:
$$dQ = (c_{p_s} - c_{p_k})\, dT + \Delta v_p\, dp - T \left(\frac{\partial v_s}{\partial T} - \frac{\partial v_k}{\partial T} \right) dp.$$

Die Bestimmung der Schmelzwärme erfolgt im allgemeinen kalorimetrisch. Zu diesem Zwecke müssen die Kurven der Temperaturabhängigkeit des Wärmeinhaltes für die isotrope und anisotrope Phase bestimmt werden, deren Abstand bei der Temperatur des Schmelzpunktes des reinen Stoffes T_s die gesuchte Schmelzwärme ergibt.

Um die Schmelzwärme bei verschieden weit fortgeschrittener Unterkühlung festzustellen, bringt O. Pettersen[1]) die unterkühlte Schmelze in Glaskapillaren in ein Quecksilberkalorimeter. Nach eingetretenem Wärmeausgleich wird geimpft. Bei genügend großer Kristallisationsgeschwindigkeit tritt in kurzer Zeit vollkommene Kristallisation ein, und die freiwerdende Kristallisationswärme wird dem Kalorimeter momentan mitgeteilt. Sind nach diesem Verfahren die Schmelzwärmen für verschiedene Grade der Unterkühlung bestimmt, so läßt sich eine Extrapolation auf die Gleichgewichtstemperatur ausführen.

Bei höheren Drucken kann man zur Ermittlung der Schmelzwärme ebenfalls ein Kalorimeterverfahren anwenden. Genauere Werte erhält man auf indirektem Wege. Aus der Clausius-Clapeyronschen Gleichung

$$\frac{dp}{dT} = \frac{Q}{\Delta v T}$$

läßt sich, wenn Δv, über dessen Bestimmung bei höherem Druck in Ziff. 12 berichtet wird, und der Verlauf der Schmelzkurve bekannt sind, die Schmelzwärme Q berechnen.

γ) **Änderung der elektrischen Leitfähigkeit beim Schmelzen.** Das elektrische Leitvermögen nimmt ohne Ausnahme diskontinuierlich beim Übergang aus einer Phase in die andere zu bzw. ab. Abb. 11 a und b zeigen schematisch die Abhängigkeit der metallischen und elektrolytischen Leitfähigkeit von der Temperatur.

Die metallische Leitfähigkeit nimmt mit steigendem Druck zu. Dementsprechend ist zu erwarten, daß der Widerstand beim Schmelzen abnimmt, so-

---

[1]) O. Pettersen, Berl. Ber. 1879, S. 1718.

fern dieses unter Kontraktion erfolgt, daß er dagegen zunimmt, wenn beim Schmelzen Dilatation eintritt. In der folgenden Tabelle ist der Quotient $\dfrac{\text{Widerstand des flüssigen Metalles}}{\text{Widerstand des kristallisierten Metalles}}$ für eine Anzahl von Metallen angegeben.

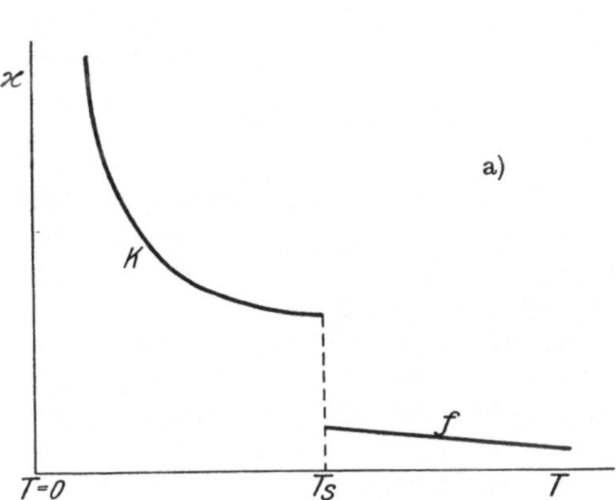

Abb. 11 a. Temperaturabhängigkeit der metallischen Leitfähigkeit.

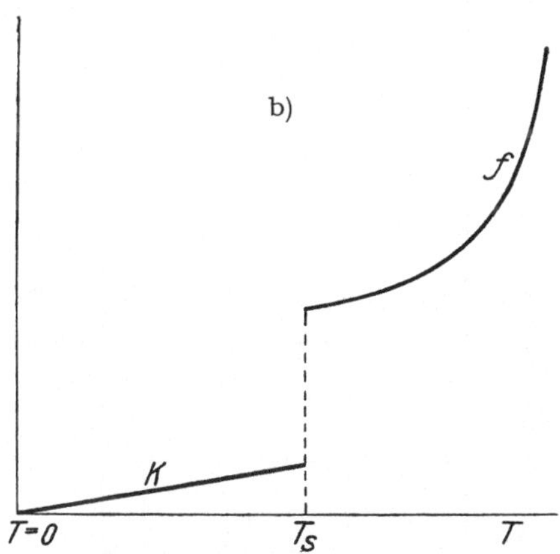

Abb. 11 b. Temperaturabhängigkeit der elektrolytischen Leitfähigkeit.

Tabelle 1.

Relative Änderung des elektrischen Widerstandes beim Schmelzen des kristallisierten Metalles.

Al	1,65	Tsutsimi, Sc. Reports Tohoku Univ. 1918, S. 793.
Sb	0,70	De la Rive, C. R. Bd. 56, S. 588. 1863; Bd. 57, S. 698. 1863.
Pb	2,06	Tsutsimi, l. c.
Cd	1,97	Wassura, Cim. (3) Bd. 31, S. 25. 1892.
Cs	1,65	Hackspill, C. R. Bd. 151, S. 305. 1910.
Ga	0,58	Bridgman, Proc. Amer. Acad. Bd. 52, S. 571. 1917; Bd. 56, S. 61. 1921.
Au	2,28	Northrup, Journ. Frankl. Inst. Bd. 177, S. 1 u. 287. 1914; Bd. 178, S. 85. 1914.
K	1,39	Bernini, Cim. (5) Bd. 6, S. 2 u. 289. 1903; Phys. ZS. Bd. 5, S. 241 u. 406. 1904.
Cu	1,97	Tsutsimi, l. c.
Li	1,96	Bernini, Cim. (5) Bd. 8, S. 262. 1904; Phys. ZS. Bd. 6, S. 74. 1905.
Na	1,34	Bernini, l. c.
Ag	1,98	Northrup, l. c.
Bi	0,45	Northrup, l. c.
Zn	2,00	De la Rive, l. c.
Sn	2,01	Siemens, Pogg. Ann. Bd. 110, S. 1. 1860; Ann. chem. phys. (3) Bd. 60, S. 250. 1860; Phil. Mag. (4) Bd. 21, S. 24. 1861; Berl. Ber. 1880, S. 1.

Bei fast allen Metallen liegt der Wert des Quotienten über 1 entsprechend ihrer Volumenzunahme beim Schmelzen. Das unter Kontraktion schmelzende Wismut zeigt den kleinsten Wert mit 0,45. Ga und Sb, die im geschmolzenen Zustande ein größeres Volumen einnehmen, zeigen, abweichend von der Regel, nach den bisher vorliegenden Versuchsergebnissen ebenfalls Werte, die kleiner als 1 sind.

δ) **Änderung des Lösungsvermögens beim Schmelzen.** Der Änderung des molekularen Aufbaues beim Schmelzpunkt entspricht eine sprunghafte Änderung der Gaslöslichkeit.

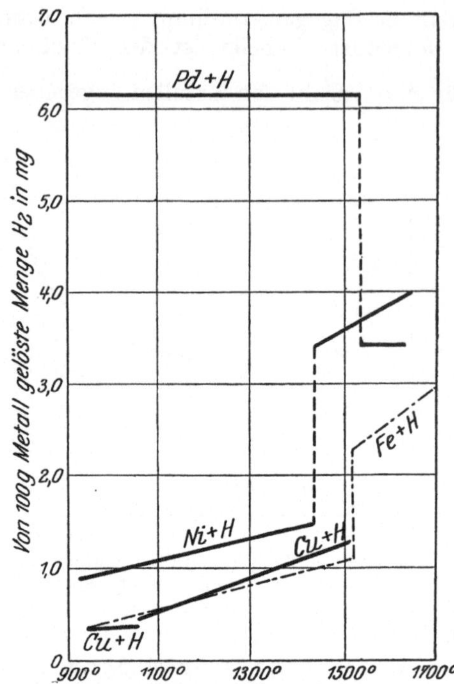

Abb. 12. Löslichkeit des Wasserstoffs in Metallen.

Als Beispiel für die diskontinuierliche Änderung der Löslichkeit eines Stoffes bei Änderung des Aggregatzustandes des Lösungsmittels sind in Abb. 12 die Sättigungskonzentrationen einiger Metalle für Wasserstoff in Abhängigkeit von der Temperatur eingezeichnet[1]).

11. Methoden zur Bestimmung des Schmelzpunktes. Um den Schmelzpunkt zu bestimmen, verfolgt man die Änderung einer Eigenschaft des Stoffes mit der Temperatur. Für die Bestimmung des Schmelzpunktes kommen vor allem die beim Übergange von der isotropen in die anisotrope Phase diskontinuierlich sich ändernden Eigenschaften in Frage. Das gebräuchlichste Verfahren zur Bestimmung des Schmelzpunktes ist die Aufnahme einer Abkühlungs- oder Erhitzungskurve[2]). Tritt beim Abkühlen der Schmelze Kristallisation ein, so wird die Kristallisationswärme frei. Umgekehrt muß beim Erreichen der Schmelztemperatur die gleiche Wärmemenge als Schmelzwärme wieder zugeführt werden. Dadurch wird in jedem Falle die Geschwindigkeit der Temperaturänderung verkleinert. Sind Erhitzungs- und Abkühlungsgeschwindigkeit nicht zu groß, ist die Wärmeleitfähigkeit hinreichend gut und die Trägheit des thermometrischen

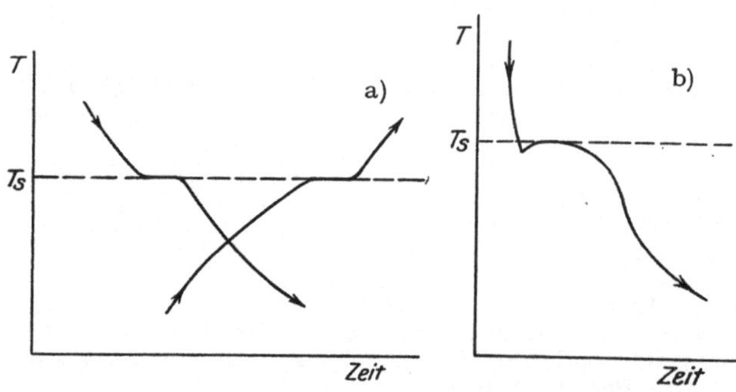

Abb. 13 a u. b. Abkühlungs- und Erhitzungskurven.

Apparates genügend klein, so wird die Temperatur vom Beginn bis zum Ende des Kristallisierens bzw. des Schmelzens unverändert bleiben, und die so auf der Erhitzungs- und Abkühlungskurve erhaltenen Haltepunkte werden bei derselben Temperatur liegen (Abb. 13 a).

Überschreitet die Abkühlungskurve den Schmelzpunkt stetig, so ist eine Unterkühlung eingetreten. Setzt in der unterkühlten Schmelze Kristallisation ein, so kann, falls die freiwerdende Wärmemenge dazu ausreicht, die Temperatur wieder auf die Gleichgewichtstemperatur steigen (Abb. 13b). Benutzt man bei der Aufnahme der Abkühlungskurven stets gleiche Stoffmengen unter gleichen Abkühlungsverhältnissen, so ist die Dauer des Haltepunktes ein Maß für die

[1]) A. SIEVERTS, ZS. f. phys. Chem. Bd. 60, S. 129. 1907; Bd. 74, S. 277. 1910; Bd. 77, S. 591. 1911; Chem. Ber. Bd. 43, S. 893. 1910.
[2]) G. TAMMANN, Lehrb. d. Met. S. 201 ff. Leipzig 1923.

Größe der Schmelzwärme. Tritt die Kristallisation erst nach so weitgehender Unterkühlung ein, daß die freiwerdende Schmelzwärme nicht mehr ausreicht, um die Temperatur auf die Schmelztemperatur zu steigern, so kann man durch Impfen dicht unterhalb des Schmelzpunktes eine Kristallisation erzwingen

12. Bestimmung des Schmelzpunktes bei höheren Drucken. Bei höheren Drucken ist die Bestimmung der Schmelzpunkte an druckfeste Gefäße gebunden.

E. H. AMAGAT[1]) und W. WAHL[2]) verwandten Stahlgefäße, die mit einem Glasfenster versehen waren, durch das das Eintreten des Kristallisierens des Stoffes beobachtet wurde. Sie konnten auf diese Weise ihre Versuche bis zu 2000 kg/cm² ausdehnen.

Bei noch höheren Drucken ist man gezwungen, mit undurchsichtigen Druckgefäßen zu arbeiten. Zur vorläufigen Orientierung ist das durch seine Einfachheit sich auszeichnende Verfahren von MOUSSON[3]) bis zu Drucken von 10000 kg/cm² mit Erfolg angewandt worden. Man läßt einen Stahlstift im Stoffe einfrieren und findet als Gleichgewichtskoordinaten die Temperatur und den Druck, bei denen der Stahlstift frei beweglich wird, so daß er beim Umkippen des Druckgefäßes deutlich hörbar auf den Gefäßboden schlägt Doch ist zu beachten, daß die Viskosität der Schmelze mit steigendem Druck zunimmt Es wird also einen Druck bei jeder Temperatur geben, bei dem der Stift auch in der Schmelze so langsam fällt, daß das Aufschlagen nicht mehr zu hören ist.

H. ROSE und O. MÜGGE[4]) und A. GELLER[5]) betten den Kristall in sehr fein geschlämmten, getrockneten Ton bzw. Graphit ein, die beide die Eigenschaft haben, einen von außen einseitig ausgeübten Druck vollkommen hydrostatisch zu verteilen. Wird der Schmelzpunkt erreicht, so dringt die Schmelze in die Poren des Einbettungsmittels ein, so daß das Manometer in demselben Augenblick zurückgeht. In dem Aussehen des Tones nach erfolgter Entlastung hat man eine Bestätigung dafür, daß das Schmelzen tatsächlich eingetreten und der geschmolzene Versuchsstoff in die Einbettungsmasse eingedrungen ist. Dieses Verfahren gestattet, besonders hohe Drucke zu erreichen. Bei Temperaturen bis zu 300° sind Bestimmungen bis zu 40000 kg/cm² ausgeführt worden.

Zu einer genauen Bestimmung der Koordinaten der Schmelzkurve dient folgendes Verfahren der Bestimmung des Schmelzdruckes bei konstanter Temperatur.

Hält man die Temperatur unverändert und ändert gleichmäßig den auf den Stoff wirkenden Druck, so wird beim Überschreiten einer Gleichgewichtskurve, ähnlich wie bei den Erhitzungskurven, ein Haltepunkt auf den Druck-Zeitkurven auftreten. Doch bereitet es experimentell große Schwierigkeiten, den Druck wirklich genau gleichmäßig zu ändern.

Bringt man dagegen den kristallisierten Stoff durch Steigerung der Temperatur fast zum Schmelzen und ändert dann den Druck, bis ein teilweises Schmelzen eintritt, so stellt sich mit der Zeit ein Druck ein, der dem des Gleichgewichts nahe kommt[6]).

Durch mehrfache Wiederholung dieses Verfahrens unter Näherung des Ausgangsdruckes an den sich einstellenden Enddruck gelingt es, den Schmelzpunkt für die konstant gehaltene Versuchstemperatur genau festzulegen. Dabei wird man

[1]) E. H. AMAGAT, C. R. Bd. 105, S. 165. 1887.
[2]) W. WAHL, ZS. f. phys. Chem. Bd. 83, S. 708. 1913.
[3]) MOUSSON, Wied. Ann. Bd. 105, S. 105. 1858; G. TAMMANN, Kristallisieren und Schmelzen, S. 92ff. Leipzig 1903.
[4]) H. ROSE u. O. MÜGGE, N. Jahrb. f. Min. Bd. 40, S. 250. 1923.
[5]) A. GELLER, ZS. f. Krist. Bd. 60, S. 414. 1924.

entsprechend Abb. 14 den Ausgangsdruck zweckmäßig abwechselnd oberhalb und unterhalb des Gleichgewichtsdruckes wählen. W. P. Bridgman hat in dieser Weise bis zu Drucken von 12000 kg/cm² gearbeitet[1]). Dieses Verfahren wird jedoch versagen, sobald die Kristallisation mit sehr geringer Geschwindigkeit erfolgt.

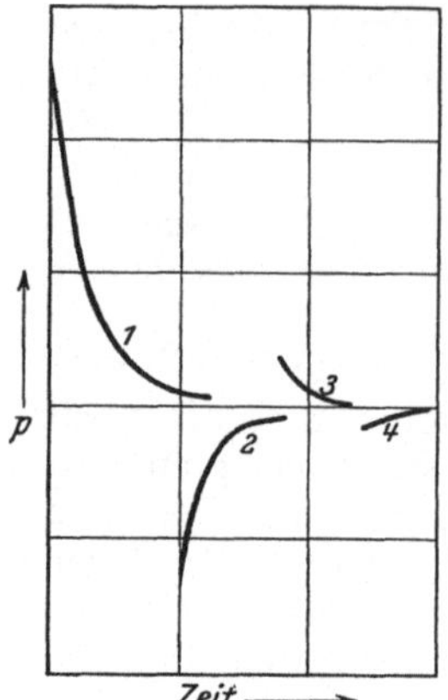

Ein erheblich einfacheres, wenn auch nicht gleich genaues Verfahren ist das der Aufnahme von p-T-Linien[2]). Steigert man bei nahezu unverändert gehaltenem Volumen die Temperatur, so werden die auftretenden Druckänderungen anzeigen, ob in dem Zustandsgebiet ein Überschreiten einer Gleichgewichtskurve stattgefunden hat. Geht man von einem Zustandspunkt unterhalb der Gleichgewichtskurve aus, so steigt vor dem Schmelzen der Druck gleichmäßig mit der Temperatur an (Abb. 15: a b).

Während des Schmelzens wird der Druck bei unveränderter Erwärmungsgeschwindigkeit schneller zunehmen, sofern der Stoff unter Volumenvergrößerung schmilzt. Bei einem chemisch reinen Stoff würde die Druckänderung der Schmelzkurve $b\,c$ folgen. Nach beendigtem Schmelzen steigt der Druck wieder weniger stark an ($c\,d$).

Abb. 14. Genaue Bestimmung des Schmelzdruckes.

Beimengungen haben zur Folge, daß das Schmelzen und dementsprechend der verstärkte Druckanstieg bereits bei einer Temperatur e einsetzt, die unterhalb der Schmelzkurve liegt. Der dem Ende des Schmelzens entsprechende Punkt c wird auch in diesem Falle ein Punkt der Schmelzkurve des reinen Stoffes sein.

Die beim Schmelzen bei konstanter Temperatur eintretende Druckzunahme $\varDelta p$ ergibt sich durch folgende Konstruktion: Man zieht eine Parallele durch c zur p-Achse. Die Differenz der Abszissenwerte von c und dem Schnittpunkt f der Verlängerung von $a\,b$ mit dieser Parallelen gibt dann die entsprechende Druckzunahme $\varDelta p$ für die Temperatur des Endes des Schmelzens an. Eicht man die Apparatur, indem man die einer bestimmten Volumenänderung entsprechende Druckänderung ermittelt, so läßt

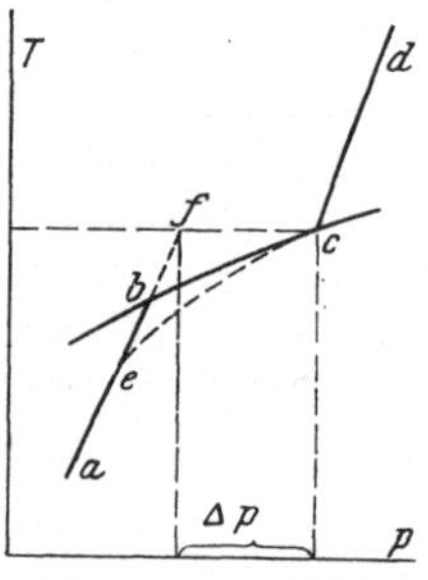

Abb. 15. p-T-Linie zur Schmelzpunktbestimmung.

sich aus $\varDelta p$ auf die entsprechende Volumenänderung $\varDelta v$ bei isothermem Schmelzen schließen.

Die p-T-Linie, die durch die maximale Schmelztemperatur geht, ist dadurch gekennzeichnet, daß ein Knick zwischen den Kurvenstücken oberhalb und unterhalb der Schmelzkurve auftritt; bei der maximalen Schmelztemperatur geht $\varDelta p$ und damit $\varDelta v$ durch den Nullpunkt.

Bei der Bestimmung von $\varDelta v$ bei hohen Drucken verfahren G. Tammann[3]) und später W. P. Bridgman[4]) folgendermaßen: Wenig unterhalb der Gleichgewichtskurve wird die Stellung eines Kolbens in einem Zylinder, der mit der Druckbombe kommuniziert, einmal, wenn alles kristallisiert, und dann, wenn alles geschmolzen ist, bestimmt. Aus der Differenz der Kolbenstellungen erhält man durch Multiplikation mit dem Kolbenquerschnitt unmittelbar den Wert von $\varDelta v$. Bridgman konnte durch Anwendung einer besonderen

[1]) W. P. Bridgman, Proc. Amer. Acad. Bd. 49, S. 627. 1914.
[2]) G. Tammann, ZS. f. phys. Chem. Bd. 80, S. 743. 1912.
[3]) G. Tammann, Ann. d. Phys. Bd. 3, S. 101. 1900.
[4]) W. P. Bridgman, Proc. Amer. Acad. Bd. 49, S. 627. 1914.

Kolbendichtung Messungen bei Drucken bis zu 12 000 kg/cm² erfolgreich ausführen.

13. Der Verlauf der Schmelzkurven. Die ältesten aus dem Jahre 1850 stammenden Untersuchungen über den Verlauf der Schmelzkurve mit Änderung des Druckes von R. BUNSEN[1]) und W. THOMSON[2]) beschränken sich auf die Festlegung der Richtung der Schmelzkurve für Drucke, die von Atmosphärendruck nur wenig abweichen. Erst E. H AMAGAT[3]) und C. BARUS[4]) dehnten die Untersuchungen über die Verschiebung des Schmelzpunktes mit dem Druck bis zu Drucken von mehr als 1000 kg/cm² aus.

Umfassendere und bis zu weit höheren Drucken sich erstreckende Untersuchungen wurden dann vor allem von G.TAMMANN[5]) bis zu 3000 kg/cm² ausgeführt. Dieser bestimmte für etwa 40 Stoffe die Schmelzkurven und zum Teil außerdem die Änderungen von Volumen und Wärmeinhalt beim Überschreiten der Gleichgewichtskurve nach den vorstehend beschriebenen Verfahren.

Bei Stoffen, die bei Atmosphärendruck unter Volumenvergrößerung schmelzen, deren Schmelzkurve also mit dem Druck ansteigt, nehmen die Volumenänderungen $\varDelta v$ durchweg auf den Gleichgewichtskurven mit wachsendem T und p ab. Die Ergebnisse lassen sich durch einfache Interpolationsformeln innerhalb der Fehlergrenzen des Bestimmungsverfahrens zur Darstellung bringen, unter anderen durch die Gleichung:

$$\varDelta v = A - B p .$$

Für die Abhängigkeit der Schmelzwärme von der Temperatur stellte TAMMANN durch direkte Bestimmung oder durch Berechnung aus der CLAUSIUS-CLAPEYRONSchen Gleichung fest, daß sich die Schmelzwärme bis zu 2000 kg/cm² auf der Schmelzkurve nicht merklich ändert. Oberhalb dieses Druckes ist eine Zunahme der Schmelzwärme mit der Schmelztemperatur festzustellen; ihre Temperaturabhängigkeit nähert sich zuweilen der Beziehung

$$\frac{Q}{T} = \text{konst.}$$

Diese Ergebnisse TAMMANNS wurden durch die Untersuchungen von BRIDGMAN[6]) bestätigt, der bis zu 12 000 kg/cm² die Koordinaten der Schmelzkurven verfolgte und jeweils die $\varDelta v$-Werte bestimmte. $\varDelta v$ nimmt auf Schmelzkurven, die mit wachsendem Druck zu höheren Temperaturen ansteigen, durchweg stark ab; mit alleiniger Ausnahme des Quecksilbers ist bis 12 000 kg/cm² die Volumenänderung auf weniger als den halben Wert bei Atmosphärendruck gesunken. Bei einigen Stoffen (Kalium, Benzol, Tetrachlorkohlenstoff) ist die Abnahme weit stärker. Bei diesen wurde eine schwache Abnahme der Schmelzwärme festgestellt, während sie im allgemeinen einen mäßigen Anstieg zeigte.

Alle diese Beobachtungsresultate sprechen dafür, daß die $\varDelta v$- und Q-Werte sich auf der Schmelzkurve nicht gleichzeitig dem Nullwerte nähern. Zu demselben Ergebnis haben die Untersuchungen solcher Stoffe geführt, deren Volumen beim Schmelzen eine Abnahme zeigt, deren Schmelzpunkt also mit steigendem Druck sinkt. Für Wismut stellte BRIDGMAN einen Anstieg der $\varDelta v$-Werte unter gleich-

[1]) R. BUNSEN, Pogg. Ann. Bd. 81, S. 153. 1850.
[2]) W. THOMSON, Pogg. Ann. Bd. 81, S. 163. 1850.
[3]) E. H. AMAGAT, C. R. Bd. 105, S. 165. 1887.
[4]) C. BARUS, Bull. Geol. Survey 1892, Nr. 96.
[5]) G. TAMMANN, Aggregatzustände, S. 100.
[6]) W. P. BRIDGMAN, Phys. Rev. Bd. 3, S. 127. 1914; Bd. 6, S. 1. 1915.

zeitiger deutlicher Abnahme der Schmelzwärme fest. Δv und Q ändern sich also für diesen Stoff in dem Sinne, wie es für den zweiten Quadranten der geschlossenen Schmelzkurve zu erwarten ist.

Über den Verlauf der Schmelzkurven lassen sich folgende Aussagen machen. Führt man die bei Drucken bis zu 2000 kg/cm² geltenden Beziehungen für die Volumenänderung und die Schmelzwärme

$$\Delta v\, T = A - B\, p \tag{1}$$

$$Q = \text{konst.} \tag{2}$$

in die Clausius-Clapeyronsche Gleichung ein, so ergibt sich:

$$\frac{dT}{dp} = \frac{A}{Q} - \frac{B}{Q} \cdot p$$

$$T - T_{p=0} = \frac{A}{Q}\, p - \frac{B}{2Q}\, p^2\,.$$

In diesem Druckbereich muß sich also die Schmelzkurve durch eine Parabel der Form

$$T - T_{p=0} = a\, p - b\, p^2 \tag{3}$$

annähern lassen, was durch die Erfahrung bestätigt wird. Die für die Schmelzkurve abgeleitete Gleichung läßt sich umformen in:

$$T - T_{p=0} = \frac{\Delta v_{p=0}\, T}{Q_{p=0}} \cdot p - \frac{1}{2Q} \cdot \frac{d(\Delta v\, T)}{dp}\, p^2\,. \tag{4}$$

Es genügt mithin, zur Bestimmung der Schmelzkurven in dem Gültigkeitsbereich der Beziehungen 1 und 2, Δv und Q bei $p = 0$ und $\dfrac{d(\Delta v\, T)}{dp}$ zu kennen. Würde der durch Gleichung (3) angegebene parabolische Verlauf der Schmelzkurve beibehalten werden, so müßte die maximale Schmelztemperatur bei $p = \dfrac{a}{2b}$ liegen.

Bei einigen der untersuchten Stoffe wäre alsdann das Maximum der Schmelzkurve bereits bei Drucken von wenig über 4000 kg/cm² zu erwarten. Die Ausdehnung der Messungen bis zu noch beträchtlich höheren Drucken hat dies jedoch nicht bestätigt. Schon bei Drucken zwischen 2500—3500 kg/cm² fand Tammann die Abnahme von $\Delta v\, T$ geringer als bei kleinen Drucken. Die Interpolationsformel Gleichung (3) verliert somit oberhalb 2000 kg/cm² ihre Gültigkeit. Infolgedessen wurden bei den zunächst von G. Tammann bis 10 000 kg/cm² und später von Bridgman bis 12 000 kg/cm² ausgedehnten Schmelzpunktsbestimmungen die Maxima auf den Schmelzkurven nicht erreicht. Nach den sehr zuverlässigen Messungen des letzteren dürften dieselben bei den von ihm untersuchten Stoffen erst bei Drucken von mehr als 20 000 kg/cm² liegen.

14. Die Schmelzkurve des Glaubersalzes. Aussicht auf Erfolg, das Vorhandensein eines Maximums auf der Schmelzkurve experimentell bestätigen zu können, bieten vornehmlich solche Stoffe, deren Volumenänderung beim Schmelzen besonders klein ist. Zwei Gruppen von Stoffen, die Salzhydrate und die tertiären Alkohole, sind durch kleine Δv-Werte ausgezeichnet. In der Tat ist beim Glaubersalz $Na_2SO_4 \cdot 10\,H_2O$, das besonders eingehend untersucht worden ist, die maximale Schmelztemperatur erreicht worden. Abb. 16 zeigt die Schmelz-

kurve nach den Bestimmungen von E. A. BLOCK[1]) nach dem Verfahren der
pT-Linien bis zu 3000 kg/cm².

Das Schmelzpunktsmaximum liegt bei 460 kg/cm². Zu beachten ist, daß das
Glaubersalz unter Zersetzung in ein wasserfreies Salz und eine gesättigte Lösung
schmilzt:

$$Na_2SO_4 \cdot 10\,H_2O \rightarrow Na_2SO_4 + \text{ges. Lösung.}$$

Beim Schmelzpunkt sind also drei Phasen miteinander im Gleichgewicht. Die
Löslichkeit des Na_2SO_4 in der gesättigten Lösung nimmt mit wachsendem Druck
zu, so daß es einen Druck mit unendlich großer Löslichkeit gibt, bei dem das
Glaubersalz homogen schmilzt. Hier würde dann das System als reines Einstoffsystem nur noch zwei Phasen haben.

Solange drei Phasen miteinander im Gleichgewicht stehen, besitzt das System
zwei Komponenten, so daß es auf der Schmelzkurve wie ein Einstoffsystem nur

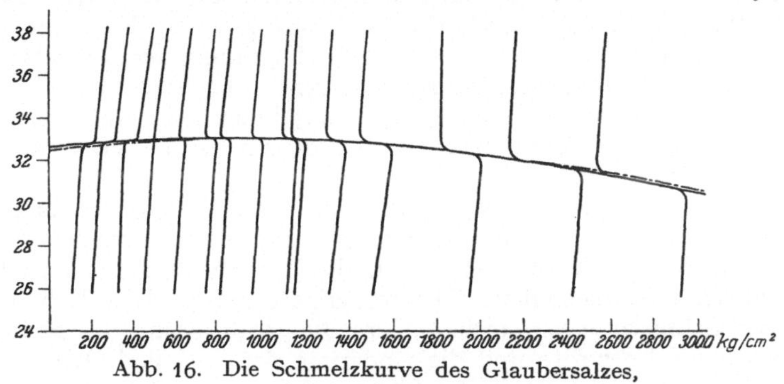

Abb. 16. Die Schmelzkurve des Glaubersalzes,

———— von E. A. BLOCK bestimmt,

– · – · – von G. TAMMANN berechnet.

einen Freiheitsgrad besitzt. Das Gleichgewicht ist damit ein vollständiges, die
CLAUSIUS-CLAPEYRONsche Gleichung bleibt demnach anwendbar. Ist die Abhängigkeit der Δv-Werte vom Druck bekannt, so kann daraus unter Annahme der Konstanz von Q die Gleichung der Schmelzkurve abgeleitet werden. G. TAMMANN
fand für die Volumenänderung beim Schmelzen des Glaubersalzes nach der in
Ziff. 12 beschriebenen Methode:

$$\Delta v = 0{,}0037 - 0{,}000008 \cdot p.$$

Daraus folgt nach Gleichung (4) für die Schmelzkurve:

$$t = 32{,}6 + 5{,}07 \cdot 10^{-4} \cdot p - 5{,}5 \cdot 10^{-7} p^2.$$

Die entsprechenden Werte sind in Abb. 15 gestrichelt eingezeichnet. Die gute
Übereinstimmung zwischen der von BLOCK gefundenen und der von TAMMANN
berechneten Schmelzkurve zeigt, daß die Voraussetzungen für die Berechnung
zulässig sind.

Auch bei einem Gashydrat $SO_2 \cdot 6\,H_2O$ ist von G. TAMMANN und G. KRIGE[2])
auf der Schmelzkurve ein Maximum festgestellt worden.

A. GELLER[3]) hat die Schmelzkurve des Glaubersalzes ebenfalls bestimmt. Er
bediente sich des oben (Ziff. 12) erwähnten Verfahrens, den Stoff in Ton
einzubetten. Bis 3000 kg/cm² ergab sich eine gute Übereinstimmung mit

[1]) E. A. BLOCK, ZS. f. phys. Chem. Bd. 82, S. 429. 1913.
[2]) G. TAMMANN und G. KRIGE, ZS. f. anorg. Chem. Bd. 146, S. 179. 1925.
[3]) A. GELLER, ZS. f. Krist. Bd. 60, S. 414. 1924.

den obigen Werten von Block bzw. Tammann. Bei weiterer Drucksteigerung fiel die Schmelzkurve zunächst weiter zu tieferen Temperaturen. Oberhalb 5000 kg/cm² stieg die Schmelzkurve wieder an. Mügge und Geller nehmen an, daß dieser Knickpunkt auf der Gleichgewichtskurve durch den Übergang von dem 3-Phasen- in das 2-Phasen-System bedingt ist, da infolge der bei diesem Druck unendlich groß gewordenen Löslichkeit des wasserfreien Salzes bei diesem Druck die eine Phase verschwindet. Durch eine solche Änderung der Phasenzahl, bei der das Gleichgewicht ein vollständiges bleibt, wird ein Knick auf der Schmelzkurve nicht bedingt. Eine sprunghafte Richtungsänderung auf einer Gleichgewichtksurve kann nur in einem Tripelpunkt erfolgen. Im Zustandsfeld des kristallisierten Glaubersalzes ist demnach eine in den Knickpunkt der Schmelzkurve einmündende Umwandlungskurve anzunehmen, deren experimentelle Bestätigung noch aussteht.

In gleicher Weise wurden die Schmelzkurven von anderen Salzhydraten: Kainit ($KClMgSO_4\,3\,H_2O$), Bischoffit ($MgCl_2\,6\,H_2O$) und Karnallit ($KClMgCl_2\,6\,H_2O$) untersucht. In allen Fällen wurde das Maximum der Schmelzkurve überschritten und ein Wiederansteigen der letzteren beobachtet. Auch hier wird die letztere Erscheinung auf den Übergang vom 3-Phasen- in ein 2-Phasen-Gleichgewicht zurückgeführt. Beim Karnallit wurde ein zweites Maximum bei 220° und 11500 kg/cm² erreicht.

Die von atomistischen Vorstellungen über den Aufbau der isotropen und anisotropen Phasen ausgehende Ablehnung eines kontinuierlichen Überganges vom Zustandsfeld des Anisotropen zu dem des Isotropen führte zu der Forderung der geschlossenen Schmelzkurve. Der bisherige experimentelle Befund über den Verlauf der Schmelzkurven, insbesondere die Realisierung des Schmelzpunktmaximums für Salzhydrate und die Änderung der $\varDelta v$- und Q-Werte mit dem Gleichgewichtsdruck stehen in Einklang mit den in Ziff. 13 aus der Annahme der geschlossenen Schmelzkurve hergeleiteten Beziehungen. Die Erfahrung spricht also gegen die Annahme eines kritischen Punktes auf der Schmelzkurve.

c) Kristallisation einer Schmelze.

15. Das spontane Kristallisationsvermögen. α) Unterkühlungsfähigkeit und chemische Konstitution. Bei zahlreichen Stoffen kann, vom isotropen Zustande ausgehend, durch Änderung des Druckes oder der Temperatur die Grenzkurve des anisotropen Zustandsfeldes überschritten werden, ohne daß Kristallisation eintritt. Die isotrope Phase befindet sich dann im instabilen Zustande; die Schmelze ist unterkühlt.

Derartige Unterkühlungen sind erfahrungsgemäß bei allen Stoffen, wenn auch in verschieden starkem Ausmaße, möglich. Am geringsten ist die Unterkühlungsfähigkeit der Metalle. Der Grad der Unterkühlung, d. h. die Temperaturspanne, um welche die Gleichgewichtstemperatur unterschritten werden kann, ehe spontan die Kristallisation einsetzt, ist für die einzelnen Metalle verschieden groß und wird wesentlich von der Abkühlungsgeschwindigkeit beeinflußt. In keinem Falle ist es aber gelungen, ein Metall in den glasigen Zustand überzuführen. Dies ist dagegen bei einigen Metalloiden erreicht worden: die Überführung des Schwefels in den amorphen unterkühlten Zustand ist allgemein bekannt. In ähnlicher Weise läßt sich auch Selen als Glas erhalten, und beim Sauerstoff hat W.Wahl ein Zähflüssigwerden vor dem Einsetzen der Kristallisation beobachtet[1]).

---

[1]) W. Wahl, ZS. f. phys. Chem. Bd. 84, S. 116. 1913.

Alle übrigen Elemente haben sich nicht bis zum glasigen Zustand unterkühlen lassen, auch nach schroffster Abkühlung waren sie bei Raumtemperatur kristalli-siert. Dieser kristalline Charakter ließ sich zuweilen erst durch röntgenspektro-skopische Untersuchungen nachweisen. Die früher als amorph angesprochenen Formen der Elemente Bor, Kohlenstoff und Silizium wurden auf diese Weise als kristalline Körper gekennzeichnet[1]). Ganz anders verhalten sich eine große Reihe von Verbindungen. Als Gläser konnten dargestellt werden: von den Sul-fiden Sb_2S_3 und As_2S_3 und von den Oxyden B_2O_3, SiO_2, P_2O_5, As_2O_3 und V_2O_5. Auch Salze dieser Säureanhydride lassen sich vielfach zu Gläsern unterkühlen, und zwar um so leichter, je stärker ihr saurer Charakter ausgeprägt ist. Hierzu gehören in erster Linie die sauren Borate und Silikate, die auch bei langsamer Abkühlung nicht kristallisieren, wodurch ihre Eignung als Grundsubstanz der normalen Glassorten bedingt ist. Bei organischen Stoffen wird die Unterkühlungs-fähigkeit durch die Konstitution bestimmt. So wächst die Neigung zur Unter-kühlung mit der Zahl der Hydroxylgruppen, und weiter lassen sich die Meta-derivate des Benzols besser als die Ortho- und diese wieder besser als die Para-derivate unterkühlen. Ein besonders geringes spontanes Kristallisationsver-mögen besitzen die Zuckerarten. Dagegen zeigen die Kohlenwasserstoffe, ihre Halogen- und Nitroderivate und die Mono- und Dikarbonsäuren nur geringe Unterkühlungsfähigkeit.

β) **Temperaturabhängigkeit der Kernzahl.** Der Umstand, daß in vielen Fällen für die Unterkühlung zum Glas die Abkühlungsgeschwindigkeit eine entscheidende Rolle spielt, läßt erkennen, daß die spontane Kristallbildung in einer unterkühlten Schmelze vom Grade der Unterkühlung, d. h. von der Tem-peratur abhängig ist.

Diese Temperaturabhängigkeit des spontanen Kristallisationsvermögens hat G. TAMMANN[2]) für eine große Zahl von Stoffen näher untersucht. Er geht dabei von der Erfahrung aus, daß die Kristallisation unterkühlter Schmelzen an einzelnen Punkten beginnt und sich von dort aus ausbreitet. Da somit die Zahl der Kristalli-sationskeime gegenüber der Gesamtzahl der Moleküle klein ist, müssen offenbar bestimmte Bedingungen erfüllt sein, damit an einer Stelle der isotropen Phase die Umwandlung in den anisotropen Zustand einsetzt. Die spontane Kristalli-sation unterliegt dementsprechend den Wahrscheinlichkeitsgesetzen. Ist die Zahl der in der Zeiteinheit sich bildenden Kristallisationskerne gegenüber der Zahl der Moleküle der isotropen Phase zu vernachlässigen, so ist bei gleichblei-bender Unterkühlung ein linearer Anstieg der Zahl der in der Raumeinheit ge-bildeten Kerne mit der Zeit zu erwarten. TAMMANN hat infolgedessen als Maß des spontanen Kristallisationsvermögens die Kernzahl, die Anzahl der in der Zeiteinheit (1 Minute) in der Raumeinheit sich bildenden Kristallisationszentren, festgelegt.

Bilden sich die Kerne bei einer Temperatur, bei der sie schnell weiterwachsen, so stellen sich ihrer Zählung bei großer Kernzahl und Kristallisationsgeschwindig-keit Schwierigkeiten entgegen. TAMMANN und seine Schüler haben daher die Gesetzmäßigkeiten der Kernbildung bei solchen Stoffen studiert, bei denen sich die Kerne vornehmlich in einem Temperaturgebiet bilden, in dem sie nicht mit merklicher Geschwindigkeit wachsen. Diese Bedingung ist für eine Reihe von organischen Substanzen (z. B. Betol, Salol, Piperin) erfüllt.

Die Kernzahlbestimmungen bei diesen Stoffen werden in folgender Weise vorgenommen: In einem geschlossenen Gefäß, am einfachsten einem zugeschmol-

---

[1]) P. SCHERRER, Phys. ZS. Bd. 18, S. 291. 1917; F. WEVER, Mitt. a. d. Kais.-Wilh.-Inst. f. Eisenforsch. Bd. 4, S. 81. 1922.

[2]) G. TAMMANN, ZS. f. phys. Chem. Bd. 25, S. 442. 1898; Kristallisieren u. Schmelzen, S. 148; Aggregatzustände, S. 223.

zenen Haarröhrchen, wird eine bestimmte Menge des Stoffes geschmolzen und sodann schnell für eine bestimmte Zeit in ein Bad der Temperatur gebracht, bei der die Kernzahl gemessen werden soll. Um die in submikroskopischen Abmessungen gebildeten Kerne sichtbar zu machen, wird der Stoff in ein Bad höherer Temperatur gebracht, bei der die Kristalle schneller wachsen, andererseits aber nur verschwindend wenig neue Kerne entstehen.

Abb. 17 zeigt schematisch den Verlauf der Kernzahl in Abhängigkeit von der Unterkühlung, wie er bei einer Reihe organischer Stoffe festgestellt worden

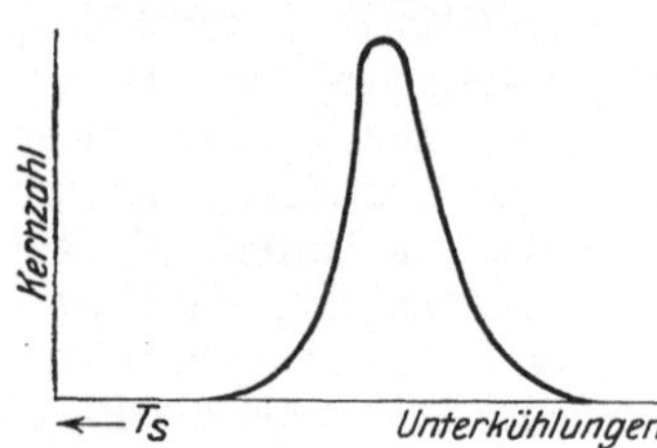

Abb. 17. Abhängigkeit der Kernzahl von der Temperatur.

ist. Die Kernzahl ist bei mäßiger Unterkühlung sehr klein und steigt in einem eng begrenzten Temperaturbereich zu hohen Werten an. Bei weiterer Unterkühlung fällt sie schroff wieder zu verschwindenden Werten ab.

Bei allen Stoffen, deren Abhängigkeit der Kernzahl von der Temperatur dem in Abb. 17 dargestellten Verlauf entspricht, sollte es möglich sein, durch Überspringen des Gebietes merklichen spontanen Kristallisationsvermögens den glasigen Zustand zu erhalten.

G. Tammann[1]) konnte in der Tat von 153 organischen Stoffen schon bei nicht besonders hoher Abkühlungsgeschwindigkeit etwa 38% auf Zimmertemperatur unterkühlen, ohne daß eine Kernbildung eingetreten war. Bei schrofferer Abkühlung ließe sich die Zahl der zum Glas zu unterkühlenden Stoffe sicherlich bedeutend steigern.

Die in Abb. 17 dargestellte Temperaturabhängigkeit der Kernzahl läßt sich in einfacher Weise deuten. Entsprechend der mit fortschreitender Unterkühlung wachsenden Differenz der G-Werte der isotropen und anisotropen Phase nimmt die Instabilität der unterkühlten Schmelze zu. Daher ist ein Anstieg der Kernzahl mit der Unterkühlung zu erwarten, sofern nicht Änderungen der physikalischen Eigenschaften der Schmelze mit sinkender Temperatur die Kernbildung erschweren. Eine solche Behinderung der Kernbildung hat die mit sinkender Temperatur zunehmende Viskosität der Schmelze zur Folge. Bei sehr starker Unterkühlung wird die innere Reibung so groß werden, daß eine Umgruppierung der ungeordneten Moleküle zur gesetzmäßigen Anordnung des anisotropen Zustandes nicht mehr stattfinden kann. Hierdurch erklärt sich die Abnahme der mit der Unterkühlung zunächst stark ansteigenden Kernzahl mit weitersinkender Temperatur.

Die Beobachtung, daß bei vielen Stoffen die Kernbildung in merklichem Maße erst bei größerer Unterkühlung einsetzt, hat W. Ostwald[2]) dahin gedeutet, daß es dicht unterhalb des Schmelzpunktes ein Unterkühlungsintervall mit der Kernzahl Null gebe. In diesem „metastabilen" Gebiet, dessen Ausdehnung er für Phenol z. B. zu 18° annimmt, soll nur die Berührung mit der anisotropen Phase eine Kristallisation der Schmelze einleiten können. P. Othmer[3]) zeigte jedoch, daß auch in diesem Gebiet nach längerem Warten noch Kerne beobachtet werden können. So stellte er bei der Laurinsäure schon 0,4° unterhalb des Schmelzpunktes den ersten Kern fest. Da mit abnehmender Korngröße des Kristalls seine Gleichgewichtstemperatur mit der Schmelze erniedrigt wird[4]), so könnte bei der geringen Größe der Kristallisationszentren dicht unterhalb des normalen

[1]) G. Tammann, ZS. f. phys. Chem. Bd. 25, S. 472. 1898.
[2]) W. Ostwald, ZS. f. phys. Chem. Bd. 21, S. 289. 1897.
[3]) P. Othmer, ZS. f. anorg. Chem. Bd. 91, S. 209. 1915.
[4]) F. Meissner, ZS. f. anorg. Chem. Bd. 110, S. 169. 1920.

Schmelzpunktes ein Gebiet bestehen, in dem sich Kerne nicht bilden können. Dieser Bereich wird aber über wenige Zehntelgrade kaum hinausgehen können. Die Kenntnis seiner Größe und der Beziehung zwischen Korngröße und Schmelzpunktserniedrigung würde einen Schluß auf die Größe der Kristallisationskerne gestatten. Im Gebiet kleiner Kernzahl kann die Kristallisation eingeleitet werden, indem man die unterkühlte Schmelze impft. Das geschieht dadurch, daß man einen Kristall — nach JOHNSEN[1]) genügen dazu z. B. für Natriumchlorat 10^{-10} g — in die Schmelze bringt. Als Impfkern kann nicht nur ein Kristall desselben Stoffes dienen, sondern auch isomorphe Kristalle können die Kristallisation der unterkühlten Schmelze einleiten.

γ) Einfluß des Druckes und von Beimengungen auf die Kernzahl. Der Druck übt nach Versuchen von M. HASSELBLATT[2]) einen sehr geringen Einfluß auf das spontane Kristallisationsvermögen aus.

Beimengungen wirken in sehr verschiedener Weise auf die Bildung von Kernen. Lösliche Zusätze bedingen zum Teil eine Verschiebung der Temperatur des Kernzahlmaximums, zum Teil ändern sie nur mehr oder weniger stark die Größe desselben. Aber auch der Zusatz von unlöslichen Beimengungen, ja sogar die Einführung sorgfältig gereinigter Metalldrähte beeinflussen die Kernzahlwerte, u. U. in ganz außerordentlichem Ausmaße. Die Temperatur des Maximums der Kernzahl zeigt in diesem Falle nur unbedeutende Verschiebungen. Stets wurde beobachtet, daß die sich bildenden Kerne nicht im Zusammenhang mit den eingeführten unlöslichen Partikeln stehen; es handelt sich also nicht um eine Einleitung der Kristallisation durch Keime wie beim Impfen[3]).

Von Einfluß auf die Kernzahl ist ferner die thermische Vorbehandlung der Schmelze. Steigerung der Höchsttemperatur der Schmelze vor der Unterkühlung wirkt ebenso wie eine Verlängerung der Erhitzung stark vermindernd auf die Kernzahl.

16. Die Kristallisationsgeschwindigkeit. α) Die Kristallisationsgeschwindigkeit in den verschiedenen kristallographischen Richtungen. Ist die Wachstumsgeschwindigkeit eines Kristalles in allen Richtungen die gleiche, so muß er sich als kugelförmiges Gebilde ausscheiden. Derartige Wachstumserscheinungen sind von R. NACKEN[4]) in nur ganz wenig unterkühlten Schmelzen beobachtet worden. Mit zunehmender Unterkühlung treten an der kugelförmigen Oberfläche zunächst vereinzelte, dann zahlreicher werdende Abflachungen wegen der sich ausbildenden Unterschiede der Wachstumsgeschwindigkeiten in den verschiedenen kristallographischen Richtungen auf.

H. MÖLLER[5]) hat beim Salol die lineare Kristallisationsgeschwindigkeit auf fünf verschiedenen Kristallflächen in Abhängigkeit von der Temperatur gemessen. In der Nähe des Schmelzpunktes besitzen alle Flächen annähernd die gleiche Kristallisationsgeschwindigkeit. Dagegen treten mit zunehmender Unterkühlung immer stärkere Unterschiede auf den einzelnen Flächen hervor. Der Habitus der bei den verschiedenen Temperaturen gebildeten Kristalle wird durch das jeweilige Verhältnis der Wachstumsgeschwindigkeiten der verschiedenen Kristallflächen bestimmt. Mit sinkender Temperatur drängen die Flächen größerer Kristallisationsgeschwindigkeit die langsamer wachsenden immer mehr zurück; der Kristall wird flächenärmer[6]).

---

[1]) JOHNSEN, Centralbl. f. Min. Bd. 18, S. 87. 1917.
[2]) M. HASSELBLATT, ZS. f. anorg. Chem. Bd. 119, S. 353. 1921.
[3]) G. TAMMANN, ZS. f. anorg. Chem. Bd. 91. S. 241. 1915. Aggregatzustände, S. 228.
[4]) R. NACKEN, N. Jahrb. f. Min. 1915 II, S. 133; 1917, S. 191.
[5]) H. MÖLLER, Centralbl. f. Min. 1925, A, S. 131—143.
[6]) H. MÖLLER, Die Gesetze des Keim- und Kristallwachstums mit besonderer Berücksichtigung der Keimauslese und des orientierten Kristallwachstums. Diss. Greifswald 1924.

β) Die Temperaturabhängigkeit der Kristallisationsgeschwindigkeit. In besonders einfacher Weise läßt sich die Abhängigkeit der jeweils größten linearen Kristallisationsgeschwindigkeit über ein weites Temperaturgebiet verfolgen. Die ersten Versuche rühren von D. Gernez[1]) und B. Moore[2]) her. Der zu untersuchende Stoff wurde in einem U-förmigen Glasrohr mit Längeneinteilung eingeschmolzen und die Schmelze bis zu der Versuchstemperatur unterkühlt. Dann wurde an dem einen Ende die Kristallisation durch Impfen eingeleitet und das Fortschreiten der sichtbaren Grenze zwischen Kristall und Schmelze beobachtet. Die so gemessene Kristallisationsgeschwindigkeit nahm mit fallender Temperatur, d. h. wachsender Unterkühlung zu. Diese Feststellung stand in schroffem Gegensatz zu den sonstigen Beobachtungen über die Temperaturabhängigkeit von Geschwindigkeiten molekularer Umsetzungen. Erst G. Tammanns auf ein weiteres Unterkühlungsintervall ausgedehnte Untersuchungen und die von ihm gegebenen Deutungen brachten Aufklärung[3]). Seine Messungen bestätigten für kleine Unterkühlungen die Beobachtungen von D. Gernez und B. Moore; er stellte aber bei genügend weitgehender Unterkühlung eine Wiederabnahme der Kristallisationsgeschwindigkeit u. U. bis zu verschwindend kleinen Werten fest. In Abb. 18 ist schematisch die Temperaturabhängigkeit der Kristallisationsgeschwindigkeit wiedergegeben, wie sie bei Benzophenon festgelegt worden ist, das sich durch gute Unterkühlungsfähigkeit, bis um etwa 100°, auszeichnet.

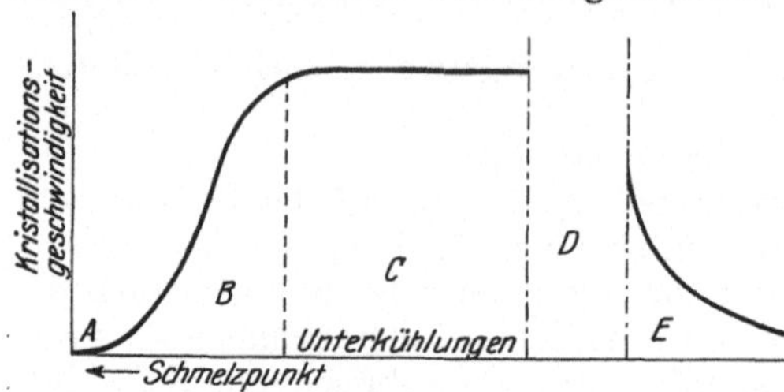

Abb. 18. Abhängigkeit der Kristallisationsgeschwindigkeit von der Temperatur.

Tammann unterscheidet fünf Unterkühlungszonen A bis E, die sich durch besondere Kristallwachstumsbedingungen kennzeichnen lassen. Im Gebiete A, 1 bis 5° unterhalb des Schmelzpunktes, bilden sich flächenreiche, zur Rohrachse verschieden gerichtete Kristalle. Etwaige Konvektionsströme, Beimengungen, wie auch der Rohrdurchmesser beeinflussen in starkem Maße die Versuchsergebnisse. Man erhält infolgedessen hier wenig übereinstimmende Werte. Im Gebiete B, 5 bis 30° unterhalb des Schmelzpunktes haben sich bereits größere Unterschiede der Wachstumsgeschwindigkeiten auf den einzelnen Kristallflächen herausgebildet. Die Kristallisation erfolgt vornehmlich in einer Richtung, der der größten Kristallisationsgeschwindigkeit. Daher scheiden sich hauptsächlich in der Nähe der Rohrwandung parallel der Rohrachse wachsende Kristallfäden aus. Die Kristallisation der inneren Schichten der Schmelze bleibt gegen die der Randschicht zurück. Im Gebiete C schieben sich gleichzeitig mit der Kristallisation der Randschicht auch in den zentralen Zonen des Rohres Kristallfäden vor, die mit wachsender Unterkühlung den Querschnitt immer dichter erfüllen. Im Gebiete D werden vielfach mit der Versuchsdauer ansteigende Werte der Kristallisationsgeschwindigkeit beobachtet. Die Anfangsgeschwindigkeiten, die unmittelbar nach dem Einleiten der Kristallisation gemessen werden, sind stark durch die Versuchsbedingungen, in erster Linie durch die Wärmeableitung beeinflußt. In der letzten Zone E ist zwischen den einzelnen Kristallfäden keine Flüssigkeit mehr vorhanden. Die Grenzfläche zwischen der Schmelze

---

[1]) D. Gernez, C. R. Bd. 95, S. 1278. 1882.
[2]) B. Moore, ZS. f. phys. Chem. Bd. 12, S. 545. 1893.
[3]) G. Tammann, ZS. f. phys. Chem. Bd. 23, S. 326. 1897; Bd. 26, S. 306. 1898; Bd. 29, S. 52. 1899; Bd. 81, S. 171. 1912.

und den Kristallen ist konvex zur Schmelze gekrümmt, da die Abkühlung der äußeren der Rohrwandung benachbarten Schichten stärker als die der inneren ist.

γ) **Erklärung der Temperaturabhängigkeit der Kristallisationsgeschwindigkeit.** Der Erklärung TAMMANNS für die eigenartige Temperaturabhängigkeit der Kristallisationsgeschwindigkeit liegt die Annahme zugrunde, daß an der Berührungsfläche von Schmelze und Kristall die Schmelztemperatur herrscht, so lange die gemessene lineare Kristallisationsgeschwindigkeit ansteigt bzw. ihren Höchstwert beibehält. Die Temperatursteigerung der Grenzfläche gegenüber dem Bade ist eine Folge der bei der Kristallisation freiwerdenden Wärmemenge. Die in Abb. 18 dargestellte Abhängigkeit der Kristallisationsgeschwindigkeit von der Badtemperatur läßt sich dann durch die Wärmeableitungsbedingungen erklären, die durch die unterschiedlichen Kristallwachstumserscheinungen in den einzelnen Unterkühlungszonen bestimmt sind.

Im Gebiete C der konstanten linearen Kristallisationsgeschwindigkeit verschieben sich die Stirnflächen der am schnellsten wachsenden Kristallfäden in der unterkühlten Schmelze entsprechend der von TAMMANN angenommenen Temperaturkonstanz der Grenzfläche mit einer der Kristallfläche eigentümlichen Geschwindigkeit. Mit sinkender Badtemperatur erfordert die größere Unterkühlung und die dadurch bedingte stärkere Wärmeableitung das Freiwerden einer größeren Wärmemenge, um die Grenzfläche Kristall-Schmelze auf die Schmelztemperatur zu bringen. Entsprechend wird im Gebiete C die Vermehrung der sich ausscheidenden Kristallfäden mit sinkender Badtemperatur beobachtet. Die untere Grenztemperatur des Gebietes C ist dadurch gekennzeichnet, daß der ganze Rohrquerschnitt von Kristallfäden erfüllt ist, die mit gleicher Geschwindigkeit in die Schmelze hineinwachsen. Wird die Unterkühlung noch größer, so reicht die freiwerdende Schmelzwärme nicht mehr aus, um die Grenzschicht Schmelze-Kristall auf die Schmelztemperatur zu erwärmen. Infolgedessen vermag sich diese nicht mehr mit der der Schmelztemperatur eigentümlichen Geschwindigkeit vorzuschieben, wodurch die Abnahme der Kristallisationsgeschwindigkeit in den Gebieten D und E erklärt wird. Bei schlechter Wärmeableitung, wie sie z. B. in einem Glasrohr gegeben ist, kann im Gebiete D mit längerer Zeitdauer des Versuches eine Vorwärmung der Schmelze eintreten, als deren Folge ein Wiederanstieg der Kristallisationsgeschwindigkeit bis zu dem Höchstwerte des Gebietes C möglich ist. Bei Verbesserung der Wärmeableitung, wie sie sich z. B. durch Ersatz des Glasrohres durch ein gut leitendes Metallrohr erzielen läßt, tritt ein solcher Anstieg nicht ein. Würde sich in den Gebieten A und B die Kristallisationsgrenze mit der gleichen Geschwindigkeit wie im Gebiete C vorschieben, so würde die Wärmeableitung infolge der geringen Temperaturdifferenz des Bades gegen die Schmelztemperatur nicht ausreichen, die freiwerdende Schmelzwärme abzuleiten. Infolgedessen können hier die Kristalle nicht mit der maximalen Geschwindigkeit wachsen, wie sie im Bereiche C beobachtet wird, da sonst eine Überhitzung der Grenzschicht über die Schmelztemperatur hinaus erfolgen würde.

Die in Abb. 18 wiedergegebene Kurve stellt also nicht die Abhängigkeit der Kristallisationsgeschwindigkeit von der Temperatur der Grenzschicht Schmelze-Kristall dar, bei der sich die Umlagerung der Moleküle der isotropen Phase zur Raumgitteranordnung der anisotropen Phase vollzieht. In Abhängigkeit von der in der Grenzschicht herrschenden Temperatur würde die Kristallisationsgeschwindigkeit wie die Geschwindigkeit jeder molekularen Umsetzung mit sinkender Temperatur abnehmen.

R. Nacken[1]) suchte die Auffassung Tammanns, daß im Gebiete der maximalen Kristallisationsgeschwindigkeit in der Grenzschicht die Schmelztemperatur herrscht, experimentell zu prüfen. Er stellte bei seinen Temperaturmessungen, die er in möglichster Nähe der Grenzfläche Kristall-Schmelze ausführte, stets niedrigere Werte als die Schmelztemperatur fest. Er deutet diese Versuchsergebnisse als Widerlegung der Annahme Tammanns und erklärt den Anstieg der Kristallisationsgeschwindigkeit mit der Unterkühlung durch das mit der Entfernung von der Gleichgewichtstemperatur steigende Bestreben, in den stabileren Zustand überzugehen. Den Abfall der Kristallisationsgeschwindigkeit bei stärkeren Unterkühlungen führt er auf die in der Flüssigkeit mit sinkender Temperatur wachsenden Hemmungen des Kristalliasationsvorganges zurück. Tammann[2]) hält demgegenüber an seiner Auffassung fest. Er erachtet die Versuchsanordnung Nackens nicht für einwandfrei, da die Dicke der Thermoelementdrähte bei weitem die der Grenzschicht übertrifft. Erst Messungen mit Thermoelementen abnehmender Dicke und Extrapolation auf verschwindende Abmessungen desselben würden die wahre Temperatur der Grenzfläche ergeben.

δ) **Einfluß der chemischen Natur, der Beimengungen und des Druckes auf die Kristallisationsgeschwindigkeit.** Die Größe der maximalen linearen Kristallisationsgeschwindigkeit ist bei den einzelnen Stoffen sehr verschieden. Bei der überwiegenden Mehrzahl der untersuchten organischen Stoffe und einer Reihe von Salzhydraten, die sich durch gute Unterkühlungsfähigkeit auszeichnen, wurden Werte in den Grenzen von wenigen Millimetern pro Minute bis zu mehr als 1100 mm/min gemessen. Die Größe der maximalen linearen Kristallisationsgeschwindigkeit ist bestimmend für den Verlauf der Kurve, die die Temperaturabhängigkeit der Kristallisationsgeschwindigkeit' von der Badtemperatur darstellt. Die in Abb. 18 wiedergegebene Form tritt nur bei Stoffen mit einem Höchstwert der Kristallisationsgeschwindigkeit von mehr als 5 mm/min auf Bei sehr kleinen maximalen Kristallisationsgeschwindigkeiten (< 3 mm/min) zieht sich das Gebiet dieses Höchstwertes infolge der Verringerung der in der Zeiteinheit an der Kristallisationsgrenze freiwerdenden Wärmemenge zu einem Punkte zusammen.

Das beschriebene Verfahren der Bestimmung der Kristallisationsgeschwindigkeit läßt sich nur bei durchsichtigen Schmelzen anwenden.

Einen Anhalt über die Größe der Kristallisationsgeschwindigkeiten der Metalle haben Messungen von J. Czochralski[3]) gegeben. Nach dem von ihm angegebenen Verfahren kann man aus einer nur wenig über die Erstarrungstemperatur erhitzten Metallschmelze Kristallfäden herausziehen, die sich als Einkristalle erweisen. Steigert man die Ziehgeschwindigkeit bis zum Abreißen des Fadens, so hat man in der Endgeschwindigkeit ein Maß für die Kristallisationsgeschwindigkeit des Metalles unter den gegebenen Bedingungen. Bei Zink, Zinn und Blei fand Czochralski nach diesem Verfahren Werte zwischen 90 und 140 mm/min. Da bei diesen Versuchen die Kristallisation in unmittelbarer Nähe der Schmelztemperatur vor sich geht, stellen die erhaltenen Werte keineswegs die Höchstwerte der Kristallisationsgeschwindigkeiten dar. Daß schon bei geringfügigen Unterkühlungen so erhebliche Werte der Kristallisationsgeschwindigkeiten gefunden worden sind, deutet in Übereinstimmung mit den Erfahrungen über die Kristallisation von geschmolzenen Metallen auch bei schroffster Abschreckung darauf hin, daß die Kristallisationsgeschwindigkeiten der Metalle

---

[1]) R. Nacken, N. Jahrb. f. Min. 1915 II, S. 133; 1917, S. 191.
[2]) G. Tammann, Aggregatzustände, S. 251, Anm.
[3]) J. Czochralski, ZS. f. phys. Chem. Bd. 92, S. 219. 1918; Moderne Metallkunde, Berlin 1924, S. 76.

von einer höheren Größenordnung sind, als sie bei gut unterkühlbaren organischen Stoffen, Salzhydraten und Gläsern gemessen sind.

Äquimolekulare Zusätze nichtisomorpher Beimengungen erniedrigen die Schmelztemperatur um gleiche Beträge. E. v. PICKARDT[1]) fand, daß bei der überwiegenden Mehrzahl der von ihm untersuchten Zusätze zum Benzophenon dessen Kristallisationsgeschwindigkeit durch äquimolekulare Mengen um angenähert gleiche Beträge herabgedrückt wird. Da sich somit die Schmelztemperatur als bestimmend für den Wert der maximalen Kristallisationsgeschwindigkeit erweist, bedeuten diese Feststellungen v. PICKARDTS eine Stütze der Auffassung TAMMANNS, daß die Kristallisation einer unterkühlten Schmelze im Gebiete der ansteigenden oder gleichbleibenden Kristallisationsgeschwindigkeit bei der Schmelztemperatur erfolgt.

Auch die Beobachtungen über die Beeinflussung der maximalen Kristallisationsgeschwindigkeit durch isomorphe Zusätze stehen mit dieser Auffassung in Einklang. Hat bei Mischkristallen die Komponente mit dem höheren Schmelzpunkt auch die größere Kristallisationsgeschwindigkeit, so ist für die bei den einzelnen Konzentrationen auftretenden Höchstwerte die Temperatur an der Kristallisationsgrenze maßgebend. Die Kurven, welche die Abhängigkeit der Kristallisationsgeschwindigkeit von der Zusammensetzung darstellen, haben nach Untersuchungen von A. BOGOJAWLENSKI[2]) sowie von M. HASSELBLATT[3]) einen ähnlichen Verlauf wie die durch die Mitten der Schmelzintervalle gelegten Kurven. Beim Auftreten einer Mischungslücke nimmt die Kristallisationsgeschwindigkeit ebenfalls in Übereinstimmung mit dem Verlauf der Schmelzkurven von den Komponenten aus nach mittleren Konzentrationen zu stark ab. Ist jene Bedingung nicht erfüllt, so kann der Einfluß der Temperatur der Kristallisationsfläche durch andere Einflüsse überdeckt werden.

Der Druck ändert die Art des Verlaufes der Temperaturabhängigkeit der Kristallisationsgeschwindigkeit bis zu 1000 kg/cm^2 nicht[4]). Die maximale Kristallisationsgeschwindigkeit nimmt bei den meisten Stoffen mit dem Drucke ab, bei einigen bleibt sie unverändert, nur in einem Falle, beim $Ca(NO_3)_2 \cdot 4$ aq, ist ein merklicher Anstieg beobachtet worden. Würde auch in diesem Falle die Schmelztemperatur vornehmlich für die Größe der Kristallisationsgeschwindigkeit bestimmend sein, so wäre in der Mehrzahl der Fälle entsprechend der Schmelzpunktssteigerung durch den Druck ein Anwachsen der Kristallisationsgeschwindigkeit zu erwarten. Offensichtlich überwiegt der die Kristallisationsgeschwindigkeit herabsetzende Einfluß des Druckes die Wirkung der Änderung der Schmelztemperatur.

17. Bedingungen der Unterkühlungsfähigkeit einer Schmelze. Die Größe der Kernzahl und der Kristallisationsgeschwindigkeit und die gegenseitige Lage der Temperaturbereiche, in denen diese merkliche Werte haben, sind entscheidend dafür, ob eine Schmelze bei der Abkühlung unter den Schmelzpunkt zur Kristallisation kommt, oder ob sie zum amorphen Glase unterkühlt werden kann.

Das Gebiet der merklichen Kristallisationsgeschwindigkeit liegt stets dicht unterhalb des Schmelzpunktes. Entstehen Kristallisationskerne erst bei tieferen Temperaturen (Abb. 19, Kurve 1), so wird bei nicht zu langsamer Abkühlung eine spontane Kristallisation der Schmelze nicht mehr eintreten, da die gebildeten Kerne wegen der verschwindenden Kristallisationsgeschwindigkeit nicht

[1]) E. v. PICKARDT, ZS. f. phys. Chem. Bd. 42, S. 17. 1903.
[2]) A. BOGOJAWLENSKI, Ber. d. naturf. Ges. Dorpat Bd. 15, S. 4. 1906.
[3]) M. HASSELBLATT, ZS. f. phys. Chem. Bd. 83, S. 1. 1913.
[4]) M. HASSELBLATT, ZS. f. anorg. Chem. Bd. 119, S. 353. 1921.

weiterwachsen. Die Schmelze wird sich bei genügend schneller Abkühlung zum Glase unterkühlen lassen.

Ganz anders liegen die Verhältnisse in dem durch Kurve 2 veranschaulichten Falle. Bei nicht zu schneller Abkühlung muß mit sinkender Temperatur notwendig eine Kristallisation der Schmelze eintreten, da die in großer Zahl sich bildenden Kerne sofort mit der maximalen Kristallisationsgeschwindigkeit weiterwachsen können. Da nun die Zahl der Kerne von der Zeitdauer abhängig ist, während der die unterkühlte Schmelze im Bereiche der Kurve 2 bei der Abkühlung verweilt, kann sie durch Beschleunigung der Abkühlung verringert werden. Je größer die Werte der Kernzahl und der Kristallisationsgeschwindigkeit

Abb. 19. Unterkühlungsfähigkeit von Stoffen.

sind, um so schwieriger wird es sein, den Stoff durch beschleunigte Abkühlung zum Glase zu unterkühlen.

Umgekehrt sind Stoffe mit kleiner Kernzahl und Kristallisationsgeschwindigkeit, besonders im Falle, daß die Gebiete ihrer Höchstwerte nicht zusammenfallen, zuweilen nur schwer zur Kristallisation zu bringen. Ohne genau über die Lage der Gebiete merklicher Kristallisationsgeschwindigkeit und Kernzahl unterrichtet zu sein, kann man in diesen Fällen eine spontane Kristallisation dadurch erzwingen, daß man in einer Flüssigkeitssäule des betreffenden Stoffes ein Temperaturgefälle vom Schmelzpunkt zu tieferen Temperaturen hin erzeugt. Die Kristallisation wird dann an der Stelle einsetzen, an der Kernzahl und Kristallisationsgeschwindigkeit gleichzeitig möglichst große Werte haben[1]).

18. Die Überhitzung von Kristallen. Im Gegensatz zur Unterkühlungsfähigkeit vieler Stoffe im isotropen Zustande ist für die anisotrope Phase eine Überschreitung der Schmelzkurve ohne gleichzeitiges Schmelzen niemals beobachtet worden. Das Bestehen eines Kristalls im Bereiche des Zustandsfeldes der flüssigen Phase im metastabilen Zustande ist demnach nicht möglich. Während bei der Kristallisation der Übergang der Phasen nur in bestimmten Punkten, den Kristallisationszentren, einsetzen kann, geht offenbar das Schmelzen eines Kristalls nach Überschreiten der Schmelztemperatur nicht von einzelnen, sondern spontan von allen Punkten seiner Oberfläche gleichmäßig vor sich.

G. Tammann[2]) nimmt an, daß in der Nähe der Gleichgewichtstemperatur, ganz entsprechend wie bei der Kristallisation, an der Grenzfläche Kristall-Schmelze die Schmelztemperatur herrscht. Der Schmelzvorgang wird alsdann durch die der Schmelztemperatur entsprechende Schmelzgeschwindigkeit, die gleich der maximalen linearen Kristallisationsgeschwindigkeit angenommen wird, und durch die Bedingungen des Wärmeflusses geregelt. Während aber bei der Kristallisation der mit sinkender Temperatur wachsende Wärmeabfluß bei genügend großen Unterkühlungen zu einer Erniedrigung der Temperatur der Grenzfläche und damit einer Abnahme der Kristallisationsgeschwindigkeit führt, würde beim Schmelzen mit wachsender Überhitzung des Kristalls eine Steigerung der Temperatur der Grenzfläche eintreten, infolge deren die Schmelzgeschwindigkeit dauernd ansteigen würde. Bestimmend für den Grad der möglichen Überhitzung eines Kristalls ist also seine maximale Kristallisationsgeschwindigkeit; nur bei sehr kleinen Werten derselben wird die Überhitzung merkliche Beträge annehmen können. Da dieselbe aber nur unter gleichzeitigem Schmelzen möglich ist, wird der überhitzte Kristall sich nur kurze Zeit in der Schmelze halten.

---

[1]) G. Tammann, ZS. f. anorg. Chem. Bd. 87, S. 248. 1914.
[2]) G. Tammann, Aggregatzustände, S. 274.

19. Entglasen. Ist die Schmelze über das Gebiet der merklichen Kernbildung hinaus unterkühlt worden, so ist sie als Glas über lange Zeiten beständig. Wenn sich auch in einem solchen unterkühlten Glase im Laufe der Zeit Kristallisationskeime bilden werden, so bleiben dieselben wegen ihrer geringen Wachstumsgeschwindigkeit unmerkbar klein. Ihr Vorhandensein ist aber durch eine genügend hohe Erwärmung nachzuweisen, bei der ein Anwachsen der bei tieferer Temperatur gebildeten Kerne erfolgt. Hierher gehört die bekannte Erscheinung des Entglasens lang aufbewahrter Glasvorräte; bei der Erwärmung treten infolge des Anwachsens der Kristallisationskerne Spannungen in dem Glase auf, die zum Zerspringen desselben führen können. Diese Beobachtungen bestätigen, daß selbst Gläser, die sich durch eine hohe Beständigkeit auszeichnen, instabile Phasen sind und sich in die stabile anisotrope Phase umzuwandeln bestrebt sind.

Erfolgt das Anwachsen der in dem Glase gebildeten Kerne bei höherer Temperatur mit großer Kristallisationsgeschwindigkeit oder tritt in einem durch schroffes Abschrecken gebildeten Glase bei höherer Temperatur die Bildung zahlreicher, schnell wachsender Kerne ein, so kann infolge der freiwerdenden Kristallisationswärme ein starker Temperaturanstieg eintreten. Bei der Erwärmung von glasigem Natriummetasilikat (Na_2SiO_3) wurde eine spontane Temperatursteigerung um mehr als 200° infolge der lebhaft einsetzenden Kristallisation beobachtet[1]).

20. Die Deformation von Kristallen. Zwischen dem isotropen und anisotropen Zustande besteht auch hinsichtlich der Formänderungsfähigkeit und des Formänderungsmechanismus ein grundsätzlicher Unterschied. Deswegen kann die an den flüssigen Zustand erinnernde Plastizität kristalliner Phasen, die mit Annäherung an den Schmelzpunkt stark anwächst, nicht als Stütze für die Auffassung der Möglichkeit eines kontinuierlichen Überganges der beiden Phasen gedeutet werden (vgl. Ziff. 5).

In Flüssigkeiten bzw. Schmelzen bewegen sich die einzelnen Atome oder Moleküle unter der Einwirkung äußerer Kräfte, der durchaus regellosen Verteilung entsprechend, auf beliebig gestalteten Bahnen. Mit zunehmender Unterkühlung steigt die innere Reibung, bis schließlich die Moleküle keine Bewegungsfähigkeit gegeneinander mehr besitzen; die Schmelze ist zum harten und spröden Glase erstarrt. Während der Stoff im kristallisierten Zustande bei entsprechenden Temperaturen ähnliche Werte der Härte und Festigkeit zeigt, besitzt er zum Unterschiede vom glasig amorphen Zustande vielfach eine beträchtliche plastische Formänderungsfähigkeit. Die Formänderungen unter der Wirkung äußerer Kräfte können ein solches Ausmaß annehmen, daß man von einem „Fließen" des kristallinen Stoffes spricht. Es ist möglich, durch Anwendung genügend hoher Drucke Eis und eine Reihe von Metallen bei Raumtemperatur, andere erst bei erhöhter Temperatur, durch eine dünne Düse zu pressen[2]). Auch seien in diesem Zusammenhang die Bewegungen des Gletschereises unter der Wirkung seiner eigenen Schwere erwähnt.

Diese an die Beweglichkeit viskoser Flüssigkeiten erinnernde Formänderungsfähigkeit hat vielfach zu der Auffassung geführt, daß die Formänderungen der kristallisierten Stoffe unter vorübergehendem Schmelzen und nachfolgendem Wiedererstarren vor sich gehen. J. H. POYNTING[3]), W. OSTWALD[4]) und P. NIGGLI[5]) haben auf verschiedenen Wegen thermodynamische Berechnungen durchgeführt,

[1]) G. TAMMANN, Aggregatzustände, S. 272.
[2]) G. TAMMANN, Aggregatzustände, S. 198.
[3]) J. H. POYNTING, Phil. Mag. (5) Bd. 12, S. 32. 1881.
[4]) W. OSTWALD, Lehrb. d. allg. Chem. Bd. II 2, S. 374. 1902.
[5]) P. NIGGLI, ZS. f. anorg. Chem. Bd. 91, S. 107. 1915.

nach denen unter der Wirkung eines nicht allseitigen Druckes der Schmelzpunkt sehr stark herabgedrückt werden soll. Unter Berücksichtigung, daß auch unter Wirkung einseitigen Zwanges stets die Gleichgewichtsbedingungen zwischen Kristall und Schmelze erfüllt sein müssen, sind J. W. Gibbs[1]) und E. Riecke[2]) zu dem abweichenden Ergebnis gekommen, daß bis zur Elastizitätsgrenze gesteigerte Druck- und Zugbeanspruchungen von Kristallen, die mit ihrer Schmelze im Gleichgewicht sind, die Schmelzpunktskoordinaten nur innerhalb der Fehlergrenzen der Bestimmungsverfahren beeinflussen. Gegen die Auffassung, daß die Formänderungen kristalliner Stoffe unter vorübergehendem teilweisen Schmelzen und Wiederkristallisieren vor sich gehen sollen, spricht weiterhin die Änderung der mechanischen Eigenschaften der Metalle infolge von bei Raumtemperatur vorgenommenen Verformungen. Es tritt eine mit der Formänderung steigende Erhöhung der Festigkeitseigenschaften unter gleichzeitiger Abnahme der Formänderungsfähigkeit ein, die durch die Annahme der teilweisen Umschmelzung des Stoffes eine Erklärung nicht finden kann.

Somit müssen offenbar andere Vorgänge die starken Formänderungen kristalliner Stoffe ermöglichen. Deren eingehendes Studium hat gezeigt, daß in den einzelnen Kristallen nach ganz bestimmten, durch den Raumgitteraufbau gegebenen Ebenen Verschiebungen stattfinden. Dabei unterscheidet man zwischen „Translation", bei der außer dem Raumgitteraufbau auch die Orientierung der gegeneinander verschobenen Teile des Kristalls erhalten bleibt, und „einfacher Schiebung", bei der der abgeschobene Kristallteil in die Zwillingsstellung zur Ausgangsstellung umklappt. Je zahlreicher und je leichter sich in einem kristallinen Stoff Gleitflächen bilden, um so leichter wird er plastische Verformungen erleiden.

Auf dieser Grundbeobachtung der Gleitung baut sich die von G. Tammann[3]) gegebene Deutung der Kaltverformung und Kalthärtung von Metallen auf, die als Translationstheorie bekannt geworden ist. Die Deformierbarkeit eines Metalles ist bestimmt durch seine Fähigkeit, Gleitflächen zu bilden. Tammann hat darüber hinaus ein Bild für den Mechanismus der bei der Kaltverformung beobachteten starken Verfestigung gegeben. Die Kraft, bei der eine Gleitung in einem Kristall stattfindet, hängt von der Orientierung der in ihm möglichen Gleitebenensysteme zur Richtung der äußeren Kraft ab. In den regellos gelagerten Kristalliten eines Metalles treten daher die Verschiebungen nach und nach ein, und zwar in den am günstigsten gelegenen zuerst. Eine weitere Formänderung ist erst möglich, wenn die äußere Kraft soweit gesteigert wird, daß in neuen, bisher durch die Lage der Gleitebenensysteme geschützten Kristallkörnern Verschiebungen vor sich gehen. So muß die äußere Kraft, die zum Fortschreiten der plastischen Deformation erforderlich ist, ständig ansteigen, bis schließlich auch in den am ungünstigsten gerichteten Kristalliten die Bedingung für ein Eintreten der Gleitung erfüllt ist. Die allein auf dem Raumgitteraufbau der Metallkristalle und der Beobachtung der Gleitung aufbauende Translationshypothese Tammanns gestattet also die Erklärung einer gewissen Kaltverfestigung. Das wesentliche Kennzeichen dieser Translationshypothese ist, daß der Raumgitteraufbau in der Gleitfähigkeit einen Schutz gegen Zerstörung besitzt und daher auch bei weitgehender Verformung unverändert erhalten bleibt.

J. Czochralski[4]) lehnt dagegen die Grundlage der Translationshypothese, die Erhaltung des Raumgitters bei der Kaltverformung, ab. Bei der plastischen

---

[1]) J. W. Gibbs, Scient. Pap. Bd. I, S. 148ff.
[2]) E. Riecke, Wiedem. Ann. Bd. 54, S. 731. 1895.
[3]) G. Tammann, Lehrb. d. Metallogr., 3. Aufl., Leipzig 1923, S. 64ff.
[4]) S. z. B. J. Czochralski, Moderne Metallkunde, Berlin 1924.

Formänderung sollen Störungen (Verlagerungen) des Gitters eintreten, die mit steigender Verformung bis zur vollständigen Zerstörung des Raumgitters führen können. Mit dieser Raumgitterverlagerung werden die Änderungen der mechanischen Eigenschaften erklärt.

Ausgehend von der Auffassung von G. J. BEILBY[1]), daß beim Polieren einer Metallfläche das Metall in einer dünnen Schicht seinen kristallinen Charakter völlig verliert, so daß es als amorph anzusprechen ist, hat sich, besonders von W. ROSENHAIN gefördert, die Theorie der „amorphen Schichten" entwickelt[2]). Bei jeder Gleitung soll sich in unmittelbarer Nachbarschaft der Gleitebene eine „amorphe Schicht" bilden, während im übrigen das Metall seinen kristallinen Raumgitteraufbau beibehält. Hier seien nur die Bedenken geltend gemacht, die vom theoretischen Standpunkt aus gegen die Entstehung einer amorphen Phase aus dem Kristallisierten innerhalb dessen Stabilitätsbereiches erhoben werden müssen.

Die Anwendung röntgenanalytischer Methoden auf das Studium des Verformungs- bzw. Verfestigungsmechanismus der Metalle hat ergeben, daß auch bei den stärksten Verformungen die an den Raumgitteraufbau gebundenen Interferenzerscheinungen mit ungeminderter Schärfe zu beobachten sind. Da die Lage der Interferenzlinien keine merkliche Verschiebung erfährt, bleibt der Raumgitteraufbau bei der Verformung erhalten. Es findet lediglich mit fortschreitender Kaltverformung eine allmähliche Drehung der Kristallelemente in eine bestimmte Lage zur Hauptformänderungsrichtung statt, die beim Recken und Ziehen, zuweilen auch beim Walzen, als eine Lage höchsten Schubwiderstandes auf den Gleitebenen gegenüber der äußeren Kraft gekennzeichnet werden kann[3]).

M. POLANYI[4]) und R. GROSS[5]) haben auf Grund von Studien über Deformationsvorgänge an metallischen Einkristallen bzw. durch Verknüpfung der aus der Kristallographie bekannten Gesetze der Kristallverschiebungen mit Ergebnissen von Röntgenstudien an verformten Steinsalz- und Glimmerkristallen übereinstimmend die Auffassung entwickelt, daß bei der überelastischen Beanspruchung eines Kristalls eine Aufspaltung in dünne, gleitfähige Schichten eintritt, die eine elastische Verbiegung erleiden können. In dieser Verbiegung der Gleitebene (Biegegleitung), bei der gleichzeitig eine feine Fältelung derselben eintritt, und in der dadurch erfolgenden Hemmung der Gleitung wird die hauptsächlichste Ursache der Verfestigung bei der Kaltverformung gesehen. Diese Vorstellung nähert sich der älteren Anschauung von P. LUDWIK[6]), daß die Verfestigung durch eine bei der Formänderung auftretende „Blockierung der Gleitflächen" zu deuten sei.

Verformung und Verfestigung erklären sich also in Fortentwicklung der Translationshypothese durch innerkristalline Vorgänge, bei denen die einzelnen Atome durch den Raumgitteraufbau bedingte Bewegungen ausführen. Die Annahme einer Überführung in den isotropen Zustand, sei es, daß diese lediglich als eine vorübergehende oder als eine bleibende angesehen wird, ist weder notwendig noch mit der Gesamtheit der Erfahrungstatsachen verträglich.

---

[1]) G. J. BEILBY, Proc. Roy. Soc. London (A) Bd. 76, S. 462. 1905.
[2]) W. ROSENHAIN, Internat. ZS. f. Metallogr. Bd. 5, S. 65. 1914.
[3]) F. KÖRBER, Mitt. a. d. K.-W.-Inst. f. Eisenforsch. Bd. 3 II, S. 1. 1922; ZS. f. Elektrochem. Bd. 29, S. 275. 1923; F. WEVER, Mitt. a. d. K.-W.-Inst. f. Eisenforsch. Bd. 5, S. 69. 1924.
[4]) M. POLANYI, ZS. f. Phys. Bd. 12, S. 115. 1923.
[5]) R. GROSS, ZS. f. Metallkde. Bd. 16, S. 23 u. 349. 1924.
[6]) P. LUDWIK, ZS. d. Ver. d. Ing. Bd. 63, S. 142. 1919.

21. Rekristallisation kaltverformter Kristalle. Die so entwickelten Vorstellungen von der Verfestigung betrachten das kaltverformte Metall als in einem Spannungszustand befindlich, der mit steigender Kaltverformung immer stärker wird. Es ist klar, daß das elastisch verspannte Raumgitter einen instabilen Zustand darstellt und bestrebt ist, seinen natürlichen Gleichgewichtszustand, dem das normale Raumgitter entspricht, wieder anzunehmen. Die mikroskopische Gefügeuntersuchung zeigt dabei die Bildung von neuen Kristallen oder ein Zusammenwachsen der bereits vorhandenen, die Probe „rekristallisiert"; gleichzeitig verschwindet die Kalthärtung, und die ursprünglichen mechanischen Eigenschaften kehren wieder.

Bei den meisten Metallen, abgesehen von den niedrig schmelzenden, wie Blei und Zinn, tritt bei Raumtemperatur noch keine merkliche Rekristallisation ein; vermutlich ist die innere Reibung so groß, daß sie den elastischen Verspannungen des Gitters das Gleichgewicht hält. Wird aber mit steigender Temperatur die Beweglichkeit der Atome größer, so beginnt auch die Neuordnung des Gitters. Erklärlicherweise setzt die Rekristallisation um so frühzeitiger ein, je stärker der Stoff verformt worden ist; Versuche über die Abhängigkeit der Temperatur des Beginns der Rekristallisation vom Verformungsgrad haben diese Tatsache wiederholt bestätigt.

Nach den über den Mechanismus der Kaltverformung entwickelten Vorstellungen müssen wir nach dem Vorgange von G. Masing[1]) annehmen, daß die Rückbildung des normalen Gitters von Stellen verhältnismäßig geringer elastischer Verspannung desselben ausgeht. Eine Kornneubildung, wie sie von J. Czochralski[2]) in Analogie mit der Bildung von Kristallisationszentren in einer unterkühlten Schmelze angenommen wird, ist abzulehnen. Für diese Auffassung spricht auch die wiederholt gemachte Feststellung, daß die durch die Röntgenanalyse im kaltverformten Metall nachgewiesene Orientierung der Kristallelemente zu den Hauptverformungsrichtungen im rekristallisierten Werkstoff merklich erhalten bleibt[3]). Die zunächst gebildeten kleinen Körner wachsen mit steigender Temperatur zu größeren Kristallindividuen zusammen. Dieses Kristallwachstum ist so zu verstehen, daß ein Kristall von besonders großer Gitterstabilität weniger stabilen Nachbarkristallen seine Orientierung aufzwingt, der erstere also auf Kosten der letzteren größer wird. Nach einer von G. Tammann[4]) aufgestellten Hypothese ist der Gleichgewichtszustand erst dann erreicht, wenn alle sich berührenden Kristallite zu einem einzigen zusammengewachsen sind. Somit hätten wir zu erwarten, daß bei genügend hoher Temperatur und bei genügend langer Glühdauer jedes polykristalline Metallstück in einen Einkristall umgewandelt wird. Daß das nicht der Fall ist, wird durch die die Berührung der Kristalle störende Zwischensubstanz[5]) verhindert.

Die bei der Rekristallisation erfolgende Korngröße ist abhängig von einer Reihe von Faktoren: Ausgangskorngröße des unverformten Stoffes, Rekristallisationstemperatur, Verformungsgrad und Glühdauer. Die wichtigsten Faktoren sind Bearbeitungsmaß und Glühtemperatur. Die Korngrößen sind für eine Reihe von Metallen in Abhängigkeit von diesen beiden Veränderlichen festgestellt worden. Abb. 20 zeigt die Ergebnisse für Kupfer von hohem Reinheitsgrade[6]). Man sieht, daß mit steigendem Bearbeitungsmaß die Temperatur des

---

[1]) G. Masing, ZS. f. Metallkde. Bd. 12, S. 457. 1920.
[2]) J. Czochralski, Internat. ZS. f. Metallogr. Bd. 8, S. 1. 1916.
[3]) R. Glocker u. E. Kaupp, ZS. f. Metallkde. Bd. 16, S. 180. 1924.
[4]) G. Tammann, Lehrb. d. Metallogr., 3. Aufl., S. 107. Leipzig 1923.
[5]) G. Tammann, ZS. f. anorg. Chem. Bd. 121, S. 275. 1922.
[6]) E. Rassow u. L. Velde, ZS. f. Metallkde. Bd. 12, S. 369. 1920.

Beginnes der Rekristallisation sinkt, und daß mit steigender Glühtemperatur und abnehmendem Bearbeitungsmaß die Korngröße zunimmt. Durchweg führt bei einem reinen Metall eine sehr kleine überelastische Formänderung, wenn sie nur einen bestimmten Betrag übersteigt, bei der darauffolgenden Glühung zu den größten Kristallabmessungen. Auf diesem Wege ist es gelungen, Metallstäbe von mehreren Zentimeter Dicke und mehreren Dezimeter Länge in Einkristalle zu verwandeln.

Verformungs- und nachfolgende Rekristallisationserscheinungen ganz analoger Art, wie sie bei den Metallen eingehend studiert worden sind, spielen auch in anderen Gebieten eine hervorragende Rolle. So finden die geologisch bedeutungsvollen Vorgänge der Bildung des groben Gletscherkornes[1]) und der Struktur der kristallinen Schiefer[2]) ihre Erklärung durch die Annahme einer plastischen Verformung infolge Beanspruchung in bestimmten Richtungen unter gleichzeitiger Rekristallisation.

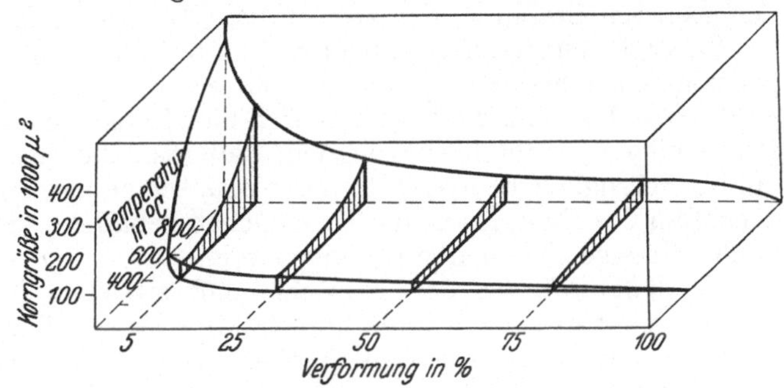

Abb. 20. Rekristallisationsdiagramm des Kupfers.

d) Sublimieren.

22. Allgemeine Betrachtungen. Wie der flüssigen Phase ein bestimmter Dampfdruck zukommt, so zeigt auch die anisotrope Phase eine bestimmte Dampftension, die bei gewöhnlicher Temperatur meist sehr klein ist, aber mit steigender Temperatur beträchtliche Werte annehmen kann. Die Kurve des p, T-Diagramms, die die Änderung des Dampfdruckes der anisotropen Phase mit der Temperatur angibt, ist die Sublimationskurve. Ist der Sublimationsdruck bei Temperaturen unterhalb des Schmelzpunktes gleich oder größer als Atmosphärendruck, so wird der Stoff in den dampfförmigen Zustand übergehen, ohne zu schmelzen.

Das Sublimationsgleichgewicht verhält sich vollkommen analog dem Verdampfungsgleichgewicht. Hat man in einem geschlossenen Gefäß eine anisotrope Phase und ihren Dampf, so wird, wenn der auf dem kristallinen Stoff lastende Druck kleiner als der der betreffenden Temperatur zugehörige Sublimationsdruck ist, der Stoff verdampfen, bis der Gleichgewichtsdruck erreicht ist. Sublimations- und Dampfdruckkurve schneiden sich im Tripelpunkt (Ziff. 3).

Mit sinkender Temperatur wird der Sublimationsdruck kleiner und nähert sich mit Annäherung an den absoluten Nullpunkt der Temperatur dem Nullwerte, sofern nicht auf der Sublimationskurve durch Auftreten einer neuen, bei tiefen Temperaturen stabilen Phase ein weiterer Tripelpunkt auftritt.

Da allgemein die instabile Phase die größere Dampfspannung besitzt, so verläuft die Dampfdruckkurve der unterkühlten Schmelze bei höheren Drucken als die Sublimationskurve der in dem betreffenden Temperaturbereich stabilen anisotropen Phase. Hat man mithin in einem geschlossenen Gefäß unterkühltes Wasser und Eis, so wird das Wasser zum Eis hinüberdestillieren.

---

[1]) G. Tammann, Aggregatzustände, S. 214 ff.
[2]) H. E. Boeke u. W. Eitel, Grundlagen der physikalisch-chemischen Petrographie, S. 535 ff. Berlin 1923.

Wie eine Flüssigkeit sich unterkühlen läßt, kann ein Dampf übersättigt werden, ohne daß ein Ausscheiden der anisotropen Phase eintritt.

Eine Kondensation des Dampfes tritt aber sicher dann ein, wenn in dem übersättigten Dampfe Kondensationskerne vorhanden sind. Als solche kommen nicht nur Flüssigkeits- bzw. Kristallkeime der gleichen Substanz in Frage, sondern Staub, Luftionen oder durch elektrische Strahlungen hervorgerufene Ionen wirken in hohem Maße als Kondensationszentren[1]).

Da für den Übergang des isotropen Dampfes in den ebenfalls isotropen flüssigen Zustand nicht die Bedingungen erfüllt sein müssen, denen für die Bildung von kristallinen Kondensationskeimen genügt werden muß, wird vielfach trotz der größeren Stabilität der anisotropen Phase eine Kondensation des Dampfes zu Flüssigkeitströpfchen eintreten. Unterkühlt man durch adiabatische Expansion einen gesättigten Dampf bei einer Temperatur unterhalb des Tripelpunktes, so läßt sich die Frage, ob sich hier Keime einer flüssigen oder kristallinen Phase bilden, dadurch entscheiden, daß man die Impfwirkung auf eine unterkühlte Flüssigkeit beobachtet. Tritt eine solche ein, so haben sich bei der Kondensation des Dampfes kleine Kriställchen gebildet. Andernfalls wird der Dampf in die flüssige Phase übergegangen sein.

So läßt sich aus der Tatsache, daß zwischen 0 und −4° kondensierter Wasserdampf in keinem Falle unterkühltes Wasser durch Impfen zum Erstarren gebracht hat, schließen, daß oberhalb dieser Temperatur der unteren Grenze, bis zu der größere Wassermengen für längere Zeit unterkühlt werden können, primär kein Schnee, sondern stets Regen gebildet wird.

F. Becker[2]) erkannte dagegen aus der Beobachtung der Kondensation von Dämpfen organischer Stoffe mit hohem Sublimationsdruck, die durch adiabatische Expansion hervorgerufen wurde, daß sich keine Flüssigkeitströpfchen, sondern stets kleine Kriställchen bildeten. Die Temperaturen, bei denen diese spontane Bildung anisotroper Kerne beobachtet wurde, stimmten mit den Temperaturen gut überein, bei denen sich der Dampf in Kristallform an einer Glaswand niederschlägt.

G. Tammann und J. D. Starinkewitsch[3]) stellten eine Untersuchung darüber an, in welcher Form die Kondensation von Dampf an einer Glimmerplatte, deren Temperatur in weiten Grenzen verändert werden konnte, erfolgte. Ihre Ergebnisse lassen sich dahin zusammenfassen, daß übersättigter Dampf sich bei den Stoffen in Form isotroper Tropfen kondensiert, bei denen das spontane Kristallisationsvermögen der unterkühlten Flüssigkeiten klein ist. Ist dagegen die Neigung zu einer spontanen Kristallisation in der unterkühlten Schmelze sehr groß, so wird auch der übersättigte Dampf sich meistens primär zu Kriställchen kondensieren.

H. Kahler[4]) fand bei der röntgenspektroskopischen Untersuchung von Metallniederschlägen, die durch Atomstrahlen erzeugt waren, keine Interferenzlinien und sprach die Niederschläge daher als amorph an. W. Gerlach[5]) fand dagegen bei der Untersuchung von durch Atomstrahlen gewonnenen Silberniederschlägen nach der Debye-Scherrer-Methode deutliche normale Interferenzlinien.

Über den Mechanismus der Molekülabscheidung bei der Bildung von solchen Metallniederschlägen aus Molekularstrahlen und über deren Struktur konnten

[1]) Vgl. z. B. Müller-Pouillet, Lehrb. d. Physik Bd. 4, Buch V, S. 1131. Braunschweig 1914.
[2]) F. Becker, ZS. f. phys. Chem. Bd. 78, S. 39. 1912.
[3]) G. Tammann u. J. D. Starinkewitsch, ZS. f. phys. Chem. Bd. 85, S. 573. 1913.
[4]) H. Kahler, Phys. Rev. Bd. 18, S. 210. 1921.
[5]) W. Gerlach, Ergebn. d. exakt. Naturwiss. Bd. 3, S. 190. 1924.

auf Grund einer Reihe von Untersuchungen bestimmte Vorstellungen entwickelt werden[1]).

Beim Auftreffen von Atomen auf eine Unterlage können diese entweder alle dort haften bleiben, oder es tritt eine teilweise oder völlige Reflexion derselben ein. Im ersteren Falle bleibt jedes Atom aber durchaus nicht an der Stelle, an der es aufgetroffen ist. Es vermag vielmehr eine gewisse „BROWNsche Bewegung" auszuführen und so auf andere Atome des Strahles zu stoßen. Ist die Bewegung genügend klein geworden und haben sich durch Zusammenstoß genügend viel Atome vereinigt, so wird sich ein ruhender Kristallisationskern ausbilden können. Durch Anlagerung weiterer Atome entstehen aus diesen einzelne Kriställchen, die ultramikroskopisch festgestellt werden können. Wie weit die Atomstrahldichte verringert werden kann, um noch einen Niederschlag zu bekommen, ist nicht bekannt.

Nach den Versuchen von M. und B. KNUDSEN[2]), R. W. WOOD[3]) und J. LANGMUIR[4]) wird die Reflexion der Atome auf der Unterlage als ein „Wiederverdampfen" aufgefaßt. Es besteht hiernach kein wesentlicher, sondern nur ein gradueller Unterschied zwischen den reflektierten und nichtreflektierten Atomen. Die ersteren zeichnen sich nur durch eine kürzere Verweilzeit auf der Oberfläche aus. Die Möglichkeit, daß zwei oder mehr Atome vor dem Wiederverdampfen sich treffen, wird mit wachsender Strahldichte steigen. Infolgedessen ist bei der Erhöhung derselben auch von reflektierenden Atomen ein Niederschlag erhalten worden.

Bei größerer Strahldichte ist obendrein die Möglichkeit gegeben, daß die reflektierten Atome mit den ankommenden vor der Auffangefläche zusammentreffen. Die reflektierten werden wieder zurückgeworfen, und es bildet sich eine „übersättigte Dampfschicht", die sich kondensieren wird. Bringt man z. B. in einen Na-Atomstrahl eine Glasblende, so werden die auf das Glas treffenden Atome kondensiert, die übrigen können die Blende aber ungehindert passieren. Ersetzt man jetzt die Glasblende durch eine die Na-Atome reflektierende Eisenblende, so sinkt die Intensität des die Blende passierenden Atomstrahles auf einen Bruchteil seiner vorigen Größe, da vor der Blende die übersättigte Natriumdampfschicht einen großen Teil der Atome absorbiert.

23. Thermodynamik der Sublimation. Wie bei jedem anderen Phasenübergang tritt auch beim Sublimieren eine bestimmte Wärmetönung auf: als Sublimationswärme wird die Wärmemenge bezeichnet, die aufgewandt werden muß, um die Gewichtseinheit der anisotropen Phase isotherm und reversibel in den dampfförmigen Zustand überzuführen.

Bezeichnet B die Sublimationswärme, v_d und v_k die spezifischen Volumina von Dampf und Kristall, so gilt für die Richtung der Sublimationskurve die CLAUSIUS-CLAPEYRONsche Gleichung:

$$\frac{dp}{dT} = \frac{B}{(v_d - v_k)\,T},$$

v_k kann meistens gegenüber v_d vernachlässigt werden. Es ist also

$$\frac{dp}{dT} = \frac{B}{v_d \cdot T}.$$

<hr>

[1]) W. GERLACH, Ergebn. d. exakt. Naturwiss. Bd. 3, S. 182—198. 1924; M. VOLMER u. J. ESTERMANN, ZS. f. Phys. Bd. 7, S. 1. 1921.

[2]) M. u. B. KNUDSEN, Ann. d. Phys. Bd. 47, S. 697. 1915; Bd. 48, S. 1113. 1915; Bd. 50, S. 472. 1916.

[3]) R. W. WOOD, Phil. Mag. Bd. 30, S. 300. 1915; Bd. 32, 1916; Proc. Roy. Soc. London (A) Bd. 99, S. 367—371. 1921.

[4]) J. LANGMUIR, Phys. ZS. Bd. 14, S. 1273. 1913.

Unter Annahme der Gültigkeit der Gasgesetze für den Dampf $v = \dfrac{RT}{p}$ ergibt sich:

$$\frac{dp}{dT} = \frac{p \cdot B}{R \cdot T^2},$$

$$\frac{1}{p}\frac{dp}{dT} = \frac{B}{RT^2},$$

$$\frac{d\ln p}{dT} = \frac{B}{RT^2}.$$

Bezeichnet p_k den Dampfdruck der kristallisierten, p_f den der flüssigen Phase, so gilt für die Richtung der Sublimationskurve im Tripelpunkt:

$$\frac{dp_k}{dT} = \frac{B}{T \cdot v_d},$$

für die Richtung der Verdampfungskurve:

$$\frac{dp_f}{dT} = \frac{L}{Tv_d};$$

dabei bezeichnet L die Verdampfungswärme der Flüssigkeit.

Beim Tripelpunkt ist die Sublimationswärme B gleich der Schmelzwärme Q plus der Verdampfungswärme L: $B = Q + L$. Für den Tripelpunkt gilt also:

$$Q = B - L = T v_d \left(\frac{dp_k}{dT} - \frac{dp_f}{dT} \right).$$

Der Klammerausdruck bestimmt den Winkel, den die Dampfdruckkurven der anisotropen und der flüssigen Phase miteinander im Tripelpunkt bilden. Der gegenseitige Verlauf der Sublimations- und Verdampfungskurve wird also durch die Schmelzwärme bestimmt[1]).

Für die Berechnung der Sublimationskurve über einen größeren Temperaturbereich muß die Änderung der Sublimationswärme (unter Einschluß der Leistung der äußeren Arbeit $p v_d$) mit der Temperatur berücksichtigt werden. Analog wie für die Schmelzwärme (s. Ziff. 10) gilt:

$$\frac{dB}{dT} = c_k^p - c_d^p,$$

daraus folgt:

$$B = B_0 + \int\limits_0^T c_k^p\, dT - \int\limits_0^T c_d^p\, dT.$$

Setzen wir diesen Wert in die Gleichung für die Sublimationskurve, so ergibt sich:

$$\frac{d\ln p}{dT} = \frac{B_0}{RT^2} + \frac{1}{RT^2}\int\limits_0^T c_k^p\, dT - \frac{1}{RT^2}\int\limits_0^T c_d^p\, dT,$$

$$\ln p = -\frac{B_0}{RT} + \int \left[\frac{1}{RT^2}\int\limits_0^T c_k^p\, dT - \frac{1}{RT^2}\int\limits_0^T c_d^p\, dT \right] dT + c.$$

---

[1]) K. Jellinek, Lehrb. d. phys. Chem., Bd. 2, S. 573. Stuttgart 1915.

24. Experimentelle Methoden. Die Verfahren zur experimentellen Bestimmung der Sublimationsdrucke entsprechen denen zur Feststellung der Dampfdrucke von Flüssigkeiten:

1. Bei der statischen Methode stellt man in einem evakuierten, geschlossenen Gefäß den sich über der kristallisierten Phase einstellenden Gleichgewichtsdruck unmittelbar mit einem Manometer fest. Dieses bei Flüssigkeiten sehr gebräuchliche Verfahren ist für die Bestimmung der vielfach sehr kleinen Sublimationsdrucke wenig geeignet.

2. Die Mitführungsmethode ist von H. v. WARTENBERG[1]) bei der Bestimmung der sehr niedrigen Sublimationsdrucke von Metallen angewendet worden. Man leitet ein inertes Gas über das erhitzte Metall und bestimmt die Konzentration des Metalldampfes in dem Gase.

3. J. LANGMUIR[2]) bestimmte aus der Verdampfungsgeschwindigkeit im Vakuum den Dampfdruck metallischen Wolframs. Seinen Beobachtungen liegt die Annahme zugrunde, daß das Gleichgewicht Kristall—Dampf ein dynamisches ist, daß also nach Erreichen des Gleichgewichtsdruckes in der Zeiteinheit ebenso viele Moleküle bzw. Atome sich kondensieren wie verdampfen.

Ist α die Durchschnittsgeschwindigkeit der Moleküle, mithin $\dfrac{\alpha}{2}$ die mittlere Komponente der Geschwindigkeit nach jeder Richtung, so ist die Gesamtmasse m, die pro Zeiteinheit die Flächeneinheit des Metalles trifft bzw. von ihr ausgesandt wird, wenn ϱ die Dichte des Dampfes ist:

$$m = \tfrac{1}{4}\varrho\,\alpha.$$

Beachtet man, daß $\varrho = \dfrac{p \cdot M}{R\,T}$ ist und daß für den Zusammenhang zwischen p und der mittleren Geschwindigkeit α

$$p = \frac{\pi}{8}\varrho\,\alpha^2$$

gilt, so folgt durch Einsetzen des Ausdruckes für ϱ:

$$\alpha = \sqrt{\frac{8R\,T}{\pi M}}$$

oder für m

$$m = \sqrt{\frac{M}{2\pi R\,T}} \cdot p. \tag{1}$$

Wird der sich bildende Metalldampf an einer gekühlten Fläche kondensiert, herrscht also kein Gleichgewichtszustand, so mißt die Zahl m die Verdampfungsgeschwindigkeit.

Die Verminderung des Gewichtes und die Erhöhung des Widerstandes der Wolframdrähte wurde gemessen und daraus m bestimmt. Damit ist die Berechnung von p nach Gleichung (1) ermöglicht. Für den Dampfdruck in Abhängigkeit von der Temperatur ergab sich unter Verwendung des Wertes $B = 21780 - 1{,}8\,T$ cal die Formel

$$\log_{10} p = 15{,}502 - \frac{47440}{T} - 0{,}9 \log_{10} T.$$

Die abgeleiteten Beziehungen werden offenbar nur gelten, wenn jedes Atom, das auf das Metall trifft, sich auch kondensiert. Wird dagegen ein Bruchteil r

---

[1]) H. v. WARTENBERG, ZS. f. Elektrochem. Bd. 19, S. 482. 1913.
[2]) J. LANGMUIR, Phys. ZS. Bd. 14, S. 1273. 1913.

reflektiert, so würde der Dampfdruck im Verhältnis $1 : (1 - r)$ größer sein als der sich aus der Gleichung (1) ergebende Wert. Dabei ist zu berücksichtigen, daß Untersuchungen von M. und B. KNUDSEN[1]) und R. W. WOOD[2]) ergeben haben, daß eine Substanz ihre eigenen Atome nicht reflektiert, daß in diesem Falle also die Voraussetzung für die Gültigkeit der Betrachtungen von J. LANGMUIR erfüllt ist.

Für den Ablauf des Verdampfungsvorganges der anisotropen Phase hat es sich von Bedeutung erwiesen, ob diese aus den gleichen Molekülarten aufgebaut ist, wie sie im Dampfe auftreten. B. ROOZEBOOM[3]) hat die wichtigsten Fälle eingehend erörtert, daß dem Stoff in der kristallisierten und dampfförmigen Phase die gleiche Molekülgröße zukommt, oder daß bei der Verdampfung eine Aufspaltung polymerer Moleküle eintritt, die entweder vollständig oder nur zum Teil vor sich gehen kann. In allen diesen Fällen werden die thermodynamischen Betrachtungen über den Sublimationsvorgang ihre Gültigkeit behalten, nur wird die Größe der auftretenden Wärmetönungen und Volumänderungen durch die molekularen Umwandlungen beeinflußt sein. Die Einstellung des Gleichgewichtes zwischen kristalliner und dampfförmiger Phase wird bei langsamem Ablauf dieser Vorgänge im Vergleich zur Verdampfungsgeschwindigkeit Verzögerungen erleiden.

Ob im anisotropen Zustande eine teilweise Polymerisation möglich ist, was bedeuten würde, daß die Kristallphase eine Mischung mehrerer Molekülarten darstellt, ist eine offene Frage. A. SMITS[4]) nimmt einen solchen Aufbau der anisotropen Phase als den normalen an und erklärt die Beeinflussung der Eigenschaften bei Änderung von Druck und Temperatur und insbesondere das Auftreten polymorpher Umwandlungen mit Verschiebungen der molekularen Zusammensetzung. Gegen seine Vorstellungen sind jedoch gewichtige Einwände zu erheben[5]).

e) Polymorphismus.

25. Polymorphe Kristallformen. Es wurde bereits erwähnt, daß gewisse Stoffe in mehreren Kristallarten auftreten können (Ziff. 3). Diese Erscheinung, die zuerst von E. MITSCHERLICH beobachtet worden ist, wird als Polymorphismus bezeichnet. Die Erfahrung hat gelehrt, daß es sich um eine bei kristallinen Stoffen häufig vorkommende Erscheinung handelt. Die verschiedenen Formen, Modifikationen, unterscheiden sich durch ihre Kristallform und ihre physikalischen Eigenschaften, so daß sie als besondere Phasen anzusprechen sind, denen jeweils ein bestimmtes Zustandsfeld im pT-Diagramm des Einstoffsystems zukommt. Die gemeinsame Grenzlinie der Zustandsfelder polymorpher Kristallformen ist die Umwandlungskurve, in deren Punkten die beiden anisotropen Phasen miteinander im Gleichgewicht stehen.

Die äußere Kristallform ist für die einzelnen anisotropen Phasen nicht kennzeichnend, da sie von den Wachstumsbedingungen abhängig ist (vgl. Ziff. 16α). Der Wesensunterschied der einzelnen Formen liegt in ihrem strukturellen Aufbau, dem auch die Unterschiede in den physikalischen Eigenschaften zuzuschreiben sind. Verschiedenen polymorphen Formen eines Stoffes entsprechen also verschiedene Raumgitteranordnungen, wie sie durch die röntgenanalytischen Ver-

---

[1]) M. u. B. KNUDSEN, Ann. d. Phys. Bd. 47, S. 697. 1915; Bd. 48, S. 1113. 1915; Bd. 50, S. 472. 1916.

[2]) R. W. WOOD, Phil. Mag. Bd. 30, S. 300. 1915; Bd. 32, 1916.

[3]) B. ROOZEBOOM, Lehrb. d. heterog. Gleichgewichte, Bd. I, S. 61. Braunschweig 1901.

[4]) A. SMITS, Theorie der Allotropie. Leipzig 1921.

[5]) G. TAMMANN, ZS. f. phys. Chem. Bd. 83, S. 728. 1913.

fahren festgelegt werden können. Die diskontinuierlichen Eigenschaftsänderungen sind auf dem Boden der Strukturtheorie gegeben, da diese nur eine diskrete Anzahl von Raumgitteranordnungen als mit den Symmetrieeigenschaften der Kristalle vereinbar nachgewiesen hat.

NIGGLI[1]) hat sich vom strukturtheoretischen Gesichtspunkte aus mit den verschiedenen bisher beobachteten Typen polymorpher Umwandlungen beschäftigt[2]).

26. Bestimmung der Umwandlungspunkte. Der Umstand, daß die Umwandlung polymorpher Formen unter diskontinuierlicher Änderung der Eigenschaften erfolgt, gibt die Mittel an Hand, die Umwandlungspunkte festzulegen. Dabei wird man sich zweckmäßig solcher Eigenschaften bedienen, die sich beim wechselseitigen Übergang der kristallinen Formen sprunghaft ändern. Dadurch wird die grundsätzliche Übereinstimmung der anzuwendenden Verfahren mit den bei der Schmelzpunktsbestimmung besprochenen gegeben. Weil jedoch die bei der polymorphen Umwandlung auftretenden Besonderheiten, vornehmlich die vielfach nur sehr kleinen Eigenschaftsänderungen, gewisse Abänderungen jener Verfahren bedingen, sollen dieselben nachstehend besprochen werden.

Die polymorphen Umwandlungen sind stets mit einer Wärmetönung verbunden. Infolgedessen wird auf der Erhitzungs- bzw. Abkühlungskurve ein Haltepunkt auftreten, dessen Größe ein Maß für die Umwandlungswärme ist. Doch werden auch hier wie beim Kristallisieren Überschreitungen der Gleichgewichtstemperatur vorkommen, die bewirken, daß die Haltepunkte auf der Abkühlungs- und Erhitzungskurve nicht bei der gleichen Temperatur gefunden werden. Während aber beim Übergang der anisotropen Phase in den isotropen Zustand die Unmöglichkeit der Überhitzung des Kristalles (s. Ziff. 18) die Bestimmung der Schmelztemperatur sicherstellt, ist hier die wahre Gleichgewichtstemperatur lediglich zwischen den Haltepunkten auf der Erhitzungs- und Abkühlungskurve eingegrenzt. Durch Verminderung der Überschreitungen der Gleichgewichtstemperatur, wie sie z. B. durch geeignetes Impfen erreicht werden kann, läßt sich die Genauigkeit der Bestimmung der Umwandlungstemperatur steigern. Ebenso bewirkt eine Verminderung der Geschwindigkeit der Temperaturänderung bei der Aufnahme der Kurven eine Annäherung des Haltepunktes an die wahre Gleichgewichtstemperatur[3]). Erfolgt die Umwandlung mit einer geringen linearen Umwandlungsgeschwindigkeit, so kann der Haltepunkt in einen Bereich verzögerter Abkühlung entarten und sich so unter Umständen der Beobachtung entziehen. Das wird besonders dann eintreten, wenn die Umwandlungswärme nur einen kleinen Wert hat.

Mit wenigen Ausnahmen bleibt die Größe der Umwandlungswärme gegenüber der der Schmelzwärme erheblich zurück. In besonders starkem Maße ist dies bei einem Teil der bei Metallen beobachteten Umwandlungen der Fall, so daß sich in der Metallographie wesentlich verfeinerte Methoden zur Bestimmung von Umwandlungspunkten herausgebildet haben[4]). Bei der OSMONDschen[5]) Anordnung wird die reziproke Abkühlungsgeschwindigkeit in Abhängigkeit von der Temperatur aufgenommen. DEJEAN[6]) hat eine Methode angegeben, bei der die Änderungsgeschwindigkeit der Temperatur als Funktion der Temperatur be-

---

[1]) NIGGLI, Geometrische Kristallographie des Diskontinuums. Leipzig 1919.

[2]) Vgl. auch die zusammenfassende Darstellung von F. WEVER, Habilitationsschrift, Phil. Fakultät Köln 1924.

[3]) ROOZEBOOM, ZS. f. phys. Chem. Bd. 32, S. 1550. 1900.

[4]) Siehe P. GOERENS, Lehrb. d. Metallogr., S. 150. Halle 1915.

[5]) OSMOND, Transformations du fer et du carbone dans les fers, Paris 1888.

[6]) DEJEAN, Rev. Mét. Bd. 2, S. 701. 1905.

stimmt wird. Bei dem Differentialverfahren nach Roberts-Austen[1]) wird die Abkühlung eines Stoffes mit Umwandlungspunkten mit der eines solchen ohne Umwandlungspunkte verglichen. Die auftretenden Temperaturdifferenzen zwischen Probe und Vergleichskörper können in Abhängigkeit von der jeweiligen Temperatur durch optische Registrierung mit Hilfe eines Doppelgalvanometers nach Saladin[2]) aufgenommen werden. F. Wever und K. Apel[3]) haben eingehend die verschiedenen Methoden diskutiert.

Die dilatometrischen Verfahren benutzen die zwischen beiden Formen bestehende Volumendifferenz, um den Umwandlungspunkt festzustellen, oder sie bestimmen die Änderung des Ausdehnungskoeffizienten bei der Umwandlung.

Van't Hoff bediente sich einfacher Dilatometer[4]); der Stand der Hilfsflüssigkeit ändert sich bei der Umwandlung diskontinuierlich und zeigt so die Umwandlungstemperatur an. Auch hier fallen die bei der Erwärmung und Abkühlung gefundenen Temperaturwerte nicht zusammen, wenn die Umwandlung infolge von Überhitzung oder Unterkühlung verzögert eintritt.

Ist die Umwandlungsgeschwindigkeit beiderseits des Gleichgewichtspunktes nur klein, so wird diese Methode zweckmäßig durch folgende Identitätsmethode ersetzt. Da in diesem Falle beide Modifikationen leicht über einen größeren Temperaturbereich hinaus nebeneinander bestehen können, wird man als Maß für die Umwandlungsgeschwindigkeit die im Dilatometerrohre auftretende jeweilige Änderung des Flüssigkeitsstandes ablesen. Der Umwandlungspunkt ist durch Verschwinden der Umwandlungsgeschwindigkeit gegeben.

D. Gernez[5]) bestimmte auf diese Weise die Umwandlungstemperatur der monoklinen und rhombischen Schwefelformen zu 97° und E. Cohen und van Eyck[6]) die des grauen und weißen Zinns zu 20°. Ferner kann man die Umwandlungsgeschwindigkeit nach dem gleichen Verfahren wie die lineare Kristallisationsgeschwindigkeit bestimmen, indem man die Umwandlung in einem entsprechend gebauten Rohr vor sich gehen läßt (s. Ziff. 16 β); dem Umwandlungspunkt entspricht wieder ein Verschwinden der Umwandlungsgeschwindigkeit.

Zur Bestimmung von Volumenänderungen, die sich wegen ihrer Kleinheit nach den angegebenen Verfahren der Beobachtung entziehen würden, dienen besondere Differentialdilatometer. Bei der von Chevenard gegebenen Anordnung[7]) wird der Unterschied zwischen den Längenänderungen zweier Stäbe, eines Vergleichsstabes und eines Versuchsstabes, die genau gleiche Abmessungen haben und beim Versuch den gleichen Bedingungen unterworfen sind, festgestellt. Zu Vergleichskörpern eignen sich nur solche Stoffe, die selbst in dem Versuchsbereich keine Störungen oder Besonderheiten im Ausdehnungsverlauf zeigen.

Weitere Verfahren zur Bestimmung von Umwandlungspunkten gründen sich auf die beim Umwandlungspunkt auftretenden Änderungen der optischen Eigenschaften. Vor allem sind die Änderungen oder das Auftreten der Doppelbrechung bei Beobachtung dünner Schichten im Polarisationsmikroskop zu nennen[8]). Le Chatelier[9]) bediente sich beim Quarz zur Auffindung der Umwandlung bei

---

[1]) Roberts-Austen, Proc. Inst. Mech. Eng. 1897, S. 31; 1899, S. 35.

[2]) Saladin, Rev. Mét. Bd. 1, S. 134. 1904.

[3]) F. Wever u. K. Apel, Mitt. a. d. K.-W.-Inst. f. Eisenforsch. Bd. 4, S. 87. 1922.

[4]) Van't Hoff, ZS. f. phys. Chem. Bd. 17, S. 50. 1895.

[5]) D. Gernez, Journ. de phys. 1884, S. 286; 1885, S. 349.

[6]) E. Cohen u. van Eyck, ZS. f. phys. Chem. Bd. 30, S. 601. 1899; Bd. 33, S. 57. 1900; Bd. 35, S. 588. 1900.

[7]) Chevenard, Rev. Mét. Bd. 14, S. 610. 1917; P. Oberhoffer u. L. E. Dawecke, Stahl u. Eisen Bd. 45, S. 887. 1925; Guillet, Alliages Metalliques, S. 119. Paris 1923.

[8]) B. Roozeboom, Die heterogenen Gleichgewichte, Bd. I, S. 119. Braunschweig 1901.

[9]) Le Chatelier, C. R. 12. Aug. 1889; Ann. chim. phys. (7) Bd. 6, S. 90. 1895.

570° der hier plötzlich einsetzenden Änderung der Zirkularpolarisation und der Brechungsindices. In einigen Fällen tritt mit der polymorphen Umwandlung ein scharfer Farbumschlag ein.

Der Mineraloge benutzt die bei der Umwandlung häufig erfolgende Änderung der optischen Eigenschaften zur Bestimmung des Umwandlungspunktes im Erhitzungsmikroskop[1]).

Auch die diskontinuierliche Änderung der elektrischen Leitfähigkeit hat sich in vielen Fällen als ein brauchbares Kennzeichen für die Ermittlung der Umwandlungstemperatur erwiesen (LANDOLT-BÖRNSTEIN S. 1047, 1923).

Eigenschaften, die bei der Umwandlung keine sprunghafte Änderung zeigen, können ebenfalls zur Bestimmung der Gleichgewichtstemperatur dienen. Verfolgt man diese Eigenschaften über ein Temperaturintervall beiderseits des Umwandlungspunktes, so wird sich der letztere als Schnittpunkt der beiden Kurven ergeben, die die Temperaturabhängigkeit der betreffenden Eigenschaft für die beiden polymorphen Formen angeben.

E. COHEN[2]) bestätigte die Umwandlungstemperatur des Zinns bei 20°, indem er die elektromotorische Kraft eines Umwandlungselementes in Abhängigkeit von der Temperatur verfolgte, dessen Elektroden aus weißem bzw. grauem Zinn bestanden, während eine Lösung von $SnCl_4$ als Elektrolyt diente. Unterhalb 20° war das hier stabile graue Zinn negativ. Bei 20° war die von dem Element gelieferte E.M.K. Null.

Ist es nicht möglich, die instabile Form unterhalb der Umwandlungstemperatur genügend lange bestehen zu lassen, so kann man sich dadurch helfen, daß man oberhalb der Umwandlungstemperatur die eine Form, unterhalb derselben die andere als eine Elektrode, als zweite Elektrode aber ein zweites Metall nimmt. Bestimmt man dann die Temperaturabhängigkeit dieser beiden E.M.K., so wird man zwei sich beim Umwandlungspunkt schneidende Kurven[3]) bekommen. Diese beiden Methoden zeichnen sich durch besonders große Genauigkeit aus, lassen sich jedoch nur auf Metalle und Metallverbindungen (auch auf Oxyde) anwenden.

Ebenso könnte man auf der Messung der Temperaturabhängigkeit der Löslichkeit und des Dampfdruckes ein Bestimmungsverfahren aufbauen. Auch hier würde der Umwandlungspunkt als Schnittpunkt zweier Kurvenzüge gegeben sein. Doch ist der Dampfdruck unterhalb des Schmelzpunktes zu klein, um gute Resultate zu liefern. Die Löslichkeitsmethode hat nur wenig Anwendung gefunden.

Das Auftreten mehrerer polymorpher Formen ist eine weitverbreitete Eigenschaft der Elemente wie der Verbindungen[4]). Bei den anorganischen und organischen Verbindungen scheint der Polymorphismus bei einfach gebauten Verbindungen weit häufiger als bei den komplizierten vorzukommen.

In allen bisher untersuchten Fällen ist festgestellt worden, daß den verschiedenen polymorphen Modifikationen verschiedene Kristallanordnungen entsprechen, sei es, daß dieselben durch die Änderung der kristallographischen Eigenschaften, sei es, daß sie durch die röntgenanalytisch erkannten Strukturunterschiede erwiesen wurden. Nur bei einer Gruppe von Umwandlungen hat die Strukturuntersuchung das Auftreten eines neuen Raumgitters nicht ergeben. Bei den magnetischen Umwandlungen der ferromagnetischen Metalle bleibt das

---

[1]) W. EITEL, Physikalisch-chemische Mineralogie und Petrologie, S. 16. Dresden-Leipzig, 1925.

[2]) E. COHEN, ZS. f. phys. Chem. Bd. 14, S. 53. 1894.

[3]) E. COHEN, ZS. f. Elektrochem. Bd. 6, S. 85. 1899.

[4]) P. GROTH, Elemente der physikalischen und chemischen Kristallographie, S. 319. München u. Berlin 1921.

Raumgitter unverändert. Besonderes Interesse beansprucht in dieser Beziehung das Eisen, das außer der magnetischen auch polymorphe Umwandlungen aufweist.

Auf der Abkühlungskurve des Eisens treten außer dem Haltepunkte bei der Kristallisation bei drei weiteren Temperaturen Verzögerungen der Abkühlung auf[1]; man hat demnach vier verschiedene Modifikationen des Eisens angenommen, deren Stabilitätsbereiche in der folgenden Tabelle angegeben sind:

α-Eisen bis 768°
β-Eisen 768 bis 900°
γ-Eisen 900 ,, 1401°
δ-Eisen 1401 ,, 1528° (Schmelzpunkt).

Bei der α-β-Umwandlung verliert das Eisen seine ferromagnetischen Eigenschaften. Da nun nach Röntgenuntersuchungen beide Phasen dasselbe kubischraumzentrierte Gitter aufweisen[2] und der Verlust der Magnetisierbarkeit mit einer Wärmetönung verbunden ist[3], wird diese Umwandlung als rein thermomagnetische Erscheinung aufzufassen sein[4]. Die α-Phase ist mit der β-Phase identisch. Daß die magnetische Umwandlung auch bei anderen Stoffen nicht mit einer Änderung des Gittertypus verbunden ist, haben Untersuchungen am Nickel und Eisenkarbid (Fe_3C) bestätigen können[5].

Weiter haben Versuche von P. WEISS und G. FOEX[6] über den Verlauf der magnetischen Suszeptibilität und von SCHNEIDER[7] und A. GOETZ[8] über den Verlauf der Temperaturabhängigkeit der thermoelektrischen Kraft der verschiedenen Eisenmodifikationen gezeigt, daß die Kurven für die δ-Phase als kontinuierliche Fortsetzung des Verlaufs der Kurven im Gebiete der α-Phase angesehen werden können. Da obendrein die Raumgitter nach A. WESTGREN[9] dieselben sind, und die Bildung der γ-Phase, die ein kubisch-flächenzentriertes Gitter besitzt, nach Versuchen von F. WEVER mit P. GIANI und W. REINECKEN[10] durch steigenden Zusatz von Silizium bzw. Zinn unterdrückt wird, so daß ein kontinuierlicher Übergang von der α-(β)- in die δ-Phase nachgewiesen werden konnte, sind die α-(β)-Phase und die δ-Phase als identische Phasen anzusprechen. Beim Eisen treten mithin zwei verschiedene Phasen auf, eine Form mit einem kubischraumzentrierten Gitter unterhalb 900° und oberhalb 1400° und eine zweite Form mit einem kubisch-flächenzentrierten Gitter, deren Stabilitätsbereich von 900 bis 1400° reicht[11].

27. Thermische Kristallgruppen. Neben diesen reversibeln Umwandlungen zweier anisotroper Phasen sind irreversible beobachtet worden, bei denen keine Gleichgewichtstemperatur besteht, vielmehr die Umwandlung nur in einer Richtung verlaufen kann.

Je nachdem nun die Umwandlung reversibel oder irreversibel vor sich geht, unterscheidet O. LEHMANN[12] zwischen enantiotropen und monotropen Formen.

---

[1] P. OBERHOFFER, Das technische Eisen, S. 10. Berlin 1925.
[2] A. W. HULL, Phys. Rev. Bd. 9, S. 84. 1917; Bd. 10, S. 661. 1917.
[3] P. WEISS u. A. PICKARD, Arch. de Genève Bd. 45, S. 329. 1918. Handb. d. Radiologie Bd. 4, S. 748. Leipzig 1924.
[4] K. HONDA, Journ. Iron and Steel Inst. Bd. 99, S. 457. 1919.
[5] F. WEVER, Mitt. a. d. K.-W.-Inst. f. Eisenforsch. Bd. 3, S. 17. 1923; Bd. 4, S. 67. 1923; A. W. HULL, Phys. Rev. Bd. 10, S. 691. 1917; H. BOHLIN, Ann. d. Phys. Bd. 61, S. 421. 1920.
[6] P. WEISS u. G. FOEX, Arch. sc. phys. et nat. Bd. 31, S. 39. 1911.
[7] SCHNEIDER, OBERHOFFER, l. c. S. 14.
[8] A. GOETZ, Phys. ZS. Bd. 25, S. 562. 1924.
[9] A. WESTGREN, ZS. f. phys. Chem. Bd. 102, S. 1. 1922.
[10] F. WEVER u. P. GIANI, Mitt. a. d. K.-W.-Inst. f. Eisenforsch. Bd. 7. S. 59. 1925; F. WEVER u. W. REINECKEN ebenda S. 69.
[11] F. WEVER, Stahl u. Eisen Bd. 45, S. 1208. 1925.
[12] O. LEHMANN, ZS. f. Krist. Bd. 1, S. 97. 1877.

Es ist aber zu beachten, daß dieser Einteilung das gegenseitige Verhalten der pólymorphen Formen bei einem bestimmten Druck, dem Atmosphärendruck, zugrunde liegt. Mit Änderung der Zustandsbedingungen kann eine Änderung des Charakters der polymorphen Umwandlungen eintreten, so daß bei Atmosphärendruck monotrop verlaufende Vorgänge bei höherem Druck in enantiotrope übergehen können. Die von LEHMANN gegebene Einteilung der Kristallformen ist somit nicht ausreichend.

Eine eindeutige und vollständige Einteilung der kristallinen Formen eines Stoffes für das ganze Zustandsfeld hat dagegen G. TAMMANN[1]) auf Grund der Stabilitätsbeziehungen gegeben.

Ein Maß der Stabilität einer Phase gibt das thermodynamische Potential $G = U - TS + pv$. Längs der Schnittkurven der G-Flächen zweier Phasen besitzen also beide die gleiche Stabilität, d. h. sie sind miteinander im Gleichgewicht. Bei außerhalb der Gleichgewichtskurve liegenden Zustandspunkten besitzt jeweils die Phase die größte Stabilität, die den kleinsten G-Wert hat; die Phase mit dem höheren G-Wert ist ihr gegenüber instabil.

Beim Überschreiten der Gleichgewichtskurve, die einem Schnitt der G-Flächen entspricht, tritt ein Stabilitätswechsel ein. Die vorher stabile Phase wird instabil und umgekehrt. Handelt es sich um zwei anisotrope Phasen desselben Stoffes, so besitzen beide einen Stabilitätsbereich; die Formen sind partiell stabil bzw. instabil.

Kommen die beiden G-Flächen im Existenzbereich der anisotropen Phase nicht zum Schnitt, so bleibt die Form mit dem höheren G-Wert im ganzen Zustandsfeld instabil, sie wird als total instabil, die andere als total stabil bezeichnet.

Ob totale Stabilität vorliegt, läßt sich nicht leicht entscheiden, da dazu Kenntnisse über die gegenseitige Lage der G-Flächen für das ganze Zustandsfeld vorliegen müßten. Während für gewisse Stoffe schon bei verhältnismäßig niedrigen Drucken Umwandlungskurven im Zustandsdiagramm festzustellen sind, gibt es auch Stoffe, die bis zu 12000 kg/cm² keine Umwandlung zeigen. Doch ist es nicht ausgeschlossen, daß man auch in diesen Fällen bei höheren Drucken noch Umwandlungspunkte finden wird, in welchen Fällen sich die anscheinend total stabile Form als nur partiell stabil erweisen würde. Leichter läßt sich dagegen der Nachweis totaler Instabilität erbringen, da alsdann die Gleichgewichtskurve mit einer isotropen Phase s ganz innerhalb der Gleichgewichtskurve der stabilen anisotropen Form mit derselben isotropen Phase verlaufen muß. Wird die Gleichgewichtskurve einer instabilen Form von der etwa parallel verlaufenden stabilen umschlossen, so deutet dies auf eine Verwandtschaft der beiden G-Flächen. Die so ausgezeichneten Formen, deren G-Flächen sich nicht schneiden, sollen als die Glieder einer **thermischen Gruppe** zusammengefaßt werden. Die Glieder der gleichen Gruppe können untereinander nicht ins Gleichgewicht kommen, wohl aber die verschiedener Gruppen.

Daß die Gleichgewichtskurve der instabilen Form mit einer isotropen Phase ganz im Innern des Zustandsfeldes der stabileren Modifikation liegt, folgt ohne weiteres aus dem Verlauf und der gegenseitigen Lage der G-Flächen. Der Verlauf der G-Flächen ist bekanntlich (Ziff. 6) so, daß die G-Werte mit wachsendem p-Werte ansteigen und mit wachsendem T-Werte abnehmen. Durch die G-Flächen einer stabilen Form k, einer total instabilen Form k' und der isotropen Phase s (Abb. 21) sei je ein Schnitt parallel der p- und der T-Achse gelegt. Die Projektion der Schnittkurven der G-Fläche der Phase s mit denen der beiden Formen k und k' liefert die Gleichgewichtskurven sk und sk'. Es muß dann, da immer die G-Fläche für k' oberhalb der für die stabilere Form

---

[1]) G. TAMMANN, Ann. d. Phys. Bd. 40, S. 297. 1913; Aggregatzustände, S. 112ff.

k liegt, auch die Projektion $s\,k'$ innerhalb $s\,k$ verlaufen. Ein Schneiden darf nicht stattfinden. Für die beiden in Abb. 21 eingezeichneten Schnitte parallel der Druck- und Temperaturachse fallen die Schmelzdruckwerte der instabilen Form p_1' und p_2' zwischen die der stabilen p_1 und p_2. Für die gegenseitige Lage der Schmelzkurven innerhalb der einzelnen Quadranten kann man somit folgende Regel aufstellen. Im ersten und vierten Quadranten ist der Gleichgewichtsdruck der stabilen Form mit der isotropen Phase kleiner als der der instabilen mit derselben Phase. Das Umgekehrte gilt in den beiden anderen Quadranten. Die Gleichgewichtstemperatur liegt in den beiden ersten Quadranten für die stabile Form oberhalb der für die total instabile und unterhalb derselben im dritten und vierten Quadranten.

28. Relative Stabilität und Lage der Gleichgewichtspunkte polymorpher Kristallarten. Treten in einem Einstoffsystem zwei anisotrope Phasen k und k' auf, die mit der isotropen Phase s ins Gleichgewicht kommen, so sind die Stabilitätsbedingungen

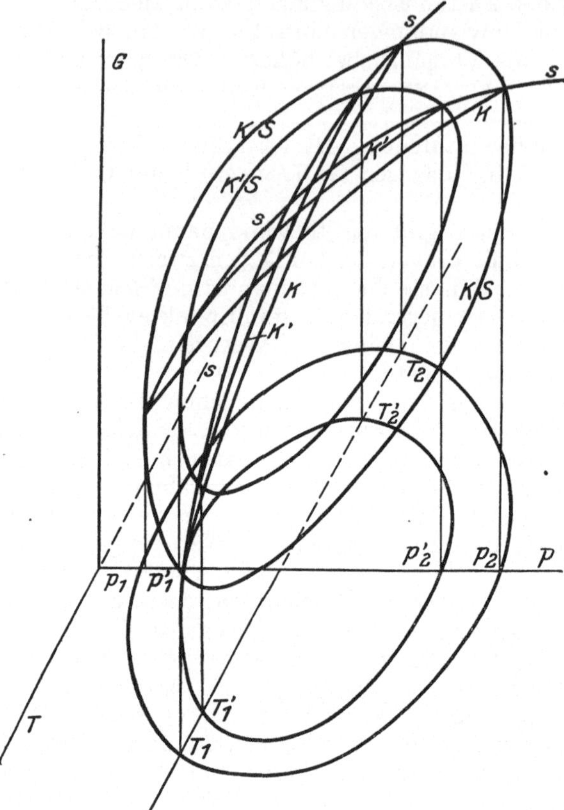

Abb. 21. Gegenseitige Lage der G-Flächen von Schmelze und Kristallarten.

durch die gegenseitige Lage der G-Flächen gegeben. In dem in Abb 22. gezeichneten Falle ist k entsprechend der tieferen Lage seiner G-Fläche die stabile, k' die instabile anisotrope Modifikation. Da nun G eine Zustandsfunktion ist, gilt die Beziehung:

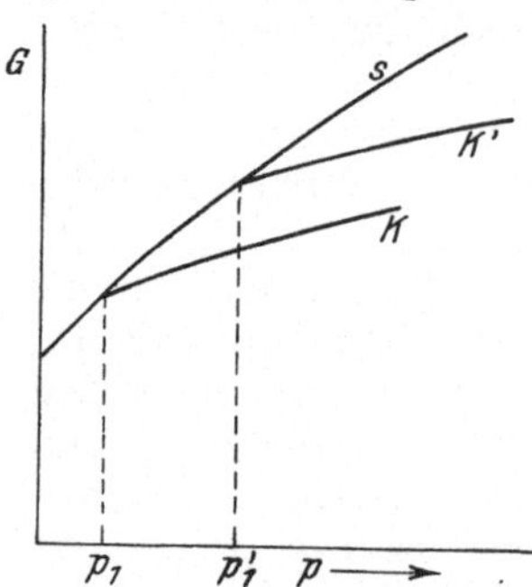

Abb. 22. Gegenseitige Lage der G-Isothermen von Schmelze und Kristallarten.

$$G_{k p_1'} - G_{k p'} = \int\limits_{p_1}^{p_1'} \frac{\partial G_s}{\partial p}\, dp,$$

$$= (G_{k'} - G_k)_{p_1'} + \int\limits_{p_1}^{p_1'} \frac{\partial G_k}{\partial p}\, dp,$$

daraus folgt:

$$(G_{k'} - G_k)_{p_1'} = \int\limits_{p_1}^{p_1'} \left(\frac{\partial G_s}{\partial p} - \frac{\partial G_k}{\partial p} \right) dp,$$

$$= \int\limits_{p_1}^{p_1'} (v_s - v_k)\, dp.$$

Diese Gleichung gilt unabhängig davon, ob die G-Isothermen der beiden polymorphen Formen in ihrem Verlauf zu höheren Drucken zum Schnitt kommen oder nicht, d. h. ob k' eine partiell oder total instabile Form ist.

Es sei jetzt die Annahme gemacht, daß in dem betrachteten Druckintervall die G-Funktion sich linear mit dem Druck ändert. Dies wird bei Beschränkung auf kleine Intervalle, in denen die Gleichgewichtskurven durch Geraden, die G-Flächen durch ihre Tangentialflächen angenähert werden können, erlaubt sein. Unter diesen Voraussetzungen gilt dann:

$$(G'_k - G_k)_{p'_1} = (v_s - v_k)(p'_1 - p).$$

Für eine weitere instabile Form k'', deren Gleichgewichtsdruck mit der isotropen Phase p'' sei, gilt analog:

$$(G''_k - G_k)_{p''_1} = (v_s - v_k)(p''_1 - p).$$

Daraus folgt:

$$\frac{(G'_k - G_k)_{p'_1}}{(G''_k - G_k)_{p''_1}} = \frac{p'_1 - p}{p''_1 - p}.$$

Es sind also die Differenzen der G-Werte der instabilen Formen k' und k'' gegen die stabile Form k beim Schmelz- (Verdampfungs-)Druck der betreffenden instabilen Form proportional den Differenzen der Schmelz- (Verdampfungs-) Drucke beider Formen. Diese Druckdifferenzen stellen mithin ebenfalls ein Maß der gegenseitigen Stabilität der Phasen dar.

Eine entsprechende Beziehung läßt sich aus der Lage der G-Isobaren für die Schmelzpunktsdifferenzen bei dem betreffenden Druck ableiten. Unter Annahme eines geradlinigen Verlaufs der G-Isobaren in dem in Frage kommenden Temperaturbereich ergibt sich also die Beziehung

$$\frac{(G'_k - G_k)\,T}{(G''_k - G_k)\,T} = \frac{T_t - T'_1}{T_1 - T''_1}.$$

Die Gleichungen gelten auch für den Fall, daß die Kristallformen k, k', k'' an Stelle der isotropen Phase s mit einer anderen anisotropen Phase ins Gleichgewicht kommen.

Diese Beziehungen sind die allgemeine Formulierung von älteren Aussagen über die gegenseitige Lage der Tripelpunkte bzw. Schmelzpunkte einer Reihe instabiler Kristallarten. Nach VAN'T HOFF[1]) kommt eine instabile Form bei einer tieferen Temperatur mit der dampfförmigen und flüssigen Phase ins Gleichgewicht als die stabile, und nach TAMMANN[2]) stimmt die Reihenfolge der Schmelzpunkte mit der der relativen Stabilität der verschiedenen Kristallarten überein.

29. Bedingungen totaler und partieller Instabilität. Ob es sich bei der instabilen Kristallart k' um eine total oder partiell instabile Form handelt, hängt von dem gegenseitigen Verlauf der G-Flächen der stabilen und instabilen Form ab. Schneiden sich die G-Flächen über dem von der Schmelzkurve eingeschlossenen Zustandsfeld des Anisotropen, so tritt beim Überschreiten der Schnittlinie ein Stabilitätswechsel ein; es liegt partielle Instabilität vor.

Kommen die G-Flächen einer stabilen und einer instabilen Kristallform gar nicht oder erst im Stabilitätsgebiet der isotropen oder einer neuen anisotropen Phase zum Schnitt, so liegt der Fall totaler Instabilität vor. Ist der Verlauf der G-Flächen nur für einen Teil des Zustandsfeldes bekannt, so lassen sich mit einer gewissen Wahrscheinlichkeit Aussagen über deren weiteren Verlauf machen.

---

[1]) VAN'T HOFF, Vorlesungen über theoretische und physikalische Chemie 1899, 2. Heft, S. 217.
[2]) G. TAMMANN, ZS. f. phys. Chem. Bd. 29, S. 67. 1899.

Die Neigung und Krümmung der G-Isothermen wird durch $\dfrac{\partial G}{\partial p} = v$ und $\dfrac{\partial^2 G}{\partial p^2} = \dfrac{\partial v}{\partial p}$ bestimmt. Unter der Annahme, daß die Kompressibilitäten sich mit dem Druck nicht ändern, die G-Isothermen also eine gleichbleibende Krümmung besitzen, sind vier Fälle des gegenseitigen Verlaufs derselben zu unterscheiden, die durch die Größenbeziehungen von Volumen und Kompressibilität für Atmosphärendruck gekennzeichnet werden können:

$$1. \quad v'_k > v_k \qquad \frac{\partial v'_k}{\partial p} < \frac{\partial v_k}{\partial p},$$

$$2. \quad v'_k > v_k \qquad \frac{\partial v'_k}{\partial p} > \frac{\partial v_k}{\partial p},$$

$$3. \quad v'_k < v_k \qquad \frac{\partial v'_k}{\partial p} > \frac{\partial v_k}{\partial p},$$

$$4. \quad v'_k < v_k \qquad \frac{\partial v'_k}{\partial p} < \frac{\partial v_k}{\partial p}.$$

Im ersten Fall können die G-Isothermen unmöglich zum Schnitt kommen, im letzten Falle konvergieren sie zwar, brauchen sich aber nicht zu schneiden. In den beiden anderen Fällen muß jedoch ein Schneiden der G-Isothermen eintreten. Bestimmend dafür, ob totale oder partielle Instabilität vorliegt, ist dann wieder, ob bei dem Druck des Schnittpunktes eine neue Phase mit geringeren G-Werten, also größerer Stabilität besteht oder nicht.

Ganz analoge Betrachtungen lassen sich für die G-Isobaren anstellen, deren Neigung und Krümmung durch Entropie und spezifische Wärme,

$$\frac{\partial G}{\partial T} = - S \qquad \frac{\partial^2 G}{\partial T^2} = - \frac{c_p}{T}$$

gegeben sind.

G. Tammann[1] faßt die Ergebnisse dieser Betrachtungen in einer einfachen Regel zusammen, die es mit einiger Wahrscheinlichkeit gestattet, lediglich aus den Größenbeziehungen der Volumen und der Schmelzwärmen zweier Formen verschiedener Stabilität auf totale bzw. partielle Stabilität zu schließen. Wenn die instabilere Form das größere Volumen und die kleinere Schmelzwärme hat, so tritt ein Stabilitätswechsel für beide Formen wahrscheinlicherweise nicht ein. Derselbe ist aber zu erwarten, wenn für die Volumen und Schmelzwärmen die umgekehrte Größenbeziehung besteht.

30. Atomische Deutung der thermischen Kristallgruppen. Die Gleichgewichtskurven der Formen einer thermischen Kristallgruppe mit einer isotropen oder einer nicht zu der Gruppe gehörigen anisotropen Phase verlaufen so, daß die der instabileren Form von der der stabileren umschlossen wird. Diese Beziehung ergab sich aus dem gegenseitigen Verlauf der G-Flächen, die für die Formen einer Kristallgruppe innerhalb des Zustandsfeldes deren stabiler Form nicht zum Schnitt kommen. Der gleichartige Verlauf der G-Flächen läßt eine nahe Verwandtschaft der verschiedenen Formen einer thermischen Kristallgruppe vermuten, als deren Ursache G. Tammann[2] erkannt hat, daß in den Formen derselben Gruppe die gleiche Molekülart verschiedene Raumgitter besetzt, während die Gitter der Kristallarten verschiedener Gruppen desselben Stoffes von verschiedenen Molekülarten aufgebaut werden.

---

[1] G. Tammann, Aggregatzustände, S. 137.
[2] G. Tammann, Aggregatzustände, S. 140.

TAMMANN geht von der Auffassung aus, daß die Raumgitter der Kristalle nur von solchen Molekülarten besetzt werden, die bereits in der Schmelze vorhanden sind. Mehrere Kristallgruppen, die sich durch das Auftreten von Umwandlungskurven im Zustandsfeld anzeigen, sind demnach nur bei assoziierten Stoffen zu erwarten, deren Schmelzen verschiedene Molekülarten enthalten, während sich bei normalen Stoffen, die im flüssigen Zustande aus einer Molekülart bestehen, nur Formen derselben Kristallgruppe ausscheiden können. Ob eine Flüssigkeit normal oder assoziiert ist, läßt sich aus der Größe der EÖTVÖSschen Zahl des Temperaturkoeffizienten der molekularen Oberflächenenergie $\dfrac{d\left(\gamma\,(M\,v)^{\frac{2}{3}}\right)}{d\,T}$ und dessen Temperaturabhängigkeit schließen; γ bezeichnet darin die Oberflächenspannung in C.G.S.-Einheiten, Mv das molekulare Volumen in Kubikzentimetern. Bei normalen Flüssigkeiten ist der Wert des Temperaturkoeffizienten größer als 2,0 und unabhängig von der Temperatur, bei assoziierten ist er dagegen kleiner als 2,0 und wird mit steigender Temperatur kleiner. Wie die von G. TAMMANN[1]) zusammengestellte Tabelle 2 erkennen läßt, scheiden sich aus normalen Flüssigkeiten durchweg nur die Kristallarten einer thermischen Kristallgruppe ab, wogegen bei assoziierten Flüssigkeiten in vielen Fällen mehrere Kristallgruppen auftreten. Jeder dieser Kristallgruppen

Tabelle 2. Zahl der Kristallgruppen bei assoziierten und nichtassoziierten Flüssigkeiten und die Änderung ihrer molekularen Oberflächenenergie mit der Temperatur.

		Anzahl		$-\dfrac{d\left(\gamma\,(M\,v)^{\frac{2}{3}}\right)}{d\,T}$	$\dfrac{d^2\left(\gamma\,(M\,v)^{\frac{2}{3}}\right)}{d\,T^2}$
		der Kristallgruppen	der instabilen Formen		
Assoziiert	Wasser	5	4 bzw. 2	0,88	< 0
	Essigsäure.	2	—	0,90	< 0
	Ameisensäure	1	—	0,90	< 0
	Schwefel	2	4	1,51	< 0
	Phenol	2	—	1,80	< 0
	Palmitinsäure	1	—	1,60	0
	Formanilid	1	1	1,66	< 0
	p-Toluidin.	1	—	1,91	0
	o-Kresol	2	—	1,93	0?
	Laurinsäure	1	—	2,00	0
	Anilin	1	—	2,05	0
	Tetrachlorkohlenstoff . .	1	1 ?	2,10	0
	Menthol	1	2	2,12	0
	p-Chlortoluol	1	—	2,15	0
	Äthylendibromid	1	—	2,20	0
	Kohlensäure	1	—	2,22	0
	Nitrobenzol	1	—	2,23	0
	p-Kresol	1	—	2,24	0
	p-Dichlorbenzol	1	—	2,31	0
	Naphthalin	1	—	2,29	0
	p-Xylol	1	—	2,34	0
	Benzol	1	—	2,37	0
	Azetophenon	1	—	2,40	0
	Anethol	1	—	2,48	0
	Myristinsäure	1	—	2,53	0
	Diphenylamin	1	—	2,62	0
	Benzophenon	1	2	2,63	0
	Benzylanidin	1	—	2,70	0
	Veratrol	1	1	2,93	0

---

[1]) G. TAMMANN, Ann. d. Phys. Bd. 40, S. 297. 1913; ZS. f. phys. Chem. Bd. 82, S. 176. 1913.

entspricht eine bestimmte Molekülart, deren Menge in der Flüssigkeit von Druck und Temperatur abhängig ist. Stets wird mit steigendem Druck der Gehalt der Schmelze an der Molekülart kleineren Volumens, mit steigender Temperatur an der Molekülart größeren Wärmeinhaltes zunehmen. Ist bei kleineren Drucken die Konzentration der Molekülart größeren Volumens so groß, daß das Raumgitter der sich ausscheidenden Kristallarten von ihr besetzt wird, so nimmt mit steigendem Druck die Konzentration der Molekülart kleineren Volumens in solchem Maße zu, daß sie sich kristallbildend betätigen wird. Besetzen dagegen trotz der Anwesenheit mehrerer Molekülarten bereits bei kleinen Drucken die Moleküle mit den kleinsten Volumen das Raumgitter, so ist mit steigendem Druck kein Anlaß zum Auftreten einer neuen Kristallgruppe gegeben, wodurch in erster Linie verständlich gemacht wird, daß nicht in allen Fällen assoziierten Flüssigkeiten mehrere Kristallformen zukommen.

Die Zahl der Kristallgruppen ist also beschränkt durch die Zahl der in der Schmelze auftretenden Molekülarten. Die Zahl der Kristallarten innerhalb einer einzelnen Gruppe, in der sich eine bestimmte Molekülart kristallbildend betätigt, unterliegt keiner solchen Einschränkung.

Die Ähnlichkeit der Kristallformen einer Gruppe in ihrem thermodynamischen Verhalten hat damit eine atomistische Deutung erfahren.

31. Das Zustandsdiagramm des Eises. Die Zustandsfelder partiell stabiler Kristallformen sind im p,T-Diagramm durch Gleichgewichtskurven begrenzt, bei denen die betreffende Kristallart mit einer anisotropen Phase einer anderen Kristallgruppe oder mit einer isotropen Phase im Gleichgewicht steht.

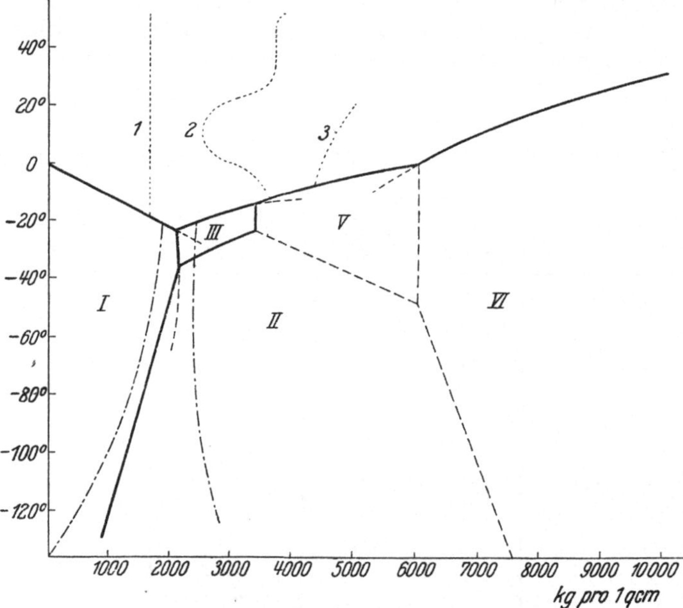

Abb. 23. Zustandsdiagramm des Wassers.

Als besonders lehrreiches Beispiel sollen die Versuchsergebnisse bezüglich des Zustandsdiagramms des Eises nachstehend kurz besprochen werden[1]). Nach den Untersuchungen von G. Tammann[2]) und P. W. Bridgman[3]) sind beim Eise in dem bisher bis 20 000 kg/cm² untersuchten Teil des Diagramms die Zustandsfelder von nicht weniger als 5 partiell stabilen Modifikationen sicher festgestellt worden (Abb 23). Von diesen Formen können 4 mit dem Wasser ins Gleichgewicht

---

[1]) Zusammenstellungen über weitere Zustandsdiagramme von Einstoffsystemen finden sich z. B. bei G. Tammann, Kristallisieren und Schmelzen, Leipzig 1903; Aggregatzustände, Leipzig 1922 und bei W. Eitel, Physikalisch-chemische Mineralogie und Petrologie, Dresden-Leipzig 1925.

[2]) G. Tammann, Kristallisieren und Schmelzen, S. 315. Leipzig 1903.

[3]) P. W. Bridgman, Proc. Amer. Acad. Bd. 47, S. 441. 1912.

kommen. BRIDGMAN konnte die Schmelzkurve der Eisart VI bis zu 20 670 kg und 76,35° verfolgen, ohne das Auftreten einer weiteren Kristallart zu beobachten. Aus der Richtung der Schmelzkurven ist zu folgern, daß Eis I unter Volumenausdehnung, die übrigen Modifikationen unter Kontraktion kristallisieren. Auf der fallenden Schmelzkurve des Eises I nimmt die Volumenänderung beim Schmelzen mit dem Druck zu, auf den ansteigenden Schmelzkurven der Eisarten III, V und VI dagegen ab, während die Schmelzwärmen sich in entgegengesetzter Weise ändern. Die Änderung des Wärmeinhaltes und des Volumens beim Schmelzen verläuft also auf den Schmelzkurven sämtlicher Eisarten in dem Sinne, wie er als Bedingung für das Nichtauftreten eines kritischen Punktes angegeben worden ist (s. Ziff. 5 ff.).

Kühlt man unter hohem Druck stehendes Wasser ab, so bildet sich nicht immer die Eisart, deren stabiler Teil der Schmelzkurve überschritten wird. Bis 2700 kg/cm² bildet sich immer nur Eis I, obwohl der Tripelpunkt von Eis I, Eis III und Wasser bereits bei 2100 kg und −22° liegt. Ebenso lassen sich die Kristallisationskurven der Eisarten III und VI noch im Zustandsfelde der Eisart V verfolgen. So entstehen bei der Abkühlung bei 4000 kg/cm² noch Kerne von Eis III und über 5000 kg schon solche von Eis VI. Weiter läßt sich die Gleichgewichtskurve Eis I − Eis III weit in das Zustandsgebiet von Eis II verfolgen. Eis II erhält man nur durch Kompression des Eises I unterhalb −70°.

Mit sinkender Temperatur nimmt die lineare Umwandlungsgeschwindigkeit stark ab Infolgedessen ist es schwer, die steil nach tieferen Temperaturen verlaufenden Umwandlungskurven der verschiedenen Eisarten festzulegen. Ist nur eine Kristallart vorhanden, so kann der Druck erheblich über den Umwandlungsdruck gesteigert werden, ehe die neue dichtere Form sich bildet und umgekehrt. Die Umwandlungskurven können um so mehr überschritten werden, ohne daß sich die neue, nunmehr stabile Eisart bildet, je geringer die Umwandlungsgeschwindigkeit, d. h. je tiefer die Temperatur ist. In Abb. 23 sind die Grenzen, bis zu denen die Kristallisation der neuen Modifikation ausbleibt, durch strichpunktierte Kurvenzüge angedeutet. Daraus ist zu ersehen, daß unterhalb −130° Eis I bis 3000 kg/cm² und Eis III bis zu gewöhnlichem Druck beständig ist.

Besondere Beachtung verdient die Umwandlungskurve Eis I/III, da auf ihr die Umwandlungswärme durch den Nullwert geht, während Δv einen endlichen Wert besitzt. Zwar ist bei vielen Umwandlungskurven festgestellt worden, daß Q kleine Werte annimmt. Aber die Umwandlungskurve Eis I/III ist neben der von Benzol I und Benzol II die einzige, bei der der Übergang der Wärmetönung der Umwandlung von positiven zu negativen Werten nachgewiesen werden konnte. Die folgende Tabelle enthält die Versuchsergebnisse von G. TAMMANN; bei −40° verschwindet Q, so daß bei dieser Temperatur die Umwandlungskurve rückläufig wird.

Nach BRIDGMAN[1]) verschwindet in guter Übereinstimmung mit den TAMMANNschen Bestimmungen Q bei −43°.

BRIDGMAN hat die Volumenfläche des Wassers bis zu 13 000 kg/cm² und 40° festgelegt. Sie zeigt in diesem Bereich eine Reihe von Unregelmäßigkeiten, die G. TAMMANN mit dem Auftreten der verschiedenen Eisarten in Verbindung

Tabelle 3.

Umwandlungswärme Eis I/III.

Temp. °C	Druck p in kg/cm²	$\dfrac{dp}{dT}$	Q cal/g
−22°	2200	−3,1	3,6
−30°	2225	−3,0	2,9
−40°	2255	0	0
−46°	2255	+1,2	−1,2
−50°	2250	+1,4	−1,4
−60°	2236	−1,6	−1,7
−70°	2200	−	−

---

[1]) P.-W. BRIDGMAN, Proc. Amer. Acad. Bd. 47, S. 524 u. 526. 1912.

dung gebracht hat. Bei bestimmten Drucken, die von der Temperatur nur wenig beeinflußt werden, nimmt die Kompressibilität des Wassers besonders stark ab. In Abb. 23 sind diese Druckwerte durch die punktierten Kurven 1 bis 3 angedeutet.

Es wurde bereits gezeigt (Ziff. 30), daß die sich kristallbildend betätigenden Molekülarten bereits in der Schmelze vorhanden sein müssen. Da die verschiedenen in den assoziierten Flüssigkeiten vorkommenden Molekülarten sich hinsichtlich ihres Molekularvolumens und ihres Energieinhaltes unterscheiden, so werden sich bei Änderung von Temperatur und Druck ihre Konzentrationen verschieben müssen. Tritt unter bestimmten Zustandsbedingungen eine besonders starke Konzentrationsänderung ein, so wird sich diese in einer Störung der Volumenfläche bemerkbar machen. Verstärkte Abnahme der Konzentration der Molekülart größeren Volumens bei einem bestimmten Druck wird eine größere Abnahme der Kompressibilität als bei höheren und kleineren Drucken zur Folge haben. In den Feldern der Volumenfläche zwischen zwei Kurven verstärkter Kompressibilitätsänderung wird die Molekülart in überwiegender Menge in der Flüssigkeit vorhanden sein, die das Raumgitter der Kristallart besetzt, deren stabile Schmelzkurve an den betreffenden Streifen der Volumenfläche angrenzt. Die Reihenfolge der Volumina der

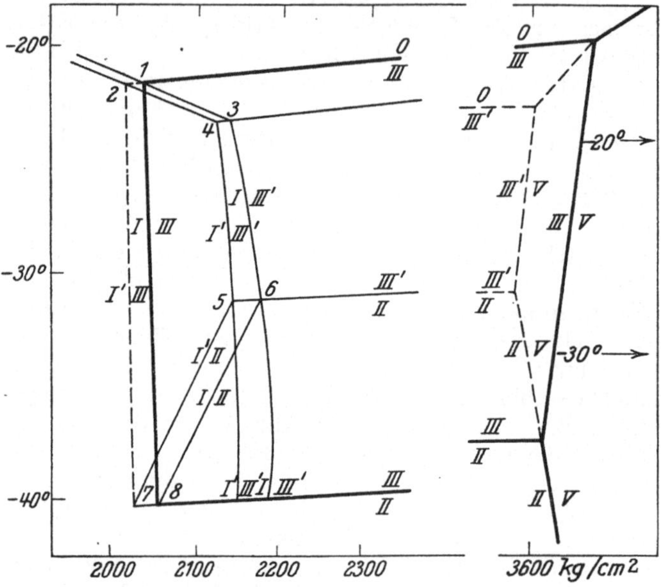

Abb. 24.   Gleichgewichtskurven der instabilen Eisformen.

verschiedenen Molekülarten des Wassers entspricht der der Volumina der verschiedenen Eisarten. Das von den Kurven 2 und 3 begrenzte Feld, in dem die Moleküle besonders zahlreich vorhanden sind, die das Eis V bilden, besitzt eine geringere Ausdehnung als die stabile Schmelzkurve dieser Modifikation. Damit steht die oben bereits angeführte Beobachtung in Einklang, daß bei der Abkühlung des Wassers unter Druck die Eisart V sich spontan nur in einem engbegrenzten Gebiet bildet.

Diese Beziehungen des Zustandsdiagramms des Eises zu den Kurven anormaler Kompressibilität des Wassers sind eine weitere wichtige Stütze für die Annahme, daß nur solche Moleküle sich kristallbildend betätigen, die bereits in der Schmelze vorhanden sind.

Beim Wasser sind neben den genannten stabilen Formen noch weitere Kristallarten festgestellt worden, denen jedoch im ganzen untersuchten Bereich der Zustandsebene ein Stabilitätsfeld nicht zukommt. Das Zustandsfeld von Eis III ist allseitig von der Schmelzkurve und von Umwandlungskurven umschlossen. Das Zustandsfeld einer total instabilen Form derselben Kristallgruppe muß vollkommen innerhalb des Zustandsbereiches der stabilen Form liegen.

Die Gleichgewichtskurven einer total instabilen Form des Eises III′ mit den Kristallarten anderer Gruppen oder mit dem Wasser werden infolgedessen den entsprechenden Gleichgewichtskurven der stabilen Form III annähernd parallel verlaufen müssen. Abb. 24 zeigt, daß in der Tat im Eis III′ der Fall totaler Instabilität verwirklicht werden konnte. Die Zahl der total instabilen Formen des Eises ist recht beträchtlich. Neben dem Eis I gibt es noch eine instabile Form I′, die sich zwar selten aus dem Wasser, aber immer aus Eis III bei Volumenvergrößerung bildet. Deren Schmelzkurve verläuft 0,5° unterhalb der von Eis I und mündet in den Tripelpunkt 4, in dem die Eisarten I′ und III′ mit dem Wasser koexistieren. Der instabilen Form I′ reiht sich eine andere, noch instabilere Form Eis I″ und gar noch ein Eis I‴ an. Alle Formen dieser Gruppe Eis I schmelzen unter Volumenverkleinerung, ihre Schmelzkurven laufen in großen Zügen der der stabilen Form Eis I parallel.

Ohne die von Tammann gegebene Einteilung in Kristallgruppen würde es kaum gelungen sein, die zahlreichen Beobachtungen über das Auftreten polymorpher Modifikationen im Zustandsfelde des Eises zu einem klaren und systematischen Bilde zu ordnen.

f) Mehrstoffsysteme.

Bei den Systemen mit mehr als einer Komponente sollen nur die wichtigsten allgemeinen Gesichtspunkte, die für den Übergang anisotroper Phasen in andere anisotrope oder in den isotropen Zustand bedeutsam sind, dargestellt werden. Für ein eingehendes Studium sei vor allem auf das Werk von B. Roozeboom und seinen Schülern verwiesen: Die heterogenen Gleichgewichte vom Standpunkte der Phasenlehre, Braunschweig 1901, 1913, 1918. Eine kürzere Darstellung gibt G. Tammann in seinem Lehrbuch der heterogenen Gleichgewichte, Braunschweig 1924. Wegen der Anwendung der Lehre der heterogenen Gleichgewichte auf Sondergebiete seien die metallographischen Lehrbücher von R. Ruer[1]), W. Guertler[2]), P. Goerens[3]) und G. Tammann[4]) und die „Grundlagen der physikalisch-chemischen Petrographie“ von H. E. Boeke und W. Eitel, Berlin 1923, ferner „Physikalisch-chemische Mineralogie und Petrologie“ von W. Eitel, Dresden-Leipzig 1925, erwähnt, die auch kurzgefaßte allgemeine Darlegungen der theoretischen Grundlagen enthalten.

32. Zweistoffsysteme. Die Darstellung der Gleichgewichte der verschiedenen Phasen eines Zweistoffsystems erfolgt im Druck-Temperatur-Konzentrationsdiagramm. Bei der Behandlung flüssiger und kristalliner Körper ohne Berücksichtigung der Dampfphase genügt es im allgemeinen, sich auf die Festlegung der Gleichgewichtskurven für Atmosphärendruck zu beschränken. Die Darstellung geschieht für einen solchen isobaren Schnitt im Temperatur-Konzentrationsdiagramm. Die Zusammensetzung einer Mischung ist bestimmt, wenn die Masse der Mischung und die einer Komponente bekannt ist. Wird erstere unverändert gleich 1 gehalten, so kann die Änderung der Zusammensetzung einer Reihe binärer Mischungen als Funktion einer Variabeln angesehen werden. Entweder kann man die Zusammensetzung der Mischung in Gewichtsprozenten der einen Komponente ausdrücken, oder man bedient sich des Molenbruchs x zur Kennzeichnung. Letzterer gibt den Bruchteil der Atome oder Moleküle der einen Komponente von der Gesamtzahl der in der Mischung vorhandenen Atome oder Moleküle an.

---

[1]) R. Ruer, Metallographie in elementarer Darstellung. Leipzig 1921.
[2]) W. Guertler, Metallographie, Lehr- und Handbuch. Berlin 1913.
[3]) P. Goerens, Lehrb. d. Metallogr. Halle 1915.
[4]) G. Tammann, Lehrb. d. Metallogr. Leipzig 1923.

α) **Gleichgewichtsbedingungen im Zweistoffsystem.** Findet in einem Zweistoffsystem ein Massenumsatz dm statt, so wird damit eine Energieänderung verbunden sein:

$$dU = T\,dS - p\,dv + \mu\,dm\,.$$

Einem Massenumsatz entspricht hier eine Änderung der Konzentration x der an der Umsetzung beteiligten Phasen. Ist M das Molekulargewicht, so ist

$$dm = M\,dx\,,$$

demnach gilt:

$$dU = T\,dS - p\,dv + \mu M\,dx\,.$$

Nun ist

$$dG = dU - T\,dS - S\,dT + p\,dv + v\,dp = -S\,dT + v\,dp + \mu M\,dx\,.$$

Für konstanten Druck und konstante Temperatur folgt daraus:

$$\frac{\partial G}{\partial x} = \mu M\,.$$

Als Gleichgewichtsbedingung zweier Phasen 1 und 2 gilt wieder:

$$\mu_1 = \mu_2\,,$$

d. h.

$$\frac{\partial G_1}{\partial x} = \frac{\partial G_2}{\partial x}\,.$$

Im Zweistoffsystem sind also im Gleichgewicht nicht, wie im Einstoffsystem, die G-Werte selbst gleich, sondern ihre Ableitungen nach dem Molenbruch x bei konstantem p und T. Geometrisch besagt dies, daß im Falle des Gleichgewichtes an die G-Kurven der beiden Phasen eine gemeinsame Tangente zu legen ist. Die Projektion der Berührungspunkte auf die x-Achse gibt die Zusammensetzung der beiden im Gleichgewicht befindlichen Phasen an.

Die Stabilitätsbedingung ist dieselbe wie im Einstoffsystem; der stabilen Phase entspricht der kleinere G-Wert.

Über die Gestalt der G-Kurve in einem T, x-Diagramm läßt sich allgemein folgende Aussage machen: Besitzen die beiden Komponenten keine gegenseitige Löslichkeit, so wird der G-Wert der Gemenge sich nach der Mischungsregel aus denen der Komponenten ergeben. Sind die beiden Komponenten in irgendeinem Aggregatzustande lückenlos miteinander mischbar, so ist in jedem Falle diese homogene Mischung stabiler als das heterogene Gemenge der Komponenten. Folglich liegt der G-Wert der homogenen Mischung für eine beliebige Zusammensetzung unterhalb der die G-Werte der Komponenten verbindenden Geraden. Die G-Kurve für eine lückenlose Reihe homogener Mischungen ist also immer konvex zur x-Achse gekrümmt, $\dfrac{\partial^2 G}{\partial x^2}$ ist stets positiv.

Für die Koexistenz zweier Phasen 1 und 2 gilt nach J. D. VAN DER WAALS und PH. KOHNSTAMM[1]) allgemein folgende Differentialgleichung, in der v das spezifische Volumen, S die Entropie und x die molekulare Konzentration bedeuten (s. ds. Band Kap. 3 u. 4):

$$\left\{(v_2 - v_1) - (x_2 - x_1)\frac{\partial v}{\partial x_1}\right\}dp = \left\{(S_2 - S_1) - (x_2 - x_1)\frac{\partial S}{\partial x_1}\right\}dT + (x_2 - x_1)\left(\frac{\partial^2 G}{\delta x^2}\right)dx\,.$$

Der Faktor von dp gibt die Volumänderung bei der Lösung der Phase 1 in einer sehr großen Menge von 2 an, der Faktor von dT stellt die dazugehörige Lösungswärme und der Faktor von dx die Potentialänderung dar.

---

[1]) J. D. VAN DER WAALS u. PH. KOHNSTAMM, Lehrb. d. Thermodynamik, Bd. II, S. 76. Leipzig 1912.

β) **Binäre Schmelzdiagramme.** Es sollen eine Reihe von Grundtypen von binären Schmelzdiagrammen behandelt werden, aus denen sich die realen Zustandsdiagramme der binären Systeme zusammensetzen lassen.

1. **Sind beide Komponenten im kristallinen und flüssigen Zustand lückenlos mischbar,** so lassen sich bei konstantem Druck aus den G-Flächen der Schmelze und des Kristallisierten die Gleichgewichtstemperaturen und die Zusammensetzungen koexistierender Phasen ableiten.

Die G-Flächen sind bei konstant gehaltenem Druck Funktionen der Temperatur T und der molekularen Konzentration x. Die G-Isobaren der Komponenten sind Kurven, die konkav zur T-Achse gekrümmt sind und mit zunehmender

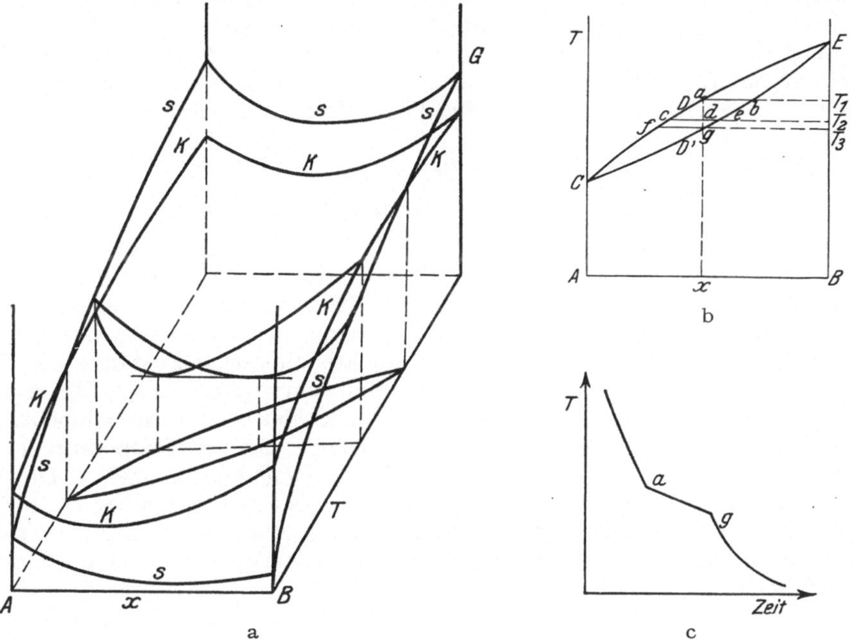

Abb. 25. a) Verlauf der G-Flächen bei einer binären lückenlosen Mischkristallreihe.
b) Das T, x-Diagramm. c) Die Abkühlungskurve.

Temperatur fallen (s. Ziff. 6). Dasselbe wird für die Isobaren der Mischungen gelten, da diese ebenfalls homogene Phasen darstellen. Die Isothermen sind immer konvex zur x-Achse gekrümmt.

Bei Temperaturen unterhalb des Schmelzpunktes beider Komponenten ist die kristalline Phase, oberhalb desselben die Schmelze die stabile Phase. Oberhalb der Schmelzpunkte werden deshalb die G-Werte der Schmelze unter denen des Kristalls, bei Temperaturen unterhalb der Schmelzpunkte über denen des Kristalls liegen (Abb. 25 a).

In den Schmelzpunkten der beiden Komponenten müssen sich, da beide Phasen im Gleichgewicht sind, die G-Isobaren schneiden. In einem bestimmten Temperaturintervall wird es möglich sein, parallel der G, x-Ebene an die G-Kurven beider Phasen eine gemeinsame Tangente zu legen. Das bedeutet, daß bei der betreffenden Temperatur zwischen den beiden Mischungen der Konzentrationen x_1 und x_2 die Gleichgewichtsbedingung $\dfrac{\partial G_s}{\partial x} = \dfrac{\partial G_k}{\partial x}$ erfüllt ist. Die Projektion der Berührungspunkte auf die x, T-Ebene ergibt die Zusammensetzung der beiden miteinander im Gleichgewicht befindlichen Phasen. Die Projektion des Stückes der Doppeltangente zwischen den beiden Berührungspunkten ist die Konode, die die koexistierenden Phasen verbindet. Die Projektionen der Berührungspunkte aller Doppeltangenten erzeugen die Kurven der Zusammensetzungen der Schmelzen und der damit im Gleichgewicht befindlichen kristallinen Phasen. Über den reinen Komponenten schrumpft die von den Doppeltangenten gebildete Regelfläche zu einem Punkte zusammen. In Abb. 25b ist das so abgeleitete T, x-Diagramm noch einmal gesondert gezeichnet. Es besteht das Gebiet homogener Schmelze oberhalb der Liquiduslinie CDE, das Gebiet der homogenen festen Lösung unterhalb der Soliduslinie $CD'E$ und zwischen beiden Kurven das heterogene Gebiet, in dem die Mischungen in eine kristalline und eine flüssige Phase zerfallen, die miteinander in Gleichgewicht stehen. Bei der Temperatur T_2 zerfällt z. B. die Mischung der Zusammensetzung d in die Schmelze c und den Mischkristall e. Deren gegenseitige Mengenverhältnisse werden durch die sogenannte Hebelbeziehung geregelt, nach der sich die Mengen von Schmelze und Kristall wie die Strecken de und cd verhalten:

$$\frac{\text{Menge der Schmelze}}{\text{Menge des Kristalls}} = \frac{de}{cd}.$$

Verfolgen wir den Abkühlungsvorgang einer Schmelze der soeben behandelten Zusammensetzung, so beginnt beim Überschreiten der Liquiduslinie bei der Temperatur T_1 aus der Schmelze die Ausscheidung eines Mischkristalles der Konzentration b. Mit weiterer Abkühlung verschiebt sich unter Voraussetzung genügender Diffusion der Komponenten im kristallisierten Zustande die Konzentration des Mischkristalles längs der Soliduskurve zu höheren Werten der niedriger schmelzenden Komponente A, während gleichzeitig die Schmelze sich längs der Liquiduskurve ebenfalls an A anreichert. Bei der Temperatur T_2 bezeichnen e und c die Konzentration von Mischkristall und Schmelze. Die Kristallisation geht zu Ende, sobald die Temperatur bis auf T_3 gesunken ist, bei der die Zusammensetzung des Mischkristalles g die der Ausgangsschmelze a erreicht hat, während gleichzeitig die Menge der noch vorhandenen Schmelze f Null geworden ist.

Auf der Abkühlungskurve äußert sich die Ausscheidung der Mischkristalle durch eine Verzögerung der Abkühlungsgeschwindigkeit (Abb. 25c). Ein Haltepunkt tritt wegen der sich dauernd verschiebenden Konzentration der kristallisierten Phase nicht auf. Die Verzögerung hält so lange an, bis sämtliche Schmelze kristallisiert ist. Beginn a und Ende g dieses Intervalles ergeben die Temperaturen der Liquidus- und Soliduslinie für die betreffende Konzentration.

Einen anders gearteten Verlauf zeigen die Gleichgewichtskurven des T, x-Diagramms, wenn die Schmelzpunkte beider Komponenten durch Zusatz der anderen im gleichen Sinne beeinflußt werden. Bei Erniedrigung der Schmelztemperaturen tritt ein Minimum, bei Erhöhung derselben ein Maximum auf den Solidus- und Liquiduskurven auf. Für in diesem Sinne ausgezeichnete Punkte muß bei konstantem Druck $\frac{\partial T}{\partial x} = 0$ sein. Die allgemeine Differentialgleichung für koexistierende Phasen geht für konstanten Druck ($dp = 0$) über in:

$$\frac{\partial T}{\partial x} = -\frac{(x_2 - x_1)\dfrac{\partial^2 G}{\partial x^2}}{(S_2 - S_1) - (x_2 - x_1)\dfrac{\partial S}{\partial x_1}},$$

$\dfrac{\partial^2 S}{\partial x^2}$ ist stets positiv, $S_2 - S_1$ und $x_2 - x_1$ sind immer endliche Größen. Es kann damit ein Nullwerden dieses Ausdruckes nur eintreten, wenn $(x_2 - x_1)$ verschwindet. Im Maximum oder Minimum der Kurven beginnender und endender Kristallisation haben beide koexistierenden Phasen also gleiche Zusammensetzung; dann muß die Kristallisation isotherm erfolgen, so daß sich beide Kurven im Maximum oder Minimum berühren müssen.

2. In gleicher Weise läßt sich das Schmelzdiagramm aus der G-Funktion ableiten, wenn im flüssigen Zustande beide Komponenten lückenlos mischbar sind, Mischkristallbildung aber nicht erfolgt. Schmelze und Kristall werden für solche Temperaturen im Gleichgewicht sein, für die vom G-Wert des Kristalls, der in diesem Fall der reinen Komponente entspricht, an die konvex zur x-Achse gekrümmte G-Kurve der flüssigen Mischung eine

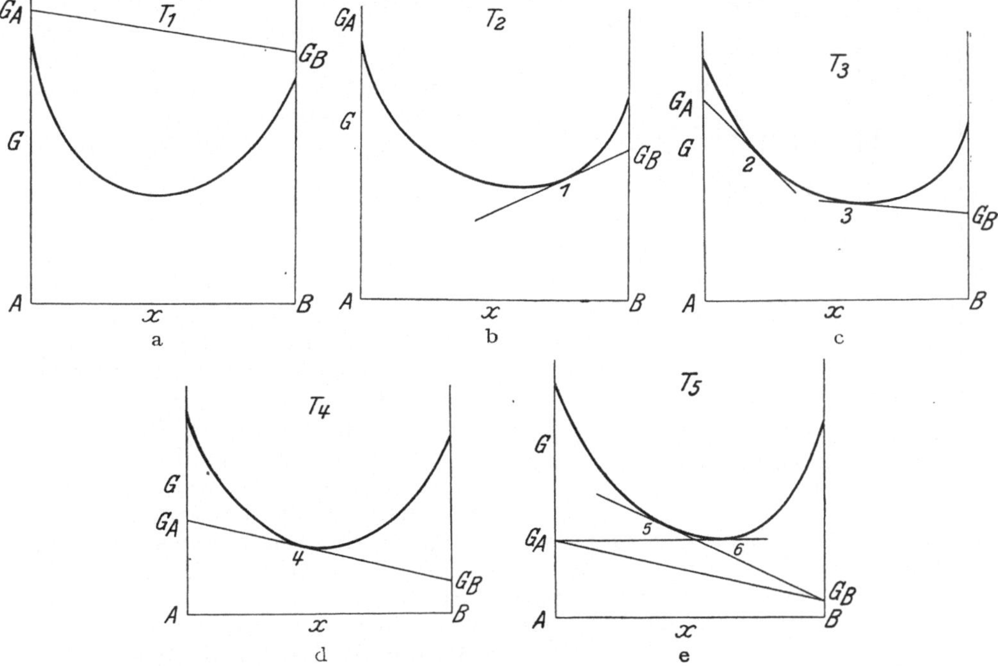

Abb. 26 a—e   Verlauf der G-Isothermen im Zweistoffsystem bei lückenloser Mischbarkeit nur im flüssigen Zustande.

Tangente zu legen ist. Da bei der Temperatur T_1 oberhalb der Schmelzpunkte beider Komponenten die G-Werte der Kristalle höher als die der Schmelze liegen, ist es nicht möglich, eine solche Tangente zu zeichnen (Abb. 26a). Unterhalb der Schmelzpunkte der Komponenten sind die G-Werte der Kristallphase kleiner als die der Schmelzen. Es lassen sich dann in jedem Falle Tangenten an die G-Kurve legen (Abb. 26 b—e).

Die x-Werte der Berührungspunkte geben die Zusammensetzung der mit dem Kristall koexistenten Schmelze an. Wenn die Verbindungsgerade der G-Werte beider Komponenten die G-Kurve der Schmelze berührt (Abb. 26d), so werden bei dieser Temperatur T_4 beide Kristallarten gleichzeitig mit der Schmelze im Gleichgewicht sein. Die durch den Berührungspunkt bestimmte Schmelze ist die eutektische.

Unterhalb dieser eutektischen Temperatur T_4 schneidet oder berührt die Verbindungsgerade der G-Werte der beiden Komponenten die G-Kurve der

Mischungen nicht mehr; daher wird hier nur ein Gemenge beider Kristallarten stabil sein. Die Berührungspunkte 5 und 6 der jetzt an die G-Kurven der Mischungen gelegten Tangenten geben die Zusammensetzungen der Schmelzen an, die sich im übersättigten Zustande mit Kristallen im labilen Gleichgewicht be-

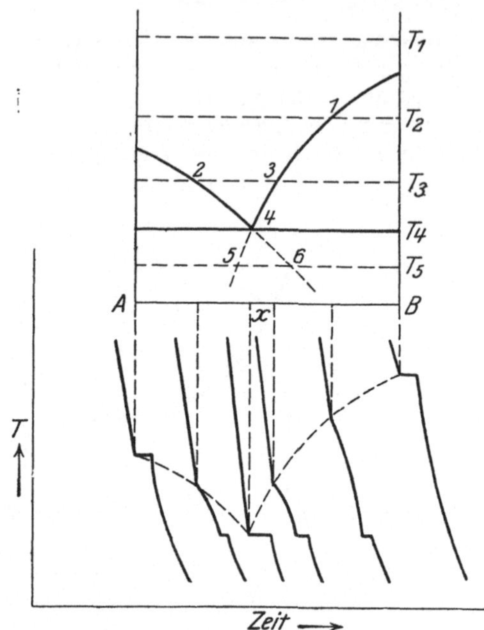

finden würden. Die Übertragung der für die verschiedenen Temperaturen gewonnenen Berührungspunkte in ein Temperatur-Konzentrationsdiagramm ergibt das Schmelzdiagramm (Abb. 27).

Wird bei der Aufnahme einer Abkühlungskurve die Gleichgewichtskurve überschritten, so tritt infolge der primär einsetzenden Kristallisation der reinen Komponente eine Verzögerung der Abkühlungsgeschwindigkeit und damit ein Knick auf der Temperatur-Zeitkurve auf. Infolge der Anreicherung der Schmelze an der anderen Komponente wird sich die Temperatur und die Zusammensetzung der Schmelze auf der Kurve der beginnenden Kristallisation ändern. Erreicht sie die Zusammensetzung des eutektischen Gemenges, so beginnt die gleichzeitige Ausscheidung der zweiten Kristallart bei konstanter Temperatur. Eine Schmelze der Zusammensetzung des Eutektikums würde nur diesen eutektischen Haltepunkt aufweisen. Bei den reinen Komponenten ist die eutektische Halte-

Abb. 27. Das T, x-Diagramm eines Zweistoffsystems beim Fehlen von Mischbarkeit im anisotropen Zustand.

zeit Null. Sie nimmt bis zur Zusammensetzung des Eutektikums linear zu, so daß dessen Konzentration auch als Schnittpunkt der beiden Geraden für die eutektischen Haltezeiten gekennzeichnet ist. Abb. 27 zeigt in ihrem unteren Teil die Gestalt der Abkühlungskurven für verschiedene Konzentrationen.

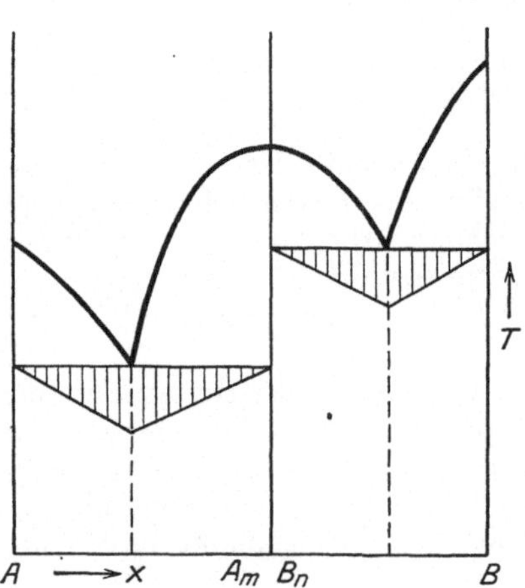

3. Bilden die beiden Komponenten im kristallisierten Zustande eine Verbindung $A_m B_n$, so können unter der Annahme vollständiger Mischbarkeit im flüssigen Zustande zwei Fälle unterschieden werden: Die Verbindung schmilzt kongruent unter Bildung einer Schmelze von derselben Zusammensetzung oder inkongruent, indem aus der Verbindung eine Schmelze, die reicher an einer Komponente ist, und Kristalle der andern Komponente entstehen.

a) Die Verbindung $A_m B_n$ schmilzt kongruent (Abb. 28). Unterhalb des Schmelzpunktes der Verbindung liegt deren G-Wert unter der G-Kurve der flüssigen Mischungen. Die Berührungspunkte der beiden von hier an die G-Kurve der Schmelze gelegten Tangenten geben die Zusammensetzung der beiden mit

Abb. 28. Auftreten einer Verbindung im Zweistoffsystem.

der Verbindung im Gleichgewicht befindlichen Schmelzen an. Mit steigender Temperatur nähern sich die Zusammensetzungen beider Schmelzen einander, um bei dem Schmelzpunkt der Verbindung gleich zu werden. Hier wird die Schmelzkurve ein Maximum aufweisen; es gilt: $\dfrac{dT}{dx} = 0$. Die Löslichkeitskurve der Verbindung schneidet bei tieferen Temperaturen die Gleichgewichtskurven der reinen Komponenten mit den Schmelzen. Beide Schnittpunkte sind eutektische Punkte, in denen die Kristalle der Verbindung und je einer Komponente mit der Schmelze im Gleichgewicht sind. Das in Abb. 28 dargestellte Diagramm setzt sich also formal aus zwei Einzeldiagrammen der vorher besprochenen Art zusammen, in denen die Verbindung $A_m B_n$ die Rolle der einen Komponente übernimmt. Bei der Zusammensetzung der Verbindung verschwinden die eutektischen Haltezeiten.

Daß im Maximum der Löslichkeitskurve der Verbindung eine Schmelzpunktserniedrigung durch Zusatz kleiner Mengen der Komponenten nicht eintritt, ist darauf zurückzuführen, daß die Verbindung unter teilweiser Dissoziation in ihre Komponenten schmilzt[1].

b) Die Verbindung schmilzt inkongruent (Abb. 29 a—d). Bei der Schmelztemperatur T_1 der Verbindung sind drei Phasen miteinander im Gleichgewicht: die Verbindung $A_m B_n$, die B-Kristalle und die Schmelze c. Ihre G-Werte werden demnach auf einer Geraden liegen (Abb. 29 a). Oberhalb dieser Gleichgewichtstemperatur wird die Verbindung nur noch instabil sein. Ihr G-Wert liegt oberhalb der Tangente, die vom G-Wert der Komponente B an die G-Kurve der flüssigen Mischungen gelegt werden kann (Abb. 29 b). Die Abszissenwerte 2 und 3 der Berührungspunkte der vom G-Wert der Verbindung an die G-Kurve der Schmelzen zu legenden Tangenten geben die Zusammensetzungen der Schmelzen an, mit denen die instabil gewordene Verbindung im Gleichgewicht sein würde. Der Teil der Löslichkeitskurve der Verbindung im instabilen Gebiet läßt sich nicht realisieren, da Kristalle nicht überhitzt werden können.

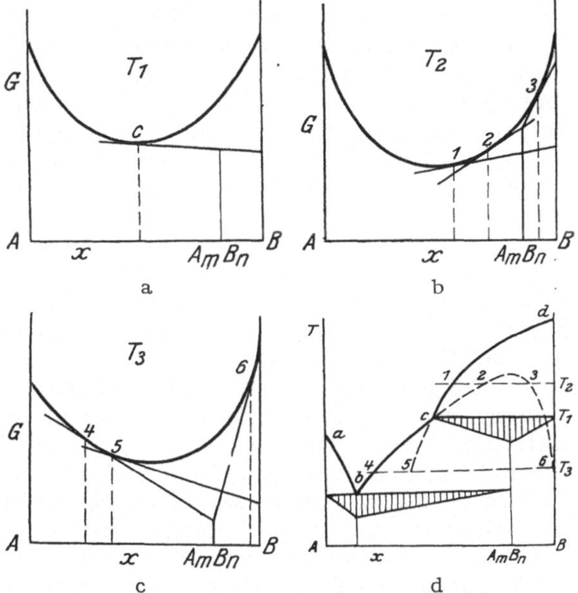

Abb. 29. a—c) Verlauf der G-Isothermen beim Auftreten einer inkongruent schmelzenden Verbindung. d) Das T, x-Diagramm.

Bei der Temperatur T_1 unterhalb des Schmelzpunktes der Verbindung ergeben die von ihrem G-Wert an die G-Kurve der Schmelze gelegten Tangenten die Gleichgewichtspunkte 4 und 6 zwischen den Kristallen der Verbindung und der Schmelze. Der Berührungspunkt 5 der Tangente vom G-Wert der Komponente B an die G-Kurve der Schmelze gibt die Konzentration der Schmelze an, die mit den B-Kristallen im instabilen Gleichgewicht steht. Die Übertragung der

---

[1] R. Ruer, ZS. f. phys. Chem. Bd. 59, S. 1. 1907.

x-Werte der bei den verschiedenen Temperaturen miteinander im Gleichgewicht befindlichen Phasen liefert das Zustandsdiagramm in der x-T-Ebene (Abb. 29 d). Längs der Kurve $d\,c$ beginnt die Ausscheidung von B-Kristallen. Bei Wärmeentziehung wird sich die Schmelze an A anreichern, und ihre Zusammensetzung ändert sich längs $d\,c$. Hat die Schmelze die Temperatur des Punktes c erreicht, so reagieren bei dieser Temperatur die ausgeschiedenen B-Kristalle unter Bildung der Verbindung $A_m B_n$ mit der Schmelze, bis unter Voraussetzung vollständig verlaufender Reaktion die B-Kristalle verschwunden sind. Bei weiterer Wärmeentziehung scheiden sich primär $A_m B_n$-Kristalle aus der Schmelze aus; die Zusammensetzung der Schmelze ändert sich längs $c\,b$. Hat die Schmelze die Konzentration b erreicht, so kristallisiert die Verbindung $A_m B_n$ bei konstanter Temperatur gemeinsam mit der Komponente A eutektisch.

Die Zusammensetzung der Verbindung läßt sich in zweifacher Weise festlegen. Die Zeitdauer des Haltepunktes bei Bildung der Verbindung weist bei ihrer Konzentration bei vollständig verlaufender Reaktion einen Höchstwert auf, während gleichzeitig die eutektische Haltezeit verschwindet (Abb. 29 d.)

4. Sind die beiden Komponenten nicht in allen Verhältnissen mischbar, so treten Mischungslücken im flüssigen oder kristallisierten Zustande auf.

a) Die beiden Komponenten mischen sich im kristallisierten Zustande nicht in allen Verhältnissen. Die vollständige Mischbarkeit zweier Komponenten im kristallisierten Zustande ist an gewisse Bedingungen geknüpft, die die Komponenten hinsichtlich ihres strukturellen Aufbaus erfüllen müssen. Die Untersuchung einer großen Anzahl von Zweistoffsystemen hat gezeigt, daß eine notwendige, wenn auch nicht hinreichende Vorbedingung zur Bildung einer lückenlosen Mischkristallreihe die Übereinstimmung des Raumgittertypus beider Komponenten ist. Die Mischkristallbildung ist mithin atomistisch dahin zu deuten, daß die Atome der zugesetzten Komponente in allen Mischungsverhältnissen in das Gitter der anderen eintreten können, ohne daß die Stabilität gestört wird. Entsprechend dem dadurch gegebenen kontinuierlichen Übergang der anisotropen Phasen der beiden Komponenten, wird die Änderung der G-Werte mit der Konzentration durch einen kontinuierlichen Kurvenzug wiedergegeben.

Ganz anders liegen die Verhältnisse, wenn die beiden Komponenten A und B sich im Raumgittertypus ihrer stabilen Form unterscheiden. Die Erfahrung zeigt, daß dann das Raumgitter der einen Komponente den Eintritt von Atomen der anderen nur bis zu einer gewissen Grenze erträgt. In Mischungen, deren Zusammensetzung diese Grenze überschreitet, zerfällt die anisotrope Phase in die beiden Kristallarten, deren Konzentration durch jene Grenzwerte bestimmt wird. Die Grenzen einer solchen Mischungslücke, die Konzentrationen der gesättigten Mischkristalle, lassen sich durch folgende Überlegungen bestimmen. Wäre es möglich, über die Sättigungsgrenze hinaus in das Raumgitter der Komponente A Atome der Komponente B einzulagern, so würde diesen jetzt instabilen Mischkristallen mit dem Raumgitter der Komponente A im Konzentrationsbereich der stabilen Mischkristalle mit dem Raumgitter der Komponente B ein höherer Wert des thermodynamischen Potentials entsprechen[1]. Die G-Isotherme der ganzen gedachten Mischkristallreihe mit dem Raumgitter der Komponente A würde die Form der Kurve A der Abb. 30 a haben. Bei der Konzentration der reinen Komponente B würde sie bei einem G-Wert endigen, der größer ist als der G-Wert der stabilen Kristallart B. In entsprechender Weise würde sich

---

[1] A. Smits, Theorie der Allotropie, Leipzig 1921, S. 4.

unter Annahme einer unbegrenzten Mischkristallreihe mit dem Raumgittertypus
der Komponente B das thermodynamische Potential auf der Kurve B ändern.
Dabei beziehen sich die gestrichelten Teile der Kurven auf nicht realisierbare
Mischkristalle.

Nach der Gleichgewichtsbedingung koexistieren bei der angenommenen
Temperatur T_1 (Abb. 30a) die Mischkristalle der Konzentrationen a und b, die
den Berührungspunkten der gemeinsamen Tangenten an beiden G-Kurven entsprechen. Bei Konzentrationen, die diese Gleichgewichtskonzentration überschreiten, sind die G-Werte der Gemenge der beiden gesättigten Mischkristalle
kleiner als die der Mischkristallreihen; diese sind daher nicht stabil. Der Verlauf

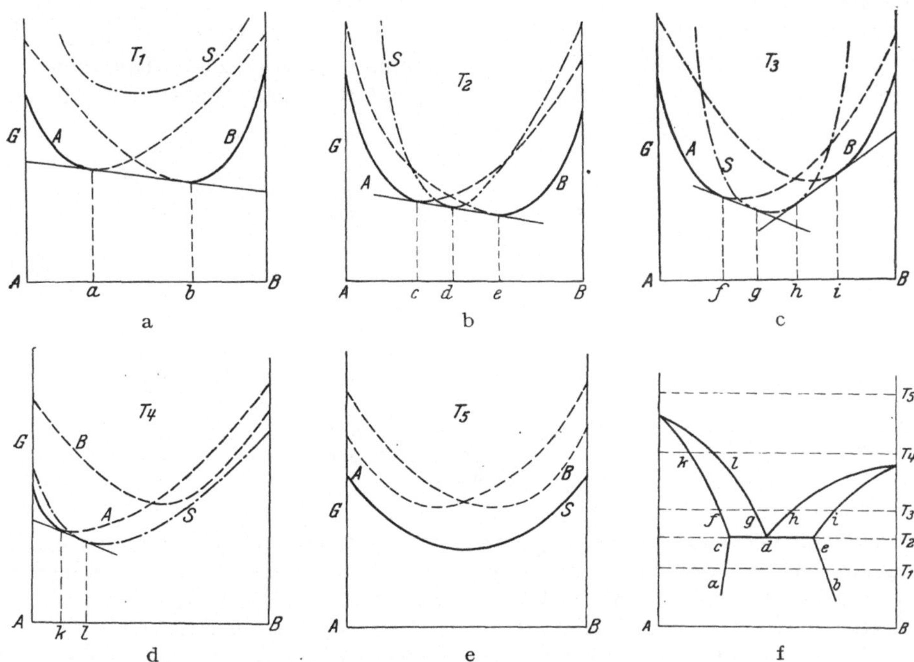

Abb. 30a—e) Verlauf der G-Isothermen beim Auftreten einer Mischungslücke im
festen Zustande. f) Das T, x-Diagramm.

der G-Isotherme der Schmelze bei höheren Werten bedeutet, daß bei der Temperatur T_1 alles kristallisiert ist.

Mit Änderung der Temperatur ändert sich auch die gegenseitige Lage der
G-Isothermen. Bei der Temperatur T_2 (Abb. 30b) berührt die Doppeltangente
obendrein die G-Isotherme der Schmelze; drei Phasen, die beiden gesättigten
Mischkristalle c und e und die Schmelze d, sind miteinander im Gleichgewicht.
Die Temperatur T_2 ist die eutektische Bei der noch höheren Temperatur T_3
(Abb. 30c) sind drei Doppeltangenten an die G-Isothermen möglich, von denen
jedoch die den beiden Mischkristallreihen gemeinsame ein Gleichgewicht instabiler Phasen kennzeichnen würde. Bei dieser Temperatur sind also je ein
Mischkristall f und i des Raumgittertypus A bzw. B mit je einer Schmelze g und h
im stabilen Gleichgewicht. Die Temperatur T_4 (Abb. 30d) liegt oberhalb des
Schmelzpunktes der Komponente B, da der G-Wert der Schmelze kleiner als der
der stabilen anisotropen Phase dieser Komponente ist. Hier ist nur der Mischkristall der Zusammensetzung k mit der Schmelze l koexistent. Bei der Tempe-

ratur T_5 (Abb. 30e) sind kristallisierte Zustände nicht mehr existenzfähig. In Abb. 30f sind die Konzentrationen der bei den einzelnen Temperaturen im stabilen Gleichgewicht stehenden Phasen zum T-x-Diagramm zusammengestellt. Die Richtung der Kurven $c\,a$ und $e\,b$ gibt die Änderung der Konzentration der gesättigten Mischkristalle bei Temperaturen unterhalb der eutektischen an.

Wird der Schmelzpunkt der einen Komponente durch Zusatz der andern erniedrigt, der der andern Komponente dagegen erhöht, so kann die Zusammensetzung der mit den gesättigten Mischkristallen bei der eutektischen Temperatur im Gleichgewicht stehenden Schmelze außerhalb der Mischungslücke liegen. Der Verlauf der Gleichgewichtskurven entspricht dann dem in Abb. 31 dargestellten.

b) Auch im flüssigen Zustande kann der Fall beschränkter Mischbarkeit eintreten. Tritt keine Verbindung zwischen den Komponenten auf, so entspricht der Verlauf der Gleichgewichtskurve dem Diagramm in Abb. 32.

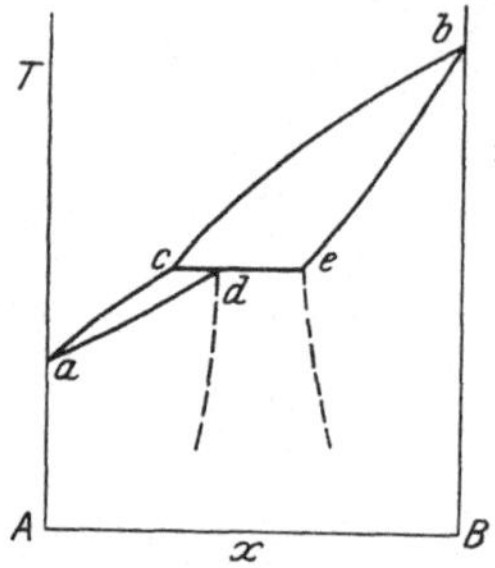

Abb. 31. Mischungslücke im Zweistoffsystem.

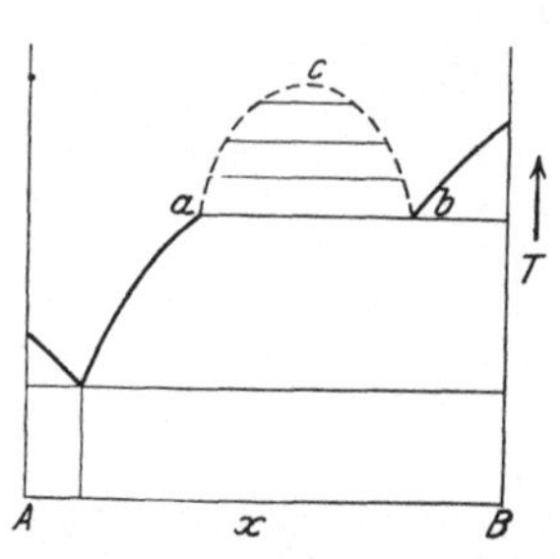

Abb. 32. Auftreten einer Mischungslücke im flüssigen Zustande.

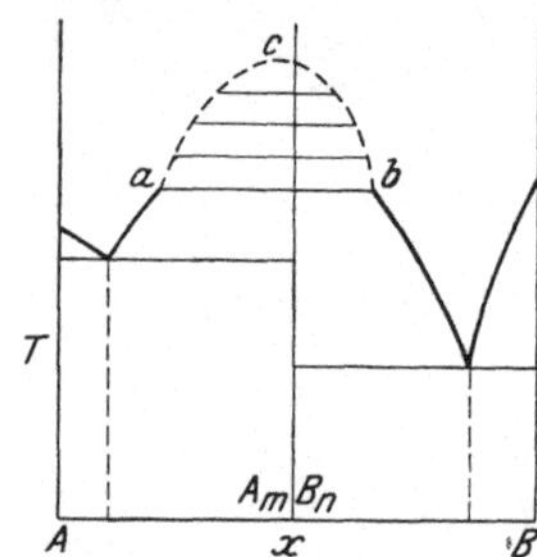

Abb. 33. Die Verbindung schmilzt unter Bildung zweier flüssiger Schichten.

In dem von der Kurve $a\,c\,b$ umgrenzten Teil des Zustandsfeldes teilt sich die Schmelze in zwei Schichten, deren Konzentrationsunterschiede mit steigender Temperatur abnehmen. Abb. 33 gibt das entsprechende Diagramm für den Fall, daß eine Verbindung unter Bildung zweier flüssiger Phasen schmilzt.

γ) Reaktionen im anisotropen Zustande. Auch nach vollendeter Kristallisation binärer Systeme sind bei der weiteren Abkühlung in einer Reihe von Fällen durch Wärmetönungen oder andere diskontinuierliche Eigenschaftsänderungen angezeigte Reaktionen beobachtet worden. Die Ursachen derselben liegen teils in polymorphen Umwandlungen, die die reinen Komponenten oder auch Verbindungen derselben erleiden, teils handelt es sich um Entmischungserscheinungen in Mischkristallreihen, teils schließlich um Bildung oder Zerfall von Verbindungen.

Die Zustandsdiagramme lassen sich beim Auftreten solcher Umsetzungen durch entsprechende Gleichgewichtskurven ergänzen, für deren Verlauf die gleichen Gesichtspunkte gelten, wie für die Schmelzkurven.

Abb. 34 stellt den Fall dar, daß eine Komponente (B) eine polymorphe Umwandlung erleidet. Die dieser Umwandlung entsprechenden Haltezeiten auf den Abkühlungskurven nehmen mit zunehmendem Gehalt der anderen Komponente linear ab. Besitzen in Mischkristallen eine oder beide Komponenten einen Umwandlungspunkt, so sind die Umwandlungen der binären Gemische analog der Kristallisation von Mischkristallen zu behandeln. Die Umwandlung vollzieht sich in einem Temperaturintervall. Für die koexistierenden Phasen gilt wieder die Ziff. 32a erwähnte allgemeine Differentialgleichung.

δ) **Eigenschaften binärer Systeme.** In engem Zusammenhang mit dem Zustandsdiagramm steht die Abhängigkeit der physikalischen Eigenschaften der binären Mischungen von der Zusammensetzung. Im Falle lückenloser Mischbarkeit lassen sich sehr einfache Beziehungen aufstellen. Die Änderung erfolgt stets kontinuierlich mit der chemischen Zusammensetzung. Das spezifische Volumen ist eine additive Eigenschaft; es nimmt linear mit der Zusammensetzung zu oder ab. Die elektrische Leitfähigkeit einer metallisch leitenden Komponente nimmt durch Zusatz der darin löslichen Komponenten ab, und zwar ist die Abnahme für gleiche Zusätze bei geringen Konzentrationen weit stärker als bei höheren. Infolgedessen wird der Verlauf der Leitfähigkeit mit der Konzentration allgemein durch eine Kurve der in Abb. 35 schematisch gezeichneten Art wiedergegeben. Die Härte nimmt bei Mischkristallbildung zu; der Verlauf der Kurve der Änderung der Härte mit der Konzentration ist der umgekehrte wie der der Kurve der Leitfähigkeitsänderung.

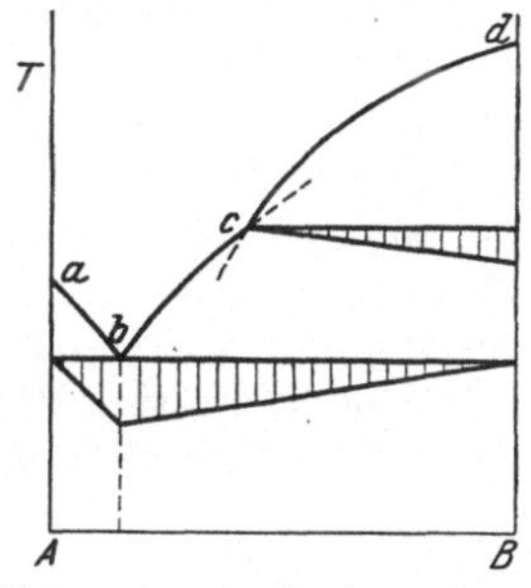

Abb. 34. Auftreten einer polymorphen Umwandlung.

In den Mischungslücken, in denen zwei Kristallarten in wechselndem Mengenverhältnis nebeneinander bestehen, ändern sich die physikalischen Eigenschaften linear mit der Konzentration. In diesem Bereiche ist die Berechnung nach der Mischungsregel aus den Werten der Komponenten bzw. der gesättigten Mischkristalle möglich.

Die Konzentrationen von Verbindungen sind auf den Eigenschaftskurven durch ausgezeichnete Punkte, Maxima oder Minima von zuweilen sehr scharfer Ausbildung oder Knickpunkte, gekennzeichnet.

Im Gegensatz hierzu stehen die chemischen und galvanischen Eigenschaften der binären Mischkristallreihen. Diese zeigen sprunghafte Änderungen, die durch das Zustandsdiagramm nicht erklärt werden können. G. Tammann[1]) hat unter Annahme einer gleichmäßigen Verteilung beider Atomarten im Raumgitter für diese scheinbaren Anomalien eine Deutung gegeben.

33. Dreistoffsysteme. α) **Darstellung der Zusammensetzung ternärer Mischungen.** Um die Mengenverhältnisse dreier Komponenten allgemein zeichnerisch zur Darstellung bringen zu können, hat sich die Fläche eines gleichseitigen Dreiecks als zweckmäßig erwiesen. Die Ecken desselben geben die drei reinen Komponenten A, B, C, die Dreieckseiten die

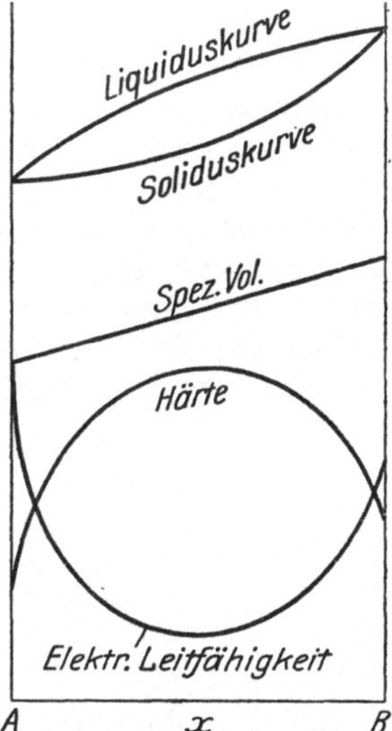

Abb. 35. Änderungen der Eigenschaften in Mischkristallreihen.

drei binären Mischungsreihen und die Punkte der Dreiecksfläche die ternären Mischungen wieder. Im gleichseitigen Dreieck ist die Summe der Abstände eines beliebigen Punktes der Dreiecksebene von den drei Seiten gleich der Dreieckshöhe. Legt man ferner durch einen Punkt der Dreiecksfläche Parallele zu den Seiten, so ist die Summe der Strecken auf diesen Parallelen bis zu den Dreiecksseiten gleich der Länge einer Dreiecksseite. Mit Hilfe dieser Sätze ist die Zusammensetzung einer ternären Mischung leicht zu ermitteln.

Auf einem Schnitt parallel einer Dreiecksseite bleibt der Gehalt der gegenüberliegenden Komponente konstant. Ebenso ändert sich auf einem Schnitt

---

[1]) G. Tammann, ZS. f. anorg. Chem. Bd. 107, S. 1. 1919.

durch eine Ecke des gleichseitigen Dreiecks das Verhältnis der Mengenanteile der beiden anderen Komponenten nicht. Wenn mithin aus einer ternären Mischung eine Komponente sich allein ausscheidet, so wird sich die Zusammensetzung der zurückbleibenden Mischung auf einer Geraden durch den Dreieckspunkt der Mischung und den Eckpunkt der sich ausscheidenden reinen Komponente von dem letzteren fortbewegen.

Der Hebelbeziehung in den binären Systemen entspricht hier eine Schwerpunktsbeziehung. Wenn man die Massen m_1, m_2, m_3 dreier Phasen mit den Konzentrationen c_1, c_2, c_3 mischt, so ist die Zusammensetzung der Mischung durch den Schwerpunkt des Dreiecks gegeben, an dessen Ecken in c_1, c_2 und c_3 die Massen m_1, m_2 und m_3 befestigt gedacht sind. Für diese vier Punkte gilt dann die Beziehung $m_1 c_1 + m_2 c_2 + m_3 c_3 = m_4 c_4$, die als geometrischer Ausdruck einer Umsetzung der Mischungen c_1, c_2 und c_3 zu c_4 angesehen werden kann.

Bilden die vier Punkte c_1, c_2, c_3 und c_4 ein Phasenviereck, so lautet die durch dasselbe veranschaulichte Reaktion:

$$m_1 c_1 + m_2 c_2 \rightleftharpoons m_3 c_3 + m_4 c_4.$$

Will man bei konstant gehaltenem Druck die Temperaturabhängigkeit einer Eigenschaft in einem ternären System in Abhängigkeit von der Konzentration zur Darstellung bringen, so ergibt sich ein Raumdiagramm über dem Konzentrationsdreieck.

β) **Das ternäre Eutektikum.** Sind beim ternären System zwei Phasen vorhanden, so hat es drei Freiheitsgrade. Wird der Druck konstant gehalten, so bleiben zwei willkürlich zu ändernde Variable übrig. Dementsprechend liegen die Schmelztemperaturen der an einem Bodenkörper gesättigten Schmelzen auf einer Fläche im Innern des Prismas über dem Konzentrationsdreieck. Auf der Schnittkurve solcher Sättigungsflächen liegen die an zwei Kristallarten gesättigten Schmelzen. Im Schnittpunkt der drei Kurven doppelgesättigter Schmelzen ist die isotrope Phase mit drei Kristallarten im Gleichgewicht. Das System besitzt keinen Freiheitsgrad mehr.

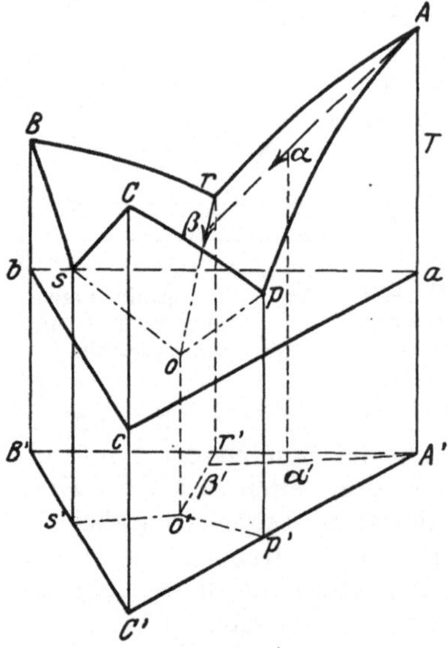

Abb. 36 stellt den Sonderfall dar, daß als Kristalle nur die reinen Komponenten auftreten und die Flüssigkeiten sich in allen Verhältnissen mischen. Auf den Seitenflächen des Prismas sind die Zweistoffsysteme aufgetragen. Die Kurven doppelt gesättigter Schmelzen verlaufen von den binären eutektischen Punkten aus zu tieferen Temperaturen. Der Schnittpunkt der drei Kurven, das ternäre Eutektikum, ist dann die tiefste Temperatur, bei der noch eine Schmelze bestehen kann.

Wird eine Schmelze der Zusammensetzung α' abgekühlt, so beginnt im Punkte α die Kristallisation, indem sich A-Kristalle ausscheiden. Die Temperatur und die Zusammensetzung der Schmelze ändern sich längs $\alpha\,\beta$, der Schnittkurve der Fläche des Beginns der Kristallisation und der durch die Prismenkante AA und den Punkt α gelegten Ebene. Im Punkt β beginnt die gleichzeitige Ausscheidung von B-Kristallen, die Schmelze ändert bei weiterer Abkühlung ihre Zusammensetzung und Temperatur

Abb. 36.   Temperaturkonzentrationsdiagramm eines ternären Eutektikums.

längs der Kurve $\beta\,0$ der Sättigung an den beiden Komponenten A und B. Im Punkte 0 kristallisiert neben den beiden Kristallarten A und B noch die dritte Komponente C aus. Die Kristallisation verläuft bei konstanter Temperatur zu Ende.

Diesem Kristallisationsverlauf entsprechend, sind auf der Abkühlungskurve dieser Schmelze drei Gebiete verzögerter Abkühlung zu unterscheiden. Die primäre Ausscheidung der A-Kristalle im Punkte α bewirkt eine erste Verzögerung der Abkühlungsgeschwindigkeit. Bei Beginn der sekundären Kristallisation der B-Kristalle zeigt die Abkühlungskurve einen erneuten Knick, während der eutektischen Erstarrung ein Haltepunkt entspricht.

Liegt die Zusammensetzung der Schmelze auf der Projektion einer der drei Kurven doppelt gesättigter Schmelzen, so tritt nur ein Knickpunkt auf der Abkühlungskurve auf. Fällt die Zusammensetzung der ternären Legierung mit der des eutektischen Punktes zusammen, so findet sich auf der Abkühlungskurve nur ein Haltepunkt. Dieser wird bei gleichen Mengen der Schmelze und unter gleichen Abkühlungsbedingungen hier seinen größten Wert haben und mit der

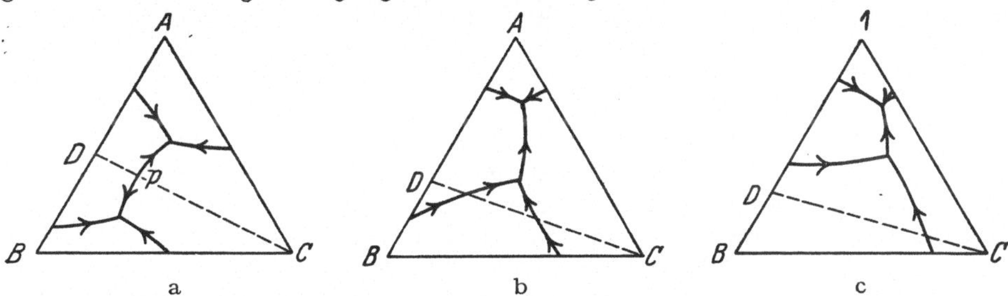

Abb. 37 a—c) Projektion der Kurven des Beginns der Kristallisation bei Auftreten einer binären Verbindung auf die Konzentrationsebene.

Entfernung von der eutektischen Konzentration abnehmen, um auf den Dreiecksseiten zu verschwinden.

R. SAHMEN und A. v. VEGESACK[1]) haben Methoden angegeben, um die Zusammensetzung der eutektischen Mischung auf möglichst rationellem Wege zu bestimmen.

γ) Binäre und ternäre Verbindungen im Dreistoffsystem. Wird Mischkristallbildung ausgeschlossen und sind die drei Komponenten im flüssigen Zustande in allen Verhältnissen mischbar, so sind beim Auftreten einer binären Verbindung drei Fälle zu unterscheiden: 1. Die Verbindung D schmilzt im binären wie ternären Gebiet stets kongruent; 2. die Verbindung schmilzt stets inkongruent; 3. der Zerfall der Verbindung tritt nur in ternären Mischungen auf.

Die vier Flächen des Beginns der Kristallisation schneiden sich in fünf Raumkurven, auf denen ternäre Schmelzen mit zwei Kristallarten koexistieren. In Abb. 37 a—c sind die Projektionen dieser Kurven auf die Konzentrationsebene angegeben, durch die Pfeile der Kurven seien die Richtungen der auf den Raumkurven fallenden Temperaturen angegeben.

Die Mischungen längs der Geraden $D\,C$ können durch Zusatz von C zur Verbindung D erhalten werden. Verläuft $D\,C$ nur in Gebieten der primären Kristallisation von D und C, so liegt eine kongruent schmelzende Verbindung vor (Abb. 37a). Wird dagegen auch das Feld der primären Kristallisation der B-Komponente geschnitten (Abb. 37b), oder wird, wie im Falle c, das Feld der primären Kristallisation der Verbindung überhaupt nicht getroffen, so scheiden

[1]) R. SAHMEN u. A. v. VEGESACK, ZS. f. phys. Chem. Bd. 59, S. 257. 1907.

sich mindestens aus einem Teil der Schmelzen mit den durch Punkte der Geraden DC gegebenen Zusammensetzungen B-Kristalle aus, die später mit der Schmelze und einer anderen kristallinen Phase sich zur Verbindung D umsetzen.

Im Falle einer kongruent schmelzenden Verbindung bildet die Fläche ihrer primären Kristallisation eine Kuppe mit dem Gipfel über der Zusammensetzung D' der Verbindung. Die Schnittkurve dieser Fläche mit der der beginnenden Ausscheidung von C-Kristallen besitzt im Punkte p ein Maximum. Man kann das Diagramm durch die Gerade DC sich in zwei Teile geteilt denken; jeder würde den Fall eines einfachen ternären Eutektikums darstellen.

In ähnlicher Weise läßt sich das Auftreten von zwei binären Verbindungen behandeln. Die Löslichkeitskurven der dann vorhandenen fünf Kristallarten ergeben drei eutektische Punkte, bei denen die Schmelze mit drei Kristallarten koexistiert. Durch zwei Schnittebenen senkrecht zur Konzentrationsebene kann man dies Diagramm in drei einfache ternäre Systeme mit je drei Kristallarten unterteilen.

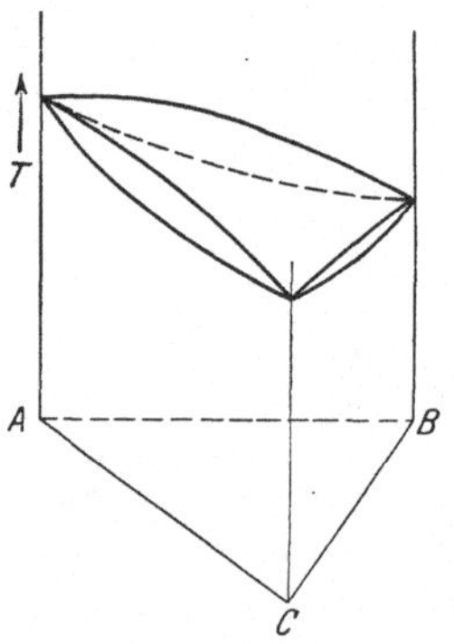

Abb. 38. Ternäre Mischkristallreihen.

Beim Auftreten einer ternären Verbindung mit kongruentem Schmelzpunkt entstehen drei ternäre Eutektika. Dem Schmelzpunkt der Verbindung entspricht das Maximum der kuppelförmigen Ausscheidungsfläche, die in ihm eine horizontale Tangentialebene besitzt. Durch die drei Ebenen, die senkrecht zur Konzentrationsebene durch den Punkt der Zusammensetzung der ternären Verbindung und je einer der drei Komponenten gelegt werden, ist wieder eine Unterteilung in drei Teildiagramme mit einfachem ternären Eutektikum zu erreichen. In ähnlicher Weise läßt sich der Fall einer unter Zersetzung schmelzenden Verbindung erörtern.

δ) Mischkristalle in Dreistoffsystemen. Bilden die drei Komponenten lückenlose binäre und ternäre Mischkristallreihen, so ist das Schmelzdiagramm sehr leicht seiner allgemeinen Lage nach zu überblicken (Abb. 38). Zwischen den konkav bzw. konvex zur Konzentrationsebene gekrümmten Flächen des Beginns und des Endes der Kristallisation befindet sich das heterogene Gebiet, oberhalb der Fläche des Beginns der Kristallisation das Gebiet der homogenen Schmelze, unterhalb der Fläche des Endes der Kristallisation das der homogenen Mischkristalle.

Entsprechend dem Auftreten eines Maximums oder Minimums auf den Gleichgewichtskurven binärer lückenloser Mischkristallreihen können auch im Dreistoffsystem die Flächen des Beginns und des Endes der Kristallisation durch das Auftreten von Punkten mit einer horizontalen Tangentialebene ausgezeichnet sein. In diesen Punkten, die ein Maximum, ein Minimum oder auch einen Sattelpunkt der Gleichgewichtsflächen darstellen können, müssen sich die Solidus- und Liquidusfläche berühren. In diesen Punkten geht also die Kristallisation der Schmelze ohne Konzentrationsänderung isotherm vor sich.

Wenn nur in einem binären System, z. B. AC, eine Mischungslücke im anisotropen Zustande auftritt (Abb. 39), so wird sich letztere im ternären Gebiete mit wachsendem Zusatz der dritten Komponente schließen müssen; die Flächen des Beginns der Kristallisation von A und C bzw. ihrer gesättigten Mischkristalle D und E schneiden sich in einer Raumkurve, die vom eutektischen Punkte F des binären Systems AC ausgeht. Mit der Schmelze G, deren Konzentration mit Punkten der Projektion dieser Raumkurve zusammenfällt, kommen zwei Mischkristalle H und J ins Gleichgewicht, deren Zusammensetzungen sich bei Zusatz der dritten Komponente immer mehr nähern werden.

Sind in zwei binären Systemen AB und BC Mischungslücken vorhanden (Abb. 40), so können sie sich durch Zusatz der anderen Komponente schließen, oder sie können sich im ternären Gebiete zu einem heterogenen Bande vereinigen. Der erstere Fall läßt sich auf das eben besprochene Auftreten von nur einer Mischungslücke zurückführen. Im zweiten stehen bei den Gemischen, die innerhalb des heterogenen Bandes liegen, zwei Mischkristalle mit einer Schmelze im Gleichgewicht. Die beiden binären eutektischen Punkte E und H und die binären gesättigten Mischkristalle D, F, G und J sind dann untereinander durch Raumkurven verbunden.

Treten in allen drei binären Systemen Mischungslücken auf und schneiden sich die Grenzkurven derselben, so sind sieben verschiedene Zustandsfelder mit

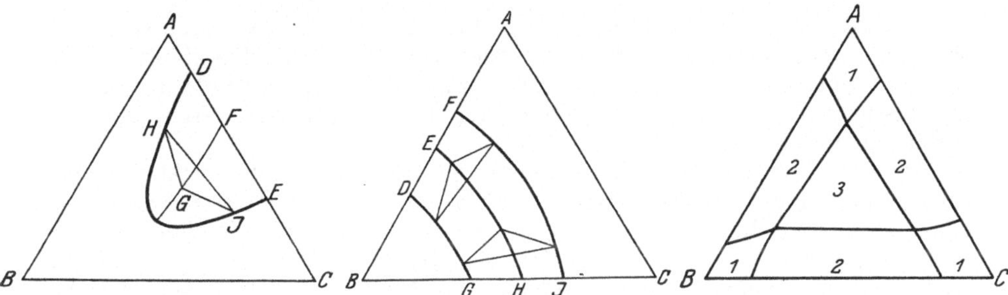

Abb. 39. Auftreten einer binären Mischungslücke im anisotropen Zustande.

Abb. 40. Auftreten von zwei binären Mischungslücken im anisotropen Zustande.

Abb. 41. Auftreten von drei binären Mischungslücken im anisotropen Zustande.

kristallinen Phasen zu unterscheiden (Abb. 41), drei Felder (1) homogener Mischkristalle, drei Felder (2) mit zwei und ein Feld (3) mit drei gesättigten Mischkristallen[1]).

Die behandelten Fälle des Verlaufs der Gleichgewichtsflächen und -kurven des Dreistoffsystems stellen nur eine Auswahl der allereinfachsten und übersichtlichsten Schmelzdiagramme dar. Bei der Behandlung der häufig sehr verwickelten ternären Realdiagramme muß man in erster Linie bestrebt sein, das Raummodell durch geeignete Schnitte senkrecht zur Konzentrationsebene in möglichst einfache Grundtypen der ternären Diagramme zu zerlegen.

Mit der Zahl der Komponenten werden die möglichen Gleichgewichtsdiagramme immer verwickelter und unübersichtlicher, vor allem auch wegen der Schwierigkeit der anschaulichen geometrischen Darstellung. Diese erfordert bereits im Vierstoffsystem für jede Temperatur und für jeden Druck ein dreidimensionales Raummodell, durch das die Konzentrationen der unter den betreffenden Bedingungen koexistierenden Phasen zur Darstellung gebracht werden.

---

[1]) R. SAHMEN, ZS. f. phys. Chem. Bd. 79, S. 421. 1912.

Kapitel 3.

Zustand der gasförmigen und flüssigen Körper.

Von

J. D. VAN DER WAALS JR., Amsterdam[1]).

Mit 37 Abbildungen.

a) Die Zustandsgleichung.

Ableitung der Zustandsgleichung.

1. Einleitung. Im Jahre 1873 ist die Schrift von VAN DER WAALS erschienen: „Over de Continuiteit van den Gas- en Vloeistoftoestand[2])". Seit jener Zeit unterscheidet man nicht mehr prinzipiell drei Zustände der Körper: fest, flüssig und gasförmig, sondern nur zwei: fest (d. h. kristallinisch) und, fluid (gasförmig, flüssig und glasartig).

Beim Studium des fluiden Zustandes steht die Frage nach der Abhängigkeit von Druck, Volum und Temperatur (p, V, T) voneinander an erster Stelle. Die Relation zwischen diesen drei Größen nennt man „thermische Zustandsgleichung der fluiden Phase" oder kurz „die Zustandsgleichung". Der Kompressibilitätskoeffizient, der Spannungskoeffizient für das homogene Gebiet und der Ausdehnungskoeffizient werden aus der Zustandsgleichung gefunden durch einfache Differentiation. Der Spannungskoeffizient für das heterogene Gebiet wird aus ihr gefunden mittels des MAXWELLschen Prinzips. Die kalorischen Größen werden aus ihr berechnet mittels thermodynamischer Relationen.

Umgekehrt kann man erst eine kalorische Zustandsgleichung aufstellen, d. h. man kann erst eine Relation zwischen irgendeiner kalorischen Größe (Energie U, Entropie S, freie Energie F usw.) und zwei der Größen p, V, T suchen. Daraus kann man dann die dritte der Größen p, V, T als Funktion der beiden anderen ableiten. Eine Relation zwischen drei Zustandsgrößen, welche gestattet, die andere Zustandsgröße durch einfache Differentiation zu berechnen, wird von J. W. GIBBS[3]) fundamentale Zustandsgleichung genannt. Für eine einheitliche Substanz wird solches geleistet von einer Beziehung zwischen U, S und V.

Ich werde hier die Ableitung der thermischen Zustandsgleichung nach einer Methode ziemlich ausführlich mitteilen (Ziff. 2, 3, 4, 5) und die anderen Methoden kurz angeben (Ziff. 6).

---

[1]) Dr. A. MICHELS, Assistent des „van der Waals-Fonds", hat mich mit der Beschreibung der experimentellen Methoden und mit dem Zeichnen der Figuren in dankenswerter Weise unterstützt.

[2]) Leiden, Verlag von A. W. Sythoff. Deutsche Übersetzung von Dr. FRIEDRICH ROTH: Die Kontinuität des gasförmigen und flüssigen Zustandes. Leipzig: J. A. Barth 1881.

[3]) J. W. GIBBS, Connecticut Trans. Bd. 3, S. 142. 1875.

Vorher aber sei das Folgende erwähnt: R. Boyle stellte 1662 und Mariotte 1679 das bekannte Gesetz auf:

$$p\,V = \text{konstant}, \tag{1}$$

welches bei gegebener Temperatur t die Änderung von p mit V für viele Gase ziemlich genau darstellt. Gay Lussac (1816) und Charles (1746—1823) haben auch die Temperaturabhängigkeit berücksichtigt und dem Gesetz die Form

$$p\,V = C(1 + \alpha\,t) = R\,T \tag{2}$$

gegeben, wenn t die Temperatur in Celsiusgraden, T die absolute oder Kelvin-Temperatur bedeutet. Hat man eine molekulare Menge der Substanz, so ist R die absolute Gaskonstante, d. h. R hat den gleichen Wert für verschiedene Substanzen. Ein Gas, das dieses Gesetz befolgt, wird ideales oder vollkommenes Gas genannt. Daß das Verhalten von jedem wirklichen Gase von dem eines idealen Gases abweicht, ist besonders von Regnault festgestellt worden.

Die Flüssigkeiten befolgen das ideale Gasgesetz gar nicht, für sie benutzte man die empirische Näherungsformel:

$$V = V_0(1 - \beta\,p)(1 + \alpha\,t), \tag{3}$$

wo α und β für verschiedene Stoffe verschiedene Konstanten sind.

Für die theoretische Einsicht in die Bedeutung der Formel (2) hat Clausius Großes geleistet, indem er den Druck berechnete, welcher von den Zusammenstößen der Moleküle gegen die Gefäßwand geleistet wird, wenn man die Moleküle als schnell bewegte Massenpunkte betrachtet, welche außer im Zusammenstoß keine Kräfte aufeinander ausüben.

Im Jahre 1873 hat van der Waals die Annahmen bezüglich der Art der Moleküle abgeändert, indem er sie nicht als Punkte betrachtete, sondern als kleine Körper, welche ein eigenes Volum haben und einander anziehen. Weiter hat er angenommen, daß dieses sowohl zutrifft für Flüssigkeiten wie für Gase, welche zwei Zustände keine prinzipielle, sondern nur quantitative Differenzen aufweisen. Auf dieser Grundlage hat van der Waals eine Theorie für den fluiden Zustand geschaffen, welche der Ausgangspunkt für fast alle späteren Betrachtungen und für die wichtigsten experimentellen Arbeiten auf diesem Gebiete geworden ist.

2. Die Virialmethode. Das Virial des Druckes der Wände. Dazu ging van der Waals aus von dem von Clausius aufgestellten Virialsatz.

Dieser Satz wird auf folgende Weise abgeleitet. Wir denken uns in einem Gefäß eine Menge Moleküle in stationärem Zustande, d. h. die individuellen Moleküle ändern ihren Ort und ihre Geschwindigkeit. Im Mittel aber bleiben die Dichtigkeit und die molekulare Geschwindigkeit in einem Volumelement ungeändert. Sei nun x die Cartesianische Koordinate irgendeines Moleküls, so bleibt die Summe von x^2 über alle Moleküle konstant, d. h.

$$\sum x^2 = \text{konstant.} \tag{4}$$

Differenziert man diese Gleichung zweimal nach der Zeit, so bekommt man:

$$-\sum x\ddot{x} = +\sum \dot{x}^2 = \frac{1}{m}\sum xX, \tag{4a}$$

wenn X die Kraft vorstellt, welche am Molekül angreift. Die Größe $\sum xX$ hat von Clausius den Namen Virial bekommen. Analoge Gleichungen kann man für die y- und z-Koordinaten der Moleküle niederschreiben. Wenn man sie summiert, bekommt man:

$$-\sum r R \cos\varphi = -m\sum s^2, \tag{4b}$$

wenn φ den Winkel bedeutet zwischen dem Fahrstrahl r und der Resultante der Kräfte R und s die Geschwindigkeit der thermischen Bewegung der Moleküle.

Zum richtigen Verständnis der Gleichung ist zu bemerken, daß man korrespondierende Gleichungen für andere Größen aufstellen kann. Man hat ebensogut $\sum v_x^2 = $ konstant oder $\sum R_x^2 = $ konstant, und man kann daraus ableiten:

$$-\sum v_x \frac{dR_x}{dt} = +\frac{1}{m} \sum R_x^2 \qquad \text{und} \qquad -\sum R_x \frac{d^2R_x}{dt^2} = \sum \left(\frac{dR_x}{dt}\right)^2.$$

Wenn man mit Hilfe dieser Gleichung die Zustandsgleichung einer Substanz ableiten will, fängt man damit an, daß man die Kräfte, welche auf die Moleküle der Substanz ausgeübt werden, in drei Gruppen unterscheidet: 1. die Kräfte, die von der Wand ausgeübt werden, 2. die gegenseitigen Attraktionskräfte der Moleküle, 3. die abstoßenden Kräfte beim Zusammenstoß der Moleküle. Es ist fraglich, ob 2. und 3. verschiedenartige Kräfte darstellen oder ob man eher sagen muß, daß die Moleküle in größeren Entfernungen einander anziehen und in kleineren einander abstoßen, welche beide Wirkungen vielleicht von einer kontinuierlichen Formel dargestellt werden können. Es ist aber praktisch, die anziehenden und die abstoßenden Kräfte absonderlich in Betracht zu ziehen.

Es ist leicht zu beweisen, daß das Virial der Kräfte der Wand, welche einen gleichmäßigen Druck nach innen ausübt $3pV$ beträgt. Wenn die Wandkräfte die einzigen Kräfte wären, würde die Virialgleichung:

$$pV = \tfrac{1}{3} \sum m s^2 \tag{5a}$$

geschrieben werden können, oder wenn man N Moleküle (die Zahl der Moleküle im Mol.) hat:

$$pv = \tfrac{1}{3} N m \overline{s^2}, \tag{5b}$$

wenn v das Volum pro Mol und $\overline{s^2}$ den Mittelwert von s^2 für alle Moleküle bezeichnet.

3. Das Virial der Kohäsionskräfte. Ein Molekül im Innern einer fluiden Phase ist an allen Seiten von anderen Molekülen umgeben. Man kann denken, daß die Attraktions- oder (sog. VAN DER WAALSchen) Kohäsionskräfte sich da aufheben. Die Moleküle ganz in der Nähe der Oberfläche aber werden eine resultierende Kraft nach innen empfinden. Die Resultante aller Kräfte für die Moleküle, welche in einem Quadratzentimeter der Oberfläche liegen, kann man als einen Druck p_a betrachten (Kohäsionsdruck oder innerer Druck). Dieser Druck wird einerseits proportional der Dichte der anziehenden, andererseits proportional der Dichte der angezogenen Moleküle sein. Man kann daher setzen:

$$p_a = \frac{a}{v^2}, \qquad a = \text{konstant}, \tag{6}$$

a ist charakteristisch für die Substanz. Es ist aber von der Zahl der Moleküle abhängig. Denkt man sich nämlich eine Phase derselben Dichte, aber N' Moleküle enthaltend, so ist das Volum $v' = v \dfrac{N'}{N}$, und schreibt man $p_a = \dfrac{a'}{v'^2}$, so ist $a' = a \dfrac{N^2}{N'^2}$. Insbesondere: nimmt man 1 g statt der molekularen Menge (1 Mol), so bekommt man $a_{gr} = \dfrac{a}{m^2}$.

Das Virial der Kohäsionskräfte ist $3\dfrac{a}{v^2}v$. Läßt man noch die Stoßkräfte außer Betracht, so wird die Virialgleichung:

$$\left(p + \frac{a}{v^2}\right)v = \frac{1}{3}Nm\overline{s^2}, \tag{5 c}$$

$p + \dfrac{a}{v^2}$ nennt man den totalen, kinetischen oder thermischen Druck. Es ist der Druck, welcher die Moleküle verhindert, die Oberfläche zu überschreiten und die Phase zu verlassen.

Wenn aber die Kohäsionskräfte sehr schnell mit der Entfernung abnehmen, wird auch auf ein Molekül im Innern der Phase im allgemeinen eine resultierende Kraft wirken, und das Virial der Attraktionskräfte solcher Moleküle wird nicht verschwinden. Die obige Ableitung ist dann nicht zutreffend. Nichtsdestoweniger bekommt man auch dann ein Kohäsionsvirial von der Form $3\dfrac{a}{v^2}v$, wie Boltzmann[1]) gezeigt hat.

Nennt man die Attraktionskraft zweier Moleküle in der Entfernung $r:F(r)$ und die Zahl der Moleküle pro Kubikzentimeter n, so wird das Virial der Kräfte auf ein bestimmtes Molekül $\int n\,r\,F(r)\,4\pi r^2\,dr$. Wenn $F(r)$ mit wachsendem r schneller wie r^{-4} gegen Null geht, wird dieser Ausdruck praktisch unabhängig von der oberen Integrationsgrenze, und man kann für das Integral schreiben: $nc = c\dfrac{N}{v}$. Für das Virial aller Attraktionskräfte findet man nun: $\dfrac{1}{2}\dfrac{N^2}{v}c$ oder $3\dfrac{a}{v^2}v$. Der Faktor $\frac{1}{2}$ mußte hinzugefügt werden, weil man sonst alle Kräfte zwischen zwei Molekülen zweimal zählen würde. Von Bedeutung ist aber nur, daß $\frac{1}{2}N^2c$ eine Konstante ist, für welche man auch $3a$ schreiben kann.

Von Smoluchowski hat bemerkt, daß, weil p_a dem Quadrat der Dichte proportional ist, das Virial der Attraktionsgröße vergrößert wird infolge der zufälligen Dichteschwankungen. Außerdem wird das Virial vergrößert infolge der Dichteschwankungen, welche von der Boltzmannschen Verteilungsfunktion bestimmt sind (Ziff. 7 β). Daraus folgt, daß a nur in erster Annäherung eine Konstante sein kann.

Hat man eine so kleine Menge einer Phase, daß diese hauptsächlich aus kapillarer Schicht besteht, so wird die obere Grenze für r in dem Integral nicht so groß sein, daß der Wert des Integrals praktisch von der oberen Grenze unabhängig wird.

Würde $F(r)$ weniger schnell gegen Null gehen wie r^{-4}, so würde das Integral überhaupt nicht von der oberen Grenze unabhängig. Der Druck würde dann nicht nur von der Dichte und der Temperatur abhängen, sondern auch davon, ob man eine große oder eine kleine Menge einer Phase hatte. Da dieses erfahrungsgemäß nicht der Fall ist, muß man annehmen, daß $F(r)$ wenigstens schneller wie r^{-4} gegen Null geht. [Für die Funktion $F(r)$ vgl. Ziff. 19 u. 20.]

4. Das Virial der Stoßkräfte. In erster Annäherung nehmen wir an, daß die Moleküle Kugeln vom Radius $\frac{1}{2}\sigma$ sind. Sie sollen sich beim Zusammenstoß vollkommen elastisch verhalten. Außerdem sollen sie starr sein (d. h. sie sollen sich beim Stoß unendlich wenig deformieren) und glatt (d. h. beim Zusammenstoß soll keine translatorische Energie in rotatorische Energie verwandelt werden). Die gegenseitige Entfernung der Mittelpunkte der Moleküle beim

---

[1]) L. Boltzmann, Vorlesungen über Gastheorie Bd. II, S. 151—153. Leipzig: J. A. Barth 1896.

Zusammenstoß ist σ. Eine Kugel von einem molekularen Mittelpunkt mit einem Radius σ nennt man eine Deckungssphäre. Sie ist achtmal so groß wie das Molekül selbst.

Man kann das Virial aller Stoßkräfte der Stöße, bei welchen ein bestimmtes Molekül A beteiligt ist, reduzieren auf das Virial eines Druckes auf der Deckungssphäre von A. Dieser Druck auf der Deckungssphäre ist gleich dem thermischen Drucke. Er verhindert die Molekülmittelpunkte der anderen Moleküle in die Deckungssphäre einzudringen. Daß man wenigstens in erster Annäherung wirklich den thermischen Druck findet, obschon die Verhältnisse bei der Deckungssphäre von denen an einer festen Wand abweichen, ist von J. D. van der Waals jr.[1]) nachgewiesen. Um das totale Stoßvirial zu finden, muß man das Virial für ein einziges Molekül noch mit $\frac{1}{2}N$ multiplizieren. Der Faktor $\frac{1}{2}$ ist wieder hinzugefügt, weil man sonst alle Zusammenstöße zweimal zählen würde. Schreibt man noch $\frac{1}{2}N \cdot \frac{4}{3}\pi\,\sigma^3 = b$, so bekommt man für die Virialgleichung:

$$\left(p + \frac{a}{v^2}\right)(v - b) = \frac{1}{3}N\,m\,\overline{s^2} = RT. \tag{5}$$

Das negative Vorzeichen des Stoßvirials bedeutet, daß die stoßenden Moleküle nicht in den Deckungssphären eingeschlossen, sondern aus derselben ausgeschlossen sind. Für die Gleichsetzung von $\frac{1}{3}N\,m\,\overline{s^2}$ und RT vgl. man d. Handb. IX.

Der Einfluß der Ausdehnung der Moleküle, welcher sich in der Größe b der Zustandsgleichung kundgibt, ist von van der Waals (l. c.) auf andere Weise berechnet. Er berechnete nämlich, daß die Zahl der Zusammenstöße der Moleküle infolge der sog. „Dicke" der Moleküle, d. h. infolge ihrer Ausdehnung in der Richtung der relativen Geschwindigkeit, in dem Verhältnis $\dfrac{v}{v - b}$ vergrößert wird. D. J. Korteweg[2]) hat gezeigt, daß nicht nur die Zahl der gegenseitigen Zusammenstöße der Moleküle, sondern auch die der Stöße gegen die Wand in demselben Verhältnis vergrößert wird.

Wir haben hier die zuerst von H. A. Lorentz[3]) gegebene Ableitung gewählt, in welcher in konsequenter Weise auch für die Stoßkräfte die Virialmethode benutzt wird. Lorentz nimmt aber a priori für den Druck auf den Deckungssphären $\dfrac{RT}{v}$. Er bekommt dann:

$$v\left(p + \frac{a}{v^2}\right) = RT\left(1 + \frac{b}{v}\right). \tag{5 d}$$

Ist $\dfrac{b}{v} = $ klein, so stimmen die Gleichungen (5) und (5 d) in erster Annäherung überein. Für kleine Volumina ist das aber gar nicht mehr der Fall, und aus (5 d) läßt sich nicht das Auftreten von koexistierenden Phasen und nicht die Existenz eines kritischen Punktes folgern. Es ist leicht zu verstehen, warum die Gleichung (5 d) in diesem Falle scheitern muß; denn statt des kinetischen Druckes, welcher anfangs unbekannt ist und welcher eben aus der Zustandsgleichung ermittelt werden muß, ist bei der Berechnung des Stoßvirials $\dfrac{RT}{v}$ geschrieben, was nur in der Nähe des Avogadroschen Zustandes eine brauchbare

[1]) J. D. van der Waals jr., Arch. Néerland. (2) Bd. 8, S. 285. Akad. Amsterdam Bd. 11, S. 624. Proc. Amst. Bd. 5, S. 487. 1902.
[2]) D. J. Korteweg, Ann. d. Phys. Bd. 12, S. 136. 1881.
[3]) H. A. Lorentz, Ann. d. Phys. Bd. 12, S. 127. 1881.

Annäherung gibt. Aus Gleichung (5) dagegen läßt sich das qualitative Verhalten des Stoffes vollständig ableiten, selbst wenn man a und b konstant hält. Um auch für kleine Volumina gute quantitative Übereinstimmung zu erzielen, muß man die Veränderlichkeit von a und b mit v und T in Betracht ziehen (Ziff. 7). Wir werden darum bei der Diskussion der Zustände der Gase und Flüssigkeiten die Zustandsgleichung immer in der Form (5) und nicht in der Form (5 d) schreiben. Wir werden Gleichung (5) mit konstanten a, b und R die „Hauptzustandsgleichung" nennen.

Noch systematischer ist die von BOLTZMANN[1]) gegebene Ableitung. Es sei ε_r die potentielle Energie zweier Moleküle in der gegenseitigen Entfernung r, dann ist ihre gegenseitige Kraft $-\dfrac{d\varepsilon_r}{dr}$ und das Virial dieser Kraft $-r\dfrac{d\varepsilon_r}{dr}$. Die Wahrscheinlichkeit einer Entfernung r ist nach dem MAXWELL-BOLTZMANNschen Verteilungsgesetz:

$$4\pi r^2\, dr\, n_0\, e^{-\frac{\varepsilon_r}{kT}}.$$

Die Stoßkraft $-\dfrac{d\varepsilon_r}{dr}$ wird nur von Null verschieden sein, wenn $\sigma > r > \sigma - \delta$ mit $\delta =$ sehr klein. Man kann daher r, wo es explizit auftritt, gleich σ setzen. So findet man für das mittlere Virial der Stoßkräfte eines einzigen Moleküls

$$-4\pi\,\sigma^3\,n_0\int\frac{d\varepsilon_r}{dr}\,e^{-\frac{\varepsilon_r}{kT}}\,dr = 4\pi\,\sigma^3\,n_0\,kT\,e^{-\frac{\varepsilon_r}{kT}}\Big|_{r_1}^{r_2},$$

ε_r ist, falls r merklich kleiner als σ, unendlich und für $r > \sigma = 0$. Daher reduziert das Virial sich auf

$$4\pi\,\sigma^3\,n_0\,kT.$$

Hat man N Moleküle, so findet man für das gesamte Stoßvirial, wenn man beachtet, daß man jeden Zusammenstoß zwischen zwei Molekülen nur einmal zählen muß:

$$2\pi\,\sigma^3\,n_0\,NkT$$

Die Methode liefert also in erster Annäherung die LORENTZsche Form der Zustandsgleichung. Weitere Annäherungen kann man berechnen, indem man die Änderung der Wahrscheinlichkeit einer Entfernung zufolge der Korrektion für den verfügbaren Raum in Betracht zieht (vgl. Ziff. 6).

5. Zusammengesetzte Moleküle. Wir haben bis jetzt die Moleküle als starre Kugeln betrachtet. Die wirklichen Moleküle aber werden eine ganz andere Konstitution zeigen. Sie werden aus verschiedenen Atomen zusammengesetzt sein. Und auch die einatomigen Moleküle werden nach BOHR aufgebaut sein aus einem Kern und einem oder mehreren Elektronen. Die vollständige Virialgleichung wird auf der rechten Seite die kinetische Energie aller dieser Teilchen enthalten. Diese kinetische Energie kann man in zwei Teile zerlegen: die Translationsenergie der Moleküle und die innere Rotations- und Vibrationsenergie im Molekül. Auf der linken Seite der Virialgleichung ist nun aber auch noch ein Glied zuzufügen für das Virial der Kräfte, welche die Teilchen im Molekül zusammenhalten.

Nun ist aber jedes Molekül als ein stationäres System zu betrachten. Man hat daher für jedes Molekül: Virial der inneren Kräfte = 2mal innere kinetische Energie. Schreibt man eine derartige Gleichung für jedes Molekül und subtrahiert man die Summe dieser Gleichungen von der vollständigen Virialgleichung,

---

[1]) L. BOLTZMANN, Gastheorie, Bd. II, § 51 u. 52.

-so bekommt man eine mit (5) identische Gleichung, in welcher also auf der rechten Seite nur die kinetische Energie der Translationsbewegung der Moleküle zu schreiben ist.

Allgemeiner: Wenn n' Teilchen während einer bestimmten Zeit eine Gruppe bilden, welche genügend stabil und stationär ist, daß für sie die Virialgleichung anwendbar ist, so kann man auf zwei Weisen verfahren: man kann die vollständige Virialgleichung für die ganze fluide Phase hinschreiben, oder aber man kann in ihr die innere kinetische Energie der Gruppe und das Virial der inneren, die Gruppe zusammenhaltenden, Kräfte fortlassen. Im zweiten Fall zählt die ganze Gruppe nur für ein „Molekül" und hat nach dem Äquipartitionssatz im Mittel die gleiche kinetische Energie wie ein einfaches Molekül. Ändert sich die Zahl der Gruppen oder die Zahl der Teilchen in einer Gruppe mit v oder T, so muß man — wenn man dieses Verfahren wählt — auch auf der rechten Seite der Virialgleichung die Zahl der „Moleküle" abändern.

6. Andere Methoden zur Ableitung der Hauptzustandsgleichung. α) Der verfügbare Raum[1]). Den Raum, soweit er nicht von den Deckungssphären der Moleküle eingenommen ist, nennt Boltzmann verfügbaren Raum. Wenn die Deckungssphären einander nicht teilweise überdecken, findet man für den verfügbaren Raum in einem Volum V, das n Moleküle enthält, $V - n\,\frac{4}{3}\,\pi\,\sigma^3$, also im Raum, der eine molekulare Menge (1 Mol) enthält, $v - 2\,b$. Nimmt man aber ein Volum, das die folgenden Eigenschaften hat: 1. es liegt in einer Entfernung $\frac{1}{2}\,\sigma$ von der Wand entfernt, 2. seine Dicke normal zur Wand ist sehr klein gegen σ, so ist der verfügbare Raum, welcher es enthält, nicht

$$d v \left(1 - \frac{N}{v}\,\frac{4}{3}\,\pi\,\sigma^3\right), \quad \text{sondern} \quad \left(1 - \frac{1}{2}\,\frac{N}{v}\,\frac{4}{3}\,\pi\,\sigma^3\right), \quad \text{weil es keine Molekülmittel-}$$

punkte zwischen der Wand und der Deckungsfläche (d. h. einer Fläche in einer Entfernung $\frac{1}{2}\,\sigma$ von der Wand) geben kann.

Boltzmann nimmt nun an, daß gleiche Volumina des verfügbaren Raumes gleiche Zahlen Moleküle enthalten. Der Beweis dieses Satzes wird in der statischen Mechanik gegeben. Boltzmann leitet daraus ab, daß der Wanddruck infolge dieser größeren Dichte der Molekülmittelpunkte in der Deckungsfläche

vergrößert wird im Verhältnis $\dfrac{1 - b/v}{1 - 2\,b/v} = (\text{in erster Annäherung})\,\dfrac{1}{1 - b/v}$. So

bekommt man statt $p = \dfrac{R\,T}{v}$ die Formel:

$$p = \frac{R\,T}{v}\,\frac{1}{1 - b/v} = \frac{R\,T}{v - b}$$

Für den Fall, daß die Deckungssphären einander teilweise überdecken, vgl. Ziff. 7.

β) Kalorische Methoden. Für diese Methoden ist die Kenntnis der Maxwell-Boltzmannschen Verteilungsfunktion eine prinzipielle Voraussetzung. Wir nehmen also an, daß bei Temperaturgleichgewicht die Zahlen der Molekülmittelpunkte in zwei Volumelementen dV_1 und dV_2 sich verhalten wie

$$dV_1\,e^{-\frac{u_1}{kT}} : dV_2\,e^{-\frac{u_2}{kT}}. \tag{6}$$

u_1 und u_2 sind respektive die potentielle Energie der Moleküle im Element dV_1 und dV_2, und kT ist die doppelte kinetische Energie pro Freiheitsgrad. Man

---

[1]) L. Boltzmann, Vorlesungen über Gastheorie Bd. II, S. 7—9.

kann das Gesetz auch schreiben:

$$n\, e^{\frac{u}{kT}} = n_0 = \text{konstant},\tag{6a}$$

wo n die Zahl der Moleküle pro Kubikzentimeter des verfügbaren Raumes bedeutet, also $n = \dfrac{N}{v - 2b}$, und n_0 dieselbe Zahl an einer Stelle, wo die potentielle Energie eines Moleküls Null ist.

Wenn man a und b als konstant betrachtet und wenn man keine äußeren Kräfte in Betracht zieht, folgt aus:

$$\left(\frac{\partial U}{\partial v}\right)_T = -p + T\left(\frac{\partial p}{\partial T}\right)_v,$$

$$U = -\frac{a}{v} + F(T),$$

wo U die Energie des Stoffes für das Mol bedeutet. Die potentielle Energie ist $-\dfrac{a}{v}$ (vgl. Ziff. 60). In diesem Fall ist $u = -\dfrac{2a}{Nv}$. Für den Faktor 2 vgl. Ziff. 3.

In den Vorlesungen über Gastheorie Bd. II berechnet BOLTZMANN (S. 173) die Entropie mit Hilfe dieser Formel und des H-Theorems. Aus der Entropie können dann die anderen thermodynamischen Größen abgeleitet werden.

Viel einfacher aber ist es, die Gleichung (6a) selbst als kalorische Zustandsgleichung zu benutzen, indem man $RT \log n_0$, welche Größe beim Gleichgewicht im Raume konstant ist, als äquivalent dem GIBBSschen thermodynamischen Potential μ[1]) betrachtet. Zieht man noch in Betracht, daß für eine einheitliche Substanz

$$\mu = G = u - TS + pv \quad \text{und} \quad NkT = RT,$$

so bekommt man:

$$G = -RT\, l(v - 2b) - \frac{2a}{v}.$$

Aus $G - pv = F$ und $\left(\dfrac{\partial F}{\partial v}\right)_T = -p$ folgt weiter:

$$\frac{1}{v}\left(\frac{\partial G}{\partial v}\right)_T = \left(\frac{\partial p}{\partial v}\right)_T.$$

Die Integration dieser Gleichung mit konstanten Werten a und b liefert wieder eine Gleichung, welche in erster Annäherung mit der Hauptzustandsgleichung identisch ist. Diese Methode ist ausführlich von Z. J. DE LANGEN[2]) ausgearbeitet. Sie ist auch sehr geeignet für die Berechnung der Korrektionen, wenn man a und b nicht länger als Konstante betrachtet.

Die strengste und schönste Ableitung ist wohl diejenige, welche die statische Mechanik von GIBBS[3]) benutzt. In dieser Methode ist jedes molekularphysische Gleichgewichtsproblem (analog der Behandlungsweise geometrischer Probleme in der Cartesischen analytischen Geometrie) zu einem analytischen Problem reduziert. Man berechnet z. B. die freie Energie aus den GIBBSschen „Kanonical ensembles". Differentiation nach v liefert $-p$. Diese Methode ist

---

[1]) J. W. GIBBS, Trans. Conn. Acad. Bd. 3, Tl. 1, S. 116. 1875.

[2]) Z. J. DE LANGEN, Diss. Groningen: Verlag von W. de Waal 1907.

[3]) J. W. GIBBS, Elementary principles in statistical Mechanics. New York: Scribners' Sons, u. London: Edw. Arnold 1902. Deutsch von E. ZERMELO. Leipzig 1905.

von Ornstein[1]) ausgearbeitet. Auch sie liefert in erster Annäherung die Haupt-zustandsgleichung und ist auch für genauere Berechnungen anzuwenden.

7. Veränderlichkeit von *a* und *b*. Theoretischer Teil. α) Die Quasi-Verkleinerung von b. Es gibt zwei Ursachen, welche veranlassen können, daß die Größe b der Zustandsgleichung eine Funktion von v oder T wird. 1. Das teilweise Zusammenfallen der Deckungssphären wird veranlassen, daß b kleiner wird wie $\frac{1}{2} N \frac{4}{3} \pi \sigma^3$, welche Größe wir in der Folge b_∞ nennen werden. 2. Das Volum der Moleküle selbst kann sich ändern als Folge von Änderungen des Druckes und der Temperatur. Eine Änderung der ersteren Art werden wir eine Quasi-Verkleinerung von b nennen; eine der zweiten Art eine reelle. Die Theorie gestattet uns nicht, an der Existenz der Quasi-Verkleinerung zu zweifeln. Wenn sie experimentell nicht nachzuweisen ist, muß man annehmen, daß eine reelle Vergrößerung die Quasi-Verkleinerung kompensiert. Wir können dieses um so eher tun, als wir nicht imstande sind, aus theoretischen Gründen etwas Sicheres über die reelle Veränderung auszusagen, da wir die Natur der Moleküle nicht so genau kennen, wie zu diesem Zwecke erforderlich wäre.

Wenn wir annehmen, daß die Moleküle starre Kugeln sind, ist es wenigstens im Prinzip möglich, die Quasi-Verkleinerung genau zu berechnen. Bei dieser Berechnung müssen wir aber einen Unterschied machen zwischen dem b in dem Faktor $v - b$ der Zustandsgleichung und demjenigen in dem Ausdruck für den verfügbaren Raum $v - 2b$. Bei sehr großem Volum fallen die Deckungssphären alle ganz außerhalb einander, und dann sind die beiden b einander gleich. Wenn v aber kleiner wird, wird auch b kleiner. Man muß den Faktor in der Zustandsgleichung dann schreiben:

$$v - (b_\infty - \Delta_p b)$$

und den verfügbaren Raum:

$$v - 2 (b_\infty - \Delta_v b).$$

$\Delta_p b$ wird die Druckkorrektion und $\Delta_v b$ die Volumkorrektion genannt. Diese beiden Korrektionen sind nicht dieselben.

Van der Waals[2]) hat $\Delta_v b$ berechnet und gefunden:

$$\Delta_v b = \frac{17}{32} \frac{b_\infty^2}{v}.$$

Er hat diesen Wert anfänglich aber auch irrtümlich für $\Delta_p b$ benutzt. J. J. van Laar[3]) hat noch einen zweiten Term von $\Delta_v b$ berechnet von der Form $\beta \frac{b_\infty^3}{v^2}$. Er findet $\beta = 0{,}0958$. Boltzmann hat diesen Wert zur Berechnung eines zweiten Terms von $\Delta_p b$ benutzt und findet $- 0{,}03695$[4]) und daher für die Zustandsgleichung:

$$p = \frac{RT}{v - b + \dfrac{3}{8} \dfrac{b^2}{v} - 0{,}03695 \dfrac{b^3}{v^2}} - \frac{a}{v^2}. \tag{5e}$$

---

[1]) L. S. Ornstein, Diss. Leiden 1908; Akad. Amsterdam Bd. 20, S. 790. 1911. Proc. Amsterdam Bd. 14, S. 853. 1912.

[2]) J. D. van der Waals, Zithingsverslag der Akademie zu Amsterdam (im weiteren einfach zitiert als Akad. Amsterdam. Die englische Übersetsung wird zitiert als Proc. Amsterdam). Bd. 5, S. 150. 1896.

[3]) J. J. van Laar, Arch. Musée Teyler (2) Bd. 6, S. 327. 1900.

[4]) Die Richtigkeit dieser Werte ist bestätigt von H. Happel, welcher eine kürzere Berechnungsweise benutzte. Ann. d. Phys. Bd. 21, S. 359. 1906.

Für eine genaue Erkenntnis der Größe $\varDelta_v b$ müßten noch Terme von der Form $\gamma\,\dfrac{b_\infty^4}{v^3}$ usw. hinzugefügt werden. Die Koeffizienten γ usw. sind aber nicht berechnet worden

Wie die Größe $\varDelta_v b$ infolge der teilweisen Überdeckung der Deckungssphären berechnet werden muß, ist selbstverständlich. Die Berechnung von $\varDelta_p b$ ist nicht so selbstverständlich, sie kann auf sehr verschiedene Weise stattfinden. G. JÄGER[1]) hat sie zuerst berechnet und gefunden:

$$v - \left(b_\infty - \frac{3}{8}\,\frac{b_\infty^2}{v}\right) \quad \text{statt} \quad v - b.$$

BOLTZMANN berechnet bis in zweiter Annäherung:

$$v - \left(b_\infty - \frac{3}{8}\,\frac{b_\infty^2}{v} + 0{,}03695\,\frac{b_\infty^3}{v^2}\right).$$

In den Vorlesungen über Gastheorie berechnet BOLTZMANN sie auf zwei Weisen; erstens nach seiner Methode des verfügbaren Raumes, wobei die Krümmung der Deckungssphären in Betracht zu ziehen ist. Auf demselben Prinzip hat J. D. VAN DER WAALS JR.[2]) eine kürzere Berechnungsmethode für den Koeffizienten $\frac{3}{8}$ durchgeführt. Zweitens deduziert BOLTZMANN den Wert von $\varDelta_p b$ aus demjenigen von $\varDelta_v b$, indem er eine kalorische Zustandsgleichung aufstellte, in welche (vgl. Ziff. 6 β) der verfügbare Raum eingeht und aus der man mittels thermodynamischer Betrachtungen die Gleichung für p ableitet. Auch DE LANGEN[3]) leitet den Koeffizienten $\frac{3}{8}$ aus seiner kalorischen Zustandsgleichung ab.

H. HAPPEL[4]) hat auch die weiteren Terme von $\varDelta_p b$ ausführlich diskutiert.

β) **Einflüsse der Maxwell-Boltzmannschen Verteilungsfunktion.** Es gibt noch eine andere Ursache für eine Quasi-Veränderung von a und b; das ist die gegenseitige Anziehung der Moleküle. Diese Anziehung veranlaßt eine Vergrößerung der Stoßzahl, was eine Vergrößerung des Stoßvirials involviert. Daß die Anziehung **nicht** eine Vergrößerung der mittleren Geschwindigkeit im Augenblick eines Stoßes veranlaßt (wie TAIT u. a. gemeint haben), ist von der statischen Mechanik genügend dargetan.

Die Vergrößerung der Stoßzahl infolge der Anziehung ist von W. SUTHERLAND[5]) in elementarer Weise berechnet worden. Viel einfacher und strenger läßt sich dieser Umstand berücksichtigen, wenn man mit M. REINGANUM[6]) die Maxwell-Boltzmannsche Verteilungsfunktion heranzieht. Denn die Stoßzahl wird in demselben Verhältnis durch die Attraktion vergrößert, wie die Dichte der anderen Molekülmittelpunkte in einer Deckungssphäre infolge der Attraktion größer ist wie in einem anderen Punkte des Raumes. Es ist aber klar, daß dieser Umstand auch das Attraktionsvirial vergrößern wird. So kommt REINGANUM zu der Zustandsgleichung:

$$\left(p + \frac{a(T)}{v^2}\right)\left(v - b\,e^{\frac{c}{RT}}\right) = RT. \tag{5f}$$

wo $a(T)$ andeutet, daß a jetzt auch eine Funktion der Temperatur ist. $\dfrac{C}{N}$ ist

[1]) G. JÄGER, Wiener Ber. Bd. 105, S. 15 u. 97. 1896.
[2]) J. D. VAN DER WAALS jr., Arch. Néerland. (2) Bd. 8, S. 285. 1903.
[3]) Z. J. DE LANGEN, Diss. Groningen: Verlag von W. de Waal 1907.
[4]) H. HAPPEL, Ann. d. Phys. Bd. 21, S. 342. 1906.
[5]) W. SUTHERLAND, Phil. Mag. (5) Bd. 36, S. 507. 1893.
[6]) M. REINGANUM, Phys. ZS. Bd. 2, S. 241. 1901; Ann. d. Phys. Bd. 6, S. 533. 1901; Bd. 10, S. 334. 1903; auch Diss. Göttingen 1899.

der Energieverlust, welchen ein Molekül erleidet, wenn es aus großer Entfernung bis zum Kontakt mit einem anderen Molekül gebracht wird. Wenn das Korrespondenzgesetz gelten soll (vgl. Ziff. 46 usw.), so muß C für verschiedene Stoffe deren kritischen Temperaturen proportional sein. Falls wir annehmen, daß die Attraktionskräfte nur in einer Entfernung σ oder sehr wenig mehr tätig sind, wird die Vergrößerung des Attraktionsvirials diejenige des Stoßvirials fast genau kompensieren. Ein gleiches Verhalten wird auch von van Laar[1]) gefunden: der Einfluß der Attraktion und der daraus folgenden Temperaturabhängigkeit von a und b auf die Zustandsgleichung scheint nicht so groß zu sein, wie man ohne die Kompensation erwarten würde. Für die Theorie der Reibung dagegen ist die Vergrößerung der Stoßzahl im Verhältnis $e^{\frac{C}{RT}}$ von großer Bedeutung; es ist Reinganum gelungen, mittels ihr die Temperaturabhängigkeit des Reibungskoeffizienten zu erklären. In einigen Fällen leitet er aus der Reibung Werte für C ab, welche sich wirklich wie die kritischen Temperaturen verhalten (vgl. Ziff. 56).

Der Reinganumsche Faktor $e^{\frac{C}{RT}}$ ist aber nur dann zu benutzen, wenn die Mehrzahl der Moleküle sich an Stellen befinden, wo man die potentielle Energie Null setzen kann (d. h. wo sie denselben Wert hat wie im Unendlichen).

Wenn die Moleküle infolge der Kohäsion Gruppen bilden, welche längere Zeit beieinander bleiben, kann man eine Gruppe auch als ein zusammengesetztes Molekül betrachten (vgl. Ziff. 5). Van der Waals[2]) nennt das Quasi-Assoziation. Bezeichnet n die mittlere Zahl der Moleküle in einer Gruppe, $1 - x$ die Zahl der einfachen Moleküle, x die Zahl der Moleküle, welche Komplexe gebildet haben, und k eine Konstante, so findet er:

$$\left(p + \frac{a\,[1 - (1 - k)\,x]^2}{v^2}\right)(v - b) = R\,T\left(1 - \frac{n - 1}{n}\,x\right).$$

Eine Veränderlichkeit von b mit dem Assoziationsgrad ist vernachlässigt. Der Assoziationsgrad wird mit Hilfe des thermodynamischen Gleichgewichtsprinzips berechnet (freie Energie = Minimum). Für n wird etwa 8 gefunden.

γ) Außer diesen Quasi-Änderungen von a und b, welche gewissermaßen a priori berechnet werden können, gibt es vielleicht reelle Änderungen; z. B. kann a eine Funktion der Temperatur sein, d. h. die Kraft $f(r)$ zwischen zwei Molekülen in gegenseitiger Entfernung r kann eine Temperaturfunktion sein. Die theoretischen Ansätze für eine derartige Hypothese werden weiter unten besprochen (Ziff. 20). Für eine eventuelle Volumabhängigkeit von a wird man wahrscheinlich eher an eine Quasi-Abhängigkeit zu denken haben.

Auch b kann eine Funktion von v und T sein infolge einer reellen Änderung des eigenen Volums der Moleküle. Am einfachsten wird es sein, b als eine Funktion von Druck und Temperatur zu betrachten, wobei als Druck auf die Oberfläche des Moleküls naturgemäß der ganze kinetische Druck $\dfrac{R\,T}{v - b}$ zu rechnen ist.

Einen expliziten Einfluß der Temperatur wird man meistens nicht zu erwarten haben. van der Waals[3]) hat wohl eine Formel dafür aufgestellt; bei seiner Berechnung ist aber angenommen, daß die Vibrationsenergie im Molekül

---

[1]) J. J. van Laar, Zustandsgleichung von Gasen und Flüssigkeiten. Leipzig: Leopold Voss 1924. In der Folge zitiert als „Van Laar Zust.".

[2]) J. D. van der Waals, Akad. Amsterdam Bd. 19, 1, S. 78. 1910, Proc. Amsterdam Bd. 13, 1, S. 107. 1910; vgl. auch G. van Ry, Diss. Amsterdam 1908.

[3]) J. D. van der Waals, Akad. Amsterdam Bd. 9, S. 586, 614, 701. 1901. Proc. Amsterdam Bd. 3, S. 515, 571, 643. 1901.

der Temperatur proportional anwächst. Nach der später entwickelten Quantentheorie wird dieses aber keineswegs zutreffen, und die Werte der spezifischen Wärme bei konstantem Volum zeigen, daß bei den Temperaturen der meisten Isothermbestimmungen die innere Vibrationsenergie konstant ist und daß eine thermische Ausdehnung der Moleküle daher nicht zu erwarten ist.

Der Druckeinfluß auf b wird wohl nicht anders als eine Verkleinerung bei steigendem Druck sein können. Es ist aber fraglich, ob man für die Berechnung des Stoßvirials bei zusammendrückbaren Molekülen die Stoßkräfte durch einen gleichmäßigen Druck ersetzen kann. Die Stoßkräfte nämlich haben nur im Augenblicke eines Zusammenstoßes einen von Null verschiedenen und dann einen sehr großen Wert, und nur in diesem Augenblicke deformieren sie das Molekül. Daher ist zu erwarten, daß das Volum eines Moleküls im Augenblicke eines Zusammenstoßes (und für solch einen Augenblick muß das Virial berechnet werden) kleiner sein wird wie der mittlere Wert des Volums. Falls ein Molekül immer nur mit einem einzigen anderen Molekül zusammenstößt und nur von diesem deformiert wird, wird also das Volum während eines Zusammenstoßes unabhängig von den anderen Zusammenstößen sein, d. h. b wird unabhängig von der Dichte.

Dagegen wird eine Erhöhung der Temperatur veranlassen, daß jeder Zusammenstoß häufiger und die Deformation größer wird, was Anlaß gibt zu der scheinbar paradoxen These, daß die Moleküle bei Temperaturerhöhung einschrumpfen werden. Ein derartiges Verhalten ist auch von VAN LAAR[1]) aus den experimentellen Ergebnissen abgeleitet.

Eine quantitative Berechnung der Veränderlichkeit des Volums der Moleküle scheint aber bei dem jetzigen Stande der Physik nicht möglich, und die dafür angegebenen Formeln sind, soweit sie mit den experimentellen Ergebnissen verträglich sind, als empirische Formeln zu betrachten. VAN DER WAALS gab (l. c.):

$$\frac{b - b_0}{v - b} = f\left\{1 - \left(\frac{b - b_0}{b_g - b_0}\right)^2\right\}, \tag{7a}$$

VAN LAAR (l. c. S. 78):

$$b = \frac{b_g}{1 + \dfrac{b_g - b_0'}{v}}. \tag{7b}$$

In (7a) stellt b_0 den Wert von b vor bei $T = 0$ oder bei $p = \infty$ (was nach VAN DER WAALS denselben Wert von b geben soll), b_g den Wert von b bei der gegebenen Temperatur T und $v = \infty$. f ist eine Konstante in der Nähe von 1 oder 2. In (7b) hat b_g dieselbe Bedeutung wie in (7a); b_0' aber ist der Wert von b bei $T = 0$ und $p = 0$ (der nach VAN LAAR größer sein wird als der Wert bei $p = \infty$).

8. Andere Formen der Zustandsgleichung. Verschiedene Autoren haben noch mehrere andere Formen der Zustandsgleichung aufgestellt.

R. CLAUSIUS[2]) hat vorgeschlagen:

$$\left\{p + \frac{f(T)}{(v + c)^2}\right\}(v - b) = RT.$$

$f(T)$ stellt eine Funktion von T dar. Meistens schreibt er $f(T) = \dfrac{a}{T}$, aber er hat auch andere Funktionen untersucht.

BATELLI[3]) setzte:

$$f(T) = a T^{-n} - d T^{+m}$$

[1]) J. J. VAN LAAR, Zustandsgleichung, u. a. S. 12.
[2]) R. CLAUSIUS, Wiedem. Ann. Bd. 9, S. 337. 1880.
[3]) A. BATELLI, Ann. chim. phys. (6) Bd. 25, S. 38. 1892; Bd. 29, S. 239. 1893.

und benutzte die so entstandene Gleichung zur Darstellung seiner Beobachtungen über Äther und Schwefelkohlenstoff.

Sarrau[1] setzte:

$$f(T) = a\,e^{-T}$$

und prüfte diese Annahme an den Beobachtungen von Amagat für CO_2 und N_2.

Endlich setzte Jäger[2]: $f(T) = \dfrac{a}{T}\,e^{-\frac{d}{T}}.$

D. Berthelot[3] hat eine Gleichung in reduzierten Größen (vgl. Ziff. 46) aufgestellt:

$$\left(\pi + \frac{l}{w^2 + 2\,m\,w + n}\right)\left(w - \frac{1}{A + \dfrac{1}{B\,w}}\right) = C\,\vartheta,$$

in welcher die Konstanten A, B, l, m, n, C (pro Mol) für alle Stoffe dieselben Werte haben, wenn das Korrespondenzgesetz erfüllt ist.

Tait[4] hat geschrieben:

$$p(v - b) = R\,T - \frac{A}{v - c} + \frac{E}{v - d}.$$

Rose Innes[5] zur Darstellung der Versuche von Ramsay und Young über Äther und Isopentan:

$$\left\{p + \frac{a}{v\,(v + c)}\right\} v = R\,T\left(1 + \frac{d}{v + e - \dfrac{f}{v^2}}\right).$$

Dieterici[6] hat bei seinen ausführlichen Berechnungen über die Zustandsgleichungen verschiedene Formen benutzt, u. a.

$$\left(p + \frac{a}{v^{\frac{5}{3}}}\right)(v - b) = R\,T$$

und

$$p(v - b) = R\,T\,e^{-\frac{a}{R\,T\,v}}.$$

Die letztere Gleichung ist interessant wegen ihrer theoretischen Begründung. Dieterici geht nämlich von dem Boltzmannschen Raumverteilungsgesetz aus. Nach seiner Meinung sind die Moleküle an einer Wand der molekularen Anziehung entzogen und ist das Verhältnis ihrer Dichte zur Dichte der Moleküle in der Mitte der Flüssigkeit durch den Boltzmannschen Faktor $e^{-\frac{a}{v\,R\,T}}$ gegeben. Der Druck auf die Wand wird daher im gleichen Verhältnis kleiner sein, wie er sonst sein würde. Diese Betrachtung ist bestechend. Sie scheint aber nicht zutreffend zu sein. Die Dieterici-Schicht an der Wand ist eigentlich eine neue Phase, welche mit der betrachteten Phase koexistiert, und das ist nur unterhalb der kritischen Temperatur und gerade bei dem Sättigungsdruck möglich. Man muß die Gleichung von Dieterici eher als eine Form der Dampfdruckkurve denn als eine Form der Zustandsgleichung betrachten. Auch sollte nicht $\dfrac{a}{v\,R\,T}$, sondern $\dfrac{2\,a}{v\,R\,T}$ im Exponenten geschrieben werden.

[1] E. Sarrau, C. R. Bd. 101, S. 941, 994, 1145. 1885; Bd. 110, S. 880. 1890.
[2] G. Jäger, Wiener Ber. Bd. 101, S. 1675. 1892.
[3] D. Berthelot, Livr. Jub. Lorentz. Arch. Nêerland. (2) Bd. 5, S. 417. 1900.
[4] P. G. Tait, Trans. Edinbg. Roy. Soc. Bd. 36, S. 257. 1892.
[5] J. Rose Innes, Phil. Mag. (5) Bd. 44, S. 76. 1897; Bd. 45, S. 102. 1898.
[6] C. Dieterici, Wiedem. Ann. Bd. 66, S. 826. 1898; Bd. 69, S. 685. 1899; Drud. Ann. Bd. 5, S. 51. 1901.

Von den vielen anderen teilweise sehr komplizierten Zustandsgleichungen erwähnen wir noch:

$$p + \frac{a\, e^{k_1 \frac{\left[(v-2\beta)^2 + \frac{12,2\,\beta^4}{v}\right]}{T v^3}}}{v^2} \cdot \frac{\left\{v - \beta\, e^{k_2 \left[(v-2\beta)^3 + \frac{3,34\,\beta^4}{v}\right]}\right\}^4}{v^3} = \frac{RT}{M}$$

nach Reinganum,

$$p + \frac{a}{v^2} + \beta + \gamma\, \frac{v^8\,(v-v_0)}{v_0\,(v^9-c)}\, \frac{T}{v^2} \int \frac{e^{-b T^4}}{T^2}\, dT = \frac{RT}{M}\, v\, \frac{v^{1,\,2} + \delta}{v^{3,\,2} - \varepsilon}$$

nach Vogel[1]) und

$$p = \frac{RT}{v-b} - \frac{a}{v\,(v-b)} + \frac{c}{v^3}$$

nach Wohl[2]).

Auch Amagat[3]) und Happel[4]) haben Zustandsgleichungen mit Hilfe von Reihenentwicklungen aufgestellt. Von derartigen Gleichungen wird hier nur die empirische Zustandsgleichung von Kamerlingh Onnes erwähnt werden (Ziff. 16), welche in letzterer Zeit viel Anwendung findet. Die Zustandsgleichungen, welche auf das Nernstsche Prinzip, die Quantentheorie und daher auch die Gasentartung Rücksicht nehmen, mögen bei der Besprechung dieser Gegenstände eine Stelle finden.

9. Die Zustandsgleichung eines Gemisches. Die Zustandsgleichung eines Gemisches wird auf dieselbe Weise abgeleitet wie diejenige eines reinen Stoffes. Betrachten wir z. B. ein binäres Gemisch. Nimmt man nun (wenn $x < 1$) $1 - x$ Mole des ersteren und x Mole des zweiten Stoffes, so hat man ein Mol des Gemisches. Nennt man das Volum dieser Stoffmenge v, so ist die Dichte des ersten Stoffes (ausgedrückt in Mol pro cm³) $\frac{1-x}{v}$ und diejenige des zweiten Stoffes $\frac{x}{v}$.

Für das Attraktionsvirial der Moleküle des ersten Stoffes untereinander findet man daher $3\,\frac{a_1(1-x)^2}{v^2}\,v$ und für dasjenige der Moleküle des zweiten Stoffes untereinander $3\,\frac{a_2 x^2}{v^2}\,v$. Außerdem gibt es aber noch Kräfte von Molekülen der ersteren Art ausgeübt auf Moleküle der zweiten Art und umgekehrt. Das Virial dieser Kräfte kann man durch $3\,\frac{2\,a_{12}\,x\,(1-x)}{v^2}\,v$ darstellen. a_{12} ist ein Koeffizient, welcher von der gegenseitigen Attraktion der zwei Stoffe bedingt ist. D. Berthelot[5]) hat die Vermutung ausgesprochen, daß $a_{12} = \sqrt{a_1 a_2}$ sein würde.

Auch bei dem Stoßvirial muß man drei Gruppen von Zusammenstößen unterscheiden: diejenigen zwischen den Molekülen des ersten Stoffes untereinander, diejenigen zwischen den Molekülen des zweiten Stoffes untereinander und die gegenseitigen Stöße zwischen Molekülen der ersten und der zweiten Art. Das Virial der Stöße der ersten Gruppe ist

$$3\,(1-x)^2\,p_{\text{tot}}\,\tfrac{2}{3}\,\pi\,\sigma_1^3,$$

wenn p_{tot} den totalen Druck darstellt. Wenigstens wird es annähernd diesen

---

[1]) Vogel, ZS. f. phys. Chem. Bd. 73, S. 429. 1910.
[2]) A. Wohl, ZS. f. phys. Chem. Bd. 87, S. 1. 1914; Bd. 99, S. 207, 226, 234. 1921.
[3]) Amagat, La Statique des Fluides. Paris et Liège 1917.
[4]) H. Happel, Ann. d. Phys. Bd. 21, S. 342. 1906.
[5]) D. Berthelot. Vergl. Kap. 4, Ziff. 22.

Wert haben, wenn man außer Betracht lassen darf, daß sich die Deckungssphären teilweise überdecken.

Das Virial der Stöße der zweiten Gruppe wird annähernd

$$3\,x^2\,p_{\text{tot}}\,\tfrac{2}{3}\,\pi\,\sigma_2^3$$

betragen und dasjenige der Stöße der dritten Gruppe

$$3\,x(1-x)\,p_{\text{tot}}\,\tfrac{4}{3}\,\pi\,\sigma_{12},$$

σ_{12} bedeutet hier $\tfrac{1}{2}(\sigma_1+\sigma_2)$, denn das ist die gegenseitige Entfernung der Molekülmittelpunkte bei einem Zusammenstoß dieser Gruppe.

Auf diese Weise findet man für die Zustandsgleichung eines binären Gemisches:

$$\left(p+\frac{ax}{v^2}\right)(v-b_\varkappa)=RT,\tag{5 g}$$

$$a_\varkappa=(1-x)^2\,a_1+2\,x(1-x)\,a_{12}+x^2 a_2,\tag{5 g, a}$$

$$b_\varkappa=(1-x)^2\,b_1+2\,x(1-x)\,b_{12}+x^2\,b_2,\tag{5 g, b}$$

$$\sqrt[3]{b_{12}}=\sqrt[3]{b_1}+\sqrt[3]{b_2}.\tag{5 g, c}$$

Auch andere Methoden für die Aufstellung der Zustandsgleichung führen zu demselben quadratischen Ausdruck für $a_\varkappa^!$ und $b_\varkappa$.

b) Diskussion der Zustandsgleichung.

10. Die Isothermen. Allgemeine Orientierung. Für eine allgemeine qualitative Diskussion der Zustände der Gase und Flüssigkeiten genügt die Zustandsgleichung mit konstantem a und b. Eine graphische Darstellung im p–v-Diagramm ist dabei von großem Nutzen. Mit $T=$ konstant bedeutet die Zustandsgleichung eine Beziehung zwischen p und v, welche im Diagramm von einer Kurve repräsentiert wird. Diese Kurve nennt man Isotherme. Nach dem Boyleschen Gesetz wären alle Isothermen Hyperbeln. Nach der Hauptzustandsgleichung bekommt man die Isothermen aus diesen Hyperbeln, indem man die folgenden zwei Veränderungen vornimmt: 1. Man verschiebt alle Punkte um eine Strecke b in der Richtung der v-Achse. Die Größe b repräsentiert hier das kleinste Volum, in welches die Substanz eingeschlossen werden kann (das Limitvolum). Dem Zweig der p, v-Kurve für $v<b$ werden wir jede physikalische Bedeutung absprechen. Es liegt nahe, dieses Limitvolum als das Volum zu interpretieren, welches von den kugelförmigen Molekülen erfüllt wird, wenn sie so dicht wie möglich zu einem Kugelhaufen gepackt sind. Dieses Volum ist aber nur $0{,}338\,b$ ($b=4$mal das Volum der Moleküle). Dieses Faktum zeigt schon, daß b keine Konstante sein kann, sondern bei kleinem Volumen bis zu etwa $^1/_3$ des Wertes bei großem Volumen abnimmt. 2. Dem Einflusse der Attraktion der Moleküle trägt man Rechnung, indem man alle Punkte in der Richtung der negativen p-Achse verschiebt. Hierbei muß man aber die Verschiebung für die verschiedenen Punkte verschieden wählen, nämlich $\dfrac{a}{v^2}$. So bekommt man die Kurven der Abb. 1.

Löst man die Gleichung nach p auf, so sieht man, daß die Drucke selbst negativ werden können, wenn $RT<\dfrac{a(v-b)}{v^2}$. Das kann nur vorkommen, wenn $RT<\dfrac{a}{4b}$. Differenziert man nach v, so bekommt man:

$$\left(\frac{\partial p}{\partial v}\right)_T=-\frac{RT}{(v-b)^2}+\frac{2a}{v^3}.$$

Es zeigt sich, daß bei genügend hohen Temperaturen $\dfrac{\partial p}{\partial v_T}$ immer negativ bleiben wird. Die Kurve hat dann keine Maxima oder Minima (die Kurven T und S der Abb. 1).

Für kleinere Werte von T wird $\left(\dfrac{\partial p}{\partial v}\right)_T$ bei sehr großem Volum und für Volumina, die wenig größer als b sind, negativ bleiben. Für mäßige Werte von v aber kann man T so klein wählen, daß $\left(\dfrac{\partial p}{\partial v}\right)_T > 0$. Der Differentialquotient wechselt also zweimal sein Vorzeichen, und die Kurve hat ein Maximum und ein Minimum (die Kurven O und P).

Den Übergang zwischen diesen beiden Typen von Kurven hat man, wenn das Maximum und das Minimum zusammenfallen zu einem Inflexionspunkt K mit horizontaler Tangente (Kurve R). Man nennt diesen Punkt den kritischen Punkt, und die Größen T, p, v, welche zu ihm gehören, kritische Temperatur usw.

Die Isotherme oberhalb der kritischen Temperatur T_k zeigt anfänglich noch einen Inflexionspunkt, aber mit negativen $\left(\dfrac{\partial p}{\partial v}\right)_T$ (Kurve S). Bei noch höherem T ist der Inflexionspunkt ganz verschwunden. Unterhalb T_k hat man einen Inflexionspunkt mit $\left(\dfrac{\partial p}{\partial v}\right)_T > 0$.

Man kann den kritischen Punkt auch dadurch bestim-

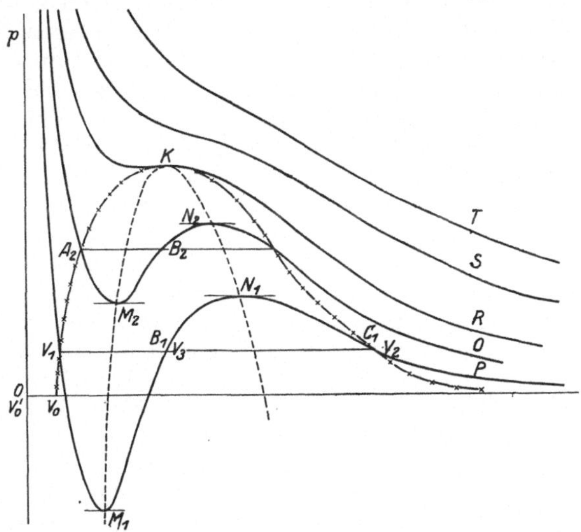

Abb. 1. Isothermennetz.

men, daß unterhalb T_k verschiedene Geraden $p =$ konstant die Kurve dreimal schneiden, oberhalb T_k immer nur einmal. Bei $T = T_k$ und $p = p_k$ haben die drei Wurzeln denselben Wert v_k. Wenn man aber in Betracht zieht, daß b genauer genommen eine Funktion von v ist, so ist die Kurve nicht länger eine Kurve dritten Grades und man kann das Merkmal, das sich auf die drei Schnittpunkte mit einer Geraden stützt, nicht länger benutzen. Daher findet das Merkmal, daß der kritische Punkt der Inflexionspunkt mit horizontaler Tangente ist, eine allgemeinere Anwendung.

Im kritischen Punkte hat man also (mit a und b konstant):

$$\left(\frac{\partial p}{\partial v}\right)_T = -\frac{RT}{(v-b)^2} + \frac{2a}{v^3} = 0,$$

$$\left(\frac{\partial^2 p}{\partial v^2}\right)_T = +\frac{2RT}{(v-b)^3} - \frac{6a}{v^4} = 0.$$

Die Lösung dieser Gleichungen mit der Hauptzustandsgleichung als der dritten Gleichung liefert:

$$RT_k = \frac{8}{27}\frac{a}{b}, \qquad p_k = \frac{1}{27}\frac{a}{b^2}, \qquad V_k = 3b \qquad (8\,\mathrm{a,\,b,\,c})$$

Da zwei koexistierende Phasen gleiches T und p haben, kann es oberhalb T_k keine Koexistenz geben, unterhalb aber wohl, was auch als Definition von T_k gegeben wird. Die koexistierenden Phasen sind immer die Schnittpunkte einer horizontalen Geraden mit einer Isotherme, z. B. A_1 und C_1 auf der Isotherme P und A_2 und C_2 auf der Isotherme O. Die mittleren Schnittpunkte B_1 und B_2 repräsentieren labile Phasen (vgl. Ziff. 24, 26). Über ein Kriterium für das Auffinden der Koexistenzpunkte A und C auf einer Isotherme vgl. man Ziff. 30.

11. Kontinuität. Wir sehen aus Abb. 1, daß es möglich sein wird, eine Substanz aus dem Gaszustande (z. B. C_1) in den flüssigen Zustand (z. B. A_1) überzuführen, ohne daß sie Kondensationserscheinungen zeigt, d. h. ohne daß sie sich in zwei Schichten, Flüssigkeit und Dampf, scheidet. Zu diesem Zwecke kann man das Gas isochor (d. h. bei konstantem Volum) erwärmen, bis T und p höher als T_k und p_k geworden sind. Dann kann man die Substanz isopiestisch (d. h. bei konstantem Druck) zusammenpressen, bis das Volum gleich dem Volum von A_1 geworden ist. Schließlich kann man die Substanz isochor wieder abkühlen, bis T und p dieselben Werte wie bei A angenommen haben.

Weil er die Möglichkeit einer derartigen kontinuierlichen Überführung von Gas in Flüssigkeit experimentell festgestellt hat, sprach Andrews von der Kontinuität der beiden Zustände.

Bei van der Waals hat das Wort Kontinuität noch eine prinzipiellere Bedeutung, nämlich die, daß die beiden Punkte auf derselben kontinuierlichen Kurve liegen, was wieder bedeutet, daß sie durch dieselbe Gleichung dargestellt werden, d. h. daß beide Zustände demselben Gesetz unterworfen sind. Man kann daher sagen, daß die Zustände nicht prinzipiell unterschieden sind und daß sie sich nur unterscheiden in den quantitativen Dichteverhältnissen.

In den Isothermen für $T > T_k$ brauchen wir keine besonderen Zweige zu unterscheiden. Bei $T < T_k$, z. B. bei der Isotherme P, haben die verschiedenen Teile die folgende Bedeutung: Die Punkte rechts von C_1 stellen den ungesättigten Dampf vor, C_1 den gesättigten Dampf, A_1 die Flüssigkeit beim Siedepunkt (gesättigte Flüssigkeit), die Punkte links von A_1 die komprimierte Flüssigkeit. Die Kurve $C_1 N_1 B_1 M_1 A_1$ stellt teilweise labile, teilweise metastabile Zustände vor (vgl. Ziff. 25).

Bei genügend tiefem T kann der Druck auch kleiner als Null werden. In einem gut gereinigtem Barometerrohr kann man dies z. B. bei ausgekochtem Hg verwirklichen. Aus der Hauptzustandsgleichung findet man, daß negative Drucke sich verwirklichen lassen, wenn die Gleichung $p = 0 = \dfrac{RT}{v-b} - \dfrac{a}{v^2}$ reelle Wurzeln hat, d. h. wenn

$$RT < \frac{a}{4b} \quad \text{oder} \quad T < \frac{27}{32} T_k. \tag{9}$$

12. Der kritische Punkt. Experimentelle Ergebnisse und Theorie. Der kritische Zustand ist zuerst von Cagniard de la Tour im Jahre 1822 und von Andrews im Jahre 1869 beobachtet worden. Nachdem Kamerlingh Onnes im Jahre 1908 das Helium verflüssigt hat, wird wohl nicht mehr bezweifelt werden, daß der kritische Zustand eine allgemeine Eigenschaft der Stoffe ist. In Ziff. 10, Gleichung (8 a, b, c) sahen wir, wie man die kritischen Größen würde berechnen können, wenn a und b konstant wären. Ein Kriterium, inwieweit die kritischen Daten durch die Veränderlichkeit von a und b beeinflußt werden, liefert die Größe $\left(\dfrac{RT}{pv}\right)_k \equiv s$, welche wohl kritischer Koeffizient genannt wird. Nach der Zustandsgleichung wird das Verhalten der Stoffe nur von zwei charakteristischen Größen bestimmt, nämlich a und b. Die drei Größen T_k, p_k und v_k sind daher Funktionen von nur zwei Größen, es muß also eine Beziehung zwischen ihnen bestehen. Nach Gleichung (8 a, b, c) ist diese Beziehung:

$$\frac{RT_k}{p_k v_k} = \frac{8}{3} = 2{,}67 \,. \tag{10}$$

Anstatt dessen wird experimentell für s meistens 3,6 bis 4 gefunden, wie die folgende Tabelle zeigt:

Tabelle 1. Der kritische Koeffizient.

Helium	$3{,}27$[1]	Fluorbenzol	$3{,}78$
Wasserstoff	$3{,}276$[2]	Chlorbenzol	$3{,}78$
Neon	$3{,}249$[3]	Jodbenzol	$3{,}78$
Stickstoff	$3{,}412$[4]	Brombenzol	$3{,}80$
Argon	$3{,}424$[5]	Diisobutyl	$3{,}81$
Sauerstoff	$3{,}419$[6]	Äthyläther	$3{,}81$
Kohlendioxyd	$3{,}45$[7]	Hexan	$3{,}83$
Äthan	$3{,}55$[8]	Heptan	$3{,}86$
Methylchlorid	$3{,}48$[9]	Oktan	$3{,}86$
Schwefeldioxyd	$3{,}62$	Ester	$3{,}86$ bis $3{,}94$
Tetrachlorkohlenstoff	$3{,}67$		
Hexamethylen	$3{,}71$	Anomale Substanzen:	
Isopentan	$3{,}73$	Propylalkohol	$4{,}00$
Diisopropyl	$3{,}74$	Äthylalkohol	$4{,}02$
Tetrachlorzinn	$3{,}74$	Methylalkohol	$4{,}55$
Benzol	$3{,}75$	Essigsäure	$4{,}99$
Pentan	$3{,}76$		

Wenn man b (und vielleicht auch a) als Volumfunktion, beide Größen aber als von T unabhängig betrachtet, findet man:

$$\frac{T}{p}\frac{\partial p}{\partial T} - 1 = \frac{\dfrac{RT}{v-b}}{\dfrac{RT}{v-b} - \dfrac{a}{v^2}} - 1 = \frac{\dfrac{a}{v^2}}{p} \,.$$

Setzt man $\left(\dfrac{T}{p}\dfrac{\partial p}{\partial T}\right)_k = f_k$ und $v_k = r b_{k\infty}$, wo $b_{k\infty}$ den Wert von b bei T_k und großem Volum bedeutet, so findet man:

$$p_k = \frac{a}{b_{k\infty}^2}\frac{1}{r^2\,(f_k - 1)} \,. \tag{8b'}$$

<hr>

[1]) MATHIAS, CROMMELIN u. KAMERLINGH ONNES, Comm. Leiden Nr. 172; Akad. Amsterdam Bd. 34, S. 334; Proc. Amsterdam Bd. 28, S. 526. 1925.

[2]) KAMERLINGH ONNES, CROMMELIN u. KATH, Comm. Leiden Nr. 151; Akad. Amsterdam Bd. 26, S. 124. 1917; Proc. Amsterdam Bd. 20, S. 178. 1918.

[3]) MATHIAS, CROMMELIN u. KAMERLINGH ONNES, Comm. Leiden Nr. 162; Ann. d. phys. Bd. 19, S. 231. 1923.

[4]) KAMERLINGH ONNES, DORSMAN u. HOLST, Comm. Leiden Nr. 145; Akad. Amsterdam Bd. 23, S. 982; Proc. Amsterdam Bd. 17, S. 950. 1914.

[5]) CROMMELIN, Comm. Leiden Nr. 115; Akad. Amsterdam Bd. 18, S. 924; Proc. Amsterdam Bd. 13, S. 54 u. 607. 1910.

[6]) KAMERLINGH ONNES, DORSMAN u. HOLST, Comm. Leiden Nr. 145; Akad. Amsterdam Bd. 23, S. 982.; Proc. Amsterdam Bd. 17, S. 950. 1914.

[7]) KEESOM, Comm. Leiden Nr. 88; Akad. Amsterdam Bd. 12, S. 391 u. 533; Proc. Amsterdam Bd. 6, S. 532 u. 554. 1903.

[8]) KUENEN u. ROBSON, Phil. Mag. (6) Nr. 3, S. 622. 1902.

[9]) Die folgenden Zahlen beruhen alle auf den Angaben von S. YOUNG, Phil. Mag. (5) Bd. 50, S. 291. 1900.

Obschon a und b gewiß nicht streng unabhängig von T sind (vgl. Ziff. 15), findet van der Waals[1]), daß die Gleichungen (8 a, b) mit großer Annäherung gelten, daß man aber in (8 c) den Koeffizienten 3 durch einen Koeffizienten r ersetzen muß, der meistens nicht viel mehr als 2 beträgt.

Der Faktor $\dfrac{1}{r^2 (f_k - 1)}$ in (8b') wird dann wieder den Wert $\dfrac{1}{27}$ oder einen wenig abweichenden Wert annehmen. Das gibt, wenn r ein wenig größer als 2 ist, für f_k etwa den Wert 7. Die Hauptzustandsgleichung würde $f_k = 4$ liefern (vgl. Ziff. 32).

Die Bestimmung von f_k mittels direkter Beobachtung von $\left(\dfrac{\partial p}{\partial T}\right)_{v}{}_{k}$ ist nicht leicht. Gibbs und Planck haben aber bewiesen, daß

$$\left(\frac{\partial p}{\partial T}\right)_{v,\,k} = \left(\frac{dp}{dT}\right)_{k}.$$

Hier bedeutet $\dfrac{dp}{dT}$ den Temperaturkoeffizienten des gesättigten Druckes und $\left(\dfrac{dp}{dT}\right)_{k}$ den Grenzwert dieser Größe, wenn man sich der kritischen Temperatur nähert. Und diese Größe ist experimentell viel besser zu bestimmen als $\left(\dfrac{\partial p}{\partial T}\right)_{v,\,k}$ für homogene Phasen.

Tabelle 2 enthält einige Zahlen für $\dfrac{T_k}{p_k}\left(\dfrac{dp}{dT}\right)_{k}$ nach Dieterici[2]). Die Beobachtungen bei CO_2 sind von Amagat, bei SO_2 von Cailletet, bei den übrigen Substanzen von Sydney Young.

Tabelle 2. Der Koeffizient $\dfrac{T_k}{p_k}\left(\dfrac{dp}{dT}\right)_{k}$

Normalpentan	6,93	Normaloktan	7,90
Isopentan	7,00	Diisopropyl	7,29
CO_2	7,14	Diisobutyl	7,81
SO_2	6,96	Äther	8,29
Benzol	6,94	Hexamethylen	5,84
Normalheptan	7,67		

Das Ergebnis, daß (8a) und (8b) fast ungeändert gelten, ist bestätigt von van Laar[3]) und von Berger[4]).

Wenn man die Veränderlichkeit von b mit v in Betracht zieht und $\dfrac{\partial b}{\partial v} = b'$, $\dfrac{\partial^2 b}{\partial v^2} = b''$ und $\dfrac{v_k b_k''}{1 - b_k'} = \beta_k''$ setzt, bekommt man für die Bestimmung der kritischen Größen:

$$\left(\frac{\partial p}{\partial v}\right)_{T} = -\frac{RT}{(v - b)^2}(1 - b')^2 + \frac{2a}{v^3} = 0,$$

$$\left(\frac{\partial^2 p}{\partial v^2}\right)_{T} = +\frac{2RT}{(v - b)^3}(1 - b')^2 + \frac{RT}{(v - b)^2}b'' + \frac{6a}{v^4} = 0.$$

[1]) J. D. van der Waals, Akad. Amsterdam Bd. 19, S. 88. 1910; Proc. Amsterdam Bd. 13, S. 118. 1910.

[2]) C. Dieterici, Ann. d. Phys. Bd. 7, S. 146. 1903.

[3]) J. J. van Laar, Zust. S. 134ff.; auch Akad. Amsterdam Bd. 22, S. 793. 1914; Proc. Amsterdam Bd. 17, S. 451. 1914.

[4]) J. Berger, ZS. f. phys. Chem. Bd. 111, S. 147. 1924. Berger beschäftigt sich aber nicht mit p_k, sondern nur mit T_k.

Hieraus berechnet man:

$$\frac{v_k - b_k}{v_k} = \frac{r - 1}{r} = \frac{2}{3} \frac{1 - b_k'}{1 - \frac{1}{2}\beta_k''} .$$

VAN LAAR findet für die meisten Stoffe, nämlich für diejenigen mit nicht sehr niedriger T_k, etwa $b_k' = \frac{1}{8}$ und $\beta_k'' = -\frac{1}{2}$, und folglich $r = 2$ statt 3. Man berechnet hieraus:

$$RT_k = \frac{8}{27} \lambda_1 \frac{a_k}{b_k} \qquad \text{mit} \qquad \lambda_1 = \frac{27}{8} \cdot \frac{(r-1)^2}{r^3} \frac{2}{1 - b_k'} , \tag{8a''}$$

$$p_k = \frac{1}{27} \lambda_2 \frac{a_k}{b_k^2} \qquad \text{mit} \qquad \lambda_2 = \frac{27}{r^2} \left(\frac{r-1}{r} \frac{2}{1 - b_k'} - 1 \right) . \tag{8b''}$$

Mit den oben gegebenen Werten von b_k' usw. folgt:

$$\lambda_1 = \lambda_2 = \frac{27}{28} .$$

Stoffe, welche der Hauptzustandsgleichung folgen, nennt VAN LAAR ideale Stoffe, diejenigen, für welche die obigen Werte von b_k', β_k'' und folglich von r, λ_1 und λ_2 gelten, nennt er Grenzstoffe. Er findet noch, wenn man den reduzierten Richtungskoeffizienten des „geraden Diameters von MATTHIAS" (vgl. Ziff. 33 und Abschnitt e „Das Korrespondenzgesetz") γ nennt, die empirische Formel:

$$2\gamma = \frac{b_k}{b_0} \quad (b_0 = \text{Grenzwert von } b \text{ im kleinstmöglichen Volum}).$$

Es folgt:

$$r = \frac{1 + \gamma}{\gamma} \qquad \text{und} \qquad s = \frac{8\gamma}{\gamma + 1} .$$

Mit a und b konstant würde man finden:

$$f_k = \left(\frac{T}{p} \frac{dp}{dT} \right)_k = \frac{RT_k}{p_k(v_k - b_k)} .$$

Nennt man die rechte Seite dieser Gleichung f', so findet man, wenn man die Veränderlichkeit von a und b beachtet:

$$f_k = f' (1 - \tau) \quad (\tau = \text{eine kleine Größe}) .$$

Mit den obigen Annahmen von VAN LAAR findet man:

$$f' = f_k \frac{1}{1 - \tau} = 8\gamma .$$

Für die Prüfung der VAN LAARschen Annahmen vergleiche man Tabelle 3 für sechs von VAN LAAR diskutierte Substanzen. In der fünften Spalte sind aber nicht die Werte für f' eingetragen, wie sie aus $\gamma_{\text{exp.}}$, sondern wie sie aus γ_{Formel} berechnet werden. Die Werte γ_{Formel} sind berechnet nach der von VAN LAAR aufgestellten Formel

$$2\gamma = 1 + 0{,}038 \sqrt{T} . \tag{11}$$

Bei den meisten Stoffen macht es keinen großen Unterschied, ob man $\gamma_{\text{exp.}}$ oder γ_{Formel} wählt. Für H_2 und He aber ist der Unterschied groß, und wenn man f' aus $\gamma_{\text{exp.}}$ berechnet, stimmt sein Wert sehr schlecht mit f_k überein.

Tabelle 3.

Vergleichung des Koeffizienten $\dfrac{T_k}{p_k}\left(\dfrac{dp}{dT}\right)_k$ mit den nach VAN LAAR berechneten Werten.

	$r_{exp.}$	$r = \dfrac{\gamma+1}{\gamma}$	f_k aus den Spannungskoeffizienten	f' aus 8γ	$\gamma_{exp.}$	γ_{Formel}
Isopentan . . .	2,14	2,10	6,8	7,3	0,911	0,908
Fluorbenzol . .	2,11	2,06	7,1	7,6	0,947	0,949
Xenon	2,21	2,21	$>6,4$	6,6	0,780	0,823
Argon	2,34	2,34	5,9	6,0	0,745	0,745
Wasserstoff . .	2,44	2,64	4,9	4,9	0,42	0,61
Helium	2,61	2,84	4,36	4,35	0,27 bis 0,12	0,54

Die kritische Dichte. Im kritischen Punkt ist $\dfrac{\partial v}{\partial p_T} = -\infty$ und aus $\dfrac{\partial v}{\partial T_p} = -\dfrac{\partial v}{\partial p_T}\cdot\dfrac{\partial p}{\partial T_v}$ folgt $\dfrac{\partial v}{\partial T_p} = \infty$, denn $\dfrac{\partial v}{\partial T_v}$ ist weder Null, noch unendlich. Dieser Umstand hat zur Folge, daß das kritische Volumen nicht leicht genau bestimmt werden kann. Die kleinsten Ungenauigkeiten in T und p haben große Abweichungen der Größe v von v_k zur Folge. Eine magnetisch getriebene Rührvorrichtung nach KUENEN ist daher erwünscht, da sonst die Temperatur im Gefäß nicht überall denselben Wert hat.

Aber infolge der Schwere kann der Druck im Gefäß nicht konstant sein, und auch das bedingt schon merkliche Abweichungen der Dichte unten und oben im Gefäß. Einerseits erlaubt eigentlich erst dieser Umstand die Wahrnehmung des kritischen Zustandes; denn sonst würde, wenn das Volum nicht genau das kritische wäre, der Meniskus bei Temperaturänderung entweder ganz oben oder ganz unten in der Röhre verschwinden, d. h. man würde bei der kritischen Temperatur immer in einem anderen Punkte als dem kritischen sein. Da nun aber durch den Einfluß der Schwere nicht eine Dichte, sondern eine ganze stetige Reihe vorkommt, läßt es sich so einrichten, daß man irgendwo in der Röhre gerade die kritische Dichte, d. h. den vollständig abgeplatteten Meniskus vorfindet. In welcher Höhe, das hängt dann von dem Totalvolum ab.

Andererseits erschwert dieser Umstand aber noch mehr die genaue Bestimmung der Dichte, da die Röhre nicht homogen gefüllt ist. Zur Bestimmung der kritischen Dichte (des kritischen Volums) benutzt man daher öfters eine indirekte Methode: man zeichnet das Diagramm (Abb. 9, Ziff. 33) für die MATHIASsche Mittellinie und sucht den Schnittpunkt der Mittellinie mit der Geraden $T = T_k$. Die Ordinate des Schnittpunktes ist die kritische Dichte. Die Methode kommt auf eine Extrapolation des Geraden-Mittellinie-Gesetzes bis zur kritischen Temperatur (welche experimentell bestimmt sein muß) hinaus.

13. Abweichungen vom Boyleschen Gesetz. Der Boyle-Punkt. Nach dem Boyleschen Gesetz ist $\left(\dfrac{\partial pv}{\partial v}\right)_T$ und $\left(\dfrac{\partial pv}{\partial p}\right)_T$ gleich Null. REGNAULT schloß aus seinen Beobachtungen, daß $\left(\dfrac{\partial pv}{\partial p}\right)_T$ für alle Gase bei Zimmertemperatur kleiner ist, d. h. daß die Gase leichter kompressibel sind, als sie es nach dem Boyleschen Gesetz sein würden. Nur Wasserstoff war weniger kompressibel. Hätte er auch Helium untersuchen können, so hätte er eine zweite Ausnahme gefunden.

AMAGAT leitet aus seinen Beobachtungen für CO_2 ein Diagramm ab, indem er für verschiedene Temperaturen die Kurven zeichnet, welche das Produkt pv als Funktion von p darstellen (Abb. 2).

Die Kurven zeigen auf jeder Isotherme einen Minimumwert für pv. Mittels Extrapolation fand AMAGAT, daß das Minimum bei $p = 0$ zu finden war bei einer Temperatur von $\pm 636°$ C oder $909°$ der Kelvinskala. Oberhalb jener Temperatur würde das Minimum fehlen und würden die Kurven von $p = 0$ an mit zunehmendem Drucke steigen.

Weil am Orte der Minima $\left(\dfrac{\partial pv}{\partial p}\right)_T = 0$ und weil dort also das Boylesche Gesetz für einen Augenblick erfüllt ist, kann man sie Boyle-Punkte nennen. Sie liegen auf einer parabelartigen Kurve, welche in der Abbildung gestrichelt ist. Besonders aber nennt man Boyle-Temperatur die Temperatur, bei welcher das Minimum bei $p = 0$ (bei unendlicher Verdünnung) gefunden wird.

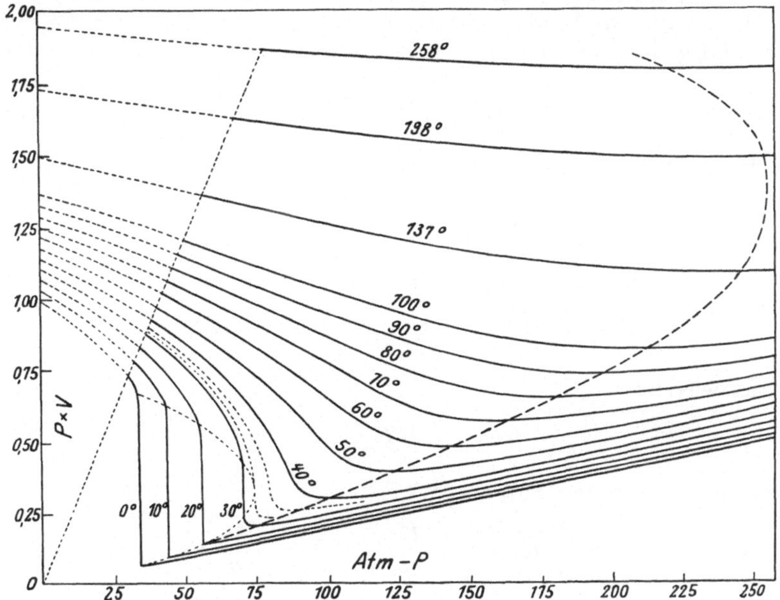

Abb. 2. pv als Funktion von p bei Isothermen von CO_2 nach AMAGAT.

Da der kritische Punkt für CO_2 bei $304°$ K liegt, ist die geschätzte Boyle-Temperatur $2{,}98$ mal die kritische. Dasselbe Verhältnis der beiden Temperaturen wird von LEDUC und SACERDOTE[1]) aus ihren Beobachtungen bei verschiedenen Gasen abgeleitet. Aus der Zustandsgleichung findet man mit konstanten Werten von a und b:

$$\left(\frac{\partial pv}{\partial p}\right)_T = \frac{\partial pv}{\partial v_T} \cdot \frac{\partial v}{\partial p_T} = \frac{-RT\dfrac{b}{(v-b)^2} + \dfrac{a}{v^2}}{-RT\dfrac{1}{(v-b)^2} + \dfrac{2a}{v^3}}; \tag{13}$$

$\left(\dfrac{\partial pv}{\partial p}\right)_T$ wird also positiv, Null oder negativ, je nachdem

$$RT > \quad \text{oder} \quad < \frac{a}{b}\left(1 - \frac{b}{v}\right)^2. \tag{14}$$

---

[1]) A. LEDUC, C. R. Bd. 124, S. 285. 1897.

Für den Boyle-Punkt $\left[\left(\dfrac{\partial p v}{\partial p}\right)_T = 0,\ \text{für}\ v = \infty\right]$ findet man:

$$RT_B = \frac{a}{b} = \frac{27}{8}\,RT_k = 3{,}375\,RT_k\,.\tag{14a}$$

Es zeigt sich also auch hier, daß die Hauptzustandsgleichung das Verhalten der Stoffe nicht quantitativ genau wiedergibt, denn die experimentelle Bestimmung des Boyle-Punktes ergab $RT_B = 2{,}98\,RT_k$. Daß man für das Verhältnis T_B/T_k bei verschiedenen Stoffen fast denselben Wert findet, ist in Übereinstimmung mit dem Korrespondenzgesetz (Ziff. 46 und 48).

Die gestrichelte Kurve der Minima von pv zeigt bei einer gewissen Temperatur einen Maximalwert für p. Das ist der Scheitel der parabelähnlichen Kurve. Die zu diesem Punkt gehörenden Werte T, p und v werden nach der Hauptzustandsgleichung auf folgende Weise gefunden. Aus der Gleichung:

$$RT = \frac{a}{b}\left(1 - \frac{b}{v}\right)^2\tag{14b}$$

und der Hauptzustandsgleichung folgt:

$$p = \frac{a}{b\,v} - \frac{2\,a}{v^2}\,.$$

Daraus folgt für den maximalen Wert von p:

$$\frac{\partial p}{\partial v_m} = \frac{-a}{b\,v^2} + \frac{4\,a}{v^3} = 0$$

und daraus wieder:

$$p = \frac{a}{8\,b^2}\,,\quad p\,v = \frac{8}{9}\,RT \quad \text{und} \quad RT = \frac{9}{16}\,\frac{a}{b}\tag{15a, b, c}$$

oder in kritischen Größen ausgedrückt:

$$v = \frac{4}{3}\,v_k\,,\quad p = \frac{27}{8}\,p_k\,,\quad T = \frac{243}{128}\,T_k\,.$$

D. Berthelot[1]) berechnet für diesen Punkt das Verhältnis RT/pv und findet statt 9/8 [Gleichung (15b)] für CO_2 1,25[2]), für Äthylen 1,20[2]) und für Luft 1,22[3]).

Tabelle 4 enthält noch einige Boyle-Temperaturen, wie sie aus den Beobachtungen von Kamerlingh Onnes und seinen Mitarbeitern im Leidener Laboratorium abgeleitet wurden, und ihr Verhältnis zur kritischen Temperatur.

Tabelle 4. Boyle-Temperaturen.

	Boyle-Temperatur °K	T_k	$\dfrac{T_B}{T_k}$		Boyle-Temperatur °K	T_k	$\dfrac{T_B}{T_k}$
He . . .	22,1	5,19	4,26	N_2 . . .	323,11	125,98	2,56
H_2 . . .	107,39	33,21	3,23	A	410,11	150,67	2,72
Ne . . .	115,11	44,38	2,59	O_2 . . .	423,11	154,29	2,74

Nach Gleichung (13) und (14) wird man $\left(\dfrac{\partial p v}{\partial p}\right)_T$ bei großem Volumen und niedriger Temperatur negativ finden. Bei steigender Temperatur wird die

[1]) D. Berthelot, Arch. Néerland. (2) Bd. 5, S. 433. 1900.
[2]) Nach Beobachtungen von Amagat, Ann. chim. et phys. (6) Bd. 29, S. 68. 1893.
[3]) Nach Beobachtungen von A. W. Witkowski, Bull. Acad. Krakau Bd. 23, S. 181. 1891; Phil. Mag. (5) Bd. 41, S. 288. 1896.

Größe beim Boyle-Punkt Null und bei noch höheren Temperaturen positiv, um sich bei $T = \infty$ einem bestimmten Grenzwert zu nähern. Nach HOLBORN und OTTO[1]) stimmt diese Beschreibung nicht genau mit dem wirklichen Verhalten von He, denn bei diesem Stoff geht der Differentialquotient $\left(\dfrac{\partial p v}{\partial p}\right)_T$ oberhalb des Boyle-Punktes durch ein Maximum und nimmt bei Temperaturen oberhalb $0°$ C mit steigender Temperatur ab. Für eine Entscheidung der Frage, ob es sich dem Werte Null nähert, wie REGNAULT und WILLIAM THOMSON erwartet haben, sind Beobachtungen bei noch höheren Temperaturen erforderlich. (Die Beobachtungen von HOLBORN und OTTO reichen bis $400°$ C.) Auch ist noch nicht zu entscheiden, ob andere Stoffe sich ähnlich verhalten. Nach dem Korrespondenzgesetz ist das nur bei sehr hohen Temperaturen zu erwarten, bei denen keine Beobachtungen vorliegen.

Das Verhalten von He ist wahrscheinlich durch eine Abnahme von b mit steigender Temperatur zu erklären.

Für die Bedeutung der in letzter Zeit angestellten ausführlichen Untersuchungen über $p v$ in der Nähe des Avogadroschen Zustandes vgl. Ziff. 21 u. 22.

14. Prüfung der Volumabhängigkeit an Isothermenbestimmungen. Über die Prüfung der Zustandsgleichung an einigen besonderen Punkten (kritischem Punkt und Boyle-Punkt) ist unter Ziff. 12 und 13 schon berichtet worden. Vollständiger kann man die Gleichung prüfen mit Hilfe der Isothermenbestimmungen.

Am häufigsten hat man dabei die Volumabhängigkeit des Druckes ins Auge gefaßt und daraus die Volumabhängigkeit der Größe b abgeleitet. Man stellt zu diesem Zwecke meistens eine Zustandsgleichung mit einigen Konstanten auf, in der die Abhängigkeit des Druckes p vom spezifischen Volumen explizit angegeben ist. Man berechnet dann für jede Isotherme die Werte der Konstanten, welche die beste Übereinstimmung mit den Beobachtungen gewähren. Man muß sich nun zwei Fragen stellen. Erstens, ob es möglich ist, die „Konstanten" überhaupt so zu wählen, daß sie bei der gewählten Form der Zustandsgleichung genügenden Anschluß an die Beobachtungen gestatten; zweitens, ob die für verschiedene Temperaturen berechneten „Konstanten" gleiche Werte haben oder ob sie Temperaturfunktionen sind; Volumfunktionen sind sie selbstverständlich nicht. Wenn die Experimente nicht gestatten, für verschiedene Temperaturen dieselben Konstanten zu wählen, ist das ein Beweis dafür, daß die physikalischen Größen, welche von den Konstanten repräsentiert werden, Temperaturfunktionen sind.

BRINKMAN[2]) prüfte die Zustandsgleichung in der Form:

$$p = \frac{R T}{v - b + \alpha \dfrac{b^2}{v} - \beta \dfrac{b^3}{v^2} + \gamma \dfrac{b^4}{v^3}} - \frac{a}{v^2}, \tag{5h}$$

in der $R T = (1 + a)(1 - b + \alpha b^2 - \beta b^3 + \gamma b^4)(1 + \alpha' t)$ zu setzen ist, mit Hilfe der Methode der kleinsten Quadrate, entsprechend der Minimumgleichung:

$$\sum \left\{ p - \frac{R T}{v - b + \alpha \dfrac{b^2}{v} - \beta \dfrac{b^3}{v^2} + \gamma \dfrac{b^4}{v^3}} + \frac{a}{v^2} \right\}^2 = \text{Min.}$$

---

[1]) L. HOLBORN u. J. OTTO, ZS. f. Phys. Bd. 27, S. 77. 1924.
[2]) C. H. BRINKMAN, Akad. Amsterdam Bd. 12, S. 758. 1903/04; Proc. Amsterdam Bd. 6, S. 510. 1903/04. Diss. S. 23 ff.

Er benutzte dafür die Beobachtungen von AMAGAT[1]) für Luft bei $15,7°$ C zwischen 100 und 3000 Atm. VAN RIJ[2]) tat dasselbe mit den Beobachtungen AMAGATS für O_2 bei $0°$ und für H_2 bei $0°$, $15,4°$, $47,3°$, $99,25°$ und $200,25°$. Sie fanden die in Tabelle 5 dargestellten Werte.

Tabelle 5. Konstanten der Reihenentwicklung nach BRINKMAN.
(Druckeinh. Atm; Volumeinh. ccm.)

	$10^6 a$	$10^6 b$	α	β	γ
Luft	2358,6	1852,0	0,3616	0,1325	0,05083
Sauerstoff	2631,8	1718,2	0,4207	0,1658	0,0489
Wasserstoff	150	900	0,35	0,10	0,01

HOLM berechnete aber in einer eingehenden Untersuchung über die Isothermen[3]) aus AMAGATS Versuchen die Werte der aufeinanderfolgenden Glieder des Nenners in Gleichung (5 h) und fand, daß das Glied mit $\dfrac{b^4}{v^3}$ keineswegs klein ist gegen die Summe der Glieder, wie die Tabelle 6 zeigt.

Er schließt daraus, daß die Glieder von noch höherem Grade für diese Volumina nicht mehr vernachlässigt werden können.

Tabelle 6.
Vergleichung der Größenordnung der Glieder in Gleichung (5 h).
(Druckeinh. Atm; Volumeinh. ccm.)

	$1 - \dfrac{b}{v}$	$+ \alpha\left(\dfrac{b}{v}\right)^2$	$- \beta\left(\dfrac{b}{v}\right)^3$	$+ \gamma\left(\dfrac{b}{v}\right)^4$	
Luft	1—1,26330	+0,57709	—0,26714	+0,12946	=0,17611
O_2	1—1,34234	+0,75805	—0,40103	+0,15877	=0,17345
H_2	1—0,88889	+0,27654	—0,07023	+0,00624	=0,32366

Der Koeffizient α liegt unweit des theoretischen Wertes 3/8 [vgl. Gleich. (5 e), β aber ist merklich größer.

D. BERTHELOT[4]) fand, daß die Beobachtungen von AMAGAT für CO_2 und Äthylen in dem Druckgebiet $p < p_k$ fast ebensogut von der Hauptzustandsgleichung (unkorrigiert) dargestellt werden als von der Gleichung mit dem ersten Gliede von $\Delta_p b$ (vgl. Ziff. 7). Für $p > p_k$ versagte die korrigierte Gleichung schon bei kleineren Drucken als die unkorrigierte Gleichung.

H. HAPPEL[5]) ist der Meinung, daß die Zustandsgleichung, welche man ableitet mit Hilfe der Annahme, daß die Moleküle Kugeln sind, nur für einatomige Gase Anwendung finden kann. Er prüft die Gleichung mit zwei theoretisch berechneten Korrektionsgliedern daher an den Beobachtungen von RAMSAY und TRAVERS[6]) für Argon, Krypton und Xenon, und den Beobachtungen von OLSZEWSKI[7]) für Argon. Er findet, daß seine Berechnungen die Richtigkeit der Gleichung bestätigen.

[1]) E. H. AMAGAT, Ann. chim. phys. (6) Bd. 29, S. 98. 1893.
[2]) G. VAN RY, Diss. Amsterdam 1908, S. 47 ff.
[3]) E. A. HOLM, Medd. Nobelinst. Stockholm Bd. 5. 1919; Ark. f. Mat., Astron. och Fys. Bd. 17, Nr. 1 u. 20. 1922/23.
[4]) D. BERTHELOT, C. R. Bd. 130, S. 115. 1900; Arch. Néerland. (2) Bd. 5, S. 442. 1900.
[5]) H. HAPPEL, Ann. d. Phys. Bd. 21, S. 342. 1906.
[6]) W. RAMSAY u. M. W. TRAVERS, ZS. f. phys. Chem. Bd. 38, S. 643. 1901.
[7]) K. OLSZEWSKI, ZS. f. phys. Chem. Bd. 16, S. 380. 1895.

Verschiedene Forscher prüften auch eine Gleichung der folgenden oder einer ähnlichen Form:

$$p = \frac{RT}{v}\left\{1 + \frac{b}{v} + \frac{5}{8}\frac{b^2}{v^2} + 0{,}2869\,\frac{b^3}{v^3}\right\} - \frac{a}{v^2}\,,$$

welche man bekommt, indem man den Bruch $\dfrac{1}{v-b}$ (mit Korrektionsgliedern) annäherungsweise berechnet [vgl. auch Ziff. 4, Gleichung (5 d)]. Bei großem Volumen zeigt diese Gleichung sich ebenso brauchbar wie (5 e). Wenn man aber versucht, sie auch bei kleinerem Volumen zu benutzen, finden verschiedene Autoren, daß sie merklich früher versagt, was auch zu erwarten war.

15. Prüfung der Temperaturabhängigkeit an Isothermenbestimmungen. Neben dieser Prüfung der Veränderlichkeit von p mit v ($T=$ konstant) ist die Frage nach der Veränderlichkeit von p mit T (was auf die Veränderlichkeit von a und b mit T hinauskommt) von prinzipieller Bedeutung. Sie ist aber nicht so ausführlich untersucht worden. DE LANGEN[1]) berechnete $\left(\dfrac{\partial p}{\partial T}\right)_v$ aus Beobachtungen von AMAGAT[2]) für CO_2 und Äthylen, von S. YOUNG[3]) für Isopentan und von KEESOM[4]) für CO_2. Er findet, daß die Größe bei kleiner Dichte (etwa kleiner als die kritische Dichte) mit steigender Temperatur abnimmt, bei großer Dichte aber zunimmt. Bei noch größerem Volumen wird sie merklich konstant (bei konstantem Volum). Nach der Hauptzustandsgleichung sollte sie nur Volumfunktion sein, also unabhängig von der Temperatur.

Er findet für Isopentan die folgende Tabelle. Die erste horizontale Reihe enthält die Volumina in einem Maße, in welchem das kritische Volum 4,266 beträgt.

Tabelle 7.

Veränderlichkeit der Größe $\left(\dfrac{\partial p}{\partial T}\right)_v$ mit dem Volumen und der Temperatur (Volumeinh. $v_k/4{,}266$).

°C	2,5	2,9	3,2	3,6	4,0	4,3	4,6	5,0	5,5	6,5	8	10	15	20	33	45	70
100	—	—	—	—	—	—	—	—	—	—	—	—	—	—	—	—	—
110	—	—	—	—	—	—	—	—	—	—	—	—	—	—	—	—	13,5
120	—	—	—	—	—	—	—	—	—	—	—	—	—	—	—	24	14,5
130	—	—	—	—	—	—	—	—	—	—	—	—	—	—	33	23	14,0
140	—	—	—	—	—	—	—	—	—	—	—	—	—	—	33,5	23,5	13,5
150	—	—	—	—	—	—	—	—	—	—	—	—	—	—	31,5	22	14,5
160	—	—	—	—	—	—	—	—	—	—	—	—	—	63	33,5	22	13,5
170	—	—	—	—	—	—	—	—	—	—	—	—	87	57,5	32,5	22	14,0
180	1100	710	—	—	—	—	—	—	—	—	—	—	83	57	32,5	21,5	12,0
190	1100	—	—	—	—	—	—	—	—	—	191	141	80	58	—	—	13,25
195	1140	752	610	478	418	384	368	334	302	248	190	140	80	—	30,2	—	13,0
200	—	—	—	498	428	390	356	326	296	242	186	140	84	56,5	—	22,2	13,2
210	—	782	622	507	432	395	364	329	293	238	181	135	81	56	—	—	—
220	—	792	648	515	443	396	357	323	288	233	178	132	79	58	30,8	22	13
230	—	—	653	529	439	395	364	327	287	234	177	132	78	56	—	—	13,5
240	—	—	—	543	463	418	373	328	288	232	177	134	78	55	31,2	21.8	—
250	—	—	—	—	446	400	373	331	287	227	176	132	81	—	—	—	—
260	—	—	—	—	—	403	364	324	286	221	170	128	76	54	32,5	21,5	13,0
270	—	—	—	—	—	—	—	333	286	230	176	131	78	—	—	—	—
280	—	—	—	—	—	—	—	—	279	222	164	124	74	54,5	31,5	23,5	14,25

[1]) Z. J. DE LANGEN, Diss. S. 21 ff. Groningen 1907.
[2]) E. H. AMAGAT, Ann. chim. phys. (6) Bd. 29, S. 98. 1893.
[3]) S. YOUNG, Proc. Phys. Soc. Bd. 13, S. 602. 1894/95.
[4]) W. H. KEESOM, Diss. Leiden 1904.

Schon vor de Langen hatte Sydney Young[1]) bemerkt, daß $\left(\dfrac{\partial^2 p}{\partial T^2}\right)_v < 0$ für $v <$ etwa v_k und umgekehrt. Ältere Beobachter hatten meistens die beobachteten Krümmungen der p, T-Linien ($v =$ konstant) auf Beobachtungsfehler geschoben[2]). Keesom[3]) fand das Youngsche Gesetz an seinen Beobachtungen für CO_2 bestätigt. Auch Amagats Beobachtungen für H_2, N_2, O_2, C_2H_4 und CO_2 stimmen mit demselben überein. Tamman[4]) findet bei sehr hohen Drucken $\left(\dfrac{\partial^2 p}{\partial T^2}\right)_v = 0$.

Abb. 3 stellt das nach den thermischen Beobachtungen der Youngschen Regel entsprechend konstruierte empirische p, T-Diagramm der Isochoren schematisch dar.

Andere Forscher, z. B. Reinganum[5]) und Hall[6]), berechnen:

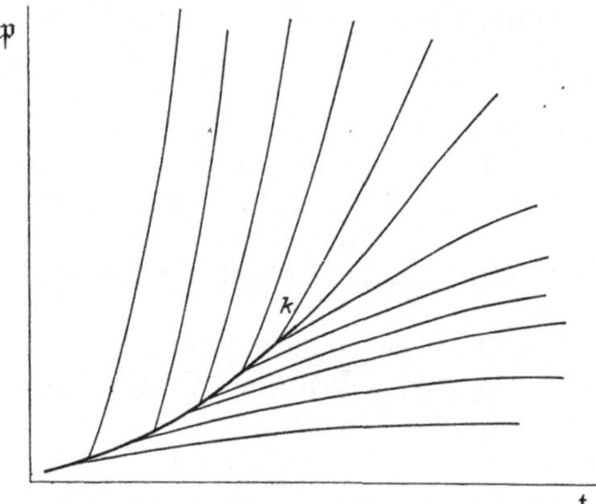

$$a = \left(T\,\frac{\partial p}{\partial T_v} - p\right)v^2 \qquad (16\text{a})$$

und

$$b = v - \frac{R}{\left(\dfrac{\partial p}{\partial T}\right)_v}, \qquad (16\text{b})$$

mit dem Zweck, zu untersuchen, ob a und b Konstante sind. Sie fanden jedoch, daß dies nicht der Fall ist. Diese Gleichungen würden aber nur gelten, falls a und b konstant wären. Die Tatsache, daß die Prüfung keine Konstanten ergab, zeigt, daß die Grundlagen der Rechnung nicht zutreffen und daß also auch aus ihnen keine Folgerungen gezogen werden dürfen.

Abb. 3. p, t Isochoren für Dampf und Flüssigkeit.

Hall berechnete noch Werte für a aus der inneren Verdampfungswärme. Auch diese Werte sind nicht richtig, wenn a keine Konstante ist.

Van der Waals[7]) wies nach, daß die Annahmen $a = a_0\,\dfrac{T_k}{T}$ (Clausius) und $a = a_0\,e^{1 - \frac{T}{T_k}}$ keine Rechenschaft von den tatsächlich gefundenen Werten von f geben können (vgl. Ziff. 32). Er suchte[8]) die Erklärung der Abweichungen in einer Gruppenbildung der Moleküle (vgl. Ziff. 5), was Korrektionen an R und b (prinzipiell auch an a) veranlaßt.

---

[1]) Sidney Young, The thermal Properties of Isopentane. Proc. Phys. Soc. Bd. 13, S. 602. 1895.

[2]) W. Ramsay u. S. Young, Phil. Mag. (5) Bd. 23, S. 435. 1887; E. Mack, C. R. Bd. 132, S. 1035. 1901.

[3]) W. H. Keesom, Comm. Leiden 1903, Nr. 88, S. 54.

[4]) G. Tammann, Göttinger Nachr. 1911, S. 527.

[5]) M. Reinganum, Diss. Göttingen 1899.

[6]) E. H. Hall, Boltzmanns Festschr. 1904, S. 899.

[7]) J. D. van der Waals, Akad. Amsterdam Bd. 12, S. 82. 1903; Proc. Amsterdam Bd. 6, S. 123. 1903.

[8]) J. D. van der Waals, Akad. Amsterdam Bd. 19 I, S. 78. 1910; Proc. Amsterdam Bd. 13 I, S. 107. 1910.

VAN LAAR[1]) berechnete a und b bei verschiedenen Temperaturen und Volumina für verschiedene Stoffe. Er findet, daß a und b beide mit steigender Temperatur abnehmen; z. B. für H_2 findet er:

Ähnliche und noch stärkere Temperaturabhängigkeiten findet er bei He, CH_3Cl, A und CO_2. Auch für Flüssigkeitsvolumina findet er bei $\frac{1}{2} T_k$ Werte für a, welche etwa 1,4- bis 1,5 mal so groß sind wie bei T_k; H_2 und He sind hier aber Ausnahmen.

Tabelle 8. Temperaturabhängigkeit von a und b bei H_2 (Druckeinheit Atm.; Volumeinheit ccm).

°K	$a_\infty \cdot 10^6$	$b_\infty \cdot 10^6$
14	700	1860
33,2	487	1240
293	380	970

16. Die empirische Zustandsgleichung von KAMERLINGH ONNES. KAMERLINGH ONNES[2]) stellte seine Beobachtungen mit Hilfe einer empirischen Gleichung dar:

$$p v = A + \frac{B}{v} + \frac{C}{v^2} + \frac{D}{v^4} + \frac{E}{v^6} + \frac{F}{v^8}. \qquad (5\,\mathrm{i})$$

Die Koeffizienten werden Temperaturfunktionen sein, nämlich:

$$A = RT,$$

$$B = b_1 T + b_2 + \frac{b_3}{T} + \frac{b_4}{T^2} + \text{ usw.}$$

$$C = c_1 T + c_2 + \frac{c_3}{T} + \frac{c_4}{T^2} + \text{ usw. usw.}$$

Außer dieser Form hat er noch verschiedene andere Formen versucht (vgl. KAMERLINGH ONNES, l. c. S. 7); er hat aber Gleichung (5 i) als die brauchbarste gefunden. Er berechnet die Koeffizienten für verschiedene Stoffe und findet die Gleichung in guter Übereinstimmung mit den Experimenten; z. B. berechnen KAMERLINGH ONNES und CROMMELIN[3]) aus ihrer Isothermenbestimmung für Argon die folgende Tabelle:

Tabelle 9. Virialkoeffizienten für Argon nach KAMERLINGH ONNES [vgl. Gl. (5 i)] (Druckeinh. Atm.; Volumeinh. v für $p = 1$ und $t = 0$).

t	A	$10^3\,B$	$10^6\,C$	$10^{12}\,D$	$10^{18}\,E$	$10^{24}\,F$
$+\ 20,39°$	$+1,07545$	$-0,60271$	$+0,66360$	$+4,32836$	—	—
$0,00°$	$+\mathbf{1,00074}$	$-0,73969$	$+0,00487$	$+3,09635$	—	—
$-\ 57,72°$	$+0,78922$	$-1,30460$	$+1,64016$	$-0,67139$	—	—
$-\ 87,05°$	$+0,68174$	$-1,63902$	$+2,12711$	$-2,83014$	$+10,5566$	—
$-102,51°$	$+0,62511$	$-1,81649$	$+2,28125$	$-4,10121$	$+10,4013$	—
$-109,88°$	$+0,59810$	$-1,92881$	$+2,57060$	$-4,76310$	$+10,3251$	—
$-113,80°$	$+0,58372$	$-1,97263$	$+2,36239$	$+2,40001$	$+10,2947$	—
$-115,86°$	$+0,57617$	$-2,03892$	$+2,74407$	$-2,15810$	$+10,2857$	$-2,35600$
$-116,62°$	$+0,57340$	$-2,02273$	$+2,56235$	$-1,20499$	$+10,2806$	$-2,31432$
$-119,20°$	$+0,56393$	$-2,04406$	$+2,31445$	$+0,65126$	$+10,2759$	$-2,17669$
$-120,24°$	$+0,56012$	$-2,05472$	$+2,50248$	$-0,67211$	$+10,2764$	$-2,12239$
$-121,21°$	$+0,55658$	$-2,05084$	$+2,37741$	$+0,13359$	$+10,2785$	$-2,07246$

---

[1]) J. J. VAN LAAR, Zustandsgleichung, S. 12 ff., im Anschluß an seine älteren Abhandlungen.
[2]) H. KAMERLINGH ONNES, Comm. Leiden Nr. 71. 1901 u. Nr. 74. 1901.
[3]) H. KAMERLINGH ONNES u. C. A. CROMMELIN, Comm. Leiden Nr. 118b, S. 24. 1910.

Die Konstanten A, B, C usw. werden erster, zweiter (usw.) Virialkoeffizient genannt. Über ihre Berechnung nach Keesom bei speziellen Annahmen über die Wirkung der molekularen Kräfte s. Ziff. 20. Meistens aber werden sie nur empirisch bestimmt, und die Formel wird als empirische Formel für die Zusammenfassung der experimentellen Daten benutzt.

17. Additive Eigenschaften der Größe b. Der Quotient $\dfrac{T_K}{p_K}$ ist für verschiedene Stoffe annäherungsweise proportional der Größe b. Van der Waals[1]) berechnete diesen Quotient für verschiedene homologe Reihen organischer Verbindungen und fand, daß er für je CH_2 um im Mittel 2,76 größer wird. So fand er:

Tabelle 10. Additivität von $b \infty T_K/p_K$.

	$\begin{array}{c}T_K\\ {}^\circ K\end{array}$	$\begin{array}{c}p_K\\ \text{Atm.}\end{array}$	$\dfrac{T_K}{p_K}$	Berechnet
Methan	191,2	54,9	3,483	3,483
Äthan	305,15	48,86	6,2456	6,243
Propan	370	45	8,2222	9,003
Pentan	470,2	33,03	14,236	14,523
Isopentan	460,8	32,93	14	14,523
Hexan	507,8	29,76	17,06	17,283
Heptan	539,9	26,86	20,01	20,043
Oktan	569,2	24,64	23,1	22,803
Dekan	603,4	21,3	28,35	28,323

Unter „Berechnet" findet man die Werte, welche man bekommt, wenn man den Wert von Methan für jede Gruppe CH_2 um 2,76 vermehrt. Aus

$$C + 4\,H = 3{,}483 \quad \text{und} \quad C + 2\,H = 2{,}76$$

findet man:

$$C = 2{,}037 \quad \text{und} \quad H = 0{,}3615\,.$$

Dasselbe Volum kann man aber nicht für das Atom in jeder Verbindung annehmen. Aus H_2 würde man für das H-Atom in demselben Maße 0,825 finden. Auch für C ergab sich nicht immer derselbe Wert. In zyklischen Verbindungen ist C kleiner als in gesättigten Kohlenwasserstoffen. Für Benzol findet man nur 11,73 statt 14,5.

Ph. A. Guye[2]) hatte schon viel früher (im Jahre 1890) die Größe b aus dem Brechungsindex n verschiedener Stoffe berechnet, da nach ihm $\dfrac{n^2 - 1}{n^2 + 2}$ einfach der Raumerfüllung proportional ist. Er findet für das so bestimmte b additive Eigenschaften, wobei aber auf verschiedene Weise gebundene Atome verschiedene Beiträge für den Wert von b liefern.

Van Laar[3]) hat ausführliche Berechnungen an verschiedenen Stoffen ausgeführt und seine Resultate für die Additivität der b in einigen Publikationen mitgeteilt.

Auch Berger[4]) findet additive Eigenschaften für b, ohne jedoch die Unterschiede zu bemerken, welche z. B. zwischen C in zyklischen und nichtzyklischen Verbindungen bestehen und welche von van Laar bestätigt sind. Er bringt die additiven Eigenschaften in Zusammenhang mit der Koppschen Regel.

---

[1]) J. D. van der Waals, Akad. Amsterdam Bd. 22, S. 782 u. 1125. 1914; Proc, Amsterdam Bd. 16, S. 880 u. 1076. 1914.
[2]) Ph. A. Guye, Journ. de phys. (2) Bd. 9, S. 312. 1890.
[3]) J. J. van Laar, Zustandsgleichung, S. 176 ff. (Zusammenfassung seiner Resultate).
[4]) J. Berger, ZS. f. phys. Chem. Bd. 115, S. 1. 1925.

18. Additive Eigenschaften der Größe a. Einige Forscher meinen, die a-Werte der chemischen Verbindungen additiv aus den Werten für die einzelnen Atome zusammensetzen zu können. So z. B. J. BERGER, welcher die Zunahme von a durch Einführung einer CH_2-Gruppe in homologe organische Verbindungen berechnet. Er hat die a-Werte auf eine eigentümliche[1]) Weise aus der Wärmeausdehnung berechnet.

Andere Forscher, besonders VAN LAAR (l. c.) meinen, daß $\sqrt{a}$ additiv aus den Werten für die einzelnen Atome zusammengesetzt ist. Ein derartiger Zusammenhang scheint a priori eher annehmbar, da die molekulare Anziehung ein Produkt der Eigenschaften der einzelnen Moleküle sein wird. Diese Annahme stimmt überein mit der Annahme von D. BERTHELOT für Gemische, daß nämlich a_{12} gleich $\sqrt{a_1 a_2}$ sein soll (vgl. Kap. 4 dieses Bandes). Doch würde man erwarten, daß die Verhältnisse wohl ein wenig komplizierter liegen. Und der Umstand, daß VAN LAAR annehmen muß, daß C-Atome in CH_4, die N- und P-Atome in NH_3 und PH_3 einen Beitrag Null zu $\sqrt{a}$ liefern, weil sie „abgeschirmt" sind, ist nicht zu vereinbaren mit der Idee, welche der Annahme der Additivität zugrunde liegt.

Tabelle 11. Additivität von a (Druckeinh. Atm.; Volumeinh. ccm).

Stoff	$10^{-6} \cdot a$	$10^{-6} \cdot \varDelta a$	$\sqrt{10^{-6}a}$	$\varDelta \sqrt{10^{-6}a}$
Methan	1,2	—	1,10	—
Äthan	3,4	2,2	1,84	0,74
Propan	5,6	2,2	2,37	0,53
n-Butan	8,4	2,8	2,90	0,53
n-Pentan	11,3	2,9	3,36	0,46
n-Hexan	14,56	3,2	3,82	0,46
n-Heptan	17,80	3,3	4,22	0,40
n-Oktan	21,60	3.2	4,65	0,43
Dekan	27,4	3,2	5,23	0,58
Äthylen	2,6	—	1,61	—
Propylen	5,2	2,6	2,28	0,67
Butylen	8,1	2,9	2,85	0,57
Amylen	11,0	2,9	3,32	0,47
Methylalkohol . . .	4,98	—	2,23	—
Äthylalkohol . . .	7,43	2,45	2,73	0,50
Methylazetat . . .	8,79	—	2,96	—
Äthylazetat	11,12	2,33	3,33	0,37
Propylazetat . . .	14,18	3,06	3,77	0,44
Ameisensäure . . .	5,23	—	2,29	—
Essigsäure	7,92	2,69	2,81	0,52

Die Werte $\sqrt{a}$ und $\varDelta \sqrt{a}$ in der 4. und 5. vertikalen Spalte sind nicht von BERGER, sondern vom Referenten hinzugefügt. Wenn man die Extremwerte für $\varDelta \sqrt{a}$, nämlich 0,74 und 0,37 ausnimmt, ist die Konstanz eher besser als schlechter wie bei $\varDelta a$. Außerdem zeigen die Werte der $\varDelta a$ eine ausgesprochene Neigung, mit dem Atomgewicht zu wachsen, während die $\varDelta \sqrt{a}$-Werte keinen regelmäßigen Gang zeigen.

VAN LAAR nimmt für H 3,2, in organischen Verbindungen aber 1,6; für O 2,7; für Cl 5,4; für C 3,1; bei Doppelbindungen aber 1,55 und bei einfachen gesättigten Bindungen 0 usw. So findet er u. a. die Zahlen der folgenden Tabelle:

---

[1]) J. BERGER, ZS. f. phys. Chem. Bd. 111, S. 129. 1924.

Tabelle 12. Berechnung von a mittels der additiven Eigenschaften.

		$10^2 \sqrt{a}$ aus $a = R T_k b_k \dfrac{27}{8\lambda}$
HCl	$3,2 + 5,4 = 8,6$	8,6 bis 8,3
H_2O	$2 \cdot 3,2 + 2,7 = 9,1$	10,1 (Assoziation!)
CH_4	$0 + 4 \cdot 1,6 = 6,4$	6,1 bis 6,7
CO	$3,1 + 2,7 = 5,8$	5,5
CO_2	$3,1 + 2 \cdot 2,7 = 8,5$	8,5
C_2H_6	$0 + 6 \cdot 1,6 = 9,6$	10,5
C_5H_{12}	$0 + 12 \cdot 1,6 = 19,2$	19,7
C_8H_{18}	$0 + 18 \cdot 1,6 = 28,8$	27,7
C_2H_4	$2 \cdot 1,55 + 4 \cdot 1,6 = 9,5$	9,5
i C_5H_{10}	$2 \cdot 1,55 + 3 \cdot 0 + 10 \cdot 1,6 = 19,1$	19,2
C_6H_6	$6 \cdot 1,55 + 6 \cdot 1,6 = 18,9$	19,6
C_7H_8	$6 \cdot 1,55 + 1 \cdot 0 + 8 \cdot 1,6 = 22,1$	22,2
CH_3Cl	$0 + 3 \cdot 1,6 + 5,4 = 10,2$	11,7
$CHCl_3$	$0 + 1,6 + 3 \cdot 5,4 = 17,3$	17,6
CCl_4	$0 + 4 \cdot 5,4 = 21,6$	20,0
C_6H_5Cl	$6 \cdot 1,55 + 5 \cdot 1,6 + 5,4 = 22,7$	22,9

Die stark assoziierenden Alkohole und organischen Säuren geben eine viel schlechtere Übereinstimmung.

19. Gesetz der molekularen Anziehung. Über das Gesetz der molekularen Anziehung ist nicht viel mit Sicherheit bekannt. In Ziff. 3 sahen wir, daß die molekulare Anziehung wenigstens schneller als $\dfrac{c}{r^4}$ mit wachsender Entfernung gegen Null gehen muß, damit von einem Druck die Rede sein kann, welcher eine Funktion von v und T ist, unabhängig von der Form und Menge der gegebenen Flüssigkeit.

Denkt man sich eine Flüssigkeitssäule, deren Durchschnitt 1 cm² beträgt. Die Flüssigkeitsmengen zu beiden Seiten eines senkrechten Querschnittes werden einander mit einer Kraft $\dfrac{a}{v^2}$ anziehen. Wenn man aber die beiden Flüssigkeitsmengen voneinander getrennt denkt, ist die Oberfläche mit 2 cm² vermehrt, und annäherungsweise[1]) kann man die geleistete Arbeit dem Energiezuwachs gleichsetzen. Dieser Energiezuwachs aber ist (falls man den Prozeß isotherm ausgeführt denkt) 2γ, wenn man die Kapillarkonstante γ nennt.

Aus dem Verhältnis dieser Arbeit und dieser Kraft berechnete van der Waals, daß die molekulare Anziehung nur in sehr kleinen Entfernungen einen merkbaren Wert hat. Wenn er die Kraft konstant setzte, fand er, daß sie nur merkbar sein sollte, wenn die gegenseitige Entfernung der Moleküle etwas kleiner als der molekulare Radius war.

Genauere Annahmen über das Kraftgesetz sind von Rayleigh[2]) und von van der Waals[3]) gemacht worden. Ersterer setzte die Energie zweier Moleküle in einer gegenseitigen Entfernung r gleich $U = \beta^{-1} e^{-\beta r}$ (β = eine Konstante). Letzterer setzte $U = \dfrac{f}{r} e^{-\frac{r}{L}}$, wo f und L Konstante sind. Er erklärte dieses Gesetz als eine Newtonsche Anziehung, wobei aber die Kraftlinien vom Raume oder von der umgebenden Flüssigkeit absorbiert werden.

---

[1]) Weil die Kapillarkonstante eine Funktion der Temperatur ist, und infolgedessen die adiabatische Zerreißung der Säule eine Temperaturänderung herbeiführen würde, ist die Arbeit nicht gleich dem Zuwachs der Energie, sondern der freien Energie, und diese ist eben 2γ.
[2]) Rayleigh, Phil. Mag. (5) Bd. 30, S. 285. 1890.
[3]) J. D. van der Waals, Thermodynamische Theorie der Kapillarität unter Voraussetzung stetiger Dichteänderung. ZS. f. phys. Chem. Bd. 13, S. 657. 1894.

Auf dieses Gesetz kann eine Theorie der Kapillarität gegründet werden.

20. Bipole und Quadrupole.. REINGANUM[1]) und SUTHERLAND[2]) haben schon die Meinung ausgesprochen, daß die molekulare Kraftwirkung elektrischer Natur sei. Sie betrachteten die Moleküle als elektrische Dipole und schlossen, daß die molekularen Kräfte sich umgekehrt wie die vierte Potenz der Entfernung ändern würden.

VAN DER WAALS JR.[3]) bemerkte, daß die Dipolkräfte ebenso oft abstoßend wie anziehend wirken, wenn die Dipolachsen der Moleküle ihre Richtungen im Raume nicht infolge ihrer gegenseitigen Kräfte orientiert haben. Nach dem BOLTZMANNschen Gesetz ist die Wahrscheinlichkeit, daß die Achse eines Moleküls mit dem Moment μ in einem elektrischen Felde von der Stärke E einen Winkel zwischen φ und $\varphi + d\varphi$ mit der Richtung von E bildet:

$$\tfrac{1}{2}\sin\varphi\, d\varphi\, e^{\frac{\mu E \cos\varphi}{kT}}.$$

Zieht man dieses in Betracht, so resultiert eine Anziehung. Die mittlere potentielle Energie zweier Moleküle in der Entfernung r wird gefunden, wenn c für $\dfrac{\mu^2}{r^3 kT}$ gesetzt wird, zu

$$U = -kTc\left(\frac{\int_1^2 (e^{cx}+e^{-cx})\dfrac{x\,dx}{\sqrt{x^2-1}}}{\int_1^2 (e^{cx}-e^{-cx})\dfrac{dx}{\sqrt{x^2-1}}} - \frac{1}{c}\right).$$

Dieser Ausdruck reduziert sich

$$\text{für}\quad T = 0 \quad \text{zu}\quad U = -\frac{2\mu^2}{r^3},$$

$$\text{und für}\quad T = \infty \quad \text{zu}\quad U = -\frac{2}{3}\frac{\mu^4}{r^6 kT}.$$

KEESOM[4]) berechnet bei denselben Voraussetzungen den zweiten Virialkoeffizienten B der empirischen Zustandsgleichung (vgl. Ziff. 16).

Zum Vergleich berechnet er auch den Koeffizienten B unter der Voraussetzung, daß die Moleküle starre Kugeln sind mit dem Radius $\tfrac{1}{2}\sigma$, welche sich nach dem Gesetz $U = -\dfrac{c}{r^q}$ anziehen. Er findet in diesem Fall:

$$B = \frac{n}{2}\cdot\frac{4}{3}\pi\sigma^3\left\{1 - \frac{3}{q-3}hv - \frac{1}{2!}\frac{3}{2q-3}(kv)^2 - \frac{1}{3!}\frac{3}{3q-3}hv^3 - \cdots\right\},\quad (17a)$$

wenn man $\dfrac{c}{\sigma^q} = v$ und $\dfrac{1}{kT} = h$ setzt.

Wenn die Moleküle starre Bipole sind, welche einander nach dem oben gegebenen Bipolgesetz anziehen, findet er $\left(\text{mit } \dfrac{\mu^2}{\sigma^3} = v\right)$:

$$B = \frac{n}{2}\cdot\frac{4}{3}\pi\sigma^3\left\{1 - \frac{1}{3}(hv)^2 - \frac{1}{75}(hv)^4 - \frac{29}{55\,125}(hv)^6 - \cdots\right\}.\quad (17b)$$

[1]) M. REINGANUM, Phys. ZS. Bd. 2, S. 241. 1901; Ann. d. Phys. Bd. 10, S. 334. 1903.
[2]) W. SUTHERLAND, Phil. Mag. (6) Bd. 4, S. 625. 1902.
[3]) J. D. VAN DER WAALS JR., Akad. Amsterdam Bd. 17, S. 130. 1908; Bd. 20, S. 1268. 1912; Proc. Amsterdam Bd. 11, S. 132. 1908; Proc. Amsterdam Bd. 14, S. 1111. 1912.
[4]) W. H. KEESOM, Akad. Amsterdam Bd. 20, S. 1406. 1912; Proc. Amsterdam Bd. 15, S. 256. 1913.

In einer folgenden Arbeit[1]) findet Keesom, daß die Ergebnisse der Beobachtungen von Kamerlingh Onnes und seinen Mitarbeitern über H_2 zwischen $-100°$ und $+100°$ C mit der Formel in Einklang stehen. bei niedrigeren Temperaturen, speziell unterhalb des Boyle-Punktes, bestehen indessen bedeutende Abweichungen.

Auch für O_2 (Versuche von Amagat) findet er die Formel zwischen $0°$ und $200°$ C bestätigt.

Bei N_2 (nach Amagat) findet er schon Abweichungen in dem Temperaturbereich zwischen $0°$ und $200°$ C. Er findet:

$$\text{für } H_2, \quad \sigma = 2,21 \cdot 10^{-8} \text{ cm}, \quad \mu = 4,96 \cdot 10^{-19} \text{ el.st. Einh.-cm},$$
$$\text{,, } O_2, \quad \sigma = 2,27 \cdot 10^{-8} \text{ ,, }, \quad \mu = 9,47 \cdot 10^{-19} \text{ ,, } \qquad \text{,, } \quad .$$

Für einatomige Gase und für H_2 unterhalb des Boyle-Punktes benutzt Keesom (17a). Für H_2 findet er $q = 4$ (d. h. die Kräfte sind umgekehrt proportional der fünften Potenz der Entfernung), was auch bei He ziemlich gut stimmt.

Zwei Atome, von welchen jedes ein Bipolmoment hat, können sich zu einem Molekül mit Quadrupolmoment zusammensetzen. Keesom[2]) nimmt an, daß die Achsen der Atome in derselben Linie, aber in entgegengesetzter Richtung liegen. Das elektrische Potential der Quadrupole ist dann durch eine zonale Kugelfunktion dritter Ordnung gegeben. Für den Koeffizienten B findet er in diesem Fall $\left(\text{mit } \dfrac{3}{4}\dfrac{\mu_2^2}{\sigma^5},\ \mu_2 = \text{Quadrupolmoment}\right)$:

$$\left. \begin{aligned} B = \frac{n}{2} \cdot \frac{4}{3}\, \pi\, \sigma^3\, [1 &- 1{,}0667\,(h\,v)^2 + 0{,}1741\,(h\,v)^3 \\ &- 0{,}4738\,(h\,v)^4 + 0{,}6252\,(h\,v)^5 - 0{,}2360\,(h\,v)^6 \\ &+ 0{,}1355\,(h\,v)^7 - 0{,}1019\,(h\,v)^8 - \cdots]. \end{aligned} \right\} \tag{17c}$$

Bei nicht sehr tiefen Temperaturen ist der Unterschied zwischen (17b) und (17c) nicht groß. Sei B_∞ der Wert von B für $T = \infty$, so findet man nach Keesom die folgenden Werte für $\dfrac{B}{B_\infty}$ für verschiedene Temperaturen (siehe Tabelle 13), welche gegeben sind in ihrem Verhältnis zur Inversionstemperatur des Joule-Kelvin-Prozesses.

Tabelle 13. Temperaturabhängigkeit des Virialkoeffizienten B nach Keesom.

$\dfrac{T}{T_{JK}}$	$\dfrac{B}{B_\infty}$			
	Quadrupole	Bipole	Hauptzustandsgleichung	Gleichung von Clausius-Berthelot
0,75	0,413	0,404	0,333	0,407
1	0,660	0,675	0,5	0,667
1,5	0,847	0,859	0,667	0,852
2	0,914	0,921	0,75	0,917
3	0,961	0,965	0,833	0,963
4	0,978	0,980	0,875	0,979

---

[1]) W. H. Keesom, Akad. Amsterdam Bd. 21, S. 492 u. 678. 1912; Proc. Amsterdam Bd. 15, S. 417, 643. 1912.

[2]) W. H. Keesom u. W. H. Keesom u. Fräulein C. van Leeuwen, Comm. Leiden, Suppl. 39 a, b, c.

Zur Prüfung dieser Werte für $\dfrac{B}{B_\infty}$ an den Beobachtungen bei H_2 sei auf Abb. 4 verwiesen.

Die Beobachtungen gestatten also keine Entscheidung zwischen der Voraussetzung der Bipole und der Quadrupole.

KEESOM findet für H_2 $\sigma = 2,32 \cdot 10^{-8}$ cm und $\mu_2 = 2,03 \cdot 10^{-26}$ el.-st. Einh./cm^2. Er[1]) berechnet auch den dritten Virialkoeffizienten für den Fall zentraler Kräfte.

DEBYE[2]) änderte die Voraussetzungen über die molekulare Anziehung noch in der Weise ab, daß er voraussetzte, daß die Moleküle Dipole sind, deren Moment von den elektrischen Kräften geändert werden kann. Die molekulare Anziehung rührt nach ihm nicht so sehr von der Orientierung der Moleküle in ihrem gegenseitigen Felde her, als von den Momenten, welche die benachbarten Moleküle ineinander induzieren. Das Verhältnis zwischen dem induzierenden Feld und dem induzierten Moment berechnete er aus der Dispersion.

So findet er Kräfte, welche sich umgekehrt proportional der siebenten Potenz der Entfernung ändern. Bei Quadrupolen tritt die neunte Potenz an die Stelle der siebenten.

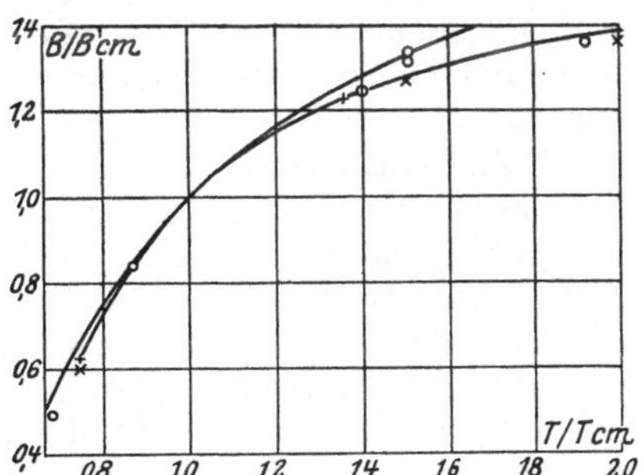

Abb. 4. Veränderlichkeit des Virialkoeffizienten B mit der Temperatur. Obere Kurve für die Hauptzustandsgleichung. Untere Kurve für Quadrupole.

× Für Bipole.
o Experimental für H_2.

Er berechnet auch das Verhältnis der Kapillarkonstante γ zu dem Druck $\dfrac{a}{v^2}$ und ist so imstande, für einen Stoff, dessen a er kennt, die Größe γ im voraus zu berechnen. Benutzt er das aus den kritischen Daten berechnete $a = a_K$, so findet er bedeutend zu kleine Werte für γ. Benutzt er aber das aus der latenten Verdampfungswärme berechnete $a = a_v$, so stimmt die Kapillarkonstante ziemlich gut (vgl. Tabelle 14).

Tabelle 14. Berechnung der Kapillarkonstante γ in dyn/cm aus a.

	a_K Dyne cm^4 aus krit. Daten	γ Dyne cm^{-1} aus a_K	a_v Dyne cm^4 aus Verdampfungswärme	γ Dyne cm^{-1} aus a_v	γ beobachtet
$C_4H_{10}O$	$17,5 \cdot 10^{12}$	24	$30 \cdot 10^{12}$	41	46
C_6H_6	$18,9$	34	29	52	59
C_6H_{14}	24,9	24	42	40	42
CS_2	11,3	38	17	57	72

Die von DEBYE berechneten Quadrupolmomente sind nach KEESOM[3]) aber merklich zu groß.

KEESOM bemerkt aber selber, daß seine Virialkoeffizienten sich ändern würden, wenn er die Annahme, daß die Moleküle starre Kugeln sind, durch eine andere ersetzte. Die Werte der Momente sind daher noch nicht als genau bekannt zu betrachten. Selbst die Frage, ob die Annahme von Bipol- oder

[1]) W. H. KEESOM u. Frau C. NORDSTRÖM-VAN LEEUWEN, Akad. Amsterdam Bd. 27, S. 441 u. 678. 1918; Proc. Amsterdam Bd. 21, S. 593 u. 602. 1919.
[2]) P. DEBYE, Phys. ZS. Bd. 21, S. 178. 1920.
[3]) W. H. KEESOM, Akad. Amsterdam Bd. 30, S. 199. 1921; Proc. Amsterdam Bd. 24, S. 162. 1922.

Quadrupolmomenten in den betrachteten Fällen genügt, ist noch nicht als gelöst zu betrachten.

21. Bestimmung der Gaskonstanten R und der Molekulargewichte. Das Volum, das eine molekulare Menge eines Stoffes bei 0° C und 1 Atm. Druck einnehmen würde, wenn die Gesetze von BOYLE und GAY-LUSSAC streng gültig wären, wird theoretisches Normalvolum genannt. Ist das theoretische Normalvolum bekannt, só ist auch die absolute Gaskonstante R bekannt.

Die theoretischen Normaldichten zweier Stoffe verhalten sich wie ihre Molekulargewichte und können also zur Molekulargewichtsbestimmung benutzt werden.

Wählt man Sauerstoff, so hat man zur Bestimmung des theoretischen Normalvolums erst das empirische Normalvolum genau zu bestimmen, d. h. das Volum eines Mol (bei O_2 genau 32 g) bei 0° C und 1 Atm., und dann hat man mittels der Abweichungen vom BOYLE-GAY-LUSSACschen Gesetz die Korrektion zu bestimmen, welche das empirische in das theoretische Normalvolum überführt.

Für die Molekularbestimmung eines anderen Stoffes hat man dann eine Gasdichtebestimmung auszuführen und den Umrechnungsfaktor festzustellen.

Die Notwendigkeit der Umrechnung ist von KAMERLINGH ONNES[1] ausgesprochen, von A. LEDUC[2] berücksichtigt und von D. BERTHELOT[3] und VAN DER WAALS[4] aus der Hauptzustandsgleichung berechnet worden.

Entlehnt man aber — was BERTHELOT die indirekte Methode nennt — zur Ermittlung des Umrechnungsfaktors das a und b der Zustandsgleichung aus den kritischen Daten, so fälscht die Veränderlichkeit des a und b das Resultat.

Besser ist daher die von BERTHELOT „direkt" genannte Methode, nach welcher in erster Annäherung

$$p_0 v_0 = R T_0 + (R T_0 b - a) \frac{1}{v_0} \tag{18}$$

ist. Den Koeffizienten $(R T_0 b - a)$ bestimmt man mit Hilfe einer zweiten Beobachtung des Volums (v_1) bei einem anderen Druck (p_1), aber derselben Temperatur T_0. Man hat dann die Gleichung:

$$\frac{p_1 v_1}{p_0 v_0} - 1 = \frac{(R T_0 b - a)}{p_0 v_0} \left(\frac{1}{v_1} - \frac{1}{v_0} \right),$$

welche also nur in erster Annäherung gilt. Mit derselben Genauigkeit kann man $\frac{1}{v}$ durch $\frac{p}{RT}$ ersetzen.

Für Stoffe, für welche bei 0° C und 1 Atm. die Abweichungen vom BOYLE-GAY-LUSSACschen Gesetz klein sind, ist die gegebene Annäherung genügend, wenn man $p_0 - p_1$ nicht zu groß wählt. Sonst kann man pv weiter in einer Reihe entwickeln:

$$pv = A \{1 + B^{(p)} p + C^{(p)} p^2 + \cdots \}.$$

Man hat dann zwei Kompressibilitätsbestimmungen nötig, um die Koeffizienten zu bestimmen.

Es ist besonders von PH. A. GUYE[5] und seinen Schülern in Genf ein reichhaltiges Beobachtungsmaterial zur Bestimmung der Molekular- und Atom-

---

[1]) H. KAMERLINGH ONNES, Verhandelingen Akad. Amsterdam Bd. 21. 1881.
[2]) A. LEDUC, C. R. Bd. 125, S. 299. 1897; Ann. chim. phys. (7) Bd. 15. S. 5. 1898.
[3]) D. BERTHELOT, C. R. Bd. 126, S. 954, 1030, 1415 u. 1501. 1898; Bd. 144, S. 77. 1907; Journ. de phys. (3) Bd. 8, S. 263. 1898.
[4]) J. D. VAN DER WAALS, Akad. Amsterdam Bd. 7, S. 258. 1898.
[5]) Fast alle erschienen in den Journ. chim. phys.

gewichte gesammelt worden. In neuester Zeit finden T. BATUECAS, G. MAVE-
RICK und C. SCHLATTER[1]) als genauesten Wert für das theoretische Normalvolum 22,414 Liter.

Das ist also eine genaue Bestätigung des schon 1921 von F. HENNING
angegebenen Wertes

$$v_n = 22,414 \pm 0,005 \,.$$

Er berechnet mittels dieses Wertes die folgenden Werte[2]) für R:

$$R = \ 0,08204 \pm 0,00003 \ \text{Liter-Atmosphären/Grad-Mol}\,,$$
$$= (8,313 \quad \pm 0,003)\, 10^7 \ \text{Erg/Grad-Mol}\,,$$
$$= \ 8,309 \quad + 0,003 \ \text{Intern. Joule/Grad-Mol}\,,$$
$$= \ 1,986 \quad \pm 0,001 \ \text{cal}_{15}/\text{Grad-Mol}\,.$$

22. Die Neigung der Isothermen bei kleinen Drucken. Wenn man
ein Gasvolumen bei einer gegebenen Temperatur auf einen anderen Druck reduzieren will, so muß bekannt sein, wie sich bei dieser Temperatur das Produkt pv
mit dem Druck p ändert. Der Quotient $\left(\dfrac{dpv}{dp}\right)_T$ stellt die Neigung der pv, p-
Isothermen dar. Man kann ihn aus der Zustandsgleichung ableiten. Die von
KAMERLINGH ONNES aufgestellte empirische Zustandsgleichung:

$$pv = A\left(1 + \frac{B}{v} + \frac{C}{v^2} + \cdots\right) \tag{19a}$$

läßt sich in der Form:

$$pv = A + Bp - \frac{B^2 - C}{v}\cdot p + \cdots \tag{19b}$$

schreiben. Beschränkt man sich auf kleine Drucke (bis zu 1 oder 2 Atm.), wie
sie bei der experimentellen Bestimmung des normalen Molvolumens zur Anwendung kommen, so ist die Neigung der Isothermen durch die Größe B gegeben.

Die von verschiedenen Beobachtern für Helium gefundenen Werte von B
sind:

Tabelle 15[3]). Werte für $\dfrac{\partial pv}{\partial p_T}$ bei kleiner Dichte für He
(Druckeinh. Atm., Volumeinh. v bei $p = 1$ und $t = 0°$ C).

	$10^3 B_{0°\,C}$	$10^3 B_{100°\,C}$
KAMERLINGH ONNES	0,512	0,493
HENNING und HEUSE	0,34	—
HOLBORN und OTTO	0,529	0,513
BOKS und KAMERLINGH ONNES .	0,541	—

---

[1]) BATUECAS, MAVERICK u. SCHLATTER, Journ. chim. phys. Bd. 22, S. 131. 1925.

[2]) F. HENNING, ZS. f. Phys. Bd. 6, S. 69. 1921. Er benutzt dabei die Dichtebestim-
mungen des Sauerstoffs von O. SCHEUER, Wiener Ber. (2a) Bd. 123, S. 931—1068. 1914;
RAYLEIGH, Proc. Roy. Soc. London Bd. 53, S. 144. 1893; A. F. O. GERMANN, C. R. Bd. 157,
S. 926. 1913; MOLES u. BATUECAS, Journ. chim. phys. Bd. 17, S. 377. 1919, die Kompressi-
bilitätsbestimmungen des Sauerstoffs von A. JACQUEROD u. O. SCHEUER, Mém. de la Soc.
de Phys. et d'Hist. Nat. de Genève Bd. 35, S. 665. 1908; GRAY u. BURT, Journ. chem. soc.
Bd. 95, S. 1633. 1909; H. KAMERLINGH ONNES u. H. F. HYNDMAN, Comm. Leiden 1902,
Nr. 78; und die Bestimmung des Eispunktes auf 273,20°K von F. HENNING u. W. HEUSE,
ZS. f. Phys. Bd. 5, S. 179. 1920.

[3]) KEESOM u. KAMERLINGH ONNES, Comm. Leiden, Suppl. 51a, S. 13. 1924; HENNING
u. HEUSE, ZS. f. Phys. Bd. 5, S. 195. 285. 1921; HOLBORN u. OTTO, ebenda Bd. 10, S. 367.
1922; Bd. 23, S. 77. 1924; BOKS u. KAMERLINGH ONNES, Comm. Leiden 1924, Nr. 170.

Bei H_2 wird mit besserer Übereinstimmung gefunden:

Tabelle 16[1]). Wie vorige Tabelle für H_2.

	$10^3 B_{0°\,C}$	$10^3 B_{100°\,C}$
Amagat	0,67	0,78
Chappuis	0,605	—
Kamerlingh Onnes und Braak	0,581	0,631
Holborn	0,620	0,693
Henning und Heuse	0,59	—

während die für N_2 wieder weniger gut stimmen und für $B_{0°\,C}$ und $B_{100°\,C}$ verschiedene Vorzeichen haben.

c) Das heterogene Gebiet.

23. Diagramme für das heterogene Gebiet. Bisher haben wir uns nur mit homogenen Phasen beschäftigt. Es kann aber auch heterogene Raumerfüllung auftreten. In diesem Kapitel haben wir nur Koexistenz von Flüssigkeit und Dampf zu betrachten. Für die Diskussion der heterogenen Raumerfüllung ist die Benutzung von Diagrammen von großem Nutzen.

Denkt man sich z. B., daß in Abb. 5 die Abszisse das Volum vorstellt (oder irgendeine andere additive oder extensive Größe, d. h. eine Größe, deren Wert für einen Komplex von Phasen die Summe der Werte für die einzelnen Phasen ist, wie z. B. das Volum, die Energie und die Entropie) in der Weise, daß OA_1 und OB_1 die Volumina eines Mols in zwei verschiedenen Phasen vorstellen. Hat man nun x Mole im Zustande A und $1 - x$ Mole im Zustande B, so ist das gesamte Volum offenbar gleich OC_1, wo C_1 die Strecke A_1B_1 in zwei Strecken teilt, welche sich umgekehrt wie $x : 1 - x$ verhalten.

Ist auch die Ordinate eine additive Größe, z. B. die freie Energie F, so wird die heterogene Raumerfüllung mit x Molen im Zustande A und $1 - x$ in B offenbar vom Punkte C repräsentiert. Wenn die Ordinate keine additive, sondern eine Intensitätsgröße vorstellt (z. B. p oder T), so wird die heterogene Raumerfüllung nur dann von einem Punkte im Diagramm repräsentiert, wenn A und B dieselbe Ordinate haben.

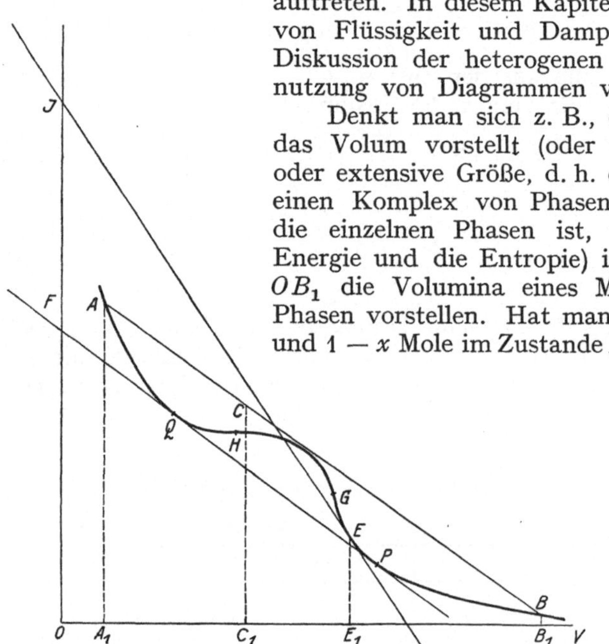

Abb. 5. Isotherme für zwei extensive Größen: v und F.

Es sei die Kurve in Abb. 5 eine v-F-Isotherme, sodann stellen die Punkte der Kurve alle homogenen Raumerfüllungen bei der Temperatur T vor. Alle

---

[1]) Keesom u. Kamerlingh Onnes, Comm. Leiden, Suppl. 51a, S. 19. 1924; E. H. Amagat, Ann. chim. phys. (6) Bd. 29, S. 68, 505. 1893; Chappuis, Trav. et Mém. du Bureau Internat. Bd. 13. 1907; Kamerlingh Onnes u. Braak, Comm. Leiden 1907, Nr. 100; Henning u. Heuse, ZS. f. Phys. Bd. 5, S. 195, 285. 1921; Holborn, Ann. d. Phys. Bd. 63, S. 679. 1920.

Punkte aber, welche auf einer geraden Verbindungslinie zweier Punkte der Kurve liegen, stellen heterogene Raumerfüllungen vor. Zieht man die Doppeltangente PQ und ersetzt man die Kurve zwischen diesen Punkten durch die gerade Strecke PQ, so ist klar, daß die Punkte rechts von der Linie $BPQA$ denkbare heterogene Raumerfüllungen bei der Temperatur T vorstellen (aber darum noch nicht Gleichgewichtszustände, d. h. noch nicht physikalisch mögliche Zustände). Die Punkte links von $BPQA$ stellen gar keine heterogene Raumerfüllung bei der Temperatur T vor.

24. Stabilität der homogenen Phasen. Das Gleichgewichtsprinzip besagt, daß bei gegebener Temperatur T und gegebenem Volumen v die freie Energie ein Minimum ist für stabile Gleichgewichtszustände. Betrachtet man einen Punkt wie A (oder E), wo die Kurve in der Nähe des Punktes oberhalb der Tangente liegt (die konvexe Seite nach unten), so folgt aus dem oben Gesagten, daß alle heterogenen Raumerfüllungen mit zwei Phasen, welche nicht viel vom betrachteten Punkte verschieden sind, zu einem größeren Wert für F führen (bei gegebenem T und v) als die homogene Phase A (oder E). Solche Punkte stellen also stabile Zustände vor. Nur zwischen den Inflexionspunkten G und H findet man labile Phasen, welche nicht realisierbar sind.

Aus der thermodynamischen Gleichung $\left(\dfrac{\partial F}{\partial v}\right)_T = -p$ (vgl. ds. Handb. IX) zeigt es sich, daß die Inflexionspunkte der Abb. 5 korrespondieren mit dem Maximum und dem Minimum der p, v-Isotherme (Abb. 1, Ziff. 10). Der nach rechts ansteigende Teil der p, v-Isotherme, d. h. die Punkte, für welche $\left(\dfrac{\partial p}{\partial v}\right)_T > 0$, enthält also die labilen Zustände, wie auch auf andere Weise leicht zu beweisen ist (vgl. z. B. VAN DER WAALS-KOHNSTAMM, Lehrbuch der Thermodynamik Bd. I, S. 127ff.).

25. Metastabilität. Die in der vorhergehenden Ziffer betrachtete Stabilität ist Stabilität für kleine Störungen. Betrachten wir aber z. B. den Punkt E, so zeigt sich, daß man heterogene Raumerfüllungen bei gegebenen Werten von T und v ($= OE_1$) finden kann, welche eine kleinere freie Energie als EE_1 haben, wenn man sich nicht beschränkt auf Punkte, welche ganz in der Nähe von E auf der Kurve liegen. Die kleinstmögliche freie Energie für T und v ist offenbar gegeben durch E_1E_2, wenn E_2 der Schnittpunkt der Doppeltangente PQ mit EE_1 ist.

Die Punkte der Geraden PQ und ebenso die Punkte der Kurve rechts von P und links von Q repräsentieren also Zustände größtmöglicher Stabilität. Bei gegebenem T hat Koexistenz zweier Phasen in verschiedenen Verhältnissen immer nur statt für die Flüssigkeit im Zustande P mit dem Dampf im Zustande Q. Punkte wie E sind selbst stabil (für kleine Störungen), sie repräsentieren aber nicht Zustände größtmöglicher Stabilität. Solche Zustände nennt man metastabil.

Die Punkte P und Q korrespondieren mit den Punkten C und A der Abb. 1, Ziff. 10. Die Kurvenstrecke zwischen C und dem Maximum stellt daher metastabile Phasen dar. Es sind Phasen, welche realisiert werden können (übersättigter Dampf), aber bei genügend großen Störungen in stabilere Zustände (Koexistenz von Dampf und Flüssigkeit) übergehen.

Ebenso stellen die Punkte zwischen A und dem Minimum der p, v-Isotherme physikalisch mögliche Zustände vor (überhitzte Flüssigkeit).

26. Die GIBBSSche U, S, v-Fläche. Stabilität. Benutzt man drei additive Größen für eine geometrische Darstellung, z. B. die Energie U, die Entropie

S und das Volumen v, für die Gibbssche Fläche, so kann man gleichfalls im Raume die Verbindungslinien ziehen zwischen zwei Punkten der Fläche. Jeder Punkt dieser Linien stellt dann eine denkbare heterogene Raumerfüllung vor. Ziehen wir das Gleichgewichtsprinzip heran in der Form: für stabiles Gleichgewicht ist bei gegebener Entropie S und gegebenem Volumen v die Energie ein Maximum, so finden wir, daß die Punkte der Fläche stabile Phasen repräsentieren, wenn die Fläche eine konvex-konvexe Seite nach unten (die Seite der negativen U) wendet.

Die analytischen Bedingungen für die Stabilität, welche sich hieraus ableiten lassen, welche aber auch direkt aus dem Gleichgewichtsprinzip ableitbar sind ohne Benutzung von geometrischen Darstellungen, sind die folgenden:

$$\left(\frac{\partial^2 u}{\partial s^2}\right)_v > 0 \quad \text{und} \quad \left(\frac{\partial^2 u}{\partial s^2}\right)_v \left(\frac{\partial^2 u}{\partial v^2}\right)_s > \left(\frac{\partial^2 u}{\partial s\,\partial v}\right)^2.$$

Diese Bedingungen involvieren $\dfrac{\partial^2 u}{\partial v^2} > 0$. Es läßt sich leicht beweisen, daß sie auf dasselbe hinauskommen[1]) wie

$$c_v > 0, \quad -\left(\frac{\partial p}{\partial v}\right)_T > 0.$$

27. Die derivierte Fläche. Die Binodale. Ein Punkt der Gibbsschen Fläche repräsentiert einen Zustand höchster Stabilität, wenn die Fläche nicht nur in der Nähe des Punktes, sondern überall oberhalb der Berührungsebene des betreffenden Punktes liegt. Betrachten wir eine Doppelberührungsebene. Die Berührungspunkte mit der Fläche werden Noden genannt. Die Punkte der Verbindungslinie zweier Noden (Nodenlinie) stellen die Koexistenz zweier Phasen vor. Jede dieser Phasen wird von einer Node vorgestellt.

Liegt die Fläche überall oberhalb der Doppelberührungsebenen, so ist die Koexistenz der Nodenphasen ein Zustand größter Stabilität.

Rollt die Doppelberührungsebene über die Fläche, so bilden die verschiedenen Nodenlinien eine abwickelbare Kegelfläche, welche man derivierte Fläche nennt. Die Berührungskurve der ursprünglichen Fläche und der derivierten Fläche nennt man Binodalkurve (sie ist der Ort der Noden).

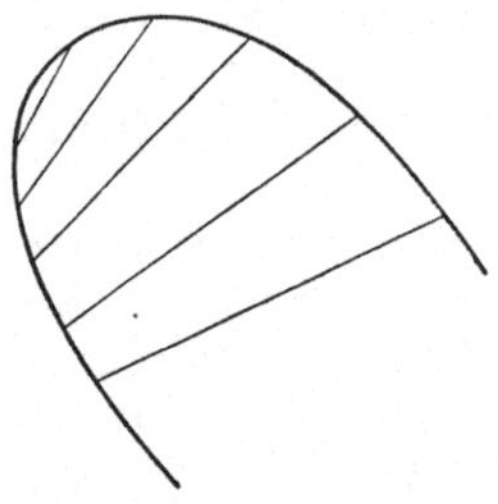

Abb. 6. Falte mit Nodenlinien und Faltenpunkt.

28. Falte. Faltenpunkt. Den Teil einer ursprünglichen Fläche innerhalb einer Binodalkurve nennt man eine Falte. Eine Falte endet öfters in einem Punkte, in welchem die beiden Noden einer Nodenlinie zusammenfallen. Einen solchen Punkt nennt man Faltenpunkt. Auf der Gibbsschen Fläche wird der kritische Zustand von einem Faltenpunkte repräsentiert.

Korteweg[2]) hat die Theorie der Falten und der Faltenpunkte systematisch entwickelt. Die Abb. 6 demonstriert den Lauf der Nodenlinien in der Nähe eines Faltenpunktes.

29. Die Spinodalkurve. Wenn die beiden Noden stabile Phasen vorstellen, wird ein Teil der Punkte der Falte metastabile Phasen vorstellen, ein anderer Teil aber labile, nämlich diejenigen, für welche die Berührungsebene die U, S, v-Fläche im Berührungspunkte durchschneidet. Die Grenze zwischen

---

[1]) Vgl. z. B. van der Waals u. Kohnstamm, Lehrb. d. Thermodynamik Bd. I, S. 127. Leipzig-Amsterdam: Maas en van Suchtelen 1908. In der Folge einfach zitiert als „van der Waals-Kohnstamm Therm.".

[2]) D. J. Korteweg, Über Faltenpunkte. Wiener Ber. Bd. 98 II, S. 1154. 1889.

diesen beiden Fällen wird von Punkten gebildet, für welche die Durchschneidung der Berührungsebene mit der Fläche in einer Linie statthat, welche im Berührungspunkte einen Rückkehrpunkt aufweist.

In Abb. 7 ist F ein Faltenpunkt einer Falte, deren Binodale PFP' ist, während SFS' die Spinodale darstellt. P und P' sind die Noden einer Doppelberührungsebene. Dreht man die Ebene so, daß der Berührungspunkt P nach Q, also in die Falte hineinrückt, so wird sie die Fläche in der Nähe von P in einer Kurve Q' schneiden; dreht man weiter, bis R Berührungspunkt wird, so dehnt sich die Schnittkurve bis z. B. R'. In S begegnen Berührungspunkts- und Schnittkurve einander und bilden einen Rückkehrpunkt. S ist also ein Punkt der Spinodale. Die Kurve durch T endlich zeigt die Durchschnittkurve einer Berührungsebene an einem Punkte T im labilen Gebiet.

Im Faltenpunkt F berühren Spinodale und Binodale einander.

Für weitere Besonderheiten und spezielle Fälle verweisen wir auf die Ausführungen von KORTEWEG (l. c.).

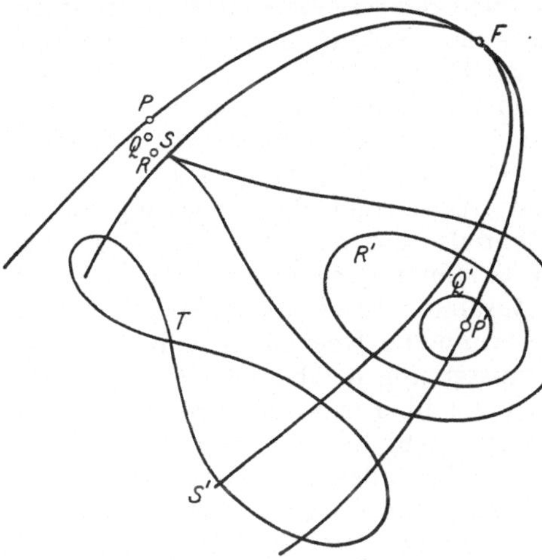

Abb. 7. Schnittkurven einer Oberfläche mit einer tangentialen Fläche in einer Falte. Binodal- und Spinodalkurve.

Gleichartige Betrachtungen über Stabilität und Koexistenz gelten natürlich stets, wenn man drei additive Größen als Koordinaten für ein Diagramm wählt, und es gilt ein Gleichgewichtsprinzip von der Form: wenn zwei der als Koordinaten gewählten Größen gegeben sind, ist die dritte für das Gleichgewicht ein Extremum.

30. Kriterium von MAXWELL. In Ziff. 23 hat sich gezeigt, daß die Punkte P und Q der Abb. 5 die koexistierenden Phasen vorstellen. Aus der thermodynamischen Gleichung $p = -\left(\dfrac{\partial F}{\partial v}\right)_T$ folgt

$$\int p\,dv = -\int \left(\frac{\partial F}{\partial v}\right)_T dv = F_Q - F_P, \tag{18}$$

wo das Integral $\int p\,dv$ über einen isothermen, reversiblen Integrationsweg zu erstrecken ist. Aus dem dritten Gliede zeigt sich, daß das Integral denselben Wert hat für alle derartige Integrationswege, also denselben Wert für die Integration über die gerade Strecke $P \to Q$, wie über die Kurve $P \to Q$. Die Gleichheit dieser Integrale ist aber in dem p, v-Diagramm (Abb. 1) als die Gleichheit zweier Oberflächen zu interpretieren.

Die Gleichheit dieser Oberflächen bei der p, v-Isotherme als Kriterium für die Auffindung des gesättigten Dampfes und der gesättigten Flüssigkeit ist zuerst von MAXWELL[1]) angegeben.

Da auf der empirischen Isotherme $p = $ konstant, so kann man (18) auch schreiben:

$$F_Q + p\,v_Q = F_p + p\,v_p. \tag{18a}$$

---

[1]) J. C. MAXWELL, Nature Bd. 11, S. 357. 1875.

Das Kriterium von Maxwell kommt also auf dasselbe hinaus wie die in der Thermodynamik abgeleitete Gleichgewichtsbedingung: das thermodynamische Potential $G = F + p\,v$ ist bei Gleichgewicht im Raume konstant.

31. Die Dampfdruckkurve. Theorie. Die wichtigste Frage auf dem Gebiete der Koexistenz von Flüssigkeit und Dampf ist die nach der gegenseitigen Abhängigkeit der Größen p, T, v_d und v_f (bzw. d_d und d_f), wo v_d und d_d das molekulare Volum und die Dichte der Dampfphase, v_f und d_f dieselben Größen für die flüssige Phase bezeichnen. Da das System Flüssigkeit und Dampf monovariant ist, kann man drei der genannten Größen durch die vierte ausdrücken. Als vierte wählt man meistens T, bisweilen auch p.

Die Zustandsgleichung für die flüssige Phase, dieselbe Gleichung für die Dampfphase und die Gleichung für die Gleichheit des thermodynamischen Potentials sind nun die drei Gleichungen, welche im Prinzip die Berechnung von p, v_f und v_d als Funktionen von T gestatten. Da also die Zustandsgleichung in Zusammenhang mit dem auf der Thermodynamik fußenden Maxwellschen Kriterium die Koexistenz vollständig bestimmt, ist kein Raum für besondere Voraussetzungen über die Koexistenz (insbesondere für die vielen Voraussetzungen über den funktionellen Zusammenhang von p und T für koexistierende Phasen) mehr da.

Die besonderen Ansätze, welche für das Koexistenzgebiet aufgestellt worden sind, sind also im Prinzip als implizite Ansätze für die besondere Form der Zustandsgleichung zu betrachten, welche die ausgesprochenen Besonderheiten des Koexistenzgebietes involvieren.

Van Laar (Zustandsgleichung S. 267) meint, daß das Maxwellsche Kriterium nicht mehr im Ausnahmegebiete der Degeneration der spezifischen Wärme der kondensierten Phase bei extrem tiefen Temperaturen richtig ist. Obschon dieses nicht a priori als unmöglich anzusehen ist, muß man die anderen von van Laar benutzten Ansätze doch wohl eher bezweifeln als die Geltung der Thermodynamik auch in diesem Gebiete.

Neben der thermodynamischen Methode ist man auch oft einer kinetischen Methode zur Berechnung der Gleichgewichtsbedingungen für die Koexistenz gefolgt. Die Bedingung ist dann, daß die Zahl der Moleküle, welche pro Sekunde infolge der thermischen Bewegung den Übergang Flüssigkeit—Dampf ausführen, gleich ist der Zahl der Moleküle, welche in entgegengesetzte Richtung von der einen Phase in die andere übergehen[1]). Van der Waals[2]) führt die Berechnung auf etwas andere Weise durch und bemerkt explizite, daß die so kinetisch abgeleitete Gleichgewichtsbedingung auf die Gleichheit des thermodynamischen Potentials hinauskommt.

Einfacher aber ist es, die doch ebenfalls kinetisch abgeleitete allgemeine Verteilungsfunktion von Boltzmann zu benutzen:

$$n \cdot e^{\frac{u}{k\,T}} = \text{konstant im Raume,}$$

wo n die Zahl der Moleküle in 1 cm³ des verfügbaren Raumes bedeutet und u die potentielle Energie eines Moleküls, d. h.

$$u = -\frac{2\,a}{v\,N}$$

nach der Hauptzustandsgleichung (vgl. Ziff. 6β).

---

[1]) H. Kamerlingh Onnes, Algemeene Theorie der Vloeistoffen. Werken der Kon. Akad. van Wetenschappen te Amsterdam 1881.

[2]) J. D. van der Waals, Over de kinetische beteekenis der thermodynamische potentiaal. Akad. Amsterdam Bd. 3, S. 205. 1895.

$RT \times$ dem Logarithmus dieses Ausdruckes ist gleich dem thermodynamischen Potential bis auf ein nur von T abhängiges Glied, das für die Gleichheit des thermodynamischen Potentials an verschiedenen Stellen ohne Bedeutung ist.

Für die angedeutete Berechnung hat man zu setzen $n = \dfrac{N}{v - 2b}$ und daher

$$\mu = - RT \ln (v - 2b) - \frac{2a}{v} - RT \ln N. \quad \text{Die Gleichgewichtsbedingung wird}$$

also:

$$RT \ln (v - 2b)_f + \left(\frac{2a}{v}\right)_f = RT \ln (v - 2b)_d + \left(\frac{2a}{v}\right)_d. \qquad (19)$$

Thermodynamisch findet man aus der Hauptzustandsgleichung:

$$\mu = G = - RT \ln (v - b) - \frac{a}{v} + p\, v + \chi(t), \qquad (19\text{a})$$

wo $\chi(t)$ eine zunächst unbestimmt bleibende Funktion von T ist.

De Langen[1]) hat gezeigt, daß diese Ausdrücke auf dasselbe hinauskommen, wenn man in (19) für b die Volumkorrektion, in (19a) die Druckkorrektion einführt.

32. Die Dampfdruckkurve. Beobachtungen. Die explizite Lösung der Gleichung ist nicht möglich. Clausius[2]) zeichnet in einer Kurve, welche der Zustandsgleichung

$$p = \frac{RT}{v - \alpha} - \frac{c}{T(v + \beta)^2}$$

entspricht, die horizontale Gerade nach dem Maxwellschen Prinzip ein. Er findet, daß der auf diese Weise bestimmte Druck genügend genau mit dem experimentell bestimmten übereinstimmt.

Planck[3]) arbeitet gleichfalls mit der Zustandsgleichung von Clausius. Er führt einen Parameter φ ein mittels der Gleichungen

$$v_d - \alpha = r\cos^2\frac{\varphi}{2}, \qquad v_f - \alpha = r\sin^2\frac{\varphi}{2}.$$

Die Größe r ist nicht konstant; das Maxwellsche Prinzip gestattet, r durch φ auszudrücken. Auch p, T und die latente Verdampfungswärme können durch φ ausgedrückt werden. So bekommt Planck eine Tabelle, bei der sich die experimentellen Werte für p als Funktion von T ziemlich gut einschließen lassen.

Van Laar[4]) benutzt die Zustandsgleichung mit seinem b als Funktion von v [vgl. Ziff. 7, Gleichung (7b)] und die Reihenentwicklung

$$\frac{1}{v} = \frac{1}{v_0}[1 - \alpha T - (\Theta - \alpha^2)\, T^2 \ldots]$$

mit

$$\alpha = \frac{R v_0}{\beta a}.$$

---

[1]) De Langen, vgl. Ziff. 6, Fußnote.

[2]) R. Clausius, Ann. d. Phys. Bd. 9, S. 356. 1880. Graphische Methoden werden gleichfalls benutzt von H. Hilton, Phil. Mag. (6) Bd. 1, S. 579 u. 803. 1901; E. Riecke, Wied. Ann. Bd. 53, S. 379. 1894; und Kamerlingh Onnes, Comm. Leiden 1900, Nr. 66, S. 10.

[3]) M. Planck, Ann. d. Phys. Bd. 13, S. 535. 1881. Eine ähnliche Methode wird benutzt von A. Stoletow, Journ. d. russ. Phys. Ges. Bd. 14, S. 167. 1882; und A. Batschinski, ZS. f. phys. Chem. Bd. 41, S. 743. 1902. Vgl. auch J. P. Dalton, Phys. Mag. (7) Bd. 13, S. 517. 1907.

[4]) J. J. van Laar, Die Zustandsgleichung, S. 271.

Er findet für niedrige Temperatur eine Gleichung von der Form

$$\ln \cdot p = -\frac{a_1 v_0}{RT} - \left(\frac{1}{\beta} - 1\right)\ln \cdot T + \left[\ln \cdot \frac{a}{v_1^2} + \left(\frac{1}{\beta} - 1\right)(1 - \ln \cdot \alpha) + \ln \cdot \beta\right] - \alpha T.$$

Er berechnet die Konstanten nur teilweise a priori und findet gute Übereinstimmung.

Wenn man in der CLAPEYRONschen Gleichung

$$\frac{1}{p}\frac{dp}{dT} = \frac{l}{T p (v_d - v_f)},$$

in der l die latente Verdampfungswärme pro Gramm bezeichnet, v_f vernachlässigt, ferner für $p \cdot v_d = RT$ substituiert und l als konstant betrachtet, so liefert die Intergration

$$\ln\left(\frac{p}{p_k}\right) = -\left(\frac{l}{RT} - \frac{l}{RT_k}\right) \tag{20}$$

oder

$$\ln\left(\frac{p_k}{p}\right) = f\left(\frac{T_k}{T} - 1\right). \tag{20 a}$$

Diese Formel ist mit konstantem f nicht ganz genau richtig, aber die Abweichungen sind doch viel kleiner als bei der Roheit der Vernachlässigungen und der Annäherungen der Ableitung zu erwarten wäre. Sie ist zuerst von VAN DER WAALS[1]) gegeben worden und wird meistens als eine empirische oder semiempirische Gleichung betrachtet.

KUENEN[2]) gibt die folgende Tabelle der Werte von f nach der Hauptzustandsgleichung und mit Benutzung BRIGGSscher Logarithmen berechnet. Der Grenzwert von f für $T = T_k$ ist hier 1,737; bei Benutzung von natürlichen Logarithmen würde er 4 betragen.

Tabelle 17.

f als Funktion von $\vartheta = \dfrac{T}{T_K}$ nach der Hauptzustandsgleichung.

ϑ	f	ϑ	f	ϑ	f
1	1,7372	0,70	1,6286	0,40	1,5241
0,95	1,7197	0,65	1,6101	0,35	1,5103
0,90	1,7019	0,60	1,5917	0,30	1,4985
0,85	1,6838	0,55	1,5736	0,25	1,4887
0,80	1,6656	0,50	1,5561	0,20	1,4820
0,75	1,6471	0,45	1,5396		

ϑ ist die reduzierte Temperatur $\dfrac{T}{T_k}$ (vgl. Ziff. 46). Für CO_2 findet er aus den Beobachtungen von AMAGAT oberhalb $0°$ und von KUENEN und ROBSON unterhalb $0°$:

Tabelle 18. f als Funktion von T bei Kohlendioxyd.

t	T	p (Atm.)	f	t	T	p (Atm.)	f
$20°$	293,09	56,3	2,90	$-30°$	243,09	14,0	2,84
$10°$	283,09	44,2	2,88	$40°$	233,09	9,82	2,84
$0°$	273,09	34,3	2,85	$50°$	223,09	6,60	2,86
$-10°$	263,09	26,0	2,85	$60°$	213,09	4,30	2,87
$20°$	253,09	19,3	2,84	$63,13°$	209,96	3,685	2,88

[1]) VAN DER WAALS, Akad. Amsterdam 1880, auch in der deutschen Übersetzung der „Kontinuität" von F. ROTH. Leipzig: J. A. Barth 1881.
[2]) KUENEN, Die Zustandsgleichung, S. 101.

In gleicher Weise findet VAN LAAR[1]) aus der Beobachtung von SYDNEY YOUNG bei Benzol:

Tabelle 19. f als Funktion von T bei Benzol.

t	ϑ	p (Atm.)	f	t	ϑ	p (Atm.)	f
10°	0,5040	45,19	2,955	150°	0,7533	4335	2,825
40°	0,5575	180,20	2,905	180°	0,8067	7617	2,839
70°	0,6109	548,16	2,862	210°	0,8601	12453	2,871
100°	0,6643	1335	2,842	240°	0,9136	19352	2,909
130°	0,7177	2821	2,826	270°	0,9670	28852	2,985
140°	0,7355	3520	2,824	288,5°	1	(36486)	(3,206)

Die Werte von f sind nicht genau konstant, sondern sie gehen durch ein Minimum. Ein gleichartiges Minimum wird gefunden von JÜPTNER[2]) bei Fluorbenzol.

Bei Argon, das durch VAN LAAR[3]) aus den Dampfdruckbestimmungen von CROMMELIN[4]) berechnet wurde, und bei H_2, nach den Bestimmungen von CATH und KAMERLINGH ONNES[5]), scheint das Minimum nicht vorhanden zu sein.

Tabelle 20. f als Funktion von T bei Argon.

T abs.	ϑ	p (Atm.)	f	T abs.	ϑ	p (Atm.)	f
$T_{tr} = 83,79$	0,5562	515,65	2,318	$= 122,52$	0,8133	10410	2,371
86,11	0,5716	672,70	2,313	132,29	0,8781	16849	2,415
87,19	0,5788	745,75	2,314	138,37	0,9185	22225	2,422
$T_s = 87,25$	0,5792	760	2,313	143,26	0,9509	27224	2,458
87,67	0,5819	793,71	2,314	147,60	0,9798	32245	2,579
88,84	0,5897	895,74	2,313	150,39	0,9983	36077	2,620
90,09	0,5979	1015,3	2,313	150,60	0,9997	36371	—
111,86	0,7425	5645,3	2,336	$T_k = 150,65$	1	36451	(2,62)

Tabelle 21. f als Funktion von T bei Wasserstoff.

T abs.	ϑ	p (Atm.)	f	T abs.	ϑ	p (Atm.)	f
$T_{tr} = 13,95$	0,4204	54,1	1,636	$= 26,44$	0,7969	3198,0	1,896
14,20	0,4280	61,80	1,644	27,22	0,8204	3706,5	1,914
15,36	0,4629	114,02	1,664	31,36	0,9451	7484,2	1,962
16,94	0,5105	232,51	1,691	32,02	0,9650	8227	2,010
19,03	0,5735	502,27	1,731	32,60	0,9825	8932	2,089
$T_s = 20,34$	0,6130	760,00	1,754	32,93	0,9925	9365	(2,197)
24,59	0,7411	2199,2	1,849	$T_k = 33,18$	1	9730	(2,15)
25,61	0,7719	2679,9	1,895				

Bei abnehmender Temperatur zeigen die Werte von f für Argon anfangs eine Abnahme, um nachher konstant zu werden. Die Werte von f für H_2 nehmen ab bis zur Temperatur des Tripelpunktes. Die Werte von f sind bedeutend kleiner, als sie nach der Hauptzustandsgleichung sein würden. Für eine Vergleichung der Werte von f für verschiedene Stoffe untereinander s. Ziff. 49.

Da in der einfachen Formel (20a) f schon fast konstant ist, ist zu erwarten, daß mit der von VAN LAAR benutzten Formel, welche noch zwei Glieder mehr enthält, genaue Anschließung an die Versuchsergebnisse zu erzielen ist.

---

[1]) VAN LAAR, Zustandsgleichung, S. 222, 223.
[2]) JÜPTNER, ZS. f. phys. Chem. Bd. 55, S. 758. 1906.
[3]) VAN LAAR, Zustandsgleichung, S. 227—228.
[4]) CROMMELIN, Comm. Leiden Nr. 115, 1910; Akad. Amsterdam Bd. 18, S. 924; Proc. Amst. Bd. 13, S. 54. 1910; Comm. Leiden Nr. 138, 1913; Akad. Amsterdam Bd. 22, S. 510; Proc. Amst. Bd. 14, S. 477. 1913; Comm. Leiden Nr. 140a. 1914; Akad. Amsterdam Bd. 22, S. 1212. Proc. Amst. Bd. 17, S. 275. 1914.
[5]) CATH u. KAMERLINGH ONNES, Comm. Leiden Nr. 152a, 1917; Akad. Amsterdam Bd 24, S. 437, 490. Proc. Amst. Bd. 22, S. 991, 1155. 1918.

Dasselbe gilt natürlich auch von den vielen Dampfdruckformeln, welche von verschiedenen Forschern benutzt worden sind und deren man eine große Menge im Enzyklopädieartikel[1]) von Kamerlingh Onnes und Keesom (S. 909ff.) erwähnt findet. Sie wurden in der Festschrift für Kamerlingh Onnes (Leiden, Ydo 1922) zusammengefaßt in der Form (S. 124—125)

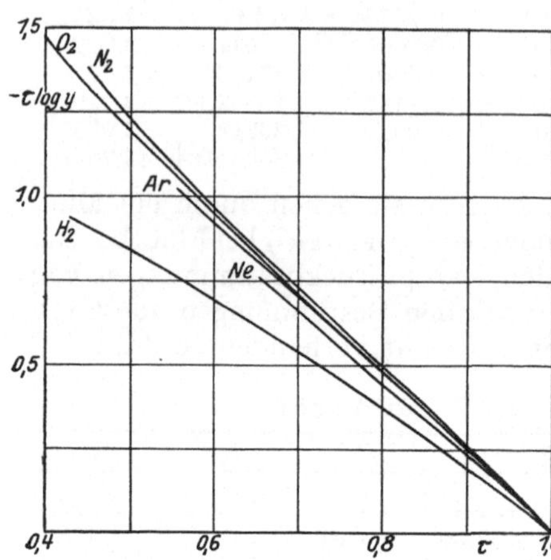

Abb. 8. Veränderlichkeit des reduzierten Dampfdrucks mit der reduzierten Temperatur für verschiedene Stoffe.

$$\ln \cdot p = a + \frac{b}{T} + \frac{c}{T^2} + \frac{d}{T^3} + A \ln T$$
$$+ BT + CT^2 + DT\,.$$

Jeder Forscher benutzt die Glieder $a + \dfrac{b}{T}$ und noch eins oder mehrere der folgenden Glieder.

Abb. 8 enthält $\dfrac{T}{T_k}$ als Abszisse und $\dfrac{T}{T_k} \cdot \ln \dfrac{p}{p_k}$ als Ordinate. Nach der einfachen Formel mit demselben f für alle Stoffe sollten die verschiedenen Stoffe zusammenfallende gerade Linien liefern. Die Linien sind nicht genau gerade, und die Richtungskoeffizienten sind nicht genau einander gleich. Immerhin zeigt die Abbildung, daß die Abweichungen außer bei Wasserstoff nicht sehr groß sind.

Für die Anwendung des Nernstschen Wärmesatzes bei der Diskussion der Dampfspannungskurven verweisen wir auf ds. Handb. Bd. IX, Kap. 2.

33. Cailletets und Mathias' Gesetz der geraden Mittellinie. Wählt man die Temperatur als Abszisse und die Dichte als Ordinate und trägt man für eine Substanz die Dichten der gesättigten Dampfphase und der flüssigen Phase in das Diagramm ein, so bekommt man eine Kurve, die einigermaßen einer Parabel ähnlich ist, aber davon insofern abweicht, als sie zwei Asymptoten hat. Der Scheitel nach der Seite der großen Werte von T wird vom kritischen Punkte gebildet. Trägt man bei den verschiedenen Temperaturen noch Punkte ein mit der Ordinate $\frac{1}{2}(d_1 + d_2)$, so haben Cailletet und Mathias [2]) bemerkt, daß diese Punkte auf einer fast genau geraden Linie liegen.

Dieses Gesetz wird oft zur Bestimmung der kritischen Dichte (Ziff. 12) benutzt. In der Kamerling-Onnes-Festschrift[2]) gibt Mathias S. 179 die folgende Tabelle.

Wählt man nicht T und d, sondern $\dfrac{T}{T_k}$ und $\dfrac{d}{d_k}$ als Abszisse und Ordinate, so fallen die Scheitel der Kurven für verschiedene Stoffe im Punkte $x = 1$, $y = 1$ zusammen. Nach den Korrespondenzgesetzen würden dann auch die Kurven zusammenfallen und folglich auch die Mittellinien. Abb. 9 zeigt, in welchem Grade das der Fall ist.

Die Mittellinien sind nicht genau gerade. He z. B. hat eine maximale Dichte bei $T = 2,3°\,k$ (ebenso wie Wasser bei $4°$ C), und da die Dampfdichte in diesem Gebiet schon sehr klein ist und wenig Einfluß auf $y = \frac{1}{2}(d_d + d_f)$ hat, so wird auch y mit abnehmender Temperatur abnehmen.

---

[1]) Enzyklopädie der mathem. Wissenschaften V, 10. Die Zustandsgleichung von H. Kamerlingh Onnes u. W. Keesom. Leipzig: B. G. Teubner, Dez. 1911. Im folgenden zitiert als „Onnes u. Keesom, Enzykl.".

[2]) Het Natuurkundig Laboratorium der Rijksuniversiteit te Leiden in de jaren 1904 bis 1922. Im weiteren zitiert als Kamerlingh Onnes-Festschrift.

Tabelle 22. Prüfung des Gesetzes der geraden Mittellinie.

t	d_f	d_d	y_1 (beobachtet)	y_2 (berechnet)	$y_1 - y_2$
			Sauerstoff.		
−210,4	1,2746	0,0001	0,6373	0,6373	angenommen
−182,0	1,1415	0,0051	0,5733	0,5730	+0,0003
−154,51	0,9758	0,0385	0,5072	0,5107	−0,0035
−140,2	0,8741	0,0805	0,4773	0,4783	−0,0010
−129,9	0,7781	0,1320	0,4550	0,4550	0,0000
−123,3	0,6779	0,2022	0,4400	0,4400	angenommen
−120,4	0,6032	0,2701	0,4366	0,4335	+0,0031
			Argon.		
−183,15	1,3740	0,0080	0,6910	0,6901	+0,0009
−175,39	1,3248	0,0146	0,6697	0,6697	angenommen
−161,23	1,2241	0,0372	0,6307	0,6326	−0,0019
−150,76	1,1385	0,06785	0,6032	0,6051	−0,0019
−140,20	1,0346	0,1255	0,5800	0,5774	+0,0026
−135,51	0,97385	0,1599	0,5669	0,5651	+0,0018
−131,54	0,9150	0,1943	0,5547	0,5547	angenommen
−125,17	0,7729	0,2953	0,5341	0,5379	−0,0038
			Stickstoff.		
−208,36	0,8622	0,00089	0,4316	0,4308	+0,0008
−205,45	0,8499	0,00136	0,4256	0,4251	+0,0005
−200,03	0,8265	0,00278	0,4146	0,4145	+0,0001
−195,09	0,8043	0,00490	0,4046	0,4048	−0,0002
−182,51	0,7433	0,01558	0,3794	0,3802	−0,0008
−173,73	0,6922	0,02962	0,3609	0,3630	−0,0021
−161,20	0,6071	0,06987	0,3385	0,3385	0,0000
−153,65	0,5332	0,1177	0,3255	0,3237	+0,0018
−149,75	0,4799	0,1638	0,3219	0,3161	+0,0058
−148,61	0,4504	0,1862	0,3183	0,3138	+0,0045
−140,08	0,4314	0,2000	0,3157	0,3128	+0,0029

MATHIAS versucht weiter (nach SYDNEY YOUNG), die Mittellinie auf folgende Weise darzustellen:

$$y = \alpha' + \mu' t + \gamma' t.$$

Mittels der Methode der kleinsten Quadrate findet er die in Tabelle 23 zusammengestellten Werte der Konstanten.

Die Formel stimmt dann sehr genau mit den Beobachtungen. Man sieht, daß das γ' bei Stickstoff ziemlich groß ist, so daß die Abweichungen von der geraden Mittellinie bei diesem Stoff am größten sind. Bei Wasserstoff sind sie sehr klein. Auch sieht man, daß die Größe γ' bisweilen positiv, bisweilen negativ ist, d. h. daß bisweilen die konvexe, bisweilen die konkave Seite nach unten gekehrt ist.

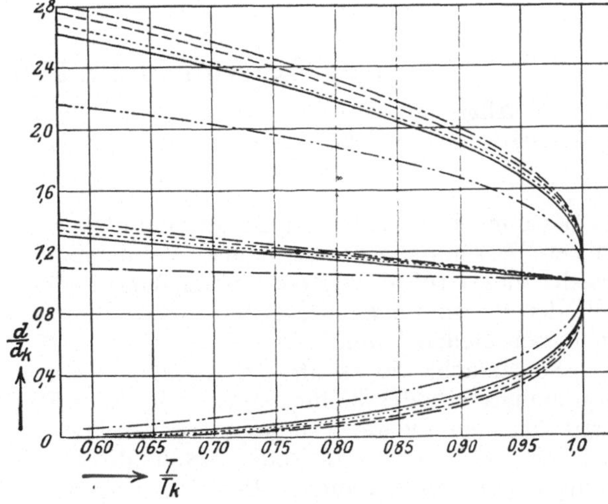

Abb. 9. Die MATHIASsche Mittellinie für verschiedene Stoffe.

$-\cdot-\cdot-$ C₄H₁₀O $-----$ C₆H₁₂ $\cdots\cdots$ O₂ und X
$———$ A $-\cdot\cdot-\cdot\cdot-$ He

Die Kurven für O₂ und für X fallen zusammen.

Tabelle 23. Koeffizienten der Gleichung für die Mittellinien.

Gas	α'	β'	γ'	d_k
Sauerstoff	$+0,201833$	$-0,0017524$	$+0,0000015248$	0,4315
Argon	$+0,18938$	$-0,0028697$	$-0,00000074411$	0,5296
Stickstoff	$+0,178023$	$-0,00024776$	$+0,000004665$	0,3155
Wasserstoff	$-0,063426$	$-0,000394345$	$-0,00000000248$	0,03104

YOUNG findet bei n-Pentan die Mittellinie fast gerade. Andere Stoffe haben gleich den schwer kondensierbaren Gasen teilweise eine Krümmung konkav nach oben (hierzu gehören nach van Laar: C_6H_6, C_6H_5F, CCl_4, i-C_5H_{12} und n-C_6H_{14}, teilweise umgekehrt (C_6H_5Cl, C_6H_5Br, n-C_7H_{16}, $(C_2H_5)_2O$, C_2H_5OH).

MATHIAS, CROMMELIN, KAMERLINGH ONNES und SWALLOW[2]) finden bei Helium die Abweichungen nicht groß. Die Mittellinie ist aber bei niedrigen Temperaturen konvex, bei höheren konkav nach der Temperaturachse. Eine gleichartige Krümmung der Mittellinie ist von KAMERLINGH ONNES und seinem Mitarbeiter bei Argon, Neon und Stickstoff gefunden.

$d_f - d_d$ berechnet MATHIAS[3]) mittels der Gleichung

$$d_f - d_d = 0,38467\,(T_k - T)^{\frac{1}{3}} - 0,06944)\,(T_k - T) + 0,007002\,(T_k - T)^{\frac{3}{2}}.$$

VAN LAAR[4]) setzt

$$d_f - d_d = c\left(1 - \frac{T}{T_k}\right)^{\frac{3}{2}}.$$

KEESOM berechnet die Dichten der gesättigten Phasen mittels

$$d_f = d_k\left[1 + A\left(1 - \frac{T}{T_k}\right) + B\left(1 - \frac{T}{T_k}\right)^{\lambda}\right],$$
$$d_d = d_k\left[1 + A\left(1 - \frac{T}{T_k}\right) - B\left(1 - \frac{T}{T_k}\right)^{\lambda}\right].$$

d) Experimentelle Methoden.

34. Allgemeines. Alle Aufgaben, welche der Physik dieses Gebietes gestellt werden können, lassen sich zusammenfassen in die Forderung, die Funktion

$$f(p, v, T)$$

zu bestimmen. Offenbar ist die Lösung dieses Problems zurückzuführen zu einfachen Bestimmungen von Druck, Volumen und Temperatur. Betrachten wir wieder diese Größen als Koordinaten, dann bildet die Funktion f eine Fläche, und mit der Bestimmung aller Punkte dieser Fläche sind alle Probleme gelöst, die man sich stellen kann.

So einfach, wie es im ersten Anblick scheint, ist es aber nicht. Eine Bestimmungsmethode, die für den einen Teil der Fläche gute Resultate geben kann, wird für einen anderen Teil ganz versagen können. So wird es z. B. ganz unmöglich sein, Gase von $-100°$ oder $+500°$ direkt in Berührung mit Quecksilber zu bringen, oder, um ein anderes Beispiel zu nennen, es wird wohl eine visuelle Beobachtung von Volumina bei Drucken von 4000 oder 5000 Atm. ziemlich schwierig durchzuführen sein, während dies bei z. B. 50 Atm. meistens leicht gelingt. So

[1]) KAMERLINGH ONNES-Festschrift S. 183.
[2]) E. MATHIAS, C. A. CROMMELIN, H. KAMERLINGH ONNES u. J. C. SWALLOW, Comm. Leiden Nr. 172b 1925,.
[3]) KAMERLINGH ONNES-Festschrift S. 187.
[4]) VAN LAAR, Zustandsgleichung, S. 345.

sind es denn auch die Größen der zu bestimmenden Koordinaten, welche die Wahl der Meßmethoden bedingen.

Wie oft bei den mathematischen Betrachtungen nicht ebener Flächen läßt sich auch hier die experimentelle Untersuchung unserer p, v, T-Fläche am leichtesten durchführen durch die Bestimmung von auf der Fläche gelegenen Kurven. An erster Stelle treten dann die Kurven hervor, die man bekommt, indem man eine der Koordinaten konstant wählt, also die Isopiesten, Isochoren oder Isopyknen und die Isothermen. In experimenteller Hinsicht sind wohl die Isothermen die wichtigsten, während aber auch die Isochoren öfters in Betracht kommen.

Aber auch andere Kurven der p, v, T-Fläche können bestimmt werden. Theoretisch kann man diese Kurven erhalten, indem man die Substanz einer Bedingung unterwirft und diese Bedingung in den Koordinaten ausdrückt. So wäre es z. B. theoretisch gesprochen möglich, die Kurven von konstantem Energieinhalt zu suchen oder von konstanter spezifischer Wärme c_p oder konstantem Ausdehnungskoeffizienten α. So bestimmt man mit dem bekannten Versuche von CLEMENT und DESORMES einen Teil einer Isentrope, mit demjenigen von JOULE und KELVIN einen Teil einer Isenthalpe (vgl. Ziff. 72). Hier werden wir uns aber hauptsächlich mit Koordinatenflächenschnitten und mit der Grenzkurve des Koexistenzgebietes beschäftigen.

Außerhalb der Koordinaten p, v, T selbst müssen wir noch die Differentialquotienten erwähnen:

$$\frac{1}{v}\left(\frac{\partial v}{\partial T}\right)_p = \text{thermischer Ausdehnungskoeffizient} = \alpha.$$

$$-\frac{1}{v}\left(\frac{\partial v}{\partial p}\right)_T = \text{Kompressibilität} = \beta.$$

$$\frac{1}{v}\left(\frac{\partial p}{\partial T}\right)_v = \text{Spannungskoeffizient[1]}),$$

während auch die kritischen Daten eine besondere Erwähnung verdienen.

35. Isothermen und Isochoren. Grundlegend für die experimentelle Bestimmung von Isothermen und Isochoren dürfen wohl die Arbeiten von REGNAULT, CAILLETET und AMAGAT in der zweiten Hälfte des 19. Jahrhunderts genannt werden. Ausgehend von den Resultaten, welche die beiden ersten Physiker erreichten, gelang es AMAGAT, eine Methode auszuarbeiten, die jetzt noch im Grundriß öfters Anwendung findet.

Solange es sich um Isothermen bei Drucken handelt, welche nicht allzuviel von 1 Atm. abweichen, ist das Instrumentarium ziemlich einfach gestaltet. Bei höherem Druck aber gibt es eine große Schwierigkeit dadurch, daß das Volum des Gases so gering wird. Diese Schwierigkeit nun ist bei der Methode nach AMAGAT beseitigt.

Als Gasbehälter, gleichzeitig Piezometer, wendet man bei dieser Methode die CAILLETETsche Röhre an. Solch ein Rohr hat eine Form, wie Abb. 10 angibt. Der obere Teil ab ist ein Kapillarrohr, worin das zu untersuchende Gas zusammengedrückt wird, während die Ampulle c dazu dient, ein größeres Volum des Gases aufzunehmen.

Solange nicht allzu hohe Drucke in Betracht kommen, kann man in folgender Weise arbeiten (AMAGAT ging bis 430 Atm., meistens aber geht man nicht ganz so hoch); erst wird auf dem Kapillarrohr eine Teilung angebracht und das Rohr

---

[1]) Auf den Spannungskoeffizienten kommen wir später nicht zurück, da er für diesen Abschnitt keinen besonderen Wert hat.

sorgfältig auskalibriert mittels Quecksilber. Bei nicht allzu engem Rohre muß man hierbei die Form des Meniskus in Betracht ziehen, da diese Form nicht immer die gleiche ist. Man muß deshalb für den Inhalt dieses Meniskus eine Korrektion anbringen[1]). Auch auf den unteren umgebogenen Teil d unterhalb des Reservoirs sind ein oder mehrere Striche eingeätzt. Das gesamte Volum bis zu diesen Marken wird gleichfalls bestimmt.

Nach der Kalibrierung wird das Rohr in eine Metallfassung e geschoben und der Raum zwischen Rohr- und Fassungswand mit einem Kitt (sog. Cailletet-Kitt) angegossen. Nun wird das Rohr luftleer gepumpt und mit Gas von bekanntem Drucke gefüllt. Diese Füllung kann auf verschiedene Weise vor sich gehen. Wir kommen später auf diese Füllung zurück (Ziff. 38).

Bei allen Methoden trägt man dafür Sorge, daß nach der Füllung ein wenig Quecksilber im umgebogenen Rohrende d Gas und Luft voneinander scheidet. Das Reservoir c taucht man in einen Stahlzylinder f, der mit Quecksilber gefüllt wird ist, und verschließt das Ganze mittels einer Schraubenmutter g. Der Zylinder wird bei h an eine Druckleitung angeschaltet. Zur Übertragung des Druckes kann man entweder eine Flüssigkeit (z. B. Glyzerin oder Öl) oder komprimierte Gase (H_2 oder N_2) verwenden. Das dem Drucke ausgesetzte Quecksilber steigt in das Reservoir c empor und preßt das Gas in das Kapillarrohr ab zusammen. Da dieses eingeteilt und kalibriert worden ist, kann man das Volum bestimmen. Von der zu erreichenden Genauigkeit ist es abhängig, ob hierbei eine Korrektion für die Ausdehnung des Glases angebracht werden muß.

Um die Temperatur konstant zu halten, wird das Glasrohr mit einem Mantel umgeben, der mit einer Flüssigkeit gefüllt ist und als Thermostat fungiert. Hierüber siehe auch unten Ziff. 36.

Der Druck wird bestimmt durch Messung in der Zufuhrleitung, während für den Stand des Quecksilberniveaus in der Kapillare und im Cailletet-Topf eine Korrektion angebracht werden muß.

Sobald der zu bestimmende Druck zu hoch wird, ist die Verwendung eines ungeschützten Glasrohres nicht mehr möglich. Amagat umgab deshalb auch das Kapillarrohr mit einem Metallmantel. Das Innere dieses Mantels steht in Verbindung mit dem Inneren des Cailletet-Topfes. Man bekommt also auf die Innen- und Außenseite des Rohres einen annähernd gleichen Druck. Nur die Differenz der beiden Quecksilbermenisken bestimmt den Druckunterschied.

Durch diese Anordnung wird es aber unmöglich, die Volumina auf gleiche Art zu bestimmen, wie oben angegeben. Amagat löste diese Schwierigkeit auf zwei verschiedene Weisen. Die erste, von ihm die „Methode des Regards" genannt, wird in neuerer Zeit nicht mehr zur Bestimmung von Isothermen gebraucht. Jetzt findet sie aber Anwendung bei der Beobachtung der Entmischungen (Kap. 4 Ziff. 49). Kurz gesagt besteht sie hierin, daß man zwei kleine Glasfenster

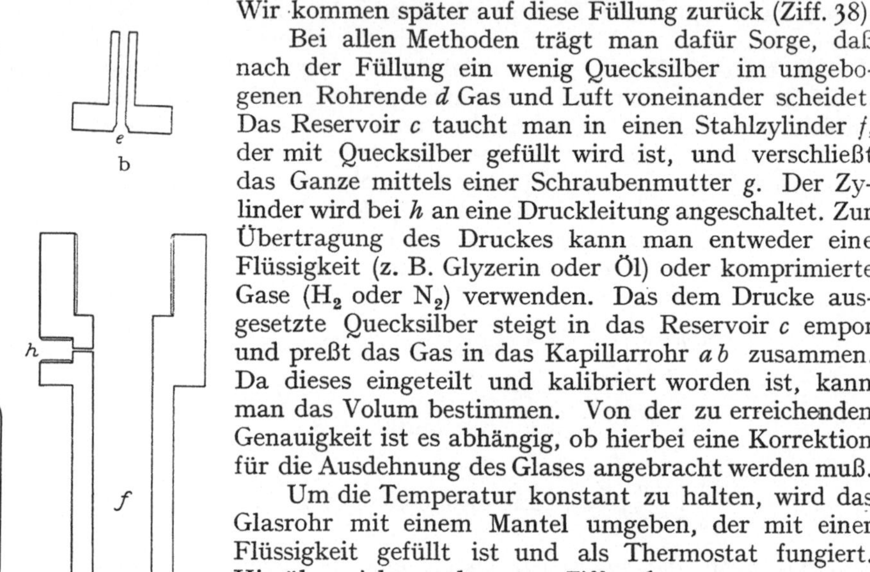

Abb. 10. Cailletetsche Röhre.

---

[1]) Comm. Leiden Nr. 67, 1901; K. Scheel u. W. Heuse, Ann. d. Phys. Bd. 33, S. 291, 1910.

(Fläche z. B. 1 cm³, Dicke 2 cm) anbringt, genau einander gegenüber, so daß man hindurchschauen kann. Für eine genauere Beschreibung verweisen wir auf die Originalarbeit[1])

Eine viel allgemeinere Anwendung hat die zweite „Methode des contacts électriques" gefunden, von AMAGAT ausgearbeitet nach einer Angabe von TAIT. Bei dieser Methode sind in der Wand des Kapillarrohres eine Reihe von Platindrähten eingeschmolzen. Um das Rohr wird nun ein Metalldraht (z. B. auch Platin) so herumgewickelt, daß er mit allen eingeschmolzenen Drähten Kontakt macht. Zwischen zwei dieser Kontakte müssen aber so viele Drahtwicklungen liegen, daß sie einen bequem meßbaren Widerstand bilden. Eines der beiden Wicklungsenden wird isoliert durch die Wand des Druckzylinders geführt. Als Isoliermittel kann man z. B. ein konisch gedrehtes Elfenbeinstückchen verwenden. Sobald bei Druckerhöhung die emporsteigende Quecksilbersäule den unteren Platinkontakt berührt, ist eine durchgehende Metallverbindung hergestellt vom isolierten Wicklungsende durch die ganze Wicklung zum unteren Platinkontakt und weiter durch das Quecksilber zur Druckzylinderwand. Durch Einschaltung in eine WHEATSTONEsche Brücke kann man den Widerstand zwischen Wicklungsende und Gehäuse bestimmen. Sobald aber das Quecksilber weiter emporsteigend den zweiten Kontakt berührt, wird ein Stück der Wicklung kurzgeschlossen, und der Widerstand sinkt sprunghaft. Auf diese Weise kann man von Punkt zu Punkt die Höhe des Quecksilberniveaus und also auch das Gasvolumen bestimmen.

Außer AMAGAT selber sind es hauptsächlich zwei Forscher, die mit ihren Mitarbeitern nach diesen Methoden genaue Messungen vorgenommen haben, nämlich KAMERLINGH ONNES[2]) und KOHNSTAMM[3]). Da der erste nur bis 100 Atm. arbeitete, war für ihn ein Stahlzylinder um die Piezometerkapillare mit allen seinen Komplikationen nicht notwendig. KOHNSTAMM aber kam nicht umhin, da er seine Messungen bis 2200 Atm. ausdehnte.

36. Die Temperaturbestimmung. Wie bereits erwähnt, erfordert es besondere Vorrichtungen, um während der Messungen eine genügend konstante Temperatur zu bekommen. Am schwierigsten sind diese, wenn man den Quecksilbermeniskus mittels visueller Beobachtung bestimmen will, da man in diesem Falle durch die Thermostatflüssigkeit hindurchschauen muß. KAMERLINGH ONNES löste dieses Problem, indem er die Piezometerkapillare mit einem weiten Glasrohr umgab und durch dieses Rohr einen Wasserstrom von bekannter Temperatur hindurchfließen ließ. KOHNSTAMM, der mit elektrischen Kontakten arbeitete, stellte sein Piezometer in ein Ölbad, das er mittels eines Thermoregulators auf konstante Temperatur einstellte. Einer der späteren Mitarbeiter KOHNSTAMMS konnte aber feststellen, das diese Vorrichtungen nicht ausreichten, da die Wärmeleitung durch die Wand der Druckleitung und die Quecksilbersäule noch zuviel Wärme zuführt oder ableitet. Selbstverständlich spielt dabei auch die Tatsache eine Rolle, daß der die Glaskapillare umgebende Öl- und Metallzylinder einen raschen Temperaturausgleich verhindert. Ein Teil der Druckleitung muß also auch von der Thermostatenflüssigkeit umspült werden.

Eine andere von demselben Forscher ausgearbeitete Methode ist die Temperaturbestimmung mittels eines Widerstandsthermometers innerhalb des Druckzylinders. Selbstverständlich muß dann aber der Druckeinfluß auf den Widerstand in Betracht gezogen werden.

---

[1]) Zusammengefaßt in AMAGAT, Notice des travaux scientifics, Paris 1902.

[2]) Vgl. J. C. SCHALKWIJK, The isothermals of hydrogen al 20° up to 60 Atm. Comm. Leiden Nr. 70.

[3]) PH. KOHNSTAMM-WALSTRA, Isothermetingen van H_2. Versl. Akad. Amsterdam Bd. 22, S. 1366. 1914. Proc. Amst. Bd. 17, S. 203. 1914.

37. Druckmessung. Kamerlingh Onnes bestimmte seine Drucke mittels eines offenen Quecksilbermanometers bis 100 Atm. und nach dem Vorgang Amagats mit zwei, mit diesem absoluten Instrument geeichten, geschlossenen Wasserstoffmanometern. Für die Einrichtung dieser Apparate müssen wir auf die Originalarbeit verweisen[1]). Als Korrektion muß man, wie oben erwähnt, die Höhe der beiden Quecksilberniveaus in Betracht ziehen. Die Bestimmung des oberen Meniskus bietet keine besondere Schwierigkeit, da man diesen doch bestimmen muß, um das Volum zu kennen. Mit dem unteren Meniskus steht es anders. So

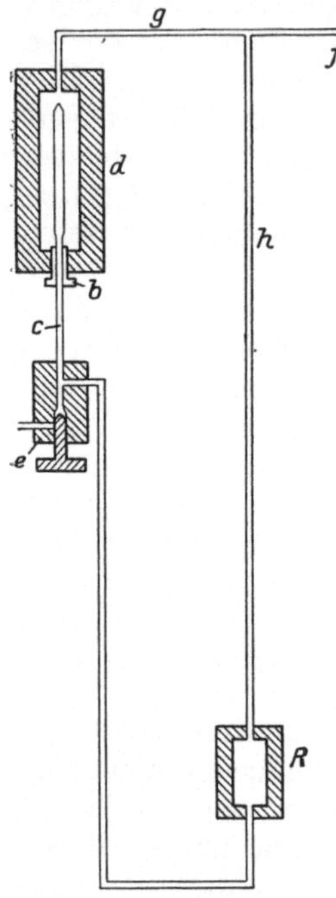

Abb. 11. Aufstellung eines Cailletetschen Rohres n. Kohnstamm.

lange man bei nicht allzu hohen Drucken arbeitet, geht es noch bequem, da man, wie Kamerlingh Onnes tat, in diesem Falle am Cailletet-Topf ein Flüssigkeitsstandglas anbringen kann. Bei höheren Drucken versagt dieses Mittel aber gänzlich. Kohnstamm wußte diese Schwierigkeit zu umgehen, indem er seine Aufstellung anordnete, wie Abb. 11 schematisch angibt, eine Aufstellung, die, wie wir unten sehen werden, auch bei der Gasfüllung von Nutzen ist. Die Glaskapillare a mit den Platindrähten trägt wieder unten ein Reservoir. Dieses Reservoir besitzt nun aber kein U-Rohr, doch ist es unten etwas dünner ausgezogen. Dieses Ende ist mittels Lot und Verschraubung auf den durchbohrten stählernen Pfropfen b befestigt worden. An die andere Seite des Pfropfens ist ein Stahlrohr c geschraubt. d ist der Druckzylinder, e ein Hochdruckhahn. Bei f ist die mit Öl gefüllte Druckleitung verschraubt. Der Druckzylinder und die Röhren g und h sind mit Öl, c und e mit Quecksilber gefüllt. Die Dimensionen von Gefäß R und die Quecksilbermenge sind so gewählt, daß das Kontaktniveau Quecksilber-Öl immer in R einspielt, und daß die Höhendifferenzen in R unterhalb der Beobachtungsfehler fallen.

Man kann aber auch nach den Messungen den Schutzmantel herunternehmen, das Kapillarrohr am oberen Ende öffnen und den Druck bestimmen, den man braucht, um das Quecksilber wieder bis an die Kontakte emporzupressen.

38. Füllung und Bestimmung des Normalvolums. Von großer Wichtigkeit ist es, genau zu wissen, wie groß die Menge des untersuchten Gases ist. Dazu reicht es aus, bei einem Druck, welcher wenig von einer Atmosphäre abweicht, Volum, Druck und Temperatur zu kennen. Mit einem gewöhnlichen Cailletet-Rohr geschieht dies auf folgende Weise. Man gießt vor der Füllung erst ein wenig Quecksilber in das Reservoir hinein und gibt dann dem Rohre einen horizontalen Stand, so daß das Quecksilber das Rohr nicht abschließt. Dann wird es an die Leitung zur Luftpumpe angeschlossen, leergepumpt und mit Gas gefüllt. Auspumpen und Füllen wiederholt man einige Male, bis man Sicherheit hat, daß keine Luftspuren zurückgeblieben sind. Nach der letzten Füllung, wobei man dafür sorgt, daß der Gasdruck nur sehr wenig von 1 Atm. abweicht, stellt man das Rohr lotrecht. Das Quecksilber fällt nun in das U-Rohr und schließt das Gas ab. Mittels der angebrachten Teilung bestimmt man das von dem Gase eingenommene Volum und berechnet hieraus und aus dem Barometerstand und der Differenz der beiden Queck-

---

[1]) Kamerlingh Onnes-Festschrift S. 225.

silberniveaus das Gasquantum. Für genauere Beschreibung verweisen wir auf die Originalliteratur[1]).

Eine Verbesserung gibt Abb. 12; a ist das untere Ende des CAILLETETschen Rohres. Jetzt trägt b die obenerwähnte Teilung; e führt zur Luftpumpe und zum Gasbehälter, c ist ein Gummischlauch und d ein Quecksilbergefäß, beide mit Quecksilber gefüllt. Sobald nun a endgültig gefüllt ist, hebt man d, das Quecksilber steigt in b empor und schließt a von e ab. Nun bestimmt man Volum, Druck und Temperatur und hebt hiernach d noch höher, bis das Quecksilber a erreicht. Selbstverständlich muß f so eng sein, daß hierbei der Quecksilberfaden nicht zerreißt. Jetzt kann man das Glasrohr bei g abschneiden.

KOHNSTAMM arbeitete auf andere Weise. Um eine große Genauigkeit auch bei 2000 Atm. zu erreichen, mußte er eine ziemlich große Quantität Gas verwenden (1—2 l). Solch ein großes Volum stand ihm aber im Druckzylinder nicht zur Verfügung. Deshalb komprimierte er das Gas zuvor bis 50 oder 100 Atm. und füllte mit diesem komprimierten Gas das CAILLETETsche Rohr durch Hahn e (Abb. 11). Da ihm ein quantitativer Transport nicht gelang, war eine Bestimmung des Normalvolumens nicht möglich. Um diesen unangenehmen Umstand soviel wie möglich zu beseitigen, bestimmte KOHNSTAMM und WALSTRA außerdem die Isothermen bei 2 bis 200 Atm. in einem gewöhnlichen CAILLETETschen Rohr. Diese Bestimmungen schließen sich an diejenigen bei höheren Drucken an, so daß man aus den ersten das Volum der letzten berechnen konnte.

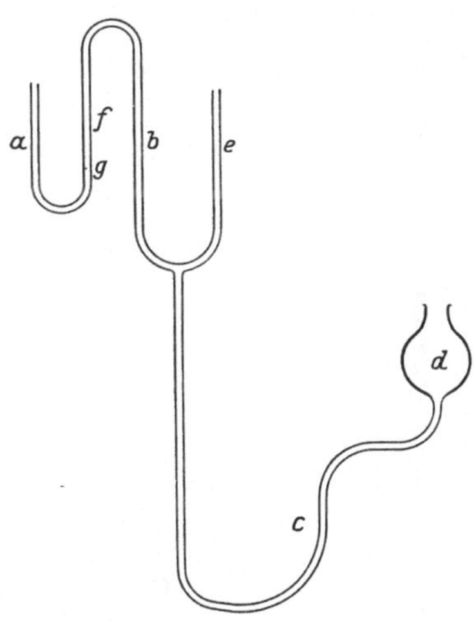

Abb. 12. Apparat zur Füllung eines CAILLETETschen Rohres.

39. Bestimmungen bei sehr tiefen und sehr hohen Temperaturen. Die oben behandelten Methoden versagen völlig, sobald es sich um die Bestimmung von Punkten bei einer Temperatur handelt, wo entweder Quecksilber fest wird oder eine zu große Dampfspannung bekommt. In diesem Fall stehen aber noch zwei Methoden zur Verfügung, die auch wohl bei gewöhnlicher Temperatur anwendbar sind.

α) Piezometer von konstantem Volum. Diese Methode ist von KAMERLINGH ONNES und seinen Mitarbeitern ausgearbeitet worden für sehr niedrige Temperaturen und von HOLBORN und seinen Mitarbeitern für Temperaturen zwischen $-183°$ und $+400°$.

Der Hauptgedanke ist dieser. Ein Gefäß (Piezometer) von bekanntem Volum ist mittels einer sehr dünnen Stahlkapillare mit einem Komplex von drei Hähnen verbunden. Der eine Hahn führt zum Piezometer, ein zweiter zum Volumometer, während der dritte die Verbindung mit dem Zuleitungs- und Druckrohr herstellt. Das Volum der Stahlkapillare ist im Verhältnis zu dem des Piezometers so gering, daß es entweder ganz zu vernachlässigen oder mittels einer Korrektion in Rechnung zu setzen ist.

Zunächst wird das Piezometer luftleer gepumpt, dann bei abgeschlossenem Volumometer mit komprimiertem Gas gefüllt und auf die gewünschte Temperatur gebracht. Man bestimmt nun Druck und Temperatur. Dann wird das Zuleitungs- und Druckrohr abgesperrt, und man läßt das Gas sich in das leere Volumometer

---

[1]) S. auch Comm. Leiden, Nr. 50. 1899 u. Nr. 69. 1901. Akad. Amsterdam Bd 8, S. 45. Proc. Amst. Bd. 2, S. 29. 1899.

expandieren. Wenn sich das Piezometer wieder auf Zimmertemperatur eingestellt hat, bestimmt man Druck, Volum und Temperatur des Volumometers. Aus diesen Daten kann man, unter Heranziehung einer Korrektion für den Inhalt des Piezometers, das Gasquantum berechnen. Hierzu muß man selbstverständlich bei geringerem Druck und Zimmertemperatur die Isothermen des Gases bereits kennen oder durch Variation des Volumometerinhaltes den Druck so wählen, daß er genügend wenig von 1 Atm. abweicht, daß man zur Korrektionsbestimmung ein Annäherungsgesetz anwenden kann.

Als Beispiel geben wir Abb. 13, die wir der Arbeit Holborns entnehmen.

β) Piezometer mit veränderlichem Volum. Diese Methode verwendet ein Piezometer, das eine Kombination eines Cailletetschen Rohres und des

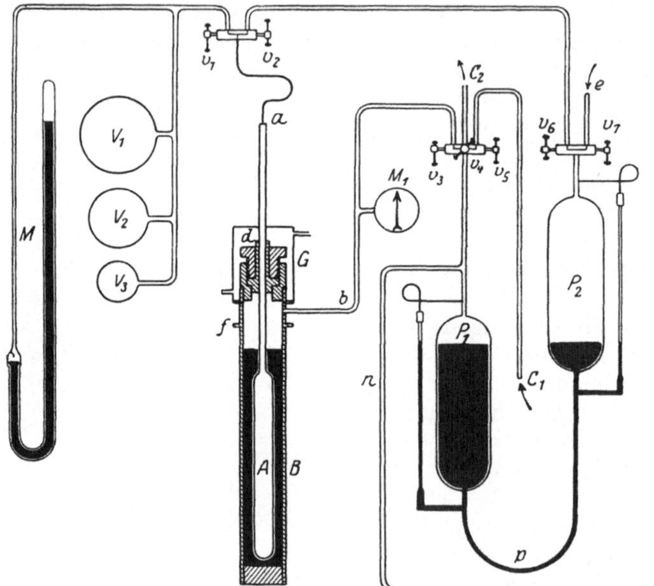

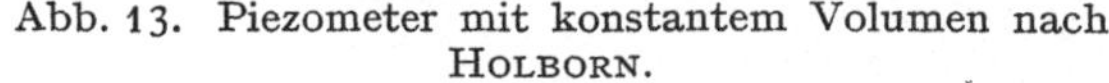

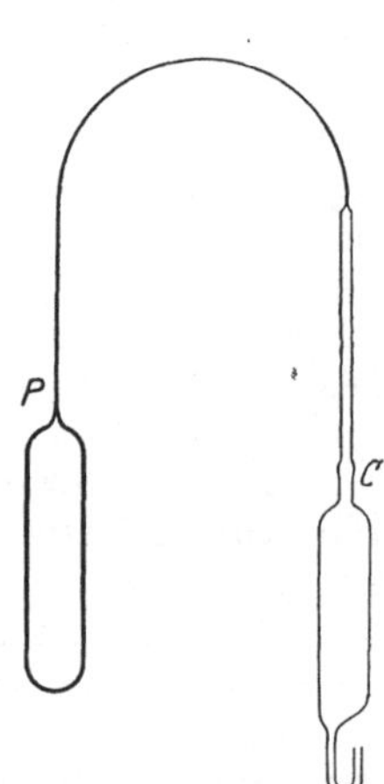

Abb. 13. Piezometer mit konstantem Volumen nach Holborn.

Abb. 14. Piezometer mit veränderlichem Volum.

oben behandelten Piezometers ist. Abb. 14 gibt eine schematische Darstellung. Oben ist die Kapillare des Cailletetschen Rohres geöffnet und mittels einer Stahlkapillare mit dem Piezometergefäß P verbunden. Auf der Wand von C ist wieder eine Teilung angebracht. Beide Volumina P und C sind genau kalibriert worden. Das Ganze wird gefüllt auf eine Weise, wie oben für die Cailletetsche Röhre beschrieben, und dann wird C in seine Fassung gestellt. P wird auf Beobachtungstemperatur gebracht, während C mit einem Wassermantel von annähernd Zimmertemperatur umhüllt wird. Sind bei dieser Temperatur die Isothermen des Gases bekannt, so kann man hieraus und aus den Daten des Experimentes die Isothermen bei der Beobachtungstemperatur herleiten. Eventuell muß man eine Korrektion anbringen für das in der Stahlkapillare enthaltene Gas.

Auf diese Weise bestimmte Kamerlingh Onnes verschiedene Isothermen bei sehr niedriger Temperatur. Als Beispiel gibt Abb. 15 eine schematische Darstellung des verwendeten Instrumentariums[1].

---

[1] .Siehe Kamerlingh Onnes-Festschrift. Leiden 1922. S. 94.

Neuerdings hat BRIDGMAN[1]) auf eine ganz besondere Methode Isothermen bestimmt von 2000 Atm. aufwärts bis zu 15 000 Atm. Leider war es ihm nicht möglich bei dieser Methode das Normalvolume seiner Gasmasse volumometrisch zu bestimmen, da der ziemlich niedrige Inhalt seiner Druckgefäße ihn zwang, das zu untersuchende Material auf einen ziemlich hohen Druck vorzukomprimieren.

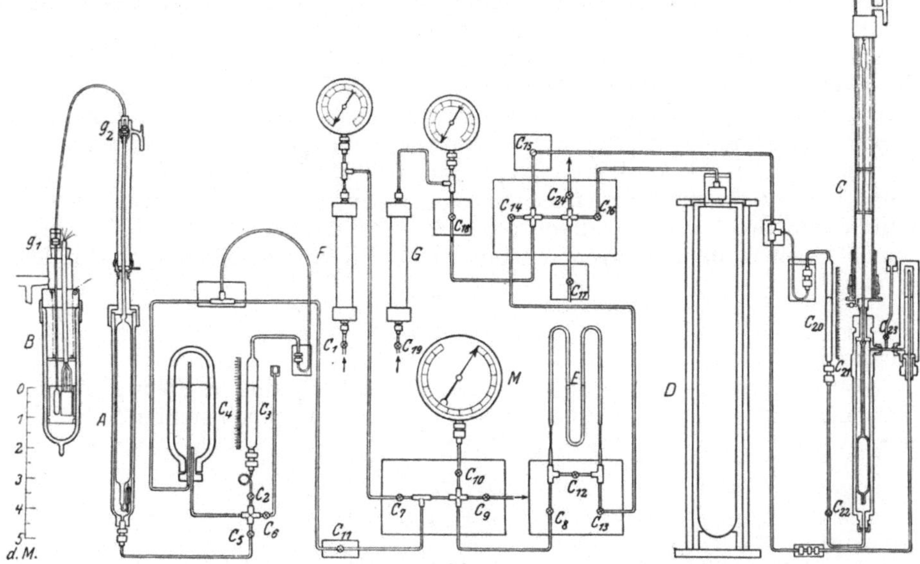

Abb. 15. Piezometer mit veränderlichem Volumen nach KAMERLINGH ONNES.

Das Piezometer BRIDGMANS hat eine Form wie sie Abb. 16 angibt. Das Gehäuse ist aus einer sehr widerstandsfähigen Stahlsorte angefertigt und möglichst dünn gehalten, um kein all zu großes totes Gewicht zu bekommen, da dies für die Messungen hinderlich sei. In der Abb. gibt a ein Ventil an. Das innere Volum des Piezometers ist durch auswägen bestimmt, wobei sehr genau darauf geachtet wurde, daß der Durchmesser überall der gleiche sei. Mittels eines Kompressors wird das Piezometer mit Gas auf 2000 Atm. gefüllt und dann gewogen. Aus dem Gewicht des gefüllten und des leeren Piezometers läßt sich das eingeschlossene Gasquantum ermitteln. Nun wird das Piezometer mit a nach unten in die Druckbombe geschoben, die vorher mit Petroleum angefüllt ist. Die Bombe wird mit einem leckfrei schließenden Kolben verschlossen und das Ganze unter eine hydraulische Presse gestellt. Das Hineindrücken des Kolbens erzeugt in der Bombe einen Druck, der mittels eines Manganinwiderstandsmanometers gemessen wird. Aus der Senkung des Kolbens und seinem bekannten Querschnitt leitet BRIDGMAN die Gasvolumina ab, wobei er für die Kompressibilität des Öles eine Korrektion anzubringen hat.

Oben war immer die Rede von Isothermen. Es bedarf fast keiner Erwähnung, daß mit den gleichen Apparaten auch Isochoren gemessen werden können. Einige der behandelten Methoden eignen

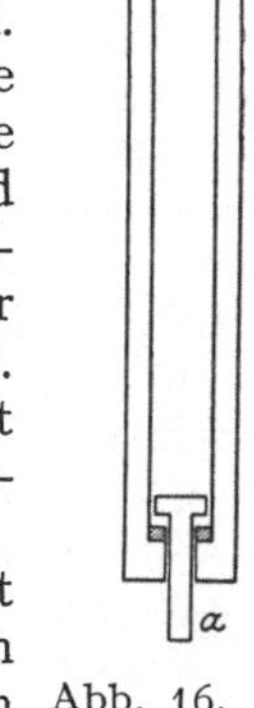

Abb. 16. Piezometer nach BRIDGMAN.

___
[1]) Contr. from the Jefferson Lab. 1922—1923. S. 170.

sich sogar besser für Isochorenbestimmung, wie z. B. die „Methode des contacts électriques". Es braucht dann nur die Temperatur verändert und bei jeder Temperatur der Druck bestimmt zu werden, während derselbe Kontakt einspielt.

40. Isothermen unterhalb T_k. Unterhalb T_k gibt es einen wesentlichen Unterschied zwischen der experimentellen Bestimmung des Flüssigkeitsgebietes der p, v, T-Fläche einerseits und des Gas- sowie des Koexistenzgebietes andererseits. Das Hauptmotiv für diesen Unterschied bildet wohl die Lage des kritischen Punktes. Fast keiner der bekannten kritischen Drucke erreicht 100 Atm. (nur NH_3 115, H_2O 200 Atm.), so daß man für die Druckforschung in den beiden letzten Gebieten kein Hochdruckinstrumentarium braucht. Die Flüssigkeit aber gibt bei Druckerhöhung so kleine Volumänderungen, daß man für genaue Messungen hohen Druck und ein sehr besonderes Instrumentarium nicht umgehen kann. Das ist auch der Grund, weshalb man meistens die Durchforschung in diesem Teil der p, v, T-Fläche nicht durch Isothermen Bestimmungen vornimmt, sondern ihr ein besonderes Kapitel widmet unter dem Namen „Kompressibilitätsbestimmung", wiewohl im Grunde genommen der Titel Kompressibilität dem Quotienten

$$- \frac{1}{v} \left(\frac{\partial v}{\partial p} \right)_T$$

entspricht.

Ebenso steht es mit dem Einfluß der Temperatur auf das Flüssigkeitsvolum, der meistens unter „Bestimmung der Ausdehnungskoeffizienten" behandelt wird, wiewohl dieser Titel dem Quotienten

$$\frac{1}{v} \left(\frac{\partial v}{\partial T} \right)_p$$

zugehört.

Bestimmung der Kompressibilität von Flüssigkeiten. Die Methoden der Kompressibilitätsbestimmung lassen sich in zwei Gruppen ordnen, welche beide bereits lange Zeit ihre Vertreter gefunden haben. Die Methoden der ersten Gruppe stimmen darin überein, daß sie ein thermometerähnliches Gefäß benutzen. Die Flüssigkeit füllt ein kugel- oder zylinderförmiges Reservoir und ragt weiter in ein ganz feines Kapillarröhrchen empor. Das Reservoir wird in einen dickwandigen Zylinder eingeschlossen und einem allseitigen Druck ausgesetzt. Die Kapillare ragt zur Beobachtung des Meniskus aus dem Druckzylinder heraus. Man bestimmt nun die Verschiebung dieses Meniskus bei Veränderung des Druckes.

Für die verschiedenen Modifikationen, welche diese Methode gefunden hat, verweisen wir auf die Originalliteratur. Von den älteren Vertretern wollen wir nur die Namen KANTON (1764), OERSTEDT (1822), STURM und COLLADON (1827) und REGNAULT (1848) nennen, während wir für nähere Literaturangaben auf die LANDOLT-BÖRNSTEINschen Tabellen verweisen müssen.

Es war wieder AMAGAT, der dieser Methode ein größeres Anwendungsgebiet gab, indem er es ermöglichte, auch die Kapillare in das Druckgefäß zu bringen. Dazu füllte er das ganze Rohr mit Flüssigkeit und stellte das Piezometer umgekehrt mit dem offenen Kapillarende in ein wenig Quecksilber getaucht in den Druckzylinder. Der restierende Raum dieses Zylinders wurde mit Glyzerin angefüllt. Bei Druckerhöhung steigt das Quecksilber wegen der Kompression der Flüssigkeit in die Kapillare. Den Stand des Quecksilbermeniskus bestimmte nun AMAGAT mit seiner obenbehandelten „Methode des Regards" oder „Methode des contacts électriques".

Die obenerwähnten Methodengruppen schließen sich noch ziemlich gut an die Methoden der Isothermbestimmungen an. Ganz anders ist es mit der zweiten

Gruppe, die ihren ersten Vertreter in der PERKINSschen Methode gefunden hat und neuerdings von P. BRIDGMAN[1]) (1912—1914) wieder aufgenommen und verbessert worden ist.

Der Hauptgedanke ist folgender: Ein zylindrisches Gefäß besitzt an der oberen Seite ein ganz kleines Loch. Dieser Zylinder ist mit der zu untersuchenden Flüssigkeit gefüllt und wird nun einem allseitigen Druck ausgesetzt. Da diese komprimiert wird, dringt neue Flüssigkeit hinein. Das eingedrungene Quantum wird auf irgendeine Weise bestimmt. PERKINS verfuhr so, daß er das Loch im Deckel von unten mit einem Ventil verschloß, wodurch die hineingedrungene Flüssigkeit nicht mehr entweichen konnte. Vor und nach dem Zusammendrücken wurde das Gefäß samt Inhalt gewogen und aus der Gewichtsvermehrung die Kompressibilität ermittelt.

Da diese Methode ziemlich ungenaue Ergebnisse gab, verwendete BRIDGMAN kein Ventil, sondern er konstruierte das Piezometer, so daß das Loch im Deckel mit Quecksilber verdeckt war. Bei Druckerhöhung dringt nun Quecksilber ein, das sich auf dem Boden des Piezometers sammelt. Bei einer Senkung des Druckes kann das Quecksilber nicht mehr herausfließen; statt dessen aber fließt ein aliquoter Teil der sich ausdehnenden Flüssigkeit heraus. Man bestimmt dann die Gewichtsvermehrung und berechnet daraus die Kompressibilität.

Bei der Umrechnung der mit einer von beiden Methoden erhaltenen Daten, muß man auf einen Umstand achten, der von einigen Forschern (u. a. CAILLETET) nicht in Betracht gezogen wurde, daß nämlich auch das Material des Gefäßes eine Kompression er-

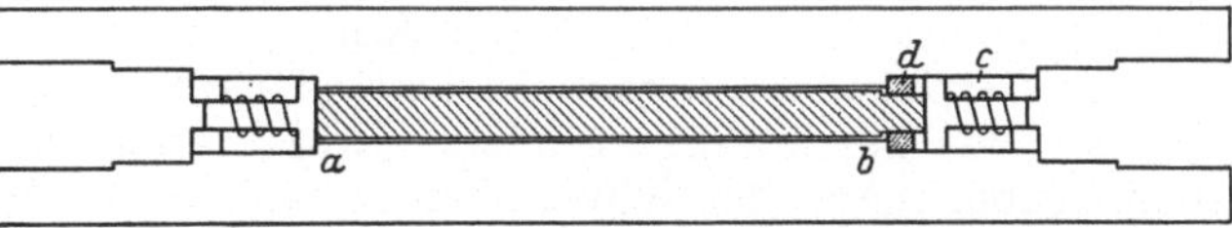

Abb. 17.   Apparat nach BRIDGMAN. Zur Bestimmung der absoluten Kompressibilität von Stahl.

fährt. Freilich darf sie auch bei den Isothermbestimmungen nicht immer übersehen werden, doch gibt sie da wegen der größeren spezifischen Volumina meist nicht eine wichtige Korrektion.

Die Bestimmung der spezifischen Kompressibilität eines festen Materials bei allseitigem Druck ist aber ziemlich schwierig, wenn man diese Größe noch von keiner einzigen Flüssigkeit kennt. Um die Materialkonstante zu bekommen, geht man meistens von der Ausdehnung eines Stabes durch Zug aus[2]), wie es STURM und COLLADON taten. Diese kamen aber zu einem Fehlschluß, da sie eine unrichtige Formel verwendeten. Nennt man die spezifische Verlängerung durch Zug α, die spezifische Kompressibilität bei allseitigem Druck β, dann ist

$$\beta = \frac{3(m-2)}{m}\,\alpha\,,$$

wobei m die Konstante der Querkontraktion ist. STURM und COLLADON setzten aber

$$\beta = 3\alpha.$$

BRIDGMAN bestimmte β auf eine ganz andere Weise. Er ließ sich einen Zylinder anfertigen, wie Abb. 17 angibt. In diesem Zylinder steckt ein Stab $a\,b$ des zu untersuchenden Materials. Durch die Feder c wird der Stab immer gegen den Bolzen bei a angedrückt, d ist ein eng um den Stab schließender Ring, der zu An-

[1]) P. BRIDGMAN, Proc. Amer. Acad. Bd. 47, S. 345. 1912; Bd. 49, S. 1. 1914.
[2]) S. auch W. C. RÖNTGEN u. J. SCHNEIDER, Wied. Ann. Bd. 33, S. 644. 1888.

fang genau gegen den Kragen angeschoben wird. Wird nun das Innere des Zylinders einem Druck ausgesetzt, so zieht sich der Stab zusammen, hierbei verschiebt sich der Ring. Bei sinkendem Drucke wird diese Verschiebung nicht rückgängig gemacht und kann also gemessen werden[1]). Als Korrektion muß man die Ausdehnung des Zylinders in Betracht ziehen. Wiewohl dies nicht ganz das gleiche ist, nahm Bridgman hierfür die Ausdehnung des auswendigen Zylindermantels, welche er mittels eines Längenkomparators maß.

Ergebnisse: Während wir für die Zahlenwerte auf die Originalarbeiten und Tabellen verweisen, können wir als allgemeine Ergebnisse mitteilen, daß die Kompressibilität

$$\beta = -\frac{1}{v}\left(\frac{\partial v}{\partial p}\right)_T$$

sich nicht als eine reine Konstante ergeben hat, wie sich wohl im voraus vermuten ließ. β ist sowohl Druck- wie Temperaturfunktion, wobei bei steigendem Druck die Kompressibilität abnimmt, während sie mit der Temperatur ansteigt.

Wasser bildet eine Ausnahme, insoweit bei niedriger Temperatur seine Kompressibilität mit steigender Temperatur sinkt, während es sich bei höherer Temperatur normal verhält. Für die Lage des Minimums werden verschiedene Werte gefunden. Die Angaben schwanken zwischen 50° und 62°.

Weiter ist noch zu berichten, daß die Kompressibilität von wässerigen Lösungen geringer ist als von reinem Wasser. Näheres hierüber gehört aber zum Gebiete der Systeme mit zwei Komponenten.

41. Der Ausdehnungskoeffizient. Hier wie bei der Kompressibilität werden wir uns beschränken auf eine Besprechung des Flüssigkeitsausdehnungskoeffizienten. Aus demselben Grunde weicht die Bestimmung dieses Koeffizienten wesentlich ab von den gewöhnlichen Isothermbestimmungsmethoden.

Nur genügt hier eine viel kürzere Besprechung, da erstens die neuere Literatur keine Methoden gebracht hat, welche sich auf eine ganz andere Basis stellen wie die ältere, und zweitens sind im Grunde genommen die Methoden so einfach, daß nur eine Angabe der Prinzipien ausreicht. Freilich bringt eine wirklich genaue Messung ziemlich große technische Schwierigkeiten mit sich, deren Behandlung hier aber kein Platz eingeräumt werden darf.

Die Methoden lassen sich in drei Gruppen ordnen:

1. Die Thermometermethode. Hier wird wieder ein thermometerähnliches Gefäß mit Flüssigkeit gefüllt und die Variation des Meniskus bei Temperaturänderung bestimmt.

2. Die Gewichtsmethode, wobei das Gewicht eines bekannten Volums bei verschiedenen Temperaturen bestimmt wird. Dies tut man entweder durch Wägen eines Gefäßes von bekanntem Volum, das mit Flüssigkeit gefüllt wird (Pyknometermethode), oder durch eine Bestimmung, die auf dem archimedischen Gesetz des nach aufwärts gerichteten Druckes beruht, den ein Körper bekannten Volums erfährt, indem er in eine Flüssigkeit untergetaucht wird, welche auf verschiedene Temperatur gebracht wird.

3. Die hydrostatische Methode, von Regnault benutzt. Die Flüssigkeit wird in ein U-förmig gebogenes Rohr hineingegossen. Die beiden Schenkel werden auf verschiedene Temperaturen gebracht, wodurch auch die spezifischen Gewichte der in beiden Schenkeln enthaltenen Flüssigkeitsmengen nicht die gleichen bleiben. Dies hat wieder zur Folge, daß auch die Höhen der Oberflächen verschieden sind. Aus diesen Höhen läßt sich der Ausdehnungskoeffizient be-

---

[1]) Neuerdings ist das Zusammenziehen des Stabes auch auf elektrischem Wege gemessen worden.

stimmen. Für die zahlreichen Beobachtungen über Kompressibilität und Wärmeausdehnung von Flüssigkeiten sind zusammengestellt in den Literaturüber-
sichten der LANDOLT-BÖRNSTEINschen Tabellen S. 102 und S. 1236. Für die
Gase erwähnen wir einige der wichtigsten in der Fußnote[1]).

42. Das Gebiet der ungesättigten Dämpfe. Für dieses Gebiet können
im wesentlichen dieselben Meßmethoden Verwendung finden wie für das
Gebiet oberhalb des kritischen Zustandes. Nur sind
hier die Temperaturen und die Drucke niedriger und
die spezifischen Volumina größer. So ist es denn auch
hier öfters notwendig, für die p-Bestimmung besondere
Maßnahmen zu nehmen, u. a. hat man, und nicht ohne
Erfolg, wohl die Änderung eines Quecksilbermanometers
mittels Interferenzstreifen beobachtet. KAMERLINGH ONNES
verwendet bei sehr niedrigen Drucken (z. B. bei Temperaturen von flüssigem Helium) Manometer, deren Wirkung sich
auf die Theorie KNUDSENS gründete, nämlich ein Hitzdraht-
manometer für Drucke zwischen 1 und 0,001 mm Hg und
ein absolutes Manometer von 0,001 bis $1,5 \times 10^{-6}$ mm Hg[2]).

43. Das Koexistenzgebiet. Für die Erforschung des
Koexistenzgebietes ist es auch möglich, mit den alten Methoden zu arbeiten. Nur sind die Umstände hier günstiger,
da das Volum keine Rolle spielt. Die p, v, T-Fläche bildet
hier eine Regelfläche, und die beschreibende Gerade verläuft
parallel zur v-Achse. Die T, p-Projektion ist deshalb von
Bedeutung. Diese Kurve nennt man meistens die Dampfspannungskurve. Abb. 18 gibt eine schematische Darstellung
des von KAMERLINGH ONNES verwendeten Apparates[3]). Da
die Abbildung einen klaren Einblick gibt, darf eine weitere
Beschreibung wohl unterbleiben.

Eben dieser horizontale Verlauf der Isothermen gibt
uns eine Methode zur Messung der Dampfspannungskurve.
Man braucht dazu nur der Isotherme entlang fortzuschreiten
und den Druck zu bestimmen, wo die Isotherme einen
Knick aufweist. Nur muß man darauf achten, daß Verzögerungserscheinungen, vor allem bei sehr reinen Flüssigkeiten,
leicht auftreten können, wobei man dann den metastabilen
Teil der Isotherme verfolgt. Wie leicht zu verstehen hat
diese Methode den Namen „der Isothermische" erhalten.

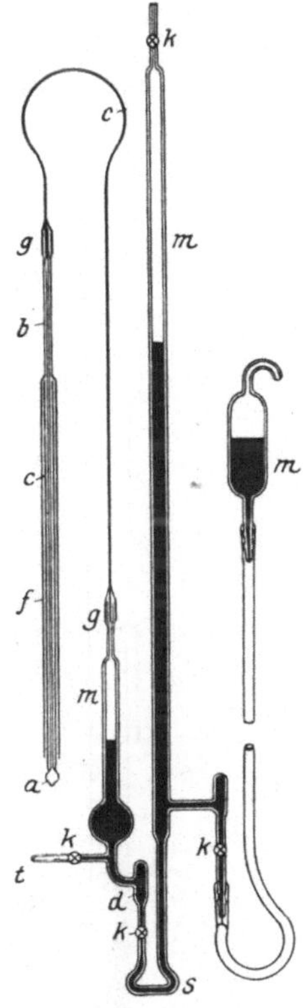

Abb. 18. Dampf-
spannungsapparat
für niedrige Tempe-
raturen nach
KAMERLINGH ONNES

[1]) E. H. AMAGAT, Ann. chim. phys. (6) Bd. 29, S. 68. 1893; P. BRIDGMAN, Proc. Amer.
Acad. Bd. 47, S. 345. 1912; Bd. 49, S. 1. 1914; Contr. of the Jefferson Lab.; P. CHAPPUIS,
Trav. Bur. int. Bd. 13, S. 66. 1903; F. HENNING u. W. HEUSE, ZS. f. Phys. Bd. 5, S. 285.
1921; L. HOLBORN, Ann. d. Phys. Bd. 63, S. 674. 1920; L. HOLBORN u. H. SCHULTZE, ebenda
Bd. 47, S. 1089. 1915; P. KOCH, ebenda (4) Bd. 27, S. 311. 1908; J. P. KUENEN, Arch. Néer-
land. Bd. 26, S. 392. 1893; H. KAMERLINGH ONNES, Comm. Leiden Nr. 102a. 1907; H. KAMER-
LINGH ONNES u. C. BRAAK, ebenda Nr. 100b. 1907; H. KAMERLINGH ONNES u. C. A. CROM-
MELIN, ebenda Nr. 118b. 1910; Nr. 147. 1915; Nr. 154a. 1921; H. KAMERLINGH ONNES u.
E. J. SMID, ebenda Nr. 146c. 1915; H. KAMERLINGH ONNES, C. DORSMAN u. G. HOLST,
ebenda Nr. 146a. 1915; H. KAMERLINGH ONNES u. H. H. F. HYNDMAN, ebenda Nr. 78. 1902;
PH. KOHNSTAMM u. WALSTRA, Akad. Amsterdam Bd. 22, S. 1366. 1914; Proc. Amsterdam
Bd. 17, S. 203.; W. RAMSAY u. M. W. TRAVERS, ZS. f. phys. Chem. Bd. 38, S. 679. 1901;
F. ROTH, Wied. Ann. Bd. 11, S. 1. 1880; A. WITKOWSKI, Phil. Mag. (5) Bd. 41, S. 488. 1896;
Krakauer Anzeiger 1905, S. 305.
[2]) KAMERLINGH ONNES, Comm. Leiden Nr. 119. 1911 u. 147b. 1915.
[3]) KAMERLINGH ONNES, Comm. Leiden Nr. 152d. 1917.

Eine zweite Methode ist die dynamische. Hierbei bestimmt man die Temperatur, bei der eben die Spannkraft imstande ist, einen bestimmten Gegendruck zu überwinden, und also das Sieden anfängt. Öfters gebraucht man deshalb auch den Namen „Siedepunktsmethode". Sie wurde zum ersten Male von Dalton angewendet und später von Regnault verbessert. Im allgemeinen geht man so vor, daß man die Flüssigkeit in einen Kessel bringt, in dem man mit irgendeiner Vorrichtung den Druck konstant zu halten vermag. Dann erhitzt man den Kessel bis zum Sieden der Flüssigkeit. Dies gibt sich dadurch kund, daß die Temperatur konstant wird.

Am meisten gebraucht wird aber das dritte, das sog. statische Verfahren. Diese Methode beruht darauf, daß man bei konstanter Temperatur eine direkte Druckmessung an einem Dampf, der mit seiner Flüssigkeit im Gleichgewicht steht, ausführt.

Wenn der Druck nicht allzu groß ist, läßt sich dies sehr leicht mit einem Quecksilbermanometer ausführen. Es gibt sehr viele wenig voneinander verschiedene Arbeitsmethoden. Man kann z. B., wenn der Dampfdruck nicht oberhalb 1 Atm. liegt, die zu bestimmende Flüssigkeit in den Torricellischen Raum eines Barometers bringen. Sinkt der Quecksilbermeniskus um h cm, so ist die Dampfspannung gleich h cm Quecksilber oder $h/76$ Atm. zu setzen. Wenn man oberhalb Zimmertemperatur messen will, muß man selbstverständlich einen Heizmantel um das Barometerrohr anordnen. Auch ein Teil der Quecksilbersäule muß sich noch im Mantel befinden, da man sonst die Flüssigkeitstemperatur nicht genügend genau bestimmen kann. Für die Ausdehnung des Quecksilbers muß man eine Korrektion heranziehen. Um diese Korrektion einfacher zu gestalten, kann man auch das ganze Barometer heizen. Ist aber der Dampfdruck höher als 1 Atm., so ist ein Normalbarometer nicht mehr geeignet. Am einfachsten ist es nun ein U-förmig gebogenes Rohr zu verwenden. Der eine kürzere Schenkel des Rohres ist zugeschmolzen. Der untere Teil beider Schenkel ist mit Quecksilber gefüllt, während oberhalb des Quecksilbers im zugeschmolzenen Schenkel sich die Flüssigkeit befindet. Man heizt nun wieder und bestimmt, wenn beide Phasen, Flüssigkeit und Gas bestehen, die Höhendifferenz der beiden Quecksilbersäulen. Abb. 19 gibt ein Beispiel eines viel gebrauchten Heizmantels für höhere Temperaturen. Um das Rohr herum befindet sich ein Mantel mit Flüssigkeit. Mittels eines elektrischen Heizkörpers wird diese Flüssigkeit zum Sieden gebracht. Der Dampf erwärmt das Rohr, kondensiert in einem Kühler und fließt wieder in das Kochgefäß zurück. Um die Temperatur zu verändern, kann man die Heizflüssigkeit unter vermindertem Druck sieden lassen. Zur besseren Einstellung des Gleichgewichtes kann es vorteilhaft sein, zu rühren. Dies geschieht einfach mit einem elektromagnetischen Rührer nach Kuenen. Dieser besteht aus einem kleinen Glasröhrchen, in das ein Stückchen Eisen eingeschlossen ist. Dieses Röhrchen gibt man in das U-Rohr bevor es zugeschmolzen wird. Mittels einer elektrischen

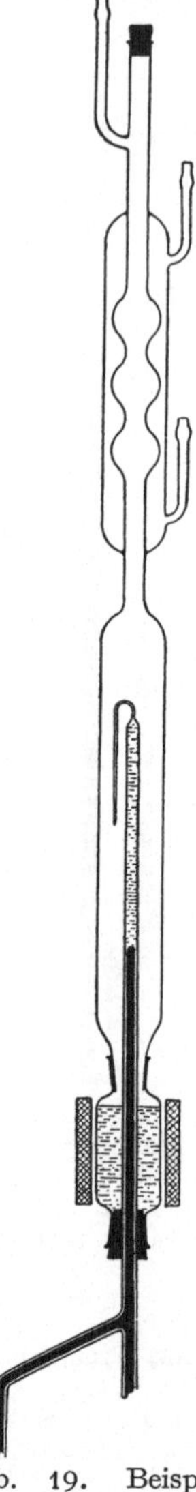

Abb. 19. Beispiel einer Dampfspannungsbestimmung nach dem Statischen Verfahren.

Spule kann man das Röhrchen hin und her bewegen und so die Flüssigkeit rühren.

Selbstverständlich braucht man nicht mit einer Quecksilbersäule zu messen, sondern man kann auch andere Druckmeßapparate verwenden. Auch kann man den Druck von einer anderen Flüssigkeit mit vernachlässigbarer Dampftension nach dem Durchmesser übertragen lassen.

Handelt es sich um die Bestimmung von Dampfspannungen unterhalb Zimmertemperatur, dann kann man bequem das WATTsche Prinzip zu Hilfe nehmen. Man bringt ein Gefäß mit Flüssigkeit auf die niedrige Temperatur, verbindet das Gefäß mit einem Manometer und saugt die eingeschlossene Luft ab. Die Dampftension entspricht nun nach dem obengenannten Prinzip der niedrigeren Temperatur. Selbstverständlich kann man auch das Gefäß erst ohne Flüssigkeit leerpumpen, abkühlen und erst hernach füllen.

Auf diese Art maß KAMERLINGH ONNES Dampfdrucke bei sehr niedrigen Temperaturen.

Nur ein eigentümliches Ergebnis muß hier noch erwähnt werden, nämlich daß die Messungen von BAKER und A. SMITS[1]) darauf hinweisen, daß eine intensive Trocknung den Siedepunkt von verschiedenen Flüssigkeiten erhöht. Daß dies keine einfache Verzögerungserscheinung ist folgt aus den Dampfspannungsmessungen die von beiden Forschern ausgeführt worden sind.

44. Die Grenzkurve. Sind auf irgendeine Substanz die oben behandelten Messungen vorgenommen, dann läßt sich aus den erhaltenen Daten die Gestalt der ganzen $p\,v$, T-Fläche bestimmen und also auch der Kurve, durch die das ein- und zweiphasige Gebiet getrennt werden. Bei einer bestimmten Temperatur kennt man aus der Dampfspannungskurve den zugehörigen p-Wert, und bei bekanntem p und T ist das Flüssigkeitsvolumen aus den Daten der Kompressibilitäts- und Ausdehnungsbestimmungen zu berechnen, während aus den Grenzwerten der Isothermen der ungesättigten Dämpfe das spezifische Dampfvolum herzuleiten ist.

Erwähnenswert ist aber noch eine Methode von KAMER-LINGH ONNES und MATHIAS, die es gestattet, mit einem Apparat sowohl v_f wie v_d längs der Grenzkurve zu bestimmen. Diese Methode wurde von diesen Forschern ausgearbeitet, um das Gesetz des geradlinigen Durchmessers zu prüfen.

Das Instrumentarium ist dasselbe, wie oben unter der Bezeichnung „Piezometer mit veränderlichem Volum" behandelt; nur hat das Piezometer eine besondere Form, wie in Abb. 20 angegeben. k ist ein Reservoir, das an beiden Seiten Rohre (a und l) besitzt, die mit Teilung versehen sind. a, l und k sind genau auskalibriert. Zunächst wird das Piezometer so gefüllt, daß der Flüssigkeitsmeniskus sich in a irgendwie einstellt. Oberhalb dieser Oberfläche hat man dann selbstverständlich gesättigten Dampf. Man liest das Flüssigkeits-

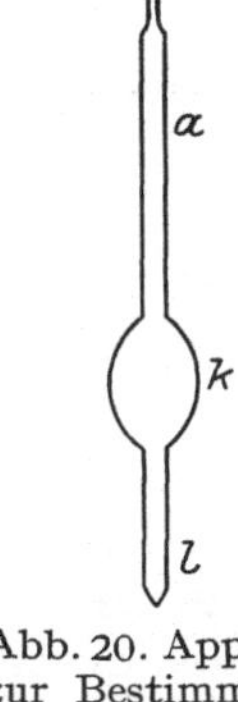

Abb. 20. Apparat zur Bestimmung der geradlinigen Mittellinie nach MATHIAS und KAMERLINGH ONNES.

volumen ab und bestimmt p und T. Nun gibt man dem Volumometer ein so großes Volum, daß die Flüssigkeit bis auf einige Tropfen verdampft, welche in l zurückbleiben und deren Volumen man mittels der auf l angebrachten Teilung bestimmt. Weiter bestimmt man Volum und Temperatur des Volumometers und berechnet aus den erhaltenen Daten die Differenz zwischen der Masse der verdampften Flüssigkeit und einem gleichen Volum gesättigten Dampfes.

[1]) BAKER, Journ. chem. soc. Bd. 121, S. 568. 1922; Bd. 123, S. 1223. 1923; A. SMITS, Trans. chem. soc. Bd. 125, S. 1068. 1924; Journ. chem. soc. Bd. 125, S. 2554, 2573. 1924.

Dann entleert man das Volumometer und bringt jetzt alle noch im Piezometer enthaltene Substanz, d. h. also den Dampf und die restierende Flüssigkeit, in das Volumometer und bestimmt aufs neue das Volum. Eine einfache Umrechnung gibt dann die spezifischen Volumina von Flüssigkeit und Dampf bei der Temperatur des Thermostaten.

45. Die kritischen Daten. Auch bei der Bestimmung der kritischen Daten ist es von Wichtigkeit, daß im allgemeinen der kritische Druck nicht gar so hoch ist. Vielfach ist denn auch eine visuelle Beobachtung möglich. Auch hier geben die Methoden nichts neues. Bei ganz genauen Bestimmungen bietet aber der Einfluß der Schwerkraft Schwierigkeiten. Gute Rührung ist denn auch Hauptsache. Auch hier kann öfters eine elektromagnetische Rührung Gutes leisten. Die Nähe des kritischen Punktes gibt sich immer durch das Auftreten einer kritischen Opaleszenz kund.

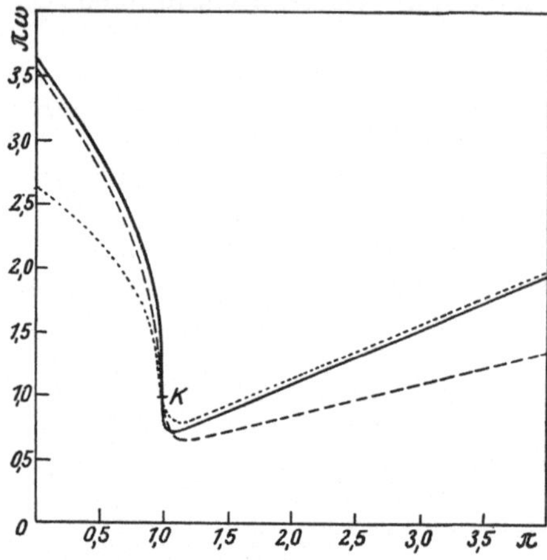

Abb. 21. Kritische Isotherme von Kohlendioxyd.

——— Kohlendioxyd nach Amagat
··········· Gl. van der Waals
– – – – Gl. Clausius

Ist eine visuelle Bestimmung nicht möglich, dann ergibt sich der kritische Punkt aus dem Verschwinden des geradlinigen Stückes der Isothermen.

Die kritische Temperatur T_k und den kritischen Druck p_k bekommt man meist aus den gewöhnlichen Dampfspannungsmessungen. Wie bereits theoretisch behandelt, verursacht aber das kritische Volumen v_k besondere Schwierigkeiten, weil der Quotient $\left(\dfrac{\partial p}{\partial v}\right)_T$ am kritischen Punkt Null wird (vgl. Ziff. 12).

Auch die ganze kritische Isotherme ist Gegenstand von Untersuchungen gewesen. Abb. 21 zeigte die kritische pv, p Isotherme für CO_2 nach Amagat und zum Vergleich die theoretischen Kurven nach der Hauptzustandsgleichung und nach der Zustandsgleichung von Clausius (vgl. Ziff. 8).

e) Das Korrespondenzgesetz.

46. Die reduzierte Zustandsgleichung. Die Hauptzustandsgleichung hat dieselbe Gestalt für alle Stoffe und unterscheidet sich nur in den Werten von a und b. Das bedeutet, daß die Stoffe sich qualitativ ähnlich verhalten werden und daß nur ein quantitativer Unterschied in ihrem Verhalten bestehen soll. Im Vorhergehenden war schon mehrmals die Rede von der Ähnlichkeit der verschiedenen Stoffe. Jetzt werden wir dies systematisch erörtern.

Nennt man $\dfrac{T}{T_k} = \vartheta$, $\dfrac{p}{p_k} = \pi$, $\dfrac{v}{v_k} = \omega$ und führt man diese Größen ein in die Hauptzustandsgleichung, so bekommt man

$$\left(\pi + \frac{3}{\omega^2}\right)(3\omega - 1) = 8\vartheta \tag{5j}$$

Die Größen ϑ, π und ω nennt van der Waals reduzierte Temperatur, reduzierten Druck, reduziertes Volum und die Gleichung (5j) die reduzierte Zustandsgleichung. Sie enthält nichts Spezifisches mehr, was für einen Stoff anders wäre als für einen anderen. Sie besagt, daß z. B. bei gleichem reduzierten Volum und gleicher reduzierter Temperatur alle Stoffe denselben reduzierten Druck ausüben. Wenn zwei Stoffe gleiche reduzierte Dichte und Temperatur (oder Druck) haben, sagt man, daß sie sich in übereinstimmenden Zuständen befinden. Das Gesetz, daß dann auch die dritte Größe übereinstimmend sein soll, nennt man das Gesetz der übereinstimmenden Zustände oder das Korrespondenzgesetz.

Das Korrespondenzgesetz ist nicht an die Hauptzustandsgleichung gebunden. Fügt man z. B. die Korrektionsglieder für b hinzu, d. h. ersetzt man b durch

$$b - \alpha \frac{b^2}{v} + \beta \frac{b^3}{v^2}$$

und schreibt man $v_k = s b_\infty$ (es ist dann nicht länger erlaubt $v_k = 3\,b$ zu stellen) und ebenso $p_k = m\dfrac{a}{b}$ und $T_k = n\dfrac{a}{b^2}$, dann bekommt man

$$n\,\vartheta = \left(m\,\pi + \frac{1}{s^2\,\omega^2}\right)\left(s\,\omega - 1 + \frac{\alpha}{s\,\omega} - \frac{\beta}{s^2\,\omega^2}\right).$$

Wenn die Größen α und β für alle Stoffe denselben Wert haben, gilt dasselbe für s, m und n, daher ist auch hier alles Spezifische aus der Gleichung weggefallen und wird dem Korrespondenzgesetze Genüge geleistet.

Nicht für jede Zustandsgleichung ist andererseits das Korrespondenzgesetz erfüllt. Schreibt man z. B. mit REINGANUM $b\,e^{\frac{c}{T}}$ für b, so ist das Gesetz nur dann erfüllt, wenn die c für verschiedene Stoffe der kritischen Temperatur T_k proportional sind.

Das Korrespondenzgesetz besagt also, daß die Isothermen für zwei Stoffe bei gleichen reduzierten Temperaturen zusammenfallen, wenn man die Volumina mit v_k als Volumeinheit und die Drucke mit p_k als Druckeinheit mißt, (also für jeden Stoff andere Einheiten). Es besagt nicht, daß die allen Stoffen gemeinschaftliche Zustandsgleichung gerade von der Form (5 j) sein muß. Das Korrespondenzgesetz ist nicht genau erfüllt. Die meisten Stoffe korrespondieren viel besser miteinander wie mit einem sogenannten idealen Stoff [d. h. ein solcher, für welchen die Hauptzustandsgleichung (5 j) genau gelten würde]. Aber auch die Korrespondenz der Stoffe untereinander ist nicht vollkommen.

47. Prüfung des Korrespondenzgesetzes an dem Isothermennetze. Man kann natür-

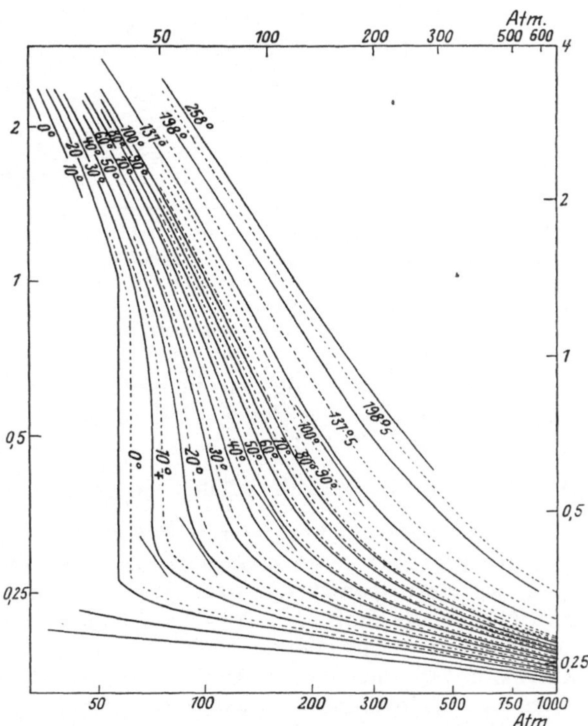

Abb. 22. Vergleichung der reduzierten Isothermen p, v von Isopentan und Kohlendioxyd

---------- Kohlendioxyd
——————— Isopentan

lich die Isothermennetze zweier Stoffe zeichnen, nachdem man die Volumina durch v_k und die Drucke durch p_k dividiert hat, und prüfen, ob die beiden Netze dann zusammenfallen. Dann müssen aber die p_k und v_k genau bekannt sein, was besonders für die v_k oft nicht der Fall ist.

AMAGAT[1] hat sich bei dergleichen Prüfungen der folgenden Methode bedient. Das eine Netz wird senkrecht zu einem parallelen Lichtbündel aufgestellt; das zweite Netz wird auf eine Glasplatte eingetragen und derart in das Lichtbündel gehalten, daß sein Schatten auf die erste Figur fällt. Er versucht nun durch Drehung der Glasplatte die beiden Netze zur Koinzidenz zu bringen.

RAVEAU[2] hat die Logarithmen von p und v als Koordinaten verwendet. Statt der Drehung muß dann eine Parallelverschiebung der Netze gegeneinander die Koinzidenz herbeiführen.

Abb. 22 gibt eine derartige Prüfung des Korrespondenzgesetzes mittels der Isothermen von Isopentan nach YOUNG und von CO_2 nach AMAGAT. Zur Vergleichung ist eine derartige Prüfung der Hauptzustandsgleichung mittels der CO_2-Isothermen von AMAGAT (Abb. 23) hinzugefügt.

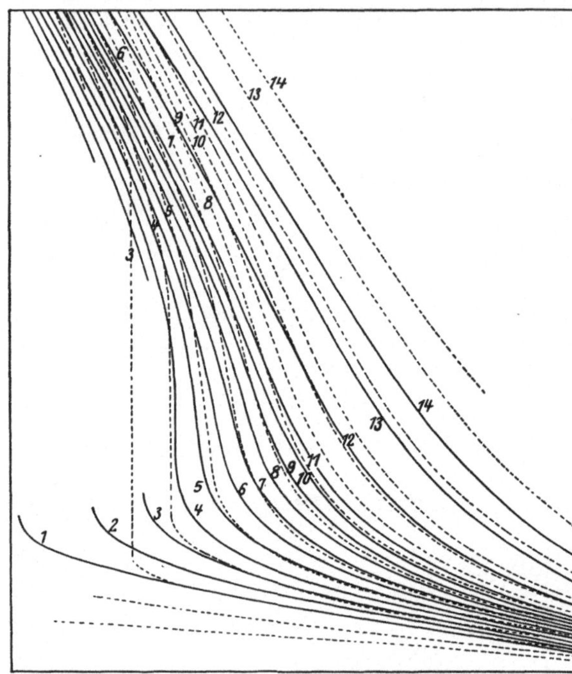

Abb. 23. Vergleichung der reduzierten Isothermen von Kohlensänre mit den Isothermen nach der Hauptzustandsgleichung (p Abszisse, v Ordinate).

·········· Kohlendioxyd
———— Hauptzustandsgleichung

KAMERLINGH ONNES und REINGANUM[3] haben eine Methode erwählt, bei welcher die Verschiebung nur in einer einzigen Koordinatenrichtung stattzufinden braucht. Das erzielen sie, indem sie für eine Koordinate den Logarithmus einer Zustandsgröße, für die andere eine Größe der Dimension Null wählen.

Als dimensionslose Größe wählen sie $\dfrac{pv}{RT}$ oder $\ln\left(\dfrac{pv}{RT}\right)$.

48. Prüfung an besonderen Punkten. Außer dieser allgemeinen Prüfung an den Isothermen kann man noch besondere Punkte als Kriterium für die Geltung des Korrespondenzgesetzes wählen. So müssen die BOYLE-Punkte (vgl. Ziff. 13) für alle Stoffe bei derselben reduzierten Temperatur liegen. Gleichfalls der später zu besprechende Umkehrpunkt für den JOULE-KELVIN-Prozeß (vgl. Ziff. 72 u. 73), die Temperatur, bei welcher die negativen Drucke aus den Isothermen verschwinden (vgl. Ziff. 10), der Scheitel der quasi-parabolischen Kurve der Abb. 2 (vgl. Ziff. 13) usw.

[1] E. H. AMAGAT, C. R. Bd. 123, S. 30, 83. 1896; Journ. de phys. (3) Bd. 6, S. 1. 1897.
[2] C. RAVEAU, C. R. Bd. 123, S. 109. 1896; Journ. de phys. (3) Bd. 6, S. 432. 1897.
[3] H. KAMERLINGH ONNES u. REINGANUM, Comm. Leiden Nr. 59b. 1900.

Weiter wird zur Prüfung des Gesetzes der Wert bestimmter Größen an besonderen Punkten der Isothermen herangezogen. Z. B. der Wert des kritischen Koeffizienten $\dfrac{RT_k}{p_k v_k}$ im kritischen Punkte (vgl. Tab. 1, Ziff. 12) und des kritischen Dampfspannungskoeffizienten $\dfrac{T_k}{p_k} \cdot \left(\dfrac{dp}{dT}\right)_k$ (vgl. Tab. 2, Ziff. 12).

49. Prüfung für das heterogene Gebiet. Von besonderer Bedeutung ist die Prüfung für das heterogene Gebiet. Hier sind zwei Zustände immer korrespondierend, wenn die reduzierten Temperaturen gleichen Wert haben. Die Drucke und Volumina sind dann auch von selbst korrespondierend. Viele Arbeiten beschäftigen sich mit der Korrespondenz in diesem Gebiet[1]). Insbesondere kann man das Dampfdruckgesetz heranziehen. Nach dem Korrespondenzgesetz würde die Größe f, wenn sie konstant wäre, für alle Stoffe den nämlichen Wert haben, und wenn sie nicht konstant wäre, würde sie dieselbe Funktion der reduzierten Temperatur sein.

Was den letzten Punkt betrifft, so scheint die Größe f bei Kohlensäure und bei Benzol ein Minimum aufzuweisen, und zwar für Kohlensäure bei $\vartheta = \pm\dfrac{4}{5}$, bei Benzol bei $\vartheta = \pm\dfrac{3}{4}$. Bei Argon und Wasserstoff scheint das Minimum nicht vorhanden zu sein (vgl. Tab. 18, 19, 20 und 21 in Ziff. 32). Abb. 8 zeigt, daß die reduzierten Dampfdruckkurven nicht genau zusammenfallen.

Da die Werte für f nicht konstant sind, kann man genau genommen nicht für jeden Stoff einen Wert für f nehmen, um die Gleichheit oder Ungleichheit dieser Werte für verschiedene Stoffe zu untersuchen. Wenn man mit einem mittleren Werte, oder einem Wert, welcher die Dampfdruckkurve ziemlich gut wiedergibt, zufrieden ist, kann man die folgende Tabelle geben (aus KUENEN, Die Zustandsgleichung S. 142).

Tabelle 24. Die Konstante f des Dampfdruckgesetzes Gl. 20a Ziff. 32 für verschiedene Stoffe.

	f		f
Wasserstoff	2,10	Äthan	2,60
Stickstoff	2,27	Kohlensäure	2,86
Kohlenoxyd	2,34	Äther	3,01
Sauerstoff	2,50	Schwefelkohlenstoff	2,64
Argon	2,18	Tetrachlorkohlenstoff . . .	2,81
Krypton	2,30	Fluorbenzol	2,99
Xenon	2,34	Benzol	2,89
Äthylen	2,75	Ester	2,97 bis 3,25

Anomale Stoffe.

	f		f
Wasser	3,26	Äthylalkohol	3,91
Essigsäure	3,48	Propylalkohol	3,93
Methylalkohol	3,75	Isobutylalkohol	4,17

Auch die MATHIASsche Mittellinie gibt ein Kriterium für die Gültigkeit des Korrespondenzgesetzes. Wir haben schon gesehen, daß die Mittellinien für verschiedene Stoffe nicht genau zusammenfallen, und daß überdies einige nach unten, andere nach oben gekrümmt sind.

---

[1]) RAMSAY, ZS. f. phys. Chem. Bd. 15, S. 106. 1894; GUYE u. MALLET, Arch. sc. phys. et nat. Bd. 13. S. 30, 129, 274 und 462. 1902; HAPPEL, Ann. d. Phys. Bd. 13, S. 340. 1904; JÜPTNER, ZS. f. phys. Chem. Bd. 55, S. 738. 1906. Und viele andere Arbeiten.

Tabelle 25. **Die Richtungskoeffizienten der MATHIASschen Mittellinie. (Ziff. 33.)**

Stoffe Name	T_k	a	$b = \dfrac{a}{T_k - \frac{1}{4}}$
Kohlenoxyd	134,4	0,3939	0,1157
Helium	4,99	0,25	0,1673
Wasserstoff	33,18	0,421	0,1754
Hexamethylen . . .	533,0	0,8820	0,1819
Jodbenzol.	721,0	0,9572	0,1850
Xenon	289,7	0,7661	0,1857
Diisopropyl	500,4	0,8840	0,1869
Fluorbenzol	569,55	0,9165	0,1876
Tetrachlorkohlenstoff .	556,15	0,9181	0,1891
Brombenzol	670,0	0,9639	0,1895
Chlorbenzol	633,0	0,9557	0,1905
Methan	190,25	0,7108	0,1914
Benzol	561,5	0,9359	0,1923
Isopentan	460,8	0,8923	0,1926
Stickstoffoxydul . . .	311,8	0,828	0,1970
Schwefelkohlenstoff .	546,0	0,9537	0,1973
n-Pentan	470,2	0,933	0,2003
Tetrachlorzinn . . .	591,7	0,9945	0,2016
n-Hexan	507,8	0,966	0,2035
Azetylen	308,6	0,8528	0,2038
Kohlensäure	304,0	0,858	0,2055
Äther	467,4	0,960	0,2064
n-Heptan	539,9	1,0135	0,20
Methylformiat	487,0	0,997	0,2122
Argon	150,65	0,7446	0,2125
Propylformiat	537,65	1,025	0,2128
Diisobutyl	549,8	1,036	0,2139
Äthylformiat	508,3	1,021	0,2150
Methylisobutat . . .	540,55	1,045	0,2167
Methylpropionat . . .	530,4	1,055	0,2198
Methylazetat	506,7	1,049	0,2211
Äthylazetat	523,1	1,061	0,2213
Methylbutyrat . . .	554,25	1,074	0,2213
Propylazetat	549,2	1,088	0,2247
Äthylpropionat . . .	545,9	1,090	0,2255
Sauerstoff	154,29	0,7930	0,2307
Schweflige Säure . .	429,0	1,0534	0,2315
Stickstoff	125,96	0,8129	0,2367
Neon	44,74	0,634	0,2451
Äthylen	283,0	1,060	0,2584

Da die Mittellinien nicht genau gerade sind, kann man eigentlich nicht von einem Richtungskoeffizienten der Mittellinie für einen Stoff sprechen. Die Abweichungen sind aber äußerst geringfügig, und eine Vergleichung der Richtungskoeffizienten für verschiedene Stoffe hat daher mehr Bedeutung wie die Vergleichung der Werte von f. Mathias[1]) gibt eine Tabelle für die verschiedenen reduzierten Richtungskoeffizienten a. Auch berechnet er $a\,T_k^{-\frac{1}{4}}$, welche Größe er b nennt. Die Stoffe sind nach wachsendem Werte von b in die Tabelle eingetragen.

50. Korrespondenz der kalorischen Größen. Die kalorischen Größen kann man in zwei Gruppen unterscheiden: diejenige, welche mittels thermodynamischer Gleichungen aus den thermischen Größen abgeleitet werden können und diejenige, bei denen dies nicht möglich ist. Die Größen der ersteren Gruppe müssen dem Korrespondenzgesetz natürlich mit derselben Annäherung folgen wie die thermischen Größen, mit welchen sie durch die Thermodynamik verbunden sind. Dabei gilt die Regel, daß alle Energiequantitäten sich in korrespondierenden Zuständen verhalten wie die kritischen Temperaturen der betreffenden Stoffe. Wenn man die Korrespondenz der thermischen Größen kennt, kann die Betrachtung der kalorischen Größen natürlich nichts neues liefern. Bisweilen aber kann man zur Kontrolle, oder weil sie besser bekannt sind, die kalorischen Größen heranziehen.

Die Korrespondenz der kalorischen Größen wird im Abschnitt „f) Kalorische Größen" ihre Stelle finden.

---

[1]) Mathias, Kamerlingh Onnes-Festschrift S. 192.

Die kalorischen Größen der zweiten Gruppe folgen im allgemeinen dem Korrespondenzgesetz nicht. Wenn man das Korrespondenzgesetz, wie VAN DER WAALS ursprünglich tat, auf die Zustandsgleichung gründet, ist auch nichts anderes zu erwarten. Wenn man es aber mit KAMERLINGH ONNES auf das mechanische Gleichförmigkeitsprinzip gründet, so sollte man erwarten, daß alle Energiemengen der kritischen Temperatur T_k proportional sein würden. Bei zwei Molen zweier verschiedener Gase würden dann für gleiche Steigerung der reduzierten Temperatur ϑ Wärmemengen nötig sein, welche den kritischen Temperaturen T_k proportional sind, d. h. für gleiche Steigerung der Temperatur T_k auch gleiche Wärmemengen. Daß die Molekularwärmen der ein- und der mehratomigen Gase ungleich sind, ist in diesem Lichte als eine besonders deutliche Abweichung vom Korrespondenzgesetze zu betrachten.

51. Gruppen korrespondierender Stoffe. Obgleich das Korrespondenzgesetz innerhalb sehr weiter Grenzen die Eigenschaften einer großen Zahl von Stoffen numerisch auffallend genau aufeinander zurückführt, so ist es, wie sich gezeigt hat, doch kein exaktes Naturgesetz. Man kann nun die Frage stellen, ob es nicht gewisse Gruppen oder Familien von Stoffen gibt, welche genau miteinander korrespondieren oder wenigstens viel genauer als mit Stoffen einer anderen Familie.

Es liegt nahe, mit HAPPEL[1]) zu erwarten, daß die Stoffe mit einatomigen Molekülen eine derartige Familie bilden sollen, ebenso die zweiatomigen und die mehratomigen, obschon man erwarten würde, daß die letztere Gruppe, je nachdem die Moleküle drei oder mehr Atome enthalten und im letzteren Falle je nachdem die Atome in einer langen oder in einer verzweigten Kette oder in zyklischer Anordnung vorkommen, in verschiedenen Untergruppen zu verteilen wäre.

Ein gewisser Einfluß der Zusammensetzung der Moleküle ist auch nicht zu verkennen. Die einatomigen Moleküle haben meist einen kleineren Wert für das f der Dampfdruckkurve (vgl. Ziff. 32) wie andere Stoffe mit ungefähr gleichem T_k (KUENEN, Die Zustandsgl. S. 143).

Daneben aber hat die Höhe der kritischen Temperatur Einfluß und, wo die Unterschiede der T_k für verschiedene Stoffe größer sind, überwiegen diese Einflüsse diejenigen der Zusammensetzung (KAMERLINGH ONNES und KEESOM, Enzykl. S. 919, Fußnote 989 und S. 720).

Auch VAN LAAR (Zustandsgleichung an verschiedenen Stellen) findet, daß die kritische Temperatur einen überragenden Einfluß hat.

YOUNG[2]) unterscheidet auf Grund seiner Messungen über Dampfspannungen und Dichten der gesättigten Flüssigkeiten und Dampf vier solcher Gruppen: 1. Benzol und seine Halogenester, Äthyläther, Pentan, Isopentan, Hexan usw., CCl_4, $SnCl_4$ (nach KUENEN und ROBSON gehört auch CO_2 zu dieser Gruppe); 2. verschiedene Fettsäureester; 3. einige Alkohole; 4. Essigsäure.

NERNST[3]) geht von der Betrachtung der Dampfspannungen aus. Nach ihm sind die nichtassoziierten Stoffe in einer Reihe nach zunehmendem Molekulargewicht einerseits und nach zunehmender Zahl der Atome im Molekül andererseits zu ordnen.

MATHIAS[4]) ordnet die Stoffe nach dem Richtungskoeffizienten der geraden Mittellinie ein.

---

[1]) H. HAPPEL, Phys. ZS. Bd. 8, S. 204. 1907.
[2]) S. YOUNG, Phil. Mag. (5) Bd. 37, S. 1. 1894.
[3]) NERNST, Göttinger Nachr. 1906, S. 1—40; vgl. auch JÜPTNER, ZS. f. phys. Chem. Bd. 55, S. 738. 1906.
[4]) E. MATHIAS, Le point critique des corps purs, Paris 1904.

52. Das Prinzip der mechanischen Ähnlichkeit. Kamerlingh Onnes[1] hat zur Erklärung des Korrespondenzgesetzes die folgenden Betrachtungen herangezogen. Wir betrachten zwei mechanische Systeme, welche genau gleichförmig sind. Die Massenverteilung ist in beiden dieselbe, d. h. die Massen in jedem Paar homologer Volumelemente haben dasselbe Verhältnis, und auch das Verhältnis der Kräfte, welche an dem homologen Volumelemente angreifen, ist konstant. Schließlich denken wir die Anfangsgeschwindigkeiten homolog, d. h. die Richtungen der Geschwindigkeiten sind homolog im Raume, und die Geschwindigkeiten haben ein konstantes Verhältnis, derart, daß das Verhältnis der kinetischen Energien zweier homologen Volumelemente dem Verhältnis der potentiellen Energien gleich ist. Dann ist leicht einzusehen, daß die beiden Systeme gleichförmige Bewegungen ausführen werden und daß die Zeiten, welche zwei homologe Punkte für das Durchlaufen homologer Wege nötig haben, auch konstantes Verhältnis haben werden.

Wenn man das Verhältnis der Längen λ, dasjenige der Massen μ und dasjenige der Zeiten τ nennt, so ist das Verhältnis der Energien $\mu\,\lambda^2\,\tau^{-2}$ und der Drucke in homologen Punkten $\mu\,\lambda^{-1}\,\tau^{-2}$.

Denken wir nun, daß die Moleküle zweier Stoffe derartige gleichförmige Gebilde sind, und daß wir sie ähnlich im Raume verteilen und ihnen korrespondierende Geschwindigkeiten mitteilen, so werden sie zwei Phasen bilden, welche auch im physikalischen Sinne korrespondierende Phasen sind. Übereinstimmende Energien und Drucke (und daher auch die kritischen Temperaturen und Drucke) werden sich verhalten wie $\mu\,\lambda^2\,\tau^{-2}$ und $\mu\,\lambda^{-1}\,\tau^{-2}$.

Aus diesen Betrachtungen geht hervor, daß man die strenge Erfüllung des Korrespondenzgesetzes nur dann erwarten kann, wenn die für die mechanische Ähnlichkeit aufgezählten Bedingungen erfüllt sind, oder wenigstens erfüllt werden können. Dazu ist nötig, daß die Moleküle gleichförmige Gebilde sind mit ähnlicher Massenverteilung, und daß das Gesetz der molekularen Kräfte für alle Stoffe das nämliche ist. Wenn im Kraftgesetz bestimmte Längen eine Rolle spielen, müssen sie für alle Stoffe das gleiche Verhältnis zu den molekularen Dimensionen haben. Z. B.: Sind die Moleküle Kugeln mit dem Radius $\frac{1}{2}\,\sigma$ und ziehen sie für Entfernungen $> \frac{1}{2}\,\sigma$ einander an nach dem Gesetze, daß die potentielle Energie $-\dfrac{c}{r}\,e^{-\frac{r}{L}}$ beträgt, so muß das Verhältnis $\dfrac{\sigma}{L}$ für alle Stoffe das nämliche sein.

Wenn wir daher nur mangelhafte Korrespondenz für verschiedene Stoffe finden, so werden wir das erklären können durch mangelhafte Gleichförmigkeit der Moleküle oder durch mangelhafte Übereinstimmung im molekularen Kraftgesetz. Keesom hat mit dieser letzteren Erklärung einen Anfang gemacht, indem er zwischen Bipol und Quadrupolanziehung unterscheidet (vgl. Ziff. 20).

Meistens unterscheidet man zwischen normalen Stoffen, welche dem Korrespondenzgesetz folgen sollen, und anomalen, welche Assoziation aufweisen und dem Gesetz nicht folgen sollen. Prinzipiell ist diese Unterscheidung nicht. Auch assoziierende Stoffe können sehr wohl dem Korrespondenzgesetz folgen, wenn sie nur in übereinstimmenden Zuständen denselben Assoziationsgrad aufweisen. Stoffe, welche stark abweichen, können dann sowohl eine viel größere wie eine viel kleinere Assoziation haben wie die gewöhnlichen Stoffe. Und außerdem ist der verschiedene Assoziationsgrad eben von dem verschiedenartigen molekularen Kraftwirkungsgesetz bestimmt, und nicht etwas, das neben dem Kraftgesetz

---

[1] H. Kamerlingh Onnes, Algemeene Theorie der Vloeistoffen. Werken d. Kon. Akad. v. Wetensch. Amsterdam 1881.

besteht und zu ihm hinzukommt. Nichtsdestoweniger kann die Unterscheidung zwischen normalen und anomalen Stoffen oft von praktischem Nutzen sein.

53. Normale und anomale Stoffe. Wenn die Moleküle eines Stoffes im Dampfzustand im Gebiet, wo sonst der AVOGADROsche Zustand schon annäherungsweise verwirklicht sein würde, teilweise assoziiert sind, wird sich dies durch die anomale (zu große) Dampfdichte zeigen. Für größere Dichten aber ist kein deutliches Kriterium vorhanden, um eine Assoziation der Moleküle festzustellen.

Meistens betrachtet man die folgenden Besonderheiten als Kriteria für assoziierende Stoffe:

1. Der kritische Koeffizient ist zu hoch.

2. Die Verdampfungswärme steigt anfangs mit der Temperatur, um nachher wieder bis zu Null bei T_k abzunehmen. Ein Maximum ist z. B. gefunden bei Äthylalkohol und bei Essigsäure. Bei normalen Stoffen wird die Verdampfungswärme mit steigender Temperatur monoton gegen Null gehen.

3. Das Verhältnis der inneren latenten Verdampfungswärme zur totalen wird größer sein wie bei normalen Stoffen.

4. Die Größe f der Dampfdruckkurve ist zu groß (s. Tab. 24 Ziff. 49).

5. Die MATHIASsche Mittellinie ist stärker gekrümmt als bei anderen Stoffen Bei Essigsäuren aber, wo auch die Dampfphase assoziiert ist, ist sie wieder gerade.

6. Die Konstante von EÖTVÖS wird kleiner als 2,12 gefunden [vgl. g) „Kapillarität"].

7. Die Größe $\dfrac{n^2 - 1}{n^2 + 2}$ ist nach CLAUSIUS gleich dem Bruchteil des Volums, das wirklich von den im Volumen enthaltenen Molekülen gefüllt wird. Nach GUYE[1] soll diese Größe für jeden normalen Stoff bei Dichteänderung der Dichte d proportional sein. Das Fehlen der Proportionalität der Änderungen von $\dfrac{n^2 - 1}{n^2 + 2}$ mit d wird als Kennzeichen der Assoziation aufgefaßt.

54. Kapillarität. Gewissermaßen kann man die Kapillarkonstante als freie Oberflächenenergie pro Flächeneinheit in Ziff. 50 „Korrespondenzgesetz der kalorischen Größen" mit einbegriffen denken. Sie soll hier aber besonders behandelt werden.

EÖTVÖS[2] und VAN DER WAALS[3] geben an, daß das Korrespondenzgesetz fordert, daß die Kapillarkonstante γ für verschiedene Stoffe in übereinstimmenden Zuständen den folgenden Größen proportional ist:

$$1. \quad p V^{\tfrac{1}{3}}, \quad 2. \quad V^{-\tfrac{2}{3}} T, \quad 3. \quad \sqrt[3]{p^2 T}, \quad 4. \quad \frac{m L}{V^{\tfrac{2}{3}}},$$

wo $m L$ die molekulare latente Verdampfungswärme bedeutet. Anstatt p, T, v kann man natürlich T_k, p_k, v_k schreiben, welche Größen in übereinstimmenden Zuständen den T, p, v proportional sind. Die Übereinstimmung von 2. ist am eingehendsten geprüft. Über die Methode wird in „f. Kapillarität" berichtet.

55. Koeffizient der inneren Reibung. Die Dimensionsformel hat zur Folge, daß in korrespondierenden Zuständen (d. h. für gesättigte Flüssigkeiten bei korrespondierenden Temperaturen) die Reibungskoeffizienten η sich verhalten wie die Größen

$$\sqrt[6]{\frac{m^3 p_k^4}{R T_k}} \quad \text{oder} \quad \sqrt[6]{\frac{m^3 R T_k^3}{v_k^4}}.$$

---

[1] PH. A. GUYE, Journ. de phys. (2) Bd. 9, S. 312. 1890.

[2] R. EÖTVÖS, Ann. d. Phys. Bd. 27, S. 448. 1886.

[3] J. D. VAN DER WAALS, ZS. f. phys. Chem. Bd. 13, S. 657. 1894.

KAMERLINGH ONNES[1]) findet aus Beobachtungen von M. de HAAS[2]) bei CH_3Cl und von WARBURG und von BABO[3]) bei CO_2 die in Tab. 26 enthaltenen Daten.

Die gewählten Temperaturen sind übereinstimmend. Die Zahlen 44,63 und 42,01 sind die Werte von $\sqrt[6]{\dfrac{m^3\,p_k^4}{T_k}}$ für die beiden Stoffe, so daß die gegebenen Quotienten für die beiden Stoffe gleich sein sollten.

DE HAAS[4]) hat für eine große Menge Flüssigkeiten die Reibungskoeffizienten berechnet bei korrespondierenden Temperaturen $\vartheta = 0,58$. Er berechnet die Größe $c = \eta\sqrt[6]{\dfrac{m^3\,T_k^3}{v_k^4}}$ welche eine Konstante sein muß. Einige der Werte sind in Tab. 27 zusammengestellt.

Tabelle 26.

Korrespondenz der Reibungskoeffizienten bei korrespondierenden Temperaturen.

T_{CO_2}	T_{CH_3Cl}	$\dfrac{\eta_{CO_2}}{44,63}$	$\dfrac{\eta_{CH_3Cl}}{42,01}$
5°	107,0°	0,114	0,109
10°	113,8°	0,105	0,102
15°	120,6°	0,097	0,093
20°	127,5°	0,088	0,086
25°	134,3°	0,077	0,079

Tabelle 27.

Werte der Produkte $\eta\sqrt[6]{\dfrac{m^3\,T_k^3}{v_k^4}}$ für verschiedene Stoffe bei $\dfrac{T}{T_k} = 0,58$

η = Reibungs-Koeffizient gemessen in seinem Verhältnis zum Reibungs-Koeffizienten, des reinen Wassers bei 0° C.

Benzol	2,3	H_2O	1,0
Toluol	1,9	CS_2	1,3
Chlormethyl	1,5		
Chlorbenzol	1,9	$H-COOH$	2,6
Chloroform	1,9	CH_3-COOH	2,8
$C \cdot Cl_4$	2,7	⋮	⋮
12 andere Verbindungen	1,6 bis 2,4	$C_5H_{11}-COOH$	4,3
19 verschiedene Ester	2,1 bis 2,8	CH_3OH	3,1
Nur Amylvaleriat	4,1	C_2H_5OH	6,0
		iC_3H_7OH	13,5

56. Das c des REINGANUMschen Faktors $e^{\frac{c}{T}}$. Zu Ziff. 7 haben wir gesehen, daß nach REINGANUM[5]) die Stoßzahl der Moleküle, wie sie gewöhnlich berechnet wird, mit $e^{\frac{c}{T}}$ multipliziert werden muß, um die Anziehung der Moleküle in Rechnung zu ziehen. Für schwach komprimierte Gase findet er:

$$p = \frac{RT}{v} - \frac{A(T)}{v^2}.$$

Nach der Hauptzustandsgleichung ist $A(T) = RTb - a$ [mit a und b = konstant].

Nach der Gleichung von REINGANUM $A(T) = RTbe^{\frac{c}{T}} - a(T)$ [mit $a(T)$ = eine Temperaturfunktion]. Experimentell findet man Werte von $A(T)$, wie sie in Abb. 24 angegeben sind.

[1]) H. KAMERLINGH ONNES, Comm. Leiden Nr. 12b. 1894.
[2]) M. DE HAAS, Comm. Leiden Nr. 12a. 1894. Akad. Amsterdam Bd. 2, S. 123, 126. 1894. Bd. 3, S. 62. 1894.
[3]) WARBURG u. VON BABO, Ann. d. Phys. Bd. 17, S. 390. 1882.
[4]) M. DE HAAS, l. c.
[5]) M. REINGANUM, Ann. d. Phys. Bd. 6, S. 533. 1901.

REINGANUM schließt, daß die Hauptzustandsgleichung gewiß nicht genau sein kann. Aber eine Bestimmung von c läßt sich aus dieser Beobachtung nicht ausführen.

Viel weiter kommt man, wenn man die Reibungsversuche heranzieht. REINGANUM[1] findet dafür:

$$\eta = \frac{0,39525\, d\, \sqrt{R}}{N \cdot \pi \cdot \sigma^2} \cdot \frac{\sqrt{T}}{e^{\frac{c'}{T}}},$$

wo d die Dichte ist und c' eine Konstante, welche nicht genau dieselbe ist wie das c aus $b\, e^{\frac{c}{T}}$, aber doch eng mit ihr verwandt ist.

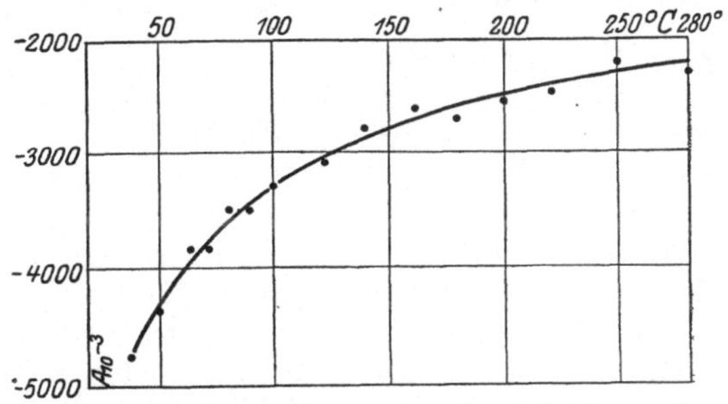

Abb. 24. Kurve für $A\,(T)$ welche Größe nach der Hauptzustandsgleichung $= R\,T\,b - a$ also eine lineare Funktion sein sollte.

Nach dem Korrespondenzgesetz würden die Größen c und c' der T_k proportional sein. REINGANUM[2] und RAPPENECKER[3] finden die Werte der folgenden Tabelle.

Tabelle 28. Prüfung der Konstanz der REINGANUMschen Größe $\dfrac{c'}{T_k}$.

Stoff	c'	T_k	$\dfrac{c'}{T_k}$	Stoff	c'	T_k	$\dfrac{c'}{T_k}$
Luft[4]	91,7	132	0,695	$(C_2H_3O_2)C_3H_7$ . . .	240	549	0,437
CO_2	152,6	304	0,502	i-C_5H_{12}[6])	229,4	460	0,499
CH_3Cl	210,0	416	0,505	$(C_2H_5)O$	180,1	466	0,386
C_2H_4	144,5	283	0,511	Azeton	251,2	508	0,495
H_2	59,3	38,5	1,540	$C_2H_5 \cdot OH$ . . .	209,8	516	0,407
Ar	99,0	152	0,651	$C_2H_5CO \cdot OCH_3$.	258,0	513	0,515
O_2	92,8	155	0,599	$C_2H_5CO \cdot OC_2H_5$.	259,8	523	0,497
i-$C_4H_7O_2(CH_3)$[5] .	234,0	541	0,433	$CHCl_3$	172,9	533	0,325
$C_3H_5O_2(C_2H_5)$ . .	339	546	0,621	Benzol	260,0	561,5	0,464

Es hat sich gezeigt, daß das c' aus der Reibung viel besser zu ermitteln ist, als das c der REINGANUMschen Zustandsgleichung und daß die REINGANUMsche Korrektion auf das Reibungsgesetz viel größeren Einfluß hat. Die Erklärung dafür ist, daß die von der Korrektion bedingte Vergrößerung des Attraktionsvirials und des Stoßvirials ungleiches Vorzeichen haben und sich großenteils kompensieren, während bei der Reibung die Attraktion und eine vergrößerte Stoßzahl beide denselben Einfluß haben; sie beide nämlich verkleinern die „mittlere Weglänge", was eine Vergrößerung der Reibung bedeutet.

Bei Versuchen von KAMERLINGH ONNES[7], WEBER und DORSMAN für H_2 und He bei Temperaturen zwischen 293° und 13° K hat sich aber gezeigt, daß die

[1] M. REINGANUM, Ann. d, Phys. Bd. 10, S. 334. 1903.
[2] M. REINGANUM, l. c. u. Ann. d. Phys. Bd. 28, S. 142. 1909.
[3] K. RAPPENECKER, ZS. f. phys. Chem. Bd. 57, S. 695. 1910.
[4] Die fünf ersten Stoffe nach Beobachtungen von P. BREITENBACH, Ann. d. Phys. Bd. 5, S. 166. 1901.
[5] Die folgenden drei Stoffe nach Betrachtungen von O. SCHUMANN, Ann. d. Phys. Bd. 23, S. 353. 1884; Bd. 27, S. 91. 1886, an welchen aber ziemlich unsichere Korrektionen vorgenommen worden sind.
[6] Beobachtungen von RAPPENECKER, l. c.
[7] H. KAMERLINGH ONNES u. S. WEBER, Akad. Amsterdam, Bd. 21, S 1375; Proc. Amsterdam, Bd. 15 S. 1386. 1913; Comm. Leiden Nr. 134a u. 134b.

theoretisch begründete Formel von Reinganum nicht mehr genau erfüllt wird und daß die schon von Maxwell benutzte empirische Formel $\eta = \eta_0 \left(\dfrac{T}{273}\right)^n$ sich noch besser bewährt mit $n = 0{,}695$ für H_2 und $n = 0{,}647$ für He.

57. Siedepunktsgesetze usw. Oft werden Regeln gegeben, welche sich nicht auf übereinstimmende Zustände, sondern auf Siedepunkte bei Atmosphärendruck und dergleichen Größen beziehen. Ein bekanntes Beispiel dafür ist die Troutonsche Regel[1]), die besagt, daß die latente Verdampfungswärme den Siedepunktstemperaturen (beim Atmosphärendruck) proportional ist, oder diejenige von Guldberg[2]), daß die Siedepunkte (beim Atmosphärendruck) den T_k proportional sind. Da die kritischen Drucke der verschiedenen Stoffe meistens nicht sehr verschieden sind (die meisten liegen zwischen 45 und 70 Atm.), wenigstens sehr viel weniger verschieden wie die T_k, kann man annäherungsweise den Druck von einer Atmosphäre als übereinstimmenden Druck betrachten, und dadurch ist erklärt, daß auch die Siedepunktsgesetze eine gewisse Annäherung an die Wirklichkeit geben. Doch muß man sie meines Erachtens als vom Korrespondenzgesetz überholt betrachten.

In der holländischen Zeitschrift Physica haben van Arkel und de Boer[3]) zwei Aufsätze über die Additivität der Siedepunkte von verschiedenen Stoffen veröffentlicht. Auch diese Additivität wird — soweit sie Bestätigung findet — wohl eine Folge der Additivität der Größen $\sqrt{a}$ und b der Zustandsgleichung sein (vgl. Ziff. 17 und 18).

58. Zusammenfassung. Wenn man mit Korrespondenzgesetz die Zusammenhänge andeutet, welche aus der Gleichheit der Form der Zustandsgleichung für verschiedene Stoffe folgen, davon aber unterscheidet das mechanische Gleichförmigkeitsprinzip, so kann man sagen, daß das zweite Prinzip zweierlei leistet. Es erklärt das Zutreffen des Korrespondenzgesetzes, und zweitens sagt es aus, daß gleichartige Zusammenhänge bestehen müssen in Fällen, wo das Korrespondenzgesetz in engerem Sinne keine Anwendung findet. Die meisten Anwendungen betreffen das Korrespondenzgesetz in engerem Sinne. Man kann sagen, daß es sich gut bewährt hat, obwohl es kein strenges Gesetz ist und die verschiedenen Stoffe individuelle Abweichungen von der Korrespondenz zeigen.

Von der Kapillarität ist es fraglich, ob man sie dem Korrespondenzgesetz oder dem Gleichförmigkeitsprinzip zurechnen soll. Einerseits ist die Korrespondenz der freien Oberflächenenergie nicht buchstäblich aus der Zustandsgleichung zu folgern. Anderseits aber sind die Kräfte, welche hier obwalten, und die Art der Betrachtungen so ganz gleichartig mit denjenigen, welche der Ableitung der Zustandsgleichung zugrunde liegen, daß Referent die Kapillarität dem Korrespondenzprinzip zurechnen möchte.

Bei der inneren Reibung aber haben wir gewiß mit einer Anwendung des Gleichförmigkeitsprinzips zu tun, und die Versuchsergebnisse auf diesem Gebiete zeigen, daß diesem Prinzip auch außerhalb des Gebietes des engeren Korrespondenzgesetzes eine gewisse Berechtigung nicht abzusprechen ist.

Auf dem Gebiet der spezifischen Wärme endlich versagt das Gleichförmigkeitsprinzip vollkommen. Es ist freilich meines Wissens niemals auf dieses Gebiet angewandt worden, obwohl es strenggenommen eine derartige Anwendung involvieren sollte.

---

[1]) Trouton, Phil. Mag. (5) Bd. 18, S. 54. 1884.
[2]) C. M. Guldberg, ZS. f. phys. Chem. Bd. 5, S. 374. 1890.
[3]) A. E. van Arkel u. J. H. de Boer, Physica Bd. 4, S. 392. 1924; Bd. 5, S. 134. 1925.

f) Die kalorischen Größen.

59. Einteilung der kalorischen Größen. Die latente Ausdehnungswärme.
Wenn man von einem Mol Substanz das Volum um dv und die Temperatur um
dt zunehmen läßt, führt die Anwendung des ersten Hauptsatzes der Thermodynamik bekannterweise zur folgenden Gleichung:

$$dQ = m\,c_v\,dT + L\,dv\,,$$

wenigstens wenn nur äußere Arbeit geleistet wird, welche von der Ausdehnung
bedingt wird.

Die Wärmemenge $m\,c_v\,dT$ wird in den Kapiteln 5 u. 6 dieses Bandes
besprochen. Die Menge $L\,dv$ wird im allgemeinen latente Ausdehnungswärme
genannt; ihr ist dieser Abschnitt gewidmet.

Bei ihrer Betrachtung werden wir homogene und heterogene Raumerfüllung
zu unterscheiden haben, und umkehrbare und nicht umkehrbare Prozesse. Auch
werden wir den Fall betrachten, daß sie gerade durch die Größe $m\,c_v\,dT$ kompensiert wird, so daß $dQ = 0$ (adiabatische Ausdehnung, welche für die umkehrbaren
Prozesse auch isentropische genannt wird).

Der Wert von c_v und ihre Temperaturabhängigkeit bleibt also außerhalb des
Rahmens dieses Kapitels. Es gilt aber

$$m\left(\frac{\partial C_v}{\partial v}\right)_T = T\left(\frac{\partial^2 p}{\partial T^2}\right)_v. \tag{21}$$

Die Betrachtung der Volumabhängigkeit von c_v gehört also in dieses Kapitel.

60. Innere Energie einer fluiden Phase. Die latente Wärme besteht
wiederum aus zwei Teilen: die Wärme, die äquivalent ist mit der Zunahme der
inneren Energie, und diejenige, die äquivalent ist mit der äußeren Arbeit. Die
erstere ist bei einem Prozeß nur vom Anfangs- und Endzustand abhängig, die
zweite vom ganzen Prozeß.

Nach der klassischen Mechanik (Äquipartitionssatz) würde die kinetische
Energie der Moleküle nur von der Temperatur abhängen; die Energieänderung
bei isothermer Ausdehnung würde also nur die potentielle Energie betreffen.
In Wirklichkeit trifft dies wahrscheinlich nicht zu. Wenn sich z. B. zwei Atome
zum zweiatomigen Molekül vereinen, hat das letztere im Mittel bei derselben
Temperatur weniger kinetische Energie als die freien Atome (Quantentheorie).
Ein experimentelles Mittel zur Unterscheidung der potentiellen und kinetischen
Energie gibt es aber nicht.

Wenn man die Zustandsgleichung kennt, hat man zur Bestimmung von u

$$\left(\frac{\partial u}{\partial v}\right)_T = T\left(\frac{\partial p}{\delta T}\right)_v - p\,. \tag{22}$$

Die Hauptzustandsgleichung liefert

$$\left(\frac{\partial u}{\partial v}\right)_T = \frac{a}{v^2}$$

und die Intergration dieser Gleichung

$$u = -\frac{a}{v} + \frac{a}{v_0} + F(t)\,, \tag{23}$$

welche letztere Gleichung schon in Ziff. 6 und 8 benutzt worden ist.

v_0 ist hier ein willkürlich gewähltes Anfangsvolum. Insbesondere kommen das
Limitvolum (Ziff. 10) oder $v_0 = \infty$ in Betracht. Für $F(t)$ kann man schreiben

$\int\limits_{T_0}^{T} c_v\,dT$, falls $v = v_0$ ist, während T_0 wieder eine willkürliche Anfangstemperatur, z. B. $0°$ K bedeutet.

Die Frage, ob b eine Volumfunktion ist, hat keinen Einfluß auf (23). Wenn a und (oder) b aber Temperaturfunktionen sind, ändert sich die Form von (23). Ist a eine Funktion von T, so erhält man

$$U = \left(a - T\frac{da}{dT}\right)\left(-\frac{1}{v} + \frac{1}{v_0}\right) + F(t)\,. \tag{23a}$$

Ist b auch eine Temperaturfunktion, dann wird (22)

$$\frac{\partial u}{\partial v_T} = \left(a - T\frac{\partial a}{\partial T}\right)\frac{1}{v^2} - \frac{RT^2}{(v-b)^2}\cdot\frac{\partial b}{\partial T}\,, \tag{22a}$$

was nicht zu integrieren ist, wenn man b und $\dfrac{\partial b}{\partial T}$ als Funktionen von v nicht genau kennt.

Hat man semiempirische Ausdrücke für a und b bestimmt, so läßt sich u auf diese Weise ermitteln. Zur theoretischen Bestimmung eignet sie sich aber nicht, denn für die Aufstellung einer Zustandsgleichung, in welcher die Abhängigkeit von a und b von T und v vollständig in Betracht gezogen ist, muß man diese Gruppenformung kennen (Scheinassoziation, vgl. Ziff. 7), und um diese zu kennen, muß man schon wissen, wie viele Moleküle eine bestimmte potentielle Energie haben, so daß sich dann U durch Mittelwertbildung ohne Integration von (22a) ermitteln ließe.

Für eine Berechnung von u aus den Beobachtungen wird man eine numerische Integration von (22) versuchen; bei Flüssigkeiten wird man dann $\left(\dfrac{\partial p}{\partial T}\right)_v$ berechnen aus

$$\left(\frac{\partial p}{\partial T}\right)_v = -\frac{\left(\dfrac{\partial v}{\partial T}\right)_p}{\left(\dfrac{\partial v}{\partial p}\right)_T}\,.$$

61. Experimentelle Ergebnisse für $T\left(\dfrac{\partial p}{\partial T}\right)_v - p$. Diese Größe, von Amagat innerer Druck genannt und mit π bezeichnet, ist von verschiedenen Physikern untersucht worden. Amagat[1]) findet bei CO_2 und C_2H_4, daß die Größe bis zu 1000 Atm. zwischen $0°$ und $200°$ C nur wenig mit T veränderlich ist. Bei wachsendem Druck findet er für O_2, N_2, Luft und H_2, daß π nicht fortwährend zunimmt, sondern ein Maximum zeigt und dann wieder abnimmt. Bei H_2 findet er selbst beträchtliche negative Werte. Bei der Temperatur, bei welcher $\pi = 0$ ist, findet er $\dfrac{1}{p}\left(\dfrac{\partial p}{\partial T}\right)_v = 0,00367$ wie bei dem idealen Gase. Daß dieses so sein muß, folgt nach ihm aus

$$\pi = 0 = T\left(\frac{\partial p}{\partial T}\right)_v - p \qquad\text{oder}\qquad \frac{dp}{p} = \frac{dT}{T}\,,$$

---

[1]) E. H. Amagat, Journ. de phys. (3) Bd. 3, S. 307. 1894; vgl. auch A. Leduc, C. R. Bd. 148, S. 1391. 1909; M. Reinganum, Diss. Göttingen 1899; Ann. d. Phys. (4) Bd. 18, S. 1008. 1905; Phys. ZS. Bd. 11, S. 735. 1910; G. Vogel, ZS. f. phys. Chem. Bd. 73, S. 429. 1910; Hall, Boltzmann-Festschrift S. 899.

seine Werte sind in Tab. 29 zusammengestellt. AMAGAT schreibt die Zustandsgleichung

$$\left\{ p + \left[T \left(\frac{\partial p}{\partial T} \right)_v - p \right] \right\} (v - b) = R T .$$

Für die Hauptzustandsgleichung trifft dies zu. Wenn aber a und b Temperaturfunktionen sind, ist dies wahrscheinlich ein Kennzeichen dafür, daß U noch auf
andere Weise von v abhängt (Orientierung der Moleküle oder Kompression der
Moleküle) und daß die Energieänderung daher nicht der Arbeit eines inneren,
zu p zu addierenden Druckes gleichgesetzt werden darf.

Tabelle 29.

Innerer Druck $\pi = T \left(\dfrac{\partial p}{\partial T} \right)_v - p$ in Atmosphären nach Amagat.

Äuß. Druck bei 0° Atm.	Sauerstoff		Stickstoff		Luft		Wasserstoff	
	Volum	π	Volum	π	Volum	π	Volum	π
100	0,009265	34	0,009910	26	0,009730	26	0,010690	+ 1,5
200	0,004570	135	0,005195	92	0,005050	99	0,005690	+ 9
300	0,003208	260	0,003786	176	0,003658	190	0,004030	+ 14
400	0,002629	383	0,003142	250	0,003036	299	0,003207	+ 16
500	0,002312	401	0,002780	313	0,002680	339	0,002713	+ 15
600	0,002115	589	0,002543	371	0,002450	397	0,002386	+ 12
700	0,001979	671	0,002374	413	0,002288	434	0,002146	+ 3
800	0,001879	745	0,002247	447	0,002168	459	0,001972	− 8
900	0,001800	811	0,002149	470	0,002071	476	0,001832	− 33
1000	0,001735	877	0,002068	488	0,001992	485	0,001720	− 46
1200	0,001635	1000	0,001946	505	0,001883	489	0,001557	− 71
1500[1]	0,001526	1149	0,001813	513	0,001754	469	0,001380	−143
1800[1]	0,001448	1252	0,001714	507	0,001662	425	0,001258	−225
2000	0,001408	1286	0,001663	494	0,001613	383	0,001194	−284
2200	0,001375	1293	0,001620	479	0,001570	338	0,001141	−348
2400	0,001329	1283	0,001583	458	0,001533	287	0,001097	−410
2600	0,001316	1257	0,001553	436			0,001059	−495
2800	0,001292	1222	0,001525	410			0,001024	−578

62. Umkehrbare Ausdehnungswärme einer homogenen Phase. Für umkehrbare Prozesse hat man nach der Thermodynamik

$$L = \left(\frac{\partial u}{\partial v} \right)_T + p = T \left(\frac{\partial p}{\partial T} \right)_v . \qquad (22\,\text{b})$$

Bei der Messung der hier betrachteten Größe $L\,dv$ wird die Volumvergrößerung
meistens nicht mittels isothermer Druckänderung, sondern mittels isopiestischer
Temperaturänderung, hervorgebracht. Von der totalen zugeführten Wärmemenge,
welche man $m\,c_p\,dT$ nennt, muß man dann aber $m\,c_v\,dT$ subtrahieren, um die
latente Wärme zu finden (c_p = spezifische Wärme bei konstantem Druck).
Außer der Ausdehnung, mit der Bedingung, daß der Druck konstant bleibt, kann
man natürlich eine Erwärmung mit damit verbundener Ausdehnung unter sehr
verschiedenen Bedingungen vornehmen. Die Wärmemenge und die spezifische
Wärme für den Prozeß wird jedesmal von den besonderen Bedingungen bestimmt
und kann positiv oder negativ sein. Wir werden noch den Fall des gesättigten
Dampfes betrachten, welcher sich unter der Bedingung ausdehnt, daß er gesättigt
bleibt. Die Wärmemenge, dividiert durch $m\,dT$ nennt man dann spezifische
Wärme des gesättigten Dampfes.

---

[1] AMAGAT hat wahrscheinlich diese beiden verwechselt.

Die Werte für $c_p - c_v$. Nach der Thermodynamik hat man

$$m(c_p - c_v) = T \left(\frac{\partial p}{\partial T}\right)_v \left(\frac{\partial v}{\partial T}\right)_p = \frac{T \left(\frac{\partial p}{\partial T}\right)_v^2}{-\left(\frac{\partial p}{\partial v}\right)_T}. \tag{24}$$

Ist b eine Funktion von v, aber unabhängig von T, und a konstant, so finden wir hierfür

$$m(c_p - c_v) = \frac{R}{1 - \dfrac{db}{dv} - \dfrac{2a(v-b)}{RT v^2}}. \tag{24a}$$

Ist auch b konstant, dann verschwindet das zweite Glied des Nenners. Man findet dann bei $v = b$ und bei $v = \infty$

$$c_p - c_n = \frac{R}{m}. \tag{24b}$$

Bei $T > T_k$ zeigt die Kurve eine einfaches Maximum für $v = 3\,b$, wie man leicht durch logarithmische Differentiation findet.

Bei $T = T_k$ findet man im kritischen Punkte $\left(\frac{\partial p}{\partial v}\right)_T = 0$ und daher $c_p - c_v = \infty$.

Bei $T < T_k$ wird $\left(\frac{\partial p}{\partial v}\right)_T = 0$ für das Maximum und für das Minimum der Isothermen. Zwischen diesen beiden Punkten ist $\left(\frac{\partial p}{\partial v}\right)_T > 0$ und daher $c_p - c_v < 0$.

Auch hier findet man ein Maximum für $c_p - c_v$ bei $v = 3\,b$ (vgl. Abb. 25).

Zieht man in Betracht, daß b eine Volumfunktion ist, so wird wohl immer $\dfrac{db}{dv} > 0$.

Man wird dann für eine Flüssigkeit

$$c_p - c_v > \frac{R}{m}$$

finden, während bei $v = \infty$

$$c_p - c_v = \frac{R}{m}$$

bleiben wird.

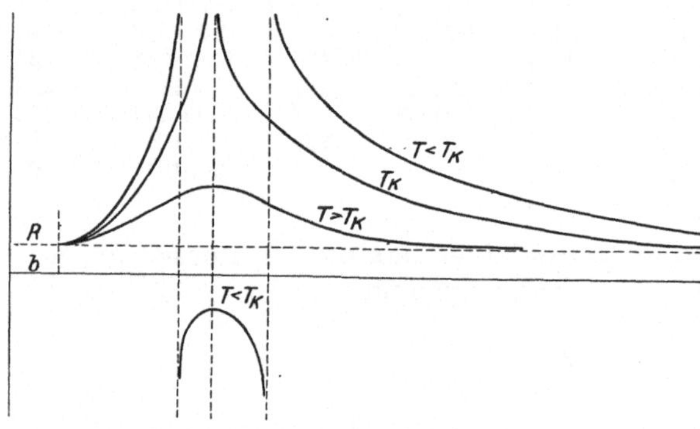

Abb. 25. $c_p - c_v$ als Funktion von v bei verschiedenen Temperaturen.

Das Maximum wird dann auch nicht immer bei $v = 3\,b$ eintreten. Bei $T > T_k$ findet man dann $v < 3\,b$[1].

Für die experimentelle Bestimmung benutzt man am besten

$$m(c_p - c_v) = T v \frac{\alpha^2}{\beta} \tag{24c}$$

indem man $\alpha = \dfrac{1}{v}\left(\dfrac{\partial v}{\partial T}\right)_p$ (Ausdehnungskoeffizient) und $\beta = \dfrac{1}{v}\left(\dfrac{\partial v}{\partial p}\right)_T$ (Kompressibilitätskoeffizient) setzt.

---

[1] Van der Waals-Kohnstamm, Lehrb. d. Thermodynamik Bd I, S. 61.

63. C_v als Volumfunktion. Für die Entscheidung der Frage, wie c_v sich bei Volumänderung verhält, ist noch nicht viel zuverlässiges Material vorhanden.

Nach JOLY[1]) ist bei Luft und Kohlensäure $\left(\dfrac{\partial c_v}{\partial v}\right)_T < 0$ bei $v > v_k$ und $273 < T < 373$.

Für Wasserstoff fand er $\left(\dfrac{\partial c_v}{\partial v}\right)_T > 0$.

DIETERICI[2]) untersuchte c_v bei $v < v_k$ für Kohlensäure und Isopentan. Er fand ein Maximum bei $\pm v_k$, was übereinstimmend mit der YOUNGschen Regel für $\left(\dfrac{\partial p}{\partial T}\right)_v$ (vgl. Ziff. 15).

Bei Flüssigkeiten ist c_v oft am besten mit Hilfe der Gleichung (24c) zu berechnen.

Für Äther hat man $c_p = 0{,}540$. Das Glied auf der rechten Seite von Gleichung (24) ist $0{,}156$. Man berechnet hieraus $c_v = 0{,}384$. Für Ätherdampf hat man $c_p = 0{,}4794$, $c_p - c_v = \dfrac{2}{m} = 0{,}026$ also $c_v = 0{,}4537$; $\left(\dfrac{\partial c_v}{\partial v}\right)_T$ ist also nicht Null, und daher ist auch $\left(\dfrac{\partial^2 p}{\partial T^2}\right)$ nicht Null, was zeigt, daß a oder b eine Temperaturfunktion ist.

64. Die latente Verdampfungswärme. Die latente Verdampfungswärme ist mittels der CLAPEYRONschen Gleichung

$$\frac{T}{p} \cdot \frac{dp}{dt} = \frac{m \cdot l}{p\,(v_d - v_f)}$$

(vgl. Ziff. 32) mit den Dampfdruckkurven verbunden. Wenn p, v_d und v_f für die koexistierenden Phasen als Funktion von T genau bekannt ist, so kann man auch die latente Verdampfungswärme l als Funktion von T angeben.

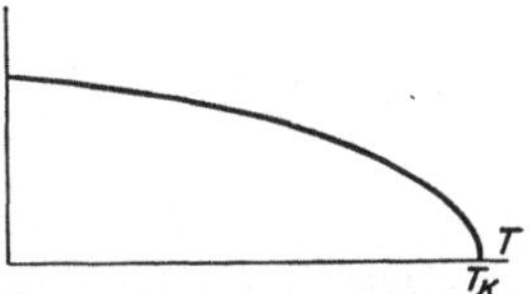

Abb. 26. Verdampfungswärme l als T-Funktion von T nach VAN DER WAALS-KOHNSTAMM.

Ist man genügend weit von der kritischen Temperatur T_k entfernt, so kann man v_f gegen v_d vernachlässigen und $p v_d = R T$ setzen. Mit der Dampfdruckformel (20a) erhält man dann

$$m\,l = f \cdot R \cdot T_k,$$

also l unabhängig von der Temperatur. Zieht man in Betracht, daß f nicht genau konstant ist und also $\dfrac{df}{dT} \neq 0$, so bekommt man

$$m\,l = R T_k \left[f - (1 - \vartheta)\,\frac{df}{d\vartheta} \right],$$

wo f und $\dfrac{df}{d\vartheta}$ noch schwache Temperaturfunktionen sind; auch diese Formel ist nicht bis zur kritischen Temperatur gültig, denn bei T_k hat man $l = 0$

$$\frac{dl}{dT} = \infty.$$

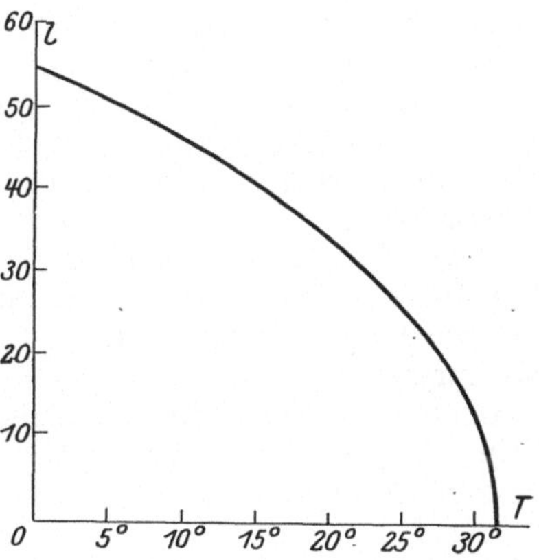

Abb. 27. Verdampfungswärme l als Funktion von T nach MATHIAS.

[1]) JOLY, Proc. R. Soc. of London Bd. 55, S. 390. 1894; Phil. Trans. Bd. 185, S. 943. 1894.

[2]) DIETERICI, Ann. d. Phys. Bd. 12, S. 144. 1903.

Man muß erwarten, daß l als Funktion von T daher etwa mit Abb. 26 übereinkommt. Mathias[1]) gibt für CO_2 die Kurve der Abb. 27. Man kann sich des Eindrucks nicht erwehren, daß die Kurve für kleine T zu steil ist.

65. Empirische Formeln. Es sind viele empirische Formeln für die Verdampfungswärme aufgestellt worden. Schon erwähnt (Ziff. 57) ist die Troutonsche Regel, daß

$$m\,l_{1\,\text{Atm.}} = K_{\text{Trout.}}\,T_s\,,$$

wo T_s die Siedepunktstemperatur bei Atmosphärendruck und $K_{\text{Trout.}}$ die Troutonsche Konstante, welche nicht genau konstant ist, aber bei den gewöhnlichen Stoffen etwa 20 bis 23 beträgt. Van Laar[2]) findet aber bei Argon nur 16,8, bei H_2 10,6 und bei He sogar 5,2.

Nernst[3]) hat das Gesetz abgeändert zu

$$m\,l = T_s\{9,5\,l \cdot T_s - 0,0007\,T_s\}\,.$$

Die Temperaturabhängigkeit von l wird von Regnault mittels einer quadratischen Funktion dargestellt.

Cailletet und Mathias[4]) setzen

$$l^2 = l_1(1 - \vartheta) - l_2(1 - m)^2\,.$$

Diese Formel liefert richtig $r = 0$ und $\dfrac{dr}{dT} = \infty$ bei $T = T_k$, wie es sein muß. Dasselbe leistet die Formel von Thiesen[5])

$$l = l_1(1 - \vartheta)^{\frac{1}{3}}\,.$$

Die Cailletet- und Mathiassche Formel zeigt aber ein Maximum in der l-T-Kurve, was nur bei einigen anomalen Stoffen gefunden worden ist (vgl. Ziff. 53).

66. Experimentelle Methoden. Die Verdampfungswärme kann auf verschiedene Weise gemessen werden.

Bei der ersten Methode, der wir die meisten Zahlenwerte verdanken, wird genau genommen nicht die Verdampfungswärme, sondern die Kondensationswärme gemessen, was aber auf dasselbe hinauskommt. Die Methode besteht darin, daß man die zu untersuchende Flüssigkeit zum Sieden bringt und den Dampf in einem Kalorimeter kondensieren läßt, indem man ihn in einem schraubenförmigen Rohr im Kalorimeter abkühlen läßt. Die übergegangene Flüssigkeitsmenge bestimmt man aus der Gewichtsvermehrung des Kalorimeters oder aus dem Gewichtsverlust des Siedegefäßes. Die im Kalorimeter gemessene Wärmemenge ist die sog. Gesamtwärme; nicht nur die Kondensationswärme des wieder verflüssigten Dampfes ist nämlich freigegeben, sondern auch die Wärmemenge, die dadurch frei wurde, daß sich das Kondensationsprodukt vom Siedepunkt bis zur Kalorimetertemperatur abkühlte. Zur Berechnung der wirklichen Verdampfungswärme muß man also die spezifische Wärme der Flüssigkeit in Betracht ziehen.

---

[1]) E. Mathias, Ann. chim. phys. (6) Bd. 21, S. 69. 1890.
[2]) Van Laar, Zustandsgleichung, S. 230.
[3]) W. Nernst, Theoretische Chemie.
[4]) Cailletet u. Mathias, Journ. de phys. (2) Bd. 5, S. 549. 1886; Bd. 6, S. 414. 1887; auch C. R. Bd. 102, S. 1202. 1886; Bd. 104, S. 1563. 1887.
[5]) M. Thiesen, Verh. d. D. Phys. Ges. Bd. 16, S. 80. 1897.

Die bekannten Messungen der Verdampfungswärme von ANDREWS, REGNAULT, BERTHELOT, BRIX, SCHIFF[1]) u. v. a. sind auf diese Weise mit einem Mischungskalorimeter ausgeführt worden.

DIETERICI und gleichfalls JAHN u. a.[2]) arbeiteten mit einem Eiskalorimeter, WIRTZ mit einem Dampfkalorimeter.

Eine andere Methode besteht darin, daß man umgekehrt die Flüssigkeit, deren Verdampfungswärme man bestimmen will, in das Kalorimeter bringt, dessen Temperatur höher ist als der Siedepunkt der Flüssigkeit. Man läßt dann einen Teil der Flüssigkeit verdampfen, wägt die Menge der verdampften Flüssigkeit und bestimmt die Wärmemenge, die vom Kalorimeter abgegeben wurde. Diese Methode findet bei atmosphärischem Druck und bei niedrigeren Drucken Anwendung u. a. für die Bestimmung der Verdampfungswärme verflüssigter Gase.

Eine dritte Methode hat in den letzten Jahrzehnten Anwendung gefunden und beruht darauf, daß man die Flüssigkeit durch einen elektrischen Heizkörper zum Sieden bringt und die elektrische Energie bestimmt, welche für das Verdampfen zugeführt worden ist. Auf diesem Wege sind Messungen ausgeführt von HENNING, und in neuester Zeit haben KAMERLINGH ONNES und DANA (noch nicht publiziert) Messungen der Verdampfungswärme von He nach diesem Verfahren ausgeführt.

Wieder eine andere Methode ist von MATHIAS[3]) zur Messung der Verdampfungswärme von CO_2 angewandt worden. Er bestimmte die sog. spezifische Wärme bei konstantem Volum im heterogenen Gebiete. D. h. er brachte ein zugeschmolzenes Rohr in ein Kalorimeter. In dem Rohre war die Kohlensäure teilweise in flüssigem, teilweise in dampfförmigem Zustand. Bei Temperaturerhöhung geht ein Teil der Flüssigkeit in Dampfform über, und die Wärme, die man zuführen muß für eine Temperaturerhöhung von 1°, ist bestimmt durch 1. die spezifische Wärme der gesättigten Flüssigkeit, 2. diejenige des gesättigten Dampfes, 3. die Verdampfungswärme für die verdampfende Flüssigkeit. Die spezifische Wärme für die gesättigte Flüssigkeit ist aber sehr wenig verschieden von dem Wert c_p der Flüssigkeit. So gibt es nur noch zwei Unbekannte. Mittels einer zweiten Füllung des Rohres mit Flüssigkeit und Dampf in einem anderen Verhältnis bekommt man eine zweite Gleichung, so daß man die beiden unbekannten Größen: die spezifische Wärme des gesättigten Dampfes und die latente Verdampfungswärme, bestimmen kann.

Die Methode scheint zuverlässige Resultate zu geben.

67. Die innere latente Verdampfungswärme. Man unterscheidet bei der Verdampfungswärme zwei Teile: die innere und die äußere. Die innere Verdampfungswärme (l_i) ist die im Wärmemaß gemessene Energiedifferenz zwischen einem Gramm gesättigtem Dampf und einem Gramm gesättigter Flüssigkeit. Sie ist für einen bestimmten Stoff bei einer gegebenen Temperatur eine Konstante. Die äußere Verdampfungswärme (l_a) ist die in Wärmemaß gemessene äußere Arbeit, welche bei der Verdampfung eines Gramms Flüssigkeit geleistet wird. Ihr Betrag ist vom Prozeß abhängig. Wenn man den Stoff im Vakuum

---

[1]) BRIX, Pogg. Ann. Bd. 55, S. 341. 1842; ANDREWS, ebenda Bd. 75, S. 508. 1848; REGNAULT u. a. Ann. chim. phys. (4) Bd. 24, S. 423. 1871; BERTHELOT, ebenda (5) Bd. 6, S. 171. 1875; Bd. 12, S. 531. 1877; Bd. 15, S. 215. 1878; Bd. 22, S. 400. 1883; SCHIFF, Liebigs Ann. Bd. 234, S. 338. 1886. Für eine ausführliche Literaturangabe verweisen wir auf die LANDOLT-BÖRNSTEINSchen Tabellen, 5. Aufl., S. 1478 u. 1484.

[2]) DIETERICI, Ann. d. Phys. Bd. 37, S. 494. 1889; Bd. 16, S. 912. 1905; JAHN, ZS. f. Phys. Bd. 11, S. 787. 1893; WIRTZ, Ann. d. Phys. Bd. 40, S. 438. 1890; HENNING, ebenda (4) Bd. 21, S. 489. 1906; Bd. 29, S. 441. 1909; Bd. 58, S. 759. 1919.

[3]) E. MATHIAS, Journ. de phys. (2) Bd. 9, S. 449. 1890.

verdampfen läßt, ist sie Null. Sie ist maximal für einen umkehrbaren Prozeß. Wenn man ohne weiteres von der äußeren latenten Verdampfungswärme spricht, meint man die maximale.

Man bekommt $m\,l_i$, indem man $m\,l$ um $p\,(v_d - v_f)$ vermindert.

Nach der Hauptzustandsgleichung hat man für l_i

$$m\,l_i = a\left(\frac{1}{v_f} - \frac{1}{v_d}\right). \tag{25}$$

Betrachtet man b als Volumfunktion, so hat das keinen Einfluß. Mit a als Temperaturfunktion bekommt man

$$m\,l_i = \left(a - T\frac{da}{dt}\right)\left(\frac{1}{v_f} - \frac{1}{v_d}\right). \tag{25 a}$$

In diesen Formeln ist l aber immer noch im Arbeitsmaß ausgedrückt. Zur Umrechnung auf Kalorien muß man die rechte Seite durch das Arbeitsäquivalent E der Kalorie dividieren

$$m\,l_i = \frac{A}{E}\left(\frac{1}{v_f} - \frac{1}{v_d}\right), \tag{25 b}$$

so ist also $A = a$ oder $= a - T\dfrac{da}{dt}$, je nachdem a konstant oder eine Temperaturfunktion ist, unter der Voraussetzung, daß b unabhängig von T ist; andernfalls wird die Gleichung komplizierter.

Indem man die Gleichung (21) integriert und durch (24a) dividiert, findet man:

$$\frac{c_{v_f} - c_{v_d}}{l_i} = \frac{T\dfrac{d^2 a}{dT^2}}{a - T\dfrac{da}{dT}}. \tag{26}$$

Da man $l_i = l - p(v_d - v_f)$ kennt, kann man, wenn man $a = F(T)$ beliebig annimmt, den Wert von $c_{v_f} - c_{v_d}$ ausrechnen. Hat man andererseits c_{v_f} und c_{v_d} bestimmt, (vgl. Ziff. 61 a und 62) so kann man die Voraussetzung, von welcher man ausgegangen ist, prüfen.

Die Clausiussche Annahme $a = a'\dfrac{T_k}{T}$, welche mit dem Zweck aufgestellt worden ist, den kritischen Koeffizienten bis auf etwa den doppelten Wert zu erhöhen, gibt hier für Äther unter der Annahme $c_{v_d} = 0{,}45$ für $c_{v_f} = 0{,}75$ anstatt 0,38. Es zeigt sich also, daß man den Wert des kritischen Koeffizienten besser mittels einer Volumabhängigkeit von b erklärt. Andererseits zeigt Gleichung (26) mit $c_{v_f} - c_{v_d} \neq 0$, daß a keine Konstante sein kann. Auch die van der Waalssche Funktion für a

$$a = a'\,e^{\frac{T_k - T}{T_k}}$$

steht nicht mit dem Werte für $c_{v_f} - c_{v_d}$ in Einklang[1].

68. Die äußere latente Verdampfungswärme. Der Wert l_a muß bei einer bestimmten Temperatur ein Maximum haben, da bei $T = 0$ sowohl $p\,v_d = R\,T = 0$ als auch $p\,v_f = 0$ (wegen $p = 0$) ist und da gleichfalls bei $T = T_k$ der Ausdruck $p(v_d - v_f) = 0$ ist.

---

[1]) Van der Waals-Kohnstamm, Thermodynamik Bd. 1, S. 77.

Zeichnet man $p\,v$ als Funktion von T für das heterogene Gebiet auf, so bekommt man eine Kurve, die etwa die in Abb. 28[1]) wiedergegebene Gestalt hat.

Auch $p\,v_d$ hat also ein Maximum, das fast, aber nicht genau, bei derselben Temperatur liegt wie dasjenige für $p(v_d - v_f)$. Das letzte wird bei etwa $\vartheta = 0{,}77$ gefunden. NERNST hat die folgende Formel aufgestellt:

$$\frac{p(v_d - v_f)}{RT} = 1 - \frac{p}{p_k}\,.$$

VAN LAAR berechnet aus den experimentellen Daten von S. YOUNG für Benzol die in Tab. 30 enthaltenen Daten.

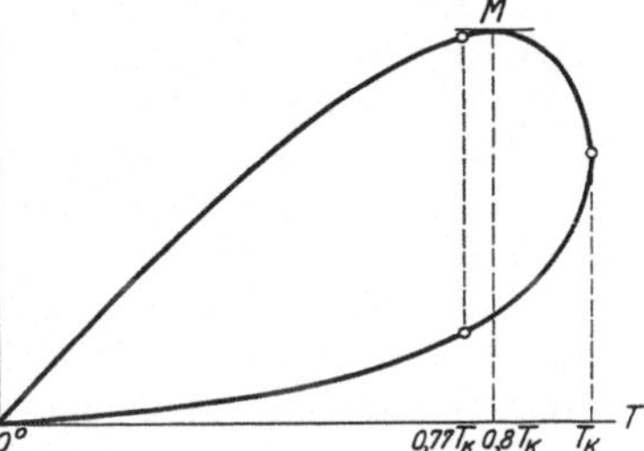

Abb. 28. Innere latente Verdampfungswärme als Funktion von T.

Tabelle 30[2]).

Innere latente Verdampfungswärme. Vergleich mit der NERNSTschen Formel. l_a (die äußere latente Verdampfungswärme) und RT_k.

t °C	$\dfrac{T}{T_k}$	$\dfrac{l_a}{RT_k}$	(NERNST)	t °C	$\dfrac{T}{T_k}$	$\dfrac{l_a}{RT_k}$	(NERNST)
70	0,61	0,978	0,985	170	0,79	0,839	0,825
100	0,66	0,946	0,963	180	0,81	0,815	0,791
130	0,72	0,905	0,921	190	0,825	0,785	0,750
140	0,74	0,892	0,903	220	0,88	0,676	0,601
150	0,75	0,875	0,881	250	0,93	0,526	0,391
160	0,77	0,862	0,854	280	0,985	0,283	0,099
				288,5	1	0	0

69. Die Entropie der fluiden Phase. Auch die Entropie ist zu den kalorischen Größen zu zählen. Nach der Hauptzustandsgleichung berechnet man ihren Betrag im Falle einer umkehrbaren Volumenänderung zu

$$\int ds = \int \frac{dQ}{T} = m\int \frac{c_v\,dT}{T} + \int \frac{R}{v-b}\,db$$

$$= m\int \frac{c_v\,dT}{T} + R\,l\cdot(v-b) - R\,l\cdot(v_0-b)\,\ldots \qquad (27)$$

Nimmt man $c_v = $ konstant, so erhält man:

$$s = c_v\,l\cdot(T) + R\,l\cdot(v-b) + c_s\,,$$

wo c_s eine Intergrationskonstante ist, deren Wert von dem willkürlich gewählten Anfangswert für T und v abhängt. Wenn in Wirklichkeit der Wert von c_v infolge der Gasentartung (s. ds. Handb. IX und Kap. 5 dieses Bandes) bei sehr niedrigen Temperaturen auch nicht annähernd konstant ist, darf man diese Formel bei diesen Temperaturen nicht anwenden.

Auch für andere Formen der Zustandsgleichung kann man natürlich die Entropie s in der Form eines Integrals schreiben, obwohl der Ausdruck nicht

---

[1]) VAN LAAR, Zustandsgleichung, S. 255. — Die Kurve bei VAN LAAR scheint mit aber nicht ganz genau gezeichnet, da der Dampfast und der Flüssigkeitsast sich unter einem von 180° abweichenden Winkel im kritischen Punkte begegnen. Da $\left(\dfrac{d\,p\,(v_d - v_f)}{dT}\right)_{\text{koex.}}$ bei T_k unendlich ist wegen $\dfrac{d\,(v_d - v_f)}{dT}\Big|_{\text{koex.}} = \left(\dfrac{d\,(v_d - v_f)}{d\,p}\cdot\dfrac{d\,p}{dT}\right) = \infty$, müssen beide Äste in k eine vertikale Tangente haben.

[2]) VAN LAAR, Zustandsgleichung, S. 257.

immer in endlicher Form zu integrieren ist. Die empirische Zustandsgleichung von KAMERLINGH ONNES gestattet, wenn die Virialkoeffizienten bekannt sind, das Volumintegral vollständig zu ermitteln. Von c_v ist aber nur die Volumabhängigkeit, nicht die Temperaturabhängigkeit von der Zustandsgleichung bestimmt. In s bleibt also eine reine Temperaturfunktion unbestimmt.

Die statistische Definition der Entropie führt zu einem Wert von s, welcher auf dieselbe Weise von v und T abhängt, jedoch erhält man hierbei keine willkürliche Konstante.

Es ist hier aber Vorsicht geboten. Zur Bestimmung der koexistierenden Phasen z. B. kann man den Satz benutzen, daß das thermodynamische Potential G in beiden Phasen gleich ist. Das thermodynamische Potential braucht man dann nur zu kennen bis auf eine Temperaturfunktion, welche doch in beiden Phasen gleich ist. Man kann daher $RT \times$ dem Logarithmus der BOLTZMANNschen Gleichgewichtsfunktion

$$\frac{1}{v - 2b}\, e^{\frac{u}{RT}} = \text{konstant}$$

benutzen, da dieses Produkt das thermodynamische Potential G bis auf eine unbestimmt gebliebene Temperaturfunktion darstellt. Aus diesem Wert für G kann man die Entropie als Funktion von v ermitteln. Aber die vernachlässigte Temperaturfunktion ist hier nicht belanglos, so daß der Weg nicht zum Ziel führt. (Für die statistische Berechnung der Entropie s. ds. Handb. IX).

70. Die Isentropen. Gleichung (27) reduziert sich für einen Stoff im AVOGADROschen Zustande zu

$$s = ln \cdot (T^{c_v} v^k) + c_s .$$

Aus dieser Gleichung und aus (24 b) folgt in diesem Fall für die Gleichung einer Isentrope

$$T v^{k-1} = \text{konstant} . \tag{28}$$

Nach der Hauptzustandsgleichung findet man ebenso

$$T(v - b)^{k-1} = \text{konstant} . \tag{28a}$$

k ist hier der Wert von $\dfrac{c_p}{c_v}$ für $v = \infty$.

Die Gleichungen (28) und (28 a) lassen sich umformen zu

$$p\, v^k = \text{konstant} \tag{28b}$$

und

$$\left(p + \frac{a}{v^2}\right)(v - b)^k = \text{konstant} \tag{28c}$$

oder zu

$$p^{-(k-1)}\, T^k = \text{konstant} \tag{28d}$$

und

$$\left(p + \frac{a}{v^2}\right)^{-(k-1)} T^k = \text{konstant} . \tag{28e}$$

Diese Gleichung der Isentrope (adiabate) für den AVOGADROschen Fall ist von POISSON aufgestellt worden

Stoffe, für welche k den gleichen Wert hat, haben Isentropen, welche dem Korrespondenzgesetz untereinander genügen. Die Isentropen der Stoffe mit verschiedenem k korrespondieren nicht miteinander. So bilden die einatomigen Stoffe ($k = 1\frac{2}{3}$) und die zweiatomigen ($k = 1\frac{2}{5}$) Familien von isentropisch korrespondierenden Stoffen.

Innerhalb einer Familie ist die Korrespondenz nicht vollkommen, und zwar wegen zweier Ursachen: erstens weil auch die Isothermen nicht vollkommen korrespondieren, zweitens weil das k nicht konstant ist, sondern bei zweiatomigen Molekülen in sehr niedriger Temperatur von $1\frac{2}{5}$ bis $1\frac{2}{3}$ wächst [vgl. Versuche von EUCKEN[1]), Kap. 5 dieses Bandes], und dieses Anwachsen von k, das von Quantenbedingungen bestimmt wird, findet nicht in Übereinstimmung mit dem Korrespondezgesetz statt.

Die Isentropen zeigen bei genügend niedrigem Wert der Entropie ein Maximum und ein Minimum, die aber nicht mit dem Maximum und Minimum der Isothermen zusammenfallen, und nicht wie diese die große Bedeutung haben, die Grenze des labilen Gebietes zu bilden.

Wohl hat man

$$\left(\frac{\partial p}{\partial v}\right)_s = \frac{c_p}{c_v} \cdot \left(\frac{\partial p}{\partial v}\right)_T,$$

aber für $\left(\dfrac{\partial p}{\partial v}\right)_T = 0$ wird $c_v = \infty$ [Gleichung (24)] und $\left(\dfrac{\partial p}{\partial v}\right)_s \lessgtr 0$.

71. Die spezifische Wärme des gesättigten Dampfes. Es sei Abb. 29 ein p,v-Diagramm. T_1, T_2 und T_3 sind drei Isothermen für die Temperaturen T_1, T_2, T_3, wobei $T_1 > T_2 > T_3$; entsprechend seien S_1, S_2 und S_3 drei Isentropen. Für die Entropien wird auch die Ungleichheit $S_1 > S_2 > S_3$ gelten.

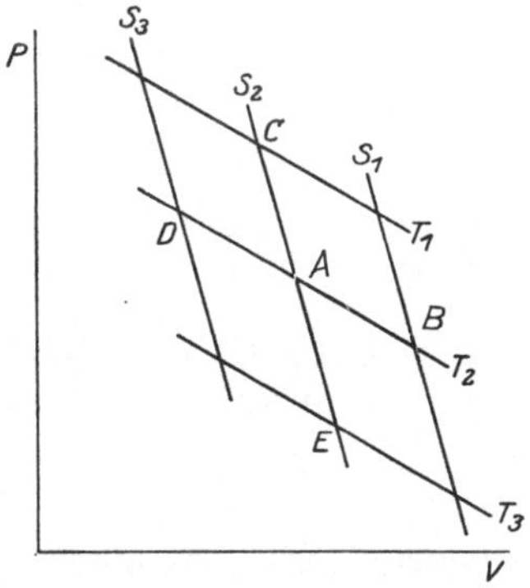

Ein elementarer umkehrbarer Prozeß mit A als Anfangszustand besteht aus einer Änderung des p und v, was eine Änderung der T und S involviert. Er wird dargestellt durch eine Strecke mit A als Ursprung. Liegt diese Strecke innerhalb der Winkel BAC, so ist dS und dT positiv, und die spezifische Wärme $\dfrac{T\,dS}{dT}$ ist auch positiv. Innerhalb der Winkel EAD ist $dS < 0$ und $dT < 0$; die spezifische Wärme ist also positiv. Dagegen ist sie innerhalb BAE und DAC negativ.

Abb. 29. Drei Isothermen und drei Isentropen.

Es sei der Zustand, welcher von A repräsentiert wird, nun ein gesättigter Dampf; dann geht auch die Grenzkurve des heterogenen Gebietes durch A. Die Frage, ob die spezifische Wärme des gesättigten Dampfes $h > 0$ oder < 0, ist also beantwortet, wenn man weiß, wie die Grenzkurve die Isothermen und Isentropen schneidet. Die Grenzkurve ist immer steiler als die Isothermen. Ist sie auch steiler als die Isentropen d. h. liegt sie in dem Winkel BAC, so ist $h > 0$. Ist sie weniger steil d. h. liegt sie in dem Winkel CAD, dann ist $h < 0$.

Nach dem Korrespondenzgesetz ist das Isothermennetz und die Grenzkurve im reduzierten Diagramm für alle Stoffe dasselbe. Die Isentropen aber sind verschiedene, je nach dem Wert von k. Für einatomige Stoffe mit großem k und daher steilen Isentropen wird man daher $h < 0$, bei vielatomigen $h > 0$ erwarten.

Aus der Abbildung ist leicht zu sehen, daß bei Stoffen, für welche $h > 0$, bei adiabatischer Kompression eine teilweise Kondensation eintritt. Da bei der Kompression die Temperatur steigt, muß man unbedingt unterhalb T_k anfangen, wenn man auf diese Weise Kondensation des Gases zu erreichen wünscht. Bei Stoffen mit $h < 0$ dagegen kann Kondensation bei adiabatischer Expansion ein-

---

[1]) EUCKEN, Berl. Ber. S. 141. 1912.

treten. Es ist dann möglich bei $T > T_k$ anzufangen. Die für die Kondensation nötige Abkühlung ist dann eine Folge der Expansion. Daß es praktisch gelingt, schwer kondensierbare Gase durch adiabatische Expansion zu verflüssigen, ist also eine Folge des negativen Wertes von h.

Die Berechnung von h kann auf zwei verschiedenen Weisen geschehen. Erstens hat man die CLAUSIUSsche Formel, welche abgeleitet wird mittels der Erwägung, daß die Entropiezunahme bei dem Prozeß $AA'B'$ und bei ABB' einander gleich sein müssen (Abb. 30):

$$h = H + \frac{dl}{dT} - \frac{l}{T}.$$

H ist hier die spezifische Wärme der gesättigten Flüssigkeit, welche aber mit großer Annäherung dem c_p der Flüssigkeit gleich ist.

Für Wasser hat REGNAULT seine Beobachtungen zusammengefaßt in die Formel:

$$l = 606{,}5 - 0{,}305\, t$$

Man hat daher bei $0°$

$$h = 1 - 0{,}305 - \frac{606{,}5}{273}$$

und bei $100°$

$$h = 1 - 0{,}305 - \frac{576}{373}.$$

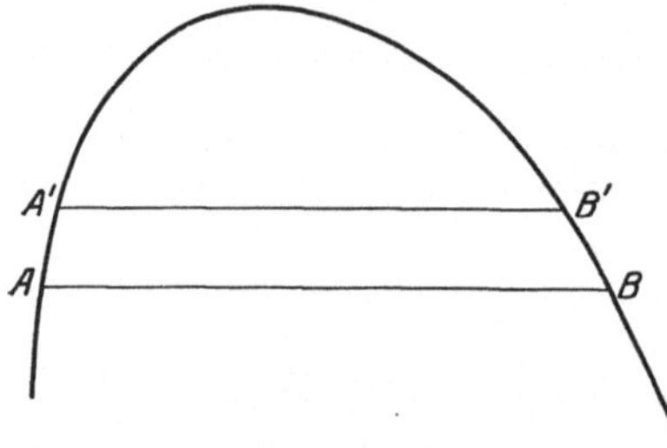

Abb. 30. Grenzkurve mit zwei Isothermen im Sättigungsgebiet.

Wasserdampf kondensiert daher bei Expansion, was für die Meteorologie und für die Dampfmaschinen von Wichtigkeit ist.

Eine andere Berechnungsweise von h ist durch die Formel:

$$h = c_v + T \left(\frac{\partial p}{\partial T}\right)_v \left(\frac{dv}{dT}\right)_{\text{Gr.}}$$

gegeben.   Schreibt man:

$$\left(\frac{\partial p}{\partial T}\right)_v = \frac{RT}{v-b} = (c_p - c_v)_\infty \frac{T}{v-b},$$

so erhält man

$$\frac{h}{c_v} = 1 + (k-1)\frac{T}{v-b}\left(\frac{dv}{dT}\right)_{\text{Gr.}}$$

$\left(\dfrac{dv}{dT}\right)_{\text{Gr.}}$ ist für gesättigten Dampf negativ.

Für Stoffe in korrespondierenden Zuständen ist nur die Größe k verschieden. Bei großem k kann der Ausdruck negativ, bei kleinem positiv sein.

Bei T_k ist $\left(\dfrac{dv}{dT}\right)_{\text{Gr.}} = -\infty$. Es gibt also keine Stoffe, für welche h für alle Punkte der Grenzkurve positiv ist. Es gibt aber wohl solche, für welche es überall negativ ist. Auch bei $T = 0$ ist h für alle Stoffe negativ, denn für kleine T hat man:

$$\frac{T}{pv} \cdot \frac{d(pv)}{dT} = 1 = \frac{T}{p} \cdot \frac{dp}{dT} + \frac{T}{v} \cdot \frac{dv}{dT}$$

und

$$\frac{T}{p} \cdot \frac{dp}{dT} = f\frac{T_k}{T} \qquad \text{[vergl. Gleichung (20a)].}$$

Es folgt:

$$\frac{T}{v} \cdot \frac{dv}{dT} = 1 - f\,\frac{T_k}{T}\,.$$

Wenn T alle Werte von $T = 0$ bis T_k durchläuft, muß h also bei $-\infty$ anfangen und bei $-\infty$ enden. Dazwischen hat es ein Maximum. Bei einigen Stoffen ist der maximale Wert positiv, bei anderen negativ.

Ist das Maximum positiv, so ist die Konfiguration der Grenzkurve und der Isentropen, wie es in Abb. 31 angegeben ist. h ist positiv zwischen A und B. Ist das Maximum negativ, so schneiden die Isentropen die Dampfseite der Grenzkurve nur einmal.

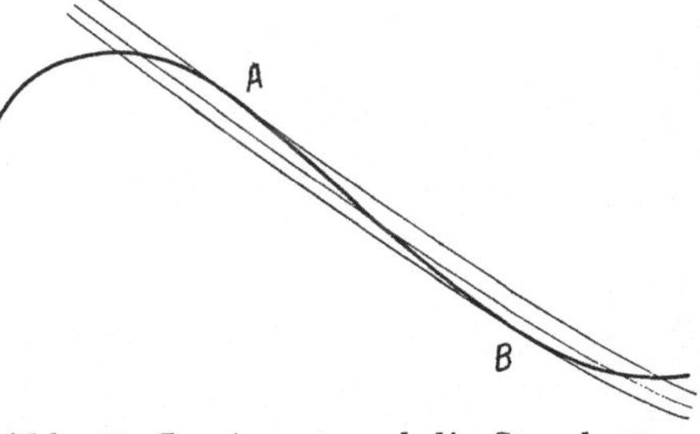

Abb. 31. Isentropen und die Grenzkurve.

Van der Waals berechnet aus den Beobachtungen von S. Young für Isopentan als Minimum des absoluten Wertes von $\dfrac{T}{v-b}\left(\dfrac{dT}{dv}\right)_{\mathrm{Gr.}}$ ungefähr 8,5. Es wird h also nur positiv, wenn

$$8,5\,(k-1) < 1$$

oder

$$k < \frac{19}{17}\,.$$

Einen solchen kleinen Wert hat h nur für zusammengesetzte Moleküle, u. a. für Ätherdampf.

72. Der Joule-Kelvin-Prozeß. Die Enthalpie. Die Gleichung (22) ist von Joule geprüft worden. Er fand für ideale Gase die innere Energie u unabhängig vom Volumen v, wie es sein sollte. Die Methode, welche er befolgte, war die folgende. Er hatte zwei Gefäße in einem Kalorimeter. Das eine war leer, das andere gefüllt mit Luft von etwa 22 Atmosphären. Die beiden Gefäße waren durch ein Rohr mit Hahn miteinander verbunden. Wenn er den Hahn öffnete, verteilte das Gas sich auf die zwei Gefäße. Eine Abkühlung war im Kalorimeter nicht zu konstatieren. Da keine äußere Arbeit verrichtet war, hätte eine Abkühlung nur von der inneren Energieänderung herrühren können. Da kein Gas den idealen Gasgesetzen genau folgt, ist immer eine kleine Abkühlung zu erwarten, aber die Versuche haben keine genügend hohe Genauigkeit, um diese zu beobachten.

Nahe verwandt mit der Jouleschen Arbeit ist diejenige von Cazin[1]), der aber die Temperatur nicht maß, sondern sie aus dem zeitlichen Druckverlauf berechnete.

Um die Versuche genauer zu wiederholen, hat Lord Kelvin eine andere Art der Ausdehnung vorgeschlagen. Bei dieser Form der Ausdehnung aber (den sog. Joule-Kelvin-Prozeß) bleibt, wenn sie genau adiabatisch (d. h. ohne Wärmeaufnahme infolge von Wärmeleitung, aber hier nicht umkehrbar) ausgeführt wird, nicht die innere Energie u konstant, wie beim Jouleschen Versuch, sondern die Größe $u + pv$, für welche Kamerlingh Onnes den Namen Enthalpie eingeführt hat.

Der Versuch[2]) besteht darin, daß man einen konstanten Gasstrom durch ein Rohr hindurchführt, in welchem ein Wattepfropf, Asbestpfropf oder Drosselventil angebracht worden ist, daß vor und hinter ihm eine stationäre Druckdifferenz vorhanden ist, und daß das Gas sich ausdehnt, indem es den Pfropf durchläuft.

---

[1]) A. Cazin, Ann. d. chim. et phys. (4) Bd. 19, S. 5. 1870.
[2]) Joule u. Kelvin, Phil. Mag. (4) Bd. 4, S. 481. 1852; Phil. Trans. Bd. 143, S. 357. 1853; Bd. 144, S. 321. 1854; Bd. 152, S. 579. 1862.

In den Apparaten von Linde[1]) und Hampson[2]), welche nicht für genaue Messungen, sondern für die Verflüssigung der Gase mittels eines Joule-Kelvin-Prozesses konstruiert sind, werden Ventile benutzt.

73. Berechnung der Enthalpie. Eine Kurve, für welche $u + pv = $ konstant ist, nennt man eine Isenthalpe. Die Frage, ob man von einem gegebenen Anfangszustand eines Gases ausgehend es mittels isenthalpischer Ausdehnung kondensieren kann, ist gelöst, wenn man weiß, ob die Isenthalpe des gegebenen Punktes die Grenzlinie des heterogenen Gebiets schneidet.

Die Isenthalpen mit v und u als Koordinaten sind von Kamerlingh Onnes und Keesom[3]) berechnet und gezeichnet worden (Abb. 32).

Man kann die Enthalpie berechnen, wenn man die Zustandsgleichung eines Stoffes kennt und c_v als Funktion von T für ein bestimmtes v, z. B. für $v = \infty$. Man hat dann für die Enthalpie:

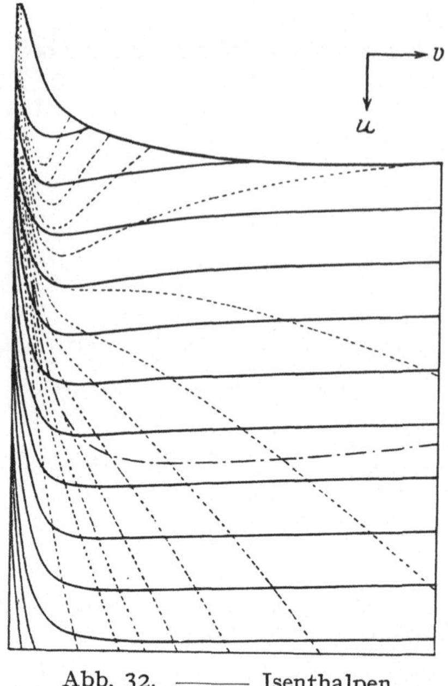

Abb. 32. ——— Isenthalpen
·········· Isobaren   ·—·—· Konnodale

$$\chi = \int_{T_0}^{T} c_{v=\infty}\, dT + \int_{\infty}^{v}\left(T\frac{\partial p}{\partial T_v} - p\right)dv + pv \ldots,(29)$$

Man findet für den Temperatureffekt beim Joule-Kelvin-Prozeß, wenn $c_{v=\infty}$ im durchlaufenden Temperaturgebiet konstant ist:

$$c_{v=\infty}(T_1 - T_2) = p_2 v_2 - p_1 v_1 + \int_{v_1}^{v_2}\left(T\frac{\partial p}{\partial T_v} - p\right)dv \ldots \tag{30}$$

Mit der Zustandsgleichung hat man, falls $a = a' f(T)$ ist, nach van der Waals[4])

$$c_{v=\infty}(T_1 - T_2) = \left\{\frac{a}{v_1}\left[2f(T_1) - T_1\frac{df(T_1)}{dT_1}\right] - \frac{RT_1 b}{v_1 - b}\right\} - \\ - \left\{\frac{a}{v_2}\left[2f(T_2) - T_2\frac{df(T_2)}{dT_2}\right] - \frac{RT_2 b}{v_2 - b}\right\} \ldots \tag{30a}$$

Will man bei gegebener Temperatur T_1 die größtmögliche Abkühlung erzielen, so kann man bemerken, daß $v_2 > v_1$ und daß daher das erste Glied wohl positiv sein muß. Das zweite wird es dann auch sein, und man wird am besten $v_2 = \infty$ wählen; v_1 wird man aber so wählen, daß

$$\frac{a}{v_1^2}\left[2f(T_1) - T_1\frac{df(T_1)}{dT_1}\right] - \frac{RT_1 b}{(v_1 - b)^2}$$

seinen Maximalwert besitzt.

[1]) C. Linde, Ann. d. Phys. u. Chem. (3) Bd. 57, S. 328. 1896.
[2]) Hampson, Nature Bd. 53, S. 515. 1896.
[3]) Kamerlingh Onnes u. Keesom, Enzykl. S. 842.
[4]) J. D. van der Waals, Akad. Amsterdam, Febr. 1900.

Zu diesem Wert von v gehört ein bestimmter Wert von p. Wählt man ein größeres p, so wird die Abkühlung kleiner und schließlich selbst Null und negativ.

Die empirische Formel:

$$T_1 - T_2 = \frac{p_1 - p_2}{T^2} \cdot \text{Konstante,}$$

welche JOULE und KELVIN für ihre Versuchsergebnisse aufstellten, gilt also nur für geringe Drucke, und die Meinung, daß man am vorteilhaftesten arbeitet, wenn man den Anfangsdruck möglichst hoch wählt, ist nicht richtig.

Mit $a = \text{konstant}$ bekommt man

$$\frac{2a}{v_1^2} = \frac{RTb}{(v_1 - b)^2} \,{}^1) \qquad \text{oder} \qquad \left(\frac{v_1}{v_1 - b}\right)^2 = \frac{27}{4}\frac{T_k}{T_1},$$

mit der CLAUSIUSschen Annahme $a = a'\dfrac{273}{T}$:

$$\frac{3a}{v_1^2} = \frac{RTb}{(v_1 - b)^2}.$$

Einen Temperatureffekt Null bekommt man, wenn:

$$\frac{v_1}{v_1 - b} = \frac{27}{4}\frac{T_k}{T_1}. \tag{31}$$

Ziff. 13 ergab für das Volum, für welches pv ein Minimum ist,

$$\left(\frac{v_1}{v_1 - b}\right)^2 = \frac{27}{8}\frac{T_k}{T}.$$

Das Optimum für Abkühlung tritt also beim Joule-Kelvin-Prozeß bei gegebener Temperatur für dasselbe v ein, für welches pv bei einer halb so hohen Temperatur ein Minimum ist. Bei einer anderen Form der Zustandsgleichung wird das Verhältnis nicht gleich $\frac{1}{2}$ gefunden werden.

Nach Gleichung (31) hat man Abkühlung, wenn

$$\frac{v_1}{v_1 - b} < \frac{27}{4}\frac{T_k}{T_1}.$$

Der minimale Wert der linken Seite ist 1. Der maximale Wert für T_1 ist also $\frac{27}{4}T_k$. Bei höheren Temperaturen hat man immer Erwärmung. $T_{JK} = \frac{27}{4}T_k$ wird Joule-Kelvin-Punkt oder Umkehrungspunkt des Joule-Kelvin-Prozesses genannt. Für jedes p_1 gibt es ein Maximum T_1, für welche man noch Abkühlung findet. T_{JK} ist das Maximum dieser Maxima. Bei einer Temperatur, die nur wenig niedriger als T_{JK} ist, muß man p_1 und p_2 sehr klein wählen, um Abkühlung zu finden.

Man spricht auch vom differentiellen Joule-Kelvin-Prozeß, d. h. von einem Prozeß mit kleiner Druckdifferenz (im Grenzfall Null). Für diesen Prozeß gilt die Differentialgleichung:

$$c_p \left(\frac{dT}{dp}\right)_{\text{Enth.}} = + T\left(\frac{\partial v}{\partial T}\right)_p - v.$$

Wir bemerken, daß c_v in der Differentialgleichung der Isenthalpen vorkommt, und daß daher das Korrespondenzgesetz für die Isenthalpen nur Geltung haben wird innerhalb gewisser „Stoff-Familien", für welche $m\,c_v$ den nämlichen Wert

---

${}^1)$ Die Gleichungen bei VAN DER WAALS (l. c.) enthalten Druckfehler: der Faktor b ist einige Male fortgelassen.

hat. Die Gleichungen für das Optimum und den Nulleffekt aber enthalten c_v nicht. Diese Punkte folgen dem Korrespondenzgesetz also in der gleichen Weise wie die thermischen Größen.

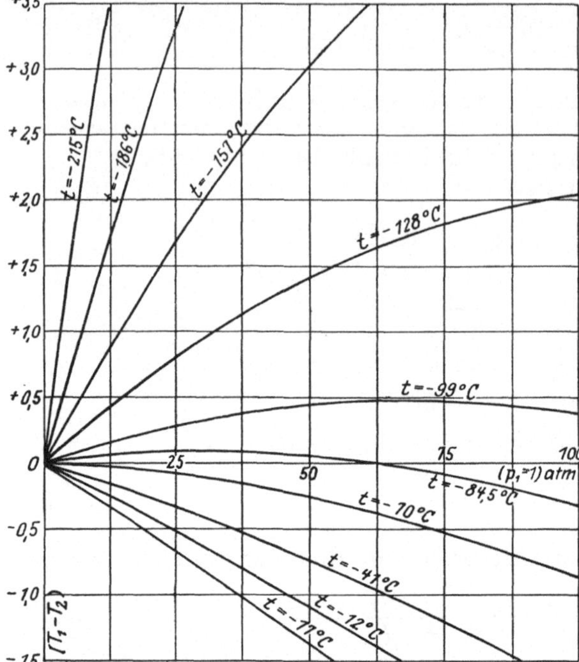

Abb. 33. Abkühlung beim Joule-Kelvin-Prozeß von Wasserstoff für verschiedene Anfangstemperaturen als Funktion des Druckunterschiedes $p - 1$

74. Berechnungen mit der empirischen Zustandsgleichung. Dalton[1]) hat die Enthalpie mittels der empirischen Zustandsgleichung berechnet, seine Resultate für die Abkühlung als Funktion der Anfangstemperatur und des Druckunterschieds sind in Abb. 33 und Abb. 34 dargestellt. Abb. 33 gibt die Kurven für konstante Anfangstemperatur. Die Abkühlung ist als Funktion des Druckunterschieds $p_1 - 1$ dargestellt. Abb. 34 gibt die Kurven für konstanten Druckunterschied. $T_1 - T_2$ ist dargestellt als Funktion von $\dfrac{T_1}{T_k}$. Abb. 35 gibt noch die Inversionspunkte für bestimmte Druckdifferenzen.

Die Kurven sind gezeichnet für Wasserstoff. Die Virialkoeffizienten sind den Bestimmungen von Kamerlingh Onnes und Braak[2]) entnommen.

Die experimentelle Bestimmung der Abkühlung, welche Dalton für Luft ausführte, gaben gute Übereinstimmung mit den Werten, welche er aus den von Kamerlingh Onnes bestimmten Virialkoeffizienten berechnete.

75. Experimentelle Methoden und Ergebnisse. Experimentelle Bestimmungen des Joule-Kelvin-Prozesses sind von verschiedenen Beobachtern ausgeführt worden. Die gewöhnliche Methode besteht darin, daß man ein Gas durch einen Pfropf oder Drosselventil hindurchpreßt und Druck und Temperatur vor und hinter dem Pfropfen oder Ventile mißt.

Abb. 36 zeigt eine Anordnung, die der Arbeit Kesters entnommen ist. Wie die Abbildung angibt, wurden die Temperaturen mittels Thermoelementen (R) gemessen.

Untersuchungen dieser Art liegen vor von Natanson[3]), Kester[4]) (mit CO_2), Dalton[5]), Bradley und Hale[6]) (mit Luft), Vogel[7]) (Luft und O_2), Hoxton[8]),

---

[1]) Dalton, Comm. Leiden Nr. 109a u. 109e. 1909; Akad. Amsterdam Bd. 17. S. 924, 1057. Proc. Amst. Bd. 11. S. 863, 874. 1909.

[2]) H. Kamerlingh Onnes u. Braak, Comm. Leiden Nr. 97a, 99a und 100. 1907; Akad. Amsterdam Bd. 15, S. 517. 1906; Bd. 16, S. 162, 411, 418. 1907; Proc. Amst. Bd. 9, S. 754; Bd. 10, S. 204, 413, 419. 1907.

[3]) E. Natanson, Ann. d. Phys. Bd. 31, S. 502. 1887.

[4]) F. E. Kester, Phys. ZS. Bd. 6, S. 44. 1905; Phys. Rev. Bd. 21, S. 260. 1902.

[5]) J. P. Dalton, Comm. Leiden Nr. 109 a—e. 1909; Akad. Amsterdam l. c.

[6]) W. P. Bradley u. C. F. Hale, Phys. Rev. Bd. 29, S. 258. 1909.

[7]) E. Vogel, Münchener Ber. 1909, Abh. 1; Diss. München (Berlin) 1910.

[8]) Hoxton, Phys. Rev. Bd. 13, S. 438. 1919.

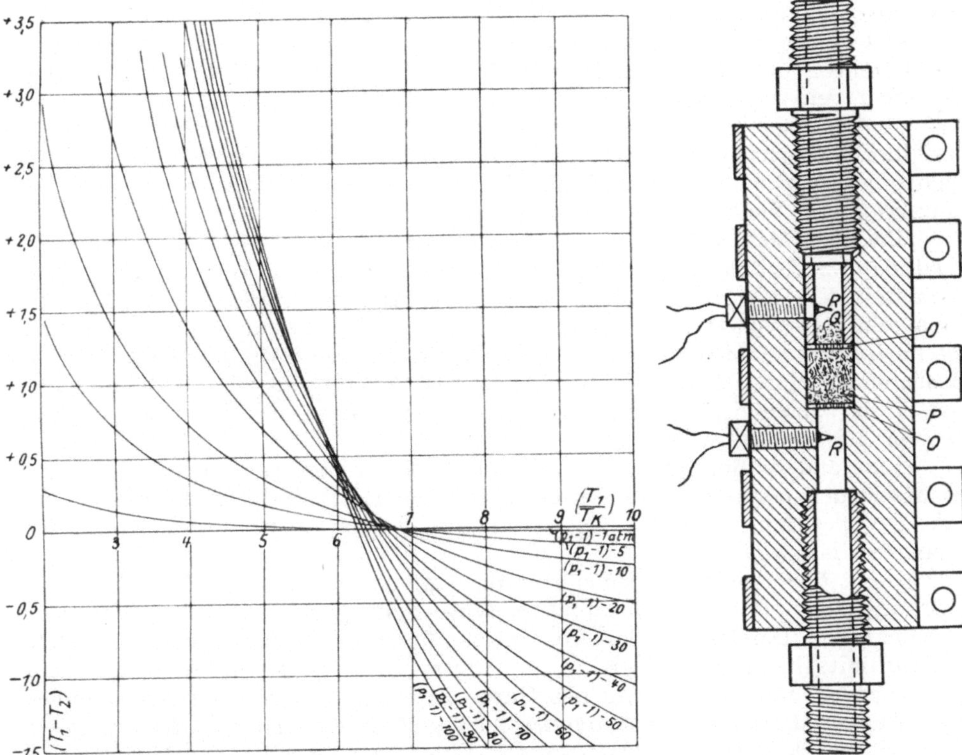

Abb. 34. Abkühlung beim Joule-Kelvin-Prozeß von Wasserstoff als Funktion von T/T_k. Die Kurven vereinigen die Punkte von konstantem Druckunterschied.

Abb. 36. Anordnung eines porösen Pflockes nach KESTER.

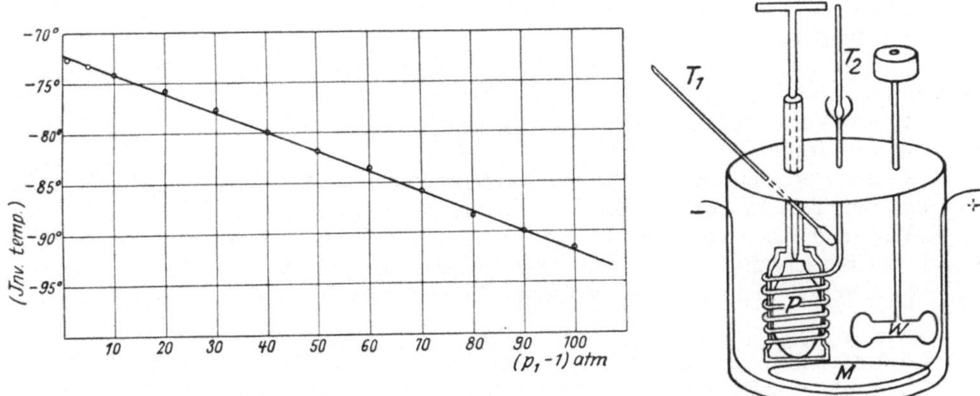

Abb. 35. Die Inversionspunkte des Joule-Kelvin-Prozesses von Wasserstoff als Funktion des Druckunterschiedes $p - 1$ Atm.

Abb. 37. Apparat zur Bestimmung des Joule-Kelvin-Effektes von CO_2 nach DOUGLAS RUDGE

Hirn[1]), Grindley[2]), Griessmann[3]), Peake[4]) und Dodge[5]) (mit H_2O), während Olszewski[6]) besonders die Inversionspunkte bestimmte.

Bei niedrigen Temperaturen wurde der Joule-Kelvin-Effekt gemessen von J. P. Dalton und H. Kamerlingh Onnes[7]) u. a. bei Wasserstoff. Diese beiden Forscher verwandten auch ein Drosselventil und ließen das Gas von Drucken bis 42 Atm. gegen Atmosphärendruck ausströmen. Ein schwieriger Umstand bei ihren Messungen war, daß die ganze Apparatur in einem Kryostaten aufgebaut werden mußte. Eigentümlich ist das Ergebnis, daß die Abkühlung eine Funktion der Ventilöffnung sein sollte.

Bei allen Messungen nach dem Drosselverfahren liegt darin eine Schwierigkeit, daß während der Expansion das Gas mit der Umgebung Wärme auswechselt, u. a. mit dem Material des Ventils oder des Pflockes. Dieser Umstand wurde u. a. sehr stark von Dalton empfunden. Er versuchte die entsprechenden Fehler so niedrig wie möglich zu halten, indem er sein Drosselventil von einem wärmeisolierenden Material anfertigte, nämlich das Gehäuse aus Glas und die Nadel aus Holz. Seine Arbeit enthält Zahlenangaben über den Einfluß der Wärmezufuhr bei Metallventilen.

Eine andere Methode ist von H. Trueblood[8]) angewandt worden. Dieser baute in den porösen Pflock einen elektrischen Heizkörper ein und bestimmte die Energiezufuhr, welche nötig ist, um die Expansion isothermisch vor sich gehen zu lassen.

Nicht übergangen werden dürfen die Untersuchungen von W. A. Douglas Rudge[9]) zur Bestimmung des Joule-Kelvin-Effektes bei CO_2. Abb. 37 gibt eine schematische Darstellung des Apparates. P ist ein Gefäß aus Kupferblech, gefüllt mit flüssigem Kohlendioxyd. Dieses Gefäß steht in einem luftdicht schließenden Mantel, während das Ganze in einem Kalorimeter aufgenommen ist. An den Mantel ist eine Kupferkapillare gelötet, die weiter wieder um diesen Mantel gewickelt ist und bis über das Flüssigkeitsniveau ragt. Mittels einer spitzen Schraube (vgl. Abb. 37) wird der Deckel von P durchlöchert, das flüssige Kohlendioxyd verdampft, und der Dampf entweicht durch das Loch und weiter durch die Kapillare. Unterwegs nimmt der Dampf Wärme aus dem Kalorimeter auf, gleichfalls erwärmt er das flüssige Kohlendioxyd, das sonst durch die Verdampfung kälter würde. Die Schraube stellt man so ein, daß das ganze Verfahren genügend langsam vor sich geht, um einen angenähert isothermischen Verlauf zu garantieren.

Das ganze vom Kalorimeter abgegebene Wärmequantum stellt sich nun zusammen aus:

1. der Verdampfungswärme des flüssigen Kohlendioxyds,

2. der Joule-Kelvin-Wärme,

3. der von dem Kohlendioxyd aufgenommenen (oder gelieferten) Wärme infolge der Temperaturänderung des ganzen Systems.

Während das Quantum unter 1. aus anderen Daten zu erhalten ist, bietet auch die Berechnung der Wärmemenge unter 3. keine Schwierigkeiten, da diese Menge ziemlich klein ist und also keine bedeutenden Fehler entstehen können.

---

[1]) G. A. Hirn, Theorie mech. de la Chaleur, 2. Aufl., S. 179. 1865.

[2]) J. H. Grindley, Phil. Trans. (A) Bd. 194, S. 1. 1900.

[3]) A. Griessmann, ZS. d. Ver. d. Ing. Bd. 47, S. 1852, 1880. 1903.

[4]) A. H. Peake, Proc. Roy. Soc. London (A) Bd. 76, S. 185. 1905.

[5]) Dodge, Journ. Amer. Soc. Mech. Engs. Bd. 28, S. 1265. 1907; Bd. 30, S. 1227. 1908.

[6]) K. Olszewski, Phil. Mag. (6) Bd. 3, S. 535. 1902; Ann. d. Phys. Bd. 7, S. 818. 1902.

[7]) J. P. Dalton u. H. Kamerlingh-Onnes, Comm. Leiden Nr. 109a. 1909.

[8]) Trueblood, Proc. Amst. Bd. 52, S. 731—861, 1917.

[9]) W. A. Douglas Rudge, Phil. Mag. Bd. 10, S. 159. 1909.

g) Kapillarität.

76. Einleitung. Die Energie in der kapillaren Schicht. Die kapillaren
Erscheinungen werden in ds. Handb. VII besprochen werden. Einige Fragen der
Theorie dieser Erscheinungen aber, welche mit den in diesem Kapitel besprochenen
Fragen in engem Zusammenhang stehen, werden hier erörtert werden.

Nach der LAPLACEschen Theorie eines diskontinuierlichen Übergangs zwischen
Flüssigkeit und Dampf war vielleicht keine Ursache da, die Kapillarität in einem
Kapitel über die Zustände der Flüssigkeiten und Dämpfe mit einzubeziehen.
Wenn man aber mit VAN DER WAALS[1]) annimmt, daß in der Kapillarschicht
ein schneller aber kontinuierlicher Übergang stattfindet, ist es eine Forderung
der Vollständigkeit, auch den Zustand, der sich in dieser Schicht befindlichen
Stoffmenge in die Betrachtungen mit einzubeziehen.

Bisher haben wir angenommen, daß die Eigenschaften einer fluiden Phase
von zwei unabhängigen Variabeln bestimmt waren, z. B. von der Temperatur
und der Dichte. Druck, spezifische Energie, spezifische Entropie, thermodynamisches Potential usw. waren dann nur Funktionen von diesen zwei Größen.
Natürlich gilt dieses nur von der „thermodynamischen Energie": in dem Schwere-
felde (oder in einem anderen Kraftfelde) gibt es außerdem noch ein vom Schwerepotential abhängiges Glied der Energie. Auch spricht man in diesem Falle wohl
von einem „totalen Potential", welches die Summe ist vom thermodynamischen
Potential und Schwerepotential, und welches das Gleichgewicht bedingt, weil
es im Gleichgewichtszustande im Raume konstant ist. Wenn man das thermodynamische Potential aus der BOLTZMANNschen Gleichgewichtsfunktion ableitet,
ist es sogar das einfachste, im Nenner des Exponenten die totale potentielle
Energie u_p einzuführen:

$$\frac{N}{v-2b}\, e^{\frac{u_p}{RT}} = \text{konstant im Raume.}$$

RT mit dem Logarithmus dieses Ausdrucks multipliziert, liefert dann sogleich
das totale Potential.

All dieses trifft aber nur zu, wenn wir eine genügend große homogene Phase
haben. Jetzt werden wir die Frage erörtern, wie es sich ändert, wenn die Dichte
von Punkt zu Punkt veränderlich ist und der Zustand dennoch ein stabiler
Gleichgewichtszustand ist. Wir werden dabei annehmen, daß die Dichte nur
eine Funktion der z-Koordinate des Raumes ist und daß sie sich in eine Potenz-
reihe nach z entwickeln läßt.

Wir werden anfangen mit der Bestimmung der potentiellen Energie der
molekularen Kräfte in diesem Fall. Es sei D die Dichte, gemessen in Molen
pro cm³ für $z = 0$; dann ist die Dichte in einem anderen Punkte:

$$D_z = D + \frac{dD}{dz}z + \frac{1}{2}\frac{d^2D}{dz^2}z^2 + \frac{1}{6}\frac{d^3D}{dz^3}z^3 + \frac{1}{24}\frac{d^4D}{dz^4}z^4 + \text{usw.} \qquad (32)$$

Es sei weiter $\varphi(r)$ die potentielle Energie der molekularen Kräfte für je zwei Gramm-
moleküle Stoff in gegenseitiger Entfernung r, und es sei $r \cdot \varphi(r) \cdot dr = -d\psi(r)$;
dann findet man für das Potential (d. h. hier die potentielle Energie pro Mol der
molekularen Kräfte in einem Punkte $z = 0$, wenn man noch $x^2 + y^2 = u^2$
gesetzt hat:

$$\Phi = \iint 2\pi D_z\, u\, du\, \varphi(r)\, dz;$$

---

[1]) J. D. VAN DER WAALS, z. B. ZS. f. phys. Chem. Bd. 13, S. 657. 1894; VAN DER WAALS-
KOHNSTAMM, Abschn. VI.

weil $r^2 = u^2 + z^2$, ist $r\,dr = u\,du$, solange man z konstant hält. Es folgt

$$\Phi = 2\pi \iint D_z \varphi(r) \cdot r \cdot dr \cdot dz = 2\pi \int D_z \psi(z)\,dz \ldots, \tag{33}$$

denn über r muß integriert werden zwischen z und ∞, und es ist $\psi(\infty) = 0$.

Ist D_z konstant, so findet man das bekannte Ergebnis [Gleichung (23)], daß die Energie pro Gramm der Dichte proportional ist. Wir haben aber für D_z den Wert der Gleichung (32) zu substituieren. Es ist leicht zu sehen, daß die Glieder mit ungeraden Potenzen von z Null ergeben. Für das Glied mit z^2 finden wir:

$$\Phi_2 = \pi\,\frac{d^2 D}{dz^2}\int z^2\,\psi(z)\,dz \equiv \frac{c_2}{2}\cdot\frac{d^2 D}{dz^2}\ldots \tag{38a}$$

Da $\psi(z) = 0$ für Werte von z, welche nicht sehr klein sind, so ist c_2 sehr klein gegen a. Das Verhältnis ist von der Größenordnung des Quadrates der „Wirkungssphäre der molekularen Kräfte". Φ_2 ist also nur dann nicht gegen das letzte Glied von Φ, nämlich $2\,a\,D$, zu vernachlässigen, wenn $\dfrac{d^2 D}{dz^2}$ sehr groß ist. Nur in der kapillaren Schicht kommen genügend große Werte von $\dfrac{d^2 D}{dz^2}$ vor. Die Glieder mit $\dfrac{d^4 D}{dz^4}$ usw. sind wieder klein gegen Φ_2. Es sind keine Fälle bekannt, in denen sie nicht zu vernachlässigen sind.

77. Die Gleichgewichtsbedingung für die kapillare Schicht. Die Gleichgewichtsbedingung hat van der Waals nun auf folgende Weise gefunden. Erst bestimmt er die spezifische Entropie und die spezifische freie Energie $U - TS$. Das Variationsprinzip, daß die freie Energie $\int(U - TS)\cdot D\,dz$ ein Minimum bei gegebener Temperatur und gegebenem Volumen ist, liefert dann die Größe, welche im Raume konstant sein muß[1])

Es ist jetzt die Frage, wie man die Entropie bestimmen muß. Van der Waals nimmt an, daß es Wahrscheinlichkeitsgründe für die Ansicht gibt, daß die Entropie unabhängig von $\dfrac{d^2 D}{dz^2}$ ist und also für jede Fläche $z = $ konstant gerade so groß ist, wie sie in einer homogenen Phase mit derselben Dichte sein würde. Referent meinte, als sein Vater dieses im Jahre 1908 schrieb, daß es richtig war. Jetzt aber, meint er, daß es leicht ist zu zeigen, daß auch die Entropie von dem Wert $\dfrac{d^2 D}{dz^2}$ beeinflußt wird. Die Entropie ist nämlich abhängig von der Verteilung der Geschwindigkeiten und der Moleküle im verfügbaren Raum. Und der verfügbare Raum ist nicht nur von D, sondern auch von $\dfrac{d^2 D}{dz^2}$ abhängig. Man kann aber auf kürzere Weise zur Gleichgewichtsbedingung gelangen[2]), indem man sie aus der Boltzmannschen Verteilungsfunktion ableitet:

$$\frac{N}{v - 2\,b_z}\,e^{\frac{U_z}{RT}} = \text{konstant}.$$

---

[1]) Man kann diese Größe als thermodynamisches Potential betrachten, van der Waals aber betrachtete sie als ein totales Potential, im Sinne der vorigen Ziffer und betrachtet das Glied $c^2\,\dfrac{d^2 D}{dz^2}$, welches sie enthält, als gleichartig mit einem Potential äußerer Kräfte.

[2]) Vgl. J. D. van der Waals jr. in einer Arbeit, welche bald im Sitzungsber. Akad. Amsterdam erscheinen wird.

$v - 2b_z$ ist hier der verfügbare Raum im molekularen Volum v, in der Schicht $z = $ konstant.

Wenn b keine Volumfunktion wäre, würde man finden:

$$v - 2b_z = v - 2b + \frac{\sigma^2}{10} b v \frac{d^2 \frac{1}{v}}{dz^2}. \tag{34}$$

Es folgt aus (33), (33a) und (34):

$$\mu_z = - RT \ln\left(v_z - 2b + \frac{\sigma^2}{10} \cdot \frac{b}{D} \cdot \frac{d^2 D}{dz^2}\right) - 2a D_z - c_2 \frac{d^2 D}{dz^2} \cdots \tag{35}$$

Wenn die Wirkungssphäre der molekularen Kräfte von derselben Größenordnung wie σ ist, ist das Verhältnis $\dfrac{\dfrac{\sigma^2}{10} \cdot \dfrac{b}{D^2}}{2b}$ von derselben Größenordnung wie $\dfrac{c_2}{2a D_z}$, und es darf das Glied mit $\dfrac{d^2 D}{dz^2}$ unter dem Logarithmuszeichen ebensowenig vernachlässigt werden wie das Glied $c_2 \dfrac{d^2 D}{dz^2}$. Man findet durch Entwicklung des Logarithmus in einer Reihe:

$$\mu_z = - RT \ln(v_2 - 2b) - 2a D_z - \left(RT \frac{\sigma^2 b}{10(1 - 2b D_z)} + c_2\right) \frac{d^2 D}{dz^2} + \text{usw.} \tag{35a}$$

Im Freien-Energie-Volum-Diagramm (Abb. 5) für eine homogene Phase schneidet die Tangente eine Strecke:

$$\mu = - RT\, l(v - 2b) - 2a D$$

von der Freien-Energie-Achse ab. Für die koexistierenden Phasen ist $OF = \mu_0$ und nach der Gleichgewichtsbedingung ist auch in der kapillaren Schicht $\mu_z = OF$.

Nennt man für den Punkt E

$$\mu_{z0} = - RT \ln(v_z - 2b) - 2a D_z = 0\,J$$

so ist in Abb. 5

$$FJ = \mu_z - \mu_{z0} = - \left[\frac{RT\,\sigma^2 b}{10(1 - 2b D_z)} + c_2\right] \frac{d^2 D}{dz^2}.$$

Dies ist die Veränderung des thermodynamischen Potentials infolge der Inhomogenität. Wäre der Klammerausdruck rechts konstant (bei VAN DER WAALS [l. c.] steht nur c_2), so könnte man den Wert von $\dfrac{d^2 D}{dz^2}$ als Funktion von v aus der Abbbildung ablesen. Den größten positiven und negativen Wert für $\dfrac{d^2 D}{dz^2}$ würde man dann in dem Inflexionspunkte (das Maximum und das Minimum der p, v-Isotherme) finden. In Wirklichkeit werden die maximalen und minimalen Werte für $\dfrac{d^2 D}{dz^2}$ nicht weit von diesen Punkten entfernt sein.

78. Die Spannungen in der Kapillarschicht. Aus hydrostatischen Betrachtungen folgt, daß der Druck senkrecht zur Oberfläche konstant sein muß. Wenn man aber die Funktion

$$p_0 = \frac{RT}{v - b} - \frac{a}{v^2}$$

bildet, ist er nicht konstant, sondern variiert mit z, weil v mit z variiert. Der

Index 0 deutet den Wert einer Größe an, wie er sein würde, falls der Dichte·quotient überall Null wäre.

Der Druck wird also von der Inhomogenität der Dichte beeinflußt. Man kann folgendermaßen berechnen, wie er von dieser Inhomogenität abhängt: Man beweist in der Thermodynamik

$$-\int p_0\,dv + p\,v = \mu_0 = \mu + \left[RT\,\frac{\sigma^2 b}{10\,(1-2\,b\,D_z)} + c_2\right]\frac{d^2 D}{d z^2},$$

$$v\,d p = d\left\{\left(RT\,\frac{\sigma^2 b}{10\,(1-2\,b\,D_z)} + c_2\right)\frac{d^2 D}{d z^2}\right\}.$$

Für den Fall, daß der Klammerausdruck konstant ist, würde man durch Integration bekommen:

$$p_0 - p = \left(c_2 + \frac{RT\,\sigma^2 b}{10\,(1-2\,b\,D_z)}\right)\left[D\,\frac{d^2 D}{d z^2} - \frac{1}{2}\left(\frac{d D}{d z}\right)^2\right].$$

Man kann dieses Resultat auch erhalten, indem man die resultierende Anziehung der molekularen Kräfte berechnet, wie von Hulshof[1]) und einfacher von van der Waals[2]) durchgeführt worden ist.

In der kapillaren Schicht aber herrscht kein gewöhnlicher hydrostatischer Druck, sondern es herrscht eine Spannung parallel der Oberfläche wie in einer gespannten Membran, wie die Versuche überzeugend dartun. Auch diese Spannung ist von Hulshof aus den molekularen Kräften berechnet worden. Er findet:

$$a D^2 + \frac{1}{2}\,c_2 D\,\frac{d^2 D}{d z^2}.$$

Man kann nun den Druck parallel der Oberfläche auf folgende Weise darstellen:

$$p_t = \frac{RT}{v - b_{pz}} - a D^2 - \frac{1}{2}\,c_2 D\,\frac{d^2 D}{d z^2}.$$

b_{pz} ist wahrscheinlich analog mit Gleichung (34) etwa

$$b_{pz} = b_{pz0} + \frac{\sigma^2}{10}\,b_{pz0}\,v\,\frac{d^2\,\frac{1}{v}}{d z^2}$$

zu setzen, wo b_{bz0} der Wert von b ist, wie er in die Druckgleichung (vgl. Ziff. 7) bei homogener Dichte D_z einzusetzen ist. Eine genaue Berechnung des Einflusses des verfügbaren Raumes auf die kapillaren Erscheinungen steht aber noch aus.

79. Die Oberflächenspannung. Die Oberflächenspannung kann auf verschiedene Weise berechnet werden. Man kann von der thermodynamischen Gleichung

$$-\gamma + T\,\frac{d\gamma}{d T} = U_0$$

ausgehen. U_0 bedeutet die Energie, welche eine Einheit der Oberfläche mehr

---

[1]) Hulshof, Diss. Amsterdam 1900. Akad. Amsterdam B. 8, S. 432; Proc. Amst. Bd. 2, S. 389. 1900.

[2]) van der Waals-Kohnstamm, Therm. I, S. 249.

hat, als die in der Oberflächenschicht anwesende Stoffmenge in homogener flüssiger Phase haben würde. Diese Energie kann man mittels (33) und (33 a) berechnen, wenn man durch Lösung von (35) erst D als Funktion von z bestimmt hat. Auch kann man die gesuchte Größe aus dem Überschuß von $E - TS + pv$ über μ finden (GIBBS, VAN DER WAALS, l. c.).

Einfacher ist die Rechnung mittels der Spannungen in der Oberflächenschicht nach HULSHOF. Es ist nämlich

$$\gamma = \int (p_t - p)\, dz,$$

wo p_t die Spannung parallel zur Oberfläche und p den konstanten hydrostatischen Druck bedeutet. Auch für diese Methode ist die vorherige Bestimmung von D als Funktion von z notwendig, denn wenn D bekannt ist, ist auch p_t bekannt.

Diese Bestimmung mittels der Integration von (35) ist aber nur in der Nähe der kritischen Temperatur gelungen und führt zum folgenden Ergebnis:

$$\gamma = \frac{2}{3} \sqrt{a\, c_2}\; D_k^2\, \beta^3 \left(\frac{T_k - T}{T_k}\right)^{\frac{3}{2}} \dots ,$$

wo β die Konstante aus den von MATHIAS gegebenen Gleichungen ist:

$$D_k - D_d = \alpha (1 - \vartheta) - \beta \sqrt{1 - \vartheta},$$

$$D_f - D_k = \alpha (1 - \vartheta) + \beta \sqrt{1 - \vartheta}.$$

80. Die Korrespondenz der Kapillarkonstanten. Eine direkte Prüfung der Korrespondenz der Kapillarkonstanten für verschiedene Stoffe bei einer Reihe übereinstimmender Temperaturen liegt meines Wissens nicht vor.

Nach dem Korrespondenzgesetz soll die molekulare freie Oberflächenenergie, d. h. $\gamma v^{+\frac{2}{3}}$ in übereinstimmenden Zuständen der kritischen Temperatur proportional sein. Der Differentialquotient von $H v^{+\frac{2}{3}}$ nach T soll daher bei übereinstimmenden Temperaturen den nämlichen Wert haben[1]. EÖTVÖS[2] hat die Hypothese aufgestellt, daß dieser Differentialquotient unabhängig von der Temperatur ist. Nach dem Korrespondenzgesetz soll es dann für alle Stoffe dieselbe Konstante sein. Für diese Konstante haben KAMERLINGH ONNES und KEESOM die Bezeichnung $k_{E\ddot{o}}$ eingeführt. Nach EÖTVÖS hat man also:

$$\gamma v^{\frac{2}{3}} = k_{E\ddot{o}} T_k (1 - \vartheta). \tag{36a}$$

Er findet die folgenden Werte für $k_{E\ddot{o}}$ aus den experimentellen Ergebnissen:

Tabelle 31.
Kapillarkonstanten $k_{E\ddot{o}}$ (CGS-Einh.) nach EÖTVÖS.

Substanz		
Äthyläther	6° bis 62° C	0,228
	62° ,, 120°	0,226
	120° ,, 190°	0,221
Bromäthylen	20° ,, 99°	0,227
	99° ,, 213°	0,232
Chlormethyl.	20° ,, 60°	0,230
Quecksilbermethyl	20° ,, 99°	0,228
Kohlenstoffoxydchlorid	3° ,, 63°	0,231
Kohlendioxyd	3° ,, 31°	0,228
Schwefelkohlenstoff	22° ,, 78°	0,237
Schwefelsäure	2° ,, 60°	0,230

[1] Vgl. A. EINSTEIN, Ann. d. Phys. Bd. 34, S. 165. 1911.
[2] R. EÖTVÖS, Ann. d. Phys. Bd. 27, S. 448. 1886.

Kuenen[1]) gibt noch die folgenden Zahlen für $k_{E\delta}$ nach Versuchen von Ramsay und Shields[2]).

Tabelle 32.

Kapillarkonstanten $k_{E\delta}$ (CGS-Einh.) nach Kuenen für normale Substanzen: k konstant[3]).

Schwefelkohlenstoff	2,022
Äthyläther	2,1716
Ameisensaures Methyl	2,0419
Essigsaures Äthyl	2,2256
Tetrachlorkohlenstoff	2,1052
Benzol	2,1043
Chlorbenzol	2,0770

Es zeigt sich, daß $k_{E\delta}$ für assoziierende Stoffe kleinere Werte hat und weniger konstant ist bei Temperaturänderungen. Vgl. die folgende Tabelle nach Kuenen (S. 152) ebenfalls nach Versuchen von Ramsay und Shields.

Tabelle 33.

Kapillarkonstanten $k_{E\delta}$ (CGS-Einh.) nach Kuenen für
anomale Substanzen: k klein und veränderlich.

	16 bis 46°	46 bis 78°	78 bis 132°
Methylalkohol	0,933	0,969	1,046
Äthylalkohol	1,083	1,172	1,352
Propylalkohol	1,234	1,213	—
Ameisensäure	0,902	0,991	—
Essigsäure	0,900	0,953	1,074
Aceton	1,818	1,818	—

Da nach den theoretischen Betrachtungen von Einstein (l. c.) $k_{E\delta}$ für alle Stoffe denselben Wert haben muß, wenn v das Volum pro Mol darstellt, meinen Ramsay und Shields, daß ein kleinerer Wert von $k_{E\delta}$ Assoziation bedeutet, und daß man den Assoziationsgrad bestimmen kann mittels der Gleichung

$$k_{E\delta} = \frac{2,12}{x^{\frac{2}{3}}}, \qquad (37)$$

wo x das Verhältnis ist, in welchem das mittlere Molekulargewicht infolge der Assoziation größer geworden ist.

Nach Kamerlingh Onnes und Keesom[4]) muß diese Bestimmung als eine neue Hypothese angesehen werden. Wirklich liegt die Sache auch verwickelter als die Gleichung (37) glauben läßt. Die assoziierenden Stoffe korrespondieren genau genommen nicht mit nichtassoziierenden. Dennoch wird wahrscheinlich Korrespondenz statthaben, wenn man die reduzierten Größen eines Stoffes mit Assoziationsgrad x mittels der Werte F_{kx}, p_{kx} und v_{kx}, d. h. mittels kritischer

---

[1]) Kuenen, Die Zustandsgleichung, S. 151.
[2]) W. Ramsay u. J. Shields, ZS. f. phys. Chem. Bd. 12, S. 433. 1893; Bd. 15, S. 106. 1894.
[3]) Kuenen, Die Zustandsgleichung, S. 151.
[4]) Kamerlingh Onnes u. Keesom, Enzykl. S. 733.

Größen berechnet, wie sie sein würden, wenn der Assoziationsgrad sich nicht änderte, sondern konstant x bliebe.

Schreibt man:

$$v_{x\,\text{pro Mol}} = m_x v_{\text{pro Gramm}},$$

so sollte man das Eötvössche Gesetz für assoziierende Stoffe folgendermaßen schreiben müssen:

$$\frac{d\,\dfrac{\gamma\,m_x^{\frac{2}{3}}\,v_{gr.}^{\frac{2}{3}}}{T_{kx}}}{d\,\dfrac{T}{T_{kx}}} = 2{,}12\,.$$

Wenn man $\dfrac{d\,m_x}{dT}$ und $\dfrac{d\,T_{kx}}{dT}$ vernachlässigt, kommt das auf die Annahme von Ramsay und Shields hinaus. Sie selbst bemerken, daß sie ein Glied mit $\dfrac{d\,m_x}{dT}$ vernachlässigen.

Außerdem wird natürlich auch für nichtassoziierende Stoffe das Korrespondenzgesetz nicht genau erfüllt und $k_{E\ddot{o}}$ nicht genau gleich sein.

Besser wie die Eötvössche Formel stimmt nach Ramsay und Shields die Formel

$$\gamma\,v^{\frac{2}{3}} = kT_k\left(1 - \vartheta - \frac{5}{T_k}\right).$$

Diese Formel genügt nicht dem Korrespondenzgesetze. Auch verschwindet die Kapillarkonstante nicht bei T_k, wie es sein soll, sondern schon bei einer $5°$ niedrigeren Temperatur. Da aber bei der kritischen Temperatur $\dfrac{d\,(\gamma\,v^{\frac{2}{3}})}{dT}$ den Wert Null hat, ist es leicht zu verstehen, daß Ramsay und Shields, wenn sie ihre Beobachtungen linear extrapolieren, eine zu niedrige Temperatur für das Verschwinden von $\gamma\,v^{\frac{2}{3}}$ finden.

Rose-Innes[1] kompliziert die Formel von Ramsay und Shields noch, indem er einen Nenner $1 + \mu(T_k - T)$ hinzufügt, und er gibt für die Nähe des kritischen Punktes eine andere, noch kompliziertere Formel.

Van der Waals (l. c.) benutzt die Formel

$$\gamma = A\,T_k^{\frac{1}{3}}\,p_k^{\frac{2}{3}}\,(1 - \vartheta)^B, \tag{36b}$$

welche für $B = 1{,}5$ mit (36) übereinstimmt. Den experimentellen Daten von E. C. de Vries[2] und Ramsay und Shields wird aber besser mit kleineren Werten für B Genüge geleistet. Mit den Werten der l. c. gegebenen Tabellen für Äthyläther, Benzol, essigsaures Äthyl, Chlorbenzol und Tetrachlorkohlenstoff stimmt die Formel innerhalb der Versuchsfehler in einem Temperatur bereich von etwa $200°$, in welchem für jeden Stoff 20 bis 24 Bestimmungen vorliegen.

---

[1] J. Rose-Innes, Phil. Mag. (5) Bd. 45, S. 227. 1898.
[2] E. C. de Vries, Arch. Néerl. Bd. 28, S. 210. 1893.

Tab. 34 gibt die Resultate für Benzol und Äthyläther.

Tabelle 34. Prüfung der Formel (36b) für die Kapillarkonstante γ[1]).

Äthyläther			Benzol		
Grad	Beob.	Berech.	Grad	Beob.	Berech.
20°	16,49	16,49	80°	20,28	20,39
40°	14,05	14,13	85°	—	—
50°	12,94	12,98	90°	19,16	19,20
60°	11,80	11,85	100°	18,02	18,01
70°	10,72	10,74	110°	16,86	16,85
80°	9,67	9,66	120°	15,71	15,69
90°	. 8,63	8,60	130°	14,57	14,56
100°	7,63	7,57	140°	13,45	13,43
110°	6,63	6,57	150°	12,36	12,33
120°	5,65	5,59	160°	11,29	11,24
130°	4,69	4,66	170°	10,20	10,18
140°	3,77	3,76	180°	9,15	9,13
150°	2,98	2,91	190°	8,16	8,11
160°	2,08	2,10	200°	7,17	7,11
170°	1,33	1,36	210°	6,20	6,13
180°	0,64	0,70	220°	5,25	5,19
185°	0,38	0,41	230°	4,32	4,27
188°	—	—	240°	3,41	3,39
190°	0,16	0,16	250°	2,56	2,55
191°	—	—	260°	1,75	1,76
193°	0,04	0,04	270°	0,99	1,04
194,5°	0,00	0,00	275°	0,64	0,70
			280°	0,29	0,40
			288,5°	0,00	0,00

[1]) VAN DER WAALS, ZS. f. phys. Chem. Bd. 13, S. 4, 717. 1894.

Kapitel 4.

Thermodynamik der Gemische.

Von

PH. KOHNSTAMM, Amsterdam.

Mit 63 Abbildungen.

1. Einleitung. Die Betrachtungen über die Phasenregel [ds. Handb. IX[1])] haben im Prinzip schon alle Fragen über das Gleichgewicht von Gemischen in mehreren Phasen gelöst. Die in diesem Falle geltenden Gleichgewichtsbedingungen:

$$\left.\begin{aligned}
T_1 &= T_2 = T_3 = \cdots T_m \\
p_1 &= p_2 = p_3 = \cdots p_m \\
\mu_1' &= \mu_1'' = \mu_1''' = \cdots \mu_1^m \\
&\;\cdot\;\cdot\;\cdot\;\cdot\;\cdot\;\cdot\;\cdot\;\cdot\;\cdot\;\cdot \\
&\;\cdot\;\cdot\;\cdot\;\cdot\;\cdot\;\cdot\;\cdot\;\cdot\;\cdot\;\cdot \\
\mu_n' &= \mu_n'' = \mu_n''' = \cdots \mu_n^m
\end{aligned}\right\} , \tag{A}$$

bringen die Konstanz der Temperaturen T, der Drucke p und der thermodynamischen Potentiale μ von n Stoffen in m Phasen zum Ausdruck. Diese Gleichungen sind zureichend, um für nonvariante Systeme die Zustandsgrößen (Druck, Temperatur, Konzentrationen und daraus wieder mittels der Zustandsgleichungen der Phasen das spezifische Volumen und die anderen thermodynamischen Größen) zu berechnen, und für alle anderen Systeme alle Funktionalbeziehungen der abhängig gedachten Zustandsgrößen von den (beliebig gewählten) freibleibenden Zustandsgrößen (deren Anzahl durch die Phasenregel bestimmt ist) aufzustellen.

Freilich ist der Weg von der Aufstellung dieses Programms bis zur expliziten Durchführung ein sehr weiter. Der Versuch einer direkten Lösung scheitert an zwei Umständen. Erstens müßte für jede Phase die Zustandsgleichung und die Entropiedifferenz mit dem Gaszustande bekannt sein. Zweitens müßten sich aus den Gleichungen (A), die dann in den Zustandsgrößen ausgedrückt werden könnten, nach Belieben die zu entfernenden Variabeln eliminieren lassen, um die gewünschten Funktionalbeziehungen zu erhalten.

Da die Zustandsgleichung bis jetzt (und auch dort nur in qualitativer Annäherung) nur für Gemische in flüssig-gasförmiger Phase bekannt ist, und auch dann die gesuchte Elimination sich nicht nach Belieben ausführen läßt, müssen spezielle Hilfsmittel herangezogen werden, um das Problem wenigstens teilweise zu bewältigen. Bis jetzt sind deren drei angewandt, die alle schon benutzt wurden in der für die Thermodynamik der Gemische grundlegenden Arbeit von VAN

---

[1]) Eine Reihe grundlegender Sätze der Thermodynamik, die im Artikel HERZFELD: „Klassische Thermodynamik" näher besprochen sind, müssen hier als bekannt vorausgesetzt werden.

der Waals sen.: Molekulartheorie eines Körpers, der aus zwei verschiedenen Stoffen besteht.

Das erste dieser Hilfsmittel ist die Ersetzung der endlichen Gleichungen (A) durch eine Differentialbeziehung für ein Zweiphasensystem, die in einer großen Reihe von Fällen wichtige Abhängigkeiten zu formulieren gestattet. Das zweite ist die Heranziehung geometrischer Darstellungen, welche mit Hilfe der von Korteweg entwickelten allgemeinen Theorie der Flächen gestattet, auch wenn die Zustandsgleichung nur in ganz allgemeinen Umrissen bekannt ist, die für das Experiment wichtigen Erscheinungen zu beherrschen. Das dritte ist die Anwendung einer angenäherten Zustandsgleichung resp. halbempirischer Formeln und die Auflösung spezieller Probleme mittels für diese besonderen Fälle ausgedachter Kunstgriffe.

Wir werden im folgenden der Reihe nach diese Hilfsmittel anwenden. Und zwar nur auf Zweistoffsysteme, einerseits zur Vereinfachung der immer noch sehr verwickelten Rechnungen, hauptsächlich aber, weil Theorie und Experiment bis jetzt ergeben haben, daß zwar die binären Gemische grundsätzlich neue Fragen bringen in Vergleich mit den Einstoffsystemen, daß aber der Übergang von den binären zu den ternären und höheren zu neuen prinzipiellen Fragen keinen Anlaß bietet. Unter IV. untersuchen wir dann noch einige Fragen allgemeinen Charakters, die nicht in den Gleichungen (A) schon mitenthalten sind. Unter V endlich besprechen wir die experimentellen Methoden, die in Frage kommen zur Prüfung der Theorie, soweit dieselben nicht schon an anderen Stellen dieses Handbuches dargestellt sind.

I. Die allgemeine Koexistenzgleichung für binäre Gemische.

2. Ableitung der Gleichung. Die Aufstellung der allgemeinen Differentialgleichung für zwei koexistierende Phasen binärer Gemische gelingt mit Hilfe folgender Überlegung. Da nach den Gleichgewichtsbedingungen das thermodynamische Potential eines Stoffes in beiden Phasen des Systems immer gleich groß ist, muß bei einer Änderung des Systems die Zunahme des Potentials für die eine Phase gleich der Zunahme für die zweite Phase sein. Also für den ersten Stoff:

$$[d\mu_1]_1 = [d\mu_1]_2 , \tag{1}$$

wo der Index 1 bei μ sich auf den Stoff, bei [ ] auf die Phase bezieht.

Nun drückt sich das auf ein Mol bezogene thermodynamische Potential μ_1 bzw. μ_2 eines der beiden Stoffe in der Funktion

$$G = (1 - x)\mu_1 + x\mu_2 = x(\mu_2 - \mu_1) + \mu_1$$

(freie Energie bei konstantem Druck für die Summe beider Stoffe, s. ds. Handb. IX) aus durch die Differentialbeziehung:

$$d\mu_1 = v\,dp - S\,dT - x\,d\left(\frac{\partial G}{\partial x}\right)_{pT}{}^1) , \tag{2}$$

$^1)$ Diese Gleichung gewinnt man, wenn man beachtet, daß aus der für G gegebenen Definition einerseits

$$dG = \left(\frac{\partial G}{\partial T}\right)_{p,x} dT + \left(\frac{\partial G}{\partial p}\right)_{T,x} dp + \left(\frac{\partial G}{\partial x}\right)_{p,T} = -S\,dT + v\,dp + \left(\frac{\partial G}{\partial x}\right)_{p_1 T} ,$$

andererseits

$$dG = x \cdot d\left(\frac{\partial G}{\partial x}\right)_{p,T} + \left(\frac{\partial G}{\partial x}\right)_{p,T} \cdot dx + d\mu_1 \text{ folgt.}$$

wo x die molekulare Konzentration der Phase bedeutet ($1 - x$ mol. des ersten Stoffes, und x mol. des zweiten); wir wählen die Funktion G, weil wir die Abhängigkeit von Temperatur-, Konzentrations- und Druckänderungen erhalten wollen. Würden wir statt der letzteren Dichteänderungen der Phase untersuchen wollen, so wäre statt G die Funktion F heranzuziehen.

Würden wir nun den Ausdruck (2) auf beiden Seiten in (1) substituieren und dann die Differentation $d\dfrac{\partial G}{\partial x}$ ausführen, so würden wir eine Gleichung mit vier Differentialen (dp, dT, dx_1 und dx_2, d. h. der Konzentrationsänderung der ersten und der zweiten Phase) erhalten, die aber nicht unabhängig wären. Denn in den kombinierten Gleichungen (1) und (2) sind erst drei der vier Gleichgewichtsbedingungen berücksichtigt. Die vierte ziehen wir in Rechnung, indem wir gleichzeitig eins der beiden Differentiale dx_1 resp. dx_2 eliminieren durch den folgenden Kunstgriff. Die Differenz der beiden Potentiale μ_2 und μ_1 für eine Phase drückt sich in der Funktion G aus durch die Gleichung:

$$\mu_2 - \mu_1 = \left(\frac{\partial G}{\partial x}\right)_{pT}.$$

Da beide Potentiale, somit auch ihre Differenz, in den zwei koexistierenden Phasen gleich sind und bleiben, ist auch der Zuwachs der Differenz für die erste und zweite Phase gleich. Führen wir unter Berücksichtigung dieser Gleichheit von $d\left(\dfrac{\partial G}{\partial x}\right)_{pT}$ für die erste und die zweite Phase die Substitution von (2) auf beiden Seiten in (1) aus, so erhalten wir:

$$(v_2 - v_1)\, dp = (S_2 - S_1)\, dT + (x_2 - x_1)\, d\left(\frac{\partial G}{\partial x}\right)_{pT}, \tag{3}$$

wobei wir das letzte Differential nach Belieben ansehen dürfen als auszudrücken in den Größen, die für die erste oder für die zweite Phase gelten. Wählt man das erstere, und führt man die Differentation durch unter Berücksichtigung der in Bd. IX angegebenen Zusammenhänge der thermodynamischen Funktionen und ihrer Differentialquotienten, so erhält man die Gleichung:

$$\left\{ v_2 - v_1 - (x_2 - x_1)\left(\frac{\partial v}{\partial x_1}\right)_p \right\} dp = \left\{ S_2 - S_1 - (x_2 - x_1)\left(\frac{\partial S}{\partial x_1}\right)_{pT} \right\} dT$$
$$+ (x_2 - x_1)\left(\frac{\partial^2 G}{\partial x_1^2}\right)_{pT} dx_1, \tag{4}$$

wo der Index 1 in den Differentialquotienten angibt, daß der Wert des Quotienten für die erste Phase zu nehmen ist. Für den Faktor von dp wollen wir der Kürze halber die Bezeichnung v_{21}, für den mit T multiplizierten Faktor von dT die Bezeichnung W_{21} einführen. Dies ergibt als gesuchte Koexistenzdifferentialgleichung:

$$v_{21}\, dp = \frac{W_{21}}{T}\, dT + (x_2 - x_1)\left(\frac{\partial^2 G}{\partial x_1^2}\right)_{pT} dx_1 \tag{5}$$

und analog

$$v_{12}\, dp = \frac{W_{12}}{T}\, dT + (x_1 - x_2)\left(\frac{\partial^2 G}{\partial x_2^2}\right)_{pT} dx_2, \tag{6}$$

wobei zu beachten ist, daß $v_{21} \neq v_{12}$, da in v_{21} der Differentialquotient $\dfrac{\partial v}{\partial x}$ für die erste Phase, in v_{12} für die zweite auftritt. Ebenfalls ist $W_{21} \neq W_{12}$.

Wollen wir die Abhängigkeit von dx_1 und dx_2 untersuchen, so finden wir aus (5) und (6) für konstante Temperatur:

$$v_{21}\left(\frac{\partial^2 G}{\partial x_2^2}\right)_{pT} dx_2 = - v_{12}\left(\frac{\partial^2 G}{\partial x_1^2}\right)_{pT} dx_1 \tag{7}$$

und für konstanten Druck:

$$W_{21}\left(\frac{\partial^2 G}{\partial x_2^2}\right)_{pT} dx_2 = - W_{12}\left(\frac{\partial^2 G}{\partial x_1^2}\right)_{pT} dx_1. \tag{8}$$

Will man statt der Änderung des Druckes die Änderung der Dichte einführen, so erhält man aus den obigen Gleichungen, oder indem man sofort statt der Funktion G die Funktion F benutzt, analoge Gleichungen[1]).

3. Regeln von Konowalow. Angewandt auf die Koexistenz Dampf-Flüssigkeit für konstante Temperatur liefert Gleichung (4) resp. (5) sofort die sog. Konowalowschen Regeln, und zwar in strengerer Formulierung als die, in welcher Konowalow selbst diese Regeln aus Betrachtungen allgemeiner Art über stabiles Gleichgewicht ableiten konnte. Denn da $\left(\frac{\partial^2 G}{\partial x^2}\right)_{pT}$ für stabile Phasen immer positives Vorzeichen hat und v_{21} nicht unendlich werden kann, bedeutet (für stabile Phasen) ein Druckmaximum resp. -minimum in der Koexistenzkurve immer Gleichheit der Dampf- und Flüssigkeitszusammensetzung. Die Regel darf auch umgekehrt werden, solange v_2 und v_1 von verschiedener Größenordnung, also die Dichte von Dampf und Flüssigkeit noch sehr verschieden ist. Unter derselben Voraussetzung gilt die zweite Konowalowsche Regel: dp hat dasselbe Vorzeichen wie dx_1, wenn $x_2 > x_1$, oder in Worten: der Dampfdruck des Systems steigt mit der Konzentration derjenigen Komponente, welche am reichlichsten im Dampf vertreten ist, und umgekehrt.

Im kritischen Gebiet, wo v_2 und v_1 von derselben Größenordnung sind, brauchen diese Regeln nicht zu gelten und gilt die letztere tatsächlich nicht, wie wir noch sehen werden (Ziff. 10).

Über die Frage, unter welchen Umständen $x_2 = x_1$ werden kann, und ob dies ein Maximum oder Minimum des Druckes bedeutet, vermag die Koexistenzgleichung keinen Aufschluß zu geben; um diese Frage zu beantworten, muß man die Zustandsgleichung heranziehen (s. Ziff. 27).

Analoge Sätze lassen sich für Schmelzdiagramme sofort aus Gleichung (4) ableiten. So der Satz, daß die Schmelztemperatur für konstanten Druck nur ein Maximum resp. Minimum aufweisen kann, wenn der feste Körper (Mischkristalle) dieselbe Zusammensetzung hat wie der flüssige (Schmelze).

4. Gesetze der verdünnten Lösungen[2]). Eine ganze Reihe von Konsequenzen ergibt sich weiter, wenn man Gleichung (5) anwendet auf verdünnte Systeme, d. h. wenn in mindestens einer Phase die Konzentration x (resp. $1 - x$) sehr klein ist. In diesem Falle wird der Wert des Differentialquotienten $\left(\frac{\partial^2 G}{\partial x^2}\right)_{pT}$ beherrscht durch den Ausdruck $\dfrac{RT}{x_2(1 - x_2)}$, der aus dem logarithmischen Gliede der thermodynamischen Funktion stammt, während v_{21} und W_{21} sich vereinfachen zu $v_2 - v_1$ resp. $S_2 - S_1$ für die reine Komponente. Man erhält:

$$(v_2 - v_1)\, dp = (S_2 - S_1)\, dT + RT\,\frac{(x_2 - x_1)}{x_1(1 - x_1)}\, dx_1. \tag{4a}$$

---

[1]) Vgl. van der Waals-Kohnstamm, Lehrb. d. Thermodynamik, Amsterdam u. Leipzig 1908 und 1912, II, S. 194—212.

[2]) Vgl. auch Kap. 8 dieses Bandes.

In dieser Formel sind alle Gesetze der verdünnten Lösungen enthalten. Wir geben die Ableitung für einige Fälle.

Bei tiefen Temperaturen, wo der Dampf den Gasgesetzen gehorcht, ist das Volum der Flüssigkeit (es mag die Phase 1 die Flüssigkeit vorstellen) v_1 zu vernachlässigen gegen v_2, statt welcher Größe geschrieben werden kann: $\dfrac{RT}{p}$.

Nehmen wir weiter an, daß das Lösungsmittel gar nicht im Dampfe vorkommt ($x_2 = 0$), so erhalten wir für konstante Temperatur:

$$\frac{dp}{p} = - \frac{dx_1}{1 - x_1} \tag{9}$$

oder integriert:

$$\frac{p}{p_0} = 1 - x_1 \quad \text{oder} \quad \frac{p_0 - p}{p_0} = x_1 ,$$

die bekannte VAN'T HOFF-RAOULTsche Formel für die Tensionsabnahme.

In derselben Voraussetzung ($x_2 = 0$) ergibt sich für konstanten Druck, wenn für $T(S_2 - S_1)$ die latente Verdampfungswärme L_s gesetzt wird:

$$\Delta_s = \frac{RT^2}{L_s} \Delta x_1 , \tag{10}$$

die Formel für die Siedepunktserhöhung.

Die gleiche Formel, nur mit entgegengesetztem Vorzeichen (da $S_2 - S_1 = -L_e$), erhält man für die Schmelzpunktserniedrigung Δ_e, wieder unter der Voraussetzung, daß $x_2 = 0$, d. h. in diesem Falle, daß nicht Mischkristalle, sondern die reine Komponente auskristallisiert. Für die Bedeutung dieser Formeln zu Molekulargewichtsbestimmungen sei auf Kap. 8 dieses Bandes verwiesen. Hier sei nur noch bemerkt, daß die in (9) und (10) berechneten Änderungen maximale Werte sind für den Fall, wo die eine Komponente sich als Dampf oder Flüssigkeit rein ausscheidet.

Wenn beide Stoffe im Dampfe vorkommen, lassen sich statt (9) leicht analoge Formeln für die Partialdrucke (unter Voraussetzung, daß x_1 und x_2 klein gegen 1 sind) ableiten, u. a. das HENRYsche Gesetz.

Für die Ableitung, sowie für andere verwandte Gesetzmäßigkeiten (Änderung der Löslichkeit fester oder flüssiger Phasen mit der Temperatur oder dem Druck, Teilungssatz von NERNST, osmotischer Druck) vgl. VAN DER WAALS-KOHNSTAMM[1]).

II. Theorie der binären Gemische mit Hilfe geometrischer Darstellung.

a) Die F-Fläche.

5. Allgemeine Form der F-Fläche. Die in Ziff. 2 abgeleitete Koexistenzgleichung genügt nicht, um die Verhältnisse in unverdünnten Phasen zu beherrschen, am wenigsten in der Nähe eines kritischen Gebietes, wo zwei Phasen identisch werden. Hier setzt das Hilfsmittel geometrischer Darstellung ein. Wir wählen am besten das Gleichgewichtsprinzip, in der Form ausgedrückt durch die Funktion F (freie Energie). Denn diese gestattet, weil für alle Gleichgewichte T

---

[1]) VAN DER WAALS-KOHNSTAMM, zitiert in Ziff. 2 II, S. 80—108.

konstant ist, eine dreidimensionale Darstellung $F = f(x, v)$, welche die Übersicht über alle Drucke bei der betreffenden Temperatur gestattet. Die Darstellung mit Hilfe der Energie $U = f(x, v, S)$ würde eine vierdimensionale Darstellung erfordern; während die Funktion G wegen der Bedingung, daß sie stationär ist bei gegebenem Drucke, Druckänderungen weniger leicht zu beherrschen gestattet und weiter statt der Dichte- resp. Molekularvolumenverhältnisse die Druckverhältnisse in den Vordergrund rückt. Da zwar die Dichte, nicht aber der Druck, den Zustand einer Phase (bei gegebener Zusammensetzung und Temperatur) eindeutig bestimmt, liegen die letzteren aber viel verwickelter, wie sich noch zeigen wird. Aus demselben Grunde führt auch die G-Funktion zu einer viel verwickelteren geometrischen Darstellung als die von van der Waals benutzte freie Energie bei konstantem Volumen (siehe Ziff. 44).

Wir konstruieren also für das zu untersuchende System, das wir vorläufig nur im Gas- oder Flüssigkeitszustande resp. dem dazwischen gelegenen labilen Zustande betrachten, eine Fläche, die die Abhängigkeit der freien Energie F von Volumen und Konzentration eines Mols darstellt für alle stabilen und labilen Phasen im Gleichgewicht. Die Fläche ist eingeschlossen zwischen der Koordinatenebene $F O v$ $(x = 0)$ und der parallelen Ebene für $x = 1$, da Konzentrationen < 0 oder > 1 nicht vorkommen. Die Fläche läßt sich auch nicht rein mathematisch extrapolieren über diese Grenzen, da das logarithmische Glied in der Funktion F (dieses Handb. Bd. IX) für solche Werte nicht existiert.

Um die Form der Fläche näher kennen zu lernen, betrachten wir zuerst die Durchschnitte senkrecht zur x-Achse. Aus der Form der (theoretischen) Zustandsgleichung (dieser Band, Artikel: van der Waals, Abschnitt a) ergibt sich als ihr allgemeiner Charakter für nicht zu hohe Temperatur Abb. 1. Denn F muß $+\infty$ werden für das Minimalvolumen $v = b$, und $-\infty$ für $v = \infty$.

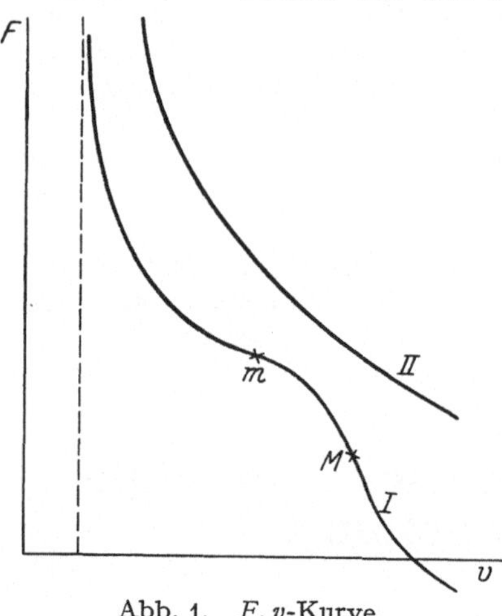

Abb. 1. F, v-Kurve.

F ist eindeutig bestimmt für jeden Wert von v. Da $\left(\dfrac{\partial F}{\partial v}\right)_{xT} = -p$ und $\left(\dfrac{\partial^2 F}{\partial v^2}\right)_{xT} = -\left(\dfrac{\partial p}{\partial v}\right)_{T}$, kommen zwei Inflexionspunkte m und M vor, die mit dem Minimum und Maximum der Isotherme korrespondieren. Ist die Temperatur so tief, daß die Isotherme die Volumachse schneidet, also negativer Druck auftreten kann, so weist die F-Kurve nicht nur Inflexionspunkte, sondern auch ein Maximum und Minimum auf. Dies bringt aber für unsere Zwecke keine wesentliche Änderung. Wichtiger ist die Formänderung für höhere Temperatur. Betrachten wir die Temperatur, in welcher Maximum und Minimum der Isotherme zusammenfallen. Setzen wir an Stelle des Gemisches von bestimmter Zusammensetzung x, welches wir betrachten, eine einheitliche Substanz, von gleichem Wert der Parameter der Zustandsgleichung a_x und b_x, so wäre diese Temperatur die kritische. Wir wollen sie die kritische Temperatur des einheitlich gedachten Gemisches nennen und mit T_k bezeichnen. Oberhalb T_k weist die F-Kurve keine Inflexionspunkte mehr auf; sie hat die Form II.

Es ist der geometrischen Methode eigentümlich, daß sie nur Gebrauch macht von dieser ganz allgemeinen, qualitativen Funktionalbeziehung zwischen F einerseits, v und x andererseits. Alles, was genauere quantitative Kenntnisse der Funktion F voraussetzt, werden wir erst unter III. behandeln.

Die F-Fläche läßt sich nun durch die Aneinanderreihung solcher Durchschnitte entstanden denken. Vorläufig denken wir uns die Temperatur so niedrig, daß sie überall unter T_k liegt, der Durchschnitt hat also überall die Form I. Um die Fläche ganz zu kennen, müssen wir noch den Durchschnitt parallel zur x-Achse betrachten. Da $\left(\dfrac{\partial F}{\partial x}\right)_{vT}$ für $x = 0$ und $x = 1$ unendlich (resp. $-\infty$ und $+\infty$) wird, F selbst aber endlich bleibt, ist die einfachste Form I (Abb. 2).

Wir werden vorläufig diese Form allein betrachten; auch die Form II ist möglich, sie wird weiter unten grundlegend werden für die Behandlung der Entmischung (Koexistenz zweier flüssiger Phasen).

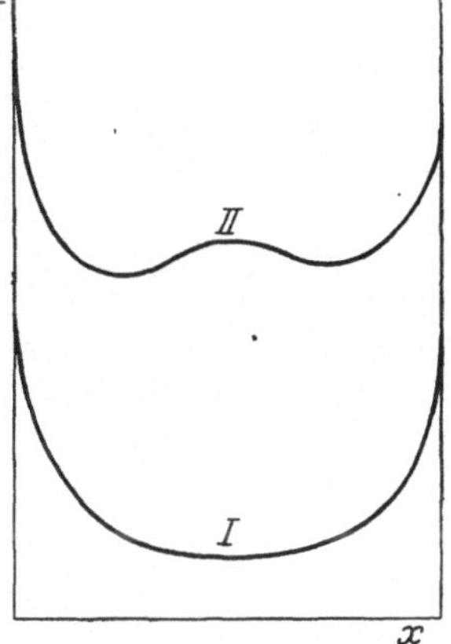

Abb. 2. Durchschnitt der F-Fläche für konstantes Volum.

6. Stabiles und labiles Gleichgewicht. Spinodalkurve. Was stellen nun die Punkte unserer Diagramme vor? Ein Punkt auf der Fläche A (Abb. 3) stellt eine homogene Phase in (stabilem oder labilem) Gleichgewicht vor. Ein Punkt mit größerer freier Energie, bei gleicher Zusammensetzung und Totalvolumen, also ein Punkt oberhalb der Fläche (B) ist ein Nicht-Gleichgewichtszustand, den ich mir entstanden denken kann etwa durch Zusammenbringen der Phasen C und D von gleicher Konzentration wie A resp. B, aber verschiedener Dichte. Die Mengen von C und D müssen dann nach der erweiterten Schwerpunktsregel sich umgekehrt verhalten wie die Längen $C'B'$ und $D'B'$, um im Mittel das spezifische Volumen B' zu ergeben. Selbstverständlich kann ich mir B auch entstanden denken aus zwei Phasen verschiedener Konzentration, wobei die eine dann vor, die andere hinter der Ebene der Zeichnung liegt. Für die Dichte- und Konzentrationsdifferenzen im Verhältnis zu den Mengen der beiden Phasen gilt wieder die analoge lineare Abhängigkeit. Nach dem allgemeinen Gleichgewichtsprinzip ist nun F bei vorgeschriebenem v und x für den Gleichgewichtszustand so klein wie möglich. Werte wie P können also überhaupt nicht vorkommen, wenn nicht noch ganz andere Phasen für die betrachtete Temperatur und Dichte existieren können als die hier dargestellten (etwa feste). Punkte unterhalb der F-Fläche stellen also nur dann physikalisch mögliche Zustände dar, wenn sie entstehen können durch Zusammenbringen

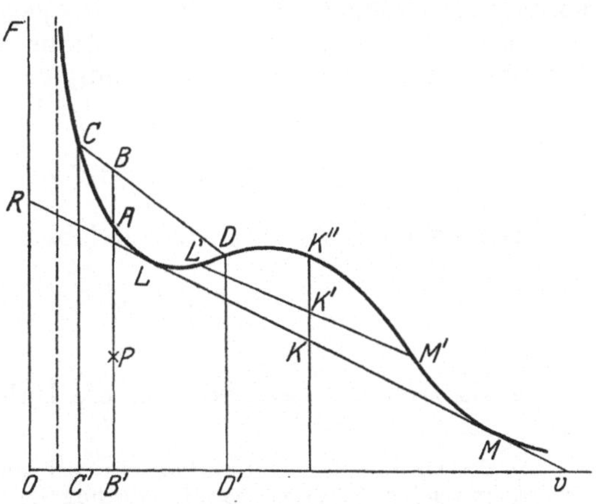

Abb. 3. Stabile und labile Zustände.

zweier Phasen auf der Fläche, wie etwa K' aus L' und M' entstehen kann, und zwar besitzt K' kleinere freie Energie bei vorgeschriebenem Volum und Zusammensetzung als K''. K'' kann also in K' übergehen nach dem Gleichgewichtsprinzip. K' ist aber selbst noch kein letzter Gleichgewichtszustand, denn es sind für dieselbe Stoffmenge in demselben Totalvolumen noch kleinere Werte der freien Energie möglich.

Stellt nun K den letzten Gleichgewichtszustand, d. h. den kleinsten Wert von F dar? Wenn es sich nur um Phasen handelt, die in der Zeichnungsebene liegen, also um ein Einstoffsystem, und L und M die Berührungspunkte der Doppeltangente sind, allerdings. Dann ist K, die Koexistenz von L und M, der absolut stabile Zustand. Daß L und M dann koexistierende Phasen vorstellen, läßt sich übrigens auch daran einsehen, daß in L und M erstens $\left(\dfrac{\partial F}{\partial v}\right)_T = -p$ und zweitens das durch die Tangente von der F-Achse abgeschnittene Stück (OR), also $F - v\left(\dfrac{\partial F}{\partial v}\right)_T = \mu$, gleich groß sind. Die beiden Gleichgewichtsbedingungen sind also erfüllt. Gleichzeitig sehen wir, wo die Grenze der metastabilen und labilen Gleichgewichtszustände für das Einstoffsystem liegt. Ein labiler Zustand ist ein Gleichgewichtszustand, bei dem die geringste Störung nicht rückgängig wird; ein metastabiler ein solcher, der zwar für unendlich kleine Störungen stabil ist, für Störungen einer gewissen Größe jedoch nicht mehr. Es ist nach dem Gesagten sofort klar, daß für das Einstoffsystem alle Zustände labil sind, wo die F-Kurve unterhalb der Tangente liegt, alle Zustände stabil (metastabil oder absolut stabil), wo die F-Kurve oberhalb der Tangente liegt. Die Grenze bilden also die Inflexionspunkte $\left(\dfrac{\partial^2 F}{\partial v^2}\right)_T = 0$, was wieder stimmt mit den Darlegungen von van der Waals in Kap. 3 dieses Bandes, denn

$$\left(\frac{\partial^2 F}{\partial v^2}\right)_T = -\left(\frac{\partial p}{\partial v}\right)_T .$$

Wie steht es nun aber bei dem Gemisch, wo die gestörten Phasen sich nicht nur durch die Dichte, sondern auch durch die Konzentration von dem ursprünglichen Zustand unterscheiden können, d. h. auch vor und hinter der Zeichnungsebene liegen können. Statt der soeben gegebenen Stabilitätsbedingung erhalten wir diese, daß die F-Fläche in der Nähe des betrachteten Punktes ganz oberhalb der Tangentialebene liegen muß; die analytische Bedingung dafür lautet:

$$\left(\frac{\partial^2 F}{\partial v^2}\right)_T \left(\frac{\partial^2 F}{\partial x^2}\right)_v > \left(\frac{\partial^2 F}{\partial v\,\partial x}\right)^2 \text{[1]}.$$

Die Grenzen des stabilen und labilen Gebietes, gegeben durch

$$\left(\frac{\partial^2 F}{\partial v^2}\right)_T \left(\frac{\partial^2 F}{\partial x^2}\right)_v = \left(\frac{\partial^2 F}{\partial v\,\partial x}\right)^2, \tag{11}$$

liegen also weiter auseinander als die Inflexionspunkte.

---

[1] Da wir mit der F-Funktion, also bei konstanter Temperatur, das Gleichgewichtsprinzip anwenden, ist diese Stabilitätsbedingung noch nicht vollständig, d. h. nicht für alle Störungen hinreichend. Die Stabilitätsbedingung für gestörtes Wärmegleichgewicht mit der Umgebung, nämlich $c_v > 0$, können wir nur mit Hilfe der Funktion U resp. S finden, deren Anwendung auf das Gleichgewicht nicht konstante Temperatur T voraussetzt.

Die Bedingung (11) ist gleichwertig (aber nicht identisch) mit der oben schon benutzten $\left(\dfrac{\partial^2 G}{\partial x^2}\right)_{pT} = 0$, wie sich leicht ergibt durch Differenzierung nach x der Gleichung:

$$\left(\frac{\partial F}{\partial x}\right)_{vT} = \left(\frac{\partial G}{\partial x}\right)_{pT},$$

auf beiden Seiten bei konstantem Druck.

Die Punkte, die der Gleichung (11) genügen, bilden zusammen die Spinodal-kurve[1]). Diese trennt also die konvex-konvexen Teile der F-Fläche von den konvex-konkaven. Wir werden im folgenden auch die Projektion der Spinodal-kurve auf die v, x-Ebene als Spinodalkurve bezeichnen. In $x = 0$ und $x = 1$ (reine Komponente) schneiden sich Spinodalkurve und Lokus der Inflexions-punkte der F, v-Kurven (Grenze der Labilität des einheitlich gedachten Ge-misches); ob sie noch andere gemeinsame Punkte haben, werden wir später untersuchen.

7. Koexistenz von zwei Phasen. Binodale. Es wird weiter klar sein, daß die Koexistenz nicht mehr gegeben wird durch die Bitangente LM, sondern durch das Rollen einer Doppeltangentialebene über die F-Fläche. Die abwickel-bare Regelfläche, die so entsteht, liefert den überhaupt möglichen kleinsten Wert für F bei den betrachteten gegebenen Totalwerten von v und x des Systems, solange nicht etwa ganz neue Phasen (feste) auftreten. Daß die Tangentialebene die koexistierenden Phasen liefert, folgt analytisch auch aus der Gleichheit der drei Größen

$$\left(\frac{\partial F}{\partial v}\right)_{xT} = -p, \quad \left(\frac{\partial F}{\partial x}\right)_{vT} = \mu_2 - \mu_1 \quad \text{und} \quad F - x\left(\frac{\partial F}{\partial x}\right)_{vT} - v\left(\frac{\partial F}{\partial v}\right)_{xT} = \mu_1^{2})$$

für die beiden Phasen.

Die beiden Punkte, wo die Doppeltangentialebene die Fläche berührt (Noden), liegen im allgemeinen natürlich bei verschiedener Konzentration. An den Rändern (Komponenten) fallen die Noden mit den Bitangentenpunkten L, M (Koexistenz-punkte des einheitlich gedachten Gemisches) zusammen, sonst (mit Ausnahme eines später zu erwähnenden Ausnahmefalles) liegen sie weiter auseinander, wie sich leicht sowohl geometrisch als physikalisch einsehen läßt. Mit dem Namen Binodalkurve oder Binodale werden wir sowohl den Lokus der Noden als seine Projektion auf die v, x-Ebene bezeichnen.

Der Teil der Fläche innerhalb der Binodale wird Falte genannt. Für unsere Anwendung auf die Theorie der Gemische ist es nun von entscheidender Be-deutung, wie eine Falte auf einer Fläche sich bildet und verschwindet, und wie die Falte begrenzt ist in der Nähe eines Punktes, wo die Falte aufhört, d. h. wo die Doppelberührungsebene in eine gewöhnliche Tangentialebene übergeht. Es sind diese Fragen, welche Korteweg[3]) in seiner grundlegenden Untersuchung über die Theorie der Falten zuerst untersucht hat.

Einen Punkt, wo eine Doppelberührungsebene in eine gewöhnliche Tan-gentialebene übergeht, wo also zwei Berührungspunkte (Noden) zusammenfallen, nennt Korteweg einen Faltenpunkt. Er bewies, daß in diesem Punkte Spino-dale und Binodale sich berühren. Er zeigte weiter, daß ein Faltenpunkt auf einer Fläche nicht entstehen oder verschwinden kann, sondern (analog wie ein Maximum oder Minimum in einer Kurve) sich entweder nach dem Rand ent-fernen muß, oder mit einem anderen Faltenpunkt sich vereinigen muß, um so in einem Doppelfaltenpunkt zu verschwinden. Solcher Doppelfaltenpunkte gibt es zwei Arten, auf welche wir weiter unten zurückkommen, da sie entscheidend sind für die Theorie der Entmischung.

---

[1]) Von spina, Dorn, weil der Durchschnitt der Tangentialebene mit der Fläche in diesen Punkten einen Rückkehrpunkt besitzt.

[2]) Geometrisch ist dieser Wert dargestellt durch das Stück, welches die Tangential-ebene von der F-Achse abschneidet.

[3]) Korteweg, Wiener Ber. Bd. 98, S. 1154—1191; Arch. Néerland. Bd. 24, S. 295 bis 368. 1891.

b) Kritische Erscheinungen an Gemischen.

8. Kritisches Gebiet. Retrograde Kondensation. Vorläufig betrachten wir nur den einfachsten Fall, wo nämlich die Falte die F-Fläche in der Breiterichtung (Hauptrichtung parallel zur x-Achse) überzieht und die Doppelberührungsebene nirgends zu einer dreifachen Berührung Anlaß gibt (letzteres ist der Fall bei Durchschnitten der Form II, Abb. 2). Wir denken uns die Temperatur für jedes Gemisch unterhalb T_k (der kritischen Temperatur des einheitlich gedachten

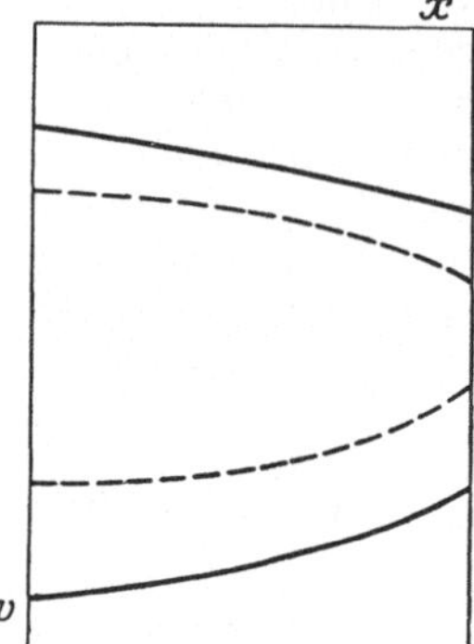

Abb. 4. Binodale und Spinodale.

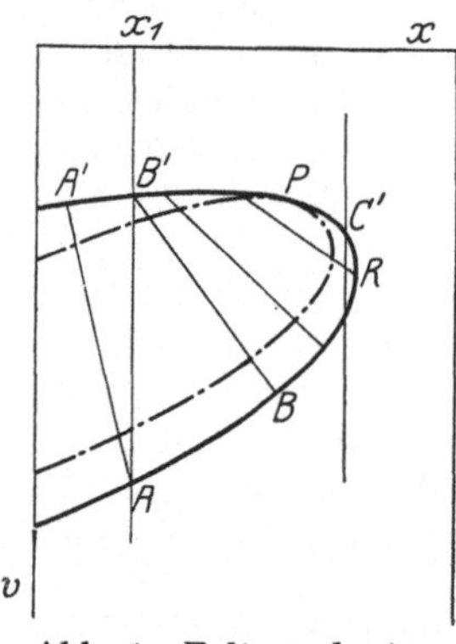

Abb. 5. Falte und retrograde Kondensation.

Gemisches). Spinodale und Binodale haben dann etwa die in Abb. 4 angegebene Form; auf der F-Fläche kommt kein Faltenpunkt vor. Wenn nun die Temperatur erhöht wird, kann zweierlei geschehen. Erstens tritt am Rande der Fläche ($x = 0$ oder $x = 1$) ein Faltenpunkt auf[1]), oder es entsteht auf der Fläche ein Doppelfaltenpunkt, der ein Doppelpunkt von Spinodale und Binodale ist.

Wir betrachten zuerst den ersten Fall näher. Die Temperatur, bei welcher der Faltenpunkt auftritt, ist die kritische Temperatur der einen Komponente. Erhöhen wir die Temperatur weiter, so zieht die Falte sich weiter zusammen und bedeckt nur noch einen Teil der Breite der F-Fläche. Die Theorie der Falten zeigt, daß Spinodale und Binodale stetige Kurven sind, sie berühren sich im Faltenpunkte P, welcher im allgemeinen[2]) nicht dort liegt, wo die Binodale eine Tangente parallel zur v-Achse besitzt. Wir erhalten Abb. 5. Aus dieser Abbildung lassen sich alle Kondensationserscheinungen des Gemisches ableiten. Für Konzentrationen $< x_P$ verläuft alles normal. Ein Gemisch wie x_1 fängt an zu kondensieren, wenn A erreicht ist, indem sich Flüssigkeit von der Zusammensetzung A' bildet, bei weiterer Druckerhöhung tritt mehr Flüssigkeit auf, bis in B' alles Flüssigkeit geworden ist; der zuletzt verschwindende Dampf hat die Zusammensetzung B.

Für eine Konzentration $> x_P$ dagegen entsteht erst Flüssigkeit, die sich anfänglich vermehrt. Wenn aber der Dampfpunkt ungefähr in der Nähe von R liegt, hat die Flüssigkeitsmenge ihr Maximum erreicht; bei weiterer Kompression verschwindet die Flüssigkeit wieder; in C' ist alles wieder Dampf geworden. Dieser Vorgang, retrograde Kondensation genannt, wurde von J. P. Kuenen[3]) zuerst experimentell nachgewiesen, nachdem die Theorie ihn vorausgesagt. Kuenen benutzte, um Gleichgewicht der zwei Phasen zu erhalten, einen elektromagnetischen Rührer, den er in die Cailletet-Röhre hineinbrachte. Erst durch diesen Kunstgriff gelang es, die bis dahin unübersichtlichen Kondensationserscheinungen bei Gemischen im kritischen Gebiet übersichtlich zu ordnen.

---

[1]) Daß dies hier am Rande im Endlichen geschehen kann, ist Folge der transzendenten logarithmischen Funktion, denn am Rande berührt dadurch die Tangentialebene die Fläche nicht mehr in zwei Berührungspunkten (Noden), sondern in einer Kurve (der F-Kurve für die reinen Komponenten).

[2]) Für die Ausnahme s. Ziff. 25.

[3]) J. P. Kuenen, Arch. Néerland. Bd. 26, S. 354—422. 1893.

Für die Konzentration x_P schließlich, und nur für diese[1]), verläuft die Kondensation so, daß die sich anfangs bildenden Dampf- und Flüssigkeitsphasen sich in Dichte und Zusammensetzung immer ähnlicher werden. Zuletzt, wenn der Punkt P erreicht ist, sind sie identisch geworden, d. h. der Meniskus verschwindet wie im kritischen Punkte eines reinen Stoffes, da keine Oberflächenschicht zwischen den identischen Phasen besteht, und die eigentümliche kritische Trübung und Färbung auftritt. Insoweit kommt also P überein mit dem kritischen Punkte eines reinen Stoffes (ds. Bd. Kap. 3, Ziff. 12). Dagegen besitzt er nicht die diesen Punkt ebenfalls auszeichnende Eigenschaft, daß bei der Temperatur dieses Punktes durch keine Volumänderung ein Zweiphasengleichgewicht entsteht, während dies durch die geringste Temperaturänderung eintritt. Statt des Punktes P hat hier das Gemisch im Zustande R (kritischer Berührungspunkt) diese Eigenschaft.

Die Faltentheorie zeigt weiter, daß die Form der Binodale in der Nähe von P eine Parabel sein muß; dies gestattet den quantitativen Verlauf der retrograden Kondensation zu bestimmen. Messungen von VERSCHAFFELT[2]) an Gemischen von H_2 und CO_2 ergaben den theoretisch geforderten Verlauf.

Bei höherer Temperatur wird die Falte sich immer mehr zusammenziehen, um schließlich bei der kritischen Temperatur der anderen Komponente zu verschwinden. Dann ist überhaupt nicht mehr das Auftreten von zwei Phasen für das System möglich. Allgemein faltentheoretisch wäre es freilich möglich, daß die Falte sich erst von der anderen Seite löste und einen geschlossenen Ring mit zwei Faltenpunkten bildet, der dann in einem Doppelfaltenpunkte verschwinden würde. Wir werden unter III. die Erklärung finden, weshalb dieser Fall bisher nicht experimentell gefunden ist.

9. Minimum der kritischen Temperatur. Dagegen ist der oben als zweiter genannte Fall sehr häufig. Die Falte fällt dann in einem Doppelfaltenpunkte auseinander, und zwar liegt der Faltenpunkt in der einen Hälfte auf der Seite der kleinen Volumina, wie in Abb. 5, auf der anderen aber auf der Seite der großen Volumina (Abb. 6). Weshalb dies so ist und weshalb wir in Abb. 5 die dort gezeichnete Lage annahmen, untersuchen wir weiter in Ziff. 26.

Die Kondensationserscheinungen in der rechten Hälfte der Abbildung sind nun vollkommen denen von Abb. 5 analog. Dagegen verläuft die Kondensation für ein Gemisch zwischen P_2 und R_2 anders. Beim Überschreiten der Binodale entsteht nämlich eine koexistierende Phase von kleinerer Dichte als die anwesende. Die neue Phase entsteht also oben in der Röhre; es ist die Dampfphase, die hier durch Kompression entsteht. Aber auch diese Kondensation ist retrograd; bei weiterer Kompression verschwindet die neue Dampfphase wieder (retrograde Kondensation der zweiten Art). Während nun aber das Auseinanderfallen der Falte (Minimum-Faltenpunktstemperatur), wie gesagt, bei vielen Systemen beobachtet ist, ist diese retrograde Kondensation der zweiten Art bis jetzt niemals mit Gewißheit konstatiert. Das liegt an dem gleichzeitigen Auftreten der vertikalen Nodenlinie (DD'), die immer in der Nähe des Doppelfaltenpunktes liegt. Da dies aber nicht aus allgemein faltentheoretischen Erwägungen folgt, sondern aus der speziellen Form der Zustandsgleichung, besprechen wir die Gründe erst unter III.

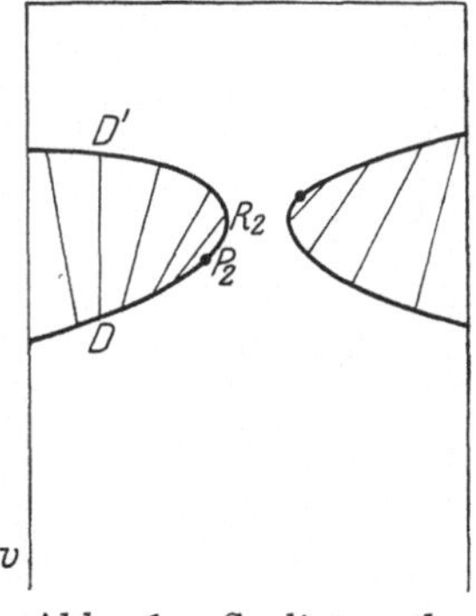

Abb. 6. Spaltung der Falte.

---

[1]) Natürlich bei der betrachteten Temperatur.
[2]) VERSCHAFFELT, Verslog Akademie Amsterdam Bd. 7, S. 281 und 389. 1898.

c) Die p, T, x-Fläche.

10. Druckdiagramme. Die Druckdiagramme, die mit den gegebenen Volumdiagrammen übereinstimmen, lassen sich jetzt leicht angeben. Mit Abb. 5 korrespondiert Abb. 7, wobei natürlich, wenn die Abbildungen für dieselbe Temperatur gezeichnet werden, P und R auch bei derselben Konzentration liegen. Vergleichen wir dieses Diagramm mit der Koexistenzgleichung, so sehen wir, daß im Punkte R $v_{12} = 0$ ist. Zwischen P und R erleidet die zweite Konowalowsche Regel die oben als möglich bezeichnete Ausnahme, dort haben $\dfrac{dp}{dx_1}$ und $x_2 - x_1$ nicht das gleiche Vorzeichen, weil $v_{12} < 0$. Selbstverständlich ist auch in P $v_{12} = 0$, aber diese Größe wechselt dort nicht das Vorzeichen. Nähere Analyse zeigt, daß hier in der Tat

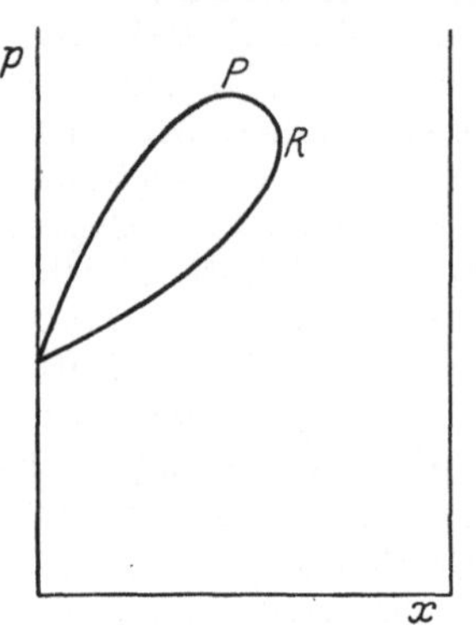

Abb. 7. Druckdiagramm oberhalb T_k.

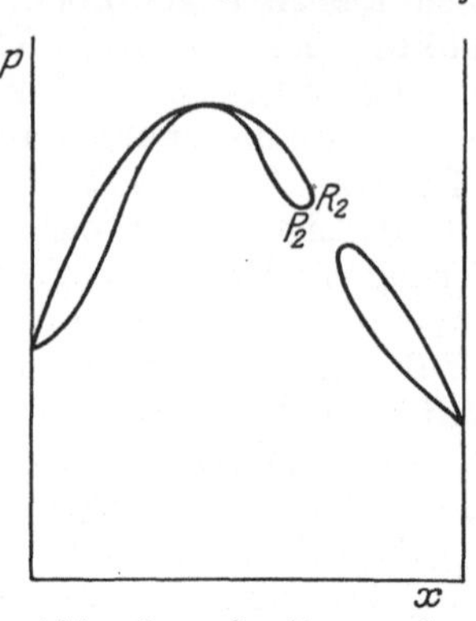

Abb. 8. Spaltung der Falte, Druckdiagramm.

$$\frac{dp}{dx} = 0, \text{ da auch } \frac{\partial^2 \zeta}{\partial x^2} = 0 \text{ und } \frac{\partial^3 \zeta}{\partial x^3} = 0.$$

Mit Abb. 6 korrespondiert das Druckdiagramm Abb. 8, und zwar mit der vertikalen Nodenlinie dort, das Druckmaximium hier (vgl. die Koexistenzgleichung). Alle weiteren Schlüsse lassen sich leicht aus diesem Diagramm ableiten. Natürlich läßt sich auch im Druckdiagramm die Grenze des labilen Gebietes angeben, aber hier zeigt sich der verwickeltere Charakter der Druckdiagramme, den wir schon oben nannten. Die Grenze des labilen Gebietes liegt hier außerhalb des stabilen. Auch weist sie, ebenso wie zwei aufeinanderfolgende Koexistenzkurven, allerlei Schnittpunkte auf, die jedoch nicht eigentliche Doppelpunkte sind, da die vorgestellten Phasen wohl gleichen Druck haben, aber verschiedene Dichte. Wir gehen auf dies alles hier nicht weiter ein. Natürlich kann man im Druckdiagramm nur in übertragenem Sinne von Binodale, Spinodale, Faltenpunkt usw.

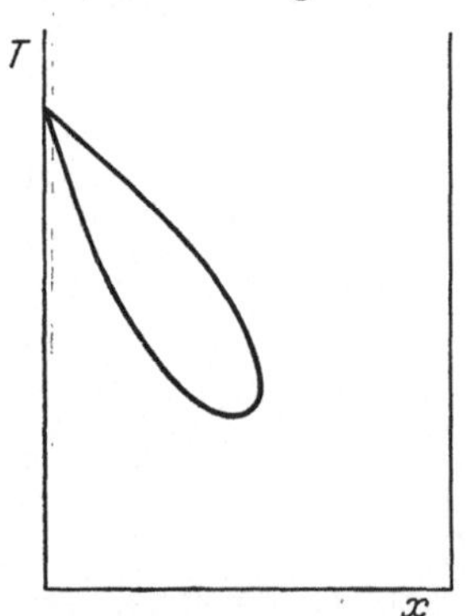

Abb. 9. T, x-Diagramm.

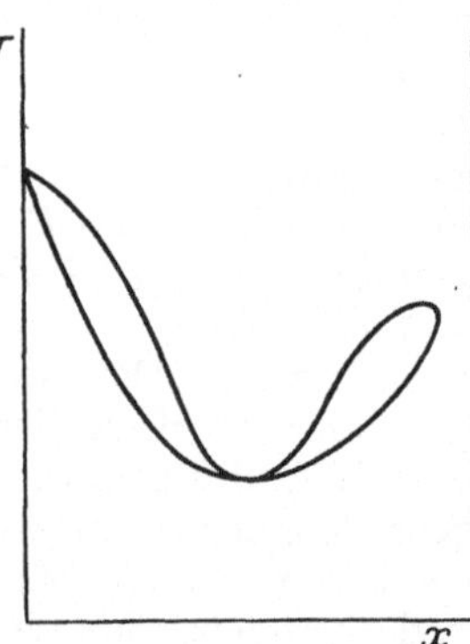

Abb. 10. T, x-Diagramm.

reden, denn diese Kurven und Punkte stellen wohl dieselben Zustände vor, wie die betreffenden Kurven usw. im Volumdiagramm, aber sie haben selbstverständlich nicht die geometrischen Eigenschaften der letzteren. Denn die p, T, x-Koexistenzfläche, die wir erhalten, wenn wir die Diagramme Abb. 7 (resp. Abb. 8) für verschiedene Temperaturen hintereinanderreihen, ist eine zweiblättrige Fläche, deren Blätter im kritischen Gebiete zusammenhängen. Eine Falte weist sie nicht auf. Außer den p, x-Durchschnitten lassen sich für andere Zwecke die T, x-Durchschnitte (Siedediagramme) und p, T-Durchschnitte aufstellen. Mit

Abb. 7 und 8 korrespondieren die Abb. 9 und 10 und die p,T-Abb. 11 und 12. In letzterer bedeuten p_3 und p_2 die Dampfdrucklinien der reinen Komponenten, p_1 die Kurve für die Punkte $x_2 = x_1$, wie sich leicht ergibt, da diese Punkte immer den höchsten Druck besitzen, der bei der betrachteten Temperatur bei einem Zweiphasensystem möglich ist. Der Leser wird aus den Volumdiagrammen leicht diese Abhängigkeiten ableiten.

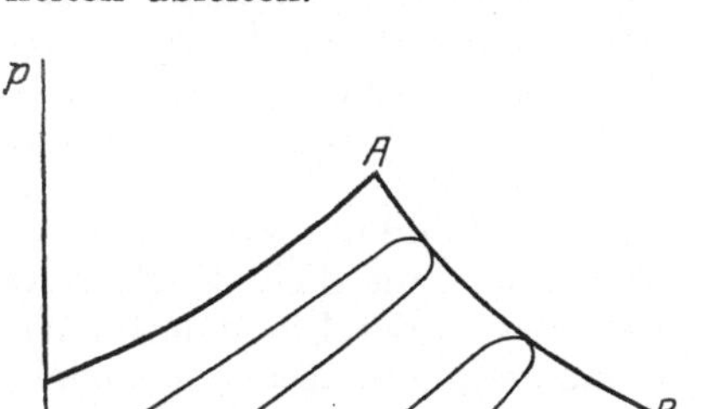

Abb. 11. Faltenpunktkurve.

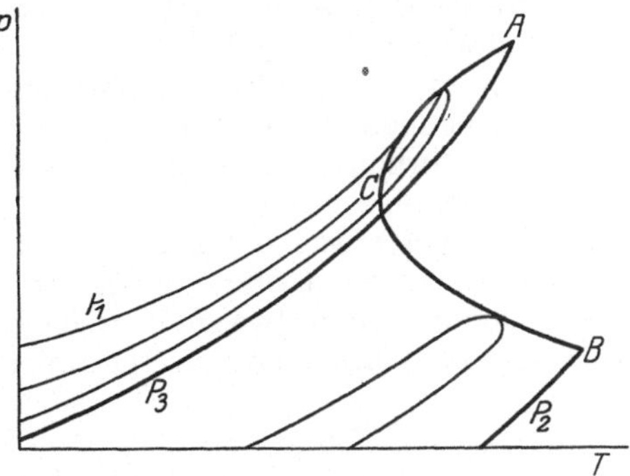

Abb. 12. Faltenpunktkurve mit Temperaturminimum.

d) Zwei flüssige Phasen.

11. Homogene und heterogene Doppelfaltenpunkte. Wir brachten hier die Abb. 11 und 12, weil sie uns für verwickeltere Fälle ein wichtiges Orientierungsmittel bietet. Wir dürfen (nach KUENENS Vorgang) im übertragenen Sinne die Kurve AB die Faltenpunktskurve nennen (sie ist die p,T-Projektion der Punkte auf der p,T,x-Fläche, die mit dem Faltenpunkte der F-Fläche der betreffenden Temperatur übereinstimmen). Abb. 11 weist keinen Doppelfaltenpunkt auf; Abb. 12 einen (C), in welchem $\dfrac{dp}{dT} = \infty$. Nach KORTEWEGS allgemeiner Theorie der Falten ist dies nur der eine mögliche Fall, nämlich ein homogener Doppelfaltenpunkt, der immer einen Doppelpunkt resp. einen isolierten Punkt einer Spinodale und Binodale bedeutet.

Es gibt aber auch heterogene Doppelfaltenpunkte, die auf einer schon bestehenden Spinodale auftreten, ohne daß diese solche Ausnahmepunkte aufweist. In diesem Falle bleibt $\dfrac{dp}{dT}$ endlich, die Faltenpunktskurve weist also nicht ein Minimum (resp. Maximum) der Temperatur auf, sondern einen Rückkehrpunkt. Tritt nun solch ein heterogener Doppelfaltenpunkt auf der Fläche auf, so muß die Komplikation bei höherer Temperatur wieder verschwinden, denn bei ganz hohen Temperaturen ist jedenfalls jede Phase stabil. Die einfachste Gestalt der Faltenpunktskurve wird dann wie in Abb. 13. Wir haben jetzt zu untersuchen, was dies experimentell bedeutet.

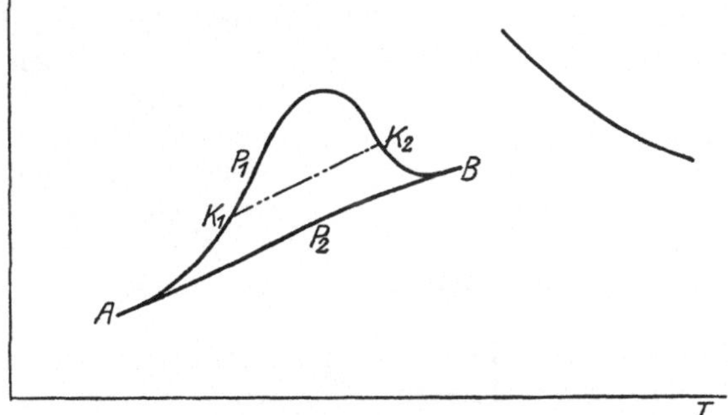

Abb. 13. Entmischung. Einfachster Fall der Faltenpunktskurve.

Bei einer tiefen Temperatur, noch weit unterhalb der tieferen kritischen Temperatur der beiden Komponenten, liegt auf der Spinodale der Querfalte ein heterogener Doppelfaltenpunkt A, d. h. ein Doppelfaltenpunkt, in dem zwei Faltenpunkte von verschiedener Art zusammenfallen. Bis jetzt haben wir nur sog. Faltenpunkte der ersten Art betrachtet, d. h. Faltenpunkte, in deren Nähe die Binodale im stabilen Gebiet, außerhalb der Spinodale, liegt. Es sind aber auch Faltenpunkte möglich, in deren Nähe die Binodale im labilen Gebiete liegt. Der eine der beiden neu entstehenden Faltenpunkte ist von dieser zweiten Art. Wir nennen ihn im folgenden der Kürze halber den „labilen" Faltenpunkt, obgleich natürlich der Faltenpunkt selbst immer auf der Grenze des labilen und stabilen Gebietes liegt.

Wenn bei etwas höherer Temperatur die beiden Faltenpunkte ein wenig auseinander getreten sind, finden wir also eine Spinodale, die dicht beieinander zwei Faltenpunkte aufweist, in welcher sie von den Ästen der Binodale berührt wird, und zwar liegt der eine Ast außerhalb, der andere innerhalb der Spinodale.

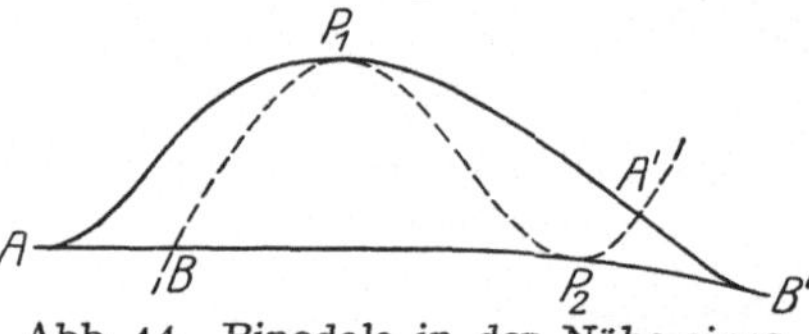

Abb. 14. Binodale in der Nähe eines heterogenen Doppelfaltenpunktes.

Da die Äste eine neue Falte umschliessen, und also zusammenhängen, muß es zwei Schnittpunkte der neuen Binodalen mit der Spinodalen geben. In den mit diesen Schnittpunkten koexistierenden Punkten weist [s. Gleichung (7)] die Binodale einen Rückkehrpunkt auf. Wir erhalten also Abb. 14.

12. Kritische Endpunkte. Der einfachste Fall von Entmischung. Anfänglich wird nun dies ganze neue Gebiet, das wir die Längsfalte nennen, noch innerhalb der alten Querfalte bleiben und deshalb experimentell nicht zugänglich sein. Breitet es sich aber aus, so wird der Faltenpunkt P_1 die alte Binodale erreichen und überschreiten. Wir haben dann das Diagramm, welches Abb. 15

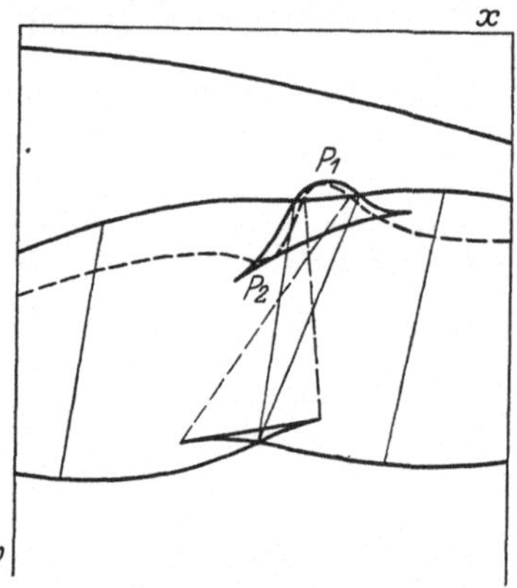

Abb. 15. Querfalte mit neuer Längsfalte.

darstellt, denn sowie der Faltenpunkt die alte Binodale überschritten hat, treten zwei Schnittpunkte dieser Binodale mit der Spinodale auf; in den koexistierenden Punkten weist also der Dampfast der Binodale der Querfalte Rückkehrpunkte auf. Der Doppelpunkt dieses Astes gibt die Lage an, in welcher die Doppelberührungsebene beim Rollen auf der einen Hälfte der Querfalte gleichzeitig in einem dritten Punkte Tangentialebene wird. Es tritt also hier das monovariante Dreiphasensystem von zwei flüssigen Phasen und der Dampfphase auf. Die Eckpunkte des Dreiecks geben die Phasen an; die Mengenverhältnisse der drei Phasen für jeden Punkt des Dreiecks lassen sich nach der Schwerpunktsregel leicht bestimmen. Der außerhalb der Querfalte befindliche Teil der neuen Binodale (Längsfalte) liefert die jetzt auftretenden bivarianten Zweiphasensysteme flüssig-flüssig. Mit der Temperatur, wo P_1 die Querfaltebinodale erreicht, korrespondiert der Punkt K_1 der Abb. 13, der untere kritische Endpunkt. Nur oberhalb dieser Temperatur besteht die Möglichkeit der Koexistenz von zwei flüssigen Phasen Die Kurve $K_1 K_2$ dort gibt den Zusammenhang von Druck und Temperatur des Dreiphasensystems, also des Dreiecks in Abb. 15. Der kritische Endpunkt ist ein nonvariantes System, was mit der Mannigfaltigkeit solcher Punkte übereinstimmt, da eine kritische Phase als dreifache (zwei stabile und die zwischenliegende labile) zu zählen ist.

Die Druckverhältnisse werden, wenn wir auch metastabile und labile Phasen heranziehen, sehr verwickelt; wir gehen darauf nicht ein und geben in Abb. 16 nur das p, x-Diagramm für die absolut stabilen Phasen. Bei höherer Temperatur breitet die Längsfalte sich nun anfänglich weiter aus. Dann aber erreicht sie eine größte Ausdehnung und fängt an, sich zurückzuziehen. Bei der Temperatur von K_2 (Abb. 13) liegt der obere kritische Endpunkt; die Längsfalte liegt jetzt wieder völlig innerhalb der Querfalte. Dreiphasensystem und Zweiphasensystem flüssig-flüssig kommen nicht mehr vor[1]). Bei B (Abb. 13) ist die Längsfalte ganz verschwunden, und erst bei viel höherer Temperatur setzt das kritische Gebiet Flüssigkeit-Dampf ein.

Die experimentellen Ergebnisse erlauben noch nicht mit Gewißheit ein Beispiel dieses einfachsten Falles der Entmischung anzugeben, da für die Scheidung von Fall III in den bis jetzt untersuchten Fällen noch nicht genügende Daten vorliegen.

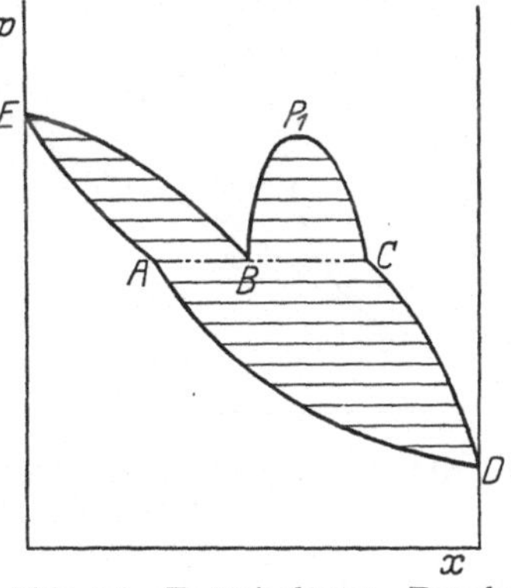

Abb. 16. Entmischung. Druckdiagramm zu Abb. 15.

13. Fall II. Kritischer Endpunkt gas-flüssig. Jedoch kann das Verschwinden der Längsfalte auch ganz anders vor sich gehen. In Fall I vereinigt der labile Faltenpunkt P_2 sich mit dem stabilen, mit dem er zugleich entstanden ist. Es kann aber auch geschehen, daß die Längsfalte nicht wieder zusammenschrumpft, sondern bestehen bleibt, bis im kritischen Punkt der einen Komponente ein neuer Faltenpunkt auftritt. Durch eine Transformation, für welche wir auf die Originalarbeiten verweisen müssen, tauschen nun P_3 und P_1 die Rollen, d. h. P_1 wird Faltenpunkt der Hauptfalte, P_3 tritt auf die Nebenfalte, auf welcher P_2 liegt; die Komplikation endet im heterogenen Doppelfaltenpunkte B, wo P_3 und P_2 zusammenfallen[2]). KUENEN und ROBSON haben diesen Fall zuerst entdeckt im System: Äthan-Propylalkohol[3]).

Fall II unterscheidet sich weiter experimentell durch die sog. doppelte retrograde Kondensation und die Möglichkeit der „barotropischen" Erscheinung, d. h. des Sinkens einer Dampfphase in eine Flüssigkeit, wie KAMERLINGH ONNES und KEESOM bei Helium-Wasserstoffgemischen gefunden haben. Die Faltenpunktskurve fällt jetzt nicht in zwei Teile auseinander, sondern hat die Gestalt der Abb. 17.

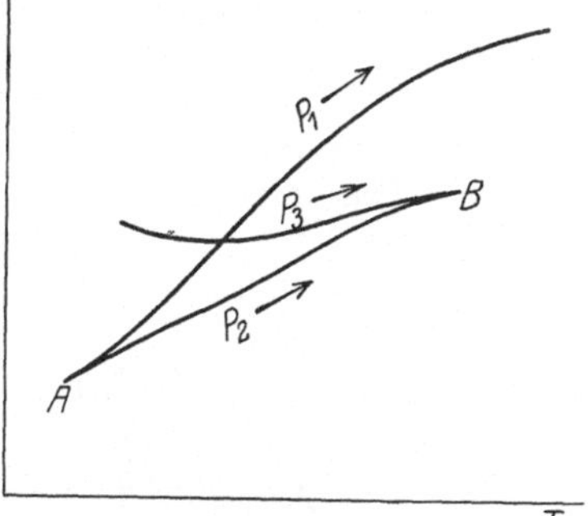

Abb. 17. Entmischung. Faltenpunktskurve für Fall II.

14. Fall III. Zurückziehung mit Maximumdruck. Das Auftreten der Längsfalte ist auch möglich in Systemen, welche ein Maximum des Druckes

---

[1]) Der Faltenpunkt ist immer ein kritischer Punkt im Sinne des Identischwerdens von zwei koexistierenden Phasen. Er weist also auch immer das Verschwinden des Meniskus und die eigenartige kritische Trübung und Färbung auf.

[2]) Abb. 17, wo P_1, P_2 und P_3 die drei Äste der Faltenpunktskurve bezeichnen, auf welchen die beiden stabilen (P_1 und P_3) und der labile Faltenpunkt P_2 liegt.

[3]) KUENEN u. ROBSON, ZS. f. phys. Chem. Bd. 28, S. 342 1899.

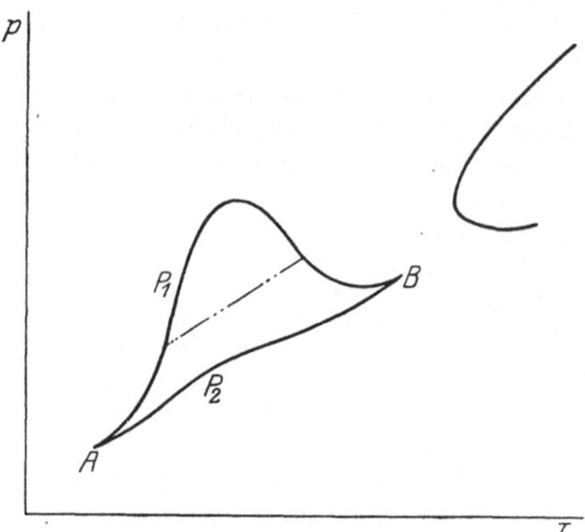

Abb. 18. Entmischung. Faltenpunktskurve
für Fall III.

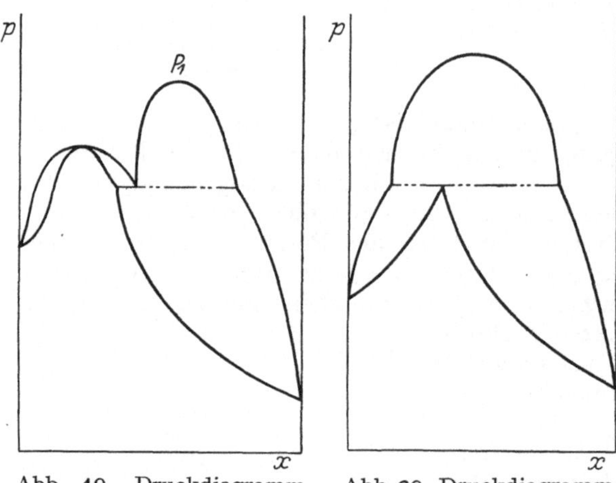

Abb. 19. Druckdiagramm   Abb. 20. Druckdiagramm
zu Fall III.   zu Fall I und III.

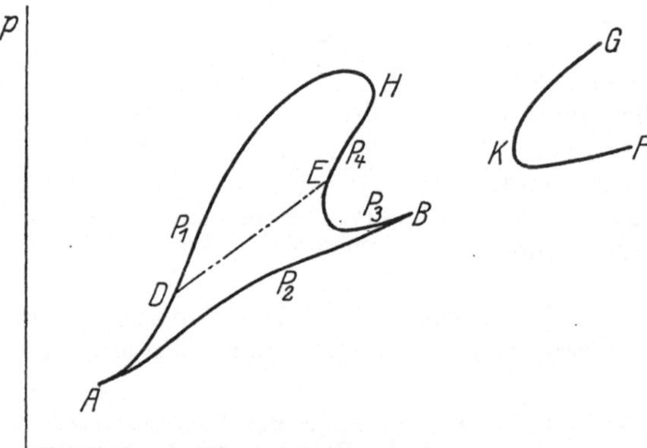

Abb. 21. Faltenpunktskurve zu Fall IV[1]).

$(x_2 = x_1)$ aufweisen. Wie wir unter III. sehen werden, tritt dann ein Minimum auf für die kritische Temperatur des einheitlichen Gemisches. Die Faltenpunktskurve besitzt dann jedenfalls einen homogenen Doppelfaltenpunkt. Der einfachste Fall ist dann Abb. 18. Der kritische Endpunkt wird im allgemeinen nicht bei der Konzentration $x_2 = x_1$ liegen. Dehnt die Längsfalte sich aus, so wird sie aber auch diese Konzentration erreichen und darüber hinausgehen. Das ursprüngliche Druckdiagramm (Abb. 19) wird dann in Abb. 20 übergehen; bei höherer Temperatur findet auf umgekehrtem Wege Rückbildung statt. Beispiel: Wasser-Methylälkethyton und Wasser-Isobutylalkohol.

15. Fall IV. Spaltung der Falte. Das Verschwinden der Entmischung kann aber noch auf andere Weise vor sich gehen. Im Fall III ist der obere kritische Endpunkt die höchste Temperatur, bei welcher überhaupt noch zwei flüssige Phasen vorkommen. Es ist aber möglich, daß die Binodale der Querfalte und die Spinodale einen Doppelpunkt bilden, in dem ein Teil der Spinodale und der Längsfalte sich abspalten. Dies ist also wieder ein neuer homogener Doppelfaltenpunkt. Der eine abgeschnürte Teil mit dem Faltenpunkt P_3 und dem labilen Faltenpunkt P_2 zieht sich jetzt zusammen und verschwindet im heterogenen Doppelfaltenpunkt B. Der andere Teil bleibt bestehen und rückt weiter ins Gebiet der kleinen Volumina, so daß auch der Faltenpunkt P_4 die Binodale der Querfalte überschreitet (Abb. 22). Dann endet in dem oberen kritischen Endpunkt E die Dreiphasenkurve und die Möglichkeit eines Drei-

---

[1]) Über den Doppelfaltenpunkt K in der Kurve GF vgl. Ziff. 30.

phasensystems. Die Koexistenz von zwei flüssigen
Phasen bleibt aber bei höheren Drucken bestehen, evtl.
noch hoch über der kritischen Temperatur der beiden
Komponenten (Phenol-Wasser).

**16. Fall V. Spaltung der Falte mit kritischem
Endpunkt gas-flüssig.** Fall III und IV unterscheiden
sich von Fall I und II darin, daß der Druck des Dreiphasensystems teilweise höher liegen kann und teilweise höher liegen muß als alle Zweiphasensysteme,
womit zusammenhängt, daß die Dampfdruckkurven an
beiden Seiten vom Rande an steigen. Der kritische
Endpunkt bedeutet aber in III und IV wie in I, daß
zwei flüssige Phasen identisch werden, während in II
die eine flüssige Phase mit der Gasphase identisch wird.
Nun ist es aber auch möglich, daß die letztere Eigenschaft zusammen auftritt mit einem Dreiphasendruck,
der höher liegt als die Dampfdrucke der reinen Kom-

Abb. 22. Kritischer End-
punkt bei Spaltung der
Falte (Druckdiagramm).

ponenten. Diesen Fall finden wir verwirklicht im System Äther-Wasser. Wir erhalten dann bei steigender Temperatur erst Abb. 19 und 20 mit dem stabilen
Faltenpunkt P_1 und einem labilen (nicht angegeben in der Abbildung) P_2; dann
spaltet die neue Binodale sich in einem homogenen Doppelfaltenpunkt im stabilen
Gebiete, und es tritt eine Transformation auf wie in Fall II, wodurch P_2 und einer

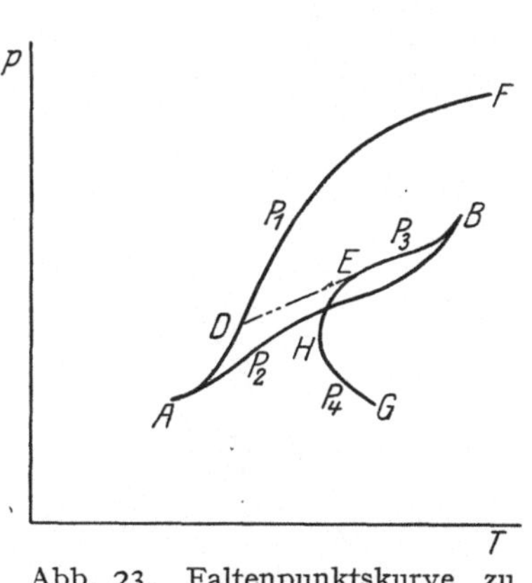

Abb. 23. Faltenpunktskurve zu
Fall V.

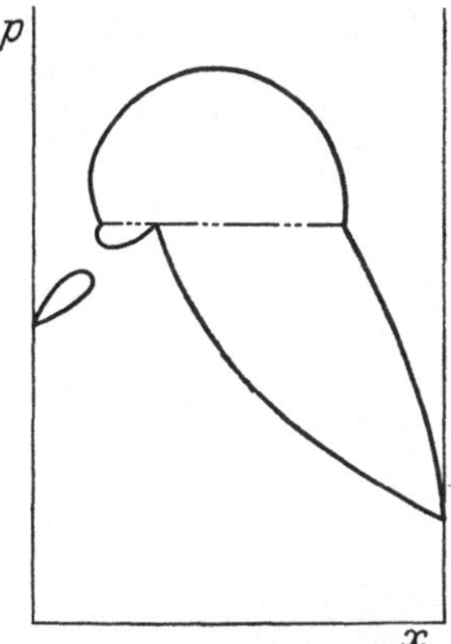

Abb. 24. Druckdiagramm
in der Nähe des kritischen
Endpunktes von Fall V.

der neuen Faltenpunkte (P_3) auf dieselbe Binodale übergehen, P_2 und P_3 fallen
dann zusammen und verschwinden, während P_4 sich zum Rande bewegt, um
dort als kritischer Punkt der einen Komponente zu verschwinden. In diesem
Falle bleibt also der Dreiphasendruck noch über der kritischen Temperatur der
einen Komponente bestehen, während im kritischen Endpunkt die beiden oberen
(leichteren), nicht die beiden unteren (schwereren) Phasen identisch werden, wie
es nach KUENENS Versuchen im System Äther-Wasser in der Tat der Fall ist.
Die Faltenpunktskurve ist dann, wie in Abb. 23, das Druckdiagramm für eine
Temperatur wenig unterhalb des kritischen Endpunktes, Abb. 24.

Eine kleine Änderung der Faltenpunktskurve würde ebenfalls das Identisch
werden der beiden leichteren Phasen voraussetzen, aber so, daß der Dreiphasen-

druck notwendig endet unterhalb der kritischen Temperatur der Komponente. An Stelle von Abb. 23 resp. 24 würden Abb. 25 resp. 26 treten, die wir aber noch nicht mit einem Beispiel belegen können.

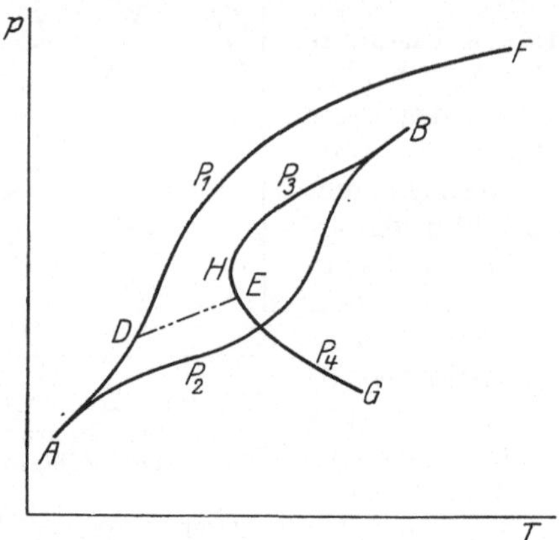

Abb. 25. Faltenpunktskurve zu Fall Va.

Abb. 26. Kritischer Endpunkt zu Fall Va.

17. Fall VI. Temperaturmaximum der Faltenpunktskurve. An Heliumgemischen können sich nach den Rechnungen von KAMERLINGH ONNES und KEESOM[1]) schließlich noch zwei weitere Komplikationen von Fall II zeigen, indem nämlich die Faltenpunktskurve nicht direkt wie in Abb. 17 den höheren kritischen Punkt der beiden Komponenten erreicht, sondern noch ein Temperaturmaximum resp. Temperaturmaximum und -minimum aufweist. Wir er-

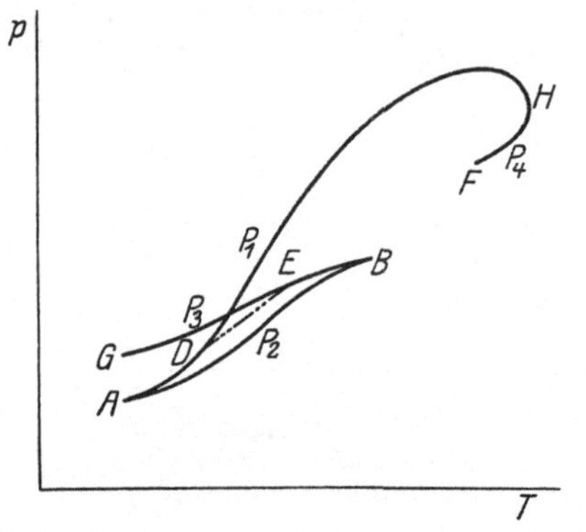

Abb. 27. Faltenpunktskurve zu Fall VI.

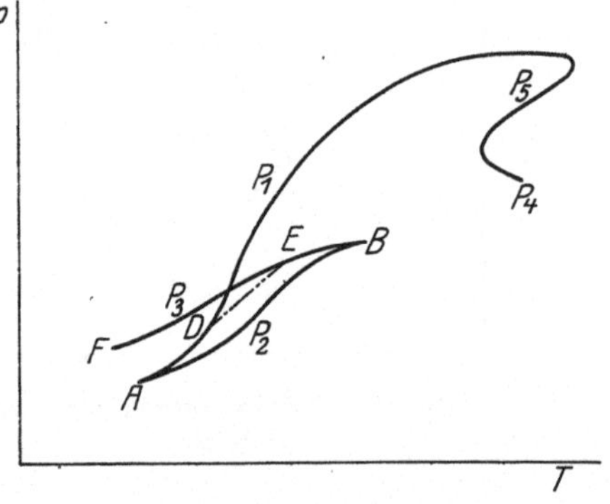

Abb. 28. Faltenpunktskurve zu Fall VIa.

halten dann Abb. 27 resp. 28 als Faltenpunktskurve. In diesem Falle löst sich die Falte, nachdem alle Entwicklungen von Fall II stattgefunden haben, vom Rande los, resp. sie fällt in zwei Teile, von welchem der eine im Rand verschwindet. Bei beiden bleibt schließlich im p, x-Diagramm eine ganz isolierte Kurve mit zwei Faltenpunkten P_1 und P_4 (Abb. 29). Eine solche Kurve würde auch eintreten ohne Entmischung, wenn statt des Minimums der kritischen Temperatur des einheitlichen Gemisches ein Maximum vorhanden wäre. Sie würde dann aber bei viel tieferen Drucken liegen. Warum wir diesen Fall uns auf

---

[1]) H. KAMERLINGH ONNES u. W. KEESOM, Comm. Leiden Bd. 96 und Suppl. 15 und 16.

ganz andere Weise entstanden denken müssen, wird p
unter III. zur Sprache kommen.   Hier bemerken wir
nur noch, daß die hier betrachteten Fälle, die ebenfalls das barotropische Phänomen (Ziff. 13) zeigen
können, zwei Phasen zeigen weit oberhalb aller kritischen Temperaturen der einheitlich gedachten Gemische.   Das hat KAMERLINGH ONNES und KEESOM
veranlaßt, hier von der Koexistenz von zwei Gasphasen
zu reden.

Wir schließen unsere Übersicht der Entmischung
mit dem Hinweis, daß noch andere Komplikationen
entstehen können, wenn die Längsfalte bis in die
tiefsten Temperaturen bestehen bleibt oder den Rand
$v = b$ der F-Fläche $p = \infty$ erreicht.   Prinzipiell Neues
entsteht dadurch aber nicht.

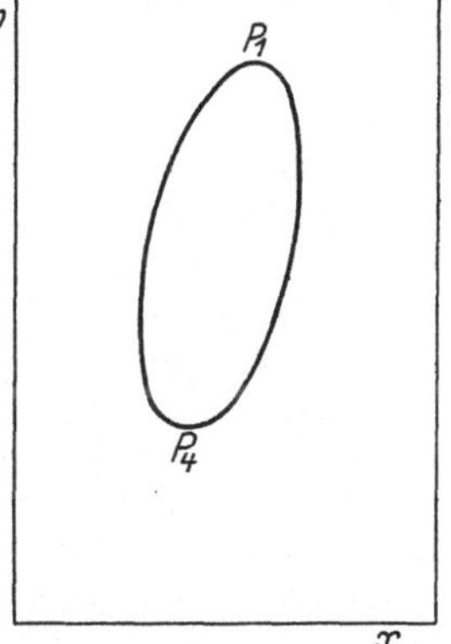

Abb. 29.   Ringfalte von
Fall VI.

e) Auftreten von festen Phasen.

18. Die F-Kurve des festen Körpers. Binodale fest-flüssig. Bei allen
bis hierher behandelten Koexistenzen liegen alle Phasen auf derselben F-Fläche.
Phasentheoretisch wäre denkbar eine Koexistenz von vier Phasen eines binären
Gemisches, alle auf der F-Fläche liegend, also drei flüssige und eine Gasphase
oder zwei flüssige und zwei Gasphasen.   Experimentell ist von solchen Fällen
nichts bekannt.   Zu einer Koexistenz von vier verschiedenen Phasen (Quadrupel-
punkte) müssen wir also Phasen heranziehen, die nicht auf der oben besprochenen
F-Fläche liegen (feste Phasen).   Wir werden diese Koexistenzen jedoch nur kurz
beschreiben, (vgl. Kap. 2 dieses Bandes).

Zur geometrischen Ableitung der Koexistenzen müssen wir die F-Fläche
jetzt vervollständigen mit der Darstellung der F-Werte für die neu hinzutretenden
festen Phasen.   Bilden diese Mischkristalle, welche stetige Änderung der Zusammensetzung zulassen, so erhalten wir eine oder mehrere neue F-Flächen.   Haben
die festen Phasen unveränderliche Zusammensetzung (reine Komponenten, feste
Verbindung), so bilden die F-Werte Kurven für konstantes x ($x = 0$, $x = 1$,
für die Verbindung ein rationaler Bruch).   Punkte auf der F-Fläche sind nun
metastabil, wenn sie größeren F-Wert aufweisen als ein heterogener Zustand,
der sich zusammensetzt aus einer Phase auf der Kurve und einer anderen auf
der F-Fläche.   Wir finden also die Koexistenz fest-fluid (fluid wollen wir alle
Phasen auf der Fläche im Gegensatz zur festen Phase nennen), indem wir eine
Ebene anbringen, die gleichzeitig die F-Kurve und die F-Fläche berührt; die
Doppeltangente zwischen den Berührungspunkten stellt bei der betrachteten
Temperatur den kleinsten möglichen F-Wert bei dieser Konzentration und
Volumen vor, ist also absolut stabil.   Die Kurve, die durch das Rollen der Ebene
über die F-Kurve der festen Phase und die F-Fläche auf der letzteren entsteht,
wollen wir die Binodale fest-fluid nennen, obgleich sie natürlich nicht eine
Binodale im Sinne der Theorie der Falten ist.   Da die Volumänderung der festen
Phase für alle in Betracht kommenden Druckwerte so klein ist, können wir
annähernd auch die Bedingung des Berührens der festen Kurve durch die Bedingung ersetzen, daß die Tangentialebene der F-Fläche durch den F-Punkt
für die feste Phase gelegt wird.

19. Auskristallisieren einer Verbindung. Wir betrachten nun zuerst den
Fall, daß die feste Phase eine mittlere Zusammensetzung (etwa $x_s = \tfrac{1}{2}$) hat.
Fangen wir bei tiefer Temperatur an, so liegt der F-Punkt für „fest" tief unter

der F-Fläche, denn da die Schmelzwärme immer positiv ist, weist die feste Phase im Vergleich mit der fluiden um so kleinere freie Energie auf, je tiefer die Temperatur. Für kleine Volumina wird die Berührungsebene dann auf der Flüssigkeitsseite der Fläche rollen. Denken wir uns den Anfang auf der Seite $x < x_s$, bis sie die Binodale flüssig-dampfförmig erreicht (A', Abb. 30); in dieser Lage ist sie selbstverständlich gleichzeitig Tangentialebene im koexistierenden Dampfpunkte. Wir haben also ein Dreiphasensystem fest-flüssig-dampfförmig. Rollen wir die Tangentialebene stetig weiter, so erhalten wir Koexistenzen fest-fluid, wobei die fluide Phase teilweise metastabil, teilweise labil ist, und zwar bis die Tangentialebene wieder in dieselbe Lage zurückkehrt, wenn sie den Schnittpunkt mit dem Dampfast der Binodale flüssig-dampfförmig erreicht hat (A). Für all diese Koexistenzen hat das Dreiphasensystem kleineren F-Wert als das Zweiphasensystem; letzteres ist also metastabil. Wir wollen diese metastabilen Koexistenzen hier nicht weiter verfolgen. Rollen wir die Tangentialebene aus dem Punkte, der die Dampfphase des Dreiphasengleichgewichts angibt, weiter, so entsteht wieder eine Kurve auf der F-Fläche, diesmal auf dem Teil der Fläche, der Dampfphasen vor-

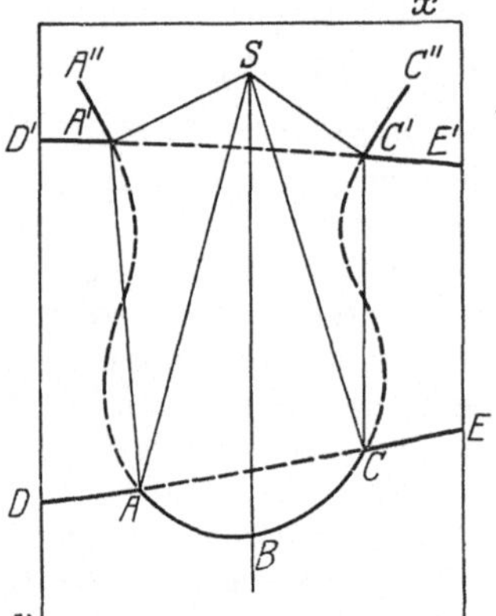

Abb. 30. Binodale fest-fluid.

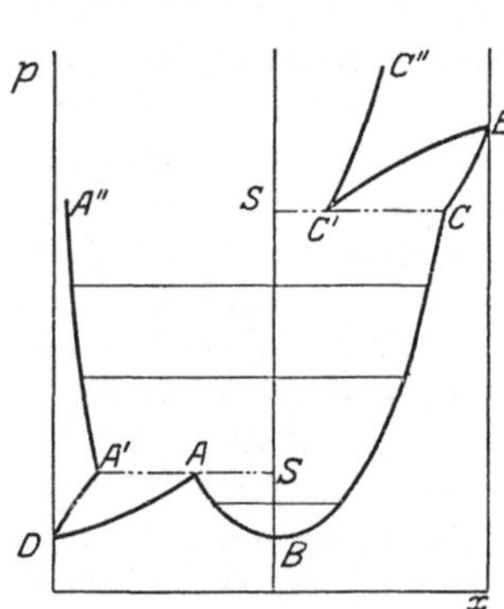

Abb. 31. Druckdiagramm zu Abb. 30.

stellt. Die Binodale fest-fluid erreicht größere Konzentration, überschreitet x_s (B) und wird schließlich die rechte Seite der Binodale der Querfalte erreichen (C). Dort entsteht wieder ein Dreiphasendreieck, und wenn wir wieder von den metastabilen Koexistenzen absehen, setzt sich die Binodale fest-fluid fort aus dem Flüssigkeitspunkt dieses Dreiecks (C'). Wir erhalten also für diese Temperatur das Volumdiagramm (Abb. 30). Die ganz gezogenen Linien geben die stabilen Koexistenzen an, und zwar die Regelflächen $D'A'AD$ und $C'E'EC$ das Zweiphasensystem Dampf-Flüssigkeit, der Kegel $SABC$ das Zweiphasensystem fest-Dampf, die Dreiecke $AA'S$ und $CC'S$ das Dreiphasensystem, die derivierte Fläche $AA''SS'$ und $SC'C''S''$ das Zweiphasensystem fest-flüssig; und weiter homogene Phasen.

Hiermit korrespondiert ein Druckdiagramm Abb. 31. Aus Gleichung (5) ergibt sich, daß für $x_s = x_f$, $dp = 0$. Das Druckminimum liegt also bei x_s. Auch hier hängen natürlich die absolut stabilen Teile der Binodale fest-fluid durch stetige Kurvenzüge, welche metastabile und labile Phasen enthalten, zusammen. Die Verhältnisse sind hier viel verwickelter wie im Volumdiagramm; wir geben deshalb nur die stabilen Teile der Binodalen.

19a. Formänderung der Binodale bei Temperaturänderung. Wollten wir nun die Formänderungen bei Temperaturerhöhung und die damit zusammen hängenden Erscheinungen vollständig verfolgen, so müßten wir die der Gleichung (5) entsprechende Koexistenzgleichung in dv, dx und dT aufstellen, um dann zu untersuchen, wie die Gestaltsänderung der F-Fläche und die Änderung der gegenseitigen Lage von F-Punkt und F-Fläche die Binodale fest-fluid bestimmt. Wir müssen aber, da dies uns hier zu weit führen würde, dafür auf die Originalarbeiten verweisen[1]) und bemerken hier nur, daß die Binodale fest-fluid, die in Abb. 30 eine einzige zusammenhängende Kurve bildet, bei höherer Temperatur durch Zusammenfallen der beiden oberen Punkte mit vertikaler Tangente einen Doppelpunkt erhält und bei noch höherer Temperatur auseinanderfällt in einen geschlossenen Teil, der teilweise außerhalb des Dampfastes der Binodale Dampf-Flüssigkeit, teilweise im metastabilen Gebiete verläuft, und zweitens einen Teil, in welchem $A''A'$ und $C'C''$ von Abb. 30 im metastabilen Teil direkt zusammenhängen (Abb. 32).

Es bestehen also auch bei dieser Temperatur noch zwei Dreiphasendrucke, und dies wird so lange dauern, bis bei immer weitergehendem Zusammenziehen des abgeschnürten Teiles die Punkte AC und natürlich gleichzeitig $A'C'$ zusammenfallen. Wir haben dann die höchste Temperatur erreicht, bei welcher das Dreiphasensystem fest-flüssig-dampfförmig bestehen kann. Bedenken wir, daß die Volumdifferenz Dampf-Flüssigkeit sehr groß ist gegenüber der Volumdifferenz feste Phase/Flüssigkeit, so sehen wir, daß auch die Konzentrationsdifferenz fest-gasförmig bei dieser höchsten Dreiphasentemperatur sehr groß sein muß im Vergleich zur Konzentrationsdifferenz flüssig-fest (Abb. 33).

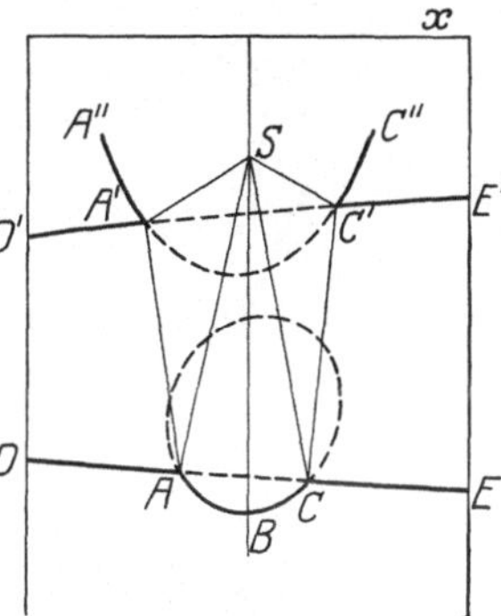

Abb. 32. Spaltung der Binodale.

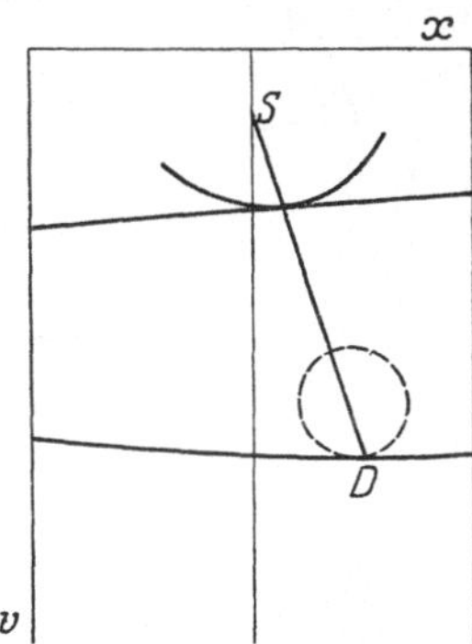

Abb. 33. Endpunkt des Dreiphasensystems.

Mit diesem Übergang hängt es zusammen, daß die höchste Sublimationstemperatur und die tiefste Schmelztemperatur, die bei einem Einstoffsystem zusammenfallen (und zwar mit der höchsten Dreiphasentemperatur), für Mischkristalle wie die hier betrachteten nicht mehr zusammenfallen. Als Schmelzen betrachten wir also den Vorgang, in welchem neben dem festen Körper nur Flüssigkeit von derselben Zusammensetzung und kein Dampf vorhanden ist, als Sublimieren den Vorgang, wobei unter gleichen Konzentrationsverhältnissen nur Dampf, keine Flüssigkeit neben der festen Phase auftritt. Die höchste Sublimationstemperatur ist diejenige, wo der Punkt A die

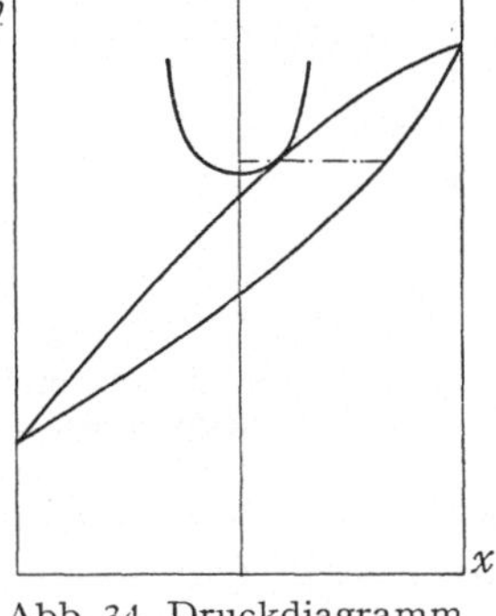

Abb. 34. Druckdiagramm zu Abb. 33.

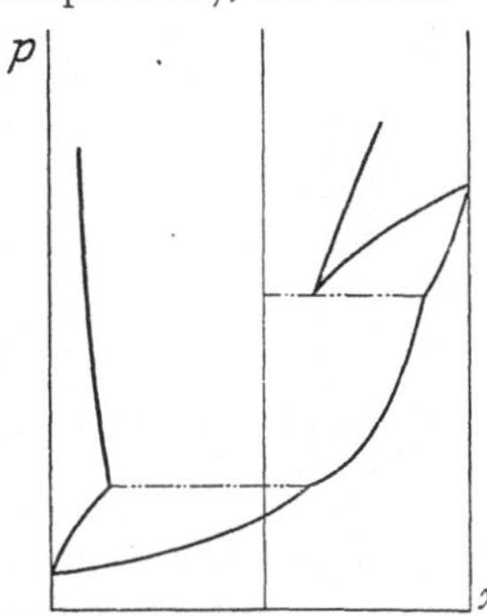

Abb. 35. Druckdiagramm für eine Temperatur zwischen derjenigen für Abb. 32 u. Abb. 33.

---

[1]) Siehe VAN DER WAALS-KOHNSTAMM II, 5. Abschnitt.

Konzentration x_s erreicht; die tiefste Schmelztemperatur die, wobei A' die Konzentration x_s aufweist. Wir gehen hierauf und auf andere Verhältnisse, die sich auf die Druck-Temperaturdiagramme beziehen, nicht ein, sondern geben nur noch das mit Abb. 33 korrespondierende Druckdiagramm für die stabilen Phasen (Abb. 34). Für die äußerst verwickelten Transformationen der Binodale fest-fluid im metastabilen und labilen Gebiete müssen wir daher wieder auf die Originalarbeiten[1]) verweisen. Abb. 35 stellt den Übergangsfall dar, wenn in Abb. 32 der Punkt A die Konzentration x_s überschritten hat.

20. Auskristallisieren der Komponenten. Kristallisiert statt eines Mischkristalls die reine Komponente aus (z. B. $x = 0$), so lassen sich die auf-

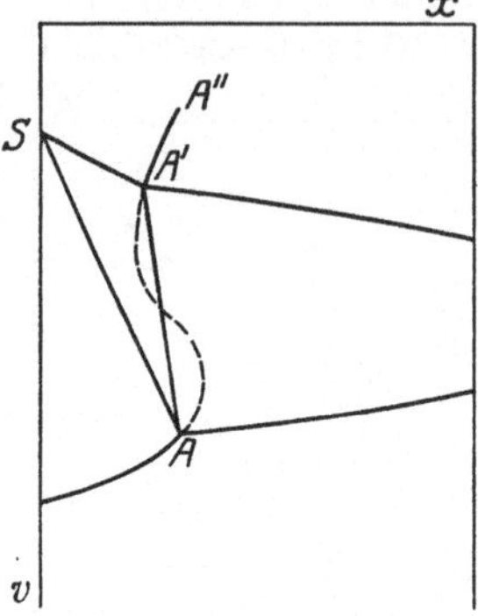

Abb. 36. Binodale fest-fluid bei Auskristallisieren der Komponente.

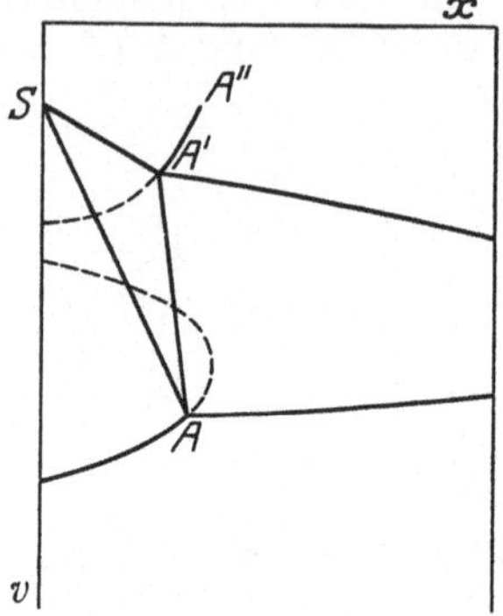

Abb. 37. Spaltung der Binodale.

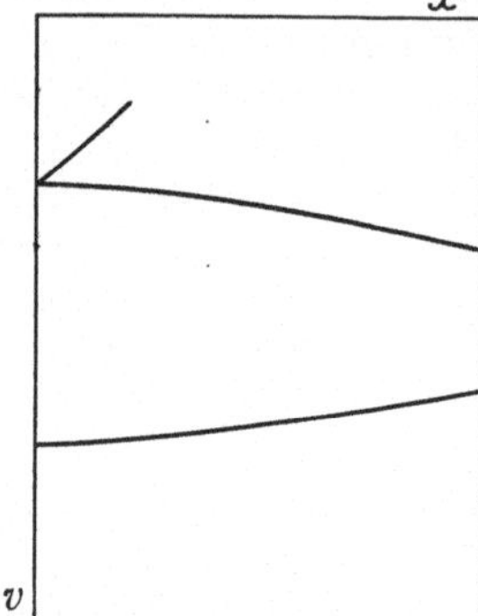

Abb. 38. Tripelpunkt.

tretenden Erscheinungen leicht aus dem Vorhergehenden ableiten. Die Binodale fest-fluid ist dann die eine Hälfte der bisher besprochenen, und zwar für Auskristallisieren der linken Komponente die rechte Hälfte. Wir erhalten statt Abb. 30 jetzt Abb. 36, wo das Dreieck die Dreiphasenkoexistenzen, der Kegel die Koexistenzen fest-dampfförmig angibt und die beiden anderen derivierten Flächen die Koexistenz fest-flüssig und flüssig-gasförmig.

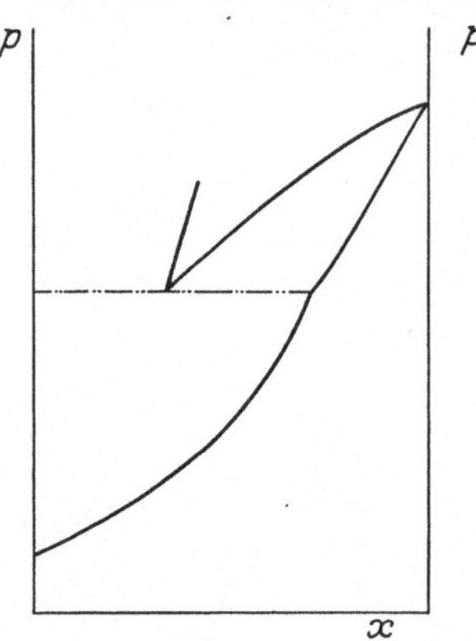

Abb. 39. Druckdiagramm zu Abb. 36 resp. 37.

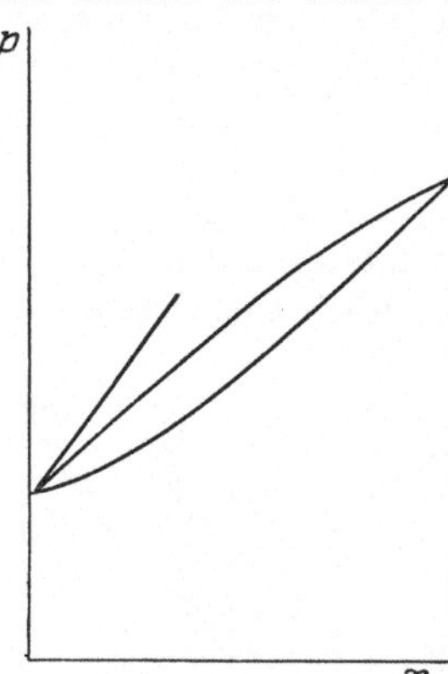

Abb. 40. Druckdiagramm des Tripelpunktes.

Bei höherer Temperatur kann nun die Binodale fest-fluid wieder, wie oben, in zwei Teile auseinanderfallen, und zwar kann dies hier in verschiedener Weise geschehen. Am einfachsten so, daß der obere Punkt mit vertikaler Tangente den Rand erreicht und dann ein Zerfall eintritt wie in Abb. 37; im Tripelpunkt entsteht dann Abb. 38, und bei höherer Temperatur sind die Binodale der Querfalte und die von fest-fluid ganz getrennt. Die korrespondierenden Druckdiagramme sind für die stabilen Phasen in Abb. 39 und 40 angegeben; auf die metastabilen und labilen gehen wir auch hier nicht

---

[1]) Ziff. 19a.

ein; ebensowenig auf die anderen Arten, in welchen die beiden Binodalen sich trennen können; es handelt sich dabei um ziemlich geringfügige Unterschiede im Verlauf der Dreiphasenkurve $S + L + G$[1]).

20 a. Koexistenz der festen mit einer kritischen Phase. Es können aber, bevor der Zerfall der Binodale fest-fluid (Abb. 37) eintritt, unter Umständen — wenn nämlich die beiden Komponenten sehr weit in Flüchtigkeit verschieden sind, noch ganz andere Erscheinungen auftreten. Als Beispiel solcher Fälle hat SMITS[2]) zuerst das System Äther und Anthrachinon untersucht. Lange bevor der Tripelpunkt von Anthrachinon erreicht wird und bevor die Binodale fest-fluid auseinanderfällt, ist der kritische Punkt des Äthers erreicht. Die Binodale der Querfalte schließt sich rechts, und der Faltenpunkt erscheint auf der Fläche. Wir erhalten Abb. 41 I. Wenn nun anfänglich die Binodale der Querfalte sich schneller zusammenzieht als die Binodale fest-fluid, so wird die Lage II auftreten, wobei die letztere die erstere nicht mehr schneidet, sondern berührt, und zwar muß dies, wie leicht ersichtlich, im Faltenpunkt P

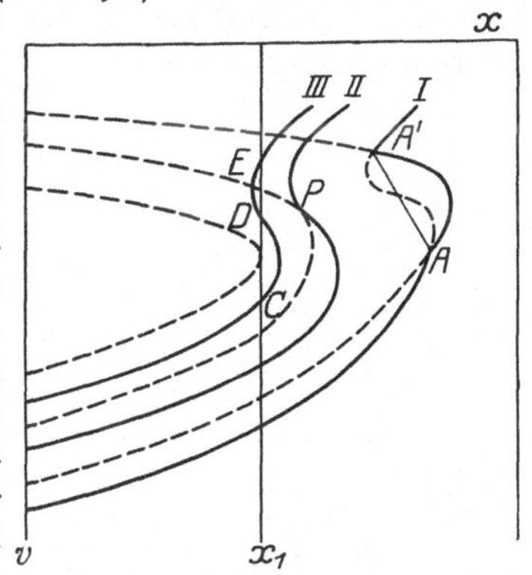

Abb. 41. Binodale fest-fluid im kritischen Gebiet.

geschehen. Wir haben hier also die Koexistenz einer festen mit einer kritischen Phase, ein nonvariantes System, da die kritische Phase wieder für drei Phasen zählt. Gleichzeitig ist dies der kritische Endpunkt der Dreiphasenkurve $S + L + G$, denn oberhalb dieser Temperatur liegt die ganze Binodale der Querfalte im metastabilen Gebiet.

Bei diesen Temperaturen (und schon früher, sowie nämlich die Punkte mit vertikaler Tangente der Binodale fest-fluid ins absolut stabile Gebiet getreten sind) ergibt sich nun in Analogie zur retrograden Kondensation, die wir oben behandelten — eine retrograde Stellung. Ein Gemisch von der Konzentration x_1 (Abb. 41) wird bei C anfangen zu erstarren, bei höherem Druck wird die Menge des festen Stoffes ein Maximum erreichen, bei D ist wieder alles gasförmig geworden (der feste Stoff „hat sich wieder im Gase gelöst"), bis endlich in E der feste Stoff wieder, und jetzt bleibend, auskristallisiert. In der Tat hat sich diese Erscheinung innerhalb sehr weiter Grenzen experimentell mit großer Deutlichkeit feststellen lassen[3]).

Bei höherer Temperatur kann die Binodale fest-fluid den rückläufigen Teil zwischen den Punkten mit vertikaler Tangente verlieren; dann fehlt die retrograde Stellung. Bei noch höherer Temperatur muß sie aber wieder auftreten, denn nachdem die Binodale der Querfalte sich erst schneller zurückgezogen hat als die Binodale fest-fluid, muß jetzt das Umgekehrte eintreten. Der Tripelpunkt aller bekannten Stoffe liegt ja weit unterhalb des kritischen Punktes, lange bevor die Binodale der Querfalte die Fläche verläßt, muß also der Tripelpunkt der Komponente erreicht sein.

Daher muß bei weiterer Erhöhung der Temperatur auf Abb. 41 III wieder eine gegenseitige Lage wie in Abb. 41 II folgen, d. h. es wird aufs neue eine Koexistenz „fest-kritisch" erreicht. Und zwar bedeutet dieser dann einen

[1]) S. Näheres bei BAKHUIS ROOZEBOOM, Die heterogenen Gleichgewichte II, 1, § 5 und VAN DER WAALS-KOHNSTAMM II, § 152—157.

[2]) SMITS, ZS. f. phys Chem. Bd. 51. S. 193. 1905; Bd. 52, S. 587. 1905; Bd. 67, S. 454. 1909; Bd. 76, S. 445. 1911.

[3]) SMITS, ZS. f. phys. Chem. Bd. 51, S. 193. 1905; Bd. 52, S. 587. 1905.

unteren kritischen Endpunkt einer Dreiphasenkurve, denn oberhalb dieser Temperatur sind wieder Dreiphasengleichgewichte möglich. Weiter verläuft dann alles wie in den Abb. 36 bis 40 angegeben. Die Druckverhältnisse von Abb. 41 erläutert noch Abb. 42, die wohl keiner weiteren Erklärung bedarf, und schließlich fügen wir noch die Abb. 43 hinzu, welche für den hier behandelten Fall die Druck-Temperaturverhältnisse angibt. P und Q sind die kritischen Endpunkte der Dreiphasenkurve. Es verdient Beachtung, daß zwischen P und Q

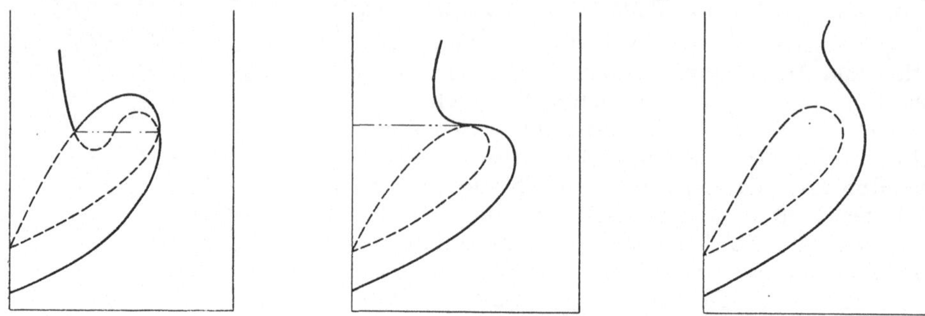

Abb. 42. Koexistenz fest-fluid. Druckdiagramm. Abszisse x; Ordinate p.

zwar die Faltenpunktskurve AB angegeben ist (denn diese existiert, obgleich metastabil), aber keine Festsetzung der Dreiphasenkurve, denn diese wäre auf keine Weise möglich. A und B sind die kritischen Punkte der beiden Komponenten, C und D die Tripelpunkte, E endlich der Quadrupelpunkt: festes A, festes B, Flüssigkeit, Dampf.

Auf die Verhältnisse in einem solchen Quadrupelpunkt gehen wir hier nicht weiter ein, ebensowenig wie auf die damit zusammenhängenden Schmelzdiagramme. Wir verweisen dafür auf Kap. 2 dieses Bandes.

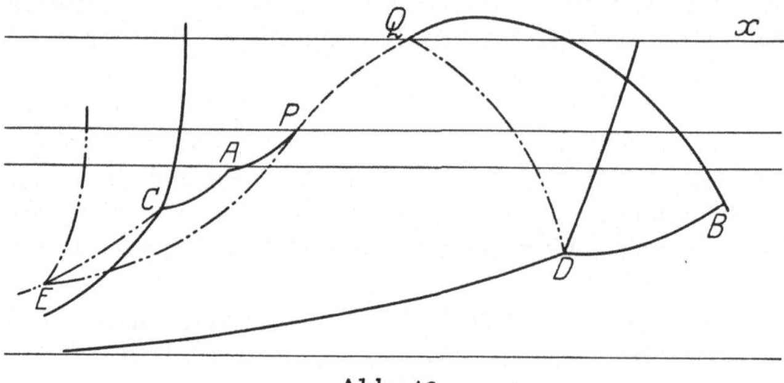

Abb. 43.

Statt des hier gezeichneten Verlaufs der Begegnung von Dreiphasenkurve und Faltenpunktskurve sind noch einige Variationen möglich. Für diese müssen wir aber auf die oben angegebene Originalliteratur verweisen.

III. Analytische Behandlung unter Anwendung der Zustandsgleichung.

a) Die allgemeine Isobarenfigur.

21. Zustandsgleichung der Gemische. Wir konnten in unserer bisherigen Betrachtung nur ganz im allgemeinen den Gang der Erscheinungen beschreiben, weil wir uns von möglichst allgemeinen Gesichtspunkten leiten ließen. Wenn wir jetzt dazu übergehen, unsere Betrachtungsweise viel mehr zu präzisieren, dann verengt sich notwendig das Gültigkeitsgebiet unserer Behauptungen, und zwar in unserem Falle besonders stark dadurch, daß wir nur eine angenäherte Form der Zustandsgleichung besitzen und sogar bei dieser noch Vereinfachungen anbringen müssen, weil wir sonst auf Rechnungen so verwickelter Art geführt werden, daß die Diskussion nicht übersichtlich durchgeführt werden kann. So werden wir die Größe b_x aus der Zustandsgleichung (Kap. 3 dieses Bandes) als reine Funktion von x fassen, obgleich theoretisch feststeht, daß b nicht unabhängig vom Volumen sein kann. Hier und da werden wir auch eine halbempirische Formel gebrauchen wie die für die Abhängigkeit von Sättigungsdruck und Temperatur (Kap. 3 dieses Bandes). Dazu kommt, daß eine exakte Vergleichung der Resultate der Theorie mit dem Experiment aus rechnerischen Gründen selten durchführbar ist. Denn fast nirgends sind die ersteren einem direkten Vergleich mit gemessenen Werten zugänglich. Man muß aus den Ergebnissen der Messung oft durch verwickelte Rechnungen die für das betrachtete System gültigen fundamentalen Werte berechnen und aus diesen dann wieder andere Daten ableiten, die durch direkte Messung kontrolliert werden können.

Dies alles macht, daß wir in der Theorie der Gemische noch mehr wie im Gebiete der Zustandsgleichung der Einstoffsysteme uns begnügen müssen mit Resultaten qualitativer Art. Jedoch werden wir imstande sein, das bisher gezeichnete Bild in wesentlichen Punkten zu ergänzen und Fragen zu erörtern, die sich der bis jetzt befolgten Betrachtungsweise ganz entzogen. Und mit diesen Ergebnissen allgemeiner Art wird sich das Experiment überall in Übereinstimmung erweisen. Freilich müssen wir uns dabei beschränken auf Gemische mit unveränderlichen Molekülen. Erst in Abschnitt IV werden wir kurz den Weg andeuten, der für andere Systeme einzuschlagen ist.

Wir legen unserer Betrachtung die in Kap. 3 dieses Bandes gegebene Zustandsgleichung für Gemische:

$$p = \frac{RT}{v - b_x} - \frac{a_x}{v^2} \tag{12}$$

zugrunde, indem wir, wie schon bemerkt, annehmen werden:

$$a_x = a_1(1 - x)^2 + 2 a_{12} x(1 - x) + a_2 x^2, \tag{13}$$

$$b_x = b_1(1 - x)^2 + 2 b_{12} x(1 - x) + b_2 x^2, \tag{14}$$

a_x und b_x sind also Parabeln, deren Achse senkrecht zur x-Achse liegt. Und zwar schneidet die b-Parabel die x-Achse, da nach der LORENTZschen Formel für b_{12} (Kap. 3 dieses Bandes): $b_{12} > b_1 b_2$.

22. Die Funktionen a_x und b_x. Die drei möglichen Fälle. Wir werden nun, um möglichst allgemein zu Werke zu gehen, die in (12) gegebene Abhängigkeit von p, v, T und x im ganzen Gebiete, wo b_x positiv, studieren, ohne uns um die Grenzen $x = 0$ und $x = 1$ zu kümmern. Durch eine einfache Transformation können wir dann aus diesem Gebiete ein willkürliches Stück zwischen $x' = 0$ und $x' = 1$ herausheben als das betrachtete System. Auf diese Weise ist es möglich, die Verhältnisse der homogenen Einphasensysteme unter Einschluß aller möglichen Fälle in einem ganz allgemeinen Schema zusammenzufassen. Dies geht nicht mehr für die Fragen, die speziell das heterogene Gleichgewicht (Zweiphasensysteme) betreffen, weil in den thermodynamischen Funktionen, die diese Gleichgewichte beherrschen, die logarithmische Funktion auftritt, die sich nicht über die Grenzen $x = 0$, $x = 1$ extrapolieren läßt. Wir werden aber auch für die Betrachtung der Koexistenzen, auf welche es uns gerade ankommt, durch diese Art des Vorgehens eine sehr allgemeine und übersichtliche Grundlage schaffen

Wir sagten soeben, daß wir das Netz der Kurven $p = f(v\,T\,x)$ nach Gleichung (12) im ganzen Gebiete, wo $b_x > 0$, betrachten würden. Es ist klar, daß wir dazu nur die eine Hälfte, wo b zunimmt oder abnimmt, zu betrachten haben, denn diese unterscheiden sich nur dadurch, daß wir die eine als die erste und die andere als die zweite Komponente bezeichnen. Wir wollen nun festsetzen, daß wir als zweite Komponente immer die mit dem größeren Molekül wählen, dann haben wir von den zwei Ästen, wo b_x positiv ist, nur den ansteigenden zu betrachten.

Wir wenden uns jetzt der Gleichung (13) zu. Im Gegensatz zu b_{12} dürfen wir a_{12} nicht als eindeutig bestimmt durch a_1 und a_2 ansehen. Denn die Galitzine-Berthelotsche, auch von van Laar befürwortete Beziehung $a_{12}^2 = a_{12} a_2$ wird nicht allen Erscheinungen bei Gemischen gerecht. Irgendein Zusammenhang — der wohl kaum anders als durch Zurückgehen auf die Atommodelle formuliert werden kann — muß jedoch wohl bestehen. Experimentell läßt sich sagen, daß wir niemals Gemische gefunden haben, die uns zu der Annahme $2\,a_{12} > a_1 + a_2$ zwingen. Alle Systeme, die Verhältnisse aufweisen, welche sich nur durch diese Annahme erklären ließen, zeigen gleichzeitig chemische Umsetzungen oder elektrolytische Dissoziation und sind also doch nicht der Behandlung in diesem Abschnitt (III) zugänglich. Die a-Kurve ist also konvex nach unten, und da wir annehmen, daß $a_{12}^2 < a_1 a_2$ sein kann, kann der Minimumwert von a noch positiv, also physikalisch möglich sein. Es sind also für die Untersuchung der homogenen Phasen drei Fälle zu unterscheiden:

1. Mit steigendem x (resp. b) nimmt a zu;
2. „ „ x („ b) „ a erst ab, dann zu;
3. „ „ x („ b) „ a ab.

Wir können die drei Fälle in einer Betrachtung und Darstellung vereinigen, wenn wir den Fall betrachten, daß das Minimum von a einen positiven Wert besitzt und in das von uns betrachtete Stück der b-Werte fällt. Denn ein Stück aus dem linken Teil dieser Figuren (Fall I) wird dann den oben unter 3. genannten Fall ergeben; ein Stück aus dem mittleren Teile (Fall II) den oben unter 2. genannten Fall, und ein Stück aus dem rechten Teile (Fall III) den oben unter 1. genannten Fall, der sich auch, jedoch in qualitativ gleicher Weise, ergibt, wenn das Minimum von a in das von uns ausgeschaltete Gebiet der b-Werte fällt, oder wenn das Minimum von a negativ ist. Den Wert von x, auf den das Minimum von a fällt, wollen wir mit x_a bezeichnen.

23. Kritische Größen des einheitlich gedachten Gemisches. Wir betrachten nun zuerst in dem jetzt näher festgelegten Gebiete den Verlauf der kritischen Temperatur und des kritischen Druckes des einheitlich gedachten Gemisches, d. h. also (Ziff. 5) den Verlauf der Funktionen $\dfrac{a_x}{b_x}$ und $\dfrac{a_x}{b_x^2}$.

Maxima und Minima für T_k ergeben sich aus:

$$\frac{1}{a}\frac{da}{dx} = \frac{1}{b}\frac{db}{dx}, \tag{15}$$

eine Gleichung dritten Grades, die aber degeneriert zu einer Gleichung zweiten Grades. Es liegt also eine Wurzel bei $x = \infty$, eine zweite zwischen den beiden Werten von x, wo $b = 0$, also $T_k = \infty$. Es kann also höchstens eine Wurzel, und zwar ein Minimum von T_k, im betrachteten Gebiete liegen, und dies wird auch stets der Fall sein, wenn x_a ins betrachtete Gebiet fällt, und zwar liegt es rechts von x_a, wo $\dfrac{da}{dx} > 0$. Damit ist schon ein erster, sehr wichtiger Satz bewiesen, den wir im vorigen Abschnitt II stillschweigend angenommen haben.

Denn es zeigt sich jetzt, daß die Querfalte nur einmal, und zwar rechts von x_a, in zwei Teile auseinanderfallen kann (minimale Faltenpunktstemperatur), wie wir dort annahmen. Auch können die kritischen Temperaturen von beiden Komponenten nicht unterhalb der kritischen Temperaturen der Gemische liegen (dies bedeutet einen maximalen Wert von T_k). Wenn also die Querfalte sich an beiden Seiten vom Rande löst, kann das nicht durch den Verlauf von T_k bestimmt sein. Dem Umstand, durch den solches evtl. möglich wäre, werden wir im folgenden noch bei der Entmischung begegnen. Die Konzentration, für welche T_k minimal wird, werden wir im folgenden mit x_m bezeichnen.

Was p_k anbelangt, so lehrt eine dem obigen analoge Untersuchung, daß der kritische Druck, der für $b = 0$ unendlich wird, entweder keinen stationären Wert im betrachteten Gebiet hat oder ein Maximum und ein Minimum, von denen dann eins oder evtl. beide in das für ein bestimmtes System hervorgehobene Gebiet fallen könnten. Dies wird uns leiten bei der Betrachtung der Faltenpunktskurve.

24. Die geometrischen Örter $\left(\dfrac{\partial p}{\partial v}\right)_x = 0$ **und** $\left(\dfrac{\partial p}{\partial x}\right)_v = 0$. Wir gehen jetzt über zur Betrachtung des Netzes der Kurven $p = f(v\,x\,T)$, wobei wir T als ein konstantes Parameter betrachten, für das aber verschiedene Werte substituiert werden können. Wir wählen die Temperatur etwas unter T_{km} (Minimum von T_k). Die Kurven $p = f(v\,x) = C$ stellen für diese Temperatur Isobaren vor. Die Form dieser Isobaren wird hauptsächlich bestimmt durch die beiden geometrischen Örter $\left(\dfrac{\partial p}{\partial v}\right)_x = 0$ und $\left(\dfrac{\partial p}{\partial x}\right)_v = 0$, in denen die Tangente an der Isobare parallel zur v-Achse resp. zur x-Achse ist.

Sehen wir uns diese geometrischen Örter näher an. $\left(\dfrac{\partial p}{\partial v}\right)_x = 0$ ist die Bedingung für das Maximum resp. Minimum der Isotherme für das einheitlich gedachte Gemisch. Unterhalb T_{km} besteht dieser Ort also aus zwei Ästen, die sich über die ganze Breite des betrachteten Gebietes erstrecken. Bei T_{km} hat dieser Ort einen Doppelpunkt, bei höherer Temperatur ist er in eine linke und eine rechte Hälfte auseinandergefallen, die sich bei Temperaturerhöhung immer mehr nach links und rechts zurückziehen. In den Punkten auf $\left(\dfrac{\partial p}{\partial v}\right)_x = 0$, wo $\left(\dfrac{dv}{dx}\right)_p = \infty$ ist $\left(\dfrac{\partial^2 p}{\partial v^2}\right)_x = 0$; diese Punkte liegen also bei einer bestimmten Konzentration dann, wenn die gewählte Temperatur für diesen Wert von x T_k ist.

Die Form des zweiten Ortes ergibt sich aus Gleichung (12) zu:

$$\left(\frac{v-b}{v}\right)^2 = \frac{RT\dfrac{db}{dx}}{\dfrac{da}{dx}}.\tag{16}$$

Daraus folgt 1., daß dieser Ort links von x_a überhaupt niemals besteht, weil dort die rechte Seite negativ wird; 2. daß für einen bestimmten Wert von T der Ort eine Asymptote hat für den Wert von x, wo $RT\dfrac{db}{dx} = \dfrac{da}{dx}$; denn dann wird $v = \infty$, links von der Asymptote besteht der Ort bei dieser Temperatur nicht, wenigstens nicht für Werte von $v > b$. Bei steigender Temperatur T bewegt sich die Asymptote nach rechts. Bei T_{km} liegt sie aber noch links von x_m, wie sich sofort zeigen wird. Da nur eine der möglichen Wurzeln von (16) einen positiven Wert für v liefert, hat der Ort für jeden Wert von x einen und nur einen Wert von v. Und da dieser Wert größer sein muß als b, während b mit zunehmendem x ins Unendliche wächst, muß der Ort irgendwo ein Volumminimum besitzen. Die beiden Orte werden also unterhalb T_{km} die gegenseitige Lage von Abb. 44 haben. Und zwar liegen die Schnittpunkte links

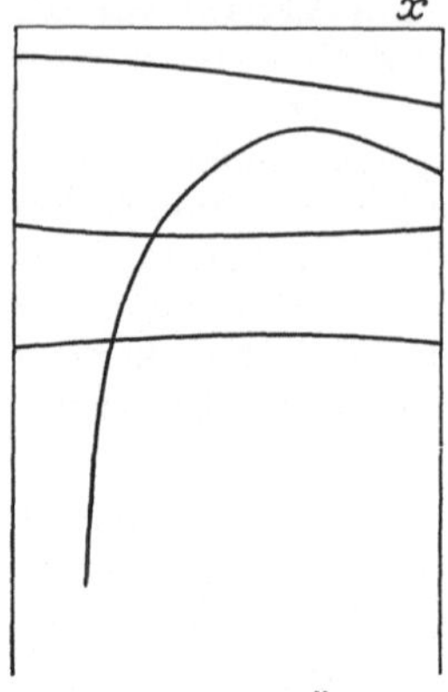

Abb. 44. Die Örter
$\dfrac{\partial p}{\partial x} = 0$ und $\dfrac{\partial p}{\partial v} = 0$.
Abszisse x; Ordinate v.

von den Punkten auf $\dfrac{\partial p}{\partial v} = 0$, wo die Tangente horizontal ist, denn diese liegen auf dem Orte $\dfrac{\partial^2 p}{\partial v\, \partial x} = 0$ oder:

$$\left(\frac{v-b}{v}\right)^3 = \frac{R\,T\dfrac{db}{dx}}{\dfrac{da}{dx}}. \tag{17}$$

Diese Kurve hat nun genau dieselbe Gestalt und Asymptote wie (16), liegt aber rechts von der ersteren, weil die Quadratwurzel immer größer ist als die Kubikwurzel aus demselben Wert < 1. Deshalb liegt nicht nur die Asymptote von $\dfrac{\partial p}{\partial x} = 0$, sondern auch die beiden Schnittpunkte mit $\dfrac{\partial p}{\partial v} = 0$ für T_{km} links von x_a; ein Satz, aus dem wir bald eine experimentell wichtige und kontrollierbare Konsequenz ziehen werden. Oberhalb T_{km} wird $\dfrac{\partial p}{\partial x} = 0$ anfangs noch die linke Hälfte von $\dfrac{\partial p}{\partial v} = 0$ schneiden, aber da diese sich nach links bewegt, während die Asymptote mit steigender Temperatur nach rechts geht, wird bald kein Schnittpunkt der beiden Örter mehr vorhanden sein.

Schon hier möge die Bemerkung Platz finden, daß diese Schnittpunkte Punkte der Spinodalen sein werden, denn sie genügen der Gleichung (11), die sich auch schreiben läßt:

$$\left(\frac{\partial p}{\partial v}\right)_x \left(\frac{\partial^2 F}{\partial x^2}\right) = \left(\frac{\partial p}{\partial x}\right)_v^2. \tag{11a}$$

In allen anderen Punkten wird die Spinodale außerhalb $\dfrac{\partial p}{\partial v} = 0$ liegen müssen, wobei wir vorläufig noch absehen von dem Fall $\dfrac{\partial^2 F}{\partial x^2} = 0$, den wir weiter unten betrachten werden. Also muß die Spinodale in diesem Schnittpunkte den Ort $\dfrac{\partial p}{\partial v} = 0$ berühren.

25. Die Form der Isobaren. In den Schnittpunkten hat die Isobare nun einen Doppelpunkt oder einen isolierten Punkt, denn der Differentialquotient $\left(\dfrac{\partial v}{\partial p}\right)_p$ wird hier unbestimmt. Nun liefert, wie sich leicht einsehen läßt, der Schnittpunkt von $\dfrac{\partial p}{\partial x} = 0$ mit dem Flüssigkeitsast von $\dfrac{\partial p}{\partial v} = 0$ ein Maximum der Minima des Druckes. Dieser Punkt ist also ein Doppelpunkt der Isobare. Der andere Schnittpunkt ist ein Maximum der Maxima des Druckes; er liefert also in dem Netz der Isobaren einen isolierten Punkt. Wählen wir die Temperatur so, daß im Schnittpunkte noch ein positiver Druck herrscht (was jedenfalls erfüllt ist, wenn wir die Temperatur oberhalb $\tfrac{27}{32}\,T_{km}$ wählen, da dann überhaupt noch keine negativen Drucke auftreten nach Kap. 3 dieses Bandes), so muß die Doppelpunktsisobare irgendwo auch den Dampfast von $\dfrac{\partial p}{\partial v} = 0$ schneiden. Wir erhalten dann als Zusammenfassung des Gesagten für das Isobarennetz Abb. 45. Für $T > T_{km}$ aber so, daß $\dfrac{\partial p}{\partial x} = 0$ noch einen Schnittpunkt mit dem Flüssigkeitsast von $\dfrac{\partial p}{\partial v} = 0$ hat, ergibt sich Abb. 46 und für die Temperatur, bei welcher dieser Schnittpunkt gerade auf den Dampfast übertritt, Abb. 47. Diese Temperatur ist wieder experimentell bestimmbar und wichtig, wie folgende Überlegung ergibt.

In Abb. 47 muß im Punkte, wo die Spinodale eine vertikale Tangente hat, diese den Ort $\dfrac{\partial p}{\partial v} = 0$ berühren; dieser hat dieselbe Tangente wie die Isobare, also berührt hier die Spinodale die Isobare; dann muß dieser Punkt ein Faltenpunkt sein, also auch die Binodale durch diesen Punkt gehen. Wir haben hier also den Ausnahmefall, den wir oben (Ziff. 8) meinten; hier fallen der kritische Berührungspunkt und der Faltenpunkt P zusammen; gleichzeitig sind wir aber auch in

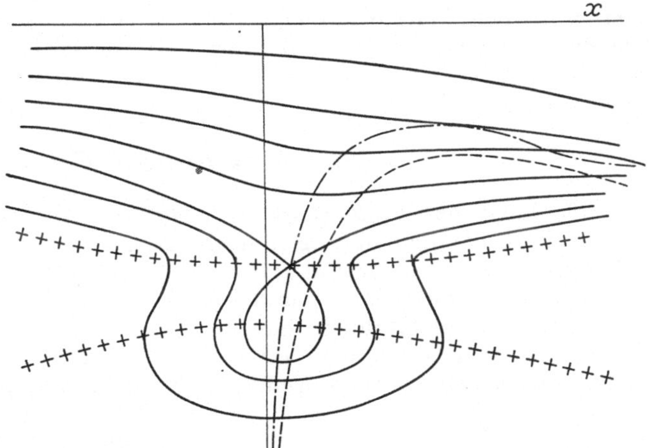

Abb. 45.   Allgemeine Isobarenfigur bei tiefer Temperatur.
Abszisse x; Ordinate v.

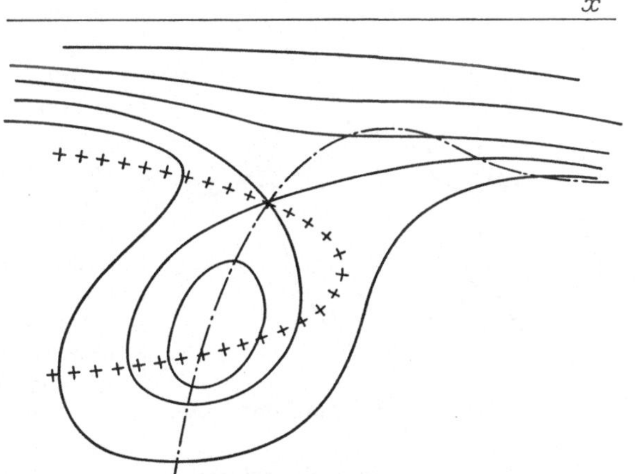

Abb. 46.   Isobarenfigur bei höherer Temperatur.
Abszisse x: Ordinate v.

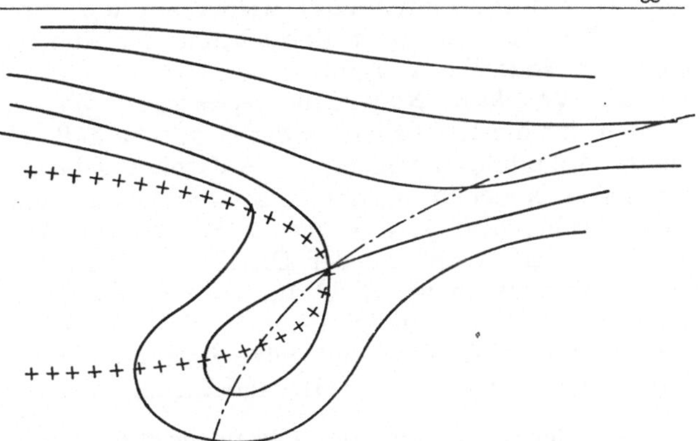

Abb. 47.   Isobarenfigur für den kritischen Punkt $x_1 = x_2$.
Abszisse x; Ordinate v.

dem kritischen Punkte des einheitlich gedachten Gemisches. Wir haben in diesem speziellen Gemisch also einen Fall, wo das Gemisch sich in jeder Hinsicht verhält wie ein einheitlicher Stoff. Wir kommen auf diesen Punkt unten noch zurück

b) Klassifikation der Gemische.

26. Lage des Faltenpunktes. Die abgeleiteten Abbildungen gestatten weiter, jetzt die Behauptungen über die Lage des Faltenpunktes, die wir in Ziff. 9 aufstellten, abzuleiten. Denn wenig oberhalb T_{km} wird die Temperatur des homogenen Doppelfaltenpunktes erreicht sein, bei dem die Falte der F-Fläche ebenfalls auseinanderfällt in eine rechte und eine linke Hälfte. Der Doppelfaltenpunkt wird zwar nicht genau bei x_m liegen, aber doch in der nächsten Nähe. Ziehen wir für diese Temperatur die Isobare, so ergibt sich mit Hinzuziehen von Abb. 46 Abb. 48. Diese lehrt, daß unmittelbar oberhalb der Doppelfaltenpunktstemperatur der Faltenpunkt der rechten Hälfte an der Seite der kleinen Volumina liegen muß, wie wir in Ziff. 9 annahmen. Denn im Faltenpunkt berühren sich Binodale und Isobare. Aus demselben Grunde wird bis zur Temperatur von Abb. 47 auf der linken Hälfte der Faltenpunkt auf der Seite der großen Volumina liegen. Dies bringt also retrograde Kondensation der zweiten Art mit (Abb. 6), und jetzt ist deutlich, weshalb diese, wie oben gesagt wurde, so schwer experimentell festzustellen ist. Denn sie wird erstens nur in dem sehr kleinen Temperaturtrajekt zwischen

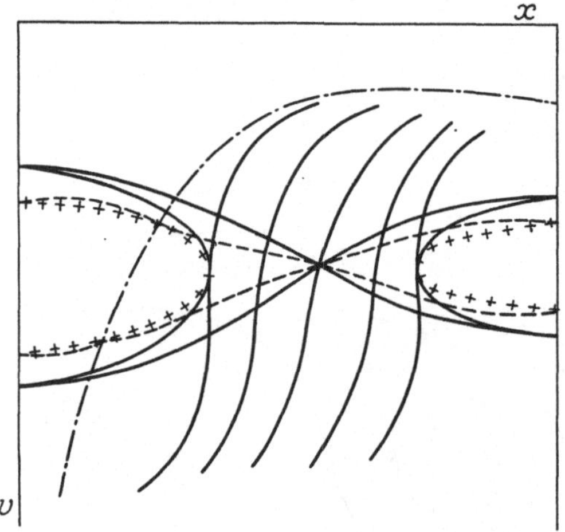

Abb. 48.   Isobaren bei Spaltung der Falte.

Abb. 48 und Abb. 47 zu verwirklichen sein, und zweitens wird eben, weil dies Trajekt so klein ist, der Faltenpunkt überall ganz nahe bei R liegen; die sich bildenden Dampfmengen werden also äußerst klein sein. In der Lage von Abb. 47 tritt der Faltenpunkt wieder auf die Seite der kleinen Volumina, wie sich schon aus genauerer Betrachtung der Abb. 47, aber noch besser aus der Lage der Nodenlinien ergibt.

27. Vertikale Nodenlinie $x_1 = x_2$. Wir kommen damit zu einem zweiten, für die Klassifikation der Gemische äußerst wichtigen Punkt, über den unsere Abbildungen vollständig Aufschluß geben, nämlich das Auftreten von vertikalen Nodenlinien, d. h. also von Gemischen, für welche $x_2 = x_1$. Wir haben früher (Ziff. 3) aus unserer allgemeinen Koexistenzgleichung abgeleitet, daß für solche Gemische der Druck ein Maximum aufweist. Aber aus dieser Gleichung konnten wir nicht finden, ob und für welche Systeme solche Fälle bestehen. Ebensowenig gestatteten dies die allgemeinen Faltenbetrachtungen von Abschnitt II. Wir sind jetzt imstande, die hierhergehörigen Fragen zu lösen, wenn wir das bisher Behandelte mit dem Folgenden ergänzen.

Aus der Bedingung des Gleichgewichtes, daß $\left(\dfrac{\partial F}{\partial x}\right)_{vT}$ in beiden Phasen den gleichen Wert besitzt, ergibt sich, wenn wir für F den in Bd. IX ds. Handb.,

Kap. 1, angegebenen Wert einsetzen:

$$RT \log \frac{x_1}{1-x_1} + \int_{v_1}^{\gamma} \left(\frac{\partial p}{\partial x}\right)_{vT} dv = RT \log \frac{x_2}{1-x_2} + \int_{v_2}^{\gamma} \left(\frac{\partial p}{\partial x}\right)_{vT} dv ,$$

also unter der Bedingung $x_1 = x_2$:

$$\int_{v_1}^{v_2} \left(\frac{\partial p}{\partial x}\right)_{vT} dv = 0 . \tag{18}$$

Zeichnen wir also in Abb. 49 wieder den Ort $\dfrac{\partial p}{\partial x} = 0$ und weiter die Binodale,
so wird die vertikale Nodenlinie immer zwischen den beiden Schnittpunkten
liegen müssen, und zwar näher zu dem Schnittpunkt
mit dem Flüssigkeitsast, da in dessen Nähe $\dfrac{\partial p}{\partial x}$ viel
größere Werte besitzt als für größere Volumina. Eine
genauere Bestimmung finden wir, wenn wir in Gleichung (18) den Wert für p von Gleichung (12) einsetzen und integrieren. Wir erhalten nach leichter
Umrechnung:

$$\left(\frac{1}{v_1} + \frac{1}{v_2}\right) \frac{db}{dx} = \frac{1}{a} \frac{da}{dx} . \tag{19}$$

Bei tiefen Temperaturen ist $\dfrac{1}{v_2} = 0$ und $\dfrac{1}{v_1} = b$,
dann geht Gleichung (19) über in:

$$\frac{dT_k}{dx} = 0 . \tag{20}$$

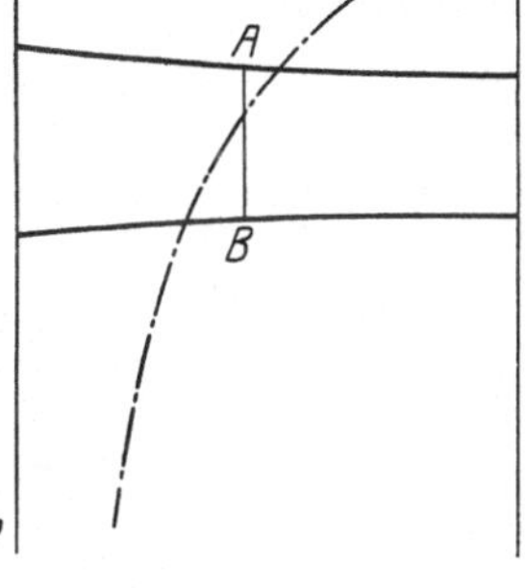

Abb. 49. Lage der verti-
kalen Nodenlinie $x_1 = x_2$.

Bei tiefen Temperaturen liegt die vertikale Nodenlinie ($x_2 = x_1$) also bei x_m,
und zwar existiert nur ein solcher Punkt.

Nehmen wir zweitens die höchste Temperatur, für welche $x_2 = x_1$ werden
kann, nämlich T_k, so ist $v_1 = v_2$. Setzen wir weiter $v_k = 3\,b$, so erhalten wir:

$$\frac{2}{3b} \frac{db}{dx} = \frac{1}{a} \frac{da}{dx} \tag{21}$$

oder

$$\frac{dT_k}{T_k dx} = -\frac{1}{3b} \frac{db}{dx} . \tag{21 a}$$

Diese Konzentration liegt also im Gebiete, wo T_k abnimmt, also links von x_m.
Setzen wir statt $v_h = 3\,b$ den besser mit anderen Resultaten stimmenden Wert
$v_x = 2,4\,b$ (Kap. 3 dieses Bandes), so ergibt sich eine kleinere Verschiebung nach
derselben Seite, nämlich:

$$\frac{dT_k}{T_k dx} = -\frac{1}{6b} \frac{db}{dx} . \tag{21 b}$$

Es ergaben sich also die wichtigen Sätze: Die Konzentration, wo $x_2 = x_1$,
liegt immer links von x_m (nach der Seite des kleinen Moleküls verschoben), und
zwar um so weiter, je höher die Temperatur. Bei tiefen und hohen Temperaturen
kann nur ein solcher Punkt vorkommen, es darf also wohl als gesichert gelten,
daß auch bei mittleren Temperaturen nicht eine Spaltung auftreten wird, die

obendrein gleich drei vertikale Nodenlinien ergeben müßte, denn rechts resp. links von A (Abb. 6) müssen alle Nodenlinien immer die Richtung haben, die in Abb. 49 angegeben ist, wegen des Vorzeichens von $\left(\dfrac{\partial p}{\partial x}\right)$ (positiv links von $\dfrac{\partial p}{\partial x} = 0$, negativ rechts). Noch leichter ergibt sich dies durch Vergleichung mit dem Druckdiagramm Abb. 8.

Mit diesen Sätzen stimmt nun das Ergebnis der Experimente vollständig überein. Obgleich man sich viel Mühe gegeben hat, Systeme mit mehr als einem Punkte $x_2 = x_1$ zu finden, ist dies bei Systemen aus normalen Stoffen niemals gelungen[1]). Die Verschiebung des Maximumpunktes bei Temperaturerhöhung findet, soweit konstatiert, immer statt nach der Seite des kleineren Moleküls, und in dem Fall, wo genügende Daten vorliegen, scheint sich auch die Gleichung (21b) quantitativ zu bestätigen.

Deshalb ist es von Interesse, daß wir diese Gleichung noch auf andere Weise, ohne Gebrauch der Beziehung $v = 2,4\,b$, ableiten können. Nennen wir den Sättigungsdruck des einheitlich gedachten Gemisches p_c, dann liegt dieser immer zwischen Anfang und Ende der Kondensation des wirklichen Gemisches. Aus Abb. 8 folgt dann sofort, daß für das Maximum auch $\dfrac{dp_c}{dx} = 0$ gilt. Führen wir nun die semi-empirische Formel (Kap. 3 dieses Bandes) für den Sättigungsdruck ein:

$$ -\log\frac{p_c}{p_k} = f\left(\frac{T_k}{T} - 1\right), $$

so erhalten wir:

$$ -\frac{1}{p_c}\left(\frac{dp_c}{d_x}\right)_T = -\frac{1}{p_k}\frac{dp_k}{dx} - \frac{f}{T}\frac{dT_k}{dx} = 0, $$

also für $T = 0$, $\dfrac{dT_k}{dx} = 0$, und durch Substitution der bekannten Werte von p_k und T_k erhalten wir wieder, mit $f = 7$:

$$ \frac{1}{T_k}\frac{dT_k}{dx} = -\frac{1}{6b}\frac{db}{dx}. $$

Für $T = \tfrac{1}{2}T_k$, den tiefsten Wert, den man im allgemeinen noch erreichen kann. wegen des Auftretens der festen Phase, erhält man:

$$ \frac{1}{T_k}\frac{dT_k}{dx} = -\frac{1}{13b}\frac{db}{dx}. $$

28. Faltenpunktskurve. Wir sehen also, daß die Klassifikation der Gemische, die wir in Ziff. 22 betrachteten, in der Tat zu den drei experimentell gefundenen v, x- und p, x-Diagrammen (Abb. 50 bis 52) führt. Hierbei ist zu beachten, daß Abb. 50 nicht durch Achsenvertauschung mit Abb. 52 zu identifizieren ist, weil für Fall I der Stoff mit größerem Molekül höheren Sättigungsdruck hat, während für Fall III das Umgekehrte gilt. Wie diese Abbildungen sich ändern für steigende Temperatur, und wie die kritischen Erscheinungen daraus folgen, braucht nach dem Vorhergehenden nicht weiter erläutert zu werden. Nur bemerken wir noch, daß experimentell zwar p, x-Kurven mit einem Minimum bekannt sind, die also nicht in unser Schema passen, daß dabei jedoch immer chemische Reaktionen zwischen den Komponenten vorliegen, so daß unsere Voraussetzungen für diese Systeme nicht gültig sind.

---

[1]) Vgl. v. Zawidski, ZS. f. phys. Chem. Bd. 69, S. 630. 1909.

Die erhaltene Übersicht über die möglichen Fälle läßt sich nun noch weiter nachprüfen durch Betrachtung des p, T-Diagramms der kritischen Punkte des einheitlich gedachten Gemisches und der sog. Faltenpunktkurve, d. h. des

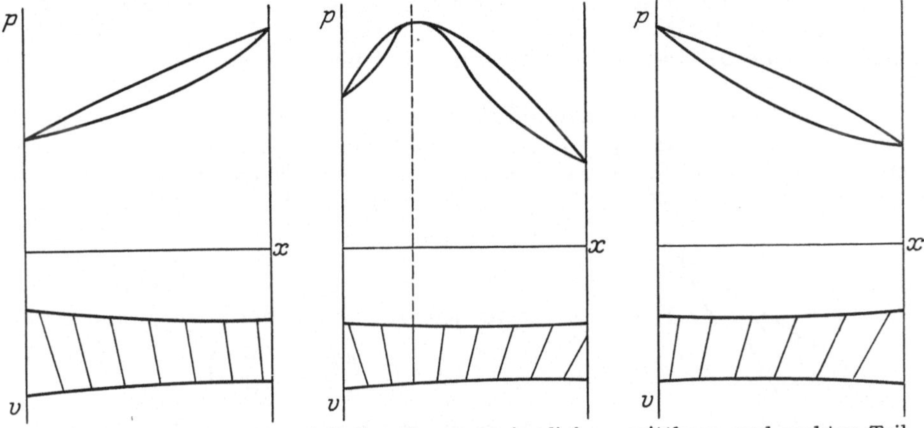

Abb. 50 bis 52.   Druck und Volumdiagramm im linken, mittleren und rechten Teil der Isobarenfigur.

p, T-Diagramms für den Faltenpunkt. (Die Projektion des Endpunktes einer wirklichen „Falte" ist dies natürlich nicht.)

Betrachten wir zuerst die ersteren. Da $\dfrac{T_k}{p_k} = \dfrac{8b}{R}$ und b immer wächst mit x, kann ein Radiusvektor aus dem Ursprung die p, T-Kurve der kritischen Punkte nur einmal schneiden. Für $b = 0$ werden p_k und T_k unendlich, und zwar p_k groß gegenüber T_k. Für $x = \infty$ erhält T_k einen endlichen Wert, während

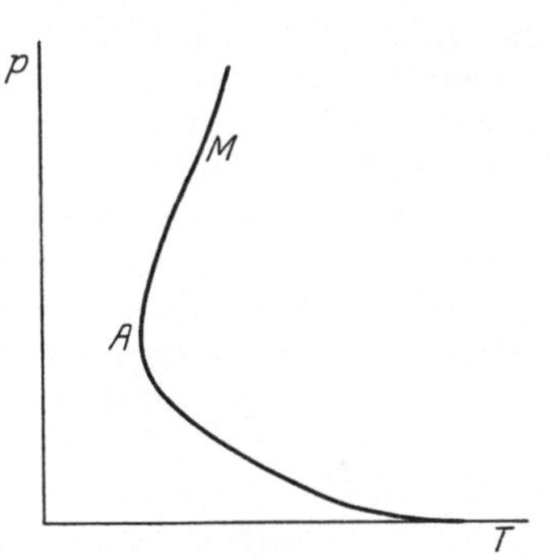

Abb. 53.   Allgemeine Faltenpunktskurve.

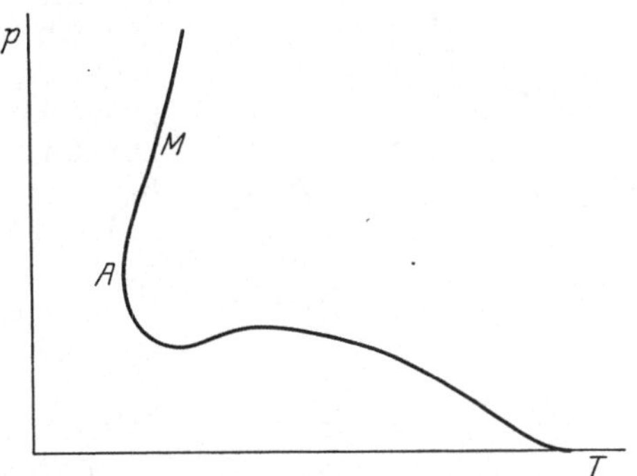

Abb. 54.   Allgemeine Faltenpunktskurve mit Druckminimum.

$p_k = 0$ wird. Dazwischen liegt (Ziff. 23) ein Minimum von T_k und entweder ein Minimum nebst Maximum von p_k oder keins von beiden. Wir erhalten also für alle möglichen Systeme die Kurven Abb. 53 oder Abb. 54. Der Punkt M bezeichnet das Gemisch, für welches bei der kritischen Temperatur $x_2 = x_1$; es liegt nach der Seite des kleineren b verschoben im Vergleich zum Minimum A von T_k.

Aus diesen Kurven können wir nun Stücke herausnehmen, die dann für ein bestimmtes Gemisch gelten. Je nachdem wir den mittleren Teil nehmen, in welchen M und A fallen, oder ein Stück nach der Seite der kleineren oder größeren Moleküle, erhalten wir wieder unsere drei Fälle. Dazu ist noch folgendes zu beachten:

1. Theoretisch wäre es nicht undenkbar, einen Fall zu finden, der nur einen der beiden Punkte A oder M enthält. In der Tat aber liegen beide Punkte immer so nahe beisammen, daß experimentell noch nie ein solches System gefunden wurde.

2. Für Systeme aus dem mittleren Gebiete wird sich die Faltenpunktkurve sehr nahe an die p_k, T_k-Kurve anschließen müssen, denn sie hat außer den Anfangs- und Endpunkten (kritische Punkte der Komponenten) noch einen dreifachen Punkt in M mit ihr gemein. Denn weil hier

$$\left(\frac{\partial p}{\partial v}\right)_{xT} = 0 \quad \text{und} \quad \left(\frac{\partial p}{\partial x}\right)_{vT} = 0,$$

ist für jede Kurve, die durch diesen Punkt geht:

$$\frac{dp}{dT} = \left(\frac{\partial p}{\partial T}\right)_{v \cdot x}.$$

Oberhalb M hat aber bei derselben Temperatur der Faltenpunkt höheren Druck als der kritische Punkt des einheitlichen Gemisches; von M bis A tritt das Umgekehrte ein (vgl. Abb. 50 und 51, resp. 7 und 8). Also oskulieren beide Kurven in M.

3. In der rechten Hälfte der Isobarenfigur (Fall III) wird die Faltenpunktskurve immer oberhalb der kritischen Kurve des einheitlichen Gemisches liegen, und zwar kann sie sich hier beträchtlich davon entfernen. Es wäre z. B. möglich, daß die p_k, T_k-Kurve kein Maximum des Druckes aufweist, während die Faltenpunktskurve es besitzt. Jedenfalls kommt das Druckmaximum in der Faltenpunktskurve häufig vor. Wir erhalten also die drei Typen Abb. 55 bis 57, in welchen außer der Faltenpunktskurve die Sättigungskurven der beiden Komponenten und einige Sättigungskurven für Gemische von konstanter Zusammensetzung (Durchschnitte für x konstant durch die p-T-x-Fläche) angebracht sind. Die Punkte der letzteren Kurven geben Anfangs- und Enddruck und Temperatur für die Kondensation eines solchen Gemisches, das koexistierende Gemisch liegt selbstverständlich nicht auf derselben Kurve. Aus der Gleichung für die koexistierenden Phasen (5) ergibt sich, daß im Maximumdruck dieser Durchschnitte $W_{21} = 0$; bei der maximalen Temperatur ist $v_{21} = 0$ (der Punkt R), während im Faltenpunkt diese Durchschnitte die Faltenpunktskurve berühren. Für die gegenseitige Lage dieser Punkte in den verschiedenen Durchschnitten der p-T-x-Fläche,

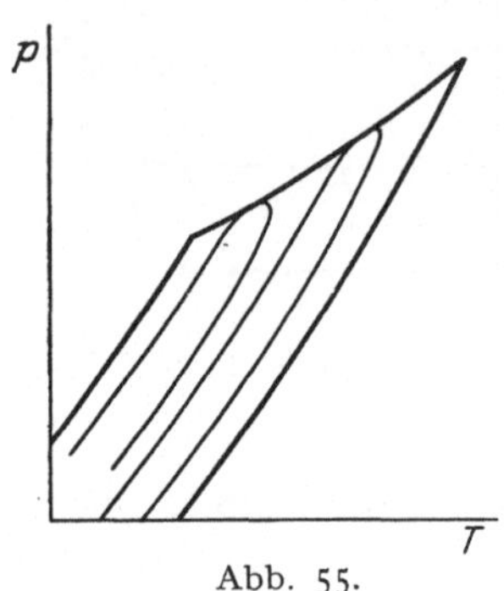

Abb. 55.

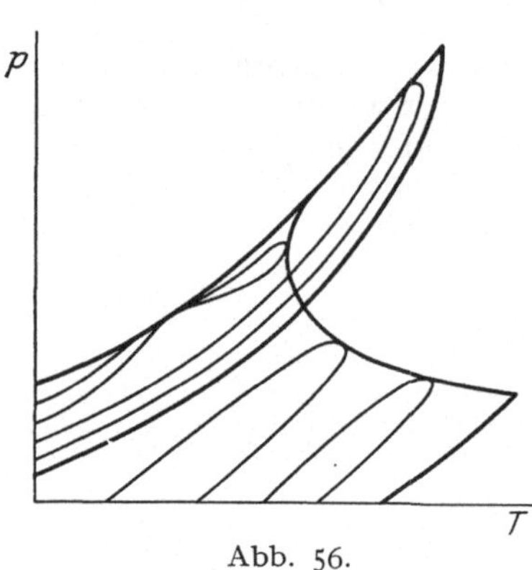

Abb. 56.

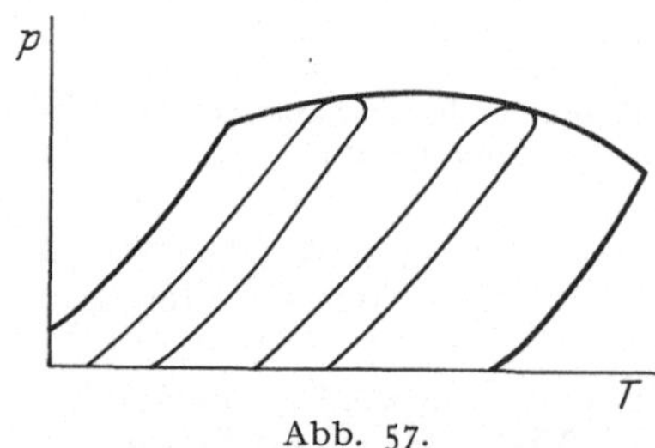

Abb. 57.

Abb. 55 bis 57. Faltenpunktskurve und p-, T-Kurven für Systeme aus dem linken, mittleren und rechten Teile der Isobarenfigur.

auch für die Siedediagramme (T, x-Durchschnitte) müssen wir auf die Originalarbeiten[1]) verweisen.

c) Entmischung.

29. Die Kurve $\dfrac{\partial^2 F}{\partial x^2} = 0$ und ihre Bedeutung für die Stabilität. Die Betrachtung der allgemeinen Isobarenfigur führt uns zu einer allgemeinen und einfachen Klassifikation aller Systeme, die keine Entmischung in zwei flüssige Phasen zeigen. Die Komplikationen, die bei der Entmischung auftreten, lassen sich aber aus der allgemeinen Isobarenfigur allein nicht ableiten. Das liegt an dem schon oben Ziff. 22 genannten Umstande, daß nämlich wohl die Eigenschaften der homogenen Phasen, aber nicht die aller Koexistenzen sich extrapolieren lassen über die Grenzen $x = 0$ und $x = 1$ wegen des Auftretens der logarithmischen Funktion in der Entropie und freien Energie.

Wir haben bis jetzt stillschweigend angenommen, daß die Grenzen des labilen Gebietes für die Gemische zwar weiter auseinanderliegen als für das einheitlich gedachte Gemisch, aber daß die Entfernung nicht sehr groß wird, oder mit anderen Worten, daß die Spinodale sich niemals allzu weit entfernt von der Kurve $\dfrac{\partial p}{\partial v} = 0$. Dabei ist nun aber angenommen, daß außerhalb $\dfrac{\partial p}{\partial v} = 0$ überall $\left(\dfrac{\partial^2 F}{\partial x^2}\right)_{vT} > 0$, denn Punkte, in denen $\left(\dfrac{\partial^2 F}{\partial x^2}\right)_{vT} \lessgtr 0$, liegen jedenfalls im labilen Gebiete.

Die Komplikationen, die zur Entmischung führen, hängen also zusammen mit der gegenseitigen Lage von $\dfrac{\partial^2 F}{\partial x^2} = 0$ und $\dfrac{\partial p}{\partial v} = 0$. Betrachten wir die erstere Kurve näher. Aus dem Wert von F folgt dafür durch Anwendung von Gleichung (12):

$$\frac{RT}{x(1-x)} + \frac{RT\left(\dfrac{db}{dx}\right)^2}{(v-b)^2} + \frac{RT\dfrac{d^2b}{dx^2}}{v-b} = \frac{\dfrac{d^2a}{dx^2}}{v}. \tag{22}$$

Nun sind, wie wir angenommen haben, $\dfrac{d^2a}{dx^2}$ und $\dfrac{d^2b}{dx^2}$ immer positiv. In der Nähe des absoluten Nullpunktes existiert die Kurve also immer, und zwar bildet sie eine geschlossene Kurve nicht weit von $x = 0$, $v = b$, $x = 1$, $v = \infty$. Für höhere Temperaturen muß die Kurve geschlossen bleiben, denn sie kann niemals eine der angegebenen Grenzen erreichen. Für einen bestimmten Wert von v und x findet man, da die Gleichung (22) linear in T ist, immer nur einen Wert von T, also müssen diese geschlossenen Kurven so liegen, daß die für höhere Temperatur die für tiefere Temperaturen immer ganz umschließt, bis endlich bei einer Höchsttemperatur T_M die Kurve $\dfrac{\partial^2 F}{\partial x^2} = 0$ sich zu einem isolierten Punkte zusammengezogen hat und verschwindet.

30. Die sechs Fälle der Entmischung. Es ist also für die Klassifikation der Gemische entscheidend, wo dieser Punkt liegt. Liegt er unterhalb $\frac{1}{2}T_k$, so wird sich die Entmischung, auch wenn sie auftreten sollte, durch das Ausscheiden der festen Phase jedenfalls der experimentellen Beobachtung entziehen. Liegt er oberhalb T_k, so muß sich das Auftreten der Kurve $\dfrac{\partial^2 F}{\partial x^2} = 0$ jedenfalls be-

---

[1]) Siehe van der Waals-Kohnstamm II, dritter Abschnitt, Kapitel III.

merklich machen durch das Auftreten einer maximalen Faltenpunktstemperatur, denn in der Nähe des isolierten Punktes wird es dann noch ein labiles Gebiet geben, während die Falte in der Nähe der Komponenten schon verschwunden ist. Wir erhalten dann die Komplikationen, die zu den Abb. 27 und 28 führt (Fall VI der Entmischung).

Liegt der isolierte Punkt zwischen $\frac{1}{2}T$ und T_k, aber weit außerhalb der Kurve $\frac{\partial p}{\partial v} = 0$, so muß es zu einer Abschnürung der Spinodale und Bildung einer eigenen Längsfalte kommen (Fall IV der Entmischung).

Die anderen Fälle treten auf, wenn das Verschwinden der Kurve $\frac{\partial^2 F}{\partial x^2} = 0$ stattfindet zwischen $\frac{1}{2}T_k$ und T_k, nicht weit von $\frac{\partial p}{\partial v} = 0$ entfernt und so, daß unterhalb T_M eine Durchschneidung der beiden Kurven $\frac{\partial^2 F}{\partial x^2} = 0$ und $\frac{\partial^2 F}{\partial v^2} = 0$ stattfindet. Dadurch wird die Spinodale zurückgedrängt aus der Nähe von $\frac{\partial p}{\partial v} = 0$ zu viel höheren Drucken, und daraus sieht man sofort ein, daß die Spinodale ein Druckmaximum, d. h. einen Faltenpunkt, aufweisen muß.

Von hier aus läßt sich auch übersehen, was wir oben Zfff. 17 bemerkten, daß nämlich die Entmischung nicht, wie in unseren Abbildungen der Übersichtlichkeit halber überall angenommen, bei einer tiefsten Temperatur (unterer kritischer Endpunkt) zu enden braucht, sondern sich bis zum absoluten Nullpunkt erhalten kann. Experimentell läßt sich das natürlich durch das Auftreten der festen Phase nicht nachweisen.

Je nachdem nun die Temperatur, wo $\frac{\partial^2 F}{\partial x^2} = 0$ verschwindet, nahe bei T_k oder bedeutend tiefer liegt, werden wir die Fälle II und V resp. I und III erhalten, wobei wir in V und III mit Systemen aus dem mittleren Teile der Isobarenfigur zu tun haben, während II und I im rechten Teile (evtl. im linken Teile) auftreten werden. Dabei läßt sich durch nähere Betrachtung der Isobarenfigur und der Kurven $\frac{\partial F}{\partial x} = C$ noch zeigen, daß Systeme mit homogenen Doppelfaltenpunkten (Loslösung) nur auftreten werden, wenn wir mit einem System aus der Mitte der Isobarenfigur zu tun haben, daß daher für die Fälle IV kein Analogon aus der rechten Hälfte zu erwarten ist[1]). Aber darauf gehen wir hier nicht näher ein. Ebensowenig werden wir verweilen bei den verwickelten Rechnungen über das Problem, wie die behandelten Fälle zusammenhängen mit den wechselnden Verhältnissen zwischen den Größen a_1, a_2, a_{12}, b_1, b_2, da dieselben nur unter vereinfachenden Annahmen $\left(\text{z. B. } \frac{d^2 b}{d x^2} = 0\right)$ und dann noch wenig übersichtlich durchgeführt werden können.

d) Spezielle Fragen.

31. Geradlinige Dampfdruckkurve. Dagegen wollen wir noch zwei spezielle Fragen über die Form der Binodale ohne Entmischung besprechen, auf welche die Theorie mit Hilfe der Zustandsgleichung eine Antwort zu geben gestattet. Man hat wiederholt die Vermutung ausgesprochen, daß binäre Gemische frei von chemischen Reaktionen, Dissoziationen und Assoziationen

---

[1]) Vgl. Fußnote Ziff. 15.

geradlinige Partialdruckkurven für die beiden Komponenten ergeben müßten[1]);
d. h. also, daß die Partialdrucke $p x_2$ und $p(1 - x_2)$ sich bestimmen ließen durch

$$p x_2 = p_2 x_1 \quad \text{und} \quad p(1 - x_2) = p_1(1 - x_1). \tag{23}$$

Es ist klar, daß in diesem Falle die Totaldruckkurve als Funktion der Flüssigkeitskonzentration ebenfalls geradlinig wird:

$$p = p_1(1 - x) + p_2 x_1 \tag{24}$$

während man für die Kurve $p = f(x_2)$ eine Hyperbel findet:

$$\frac{1}{p} = \frac{1 - x_2}{p_1} + \frac{x_2}{p_2}$$

durch Elimination von x_1 aus den beiden Gleichungen (23).

Durch Messungen von VON ZAWIDZKI[2]) und von HARTMANN[3]) ist dieser Zusammenhang der beiden Dampfdruckkurven bestätigt. Übrigens ließ sich kaum anderes erwarten, da diese Ableitung nichts über die besonderen Eigenschaften der beiden Komponenten voraussetzt. Ganz anders steht es mit der Frage, unter welchen Umständen diese lineare Totaldruckkurve vorkommt. Aus der Gleichheit der thermodynamischen Potentiale der beiden Stoffe können wir, mittels der MAXWELLschen Beziehung (Kap. 3 dieses Bandes) den Koexistenzdruck des homogen gedachten Gemisches p_c einführend, die Formel erhalten:

$$p = p_1(1 - x_1)\,e^{\log p_c - \log p_1 - x_1 \frac{d\log p_c}{d x_1}} + p_2 x_1\,e^{\log p_c - \log p_2 + (1 - x_1)\frac{d\log p_c}{d x_1}}. \tag{25}$$

Diese Formel geht nur unter der Annahme:

$$\frac{d\log p_c}{d x_1} = \log \frac{p_2}{p_1},$$

daher:

$$\log p_c = x_1 \log \frac{p_2}{p_1} + \log p_1,$$

in Gleichung (24) über. Daraus folgt schon, daß wir nicht für eine ganze Reihe von Temperaturen, streng genommen sogar nicht für eine einzelne Temperatur, Gleichung (24) als erfüllt ansehen dürfen. Denn mit der Formel für p_c, die wir schon in Ziff. 27 benutzten, ergibt sich:

$$\frac{d\log p_c}{d x} = \frac{d\log p_k}{d x} - \frac{f}{T}\frac{d T_k}{d x} = C. \tag{26}$$

Soll diese Beziehung für verschiedene Temperaturen und jeden beliebigen Wert von x erfüllt sein, so muß

$$\frac{d\log p_k}{d x} = \log \frac{p_{k_2}}{p_{k_1}} \quad \text{und} \quad \frac{d T_k}{d x} = T_{k_2} - T_{k_1} \text{ sein,}$$

und daraus läßt sich ableiten $a_1 = a_2 = a_{12}$ und $b_1 = b_2$, ein Fall, der wohl nur bei optischen Antipoden eintritt.

Annähernd erfüllt sind die Gleichungen (26) auch für:

$$a_{12} = a_1 a_2 \quad \text{und} \quad p_{k_1} = p_{k_2} \tag{27}$$

---

[1]) LINEBARGER, Journ. Amer. Chem. Soc. Bd. 17, S. 615. 690, 1895; SPEYERS, Journ. Phys. Chem. Bd. 2, S. 347, 362. 1898; DOLEZALEK, ZS. f. phys. Chem. Bd. 64, S. 727. 1908; Bd. 71, S. 191. 1910.
[2]) ZS. f. phys. Chem. Bd. 35, S. 129. 1900.
[3]) Versl. Akad. Amsterdam Bd. 9, S. 60. 1900; Journ. phys. Chem. Bd. 5, S. 425. 1900.

und, wenn wir nur auf die tiefen Temperaturen achten, in welchen das erste Glied rechts von (26) nur geringen Einfluß hat, für:

$$2\,a_{12} = \frac{b_2}{b_1}\,a_1 + \frac{b_1}{b_2}\,a_2\,. \tag{28}$$

Unter dieser Bedingung ist die Totaldruckkurve geradlinig. Es läßt sich leicht zeigen, daß dann auch die Mischungswärme der Komponenten verschwindet. Aus dem Auftreten einer Krümmung der Druckkurve oder dem Auftreten einer Mischungswärme darf man also keineswegs auf chemische Reaktion oder Assoziation schließen, sondern nur auf das Nichterfülltsein der Bedingungen (27) resp. (28).

32. Formänderung der Binodale bei Temperaturänderung. Die zweite Frage betrifft die Formänderung der Binodale bei Änderung der Temperatur. Wir haben oben (Ziff. 8) gesagt, daß der kritische Berührungspunkt R die Eigenschaft besitze, welche in einem Einstoffsystem dem kritischen Punkte zukommt, daß für die Konzentration dieses Punktes kein Zweiphasensystem existiert bei der betrachteten und höheren Temperatur, während bei der geringsten Abkühlung sofort zwei Phasen auftreten. Streng genommen entscheidet jedoch noch nicht die Lage von R über die Richtigkeit dieser Behauptung; es gehört hinzu, daß zwei aufeinanderfolgende Binodalen sich nicht schneiden können, sondern die für höhere Temperaturen immer ganz innerhalb der für tiefere Temperaturen liegt.

In der Tat läßt sich dieser allgemeine Satz erweisen, jedoch nur unter Zugrundelegung der Zustandsgleichung. Bildet man nämlich die mit Gleichung (5) übereinstimmende Differentialgleichung in v, T und x, so erhält man als Faktor von dT einen Ausdruck, der von der Energie U der beiden Phasen abhängig ist. Führt man nun in Übereinstimmung mit der Zustandsgleichung für die Energie ein:

$$U = -\frac{a_x}{v}\,, \tag{29}$$

so läßt sich zeigen, daß der Faktor von dT immer negativ ist, und daraus ergibt sich dann der oben genannte Satz.

Übrigens ist es klar, daß dieser nicht ein rein thermodynamischer Satz sein kann, sondern einer, dessen Gültigkeit von der speziellen Form der Zustandsgleichung abhängt. Denn bei Wasser unterhalb 4° liegt ja an der Flüssigkeitsseite der Endpunkt der Binodale für tiefere Temperatur bei größerem Volumen. Bei Gemischen mit Wasser gilt also der betrachtete Satz nicht unter allen Umständen. Das liegt daran, daß hier der Wert (29) für die Energie nicht gilt

IV. Allgemeine Thermodynamik der Gemische.

a) Dissoziation und chemisches Gleichgewicht.

33. Ableitung des Gleichgewichts aus der F-Fläche. Wir haben bisher bei unserer Betrachtung der binären Gemische stets angenommen, daß die Komponenten unwandelbare Moleküle besitzen. Wir wollen jetzt diese Annahme fallen lassen und annehmen, daß unter bestimmten Umständen die eine Komponente sich in die andere umwandeln oder mit ihr zusammen eine Verbindung bilden könne.

Betrachten wir zuerst den erstgenannten Fall. Wir denken uns zunächst ein Gemisch, etwa wie Paraldehyd und Azetaldehyd. Die beiden Komponenten können jede für sich und auch miteinander gemischt unverändert bestehen;

setzen wir jedoch einen Katalysator hinzu, so entsteht die Möglichkeit gegenseitiger Umwandlung und ein Gleichgewicht. Ohne Katalysator haben wir also ein binäres Gemisch, für welches wir eine F-Fläche bilden können in der oben besprochenen Weise. Alle früheren Schlüsse über die Form der Fläche und die daraus abzuleitenden Schlüsse über Koexistenz, Stabilität usw. gelten hier auch. Wenn nun der Katalysator hinzugefügt wird, wird eine neue Bedingung für das Gleichgewicht hinzutreten; denn durch die Änderung von x, der Zusammensetzung, kann F abnehmen, während bis jetzt x eine fest gegebene Größe war. Die Bedingung, daß F minimal wird für alle möglichen Änderungen, liefert also hier:

$$\left(\frac{\partial F}{\partial x}\right)_{vT} = 0 \tag{30}$$

oder geometrisch: das Gleichgewicht wird für ein gegebenes Volumen bei dem Minimum der F, x-Kurve (Abb. 2, I) liegen.

Dasselbe dürfen wir nun annehmen für ein Gemisch wie $2\,NO_2 \rightleftarrows N_2O_4$, obgleich hier nicht leicht anzugeben wäre, wie die Energie und Entropie des NO_2 resp. N_2O_4 zu bestimmen sei, da diese Moleküle allein nicht existenzfähig sind. Nehmen wir jedoch an, daß wir in derselben Weise wie in dem System mit Katalysator die F-Fläche aufbauen und das Gleichgewicht ableiten dürfen, so führt diese Annahme uns schon zu wichtigen Schlüssen.

Denn wir sehen, daß bei gegebener Temperatur zu jedem Werte von v nur ein möglicher Wert von F gehört. Wir erhalten also für bestimmte Temperatur wieder eine F, v-Kurve, deren Doppeltangente die Koexistenz flüssig-dampfförmig bezeichnet. Da die Neigung dieser Doppeltangente gegen die v-Achse den Druck darstellt, verhält sich das System bei Kondensation also wie ein Einstoffsystem, d. h. es kondensiert ohne Druckerhöhung, obgleich die beiden koexistierenden Phasen verschiedene Zusammensetzung aufweisen. Die Zusammensetzung dieser Phasen ändert sich mit der Temperatur, denn sie liegt bei dem jeweiligen Minimum der F, x-Kurve. Wie sie sich in Dampf und Flüssigkeit ändert, werden wir sofort sehen.

Erst wollen wir für eine homogene Phase die Abhängigkeit der Zusammensetzung vom Druck resp. der Zusammensetzung von der Dichte ableiten. Unter der Annahme, daß wir die freie Energie wieder berechnen können wie in einem binären Gemisch ohne Umwandlung, dürfen wir für die freie Energie setzen, wenn wir bedenken, daß — z. B. im Falle von $N_2O_2 \rightleftarrows N_2O_4$ — $(1 - x)$ Moleküle NO_2 $\frac{1}{2}x$ Doppelmoleküle N_2O_4 liefern:

$$F = (1 - x)\,R_1\,T \log \frac{v}{1 - x} + \frac{x}{2}\,R_1\,T \log \frac{v}{\frac{x}{2}} + Ax + B,$$

wo

$$A = U_2 - U_1 - T\,(S_2 - S_1),$$

wenn wir Glieder, die klein sind gegenüber der Energiedifferenz, gegen diese vernachlässigen. Für die Energiedifferenz $U_2 - U_1$ zwischen einem Grammol im Zustand der Einzel- und der Doppelmoleküle schreiben wir weiter U, für die analoge Entropiedifferenz S.

34. Die Dissoziationsgleichung. Unsere Gleichgewichtsbedingung (30) liefert jetzt durch Differentiation und leichte Umrechnung:

$$\log \frac{vx}{(1 - x)^2} = \frac{2U}{R_1\,T} - \frac{2S}{R_1} + 1\,. \tag{31}$$

Wollen wir statt des spezifischen Volumens den Druck einführen, so erhalten wir wegen

$$p v = \left(1 - \frac{x}{2}\right) R_1 T$$

die Beziehung:

$$\log \frac{x\left(1 - \frac{x}{2}\right) R_1 T}{p\,(1 - x)^2} = \frac{2U}{R_1 T} - \frac{2S}{R_1} + 1 . \tag{32}$$

Die Dichte des betrachteten Gases D können wir ausdrücken in der Dichte D_1, welche gelten würde, wenn gar keine Doppelmoleküle vorhanden wären, durch

$$\frac{D}{D_1} = \frac{1}{1 - \frac{x}{2}} .$$

Statt (32) finden wir dann eine Formel von der Form:

$$\log \frac{1}{p} \frac{2\,(D - D_1)}{(2 D_1 - D)^2} = \frac{A}{T} - C , \tag{33}$$

wo A und C Konstanten sind, die sich aus zwei zusammengehörigen Werten von p, D und T bestimmen lassen. Aus diesen Werten lassen sich dann U und S leicht berechnen. Es zeigt sich, daß Gleichung (33) die betreffenden Dichtemessungen am Stickstoffoxyd von Deville und Troost und Playfair und Wanklyn mit großer Genauigkeit zu berechnen gestattet.

35. Dissoziationsgrad im gesättigten Dampf. Die zwei möglichen Fälle. Gleichung (32) erlaubt uns nun endlich zu untersuchen, wie die Dissoziation (resp. Assoziation) im gesättigten Dampfe verläuft. Denn wir erhalten aus derselben durch Differenzieren:

$$T \frac{dx}{dT} \left\{ \frac{1}{x\,(1 - x)\left(1 - \frac{x}{2}\right)} \right\} = -\frac{2U}{R_1 T} + \frac{T}{p} \frac{dp}{dT} - 1 . \tag{34}$$

Nun gilt für den Sättigungsdruck die Beziehung:

$$\frac{T}{p} \frac{dp}{dT} = f \frac{T_k}{T} .$$

Für den gesättigten Dampf wird bei tiefen Temperaturen das Vorzeichen von $\frac{dx}{dT}$ also abhängen von dem Vorzeichen des Ausdruckes:

$$f T_k - \frac{2U}{R_1} . \tag{35}$$

Nun ergibt sich für NO_2 nach den soeben genannten Versuchen ein Wert $\frac{2U}{R_1}$ von der Größenordnung 8000. Der Ausdruck (35) wird hier also jedenfalls negativ; für tiefe Temperaturen nehmen also die Doppelmoleküle im gesättigten Dampfe mit steigender Temperatur ab. Bis zum kritischen Punkte dürfen wir aber Gleichung (34) nicht anwenden, da diese Formel sich stützt auf die Gasgesetze. Eine ähnliche Betrachtung für nichtverdünnte Dämpfe, auf die wir aber nicht näher eingehen, zeigt, daß nicht weit unterhalb des kritischen Punktes $\dfrac{dx}{dT}$ das Vorzeichen ändern muß, während für die Flüssigkeit bei steigender Temperatur die Anzahl der Doppelmoleküle immer abnimmt. Wir erhalten also für die Abhängigkeit des Mischungsverhältnisses von Doppel- und Einzelmolekülen von der Temperatur für gesättigten Dampf und Flüssigkeit Abb. 58.

Für eine Umwandlung, die viel weniger Wärme erforderte als der Zerfall der N_2O_4-Moleküle, würde jedoch ein anderes Verhalten möglich sein. Wenn

$$(f-1)\,T_k > \frac{2U}{R_1},$$

wird $\dfrac{dx}{dT}$ bei allen Temperaturen negativ; bei den tief-

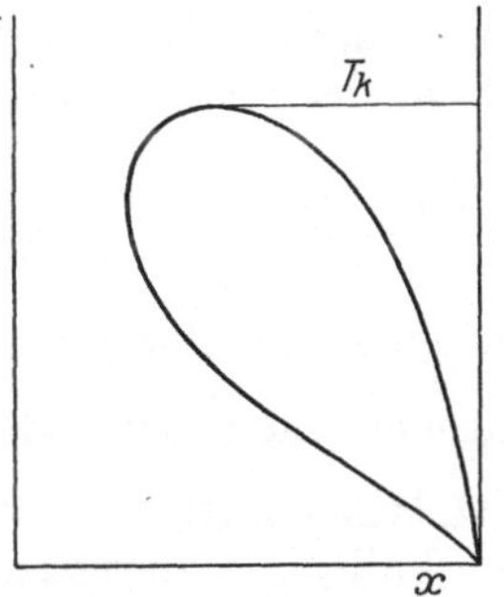

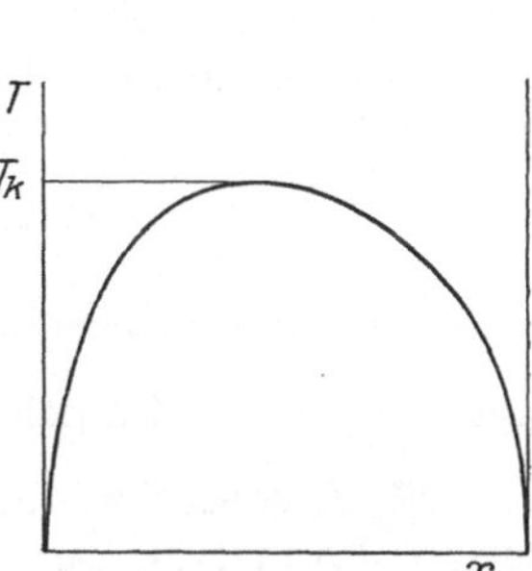

Abb. 58. Verlauf der Dissoziation im gesättigten Dampf. Erster Fall.　　Abb. 59. Verlauf der Dissoziation im gesättigten Dampf. Zweiter Fall.

sten Temperaturen wird also der geringste Gehalt an Doppelmolekülen im gesättigten Dampfe vorkommen. Statt Abb. 58 erhalten wir Abb. 59.

36. Die allgemeine Koexistenzgleichung bei Auftreten von Verbindungen. Wir haben im vorigen ein System betrachtet, das aus zwei verschiedenen Molekülen besteht, sich aber wie ein Einstoffsystem verhält. Wir wollen jetzt den Fall eines Systems untersuchen, das aus mehreren Molekülarten besteht, von denen aber nur zwei unabhängige Bestandteile sind, das sich also wie ein binäres Gemisch verhält. Es mögen $1 - x$ Grammol des ersten Stoffes und x Grammol des zweiten vorhanden sein, wobei die Moleküle des ersten Stoffes sich zu Doppelmolekülen, deren Anzahl y sei, verbinden können, die des zweiten dissoziieren können in Ionen, deren Anzahl $2z$ sei, während endlich je ein Molekül der ersten und der zweiten Komponente sich verbinden können zu einer Verbindung, deren Molekülzahl u sei. x wollen wir die Bruttozusammensetzung des Gemisches nennen; es ist der Wert, der sich ergeben würde bei chemischer Analyse. Die Anzahl der verschiedenen Molekülarten ist $1 - x - 2y - u$, y, $2z$, u, $x - z - u$, der Wert von F wird

$$F = \varphi\,(v \cdot T \cdot x) + RT\,\{(1 - x - 2y - u)\log(1 - x - 2y - u)$$
$$+ y\log y + 2z\log 2z + u\log u + (x - z - u)\log(x - z - u)\}$$
$$+ Ax + By + Cu + Dz + E, \tag{36}$$

während an die Stelle von (30) die drei Gleichungen treten:

$$\left(\frac{\partial F}{\partial u}\right)_{vTx} = \left(\frac{\partial F}{\partial y}\right)_{vTx} = \left(\frac{\partial F}{\partial z}\right)_{vTx} = 0, \tag{37}$$

da nach dem Gleichgewichtsprinzip bei gegebenem Wert von T, v und gegebener Stoffmenge, also gegebener Bruttozusammensetzung, die freie Energie den kleinstmöglichen Wert annehmen wird.

Wir zeigen nun zuerst, daß unsere allgemeine Koexistenzgleichung (5) in diesem Falle erhalten bleibt. Denn wegen der Gleichung (30) dürfen wir als einzige unabhängige Stoffmengen nehmen: $m_1 = 1 - x$ Mol der ersten und $m_2 = x$ Mol des zweiten Stoffes, daher

$$dF = -S\,dT - p\,dv + \mu_1\,dm_1 + \mu_2\,dm_2 = -S\,dT - p\,dv + (\mu_2 - \mu_1)\,dx$$

oder auch:

$$dG = v\, dp - S\, dT + (\mu_2 - \mu_1)\, dx,$$

also auch hier:

$$\mu_2 - \mu_1 = \left(\frac{\partial G}{\partial x}\right)_{pT}.$$

Und da auch jetzt in den beiden koexistierenden Phasen μ_1 und μ_2 gleichen Wert haben müssen, folgt wieder das in Ziff. 2 Gesagte. Wir erhalten also auch hier:

$$v_{21}\, dp = \frac{W_{21}}{T}\, dT + (x_2 - x_1)\left(\frac{\partial^2 G}{\partial x_1^2}\right)_{pT} dx_1,$$

wobei wir jedoch beachten müssen, daß wir jetzt zur Berechnung von v_{21}, W_{21} und $\left(\frac{\partial^2 G}{\partial x_1^2}\right)_{pT}$ Gebrauch machen müssen von den Gleichungen (36) und (37).

37. Assoziation des Lösungsmittels. Als erstes Beispiel wenden wir unsere Formel an auf den Fall eines undissoziierten Stoffes, gelöst in einem assoziierten Lösungsmittel, während keine Verbindung zwischen beiden besteht. Dann ist $z = u = 0$. Wir haben jetzt $\left(\frac{\partial^2 G}{\partial x_1^2}\right)_{pT}$ zu bestimmen, indem wir den mit (36) übereinstimmenden Wert von G einsetzen, nachdem wir mittels $\left(\frac{\partial G}{\partial y}\right)_{pT} = 0$ y eliminiert haben. Der Kürze halber lassen wir überall die Indizes p und T weg und bezeichnen mit $\frac{dG}{dx}$ resp. $\frac{d^2G}{dx^2}$ die Differentialquotienten nach der Elimination, mit $\frac{\partial G}{\partial x}$ und $\frac{\partial^2 G}{\partial x^2}$ die Quotienten vor der Elimination, also aus dem mit (36) übereinstimmenden Wert von G bei konstant gehaltenem y. Es ist

$$\frac{dG}{dx} = \frac{\partial G}{\partial x} + \frac{\partial G}{\partial y}\frac{dy}{dx}$$

oder wegen (37):

$$\frac{dG}{dx} = \frac{\partial G}{\partial x}.$$

und daher

$$\frac{d^2G}{dx^2} = \frac{\partial^2 G}{\partial x^2} + \frac{\partial^2 G}{\partial x\, \partial y}\frac{dy}{dx}.$$

Aus

$$\frac{\partial G}{\partial y} = 0$$

folgt

$$\frac{\partial^2 G}{\partial y\, \partial x} + \frac{\partial^2 G}{\partial y^2}\frac{dy}{dx} = 0,$$

also

$$\frac{d^2G}{dx^2} = \frac{\partial^2 G}{\partial x^2} - \frac{\left(\dfrac{\partial^2 G}{\partial y\, \partial x}\right)^2}{\dfrac{\partial^2 G}{\partial y^2}}.$$

Nun können nur die aus dem logarithmischen Teile von G abgeleiteten Glieder unendliche Werte für den betrachteten Differentialquotienten liefern.

Beschränken wir uns auf diese, so erhalten wir:

$$\frac{1}{RT}\frac{d^2G}{dx^2} = \frac{1}{x} + \frac{1}{1-x-2y} - \frac{\left(\dfrac{2}{1-x-2y}\right)^2}{\dfrac{4}{1-x-2y}+\dfrac{1}{y}}.$$

Nur das erste Glied rechts wird sehr groß für kleine Werte von x. Wir können die anderen Glieder also weglassen und erhalten wieder, als ob keine Assoziation da sei:

$$\frac{1}{p}\frac{dp}{dx} = \frac{x_2-x_1}{x_2}RT\,dx_1.$$

38. Dissoziation des gelösten Stoffes. Setzen wir dagegen $z = u = 0$, so haben wir den Fall eines dissoziierten Stoffes in einem normalen Lösungsmittel. Wir erhalten dann durch analoge Rechnung:

$$\frac{1}{RT}\frac{d^2G}{dx^2} = \frac{1}{1-x}+\frac{1}{x-z}-\frac{\dfrac{1}{(x-z)^2}}{\dfrac{2}{z}+\dfrac{1}{x-z}} = \frac{1}{1-x}+\frac{2}{2x-z} = \frac{1}{1-x}+\frac{2}{x+(x-z)}.$$

Nun ist wegen (37):

$$\frac{z^2}{x-z} = D + \varphi'(vTx). \tag{38}$$

$x - z$ ist also klein von der zweiten Ordnung, wenn z klein wird; wir dürfen also $x - z$ gegenüber x vernachlässigen und erhalten die doppelte Tensionserniedrigung im Vergleich zu einem nicht dissoziierten gelösten Stoffe. Dies ist auch in Übereinstimmung damit, daß Gleichung (38) lehrt, daß bei starker Verdünnung alle Moleküle des gelösten Stoffes dissoziiert sind.

39. Schmelzpunkt einer Verbindung. Endlich betrachten wir den Fall einer sich ausscheidenden Verbindung, auf den wir oben Ziff. 19 schon unsere Gleichung anwandten, ohne zu beweisen, daß das Auftreten der Verbindung die Anwendbarkeit unserer Gleichung nicht stört. Für die Schmelzkurve bei konstantem Druck erhalten wir:

$$-\frac{W_{21}}{T}\frac{dT}{dx} = (x_2-x_1)\frac{d^2G}{dx^2},$$

wobei wir zu untersuchen haben, was aus $\dfrac{d^2G}{dx^2}$ in der Nähe von $x = \dfrac{1}{2}$ wird. Auch jetzt könnten nur die logarithmischen Glieder von G einen unendlichen Wert für $\dfrac{d^2G}{dx^2}$ ergeben. Wir dürfen also in analoger Weise wie soeben vorgehen und erhalten:

$$\frac{1}{RT}\frac{d^2G}{dx^2} = \frac{1}{1-x-u}$$
$$+\frac{1}{x-u}-\frac{(2x-1)^2 u}{(1-x-u)(x-u)}\frac{1}{u(x-u)+u(1-x-u)+(x-u)(1-x-u)}.$$

Dieser Ausdruck wird nicht unendlich, solange nicht $x + u$ oder $1 - x - u$, also die Anzahl unverbundener Moleküle, Null wird. Solange die auskristallisierende Verbindung also nur im allergeringsten Maße dissoziiert ist, wird $\dfrac{dT}{dx} = 0$ für $x_2 = x_1$.

Hieraus darf man jedoch nicht den Schluß ziehen, daß der Verlauf der Tx-Kurve immer der gleiche bleibe, ob die Verbindung viel oder wenig dissoziiert sei, um dann für eine gar nicht dissoziierte Verbindung sprunghaft eine scharfe Spitze zu erreichen, sondern wir können aus dem Verlauf der Tx-Kurve in der Nähe des Maximums Schlüsse ziehen über den Dissoziationsgrad. Betrachten wir Gemische, die in der Nähe der festen Verbindung liegen, so können wir setzen $x_2 = \frac{1}{2} - x_a$ und $u = \frac{1}{2} - x_a - u_0$, wo x_a klein ist gegen 1, und u_0, die Anzahl der dissoziierten Moleküle, klein gegen x_a. Wir erhalten nun durch Substitution und Berechnung unter Vernachlässigung von Gliedern höherer Ordnung:

$$\frac{1}{RT}\frac{d^2G}{dx^2} = \frac{3}{2x_a} - \frac{5u_0}{4x_a^2},$$

deshalb für die Neigung der Schmelzkurve, da $x_2 = \frac{1}{2}$ und $x_2 - x_1 = x_a$:

$$\frac{Q}{RT^2}\frac{dT}{dx} = \frac{3}{2} - \frac{5u_0}{4x_a}, \tag{39}$$

während wir für eine vollkommen dissoziierte Verbindung finden würden:

$$\frac{Q}{RT^2}\frac{dT}{dx} = 4x_a, \tag{40}$$

wenn die Glieder aus dem nichtlogarithmischen Teile von $\dfrac{d^2G}{dx^2}$ ebenfalls vernachlässigt werden, was hier freilich nicht zulässig ist. Gleichung (40) soll aber nur zum Vergleich mit (39) dienen und zeigen, daß bei geringer Dissoziation in der Nähe des Maximums $\dfrac{dT}{dx}$ fast gerade so groß ist, als ob gar keine Dissoziation vorhanden wäre.

Diese drei Beispiele mögen genügen, um zu zeigen, in welcher Weise Fälle mit veränderlichen Molekülen der Behandlung mittels der oben geschilderten Methoden zugänglich sind.

40. Allgemeiner Fall der chemischen Umwandlung. Nur eine kurze Bemerkung über den allgemeinen Fall der chemischen Umwandlung wollen wir noch machen. Gleichung (38) und (31) sind Spezialfälle einer allgemeinen Konsequenz, die sich leicht aus unseren Betrachtungen ergibt. Schreiben wir für das Differential der thermodynamischen Funktionen:

$$dF = -S\,dT - p\,dv + d\lambda\sum_{a}^{h}\nu\mu + \mu_i\,dm_i \ldots \mu_n\,dm_n$$

oder

$$dG = -S\,dT + v\,dp + d\lambda\sum_{a}^{h}\nu\mu + \mu_i\,dm_i \ldots \mu_n\,dm_n,$$

wobei die Stoffe $a \ldots h$ an der Reaktion teilnehmen, jeder mit der Anzahl Moleküle ν, während $i \ldots n$ nicht an der Reaktion teilnehmende Stoffe bezeichnen.

Gleichung (30) resp. (37) lehrt dann:

$$\sum \nu\mu = 0. \tag{41}$$

Nun können wir die thermodynamischen Potentiale spalten in die logarithmischen Glieder, die aus dem Paradoxon von GIBBS stammen, und einen Teil, den wir schreiben $-RT\log K$, wo $\log K$ im allgemeinen eine Funktion ist von T, v (oder p) und den Konzentrationen, welche man die Gleichgewichtskonstante zu nennen pflegt aus Gründen, die unten ersichtlich werden. Gleichung (41) geht dann über in:

$$\sum \nu\log c = \log K. \tag{42}$$

Machen wir nun Gebrauch von der Eigenschaft, daß dF und dG totale Differentiale sind, so erhalten wir unter Anwendung von (42):

$$-\left(\frac{\partial p}{\partial \lambda}\right)_{Tvc_i} = \left(\frac{\partial \sum \nu \mu}{\partial v}\right)_{T_1 c} = -RT\left(\frac{\partial \log K}{\partial v}\right)_{T_1 c}, \tag{43}$$

$$-\left(\frac{\partial v}{\partial \lambda}\right)_{Tpc_i} = \left(\frac{\partial \sum \nu \mu}{\partial p}\right)_{T_1 c} = -RT\left(\frac{\partial \log K}{\partial p}\right)_{T_1 c}, \tag{44}$$

oder in Worten: Die Druck- resp. (Volum-) Änderung bei der Umsetzung eines Mols bei konstanter Temperatur und Konstanz der Konzentration der indifferenten Stoffe ist gleich dem Differentialquotienten der Gleichgewichtskonstante nach dem Volum (resp.) dem Druck bei konstant gehaltenen Konzentrationen aller Stoffe, multipliziert mit RT. Gleichungen (43) und (44) gelten dabei für alle Zustände, auch die Nichtgleichgewichtszustände, da sie abgeleitet sind allein aus dem Satze, daß dF und dG totale Differentiale sind.

Weiter erhalten wir:

$$-\left(\frac{\partial s}{\partial \lambda}\right)_{Tvc_i} = \left(\frac{\partial \sum \nu \mu}{\partial T}\right)_{v_1 c} = R\left(\sum \nu \log c - \log K\right) - RT\left(\frac{\partial \log K}{\partial T}\right)_{v,c}.$$

Nun ist nach Gleichung (42) das erste Glied auf der rechten Seite im Gleichgewichtszustand Null, für diesen erhalten wir also:

$$-\left(\frac{\partial s}{\partial \lambda}\right)_{T_1 v_1 c_i} = RT\left(\frac{\partial \log K}{\partial T}\right)_{v,c}.$$

Nun ist $T\Delta S$ die Wärmetönung, die den Prozeß begleitet. Wir können die Gleichung also auch schreiben:

$$\left(\frac{\partial \log K}{\partial T}\right)_{v_1 c} = \frac{q_v}{RT^2} \tag{45}$$

und analog

$$\left(\frac{\partial \log K}{\partial T}\right)_{v_1 c} = \frac{q_p}{RT^2}, \tag{46}$$

oder in Worten: Die Änderung der Gleichgewichtskonstante mit der Temperatur bei konstantem Volum (Druck) ist gleich der Wärmetönung bei der Reaktion bei konstantem Volum (Druck), geteilt durch RT^2.

Der Name der Gleichgewichtskonstante endlich ergibt sich aus folgender Überlegung. Betrachten wir chemische Umwandlungen, wobei alle beteiligten Stoffe in verdünnter Lösung oder verdünntem Gaszustand vorkommen, so treten die veränderlichen Konzentrationen nicht mehr in K auf. Diese wird für konstantes Volum und Temperatur im Gleichgewicht eine konstante Größe, und wir erhalten:

$$\frac{c_a^{\nu_a}\, c_b^{\nu_b} \cdots}{-c_g^{\nu_g}\, c_h^{\nu_h}} = K = C, \tag{47}$$

das Massenwirkungsgesetz [vgl. Gleichung (31) und (38), auch Gleichung (32), welche zeigt, daß für konstanten Druck die Konzentrationen bei Gasreaktionen in etwas verwickelterer Art im linken Gliede auftreten].

b) Einwirkung äußerer Kräfte.

41. Die Gleichgewichtsbedingungen. Abhängigkeit des Druckes von den Potentialen. Als Gleichgewichtsbedingungen für ein System unter der Einwirkung äußerer Kräfte haben sich ergeben (vgl. Kap. 1, Bd. IX dieses Handb.) Konstanz der Temperatur und der totalen Potentiale der verschiedenen Stoffe. Diese Bedingungen lassen sich auf die folgende Weise auf eine Form bringen, die gestattet, Rechnungen über diese Systeme leicht durchzuführen. Denken wir die thermodynamischen Funktionen (U, F, G) für jedes Volumelement zerlegt in 1. einen Teil, der nur von der Dichte abhängig ist (also die Energie, freie Energie, die in diesem Volumelemente herrschen würde, wenn in demselben dieselbe Temperatur, Dichte, Zusammensetzung festgehalten würde, aber die äußeren Kräfte zu wirken aufhörten), und 2. die Energie usw. infolge der äußeren Kräfte. Die letzteren können wir vorstellen durch:

$$P_1 m_1 + P_2 m_2 \ldots P_n m_n,$$

wobei wir annehmen, daß es in bezug auf die äußeren Kräfte keine Mischungsenergie gibt, daß also z. B. dieselbe Gravitationsarbeit geleistet wird, um ein Gemisch auf eine bestimmte Höhe zu heben als die Komponenten jede für sich. Dann ist, wenn wir die ersteren Größen mit U', F' usw. bezeichnen, z. B.:

$$F = F' + P_1 m_1 + P_2 m_2 + \cdots.$$

Daher:

$$\mu_1 = \frac{\partial F}{\partial m_1} = \frac{\partial F'}{\partial m_1} + P_1 = \mu_1' + P_1 = c_1,$$

$$\mu_n = \frac{\partial F}{\partial m_n} = \frac{\partial F'}{\partial m_n} + P_n = \mu_u' + P_n = c_n,$$

wobei die μ' dieselbe Funktion von v, T und den Konzentrationen ist, die wir bisher kennenlernten. Es zeigt sich jetzt leicht, daß der Druck in einem solchen System nur konstant sein kann, wenn die Potentiale der äußeren Kräfte P konstant sind. Der Kürze halber beschränken wir uns wieder auf ein binäres Gemisch. Es ist dann:

$$\mu_1' + P_1 = c_1, \qquad \mu_2' + P_2 = c_2,$$

daher nach Gleichung (2), Ziff. 2:

$$-dP_1 = d\mu_1' = v\, dp - x\, d\left(\frac{\partial G'}{\partial x}\right)_{pT} - S\, dT$$

oder, da überall $dT = 0$ und:

$$\left(\frac{\partial G'}{\partial x}\right) = \mu_2' - \mu_1' = P_1 - P_2 + c_2 - c_1,$$

$$-dP_1 = v\, dp - x\, d(P_1 - P_2),$$

$$v\, dp = -\{x\, dP_2 + (1 - x)\, dP_1\}. \tag{48}$$

42. Entmischung durch Gravitation. PERRINSCHE Formel. Mittels dieser Gleichung können wir weiter dp eliminieren und so die Änderung der Konzentration infolge äußerer Kräfte in den Potentialen dieser Kräfte ausdrücken. Als Beispiel wollen wir die bekannte PERRINSCHE Formel für die Entmischung schwebender künstlicher „Moleküle" ableiten. Es ist dann:

$$P_1 = P_2 = g\, h,$$

$$d\mu_2' = (1 - x)\left(\frac{\partial^2 G'}{\partial x^2}\right)_{pT} dx + \left\{v + (1 - x)\frac{\partial v}{\partial x}\right\} dp = -g\, dh \tag{49}$$

oder mittels (48)

$$(1 - x)\frac{\partial^2 G}{\partial x^2}\, dx = \left\{\frac{1 - x}{v}\frac{\partial v}{\partial x}\right\} g\, dh.$$

Für $\dfrac{\partial^2 G'}{\partial x^2}$ dürfen wir wieder wegen der Kleinheit von x den Wert $\dfrac{RT}{x\,(1-x)}$ setzen. Setzen wir weiter $\dfrac{\partial v}{\partial x} = v_2 - v_1$, d. h. nehmen wir an, daß das Gemisch keine Kontraktion bei der Mischung erfährt, und vernachlässigen wir x gegenüber 1, so erhalten wir:

$$\frac{RT}{x}\,dx = \left\{\frac{v_2}{v_1} - 1\right\} g\,dh\,,$$

und da die Volumina sich umgekehrt verhalten wie die Dichten des Lösungsmittels (δ) und des Stoffes, aus welchem die künstlichen Moleküle hergestellt sind (Δ):

$$\frac{RT}{x}\,dx = \left(\frac{\delta}{\Delta} - 1\right) g\,dh$$

oder integriert

$$RT \log \frac{x_0}{x_1} = \left(1 - \frac{\delta}{\Delta}\right) g\,h\,,$$

was mit der PERRINSCHEN Formel übereinstimmt.

Auf ähnliche Weise lassen sich Konzentrationsänderungen durch die Gravitation in Gasgemischen, durch Zentrifugalkräfte oder durch elektrische und magnetische Kräfte bestimmen.

43. Gravitation und kritische Erscheinungen. Spezielles Interesse hat die Konzentrationsänderung in der Nähe eines kritischen Punktes (Faltenpunktes). Denn diese wird dort, wie sich aus Gleichung (49) ergibt, ungewöhnlich groß wegen des Nullwertes von $\dfrac{d^2 G'}{d x^2}$ im kritischen Punkte. Wie in Kap. 3 dieses Bandes schon gezeigt ist, wird durch diesen Umstand das Beobachten der kritischen Erscheinungen bei einem Einstoffsystem praktisch erst möglich. Analoges gilt nun auch für Gemische. In den verschiedenen Teilen der CAILLETETschen Röhre herrscht dann nicht dieselbe Konzentration. Der Zusammenhang der verschiedenen Zustände wird ausgedrückt durch:

$$\mu_1' + g\,h = c_1\,,$$
$$\mu_2' + g\,h = c_2\,,$$

daher

$$\mu_2' - \mu_1' = \left(\frac{\partial G'}{\partial x}\right)_{pT} = c\,.$$

Alle Zustände in der Röhre liegen also auf einer Kurve, für welche $\left(\dfrac{\partial G'}{\partial x}\right)_{pT} = c$. Aus der Gleichung der Spinodale läßt sich leicht zeigen, daß diese Kurve ebenso wie die Isobare im Faltenpunkt die Binodale berührt. Ein kleines Stück dieser Kurve gibt nun die Zustände, die gleichzeitig in verschiedenen Höhen der Röhre existieren. Und der kritische Meniskus wird nicht nur bei einer bestimmten Temperatur und dem dazugehörigen Druck in der Röhre erscheinen, sondern bei einer Reihe von Temperaturen und Drucken, deren äußerste Werte übereinstimmen mit Faltenpunkttemperatur und -druck, die übereinstimmen mit den Konzentrationen, die ganz oben und ganz unten in der Röhre vorkommen. Aus den Gleichungen für die Potentiale läßt sich nun wenigstens für verdünnte Gemische die Temperaturdifferenz berechnen für das Entstehen des kritischen Meniskus oben oder unten in der Röhre. KEESOM fand die in dieser Weise berechnete Differenz für ein Gemisch von Kohlensäure und Sauerstoff in genügender Übereinstimmung mit den experimentellen Daten.

c) Ternäre und höhere Gemische.

44. Die G-Funktion. Fehlen des allgemeinen Leitfadens. Wenn wir von binären zu ternären Gemischen übergehen, steigt der Reichtum der möglichen Kombinationen außerordentlich stark. Aber wir begegnen dabei kaum prinzipiell neuen Fragen. Denn aus dem Verhalten der drei binären Gemische lassen sich durch Addition die thermodynamischen Funktionen der ternären Gemische ableiten. Es gilt jetzt nämlich wieder die Zustandsgleichung (12), wobei statt (13) und (14) nur zu setzen ist:

$$a_{xy} = a_1(1 - x - y)^2 + a_2 x^2 + a_3 y^2 + 2 a_{12} x (1 - x - y) \atop + 2 a_{13} y (1 - x - y) + 2 a_{22} x y \qquad (13\,\text{a})$$

und die analoge Gleichung für b. Es treten also keine Größen auf, die nicht schon aus den binären Gemischen bekannt sind. Und weiter führt analoge geometrische Behandlung wie oben zur allgemeinen Form der Koexistenzkurven und Flächen.

Dabei wird man, um soviel wie möglich noch im dreidimensionalen Raume zu arbeiten, die G-Funktion der freien Energie vorziehen. Denn die letztere würde für die Abhängigkeit von F von v und den beiden Konzentrationen eine vierdimensionale Fläche erfordern. Da man mit der G-Funktion bei gegebener Temperatur und gegebenem Druck arbeitet, leiten sich aus dieser die ternären Koexistenzen ab aus einer dreidimensionalen Fläche $G = \varphi(x\,y)$, wenn man wie in (13 a) die drei Konzentrationen durch x, y und $1 - x - y$ vorstellt. Und zwar ergibt sich leicht aus dem Gleichgewichtsprinzip geometrisch oder analytisch aus der Bedingung der konstanten thermodynamischen Potentiale, daß

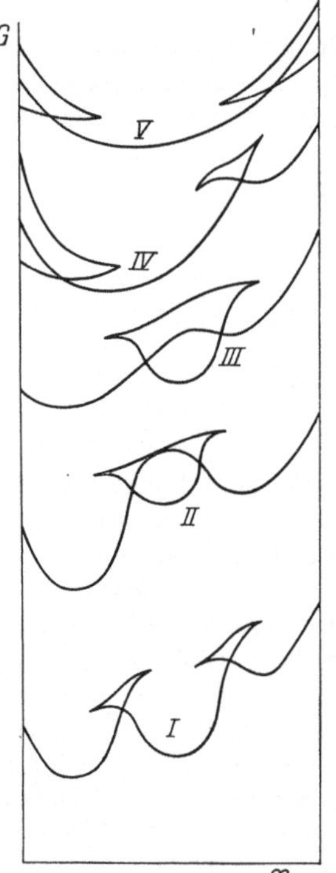

Abb. 60. G, x-Kurven.

die Koexistenz wieder gefunden wird durch das Rollen einer Doppelberührungsebene über diese G-Fläche. Dabei zeigt sich jedoch, besonders wenn man auch die labilen und metastabilen Phasen berücksichtigen will, die größere Verwicklung, die durch die Vertauschung der freien Energie mit der G-Funktion entsteht. Denn da das Volumen den Zustand endgültig festlegt, während im allgemeinen bei gegebenem Druck drei Zustände möglich sind, wird die einblättrige F-Fläche hier durch eine dreiblättrige G-Fläche ersetzt. Diese Blätter können auf verwickelte Weise zusammenhängen, aber auch, da die G-Funktion wegen des logarithmischen Gliedes nicht über die Grenzen extrapoliert werden kann, drei für sich bestehende Teile bilden, die sich mit Änderung von Druck und Temperatur durcheinander bewegen und in verschiedener Weise schneiden.

Wie verwickelt die Formen werden, die man erhält, ergibt sich aus Abb. 60, die einige Beispiele von G-Kurven bei konstantem Druck für ein binäres System darstellt. I gilt für den Druck einer Isobare (Abb. 45), die viermal die Spinodale schneidet $\left(\dfrac{\partial^2 G}{\partial x^2}\right)_{pT} = 0$ und viermal die Kurve $\left(\dfrac{\partial p}{\partial v}\right)_x = 0$, wo $\left(\dfrac{\partial^2 G}{\partial x^2}\right)_{pT} = \infty$, also die G-Kurve einen Rückkehrpunkt aufweist. II gilt für die Strickisobare, III für eine in zwei Teile auseinanderfallende Isobare. Legen wir den Rand $x = 0$ und $x = 1$ so, daß die Schnittpunkte der Isobare mit $\dfrac{\partial p}{\partial v} = 0$ nicht mehr innerhalb derselben fallen, so erhalten wir Kurven wie IV und V.

Es ergibt sich daraus, wie verwickelt im allgemeinen die G-Flächen werden. Und wir entbehren dabei des allgemeinen Leitfadens, den uns im vorigen die Theorie der Falten für die binären Gemische ergab. Denn die geometrische Komplikation, die hier die Doppelberührungsebene ermöglicht, ist nicht mehr eine Falte im Sinne KORTEWEGS. Das Rollen der Doppelberührungsebene ist vielmehr ein Rollen auf zwei sich durchschneidenden Blättern. Natürlich können in den G-Flächen auch Faltenpunkte vorkommen, aber diese haben keine physikalische Bedeutung.

Durch diese Umstände läßt sich aus dem Gesichtspunkte der Zustandsgleichung keine allgemeine Übersicht der ternären und höheren Gemische bieten. Nur einer allgemeinen Bemerkung wollen wir noch Raum geben, die eng zusammenhängt mit unserem allgemeinen Leitfaden, der Zustandsgleichung von VAN DER WAALS.

45. Kritische Punkte höherer Ordnung. Wir haben im obigen gesehen, daß eine kritische Phase ihrer Mannigfaltigkeit nach als dreifache Phase zu zählen ist (zwei koexistierende und die zwischenliegende labile Phase fallen zusammen). Deshalb stellt eine kritische Phase für ein Einstoffsystem ein nonvariantes, für ein binäres Gemisch ein monovariantes System vor. Wir fanden also auch bei binären Gemischen als nonvariante Phasen kritische Systeme in Koexistenz mit einer vierten (gasförmigen, flüssigen oder festen) Phase. In ternären Systemen kommen nun als nonvariante Systeme Koexistenzen vor von kritischen Phasen mit zwei anderen Phasen. Es wäre also möglich, daß man eine kritische Phase zweiter Ordnung erhalten würde, d. h. eine Phase, in welcher drei koexistierende Phasen identisch werden. Experimentell würde das bedeuten, daß zwei Menisken gleichzeitig in einer Cailletet-Röhre sich abflachen und verschwinden.

Ein solcher Fall könnte für „einheitlich gedachte" Gemische nur auftreten, wenn die Zustandsgleichung fünften Grades wäre und nun zwei Inflexionspunkte mit horizontaler Tangente durch Ändern geeigneter Parameter zusammenfallen könnten. Nun ist aber die Zustandsgleichung für ternäre Systeme dritten Grades gerade wie bei einheitlichen Stoffen. Daraus darf man jedoch nicht den Schluß ziehen, daß die gesuchten kritischen Punkte höherer Ordnung bei ternären Gemischen nicht existieren. Denn die Theorie der binären Gemische hat gezeigt und das Experiment bestätigt, daß hier kritische Punkte auftreten (nämlich Identischwerden von zwei flüssigen Phasen), die aus der Zustandsgleichung allein sich nicht würden ableiten lassen. Es wäre also immerhin möglich, daß man eine G-Kurve finden würde für konstanten Druck und konstantes Potential der einen Komponente, welche fünf Phasengebiete durchschneidet. Es würden hier also zwei Koexistenzpaare möglich sein. Und durch geeignete Wahl der übrigbleibenden Parameter (p, T, μ der einen Komponente) müßte sich dann der Fall realisieren lassen, daß gleichzeitig die labilen Zwischenphasen wegfielen und die vier koexistierenden Phasen zusammenfielen.

Bei quaternären Gemischen müßten solche Fälle dann sogar als monovariante Systeme, d. h. bei einer stetigen Reihe von Temperaturen resp. Drucken auftreten, jedoch zeigen diese Überlegungen schon, wie äußerst schwierig es sein wird, durch systematische Untersuchung festzustellen, ob und evtl. wo solche Punkte in der Wirklichkeit vorkommen werden.

V. Experimentelle Methoden.

46. Allgemeines. Die experimentellen Methoden zur Bestimmung der Eigenschaften der Gemische schließen sich im allgemeinen sehr nahe denen der Einstoffsysteme an. Auch hier sind alle Bestimmungen auf Messungen der Drucke p, der spezifischen Volumina v und der Temperaturen T zurückzuführen. Nur bildet es eine Komplikation, daß man hier auch Konzentrationen kennen muß. Wir wollen uns deshalb darauf beschränken, anzugeben, inwiefern die in Kap. 3 dieses Bandes behandelten Methoden abgeändert oder ergänzt werden müssen. Wir werden uns hier das Problem vereinfachen, indem wir nur Zweikomponentensysteme besprechen. Die Methodik für mehrere Komponenten liefert nichts prinzipiell Neues.

Solange es sich nur um die Untersuchung der gewöhnlichen Isothermen von Gemischen mit gegebenem Mischungsverhältnis handelt, also um die Bestimmung der Funktion

$$p = f(v, T)_x$$

kann man die früher beschriebenen Methoden ohne weiteres verwenden. Auch hier ist das Cailletetsche Rohr wieder der Universalapparat. Auf zwei Umstände muß man aber im besonderen achten:

Erstens kann die Füllung des Cailletet-Rohres nicht auf die übliche Weise vor sich gehen. Da diese Füllung von großer Wichtigkeit ist, werden wir sie in Ziff. 47 besonders besprechen. Zweitens ist zu bemerken, daß im Koexistenzgebiet gas-flüssig im allgemeinen die beiden Phasen nicht die gleiche Konzentration aufweisen. Dies hat zur Folge, daß, sobald das Gewichtsquantum, der Gasmasse nicht gegen das der Flüssigkeit zu vernachlässigen ist, sich während des Versuches die Flüssigkeitszusammensetzung ändert. Auf die Bestimmung der Konzentrationen kommen wir weiter unten zurück. Hier sei nur darauf hingewiesen, daß wegen dieser wechselnden Zusammensetzung doppelte Vorsicht bei der Erreichung des Gleichgewichtszustandes geboten ist. Gutes Rühren unter Anwendung des Rührers von Kuenen (vgl. Kap. 3 dieses Bandes) ist daher unerläßlich.

47. Das Füllen des Cailletetschen Rohres. Während man bei der Bestimmung der Isothermen eines einzigen Stoffes erst das Rohr füllt und dann in das Druckgefäß bringt, wird hier erst der ganze Apparat fertiggestellt. Nur hat das Glasrohr, das aus dem Cailletetschen Topf herausragt, am oberen Ende eine Verjüngung. Soll das Rohr mit zwei verschiedenen Gasen gefüllt werden, so führt diese Verjüngung zu einem Glashahn. An der anderen Seite dieses Hahnes befindet sich eine Art Gaspipette von bekanntem Inhalt. Bei geöffnetem Hahn bringt man das Quecksilber im Cailletet-Rohr so hoch, bis das ganze Rohr gefüllt ist und schließt den Hahn. Nun wird die Gaspipette leergepumpt, mit Gas gefüllt, die Gasmasse bestimmt und mit Hilfe einer Quecksilberniveaubirne in das Cailletet-Rohr hinübergebracht. Nachher verfährt man auf dieselbe Weise mit einem Quantum des zweiten Gases. Dann wird das Rohr unterhalb des Hahnes abgeschmolzen.

Handelt es sich aber bei der Füllung um Körper, welche leicht flüssig zu haben sind, dann stehen zwei andere Methoden zur Verfügung. Die einfachere ist, daß man das dünn ausgezogene obere Ende des Cailletet-Rohres nach unten umbiegt und aus einem gewogenen Flüssigkeitsquantum etwas Flüssigkeit ansaugt. Durch Wägen kann man die aufgenommene Menge bestimmen.

Eine andere Methode behandeln Ph. Kohnstamm und J. C. Reeders[1]. An das dünn ausgezogene Röhrenende (Abb. 61) ist jetzt ein Kolben A an-

---

[1] Ph. Kohnstamm u. J. C. Reeders, Versl. Kon. Ac. Amsterdam Bd. 17, S. 1036. 1909.

geschmolzen worden. B ist das Cailletet-Rohr. Hahn C führt zur Luftpumpe. In A befindet sich ein kleines zugeschmolzenes Glaskügelchen, ganz gefüllt mit Flüssigkeit, deren Menge durch Wägen bestimmt worden ist. Wenn nun durch Pumpen alle Luft entfernt ist, wird C zugedreht und das obere Ende von B mittels flüssiger Luft gekühlt. Durch leichtes Anwärmen von A sprengt man das Kügelchen, und die Flüssigkeit destilliert nach B über. Nach beendeter

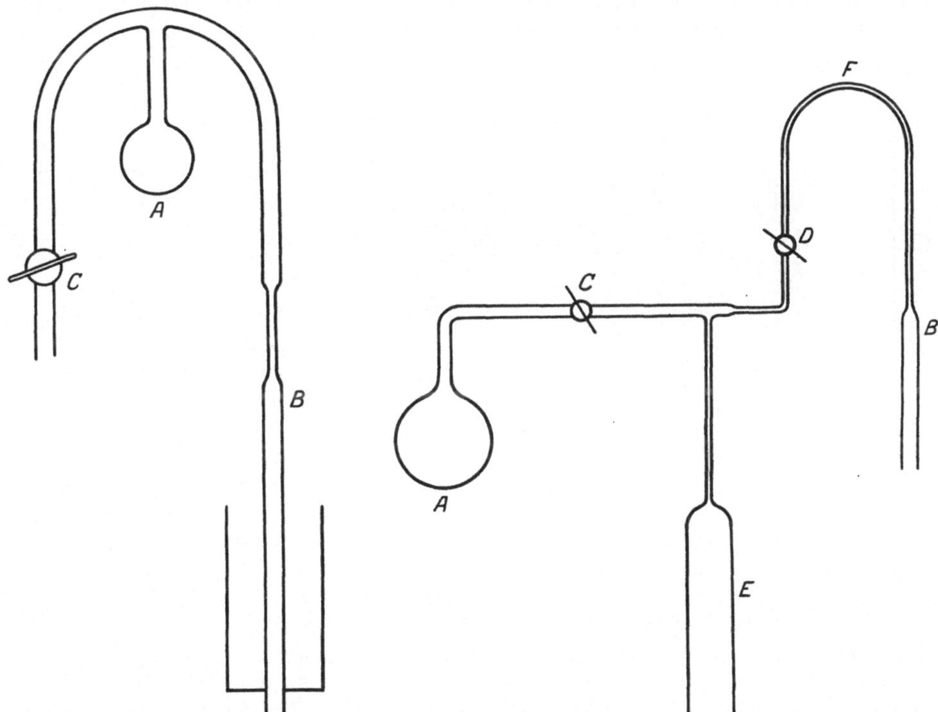

Abb. 61. CAILLETETsches Rohr mit Füllvorrichtung.   Abb. 62. CAILLETETsches Rohr mit Vorrichtung zur Änderung der Konzentration.

Destillation wird wieder das Cailletet-Rohr zugeschmolzen. Will man aber kleine Änderungen in der Konzentration vornehmen können, so schaltet man an das Cailletetsche Rohr B (Abb. 62) durch eine Stahlkapillare F einen Hochdruckhahn D an. Jenseits dieses kommt dann die Bürette E, der Hahn C und das Gefäß A. Man beobachtet bei geschlossenem Hahn D, nachdem man die Stahlkapillare und die Verjüngung der Glaskapillare bei B ganz mit Quecksilber gefüllt hat. Öffnen des Hahnes D gestattet, jede verlangte Menge der einen oder der anderen Komponente hinzuzufügen.

48. Konzentration des Gasphase. Wie bereits oben erwähnt, reicht diese synthetische Methode nicht mehr aus, sobald man im Koexistenzgebiete auch die Zusammensetzung des Gases kennen will und das Quantum der einen Phase gegen das der anderen nicht mehr zu vernachlässigen ist. Man muß dann analytisch vorgehen. Am einfachsten gestaltet sich diese Methode, indem man ein Quantum überdestilliert und nachher Rückstand und Destillat analysiert. Erwähnenswert ist hier die Methode von E. CUNAEUS[1]), der die Zusammensetzung der beiden Fraktionen durch die optischen Brechungsexponenten bestimmte.

---

[1]) E. CUNAEUS, Verl. Kon. Ac. Amsterdam Bd. 8, S. 191. 1899.

49. Faltenpunkte bei zwei flüssigen Phasen. Wiewohl theoretisch jedes Gleichgewicht zwischen zwei flüssigen Phasen nicht ohne Bedeutung ist, gelten die Untersuchungen doch hauptsächlich der Lage des Faltenpunktes. Solange der Druck nicht allzu hoch ist, können auch hier wieder die Versuche im Cailletet-Rohre vorgenommen werden. Meistens verläuft aber die Faltenpunktskurve bei so hohem Druck, daß dies bald ausgeschlossen ist. Nun läßt sich aber der Moment, in dem beide Phasen identisch werden, nur auf optischem Wege feststellen. Es gelang Ph. Kohnstamm und J. Timmermans[1]) einen Apparat zu konstruieren, mit dem sie bis weit über 1000 Atm.[2]) gehen konnten. Abb. 63 gibt einen Durchschnitt durch den ganzen Apparat. O ist der Experimentierraum, der von zwei Verschraubungen verschlossen ist. In diesen Verschraubungen befinden sich bei $A—A$ zwei Glasfenster. In O wird ein Glasrohr geschoben, das mit dem zu untersuchenden Gemische gefüllt ist. C ist das Zuleitungsrohr der

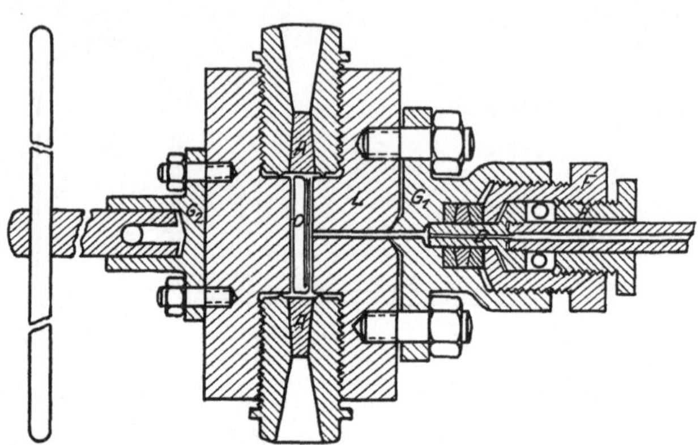

Abb. 63.   Beobachtung von Faltenpunkten bei Hochdruck (bis 3000 Atm).

Druckflüssigkeit. Die Vorrichtung $G—D—H—F$ gestattet es, den ganzen Apparat um L zu drehen und so eine intensive Rührung des Gemisches zu erreichen. Für nähere Einzelheiten verweisen wir auf die Originalarbeit.

50. Dreiphasenkurve. Während die Bestimmung der Dreiphasenkurve selbstverständlich sehr leicht im Cailletet-Rohr vorgenommen werden kann, ist es doch vielfach möglich, schon mit einfacheren Mitteln wichtige Daten zu erreichen. Von großer Wichtigkeit ist z. B. die $T—x$-Projektion dieser Kurve, die uns sowohl den oberen als auch den unteren kritischen Endpunkt geben kann durch Bestimmung der Punkte, in denen $\dfrac{\partial x}{\partial T} = \infty$ ist.

Da man für diese Projektion die p-Werte nicht zu kennen braucht, verfährt man meistens so, daß man eine Anzahl von Röhren mit Gemischen verschiedener Konzentration füllt und die Rohre zuschmilzt (dabei ist zu beachten, daß nicht die Flüssigkeit das ganze Rohr anfüllt, damit auch bei höherer Temperatur eine Dampfphase bestehen bleibt). Diese Rohre werden nun in einem entsprechenden Wasser- oder Ölbade erwärmt und die Temperatur festgestellt, bei der sich die beiden flüssigen Phasen völlig mischen. Im allgemeinen gewinnt man aber eine bequemere Arbeitsmethode, wenn man von einer homogenen Flüssigkeit ausgeht und die Temperatur ändert, bis Entmischung auftritt. Die Entmischung gibt sich kund durch eine Trübung. Verzögerungserscheinungen sind hierbei nie gefunden worden. Wohl muß beachtet werden, daß Spuren von Verunreinigungen eine große Änderung in der (scheinbaren) Faltenpunktstemperatur zur Folge haben können[3]).

<hr>

[1]) Ph. Kohnstamm u. J. Timmermans, Proc. Kon. Ac. Amsterdam Bd. 21, S. 1021. 1913; siehe weiter J. Timmermans, Arch. Neerl. III A. Bd. 6, S. 147. 1922.
[2]) Neuerdings bis zu 3000 Atm.
[3]) Siehe u. a. Arch. Neerl. Serie III A. Bd. 6, S. 127. 1923.

Kapitel 5

Spezifische Wärme (theoretischer Teil).

Von

Erwin Schrödinger, Zürich.

Mit 4 Abbildungen.

a) Einleitung.

1. Begriffe und Definitionen. Unter der spezifischen Wärme eines Stoffes bei einer bestimmten Temperatur versteht man bekanntlich die Wärmemenge in kleinen Kalorien, die man der Masseneinheit zuführen muß, um ihre Temperatur um $1°$ C zu erhöhen, oder genauer den Grenzwert: Zugeführte Wärmemenge durch Temperaturerhöhung, für lim Temperaturerhöhung $= 0$. Was dabei vom theoretischen Standpunkt eigentlich interessiert, ist nicht so sehr dieser Differentialquotient, als vielmehr sein Integral über der Temperaturachse, der Energieinhalt als Funktion der Temperatur, oder auch das entsprechende Integral des Quotienten: Spezifische Wärme dividiert durch die Temperatur, welches Integral den Entropieinhalt darstellt. Aus diesen lassen sich Schlüsse auf den Mechanismus der molekularen Wärmebewegung ziehen bzw. es bestehen umgekehrt alle Theorien der spezifischen Wärme darin, aus mehr oder weniger bestimmten Vorstellungen über den genannten Mechanismus den Energie- oder Entropieinhalt als Funktion der Temperatur abzuleiten und seinen Differentialquotienten mit der gemessenen spezifischen Wärme zu vergleichen. Dabei liefert die mechanische Theorie den Energie- (bzw. Entropie-) Inhalt unmittelbar in Erg (bzw. Erg/$°$C), er ist also noch durch den bekannten Wert des mechanischen Wärmeäquivalents ($J = 4,19 \cdot 10^7$ Erg/cal.) zu dividieren, um mit der Erfahrung verglichen zu werden.

Die für bestimmte Temperaturerhöhung zuzuführende Wärmemenge ist nicht unabhängig davon, welche gleichzeitige Änderungen der übrigen Variabeln, die den Zustand bestimmen (Volumen, Deformationsvariable), zugelassen bzw. vorgeschrieben werden. Das hat seinen phänomenologischen Grund darin, daß eine Änderung dieser Variablen auch bei konstanter Temperatur eine Wärmezu- oder -abfuhr erfordert, und seinen theoretischen Grund darin, daß bei einer solchen Änderung erstens ein Arbeitsaustausch mit der Umgebung stattfindet, zweitens auch die innere Energie, und zwar sowohl der kinetische als auch der potentielle Energieinhalt im allgemeinen sich ändert. (Nach der klassischen Theorie nur der potentielle Energieinhalt, nach der Quantentheorie aber beide, und zwar wegen der Änderungen der charakteristischen Frequenzen.) Man erkennt, daß unsere obige Behauptung, das Integral der spezifischen Wärme liefere den Energieinhalt, nicht völlig präzis war, sie ist auf den Fall zu beschränken, daß die Temperaturänderung ohne Arbeitsaustausch mit der Umgebung vorgenommen wird. (Hingegen wird die Entropieänderung unter allen Umständen in der angegebenen Weise gefunden.) Daher liefert eine

18*

mechanische Theorie des Energieinhaltes unmittelbar die spezifische Wärme „bei fehlendem Arbeitsaustausch mit der Umgebung", d. h. die spezifische Wärme bei konstantem Volum (c_v). Daß dieser Wert, und nicht etwa die spezifische Wärme bei konstantem Druck (c_p), zum Vergleich der Theorie mit der Erfahrung heranzuziehen ist, hat freilich in speziellen Fällen, insbesondere bei den festen Körpern, noch einen anderen Grund. Hier ist zwar die äußere Arbeitsleistung wegen der geringen Wärmeausdehnung in jedem Falle klein oder auch exakt Null (Nernstsches Vakuumkalorimeter!), aber die Theorie in ihrer einfachsten Form berücksichtigt nicht die Wärmeausdehnung und die damit verbundenen, nicht unbeträchtlichen Änderungen der inneren Energie. — Die Messung liefert (außer an sehr kalten Gasen, bei denen es bequemer ist, c_v zu messen) stets c_p. Die Differenz ist allgemein thermodynamisch berechenbar, wenn der kubische Ausdehnungskoeffizient α und die isotherme kubische Kompressibilität $\varkappa$ bekannt sind, es ist

$$c_p - c_v = \frac{\alpha^2 v T}{J \varkappa} \tag{1}$$

(v = spez. Vol.; T = abs. Temp.; J = mech. Wärmeäquivalent).

Außer den Gasen, wo die Verhältnisse bekanntlich relativ einfach liegen, bieten das Hauptinteresse die festen Körper. Die Korrektion beträgt hier bei Zimmertemperatur 3 bis 6%, in Ausnahmefällen bis zu 15%. Mit sinkender Temperatur nimmt sie rasch ab, und zwar hauptsächlich, weil α abnimmt. Einen Übelstand bei der Verwendung der Formel (1) bildet es, daß insbesondere α meist als Temperaturfunktion nicht hinlänglich bekannt ist. Nach Nernst[1]) darf man aber auf Grund einer von Grüneisen[2]) experimentell gefundenen Beziehung, die sich auch molekulartheoretisch begründen läßt, α in seiner Abhängigkeit von T als proportional mit c_p ansehen, dagegen $\dfrac{v}{\varkappa}$ als unabhängig von der Temperatur. Damit wird

$$c_p - c_v = A\, c_p^2\, T, \tag{2}$$

worin die Konstante A durch Gleichsetzen der rechten Seiten von (1) und (2) für ein zusammengehöriges Wertesystem α, v, $\varkappa$, c_p bestimmt werden kann. Über noch weitergehende, aber theoretisch weniger gut begründete Vereinfachungen der Formel vgl Nernst, l. c.[3]).

Bei theoretischen Überlegungen ist es bequemer, nicht mit der Masseneinheit, sondern mit dem Grammatom bzw. Grammolekül, d. h. in allen Fällen mit derselben Anzahl Atome bzw. Moleküle zu operieren. Es ist üblich, die Atom- bzw. Molwärmen durch große C, mit dem betreffenden Index v oder p zu bezeichnen; diese sind also gleich den kleinen c mal dem Atom- bzw. Molgewicht.

b) Gase.

2. Wechselwirkungsenergie. Der Energieinhalt eines Gases besteht nach der Molekulartheorie aus zwei Anteilen, wovon der eine auf die einzelnen Moleküle aufgeteilt gedacht werden kann als deren Translations-, Rotations- und (kinetische und potentielle) innere Energie, während der zweite Anteil, die poten-

---

[1]) W. Nernst, ZS. f. Elektrochem. Bd. 17, S. 817. 1911; Ann. d. Phys. (4) Bd. 36, S. 425. 1911.
[2]) E. Grüneisen, Ann. d. Phys. (4) Bd. 26, S. 401. 1908; Bd. 33, S. 65. 1910; Bd. 39, S. 257. 1912; Verh. d. D. Phys. Ges. Bd. 13, S. 426 u. 491. 1911. Zur Theorie vgl. S. Ratnowsky, Ann. d. Phys. (4) Bd. 38, S. 637. 1912; Verh. d. D. Phys. Ges. Bd. 15, S. 75. 1913.
[3]) Siehe auch W. H. Keesom u. Kamerlingh-Onnes, Proc. Amsterdam Bd. 18, S. 1253. 1916.

tielle Energie der intermolekularen Wechselwirkung, einer solchen gedanklichen Aufteilung offenbar nicht fähig ist. Es wäre natürlich ganz unrichtig, zu schließen, daß dieser zweite Anteil bei konstantem Volumen nicht von der Temperatur abhänge, weil die grob berechnete mittlere Entfernung der Moleküle $\left(\sqrt{\dfrac{V}{N}}\right)$ dabei konstant bleibe. Denn nach dem BOLTZMANNschen Prinzip ist die Häufigkeit, mit der zwei Moleküle in einer gegenseitigen Lage angetroffen werden, welche den Wert ε der Wechselwirkungsenergie hervorruft, proportional zu

$$e^{-\frac{\varepsilon}{kT}}.$$

Große negative ε-Werte, wie z. B. bei starker Annäherung von Molekülen, die sich anziehen, werden also häufiger auftreten bei tiefer Temperatur als bei hoher. Und ebenso werden z. B. bei Dipolmolekülen solche Lagen, in denen die Dipole einander die entgegengesetzten Pole zuwenden und daher einander anziehen, gegenüber den entgegengesetzten Lagen bei tiefer Temperatur stärker bevorzugt sein als bei hoher.

Der in Rede stehende Energieanteil verschwindet jedoch überhaupt in der Grenze für unendliche Verdünnung, d. h. für den idealen Gaszustand. Man pflegt die Theorie für diesen Zustand zu entwickeln und die Energie der Wechselwirkung dadurch zu berücksichtigen, daß man an den empirischen Daten, wenn nötig, eine „Korrektion auf den idealen Gaszustand" anbringt. Das wird ermöglicht durch die allgemein thermodynamische Beziehung

$$\left(\frac{\partial C_v}{\partial V}\right)_T = T\left(\frac{\partial^2 p}{\partial T^2}\right)_v \tag{3}$$

$(V = \text{Molvolumen}, \; p = \text{Druck}),$

deren rechte Seite, der zweite Temperaturkoeffizient des Druckes, aus der empirischen Zustandsgleichung des betreffenden Gases oder evtl. aus einer Theorie derselben zu entnehmen ist. — Wir haben also für die Theorie dann nur mehr mit dem ersten Energieanteil, d. i. mit der Summe der Energie der einzelnen Moleküle zu tun.

3. Darstellung der thermodynamischen Funktionen durch die Zustandssumme. Sei jetzt ε die Energie eines Moleküls als Funktion der Koordinaten $(q_1, q_2 \ldots q_f)$ und kanonisch konjugierten Impulse $(p_1 \ldots p_f)$, welche seinen gesamten Lage- und Bewegungszustand bestimmen. Nach dem BOLTZMANNschen Prinzip ist dann die Anzahl der Moleküle, die jeweils einem hervorgehobenen infinitesimalen Wertebereich dieser Variablen angehören, proportional mit

$$g e^{-\frac{\varepsilon}{kT}}, \tag{4}$$

wo g eine dem hervorgehobenen Wertebereich zugeordnete, von der Temperatur nicht mehr abhängige Größe ist, die als a-priori-Wahrscheinlichkeit oder statistisches Gewicht dieses Zustandsbereiches bezeichnet wird. Das Wort „proportional" in dem vorhergehenden Satz bezieht sich auf den Vergleich der Molekülzahlen in verschiedenen Zustandsbereichen, nicht auf wechselnde Temperatur. Der unveränderlichen Gesamtzahl aller Moleküle (N) ist also zugeordnet die Summe aller Ausdrücke (4) über alle in Betracht kommenden Wertebereiche; d. h. die Anzahl (n) der Moleküle in dem hervorgehobenen Wertebereich ist

$$n = N \frac{g e^{-\frac{\varepsilon}{kT}}}{\sum g e^{-\frac{\varepsilon}{kT}}}. \tag{5}$$

Diese statistischen Grundlagen (vgl. ds. Handb. IX) sind der klassischen Theorie und der Quantentheorie gemeinsam. Die beiden Theorien unterscheiden sich nur in den Annahmen über die Gewichte g. Die klassische Auffassung stützt sich auf den LIOUVILLEschen Satz der Mechanik und setzt g proportional dem Phasenvolumen des hervorgehobenen Bereichs, d. h. für einen infinitesimalen Bereich[1]:

$$g = \varkappa\, dq_1\, dq_2 \ldots dq_f\, dp_1\, dp_2 \ldots dp_f. \tag{6}$$

Die linke Seite von (5) muß dann als Differential geschrieben werden, der Nenner auf der rechten Seite wird zu einem Integral über den ganzen Phasenraum des Moleküls. Die Quantentheorie ist auf Grund der PLANCKschen Theorie der Wärmestrahlung[2]) und der BOHRschen Theorie der Spektrallinien[3]) zu der Auffassung gelangt, daß nicht alle mechanisch möglichen Zustände des Moleküls wirklich vorkommen, d. h. daß die statistische Gewichtsfunktion nicht, wie nach (6), gleichmäßig über den Phasenraum ausgebreitet ist, sondern sich auf gewisse Mannigfaltigkeiten von niedrigerer Dimensionszahl als $2f$ konzentriert, während allen übrigen Gebieten das Gewicht Null zukommt. Nach Festlegung der mechanischen Eigenschaften des Molekülmodells hat also die Theorie jetzt jedesmal noch zwei weitere Aufgaben zu lösen, nämlich die richtige Abgrenzung der „erlaubten" Zustände (Quantelung, Quantisierung) nach allgemeinen Prinzipien und die korrekte Zuordnung der Gewichte zu diesen Zuständen.

Die Formulierung (5) gilt aber für jeden Fall. Aus ihr folgt für den Energieinhalt U des ganzen Gases:

$$U = \sum n\,\varepsilon = \frac{N\sum \varepsilon g\, e^{-\frac{\varepsilon}{kT}}}{\sum g\, e^{-\frac{\varepsilon}{kT}}} \equiv N k T^2 \frac{\partial}{\partial T}\left(\ln \sum g\, e^{-\frac{\varepsilon}{kT}}\right). \tag{7}$$

Zur Berechnung von U bedarf es also nur der Kenntnis von

$$\sigma = \sum g\, e^{-\frac{\varepsilon}{kT}}, \tag{8}$$

welche man nach PLANCK als „Zustandssumme" bezeichnet[4]), als Funktion der Temperatur. Legt man der Betrachtung 1 Mol zugrunde, so ist N die LOSCHMIDTsche Zahl ($= 6{,}06 \cdot 10^{23}$) und $Nk = R$ bekanntlich die Gaskonstante;

$$\Psi = R \ln\left(\sum g\, e^{-\frac{\varepsilon}{kT}}\right) \tag{9}$$

heiße die PLANCKsche charakteristische Funktion (pro Mol). Dann wird nach (7)

$$U = T^2 \frac{\partial \Psi}{\partial T} \tag{10}$$

und die Molwärme bei konstantem Volumen

$$C_v = \frac{\partial U}{\partial T} = \frac{\partial}{\partial T}\left(T^2 \frac{\partial \Psi}{\partial T}\right). \tag{11}$$

---

[1]) Dem Proportionalitätsfaktor $\varkappa$ kommt vom Standpunkte der klassischen Theorie keine Bedeutung zu, man setzt ihn da meistens gleich 1. Man muß ihn jedoch beibehalten, wenn man, wie das heute geboten ist, die klassische Theorie stets als Grenzfall der Quantentheorie auffassen will.

[2]) M. PLANCK, Theorie der Wärmestrahlung, 4. Aufl. J. A. Barth 1921.

[3]) N. BOHR, Abhandlgn. d. Akad. d. Wissensch. zu Kopenhagen, 8. Reihe, IV 1, 1 u. 2. 1918 (englisch). Deutsch bei Julius Springer 1924.

[4]) M. PLANCK, Verh. d. D. Phys. Ges. Bd. 17, S. 444. 1915.

Ferner ist die Entropie S in ihrer Abhängigkeit von der Temperatur gegeben durch

$$S = \int^T \frac{C_v}{T}\, dT = \int^T \frac{dT}{T} \frac{\partial}{\partial T}\left(T^2 \frac{\partial \Psi}{\partial T}\right),$$

was sich durch partielle Integration umformen läßt in

$$S = T \frac{\partial \Psi}{\partial T} + \Psi = \frac{U}{T} + \Psi, \tag{12}$$

mithin

$$\Psi = -\frac{U - TS}{T} = -\frac{F}{T}, \tag{12'}$$

d. h. die charakteristische Funktion hat, jedenfalls hinsichtlich ihrer Abhängigkeit von der Temperatur, die Bedeutung der negativen, durch die Temperatur dividierten f r e i e n E n e r g i e. — Bei der Herleitung dieser Formeln ist auf eine Normierung der additiven Konstante in der Entropie (sog. „absolute Entropie") n i c h t Rücksicht genommen, ja in (12) könnte sogar eine temperaturfreie Funktion der übrigen Zustandsvariablen (z. B. Volumen) als „Integrationskonstante" hinzutreten. In (10) und (11) würde eine solche Funktion, zu Ψ hinzugefügt, keinen Beitrag liefern, weshalb wir den Beweis für ihr Verschwinden in diesem Kapitel nicht benötigen.

4. Das Molekülmodell und seine Energiestufen. Die Präzisierung der Vorstellungen über den Bau und die (inneren) Bewegungen der Moleküle ist erfolgt durch die Anwendung der BOHRschen Theorie der Spektrallinien auf die von den Molekülen ausgesandten Spektren, d. i. — im Falle mehratomiger Moleküle — auf die B a n d e n s p e k t r e n[1]) (zu denen auch das sog. Viellinienspektrum des H_2 zu rechnen ist). Danach besteht ein neutrales Molekül aus (einem oder) mehreren schweren Atomkernen, je mit einer positiven Ladung gleich der Ordnungszahl des betreffenden Atoms im periodischen System mal dem elektrischen Elementarquantum; ferner aus so vielen negativen Elektronen, als zur Neutralisierung nötig sind. Die Elektronen, deren Masse gegen die der Kerne verschwindend klein ist, bewegen sich im Normalzustand des Atoms auf ganz bestimmten Bahnen um die Kerne, welch letztere im Normalzustand als ruhend angesehen werden können, indem die Gleichgewichtslagen der Kerne und die Elektronenbahnen in solcher Weise aneinander angepaßt sind, daß die Elektronen auf ihren sehr rasch durchlaufenen Bahnen eine resultierende Kraftwirkung auf die Kerne ausüben, welche die abstoßende Wechselwirkung der Kerne gerade kompensiert[2]). Die wahre Gestalt der Elektronenbahnen ist (außer für dissoziierten Wasserstoff) noch in keinem einzigen Falle genau bekannt, und es wird bezweifelt[3]), ob sie — auch abgesehen von den mathematischen Schwierigkeiten des Mehrkörperproblems — nach den gewöhnlichen Prinzipien der Mechanik berechenbar seien. Sicher ist nur, und zwar auf Grund der merklichen Unab-

---

[1]) Eingeleitet durch N. BJERRUM, Nernst-Festschrift 1912, S. 90; K. SCHWARZSCHILD, Berl. Ber. 1916, S. 548; TH. HEURLINGER, Diss. Lund 1918; Phys. ZS. Bd. 20, S. 188. 1919; ZS. f. Phys. Bd. 1, S. 82. 1920; W. LENZ, Verh. d. D. Phys. Ges. Bd. 21, S. 632. 1919. — Näheres s. in dem betreffenden Kapitel dieses Handbuches.

[2]) W. PAULI JUN., Ann. d. Phys. Bd. 68, S. 177. 1922; F. F. NIESSEN, Diss. Utrecht 1922. In diesen Arbeiten wird die exakte Durchrechnung für das Wasserstoffmolekülion (2 Kerne, 1 Elektron) gegeben. Sie scheint freilich nicht den Tatsachen zu entsprechen. Aus diesem und anderen Gründen können die im Text entwickelten Vorstellungen n u r als v o r l ä u f i g e g e l t e n.

[3]) N. BOHR, Ann. d. Phys. (4) Bd. 71, S. 255. 1923; M. BORN, ZS. f. Phys. Bd. 26, S. 379. 1924.

hängigkeit der Röntgenspektren vom chemischen Verbindungszustand, daß die große Mehrzahl der „inneren" Elektronen im zusammengesetzten Molekül merklich dieselben Bahnen um ihren Atomkern beschreiben wie im freien Atom, und daß nur einige wenige der äußersten und „am lockersten gebundenen" Elektronen, die sog. Valenzelektronen, beim Zusammentritt zum Molekül ihre Bahnen merklich verändern in solcher Weise, daß sie es hauptsächlich sind, welche die oben genannte kompensierende Kraftwirkung auf die Kerne ausüben.

Wir sprachen bisher vom Normalzustand des Moleküls, dem wir für unsere Zwecke die Energie 0 zuschreiben wollen. (Es ist der Zustand kleinster Energie; alle anderen erhalten dann also positive Energiewerte.) Aus ihm kann man sich irgendeinen möglichen Zustand des Moleküls entstanden denken durch Hinzutritt von vier weiteren Energieformen, entsprechend vier Abänderungen im Bewegungstypus des Systems. Diese sind:

α) **Translationsenergie** des ganzen Moleküls, worüber vorläufig nichts weiter zu sagen ist.

β) **Rotationsenergie** des ganzen Moleküls. Hierüber ist zu sagen: Von vornherein erscheint es mechanisch unzulässig, sich vorzustellen, daß ein so kompliziertes mechanisches System ohne Änderung seiner inneren Bewegungen in Kreiselbewegung versetzt wird wie ein starrer Körper. Die Scheinkräfte (Zentrifugalkraft, Corioliskraft usw.), welche in Rechnung gestellt werden müssen, wenn man die innere Bewegung des Systems auf ein in Kreiselbewegung begriffenes Koordinatensystem beziehen will, müssen wesentliche Änderungen der inneren Bewegung hervorbringen. Nun läßt sich aber auf Grund des Boltzmannschen Prinzips [Ziff. 3, Gleichung (4)] vorhersehen, daß nur Rotationsenergie von der Größenordnung kT in berücksichtigenswerter Häufigkeit auftritt. Und es läßt sich darnach auf Grund des zu erwartenden Trägheitsmomentes der Moleküle (Atommasse $\times$ 10^{-16} cm²) überschlagen, daß bei nicht extrem hoher Temperatur die Kreiselbewegung außerordentlich langsam erfolgt im Vergleich zu den inneren Elektronenbewegungen und daher die letzteren nur in sehr geringem Maße abändert. Vom Standpunkte der Quantentheorie kann die Verlagerung des Systems der Elektronenbahnen bei der Kreiselbewegung näherungsweise als eine adiabatisch unendlich langsame Abänderung angesehen werden, wobei nach dem Ehrenfestschen Prinzip (s. ds. Handb. XXIII) „richtig gequantelte" Bahnen wieder in solche übergehen[1]).

γ) **Schwingungsenergie der Kerne gegeneinander.** Läßt man an den Kernen molekülfremde äußere Kräfte angreifen, wie das z. B. beim Zusammenstoß zweier Moleküle eintreten wird, und denkt sich die Kerne auf diese Art sehr langsam aus ihren Gleichgewichtslagen herausgezogen, so werden, wie man an Hand einfacher, wenn auch nicht im Detail zutreffender Molekülmodelle übersehen kann, die Elektronenbahnen sich ähnlich wie im Falle der Rotation adiabatisch transformieren, und es werden neue Gleichgewichtslagen der Kerne sich einstellen, bei denen die resultierenden inneren Kräfte auf die Kerne nicht mehr verschwinden, sondern die äußeren Kräfte kompensieren. Hören jetzt die äußeren Kräfte zu wirken auf, so werden die Kerne gegen ihre Ruhelage zurück- und um diese herumpendeln unter steter quasiadiabatischer Transformation der Elektronenbahnen. Die Bewegung der Kerne wird, jedenfalls solange die Schwingungsamplitude genügend klein bleibt, ganz ähnlich vor sich gehen, als wären sie durch quasielastische Kräfte aneinandergebunden, und die Schwingungsenergie wird in derselben Weise berechnet werden können, obwohl das, was bei dieser Auffassung als „potentielle Energie der Kerne gegeneinander"

---

[1]) Eine exaktere, aber sehr weit ausholende Begründung bei M. Born u. W. Heisenberg, Ann. d. Phys. (4) Bd. 74, S. 1. 1924; M. Born, Naturwissensch. Bd. 12, S. 1199. 1924.

bezeichnet wird, de facto in verwickelter Weise aus einer Änderung der potentiellen Energie des ganzen Systems und einer Änderung der kinetischen Energie der Elektronen sich zusammensetzt. Wieder läßt sich auf Grund des BOLTZMANNschen Prinzips überschlagen, daß die Kernschwingungen im Vergleich zu den Elektronenbewegungen genügend langsam erfolgen, um die dargelegte Auffassung des Vorganges als einer quasiadiabatischen Transformation mindestens angenähert zu rechtfertigen.

δ) **Energie der „Anregung".** Bei allen bisher besprochenen Veränderungen bleiben die Elektronenbahnen des Normalzustandes, von kleinen stetigen Änderungen abgesehen, erhalten. Die Existenz hochfrequenter Bandenspektren (im Sichtbaren und Ultravioletten) zwingt zu der Annahme, daß ebenso wie für das Atom, so auch für das Molekül außer dem Normalzustand noch andere, um gewisse endliche Beträge energiereichere Zustände möglich sind, die einer um ein Endliches verschiedenen Konfiguration der Kerne und Elektronenbahnen entsprechen, jedoch in allen anderen Stücken, insbesondere hinsichtlich des Gleichgewichtes der Kerne, dieselben Eigenschaften haben wie der Normalzustand. Es können also auch in diesen „angeregten" Zuständen wieder Translationen, Kreiselungen und Kernschwingungen hinzutreten. Unter Energie der Anregung verstehen wir natürlich die Energie des Translations-, Kreiselungs- und kernschwingungsfreien angeregten Zustandes, bezogen auf den ebenso beschaffenen Normalzustand. Diese Energiedifferenz ist oft so beträchtlich gegen kT, daß die angeregten Zustände bei der Berechnung des Energieinhaltes nicht berücksichtigt zu werden brauchen. Sie sind gewissermaßen Zwischenstufen auf dem Wege zur Dissoziation. Sobald diese eintritt (und sogar schon früher), müssen allerdings auch jene grundsätzlich in Rechnung gestellt werden, doch wird ihr Einfluß von dem der gleichzeitig sich bemerkbar machenden Dissoziationswärme schwer zu trennen sein (s. unten Ziff. 10).

5. Spaltung der Zustandssumme. Auf Grund der Erörterungen von Ziff. 4 setzen wir nun für die Molekülenergie

$$\varepsilon = \varepsilon_t + \varepsilon_r + \varepsilon_s, \tag{13}$$

indem wir von dem Auftreten angeregter Zustände absehen und mit ε_t, ε_r, ε_s bzw. die Translations-, Rotations- und Kernschwingungsenergie bezeichnen. Mit der in Ziff. 4 erörterten Näherung können wir dann die kanonischen Variablen $q_1 \ldots q_f$; $p_1 \ldots p_f$ so wählen, daß sie in den drei Energieteilen reinlich getrennt vorkommen. Hier ist f natürlich gleich der dreifachen Anzahl der Kerne — Koordinaten für die Elektronenbewegung brauchen wir überhaupt nicht in Betracht zu ziehen, da sie ja durch die der Kerne mitbestimmt ist. Nun seien q_1, q_2, q_3 die kartesischen Koordinaten des Molekülschwerpunktes x, y, z, dann wird

$$\varepsilon_t = \frac{1}{2m}\left(p_x^2 + p_y^2 + p_z^2\right), \tag{14}$$

wo m die Molekülmasse; ferner seien q_4, q_5, q_6 drei EULERsche Winkel ϑ, φ, ψ, welche die Orientierung des Trägheitsellipsoides der Molekel festlegen. Dann wird[1]

$$\varepsilon_r = \frac{1}{2J}\left(p_\vartheta \sin\psi + \frac{p_\varphi + p_\psi \cos\vartheta}{\sin\vartheta}\cos\psi\right)^2 \\ + \frac{1}{2K}\left(-p_\vartheta \cos\psi + \frac{p_\varphi + p_\psi \cos\vartheta}{\sin\vartheta}\sin\psi\right)^2 + \frac{1}{2L}(-p_\psi)^2, \tag{15}$$

---

[1] Gleichung (15) ist die gewöhnliche, aber sehr selten explizit hingeschriebene Darstellung der Rotationsenergie durch die den EULERschen Winkeln kanonisch konjugierten Impulse.

wo J, K, L die Hauptträgheitsmomente der Molekel. Endlich seien $q_7 \ldots q_f$ normierte Normalkoordinaten, welche die Schwingungen der Atome gegeneinander beschreiben, u_1, $u_2 \ldots u_{f'}$ ($f' = f - 6 = 3 \times$ Atomzahl $- 6$), derart, daß

$$\varepsilon_s = \frac{4\pi^2}{2}\left(\nu_1^2 u_1^2 + \nu_2^2 u_2^2 + \cdots \nu_{f'}^2 u_{f'}^2\right) + \frac{1}{2}\left(p_{u_1}^2 + p_{u_2}^2 + \cdots p_{u_{f'}}^2\right), \tag{16}$$

wo $\nu_1 \cdots \nu_f$, die Eigenschwingungszahlen der Molekülschwingungen.

Hier muß ein Ausnahmefall von großer Wichtigkeit erwähnt werden, betreffend die **gestreckten Moleküle.** Liegen nämlich alle Atome des Moleküls im Ruhezustand **auf einer Geraden** (z. B. immer dann, wenn überhaupt nur **zwei** Atome vorhanden sind!), dann sind nur **zwei** Orientierungswinkel ϑ und φ erforderlich. Dann wird

$$\varepsilon_r = \frac{1}{2J}\left(p_\vartheta^2 + \frac{p_\varphi^2}{\sin^2\vartheta}\right), \tag{15'}$$

wo J das einzige von Null verschiedene Hauptträgheitsmoment; und in (16) ist $f' = f - 5$, z. B. $= 1$ im Falle **zweiatomiger** Moleküle.

Berechnet man nun die Zustandssumme nach (8)

$$\sigma = \sum g e^{-\frac{\varepsilon_t + \varepsilon_r + \varepsilon_s}{kT}}, \tag{17}$$

so erkennt man, daß die e-Potenz in ein Produkt von drei Faktoren aufspaltet, wovon jeder nur von den auf eine der drei Bewegungsformen bezüglichen Variablen abhängt. Falls sich die Gewichtsfaktoren g in analoger Weise aufspalten lassen, so wird die Summe in ein Produkt dreier Summen zerlegbar, die einzeln den drei Bewegungsformen zugeordnet sind. Nach der klassischen Theorie spaltet nun g nach Ziff. 3 Gleichung (6) ohne weiteres auf, indem mit jedem e-Faktor in (17) das Produkt der Differentiale derjenigen Koordinaten vereinigt wird, die sich auf die betreffende Bewegungsform beziehen. Aber auch quantentheoretisch kann jede der drei Formen, in welche wir die Gesamtbewegung zerlegt haben, wegen der reinlichen Trennung der Variablen als je ein Problem für sich behandelt werden. Es sind die „erlaubten" Werte der Integrationskonstanten, insbesondere der Energie, einzeln festzulegen und ihnen „Gewichte" zuzuordnen. Das Gewicht einer kombinierten Bewegung erscheint dann als **Produkt der Einzelgewichte.** In diesem Sinne schreiben wir für (17)

$$\sigma = \sum g^{(t)} g^{(r)} g^{(s)} e^{-\frac{\varepsilon_t + \varepsilon_r + \varepsilon_s}{kT}}$$

$$= \sum g^{(t)} e^{-\frac{\varepsilon_t}{kT}} \cdot \sum g^{(r)} e^{-\frac{\varepsilon_r}{kT}} \cdot \sum g^{(s)} e^{-\frac{\varepsilon_s}{kT}}, \tag{17'}$$

worin die Summen sich nun einzeln auf die verschiedenen möglichen Translations-, Rotations- und Schwingungszustände beziehen, die ohne Auswahl miteinander kombiniert auftreten können. Da nun nach Ziff. 3 (8) bis (12) alle thermodynamischen Funktionen linear von $\ln \sigma$ abhängen, so sieht man, daß sie alle **additiv** aus je einem Translations-, einem Rotations- und einem Schwingungsanteil sich zusammensetzen. Sei

$$\sigma^{(t)} = \sum g^{(t)} e^{-\frac{\varepsilon_t}{kT}}, \qquad \sigma^{(r)} = \sum g^{(r)} e^{-\frac{\varepsilon_r}{kT}}, \qquad \sigma^{(s)} = \sum g^{(s)} e^{-\frac{\varepsilon_s}{kT}}$$

$$\Psi^{(t)} = R \ln \sigma^{(t)}, \qquad \Psi^{(r)} = R \ln \sigma^{(r)}, \qquad \Psi^{(s)} = R \ln \sigma^{(s)}, \tag{18}$$

so wird

$$\Psi = \Psi^{(t)} + \Psi^{(r)} + \Psi^{(s)} \tag{19}$$

und z. B.

$$C_v = C_v^{(t)} + C_v^{(r)} + C_r^{(s)}, \tag{20}$$

wo C_v^t usw. mit $\Psi^{(t)}$ usw. ebenso zusammenhängen, wie nach Gleichung (11) C_v mit Ψ.

6. Klassische Theorie. Voll erregte und nicht erregte Freiheitsgrade.
Nach der klassischen Theorie ist nach Ziff. 3 (6) und auf Grund der Festsetzung der Variablen in Ziff. 5 zu setzen[1])

$$\left.\begin{aligned}
g^{(t)} &= \varkappa^{(t)}\, dx\, dy\, dz\, dp_x\, dp_y\, dp_z \\
g^{(r)} &= \varkappa^{(r)}\, d\vartheta\, d\varphi\, d\psi\, dp_\vartheta\, dp_\varphi\, dp_\psi \\
g^{(s)} &= \varkappa^{(s)}\, du_1\, du_2 \ldots du_{f'}\, dp_{u1}\, dp_{u2} \ldots dp_{uf'}
\end{aligned}\right\} \tag{6'}$$

und alle Summen verwandeln sich in Integrale. Die Integrationsgrenzen sind für x, y, z durch das ganze zur Verfügung stehende Volumen V (Molekularvolumen) gegeben, für alle p's und die u's reichen sie von $-\infty$ bis $+\infty$, die Integration über alle Orientierungen ϑ, φ, ψ (bzw. ϑ, φ) ergibt $8\pi^2$ bzw., im Falle gestreckter Moleküle, 4π. (Große Werte der u, die physikalisch nicht mehr denkbar sind, werden schon durch die Form des Integranden praktisch ausgeschaltet.) Die Durchführung der einfachen Quadraturen ergibt nach (14), (15) und (16) folgendes:

$$\left.\begin{aligned}
\sigma^{(t)} &= \varkappa^{(t)} V\, (2\pi m k T)^{\frac{3}{2}} \\
\sigma^{(r)} &= \varkappa^{(r)} \cdot 8\pi^2 \cdot (2\pi k T)^{\frac{3}{2}} \sqrt{JKL} \\
\sigma^{(s)} &= \varkappa^{(s)} (k T)^{f'} (\nu_1 \nu_2 \ldots \nu_{f'})^{-1}.
\end{aligned}\right\} \tag{21}$$

Im Falle **gestreckter** Moleküle jedoch, wo Gleichung (15') gilt,

$$\sigma^{(r)} = \varkappa^{(r)} \cdot 4\pi \cdot (2\pi k T) \cdot J. \tag{21'}$$

Die Ψ-Werte werden nach (9) bzw. (18)

$$\left.\begin{aligned}
\Psi^{(t)} &= \frac{3R}{2}\ln T + R\ln V + R\ln[\varkappa^{(t)} \cdot (2\pi m k)^{\frac{3}{2}}] \\
\Psi^{(r)} &= \frac{3R}{2}\ln T + R\ln\left[8\pi^2 \varkappa^{(r)} \cdot (2\pi k)^{\frac{3}{2}} \cdot \sqrt{JKL}\right] \\
\Psi^{(s)} &= f'R\ln T + R\ln\left[\varkappa^{(t)} \cdot k^{f'} \cdot (\nu_1 \nu_2 \ldots \nu^{f'})^{-1}\right]
\end{aligned}\right\} \tag{22}$$

bzw. für gestreckte Moleküle nach (21')

$$\Psi^{(r)} = R\ln T + R\ln[\varkappa^{(r)} \cdot 8\pi^2 k J]. \tag{22'}$$

Für den Energieinhalt U und die spezifische Wärme C_v spielt nach (10) und (11) nur die Abhängigkeit von T eine Rolle, die übrigen Glieder haben

---

[1]) Bezüglich der Größen $\varkappa$ vgl. Anm. in Ziff. 3. Wir stellen hier die Werte zusammen, die man diesen Größen geben muß, um die klassische Theorie als Grenzfall der Quantentheorie erscheinen zu lassen: $\varkappa^{(t)} = h^{-3}$; $\varkappa^{(r)} = h^{-2}$ für gestreckte Moleküle: $\varkappa^{(r)} = h^{-3}$ für nicht gestreckte Moleküle; $\varkappa^{(s)} = h^{-f'}$. Diese Werte gelten jedenfalls für völlig unsymmetrische Moleküle. Über das Problem der symmetrischen Moleküle vgl. P. EHRENFEST u. V. TRKAL, Anm. d. Phys. (4) Bd. 65, S. 609. 1921; R. H. FOWLER, Phil. Mag. Bd.45, S. 1. 1923.
Für gestreckte Moleküle ist in der zweiten Gleichung $d\psi$, dp_ψ fortzulassen.

nur Bedeutung für die Theorie der Entropiekonstanten (der sog. „chemischen Konstanten"). Nach (11), (19) und (20) ergibt sich:

$$C_v^{(t)} = \frac{3R}{2}, \qquad C_v^{(r)} = \frac{3R}{2}, \qquad C_v^{(s)} = f'R \tag{23}$$

bzw.

$$C_v^{(r)} = R \text{ für gestreckte Moleküle.} \tag{23'}$$

Der klassische Translationsbeitrag zur Molwärme ist also $\frac{3R}{2}$ (rund 3 cal), der Rotationsbeitrag ist ebenso groß, außer wenn das Molekül gestreckt ist; dann ist er R. Der klassische Beitrag jeder Kernschwingung ist R.

Diese Ergebnisse entsprechen dem Äquipartitionstheorem der klassischen Statistik. Der Energieinhalt ist pro Mol und Freiheitsgrad $\frac{1}{2}RT$, wenn es sich nur um kinetische Energie handelt, wie bei der Translation und Rotation. Bei den Freiheitsgraden der Kernschwingung tritt, wegen des einfachen quadratischen Ansatzes (16) für die potentielle Energie, noch je $\frac{1}{2}RT$ an potentieller Energie hinzu. Wie man weiß, finden die C_v-Werte einiger Gase bei Zimmertemperatur nach (23) und (23') ihre einfache Erklärung als Translationswärme (alle einatomigen) bzw. als Translations- + Rotationswärme (so z. B. bei H_2, O_2, N_2)[1].

Nach der Quantentheorie wird das nun so aufgefaßt, daß die vorstehende klassische Berechnungsweise einer Zustandssumme als Zustandsintegral immer dann näherungsweise zurecht besteht, wenn die quantentheoretisch „erlaubten" diskreten Energiewerte für die betreffende Bewegungsform (Tr., R., Schw.) dicht genug liegen, um ihren Abstand gegen kT vernachlässigen und die Exponenten in (18) als kontinuierlich veränderlich ansehen zu dürfen. Aus der quantentheoretischen Gewichtsbestimmung (s. unten) ergibt sich, daß in diesem Falle auch die Gewichtsfaktoren als kontinuierlich veränderlich gelten können und sich der klassischen Bestimmung (6') nähern. Man nennt die betreffenden Freiheitsgrade alsdann voll erregt[2], weil der mit der Temperatur veränderliche Teil ihres Energieinhaltes (nahezu) den vollen klassischen Wert hat, während er nach der Quantentheorie stets kleiner ausfällt. Da die Quantenwerte der Energie von der Temperatur natürlich unabhängig sind, wird bei genügend hoher Temperatur jeder Freiheitsgrad „voll erregt". Als voll erregt sind bei allen bisher erreichten Temperaturen die translatorischen Freiheitsgrade aufzufassen, mit einer einzigen zweifelhaften Ausnahme von He, welches bei sehr tiefer Temperatur (18° K) den klassischen C_v-Wert $3R/2$ etwas zu unterschreiten scheint[3]; es ist nicht ausgeschlossen, daß für die translatorischen Freiheitsgrade die klassische Berechnungsweise nicht bloß als Näherung, sondern prinzipiell zu Recht besteht (s. unten Ziff. 11). Ferner sind nach Ausweis des Experiments voll (oder fast voll) erregt die Rotationen in allen untersuchten Fällen außer beim Wasserstoff, dem einzigen Gas, an dem wir wegen seines sehr kleinen Trägheitsmomentes J und der damit verbundenen erheblichen Größe seiner Energiestufen (s. unten Ziff. 8) das Abflauen der Rotationswärme bei bequem zugänglichen Temperaturen (zwischen etwa 300° und 60° abs.) verfolgen können[4].

---

[1] In diesem Falle ergeben sich, da nach Ziff. 1, Gleichung (1) für das ideale Gas $C_p - C_v = R$ ist, die bekannten einfachen Zahlenwerte für das Verhältnis C_p/C_v, nämlich $1{,}67 = 5/3$ für das einatomige und $1{,}40 = 7/5$ für das zweiatomige Gas. In allen anderen Fällen ist das Verhältnis kleiner.

[2] P. Ehrenfest u. V. Trkal, Ann. d. Phys. (4) Bd. 65, S. 609. 1921.

[3] Nach A. Eucken; s. W. Nernst, Grundlagen des neuen Wärmesatzes, S. 60. Halle, bei Knapp 1918.

[4] A. Eucken, Berl. Ber. 1912, S. 141.

Als nicht erregt[1]) bezeichnet man dagegen solche Freiheitsgrade, bei denen umgekehrt schon der Energieunterschied vom ersten zum zweiten Quantenniveau so groß ist gegen kT, daß nach dem BOLTZMANNschen Prinzip in bezug auf diesen Teil der Bewegung praktisch alle Moleküle im untersten (ersten) Quantenzustand sich befinden und in der betreffenden Teilsumme [Ziff. 5, Gleichung (18)] nur das erste (konstante) Glied in Betracht gezogen zu werden braucht. Nach (11) kommt alsdann kein Beitrag zur Atomwärme. — In manchen, z. B. den oben bezeichneten Fällen (N_2, O_2) sind offenbar die Kernschwingungen bei Zimmertemperatur noch nicht erregt, und zwar wegen zu hoher Eigenfrequenz ν (Ziff. 7). Eine Probe auf diese Annahme liefert immer die Temperaturabhängigkeit von C_v in dem betreffenden Gebiet. Die bloße Feststellung, daß für eine bestimmte Temperatur $C_v = 3\,R$ ist — d. h. gleich der voll erregten Translations- + Rotationswärme für ein nichtgestrecktes Molekül — genügt nicht. Denn das Molekül kann gestreckt sein, was $C_v^{(t)} + C_v^{(r)} = 5\,R/2$ ergibt, und die restlichen $R/2$ können „zufällig" von ein oder mehreren „halberregten" Kernschwingungen herrühren; C_r muß aber alsdann stark von der Temperatur abhängen[2]).

In älteren Darstellungen wird zuweilen auch der fehlende dritte Freiheitsgrad der Rotation bei gestreckten Molekülen einfach als „nicht erregt" (wegen zu kleinen Trägheitsmomentes) angesprochen. Diese Auffassung ist aber schief, weil der betreffende Freiheitsgrad ja als innere Schwingung auftritt (s. Ziff. 5 über die Zahl f' der Kernschwingungen). Sollte es „fast gestreckte" Moleküle geben (H_2O?), dann wäre für diese eine reinliche Scheidung der Energien der Rotation und Schwingung in der oben durchgeführten Art überhaupt nicht mehr möglich, da z. B. das Trägheitsmoment um die angenäherte Streckungsachse bei der Schwingung prozentuell sehr bedeutende Änderungen erleiden könnte. Hingegen trifft die Bezeichnung „nicht erregt" zu für die möglichen „angeregten Zustände", von deren Existenz wir seit Ziff. 5 abgesehen haben (s. Ziff. 4, Ende) — natürlich nur sofern wir im Einzelfall zu dieser Vernachlässigung berechtigt sind[3]).

Wir gehen nun über zur Behandlung des Zwischenfalles, daß ein Freiheitsgrad weder voll erregt noch unerregt ist, wobei jetzt die Quantentheorie wesentlich ins Spiel kommt.

7. Quantentheorie der Schwingungswärme. Am einfachsten liegen die Verhältnisse für die Kernschwingungen und ihren Beitrag zu den thermodynamischen Funktionen. Die Zustandssumme

$$\sigma^{(s)} = \sum g^{(s)}\, e^{-\frac{\varepsilon_s}{kT}} \tag{24}$$

spaltet vermöge des einfachen Ansatzes (16) für ε_s (der voraussetzt, daß bereits Normalkoordinaten eingeführt sind!) in ein Produkt von f' Teilsummen auf:

$$\sigma^{(s)} = \sum e^{-\frac{\varepsilon_{s1}}{kT}} \cdot \sum e^{-\frac{\varepsilon_{s2}}{kT}} \cdot \ldots \sum e^{-\frac{\varepsilon_{sf'}}{kT}} \tag{25}$$

wobei z. B. ε_{si} für die Folge der quantentheoretisch erlaubten Werte von

$$\varepsilon_{si} = 2\,\pi^2\, \nu_i^2\, u_i^2 + \tfrac{1}{2}\, p_{ui}^2 \tag{26}$$

---

[1]) EHRENFEST u. TRKAL, Ann. d. Phys. (4) Bd. 65, S. 609. 1921.

[2]) Eine gestreckte dreiatomige Molekel ist CO_2, nach A. EUCKEN, ZS. f. phys. Chem. Bd. 100, S. 159. 1922 und nach BARKER, Astrophys. Journ. Bd. 55, S. 391. 1922. S. auch A. EUCKEN, E. KARWAT u. F. FRIED, ZS. f. Phys. Bd. 29, S. 28. 1924; EUCKEN u. FRIED, ebendort S. 39.

[3]) Fragt man sich, welchen Koordinaten oder Freiheitsgraden dabei das Attribut „nicht erregt" zukommt, so ist zu antworten: denjenigen der Elektronenbewegung.

steht und der **Gewichtsfaktor** fortgelassen wurde. Damit hat es folgende Bewandtnis. Wegen der reinlichen Trennung der Variablen in (16) ist die Bewegung jeder Normalkoordinate mechanisch, daher auch quantentheoretisch, unabhängig von den übrigen, wie ein Problem von **einem** Freiheitsgrad zu behandeln. Die **Grundregel für die quantentheoretische Gewichtsbestimmung** lautet nun ganz allgemein[1]), daß die verschiedenen diskreten Quantenzustände bei einem sog. nichtentarteten System untereinander gleiche a-priori-Wahrscheinlichkeit oder statistisches Gewicht besitzen. Indem wir diese Gewichte speziell gleich 1 setzen, legen wir jetzt zum erstenmal eine absolute Normierung der Gewichtsfunktion fest, die wir konsequent beibehalten müssen. — Was die Frage der eventuellen Entartung betrifft, so sind unsere Kernschwingungen **dann** nicht entartet, wenn zwischen den ν_i keine rationalen Beziehungen bestehen. Wir wollen das vorläufig voraussetzen.

Die Quantenbedingung für die i^{te} Normalschwingung lautet alsdann (s. ds. Handb. XXIII)

$$\oint p_{u_i}\, du_i = n h \qquad n = 0, 1, 2, 3 \ldots \tag{27}$$

wo die Integration zu erstrecken ist über eine volle Periode $\dfrac{1}{\nu_i}$ dieser Schwingung. Dafür kann auch

$$\oint p_{u_i}\, du_i = \oint d\,(p_{u_i} u_i) - \oint u_i\, dp_{u_i} = - \oint u_i\, dp_{u_i},$$

$$= \frac{1}{2} \oint (p_{u_i} du_i - u_i\, dp_{u_i}) = n h \tag{27'}$$

geschrieben werden. Da nun nach den Bewegungsgleichungen

$$\frac{dp_{u_i}}{dt} = - \frac{\partial \varepsilon_{si}}{\partial u_i} = - 4\pi^2 \nu_i^2 u_i; \qquad \frac{du_i}{dt} = \frac{\partial \varepsilon_{si}}{\partial p_i} = p_{u_i},$$

so ist (27') äquivalent mit

$$\frac{1}{2} \oint (p_{u_i}^2 + 4\pi^2 \nu_i^2 u_i^2)\, dt = \varepsilon_{si} \oint dt = \frac{\varepsilon_{si}}{\nu_i} = n h$$

oder
$$\varepsilon_{si} = n h \nu_i, \tag{27''}$$

d. h. jede Normalschwingung kann nur ganzzahlige Vielfache des „Energiequants" $h\nu_i$ aufnehmen. Die zugehörige Partialsumme in (25) wird

$$\sum_{n=0}^{\infty} e^{-n\frac{h\nu_i}{kT}} = \frac{1}{1 - e^{-\frac{h\nu_i}{kT}}}. \tag{28}$$

Die ganze Zustandssumme der Kernschwingungen wird

$$\sigma^{(s)} = \left[\prod_{i=1}^{f'} \left(1 - e^{-\frac{h\nu_i}{kT}}\right)\right]^{-1}, \tag{29}$$

ferner nach (18) und (19)

$$\Psi^{(s)} = - R \sum_{i=1}^{f'} \ln\left(1 - e^{-\frac{h\nu_i}{kT}}\right),$$

---

[1]) N. Bohr, Kopenhagener Akad.-Schriften, Math.-nat. Abt., 8. Reihe, IV 1, 1, S. 26. 1918.

endlich Energie- und Atomwärmenanteil nach Ziff. 3, Gleichung (10) und (11):

$$U^{(s)} = N \sum_{i=1}^{f'} \frac{h\nu_i}{e^{\frac{h\nu_i}{kT}} - 1} , \tag{30}$$

$$C_v^{(s)} = R \sum_{i=1}^{f'} \frac{\left(\frac{h\nu_i}{kT}\right)^2 e^{\frac{h\nu_i}{kT}}}{\left(e^{\frac{h\nu_i}{kT}} - 1\right)^2} , \tag{31}$$

wo N für die Loschmidtsche Zahl $\left(= \dfrac{R}{k}\right)$ steht und die Beiträge der einzelnen Normalschwingungen leicht zu erkennen sind. Der Beitrag einer Normal-

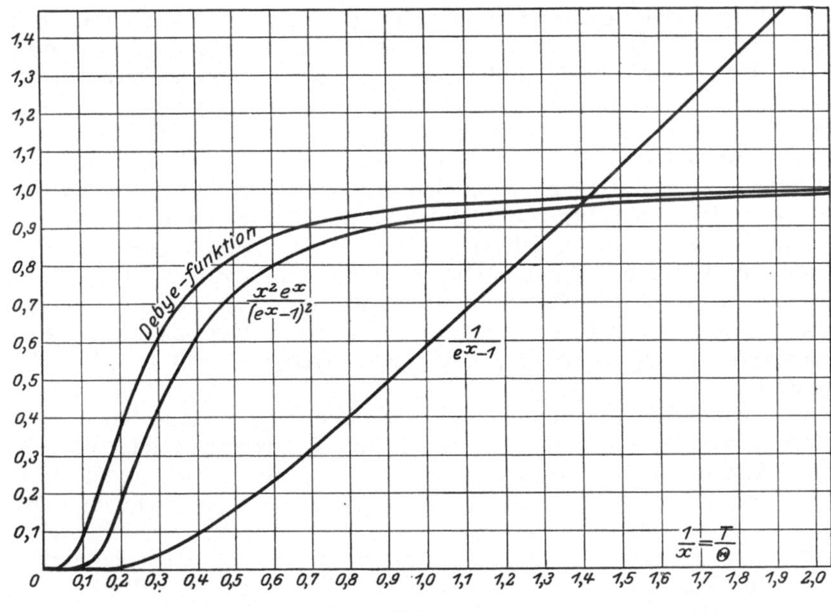

Abb. 1.

1. $\dfrac{1}{e^x - 1}$ = Energieinhalt einer Eigenschwingung.

2. $\dfrac{x^2 e^x}{(e^x - 1)^2}$ = Spezifische Wärme einer Eigenschwingung (sog. „Einstein-Funktion").

3. Debye-Funktion [Ziff. 17, Gleichung (61)].

    Alle drei als Funktionen der reduzierten Temperatur.

schwingung zu (30) bzw. (31) verschwindet für kleine T exponentiell (unerregter Freiheitsgrad), für große T nähert er sich asymptotisch dem klassischen Beitrag RT bzw. R (voll erregter Freiheitsgrad). Das Gebiet starken Anstieges liegt bei um so höherer Temperatur, je größer die Eigenschwingungszahl ν_i. Der Verlauf ist universell, wenn die Temperatur in Bruchteilen einer für die betreffende Normalschwingung charakteristischen Temperatur

$$\Theta_i = \frac{h\nu_i}{k} \tag{31'}$$

gemessen wird. Abb. 1 zeigt die beiden Ausdrücke:

$$\frac{1}{e^x - 1} \quad \text{und} \quad \frac{x^2 e^x}{(e^x - 1)^2}$$

als Funktion von $\dfrac{1}{x} = \dfrac{T}{\Theta}$. Der zweite dieser Ausdrücke pflegt als „Ein-steinsche Funktion" $E\left(\dfrac{T}{\Theta}\right)$ bezeichnet zu werden, weil Einstein, um das Absinken der Atomwärme fester Körper bei tiefen Temperaturen zu erklären, die Wärmebewegung der Atome im festen Zustand als Schwingungen von einer bestimmten Frequenz ansah und dabei natürlich auf diese Funktion geführt wurde[1]). Es war das der erste Versuch, die Quantentheorie auf den Energieinhalt materieller Systeme anzuwenden, der für das ganze Gebiet bahnbrechend wirkte.

Beobachtet wurde bei Gasen immer nur das erste Stück des exponentiellen Anstieges, das meist schon bei ziemlich hoher Temperatur liegt. Liegen nach Abzählung der Freiheitsgrade und Beurteilung der Symmetrieverhältnisse des Moleküls mehrere Kernschwingungen von voraussichtlich verschiedener Frequenz vor, so lassen sich diese Frequenzen aus den Beobachtungen nur mit geringer Genauigkeit entnehmen, weil verschiedene Frequenzkombinationen den beobachteten C_v-Verlauf nach (31) gleich gut darstellen. Dagegen lassen sich, wo analysierte Bandenspektren des Moleküls im ultravioletten oder sichtbaren Gebiet oder im kurzwelligen Ultrarot („Rotationsschwingungsspektren") vorliegen, die aus diesen berechneten Kernfrequenzen mit gutem Erfolg zur Darstellung von C_v verwenden[2]). Numerische Ansätze für eine größere Anzahl von Gasen finden sich in einer neueren Arbeit von A. Eucken und F. Fried[3]) zusammengestellt (CO_2, H_2O, CH_4, NH_3, HCl, HBr, HJ, CO, NO, H_2, N_2, Cl_2, O_2, J_2, Br_2).

Unsere vorläufige Annahme, daß zwischen den verschiedenen ν_i keine rationalen Beziehungen bestehen, wird sehr oft unzutreffend sein, da sehr oft schon auf Grund der zu vermutenden Symmetrieverhältnisse des Moleküls mehrere ν_i zusammenfallen müssen. Das System der Kernschwingungen ist alsdann entartet. Unsere obige Darstellung wird dann in zweifacher Hinsicht unzutreffend, d. h. entspricht nicht der heutigen Ansicht über die Festlegung der erlaubten Quantenzustände und ihrer Gewichte. Die Resultate von Gleichung (29) an bleiben aber gleichwohl auch in diesem Falle aufrecht. Der Sachverhalt möge an dem Fall zweier zusammenfallender Kernfrequenzen, $\nu_i = \nu_k$, erläutert werden. Man hat alsdann kein Recht, die Energiebedingung (27″) für jede dieser Schwingungen einzeln zu stellen, weil die Zerlegung in diese beiden Normalschwingungen überhaupt nicht eindeutig ist. Sondern man hat für diese zwei Freiheitsgrade nur die eine Bedingung zu stellen, daß die Summe ihrer Energien $= n\, h\, \nu_i$ sein muß, während jede beliebige Aufteilung zwischen ihnen zulässig ist. Dieser „eine" Quantenzustand tritt an Stelle der $n+1$ Zustände gleicher Energie, nämlich der Aufteilungen: $(n, 0)$, $(n-1, 1)$ ... $(0, n)$, die nach obiger Darstellung möglich wären. Eben deshalb hat man aber diesem einen Zustand eines entarteten Systems jetzt nicht mehr das Gewicht 1, sondern $n+1$ zuzuschreiben. Denn die Regel für die Gewichtsbestimmung entarteter Systeme ist die: man hebe durch irgendwelche kleine Abänderung in den mechanischen

---

[1]) A. Einstein Ann. d. Phys. (4) Bd. 22, S. 180, 800. 1907; Bd. 34, S. 170, 590. 1911; s. unten Ziff. 15.

[2]) N. Bjerrum, ZS. f. Elektrochem. Bd. 17, S. 731. 1911; Bd. 18, S. 101. 1912.

[3]) A. Eucken u. F. Fried, ZS. f. Phys. Bd. 29, S. 36. 1924.

Bedingungen die Entartung auf und sehe nach, wie viele Zustände des nicht entarteten Systems in dem einen entarteten Zustand zusammenfallen[1]). Das ist es nun gerade, was wir tun, wenn wir anfangs alle ν_i verschieden und ohne rationale Beziehungen annehmen und ihnen erst in der Endformel ihre richtigen Werte geben, für welche das evtl. nicht zutreffen mag. Man überzeugt sich in dem gewählten Beispiel leicht, daß bei Zuteilung des Gewichtes $(n + 1)$ als gemeinsame Zustandssumme für ν_i und ν_k gerade das Quadrat des Ausdruckes auftritt, der in Gleichung (28) rechter Hand steht.

Nicht immer ist die Gewichtsbestimmung entarteter Systeme so einfach wie im vorliegenden Fall, immer aber hat sie, natürlich, nach demselben einfachen Grundsatz zu erfolgen.

Damit die klassische Theorie als Grenzfall der Quantentheorie für hohe Temperatur sich darstelle, muß dem Gewichtsfaktor $\varkappa^{(s)}$ der klassischen Theorie [s. Ziff. 6, Gleichung (6')] der Wert

$$\varkappa^{(s)} = h^{-f'}$$

erteilt werden (f' = Zahl der Freiheitsgrade der Schwingung). Das klassische Gewicht bedeutet dann die Anzahl der diskreten Schwingungsquantenzustände, die auf das betreffende (passend zu wählende) infinitesimale Gebiet der Variablen entfallen. Auf die Begründung wollen wir hier nicht näher eingehen, da sie für die Theorie der spezifischen Wärme nicht weiter von Belang ist.

8. Quantentheorie der Rotationswärme. Wir beschränken uns hier auf den Fall gestreckter Moleküle, den einzigen, der bisher zu einem wirklich beobachteten Atomwärmenverlauf (nämlich dem des Wasserstoffes zwischen etwa 300° und 60° abs.) in Beziehung steht. Das analoge Problem für kompliziertere Fälle, d. h. die Quantelung des symmetrischen und des asymmetrischen Kreisels ohne und mit Elektronenimpuls muß ohnedies bei Besprechung der Theorie der Bandenspektren (ds. Handb. XXI) ausführlich behandelt werden.

Für das gestreckte Molekül, oft als „Hantelmodell" oder „einfacher Rotator" bezeichnet, ist die Rotationsenergie nach (15')

$$\varepsilon_r = \frac{1}{2J}\left(p_\vartheta^2 + \frac{p_\varphi^2}{\sin^2\vartheta}\right). \tag{15'}$$

Es ist bekannt und übrigens leicht mittels der HAMILTONschen Grundgleichungen aus dieser Energiefunktion ableitbar, daß die möglichen mechanischen Bewegungen in einer Rotation mit beliebiger Winkelgeschwindigkeit um eine beliebige raumfeste Achse bestehen. Das Problem ist also entartet, denn ϑ und φ haben die gleiche Grundperiode. Dagegen bestünde natürlich keine Entartung, wenn wir die Rotationsebene von vornherein fest vorgegeben denken, etwa $\vartheta = \dfrac{\pi}{2}$, $p_\vartheta = 0$, wo alsdann ein System mit nur einem Freiheitsgrad (φ) vorliegt. Es ist alsdann

$$\varepsilon_r = \frac{1}{2J}p_\varphi^2 \tag{32}$$

und die Quantenbedingung

$$\oint p_\varphi\, d_\varphi = n\,h \qquad n = 0,\ \pm 1,\ \pm 2 \ldots \tag{33}$$

---

[1]) N. BOHR, Kopenghagener Akad.-Schriften, Math.-naturw. Abt., 8. Reihe, IV 1, 1, S. 26. 1918.

sagt, da p_φ konstant und die Periode von φ 2π ist, aus, daß

$$p_\varphi = n\frac{h}{2\pi}, \qquad \varepsilon_r = \frac{n^2 h^2}{8\pi^2 J}. \tag{34}$$

Diese diskreten Energiewerte müssen nun offenbar auch für den räumlich aufgefaßten Rotator die „erlaubten" sein und es kann für ihn, mangels irgendeiner ausgezeichneten Richtung im Raum, keine weitere Quantenbedingung hinzutreten, sondern es ist jede Richtung der Rotationsachse für ihn möglich.

Es handelt sich jetzt nur noch um die Abschätzung der Gewichtszahlen $g^{(r)}$, die den einzelnen Energiewerten (34) zuzuteilen sind. Dazu muß das Problem des räumlichen Rotators durch eine leichte Modifikation der mechanischen Bedingungen zu einem nichtentarteten gemacht werden. Am einfachsten[1]) wählt man hiefür ein Richtfeld F, welches die Figurenachse des Rotators einer raumfesten Richtung parallel zu stellen sucht. Legt man die Achse des Polarwinkelsystems in diese Richtung, so möge das Richtfeld zu der potentiellen Energie
$$\varepsilon_p = -F\cos\vartheta$$
Anlaß geben ($F = $ konst.). Die Gesamtenergie ist dann

$$\varepsilon_r + \varepsilon_p = \frac{1}{2J}\left(p_\vartheta^2 + \frac{p_\varphi^2}{\sin^2\vartheta}\right) - F\cos\vartheta. \tag{35}$$

Man erkennt nun leicht, daß die Hamiltonsche partielle Differentialgleichung in diesen Koordinaten separierbar ist und daß also ϑ, φ die zutreffenden Koordinaten zur Aufstellung der Quantenbedingungen bei Anwesenheit des Richtfeldes sind. Ferner wird p_φ, als Impuls einer zyklischen Koordinate, auch jetzt konstant

$$\frac{dp_\varphi}{dt} = -\frac{\partial(\varepsilon_r + \varepsilon_p)}{\partial\varphi} = 0,$$

daher lautet die eine Quantenbedingung wieder

$$\oint p_\varphi \, d\varphi = n' h, \qquad p_\varphi = \frac{n' h}{2\pi} \qquad n' = 0, \pm1, \pm2, \pm3 \ldots \tag{36}$$

Denken wir nun das Richtfeld beliebig schwach, so müssen offenbar mit beliebiger Annäherung die Quantenbedingungen durch (34) und (36) gegeben sein, wobei jedoch p_φ in (34) den Gesamtimpuls, in (36) den Impuls in der Feldrichtung bedeutet. Beide müssen ganzzahlige Vielfache von $\frac{h}{2\pi}$ sein. Da nun aber der Betrag des Gesamtimpulses jedenfalls größer oder gleich sein muß dem Betrag seiner Komponente in der Feldrichtung, sind bei gegebenem n, d. h. (in der Grenze für sehr schwaches Feld) bei gegebenem $\varepsilon_r = \frac{n^2 h^2}{8\pi^2 J}$ nur Werte

$$|n'| \leqq |n| \tag{37}$$

möglich. Um nun abzuzählen, wieviele Zustände des nichtentarteten Systems in einen, durch ein bestimmtes n charakterisierten Zustand des entarteten Systems in der Grenze $F = 0$ zusammenfallen, müssen wir nur noch überlegen, inwieweit der doppelten Vorzeichenzählung der Quantenzahlen n und n', die wir vorsichtshalber zunächst für beide eingeführt haben, reale Bedeutung zukommt. Nun ist klar, daß im entarteten Fall die doppelte Vorzeichenzählung für n völlig sinnlos ist, da bei völlig unbestimmter Rotationsachse dem Wert $-n$

¹) F. Reiche, Ann. d. Phys. (4) Bd. 58, S. 657. 1919.

dieselbe Bahnenmannigfaltigkeit entspricht wie dem Wert $+ n$. Wir haben uns
also hier auf

$$n = 0, 1, 2, 3 \ldots \tag{38}$$

zu beschränken. Mit diesen Werten umfassen wir aber auch im nichtentarteten Fall alle denkbaren Quantenbahnen, wofern wir anderseits

$$n' = 0, \pm 1, \pm 2 \ldots \pm n \tag{39}$$

zulassen. Man erkennt leicht, daß auch hier die Hinzufügung des Doppelvor-
zeichens in (38) zu keinen neuen Bahnlagen führt, weil die Kombination $(-n, n')$
dasselbe bedeuten würde, wie die Kombination (n, n'). Das Doppelvorzeichen
in (39) hingegen erscheint notwendig, da sonst für den Winkel des Impulsvektors
mit der Feldrichtung nur Werte $\leq \dfrac{\pi}{2}$ zugelassen würden. — Das Gewicht des
„Zustandes n" der wirklichen Bewegung beträgt nach dieser Überlegung

$$g^{(r)} = 2n + 1 \tag{40}$$

und die Zustandssumme der Rotation lautet

$$\sigma^{(r)} = \sum_{n=0}^{\infty} (2n + 1)\, e^{-n^2 \frac{h^2}{8\pi^2 J k T}}. \tag{41}$$

Eine Darstellung dieser Summe in geschlossener Form ist nicht möglich, doch
konvergiert sie in demjenigen Gebiet, wo sie überhaupt merklich von ihrem
klassischen Grenzwert $\left[\text{Ziff. 6, Gleichung (21'), } \varkappa^{(r)} = \dfrac{1}{h^2}\right]$ abweicht, gut genug,
um mit wenigen Gliedern das Auslangen zu finden.

Es hat sich gezeigt[1]), daß der aus (41) nach Ziff. 5, Gleichung (18)ff. und
Ziff. 3, Gleichung (11) bestimmte $C_v^{(r)}$-Verlauf

$$C_v^{(r)} = R\, \frac{\partial}{\partial T} \left(T^2 \frac{\partial \ln \sigma^{(r)}}{\partial T} \right) \tag{42}$$

mit den Beobachtungen A. EUCKENS[2]) u. a. am H_2 durchaus nicht übereinstimmt. (41) und (42) ergeben nämlich nicht einen monotonen Anstieg der
Rotationswärme von 0 auf den klassischen Grenzwert R wie die Beobachtung,
sondern vor Erreichung des Grenzwertes ein sehr ausgeprägtes Maximum mit
anschließendem Minimum, die dem Experiment unmöglich hätten entgehen
können. Es sind deshalb von REICHE verschiedene Abänderungen der Gewichtsbestimmung in (41) in Betracht gezogen worden, von denen wir zunächst die Ansätze

$$\sigma^{(r)} = \sum_{n=1}^{\infty} (2n + 1)\, e^{-n^2 \frac{h^2}{8\pi^2 J k T}} \qquad \text{(Abb. 2, Kurve III)} \tag{41'}$$

und

$$\sigma^{(r)} = \sum_{n=1}^{\infty} 2n\, e^{-n^2 \frac{h^2}{8\pi^2 J k T}} \qquad \text{(Abb. 2, Kurve V)} \tag{41''}$$

ins Auge fassen. Beide machen, in (42) eingesetzt, den Verlauf monoton und
schmiegen sich den Beobachtungen ungefähr gleich gut an, wenn J passend
gewählt wird. Abb. 2 zeigt den Verlauf.

---

[1]) F. REICHE, Ann. d. Phys. (4) Bd. 58, S. 657. 1919.
[2]) A. EUCKEN, Berl. Ber. 1912, S. 141; K. SCHEEL u. W. HEUSE, Ann. d. Phys. (4)
Bd. 40, S. 484. 1913; M. TRAUTZ u. K. HEBBEL, ebendort (4) Bd. 74, S. 285. 1924.

Immerhin sind systematische Abweichungen, die in den zwei Fällen nach entgegengesetzten Seiten liegen, nicht zu verkennen. Die J-Werte (Trägheitsmomente) sind

$$\text{bei } (41') \quad J = 2{,}214 \cdot 10^{-41} \text{ g cm}^2, \left.\begin{array}{c}\\\\\end{array}\right\}$$
$$\text{bei } (41'') \quad J = 2{,}095 \cdot 10^{-41} \text{ g cm}^2. \tag{43}$$

Zur theoretischen Rechtfertigung ist folgendes zu sagen: Die einschneidendste Abänderung in (41') und (41'') gegenüber (41) ist der Fortfall des ersten Summengliedes. Das bedeutet, daß man den impulslosen Zustand für unmöglich erklärt, ihm das „Gewicht 0" gibt. Diese Abänderung ist es, die den $C_v^{(r)}$-Verlauf monoton macht. Die Moleküle sollen also auch bei den tiefsten

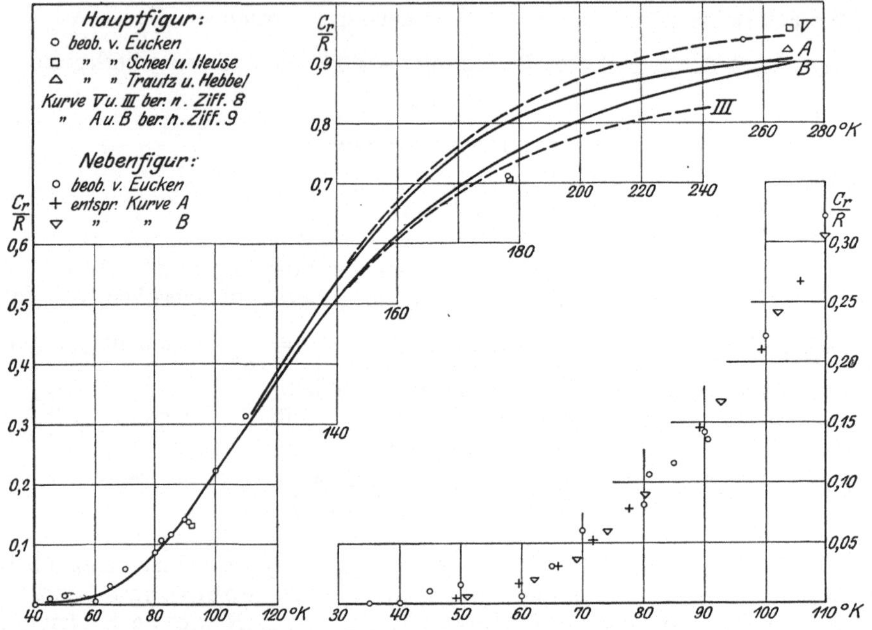

Abb. 2. Rotationswärme des Wasserstoffgases nach verschiedenen Theorien, mit dem Experiment verglichen; s. Text der Ziff. 8 und 9.

Temperaturen nicht auf den völlig rotationslosen Zustand zurücksinken, sondern bloß auf einen Zustand minimaler Rotation. Es besteht eine sog. „Nullpunktsenergie" der Rotation, nämlich

$$\varepsilon^{(r)} = \frac{h^2}{8\pi^2 J}, \tag{44}$$

die um so größer ist, je kleiner das Trägheitsmoment. Theoretisch vorherzusehen war diese Notwendigkeit für das jetzt betrachtete Molekülmodell nicht (s. jedoch unten Ziff. 9). Sie ergibt sich aber ganz unabhängig auch aus einem ganz anderen Erscheinungsgebiet, nämlich aus den Bandenspektren zweiatomiger Moleküle. Die Struktur dieser Spektren hat auf Grund der nämlichen Vorstellungen über den Bau und die Bewegungen der Moleküle, die wir hier entwickelt haben, ihre vollkommene Aufklärung gefunden, doch führt das regelmäßige Fehlen einer bestimmten Linie, der sog. Nullinie, in jeder Bande auf den nämlichen Schluß: Der impulslose Zustand kommt nicht vor. Wir können also vorläufig nur aussprechen:

Das Fehlen eines Maximums und Minimums im Verlauf der Rotationswärme des Wasserstoffs verstärkt den aus dem Fehlen der Nullinien der Bandenspektren gezogenen Schluß auf das Vorhandensein einer „Nullpunktsenergie" der Rotation.

In (41″) wurde außerdem noch $2n+1$ durch $2n$ ersetzt. Für diese Eventualität lassen sich theoretische Gründe ins Feld führen. Man hat Anlaß, im nichtentarteten Fall (schwaches Richtfeld) diejenigen Zustände auszuschließen, für welche der Impuls in der Feldrichtung Null ist, so daß die Rotation in einer durch die Feldrichtung gelegten Ebene stattfindet. Ein solcher Bewegungszustand läßt sich nämlich durch quasiadiabatische Transformation, wobei auch die Natur des Systems und der wirkenden Kräfte unendlich langsam geändert wird, überführen in die Bewegung eines Elektrons um einen Kern in einem homogenen äußeren elektrischen Feld. Dieser letzteren Bewegung muß nun das Gewicht Null deshalb zuerkannt werden, weil dabei nach rein mechanischen Gesetzen das Elektron mit der Zeit in den Kern stürzen würde. Nach BOHR-EHRENFEST[1]) sollen nun Bewegungsformen, die auf die oben geschilderte Weise ineinander übergeführt werden können, ohne durch Zustände hindurchzuführen, die stärker ausgeartet sind, als Anfangs- und Endzustand, ganz allgemein gleiches Quantengewicht besitzen. Das Nichtvorkommen der oben beschriebenen Elektronenbewegung wird überdies im Starkeffekt der Balmer- und He⁺-Linien bestätigt. Läßt man diesen sehr abgeleiteten Schluß gelten — er scheint uns weit weniger sicher als die experimentelle Evidenz für das Fehlen des völlig impulslosen Zustandes —, dann kann man, mit einigem Zwang, auch das letztere theoretisch begründen, sofern ja beim Gesamtimpuls Null natürlich auch der Impuls in der Feldrichtung Null sein würde.

Zwei weitere Varianten der Gewichtsbestimmung bestehen darin, in (41) oder in (41′) $2n+1$ durch $n+1$ zu ersetzen. Sie stimmen aber nicht mit der Erfahrung an H_2 und sind auch theoretisch kaum begründbar. Ebenso seien von einer größeren Anzahl von Versuchen, den $C_v^{(r)}$-Verlauf des H_2 auf Grund der sog. zweiten PLANCKschen Theorie zu verstehen, hier nur die Literaturstellen[2]) angeführt, da fast die ganze neuere Literatur auf allen Gebieten der Quantentheorie stillschweigend oder ausdrücklich der ersten Fassung PLANCKS sich anschließt.

Der Vollständigkeit wegen sei schließlich noch angeführt, daß dem Gewichtsfaktor $\varkappa^{(r)}$ der klassischen Theorie (Ziff. 6) der Wert erteilt werden muß:

$$\varkappa^{(r)} = h^{-2} \quad \text{bzw.} \quad h^{-3}$$

(je nachdem es sich um ein gestrecktes oder nichtgestrecktes Molekül handelt), wenn die klassische Theorie der Rotationswärme als Grenzfall der Quantentheorie für hohe Temperatur sich darstellen soll.

9. Fortsetzung. Berücksichtigung eines Elektronenimpulsmomentes. Den Überlegungen der vorigen Ziffer liegt die Voraussetzung zugrunde, nicht nur daß die Energie der Elektronenbewegung durch die superponierte Kernrotation nicht merklich abgeändert wird (s. Ziff. 4 unter β), sondern stillschweigend auch die weitere, daß das resultierende Impulsmoment der Elektronenbewegung ($\mathfrak{p}_e$) Null oder doch klein ist gegen das der Kernrotation, also gegen $\dfrac{h}{2\pi}$. Andernfalls müssen aus der Richtungsänderung des bei

---

[1]) N. BOHR, Kopenhagener Akad.-Schriften, Math.-naturw. Abt., 8. Reihe, IV 1, 1, S. 9 u. 13, ferner IV 1, 2, S. 92. 1918; P. EHRENFEST, Phys. ZS. Bd. 15, S. 660. 1914.

[2]) E. A. HOLM, Ann. d. Phys. (4) Bd. 42, S. 1311. 1913; M. PLANCK, Verh. d. D. Phys. Ges. Bd. 17, S. 407. 1915; J. v. WEYSSENHOFF, Ann. d. Phys. (4) Bd. 51, S. 285. 1916; S. ROTSZAYN, ebendort (4) Bd. 57, S. 81. 1918.

der Kernrotation „mitgenommenen" Vektors $\mathfrak{p}_e$ Drehmomente, sog. „Kreiselwirkungen" resultieren, die, da die Gesamtrotation kräftefrei erfolgt, in einer Richtungsänderung des Kernimpulsmomentes $(\mathfrak{p}_k)$ sich auswirken müssen; mit anderen Worten, es müßte dann der Vektor $\mathfrak{p}_k + \mathfrak{p}_e$ und nicht $\mathfrak{p}_k$ größen- und richtungskonstant sein.

Nun zeigt aber die Quantentheorie der Atomspektren erstens, daß zuweilen auch im nichtangeregten Zustand des Atoms ein resultierender Elektronenimpuls vorhanden ist, und zweitens, daß, wenn er vorhanden, er keineswegs klein gegen $\dfrac{h}{2\pi}$ ist, sondern genau von dieser Größenordnung, nämlich (beim Atom) ein ganzzahliges Vielfaches dieser Größe; dies trotz der sehr kleinen Masse der Elektronen, welche durch große Umlaufsgeschwindigkeit der Größenordnung nach gerade kompensiert wird. Ganz abgesehen von der später heranzuziehenden Evidenz der Molekülspektren, werden wir also mit der Wahrscheinlichkeit eines resultierenden Elektronenimpulsmomentes von gleicher Größenordnung auch bei Molekülen von vornherein zu rechnen haben.

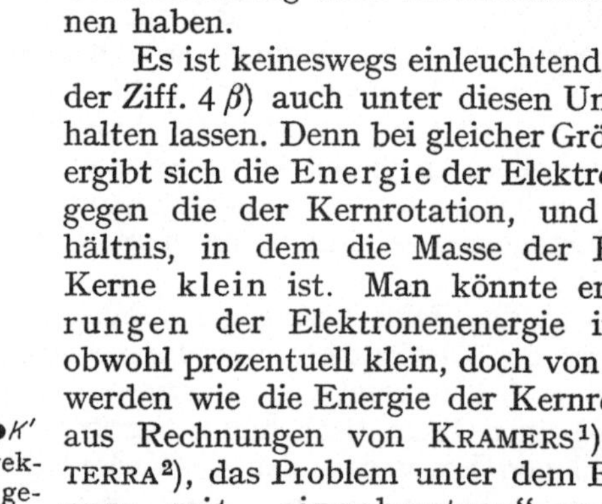

Abb. 3. Impulsvektorgerüst eines gestreckten Moleküls mit Elektronendrehimpuls (die Abbildung ist in einer Ebene zu denken).

Es ist keineswegs einleuchtend, daß die Voraussetzungen der Ziff. 4 β) auch unter diesen Umständen sich aufrecht erhalten lassen. Denn bei gleicher Größenordnung der Impulse ergibt sich die Energie der Elektronenbewegung sogar groß gegen die der Kernrotation, und zwar in demselben Verhältnis, in dem die Masse der Elektronen gegen die der Kerne klein ist. Man könnte erwarten, daß die Änderungen der Elektronenenergie infolge der Kernrotation, obwohl prozentuell klein, doch von derselben Größenordnung werden wie die Energie der Kernrotation. Doch ergibt sich aus Rechnungen von Kramers[1]), der, gestützt auf Volterra[2]), das Problem unter dem Bilde eines starren Körpers mit „eingebautem" symmetrischem Kreisel behandelt hat, die wahrscheinliche Richtigkeit folgender Annahmen[3]):

α) Der Elektronenimpulsvektor wird vom Molekül bei der Rotation starr mitgenommen.

β) Elektronenenergie und Kernrotationsenergie sind je für sich im Laufe der Bewegung konstant bis auf Änderungen, die auch gegen die Kernenergie klein sind, und die Elektronenenergie ist vom Rotationszustand in derselben Näherung unabhängig.

γ) Im Falle des gestreckten Moleküls ist die einzige Quantenbedingung für die Kernrotation: Gesamtimpuls (einschließlich Elektronenimpuls) = ganze Zahl $\cdot \dfrac{h}{2\pi}$.

Unter diesen Annahmen sind die mechanische Beschaffenheit der Kernbewegung und die „erlaubten" Werte der Kernenergie leicht anzugeben. Sei (Abb. 3) $\mathfrak{p}$ der invariable Vektor des Gesamtimpulses, $\mathfrak{p}_e$ der Elektronenimpuls, $\mathfrak{p}_k$ der Kernimpuls. Da $\mathfrak{p}_k$ und $\mathfrak{p}_e$ ihrem Betrag nach, $\mathfrak{p}$ aber nach Richtung

---

[1]) H. A. Kramers, ZS. f. Phys. Bd. 13, S. 343. 1923; H. A. Kramers u. W. Pauli jr., ebendort S. 351.

[2]) Volterra, Acta Mathematica Bd. 22. 1898.

[3]) M. Born u. W. Heisenberg haben nachträglich gezeigt, daß die Kramerssche Berechnungsweise als erste Näherung jedenfalls zu Recht besteht. Ann. d. Phys. (4) Bd. 74, S. 1. 1924.

und Betrag konstant sein müssen, so müssen auch die Winkel $(\mathfrak{p}_k\,\mathfrak{p})$ und $(\mathfrak{p}_e\,\mathfrak{p})$ konstant sein. $\mathfrak{p}_k$ und $\mathfrak{p}_e$ können also nur eine gemeinsame Präzessionsbewegung um $\mathfrak{p}$ ausführen. Aber auch die Kernlinie KK' muß mit dem Vektorgerüst komplanar sein und bleiben, und also dieselbe Präzession mitmachen. Denn KK' muß erstens auf einem Kegel von vorgegebenem Winkel um $\mathfrak{p}_e$ bleiben (vgl. Annahme α), zweitens in einer Ebene $\perp$ zur instantanen Drehungsachse $\mathfrak{p}_k$, drittens muß auch die instantane Geschwindigkeit jedes Kerns $\perp \mathfrak{p}_k$ sein; und diese drei Forderungen sind nur so erfüllbar, daß der genannte Kegel die genannte Ebene berührt. — Die Bewegung besteht also einfach in einem Präzessieren der Ebene: Kernlinie—Elektronenimpuls um eine ihrer Geraden durch den Molekülschwerpunkt, wobei die Präzessionsgeschwindigkeit durch die Wahl dieser Geraden fest bestimmt ist (nämlich so, daß $\mathfrak{p}_k + \mathfrak{p}_e$ in diese Gerade fällt).

Seien nun die durch die innere Struktur des Moleküls fest vorgegebenen Komponenten von $\mathfrak{p}_e$ in Richtung der Kernlinie und senkrecht dazu

$$p_{\|} = |\mathfrak{p}_e| \cos\alpha\,,$$

$$p_{\perp} = |\mathfrak{p}_e| \sin\alpha\,,$$

dann muß nach γ)

$$(|\mathfrak{p}_k| + p_{\perp})^2 + p_{\|}^2 = \left(n \cdot \frac{h}{2\,\pi}\right)^2\,; \qquad n = 0, \pm 1, \pm 2 \ldots$$

also

$$|\mathfrak{p}_k| = \sqrt{\frac{n^2\,h^2}{4\,\pi^2} - p_{\|}^2} - p_{\perp}\,.$$

Die Energie der Kernrotation wird

$$\varepsilon_r = \frac{\mathfrak{p}_k^2}{2J} = \frac{1}{2J}\left(\sqrt{\frac{n^2\,h^2}{4\,\pi^2} - p_{\|}^2} - p_{\perp}\right)^2\,. \tag{46}$$

Zur Anwendung dieser Formel auf die Rotationswärme gestreckter Moleküle wäre noch die Bestimmung der Gewichte g_r nötig, da die Bewegung, ebenso wie im früherbehandelten Fall, ausgeartet ist (2 Freiheitsgrade, aber nur 1 Grundperiode, daher nur eine Quantenbedingung). Formel (46) liegt erstens, implizite, einer älteren Arbeit von KRÜGER[1]) zugrunde. Auf Grund des BOHR-DEBYEschen Wasserstoffmolekülmodells setzt KRÜGER:

$$p_{\perp} = 0\,, \qquad p_{\|} = 2 \cdot \frac{h}{2\,\pi}\,,$$

also

$$\varepsilon_r = \frac{(n^2 - 4)\,h^2}{8\,\pi^2 J}\cdot \qquad n = 2, 3, 4 \ldots$$

(Das Modell ist: zwei Elektronen in der Symmetrieebene der Kerne rotieren auf einem Kreis um deren Verbindungslinie in diametraler Lage, je mit dem Impulsmoment $h/2\,\pi$.) Gegen das Vorhandensein eines $p_{\|}$ bei zweiatomigen Molekülen sprechen heute viele Umstände, als wichtigster der, daß dann in der Mitte jeder Bande außer der Nullinie (s. Ziff. 8 gegen Ende) noch weitere Linien ausfallen müßten[2]). Da außerdem die Art der Durchführung des Ansatzes bei KRÜGER nicht mehr den heutigen Anschauungen entspricht und auch das Resultat keine gute Übereinstimmung mit der Erfahrung zeigt, verzichten wir auf eine nähere Besprechung dieses Falles.

[1]) F. KRÜGER, Ann. d. Phys. (4) Bd. 51, S. 450. 1916.
[2]) W. LENZ, Verh. d. D. Phys. Ges. Bd. 21, S. 636. 1919.

Die Evidenz der Bandenspektren macht hinsichtlich der Richtung des Elektronenimpulses gerade den anderen Grenzfall wahrscheinlich, nämlich daß $p_\| = 0$, $p_\perp \neq 0$ sei, und zwar in vielen Fällen

$$p_\perp = \frac{1}{2}\frac{h}{2\pi} \tag{47}$$

$\left(\text{in anderen } \dfrac{1}{4}\dfrac{h}{2\pi}\right)$. Damit wird

$$\varepsilon_r = \frac{1}{2J}\left(\frac{n\,h}{2\pi} - \frac{1}{2}\frac{h}{2\pi}\right)^2,$$

$$\varepsilon_r = \frac{h^2}{8\pi^2 J}\left(n - \frac{1}{2}\right)^2; \quad n = 0, \pm 1, \pm 2 \ldots \tag{46'}$$

Dieser in die Bandentheorie zuerst von Kratzer[1]) eingeführte Ansatz macht nicht nur das Fehlen des rotationslosen Zustandes ohne besondere Zusatzannahme verständlich (s. dagegen Ziff. 8), weil ε_r nach (46') nie verschwinden kann; sondern man versteht auch eigentlich erst durch ihn, daß in der Mitte der Bande nur eine Linie ausfällt. (Der in Ziff. 8 verfolgte Ansatz (34) fordert nämlich eigentlich das Ausfallen zweier Linien, wenn man nicht weitere sehr gezwungene Annahmen hinzufügt wie die, daß der rotationslose Zustand zwar als Anfangszustand der Absorption und als Endzustand der Emission unmöglich ist, hingegen als Endzustand der Absorption und als Anfangszustand der Emission vorkommt.) Auch noch andere Struktureigentümlichkeiten der Banden werden erst durch den Kratzerschen Ansatz verständlich[2]). Für weitere Aufklärung verweisen wir auf den betreffenden Abschnitt in ds. Handb. XXI. — Betont sei, daß die genannten Schlüsse bisher allerdings nur aus den Bandenspektren anderer zweiatomiger Gase, insbesondere des Stickstoffs, abgeleitet sind und nicht aus dem sehr verwickelten Bandenspektrum des Wasserstoffes selbst (sog. Viellinienspektrum), während anderseits experimentelle Daten über die Rotationswärme aus den obengenannten Gründen nur für H_2 vorliegen. Zwar läßt sich ein Teil der wenigen bisher geordneten Banden des Viellinienspektrums in der Tat am besten mit „halbzahliger Laufzahl" darstellen[3]), aber die Bezifferung der Linien ist doch noch zu unsicher, um diese Darstellung als die einzig mögliche zu erklären.

Auf die Rotationswärme des H_2 wurde der Ansatz (46') erst von R. C. Tolman[4]), dann von E. Schrödinger[5]) angewendet. Man hat dann also [Ziff. 3, Gleichung (9) und (11)]:

$$C_v^{(r)} = R\,\frac{\partial}{\partial T}\left[T^2\,\frac{\partial}{\partial T}\left(\ln\sum_{n=-\infty}^{+\infty} g_n^{(r)}\, e^{-\frac{h^2}{8\pi^2 J k T}\left(n-\frac{1}{2}\right)^2}\right)\right]. \tag{48}$$

Die Bewegungsformen, die den einzelnen Summengliedern entsprechen, sind, wie man durch Spezialisierung der oben entwickelten Modellvorstellungen leicht erkennt, in diesem Falle ($p_\perp = 0$) wieder reine Rotation der Molekel mit dem Impulsmoment $\dfrac{(n - \frac{1}{2})\,h}{2\pi}$ um die Achse des Elektronenimpulses. Da in der hier betrachteten Näherung, d. h. mit Vernachlässigung der feineren

---

[1]) A. Kratzer, Münchener Ber. 1922, S. 107ff.
[2]) A. Kratzer, l. c. und Ann. d. Phys. (4) Bd. 67, S. 127. 1922.
[3]) H. S. Allen, Proc. Roy. Soc. London (A) Bd. 106, S. 69. 1924.
[4]) R. C. Tolman, Phys. Rev., Nov. 1923, S. 470.
[5]) E. Schrödinger, ZS. f. Phys. Bd. 30, S. 341. 1924.

Wechselwirkung zwischen Kernrotation und Elektronenbewegung, ε_r für n und $(1 - n)$ denselben Wert hat, lassen sich je zwei Glieder von (48) zusammenziehen mit dem Quantengewicht

$$g'_n = g^{(r)}_n + g^{(r)}_{(1-n)} \qquad\qquad n = 1, 2, 3 \ldots \quad (49)$$

Die theoretische Bestimmung der Quantengewichte war schon in dem einfacheren Falle der Ziff. 8 nicht eindeutig und ist es hier noch weniger. Tolman gelangt auf theoretischem Wege zu

$$g'_1 : g'_2 : g'_3 : g'_4 \ldots = 1 : 2 : 3 : 4 \ldots$$

Schrödinger verzichtet auf die theoretische Bestimmung und findet, daß man zur bestmöglichen Anpassung der Formel (48) an die Beobachtungen von Eucken und Scheel u. Heuse setzen muß

$$g'_1 : g'_2 : g'_3 = 1 : 2 : 4; \qquad J = 1{,}43 \cdot 10^{-41} \quad \text{(Abb. 2, Kurve } A)$$

oder noch besser

$$g'_1 : g'_2 : g'_3 = 4 : 7 : 17; \qquad J = 1{,}48 \cdot 10^{-41} \quad \text{(Abb. 2, Kurve } B).$$

Die höheren Gewichtszahlen (g'_4 usw.) spielen für den Verlauf von $C^{(r)}_v$ nur mehr eine untergeordnete Rolle. Die Anpassung an die Beobachtungen ist, wie Abb. 2 zeigt, nicht schlechter, aber auch nicht wesentlich besser als mit ganzen Impulszahlen. Für die Halbzahligkeit spricht außer den schon erwähnten Umständen noch dies, daß der jetzt gefundene Wert des Trägheitsmomentes, der ziemlich genau $\frac{2}{3}$ des früher gefundenen beträgt [Ziff. 8, Gleichung (43)], etwas besser zu anderweitigen Schätzungen paßt, aus dem Viellinienspektrum[1]) und aus der chemischen Konstante des Wasserstoffs.

10. Die angeregten Zustände. Im voraufgehenden wurde stets angenommen (s. Ziff. 5, Anfang), daß „angeregte" Zustände nicht in berücksichtigenswerter Häufigkeit vorkommen. Man hat mit dieser Annahme bei der Darstellung des beobachteten Temperaturverlaufes der C_v das Auslangen gefunden, d. h. der Verlauf wird durch einen konstanten (außer bei H_2!) Rotations- und Translationsanteil in Verbindung mit „Einstein-Funktionen" als Repräsentanten der inneren Schwingungen im allgemeinen recht gut wiedergegeben. Daraus darf man aber wohl nicht schließen, daß angeregte Zustände wirklich nicht vorkommen. Sie können nicht fehlen, sobald die thermische Energie sogar zur völligen Aufspaltung des Moleküls ausreicht, also in allen den Fällen, wo merkliche Dissoziation auftritt[2]).

Prinzipiell ist die Aufnahme der angeregten Zustände in die Theorie[3]) höchst einfach. In die Zustandssumme [Ziff. 5, Gleichung (17)] sind für jeden angeregten Zustand eine Anzahl Glieder von der Form

$$g' \, e^{-\dfrac{\varepsilon_a + \varepsilon_t + \varepsilon'_r + \varepsilon'_s}{kT}} \qquad\qquad\qquad (50)$$

aufzunehmen, wo ε_a die Energie der Anregung, ε'_r und ε'_s die Energiestufen der Rotation und Schwingung des angeregten Zustandes sind, die natürlich verschieden sein werden von denen des Normalzustandes (andere Trägheits-

---

[1]) H. S. Allen (l. c.) gelangt aus der Analyse der sog. Fulcherschen Banden des Viellinienspektrums zu J-Werten für angeregte Zustände des Moleküls, die zwischen $1{,}50 \cdot 10^{-41}$ und $1{,}83 \cdot 10^{-41}$ liegen. — Die Vermutung, daß die Kerndistanz und damit das Trägheitsmoment im Normalzustand am kleinsten ist, muß freilich nicht zutreffen!
[2]) A. Eucken u. F. Fried, ZS. f. Phys. Bd. 29, S. 44. 1924; Wohl, ZS. f. Elektrochem. Bd. 30, S. 36. 1924.
[3]) Fowler, Phil. Mag. Bd. 45, S. 1. 1923.

momente, andere Eigenfrequenzen). Die Gesamtheit der auf einen bestimmten Anregungszustand bezüglichen Glieder (50) bildet, man kann sagen, die Zustandssumme des betreffenden Anregungszustandes. Sie zerfällt, ebenso wie die des Normalzustandes [Ziff. 5, Gleichung (17′)], in ein Produkt dreier Summen. So für jeden angeregten Zustand. Formal wird man also die gesamte Zustandssumme erhalten, indem man in Gleichung (17′) rechter Hand mit $e^{-\frac{\varepsilon_a}{kT}}$ multipliziert und über alle Anregungszustände einschließlich des Normalzustandes, für den $\varepsilon_a = 0$ ist, summiert. Daß Schwierigkeiten hinsichtlich der Konvergenz dieser Summen zu erwarten sind, sei hier nur erwähnt[1]). Im übrigen kann man aus ihr nicht nur den Translationsbestandteil, sondern auch den Rotationsbestandteil als gemeinsamen Faktor herausheben, da nach aller Erfahrung mit dem Auftreten angeregter Zustände nur bei hoher Temperatur zu rechnen ist, wo die Rotationsenergie sich schon klassisch verhält. Der Endeffekt ist also der, daß durch die Berücksichtigung angeregter Zustände nur die Theorie der Schwingungswärme eine Abänderung erfährt, indem Gleichung (24), Ziff. 7, ersetzt wird durch

$$\sigma^{(s)} = \sum g^{(s)} e^{-\frac{\varepsilon_a + \varepsilon_s'}{kT}}, \tag{51}$$

wobei nun über alle möglichen Schwingungszustände nicht nur des Normalzustandes, sondern auch aller angeregten Zustände zu summieren ist. Die weitere Durchführung erfolgt ganz nach Ziff. 7, büßt aber erheblich an Einfachheit ein, da die ε_a sicher kein einfaches Gesetz befolgen.

Je lockerer der Zusammenhang des Moleküls wird, um so weniger wird die gedankliche Zerlegung der Gesamtbewegung in eine starre Rotation mit superponierter Schwingung gestattet sein. Das ist eine weitere Schwierigkeit, die übrigens mit der (physikalischen) Konvergenzfrage der Summe (51) eng zusammenhängt.

Eine praktische Anwendung liegt bisher nicht vor.

11. Verfeinerung der Modellmechanik. Die Zerlegung der Relativbewegung der Atome im Molekül in Rotation und Schwingung, welche Zerlegung uns zur Spaltung der Zustandssumme (Ziff. 5) verholfen hat, ist nur näherungsweise erlaubt. In Wirklichkeit beeinflussen sich die beiden Bewegungen gegenseitig, indem einerseits durch die Schwingungen die Trägheitsmomente sich ändern, anderseits durch die Rotation für die Schwingung Scheinkräfte (Zentrifugal- und Korioliskraft) auftreten. Außerdem findet sozusagen eine Rückwirkung der Rotation auf sich selbst statt, sofern das Molekül nicht starr ist und die auftretenden Zentrifugalkräfte die Trägheitsmomente verändern. Endlich ist auch der quadratische Ansatz [Ziff. 5, Gleichung (16)] für die Schwingungsenergie, der zu rein harmonischen Schwingungen mit konstanter Frequenz führt, nur eine Näherung; in Wirklichkeit sind die Schwingungen nicht streng harmonisch und ihre Frequenz hängt etwas von der Amplitude ab.

Wenngleich für die Theorie der spezifischen Wärme schon das grobe Bild, das diese Züge vernachlässigt, auszureichen scheint, so zeigt doch die Struktur der Bandenspektren, die viel genaueren Aufschluß über den Molekülbau gibt, daß die Verfeinerung in der Tat am Platze ist[2]). Kemble und van Vleck[3]) haben daher versucht, sie auch in der Theorie der spezifischen Wärme zu berücksichtigen, und zwar vor allem beim Wasserstoff, wo der Rotationsquanteneffekt

---

[1]) Fowler, Phil. Mag. Bd. 45, S. 1. 1923; M. Planck, Ann. d. Phys. Bd. 75, S. 673. 1924.
[2]) A. Kartzer, Ann. d. Phys. (4) Bd. 67, S. 127. 1922.
[3]) E. C. Kemble u. J. H. van Vleck, Phys. Rev. Bd. 21, S. 653. 1923.

beobachtet ist. Dabei verwenden sie jedoch noch „ganzzahlige" Impulsquanten. Die so erzielte Darstellung stimmt gut mit den Beobachtungen überein, die in einem weiten Temperaturgebiet (0 bis 1300° K) sowohl den Anstieg der Rotationswärme zwischen 60° und Zimmertemperatur, als auch den neuerlichen Anstieg umfassen, der von den inneren Schwingungen herrührt und von etwa 500° K an deutlich hervortritt.

Viel allgemeiner und vollständiger ist das Bewegungs- und Quantenproblem der mehratomigen Moleküle ungefähr gleichzeitig von BORN und HÜCKEL[1]) behandelt worden, allerdings mehr im Hinblick auf die optischen denn auf die thermischen Anwendungen, welch letztere einen so großen analytischen Aufwand kaum rechtfertigen würden.

12. Die Frage der Quantelung der Translationsbewegung. Gasentartung. In Ziff. 6 wurde erwähnt, daß, die Translationsbewegung gleichfalls zu quanteln, von den spezifischen Wärmen her kein experimenteller Anhaltspunkt vorliegt, da C_v den klassischen Wert $\dfrac{3R}{2}$ nicht (oder kaum je merklich) unterschreitet. Die Translationsbewegung ist also, wenn sie überhaupt gequantelt ist, bei allen bisher erreichten Temperaturen voll erregt, ihre eventuell endlichen Energiestufen sind klein gegen kT. Der Anlaß, sich gleichwohl mit dieser Frage zu befassen, ist ein zweifacher, und zwar

α) Die Zickzackbewegungen der Moleküle im Gaszustand lassen sich bekanntlich stetig, mit Umgehung der Kondensation, in die Zitterbewegungen des flüssigen Zustandes überführen, und diese letzteren sind von den Zitterbewegungen im festen Zustand doch wohl nicht so grundsätzlich verschieden, daß sie — im Gegensatz zu ihnen — keinen Quantenbedingungen unterworfen sein sollten;

β) die Quantelung der Translation ist der einzige Weg, um die Sonderstellung der Gase dem NERNSTschen Wärmetheorem gegenüber zu beseitigen, und damit jedenfalls der einfachste Weg, um eine universelle Abhängigkeit der Konstante der Dampfdruckformel (sog. chemische Konstante) vom Molekulargewicht zu begreifen, die sich empirisch weitgehend bestätigt.

Was den Gesichtspunkt α) anbelangt, so ist er bisher noch nicht in handgreiflicher Form zum Durchbruch gekommen, d. h. es ist noch nicht gelungen, von der Quantelung der Translation der Gasmoleküle den Übergang zu einer Theorie des Energieinhaltes der Flüssigkeiten (s. u. Ziff. 25 bis 27) zu finden. — Das NERNSTsche Wärmetheorem und die Theorie der chemischen Konstante werden an anderer Stelle ausführlich besprochen (ds. Handb. IX). — Aus diesen Gründen sehen wir hier von einer Darstellung der verschiedenen „Entartungs"-Theorien ab und beschränken uns auf einige orientierende Bemerkungen.

Man bezeichnet das bei extrem tiefer Temperatur erwartete, bisher nicht beobachtete abnorme Verhalten der Gase, bei dem die Quantelung der Translationsbewegung wesentlich ins Spiel kommen soll, als Entartung. Für die spezifische Wärme besteht der Effekt darin, daß auch der Beitrag der Translationsbewegung ($C_v^{(t)}$) nach einem qualitativ ähnlichen Gesetz wie $C_v^{(r)}$ und $C_v^{(s)}$ von seinem normalen Wert $\dfrac{3R}{2}$ auf 0 gehen soll, wenn man bei konstantem Volumen auf 0° abkühlt. Das Abflauen der Translationswärme setzt erst bei um so tieferer Temperatur ein, je größer das Atomvolumen gewählt wird. Der gesättigte Dampf, dessen Atomvolum ja mit abnehmender Temperatur gegen ∞

---

[1]) M. BORN u. E. HÜCKEL, Phys. ZS. Bd. 24, S. 1. 1923; s. auch M. BORN u. W. HEISENBERG, Ann. d. Phys. (4) Bd. 74, S. 1. 1924.

geht, zeigt stets nur geringe Spuren von Entartung, welche also der Hauptsache nach auf den übersättigten Zustand beschränkt ist. Hinsichtlich des Temperaturgebietes, in welchem die Entartung zu erwarten sei, gehen die verschiedenen Theorien weit auseinander. Nach einigen sollte sie in der Zustandsgleichung schon bei Zimmertemperatur ein wenig sich bemerkbar machen, nach anderen erst bei Temperaturen von der Größenordnung $10^{-4\,\circ}\,K$ oder noch weniger. Von den individuellen Eigenschaften der Moleküle soll für die Entartung nur das Gewicht maßgebend sein, und zwar derart, daß sie an den leichteren Gasen schon bei höherer Temperatur auftritt als an den schwereren. Die meiste Aussicht, sie zu beobachten, besteht also bei He und H_2.

Für die speziellen Theorien der Entartung verweisen wir auf ds. Handb. IX.

c) Feste Körper (Kristalle)[1].

13. Der Kristall als Makromolekül. Wie in der Überschrift angedeutet, beschränken wir in diesem Abschnitt den Begriff des Festkörpers auf den kristallisierten Zustand — amorphe Körper, wie Gläser u. dgl. sind ihrer molekularen Struktur nach als mit sehr hoher innerer Reibung (Viskosität) ausgestattete Flüssigkeiten anzusehen, in welche sie auch beim Erwärmen kontinuierlich ohne abrupte Änderung der Energie, des Volumens und des Festigkeitsgrades übergehen. — Wie die Analyse mittels Röntgenstrahlen gezeigt hat, liegt das Typische der Kristallstruktur in dem nach bestimmtem Bauplan, in sogenannten Raumgittern, wohlgeordneten Aufbau aus Atomen, d. i. aus Kernen und Elektronenbahnen. Die Wärmebewegung der Kerne bewirkt nur verhältnismäßig geringfügige Verzerrungen dieses Gitteraufbaus, welche ganz in derselben Weise zu denken sind, wie in Ziff. 4 für ein aus mehreren Atomen aufgebautes Gasmolekül genauer beschrieben wurde, nur daß die Zahl der zu einem geordneten Verband zusammengefaßten Kerne und Elektronenbahnen jetzt außerordentlich viel größer ist. Dabei ist allerdings in vielen Fällen, namentlich bei den organischen Stoffen, die Abgrenzung niedrigerer Einheiten — Moleküle, Radikale — innerhalb des Kristallgefüges möglich und naheliegend, in anderen Fällen aber, namentlich bei den Elementen und einfachen anorganischen Verbindungen ist es unmöglich. In keinem Falle steht der Auffassung eines ganzen endlichen Kristallstückes als „Makromolekül" irgend etwas im Wege, und diese Auffassung ist die einfachste, um von der im vorigen Abschnitt vorangestellten Theorie des Energieinhaltes der Gase ohne unnötige Wiederholungen zu der der festen Körper zu gelangen.

Dazu führen wir vorübergehend die Vorstellung eines idealen Gases ein, dessen Moleküle ganze Kristallstücke von der genauen Beschaffenheit des zu untersuchenden Stückes Festkörper sind. Von dem auf die 6 Freiheitsgrade der Translation und Rotation entfallenden Energieanteil (welcher, nebenbei bemerkt, genau der Brownschen Bewegung eines suspendierten Kristallsplitterchens entspricht) können wir dann ganz absehen, wegen der ungeheuren Zahl der inneren Freiheitsgrade. Wir haben also jetzt nur mit der Schwingungsenergie zu tun und dürfen ohne merklichen Fehler die Zahl der Eigenfrequenzen ν_i gleich der dreifachen Anzahl der Atome, sagen wir $3\,N'$, setzen (anstatt $3\,N' - 6$). Mithin wird nach Ziff. 7 Gleichung (29) die Zustandssumme

$$\sigma = \prod_{i=1}^{3N'} \frac{1}{1 - e^{-\frac{h\nu_i}{kT}}}. \tag{52}$$

---

[1]) Siehe auch Kap. 1 dieses Bandes.

Aus ihr sind, wie dort, die charakteristische Funktion Ψ, der Energieinhalt U und die Molwärme C_v abzuleiten. Diese enthalten aber alle den Faktor N (teilweise verhüllt in $R = N \cdot k$). Für unsere gegenwärtige Überlegung bedeutet er die Zahl der Makromoleküle. Um nun sogleich die thermodynamischen Funktionen zu erhalten, nicht für das Makromolekülgas, sondern für das einzelne Makromolekül, d. h. eben für den vorgelegten Festkörper, haben wir offenbar nur durch diesen Faktor N zu dividieren und erhalten so

$$\left.\begin{aligned}
\Psi &= -k \sum_{i=1}^{3N'} \ln\left(1 - e^{-\frac{h\nu_i}{kT}}\right), \\[2ex]
U &= \sum_{i=1}^{3N'} \frac{h\nu_i}{e^{\frac{h\nu_i}{kT}} - 1}, \\[2ex]
C_v &= k \sum_{i=1}^{3N'} \frac{\left(\frac{h\nu_i}{kT}\right)^2 e^{\frac{h\nu_i}{kT}}}{\left(e^{\frac{h\nu_i}{kT}} - 1\right)^2}.
\end{aligned}\right\} \tag{53}$$

In diesen Formeln kommt nichts mehr vor, das Bezug hätte auf die Vorstellung des Makrogases, von der wir auch hinfort keinen Gebrauch mehr machen werden. N' bedeutet — wenn die Formeln auf ein Grammolekül fester Substanz sich beziehen sollen — die Zahl der Atome im Grammolekül, d. h. das Produkt aus der LOSCHMIDTschen Zahl in die Atomzahl der chemischen Formel (z. B. $5\,N$ für $CaCO_3$).

Die spezielle Theorie des Energieinhaltes der Festkörper gipfelt nun in der wichtigen und schwierigen Aufgabe, die Werte der Eigenfrequenzen ν_i zu bestimmen, die in diese Formeln einzusetzen sind. Eine strenge Lösung derselben ist natürlich nur möglich auf Grund einer vollständig durchgeführten dynamischen Theorie der Gitterstruktur. Dabei ist aber eine wirkliche Berechnung aller einzelnen ν_i-Werte wegen ihrer ungeheuer großen Zahl von vornherein schlechterdings ausgeschlossen, man kann nur anstreben, eine möglichst gute Annäherung zu gewinnen für ihre quasi-kontinuierliche Verteilung auf der ν-Achse — das sogenannte Spektrum der Eigenfrequenzen.

Wie sich zeigen wird, ist dieses Spektrum im allgemeinen in der Tat ein quasikontinuierliches, d. h. die ν_i-Werte verteilen sich ohne Unterbrechung mit kontinuierlich veränderlicher „Dichte" über ein großes Stück der ν-Achse. Doch können wir hier sogleich, ohne jede Rechnung, eine Besonderheit vermuten[1] für den oben erwähnten Fall, daß die Röntgenanalyse die Abgrenzung räumlich stark zusammengedrängter Atomgruppen als „Moleküle" oder „Radikale" innerhalb des Kristallbaus ergibt bzw. nahelegt. Es ist dann nämlich zu erwarten, daß auch die dynamische Bindung zwischen den Teilen eines solchen Moleküls — obwohl prinzipiell von derselben Natur wie die von Molekül zu Molekül — doch quantitativ stärker sein wird, so daß innerhalb jeder solchen Atomgruppe angenähert reinperiodische Schwingungen mit bestimmten Frequenzen relativ unabhängig vor sich gehen können; gewisse ν_i werden dann in derjenigen Vielfachheit auftreten, in der die betreffende Atomgruppe im Grammolekül enthalten ist, d. h. es werden Häufungsstellen im ν-Spektrum auftreten, die man passend als ein Linienspektrum bezeichnen kann. Auch darf man erwarten

---

[1] W. NERNST in Vorlesungen über die kinetische Theorie der Materie und der Elektrizität, S. 81 f. Teubner 1914.

daß diese Frequenzwerte sich, wenigstens angenähert, wiederfinden werden in anderen Kristallen, die dieselbe Atomgruppe enthalten, und ebenso im Gaszustand, wenn der Kristall molekular verdampft. Wir kommen darauf in Ziff. 21 zurück.

14. Der Sinn des quadratischen Ansatzes für die potentielle Energie. Zu den Formeln (53) ist noch eine wichtige allgemeine Bemerkung zu machen. Der Index v bei C hat sich dort zu Unrecht eingeschlichen, was wir ihm nur gestattet haben, in der Absicht, ihn hinterher zu legitimieren. Er bezog sich nämlich von Haus aus auf das konstant zu haltende Volum des Makrogases, bei der künftigen Anwendung der Formeln soll er aber bedeuten: bei konstantem Volum des Festkörpers — also etwas gänzlich anderes.

Um nun diese letztere Bedeutung aller unserer Formeln herbeizuführen, hätten wir einfach festzusetzen, daß alle Überlegungen und insbesondere die Berechnung der Eigenfrequenzen durchzuführen seien für ein durch eine starre Hülle auf konstantem Volumen gehaltenes Kristallstück. Das ist aber eine für den Vergleich mit dem Experiment außerordentlich lästige Bedingung. Denn dem Experiment zugänglich ist C_p, und zwar praktisch beim Drucke 0. Wenn wir nun auch den Beobachtungswert nach Ziff. 1, Gleichung (1), auf C_v reduzieren, so liefert uns das doch nur C_v beim Druck 0, also bei einem mit der Temperatur wechselnden Volumen. Wenn also das Spektrum der Eigenfrequenzen vom Volumen wirklich abhängt, dann darf nicht die explizite Abhängigkeit des C_v von T, wie sie durch (53) gegeben wird, mit den Beobachtungen verglichen werden, sondern es sind in (53) die ν_i noch in bestimmter Weise als Temperaturfunktionen zu denken. Die Formel würde dann also das, was wir von ihr haben wollen — nämlich die beobachtete Temperaturabhängigkeit von C_v zu geben —, noch nicht unmittelbar leisten können, sondern erst nachdem vorher a) die Temperaturabhängigkeit des Volumens, b) die Volumabhängigkeit des Frequenzenspektrums ermittelt wäre.

Glücklicherweise liegen die Verhältnisse, wenigstens in erster Näherung, nicht so kompliziert. Das allgemeine Bild des festen Körpers, das den Formeln (53) zugrunde liegt, vernachlässigt nämlich überhaupt die Wärmeausdehnung[1]). Das liegt an dem quadratischen Ansatz (16), Ziff. 5, für die Schwingungsenergie bzw. an der Vernachlässigung der höheren Glieder in der Entwicklung der potentiellen Energie, wovon die quadratischen den Anfang bilden. In der Tat werden dadurch die Normalkoordinaten u_i, rein harmonische Funktionen der Zeit, ihre zeitlichen Mittelwerte verschwinden. Die kartesischen Koordinaten der einzelnen Atome sind aber lineare Funktionen der u_i, ihre zeitlichen Mittelwerte müssen also, unabhängig von der Amplitude, mit ihren Gleichgewichtswerten zusammenfallen, d. h. jedes Atom umzittert seine Gleichgewichtslage in symmetrischer Weise. Es dringen also auch die Randatome bei ihren Schwingungen durchschnittlich ebenso tief in das Innere des vom Körper bei $T = 0$ eingenommenen Volumens ein, als sie es nach außen überschreiten, die äußere Begrenzung des Körpers ändert ihre mittlere Lage nicht, die Wärmeausdehnung fehlt, wie behauptet.

Bei tiefen Temperaturen ist nun tatsächlich die Wärmeausdehnung aller festen Körper sehr klein und unser idealer Festkörper ein sehr gutes Bild des realen; was offenbar damit zusammenhängt, daß für kleine Amplituden die Beschränkung auf die quadratischen Glieder gestattet ist. Damit ist das Verfahren in der Grenze für tiefe Temperatur jedenfalls gerechtfertigt, und es ist da auch gleichgültig, ob man dem System eine Volumsbeschränkung auf-

---

[1]) P. Debye in Vorlesungen über die kinetische Theorie der Materie und der Elektrizität, S. 19ff. Teubner 1914.

erlegt oder nicht. Sofern die Wärmeausdehnung Null ist, fallen ja auch schon nach der allgemeinen Thermodynamik [Ziff. 1, Gleichung (1)] C_p und C_v zusammen! Doch erhebt sich nun weiter die Frage: warum soll bei höherer Temperatur, wo die Wärmeausdehnung und mit ihr der Unterschied zwischen C_p und C_v merklich zu werden beginnt, der nach (53) mit konstantem ν-Spektrum berechnete C-Wert eher als Näherungswert für C_v denn für C_p angesprochen werden dürfen?

Daß diese Auffassung — als C_v, nicht als C_p — den Gültigkeitsbereich unserer C-Formel nach höheren Temperaturen zu erweitert, macht man sich folgendermaßen plausibel. Der Unterschied zwischen C_p und C_v rührt davon her, daß, wenn die Ausdehnung gestattet wird, a) bei der Erwärmung die Mittellagen der Atome weiter auseinanderrücken und dadurch die potentielle Energie der Atome aufeinander auch in ihren Mittellagen sich ändert, und b) das ν-Spektrum während der Erwärmung sich etwas abändert. Keiner von diesen beiden Umständen wurde in unserer Rechnung berücksichtigt. Sie würden — wollte man das Resultat für C_p gelten lassen — beide als weitere Fehler hinzutreten zu dem Fehler, der darin besteht, daß man in der fertigen C-Formel die Veränderlichkeit des ν-Spektrums nicht berücksichtigt. — In der Tat ergibt auch das Experiment als Grenzwert der Atomwärme bei konstantem Volum für hohe Temperatur den Wert $3R$ in Übereinstimmung mit Formel (53), ein Zeichen, daß der quadratische Ansatz für die von den Mittellagen der Atome aus gezählte Schwingungsenergie auch da noch sehr angenähert zutrifft, wenn auch vielleicht schon mit erheblich abgeändertem ν-Spektrum.

Eines muß man natürlich beachten: daß gleichwohl die U-Formel [Gleichung (53)] nicht den richtigen Energieinhalt gibt, bezogen auf den absoluten Nullpunkt, sondern dieser ist natürlich durch Integration von C_p zu berechnen! Wir kommen auf die Frage in Ziff. 22 nochmals zurück.

15. Die Theorie von EINSTEIN. Wenn die Temperatur so hoch ist, daß für alle i

$$h\nu_i \ll kT,$$

so ist das detaillierte Spektrum der Eigenfrequenzen belanglos, weil alle Glieder der letzten Summe in (53) gleich 1 werden, man hat alsdann

$$C = 3N'k = n \cdot 3R, \tag{54}$$

wo $n = N'/N$ die Zahl der Atome ist, die in der chemischen Formel des Stoffes auftreten. Diese Regel gilt tatsächlich mit einer gewissen Annäherung für die Atomwärmen bei konstantem Volumen der Elemente ($n = 1$; Gesetz von DULONG und PETIT, 1818) und für die Molwärmen C_v mancher Verbindungen [$n > 1$; NEUMANN (1831), REGNAULT (1840), KOPP (1864), gewöhnlich nach letzterem benannt]. Darüber hinaus stellten die genannten Forscher fest, daß die Molwärmen von verschiedenen Verbindungen additiv aus den gemessenen oder passend angenommenen Atomwärmen der Elemente berechenbar sind, auch noch in vielen Fällen, wo das DULONG-PETITsche Gesetz für die betreffenden Elemente nicht gilt.

Theoretisch sind beide Gesetze als eine Folgerung der klassischen Theorie zu betrachten mit derjenigen Näherung, in der der reale durch den idealen Festkörper angenähert wird. Der Umstand, daß starke Unterschreitungen des DULONG-PETITschen Wertes $3R$, die durch mangelhafte Näherung nicht erklärbar sind, stets verbunden mit einem starken positiven Temperaturkoeffizienten von C_v auftreten, war für A. EINSTEIN der erste Anlaß, die Quantentheorie auf den Energieinhalt materieller Körper anzuwenden[1]). Er nahm in den Formeln (53)

---

[1]) A. EINSTEIN, Ann. d. Phys. (4) Bd. 22, S. 180, 800. 1907; Bd. 34, S. 170, 590. 1911.

versuchsweise für alle ν_i denselben Wert, worunter er die ungefähre Schwingungsfrequenz der Atome um ihre Ruhelagen verstand, ohne sich zu verhehlen, daß dies nur eine rohe Annäherung sei, weil die Pendelschwingungen eines Atoms durch die der Nachbarn gestört werden, folglich nicht mit einer scharf bestimmten Frequenz vor sich gehen[1]). An Stelle der Summenzeichen tritt nun der Faktor $3N'$, und man gelangt für U und C zu derselben Temperaturabhängigkeit wie für die Schwingungswärme eines Gases, die schon in Ziff. 7 besprochen und in Abb. 1 dargestellt wurde. Die Übereinstimmung mit den wenigen damals vorliegenden und zahlreichen daraufhin unternommenen Messungen bis zu tiefsten Temperaturen war qualitativ gut, quantitativ zeigte sich, daß die Atomwärme bei tiefer Temperatur nicht so rasch abfällt, wie die Formel verlangt, nämlich zuletzt nicht nach einem Exponentialgesetz, sondern, wie wir heute wissen, mit T^3. Im übrigen konnte schon Einstein die Eigenfrequenzen ν bzw. die charakteristischen Temperaturen Θ [Ziff. 7, Gleichung (31')] hinsichtlich ihrer Größenordnung und Reihenfolge für verschiedene Elemente mit dem Atomgewicht und den makroskopischen elastischen Konstanten in eine Beziehung setzen, die wir in der korrekteren Form von Debye sogleich kennenlernen werden. Auch wies er schon auf mögliche Beziehungen zu eventuell optisch bemerkbaren Frequenzen (Reststrahlen, Dispersion) hin.

16. Die Theorie von Debye. Die erste Berechnung des Spektrums der Eigenfrequenzen stammt von P. Debye[2]). Sie führte für viele Elemente und einige Verbindungen zu vollkommener Übereinstimmung mit der Erfahrung insbesondere hinsichtlich des eben erwähnten „T^3-Gesetzes". Debye geht von dem Gedanken aus, daß die Eigenschwingungen, deren Frequenzen wir suchen, uns, mindestens teilweise, von einer ganz anderen Seite her direkt phänomenologisch bekannt sind als die elastischen Eigenschwingungen des räumlich begrenzt zu denkenden Grammoleküls. Man wird sie mit ausreichender Genauigkeit aus der phänomenologischen Elastizitätstheorie der Kontinua berechnen dürfen, solange ihre Struktur grob ist gegenüber der atomaren Struktur des Mediums. Als Maß der Struktur der Schwingung kann dabei die Wellenlänge einer fortschreitenden Welle der betreffenden Frequenz gelten. Von den längsten Wellen (langsamsten Eigenschwingungen) beginnend, treffen wir nun allerdings im „elastischen Spektrum" zunächst auf solche, deren Frequenzen, wie sattsam bekannt, nicht nur von der Größe, sondern auch von der Form des betrachteten Körpers abhängen. Sie sind aber nur in verhältnismäßig geringer Zahl vorhanden und werden zum Energieinhalt ebensowenig einen merklichen Beitrag liefern, wie die „Brownschen" Translations- und Rotationsbewegungen des Körpers als Ganzen. Sobald aber die Wellenlänge klein geworden ist gegen alle Lineardimensionen des Körpers, befolgt die Verteilung der Eigenfrequenzen ein sehr einfaches Gesetz; es ist nämlich[3]) unabhängig von der Körperform für das Volumen V

$$\frac{4\pi V}{\lambda^4}\, d\lambda \tag{55}$$

die Zahl der Eigenschwingungen mit Wellenlängen $(\lambda; \lambda + d\lambda)$ von longitudinalem Typus, und doppelt so groß ist die Zahl der Eigenschwingungen im gleichen Wellenlängenintervall von transversalem Typus. Im ganzen

<hr>

[1]) A. Einstein, Ann. d. Phys. (4) Bd. 35, S. 679. 1911.
[2]) P. Debye, Ann. d. Phys. (4) Bd. 39, S. 789. 1912.
[3]) P. Debye, l. c. — Die Unabhängigkeit von der Körperform bewies H. Weyl, Math. Ann. Bd. 71, S. 441. 1912. Das Problem der asymptotischen Verteilung der Eigenwerte linearer Differentialgleichungen, um das es sich hier handelt, ist auch behandelt in Courant-Hilbert, Methoden der mathematischen Physik I, Kap. 6, § 4. Berlin: Julius Springer 1924.

finden sich also in dem **Frequenzintervall** $(\nu;\ \nu + d\nu)$, wenn c_l bzw. c_t die Fortpflanzungsgeschwindigkeit longitudinaler bzw. transversaler Wellen bedeutet $\left(\text{also}\quad \lambda = \dfrac{c_l}{\nu}\ \text{bzw.}\ \dfrac{c_t}{\nu}\right)$:

$$4\pi V\left(\frac{1}{c_l^3} + \frac{2}{c_t^3}\right)\nu^2\, d\nu \tag{56}$$

Eigenfrequenzen. Damit lassen sich nun die Summen in (53) wegen der großen Dichte der Eigenschwingungen näherungsweise als Integrale schreiben, die man getrost von $\nu = 0$ beginnen lassen darf. Man erhält

$$\left.\begin{aligned}
U &= 4\pi V\left(\frac{1}{c_l^3} + \frac{2}{c_t^3}\right)\int_0^{\nu_m} \frac{h\nu^3}{e^{\frac{h\nu}{kT}} - 1}\, d\nu\,, \\[2em]
C_v &= 4\pi V k\left(\frac{1}{c_l^3} + \frac{2}{c_t^3}\right)\int_0^{\nu_m} \frac{\dfrac{h^2\nu^4}{k^2 T^2}\, e^{\frac{h\nu}{kT}}}{\left(e^{\frac{h\nu}{kT}} - 1\right)^2}\, d\nu\,.
\end{aligned}\right\} \tag{57}$$

Die obere Grenze ν_m wird so bestimmt, daß die Gesamtzahl der Eigenschwingungen den richtigen Wert erhält:

$$4\pi V\left(\frac{1}{c_l^3} + \frac{2}{c_t^3}\right)\int_0^{\nu_m} \nu^2\, d\nu = 3N'\,. \tag{58}$$

Die Berechtigung dieses Verfahrens ist allerdings von vornherein mehr als zweifelhaft. Aus (58) erkennt man sofort, daß mindestens eine der Grenzwellenlängen $\dfrac{c_2}{\nu_m}$ bzw. $\dfrac{c_t}{\nu_m}$ von nicht höherer Größenordnung ist als der durchschnittliche Atomabstand $\left(\dfrac{V}{N'}\right)^{\frac{1}{3}}$. Da ist die Annäherung der wirklichen Vorgänge durch die Kontinuitätstheorie keinesfalls mehr legitim. Läßt man sie aber schon zu, so möchte es doch wohl näherliegen, die transversalen und die longitudinalen Wellen getrennt zu betrachten und beide bei derselben **Wellenlänge** abzubrechen, welche **Wellenlänge** so zu wählen wäre, daß die Summe aller Eigenfrequenzen gleich $3N'$ wird.

17. Vergleich mit der Erfahrung. Das T^3-Gesetz. Führt man die Abkürzungen ein

$$\Theta = \frac{h\nu_m}{k}\,, \qquad x = \frac{\Theta}{T}\,, \tag{59}$$

wobei nach (58)

$$\nu_m = \sqrt[3]{\frac{9N'}{4\pi V\left(\dfrac{1}{c_l^3} + \dfrac{2}{c_t^3}\right)}}\,, \tag{60}$$

so läßt sich (57) in die Form setzen

$$C_v = C_\infty \cdot \left[-3x^2\, \frac{d}{dx}\left(\frac{1}{x^4}\int_0^x \frac{\xi^3\, d\xi}{e^\xi - 1}\right)\right]\,, \tag{61}$$

wobei

$$C_\infty = 3N'k$$

den Grenzwert für hohe Temperatur ($x = 0$) bedeutet. Die Größe in der eckigen Klammer als Funktion der reduzierten Temperatur $\dfrac{1}{x} = \dfrac{T}{\Theta}$ wird als „Debye-Funktion" bezeichnet und ist auf der Abb. 1 (Ziff. 7) dargestellt. Durch Entwickeln des Integranden erhält man die von Debye, l. c. angegebene Näherungsformel für hohe Temperatur

$$\frac{C}{C_\infty} = 1 - \frac{x^2}{20} + \frac{x^4}{560} - \frac{x^6}{18\,144} + \frac{x^8}{633\,600} - \frac{x^{10}}{23\,063\,040} + \cdots$$

oder allgemein

$$\frac{C}{C_\infty} = 1 - 3 \sum_{n=1}^{\infty} (-1)^{n-1} \frac{B_n}{(2n)!} \frac{2n-1}{2n+3} x^{2n}, \tag{62}$$

wo die B_n die Bernoullischen Zahlen[1]). — Das Grenzgesetz für tiefe Temperatur ergibt sich, indem man in (61) ausdifferenziert und dann x gegen ∞ gehen läßt. Man findet so

$$\frac{C}{C_\infty} = \frac{4\pi^4}{5} \cdot \frac{1}{x^3} = \frac{4\pi^4}{5} \cdot \frac{T^3}{\Theta^3} = 77{,}938 \frac{T^3}{\Theta^3}, \tag{63}$$

gültig von $T = 0$ bis $T = \dfrac{\Theta}{12}$ mit einem Fehler von weniger als 1%. — Für mittlere T muß man weitere Glieder der folgenden Entwicklung benutzen:

$$\frac{C}{C_\infty} = \frac{4\pi^4}{5} \frac{1}{x^3} - \frac{3x}{e^x - 1} - 12x \sum_{n=1}^{\infty} e^{-nx}\left(\frac{1}{nx} + \frac{3}{n^2 x^2} + \frac{6}{n^3 x^3} + \frac{6}{n^4 x^4} \right), \tag{64}$$

als deren Anfangsglied (63) aufzufassen ist.

Abb. 4 zeigt, wie gut die Debyesche Formel für eine große Anzahl von Elementen und einige Verbindungen den C_v-Verlauf wiedergibt. Für die Verbindungen ist hier unter C_v die mittlere Aomwärme verstanden, d. h. der Molwärmenwert ist durch die Anzahl der Atome, 2 bzw. 3, dividiert[2]). — Hervorzuheben ist, daß die Übereinstimmung mit der Debyeschen Funktion nur in solchen Fällen mit einiger Sicherheit behauptet werden darf, wo sie bis zu sehr kleinen Werten von C_v herab experimentell festgestellt ist. So passen z. B. die älteren Messungen von Pollitzer und Koref an Quecksilber, die bis zu einem C_v-Wert von etwa 4,8 herabreichen, mit $\Theta = 97$ vorzüglich in die Debyesche Kurve, während Messungen von Kamerlingh Onnes und Holst[3]) und von Simon[4]) bei 20° K Abweichungen von 30%, bei 10° K von 100% und bei Heliumtemperaturen (3 bis 4° K), wo C_v auf die Größenordnung 0,1 herabgesunken ist, von über 200% gegen die ursprünglich angenommene Debye-Formel ergaben; Abweichungen, die natürlich auch durch eine Abänderung des Θ-Wertes nicht

---

[1]) Eine für praktische Zwecke hinreichend genaue Tabelle der in (61) auftretenden Funktion (und einiger verwandter) findet man bei W. Nernst, Die Grundlagen des neuen Wärmesatzes, S. 201. Halle: Knapp 1918.

[2]) Zur Ergänzung der Abbildung seien hier die verwendeten Θ-Werte angeführt: Pb 88, Tl 96, Hg 97, J 106, Cd 168, Na 172, KBr 177, Ag 215, Ca 226, KCl 230, Zn 235, NaCl 281, Cu 315, Al 398, Fe 453, CaF_2 474, FeS_2 645, C 1860. — Literaturangaben in meinem ausführlichen Bericht Phys. ZS. Bd. 20, S. 420, 450, 474, 497, 523. 1919.

[3]) Kamerlingh Onnes u. Holst, Proc. Amsterdam Bd. 17, S. 760. 1914 (Comm. Leiden Nr. 142c).

[4]) F. Simon, ZS. f. phys. Chem. Bd. 107, S. 279. 1924.

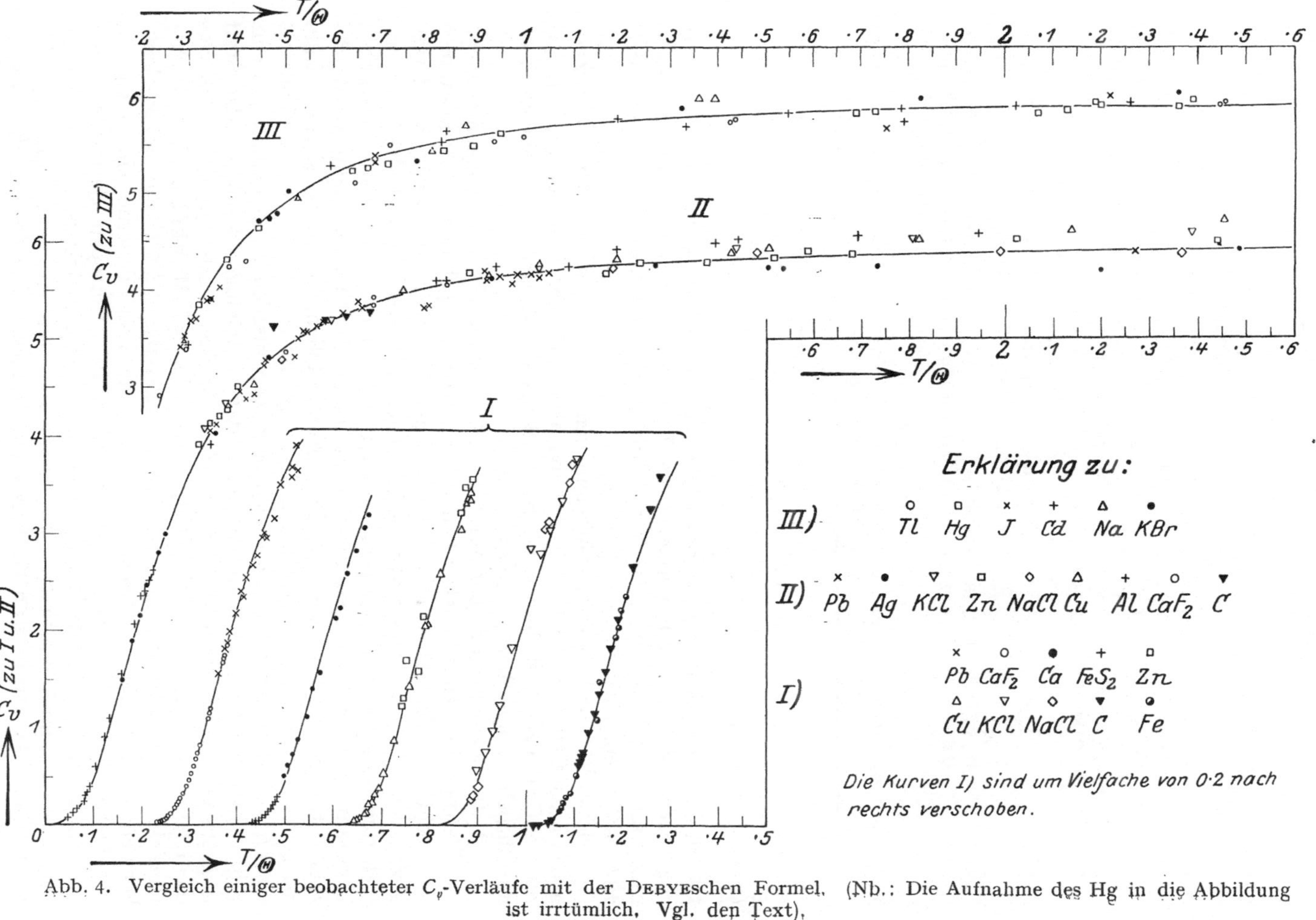

Abb. 4. Vergleich einiger beobachteter C_v-Verläufe mit der DEBYEschen Formel. (Nb.: Die Aufnahme des Hg in die Abbildung ist irrtümlich. Vgl. den Text).

für das ganze Temperaturgebiet zu beseitigen sind. Ähnliches ist für Zn und Cd (s. Ziff. 20) und vielleicht noch für andere in die Abbildung aufgenommene Stoffe zu erwarten.

Zum Beleg des T^3-Gesetzes führen wir als Beispiel Flußspat an, nach den Messungen von Eucken und Schwers[1]). Die dritte Kolonne ist dem Quotienten $\sqrt[3]{C_v} : T$ proportional:

Das T^3-Gesetz erweist sich nach der bisherigen Erfahrung als allgemeingültig (s. u. Ziff. 23).

Zum Beleg, daß der in (59) und (60) behauptete Zusammenhang der Grenzfrequenz ν_m bzw. des charakteristischen Θ-Wertes mindestens in groben Zügen zutreffend ist, sei vorläufig folgendes Zahlenmaterial angeführt:

Tabelle 1.
T^3-Gesetz für CaF$_2$ ($\Theta = 645°$).

T	C_v	„Quotient"
17,5	0,0670	2,32
19,9	0,1028	2,36
21,5	0,1316	2,37
23,5	0,1680	2,35
25,6	0,2180	2,35
27,6	0,276	2,36
29,1	0,331	2,38
34,0	0,536	2,39
36,8	0,663	2,37
37,8	0,713	2,38
39,8	0,836	2,37

Tabelle 2.
Vergleich der dem C_v-Verlauf entnommenen und der nach (59) und (60) aus den Schallgeschwindigkeiten berechneten Θ-Werte.

Stoff	Pb	Cd	Ag	Cu	Al	Fe	C
Θ aus C_v . . .	88	168	215	315	398	453	1860
Θ n. (59) u. (60)	75	174	220	341	413	484	—
Θ therm. Ausd.	105	—	210	325	374	413	1860

In der letzten Zeile sind — der Vollständigkeit halber — diejenigen Θ-Werte angegeben, die sich durch Vergleich der Theorie der thermischen Ausdehnung mit dem Experiment ergeben; doch können wir hierauf an dieser Stelle nicht näher eingehen.

Die nicht unerheblichen Abweichungen der zweiten von der ersten Zeile haben ihren Grund in den zum Teil schon hervorgehobenen Mängeln der theoretischen Grundlage, auf die wir bei Besprechung des Ausbaues der Theorie noch ausführlich zu sprechen kommen.

18. Berücksichtigung der Äolotropie. Gittertherorie. Unter diesen Mängeln der Debyeschen Theorie ist neben der schon hervorgehobenen, grundsätzlich unberechtigten Vernachlässigung der atomistischen Struktur des festen Mediums wohl der wichtigste der, daß die Theorie bei der Ableitung des Frequenzspektrums mit einem isotropen Medium und mit den isotropen elastischen Konstanten, wie sie makroskopisch an dem (in der Regel) feinkristallinen Material zutage treten, operiert, während doch grundsätzlich die kristallisierte, mithin in elastischer Beziehung sicherlich äolotrope Beschaffenheit des Mediums als wesentlich anzusehen ist, da es sich beim thermischen Energieinhalt um eine Eigenschaft handelt, die kaum merklich davon abhängen kann, ob der Stoff in grob- oder feinkristallinem Zustand oder als Einkristall vorliegt. — Es verdient hervorgehoben zu werden, daß, was wir hier als Mängel in theoretischer Hinsicht bezeichnen, in praktischer Beziehung gerade die augenscheinlichsten Vorzüge dieser Theorie sind und ihr wohl dauernd eine mehr als nur historische Rolle sichern werden: denn die äolotropen elastischen Konstanten der meisten Stoffe, um die es sich handelt, waren bis vor kurzem noch ebenso unbekannt wie — bis heute und wohl auf lange hinaus — die Details ihres dynamischen Aufbaues aus Atomen. Eine Theorie, die darauf

[1]) A. Eucken u. F. Schwers, Verh. d. D. Phys. Ges. Bd. 15, S. 578. 1913. — Vollständiges Zahlenmaterial bei E. Schrödinger, l. c.

abstellt, kann also in den meisten Fällen überhaupt nicht mit der Erfahrung verglichen werden.

Dieses Schicksal hatte denn, und hat zum Teil noch heute die von BORN und v. KÁRMÁN[1]) begründete, von BORN[2]) ausgebaute Gittertheorie der Atomwärmen; was natürlich nicht hindert, daß sie als der bei weitem exaktere und vom theoretischen Standpunkt vorzuziehende Lösungsversuch bezeichnet werden muß. — Für eine ausführliche Darstellung der BORNschen Gittertheorie auf ds. Handb. XXIV verweisend, referieren wir hier nur die für uns in Betracht kommenden Hauptresultate.

Die Eigenschwingungen für ein endliches Stück eines Atomgitters aufzusuchen bzw. abzuzählen, so wie DEBYE es für ein endliches Stück eines isotropen elastischen Kontinuums getan, erweist sich als unmöglich wegen der Sonderstellung der Randatome. Die Schwierigkeit wird überwunden durch Betrachtung eines sogenannten „zyklischen" Gitters, d. h. eines unendlichen Gitters, dessen Bewegungen durch die Forderung einer dreifachen räumlichen Periodizität beschränkt werden. Wir wollen vorläufig die Betrachtung einschränken auf einfache Gitter chemischer Elemente, d. h.: lauter gleichartige Atome, deren jedes sich gegenüber seinen Nachbarn in der gleichen geometrischen und dynamischen Situation befindet. Alsdann erhält man — zunächst ohne die „zyklische" Beschränkung — als Eigenschwingungen drei dreifach ausgedehnte Kontinua stehender Planwellen: Wellennormale beliebig, Wellenlänge innerhalb gewisser Grenzen (s. u.) beliebig, nach Festlegung beider noch drei Polarisationstypen. — Die „zyklische" Beschränkung hat nun zur Folge, daß aus jedem dieser drei Kontinuen eine diskontinuierliche Folge ausgesondert wird, und zwar ist die Anzahl der Eigenschwingungen einer Type mit Wellenlängen (λ, $\lambda + d\lambda$) und einer Wellennormale im Raumwinkelelement $d\omega$

$$\frac{V}{\lambda^2} d\left(\frac{1}{\lambda}\right) d\omega \tag{65}$$

wo V das durch die dreifache räumliche Periodizität des Vorganges abgegrenzte Volumen ist, dem diese Anzahl von Eigenschwingungen zuzurechnen ist. Wir wählen dafür das Molvolumen.

Die große Allgemeinheit dieses Resultats, dem nichts der Kristallsymmetrie oder der Gitterstruktur Eigentümliches mehr anhaftet, erklärt sich daraus, daß die kinematische Möglichkeit einer Welle ausschließlich von ihrer Länge, nicht von ihren sonstigen Bestimmungsstücken abhängt[3]). Der Ausdruck ist in der Tat auch für beliebig äolotrope Kontinua gültig, im Falle der Isotropie deckt er sich mit (55). Die ganze Komplikation bei der weiteren Anwendung liegt in der Art, wie die Schwingungszahl ν von der Wellenlänge und der Richtung der Wellennormale abhängt. — Sehen wir von dem, was die Raumgittertheorie hierüber aussagt, vorläufig noch ab und setzen wir für die drei Wellentypen bzw.

$$\lambda = \frac{c_1}{\nu}; \quad \lambda = \frac{c_2}{\nu}; \quad \lambda = \frac{c_3}{\nu}, \tag{66}$$

so erhalten wir eine Verallgemeinerung der DEBYEschen Theorie auf

---

[1]) M. BORN u. TH. v. KÁRMÁN, Phys. ZS. Bd. 13, S. 297. 1912; Bd. 14, S. 15. 1913.

[2]) M. BORN, Atomtheorie des festen Zustandes, Teubner 1923. (Auch als Artikel im Band „Physik" der Enzyklopädie der mathematischen Wissenschaften.) — Einen orientierenden Überblick gibt G. HECKMANN in Fortschr. d. exakt. Naturwissensch. Bd. 4, S. 100 bis 153. Berlin: Julius Springer 1925.

[3]) Eine Veranschaulichung gibt L. FLAMM, Phys. ZS. Bd. 19, S. 122. 1918.

das äolotrope Kontinuum, indem wir für die c_i die aus den gemessenen Elastizitätskonstanten und der Dichte in bekannter Weise zu bildenden Schallgeschwindigkeiten nehmen, die jetzt allerdings nicht konstant, sondern noch von der Richtung der Wellennormale abhängig werden. Durch Integration über $d\omega$ und Summation über die drei Wellentypen erhält man als Gesamtzahl der Eigenschwingungen zwischen $(\nu, \nu + d\nu)$:

$$12\pi V \nu^2 \, d\nu \cdot \frac{1}{3} \sum_{i=1}^{3} \frac{1}{4\pi} \iint \frac{d\omega}{c_i^3} \,. \tag{67}$$

Dieses Ergebnis unterscheidet sich von (56) nur durch die etwas kompliziertere Art der Mittelbildung über die Schallgeschwindigkeiten, die durch die Äolotropie notwendig wird.

19. Verschiedene Näherungsversuche. Von hier aus kann man nun in verschiedener Weise fortfahren, je nachdem man sich mehr oder weniger eng an die ursprüngliche Debyesche Theorie anzulehnen sucht. Man kann erstens, wie Debye, das ganze Spektrum (67) bei einer Grenzfrequenz abbrechen. Dann liegt der Unterschied gegen die Debyesche Theorie überhaupt nur in der „äolotropen" Art der Mittelbildung, d. h. es handelt sich nur um eine andere Art der Berechnung der Grenzfrequenz ν_m bzw. der charakteristischen Temperatur Θ, indem an die Stelle der Gleichung (60), Ziff. 17, tritt:

$$\nu_m = \sqrt[3]{\frac{N'}{4\pi V}} \cdot \left[\frac{1}{3} \sum_{i=1}^{3} \frac{1}{4\pi} \iint \frac{d\omega}{c_i^3}\right]^{-\frac{1}{3}}, \tag{68}$$

während alles andere gleich bleibt. Den Vergleich einiger auf diese Weise berechneten[1]) Θ-Werte mit den zur Darstellung des empirischen C_v-Verlaufs notwendigen zeigt folgende kleine Tabelle.

Tabelle 3.

Vergleich von Θ-Werten, die dem C_v-Verlauf angepaßt sind, mit denjenigen, die aus der Schallgeschwindigkeit berechnet sind.

Stoff	KBr	KCl	NaCl	CaF$_2$	FeS$_2$
Θ aus C_v . . .	177	230	281	474	645
Θ n. (59) u. (68)	—	227	305	510	696

Die Übereinstimmung ist um nichts besser als in den Fällen (s. o. Tab. 2), wo die quasiisotropen Konstanten des kristallinen Mediums benutzt werden mußten.

Man kann zweitens jeden der drei Zweige des Spektrums (67) bei einer besonderen Grenzfrequenz abbrechen derart, daß von den, im ganzen, $3\,N'$ Eigenschwingungen auf jeden Zweig N' entfallen[2]). Man erhält dann also drei Grenzfrequenzen und drei charakteristische Temperaturen, welche in folgender Weise berechnet werden:

$$\Theta_j = \frac{h\nu_j}{k}, \qquad \nu_j = \bar{c}_j \sqrt[3]{\frac{3N'}{4\pi V}}, \qquad \frac{1}{\bar{c}_j^3} = \frac{1}{4\pi} \iint \frac{d\omega}{c_j^3} \,. \tag{69}$$

$$(j = 1, 2, 3).$$

---

[1]) L. Hopf u. G. Lechner, Verh. d. D. Phys. Ges. Bd. 16, S. 643. 1914. Auf die Frage, wiefern es berechtigt ist, auf Verbindungen die Theorie einatomiger Körper anzuwenden, kommen wir in Ziff. 21 zurück.

[2]) Wie (69) zeigt, sind alsdann die Grenzwellenlängen für die drei Zweige wenigstens im Durchschnitt gleich. Vgl. die Bemerkung Ziff. 16, Ende.

Für die Atomwärme ergibt sich

$$\frac{C_v}{C_\infty} = \frac{1}{3} \sum_{j=1}^{3} D\left(\frac{\Theta_j}{T}\right), \tag{70}$$

wo das neueingeführte Funktionszeichen D die „DEBYEsche Funktion", d. h. die eckige Klammer der Gleichung (61), Ziff. 17, bezeichnet. — Formeln dieser Art finden zuweilen praktisch Anwendung, wenn ein C_v-Verlauf sich nicht durch eine D-Funktion darstellen läßt; der Erfolg entbehrt aber natürlich jedes theoretischen Interesses, wenn die Θ_j willkürlich angenommen und nicht aus den Schallgeschwindigkeiten berechnet sind — wozu meistens die Daten fehlen.

Man kann endlich drittens nicht nur für jeden Zweig gesondert, sondern innerhalb jedes Elementarkegels der Wellennormalen eine besondere Grenzfrequenz festsetzen, und zwar so, daß die Gesamtzahl der Eigenschwingungen eines Zweiges innerhalb $d\omega$ den Betrag $\dfrac{N'\,d\omega}{4\pi}$ erhält[1]). An Stelle der drei Einzelwerte Θ_j treten dann drei Richtungsfunktionen Θ_j auf

$$\Theta_j = \frac{h\nu_j}{k}, \qquad \nu_j = c_j \sqrt[3]{\frac{3N'}{4\pi V}} \qquad (j = 1, 2, 3), \tag{71}$$

wobei c_j jetzt der genaue Wert der Schallgeschwindigkeit für die betreffende Richtung und Polarisationstypus ist. Die Formel für die Atomwärme lautet

$$\frac{C_v}{C_\infty} = \frac{1}{3} \sum_{j=1}^{3} \frac{1}{4\pi} \iint D\left(\frac{\Theta_j}{T}\right) d\omega . - \tag{72}$$

Wir hatten am Ende der Ziff. 18 die Vorstellungen der Gittertheorie verlassen und in dieser Ziffer, schrittweise tastend, die DEBYEsche Theorie zu verallgemeinern gesucht. Die zuletzt hingeschriebene Formel, die übrigens für die rechnerische Auswertung schon reichlich kompliziert ist, ergibt sich nun aber auch aus der exakten Durchführung der Gittertheorie, freilich nur als Näherungsformel unter gewissen analytischen Annahmen, über deren Zutreffen theoretisch schwer etwas auszumachen ist. Das Experiment scheint zu zeigen, daß sie unzutreffend sind (s. Ziff. 20).

Für die wirkliche Durchführung der in dieser Ziffer angegebenen Formeln sind verschiedentlich praktische Rechenverfahren ausgearbeitet worden. Wir müssen uns hier mit der Anführung der Literaturstellen begnügen[2]).

20. Die Dispersion der elastischen Wellen. Die Formel (72), wenn sie auch auf dem Weg über die Gittertheorie zuerst gefunden wurde, berücksichtigt doch in Wahrheit zwar die Äolotropie des Mediums, aber nicht seinen atomistischen Bau. Der charakteristische Einfluß, den letzterer auf die Schallfortpflanzung hat, ist aus (72) durch Näherungsannahmen wieder entfernt worden. Dieser Einfluß besteht darin, daß die Schallgeschwindigkeit nicht nur vom Wellentyp (Polarisationszustand), nicht nur von der Richtung, sondern auch von der Frequenz abhängt, sobald die Wellenlänge mit dem Abstand benachbarter Atome vergleichbar wird. Es besteht Dispersion. Als Folge davon ergibt sich das Abbrechen des Spektrums bei hohen Schwingungszahlen automatisch.

---

[1]) Diese Aufteilung entspricht, wie man aus (71) erkennt, einer für alle Richtungen und Zweige konstanten Grenzwellenlänge!

[2]) Zu (69): BORN u. v. KÁRMAN, Phys. ZS. Bd. 14, S. 15. 1913. Zu (71) und (72): K. FÖRSTERLING, Ann. d. Phys. (4) Bd. 61, S. 549. 1920; ZS. f. Phys. Bd. 3, S. 9. 1920; Bd. 8, S. 251. 1922.

Wir illustrieren das an einem Beispiel. Einfaches kubisches Gitter, Würfelkante b, stehende Longitudinalwelle in Richtung einer Würfelkante; die zu ihr senkrechten Atomebenen schwingen als ganze undeformiert in Richtung der Kante, und zwar unisono mit zeitlich unveränderlicher, von einer Ebene zur nächsten periodisch veränderlichen Amplitude. In diesem Spezialfall ergibt die Gittertheorie die Dispersionsgleichung

$$\nu = \nu_g \sin \frac{\pi b}{\lambda}, \tag{73}$$

wo ν_g eine von der Atommasse und den Atomkraftparametern abhängige Konstante. Für lange Wellen ($\lambda \gg b$) wird die Fortpflanzungsgeschwindigkeit

$$c_\infty = \lim_{\lambda = \infty} \nu \lambda = \nu_g \pi b. \tag{74}$$

Wird λ mit b vergleichbar, so nimmt c ab und erreicht ein Minimum für $\lambda = 2b$

$$c_{\min} = 2 b \nu_g = \frac{2}{\pi} c_\infty = 0{,}658 \ldots c_\infty. \tag{75}$$

Das Bemerkenswerte ist aber, daß, wenn man λ nun noch kleiner werden läßt, man nichts Neues erhält. ν nimmt nach (73) wieder ab und die Wellenlänge in Wahrheit wieder zu Das liegt daran, daß für $\lambda = 2b$ Nachbarebenen in entgegengesetzter Phase schwingen. Rascher kann die Amplitude in einem solchen Medium nicht räumlich variieren, kürzere Wellen sind in ihm offenbar unmöglich! Und so ergibt sich ν_g als eine echte obere Grenzfrequenz für Wellen dieser Type und Richtung, ohne daß es irgendeiner besonderen Annahme bedarf über das Abbrechen des Spektrums.

Das betreffende Teilspektrum (65) hat, nach (73) auf Frequenzen umgerechnet, folgenden Bau

$$\frac{V}{\lambda^2} d \left(\frac{1}{\lambda} \right) d\omega = \frac{V}{\pi^3 b^3} \frac{(\arcsin \nu/\nu_g)^2}{\sqrt{\nu_g^2 - \nu^2}} d\nu \, d\omega. \tag{76}$$

Für $\lambda \gg b$, also $\nu \ll \nu_g$ ergibt sich natürlich wie früher

$$\frac{V}{c_\infty^3} \nu^2 \, d\nu \, d\omega. \tag{77}$$

Dagegen ergibt sich in der Nähe der Grenzfrequenz als Folge der Dispersion eine noch sehr viel stärkere Häufung als ohne Dispersion, indem dort der Faktor von $d\nu \, d\omega$ in (76) geradezu gegen ∞ geht.

Diese plötzlich einsetzende starke Häufung der Eigenfrequenzen muß aber, da ihre Gesamtzahl doch fest gegeben ist, bewirken, daß das Spektrum früher abbricht, die Grenzfrequenz ν_g also niedriger ist, als man auf Grund des für lange Wellen experimentell bestimmten c_∞ erwarten sollte, wenn man die Dispersion nicht berücksichtigt. In der Tat, integriert man (76) von $\nu = 0$ bis $\nu = \nu_g$, so erhält man, mit Rücksicht auf (74)

$$\frac{V}{c_\infty^3} \frac{\nu_g^3 \pi^3}{24} d\omega, \tag{78}$$

[während (77) von 0 bis ν_g integriert

$$\frac{V}{c_\infty^3} \frac{\nu_g^3}{3} d\omega$$

liefern würde!]. Setzen wir dies, wie früher, gleich $\dfrac{N'\,d\omega}{4\,\pi}$, so ergibt sich

$$\nu_g = \frac{2}{\pi}\,c_\infty \sqrt{\frac{3\,N'}{4\,\pi\,V}}.\tag{79}$$

ν_g, c_∞ sind für unseren Spezialfall genau die Größen, die wir früher allgemein mit ν_j, c_j bezeichnet hatten. Der Vergleich mit (71) zeigt, daß die Grenzfrequenz jetzt wirklich **kleiner**, und zwar um den Faktor $\dfrac{2}{\pi}$ kleiner ausfällt.

Da wir hier nur einen ganz speziellen Fall als Beispiel betrachtet haben, kann dem Faktor $\dfrac{2}{\pi}$ keine allgemeine Bedeutung zukommen. So viel aber dürfte feststehen, daß die zweite Gleichung (71) wegen der Dispersion der kurzen Wellen rechter Hand durch einen Faktor kleiner als 1 zu ergänzen ist. Man verdankt diese Feststellung GRÜNEISEN und GOENS[1]), welche an Einkristallen der hexagonal kristallisierenden, sehr stark anisotropen Metalle Zn und Cd die Elastizitätskonstanten gemessen und die mühsame C_v-Berechnung nach den Gleichungen (71) und (72), Ziff. 19, durchgeführt haben. Dabei ergeben sich Abweichungen bis zu 30% von den beobachteten C_v-Werten, während die Hinzufügung des Faktors $\dfrac{2}{\pi}$ innerhalb der Fehlergrenzen der Beobachtung völlige Übereinstimmung herstellt[2]).

Die Verwendung von (79) für alle Wellentypen und Richtungen ist nach (74) gleichbedeutend mit der Annahme, daß die **Grenzwellenlänge** (2 b) für alle Typen und Richtungen dieselbe ist. Da nun der Netzebenenabstand bei diesen hexagonalen Kristallen für verschiedene Richtungen ziemlich stark verschieden ist, haben die Autoren versucht, auch diesem Umstand in der Theorie Rechnung zu tragen. Der C_v-Verlauf wird bei geeigneter Durchführung — die aber nicht ohne Willkür möglich ist — fast gar nicht abgeändert. —

Eine vollkommen **strenge** Berücksichtigung der Dispersion ist natürlich nur auf Grund eines auch dynamisch genau detaillierten Gittermodells möglich. BORN hat für das allgemeinste Gittermodell die exakten Formeln aufgestellt, wir verweisen diesbezüglich auf den Abschnitt über Dynamik der Kristallgitter dieses Handbuchs. Die rechnerische Auswertung ist im allgemeinen außerordentlich verwickelt und würde sich nur lohnen, wenn man anderswoher einigermaßen sichere Kenntnis der dynamischen Gitterparameter hätte. Ein bei relativ hoher Temperatur anwendbares vereinfachendes Rechenverfahren hat THIRRING[3]) angegeben und auf einfache spezielle Gittermodelle angewendet.

21. Die optischen Zweige. Reststrahlfrequenzen. In der Mitte der Ziff. 18 hatten wir die Voraussetzung eingeführt, daß es sich vorläufig um ein **einfaches** Gitter aus **einer** Art von Atomen handeln soll, und die Darlegungen der Ziff. 18 bis 20 stehen theoretisch unter dieser Beschränkung. — Ist das nicht der Fall, handelt es sich vielmehr um ein Gitter „mit Basis", und besteht die Basis aus n Atomen, so treten zu den **drei** bisher betrachteten elastischen Eigenschwingungstypen noch 3 $(n-1)$ weitere hinzu, die wir mit BORN als „optische"

---

[1]) E. GRÜNEISEN u. E. GOENS, ZS. f. Phys. Bd. 26, S. 235, 250. Bd. 29, S. 141. 1924.

[2]) Wie ich sehe, klärt sich eine Diskrepanz gleicher Art bei Zinkblende (FÖRSTERLING ZS. f. Phys. Bd. 8, S. 254. 1922) in derselben Weise auf. Die aus der Atomwärme einerseits, aus den elastischen Konstanten andererseits berechneten Schallgeschwindigkeiten geben das Verhältnis 0,62, d. i. angenähert $\dfrac{2}{\pi}$ $(= 0,66)$.

[3]) H. THIRRING, Phys. ZS. Bd. 14, S. 867. 1913; Bd. 15, S. 127, 180. 1914.

bezeichnen wollen. Das ganze Frequenzenspektrum hat dann also nicht 3, sondern 3 n Zweige. Die neuen „optischen" Zweige sind auch wieder stehende Planwellen, bei denen aber die Schwingungsphase nur für die homologen Atome in den einzelnen Basisgruppen dieselbe ist, dagegen für die n Atome einer Basisgruppe im allgemeinen verschieden, so daß man auch sagen kann, es schwingen die n kongruenten einfachen Gitter, aus denen die Struktur bestehend gedacht werden kann, gegeneinander. Speziell im Grenzfall $\lambda = \infty$ führen die n einfachen Gitter als n starre Körper einfach-harmonische Translationsschwingungen gegeneinander aus.

Soll die ganze Anordnung überhaupt stabil sein, so kann einer Schwingung von der zuletzt genannten Art unmöglich die Frequenz 0 zukommen. Das Dispersionsgesetz der „optischen" Eigenschwingungen muß also von ganz anderer Art sein als das der elastischen. In der Tat ergibt die Gitterrechnung, daß, für $\lambda \gg$ Atomabstand, nicht wie bei jenen die Fortpflanzungsgeschwindigkeit, vielmehr die Frequenz gegen einen konstanten, und zwar auch von der Richtung der Wellennormale unabhängigen Grenzwert geht.

Sofern es gestattet wäre, diesen Grenzwert als Näherung für alle Eigenfrequenzen eines optischen Zweiges zu verwenden, würden also diese Zweige sozusagen ein dem kontinuierlichen elastischen Spektrum superponiertes Linienspektrum von $3n - 3$ Linien liefern, und ebenso viele „Einstein-Funktionen" in den Ausdruck für die Molekularwärme. Der Beitrag[1] zu C_v wäre

$$\left.\begin{aligned} C_v^{\text{opt.}} &= R \sum_{j=4}^{3n} E\left(\frac{\Theta_j}{J}\right), \qquad \Theta_j = \frac{h\,\nu_j}{k} \\ E(x) &= \frac{x^2\,e^x}{(e^x - 1)^2}. \end{aligned}\right\} \tag{80}$$

Die praktische Anwendung dieser Formel ist älter als ihre Begründung durch die Gittertheorie. Auf Grund der am Ende von Ziff. 13 erwähnten Überlegungen hatte schon Nernst l. c. bei mehratomigen Körpern die Hinzufügung ein oder mehrerer Einstein-Funktionen zur Debye-Funktion vorgeschlagen und zur Darstellung der Molekularwärme z. B. von AgCl mit Erfolg angewendet. Man kann diese „optischen" Zweige des Schwingungsspektrums geradezu als den korrekten gittertheoretischen Ausdruck für die in Ziff. 13 besprochenen inneren Schwingungen der Moleküle im Kristallverband bezeichnen und ebenso auch für die „Drehungsschwingungen der Moleküle", deren in der Literatur öfters, teils in affirmativem, teils in skeptischem Sinn Erwähnung getan wird[2].

Nun zeigt aber unsere Abb. 4, daß z. B. die in der Tabelle Ziff. 19 angeführten Verbindungen sich auch durch die Debye-Funktion allein sehr gut darstellen lassen. Das ist weit weniger verwunderlich, als es im ersten Moment scheinen möchte. Die Auffassung der optischen Zweige als angenähert monochromatischer, die doch der Formel (80) zugrunde liegt, muß nämlich, wie sich leicht einsehen läßt, unter Umständen in dem Grade falsch werden, daß man zweifeln kann, ob von der Abspaltung von Einstein-Funktionen wirklich eine Verbesserung zu erwarten ist. Bei einem einfachen Gitter ist es nämlich unserem Belieben anheimgestellt, ob wir es wirklich als einfaches auffassen

---

[1]) Natürlich hat man aber bei Hinzufügung dieses Gliedes zu dem durch (70) oder (72) in Ziff. 19 gegebenen C_v dort $C_\infty = 3R$ zu nehmen, damit der richtige Grenzwert $3\,n\,R$ für die gesamte Molekularwärme sich ergibt.

[2]) A. Eucken, Jahrb. d. Radioakt. Bd. 16, S. 364. 1920; A. Eucken u. E. Karwat, ZS. f. phys. Chem. Bd. 112, S. 479f. 924; Simon, ZS. f. Phys. Bd. 31, S. 225. 1925; Eucken u. Fried, ebendort Bd. 32, S. 151. 1925.

wollen, wir können auch z. B. ein **Punktepaar** als **Basis** auffassen und haben dann nur die Gitterperiode in dieser Richtung zu verdoppeln. Lassen wir diese Auffassung eintreten, dann erhalten wir auch bei einem solchen Gitter, rein formal, optische Zweige, in denen sich aber offenbar lediglich Teile der 3 elastischen Zweige verhüllen. Umgekehrt können nun im Gitter einer Verbindung die Atomarten nach Anordnung, Massen und Kräften einander so ähnlich sein, daß die Auffassung als einfaches Gitter eine bessere oder mindestens ebenso gute Approximation darstellt wie die eigentlich zutreffende Auffassung. Bei den Gittern von NaCl und KCl ist das sogar ohne weiteres **wahrscheinlich**, da beide Atomarten zusammen das denkbarst einfache, nämlich ein kubisches Punktgitter, bilden und die Massen — im Gegensatz zu AgCl! — wirklich nicht sehr verschieden sind.

Eine scharfe Prüfung, ob im Einzelfall die Abspaltung der EINSTEIN-Funktionen zutreffend ist, sollte theoretisch stets bei ganz tiefer Temperatur möglich sein. Denn da die EINSTEIN-Funktion für $T = 0$ **exponentiell**, die DEBYE-Funktion aber nur wie T^3 verschwindet, so bleibt im einen Fall eine DEBYE-Funktion mit dem Faktor $3 R$ („auf das Molekül bezogene DEBYE-Funktion"), im anderen mit dem Faktor $3 n R$ („auf das Atom bezogene DEBYE-Funktion") über. Experimentell zeigt sich, in Übereinstimmung mit obigen Überlegungen, daß bei manchen Stoffen (so bei HCl, HBr, NH_3, NO, I_2) das erste, bei anderen (so bei Cl_2, O_2, N_2, CO) das letztere der Fall ist[1].

Ein besonderes Interesse knüpft sich aber trotzdem an die Darstellung (80) aus dem Grunde, weil der Theorie nach unter Umständen eine Berechnung der $\nu_j (j = 4 \ldots 3 n)$ aus optischen Messungen möglich sein soll — daher der für diese Zweige gewählte Name. Die Elemente des Gitters sind nämlich sehr häufig — bei anorganischen Verbindungen sogar in der Regel — nicht neutrale Atome, sondern Ionen. Die „optischen" Eigenschwingungen sind dann mit einer periodisch wechselnden elektrischen Polarisation des Volumelementes verbunden und müssen sich **wirklich** optisch durch Resonanz bemerkbar machen; insbesondere sind sie es, welche bei den RUBENSschen Reststrahlversuchen die Selektion bewirken. Dabei ist wirksam auf jeden Fall die **Grenzfrequenz** des betreffenden optischen Zweiges, auch wenn dieser **nicht** monochromatisch ist, denn die Wellenlänge der erregenden ultraroten Ätherschwingung ist stets sehr groß gegen den Atomabstand.

FÖRSTERLING[2] hat für die obengenannten Verbindungen eine Darstellung des C_v-Verlaufs gegeben, indem er zuerst nach Gleichung (71) und (72), Ziff. 19, den Beitrag der drei elastischen Zweige aus den gemessenen Elastizitätskonstanten berechnete und den verbleibenden Rest nach (80) durch eine bzw. zwei EINSTEIN-Funktionen möglichst gut darzustellen suchte. Aus den hiezu nötigen „optischen" Frequenzen hat er dann die zu erwartende Ätherwellenlänge der Reststrahlen berechnet[3] und mit der beobachteten verglichen:

	NaCl	KCl	CaF_2
λ aus C_v . . .	$50\,\mu$	$61,5\,\mu$	$34\ \mu$
λ nach RUBENS	$52\,\mu$	$63,4\,\mu$	$31,6\,\mu$

Auch die erzielte C_v-Darstellung ist befriedigend. Dasselbe gilt für Pyrit[4] (FeS_2),

---

[1] Man vgl. A. EUCKEN u. E. KARWAT, ZS. f. phys. Chem. Bd. 112, S. 467. 1924, besonders die Diskussion S. 479.

[2] K. FÖRSTERLING, Phys. ZS. Bd. 3, S. 9. 1920.

[3] K. FÖRSTERLING, Ann. d. Phys. (4) Bd. 61, S. 577. 1920. F. zeigt, daß das Reflexionsmaximum **nicht genau** bei der Grenzfrequenz zu erwarten ist, und berücksichtigt als erster diese Verschiebung.

[4] K. FÖRSTERLING, Phys. ZS. Bd. 8, S. 251. 1922.

der aber keine Reststrahlen gibt, und für KBr[1]), wo die Übereinstimmung sogar eine vollkommene ist (Reststrahlwellenlänge 82,6 μ).

Und so scheint in diesen Fällen die exakte Vorhersage des C_v-Verlaufs aus anderen, optischen und elastischen, Daten, in der Tat gelungen. Die Freude darüber wird allerdings dadurch etwas herabgestimmt, daß bei diesen Rechnungen die Dispersion der elastischen Wellen noch nicht berücksichtigt ist, was nach Ziff. 20 wohl in keinem Falle gestattet sein dürfte.

22. Die Temperaturabhängigkeit der Schallgeschwindigkeiten. Ein grundsätzlicher Einwand, der meines Wissens gegen alle bisherigen Berechnungen des C_v-Verlaufes aus dem elastischen Verhalten zu erheben ist, ist der, daß dazu stets die bei Zimmertemperatur gemessenen Werte der Konstanten verwendet werden, während der charakteristische Teil des C_v-Verlaufes meist bei sehr tiefer Temperatur liegt. Merkwürdigerweise zeigt sich[2]), daß bei der Debyeschen quasiisotropen Berechnungsweise die Übereinstimmung der beiden Θ-Werte (s. die zweite Tabelle in Ziff. 17) sogar erheblich verschlechtert wird, wenn man die elastischen Konstanten des quasiisotropen Metalls bei tiefer Temperatur verwendet.

Nach einer vorläufigen Mitteilung Grüneisens[3]) sind nun allerdings die Schallgeschwindigkeiten in Metalleinkristallen von der Temperatur viel weniger abhängig als in polykristallinen Medien. Und so wären dann die Berechnungen von Grüneisen und Goens (s. Ziff. 20) — nach dem heutigen Stand unseres Wissens die einzigen, die alle übrigen Umstände gebührend berücksichtigen — auch durch diesen Einwand nicht weiter gefährdet. In anderen Fällen aber, z. B. bei Steinsalz und Sylvin[4]), variieren die elastischen Konstanten sehr stark mit der Temperatur (bis zu 30% zwischen 0° und Zimmertemperatur). Sollte bei den Rechnungen Försterlings (s. Ziff. 21) die Verwendung der Zimmertemperaturkonstanten und die Vernachlässigung der Dispersion sich einigermaßen kompensiert haben!? Die Einflüsse liegen in der Tat in entgegengesetzter Richtung!

Für künftige Berechnungen ist von Bedeutung die Frage, ob man, wenn die Temperaturabhängigkeit der elastischen Konstanten bekannt und erheblich ist, der Theorie nach bei Auswertung einer der oben angegebenen C_v-Formeln stets die Grenzwerte der elastischen Konstanten für $T = 0$ einzusetzen hat, oder aber jeweils die Werte für diejenige Temperatur, für welche man C_v ausrechnet. Auf Grund der Erwägungen in Ziff. 14 halte ich es für unzweifelhaft, daß nur das zweite Verfahren korrekt ist.

23. Allgemeine Theorie des T^3-Gesetzes. Die bedeutenden Abänderungen der Debyeschen Theorie, welche sich in Ziff. 18 bis 22 als notwendig erwiesen haben, bestehen in folgendem:

a) Abhängigkeit der Grenzfrequenz vom Polarisationstypus und von der Richtung (Ziff. 18 und 19);

b) Abhängigkeit der Schallgeschwindigkeit von der Frequenz (Dispersion) in der Nähe der Grenzfrequenz (Ziff. 20);

c) Hinzufügung oder richtiger Abspaltung von Einstein-Funktionen wegen der „optischen" Schwingungszweige (Ziff. 21);

d) eventuelle Temperaturabhängigkeit der Schallgeschwindigkeit (Ziff. 22).

Nun läßt sich erkennen, daß diese Abänderungen auf die Form des Debye-

---

[1]) K. Försterling, Phys. ZS. Bd. 8, S. 251. 1922.

[2]) A. Eucken, Verh. d. D. Phys. Ges. Bd. 15, S. 571. 1913; I. Conseil Solvay, Deutsche Ausgabe S. 387 (Halle a. S., bei Knapp 1914).

[3]) E Grüneisen u. E. Goens, ZS. f. Phys. Bd. 26, S. 259. 1924; Tätigkeitsbericht der P. T. R., ZS. f. Instrkde. Bd. 44, S. 83. 1924.

[4]) Steinebach, ZS. f. Phys. Bd. 33, S. 664. 1925.

schen Gesetzes in der Umgebung von $T = 0$, d. h. auf das T^3-Gesetz, ohne Einfluß sein müssen. Denn die Schwingungen in der Nähe der Grenzfrequenz sterben als erste ab, das Abbrechen des Spektrums und die Dispersion in der Nähe der Grenzfrequenz werden dann belanglos. Auch die EINSTEIN-Funktionen, wenn vorhanden, sterben früher ab als die DEBYE-Funktion; endlich ist bei tiefer Temperatur auch die Temperaturabhängigkeit der Schallgeschwindigkeit verschwindend klein.

Das sind die theoretischen Gründe für die Allgemeingültigkeit des T^3-Gesetzes.

24. Die spezifische Wärme bei hoher Temperatur. Solange man an dem quadratischen Ansatz [Ziff. 5, Gleichung (16)] für die potentielle Energie festhält, bekommt man (s. Ziff. 15) als Grenzwert von C_v für hohe Temperatur stets $n \cdot 3\,R$, wo n die Zahl der Atome im Molekül. Aber schon, daß es überhaupt eine Wärmeausdehnung gibt, beweist nach DEBYE (Ziff. 14), daß der quadratische Ansatz nur eine Näherung für kleine Schwingungsamplituden ist. Man muß also erwarten, daß bei hinreichend hoher Temperatur, wenn die Schwingungsamplituden hinreichend groß werden, C_v vom DULONG-PETITschen Wert abweichen wird. Das ist auch wirklich der Fall, und zwar sind die Abweichungen positiv.

Die Theorie dieser Abweichungen haben BORN und BRODY[1]) gegeben. Sie fügen in dem Energieansatz [Ziff. 5, Gleichung (16)] kubische und biquadratische Glieder hinzu. Man muß dann, wenn man sich nicht von vornherein auf hohe Temperatur beschränken will[2]), auch die in Ziff. 7 für den quadratischen Ansatz durchgeführte Quantelung erneut vornehmen, was mittels Störungsrechnung gelingt und dazu führt, daß die „erlaubten" Energiewerte des Gesamtsystems jetzt nicht mehr lineare, sondern quadratische Funktionen der Quantenzahlen sind. Das Endergebnis der ziemlich langwierigen Rechnungen ist für die Atom- bzw. Molekularwärme, daß den früheren Formeln ein kleines, positives, mit T proportionales Glied hinzuzufügen ist, welches um so größer ausfällt, je stärker die Wärmeausdehnung des betreffenden Körpers ist. Neuere Messungen und Berechnungen verschiedener Autoren[3]), insbesondere von MAGNUS[4]), scheinen dieses lineare Zusatzglied zu bestätigen. —

In der Nähe des Schmelzpunktes wird meist ein rasches Ansteigen von C_v beobachtet, dem man durch rein empirische Zusatzglieder von der Form

$$\text{Konst } e^{\text{Konst}'(T - T_s)}$$

Rechnung zu tragen pflegt[5]). Die Versuche[6]), diesen Anstieg theoretisch zu erklären, kann man nicht als befriedigend bezeichnen. —

Hingegen finden die sehr bedeutenden Abweichungen, welche die ferromagnetischen Metalle in der Nähe des CURIEschen Punktes zeigen, eine vollkommen befriedigende Erklärung in der LANGEVIN-WEISSschen Theorie des Ferromagnetismus. Wir verweisen diesbezüglich auf den betreffenden Abschnitt in ds. Handb. XV. —

1) M. BORN u. E. BRODY, ZS. f. Phys. Bd. 6, S. 132. 1921; s. auch M. BORN, Dynamik der Kristallgitter, S. 698. Teubner 1923.
2) E. SCHRÖDINGER, ZS. f. Phys. Bd. 11, S. 170, 396. 1922.
3) G. N. LEWIS, E. D. EASTMAN u. W. H. RODEBUSH, Proc. Nat. Acad. Amer. Bd. 4, S. 25. 1918; EASTMAN u. RODEBUSH, Journ. Amer. Chem. Soc. Bd. 40, S. 489. 1918.
4) A. MAGNUS, Ann. d. Phys. (4) Bd. 48, S. 983. 1915; ZS. f. Phys. Bd. 7, S. 141. 1921; s. ferner G. v. HEVESY, ZS. f. phys. Chem. Bd. 101, S. 337. 1922.
5) Vgl. meinen auf S. 306 zitierten Bericht.
6) A. WIGAND, Ann. d. Phys. (4) Bd. 22, S. 105. 1907; Jahrb. d. Radioakt. Bd. 10, S. 75. 1913; E. BRODY, Phys. ZS. Bd. 23, S. 197. 1922.

Endlich sei an dieser Stelle des höchst merkwürdigen Umstandes gedacht, daß bei den Metallen der **Energieinhalt der Leitungselektronen**, wenigstens bei mittleren Temperaturen, nicht von der Temperatur abzuhängen scheint. Es ist natürlich nicht ausgeschlossen, daß ein Teil des bei hoher Temperatur beobachteten geringen Anstieges von C_v auf sie zurückzuführen ist, doch läßt sich darüber nichts Sicheres sagen. Daß die Leitungselektronen nicht bei allen Temperaturen einen **sehr bedeutenden** Einfluß auf die spezifische Wärme haben, ist für die Theorie der metallischen Leitfähigkeit ein schwerer Stein des Anstoßes. Vielleicht kommt der Wahrheit nahe die von verschiedenen Seiten geäußerte Auffassung[1]), es sei das „Elektronengas" im Innern des Metalls als ein beinahe vollständig **entartetes** Gas anzusehen (s. o. Ziff. 12).

d) Flüssigkeiten.

25. Darlegung der Schwierigkeiten. Die Theorie des Energieinhaltes der Flüssigkeiten ist gegenüber der von Gasen und Kristallen **sehr weit** zurückgeblieben. Hiefür gibt es mehrere Gründe.

Bei den Gasen und Kristallen hat sich gezeigt, daß charakteristisch und für den Ausbau der Theorie richtunggebend das Verhalten bei sehr tiefer Temperatur ist. Die Natur des Quantengesetzes läßt für die Flüssigkeiten mit Sicherheit das nämliche vorhersehen. Hier ist nun aber der Untersuchungsbereich nach unten hin durch das Kristallisieren beschränkt, es fehlt also gerade das eigentlich interessante Gebiet, von dem allein sichere Fingerzeige zu erwarten wären. — Ein zweiter Grund ist der: Beim **Gas** vereinfacht sich die Theorie **dadurch** sehr bedeutend, daß es aus einzelnen Molekülen besteht, welche während der meisten Zeit nicht merklich aufeinander einwirken; und sofern diese Annahme nicht mehr ganz hinreicht, verfügen wir über eine ausgebildete Theorie, die uns auf das Verhalten im idealen Zustand mit ziemlicher Sicherheit zu extrapolieren erlaubt (s. Ziff. 2). Dadurch reduziert sich die Theorie auf die Betrachtung des einzelnen Gasmoleküls, welches in guter Näherung als ein System angesehen werden kann, das — außer Translationen und Rotationen — nur „kleine Schwingungen" um eine Gleichgewichtslage ausführt. — Beim **Kristall** ist, umgekehrt, die Wechselwirkung der Atome beständig so stark, daß durch sie **das ganze System** fast starr geworden ist und in guter Näherung nur „kleine Schwingungen" um eine Mittellage ausführt. — Bei der **Flüssigkeit** liegt nun der theoretisch am schwierigsten zugängliche **Mittelfall** vor: Die Atome oder Moleküle stehen in **beständiger** Wechselwirkung, gleichwohl ist das Gefüge noch so locker, daß die Wärmebewegung sich **nicht** auf „kleine Schwingungen um eine Gleichgewichtslage" reduziert. Das wird unter anderem die allgemeine Folge haben, daß die potentielle Energie, die sich nun **nicht** mehr als quadratische Form passend gewählter Koordinaten darstellen läßt, auch im klassischen Grenzfall nicht mehr lineare Funktion der Temperatur sein wird. Daher wird man, wenn bei einer Flüssigkeit C_v mit T variiert, dies nicht ohne weiteres als „Quanteneffekt" deuten dürfen. — Eine weitere, den Flüssigkeiten eigentümliche Schwierigkeit liegt darin, daß bekanntlich sehr viele Flüssigkeiten **assoziieren**, d. h. komplexe Moleküle bilden, ohne daß, wie beim dissoziierenden Gasgemisch, die Möglichkeit bestünde, den Dissoziationsvorgang messend zu verfolgen. Ein nicht direkt angebbarer Teil der **gemessenen** spezifischen Wärme ist dann vom theoretischen Standpunkt aus als **Dissoziationswärme** anzusprechen.

---

[1]) W. H. Keesom, in Vorträge über die kinetische Theorie der Materie und der Elektrizität, S. 194. Leipzig 1914; E. Schrödinger, Phys. ZS. Bd. 25, S. 45. 1924; A. Einstein, Berl. Ber. 1925, S. 12.

Bekanntlich ist der Übergang zwischen den stark komprimierten Gasen und den Flüssigkeiten ein stetiger. Eine Flüssigkeit muß daher im Prinzip dieselben „Quanteneffekte" zeigen wie ein Gas, vermutlich modifiziert durch die viel stärkere Wechselwirkung der Moleküle. Es kann jedoch sein, daß der letztgenannte Einfluß grundsätzlich derselbe ist, der in der Theorie der Gase als Entartung (Ziff. 12) bezeichnet wird — wofern es nämlich richtig ist, daß die „Quantelung der Translationsbewegung", auf die man die Entartung zurückführt, in engem Zusammenhang steht mit der Wechselwirkung der Moleküle bei den Zusammenstößen[1]). In der Tat soll ja die Entartung aus ganz allgemeinen Gründen mit wachsender Dichte sich immer stärker, d. h. schon bei höherer Temperatur, bemerkbar machen.

In jedem Falle dürfte ein besseres Verständnis des Energieinhaltes der Flüssigkeiten am ehesten von der — experimentellen und theoretischen — Untersuchung stark komprimierter Gase zu erwarten sein.

26. Ansätze zu einer Theorie. Der DEBYEsche Kunstgriff, die molekulare Wärmebewegung aus der Elastizitätstheorie der Kontinua zu berechnen, hat sich bei den Kristallen so fruchtbar gezeigt, daß EUCKEN[2]) versucht hat, ihn wenigstens zur ersten Orientierung auch auf die Flüssigkeit anzuwenden, ungeachtet der Erinnerung, daß hier offenbar nicht wirklich der LAGRANGEsche Fall der „kleinen Schwingungen" vorliegen kann. Eine gewisse Berechtigung erhält der Versuch durch die Tatsache, daß die Atomwärme einatomiger Flüssigkeiten, z. B. von Hg, dem DULONG-PETITschen Wert mindestens naheliegt[3]). EUCKEN überträgt aber nicht einfach die DEBYEsche Theorie, sondern nimmt an, daß die Schallgeschwindigkeit, die in die Berechnung der Grenzfrequenz eingeht, bei der Flüssigkeit, ebenso wie beim Gas, mit der Wärmebewegung in engem Zusammenhang stehe (was beim Kristall nicht der Fall ist!). Er setzt sie der Quadratwurzel aus dem Energieinhalt selbst proportional. Dadurch wird die DEBYEsche „charakteristische Temperatur" Θ sehr stark temperaturabhängig. Als Parameterdarstellung der Funktion $C_v(T)$ ergibt sich

$$\frac{C_v}{C_\infty} = D(x) \frac{2D(x) + \dfrac{6x}{e^x - 1}}{5D(x) + \dfrac{3x}{e^x - 1}}, \tag{81}$$

$$T = \frac{3\vartheta}{x^4} \int_0^x \frac{\xi^3\, d\xi}{e^\xi - 1}.$$

ϑ ist ein der Beobachtung anzupassender Parameter, $D(x)$ die DEBYE-Funktion, d. h. die eckige Klammer in Ziff. 17, Gleichung (61); C_∞ ist für einatomige Flüssigkeiten, für welche die Theorie in erster Linie gedacht ist, gleich $3R$. Der Bruch auf der rechten Seite der ersten Gleichung geht für hohe T gegen 1.

Die Darstellung (81) erweist sich in leidlich guter Übereinstimmung mit EUCKENS Messungen an komprimiertem He (35 Mol/l, Temperaturbereich 17 bis 32°) und H_2 (36 Mol/l, Temperaturbereich 19 bis 38°). In diesen Bereichen

[1]) A. SOMMERFELD, in Vorträge über die kinetische Theorie der Materie und der Elektrizität, S. 139 ff. Leipzig, Teubner 1914; E. SCHRÖDINGER, Phys. ZS. Bd. 25, S. 41. 1925; Berl. Ber., 23. Juli 1925; M. PLANCK, ebendort.
[2]) A. EUCKEN, Berl. Ber. 1914, S. 682.
[3]) Hingegen ist die Anwendung auf gewöhnliche, dünne Gase, die auch versucht worden ist, sicherlich verfehlt, weil die Grenzwellenlänge da klein wird gegen die mittlere freie Weglänge. A. SOMMERFELD, l. c. S. 125 ff.

nimmt die Molekularwärme mit der Temperatur zu von 2,96 auf 3,15 bei He, von 2,70 auf 3,43 bei H_2. — Von Interesse ist, daß schon bei etwas kleineren Konzentrationen (z. B. He bei 9,3 Mol/l, H_2 bei 22,3 Mol/l) eine, wenn auch nur kleine, Abnahme von C_v mit der Temperatur (bei konstanter Konzentration) gefunden wird. Da trifft also die Auflösung der Wärmebewegung in Schallwellen auch nicht mehr angenähert das Richtige, in Übereinstimmung mit Anm. 3 a. d. vorigen Seite. Die gefundene Abnahme dürfte rein klassisch aus den VAN DER WAALS-schen Kohäsionskräften zu erklären sein auf Grund der Bemerkung in Ziff. 2: Auch bei konstantem Volum (!) entfernen sich die Moleküle bei Erhöhung der Temperatur mehr und mehr aus ihren gegenseitigen Attraktionssphären. Sie neigen anfangs stark zur „Haufenbildung", nähern sich mit wachsendem T asymptotisch einer gleichförmigen Verteilung. Die zur „Zerstreuung der Haufen" pro °C aufzuwendende Energie ist anfangs relativ groß, nimmt aber mit zunehmender Temperatur ab.

27. Die Werte von $\dfrac{C_p}{C_v}$ **und** $C_p - C_v$ **bei Flüssigkeiten.** F. A. Schultze[1]) macht an Hand eines umfangreichen Zahlenmaterials (organische Verbindungen) die folgenden zwei interessanten Bemerkungen, die sich auf Temperaturen zwischen 0° und 100° C beziehen.

a) $\dfrac{C_p}{C_v}$ weicht bei allen Flüssigkeiten, außer bei Wasser (Dichtemaximum!), stark von 1 ab, Werte bei 1,2 sind häufig, bei 1,5 nicht selten, bei Äthylbromid wird 1,87 erreicht.

b) $C_p - C_v$ liegt bei nichtassoziierenden organischen Flüssigkeiten fast immer nahe bei 10 bis 11. Bei assoziierenden ist es meistens wesentlich kleiner.

---

[1]) Vgl. F. A. Schultze, Phys. ZS. Bd. 26, S. 153. 1925 und einige dort zitierte ältere Arbeiten.

Kapitel 6

Spezifische Wärme (experimenteller Teil).

Von

KARL SCHEEL, Berlin-Dahlem.

Mit 6 Abbildungen.

I. Einleitung.

1. Wärmeeinheiten und Begriffe. Kalorische Einheit der Wärmemenge ist die Kalorie (cal), heute allgemein angenommen als diejenige Wärmemenge, welche 1 g Wasser von 14,5° auf 15,5° erwärmt (15°-Kalorie; cal_{15}). Das Tausendfache der Kalorie ist die Kilokalorie (kcal).

Daneben waren lange Zeit im Gebrauch:

die Regnaultsche Kalorie, welche der Temperaturerhöhung der Masseneinheit Wasser von 0° auf 1° entspricht; sie ist nach unseren gegenwärtigen Kenntnissen gleich 1,005 cal_{15} anzunehmen;

die mittlere Kalorie, der hundertste Teil der Wärmemenge, welche die Masseneinheit Wasser von 0° auf 100° erwärmt; sie kann mit einer Genauigkeit von etwa 2 Promille der cal_{15} gleichgesetzt werden;

die Eiskalorie, die zum Schmelzen von 1 g Eis von 0° erforderliche Wärmemenge; sie ist gleich 79,7 cal_{15};

die Dampfkalorie, die zur Verdampfung von 1 g Wasser von 100° erforderliche Wärmemenge; sie ist gleich 539 cal_{15}.

Mechanische Einheit der Wärmemenge ist die Wärmemenge, welche der Arbeitseinheit äquivalent ist, also im CGS-System einem Erg, nämlich derjenigen Arbeit, welche 1 g an einem Orte, wo die Schwerbeschleunigung 1 cm/sec² wäre, um 1 cm hebt. Das 10^7-fache entspricht der absoluten elektrischen Arbeitseinheit, d. i. nahezu 1 intern. Wattsekunde oder Joule. Die Verknüpfung zwischen der kalorischen Einheit der Wärmemenge einerseits und der mechanischen und der elektrischen Arbeitseinheit andererseits wird in Band 9 behandelt. Für die Umrechnung dienen die Angaben:

$$1 \text{ Wattsec} = 0,2390 \, cal_{15}; \qquad 1 \text{ Erg} = 0,2389 \cdot 10^{-7} \, cal_{15},$$

$$1 \, cal_{15} = 4,186 \cdot 10^7 \text{ Erg} = 4,184 \text{ Wattsec.}$$

Unter der spezifischen Wärme eines Stoffes versteht man diejenige Zahl, welche angibt, wievielmal mehr Wärme der Stoff zu einer Temperaturerhöhung um 1° gebraucht als eine gleichgroße Masse Wasser zur Temperaturerhöhung von 14,5° auf 15,5°; die spezifische Wärme ist also, wie das spezifische Gewicht, eine dimensionslose Zahl. Neben der spezifischen Wärme steht die Wärmekapazität — der Wärmeinhalt — oder vielmehr der Zuwachs dieser Größen bei einer Temperaturerhöhung um 1°. Bezieht man diesen Zuwachs auf die Masseneinheit (g oder kg) und mißt ihn in 15°-Kalorien, so wird er zahlenmäßig gleich der spezifischen Wärme, was dazu geführt hat, im kalorischen Maße vielfach die spezifische Wärme dem Zuwachs der Wärmekapazität gleichzusetzen und als benannte Zahl zu betrachten. Mißt man den Zuwachs der Wärmekapazität in mechanischen Einheiten, so bleibt natürlich die Zahlengleichheit mit der spezifischen Wärme nicht mehr bestehen. — Experimentell findet man nach den kalorischen Methoden die spezifische Wärme, nach den elektrischen die Änderung der Wärmekapazität. Wir werden auch hier, dem Sprachgebrauch folgend, der Kürze halber von der spezifischen Wärme reden.

Die spezifische Wärme aller Stoffe ist in hohem Maße von der Temperatur abhängig, und zwar wächst sie mit wenigen Ausnahmen mit steigender Temperatur. Die kalorischen Methoden zu ihrer Bestimmung, insbesondere die Mischungsmethode, bestreichen meist ein größeres Temperaturintervall und liefern die spezifische Wärme als mittlere spezifische Wärme zwischen den Grenztemperaturen. — Stellt man, wie das vielfach geschehen ist, die in mehreren Temperaturintervallen gemessene mittlere spezifische Wärme durch nach Potenzen der Temperaturdifferenzen fortschreitende Interpolationsformeln oder auch durch andere Gleichungen dar, so findet man durch Differentiation dieser Gleichungen die wahre spezifische Wärme dieses Stoffes bei den verschiedenen Temperaturen.

Bei der Verwendung elektrischer Methoden ist die Temperaturerhöhung des der Untersuchung unterworfenen Körpers meist sehr klein, vielfach nur 1 bis 2°. Die mittlere spezifische Wärme in diesem Temperaturintervall kann dann ohne merklichen Fehler gleich der wahren spezifischen Wärme beim Mittel der Grenztemperaturen gesetzt werden.

Das Produkt der im kalorischen Maße gemessenen spezifischen Wärme c mit dem Atomgewicht A, bei mehratomigen Stoffen mit dem Molekulargewicht M nennt man die Atomwärme bzw. Molekularwärme C des betreffenden Stoffes. Für die Theorie der spezifischen Wärme bieten nur diese Größen ein Interesse.

Man unterscheidet die spezifische Wärme (Atomwärme, Molekularwärme) bei konstantem Druck (c_p, C_p) und die spezifische Wärme bei konstantem Volumen (c_v, C_v), deren Unterschied ($c_p - c_v$, $C_p - C_v$) dadurch bedingt ist, daß bei der Erwärmung eines Körpers bei gleichbleibendem Druck, also freier Ausdehnungsmöglichkeit, mehr Energie verbraucht wird, als wenn der Körper an dieser Ausdehnung gehindert wird. Für feste und flüssige Stoffe ist dieser Unterschied meist nur klein und experimentell nicht nachweisbar. Dagegen ist er bei Gasen recht beträchtlich (vgl. Ziff. 20); c_p und c_v sind dort einzeln meßbar.

II. Bestimmung von c_p an festen, flüssigen und gasförmigen Stoffen.

a) Mischungsmethode.

2. Allgemeines über die Mischungsmethode. Die Mischungsmethode ist die am meisten verbreitete kalorimetrische Methode. Sie dient nicht nur zur Messung der spezifischen Wärme von festen Körpern, Flüssigkeiten und Gasen, sondern auch zur Ermittlung aller anderen thermophysikalischen und thermochemischen Größen. Wir wählen den Fall der Bestimmung der spezifischen Wärme eines festen Körpers als Beispiel. Als Kalorimeter dient ein mit Flüssigkeit, im einfachsten Falle mit Wasser von der Temperatur t_1 gefülltes, passend großes Gefäß. Wird der feste Körper auf die höhere Temperatur t_3 erwärmt und dann in das Kalorimeter geworfen, so werden beide ihre Temperatur ändern; der feste Körper wird sich abkühlen, das Wasser im Kalorimeter wird sich erwärmen, und beide werden schließlich die gleiche, zwischen t_1 und t_3 gelegene Temperatur t_2 annehmen. Um einen schnellen Wärmeausgleich herbeizuführen, muß das Wasser des Kalorimeters gut gerührt werden.

Ist m die Masse des festen Körpers und c seine unbekannte spezifische Wärme, ferner w die Masse der Kalorimeterflüssigkeit mit der bekannten spezifischen Wärme c_w, so ist klar, daß die Flüssigkeit durch die Berührung mit dem festen Körper, da sie sich von t_1 auf t_2 erwärmte, die Wärmemenge $c_w \cdot w (t_2 - t_1)$ aufgenommen, der feste Körper, der sich von t_3 auf t_2 abkühlte, die Wärmemenge $c \cdot m (t_3 - t_2)$ abgegeben hat. Beide Wärmemengen müssen, wenn keine Verluste stattgefunden haben, einander gleich, also

$$c \cdot m (t_3 - t_2) = c_w \cdot w (t_2 - t_1)$$

sein, woraus folgt

$$c = c_w \cdot \frac{w}{m} \cdot \frac{t_2 - t_1}{t_3 - t_2}.$$

Wie sich aus Ziff. 1 ergibt, findet man hiernach c als mittlere spezifische Wärme des festen Körpers zwischen den Temperaturgrenzen t_3 und t_2. Ebenso ist für c_w die mittlere spezifische Wärme der Flüssigkeit zwischen den Temperaturen t_2 und t_1 einzusetzen. Ist diese Flüssigkeit Wasser, so ist zwar c_w nahezu gleich 1; in Wirklichkeit ist sie aus der folgenden Tabelle 1 zu berechnen.

Tabelle 1. Spezifische Wärme des Wassers[1]) bei der Temperatur t

a) in Wattsekunden/g · Grad.

$$c_p = 4{,}20477 - 0{,}001\,768\,t + 0{,}000\,026\,447\,t^2.$$

t	0°	1	2	3	4	5	6	7	8	9
0°	(4,205)	(4,203)	(4,201)	(4,200)	(4,198)	4,1966	4,1951	4,1937	4,1923	4,1910
10	4,1897	4,1885	4,1874	4,1863	4,1852	4,1842	4,1833	4,1824	4,1815	4,1807
20	4,1800	4,1793	4,1787	4,1781	4,1776	4,1771	4,1767	4,1763	4,1760	4,1757
30	4,1755	4,1754	4,1753	4,1752	4,1752	4,1753	4,1754	4,1756	4,1758	4,1761
40	4,1764	4,1768	4,1772	4,1777	4,1782	4,1788	4,1794	4,1801	4,1809	4,1817
50	4,1825	—	—	—	—	—	—	—	—	—

b) in cal$_{15}$/g · Grad.

t	0°	1	2	3	4	5	6	7	8	9
0°	(1,005)	(1,0045)	(1,004)	(1,004)	(1,003)	1,0030	1,0026	1,0023	1,0019	1,0016
10	1,0013	1,0010	1,0008	1,0005	1,0002	1,0000	0,9998	0,9996	0,9994	0,9992
20	0,9990	0,9988	0,9987	0,9985	0,9984	0,9983	0,9982	0,9981	0,9980	0,9980
30	0,9979	0,9979	0,9979	0,9979	0,9979	0,9979	0,9979	0,9979	0,9980	0,9981
40	0,9981	0,9982	0,9983	0,9985	0,9986	0,9987	0,9988	0,9990	0,9992	0,9994
50	0,9996	—	—	—	—	—	—	—	—	—

So einfach im Prinzip, ebenso umständlich und schwierig ist die Mischungsmethode in ihrer praktischen Ausführung. Die Methode birgt eine Reihe von Fehlerquellen in sich, welche vielfach nur schwer ihrem genauen Betrage nach in Rechnung gesetzt werden können und darum den Wert der Messungen oft erheblich herabdrücken. Die hauptsächlichen Fehlerquellen sind die beiden folgenden:

Bei der Ableitung der obigen Gleichung ist vorausgesetzt, daß die ganze von dem festen Körper abgegebene Wärmemenge von der Kalorimeterflüssig-

---

[1]) W. JAEGER u. H. v. STEINWEHR, Sitzungsber. d. Berl. Akad. 1915, S. 424. Wärmetabellen der Phys.-Techn. Reichsanstalt, S. 60. Braunschweig: Friedr. Vieweg & Sohn 1919.

keit aufgenommen wird. In Wirklichkeit haben an dieser Wärmeaufnahme aber auch alle festen Teile des Kalorimeters teil, z. B. die Gefäßwandungen, die Rührvorrichtung, das ins Kalorimeter tauchende Thermometer u. a. m. Man hilft sich hier einerseits dadurch, daß man die Massen aller dieser festen Teile möglichst klein macht, andererseits dadurch, daß man für Gefäßwandungen, Rührer usw. Stoffe mit möglichst geringer spezifischer Wärme benutzt. Die unvermeidlichen festen Bestandteile des Kalorimeters werden in die Rechnung eingeführt, indem man für sie einzeln die Produkte aus Masse und mittlerer spezifischer Wärme bildet. Die Summe aller dieser Produkte gibt den Wasserwert des Kalorimeters, d. h. den Betrag, um den man die Masse des Wassers als Kalorimeterflüssigkeit rechnerisch vermehren muß. — Experimentell ermittelt man den Wasserwert des Kalorimeters, indem man einen Vorversuch mit einem heißen Körper bekannter spezifischer Wärme ausführt und nach der obigen Mischungsgleichung w als Unbekannte ermittelt. Dann ist w die Summe der im Kalorimeter enthaltenen Wassermenge w_1, die leicht durch Wägung zu ermitteln ist, und des Wasserwertes W des Kalorimeters, so daß sich dann $W = w - w_1$ berechnet. — Ein genaueres Resultat erhält man, wenn man im Vorversuch dem Kalorimeter die Wärmemenge nicht durch einen heißen Körper, sondern in Form einer gemessenen elektrischen Energie oder durch eine in ihm ausgeführte chemische Reaktion von bekannter Wärmetönung zuführt. Auch in diesem Falle ist die Rechnung einfach.

Die zweite Fehlerquelle, die Wärmeverluste, trifft fast alle kalorimetrischen Messungen. Im Laufe eines Versuche findet nämlich nicht nur ein Wärmeaustausch innerhalb des Kalorimeters statt, sondern auch durch Leitung und Strahlung zwischen dem Kalorimeter und seiner Umgebung, sobald beide eine verschiedene Temperatur haben oder infolge der Erwärmung des Kalorimeters während des Versuches eine verschiedene Temperatur erhalten. Diese Wärmeverluste werden nicht mitgemessen, fälschen also das Resultat meist in dem Sinne, daß die gesuchte spezifische Wärme zu klein erscheint. — Hier gilt zunächst als oberste Regel, die Wärmeverluste möglichst herabzudrücken, indem man das Kalorimetergefäß außen poliert, es auf eine die Wärme schlecht leitende Unterlage stellt und mit schlechten Wärmeleitern umgibt. Sicherer wirkt der Einbau des Kalorimeters in ein Bad konstanter Temperatur[1]) oder in ein gutes Vakuummantelgefäß, das auch wohl unmittelbar mit der Kalorimeterflüssigkeit beschickt und zum Überfluß noch in ein Flüssigkeitsbad eingesetzt wird. Auch ist versucht worden, den Wärmeverlust nach außen ganz zu vermeiden, indem man die Temperatur des das Kalorimeter umgebenden Flüssigkeitsbades in jedem Augenblick der Innentemperatur des Kalorimeters gleichmacht (adiabatisches Kalorimeter). Das kann durch elektrisches Heizen oder durch Einleiten eines chemischen Prozesses, z. B. durch Zugießen einer Natrium- oder Kaliumhydroxydlösung zu Schwefelsäure, geschehen[2]). Die Stromstärke bzw. das Tempo der chemischen Reaktion muß durch einen Vorversuch ausprobiert werden.

Als ein einfaches Mittel, die äußeren Wärmeverluste des Kalorimeters herabzudrücken, dient auch ein von Rumford angegebener Kunstgriff, der darin besteht, daß man die Anfangstemperatur des Kalorimeters ebensoviel unterhalb der Temperatur der Umgebung einstellt, wie die erwartete Endtemperatur oberhalb dieser liegen wird. Wärmegewinne und Wärmeverluste

---

[1]) W. Jaeger u. H. v. Steinwehr, Ann. d. Phys. (4) Bd. 64, S. 305. 1921. Hier wird auch auf die Notwendigkeit hingewiesen, die Kalorimeterflüssigkeit an der Verdampfung zu hindern.

[2]) Th. W. Richards u. S. Tamaru, Journ. Amer. Chem. Soc. Bd. 42, S. 1374. 1920; E. Cohen u. A. L. Th. Moesveld, ZS. f. phys. Chem. Bd. 95, S. 305. 1920.

heben sich dann im wesentlichen auf. Bedingung für die Anwendbarkeit dieses Kunstgriffes ist, wegen der Abhängigkeit der spezifischen Wärme von der Temperatur, die Temperaturerhöhung im Kalorimeter klein (innerhalb weniger Grade) zu halten.

Soweit sich die Wärmeverluste nicht vermeiden lassen, muß man sie während des Versuches selbst durch Beobachtung ermitteln. Die Methoden hierfür sind den jeweiligen Zwecken anzupassen und entziehen sich darum einer kurzen Beschreibung. Grundsätzlich laufen sie alle darauf hinaus, den Temperaturgang im Kalorimeter vor und nach dem eigentlichen Versuch (Vorperiode und Nachperiode) in genauer Abhängigkeit von der Zeit zu ermitteln. Die graphische oder rechnerische Extrapolation der Verhältnisse der Vor- und Nachperiode erlaubt Annahmen über das wahrscheinliche Verhalten des Kalorimeters während des eigentlichen Versuchs zu machen, wenn es auch während dieser Zeit sich selbst überlassen geblieben wäre. Dies in Verbindung mit den unmittelbaren Beobachtungsergebnissen führt zur Ableitung eines korrigierten Wertes der gesuchten spezifischen Wärme. — Eine etwas umständliche Formel zur Berechnung der Wärmeverluste ist von PFAUNDLER[1]) angegeben worden.

3. Messungen nach der Mischungsmethode. Die Mischungsmethode wird für feste und flüssige Stoffe im wesentlichen in derselben Form angewendet. Flüssigkeiten schließt man immer, feste Körper dann, wenn sie mit der Kalorimeterflüssigkeit reagieren würden, in Metall- oder Glasgefäße ein, die mit erhitzt und mit abgekühlt werden und deren „Wasserwert" man deshalb in Rechnung stellen muß. Die Körper werden zunächst in einem durch Dämpfe oder temperierte Flüssigkeitsbäder geheizten Gefäße bis zu einer konstanten Temperatur erwärmt und dann ins Kalorimeter geworfen. Es ist sorgfältig darauf zu achten, daß der Körper auf seinem Wege vom Erhitzungsgefäß in die Kalorimeterflüssigkeit sich nicht abkühlt, und daß das Erhitzungsgefäß nicht unmittelbar — durch Strahlung oder Konvektion — Wärme ans Kalorimeter abgibt. Vorbildlich für solche Arbeiten ist ein von NEUMANN[2]) erdachtes Erhitzungsgefäß. Es ist einem großen Hahne vergleichbar, dessen Küken eine Höhlung zur Aufnahme der zu untersuchenden Substanz enthält. Dieser Höhlung entspricht im Hahnenmantel eine nach unten gerichtete gleich weite Öffnung. Der äußere Hahnteil ist doppelwandig und wird mittels durchströmenden Dampfes geheizt; ist die gewünschte Temperatur erreicht, so bringt man den Hahn einen Augenblick über das Kalorimeter und dreht das Küken um 180°, so daß der erhitzte Körper hineinfällt.

WHITE[3]) benutzte als Erhitzungsgefäß einen senkrecht über dem Kalorimeter aufgestellten, auf 1500° heizbaren, oben und unten verschlossenen Röhrenofen, in welchem der zu untersuchende Körper an feinen Platindrähten aufgehängt war; zwischen Röhrenofen und Kalorimeter befand sich als Strahlungsschutz eine ausschwingbare Schale. Durch Betätigung eines Hebels löst sich zunächst der untere Ofenverschluß und fällt in die Schale, diese schwingt aus, betätigt dabei einen Strom, welcher die Platinaufhängedrähte durchschmelzt, und der erhitzte Körper fällt ins Kalorimeter. Alsdann schwingt die Schale in ihre ursprüngliche Lage zurück und schützt das Kalorimeter gegen die Ofenstrahlung.

Ähnlich wie Flüssigkeiten kann man auch Gase in Hüllen einschließen und nach der Mischungsmethode untersuchen. Man findet aber dann nicht ihre spezifische Wärme bei konstantem Druck, sondern diejenige bei konstantem

---

[1]) L. PFAUNDLER, Pogg. Ann. Bd. 129, S. 102. 1866. Über Beobachtung und Berechnung der Wärmeverluste bei gut geschützten Kalorimetern vgl. auch W. JAEGER u. H. v. STEINWEHR, l. c.

[2]) C. PAPE, Pogg. Ann. Bd. 120, S. 351. 1863.

[3]) WALTER P. WHITE, Sill. Journ. Bd. 28, S. 334. 1909.

Volumen (vgl. hierüber Ziff. 21). Zur Messung des c_p von Gasen und Dämpfen benutzt man eine zuerst von Delaroche und Bérard angegebene, später von Regnault zu hoher Vollkommenheit ausgebildete Modifikation der Mischungsmethode. Man arbeitet dabei nicht mit einer begrenzten Gasmenge, sondern man schickt das Gas, nachdem es vorher in metallischen Schlangenwindungen erhitzt ist, in einem konstanten Strome durch eine in die Kalorimeterflüssigkeit eingelagerte Kühlschlange, mittels welcher es die ganze, der gemessenen Temperaturerhöhung entsprechende Wärmemenge an das Kalorimeter abgibt; zwecks besseren Wärmeausgleichs ist die Kühlschlange mit Metallspänen angefüllt. Die durch das Kalorimeter gegangene Gasmenge wird in einem Gasometer aufgefangen und gemessen[1]).

Die Dampfmenge wurde von Regnault[2]) aus dem Kondensat im Kalorimeter ermittelt. Das hat den Nachteil, daß außer der spezifischen Wärme des Dampfes eine latente Wärme und die Flüssigkeitswärme in die Messung eingehen, deren Genauigkeit dadurch etwa auf den zehnten Tcil herabgesetzt wird. Regnault suchte diesem Übelstand dadurch zu begegnen, daß er den Dampf einmal mit der Temperatur von 128°, sodann mit 217° in dasselbe Kalorimeter strömen ließ. Die spezifische Wärme ergab sich dann aus der Differenz der abgegebenen Wärmemengen. Holborn und Henning[3]) kamen dadurch zum Ziel, daß sie das Kalorimeter statt mit Wasser mit Paraffinöl füllten, das ständig über 100° gehalten wurde, so daß sich der Dampf nicht kondensierte. Auf diese Weise kann seine spezifische Wärme durch eine Messung ebenso genau ermittelt werden wie die eines nicht kondensierenden Gases. — Um die Wärmeleitung vom Heizrohr zum Kalorimeter, die das Resultat der Messung fälschen würde, möglichst herabzudrücken, wurde die metallische Verbindung zwischen beiden an einer Stelle durch ein die Wärme schlecht leitendes Material unterbrochen.

Holborn und Austin sowie Holborn und Henning leiten aus ihren Messungsergebnissen für die mittlere spezifische Wärme c_p zwischen 0 und $t°$, bei Wasserdampf zwischen 100 und $t°$ bei dem konstanten Druck einer Atmosphäre folgende Interpolationsformeln ab[4]):

Stickstoff . . . . . . $c_{0,t} = 0{,}2491 + 0{,}00000095\,t$

Luft (kohlensäurefrei) $c_{0,t} = 0{,}2405 + 0{,}00000095\,t$

Kohlensäure . . . . $c_{0,t} = 0{,}1971 + 0{,}0001283\,t - 0{,}0009908 \cdot 10^{-4}t^2 + 0{,}0000313\,6 \cdot 10^{-6}t^3$

Wasserdampf . . . $c_{100,t} = 0{,}4574 + 0{,}0000461\,t$.

Zahlenmäßig ergeben sich daraus folgende Werte:

Tabelle 2. Mittlere spezifische Wärme c_p zwischen 0 bzw. 100 und $t°$ bei 1 Atm.

t	Luft	Stickstoff	Kohlensäure	Wasserdampf	t	Luft	Stickstoff	Kohlensäure	Wasserdampf
0	0,2405	0,2491	0,1971	—	700	0,2472	0,2558	0,2491	0,4898
100	0,2415	0,2501	0,2089	0,4620	800	0,2481	0,2567	0,2523	0,4944
200	0.2424	0,2510	0,2190	0,4667	900	0,2491	0,2577	0,2551	0,4990
300	0,2434	0,2520	0,2275	0,4713	1000	0,2500	0,2586	0,2576	0,5036
400	0,2443	0,2529	0,2345	0,4759	1100	0,2510	0,2596	0,2600	0,5082
500	0,2453	0,2539	0,2404	0,4805	1200	0,2519	0,2605	0,2625	0,5129
600	0,2462	0,2548	0,2451	0,4851	1300	0,2529	0,2615	0,2653	0,5175
700	0,2472	0,2558	0,2491	0,4898	1400	0,2538	0,2624	0,2685	0,5221

[1]) L. Holborn u. L. Austin, Sitzungsber. d. Berl. Akad. 1905, S. 175 (Stickstoff, Sauerstoff, Luft, Kohlensäure zwischen 20 und 800°).

[2]) V. Regnault, Rel. des Expér. Bd. 2, S. 167.

[3]) L. Holborn u. F. Henning, Ann. d. Phys. Bd. 18, S. 739. 1905 (Wasserdampf zwischen 110 und 820°); ebenda Bd. 23, S. 809. 1907 (Stickstoff, Kohlensäure und Wasserdampf bis 1400°).

[4]) Nach Wärmetabellen der Phys.-Techn. Reichsanstalt, S. 58. Braunschweig: Friedr. Vieweg & Sohn 1919.

4. Das Kupferkalorimeter. Das von NERNST und LINDEMANN[1]) beschriebene Kalorimeter besteht aus einem Kupferblock von etwa 400 g Gewicht mit einer länglichen Höhlung, die zur Aufnahme des erwärmten oder abgekühlten Körpers dient. Die gute Wärmeleitfähigkeit des Kupfers, die dem Block überall praktisch die gleiche Temperatur sichert, ersetzt das Rühren bei Flüssigkeitskalorimetern. Zur besseren Wärmeisolation befindet sich das Kalorimeter in einem Vakuummantelgefäß und mit diesem in einem Bade konstanter Temperatur; seine eigene Temperatur wird mit Thermoelementen gemessen, welche tief in den Kupferblock eingelassen sind. — Die zu untersuchenden Stoffe befanden sich in einem dünnwandigen Silbergefäß, das nur wenige Gramm wog und dessen Wärmekapazität deshalb nur gering war. Seine Temperatur vor dem Einbringen in das Kalorimeter wurde ebenfalls mit einem eingelassenen Thermoelement gemessen. — Als Erhitzungsapparat diente ein großer elektrisch geheizter Kupferblock; zur Herstellung tieferer Temperaturen ein Vakuummantelgefäß aus Quarzglas, das von einer beiderseits offenen Röhre durchsetzt war, in der das Silbergefäß an einem dünnen Faden hing. Zur Abkühlung benutzte man flüssige Luft oder ein Kohlensäure-Alkoholgemisch. Nach Einstellung des Temperaturgleichgewichts im Erhitzungs- oder Abkühlungsbade wurden die Vorrichtungen über das Kupferkalorimeter gebracht und das Silbergefäß an dem Faden ins Kalorimeter gesenkt. — Mit der Apparatur sind sehr viele Stoffe in gewöhnlicher und besonders in tiefer Temperatur gemessen.

5. Besondere Form der Mischungsmethode für Flüssigkeiten. Man beschickt das Kalorimeter nacheinander mit der zu untersuchenden Flüssigkeit und einer Flüssigkeit von bekannter spezifischer Wärme (meist Wasser) und führt für jede eine Messung mit Benutzung des gleichen erwärmten Körpers aus. Bei passend geleitetem Versuch fällt in der Berechnung die spezifische Wärme des erwärmten Körpers heraus; sie braucht also nicht bekannt zu sein.

6. Kalorifer von ANDREWS. Anstatt einer beliebigen Wärmequelle benutzt man bei dem Versuch unter Ziff. 5 ein gläsernes thermometerähnliches Gefäß, das etwa 100 g Quecksilber enthält; der angesetzte Stiel trägt in größerer Entfernung voneinander zwei Marken, eine obere und eine untere, vergleichbar etwa dem Siedepunkt und dem Eispunkt eines gewöhnlichen Thermometers. Man erhitzt das Kalorifor über der Flamme, besser noch im Quecksilberbade so lange, bis der Quecksilberfaden im Stiel über die obere Marke gestiegen ist. Dann läßt man das Instrument langsam erkalten und senkt es in dem Augenblick, in dem das sich zusammenziehende Quecksilber die Marke gerade passiert, ins Kalorimeter, aus welchem es schnell wieder entfernt wird, wenn der Quecksilberfaden die untere Marke erreicht hat. — Die spezifischen Wärmen der beiden Kalorimeterflüssigkeiten verhalten sich in erster Annäherung umgekehrt wie die beobachteten Temperaturerhöhungen.

Die Zusammensetzung des Kalorifers aus zwei Stoffen, Glas und Quecksilber, fordert gleichmäßige Abkühlung des Instruments, sobald sich das Quecksilberende der unteren Marke nähert. Denn nur dann hat man eine Gewähr dafür, daß beim Durchgang durch diese Marke auch wirklich immer die gleiche Wärmemenge ans Kalorimeter abgegeben ist. Kühlt man beispielsweise sehr schnell ab, so sinkt die Temperatur der Glashülle schneller als diejenige des Quecksilbers; das Instrument zeigt also zu hoch und hat somit beim Durchgang des Quecksilbers durch die untere Marke mehr Wärme an das Kalorimeter abgegeben, als später in Rechnung gesetzt wird. Man schränkt die Größe dieser Fehlerquelle dadurch ein, daß man den Versuch so einrichtet, daß die End-

---

1) W. NERNST, F. KOREF u. F. A. LINDEMANN, Sitzungsber. d. Berl. Akad. 1910, S. 247.

temperaturen des Kalorimeters in. beiden Versuchshälften einander nahezu gleich sind und nur wenig unterhalb derjenigen Temperatur liegen, die dem Stande des Quecksilbers an der unteren Marke bei gleichmäßiger Durchwärmung des. Kalorifers entspricht[1]).

7. Quecksilberkalorimeter von Favre und Silbermann[2]). Das Quecksilberkalorimeter ist in gewisser Weise eine Umkehrung des Andrewsschen Kalorifers. In ein größeres geschlossenes und mit Quecksilber gefülltes Gefäß ist ein nach außen offenes, reagenzglasähnliches Röhrchen eingesetzt. Schüttet man in dies Röhrchen eine Flüssigkeit, deren Temperatur höher ist als diejenige des Quecksilbers, so gibt sie Wärme an dieses ab. Die hierdurch hervorgerufene Volumenvergrößerung wird an einem angesetzten Steigrohr abgelesen und erlaubt die spezifische Wärme der eingeschütteten Substanz zu berechnen. Die Volumenänderung des Quecksilbers ist in erster Annäherung der zugeführten Wärmemenge proportional, wobei aber zu berücksichtigen ist, daß in Wirklichkeit die s c h e i n b a r e Ausdehnung des Quecksilbers im Gefäß beobachtet wird. — Das Kalorimeter wird mit Wasser oder einem anderen Stoffe, dessen spezifische Wärme bekannt ist, geeicht, besser noch elektrisch oder thermochemisch. Das ursprünglich von Favre und Silbermann angegebene Quecksilberkalorimeter ist in der Folge mehrfach abgeändert und verbessert worden. Seine Bedeutung liegt weniger auf dem Gebiete der spezifischen Wärmen; es dient vielmehr hauptsächlich der experimentellen Ermittlung von Reaktionswärmen, Wärmetönungen u. dgl.

8. Austauschkalorimeter von Callendar. Man kann die spezifische Wärme einer Flüssigkeit auch in der Weise bestimmen, daß man sie durch ein Kalorimeter strömen läßt, in dem sie ihre Wärme mit einer wärmeren oder kälteren Flüssigkeit bekannter spezifischer Wärme austauscht, die z. B. durch eine zur ersten Leitung konzentrische fließt. Besonders einfach wird dies Verfahren, wenn die Temperaturabhängigkeit der spezifischen Wärme einer Flüssigkeit ermittelt werden soll. Man kann alsdann für die warme und kalte Röhre denselben Flüssigkeitsstrom benutzen, der zwischendurch eine Erwärmung oder Abkühlung erfährt.

Die Methode ist von Callendar[3]) ausgebildet und auf die Bestimmung der spezifischen Wärme des Wassers bei verschiedenen Temperaturen angewendet worden. EJ (Abb. 1) ist das aus zwei Röhrensystemen bestehende Kalorimeter. Eine Rotationspumpe R treibt durch beide Systeme denselben kontinuierlichen Wasserstrom. In das erste System tritt er, durch den Vorwärmer A und die Siede-

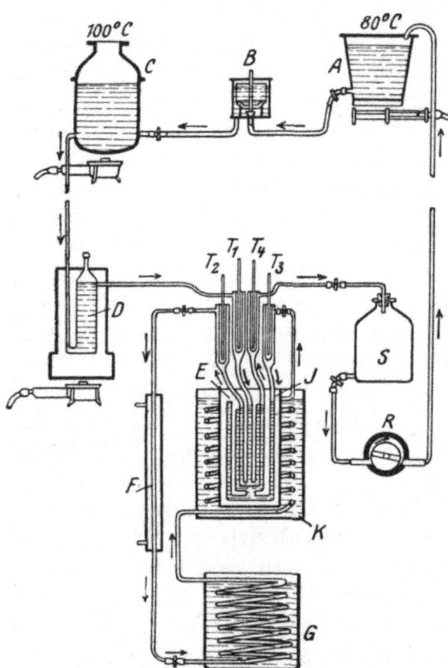

Abb. 1. Austauschkalorimeter von Callendar.

[1]) Vgl. E. Gumlich u. H. F. Wiebe, Wied. Ann. Bd. 66, S. 530. 1898; L. Pfaundler, Wied. Ann. Bd. 67, S. 439. 1899.
[2]) Favre, Ann. chim. phys. (5) Bd. 1, S. 438. 1874.
[3]) H. L. Callendar, Phil. Trans. Bd. 212, S. 1. 1912.

apparate C und D geheizt, mit einer Temperatur von etwa $100°$ ein, in das zweite System, nach voraufgegangener Kühlung in F, G und K, mit einer Temperatur von etwa $30°$. Genau gemessen werden die beiden Eintrittstemperaturen T_1 und T_3, sowie die Austrittstemperaturen T_2 und T_4. Die in der Zeiteinheit durchfließende Wassermasse M kann mit Hilfe der Flasche S gemessen werden. Durch mehr oder weniger weite Röhren zwischen dem Ausfluß T_1 und der Flasche S wird die Strömungsgeschwindigkeit geregelt. Ein Regulator B hält die Wasserhöhe im Siedeapparat C konstant. — Für den Wärmeausgleich im Kalorimeter gilt die Beziehung

$$c_{1,2}(T_1 - T_2) = c_{4,3}(T_4 - T_3) + \frac{Q}{M},$$

wo $c_{1,2}$ bzw. $c_{4,3}$ die mittleren spezifischen Wärmen zwischen den Temperaturen T_1 und T_2 bzw. T_4 und T_3, Q den äußeren Wärmeverlust des Kalorimeters in der Sekunde bedeuten. Da Q eine kleine Größe ist, so braucht M nur wenig genau bekannt zu sein, besonders wenn es recht groß ist. Den äußeren Wärmeverlust Q kann man leicht ermitteln, da er sich nicht ändert, wenn man unter Konstanthaltung aller Temperaturen die Masse M variiert.

b) Andere kalorische Methoden.

9. Eiskalorimeter. Die einfachste Form des Eiskalorimeters wurde von BLACK bereits in der Mitte des 18. Jahrhunderts in die Wissenschaft eingeführt. Sie besteht aus nichts weiter als einem mit Höhlung versehenen Eisblock, der mit einer ebenen Glasplatte abgedeckt wird. Um verhältnismäßig recht genaue Resultate zu erhalten, verfährt man folgendermaßen: Man tupft zunächst mit einem Schwämmchen alles in der Höhlung vorhandene Wasser aus, so daß diese ganz trocken erscheint. Dann führt man schnell den auf die Temperatur $t°$ gleichmäßig erhitzten Versuchskörper in die Höhlung ein, verschließt diese mit einem Eisdeckel und wartet einige Zeit, bis man annehmen kann, daß sich der Körper auf die Temperatur des schmelzenden Eises abgekühlt habe. Nun hebt man den Eisdeckel ab und entfernt mit einem zweiten vorher gewogenen Schwämmchen alles Wasser, welches sich in der Eishöhlung gebildet hat, auch dasjenige, welches etwa dem Versuchskörper anhaftet. Durch erneute Wägung des Schwämmchens erhält man als Differenz beider Wägungen die im Schmelzprozeß gebildete Wassermenge; sie sei m g. — Da zum Schmelzen von 1 g Eis $79{,}7\ \mathrm{cal}_{15}$ nötig sind, so bedeutet das, daß der erwärmte Körper bei der Abkühlung von $t°$ auf $0°$ im ganzen $79{,}7 \cdot m\ \mathrm{cal}_{15}$ abgegeben hat. Hatte dieser Körper selbst die Masse M, so ist also seine mittlere spezifische Wärme zwischen 0 und $t°$

$$c = \frac{1}{t} \cdot \frac{m}{M} \cdot 79{,}7 \,.$$

LAVOISIER und LAPLACE verwendeten später statt des Eisblockes ein ummanteltes Gefäß, dessen Mantel mit kleinen Eisstückchen gefüllt war, von denen das Schmelzwasser durch eine Öffnung im Boden frei abfließen konnte. Man bestimmt hier die Menge des abfließenden Schmelzwassers durch Wägung oder im Meßzylinder.

Einen ganz neuen Weg beschritt BUNSEN[1]) mit der Konstruktion des nach ihm benannten und seither viel gebrauchten Eiskalorimeters. BUNSEN ermittelte zwar auch die Menge des geschmolzenen Eises, aber nicht wie seine Vorgänger durch Wägung des Schmelzwassers, sondern aus der Volumenverminderung, die

---

[1]) R. BUNSEN, Pogg. Ann. Bd. 141, S. 1. 1870; Bd. 142, S. 616. 1871.

das Eis beim Schmelzen erfährt. Da 1 g Eis von 0° das Volumen 1,0907 cm³, 1 g Wasser von 0° das Volumen 1,0001 cm³ hat, so entspricht einer Volumenverminderung um 1 cm³ eine geschmolzene Eismenge von $\dfrac{1}{0,0906} = 11{,}03_5$ g.

Die neuere Form des Bunsenschen Eiskalorimeters ist in Abb. 2 veranschaulicht. Das eigentliche Kalorimeter ist ein etwa 6 cm weites Rohr, in welches von oben her ein engeres reagenzglasähnliches Rohr eingeschmolzen ist. Das Kalorimeterrohr verjüngt sich nach unten in ein weiteres Kapillarrohr c, das zweimal im rechten Winkel nach oben gebogen ist. Das Kalorimeterrohr ist um den Einsatz herum mit einem Eismantel b, der dann noch verbleibende Raum mit Wasser gefüllt. Nach außen wird das Wasser durch Quecksilber q begrenzt, welches auch noch das Kapillarrohr erfüllt und in ein engeres horizontal verlaufendes Kapillarrohr m übertreten kann, das mittels Schliff in das Rohr c luftdicht eingesetzt ist.

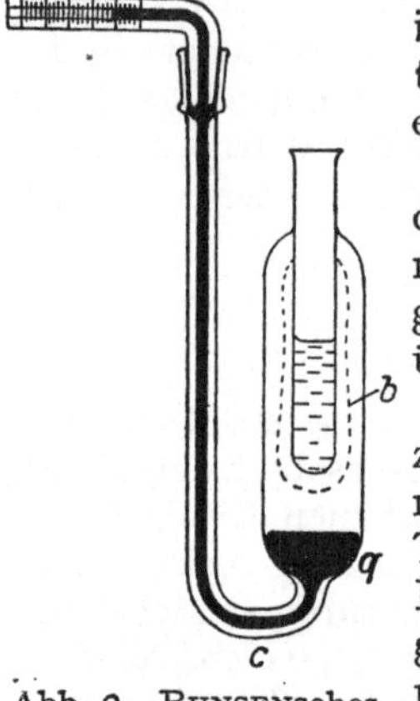

Abb. 2. Bunsensches Eiskalorimeter.

Der Eismantel wird von innen her durch Abkühlung des inneren Röhrchens gebildet, indem man das Röhrchen mit einer Kältemischung füllt. Später wird das wieder gut gesäuberte Röhrchen zur Erleichterung der Wärmeübertragung mit Alkohol beschickt.

Um mit dem Bunsenschen Eiskalorimeter die spezifische Wärme eines Körpers von der Masse M zu ermitteln, erwärmt man ihn zunächst wieder auf eine höhere Temperatur t und läßt ihn dann in das Röhrchen fallen. Im selben Maße, wie sich der Körper abkühlt, wird Eis geschmolzen, das Volumen Eis + Wasser verringert sich, und infolgedessen wird Quecksilber in das Innere des Kalorimeters eingesaugt. Man beobachtet das Volumen v des eingesaugten Quecksilbers an dem zu diesem Zwecke geteilten und kalibrierten, genügend langen horizontalen Rohre m. Die mittlere spezifische Wärme des Versuchskörpers zwischen 0 und t^2 berechnet sich dann zu

$$c = \frac{1}{t} \cdot \frac{v}{M} \cdot 11{,}03_5 \cdot 79{,}7 = \frac{1}{t} \cdot \frac{v}{M} \cdot 879{,}2 \,.$$

Beim praktischen Gebrauch wird das Eiskalorimeter durch eine Eispackung und eine weitere gute Isolierung gegen Wärmeabgabe nach außen geschützt. Trotzdem lassen sich diese Einflüsse nicht ganz vermeiden und der Quecksilberfaden in m wird sich deshalb in — wenn auch meist nur geringer — Bewegung befinden, die man wieder in Vor- und Nachperiode zu beobachten und in Rechnung zu stellen hat.

Eine genaue Kalibrierung der Kapillare m kann dadurch umgangen werden, daß man das Kalorimeter empirisch eicht, d. h. die Fadenverschiebung bestimmt, wenn dem Kalorimeter, sei es durch einen erwärmten Körper, sei es elektrisch, eine bekannte Wärmemenge zugeführt wird.

Die mit dem Bunsenschen Eiskalorimeter erreichbare Genauigkeit kann dadurch erheblich vermehrt werden, daß man die eingesaugte Quecksilbermenge nicht aus der Kuppenverschiebung im Kapillarrohr m, sondern durch Wägung bestimmt. Zu diesem Zweck wird das Rohr m kurz gehalten und an seinem Ende nach unten gebogen. Es taucht dort in ein untergesetztes Gefäß unter Quecksilber ein. Die eingesogene Quecksilbermenge wird als die Differenz der Wägungen dieses Gefäßes vor und nach dem Versuch gefunden. Besondere

Sorgfalt ist darauf zu verwenden, daß das Quecksilber beim Entfernen des untergesetzten Gefäßes vom Rohrende immer in derselben Weise abreißt; man erreicht das nach dem Vorgang von SCHULLER und WARTHA[1]) dadurch, daß man das abwärts gebogene Ende des Rohres in der Flamme zu einer kleinen birnenförmigen Erweiterung aufbläst und das Ende dann so abschleift, daß eine nur ganz feine Öffnung entsteht.

Zur Berechnung der durch Wägung erhaltenen Resultate diene die Angabe, daß 0,01546 g Quecksilber der cal_{15} entsprechen[2]). Sind also bei einem Versuch m g Quecksilber eingesaugt, so hat das Kalorimeter $m/0{,}01546$ cal_{15} aufgenommen. Ist dies durch Einwerfen eines Körpers von der Masse M und der Temperatur t bewirkt, so ist dessen mittlere spezifische Wärme zwischen 0 und $t°$

$$c = \frac{1}{t} \cdot \frac{m}{M} \cdot \frac{1}{0{,}01546} = \frac{1}{t} \cdot \frac{m}{M} \cdot 64{,}7 \, .$$

An Stelle von Eis sind neuerdings auch andere Stoffe zur Füllung des Kalorimeters benutzt worden[3]).

10. Dampfkalorimeter. Der zu untersuchende Körper von der Masse m ist mittels eines feinen Drahtes an eine Schale einer empfindlichen Wage gehängt und befindet sich in einem allseitig geschlossenen Raum, durch dessen Decke der Aufhängedraht in einer engen Öffnung hindurchgeht[4]). Zunächst wird die Wage mit dem daranhängenden Körper äquilibriert. Dann läßt man schnell durch ein weites Rohr siedenden gesättigten Wasserdampf, der durch passende Filter (Drahtnetze) von tropfbar flüssigem Wasser befreit ist, in den geschlossenen Raum eintreten. Eine gewisse Dampfmenge wird sich auf dem zu untersuchenden Körper niederschlagen und ihn dabei allmählich von der Anfangstemperatur t_0 auf die Siedetemperatur t des eintretenden Dampfes erwärmen. Ist die kondensierte Menge Wasser, die man durch abermaliges Äquilibrieren der Wage als Differenz beider Wägungen findet, gleich w, so sind 539 cal_{15} an den zu untersuchenden Körper abgegeben, der sich dabei von t_0 auf t erwärmt hat. Ist c seine mittlere spezifische Wärme zwischen t_0 und $t°$, so gilt also $c \cdot m(t - t_0)$

$= 539 \cdot w$, woraus $c = \dfrac{w}{m} \cdot \dfrac{539}{t - t_0}$ folgt.

Die Methode ist nicht leicht anzuwenden, kann dann aber sehr genaue Resultate liefern. Für eine exakte Berechnung ist darauf zu achten, daß die Verdampfungswärme im allgemeinen nicht genau 539 cal_{15} beträgt, sondern von der Siedetemperatur und somit vom Barometerstand abhängt.

In neuerer Zeit ist die Methode des Dampfkalorimeters vielfach in umgekehrter Form benutzt worden, indem man die spezifische Wärme nicht aus der kondensierten, sondern aus der verdampften Menge eines Stoffes ermittelte. Besonders elegant wird diese Methode, wenn man den zu untersuchenden Körper, der sich auf Zimmertemperatur befindet, oder auf eine andere Temperatur vorgewärmt oder abgekühlt war, in flüssige Luft, flüssigen Sauerstoff, flüssigen Wasserstoff od. dgl. einsenkt[5]). Die verdampfte Flüssigkeitsmenge wird entweder

---

[1]) A. SCHULLER u. V. WARTHA, Wied. Ann. Bd. 2, S. 359. 1877.

[2]) U. BEHN [Ann. d. Phys. (4) Bd. 16, S. 653. 1905] gibt an 0,015456 als Mittel der Bestimmungen von SCHULLER und WARTHA (0,015442) und VELTEN (0,015471); EZER GRIFFITH [Proc. Roy. Soc. London (A) Bd. 26, S. 1. 1923] findet 0,015486.

[3]) Vgl. z. B. U. GRASSI, Cim. (6) Bd. 7, S. 260. 1914: Schmelzendes Anetol (21,6°) und Orthokresol (31,1°).

[4]) J. JOLY, Proc. Roy. Soc. London (A) Bd. 41, S. 352. 1887; Bd. 47, S. 218. 1889; R. BUNSEN, Wied. Ann. Bd. 31, S. 1. 1887; A. SCHÜKAREW, Wied. Ann. Bd. 59, S. 229. 1896.

[5]) J. DEWAR, Proc. Roy. Soc. London (A) Bd. 76, S. 325. 1905; Bd. 89, S. 158. 1913.

durch Differenzwägung[1]) oder dadurch gefunden, daß man das gebildete Gas in einem Gasometer auffängt und volumetrisch bestimmt. — Ist v das Volumen des gebildeten Gases vom spezifischen Gewicht s, so ist $m = v \cdot s$ und man rechnet nach der obigen Formel, wobei man nur für 539 cal_{15} die entsprechenden Verdampfungswärmen (Luft 50, Sauerstoff 51, Wasserstoff 110 cal) einzusetzen hat.

11. Erkaltungsmethode. Wird ein erwärmter Körper im Vakuum innerhalb eines auf konstanter tieferer Temperatur gehaltenen Gefäßes aufgehängt, so kühlt er sich langsam durch Strahlung ab. Die Abkühlungszeit von einer Temperatur zu einer anderen ist der spezifischen Wärme des sich abkühlenden Körpers proportional. Benutzt man als Strahlungskörper ein poliertes Metallgefäß, das man nacheinander mit verschiedenen Flüssigkeiten gefüllt den gleichen Versuchsbedingungen unterwirft, so erhält man das Verhältnis der spezifischen Wärmen der beiden Flüssigkeiten. Der Wasserwert des Metallgefäßes geht in die Rechnung als Korrektion ein[2]). — Die Methode ist keiner großen Genauigkeit fähig und hat deshalb wesentlich nur historisches Interesse.

c) Elektrische Methoden.

12. Allgemeines über elektrische Methoden. Ein elektrischer Strom von der Stärke I Ampere entwickelt in einem Draht vom Widerstande R Ohm, an dessen Enden die Spannungsdifferenz E Volt herrscht, eine Wärmemenge, deren Betrag in 1 Sekunde der Leistung $A = I^2 R$ Watt $= E I$ Watt äquivalent ist. Besteht die Leistung während t Sekunden, so wird durch den elektrischen Strom insgesamt eine Energie entwickelt, welche gleich $A \cdot t$ Joule ist und einer Wärmemenge $0,2390 \, A \cdot t \, cal_{15}$ gleichgesetzt werden kann. Erfährt ein Körper von der Masse m durch die Zuführung der elektrischen Energie die Temperaturerhöhung δ, so läßt sich seine spezifische Wärme c berechnen aus der Gleichung

$$m \cdot c \cdot \delta = 0,2390 \, A \cdot t.$$

13. Relative Methode nach Pfaundler[3]). Zwei Flüssigkeitsmengen werden in zwei möglichst gleichen Kalorimetern durch gleiche hintereinandergeschaltete, gegen die Flüssigkeiten elektrisch isolierte Drähte aus einer Legierung, deren Widerstand von der Temperatur möglichst unabhängig ist, mittels desselben elektrischen Stromes erwärmt. Zweckmäßigerweise wählt man die beiden Flüssigkeitsmengen so, daß die zu erwartenden Temperaturerhöhungen ungefähr gleich sind. Ferner wähle man die Anfangstemperaturen etwa um ebensoviel niedriger, wie die Endtemperaturen höher sein werden, als die Zimmertemperatur, wodurch der Wärmeverlust während des Versuches, sowie die Widerstandsänderung der Drähte mit der Temperaturerhöhung zum großen Teil eliminiert werden. Die dann noch verbleibenden Unsymmetrien möge man durch Vertauschen der Flüssigkeiten in den Kalorimetern und durch Mittelnehmen beider Versuchsresultate unschädlich machen. Sind m_1 und m_2 die Massen, c_1 und c_2 die spezifischen Wärmen der beiden Flüssigkeiten, w_1 und w_2 die Wasserwerte beider Kalorimeter, δ_1 und δ_2 die Temperaturerhöhungen während des Versuches, so ist

$$(m_1 c_1 + w_1) \, \delta_1 = (m_2 c_2 + w_2) \, \delta_2.$$

14. Absolute Methode. Der Kalorimeterflüssigkeit wird durch eine Heizspule eine meist aus Stromstärke, Spannung und Zeit gemessene elektrische

[1]) C. Forch u. P. Nordmeyer, Ann. d. Phys. (4) Bd. 20, S. 423. 1906.
[2]) Dulong u. Petit, Ann. chim. phys. (2) Bd. 10. 1819.
[3]) L. Pfaundler, Wien. Ber. Bd. 59, S. 145. 1869.

Energie zugeführt und die dadurch bewirkte Temperaturerhöhung beobachtet. Hieraus berechnet sich die spezifische Wärme der Kalorimeterflüssigkeit. JAEGER und v. STEINWEHR[1]) bestimmten nach dieser Methode die spezifische Wärme des Wassers zwischen 5 und 50° mit großer Genauigkeit, wobei sich zugleich der Wert des elektrischen Wärmeäquivalents, d. h. die der 15°-Kalorie äquivalente elektrische Energie, zu 4,1842 Wattsekunden ergab. Die von ihnen gefundenen spezifischen Wärmen des Wassers bei verschiedenen Temperaturen sind oben in der Tabelle 1 aufgeführt.

15. Ausgestaltung des Versuchskörpers als Kalorimeter. α) JAEGER und DIESSELHORST[2]) benutzten zylindrische Metallstäbe von 1 bis 2 cm Dicke, in welche für die Temperaturmessung an verschiedenen Stellen durch 0,5 mm weite Bohrungen 0,1 mm dicke Thermoelemente aus Konstantan-Eisen eingezogen wurden. Die Enden der Stäbe waren an größeren Kupferbacken befestigt und diese an Wasserbäder von 5 l Inhalt angeschraubt, die durch gleichmäßig wirkende Rührer innerhalb weniger hundertstel Grad konstant gehalten wurden. Der zu untersuchende Stab war ferner von einem doppelten Kupfermantel umgeben, der mittels durchströmenden Wassers oder Dampfes auf einer konstanten Temperatur gehalten wurde. — Wird der Temperaturgleichgewichtszustand des Stabes dadurch gestört, daß man plötzlich einen elektrischen Strom hindurchschickt oder einen durchfließenden Strom unterbricht, so ist im ersten Augenblick das Produkt aus der Masse m, der spezifischen Wärme c und der Temperaturänderung $\dfrac{\partial u}{\partial t}$ gleich der Stromleistung A;

$$c \cdot m \cdot \frac{\partial u}{\partial t} = 0{,}2390\, A.$$ Es kommt darauf an, den Temperaturverlauf sofort nach der Änderung des Gleichgewichtszustandes scharf zu bestimmen. — Die Methode liefert, da nur geringe Temperaturerhöhungen in Frage kommen, nicht mehr, wie alle bisher besprochenen Messungen, die mittlere, sondern die wahre spezifische Wärme bei der Versuchstemperatur.

β) Nach LECHER[3]) wird der zu untersuchende Stoff als dicker Draht verwendet, der von einem starken Wechselstrom durchflossen wird. Der Draht befindet sich in einem evakuierten Porzellanrohr, das in einem elektrischen Ofen auf diejenige Temperatur erhitzt wird, bei welcher die wahre spezifische Wärme ermittelt werden soll. Auch in diesem Falle wird die Temperaturerhöhung im Draht mittels Thermoelementen gemessen.

v. PIRANI[4]) hat die Methode auf hohe Temperaturen (Wolfram- und Tantaldrähte bis 1400°) angewendet, indem er die hier stark anwachsenden Strahlungsverluste experimentell ermittelte.

Eine andere Variation der Methode ist von CORBINO[5]) angegeben und später u. a. von WORTHING[6]), SMITH und BIGLER[7]), SMITH und BOCKSTAHLER[8]) und BOCKSTAHLER[9]) allein weiter ausgebildet worden. Der Wolframdraht war im hohen Vakuum von einer zylindrischen Anode umgeben und wurde durch einen 60periodigen Wechselstrom zum Glühen erhitzt. Mittels eines Zweifaden-

[1]) W. JAEGER u. H. v. STEINWEHR, Ann. d. Phys. (4) Bd. 64, S. 305. 1921.
[2]) W. JAEGER u. H. DIESSELHORST, Berl. Ber. 1899, S. 719; Wiss. Abh. d. Phys.-Techn. Reichsanstalt Bd. 3, S. 362. 1900.
[3]) E. LECHER, Verh. d. D. Phys. Ges. Bd. 9, S. 647. 1907.
[4]) M. v. PIRANI, Verh. d. D. Phys. Ges. Bd. 14, S. 1037. 1912.
[5]) O. M. CORBINO, Lincei Rend. (5) Bd. 21 [1], S. 181, 188, 346. 1912; Phys. ZS. Bd. 13, S. 375. 1912.
[6]) A. G. WORTHING, Bull. Nela Lab. Bd. 1, S. 349. 1922.
[7]) K. K. SMITH und P. W. BIGLER, Phys. Rev. (2) Bd. 19, S. 268. 1922.
[8]) K. K. SMITH und L. I. BOCKSTAHLER, Proc. Nat. Acad. Amer. Bd. 10, S. 386. 1924.
[9]) LESTER I. BOCKSTAHLER, Phys. Rev. (2) Bd. 25, S. 677. 1925.

oszillographen wurden die Variationen des Erwärmungsstromes und des Thermionenstromes photographisch registriert. Da stets Sättigungspotential an der Anode anlag, so konnten die kleinen Schwankungen im Thermionenstrom den Temperaturschwankungen proportional angenommen werden. Kennt man nun so die Größe der Temperaturschwankungen $d\Theta$ und die mittlere im Wolframdraht zerstreute Energie W, so kann man die spezifische Wärme des Wolframdrahtes nach einer von Corbino angegebenen Formel $c = -\dfrac{W \sin\varphi}{2\omega\, d\Theta}$ berechnen, wo ω die Frequenz des Wechselstromes und φ die Phasenverschiebung zwischen Temperatur und Spannung bedeuten. — Die spezifische Wärme des Wolframs wurde auf diese Weise zwischen 2375 und 2475° abs. gleich 0,045 gefunden.

γ) Nach Nernst[1]) wird einem Stoffe, welcher die Gestalt eines festen Blockes hat, die elektrische Energie durch einen dünnen Platindraht zugeführt, der in den Block eingelassen ist, und vor dem Einschalten und nach dem Abstellen der Heizung als Widerstandsthermometer dient; der Block hängt an demselben dünnen Platindraht in einem Gefäße, das möglichst gut evakuiert wird und außerdem in einen Thermostaten eingebaut ist. Metalle werden ohne jede Umhüllung untersucht. Schlecht leitende Stoffe werden in einen Silberzylinder gefüllt, dessen Wasserwert in Rechnung gezogen wird; die toten Räume sind zwecks genügender Wärmeübertragung mit Luft, besser noch mit Wasserstoff gefüllt, darnach wird der Zylinder luftdicht abgeschlossen. — Die Methode ist von Nernst und seinen Schülern, sowie auch von anderen Forschern[2]), hauptsächlich zur Ermittlung der wahren spezifischen Wärme in tiefen Temperaturen viel benutzt und hat sich dabei gut bewährt.

Bei der Fortsetzung seiner Versuche zu sehr tiefen Temperaturen hat Nernst[3]) die Benutzung des Platinheizdrahtes gleichzeitig als Widerstandsthermometer wieder aufgegeben, weil der Temperaturkoeffizient des Platins in der Gegend von 80° abs. ein ziemlich steiles Maximum hat und unterhalb 40° sehr schnell abfällt. Zur Temperaturmessung diente jetzt ein Thermoelement, dessen Hauptlötstelle an das Kalorimeter gelötet war. Geheizt wurde mit Hilfe eines innerhalb des Kalorimeters angebrachten Konstantendrahtes, der auch bei den tiefsten angewandten Temperaturen einen verschwindend kleinen Temperaturkoeffizienten hatte. Das Kalorimeter war zwecks besseren Temperaturansgleiches von einem Kupfermantel umgeben.

d) Strömungsmethoden.

16. Methode der dauernden Strömung. Allgemeines. Die Methode der dauernden Strömung kann als eine Weiterbildung des dem Junkersschen Kalorimeters zugrunde liegenden Prinzips angesehen werden. Dieses dient zur Ermittlung der Verbrennungswärme von Gasen, insbesondere von Leuchtgas. Das verbrennende Gas wirkt erhitzend auf einen in einem Rohre vorbeigeführten Wasserstrom ein. Man bestimmt die Menge m des in 1 Sekunde das Rohr durchfließenden Wassers in Gramm, sowie den Temperaturunterschied δ des ein- und austretenden Wassers; das Wasser nimmt dann in jeder Sekunde $m \cdot \delta$ cal von

---

[1]) W. Nernst, Berl. Ber. 1910, S. 262; 1911, S. 303; Ann. d. Phys. (4) Bd. 36, S. 395. 1911.

[2]) Z. B. Franz Simon, Ann. d. Phys. (4) Bd. 68, S. 241. 1922 (Widerstandsthermometer aus Bleidraht); W. H. Keesom u. H. Kamerlingh Onnes, Proc. Amsterdam Bd. 17, S. 894. 1914; Bd. 18, S. 484. 1915; Bd. 18, S. 1247. 1916 (fester Stickstoff); Bd. 20, S. 1000. 1918 (fester Wasserstoff) (Widerstandsthermometer aus Golddraht).

[3]) W. Nernst u. F. Schwers, Berl. Ber. 1914, S. 355.

dem verbrennenden Gase auf. Ist andererseits die in der Sekunde verbrennende Gasmenge M, ebenfalls in Gramm gemessen, so ist die Verbrennungswärme des Gases $\dfrac{m}{M} \cdot \delta$ cal.

17. Strömungskalorimeter nach CALLENDAR **und** BARNES. Die Methode der dauernden Strömung wurde zuerst von CALLENDAR[1]) und BARNES[2]) auf die Ermittlung der spezifischen Wärme des Wassers angewandt. Das Wasser strömt (Abb. 3) durch eine 2 mm weite, 50 mm lange Glasröhre und umspült dabei einen in der Röhre ausgespannten Platindraht, welcher dem Wasser eine genau gemessene elektrische Energie zuführt. Man beobachtet mittels Platinthermometern die Temperaturen des in das Rohr eintretenden (t_0) und des austretenden Wassers (t_1). Mögen auch t_0 und t_1 sich infolge äußerer Einflüsse langsam verändern, so wird doch nach einiger Zeit ein Beharrungszustand ein-

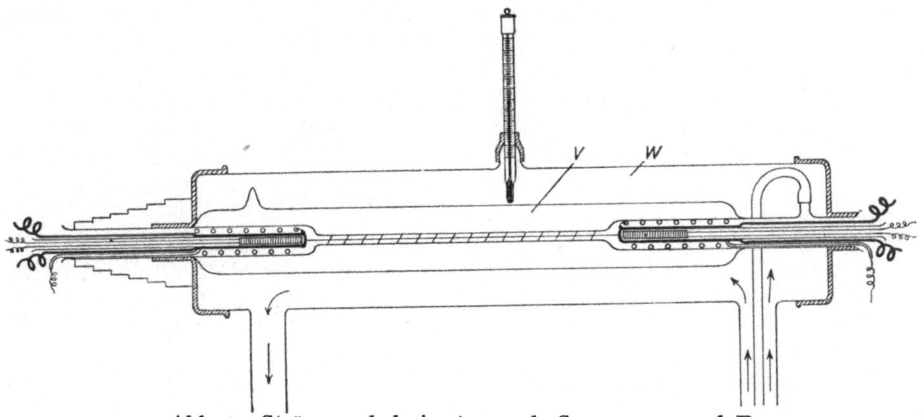

Abb. 3. Strömungskalorimeter nach CALLENDAR und BARNES.

treten, in dem die nur wenige Grade betragende Temperaturdifferenz $t_1 - t_0 = \delta$ konstant wird; diese Temperaturdifferenz wird gemessen. Bezeichnet dann m die in 1 Sekunde durch das Rohr fließende Flüssigkeitsmenge, so gilt

$$m \cdot c \cdot \delta = 0{,}2390\, A\,.$$

Dabei ist vorausgesetzt, daß die ganze vom Draht zugeführte elektrische Energie von der strömenden Flüssigkeit aufgenommen und festgehalten wird. CALLENDAR und BARNES suchten diesem Ziele dadurch näher zu kommen, daß sie das Strömungsrohr mit einem Vakuummantel V und diesen wieder mit einem Wassermantel W, der durch strömendes Wasser auf konstanter Temperatur gehalten wurde, umgaben, vermochten Wärmeverluste an die Umgebung aber doch nicht ganz zu vermeiden. Um sie zu eliminieren, setzten sie sie proportional der Temperaturdifferenz δ, gleich $h\,\delta$, und schrieben an Stelle der obigen einfachen Gleichung

$$(m\,c + h)\,\delta = 0{,}2390\, A\,.$$

In dieser Gleichung sind zwei Unbekannte c und h, zu deren Bestimmung sie allein nicht ausreicht. Führt man aber noch eine zweite Beobachtung mit gleichem δ, aber anderer Strömungsgeschwindigkeit, aus, bei der die in der

[1]) HUGH L. CALLENDAR, Phil. Trans. (A) Bd. 199, S. 55. 1902.
[2]) HOWARD TURNER BARNES, Phil. Trans. (A) Bd. 199, S. 149. 1902.

Sekunde durchfließende Flüssigkeitsmenge m' ist, und entsprechend Λ' gemessen wird, so ist

$$(m' c + h)\, \delta = 0{,}2390\, \Lambda'$$

und es lassen sich nun aus beiden Gleichungen c und h einzeln berechnen.

Die Methode ist später von Brinkworth[1]) auch auf trockenen Wasserdampf zwischen 104 und 115° angewendet worden.

18. Anwendung der Strömungsmethode auf überhitzten Wasserdampf und Luft unter hohem Druck. Die Methode ist zunächst von Knoblauch und Jakob[2]), später von Knoblauch und Mollier[3]) und von Knoblauch und Winkhaus[4]) zur Bestimmung der spezifischen Wärme des überhitzten Wasserdampfes benutzt worden. Der auf eine Anfangstemperatur t_0 erwärmte Wasserdampf wurde durch eine 18 mm weite und über 5 m lange Kupferschlange zu einem Kondensator geleitet. Die Schlange befand sich in einem Ölbade, das mit Hilfe eines elektrischen Heizkörpers auf eine beliebige Temperatur t_1 erwärmt und dort konstant gehalten wurde; der Dampf verließ somit das Ölbad ebenfalls mit der Temperatur t_1. In ähnlicher Weise wie unter a) konnte aus der Überhitzung des Dampfes $t_1 - t_0 = \delta$, der während des Beharrungszustandes ins Ölbad geschickten Energie und der durch die Mengenzunahme im Kondensator zu ermittelnden Dampfmenge die spezifische Wärme des Dampfes gefunden werden.

Die Versuche von Knoblauch und seinen Mitarbeitern lieferten das interessante Resultat, daß die spezifische Wärme des überhitzten Wasserdampfes mit wachsendem Drucke zunimmt, bei gleichbleibendem Druck aber — ausgehend von der Sättigungstemperatur — mit wachsender Temperatur zunächst abnimmt und nach Durchschreiten eines Minimums wieder ansteigt. Das Verhalten ist nach der Veröffentlichung von Knoblauch und Winkhaus in Abb. 4 wiedergegeben.

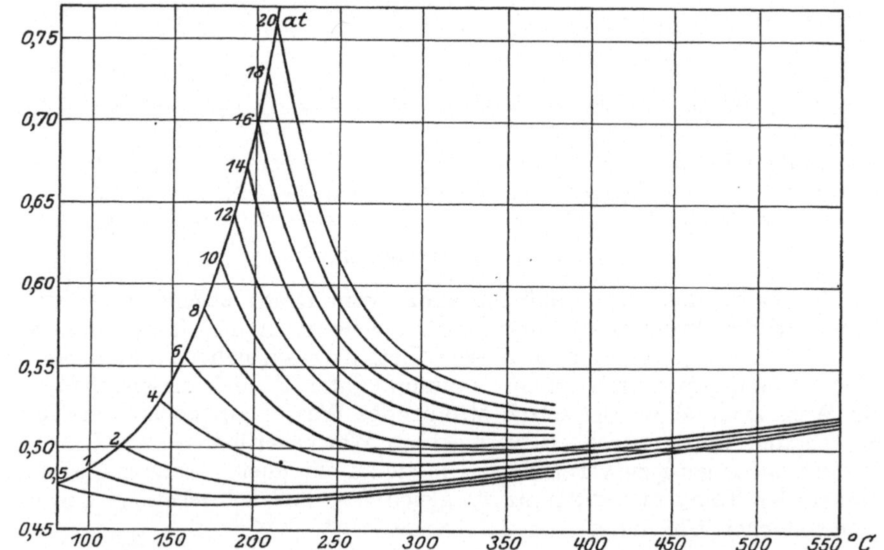

Abb. 4. Spezifische Wärme des überhitzten Wasserdampfes in Abhängigkeit von der Temperatur und vom Druck.

[1]) J. H. Brinkworth, Phil. Trans. Bd. 215, S. 383. 1915.
[2]) O. Knoblauch u. M. Jakob, Forschungsarb. a. d. Geb. d. Ingenieurw. 1906, H. 35/36.
[3]) O. Knoblauch u. Hilde Mollier, Forschungsarb. a. d. Geb. d. Ingenieurw. 1911, H. 108/109.
[4]) O. Knoblauch u. A. Winkhaus, Forschungsarb. a. d. Geb. d. Ingenieurw. 1917, H. 195.

HOLBORN und JAKOB[1]) benutzten die Strömungsmethode zur Bestimmung der spezifischen Wärme der Luft bei Drucken bis zu 300 at. Bei der Untersuchung, für welche des hohen Gasdruckes wegen für das Kalorimeter und seine Zuleitungen starkwandige Metallrohre notwendig waren, mußte ein sehr kräftiger Gasstrom angewendet werden, damit die Fehlerquelle, die von der starken Wärmeleitung der Wand herrührt, keinen übermäßig großen Einfluß ausüben konnte. Das Druckrohr lag in einem Ölgefäß, das durch elektrische Heizung auf 100° gehalten wurde und gegen Wärmeabgabe durch einen von Wasserdampf durchströmten Mantel geschützt war. — Die verdichtete Luft trat in gleichmäßigem Strome mit der Temperatur des Beobachtungsraumes ein, erwärmte sich unter der Wirkung der dem Öl und dem Luftstrom unmittelbar zugeführten elektrischen Energie und trat mit der Temperatur 100° aus dem Kalorimeter aus. Nach Verlassen des Kalorimeters wurde die Luft in einem Drosselventil auf Atmosphärendruck entspannt und strömte dann entweder ins Freie oder wurde zeitweise durch Umstellhähne in ein Gasometer abgelenkt, das für die Mengenmessung diente.

Die mittlere spezifische Wärme der Luft zwischen Zimmertemperatur und 100° wurde von den Verfassern bis zu Drucken p von 300 at dargestellt durch die Interpolationsformel

$$10^4 c_p = 2414 + 2,86\,p + 0,0005\,p^2 - 0,0000106\,p^3\,.$$

Sie wächst also von 0,2417 bei 1 at bis zu 0,3031 bei 300 at und würde extrapoliert bei 316 at ein Maximum von 0,3033 erreichen.

19. Anwendung der Strömungsmethode auf Gase in tiefen Temperaturen. Das von SCHEEL und HEUSE[2]) benutzte, aus Glas gefertigte Kalorimeter ist in Abb. 5, die Versuchsanordnung schematisch in Abb. 6 dargestellt. Das auf konstante Temperatur gebrachte Gas tritt nach Vorkühlung in einem Schlangenrohr T von unten her in das Kalorimeter ein, passiert eine als Feder gegen etwaige Spannungen wirkende Glasspirale und gelangt nach Durchströmen zweier Glasmäntel C und B in das innere Rohr A, das die Heizvorrichtung enthält. Zur Messung der Temperaturen des ein- (t_0) und des austretenden Gases (t_1) dienen nackte Platinwiderstandsthermometer P_1 und P_2. Das Ganze ist von einem evakuierten, innen versilberten Glasmantel umgeben und befindet sich in einem Bade konstanter Temperatur (Zimmertemperatur, Temperatur des flüssigen Sauerstoffs usw.).

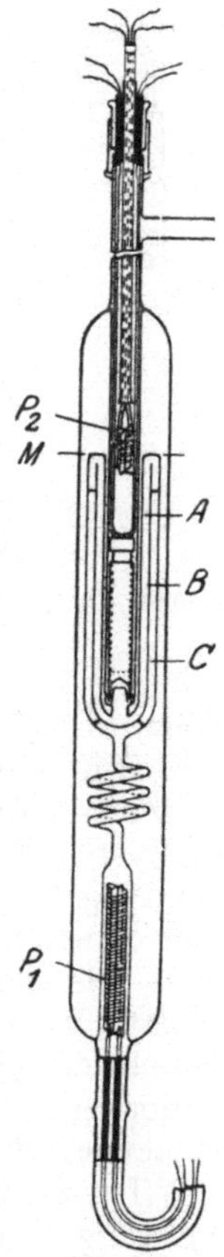

Für die Einfügung der Mäntel B und C war folgende Überlegung maßgebend. Durch das Vakuum werden Wärmeverluste aus dem inneren Rohr A zwar sehr stark herabgemindert, aber doch nicht vollständig vermieden. Die Mäntel B und C dienen nun zur Unterstützung der Wirkung des Vakuums, indem mit ihrer Hilfe die vom Rohr A, soweit es innerhalb der Mäntel liegt, nämlich unterhalb des Querschnitts M abgegebene Wärmemenge nach dem Gegenstromprinzip dem Innenraum zum größten Teil wieder zugeführt wird. Die Temperatur t_1 des austretenden Gases wird im Querschnitt M gemessen.

Bei der Bestimmung der spezifischen Wärme der Luft wird diese mit Hilfe von Wasserluftpumpen aus der Atmosphäre durchs Kalorimeter gesaugt; andere

Abb. 5.
Strömungs-
kalorimeter
für Gase.

---

[1]) L. HOLBORN u. M. JAKOB, Forschungsarb. a. d. Geb. d. Ingenieurw. 1916, H. 187/188.
[2]) KARL SCHEEL u. WILHELM HEUSE, Ann. d. Phys. (4) Bd. 37, S. 79. 1912.

technische Gase werden aus Stahlflaschen ins Kalorimeter hineingedrückt. Zur Konstanterhaltung des Gasstromes dienen Regulatoren R_1 und R_2; die Stärke des Gasstromes hängt von den Dimensionen einer in den Gasweg eingeschalteten Kapillare K ab. — Die Menge Q der in der Sekunde druch das Kalorimeter gesaugten Luft wurde in der Weise bestimmt, daß an Stelle der aus der freien Atmosphäre eintretenden Luft oder des zugeführten Gases Luft oder Gas aus einem Gefäße bekannten Volumens unter sonst gleichbleibenden Verhältnissen durch das Kalorimeter getrieben wurde. Zu diesem Zwecke ließ man Quecksilber aus der Kugel U_1 austreten, das nach Abschluß des Luftzuführungsrohres V die Kugel U_2 füllte und das darin befindliche Gas ins Kalorimeter

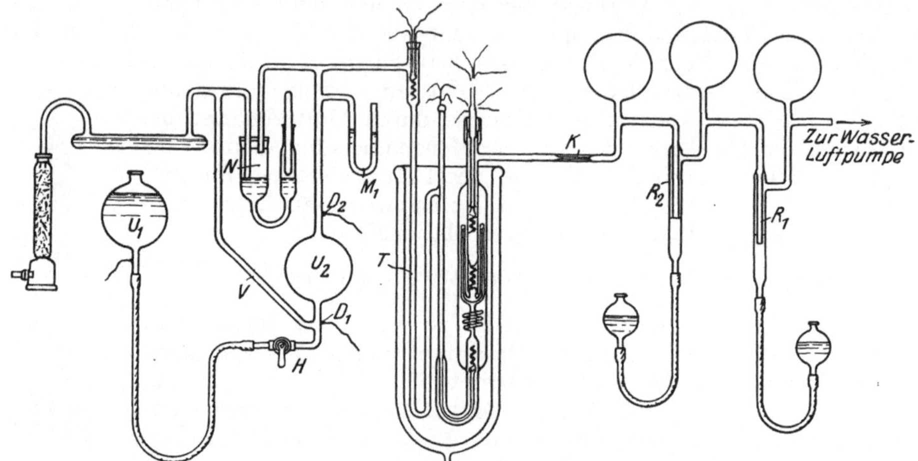

Abb. 6. Versuchsanordnung für die Messung der spezifischen Wärme von Gasen mit dem Strömungskalorimeter.

trieb. Die Strömungsgeschwindigkeit des hochsteigenden Quecksilbers wurde mit Hilfe des Hahnes H unter gleichzeitigem Anvisieren des vor dem Kalorimeter befindlichen Manometers M_1 von Hand so reguliert, daß das Druckgefälle im System ungeändert blieb. Das bekannte, durch Auswägen bestimmte Volumen der Kugel U_2 war durch zwei eingeschmolzene Platindrähte D_1 und D_2 begrenzt, von denen der untere D_1 gerade an der Abzweigstelle des Gaszuführungsrohres saß. Die Zeiten, zu denen das hochsteigende Quecksilber die Platindrähte erreichte, wurden auf elektrischem Wege auf einem Chronographen registriert. — Sobald die Quecksilberkuppe den oberen Platindraht D_2 passiert hat, wird dem Kalorimeter über einen Nebenweg N so lange Gas zugeführt, bis das zurücksinkende Quecksilber die Öffnung des Gaszuführungsrohres wieder freigibt.

Ist wiederum die elektrisch zugeführte Wärmemenge in der Sekunde der Leistung Λ äquivalent und nimmt man in analoger Weise an, daß die Wärmeverluste in der Sekunde einer Leistung λ äquivalent sind, so kann man schreiben

$$c = 0{,}2390 \frac{\Lambda - \lambda}{Q \cdot \delta}\,,$$

wo $\delta = t_1 - t_0$ ist. Bezeichnet k_1 eine Konstante, so ist die Wärmeabgabe in der Sekunde aus dem Rohr A an die Mäntel B und C einer Leistung äquivalent, welche nach dem Newtonschen Abkühlungsgesetz $\lambda' = k_1 \varDelta t$ ist, oder von Größen zweiter Ordnung abgesehen $\lambda' = k_1' \dfrac{\Lambda}{Q}$ wo k_1' eine neue Konstante bedeutet.

Nun ist, wie schon hervorgehoben, λ' nur die Wärme a b g a b e aus dem Rohr A an die Mäntel B und C; diese Wärme wird aber, eben durch die Mäntel, dem Kalorimeter zum größten Teil wieder zugeführt. Wirklich verloren ist nur die Wärme, welche von den Mänteln an das umgebende Bad abgegeben wird; sie wird bestimmt durch die Temperaturdifferenz $\varDelta t'$ zwischen dem äußeren Mantel C und dem Bade und kann in gleicher Weise gesetzt werden $\lambda = k_2 \varDelta t' = k_2' \dfrac{\lambda'}{Q}$.

Durch Kombination beider Gleichungen findet man $\lambda = k \dfrac{\varLambda}{Q^2}$. Es wird also

$$c = 0{,}2390 \frac{\varLambda}{Q \cdot \delta} \left(1 - \frac{k}{Q^2}\right).$$

Bei jedem Versuche werden die Größen $\varLambda$, Q und δ experimentell ermittelt; unbekannt bleiben nur c und k, zu deren Bestimmung zwei Versuche, zwischen denen die obigen drei Größen beliebig geändert sind, ausreichen. Zweckmäßigerweise begnügt man sich indessen nicht mit nur einer solchen Variation, sondern sucht eine größere Anzahl entsprechender Gleichungen zu gewinnen, aus denen man dann c und k nach einem Ausgleichsverfahren, etwa nach der Methode der kleinsten Quadrate ermittelt.

Die geschilderte Methode ist auch auf chemisch rein dargestellte Gase angewendet worden[1]), doch mußte für diese statt der offenen eine wesentlich kompliziertere geschlossene Zirkulation ausgebildet werden, in welcher das aus dem Kalorimeter austretende Gas ihm durch ein Pumpwerk immer aufs neue wieder zugeführt wurde. Über die gewonnenen Resultate vgl. Ziff. 20. Von besonderem Interesse ist, daß sich die spezifische Wärme c_p der Luft bei Zimmertemperatur zu 0,2409, d. h. um 1% größer als nach REGNAULT (0,237) ergab, eine Abweichung, die fast gleichzeitig, ebenfalls nach der Strömungsmethode von SWANN[2]) (0,2414), sowie kurz darauf von HOLBORN und JAKOB[3]) (0,2415) im wesentlichen bestätigt wurde; ferner, daß die spezifische Wärme des Wasserstoffs nach tiefen Temperaturen stark abfällt, was theoretisch vorhergesagt und kurz zuvor von EUCKEN (vgl. Ziff. 21, β) auch schon experimentell nachgewiesen war.

III. Bestimmung von c_v.

a) Rechnerische Bestimmung.

20. Berechnung von c_v aus c_p. Zur Berechnung von c_v dienen die für die Atom- bzw. Molekülwärmen ($C_p = M c_p$; $C_v = M c_v$) geltenden thermodynamischen Beziehungen:

$$C_p - C_v = T \left(\frac{dp}{dT}\right)_v \cdot \left(\frac{dv}{dT}\right)_p \quad \text{und} \quad \left(\frac{dC_p}{dp}\right)_p = -T \left(\frac{d^2 v}{dT^2}\right)_p,$$

in denen T die absolute Temperatur bezeichnet. Für die zahlenmäßige Auswertung dieser Beziehungen hat man eine Zustandsgleichung zugrunde zu legen. Wählt man als solche die von BERTHELOT[4]) aufgestellte

$$p v = R T + \left(b - \frac{a}{R T^2}\right) p,$$

---

[1]) KARL SCHEEL u. WILHELM HEUSE, Ann. d. Phys. (4) Bd. 40, S. 473. 1913.
[2]) W. F. G. SWANN, Phil. Trans. Bd. 210, S. 199. 1910.
[3]) L. HOLBORN u. M. JAKOB, Berl. Ber. 1914, S. 213.
[4]) D. BERTHELOT, Trav. et Mém. du Bur. intern. des Poids et Mes. Bd. 13, S. 46. 1907.

Tabelle 3.

Spezifische Wärmen von Gasen in tiefen Temperaturen nach Messungen von SCHEEL und HEUSE.

Gas	Formel	M	$t°$	c_p	C_p	C_v	C_{p_0}	C_{v_0}	k	k_0
Helium . . .	He	4,00	+ 18	1,251	5,004	3,017	5,004	3,017	1,659	1,659
			−180	1,237	4,948	2,961	4,948	2,961	1,671	1,671
Argon . . .	Ar	39,95	+ 15	0,1269	5,07	3,07	5,06	3,07	1,65	1,65
			−180	0,1329	5,31	3,01	4,85	2,86	1,76	1,70
Wasserstoff .	H_2	2,016	+ 16	3,408	6,871	4,884	6,871	4,884	1,407	1,407
			− 76	3,162	6,375	4,387	6,374	4,387	1,453	1,453
			−181	2,648	5,338	3,344	5,328	3,341	1,596	1,595
Stickstoff . .	N_2	28,02	+ 20	0,2495	6,991	4,995	6,977	4,990	1,400	1,398
			−181	0,2560	7,173	4,888	6,729	4,742	1,467	1,419
Sauerstoff .	O_2	32,00	+ 20	0,2184	6,989	4,994	6,977	4,990	1,399	1,398
			− 76	0,2146	6,87	4,85	6,83	4,84	1,416	1,411
			−181	0,2285	7,31	5,05	6,91	4,92	1,448	1,404
Luft (kohlen-säurefrei) .	—	28,95	+ 20	0,2409	6,974	4,979	6,962	4,975	1,401	1,399
			− 76	0,2433	7,04	5,02	7,00	5,01	1,402	1,397
			−181	0,2500	7,24	5,00	6,86	4,87	1,448	1,409
Kohlenoxyd .	CO	28,00	+ 18	0,2505	7,014	5,017	6,999	5,012	1,398	1,396
			−180	0,2591	7,255	4,930	6,753	4,766	1,472	1,417
Stickoxyd .	NO	30,01	+ 15	0,242	7,26	5,26	7,25	5,26	1,38	1,38
			− 45	0,239	7,17	5,16	7,14	5,15	1,39	1,39
			− 80	0,245	7,35	5,33	7,30	5,31	1,38	1,37
Kohlensäure	CO_2	44,00	+ 20	0,202	8,89	6,86	8,83	6,84	1,30	1,29
			− 75	0,184	8,10	5,93	7,83	5,84	1,37	1,34
Stickoxydul .	N_2O	44,02	+ 20	0,210	9,24	7,20	9,16	7,17	1,28	1,28
			− 30	0,200	8,80	6,72	8,67	6,68	1,31	1,30
			− 70	0,190	8,36	6,22	8,14	6,15	1,34	1,32
Methan . . .	CH_4	16,03	+ 15	0,531	8,51	6,51	8,49	6,50	1,31	1,31
			− 30	0,509	8,16	6,14	8,11	6,12	1,33	1,33
			− 80	0,504	8,08	6,03	7,99	6,00	1,34	1,33
Azetylen . .	C_2H_2	26,03	+ 18	0,402	10,46	8,41	10,37	8,38	1,24	1,24
			− 71	0,351	9,13	6,96	8,86	6,87	1,31	1,29
Äthylen. . .	C_2H_4	28,04	+ 18	0,365	10,23	8,19	10,15	8,16	1,25	1,24
			− 36	0,328	9,19	7,10	9,04	7,05	1,29	1,28
			− 68	0,314	8,80	6,64	8,55	6,56	1,33	1,30
			− 91	0,309	8,66	6,43	8,30	6,31	1,35	1,32
Äthan . . .	C_2H_6	30,06	+ 15	0,413	12,41	10,34	12,29	10,30	1,20	1,19
			− 35	0,368	11,06	8,92	10,84	8,85	1,24	1,22
			− 82	0,348	10,46	8,17	10,01	8,02	1,28	1,25

wo $R = 1,985$ die Gaskonstante, b und a aus dem kritischen Volumen v_c, dem kritischen Druck p_c und der kritischen (absoluten) Temperatur T_c des betreffenden Gases berechenbare Konstanten

$$b = \frac{v_c}{4} \cdot a = \frac{27}{64} R^2 \frac{T_c^3}{p_c}$$

bedeuten, so findet man nach einfachen Rechnungen folgende Gleichungen

$$C_p - C_v = R\left[1 + \frac{27}{32}\left(\frac{T_c}{T}\right)^3 \cdot \frac{p}{p_c}\right]^2,$$

$$C_v - C_{v_0} = \frac{27}{16}\left(\frac{T_c}{T}\right)^3 \cdot \frac{p}{p_c},$$

$$C_{p_0} - C_{v_0} = R,$$

wo C_{p_0} und C_{v_0} die für den idealen Gaszustand geltenden Atom- bzw. Molekularwärmen sind.

Als Beispiel mögen in Tabelle 3 die aus den Messungen von SCHEEL und HEUSE[1]) (Ziff. 19) an c_p errechneten Werte von C_p, C_v, C_{p_0} und C_{v_0} zusammengestellt werden. Hinzugefügt sind die durch Division gefundenen Werte für das Verhältnis der beiden spezifischen Wärmen $k = \dfrac{C_p}{C_v}$ und $k_0 = \dfrac{C_{p_0}}{C_{v_0}}$.

b) Experimentelle Bestimmung.

21. Direkte Messung. Die Bestimmung der spezifischen Wärme bei konstantem Volumen kommt nur für Gase in Frage. Grundsätzlich können fast alle Methoden der Messung von c_p angewendet werden, die Mischungsmethode, das Eiskalorimeter, das Dampfkalorimeter, die Erkaltungsmethode, sowie die elektrischen Methoden. Es treten aber dadurch besondere Schwierigkeiten auf, daß man das Gas, um es an der freien Ausdehnung zu hindern, in undurchlässige Hüllen (Metallgefäße) einschließen muß, deren Wärmekapazität meist beträchtlich größer ist als diejenige des eingeschlossenen Gases. Dieser Schwierigkeit hat man dadurch Herr zu werden versucht, daß man bei gleichem Volumen die Menge des eingeschlossenen Gases vermehrte, d. h. das Gas unter einen starken Druck setzte. Das bedingte indessen wieder die Benutzung stärkerer Gefäßwandungen und damit eine Vermehrung der schädlichen Wärmekapazität. Ein bestimmtes, für genauere Messungen vielfach unzureichendes Optimum der Versuchsanordnung ließ sich also nicht überschreiten. Praktisch sind nur zwei der unter II. beschriebenen Methoden auch zur Bestimmung von c_v verwendet worden.

α) **Methode des Dampfkalorimeters.** JOLY[2]) hat die Genauigkeit der Methode dadurch erhöht, daß er die Wage beiderseitig mit nahe gleichen Hohlkugeln aus Kupfer belastete, die zunächst luftleer, dann die eine mit dem zu untersuchenden Gase unter hohem Druck (bis 30 at) gefüllt war. Eine erste Wägung im Dampfraum lieferte die Differenz der Wärmekapazitäten beider Hohlkugeln allein, eine zweite Wägung die gleiche Differenz vermehrt um die Wärmekapazität des Gases, woraus sich die Wärmekapazität des Gases allein und damit seine spezifische Wärme ableiten läßt.

β) **Elektrische Methode.** Die von NERNST (Ziff. 15 γ) entwickelte elektrische Methode zur Ermittlung der spezifischen Wärme von festen Körpern und Flüssigkeiten in tiefer Temperatur ist von EUCKEN[3]) zunächst auf Wasserstoff, später auch auf andere komprimierte und kondensierte Gase (Helium, Argon, Stickstoff, Sauerstoff, Kohlenoxyd und Kohlensäure) angewendet worden. Bei den letzten Versuchen wurde das Gas mittels Quecksilber aus einer Vorratsflasche in das Kalorimetergefäß gedrückt, das aus einer 3,48 cm³ fassenden Stahlbombe von 1 mm Wandstärke bestand. Zur Temperaturmessung diente ein um die Bombe gewickelter Bleidraht, zum Heizen ein Konstantandraht. Das Volumen des ins Kalorimetergefäß gedrückten Gases wurde dadurch gefunden, daß man die in die Vorratsflasche eintretende Quecksilbermenge durch Wägung bestimmte. Die Methode hat sich gut bewährt. EUCKEN hat damit den von der Theorie vorhergesagten starken Abfall der spezifischen Wärme des Wasserstoffs mit abnehmender Temperatur bis zur Temperatur des flüssigen

[1]) KARL SCHEEL u. WILHELM HEUSE, Ann. d. Phys. (4) Bd. 40, S. 484. 1913, und W. HEUSE, ebenda Bd. 59, S. 86. 1919. Nach Wärmetabellen der Phys.-Techn. Reichsanstalt, S. 56—57. Braunschweig: Friedr. Vieweg & Sohn 1919.

[2]) J. JOLY, Phil. Trans. Bd. 182, S. 73. 1891; Bd. 185, S. 943 u. 961. 1894.

[3]) A. EUCKEN, Berl. Ber. 1912, S. 141; 1914, S. 682; Verh. d. D. Phys. Ges. Bd. 18, S. 4. 1916.

Wasserstoffs experimentell bestätigt, was fast gleichzeitig (Ziff. 19) auch von Scheel und Heuse nach der Methode der dauernden Strömung gefunden wurde.

Schon vorher hatte Voller[1]) die spezifische Wärme bei konstantem Volumen von Gasen dadurch zu bestimmen versucht, daß er einer eingeschlossenen Gasmenge durch einen Stromstoß, welcher durch einen im Gase befindlichen Platindraht floß, eine bekannte Wärmemenge in kurzer Zeit zuführte und die dabei auftretende Druckzunahme durch ein aus mehreren übereinandergesetzten Aneroiddosen gebildetes Zeigermanometer maß. Es wurden nur einige vergleichende Messungen bei Zimmertemperatur ausgeführt.

Die gleiche Methode wendeten Trautz und Grosskinsky[2]) und später Trautz und Hebbel[3]) in verbesserter Form an. Bei ihren Versuchen wurde die Genauigkeit der Druckmessung dadurch erhöht, daß man dem Gas ein anderes in einem dem ersten gleichen Gefäß entgegenschaltet. Sind beide Gefäße genau gleich groß, die Energiezufuhr in beiden dieselbe, die Gasart in beiden gleich, so muß ein zwischen beide geschaltetes Differentialmanometer in Ruhe bleiben. Ersetzt man im ersten Gefäß (Gasflasche) den Gasinhalt durch das zu untersuchende Gas, so tritt bei Energiezufuhr eine Verschiebung des Manometers ein. Sie kann kompensiert werden, indem man das Volumen des anderen Gefäßes (Meßflasche) entsprechend verkleinert oder vergrößert. Zu diesem Zwecke läßt man in die Meßflasche genau bekannte Ölmengen ein- oder aus ihr ausfließen. Das Verhältnis der beiden in der Meßflasche benutzten Volumina gibt dann unmittelbar das Verhältnis der spezifischen Wärmen der beiden Gasarten in der Gasflasche an.

22. Explosionsmethode. Ein entzündbares Gemisch aus den Mengen m_1 und m_2 zweier Gase, z. B. Sauerstoff und Wasserstoff, wird in einer starkwandigen Bombe durch elektrische Zündung explosionsartig zur Verbrennung gebracht; die Verbrennungswärme (vgl. Bd. 9) beider Gase sei Q. Außer den Mengen m_1 und m_2 sei in der Bombe noch ein drittes Gas von der Masse m_3 zugegen, das an der Verbrennung nicht teilnimmt; es kann das entweder ein überhaupt nicht reaktionsfähiges Gas, z. B. Argon, sein oder auch eines der beiden aufeinander einwirkenden Gase, in unserem Beispiel Sauerstoff oder Wasserstoff im Überschuß. Beobachtet werde die Anfangstemperatur t_0 und die Endtemperatur t_1 unmittelbar nach der Explosion, wenn das Gasgemisch noch nicht Zeit gehabt hat, etwas von der entwickelten Wärme an die Gefäßwände oder gar an die Umgebung zu verlieren. Ist c_v die mittlere spezifische Wärme konstanten Volums des Endproduktes der Explosion, im Beispiel diejenige des Wasserdampfes, zwischen t_0 und t_1, ferner c_v' die mittlere spezifische Wärme des an der Reaktion nicht beteiligten Gases zwischen denselben Temperaturgrenzen, so gilt für den Versuch

$$(t_1 - t_0)\,[(m_1 + m_2)\,c_v + m_3\,c_v'] = Q\,.$$

In dieser Gleichung kann je nach der Fragestellung c_v oder c_v' unbekannt sein; beispielsweise könnte bei bekannter spezifischer Wärme c_v' des Argons die spezifische Wärme c_v des Wasserdampfes ermittelt werden. Man kann aber auch durch gegenseitige Variation der Mengen $m_1 + m_2$ und m_3 eine Reihe von Gleichungen der obigen Form aufstellen, aus denen man c_v und c_v' einzeln, gegebenenfalls nach einem Ausgleichungsverfahren berechnet.

---

[1]) Friedr. Voller, Diss. Berlin 1908.
[2]) Max Trautz und Otto Grosskinsky, Ann. d. Phys. (4) Bd. 67, S. 462. 1922.
[3]) Max Trautz und Konrad Hebbel, Ann. d. Phys. (4) Bd. 74, S. 285. 1924.

Die Schwierigkeit der Methode liegt darin, die meist sehr hohe Temperatur t_1 zu finden. Man ermittelt sie indirekt aus dem Explosionsdruck. BUNSEN[1]), welcher die Methode als erster anwandte, verschloß die Explosionsröhre am oberen Ende durch eine aufgeschliffene Glasplatte und belastete diese mittels eines einarmigen Hebels durch Gewichte. Durch wiederholte Versuche mit der gleichen Mischung ermittelte er diejenigen Belastungen, bei welchen der Deckel gerade schon oder gerade noch nicht angehoben wurde und berechnete daraus den Explosionsdruck. BERTHELOT und VIEILLE[2]) maßen den Enddruck an der Beschleunigung, welche ein Kolben erfuhr, der in einer an das Explosionsgefäß angeschlossenen Röhre eingeschliffen war. Die Bewegung des Kolbens wurde auf einer rotierenden berußten Trommel aufgeschrieben und hinterher mit dem Mikroskop ausgemessen. MALLARD und LE CHATELIER[3]) benutzten ein Bourdonsches Manometer elliptischen Querschnitts, das ganz mit Wasser gefüllt war und dessen Ausschläge ebenfalls graphisch fixiert wurden. Infolge der Trägheit des Systems folgte das Manometer den Druckänderungen aber nicht sofort, sondern pendelte um eine Gleichgewichtslage, so daß die wirkliche Druckkurve nur ungenau abzuleiten war. Immerhin korrigierten MALLARD und LE CHATELIER ihre Druckwerte schon daraufhin, daß die Explosion nicht in allen Teilen des Explosionsgefäßes zur selben Zeit vor sich ging und somit der beobachtete Maximaldruck gegen den wahren Explosionsdruck sicher zu klein war. LANGEN[4]) bediente sich zur Messung des Druckverlaufs einer Indikatorfeder, die er vor den Versuchen sorgfältig statisch eichte und auf einer rotierenden Trommel schreiben ließ. PIER[5]) endlich benutzte zur Druckmessung eine statisch geeichte, gewellte Stahlmembran von 0,1 mm Dicke und 5 cm Durchmesser, die sich für eine Atmosphäre einseitig wirkenden Überdruck um 0,1 mm durchbog; die Ausbiegung wurde durch eine masselose Spiegelübertragung vergrößert und photo-

Tabelle 4.

Mittlere spezifische Wärmen c_v in hohen Temperaturen.

Gas	Temperatur	c_v	C_v	Beobachter
Argon	0 bis 2500°	0,0746	2,977	PIER
Wasserstoff	0 ,, 2500	2,89	5,82	,,
Sauerstoff	0 ,, 2100	0,183	5,84	,,
Stickstoff	0 ,, 2500	0,215	6,02	,,
Luft	0 ,, 1500	0,2002	5,803	WOMERSLEY
,, ...	0 ,, 2000	0,2056	5,961	,,
Chlor	0 ,, 1800	0,093	6,60	PIER
Jod	0 ,, 3000	0,049	6,2	BJERRUM
Schweflige Säure .	0 ,, 2000	0,162	10,4	PIER
Kohlensäure . . .	0 ,, 2100	0,238	10,47	,,
,, . . .	15 ,, 2714	0,248	10,9	BJERRUM
,, . . .	0 ,, 1500	0,239	10,50	WOMERSLEY
,, . . .	0 ,, 2000	0,244	10,72	,,
Wasserdampf . . .	0 ,, 2500	0,580	10,44	PIER
,, . . .	15 ,, 2663	0,558	10,05	BJERRUM
,, . . .	15 ,, 3064	0,605	10,89	,,
,, . . .	100 ,, 1500	0,485	8,74	WOMERSLEY
,, . . .	100 ,, 2000	0,649	11,69	,,

[1]) R. BUNSEN, Pogg. Ann. Bd. 81, S. 161. 1850.
[2]) BERTHELOT u. VIEILLE, Ann. chim. phys. (6) Bd. 4, S. 13. 1885.
[3]) MALLARD u. LE CHATELIER, Journ. de phys. (2) Bd. 1, S. 173. 1882.
[4]) ARNOLD LANGEN, Mitt. üb. Forschungsarb. a. d. Geb. d. Ingenieurw. Bd. 8, S. 1. 1903.
[5]) MATHIAS PIER, ZS. f. Elektrochem. Bd. 15, S. 536. 1909; Bd. 16, S. 897. 1910; über die Registrierung schnell verlaufender Druckänderungen vgl. W. NERNST, Berl. Ber. 1915, S. 896. — Neuere Explosionsversuche bei W. D. WOMERSLEY, Proc. Roy. Soc. London (A) Bd. 100, S. 483. 1922.

graphisch registriert. Er hat dadurch die Explosionsmethode zu hoher Vollkommenheit entwickelt und die spezifische Wärme an Argon, Wasserstoff, Stickstoff und Wasserdampf bis 2500°, an Sauerstoff und Kohlensäure bis 2100° gemessen. Bjerrum[1]) erreichte sogar bei Kohlensäure die Temperatur 2700°, bei Wasserdampf über 3000°. Die erhaltenen Resultate sind in Tabelle 4 zusammengestellt.

IV. Bestimmung von $\dfrac{c_p}{c_v}$.

a) Methode der adiabatischen Volumenänderung.

23. Allgemeines. Die Methode wurde zuerst von Clément und Desormes angewendet und später vielfach verbessert. Man denke sich ein Gas in ein Gefäß eingeschlossen, dessen Wände gegen Wärme undurchlässig (adiabatisch) sind, und in dem es den Druck p_0, das Volumen v_0 und die absolute Temperatur T_0 habe. Das Gas möge in dem Gefäß verdichtet oder verdünnt werden, so wird das eine Temperatursteigerung oder -erniedrigung zur Folge haben, welche man entweder unmittelbar messen, oder mittelbar aus der Druckzu- oder -abnahme bzw. aus der Volumenab- bzw. -zunahme erschließen kann. Haben Druck, Volumen und Temperatur im Endzustande die Werte p_1, v_1 und T_1, so regelt sich der Vorgang nach dem sog. Poissonschen Gesetz:

$$\frac{p_1}{p_0} = \left(\frac{v_0}{v_1}\right)^k , \tag{1}$$

wo $k = \dfrac{c_p}{c_v}$ das Verhältnis der spezifischen Wärmen des Gases bedeutet.

Kombiniert man das Poissonsche Gesetz mit dem Mariotte-Gay-Lussacschen Gesetz $\dfrac{p_0 v_0}{T_0} = \dfrac{p_1 v_1}{T_1}$, so ergeben sich noch folgende Ausdrücke:

$$\left(\frac{T_1}{T_0}\right) = \left(\frac{v_0}{v_1}\right)^{k-1} \tag{2}$$

und

$$\left(\frac{T_1}{T_0}\right) = \left(\frac{p_1}{p_0}\right)^{\frac{k-1}{k}} \tag{3}$$

Alle drei Formen des Poissonschen Gesetzes lassen sich zur Bestimmung von k verwenden. Praktische Bedeutung für die Meßtechnik haben die Gleichungen (1) und (3) gewonnen.

24. Bestimmung von $\dfrac{c_p}{c_v}$ durch Messung der Druckänderung. Cazin[2]), F. Kohlrausch[3]) und Röntgen[4]) benutzten die Gleichung (1). Das Versuchsgas befand sich in schwachverdichtetem oder schwachverdünntem Zustande in einem mit Hahn verschlossenen, durch ein Flüssigkeitsbad auf konstanter Temperatur gehaltenen Glasballon, dessen Innendruck man sich durch kurzes Öffnen des Hahnes gegen den Atmosphärendruck plötzlich teilweise ausgleichen ließ. Das v_0 am Anfang des Versuches, das Volumen des Ballons, ist durch

[1]) Niels Bjerrum, ZS. f. phys. Chem. Bd. 79, S. 513 u. 537. 1912.
[2]) Cazin, Ann. chim. phys. (3) Bd. 66, S. 206. 1862.
[3]) F. Kohlrausch, Pogg. Ann. Bd. 136, S. 618. 1869.
[4]) W. C. Röntgen, Pogg. Ann. Bd. 148, S. 580. 1873.

Auswägen oder Ausmessen bekannt; p_0 und p_1 werden mit Hilfe eines Manometers ermittelt; v_1 ergibt sich gleich $\dfrac{p_0 v_0}{p_2}$, wo p_2 den Druck im Ballon bedeutet, nachdem sich die bei der Dilatation oder Kompression entstandene Temperaturänderung infolge Leitung der Ballonwände mit der Badtemperatur ausgeglichen hat. Setzt man diesen Wert für v_1 in die Gleichung (1) ein, so folgt

$$k = \frac{\log p_1 - \log p_0}{\log p_2 - \log p_0}.$$

Wesentlich für den Erfolg der Methode ist die Verwendung eines raschwirkenden Manometers, weil es darauf ankommt, die im Gase auftretenden Druckänderungen sehr schnell zu erfassen; denn nur dadurch kann man der Bedingung der Methode, daß bis zur Messung dieser Druckänderungen keine Wärme durch die Ballonwände hindurchgegangen ist, einigermaßen Rechnung tragen. — Das von KOHLRAUSCH benutzte Metallmanometer erschien für die Versuche noch zu träge; RÖNTGEN verwendete deshalb ein sehr empfindliches, in die Wände des Ballons eingelassenes Membranmanometer, das, um die Luftdruckschwankungen unschädlich zu machen, gegen einen Raum konstanten Druckes spielte. Die große Empfindlichkeit dieses Membranmanometers ermöglichte ein Arbeiten mit kleinen Druck- und somit auch kleinen Temperaturänderungen, wodurch die Wärmeverluste stark verringert wurden. Ein zweiter Weg, die Wärmeverluste herabzudrücken, ist die Verkleinerung des Verhältnisses von Gefäßwand zum Gefäßvolumen, d. h. möglichste Vergrößerung des Ballonvolumens. CAZIN arbeitete mit einem Ballon von 60 l, RÖNTGEN mit einem solchen von 70 l Inhalt. — RÖNTGEN fand bei Zimmertemperatur das Verhältnis der spezifischen Wärme von Luft 1,4053, Kohlensäure 1,3052 und Wasserstoff 1,3852. Der Wert für Luft ist größer, derjenige für Wasserstoff kleiner als die entsprechenden Werte von SCHEEL und HEUSE in Tabelle 3.

25. Bestimmung von $\dfrac{c_p}{c_v}$ durch Messung der Temperaturänderung.
Komprimiert man das zu untersuchende Gas in einem Gefäß bei der Temperatur T_1 auf den Druck p_1 und läßt es dann frei in die Atmosphäre ausströmen, wobei der Druck auf p_0, die Temperatur im Gas auf T_0 sinkt, so sind p_1, p_0 und T_1 leicht zu messen. Schwierigkeiten bietet nur die Ermittlung der Temperatur T_0, weil diese sehr schnell erreicht wird und nur einen ganz kurzen Augenblick bestehen bleibt. LUMMER und PRINGSHEIM[1]), welche die Methode zu hoher Vollkommenheit ausbildeten, benutzten für die Temperaturmessung ein Bolometer, das aus 10 cm langen, 0,2 mm breiten und nur 0,0006 mm dicken Platinstreifen zusammengesetzt und mit sehr feinen Zuleitungen versehen war.

Die Lummer-Pringsheimschen Versuche wurden in einem aus Kupfer getriebenen, nahezu kugelförmigen Ballon von etwa 90 l Inhalt ausgeführt, der sich in einem Bade konstanter Temperatur befand. Bei der Diskussion der Fehlerquellen ihrer Messungen heben die Forscher mit Recht hervor, daß ihre Methode der unter Ziff. 24 beschriebenen gegenüber dadurch im Vorteil sei, daß dank der großen Empfindlichkeit des Bolometers eine Beeinflussung desselben durch Wärmezufuhr von den Wänden des Ballons erst eintritt, nachdem die Expansion beendet und die Temperatur T_0 bereits gemessen ist. Dieser Vorzug der Methode macht sich auch äußerlich dadurch kenntlich, daß die

---

[1]) O. LUMMER u. E. PRINGSHEIM, Wied. Ann. Bd. 64, S. 555. 1898.

Widerstandsänderung des Bolometers innerhalb weiter Grenzen (bei Luft z. B. zwischen 2 und 8 Sekunden) von der Ausflußdauer unabhängig ist. Lummer und Pringsheim fanden das Verhältnis der spezifischen Wärmen bei Zimmertemperatur für Luft 1,4025, Kohlensäure 1,2915, Wasserstoff 1,4084. Die Werte sind für Luft und Kohlensäure etwas kleiner als die von Röntgen (Ziff. 24) gemessenen, für Wasserstoff beträchtlich höher, was wohl darin seine Erklärung findet, daß Röntgens Resultate für Wasserstoff, nach seiner eigenen Angabe, infolge der besseren Wärmeleitfähigkeit dieses Gases erheblich zu klein ausgefallen sind. Mit den Werten von Scheel und Heuse (Ziff. 20) stimmen die Messungen von Lummer und Pringsheim sehr nahe überein.

Die Methode von Lummer und Pringsheim ist später vielfach wiederholt worden, u. a. von Makower[1]), der das Bolometer durch ein Platinthermometer, und Moody[2]), der es mit Erfolg durch ein dünndrähtiges Thermoelement ersetzte.

Beide fanden für Luft bei Zimmertemperatur $\frac{c_p}{c_v} = 1{,}401$, Moody für Kohlensäure 1,300. Sodann Brinkworth[3]), der mit kleineren und wechselnden Gasmengen (35, 75, 300, 700 cm³) arbeitete. Aus der Gesamtheit seiner Messungen leitete er den Wert von $\frac{c_p}{c_v}$ als den Grenzwert für unendlich großes Volumen durch Extrapolation ab. Seine Resultate sind:

für Luft: bei $-118°$ 1,4154; bei $-78°$ 1,4077; bei $+17°$ 1,4032
für Wasserstoff: bei $-183°$ 1,6054; bei $-118°$ 1,4800; bei $-78°$ 1,4427; bei $+17°$ 1,4070.

Endlich seien hier noch die Versuche von Partington[4]) und Partington, und Rowe[5]) genannt: bei 17°: Luft 1,4034, Kohlensäure 1,3022, Stickstoff 1,4045 und Sauerstoff 1,3946. — Makower[1]) schließlich wendete die Methode auf Wasserdampf an. Der Dampf befand sich in einem zylindrischen Kupfergefäß von 9,3 l Inhalt, welches in einem Dampfbade derartig erwärmt wurde, daß der Dampf im Innern des Gefäßes um etwa 10° überhitzt war. Die Temperatur im Dampfbade wurde mittels eines Gasdruckregulators konstant gehalten. Im übrigen waren die Versuche mit Dampf denen mit Luft ähnlich, nur daß besondere Vorsichtsmaßregeln nötig waren, um die Kondensation des Dampfes in den Verbindungsröhren zu verhindern. Das Verhältnis der spezifischen Wärmen des Wasserdampfes ergab sich in zwei Beobachtungsreihen zu 1,307 und 1,304.

b) Akustische Methode.

26. Bestimmung von $\frac{c_p}{c_v}$ aus der Schallgeschwindigkeit. Bezeichnet u die Schallgeschwindigkeit in einem Gase, so wird das Verhältnis der beiden spezifischen Wärmen dieses Gases $k = \dfrac{c_p}{c_v}$

$$k = -\frac{u^2 s}{v \left(\dfrac{\partial p}{\partial v} \right)_T}, \tag{1}$$

[1]) Walther Makower, Phil. Mag. (6) Bd. 5, S. 226. 1903.
[2]) H. W. Moody, Phys. Rev. Bd. 24, S. 275. 1912; Phys. ZS. Bd. 13, S. 383. 1912.
[3]) J. H. Brinkworth, Proc. Roy. Soc. London (A) Bd. 107, S. 510. 1925.
[4]) J. R. Partington, Proc. Roy. Soc. London (A) Bd. 100, S. 27. 1921.
[5]) J. R. Partington u. A. B. Rowe, Proc. Roy. Soc. London (A) Bd. 105, S. 225. 1924.

wo $-v\left(\dfrac{\partial p}{\partial v}\right)_T$ den isothermen Elastizitätskoeffizienten, s das spezifische Gewicht und v das spezifische Volumen des Gases bedeuten. Für ein ideales Gas reduziert sich diese Gleichung auf die einfachere Form:

$$k = \frac{u^2 s}{p}.$$

Die Beziehung (1) liefert ein bequemes Mittel, für ein Gas, dessen Isothermen bekannt sind, aus der gemessenen Schallgeschwindigkeit das Verhältnis der spezifischen Wärmen zu berechnen. Die Methode ist vielfach angewendet worden. Zur Bestimmung der Schallgeschwindigkeit kann natürlich grundsätzlich jedes dafür bekannte Verfahren benutzt werden.

DIXON, CAMPBELL und PARKER[1]) und später DIXON und GREENWOOD[2]) beobachteten die Schallgeschwindigkeit einer großen Anzahl von Gasen teilweise bis 1000° in 14 bis 29 m langen und 25 mm weiten, zu Spiralen aufgewundenen Röhren aus Blei und Quarzglas, die im Wasserbade temperiert oder elektrisch erhitzt wurden. Sie fanden auf diese Weise, daß der Wert von k für Stickstoff zwischen 0 und 1000° von 1,406 bis 1,373, für Kohlensäure zwischen 0 und 600° von 1,310 bis 1,231 und für Methan im gleichen Intervall von 1,304 bis 1,111 abnahm.

In den weitaus meisten Fällen wurde die Schallgeschwindigkeit für die Zwecke der Ermittlung des Verhältnisses der spezifischen Wärmen nach der Kundtschen Methode der Staubfiguren (Näheres hierüber in Bd. 8: Akustik) relativ zu derjenigen der Luft ermittelt, nach welcher KUNDT und WARBURG[3]) das theoretisch gewonnene Resultat, daß das Verhältnis der spezifischen Wärmen bei einatomigen Gasen gleich 5:3 sein müsse, am Quecksilberdampf bestätigten. Aus der großen Zahl späterer derartiger Messungen mögen hier nur noch diejenigen von VALENTINER[4]) hervorgehoben werden, welcher fand, daß bei der Temperatur der flüssigen Luft das Verhältnis von $\dfrac{c_p}{c_v}$ mit dem Druck wächst, und zwar innerhalb der angewandten Grenzen von nahezu 2 at um etwa 5%; ferner von P. P. KOCH[5]), dessen Beobachtungen für kohlensäurefreie atmosphärische Luft bei Zunahme des Druckes von 1 bis 200 at eine Zunahme des Verhältnisses $\dfrac{c_p}{c_v}$ bei 0° von 1,405 auf 1,803, bei $-79{,}3°$ auf 2,277 ergaben; endlich von STRECKER[6]) an Dämpfen (Chlor, Brom, Jod u. a.) bei höheren Temperaturen.

V. Zahlenwerte für die spezifischen Wärmen.

27. Experimentelle Ergebnisse. Außer den bereits im vorstehenden Text, insbesondere in den Tabellen 1 bis 4 aufgeführten Beobachtungsergebnissen, soll im folgenden noch eine kleine Auswahl gesicherter Zahlenwerte der spezi-

[1]) HARALD B. DIXON, COLIN CAMPBELL u. A. PARKER, Proc. Roy. Soc. London (A) Bd. 100, S. 1. 1921.
[2]) HARALD B. DIXON u. GILBERT GREENWOOD, Proc. Roy. Soc. London (A) Bd. 105, S. 199. 1924.
[3]) A. KUNDT u. E. WARBURG, Pogg. Ann. Bd. 157, S. 353. 1876.
[4]) S. VALENTINER, Ann. d. Phys. (4) Bd. 15, S. 74. 1904.
[5]) PETER PAUL KOCH, Abh. d. Bayer. Akad. Bd. 23, S. 377. 1907.
[6]) K. STRECKER, Wied. Ann. Bd. 13, S. 20. 1881; Bd. 17, S. 85. 1882.

fischen Wärmen zusammengestellt werden. Die Gesamtheit der experimentellen Daten findet man in Landolt-Börnsteins Physikalisch-Chemischen Tabellen, 5. Aufl., Berlin: Julius Springer 1923, sowie den zugehörigen Ergänzungsbänden. Dort auch eine vollständige Zusammenstellung der Literatur.

Tabelle 5. Wahre spezifische Wärme chemischer Elemente.

Element	−250°	−190°	+18°	100°	Element	−250°	−190°	+18°	100°
Aluminium .	0,004	0,090	0,214	0,223	Palladium . . .	0,01	0,03	0,059	0,062
Antimon . .	—	0,042	0,047	0,051	Phosphor . . .	—	0,1	0,2	—
Arsen	—	0,060	0,077	—	Platin	0,01	0,02	0,032	0,033
Barium . . .	0,03	0,04	0,07	—	Quecksilber . .	0,01	0,028	0,0333	0,0326
Beryllium . .	0,01	—	0,40	0,45	Rhodium . . .	0,01	0,02	0,058	0,06
Blei	0,014	0,027	0,031	0,032	Rubidium . . .	0,07	0,07	0,08	—
Bor	0,03	0,05	0,3	0,3	Ruthenium . .	—	0,01	0,06	—
Brom	0,04	0,06	0,11	—	Schwefel:				
Chrom . . .	0,01	—	0,11	0,11	rhombisch . .	—	0,0835	0,172	—
Didym . . .	0,03	—	0,04	—	monoklin . .	—	0,0826	0,177	—
Eisen	0,002	0,03	0,11	0,12	Selen:				
Gallium . . .	—	—	0,08	—	kristallinisch .	—	0,05	0,084	—
Germanium .	—	—	0,07	0,08	amorph . . .	—	—	0,095	—
Gold	0,01	0,02	0,031	0,031	Silber	0,0056	0,037	0,055	0,056
Indium . . .	—	—	0,05	0,06	Silizium:				
Iridium . . .	—	0,02	0,032	0,033	metallisch . .	0,001	0,047	0,171	0,19
Jod	0,02	0,04	0,05	—	amorph . . .	—	—	0,179	—
Kadmium . .	0,02	0,04	0,055	0,056	Strontium . . .	—	0,06	—	—
Kalium . . .	—	0,15	0,18	—	Tantal	—	0,02	0,033	0,035
Kalzium . . .	0,013	0,010	0,15	0,17	Tellur	0,02	0,03	0,05	0,05
Kobalt . . .	—	0,05	0,10	0,11	Thallium . . .	0,014	0,027	0,031	0,033
Kohlenstoff:					Thorium	—	0,02	0,03	0,03
Holzkohle .	—	—	0,17	0,23	Titan	—	0,03	0,11	0,12
Graphit . .	0,005	0,024	0,16	0,23	Uran	—	0,02	0,03	0,03
Diamant .	0,000	0,002	0,12	0,19	Vanadium . . .	—	—	0,11	0,12
Kupfer . . .	0,002	0,05	0,091	0,095	Wismut	0,016	0,028	0,029	0,030
Lanthan . . .	—	0,04	0,04	0,05	Wolfram . . .	0,01	0,02	0,033	0,035
Lithium . . .	—	0,3	0,8	1,0	Zäsium	—	0,05	0,05	—
Magnesium .	0,01	0,16	0,25	0,26	Zer	0,03	—	0,04	0,05
Mangan . . .	—	0,05	0,12	0,13	Zink	0,01	0,064	0,092	0,095
Molybdän . .	—	0,03	0,062	0,07	Zinn	0,02	0,04	0,052	0,056
Natrium . . .	0,10	0,21	0,30	0,32	grau	—	0,032	0,050	—
Nickel	0,01	0,05	0,106	0,116	weiß	—	0,039	0,053	—
Osmium . . .	0,00	0,01	0,03	—	Zirkon	—	0,03	0,06	0,07

Tabelle 6. Wahre spezifische Wärme anorganischer Stoffe bei 18°.

Stoff	Formel	c_p	Stoff	Formel	c_p	Stoff	Formel	c_p
Aluminiumoxyd .	Al_2O_3	0,19	Kupferoxydul .	Cu_2O	0,11	Natriumnitrat .	$NaNO_3$	0,26
Bleidichlorid . .	PbO_2	0,065	Kupfersulfat . .	$CuSO_4$	0,15	Quecksilberjodid	HgJ_2	0,04
Bleioxyd . . .	PbO	0,051	,, . .	$+ H_2O$	0,18	Quecksilberjodür	HgJ	0,035
Bleisuperoxyd .	PbO_2	0,064	,, . .	$+ 3H_2O$	0,23	Silberbromid . .	$AgBr$	0,07
Chromoxyd . .	CrO_3	0,18	,, . .	$+ 5H_2O$	0,27	Silberchlorid . .	$AgCl$	0,09
Kaliumbromid .	KBr	0,10	Lithiumchlorid .	$LiCl$	0,28	Silberjodid . . .	AgJ	0,05
Kaliumchlorid .	KCl	0,16	Magnesiumchlorid	$MgCl_2$	0,19	Siliziumdioxyd .	SiO_2	0,18
Kaliumfluorid .	KF	0,20	Magnesiumoxyd .	MgO	0,23	Thalliumchlorid	$TlCl$	0,05
Kaliumjodid . .	KJ	0,08	Manganoxyd . .	Mn_2O_3	0,16	Zerdioxyd . . .	CeO_2	0,09
Kaliumnitrat . .	KNO_3	0,22	Mangansuperoxyd	MnO_2	0,16	Zinkoxyd . . .	ZnO	0,12
Kalziumkarbonat	$CaCO_3$	0,19	Natriumbromid .	$NaBr$	0,12	Zinksulfat . . .	$ZnSO_4$	0,17
Kalziumoxyd . .	CaO	0,18	Natriumchlorid .	$NaCl$	0,20	,, . . .	$+ H_2O$	0,19
Kupferjodid . .	CuJ	0,06	Natriumfluorid .	NaF	0,26	,, . . .	$+ 6H_2O$	0,30
Kupferoxyd . .	CuO	0,13	Natriumjodid . .	NaJ	0,08	,, . . .	$+ 7H_2O$	0,35

Tabelle 7. Wahre spezifische Wärme organischer Stoffe bei 18°.

Stoff	Formel	c_p	Stoff	Formel	c_p	Stoff	Formel	c_p
Äthyläther . . .	$C_4H_{10}O$	0,56	Chlorbenzol . .	C_6H_5Cl	0,31	Naphthylamin .	$C_{10}H_7NH_2$	0,32
Äthylalkohol . .	C_2H_6O	0,58	Chloroform . .	$CHCl_3$	0,23	Nitrobenzol . .	$C_6H_5NO_2$	0,34
Äthylazetat . .	$C_4H_8O_2$	0,48	m-Chlortoluol .	C_7H_7Cl	0,35	Nonan	C_9H_{20}	0,50
Äthylbromid . .	C_2H_5Br	0,22	Dekan	$C_{10}H_{22}$	0,50	Oktan	C_8H_{18}	0,51
Äthylchlorid . .	C_2H_5Cl	0,43	Essigsäure . . .	$C_2H_4O_2$	0,50	Oxalsäure . . .	$C_2H_2O_4$	0,27
Äthyljodid . . .	C_2H_5J	0,16	Glykol	$C_2H_6O_2$	0,56	Pentan	C_5H_{12}	0,52
Äthylsulfid . .	$C_4H_{10}S$	0,48	Glyzerin	$C_3H_8O_3$	0,58	Phenol	C_6H_6O	0,56
Ameisensäure .	CH_2O_2	0,52	Heptan	C_7H_{16}	0,48	Propionsäure . .	$C_3H_6O_2$	0,51
i-Amylalkohol .	$C_5H_{12}O$	0,57	Hexadekan . .	$C_{16}H_{34}$	0,50	Propylalkohol .	C_3H_8O	0,57
Anilin	C_6H_7N	0,50	Hexan	C_6H_{14}	0,50	Pyridin	C_5H_5N	0,40
Azeton	C_3H_6O	0,52	Kohlenstoff-			Rohrzucker . .	$C_{12}H_{22}O_{11}$	0,30
Benzol	C_6H_6	0,41	dichlorid . .	C_2Cl_4	0,20	Schwefelkohlen-		
Benzophenon : kr.	$C_{13}H_{10}O$	0,30	Kohlenstoff-			stoff	CS_2	0,24
glasig . . .	,,	0,38	tetrachlorid .	CCl_4	0,20	Stearinsäure . .	$C_{18}H_{36}O_2$	0,40
Bernsteinsäure .	$C_4H_6O_4$	0,27	p-Kresol	C_7H_8O	0,48	Terpentinöl . .	$C_{10}H_{16}$	0,42
Bromoform . .	$CHBr_3$	0,12	Methylalkohol .	CH_4O	0,60	Tetradekan . .	$C_{14}H_{30}$	0,50
Buttersäure . .	$C_4H_8O_3$	0,50	Methylformiat .	$C_2H_4O_2$	0,51	Toluol	C_7H_8	0,40
i-Butylalkohol .	$C_4H_{10}O$	0,6	Methyloxalat . .	$C_2O_4(CH_3)_2$	0,31	Traubenzucker .	$C_6H_{12}O_6$	0,29
Chloral	C_2HCl_3O	0,24	Naphthalin . .	$C_{10}H_8$	0,31	Undekan . . .	$C_{11}H_{24}$	0,50

Kapitel 7

Die Bestimmung der freien Energie.

Von

FRANZ SIMON, Berlin.

Mit 17 Abbildungen.

I. Einleitung.

1. Der stabilste Zustand eines Systems bei einer bestimmten Temperatur und bei einem bestimmten Volumen ist der, bei dem die freie Energie ein Minimum aufweist. Wir wollen, der Terminologie folgend, die in der physikalischen Chemie, dem praktisch häufigsten Anwendungsgebiet der Thermodynamik, üblich ist, die Abnahme der freien Energie eines Systems A_v, die Abnahme der Gesamtenergie U_v nennen und erhalten dann (wegen der Ableitung der hier verwandten Formeln sei auf die Artikel HERZFELD und BENNEWITZ ds. Handb. IX verwiesen):

$$A_v = U_v + T \cdot \Delta S \qquad (\Delta S = \text{Zunahme der Entropie}). \qquad (1)$$

Praktisch realisierbar sind Reaktionen konstanten Volumens nur bei Gasen, bei Kondensaten ist der fast allein vorkommende Fall der der Reaktionen bei konstantem Druck. Unter diesen Verhältnissen ist der stabilste Zustand der des Minimums des thermodynamischen Potentials. Wenn man in der Literatur solche Fälle sehr oft mit Hilfe der freien Energie behandelt sieht, so ist dies eine Ungenauigkeit, jedoch nur des Namens, keine der Sache, da die in Wirklichkeit gemessenen Werte auf das thermodynamische Potential führen. Wir nennen die Abnahme des thermodynamischen Potentials A_p und erhalten, wenn wir mit U_p die Größe $U_v - p\Delta V$ bezeichnen:

$$A_p = U_v + T \cdot \Delta S - p \cdot \Delta V = U_p + T \cdot \Delta S. \qquad (2)$$

Zunächst noch einige Bemerkungen zur Nomenklatur. Statt von der Abnahme z. B. der freien Energie eines Systems bei einem bestimmten Prozeß spricht man kurz von der freien Energie dieses Prozesses. Die Unterscheidung der freien Energie und des thermodynamischen Potentials eines Prozesses nur durch den Index wurde gewählt, einmal, um dem oben erwähnten sehr eingebürgerten Sprachgebrauch entgegenzukommen, ferner weil beide Größen sich jedenfalls bei kondensierten Systemen numerisch nur sehr wenig unterscheiden, und schließlich weil fast alle Formeln sich ohne Index als für beide Größen gültig schreiben lassen. Wir werden im folgenden zur Abkürzung unter „freier Energie eines Prozesses" A_v und A_p zusammenfassend verstehen. Es sei noch erwähnt, daß man bei chemischen Reaktionen die Größe A auch die chemische Affinität der Reaktion nennt. (Siehe dazu den Artikel BENNEWITZ ds. Handb. IX.) Die freie Energie einer Substanz wird zum Unterschied gegen die freie Energie eines Prozesses mit F bezeichnet. (S. Ziff. 10.)

Das folgende Kapitel behandelt die experimentelle Bestimmbarkeit der freien Energie. Ausgangspunkt ist die sogenannte HELMHOLTZsche Gleichung:

$$A_v - U_v = T \cdot \Delta S = T\left(\frac{\partial A_v}{\partial T}\right)_v \tag{3}$$

resp.

$$A_p - U_p = T \cdot \Delta S = T\left(\frac{\partial A_p}{\partial T}\right)_p. \tag{4}$$

Da die Änderung von U_v und U_p mit der Temperatur durch die Molekular-Wärmen C_v und C_p gegeben ist (KIRCHHOFFsches Gesetz), so kennt man A in dem Temperaturbereich, in dem die spezifischen Wärmen bekannt sind, wenn ein Wert von U und einer von A gemessen ist. Die experimentelle Methodik der Messung von Wärmetönungen ist im Artikel JAEGER ds. Handb. IX, der der spezifischen Wärmen im Artikel SCHEEL ds. Band. Kap. 6 dargestellt. Im ersten Teil dieses Kapitels wird die direkte experimentelle Bestimmbarkeit der freien Energie behandelt, und zwar nur kurz zusammenfassend, da die Methoden in anderen Abschnitten dieses Bandes und des Bandes IX ds. Handb. ausführlich wiedergegeben sind.

Der zweite Teil beschäftigt sich mit der Berechnung der freien Energie aus thermischen Daten, die durch das NERNSTsche Theorem ermöglicht ist. Dieses setzt bekanntlich für kondensierte Reaktionen das bei der Integration der Gleichungen (3) und (4) auftretende Glied const. T gleich Null, so daß die Kenntnis der Wärmetönung bei einer Temperatur und der spezifischen Wärmen bis zum absoluten Nullpunkt zur Beherrschung der Stabilitätsverhältnisse bei allen Temperaturen führt. Da die Dinge hier noch im Fluß sind, so ist dieser Abschnitt ausführlicher gehalten. Es wurde Wert darauf gelegt, das vorliegende Material möglichst vollständig aufzuführen.

II. Experimentelle Bestimmung der freien Energie.

2. Bestimmung der Gleichgewichtstemperatur. Bei monovarianten Systemen verläuft die Reaktion unterhalb einer bestimmten, nur vom Druck abhängigen Temperatur, vollkommen in der einen Richtung, oberhalb in der anderen. Die Ermittlung dieser Temperatur ergibt uns also den Wert $A = 0$. Soweit nicht, wie z. B. bei Aggregatzustandsänderungen, schon der Augenschein genügt, kann zu ihrer Bestimmung jede Eigenschaft dienen, die sich beim Umsatz ändert. Am häufigsten werden die Volumenänderung und die thermische Methode benutzt.

Bei der Methode der Volumenänderung bringt man die Reaktionsteilnehmer — zur Vermeidung von Reaktionsverzögerungen schon mit den Reaktionsprodukten gemischt — in ein Dilatometer und verfolgt dessen Anzeige mit der Änderung der Temperatur. Am Übergangspunkt ändert diese sich sprunghaft. Ist die Reaktion sehr träge, dann läßt man das Dilatometer längere Zeit auf verschiedenen Temperaturen und stellt fest, bei welchen eine Volumenvergrößerung bzw. eine Volumenverkleinerung auftritt. Auf diese Weise gelingt meist die Einengung auf ein kleines Temperaturbereich.

Die thermische Methode beruht darauf, daß am Umwandlungspunkt ein Wärmeeffekt auftritt. Führt man dem System also kontinuierlich Wärme zu oder entzieht sie ihm, dann wird sich auf der Temperatur-Zeitkurve die Umwandlungstemperatur als Haltepunkt bemerkbar machen (s. Artikel Körber ds. Band. Kap. 2).

In neuerer Zeit verwendet man auch mit Erfolg die Kristallstrukturbestimmung mit Röntgenstrahlen nach der Debye-Scherer-Methode. Man macht Aufnahmen bei verschiedenen Temperaturen und stellt fest, wann neue Linien, die auf neue Gitter schließen lassen, auftreten. Naturgemäß wird man sich dieser Methode nur bedienen, wenn die anderen versagen.

Bei Einstoffsystemen sind die Möglichkeiten noch mannigfaltiger, außer den oben erwähnten Methoden kommen hauptsächlich noch optische (Änderung des Brechungsindex, der Lichtabsorption, der Doppelbrechung) und bei Metallen elektrische (Änderung der Leitfähigkeit, des Temperaturkoeffizienten der Thermokraft) in Frage.

3. Elektrische Bestimmung der freien Energie. Eine Anzahl von Reaktionen läßt sich so leiten, daß mit ihrem Ablauf die reversible Erzeugung elektrischer, also freier Energie verbunden ist. Dies geschieht in den reversiblen galvanischen Elementen. Die Elektroden dieser Elemente laden sich auf eine bestimmte Potentialdifferenz π gegeneinander auf, die den Ablauf der Reaktion gerade verhindert. Verkleinert man sie, indem man für Ausgleich der Ladungen sorgt, dann geht die Reaktion vor sich, vergrößert man sie durch Anlegung einer höheren Spannung, dann verläuft sie in der anderen Richtung. Durch Stromentnahme unter einer unendlich wenig unter π liegenden Spannung kann der Umsatz also reversibel vollzogen werden. Die dabei geleistete Arbeit ist, da bei Umsatz eines g-Äquivalents 96 494 Coulomb transportiert werden, bei $n\,g$-Äquivalenten

$$A = \pi \cdot n \cdot 96\,494 \text{ Joule} = \pi \cdot n \cdot 23\,062 \text{ cal.} \tag{6}$$

(Umrechnungsfaktor von Joule in cal = 0,2390). Dieser Ausdruck gibt die freie Energie der stromliefernden Reaktion natürlich nur dann wieder, wenn im Element keine sonstigen Veränderungen zurückbleiben, wie z. B. Konzentrationsänderungen in den flüssigen Phasen. Ist dies doch der Fall, dann ist die entsprechende osmotische Arbeit zu berücksichtigen. (Einige Beispiele zu diezer Ziffer sind in Ziff. 17 ds. Abschnitts behandelt.)

4. Isotherme Destillation. Die Berechnung der Änderung der freien Energie nach der Methode der isothermen Destillation ist ein Spezialfall der in den folgenden Ziffern behandelten allgemeinen Methode. Wegen seiner häufigen Verwendung und leichten Durchsichtigkeit sei er jedoch schon hier einzeln besprochen. Nehmen wir z. B. zwei Modifikationen einer Substanz, dann können wir diese isotherm und reversibel folgendermaßen ineinander überführen. Man verdampft ein Mol der Modifikation a und gewinnt dabei die Arbeit $A_1 = p_a (V_a - v_a)$ (p = Sättigungsdruck, V = Volumen des Dampfes, v = Volumen des Kondensats). Dann bringt man es isotherm auf den Druck p_b der anderen Modifikation und gewinnt dabei die Arbeit $A_2 = \int_{V_a}^{V_b} p\,dV$. Schließlich komprimiert man es unter diesem Druck über der Modifikation b, auf der es sich nun kondensiert, und gewinnt dabei die Arbeit $A_3 = -p_b (V_b - v_b)$. Rechnen wir nun mit der Zustandsgleichung $pV = RT$ und vernachlässigen wir das Volumen des Kondensats gegen das des Gases, dann wird $A_1 = -A_3 = RT$, und es bleibt

$$A = A_2 = RT \int_{V_a}^{V_b} \frac{dV}{V} = RT \ln \frac{V_b}{V_a} = RT \ln \frac{p_a}{p_b}. \tag{7}$$

Die instabile Modifikation hat also den höheren Dampfdruck.

Diese Arbeit bezieht sich auf eine Substanzmenge von einem Mol des Gases, die Molekulargröße im Gase muß daher bekannt sein. Wollen wir, wie dies üblich ist, die freie Energie in Kalorien messen, dann muß für R der Wert 1,986 cal/grad eingeführt werden. Ferner rechnet man nicht mit natürlichen Logarithmen, sondern mit dekadischen, infolgedessen ist die rechte Seite von Gleichung (7) mit dem Modul 2,3026 zu multiplizieren, so daß sie jetzt lautet

$$A = 2,3026 \; 1,986 \, T \, \lg_{10} \frac{p_a}{p_b} = 4,573 \, T \, \lg_{10} \frac{p_a}{p_b}. \tag{8}$$

So hat z. B. unterkühltes Wasser von $-16°$ C einen Dampfdruck von 1,315 mm und Eis derselben Temperatur einen solchen von 1,128 mm. Ferner ist bekannt, daß bei diesen Temperaturen und Druckverhältnissen die Molekulargröße des Wassers im Gaszustand $= H_2O$ ist und daß es der idealen Gasgleichung gehorcht. Wir erhalten also für die Überführung eines Mols $= 18$ g unterkühlten Wassers in Eis bei $-16°$ C eine Änderung der freien Energie von

$$A = 4,573 \; 257,1 \, \lg_{10} \frac{1,315}{1,128} = 78,3 \; \text{cal}.$$

Gehorcht die Substanz nicht der idealen Gasgleichung, hat man es also mit hohen Drucken zu tun[1]), dann muß statt $V = \dfrac{R \, T}{p}$ die gemessene Isotherme eingeführt werden (s. dazu Artikel VAN DER WAALS ds. Band. Kap. 3). Die Integration führt man in diesem Fall am einfachsten graphisch aus.

Auf die gleiche Weise läßt sich die freie Energie der Umwandlung zweier Modifikationen ineinander berechnen, wenn ihre Löslichkeiten in einem Lösungsmittel bekannt sind. Da die verdünnten Lösungen auch der idealen Gasgleichung gehorchen, so erhält man genau die gleiche Formel, die, wenn die Löslichkeiten in Konzentrationen (c) gemessen sind, jetzt lautet

$$A = R \, T \ln \frac{c_a}{c_b} = 4,573 \, T \, \lg_{10} \frac{c_a}{c_b} \; \text{cal}. \tag{9}$$

In diesem Fall muß also die Molekulargröße in der Lösung bekannt sein.

Die gleichen Betrachtungen lassen sich anstellen, wenn das Kondensat keine reine Substanz, sondern eine Lösung ist. Wir wollen uns hier auf den Fall beschränken, daß nur einer der Bestandteile einen merklichen Dampfdruck hat (für den allgemeinen Fall s. den Artikel KOHNSTAMM ds. Band. Kap. 4). Ist die Lösung gesättigt, dann kommen wir wieder zu Formel (7), der Druck ist ja dann nur eine Funktion der Temperatur. Führt man beispielsweise den Prozeß für eine gesättigte Kochsalzlösung durch, dann wird beim Verdampfen eines Mols Wasser die entsprechende Kochsalzmenge ausfallen, und man kann aus dem Verhältnis der Wasserdampfspannung des reinen Wassers zu der über der Lösung die freie Energie des Lösungsvorgangs berechnen.

Handelt es sich nicht um gesättigte Lösungen, ist also die Zusammensetzung der kondensierten Phase und damit der Dampfdruck (p') über ihr variabel, dann muß die Abhängigkeit des Dampfdrucks von der Konzentration experimentell gegeben sein. In Formel (7) ist p' als eine Funktion der Molzahl n des flüchtigen Stoffes einzuführen und sie nimmt damit folgende Form an:

$$A = R \, T \int_{n_1}^{n_2} \ln \frac{p}{p'} \, dn = R \, T \left[(n_2 - n_1) \ln p - \int_{n_1}^{n_2} \ln p' \, dn \right],$$

---

[1]) Im allgemeinen kann man rechnen, daß bis zu Drucken von $^1/_{100}$ des kritischen — das ist durchschnittlich eine Atmosphäre — die Abweichungen des gesättigten Dampfes vom idealen Gaszustand kleiner als 1% sind. S. dazu die NERNSTsche Zustandsgleichung Ziff. 31.

wobei $p' = f(n)$ ist und p den Dampfdruck der reinen flüchtigen Substanz bedeutet. p' ist experimentell meist als Funktion der Gewichtsprozente des gelösten Stoffes angegeben, die Umrechnung auf die Zahl Mole des flüchtigen Bestandteils macht keine Schwierigkeiten. Die Integration erfolgt am einfachsten graphisch, man trägt $\lg p'$ oder $\lg \dfrac{p}{p'}$ als Funktion von n auf und zählt die Quadrate aus.

In Abb. 1 ist dies für den Fall der Glyzerin-Wasserlösung ausgeführt. p ist der Dampfdruck über Eis, p' der über der Lösung, n die Anzahl Mole Wasser,

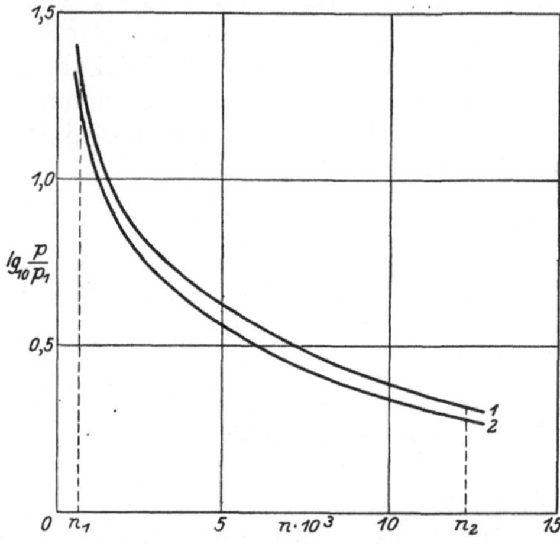

Abb. 1. Wasserdampfdrucke über Glyzerin-Wasserlösungen.

die sich in 1 g Glyzerin befinden. Kurve 1 gilt für die Temperatur $-10°$, 2 für $-20°$. Zwischen $n_1 = 0,00073$, $n_2 = 0,01230$ ausgeführt, ergibt die Auszählung 0,00680 bzw. 0,00663, d. h. also die freie Energie der Auflösung von $n_2 - n_1 = 0,0116$ Molen $= 0,208$ g Eis in 1 g Glyzerin, das schon 0,013 g Wasser enthält, ist $A_{263} = 8,17$, $A_{253} = 7,68$ cal.

5. Gas- und Lösungsgleichgewichte. Allgemeine Bemerkungen. Treten bei der Reaktion Phasen variabler Zusammensetzung auf, dann ist die freie Energie der Reaktion gegeben durch die Anfangs- und Endkonzentrationen der Reaktionsteilnehmer gegen die im Gleichgewicht. Für die freie Energie der Reaktion

$$v_1 a_1 + v_2 a_2 \ldots + n_1 A_1 + n_2 A_2 \ldots = v_1' a_1' + v_2' a_2' \ldots + n_1' A_1' + n_2' A_2' \ldots$$

(a bzw. a' kondensierte Substanzen, A bzw. A' gasförmige, v und n Molzahlen) erhält man bei Gültigkeit der Zustandsgleichung $pV = RT$. (S. Artikel Herzfeld ds. Handb. IX.)

$$A_v = RT\left(\ln\frac{C_1^{n_1} \cdot C_2^{n_2} \ldots}{C_1'^{n_1'} \cdot C_2'^{n_2'} \ldots} - \ln\frac{c_1^{n_1} \cdot c_2^{n_2} \ldots}{c_1'^{n_1'} \cdot c_2'^{n_2'} \ldots}\right), \tag{10}$$

$$A_p = RT\left(\ln\frac{P_1^{n_1} \cdot P_2^{n_2} \ldots}{P_1'^{n_1'} \cdot P_2'^{n_2'} \ldots} - \ln\frac{p_1^{n_1} \cdot p_2^{n_2} \ldots}{p_1'^{n_1'} \cdot p_2'^{n_2'} \ldots}\right). \tag{11}$$

Dabei bedeuten P und C bzw. p und c die Partialdrucke und Konzentrationen der gasförmigen (bei Lösungen der gelösten) Reaktionsteilnehmer, und zwar die großgeschriebenen die am Anfang und Ende der Reaktion, die kleingeschriebenen die im Gleichgewicht. Die Konstanten

$$K_p = \frac{p_1^{n_1} \cdot p_2^{n_2} \ldots}{p_1'^{n_1'} \cdot p_2'^{n_2'} \ldots} \quad \text{und} \quad K_c = \frac{c_1^{n_1} \cdot c_2^{n_2} \ldots}{c_1'^{n_1'} \cdot c_2'^{n_2'} \ldots}$$

(Gleichgewichtskonstanten) sind nur von der Temperatur abhängig (Massenwirkungsgesetz). Geht man von den Anfangs- bzw. Endkonzentrationen 1 aus, dann wird

$$A_p = -RT \ln K_p = -4{,}573\, T \lg_{10} K_p, \tag{12}$$

$$A_v = -RT \ln K_c = -4{,}573\, T \lg_{10} K_c. \tag{13}$$

Als besonders einfaches Beispiel sei die freie Energie der Umwandlung zweier Modifikationen a und b ineinander behandelt. Die freie Energie der Verdampfung ist nach Gleichung (12), da K_p sich in diesem Fall auf p reduziert, $-RT\ln p_a$ für die eine und $-RT\ln p_b$ für die andere. Die Differenz $RT\ln\dfrac{p_a}{p_b}$ ist also die freie Energie der Umwandlung, wie dies schon in Ziffer 4 abgeleitet war.

Es kommt also darauf an, die Konzentrationen der Teilnehmer im Gleichgewicht zu bestimmen. Die direkte chemische Analyse des Gemisches kommt im Allgemeinen nicht in Betracht, da durch Herausnahme eines Bestandteiles das Gleichgewicht sich verschiebt, so daß dieser wieder nachgeliefert wird. Nur in einigen Fällen sehr geringer Reaktionsgeschwindigkeit erreicht man so das Ziel, ferner wenn es gelingt, das Reaktionsgemisch so schnell in einen Zustand sehr kleiner Reaktionsgeschwindigkeit zu überführen (z. B. durch Abschreckung auf tiefe Temperaturen oder durch Änderung des Lösungsmittels), daß innerhalb dieser Zeit keine Konzentrationsveränderungen auftreten. Als Analysenmethoden kommen jedoch alle die in Frage, die das Gemisch unverändert lassen und darauf beruhen, daß irgendeine physikalische Eigenschaft (z. B. Lichtabsorption, Brechungsindex, bei Auftreten geladener Teilchen die elektrische Leitfähigkeit) gemessen wird.

Zunächst noch einige Bemerkungen für die Ziff. 6—8.

In seltenen Fällen läßt sich die Gleichgewichtskonstante auf kinetischem Wege errechnen, nämlich wenn es gelingt, die Geschwindigkeitskonstanten der Reaktion in beiden Richtungen zu messen, ihr Verhältnis ist gleich der Gleichgewichtskonstanten.

Ferner läßt sich ein neues Gleichgewicht aus anderen festlegen, wenn in diesen zum Teil die gleichen Substanzen auftreten. So hat z. B. NERNST aus den Reaktionen

1. $2\,\mathrm{Cl}_2 + 2\,\mathrm{H}_2\mathrm{O} = 4\,\mathrm{HCl} + \mathrm{O}_2$ und
2. $\mathrm{Cl}_2 + \mathrm{H}_2 = 2\,\mathrm{HCl}$

die Wasserdampfdissoziation $2\,\mathrm{H}_2\mathrm{O} = 2\,\mathrm{H}_2 + \mathrm{O}_2$ errechnet. Die freie Energie dieser Reaktion ergibt sich, indem man die doppelte der zweiten von der der ersten abzieht. Entsprechend findet man für die Gleichgewichtskonstante

$$\ln K = \ln K_1 - 2\ln K_2 \quad \text{bzw.} \quad K = \frac{K_1}{K_2^2}.$$

Bei allen Methoden muß man durch Veränderung der apparativen Versuchsbedingungen sowohl wie durch Variationen der Konzentrationen der Teilnehmer — und zwar auch so weit, daß man sich dem Gleichgewicht von verschiedenen Seiten nähert — feststellen, ob man für die Gleichgewichtskonstante bei einer Temperatur immer den gleichen Wert erhält. Dies in Verbindung mit der Feststellung, daß die gemessene Temperaturabhängigkeit der Gleichgewichtskonstante den theoretisch vorauszusehenden Betrag hat (s. Ziff. 9), gibt erst die Gewißheit für eine einwandfreie Messung.

6. Homogene Gasgleichgewichte. Die Hauptschwierigkeit der Untersuchung von Gasreaktionen liegt darin begründet, daß bei ihnen erst bei hohen Temperaturen merkliche Umsetzungsbeträge erreicht werden (die Erklärung dafür gibt das NERNSTsche Theorem, s. Ziff. 31). Die Untersuchungsmethoden für Gasreaktionen bei hohen Temperaturen sind im wesentlichen von NERNST[1], HABER[2] und BODENSTEIN[3] ausgebildet worden. Für die näheren Einzelheiten

---

[1] S. die Zusammenstellung NERNST, Theoretische Chemie, 8.—10. Aufl. Stuttgart 1921, S. 758.
[2] F. HABER, Thermodynamik technischer Gasreaktionen. München u. Berlin 1905.
[3] M. BODENSTEIN, Abhandlungen in der ZS. f. phys. Chem. und ZS. f. Elektrochem. von dem Jahr 1894 ab.

der jetzt im Prinzip zu besprechenden Methoden siehe die Arbeiten dieser Autoren sowie die ausführliche Zusammenstellung in dem Buche von Jellinek[1]).

Statische Methoden. Geht die Reaktion unter Veränderung der Molekülzahl vor sich, dann kann man ihren Stand daran erkennen, wie groß bei konstantem Druck das Volumen oder bei konstantem Volumen der Druck ist. Die erstere Methode wird meist in Form des Victor Meyerschen Dampfdichteapparates, dessen Methodik für hohe Temperaturen (Verwendung von Iridium als Material) von Nernst ausgebildet wurde, angewandt. Die bei der ersteren Methode — Druckmessung bei konstantem Volumen — auftretende Schwierigkeit, ein Manometer zu verwenden, das sowohl gegen chemisch sehr aktive Stoffe beständig ist, wie auch auf hohe Temperaturen gebracht werden kann, überwand Bodenstein durch Konstruktion des Quarzglasspiralmanometers.

Die Methode der halbdurchlässigen Wand (Löwenstein) beruht darauf, daß in einem in das Reaktionsgefäß gebrachten Rohr, das aus einem für einen der reagierenden Bestandteile halbdurchlässigen Material gefertigt ist, sich der Partialdruck dieses Reaktionsteilnehmers einstellt. Diese Methode ist aber nur für die Reaktionen, an denen Wasserstoff sich beteiligt, verwendbar, weil nur für diesen ein durchlässiges Material im Platin oder bei sehr hohen Temperaturen im Iridium besteht.

Sehr hohe Temperaturen lassen sich mit der Explosionsmethode (Nernst) erreichen, bei der man zugleich die Schwierigkeit gasdichten Materials für hohe Temperaturen dadurch umgeht, daß die hohe Temperatur nur sehr kurze Zeit besteht und sich der Gefäßwand gar nicht mitteilt. Man erzeugt sie durch Einleiten einer Reaktion bekannter Wärmetönung, Gegenstand der Messung ist der Maximaldruck der Explosion. Dieser hängt von der Zahl der Moleküle und der Temperatur ab, die letztere wiederum außer von der Wärmetönung der Einleitungsreaktion von den spezifischen Wärmen der Gase und den eventuell auftretenden Wärmetönungen. Durch Variation der Versuchsbedingungen (verschiedene Ausgangsmengen, Hinzufügen wechselnder Mengen indifferenter Gase usw.) lassen sich dann nach nicht immer ganz einfachen Rechnungen die Gleichgewichtsdaten ableiten.

Das Miterhitzen der Gefäßwand wird ebenfalls vermieden bei der Methode des erhitzten Katalysators (Nernst). Befindet sich an einer Stelle eines Gasgemisches ein erhitzter Katalysator, dann wird im Laufe der Zeit sich im ganzen Raum infolge Diffusion und Konvektion das der Katalysatortemperatur entsprechende Gleichgewicht einstellen, falls bei der Temperatur des Gefäßes die Rückbildungsgeschwindigkeit sehr klein ist.

Dynamische Methode. Wenn man das Gasgemisch von der Gleichgewichtstemperatur sehr schnell auf eine solche herunterbringt, bei der die Reaktionsgeschwindigkeiten verschwindend klein sind, kann man durch chemische Analyse die Gleichgewichtszusammensetzung ermitteln. Man erreicht dies beispielsweise, indem man das Gas im kontinuierlichen Strom aus dem Reaktionsraum in einen gekühlten Teil (meist eine Kapillare) übergehen läßt, in dem infolge der großen Strömungsgeschwindigkeit die Abkühlung sehr schnell erfolgt (kaltwarmes Rohr, Strömungsmethode, Deville, Nernst). Immerhin muß das Gas eine Temperatur zwischen Reaktions- und Kühltemperatur durchlaufen, bei der die Reaktionsgeschwindigkeit noch merklich ist, so daß eine Verschiebung des Gleichgewichts auftreten kann. Durch richtige Dimensionierung des Apparates läßt sich aber dieser Fehler für den Bereich bestimmter

---

[1]) K. Jellinek, Physikalische Chemie der Gasreaktionen. Leipzig 1913.

Strömungsgeschwindigkeiten verschwindend klein machen (s. NERNST, l. c.). In sehr eleganter Weise wird diese Bedingung erfüllt, wenn man in den Reaktionsraum einen Katalysator bringt, allerdings besteht dann die Gefahr, daß durch den Gasstrom Teilchen von ihm in den kalten Teil der Apparatur mitgerissen werden.

Hier sei noch darauf hingewiesen, daß RIESENFELD[1]) in einem Falle kürzlich glaubte zeigen zu können, daß bei sehr hohen Strömungsgeschwindigkeiten im kaltwarmen Rohre keine Gleichgewichtskonzentrationen erhalten werden. Die freie Energie der Strömung war so groß, daß sie der der Reaktion vergleichbar wurde, und dies brachte auf eine im einzelnen noch unbekannte Weise (vielleicht Abreißen adsorbierter Schichten, in denen ja. ein anderes Gleichgewicht herrscht) eine Verschiebung der Konzentration hervor.

Schließlich sei noch auf die hauptsächlich von HABER (l. c.) durchgeführten Gleichgewichtsmessungen an brennenden Flammen verwiesen. Die Hauptschwierigkeit besteht hier in der Bestimmung der Flammentemperatur.

7. Heterogene Gasgleichgewichte. In sinngemäßer Veränderung wird ein Teil der obigen Methoden benutzt. Bei monovarianten Systemen kommt die Messung auf die des Dampfdrucks (Einstoffsystem) bzw. die des Dissoziationsdrucks heraus.

Die dynamische Methode wird in der Weise verwendet, daß über eine gewogene Menge der kondensierten Phase ein Strom der an der Reaktion teilnehmenden Gase geleitet wird. Die Gewichtsveränderung dieser oder die Veränderung der Zusammensetzung der Gasphase ergibt die Gleichgewichtsverhältnisse. Man benutzt die Methode auch, indem man ein indifferentes Gas über das Kondensat streichen läßt, das sich dabei mit den Reaktionsprodukten sättigt, um kleine Dampf- oder Dissoziationsdrucke zu messen, da sich durch die Dauer des Versuchs auch bei sehr kleinen Drucken die verdampfte Substanzmenge beliebig vergrößern läßt.

Hier sei noch darauf hingewiesen, daß man sich davon überzeugen muß, mit was für einer kondensierten Phase man es zu tun hat. Nehmen wir beispielsweise die Dissoziation von Kalziumkarbonat in das Oxyd und in Kohlensäure. Wenn von dem zurückbleibenden Oxyd sich etwas im Karbonat löst, dann mißt man nicht den Dissoziationsdruck über dem Karbonat, sondern über einer Phase, deren Zusammensetzung außer von den Ausgangsbedingungen noch von der Zeit abhängt. Da Löslichkeit und Diffusionsgeschwindigkeit in festen Körpern bei hohen Temperaturen beträchtlich werden können, so kann dadurch die eindeutige Bestimmung bzw. Zuordnung von Gleichgewichten bei hohen Temperaturen sehr erschwert werden.

8. Lösungsgleichgewichte. Der Beständigkeitsbereich der Mehrzahl der interessierenden Lösungen liegt bei leicht zugänglichen Temperaturen. Auch bei ihnen kommt die direkte chemische Analyse nur in seltenen Fällen in Betracht, die Ionengleichgewichte, die das hauptsächliche Interesse beanspruchen, haben alle eine sehr große Einstellungsgeschwindigkeit. Viel verwendet wird die Messung der Lichtabsorption, des Brechungsindex, der Drehung der Polarisationsebene, hauptsächlich aber die Bestimmung des mittleren Molekulargewichts (Gefrierpunktserniedrigung, Siedepunktserhöhung) als Maß für die Molzahl und bei den Ionengleichgewichten außerdem noch die Bestimmung des elektrischen Leitvermögens. Siehe dazu Artikel DRUCKER ds. Band. Kap. 8.

9. Temperaturabhängigkeit der freien Energie, Berechnung der Gesamtenergie. Die Temperaturabhängigkeit der freien Energie ist durch Formel (3)

---

[1]) E. H. RIESENFELD, ZS. f. Elektrochem. Bd. 31, S. 435. 1925.

resp. (4) gegeben, die wir hier in der Form schreiben:

$$\frac{\partial \dfrac{A}{T}}{\partial T} = -\frac{U}{T^2} \qquad \text{bzw.} \qquad \frac{\partial \dfrac{A}{T}}{\partial \dfrac{1}{T}} = U.$$

Aus einem A-Wert lassen sich also die anderen in einem Temperaturbereich berechnen, in dem U bekannt ist. Die Formeln des Gleichgewichts bei Teilnahme von Gasen oder Lösungen, die der Gleichung $pV = RT$ gehorchen, lauten demnach

$$\frac{\partial \ln K_p}{\partial T} = \frac{U_p}{RT^2} \qquad \text{bzw.} \qquad \frac{\partial \ln K_c}{\partial T} = \frac{U_v}{RT^2} \tag{14}$$

oder nach Entwicklung von U nach der Temperatur mit Hilfe der spezifischen Wärmen und Integration

$$\log_{10} K_p = -\frac{U_0}{4{,}573\,T} + \frac{\Sigma C_{p(0)}}{1{,}986}\log_{10}T + \frac{1}{4{,}573}\int_0^T \frac{dT}{T^2}\int_0^T \Sigma(C_a - c)\,dT + \text{konst.}, \tag{15}$$

$$\log_{10} K_c = -\frac{U_0}{4{,}573\,T} + \frac{\Sigma C_{v(0)}}{1{,}986}\log_{10}T + \frac{1}{4{,}573}\int_0^T \frac{dT}{T^2}\int_0^T \Sigma(C_a - c)\,dT + \text{konst.} \tag{16}$$

Dabei bedeutet U_0 die Wärmetönung am absoluten Nullpunkt, $C_{p(0)}$ bzw. $C_{v(0)}$ den Grenzwert der Molwärme des Gases bei tiefen Temperaturen, C_a ihr Überschuß bei höheren Temperaturen über C_0 und c die Molwärmen der Kondensate. Die Berechnung der Doppelintegrale wird in Ziff. 10. und 11. ausführlich besprochen.

In der folgenden Tabelle[1]) sind für die Dissoziation von Wasserdampf die so berechneten Werte neben den gemessenen wiedergegeben, um zu zeigen, mit welcher Genauigkeit die verschiedensten der oben besprochenen Methoden übereinstimmende Resultate liefern ($x = $ Dissoziationsgrad).

Tabelle 1. Dissoziationsgrad von Wasserdampf bei 1 Atm. Druck.

T	$100\,x$ beob.	$100\,x$ ber.	Methode
290	$0{,}46 - 0{,}48 \cdot 10^{-25}$	$0{,}466 \cdot 10^{-25}$	Elektromotorische Kraft
700	$7{,}6 \cdot 10^{-9}$	$5{,}4 \cdot 10^{-9}$	Berechnung aus anderen Gleichgewichten
1300	0,0027	0,0029	Erhitzter Katalysator
1397	0,0078	0,0085	Durchströmungsmethode
1480	0,0189	0,0186	,,
1500	0,0197	0,0221	Erhitzter Katalysator
1561	0,034	0,0369	Durchströmungsmethode
1705	0,012	0,107	Halbdurchlässige Wand
2155	0,18	1,18	,, ,,
2257	1,77	1,76	,, ,,
2337	3,8	2,7	Explosionsmethode
2507	4,5	4,1	,,
2684	6,2	6,6	,,
2731	8,2	7,4	,,
3092	13,0	15,4	,,

Wenn gar keine Messungen der spezifischen Wärmen vorliegen, kann man die Nernstsche Näherungsformel (Ziff. 31) unabhängig von dem Wert der Konstanten als Interpolationsformel benutzen.

---

[1]) Zitiert nach Nernst, Theoretische Chemie, 8—10. Aufl. S. 763. Stuttgart 1921.

Zur Darstellung der Versuchsergebnisse geht man, falls mehr als zwei Gleichgewichtspunkte gemessen sind, am besten so vor: Man bringt alle Glieder der
Gleichungen (15) und (16) bis auf das mit U_0 und bis auf die Konstante auf die linke Seite und trägt diese Seite als Funktion von $\frac{1}{T}$ auf. Die sich dabei ergebende Kurve muß eine Gerade sein, deren Steigung $-\frac{U_0}{R}$ ergibt. Auf diese Weise gleicht man am besten die Streuung der einzelnen Meßpunkte aus. Einen Punkt der ausgeglichenen Geraden benutzt man zur Berechnung der Konstanten.

In Abb. 2 ist dies für die Dampfdruckkurve des Bleies wiedergegeben. Man weiß, daß die Atomwärme des Dampfes $= \frac{5}{2}R$ ist, die der Flüssigkeit im betreffenden Gebiet wurde konstant zu 7,04 gefunden. Daraus folgt $\frac{d\lambda}{dT} = -2,08$

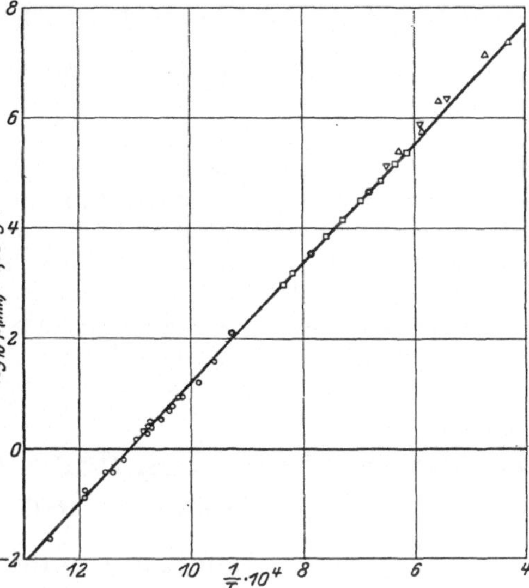

Abb. 2.　Dampfdrucke des flüssigen Bleies.

(λ = Verdampfungswärme in cal/Mol) und nach (14)

$$\log_{10} p_{(mm)} = -\frac{\lambda_0'}{4{,}573\,T} - \frac{2{,}08}{1{,}986}\log_{10} T + \text{konst.}$$

In der Abbildung ist also $\log_{10} p_{mm} + 1{,}05\log_{10} T$ als Funktion von $\frac{1}{T}$ aufgetragen, die durch die von verschiedenen Beobachtern stammenden Meßpunkte gelegte Gerade folgt der Gleichung

$$\log_{10} p_{mm} + 1{,}05\log T = 12{,}10 - \frac{10\,914}{T},$$

also

$$\log_{10} p_{mm} = -\frac{49\,890}{4{,}573\,T} - 1{,}05\log T + 12{,}10$$

und

$$\lambda_T = 49\,890 - 2{,}08\,T.$$

Die Formeln sind natürlich nur gültig im Flüssigkeitsbereich und auch nur dort,
wo die gemachten Voraussetzungen über spezifische Wärmen und Zustandsgleichung zutreffen. Der Wert $\lambda_0' = 49\,890$ cal ist ersichtlich nur eine Rechengröße
und hat mit der Verdampfungswärme des festen Bleis am absoluten Nullpunkt
nichts zu tun.

Sehr oft ist die Messung der Temperaturabhängigkeit der freien Energie
der genaueste Weg, in vielen Fällen sogar der einzige zur Bestimmung der
Wärmetönung, so z. B. für die Verdampfungswärme der hochsiedenden Substanzen, wie Kohlenstoff, Wolfram oder auch vieler Salze. Bei deren kleinen
Dampfdrucken würde es sehr lange dauern, bis eine genügende Menge der Substanz verdampft ist, und außerdem sind kalorimetrische Messungen bei hohen
Temperaturen wegen der starken Wärmestrahlung schwer durchführbar.

Im allgemeinen ist die Temperaturabhängigkeit von U relativ zu seinem Gesamtwert sehr klein, und es genügt in erster Näherung, U als konstant anzunehmen. Man trägt dann $\ln K$ oder $\ln p$ als Funktion von $\frac{1}{T}$ auf bzw. wenn die freie Energie anderweitig, z. B. durch die elektromotorische Kraft, gegeben ist, $\frac{A}{T}$ gegen $\frac{1}{T}$. Hierbei sei bemerkt, daß die Meßgenauigkeit nur in den allerseltensten Fällen ausreichen dürfte, um aus der kleinen Abweichung der Kurven von einer Geraden quantitativ auf die Temperaturabhängigkeit von U, also die Differenz der spezifischen Wärmen der Reaktionsteilnehmer schließen zu können. So ergeben sich z. B. für diese Differenz aus der sehr genau untersuchten Dampfdruckkurve des flüssigen Wasserstoffs nach zwei empirischen Interpolationsformeln, die beide die Messungen mit fast derselben Genauigkeit wiedergeben, ganz verschiedene Werte.

III. Die Berechnung der freien Energie nach dem Nernstschen Theorem.

a) Freie Energie kondensierter Reaktionen.

α) Freie Energie chemisch einheitlicher Kondensate.

10. Berechnung aus den spezifischen Wärmen. Nach dem Nernstschen Theorem (siehe Artikel Bennewitz d. Handb. Bd. IX) ist für kondensierte Reaktionen am absoluten Nullpunkt $\frac{\partial A}{\partial T} = \Delta S = 0$, also

$$A - U = T \int\limits_0^T \frac{\Delta C}{T}\, dT , \qquad (17)$$

wobei ΔC die Differenz der Wärmekapazitäten der einen Reaktionsseite gegen die der anderen bedeutet. Diese Formel gilt für A_v und U_v, wenn die Wärmekapazitäten bei konstanten Volumen, für A_p und U_p, wenn die bei konstantem Druck benutzt werden. Der letzte Fall ist der praktisch fast allein vorkommende.

Ist also U bei irgendeiner Temperatur bekannt, so läßt sich bei Kenntnis der spezifischen Wärmen sämtlicher Reaktionsteilnehmer der ganze Temperaturverlauf von A und U berechnen. Zur Berechnung löst man zweckmäßig das Integral $\int\limits_0^T \frac{\Delta C}{T}\, dT$ auf in $\Sigma n_1 \int\limits_0^T \frac{C_1}{T}\, dT$ (C bedeuten die Atomwärmen, n die Zahl der g-Atome der beteiligten Substanzen). Man erhält dann die Größe $A - U$ der Reaktion als algebraische Summe der $F_1 - E_1 = T \int\limits_0^T \frac{C_1}{T}\, dT$, wenn wir jetzt mit E_1 die gesamte, mit F_1 die freie Energie eines g-Atoms[1]) einer Substanz bezeichnen (nicht wie bei U und A die Abnahme dieser Größen). Während die Größen U und A einer Reaktion einen ganz bestimmten Wert besitzen, ist

---

[1]) Bei mehratomigen Substanzen ist das mittlere g-Atom definiert durch ein g-Molekül, dividiert durch die Zahl der Atome im Molekül.

bei E und F eine Konstante — wir wählen als solche die Werte am absoluten Nullpunkt — frei wählbar. Diese hat thermodynamisch gar keine Bedeutung, da ja immer nur Änderungen der betreffenden Größen dem Experiment zugänglich sind.

Die Berechnung von E und F erfolgt im allgemeinen graphisch. Zur Ermittlung von $E = \int_0^T C \, dT$ trägt man C als Funktion von T auf und ermittelt den Inhalt der Kurve durch Planimetrieren oder Auszählen, und zwar in kleinen Abständen — meist genügen solche von 10 zu 10°.

Treten im betrachteten Temperaturgebiet Umwandlungs- oder Schmelzpunkte auf, so müssen deren Wärmetönungen natürlich mit addiert werden, die E-Kurve springt also bei dieser Temperatur.

Die F-Kurve wird aus der nun bekannten E-Kurve erhalten, indem der Wert $F - E = -T \int_0^T \frac{C}{T} \, dT$ ermittelt wird. Dazu trägt man $\frac{C}{T}$ als Funktion von T auf und bestimmt den Inhalt der Kurve. Dasselbe erreicht man durch Auftragen von C gegen $\ln T$. Tritt bei der Temperatur T_n ein Umwandlungs- oder Schmelzpunkt mit der Wärmetönung E_n auf, so hat man zu dem Integral noch $\frac{E_n}{T_n}$ hinzuzuaddieren, dies macht sich also in einem Knick der F-Kurve bemerkbar. F kann auch noch auf eine andere Weise ausgewertet werden. Es läßt sich nämlich zeigen, daß der Ausdruck $\int_0^T C \, dT - T \int_0^T \frac{C}{T} \, dT$ mathematisch identisch ist mit $-T \int_0^T \frac{dT}{T^2} \int_0^T C \, dT = -T \int_0^T \frac{E}{T^2} \, dT$. Trägt man also $\frac{E}{T^2}$ als Funktion von T auf, so ist der Inhalt mit $-T$ multipliziert gleich der freien Energie.

Ferner sei noch auf die Integrationsapparate von DRÄGERT[1]) und GANS[2]) hingewiesen, die bei Kenntnis der U-Kurve die A-Kurve automatisch zeichnen. Da jedoch die U-Kurve sowieso berechnet werden muß und die Genauigkeit nicht an die der oben beschriebenen Integrationsweise heranreicht und da ferner die Beschaffung des Apparates nicht leicht ist, so dürfte seine Verwendung im allgemeinen nicht in Betracht kommen.

Extrapolation der spezifischen Wärmen. Für die obigen Rechnungen ist es notwendig, die Atomwärmen bis zum absoluten Nullpunkt zu extrapolieren. Die Unsicherheit, die dadurch hineingetragen wird, ist nur unbedeutend für den Wert von U_0 der Reaktion, da die Atomwärmen bei tiefen Temperaturen ja schon sehr klein sind, sie kann jedoch sehr groß werden bei der freien Energie, da unter dem Integral die spezifische Wärme dividiert durch T steht. Sehr sicher ist die Extrapolation bei regulär kristallisierenden einatomigen Substanzen. Diese gehorchen der DEBYEschen Funktion (vgl. hierzu den Artikel SCHRÖDINGER ds. Bd. Kap. 5) sehr gut, die größten Abweichungen betragen nur wenige Prozent. Hat man mit einer solchen Substanz zu tun, so genügt schon eine Messung der spezifischen Wärmen bis etwa 3 cal/grad herab, um die Schwingungszahl ν und damit auch E und F genügend genau festzulegen.

---

[1]) W. DRÄGERT, Diss. Berlin 1914; Phys. ZS. Bd. 16, S. 295. 1915.
[2]) R. GANS u. PEREYRA MIGUEZ, Phys. ZS. Bd. 16, S. 247. 1915.

Die spezifische Wärme komplizierterer Substanzen kann durch eine Summe von Debye- und Einstein-Funktionen wiedergegeben werden[1]). Abgesehen davon jedoch, daß dies aus theoretischen Gründen nur eine Annäherung sein kann, ist die Wiedergabe schon bei nur zwei Schwingungszahlen nicht eindeutig, da außer den Werten von ν auch noch der Anteil der einzelnen Funktionen wählbar ist. Immerhin kann man folgendes sagen: Liegt eine Substanz vor, nach deren Bau theoretisch eine Darstellung der spezifischen Wärme durch zwei Schwingungszahlen zu erwarten steht, und gelingt diese Darstellung auch wirklich über ein gewisses Temperaturgebiet, dann erhält dadurch die Extrapolation zum absoluten Nullpunkt erhöhte Sicherheit. Bei mehr als zwei Eigenfrequenzen ist diese Darstellung aber schon ganz willkürlich[2]), und man muß sich hüten, in ihr viel mehr als eine Interpolationsformel zu sehen.

Lassen sich die spezifischen Wärmen nicht mit einer oder zur Not zwei Schwingungszahlen wiedergeben, dann müssen, wenn man mit großer Sicherheit extrapolieren will, Messungen bis in das Gebiet des DEBYEschen T^3-Gesetzes herab vorgenommen werden, dem bei tiefen Temperaturen sämtliche kondensierten Substanzen gehorchen.

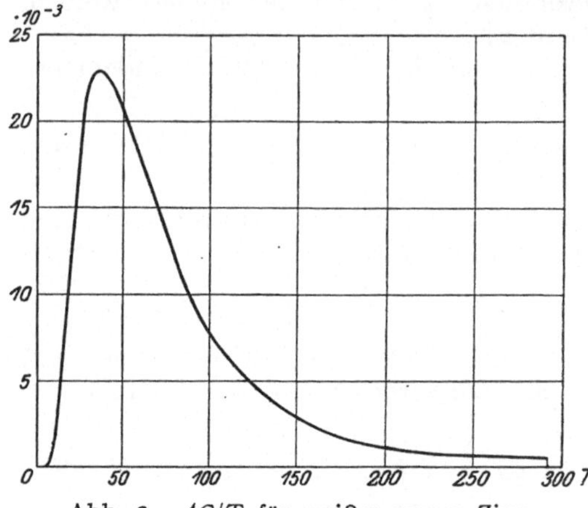

Abb. 3. $\Delta C/T$ für weißes-graues Zinn.

In Abb. 3 ist für einen speziellen Fall $\dfrac{\Delta C}{T}$ als Funktion von T aufgetragen, und zwar bedeutet ΔC die Differenz der Atomwärmen von weißem und grauem Zinn[3]). Man sieht, daß der wesentliche Teil des Integrals zwischen der Temperatur des flüssigen Wasserstoffs (20° abs.) und der der flüssigen Luft (90° abs.) liegt. Messungen der spezifischen Wärme bis zur Temperatur der flüssigen Luft herab genügen bei komplizierteren Substanzen also bei weitem nicht zur sicheren Berechnung der freien Energie.

Für eine Reihe von Substanzen sind auf Grund der gemessenen spez. Wärmen die Werte der freien und Gesamtenergie in ihrer Abhängigkeit von der Temperatur berechnet und zusammengestellt worden in den „Tabellen zur Berechnung des gesamten und freien Wärmeinhalts fester Körper" von H. MIETHING[4]). In ihnen ist das bis 1920 vorhandene Material aufgeführt.

Tabelle 2 dieser Art folgt auszugsweise.

Bei Verwendung dieser Tabellen gestaltet sich die Berechnung des Gleichgewichts sehr einfach: Man hat nur die E- und F-Werte der beteiligten Substanzen zu addieren resp. subtrahieren, um die Temperaturabhängigkeit von A und U zu erhalten. Bei ihrer Benutzung ist übrigens zu beachten, daß nicht alle Autoren dasselbe Vorzeichensystem benutzen.

11. Darstellung durch Funktionen. Läßt sich die Atomwärme einer Substanz durch eine Debye-Funktion oder eine Summe von Debye- und Einstein-Funktionen wiedergeben, so kann man sich die graphische Berechnung von E

---

[1]) W. NERNST, Wolfskehl-Kongreß 1913, Leipzig 1914. Siehe ferner den Artikel von SCHRÖDINGER, Spez. Wärme.
[2]) Siehe dazu F. SIMON, Ann. d. Phys. Bd. 68, S. 274. 1922.
[3]) Nach F. LANGE, ZS. f. phys. Chem. Bd. 110, S. 360. 1924.
[4]) H. MIETHING, Abhandlng. der Deutschen Bunsengesellschaft. Halle: Knapp 1920.

und F ersparen, da die Größen $\frac{E}{T}$ und $\frac{F}{T}$, die nur Funktionen von $\frac{\beta\nu}{T}$ $[\beta = h/k$ (h PLANCKsche, k BOLTZMANNsche Konstante)] sind, tabelliert worden sind. In diesen Tabellen sind $C, \frac{E}{T}, \frac{F}{T}$ als Funktion von $\frac{\beta\nu}{T}$ nach EINSTEIN und DEBYE wiedergegeben, sie sind dem Buche von NERNST. „Die theoretischen und

Tabelle 2.

Spezifische Wärme C_p, Gesamtenergie E und freie
Energie F für $\frac{1}{8}$ Mol $H_2O = 6{,}005\,\mathrm{g}$[1]).

T	C_p	E	$\dfrac{-F}{T}$	$-F$
10	0,022	0,05	0,00183	0,018
20	0,141	0,81	0,0145	0,290
40	0,523	7,41	0,0827	3,31
60	0,797	20,7	0,189	11,34
80	1,03	39.1	0,308	24,64
100	1,25	62,0	0,431	43,1
150	1,72	136,4	0,739	110,8
200	2,19	234	1,036	207
250	2,78	357	1,325	331
273fest	3,27	426	1,458	398
273fl.	6,03	905	1,458	398
280	6,01	947	1,542	432
300	6,00	1067	1,741	522
340	6,01	1307	2,203	749
373	6,03	1506	2,568	957

experimentellen Grundlagen des neuen Wärmesatzes" [Halle 1918[2])] entnommen.

Ferner habe ich eine Tabelle der Entropie $S = \int\limits_{0}^{T}\frac{C}{T}\,dT$ neuaufgenommen, die durch Addition von $\frac{E}{T}$ und $-\frac{F}{T}$ entstanden ist. Die Tabellen sind in den Ziff. 12. und 13. abgedruckt.

Berücksichtigung von $C_p - C_v$. Die Tabellen gelten, wenn man mit C_v rechnet. Um die der Größe C_p entsprechenden Werte zu erhalten, muß man den Temperaturverlauf von $C_p - C_v$ kennen. Nach der bekannten thermodynamischen Formel ist

$$C_p - C_v = \frac{T \cdot V \cdot (3\alpha)^2}{K}$$

($\alpha =$ linearer Ausdehnungskoeffizient, $K =$ Kompressibilität, $V =$ Atomvolumen). Unter Einführung der von GRÜNEISEN[3]) gefundenen Gesetzmäßigkeiten geht dies über in

$$C_p - C_v = a \cdot C_p^2 T, \qquad\qquad (18)$$

wobei a annähernd temperaturunabhängig ist. Den Wert von a kann man berechnen, wenn thermische Ausdehnung und Kompressibilität bei einer Temperatur bekannt sind. Ist dies nicht der Fall, so kann man zur Not a aus der Differenz eines gemessenen C_p-Wertes gegen den theoretischen C_v-Wert ermitteln oder

---

[1]) Berechnet nach bisher unveröffentlichten Messungen des Verfassers.
[2]) Im folgenden zitiert als NERNST, Wärmesatz.
[3]) Siehe Abschnitt GRÜNEISEN.

auch aus der Schmelztemperatur (T_σ), da Nernst und Lindemann[1]) bei einer ganzen Anzahl Substanzen $a = \dfrac{0{,}0214}{T_\sigma}$ fanden.

Die Formel (18) ist für thermodynamische Zwecke jedoch unbequem, da die für die F- und E-Berechnung notwendige Integration wegen des Gliedes C_p^2 Schwierigkeiten macht. Ferner steigt bei hohen Temperaturen C_v über den theoretischen Wert an, häufig sogar sehr stark. Nernst[2]) hat deswegen einen anderen Weg beschritten und $C_p - C_v$ durch eine einfache Funktion von T dargestellt. Er setzt

$$C_p - C_v = b \cdot T^n . \tag{19}$$

Die beiden Konstanten bestimmt man durch möglichst gute Anpassung an das Experiment. Aus Formel (18) folgt, daß n etwas größer als 1 sein muß, da im Dulong-Petitschen Gebiet C_p noch etwas ansteigt. Man findet für n Werte, die meist in der Nähe von 1,5 liegen. Bei tiefen Temperaturen macht man mit Formel (19) allerdings einen Fehler, da $C_p - C_v$ im Gebiet des Abfalls der spezifischen Wärme wegen der Proportionalität zu C_p^2 viel stärker abfällt. Man überzeugt sich jedoch leicht, daß dieser Fehler wegen der Kleinheit der Korrektion bei tiefen Temperaturen nur sehr wenig ausmacht. Schreibt man nun C_p in der Form

$$C_p = C\left(\frac{\beta\nu}{T}\right) + b \cdot T^n ,$$

so wird

$$E = E\left(T, \frac{\beta\nu}{T}\right) + \frac{b}{n+1}T^{n+1} ,$$

$$F = F\left(T, \frac{\beta\nu}{T}\right) - \frac{b}{(n+1)n}T^{n+1} ,$$

$$S = S\left(\frac{\beta\nu}{T}\right) + \frac{b}{n}T^n .$$

Kurz vor Umwandlungs- und Schmelzpunkten steigt die spezifische Wärme sehr stark an. Man kann dies durch ein zusätzliches Glied mit großem Exponenten n berücksichtigen.

12. Tabellen der Einstein-Funktionen. Die folgenden Tabellen beziehen sich auf einen Wert der Gaskonstante von 1,983 cal/Grad. Zur Umrechnung auf den zur Zeit angenommenen Wert 1,986 cal/Grad sind zu sämtlichen Zahlen 0,15% hinzuzuaddieren.

Tabelle 3. C_v (Einstein) von $\dfrac{\beta\nu}{T}$ 0 bis 14.

$\dfrac{\beta\nu}{T}$	,0	,1	,2	,3	,4	,5	,6	,7	,8	,9
0	5,955	5,947	5,935	5,921	5,878	5,833	5,780	5,718	5,648	5,568
1	5,483	5,401	5,279	5,184	5,071	4,954	4,832	4,706	4,578	4,446
2	4,312	4,176	4,039	3,902	3,764	3,626	3,489	3,353	3,218	3,086
3	2,954	2,827	2,701	2,578	2,458	2,342	2,229	2,119	2,013	1,910
4	1,811	1,715	1,623	1,536	1,451	1,370	1,292	1,218	1,148	1,081
5	1,017	0,956	0,898	0,843	0,791	0,745	0,696	0,652	0,610	0,571
6	0,535	0,499	0,466	0,436	0,407	0,379	0,354	0,330	0,307	0,286
7	0,266	0,248	0,231	0,215	0,200	0,185	0,172	0,160	0,149	0,138
8	0,128	0,119	0,110	0,102	0,0945	0,0884	0,0811	0,0752	0,0695	0,0650
9	0,0600	0,0554	0,0509	0,0468	0,0435	0,0400	0,0372	0,0340	0,0310	0,0286
10	0,0266	0,0247	0,0231	0,0212	0,0196	0,0180	0,0167	0,0152	0,0142	0,0129
11	0,0119	0,0110	0,0102	0,0093	0,0085	0,0078	0,0073	0,0067	0,0062	0,0057
12	0,0052	0,0048	0,0045	0,0041	0,0038	0,0035	0,0032	0,0029	0,0027	0,0024
13	0,0022	0,0020	0,0019	0,0017	0,0016	0,0015	0,0014	0,0013	0,0012	0,0011

[1]) W. Nernst u. F. A. Lindemann, ZS. f. Elektrochem. Bd. 17, S. 817. 1911.
[2]) W. Nernst, Wärmesatz, S. 55.

Tabelle 4a. $\dfrac{E}{T}$ (EINSTEIN) $= \dfrac{1}{T}\displaystyle\int_0^{T} C_v\,{}_{(\text{EINSTEIN})}\,dT$ von $\dfrac{\beta\nu}{T}$ 0 bis 2,00.

$\dfrac{\beta\nu}{T}$	,00	,01	,02	,03	,04	,05	,06	,07	,08	,09
0,0	5,955	5,925	5,896	5,867	5,838	5,809	5,780	5,750	5,721	5,692
0,1	5,663	5,634	5,605	5,576	5,548	5,520	5,492	5,464	5,436	5,408
0,2	5,380	5,352	5,324	5,296	5,268	5,240	5,213	5,186	5,159	5,132
0,3	5,106	5,080	5,053	5,027	5,001	4,974	4,948	4,921	4,895	4,869
0,4	4,843	4,817	4,791	4,765	4,740	4,715	4,690	4,665	4,640	4,615
0,5	4,590	4,565	4,540	4,515	4,490	4,465	4,441	4,417	4,393	4,369
0,6	4,345	4,321	4,297	4,273	4,250	4,227	4,203	4,180	4,157	4,134
0,7	4,111	4,088	4,065	4,043	4,020	3,998	3,975	3,953	3,931	3,909
0,8	3,887	3,865	3,843	3,821	3,799	3,777	3,755	3,743	3,713	3,692
0,9	3,671	3,650	3,630	3,609	3,589	3,569	3,548	3,527	3,507	3,486
1,0	3,466	3,445	3,425	3,405	3,385	3,365	3,345	3,325	3,306	3,287
1,1	3,268	3,259	3,230	3,210	3,191	3,172	3,153	3,134	3,116	3,098
1,2	3,080	3,062	3,044	3,026	3,008	2,990	2,972	2,954	2,936	2,918
1,3	2,900	2,882	2,865	2,848	2,831	2,814	2,797	2,780	2,763	2,746
1,4	2,729	2,712	2,695	2,678	2,661	2,645	2,629	2,613	2,597	2,581
1,5	2,565	2,550	2,534	2,518	2,502	2,487	2,471	2,455	2,440	2,425
1,6	2,410	2,395	2,380	2,365	2,350	2,335	2,320	2,305	2,291	2,277
1,7	2,263	2,249	2,234	2,220	2,206	2,192	2,178	2,164	2,150	2,136
1,8	2,122	2,108	2,094	2,081	2,068	2,055	2,042	2,029	2,016	2,003
1,9	1,990	1,977	1,964	1,951	1,938	1,926	1,914	1,901	1,889	1,876

Tabelle 4b. $\dfrac{E}{T}$ (EINSTEIN) $= \dfrac{1}{T}\displaystyle\int_0^{T} C_v\,{}_{(\text{EINSTEIN})}\,dT$ von $\dfrac{\beta\nu}{T}$ 0 bis 12,0.

$\dfrac{\beta\nu}{T}$	,0	,1	,2	,3	,4	,5	,6	,7	,8	,9
0	5,955	5,663	5,380	5,106	4,843	4,590	4,345	4,111	3,887	3,671
1	3,466	3,268	3,080	2,900	2,729	2,565	2,410	2,273	2,122	1,990
2	1,864	1,745	1,633	1,527	1,427	1,332	1,242	1,158	1,080	1,006
3	0,936	0,871	0,810	0,753	0,699	0,649	0,602	0,559	0,518	0,480
4	0,444	0,411	0,381	0,352	0,326	0,301	0,278	0,257	0,237	0,219
5	0,202	0,186	0,172	0,158	0,146	0,134	0,124	0,114	0,106	0,098
6	0,0890	0,0817	0,0751	0,0690	0,0634	0,0583	0,0535	0,0492	0,0452	0,0415
7	0,0380	0,0349	0,0320	0,0294	0,0269	0,0248	0,0227	0,0208	0,0190	0,0174
8	0,0160	0,0146	0,0134	0,0123	0,0113	0,0103	0,0094	0,0086	0,0079	0,0072
9	0,0066	0,0061	0,0055	0,0050	0,0046	0,0042	0,0039	0,0035	0,0032	0,0030
10	0,0027	0,0025	0,0023	0,0021	0,0019	0,0017	0,0016	0,0014	0,0013	0,0012
11	0,0011	0,0010	0,0009	0,0008	0,0008	0,0007	0,0006	0,0006	0,0005	0,0005
12	0,0004									

Tabelle 5a. $-\dfrac{F}{T}$ (EINSTEIN) $= \dfrac{1}{T}\displaystyle\int_0^{T}\dfrac{dT}{T^2}\int_0^{T} C_{(\text{EINSTEIN})}\,dT$ von $\dfrac{\beta\nu}{T}$ 0 bis 2,00.

$\dfrac{\beta\nu}{T}$	,00	,01	,02	,03	,04	,05	,06	,07	,08	,09
0,1	14,01	13,44	12,93	12,47	12,07	11,68	11,32	10,99	10,68	10,42
0,2	10,17	9,92	9,68	9,44	9,21	8,98	8,77	8,57	8,38	8,21
0,3	8,04	7,87	7,71	7,55	7,40	7,26	7,13	6,99	6,86	6,74
0,4	6,61	6,50	6,39	6,28	6,17	6,07	5,96	5,86	5,76	5,66
0,5	5,56	5,47	5,38	5,28	5,19	5,10	5,02	4,95	4,88	4,81
0,6	4,74	4,66	4,59	4,52	4,45	4,39	4,32	4,26	4,20	4,14
0,7	4,08	4,02	3,97	3,92	3,86	3,81	3,76	3,71	3,66	3,61
0,8	3,55	3,51	3,47	3,42	3,38	3,34	3,29	3,25	3,21	3,16
0,9	3,11	3,07	3,03	3,00	2,96	2,93	2,88	2,85	2,81	2,77

Fortsetzung von Tabelle 5a.

$\frac{\beta\nu}{T}$	,00	,01	,02	,03	,04	,05	,06	,07	,08	,09
1,0	2,731	2,692	2,655	2,620	2,587	2,556	2,523	2,494	2,466	2,438
1,1	2,409	2,380	2,352	2,324	2,297	2,270	2,243	2,215	2,188	2,161
1,2	2,134	2,107	2,081	2,056	2,032	2,008	1,984	1,961	1,938	1,916
1,3	1,894	1,872	1,850	1,828	1,807	1,786	1,766	1,746	1,726	1,706
1,4	1,686	1,667	1,648	1,629	1,613	1,597	1,572	1,554	1,536	1,519
1,5	1,502	1,486	1,470	1,454	1,438	1,423	1,406	1,390	1,374	1,358
1,6	1,342	1,327	1,312	1,297	1,283	1.269	1,255	1,241	1,227	1,214
1,7	1,200	1,187	1,173	1,160	1,148	1,135	1,123	1,111	1,099	1,087
1,8	1,075	1,063	1,051	1,040	1,029	1,017	1,005	0,994	0,983	0,972
1,9	0,964	0,952	0,941	0,930	0,920	0,910	0,900	0,891	0,882	0,873

Tabelle 5b. $-\dfrac{F}{T}$ (Einstein) $= \dfrac{1}{T}\displaystyle\int_0^T \dfrac{dT}{T^2}\int_0^T C_{(\text{Einstein})}\,dT$ von $\dfrac{\beta\nu}{T}$ 0 bis 7,0.

$\frac{\beta\nu}{T}$	,0	,1	,2	,3	,4	,5	,6	,7	,8	,9
0	—	14,006	10,170	8,041	6,608	5,560	4,740	4,081	3,546	3,106
1	2,731	2,409	2,134	1,894	1,686	1,502	1,342	1,200	1,075	0,964
2	0,864	0,776	0,698	0,628	0,565	0,509	0,458	0,412	0,372	0,335
3	0,302	0,273	0,246	0,222	0,200	0,181	0,164	0,148	0,133	0,119
4	0,107	0,097	0,088	0,079	0,071	0,064	0,058	0,052	0,047	0,042
5	0,038	0,034	0,031	0,028	0,025	0,022	0,020	0,018	0,016	0,014
6	0,013	0,011	0,009	0,008	0,007	0,006	0,005	0,004	0,004	0,003
7	0,003									

Tabelle 6a. $S_{(\text{Einstein})} = \displaystyle\int_0^T \dfrac{C_{(\text{Einstein})}}{T}\,dT$ von $\dfrac{\beta\nu}{T}$ 0 bis 2,00.

$\frac{\beta\nu}{T}$	,00	,01	,02	,03	,04	,05	0,6	,07	,08	,09
0,1	19,67	19,07	18,54	18,05	17,62	17,20	16,81	16,45	16,12	15,83
0,2	15,55	15,27	15,00	14,74	14,48	14,22	13,98	13,76	13,54	13,34
0,3	13,15	12,95	12,76	12,57	12,40	12,23	12,08	11,91	11,76	11,61
0,4	11,45	11,32	11,18	11,05	10,91	10,79	10,65	10,53	10,40	10,28
0,5	10,15	10,04	9,92	9,80	9,68	9,57	9,46	9,37	9,27	9,18
0,6	9,09	8,98	8,89	8,79	8,70	8,62	8,52	8,44	8,36	8,27
0,7	8,19	8,11	8,04	7,96	7,88	7,81	7,74	7,66	7,59	7,52
0,8	7,44	7,38	7,31	7,24	7,18	7,12	7,05	6,98	6,92	6,85
0,9	6,78	6,72	6,66	6,61	6,55	6,50	6,43	6,38	6,32	6,26
1,0	6,197	6,137	6,080	6,025	5,972	5,921	5,868	5,819	5,772	5,725
1,1	5,677	5,629	5,582	5,534	5,488	5,442	5,396	5,349	5,304	5,259
1,2	5,214	5,169	5,125	5,082	5,040	4,998	4,956	4,915	4,874	4,834
1,3	4,794	4,754	4,715	4,676	4,638	4,600	4,563	4,526	4,489	4,452
1,4	4,415	4,379	4,343	4,307	4,274	4,242	4,201	4,167	4,133	4,100
1,5	4,067	4,036	4,004	3,972	3,940	3,910	3,877	3,845	3,814	3,783
1,6	3,752	3,722	3,692	3,662	3,633	3,604	3,575	3,546	3,518	3,491
1,7	3,463	3,436	3,407	3,380	3,354	3,327	3,301	3,275	3,249	3,223
1,8	3,197	3,171	3,145	3,121	3,097	3,072	3,047	3,023	2,999	2,975
1,9	2,954	2,929	2,905	2,881	2,858	2,836	2,814	2,792	2,771	2,749

Tabelle 6b. $S_{(\text{EINSTEIN})} = \int_0^r \dfrac{C_{(\text{EINSTEIN})}}{T}\, dT$ von $\dfrac{\beta \nu}{T}$ 0 bis 7,0.

$\dfrac{\beta \nu}{T}$	,0	,1	,2	,3	,4	,5	,6	,7	,8	,9
0	—	19,669	15,550	13,147	11,451	10,150	9,085	8,192	7,433	6,777
1	6,197	5,677	5,214	4,794	4,415	4,067	3,752	3,463	3,197	2,954
2	2,728	2,521	2,331	2,155	1,992	1,841	1,700	1,570	1,452	1,341
3	1,298	1,144	1,056	0,975	0,899	0,830	0,766	0,707	0,651	0,599
4	0,551	0,508	0,469	0,431	0,397	0,365	0,336	0,309	0,284	0,261
5	0,240	0,220	0,203	0,186	0,171	0,156	0,144	0,132	0,122	0,112
6	0,102	0,093	0,084	0,077	0,070	0,064	0,059	0,053	0,049	0,045
7	0,041									

13. Tabellen der Debye-Funktionen [1], [2]).

Tabelle 7. C_v (DEBYE) von $\dfrac{\beta \nu}{T}$ 0 bis 30.

$\dfrac{\beta \nu}{T}$	,0	,1	,2	,3	,4	,5	,6	,7	,8	,9
0	5,955	5,95	5,94	5,93	5,91	5,88	5,85	5,81	5,77	5,72
1	5,670	5,61	5,55	5,48	5,41	5,34	5,26	5,18	5,09	5,01
2	4,918	4,83	4,74	4,64	4,54	4,45	4,35	4,25	4,15	4,05
3	3,948	3,85	3,75	3,65	3,56	3,46	3,36	3,27	3,18	3,09
4	2,996	2,91	2,82	2,74	2,65	2,57	2,50	2,42	2,34	2,27
5	2,197	2,13	2,06	1,99	1,93	1,87	1,81	1,75	1,69	1,63
6	1,582	1,53	1,48	1,43	1,39	1,34	1,30	1,26	1,21	1,18
7	1,137	1,100	1,065	1,031	0,998	0,966	0,935	0,906	0,878	0,850
8	0,823	0,798	0,774	0,750	0,727	0,704	0,683	0,662	0,642	0,623
9	0,604	0,588	0,570	0,552	0,537	0,521	0,507	0,492	0,478	0,465
10	0,452	0,439	0,427	0,415	0,404	0,394	0,383	0,373	0,363	0,353
11	0,345	0,335	0,324	0,319	0,310	0,303	0,295	0,287	0,280	0,273
12	0,267	0,260	0,254	0,248	0,242	0,237	0,231	0,226	0,221	0,216
13	0,211	0,206	0,202	0,197	0,193	0,188	0,184	0,180	0,176	0,172
14	0,169	0,165	0,162	0,159	0,155	0,152	0,149	0,146	0,143	0,140
15	0,137	0,135	0,132	0,130	0,127	0,125	0,122	0,120	0,118	0,116

$\dfrac{\beta \nu}{T}$	C_v	$\dfrac{\beta \nu}{T}$	C_v	$\dfrac{\beta \nu}{T}$	C_v
16	0,113	21	0,0502	26	0,0264
17	0,0945	22	0,0436	27	0,0236
18	0,0796	23	0,0382	28	0,0212
19	0,0677	24	0,0336	29	0,0190
20	0,0581	25	0,0298	30	0,0172

---

[1]) Siehe die Bemerkung am Anfang von Ziff. 12.

[2]) Die obigen Tabellen der Debye-Funktionen sind alle mit Ausnahme der von C_v im Gebiete von $\dfrac{\beta \nu}{T} = 8$ bis 10 mit Fehlern bis zu einigen Prozenten behaftet. Da die Werte von $\beta \nu$ bei den meisten Substanzen zwischen 100 und 400 liegen, so entspricht dieses fehlerhafte Bereich Temperaturen von 10 bis 40° abs., die für Gleichgewichtsbeobachtungen nur in den seltensten Fällen in Betracht kommen.

Tabelle 8a. $\dfrac{E}{T}$ (Debye) $= \dfrac{1}{T}\displaystyle\int_0^T C_{\text{(Debye)}}\,dT$ von $\dfrac{\beta\nu}{T}$ 0 bis 2,00.

$\dfrac{\beta\nu}{T}$	,00	,01	,02	,03	,04	,05	,06	,07	,08	,09
0,1	5,733	5,710	5,688	5,667	5,646	5,625	5,604	5,583	5,562	5,541
0,2	5,520	5,500	5,480	5,459	5,438	5,417	5,396	5,375	5,354	5,333
0,3	5,312	5,291	5,271	5,250	5,230	5,210	5,190	5,170	5,150	5,130
0,4	5,110	5,091	5,071	5,051	5,031	5,012	4,992	4,972	4,952	4,933
0,5	4,913	4,893	4,874	4,855	4,836	4,817	4,788	4,779	4,760	4,741
0,6	4,722	4,704	4,685	4,666	4,647	4,628	4,610	4,592	4,574	4,555
0,7	4,536	4,518	4,500	4,483	4,465	4,447	4,429	4,412	4,394	4,376
0,8	4,358	4,341	4,324	4,307	4,290	4,273	4,255	4,238	4,221	4,203
0,9	4,186	4,169	4,152	4,135	4,118	4,101	4,084	4,067	4,050	4,033
1,0	4,017	4,001	3,985	3,968	3,952	3,935	3,918	3,902	3,886	3,870
1,1	3,854	3,838	3,822	3,806	3,790	3,774	3,758	3,742	3,726	3,710
1,2	3,695	3,680	3,665	3,650	3,635	3,620	3,605	3,590	3,575	3,560
1,3	3,545	3,530	3,515	3,500	3,486	3,471	3,457	3,442	3,428	3,413
1,4	3,399	3,385	3,371	3,357	3,343	3,329	3,315	3,301	3,287	3,273
1,5	3,259	3,245	3,231	3,217	3,203	3,190	3,176	3,163	3,150	3,136
1,6	3,123	3,110	3,096	3,082	3,069	3,056	3,043	3,030	3,017	3,004
1,7	2,992	2,979	2,966	2,953	2,940	2,927	2,915	2,902	2,890	2,877
1,8	2,864	2,851	2,839	2,826	2,814	2,801	2,789	2,776	2,764	2,752
1,9	2,739	2,727	2,716	2,704	2,692	2,681	2,670	2,659	2,648	2,637

Tabelle 8b. $\dfrac{E}{T}$ (Debye) $= \dfrac{1}{T}\displaystyle\int_0^T C_{\text{(Debye)}}\,dT$ von $\dfrac{\beta\nu}{T}$ 0 bis 16,0.

$\dfrac{\beta\nu}{T}$	,0	,1	,2	,3	,4	,5	,6	,7	,8	,9
0	5,955	5,7330	5,5195	5,3122	5,1100	4,9130	4,7220	4,5364	4,3578	4,1862
1	4,0168	3,8536	3,6951	3,5450	3,3991	3,2592	3,1229	2,9920	2,8640	2,7395
2	2,6266	2,5138	2,4068	2,3047	2,2044	2,1078	2,0166	1,9288	1,8446	1,7642
3	1,6873	1,6131	1,5423	1,4756	1,4118	1,3492	1,2917	1,2364	1,1825	1,1314
4	1,0921	1,0361	0,9931	0,9517	0,9118	0,8733	0,8361	0,8002	0,7654	0,7317
5	0,7009	0,6712	0,7438	0,6187	0,5944	0,5708	0,5478	0,5255	0,5037	0,4824
6	0,4618	0,4437	0,4259	0,4088	0,3926	0,3787	0,3652	0,3519	0,3387	0,3257
7	0,3128	0,3017	0,2908	0,2803	0,2702	0,2605	0,2513	0,2423	0,2340	0,2263
8	0,2195	0,2135	0,2077	0,2017	0,1959	0,1905	0,1855	0,1797	0,1744	0,1691
9	0,1639	0,1588	0,1536	0,1485	0,1435	0,1384	0,1336	0,1289	0,1242	0,1195
10	0,1149	0,1107	0,1070	0,1028	0,1009	0,0983	0,0957	0,0953	0,0907	0,0886
11	0,0866	0,0845	0,0824	0,0804	0,0783	0,0763	0,0742	0,0722	0,0704	0,0686
12	0,0671	0,0655	0,0640	0,0625	0,0610	0,0595	0,0580	0,0565	0,0552	0,0540
13	0,0526	0,0514	0,0502	0,0491	0,0481	0,0471	0,0461	0,0451	0,0441	0,0431
14	0,0420	0,0411	0,0403	0,0395	0,0388	0,0380	0,0373	0,0365	0,0358	0,0350
15	0,0343	0,0335	0,0328	0,0320	0,0313	0,0308	0,0303	0,0298	0,0293	0,0288

Tabelle 9a. $-\dfrac{F}{T}$ (Debye) $= \dfrac{1}{T}\displaystyle\int_0^T \dfrac{dT}{T^2}\displaystyle\int_0^T C_{\text{(Debye)}}\,dT$ von $\dfrac{\beta\nu}{T}$ 0 bis 2,00.

$\dfrac{\beta\nu}{T}$	,00	,01	,02	,03	,04	,05	,06	,07	,08	,09
0,1	15,92	15,45	15,00	14,56	14,14	13,74	13,39	13,04	12,70	12,35
0,2	12,01	11,73	11,50	11,27	11,03	10,80	10,57	10,36	10,17	9,98
0,3	9,81	9,64	9,49	9,34	9,19	9,04	8,89	8,74	8,59	8,45
0,4	8,31	8,18	8,06	7,95	7,83	7,72	7,61	7,50	7,40	7,29
0,5	7,19	7,09	6,99	6,89	6,80	6,71	6,62	6,54	6,46	6,38
0,6	6,31	6,23	6,15	6,08	6,00	5,93	5,86	5,79	5,72	5,65
0,7	5,60	5,52	5,46	5,40	5,34	5,28	5,23	5,17	5,12	5,07
0,8	5,006	4,950	4,905	4,855	4,804	4,754	4,704	4,654	4,604	4,553
0,9	4,503	4,461	4,412	4,360	4,322	4,278	4,236	4,196	4,156	4,117

Fortsetzung von Tabelle 9a.

$\frac{\beta\nu}{T}$	,00	,01	,02	,03	,04	,05	,06	,07	,08	,09
1,0	4,077	4,038	3,999	3,960	3,921	3,883	3,844	3,805	3,767	3,731
1,1	3,695	3,660	3,625	3,590	3,556	3,528	3,491	3,459	3,427	3,395
1,2	3,365	3,335	3,305	3,275	3,245	3,215	3,186	3,158	3,131	3,103
1,3	3,076	3,049	3,022	2,996	2,969	2,942	2,916	2,891	2,867	2,843
1,4	2,819	2,796	2,773	2,750	2,726	2,703	2,680	2,657	2,634	2,612
1,5	2,590	2,568	2,547	2,526	2,506	2,485	2,464	2,444	2,424	2,404
1,6	2,384	2,365	2,346	2,328	2,310	2,291	2,273	2,255	2,236	2,218
1,7	2,199	2,181	2,164	2,147	2,130	2,114	2,097	2,080	2,063	2,047
1,8	2,031	2,016	2,001	1,985	1,969	1,954	1,939	1,924	1,908	1,893
1,9	1,878	1,863	1,849	1,835	1,821	1,807	1,793	1,779	1,766	1,753

Tabelle 9b. $-\dfrac{F}{T}$ (Debye) $= \dfrac{1}{T}\displaystyle\int_0^T \dfrac{dT}{T^2}\int_0^T C_{\text{(Debye)}}\,dT$ von $\dfrac{\beta\nu}{T}$ 0 bis 15,0.

$\frac{\beta\nu}{T}$	,0	,1	,2	,3	,4	,5	,6	,7	,8	,9
0	—	15,9180	12,0098	9,8111	8,3113	7,1921	6,3134	5,5993	5,0065	4,5030
1	4,0766	3,6949	3,3650	3,0756	2,8192	2,5899	2,3839	2,1968	2,0307	1,8781
2	1,7414	1,6158	1,5016	1,3973	1,3011	1,2125	1,1318	1,0573	0,9886	0,9851
3	0,8865	0,8122	0,7619	0,7157	0,6731	0,6324	0,5954	0,5612	0,5290	0,4992
4	0,4708	0,4449	0,4210	0,3985	0,3774	0,3576	0,3389	0,3212	0,3044	0,2885
5	0,2739	0,2605	0,2476	0,2361	0,2251	0,2246	0,2047	0,1951	0,1860	0,1771
6	0,1688	0,1613	0,1540	0,1474	0,1408	0,1351	0,1298	0,1246	0,1196	0,1146
7	0,1097	0,1055	0,1014	0,0947	0,0937	0,0901	0,0868	0,0835	0,0804	0,0776
8	0,0751	0,0730	0,0709	0,0687	0,0667	0,0646	0,0629	0,0609	0,0590	0,0572
9	0,0554	0,0536	0,0518	0,0500	0,0483	0,0466	0,0449	0,0433	0,0417	0,0401
10	0,0386	0,0371	0,0358	0,0348	0,0338	0,0329	0,0320	0,0311	0,0303	0,0296
11	0,0289	0,0282	0,0275	0,0268	0,0261	0,0254	0,0247	0,0241	0,0235	0,0229
12	0,0224	0,0218	0,0213	0,0208	0,0203	0,0198	0,0193	0,0188	0,0184	0,0180
13	0,0175	0,0172	0,0167	0,0164	0,0160	0,0157	0,0154	0,0150	0,0147	0,0144
14	0,0140	0,0137	0,0134	0,0132	0,0129	0,0126	0,0124	0,0122	0,0119	0,0117

Tabelle 10a. $S_{\text{(Debye)}} = \displaystyle\int_0^T \dfrac{C_{\text{(Debye)}}}{T}\,dT$ von $\dfrac{\beta\nu}{T}$ 0 bis 2,00.

$\frac{\beta\nu}{T}$	,00	,01	,02	,03	,04	,05	,06	,07	,08	,09
0,1	21,65	21,16	20,69	20,23	19,79	19,37	18,99	18,62	18,26	17,79
0,2	17,53	17,23	16,98	16,73	16,47	16,22	15,97	15,74	15,52	15,31
0,3	15,12	14,93	14,76	14,59	14,42	14,25	14,08	13,91	13,74	13,58
0,4	13,42	13,27	13,13	13,00	12,86	12,73	12,60	12,47	12,35	12,22
0,5	12,06	11,98	11,86	11,75	11,64	11,53	11,41	11,32	11,22	11,12
0,6	11,03	10,93	10,84	10,75	10,65	10,56	10,47	10,38	10,29	10,21
0,7	10,14	10,04	9,96	9,88	9,80	9,73	9,66	9,58	9,51	9,45
0,8	9,364	9,291	9,229	9,162	9,094	9,027	8,959	8,892	8,825	8,756
0,9	8,689	8,630	8,564	8,495	8,440	8,379	8,320	8,263	8,206	8,150
1,0	8,094	8,039	7,984	7,928	7,873	7,818	7,762	7,707	7,653	7,601
1,1	7,549	7,498	7,447	7,396	7,346	7,302	7,249	7,201	7,153	7,105
1,2	7,060	7,015	6,970	6,925	6,880	6,835	6,791	6,748	6,706	6,663
1,3	6,621	6,579	6,537	6,496	6,455	6,413	6,373	6,333	6,295	6,256
1,4	6,218	6,185	6,144	6,107	6,069	6,032	5,995	5,958	5,921	5,885
1,5	5,849	5,813	5,778	5,743	5,709	5,675	5,640	5,607	5,574	5,540
1,6	5,507	5,475	5,442	5,410	5,379	5,347	5,316	5,285	5,253	5,222
1,7	5,191	5,160	5,130	5,100	5,070	5,041	5,012	4,982	4,953	4,924
1,8	4,895	4,867	4,840	4,811	4,783	4,755	4,728	4,700	4,672	4,645
1,9	4,617	4,590	4,565	4,539	4,513	4,488	4,463	4,438	4,414	4,390

Tabelle 10b. $\quad S_{\text{(Debye)}} = \int\limits_{0}^{T} \dfrac{C_{\text{(Debye)}}}{T}\, dT$ von $\dfrac{\beta v}{T}$ 0 bis 15,0.

$\dfrac{\beta v}{T}$	,0 .	,1	,2	,3	,4	,5	,6	,7	,8	,9
0	—	21,6510	17,5293	15,1233	13,4213	12,1051	11,0354	10,1357	9,3643	8,6892
1	8,0934	7,5484	7,0601	6,6206	6,2183	5,8491	5,5068	5,1906	4,8947	4,6176
2	4,3680	4,1296	3,9084	3,7020	3,5055	3,3203	3,1484	2,9861	2,8332	2,7493
3	2,5538	2,4253	2,3042	2,1913	2,0849	1,9816	1,8871	1,7976	1,7115	1,6306
4	1,5529	1,4810	1,4141	1,3502	1,2892	1,2309	1,1750	1,1214	1,0698	1,0202
5	0,9748	0,9317	0,8914	0,8548	0,8195	0,7854	0,7525	0,7206	0,6897	0,6595
6	0,6306	0,6050	0,5799	0,5562	0,5334	0,5138	0,4950	0,4765	0,4583	0,4403
7	0,4225	0,4072	0,3922	0,3777	0,3639	0,3506	0,3381	0,3258	0,3144	0,3033
8	0,2946	0,2865	0,2786	0,2704	0,2626	0,2551	0,2484	0,2406	0,2334	0,2263
9	0,2193	0,2124	0,2054	0,1985	0,1918	0,1850	0,1785	0,1722	0,1659	0,1596
10	0,1535	0,1478	0,1428	0,1386	0,1347	0,1312	0,1277	0,1242	0,1210	0,1182
11	0,1155	0,1127	0,1099	0,1072	0,1044	0,1017	0,0989	0,0963	0,0939	0,0915
12	0,0895	0,0873	0,0853	0,0833	0,0813	0,0793	0,0773	0,0753	0,0736	0,0720
13	0,0701	0,0686	0,0669	0,0655	0,0641	0,0628	0,0615	0,0601	0,0585	0,0575
14	0,0560	0,0548	0,0537	0,0527	0,0517	0,0506	0,0497	0,0487	0,0477	0,0467

14. Abhängigkeit der freien Energie vom Volumen. Bei festen Körpern und Flüssigkeiten, sofern sie sich nicht in der Nähe des kritischen Punktes befinden, beeinflußt eine Änderung des Druckes von vielen Atmosphären ihre Eigenschaften nur ganz unwesentlich und dies ist der Grund dafür, daß man bei nicht zu extremen Druckverhältnissen mit der Kenntnis der thermischen Zustandsgleichung bei normalem Druck auskommt. Handelt es sich jedoch um sehr große Drucke (Tausende von Atmosphären), so benötigt man die Kenntnis der Zustandsgleichung, d. h. der Abhängigkeit des Volumens von Druck und Temperatur. Eine direkte Messung der spezifischen Wärmen unter Druck bis zu tiefen Temperaturen hinab, die nach dem Nernstschen Theorem ja auch die Energieverhältnisse zu berechnen gestatten würde, kommt praktisch nicht in Betracht.

Die freie Energie unter beliebigem Druck läßt sich nach dem zweiten Hauptsatz aus der bei normalem Druck berechnen, wenn Kompressibilität und Volumen bei der betreffenden Temperatur bekannt sind. Die Änderung der freien Energie mit dem Volumen bei konstanter Temperatur ist gegeben durch:

$$\Delta F = - \int\limits_{v_1}^{v_2} p\, dV$$

Setzt man nun ein $K = -\dfrac{1}{V}\left(\dfrac{\partial V}{\partial p}\right)_T$ und macht die Annahme, daß K volumenunabhängig ist — und dies ist bei den praktisch vorkommenden Drucken genügend genau der Fall — so resultiert, wenn man vom Anfangsdruck 0 ausgeht:

bzw. $$\Delta F = \tfrac{1}{2} p^2 K V \qquad (20)$$

$$\Delta F = \frac{1}{2}\frac{(\Delta V)^2}{KV} \qquad (\Delta V = \text{Volumenänderung bei der Kompression}). \qquad (20a)$$

K und V hängen nun sehr wenig von der Temperatur ab, und man macht daher keinen großen Fehler, wenn man die bei einer Temperatur gemessenen Werte auf einem etwas größeren Temperaturintervall benutzt. Rechnet man Druck und Kompressibilität in Atmosphären bzw. reziproken Atmosphären, das Volumen in Kubikzentimetern, so muß man Formeln (20) und (20a) mit 0,0242 multiplizieren, um ΔF in kleinen Kalorien zu erhalten.

Für einfach gebaute Substanzen führt die durch das NERNSTsche Theorem vermittelte Kenntnis der Differenz der freien Energie bei beliebiger Temperatur gegen die am absoluten Nullpunkt im Verein mit der Theorie der spezifischen Wärmen zur Aufstellung der Zustandsgleichung der Festkörper (s. Artikel GRÜNEISEN, ds. Band., Kap. 1). Ihre wesentlichen Resultate sind die Formeln

$$\frac{\alpha}{c} = \text{konst.} \qquad (\alpha \text{ Koeffizient der thermischen Ausdehnung,} \qquad (21)$$
$$c \text{ spezifische Wärme) GRÜNEISENsche Formel}$$

$$K_1 - K_0 = \text{konst.} \, E \qquad (K = \text{Kompressibilität}). \qquad (22)$$

Sie gelten für Substanzen, deren spezifische Wärme durch ein ν darstellbar ist und für nicht zu hohe Temperaturen, ferner für sämtliche Festkörper im Gebiet des T^3-Gesetzes. Dieses letztere Resultat erhält man nach NERNST[1]) auch einfach durch direkte Ansetzung des Theorems mit Benutzung der Erfahrung, daß die Kompressibilität bei Annäherung an den absoluten Nullpunkt endlich bleibt. Im Gültigkeitsbereich der Formeln (21) und (22) kann man also F und E in Abhängigkeit vom Druck bei allen Temperaturen berechnen, falls außer der Schwingungszahl ν thermische Ausdehnung und Kompressibilität bei einer Temperatur bekannt sind.

Die häufig erbrachte Bestätigung der Formeln (21) und (22) ist wiederum eine solche des NERNSTschen Theorems. Jedoch ist zu beachten, daß dies nur für den hier betrachteten Prozeß der Volumenänderung gilt. Die Tatsache, daß zwei Modifikationen einer Substanz — z. B. Kristall und Glas — bei sehr tiefen Temperaturen das GRÜNEISENsche Gesetz befolgen, besagt noch nicht, daß die Entropieänderung beim Übergang Glas/Kristall am absoluten Nullpunkt Null ist, da bei der elastischen oder thermischen Volumenänderung bei tiefen Temperaturen die Anordnung der Moleküle im Glas bzw. Kristall gar nicht geändert wird (s. Ziff. 29).

β) Freie Energie von Umsetzungen.

15. Allgemeine Bemerkungen. Das NERNSTsche Theorem setzt uns instand, die Differenz freie Energie minus Gesamtenergie aus den spezifischen Wärmen zu berechnen. Ist irgendein Wert von A oder U bekannt, so ist also damit der Verlauf der A,U-Kurve vollkommen festgelegt. Eine Prüfung des Theorems kann immer dann erfolgen, wenn sowohl ein Wert von A wie einer von U experimentell bestimmt ist. Auf dasselbe kommt es hinaus, wenn statt einem A- und einem U-Punkt mindestens zwei A-Punkte gegeben sind, da man ja nach dem zweiten Hauptsatz U aus der Temperaturabhängigkeit von A berechnen kann.

Zuvor noch einige Bemerkungen über die Genauigkeit der Prüfung. Bei dem heutigen Stand der Experimentiertechnik erscheint eine Fehlergrenze bei der Bestimmung der spezifischen Wärmen von durchschnittlich 1—2% angemessen. Nehmen wir an, daß eine sichere Extrapolation zum absoluten Nullpunkt möglich ist, so finden wir bei einem durchschnittlichen $\beta\nu$ von 200 einen Fehler von 0,15 in der Entropie pro g-Atom, und dies entspricht bei Zimmertemperatur einem $A-U=45$ cal. Dieser Fehler ist mit der Anzahl der reagierenden g-Atome zu multiplizieren. Sind die spezifischen Wärmen sämtlicher Reaktionsteilnehmer mit der gleichen Apparatur gemessen, so kann sich diese Zahl noch erheblich verkleinern.

Bei der Bestimmung von A und U sind Fehler von 2% durchaus nichts Ungewöhnliches, besonders wenn man sie, wie dies bei Wärmetönungsmessungen häufig der Fall ist, nicht direkt, sondern als Differenz zweier größerer Wärmetönungen ermitteln muß. Bestimmt man nun, wie dies im allgemeinen geschieht,

---

[1]) W. NERNST, Die Grundlagen des neuen Wärmesatzes, S. 179. Halle 1918.

A und U einzeln und berücksichtigt man ferner, daß die Differenz $A - U$ bei Zimmertemperatur von der Größenordnung einiger hundert Kalorien ist, so ist bei einem Wert von U von 20 000 cal $A - U$ schon um 400 cal unsicher. Etwas günstiger liegt der Fall, daß man $A - U$ als $T \dfrac{dA}{dT}$ direkt aus der Temperaturabhängigkeit der freien Energie berechnen kann, wie beispielsweise oft bei galvanischen Elementen. Jedoch findet man bei verschiedenen Beobachtern oft recht differierende Werte des Temperaturkoeffizienten, besonders natürlich, wenn er aus einem nicht sehr großen Temperaturintervall abgeleitet wurde.

Jedenfalls liegen die Verhältnisse dann am günstigsten, wenn ein Wert von A oder von U sehr klein ist. Dies trifft bei der Untersuchung allotroper Umwandlungen zu. Am Umwandlungspunkt ist A gleich Null, und die gemessene Wärmetönung gibt direkt $A - U$. Diese Fälle sind also zur Prüfung des Theorems am geeignetsten. Allerdings muß darauf geachtet werden, da eine Modifikation ja immer instabil ist, daß man es während der ganzen Messung mit den reinen Modifikationen zu tun hat, was nach den bekannten Untersuchungen von Cohen nicht immer ganz leicht ist.

In der ersten Zeit nach der Aufstellung des Theorems waren die Ansprüche, die man an die Meßgenauigkeit zu stellen brauchte, nicht sehr groß. Es kam zunächst nur darauf an, seine Gültigkeit in großen Zügen zu prüfen. In der Zeit vor dem Theorem wußte man ja gar nichts über die Größe der Entropieänderung am absoluten Nullpunkt, sie konnte ebensogut -20 wie $+100$ sein. Daran, daß dies nicht so ist, zweifelt heute niemand mehr, in der Hauptsache natürlich wegen des im wesentlichen von Nernst und seinen Schülern beigebrachten experimentellen Materials, dann aber auch seit der quantentheoretischen Begründung des Theorems wegen der großen Erfolge, die seither die Quantentheorie auch auf allen anderen Gebieten gezeitigt hat. Nun wäre es nach der Quantenstatistik nicht unmöglich, daß die Entropieänderung bei einer Reaktion am absoluten Nullpunkt nicht 0, sondern $R \sum_{1}^{a} \ln n_a$ ist, wobei n (das sogenannte Quantengewicht, siehe Abschnitt Smekal) eine kleine ganze Zahl ist und die Summation über alle a-Reaktionsteilnehmer auszuführen ist (s. dazu Ziff. 23 und 29). Das würde also bedeuten, daß die A-Kurve am absoluten Nullpunkt nicht parallel zur T-Achse läuft, sondern sich mit der Steigung $R\Sigma \ln n$ erhebt oder senkt. Diese Frage steht nun augenblicklich im Vordergrunde des Interesses, und wir wollen deshalb das experimentelle Material von dem Standpunkte diskutieren, ob ein Entropieunterschied von $R \ln 2 = 1{,}37$ (dies entspricht bei Zimmertemperatur einer Differenz $A - U = 400$ cal) gegen den vom Theorem geforderten Wert möglich ist.

Für die Darstellung der A- und U-Werte als Diagramm möge bemerkt werden, daß die Reaktionen so geschrieben sind, daß sie unter Wärmeentwicklung verlaufen und daß auf den Abbildungen die positiven Werte auf dem oberen Teil liegen. Verläuft die A-Kurve also in diesem Teil, so bedeutet dies, daß der rechte Teil der Reaktionsgleichung im Stabilitätsgebiet ist.

16. Umwandlungen. Die Zinnumwandlung. Die bei weitem am genauesten untersuchte Reaktion ist die Umwandlung weißes Zinn — graues Zinn [Lange[1]]. Unterhalb 292° abs. (19° C) ist die regulär kristallisierende graue Modifikation, oberhalb die weiße stabil. Die Umwandlungswärme am Umwandlungspunkt wurde nach einer kalorimetrischen Bestimmung von Brönsted zu 535 cal ± 1,5% gefunden. Die spezifischen Wärmen beider Modifikationen

---

[1] F. Lange, ZS. f. phys. Chem. Bd. 110 (Nernstband), S. 323. 1924.

wurden von LANGE bis zu den tiefsten Temperaturen gemessen, weißes Zinn bis zu 9,6° herab (AW ∞ 0,2), graues bis 15,5° (AW ∞ 0,6). Die Atomwärmen des letzteren konnten durch eine Summe von zwei Debye-Funktionen wiedergegeben werden, so daß die Extrapolation noch sicherer wurde. Man findet (s. Abb. 3) durch graphische Auswertung für $A - U$ nach dem Theorem am Umwandlungspunkt 517 cal mit einer Fehlergrenze von $\pm$30 cal gegenüber der direkt gemessenen Wärmetönung 535$\pm$8 cal, also eine ganz vorzügliche Übereinstimmung. Eine Entropiedifferenz von $R\ln 2$, die bei dieser Temperatur 400 cal entsprechen würde, ist mit dem Experiment vollkommen unvereinbar. In Abb. 4 ist die A, U-Kurve gezeichnet. A schneidet die 0-Achse bei 295° statt bei 292°.

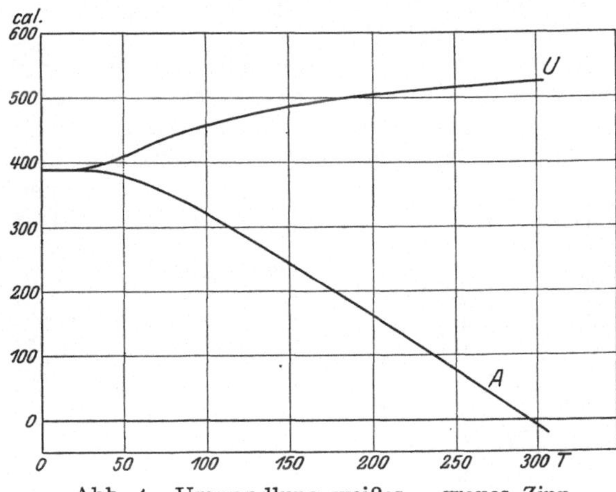

Abb. 4. Umwandlung weißes — graues Zinn.

Die Schwefelumwandlung. Die am frühesten untersuchte Umwandlung ist die des Schwefels [NERNST[1])]. Unterhalb 368,5° abs. (95,4° C) ist rhombischer Schwefel, oberhalb monokliner stabil. Die Umwandlungswärme wurde von BRÖNSTED am Eispunkt kalorimetrisch zu 77 cal, von TAMMANN am Umwandlungspunkt aus der Druckabhängigkeit der Gleichgewichtstemperatur zu 102 cal ermittelt. Außer der Umwandlungstemperatur stehen noch die von BRÖNSTED aus Löslichkeitsmessungen berechneten Werte:

$$A_{273} = 23,1, \quad A_{288,5} = 20,5,$$
$$A_{291,6} = 20,2$$
$$\text{und} \quad A_{298,3} = 18,3 \text{ cal}$$

zur Verfügung. Die spezifischen Wärmen des rhombischen Schwefels sind bis 22° (AW = 1,0), die des monoklinen jedoch nur bis 83° (AW = 2,75) gemessen. In Abb. 5 ist die A, U-Kurve ausgezogen, ferner in 100facher Überhöhung die Werte $\dfrac{dU}{dT}$,

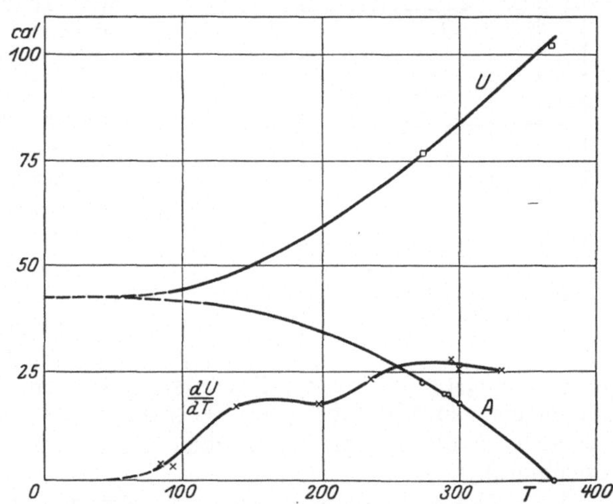

Abb. 5. Umwandlung monokliner — rhombischer Schwefel.
□ U (beob.),   ○ A (beob.),   × dU/dT (beob.).

aus denen sie berechnet wurde. Die Anpassung an die experimentellen Werte ist sehr gut, A wird gleich Null bei 370° statt 368,5°. Über die Fehlergrenzen läßt sich leider nichts Bestimmtes aussagen, da die spezifischen Wärmen des monoklinen Schwefels über ein sehr großes Gebiet extrapoliert werden mußten,

<hr>

[1]) W. NERNST, Wärmesatz, S. 87.

was bei der komplizierten Kristallstruktur dieser Modifikation nicht ganz unbedenklich ist. Bakhuyzen[1]) extrapoliert die spezifischen Wärmen anders, die von ihm errechnete A-Kurve verläuft daher bei Zimmertemperatur etwa 25 cal oberhalb der·Nernstschen. Immerhin kann man wohl sagen, daß ein Unterschied von 400 cal ausgeschlossen erscheint.

Die Umwandlung Christobalit — Quarzkristall [Wietzel[2])]. Bei zirka 1300—1700° abs. wandelt sich der unterhalb dieser Temperatur stabile Quarz in Christobalit um, die Schwankungen hängen mit der Korngröße zusammen, und zwar liegt die Umwandlungstemperatur um so tiefer, je feinkörniger das Material ist. Bei tieferen Temperaturen haben Quarz und Christobalit noch je einen Umwandlungspunkt, β-α-Quarz bei 850° abs. (575° C) und β-α-Christobalit bei etwa 500° abs. (230° C). Die Umwandlungswärme ermittelte Wietzel als Differenz der Lösungswärmen in Flußsäure zu 1730 ± 100 cal bei Zimmertemperatur. Die spezifischen Wärmen wurden von Quarzkristall bis zu 26° (AW = 0,14), beim Christobalit bis 28° (AW = 0,21) gemessen. Oberhalb Zimmertemperatur bestimmte sie Wietzel mit dem Mischungskalorimeter zunächst als mittlere spezifische Wärme. Aus diesen wurden die wahren spezifischen Wärmen und die Umwandlungswärmen β-α-Quarz und β-α-Christobalit berechnet. In Abb. 6 ist das Gleichgewichtsdiagramm gezeichnet. Die Sprünge der U-Kurve und die entsprechenden Knicke der A-Kurve rühren von den Umwandlungspunkten bei 850 und 600° her. Als Gleichgewichtstemperatur ergibt sich etwa 1640° abs. für ein grobkörniges Material, für ein feinkörniges errechnete Wietzel aus seinen Messungen 1400°, also in sehr guter Übereinstimmung mit den oben angebenen beobachteten Temperaturgrenzen. Sämtliche Unsicherheiten betragen zusammengerechnet am

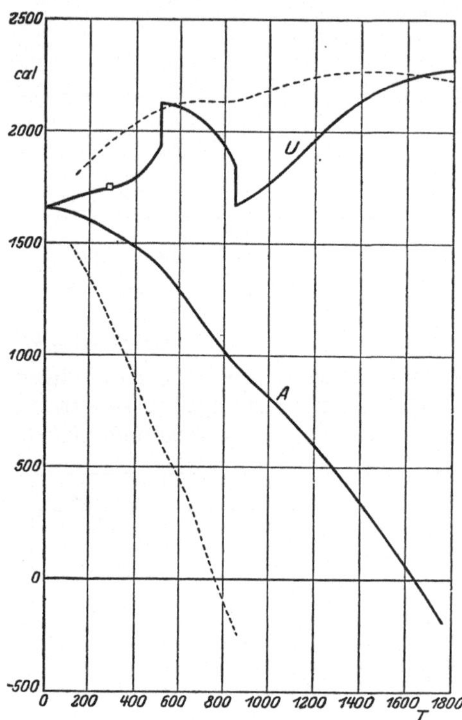

Abb. 6.   Umwandlung Christobalit —
Quarzkristall.   □ U (beob.).

Umwandlungspunkt 400 cal, dies entspricht einem Entropieunterschied von 0,25. Ein solcher von $R\ln 2$ (bei 1600° = 2200 cal) erscheint auch hier ausgeschlossen. (Die sich für diesen Fall ergebenden A-Kurven sind in Abb. 6 punktiert eingezeichnet.)

Die Umwandlung Kalzit — Aragonit. Die Stabilitätsverhältnisse dieser zwei Modifikationen des Kalziumkarbonats sollen jetzt mit Hilfe des Theorems berechnet werden. Bäckström[3]) hat die freie Energie dieser Umwandlung durch Löslichkeitsbestimmung gemessen, und zwar erhielt er $A_{282} = 160$, $A_{198} = 191,3$ und $A_{308} = 220,6$ cal. Die spezifische Wärme des Kalzits ist bis 22° abs. (AW = 202) von Nernst und Schwers, die des Aragonits bis 22°

[1]) W. H. van de Sande Bakhuyzen, ZS. f. phys. Chem. Bd. 111, S. 39. 1924.
[2]) R. Wietzel, ZS. f. anorg. Chem. Bd. 116, S. 71. 1921.
[3]) H. L. J. Bäckström, ZS. f. phys. Chem. Bd. 97, S. 179. 1921.

(AW = 0,04) von GÜNTHER gemessen. Daraus berechnen wir das Gleichgewichtsdiagramm Abb. 7. Wir finden einen Gleichgewichtspunkt bei 214° abs. (−59° C). Aragonit ist also nur unterhalb dieser Temperatur beständig. Der wellenförmige Verlauf der U-Kurve entsteht dadurch, daß unterhalb 150° die spezifische Wärme des Aragonits größer als die des Kalzits ist und oberhalb kleiner.

Eine genaue Prüfung des Theorems ist bei dieser Reaktion nicht möglich, weil bisher exakte Bestimmungen der Umwandlungswärme fehlen. LE CHATELIER[1]) fand 600 cal bei Zimmertemperatur mit einer Unsicherheit von mindestens 200 cal, BERTHELOT[2]) gibt 300 cal, jedoch ohne nähere Daten an. Aus der Temperaturabhängigkeit der freien Energie berechnet sich bei Benutzung der BÄCKSTRÖMschen Werte bei 282 und 308°, von denen der erstere allerdings nicht sehr sicher sein soll, 500 cal.

Läßt man die Möglichkeit einer Entropiedifferenz $R \ln 2$ zu, so berechnen sich die gepunkteten Linien für U. Wenn es gelingt, die Umwandlungswärme genauer zu messen, dürfte diese Reaktion zur genauen Prüfung des Theorems sehr geeignet sein.

Die Umwandlung Diamant — Graphit. Die Umwandlungswärme Diamant = Graphit + 160 cal ist von ROTH und WALLASCH aus der Differenz der Verbrennungswärmen ermittelt worden. Die Messungen sind so sorgfältig ausgeführt worden, daß die Umwandlungswärme, obwohl als Differenz zweier sehr großer Zahlen (etwa 100000 cal) erhalten, doch auf ± 30 cal sicher erscheint. Die spezifischen Wärmen beider Modifikationen sind bis zu äußerst kleinen Werten der Atomwärme herab verfolgt worden (NERNST).

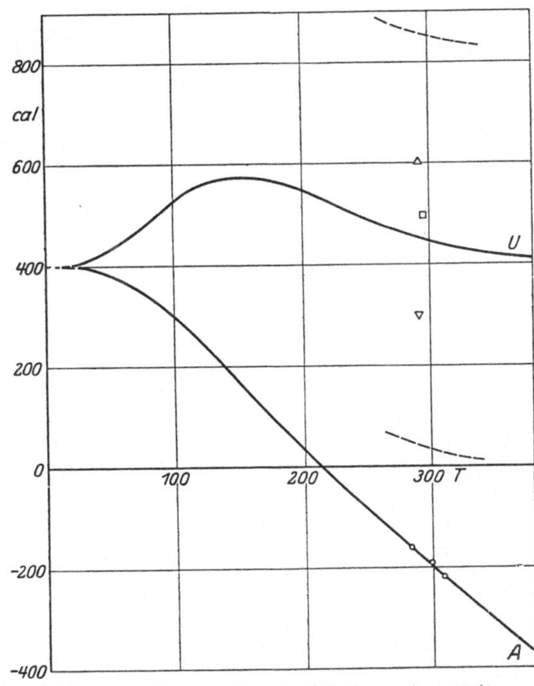

Abb. 7.   Umwandlung Kalzit — Aragonit.
○ A (beob.),   △, ▽ U (kalorimetrisch),   ▢ U (aus Temperaturabhängigkeit der Löslichkeit).

Mit diesen Zahlen errechnet sich das folgende Gleichgewichtsdiagramm Abb. 8 [MIETHING[3])]. Diamant ist also unter gewöhnlichem Druck bei allen Temperaturen instabil, und zwar um so mehr, je höher die Temperatur.

Es soll an diesem Beispiel gezeigt werden, wie sich die Gleichgewichtsverhältnisse mit dem Druck verschieben. Sei $F_p^{(0)}$ die freie Energie unter dem Druck 0, $F_p^{(p)}$ die unter dem Druck p. $F_{(p)}^{(p)} - F_{(p)}^{(0)}$ setzt sich dann aus den Änderungen der Größen $F + pV$ der einzelnen Substanzen zusammen. Dafür finden wir nach Ziff. 14

$$F_p^{(p)} - F_p^{(0)} = \frac{p^2}{2} K V^{(0)} + p V^{(p)} \tag{23}$$

[1]) H. LE CHATELIER, C. R. Bd. 116, S. 390. 1893.
[2]) M. BERTHELOT, Thermochimie II. 1897.
[3]) H. MIETHING, Tabellen usw., S. 52; s. auch BOEKE, Grundzüge der phys.-chem. Petrographie, 2. Aufl., S. 175ff. Berlin 1923.

unter der Voraussetzung, daß die Kompressibilität K im Bereich der betrachteten Volumenänderung konstant bleibt. $V^{(0)}$ bzw. $V^{(p)}$ bedeuten das Atomvolumen unter dem Druck 0 bzw. p. Nun ist definitionsgemäß $V^{(p)} - V^{(0)} = K V^{(0)} p$. Formel (23) geht somit über in

$$F_p^{(p)} - F_p^{(0)} = p V^{(0)} - \frac{p^2}{2} K V^{(0)} = p V^{(0)} \left(1 - \frac{p}{2} K\right).$$

Für die gesamte Reaktion wird also

$$A_p^{(p)} - A_p^{(0)} = p \sum V^{(0)} \left(1 - \frac{p}{2} K\right). \tag{24}$$

Die Summation ist über alle Reaktionsteilnehmer auszuführen. Das Glied $\frac{p}{2} K$ macht, mit einer durchschnittlichen Kompressibilität von 10^{-6} (auf Atmosphären bezogen) gerechnet, erst bei 20 000 Atm. 1% des Gesamtwertes aus. Wir können es also meistens vernachlässigen, um so mehr als die Kompressibilitäten fast nie so genau bekannt sind. Formel (24) reduziert sich also auf

$$A_p^{(p)} - A_p^{(0)} = p \, \Delta V^{(0)},$$

wobei $\Delta V^{(0)}$ den Unterschied der Volumina vor und nach der Reaktion gemessen beim Drucke 0 bedeutet. Zur schnellen Bestimmung des Vorzeichens beachte man, daß die Seite der Reaktionsgleichung bei wachsendem Druck instabiler werden muß, die das größere Gesamtvolumen hat. Der Gleichgewichtsdruck berechnet sich nun nach dem Vorstehenden zu $p_{\text{Gl.}} = \dfrac{A^{(0)}}{\Delta V^{(0)}}$.

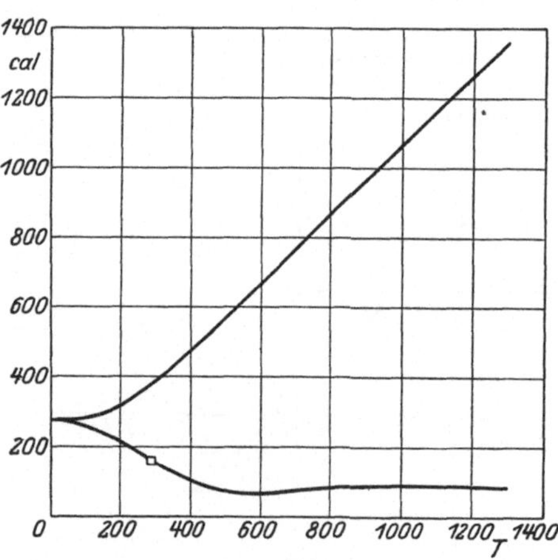

Abb. 8. Umwandlung Diamant — Graphit.

□ U (beob.).

Obere Kurve A, untere U.

Im Fall des Kohlenstoffs ist $\Delta V^{(0)}$ gleich $5{,}33_{\text{Gr.}} - 3{,}42_{\text{D.}} = 1{,}91$ cm³, und wir erhalten als Gleichgewichtsdruck bei der Temperatur T: $p_{\text{Gl.}} = \dfrac{A_T^{(0)}}{1{,}91 \cdot 0{,}0242}$ (0,0242 Umrechnungsfaktor von ccm Atm. in cal) oder $p_{\text{Gl.}} = 21{,}6 \cdot A_T^{(0)}$. Wir sehen nun von der geringen Temperaturabhängigkeit des Volumens ab und erhalten, indem wir den Normaldruck praktisch gleich Null setzen, aus dem Diagramm folgende Gleichgewichtsdrucke:

T	300	600	1000	1500	2000° abs.
$p_{\text{Gl.}}$	8400	15 000	23 000	34 000	45 000 Atm.

Oberhalb der Zimmertemperatur verläuft A sehr angenähert geradlinig nach der Gleichung $A = 60 + 1{,}00\,T$ cal, für dieses Gebiet kann man daher schreiben $p_{\text{Gl.}} = 1300 + 22\,T$ bzw. $p_{\text{Gl.}} = 22\,(t_{\text{Cels.}} + 330)$ Atm.

Das Theorem zeigt uns hier, wie die Umwandlung Graphit — Diamant zu erzwingen ist. Bei Temperaturen, die so hoch sind, daß man eine genügende Reaktionsgeschwindigkeit erhoffen kann (1500—2000° abs. schätzungsweise), muß man Drucke von 30—50 000 Atm. aufwenden. Das berechnete Gleichgewichtsdiagramm steht mit geologischen Erfahrungen in gutem Einklang und ebenfalls mit der großen Zahl erfolgloser Laboratoriumsexperimente über die reversible Umwandlung Graphit — Diamant, da bei diesen die oben geforderten Druckbedingungen nicht erfüllt waren. Eine quantitative Bestätigung des Diagramms steht jedoch noch aus.

Neuerdings wurde das NERNSTsche Theorem zur Aufstellung der Gleichgewichtsverhältnisse der Aluminiumsilikate benutzt [NEUMANN[1])], wie denn überhaupt das Theorem auch für die Geologie ein äußerst wertvoller Wegweiser zu werden scheint [s. EITEL, Das Nernstsche Wärmetheorem und seine Bedeutung für mineralogisch-geologische Probleme[2]), und BOEKE-EITEL, Grundzüge der physikalisch-chemischen Petrographie[3])].

Die Berechnung des Schmelzpunktes wird in Ziff. 28 behandelt.

17. Chemische Reaktionen. Bei chemischen Reaktionen ist die Hauptfrage die experimentelle Bestimmung der freien Energie, die Änderung der Gesamtenergie läßt sich immer ermitteln. Es sollen zunächst einige Reaktionen besprochen werden, deren freie Energie durch Messungen elektromotorischer Kräfte gegeben ist.

Das Element Pb, $PbCl_2$, AgCl, Ag arbeitet nach der Formel
$$Pb + 2\,AgCl = PbCl_2 + 2\,Ag,$$
seine Berechnung nach dem Theorem geschah durch BRAUNE und KOREF[4]). Die elektromotorische Kraft dieses Elementes ist nach BRÖNSTED[5]) $= 0,4917 - 0,000165\,t_{\text{Cels.}}$. Daraus berechnet sich $A_{290} = 22\,534$ cal und $U_{290} = 24\,748$ cal. Ferner wurde kalorimetrisch gefunden $U_{290} = 24\,880$ cal. Die spezifischen Wärmen sämtlicher Reaktionsteilnehmer sind bis zur Temperatur des flüssigen Wasserstoffs

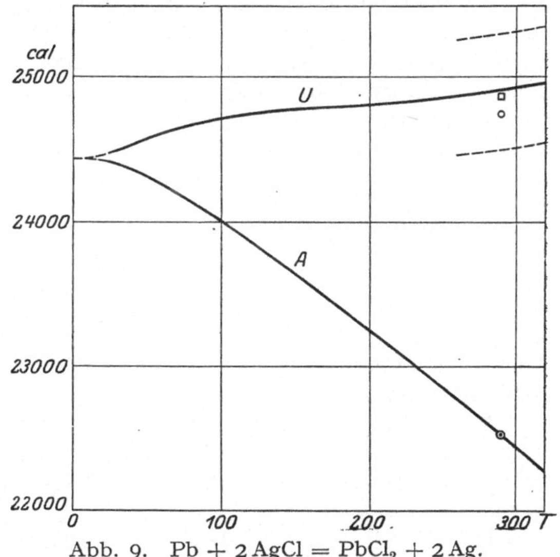

Abb. 9. $Pb + 2\,AgCl = PbCl_2 + 2\,Ag$.

$\odot A$ (elektromot.), $\circ$ U (elektromot.), $\square$ U (kalorim.).

gemessen (tabelliert bei MIETHING). Mit diesen Werten gestaltet sich ausgehend vom A-Wert das A, U-Diagramm folgendermaßen (Abb. 9, Bedeutung der punktierten Linien wie in Abb. 7). U_{290} ergibt sich nach dem Theorem zu 24 920 cal, die Differenz gegen die beobachteten Werte 24 880 und 24 750 liegt innerhalb der Fehlergrenzen.

BRAUNE und KOREF[6]) haben noch eine Reihe anderer Elemente untersucht; bei allen wurde U sowohl aus dem Temperaturkoeffizienten der elektromotorischen Kraft (U_1) wie direkt kalorimetrisch (U_2) ermittelt. Die Übereinstimmung zwischen U_1 und U_2 beweist, daß die angesetzte Reaktion auch wirklich der stromliefernde Prozeß ist. Die spezifischen Wärmen aller Substanzen sind bis zur Temperatur des flüssigen Wasserstoffs gemessen. In der Kolonne U der Tabelle ist der aus dem Theorem sich ergebende Wert aufgeführt, wobei von dem

---

[1]) F. NEUMANN, ZS. f. anorg. Chem. Bd. 145, S. 193. 1925.
[2]) W. EITEL, Fortschritte der Mineralogie usw. Bd. 8, S. 7. 1923.
[3]) 2. Aufl. Berlin 1923.
[4]) F. BRAUNE u. F. KOREF, ZS. f. anorg. Chem. Bd. 87, S. 175. 1914. Neu berechnet nach MIETHINGS Tabellen vom Verf.
[5]) J. N. BRÖNSTED, ZS. f. Elektrochem. Bd. 19, S. 754. 1913.
[6]) E. BRAUNE u. F. KOREF, l. c. Zitiert nach NERNST, Wärmesatz, S. 79.

durch die elektromotorische Kraft gegebenen A ausgegangen wurde. Die letzte Kolonne schließlich gibt die Differenz dieser Werte gegen den Mittelwert von U_1 und U_2. Die Zahlen gelten für $290°$ abs.

Tabelle 11.
Wärmetönung und freie Energie einiger galvanischer Elemente.

Reaktion	A	U_1	U_2	Mittel U_1, U_2	U	Differenz
Pb + J$_2$ = PbJ$_2$	41 220	41 960	41 850	41 905	42 034	+129
Ag + J = AgJ	15 715	15 160	15 100	15 130	15 014	−121[1]
Hg + AgCl = HgCl + Ag	−530[2]	1 382	1 427	1 405	1 270	−135
Pb + 2 HgCl = PbCl$_2$ + 2 Hg . . .	24 020[2]	21 940	22 070	22 005	22 159	+154

Die Differenzen sind kleiner als 150 cal und liegen innerhalb der Fehlergrenzen. Eine Differenz von 400 cal ($\varDelta S = R \ln 2$) wäre bei ungünstiger Häufung der Einzelfehler sicher möglich, doch erscheint sie unwahrscheinlich, da sonst bei den fünf betrachteten Reaktionen doch auch einmal eine Differenz von 400 oder 600 cal auftreten sollte.

Weiterhin wurde das Clark-Element untersucht. Pollitzer[3] findet gute Übereinstimmung der elektromotorischen Kraft mit der nach dem Theorem berechneten innerhalb der Fehlergrenzen. Da diese jedoch recht groß sind, ist diese Reaktion zur genauen Prüfung des Theorems vorläufig ungeeignet.

Das gleiche trifft zu für die von Seibert, Hullet und Taylor[4] untersuchten Elemente

$$Cd/CdCl_2 \cdot 2^1/_2\, H_2O/HgCl_2/Hg\,,$$
$$Cd/CdSO_4 \cdot {}^8/_3\, H_2O/Hg_2SO_4/Hg\,.$$

Auch hier Übereinstimmung mit dem Theorem innerhalb der jedoch sehr großen Fehlergrenzen.

Aufnahme von Kristall- bzw. Hydratwasser. Bei diesen Reaktionen kann die freie Energie aus der Wasserdampfspannung über der wasserhaltigen Substanz durch den Prozeß der isothermen Destillation berechnet werden.

Die Reaktion $CaO + H_2O = Ca(OH)_2$ wurde von Drägert[5] behandelt. Die Reaktionswärme ergab sich kalorimetrisch zu 13 630 cal bezogen auf Eis als Reaktionsteilnehmer bei $0°$ C. Die spezifischen Wärmen aller Reaktionsteilnehmer sind bis zur Temperatur des flüssigen Wasserstoffs gemessen (Nernst und Schwers). Ihr eigentümlicher Verlauf bedingt die in Abb. 10 aufgezeichnete A,U-Kurve, $(A - U)_{273}$ ist zufällig gerade gleich Null. In der Tat fand Drägert aus den Wasserdampfspannungen über dem Hydroxyd, die er zwischen 300 und $440°$ C gemessen hat, nach Umrechnung auf den Eispunkt $A_{273} = 13 540$ cal. Die Differenz von 90 cal liegt durchaus innerhalb der Fehlergrenze.

Die Wasseraufnahme von Kupfersulfat, $CuSO_4 + H_2O = CuSO_4H_2O$ [Siggel[6])]. Die Wärmetönung dieser Reaktion wurde kalorimetrisch zu

---

[1]) T. J. Webb (Journ. phys. chem. Bd. 29, S. 816. 1925) findet in einer kürzlich erschienenen Arbeit kalorimetrisch $U = 14 975$ cal. Unter Berücksichtigung der neuen Bestimmung der spezifischen Wärme des Jods durch Lange (ZS. f. phys. Chem. Bd. 110, S. 343. 1924) ergibt dies eine außerordentlich genaue Übereinstimmung mit dem Theorem.

[2]) Bezogen auf $234°$ abs. (festes Quecksilber).

[3]) F. Pollitzer, ZS. f. Elektrochem. Bd. 17, S. 5. 1911; Bd. 19, S. 515. 1913; s. auch Nernst, Wärmesatz, S. 95.

[4]) F. M. Seibert, G. A. Hullet u. H. S. Taylor, Journ. Amer. Chem. Soc. Bd. 39, S. 38. 1917.

[5]) W. Drägert, Diss. Berlin 1914; W. Nernst, Wärmesatz, S. 92. Umgerechnet nach Miething. Tabellen vom Verf.

[6]) A. Siggel, Diss. Berlin 1913; ZS. f. Elektrochem. Bd. 19, S. 340. 1913.

$U_{273} = 4910$ cal ermittelt. Daraus errechnet sich mit den spezifischen Wärmen, die von NERNST und SCHWERS bis zu 40° abs. herab gemessen wurden, $A_{273} = 4475$ cal. Aus den Wasserdampfspannungen findet SIGGEL nach Umrechnung auf den Eispunkt $A_{273} = 4415$ cal. Die Differenz von 60 cal wird reichlich durch die Fehlergrenzen überdeckt.

Weniger genau ist die schon ältere Untersuchung über die Wasseraufnahme des Ferrocyankaliums [SCHOTTKY[1])]. Diese Reaktion ist insofern interessant, als bei ihr schon bei Zimmertemperatur A und U verschiedenes Vorzeichen haben (Abb. 11), was durch die sehr kleine Wärmetönung ermöglicht wird. Wir haben hier also den Fall, daß das BERTHELOTsche Prinzip schon bei recht tiefen Temperaturen versagt.

Man findet also das Theorem in allen bisher untersuchten Fällen innerhalb der Fehlergrenzen bestätigt. Diese sind bei einem Teil, insbesondere bei den Umwandlungen, so klein, daß sie einen Entropieunterschied von $R \ln 2$ gegen den vom Theorem geforderten Wert ausschließen, aber auch bei den übrigen

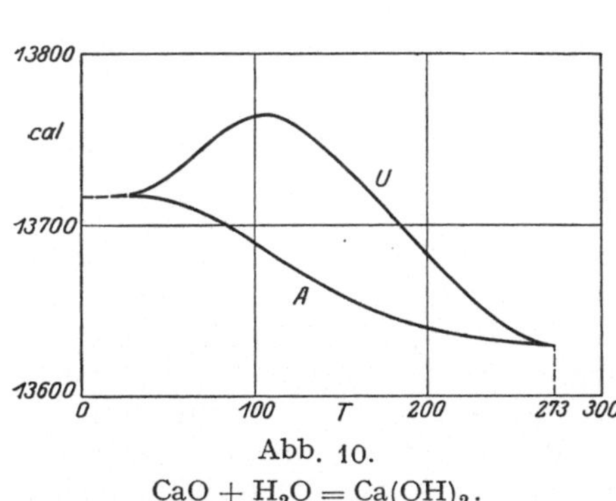

Abb. 10.

$CaO + H_2O = Ca(OH)_2$.

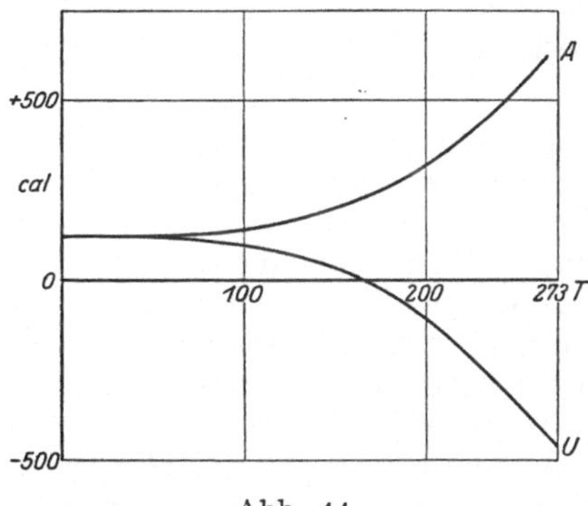

Abb. 11.

$K_4Fe(CN)_6 + 3 H_2O = K_4Fe(CN)_6, 3 H_2O$.

Reaktionen liegen die Verhältnisse nicht so, daß man eine solche Entropiedifferenz für wahrscheinlich halten sollte.

18. Allgemeiner Charakter der A,U-Diagramme. Über den allgemeinen Charakter der A,U-Diagramme ist folgendes zu sagen. Bei höheren Temperaturen verläuft A nahezu geradlinig. Sind nämlich sämtliche Reaktionsteilnehmer im Gebiet des DULONG-PETITschen Gesetzes, dann gilt die NEUMANN-KOPPsche Additivitätsregel, und U bleibt annähernd konstant. Für diesen Fall fordert die Gleichung $A - U = T \cdot \dfrac{dA}{dT}$, daß $\dfrac{dA}{dT}$ ebenfalls konstant bleibt. Erleidet eine der teilnehmenden Substanzen eine Umwandlung oder schmilzt sie, dann wird natürlich die Geradlinigkeit unterbrochen. Abgesehen von solchen Fällen ist somit die gegenseitige Lage der A- und U-Kurve in der Hauptsache durch die spezifischen Wärmen bei den tiefen Temperaturen gegeben, und dies um so mehr,

als hier ihr Einfluß infolge des T im Nenner der Gleichung $A - U = T \displaystyle\int_0^T \frac{\Sigma C}{T} dT$

verstärkt fühlbar wird. Sind die Wärmekapazitäten der einen Reaktionsseite dauernd größer als die der anderen, dann streben A und U dauernd von U_0 weg (Abb. 4, 5, 8, 9, 11). Ein wellenförmiger Verlauf der U-Kurve entsteht dann,

---

[1]) H. SCHOTTKY, ZS. f. phys. Chem. Bd. 64, S. 415. 1908; NERNST, Wärmesatz, S. 92.

wenn die Kapazitäten der einen Seite erst größer und später kleiner sind als die der anderen (Abb. 7 und 10).

Es liegt nun nahe zu fragen, ob im Verlauf der Diagramme weitere Gesetzmäßigkeiten zu finden sind, beispielsweise ob man von der Richtung und Größe der Wärmetönung auf Richtung und Größe der Änderung der Wärmekapazitäten schließen kann. Diese Fragestellung liegt natürlich außerhalb der Thermodynamik, deren Aufgabe durch die Berechnung der freien Energie aus den experimentellen Werten der spezifischen Wärmen und der Wärmetönung vollkommen gelöst ist. Ob und wie ihrerseits nun die Größe der Wärmetönung den Verlauf der spezifischen Wärmen beeinflußt, ist eine Sache der Atomphysik, die über die zwischen den Atomen wirkenden Kräfte Aufschluß geben soll. Da die Beantwortung der Frage aber von erheblichem praktischen Interesse wäre, so soll hier kurz darauf eingegangen werden.

Die van 't Hoffsche Regel[1]) besagt, daß bei enantiotropen Umwandlungen die bei höheren Temperaturen stabile Modifikation die größere spezifische Wärme

besitzt. Das Nernstsche Theorem sagt nun sofort, da $\int_{0}^{T_u} \dfrac{C_p^{(1)} - C_p^{(2)}}{T}\, dT = \dfrac{U_p}{T_u}$

notwendig positiv sein muß, daß die Regel für das durch obige Gleichung definierte Mittel der spezifischen Wärmen gelten muß. Sie würde für alle Temperaturen Gültigkeit haben, wenn die spezifischen Wärmen beider Modifikationen sich nicht schneiden würden, also wenn sie z. B. beide durch je ein $\beta\nu$ darstellbar wären. Dies braucht nun aber durchaus nicht der Fall zu sein. Nehmen wir als Beispiel zwei Modifikationen, von denen die eine ein Atomgitter besitzt. Bei der anderen sollen je zwei Atome zu einem engeren Komplex (Molekül) zusammengetreten sein, dadurch wird der Zusammenhang zwischen diesen beiden Atomen gefestigt, der gegen die übrigen Nachbarn gelockert werden. Dann kann bei tiefen Temperaturen, wo die schwachen Bindungen wesentlich sind, die spezifische Wärme größer und bei höheren Temperaturen, bei denen die festgebundenen Atome im Molekülverband noch nicht ganz angeregt sind, kleiner sein als bei der anderen Modifikation. Die Mannigfaltigkeit der Anordnungsmöglichkeiten der Atome im Kristallgitter ist zu groß, als daß man eine allgemein gültige Gesetzmäßigkeit aufstellen könnte. In verstärktem Maße trifft dies bei den chemischen Umsetzungen zu. Die entsprechende Regel müßte hier lauten: Die Wärmekapazitäten der Reaktionsseite sind kleiner, die unter Wärmeentwicklung entsteht. Dieses Verhalten finden wir zwar häufig, es entspricht dem Verlauf auf Abb. 9, der andere Fall tritt jedoch, wenn auch seltener, ebenfalls auf.

Ferner könnte man versuchen, die bei der Reaktion auftretende Volumenänderung mit der Änderung der spezifischen Wärmen in Verbindung zu bringen. Es wäre kinetisch plausibel zu sagen, daß die Reaktionsseite mit dem kleineren Volumen auch die kleinere spezifische Wärme hat. Auf den Fall der Umwandlung zweier Modifikationen angewendet, ist dies die Richarzsche Regel[2]). Jedoch überzeugt man sich an dem oben angeführten Beispiel leicht, daß diese Betrachtung keineswegs zwingend ist. Zu exakteren Aussagen wird man hier erst mit einem Fortschritt in der Kenntnis der Atomkräfte (Valenzkräfte) kommen. Ansätze hierzu liegen für den theoretisch einfachsten Fall der regulären Ionengitter schon vor (s. ds. Handb. XXIV).

---

[1]) J. H. van't Hoff, Ann. d. Phys. (Boltzmann-Festschrift) 1904, S. 233.
[2]) F. Richarz, Marburger Ber. 1904, S. 61.

b) Reaktionen mit gasförmigen Teilnehmern.

α) Freie Energie der Gase.

19. Berechnung aus spezifischer Wärme und Zustandsgleichung. Die freie Energie eines der Zustandsgleichung $pV = RT$ gehorchenden Gases ist pro Mol:

$$F_v = T\left[C_{v(0)}\,(1 - \ln T) - R\ln V - a\right] + F_{(z)} + b. \tag{25}$$

Dabei bedeutet $C_{v(0)}$ den Grenzwert der Molwärme bei tiefen Temperaturen, a und b Konstanten und $F_{(z)}$ den durch den Anstieg der spezifischen Wärmen über diesen Wert bei hohen Temperaturen (Rotationsenergie, Schwingungsenergie) bedingten Anteil der freien Energie Dieser Anteil berechnet sich genau wie bei den Kondensaten. Eine Funktion, die den Anstieg der Rotationswärme wiedergibt, existiert bisher nicht, in dem einzigen bisher der Messung zugänglichen Fall (Wasserstoff) muß man also graphisch rechnen. Für den Anstieg der Schwingungsenergie benutzt man mit Erfolg Einstein-Funktionen[1]), da man wenigstens bei zweiatomigen Molekülen die Schwingungen der Atome im Molekül als nahezu monochromatisch ansehen kann. Jedoch ist zu beachten, daß bei hohen Temperaturen die Schwingungen nicht mehr harmonisch sind, so daß die spezifischen Wärmen über den Normalwert ansteigen. Die Differenz berücksichtigt man durch eine empirische Funktion [s. dazu die Arbeiten von WOHL[2]) und EUCKEN[3])]. Die freie Energie eines Gases läßt sich also bis auf ein der Temperatur proportionales Glied [aT in (25)] und das thermodynamisch belanglose Glied b (s. Ziff. 11) berechnen.

Hat das Gas eine so große Konzentration, daß es nicht mehr der Gleichung $pV = RT$ folgt, so rechnet man die freie Energie zuerst für große Verdünnung nach Formel (25) und dann mit der Zustandsgleichung nach der Formel

$$\Delta F = -\int_{v_2}^{v_1} p\,dV$$

auf das gewünschte Volumen um. Aus Mangel einer für genügend große Gebiete der Temperatur und des Drucks gültigen Zustandsgleichung stellt man für den Fall, daß die Energieverhältnisse von Gasen unter hohen Drucken benötigt werden — dies tritt häufig bei technischen Prozessen auf, bespielsweise Wasserdampf für Dampfmaschinen, Kohlensäure, schweflige Säure und Ammoniak für Kältemaschinen —, diese in Form von Diagrammen oder Tabellen dar[4]). Sonst verlegt man seine Messungen möglichst in das Gebiet der idealen Gasgleichung, zumal die Zustandsgleichung bei Anwesenheit anderer Gase auch noch von deren Natur und Konzentration abhängt.

20. Gasentartung. Der Wert der freien Energie eines idealen Gases [in Formel (25) die Konstante a] ist bekanntlich nach dem NERNSTschen Theorem nur berechenbar unter der Voraussetzung, daß die spezifische Wärme der Gase wie die der Kondensate mit fallender Temperatur gegen Null konvergiert, d. h. daß die Gase entarten. Quantentheoretische Betrachtungen — die Quantelung

---

[1]) Dabei ist zu berücksichtigen, daß die Tabellen Ziff. 12 die Werte für 3 Freiheitsgrade enthalten.

[2]) K. WOHL, ZS. f. Elektrochem. Bd. 30, S. 42. 1924.

[3]) A. EUCKEN u. F. FRIED, ZS. f. Phys. Bd. 29, S. 36. 1924.

[4]) In dem Buch SCHÜLE, Technische Thermodynamik, 4. Aufl., Berlin 1923, findet man eine Reihe solcher Tabellen resp. Diagramme, und zwar ist es üblich, die Entropie S als Funktion von T und V darzustellen. Dabei ist S entsprechend dem Gliede mit a in (25) nur bis auf diese Konstante bestimmt. Diese fällt aber, solange man nur Prozesse an einer Substanz ausführt, wie bei den Vorgängen im Zylinder der Dampf- oder Kältemaschinen, weg. Siehe dazu die folgenden Ziffern.

der Translationsenergie der Moleküle — führen ebenfalls mit Notwendigkeit zur Gasentartung (s. Artikel BYK, ds. Handb. IX).

Experimentell hat man sie bisher noch nicht nachweisen können. Die Versuche von EUCKEN[1]), der zeigte, daß die spezifische Wärme von Wasserstoff und Helium bei tiefer Temperatur unter hohem Druck unter den normalen Wert des einatomigen Gases sinkt, besagen in dieser Beziehung nämlich nichts, obwohl dies vielfach so gedeutet wurde[2]). Der Fall liegt hier prinzipiell anders als z. B. beim Nachweis des Rotationsabfalls des Wasserstoffs. Dieser Abfall besteht nämlich auch bei unendlicher Verdünnung, da der ihn bewirkende Prozeß eine Sache des einzelnen Moleküls ist. Alle Theorien der Gasentartung sind sich jedoch darin einig, daß bei unendlicher Verdünnung auch bei den tiefsten Temperaturen die Atomwärme den klassischen Wert besitzt. Der Wert von C_v ist also bei jedem beliebigen Volumen als Differenz gegen den klassischen aus der Zustandsgleichung mit Hilfe der thermodynamischen Formel $\left(\dfrac{\partial C_v}{\partial v}\right)_T = T\left(\dfrac{\partial^2 p}{\partial T^2}\right)_v$ berechenbar. Benutzen wir nun die VAN DER WAALSsche Zustandsgleichung $\left(p + \dfrac{a}{v^2}\right)(v - b) = RT$, und setzen wir a als Temperaturfunktion, so folgt $\left(\dfrac{\partial C_v}{\partial v}\right)_T = -\dfrac{T}{v^2}\left(\dfrac{\partial^2 a}{\partial T^2}\right)_v$. C_v fällt also mit fallendem Volumen, wenn $\left(\dfrac{\partial^2 a}{\partial T^2}\right)_v$ negativ ist. Bei höheren Temperaturen beobachtet man einen positiven Wert — a steigt beschleunigt mit fallender Temperatur — entsprechend einem Steigen von C_v über den Normalwert. Es ist aber theoretisch wahrscheinlich, daß a in der Nähe des absoluten Nullpunktes parallel zur T-Achse verlaufen und $\left(\dfrac{\partial^2 a}{\partial T^2}\right)_v$ somit negativ werden wird. Dies ist nun durch den Befund von EUCKEN, daß C_v unter den Normalwert fällt, bestätigt worden, und zwar ist das auch das einzige, was man aus ihm folgern kann. Dieses Verhalten von a hat zwar sicher auch seinen Grund im Auftreten von Quanteneffekten, doch können diese anderer Art sein, als die, welche zur Entartung des idealen Gases führen (Quantelung der Translation), sie beruhen vielleicht auf Quanteneffekten bei der Wechselwirkung von Molekülen, wie sie ja so vielfach bekannt sind.

Ein Entscheid, ob der beobachtete Abfall der spezifischen Wärmen der Entartung oder einem anderen Effekte zuzuschreiben ist, kann also nur auf Grund einer theoretischen Diskussion der experimentell ermittelten Zustandsgleichung folgen. PALACIOS MARTINEZ und KAMERLINGH-ONNES[3]) haben einen solchen Versuch gemacht. Sie messen mit äußerster Präzision die Isothermen des Wasserstoffs und Heliums bei der Temperatur des siedenden Wasserstoffs und sehen nun zu, ob die Abweichung des Wertes pV von dem eines idealen Gases von der Form $\dfrac{\text{konst.}}{V^{\frac{2}{3}}}$, wie es die früheren Theorien der Entartung (siehe Abschn. SMEKAL und SCHRÖDINGER), oder von der Form $\dfrac{\text{konst.}}{V}$, wie es die anderen Effekte verlangen würden, sind. Sie finden, daß die letztere Form den Experimenten besser entspricht, d. h. also, daß bei dieser Temperatur ein Entartungseffekt noch nicht nachweisbar ist. Nun fordern neuere Theorien der Gasentartung von EINSTEIN[4]) und PLANCK[5]) eine Abweichung des Wertes pV von dem des

---

[1]) A. EUCKEN, Verh. d. D. Phys. Ges. Bd. 18, S. 8. 1916.
[2]) Siehe beispielsweise J. BECQUEREL, Thermodynamique, Paris 1924, S. 127 u. 276.
[3]) J. PALACIOS MARTINEZ u. H. KAMERLINGH ONNES, Comm. Leiden Nr. 164.
[4]) A. EINSTEIN, Berl. Ber. 1924, S. 261; 1925, S. 3, 18.
[5]) M. PLANCK. Berl. Ber. 1925, S. 49.

idealen Gases in der Form $\dfrac{\text{konst}}{V}$, so daß die obige Beweisführung nicht zwingend ist, solange man nicht über den Absolutwert der beiden Konstanten etwas Sicheres aussagen kann. Bisher gibt es also weder Experimente, die für die Gasentartung, noch solche, die gegen sie sprechen. Es ist nach Überschlagsrechnungen übrigens auch anzunehmen, daß die Entartung erst bei sehr viel tieferen Temperaturen merkbar einsetzen wird, so daß ihr Nachweis auf erhebliche Schwierigkeiten stoßen dürfte. Möglicherweise führen indirekte Methoden, wie z. B. die von NERNST[1]) vorgeschlagene der inneren Reibung, eher zum Ziel. Vorläufig ist jedenfalls eine Berechnung des Absolutwerts der freien Energie der Gase auf dem direkten Wege über die Entartung unmöglich.

21. Chemische Konstante. Die freie Energie eines Gases kann aber auf einem Umwege berechnet werden. Betrachten wir mit NERNST ein Gas im Wärmegleichgewicht mit seinem Kondensat. Die freie Energie des letzteren ist dann nach dem Theorem durch seine spezifische Wärme gegeben. Ferner kennen wir die Änderung der freien Energie beim Verdampfen, sie ist gleich $p\,\Delta V$. Somit kennen wir jetzt die freie Energie des Gases bei einer beliebigen Temperatur **unter seinem Sättigungsdruck** gegenüber der des Kondensats am absoluten Nullpunkt. Bestimmen wir außerdem noch die Verdampfungswärme bei irgendeiner Temperatur — die Kenntnis der spezifischen Wärmen von Gas und Kondensat erlaubt die Berechnung des Wertes am absoluten Nullpunkt —, so können wir uns jetzt von dem Kondensat als Bezugskörper freimachen oder genauer ausgedrückt: In dem Wert der freien Energie des Gases steckt keine weitere Annahme als die, daß nach dem Theorem die Entropie des Kondensats gleich Null ist.

Betrachten wir dies vom Standpunkt der Dampfdruckgleichung. Durch Integration der CLAUSIUS-CLAPEYRONschen Gleichung erhält man unter der Annahme, daß die ideale Gasgleichung gilt, und ferner, daß C_p bis zum absoluten Nullpunkt konstant bleibt:

$$\ln p = -\frac{\lambda_0}{RT} + \frac{C_{p(0)}}{R}\ln T - \frac{1}{RT}(F_{p(z)} - F_{p(K)}) + i\,. \tag{26}$$

[λ = Verdampfungswärme, $F_{(K)}$ = freie Energie des Kondensats, Bedeutung der übrigen Zeichen wie in Formel (25).] Nach Kenntnis der Verdampfungswärmen und der spezifischen Wärmen, die charakteristisch für die Eigenschaften des Kondensats sind, ist der Wert der Konstanten i durch Messung eines Dampfdrucks festgelegt. Die freie Energie des Gases muß also durch i bestimmt sein, und zwar findet man, wie im Artikel BENNEWITZ (ds. Handb. IX) näher auseinandergesetzt wird, daß die Entropiekonstante der Gleichung (25)

$$a = i \cdot R - R \cdot \ln R + C_{p(0)}$$

ist.

Durch i wird somit das gesamte thermodynamische Verhalten des Gases bestimmt. Da hierbei das praktisch Wichtigste das chemische Gleichgewicht ist, so nennt man die Konstante der Dampfdruckgleichung nach NERNST die **chemische Konstante**, bzw. zum Unterschied gegen die später zu besprechende konventionelle Konstante (Ziff. 31) die **wahre chemische Konstante**. Man schreibt nun die Formeln des chemischen Gleichgewichts üblicherweise in einer Form, daß sie i und nicht F enthalten, und wir wollen daher die Frage nach der freien Energie eines Gases von jetzt ab durch die Bestimmung von i beantworten.

---

[1]) W. NERNST, Berl. Ber. 1919, S. 118.

Die freie Energie eines Gases ist natürlich unabhängig von dem Gleichgewicht, in dem es sich betätigt. Das heißt, daß die Konstante i, gleichgültig gegenüber welcher Modifikation eines Kondensats oder aus welcher Reaktion überhaupt man sie berechnet, immer den gleichen Wert haben muß. Mit anderen Worten, die Feststellung, ob die Konstante eines Gases aus allen Gleichgewichten berechnet den gleichen Betrag hat, ist eine Prüfung des Nernstschen Theorems.

Über die Größe von i läßt sich thermodynamisch nichts aussagen, außer dem Weg, auf dem sie sich experimentell bestimmen läßt, doch führen kinetische Betrachtungen zu der Aussage, daß bei einatomigen Gasen

$$ i = \ln \frac{(2\pi)^{\frac{3}{2}} k^{\frac{5}{2}}}{N^{\frac{3}{2}} h^3} + \frac{3}{2} \ln M . \tag{27} $$

Dabei bedeutet k die Boltzmannsche, h die Plancksche Konstante, N die Avogadrosche Zahl und M das Molekulargewicht. Die chemische Konstante hängt also nur vom Molekulargewicht ab, das ja auch der einzige individuelle Parameter eines idealen Gases ist. Rechnet man, wie üblich, den Druck in Atmosphären[1]) und mit Briggsschen Logarithmen, so wird die jetzt C genannte Konstante nach Einführung der Zahlenwerte:

$$ C_{\text{einatomig}} = -1{,}587 + \frac{3}{2} \log_{10} M . \tag{28} $$

Für mehratomige Gase finden einige Autoren:

$$ C_{\text{zweiatomig}} = C_{\text{einatomig}} + \log_{10}\frac{8\pi^2 k}{h^2} + \log_{10} J = C_{\text{einatomig}} + 38{,}40 + \log_{10} J, , \tag{29} $$

$$ C_{\text{mehratomig}} = C_{\text{einatomig}} + \frac{3}{2}\log_{10}\frac{8\pi^2 k}{h^2} + \frac{3}{2}\log_{10} \overline{J} = C_{\text{einatomig}} + 57{,}60 + \frac{3}{2}\log_{10} \overline{J}. \tag{30} $$

Dabei bedeuten J die Trägheitsmomente der Moleküle bzw. $\overline{J}$ das geometrische Mittel über diese, die somit als zweite individuelle Größe auftreten. Nach anderen Autoren sind jedoch in (29) und (30) noch die sogenannten Symmetriezahlen einzuführen (vgl. ds. Handb. IX).

22. Berechnung der chemischen Konstanten aus dem Verdampfungsgleichgewicht. Ausgangspunkt ist die Gleichung

$$ \log_{10} p_{\text{at}} = -\frac{\lambda_0}{4{,}573\,T} + \frac{C_{p(0)}}{1{,}986} \log_{10} T - \frac{1}{4{,}573\,T}(F_{p(z)} - F_{p(K)}) + C . \tag{26} $$

Dabei ist zu beachten, daß bei der Ableitung von (26) die Annahme gemacht wurde, daß C_0 bis zum absoluten Nullpunkt konstant bleibt. Ob dies wirklich der Fall ist, oder ob bei tiefen Temperaturen die spezifische Wärme abfällt (Entartung), ist so lange gleichgültig, als man die Gleichung (26) nicht auf Temperaturen anwendet, die schon in diesem Abfallgebiet liegen. Bei einatomigen Gasen wird (26) also im Entartungsgebiet falsch. Bei mehratomigen (s. Abb. 12) kann man als C_0 entweder den Wert der spezifischen Wärme unterhalb (in der Abb. a) oder oberhalb (b) des Rotationsanstieges nehmen. Das erstere macht man, wenn man Gleichgewichte im Temperaturgebiete des Abfalles betrachten will, und man muß dann natürlich die spezifischen Wärmen in diesem Gebiete gemessen haben. Die chemische Konstante ist in diesem Falle die eines einatomigen Gases. In den allermeisten Fällen liegt aber das Gebiet des Rotationsabfalles bei sehr tiefen Temperaturen (bei wenigen Grad absolut), so daß es genügt, als C_0 den

---

[1]) Bei Benutzung der Druckeinheit 1 cm Hg wird die chemische Konstante um $\log_{10} 76 = 1{,}881$ größer.

Wert oberhalb des Rotationsabfalles zu nehmen. Das entspricht der Vollangeregtheit der Rotations- und der Nichtangeregtheit der Schwingungsfreiheitsgrade, also den sogenannten klassischen Werten, $C_p = \frac{7}{2} R$ für ein zweiatomiges und $\frac{8}{2} R$ für ein mehratomiges Gas. [,,Chemische Konstante im normalen Zustande"[1]).] Für ·diese C_0 sind auch die Formeln (29) und (30) berechnet. Noch höhere C_0, beispielsweise ein Wert nach Beendigung eines Schwingungsanstieges, kommen nur in den seltensten Fällen in Betracht, da die Temperaturen, bei denen ein Schwingungsfreiheitsgrad voll erregt ist, meist sehr hoch. liegen. An diesen Betrachtungen sieht man recht deutlich den Unterschied der Behandlung von Gasen und Kondensaten. Bei den Kondensaten mußte man die spezifische Wärme bis zu den tiefsten Temperaturen kennen, wenn man die freie Energie nur bei hohen Temperaturen wissen wollte. Bei den Gasen benötigen wir die spezifischen Wärmen nur in den Temperaturgebieten, in denen wir die freie Energie wissen wollen, da wir sie ja sowieso nicht durch eine Betrachtung des Gases selbst berechnen können, sondern bei einer endlichen Temperatur den Anschluß an ein Kondensat vornehmen, dessen spezifische Wärme nun natürlich bis zu den tiefsten Temperaturen bekannt sein muß.

Bei der Berechnung der Verdampfungswärme geht man in den meisten Fällen von der Abhängigkeit des Dampfdrucks von der Temperatur aus, wie dies in Ziff. 9 behandelt worden ist. In selteneren Fällen liegen genügend genaue kalorimetrische Messungen vor. Die Differenz $\lambda_T - \lambda_0$ ist gegeben durch: $C_{p(0)} T + E_{p(z)} - E_{p(K)}$, wobei sich der Index z auf die zusätzliche Energie der Rotations- resp. Schwingungsfreiheitsgrade des Gases, der Index K auf das Kondensat bezieht. Die Berechnung der E- und F-Werte wurde in den Ziff. 10 bis 13 behandelt. Der Wert eines Sättigungsdruckes ergibt dann die Größe von C.

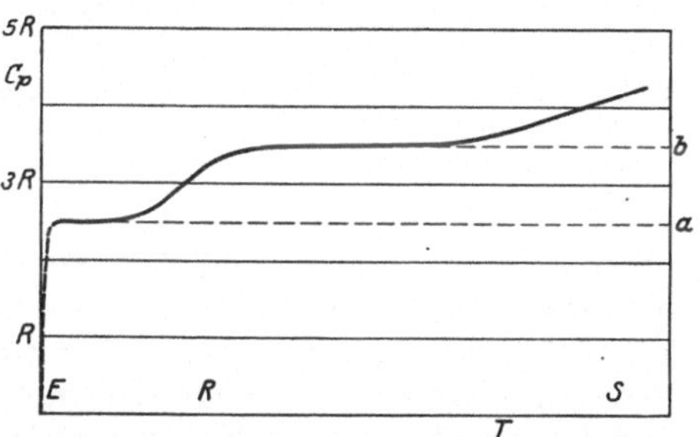

Abb. 12. Molwärme eines zweiatomigen Gases. E Gebiet der Entartung, R des Rotationsanstieges, S des Schwingungsanstieges.

Genügt das Gas in dem Gebiete, in dem die Messungen vorliegen, nicht der Gleichung $pV = RT$, so muß mit der realen Zustandsgleichung korrigiert werden. Wegen der etwas umständlichen Rechnung siehe SIMON[2]) oder EUCKEN[3]), auf etwas andere Weise rechnet BAKHUYZEN[4]).

Für die Fehlergrenzen kommt hauptsächlich die Verdampfungswärme in Betracht. Das erste Glied von Gleichung (26) ist, wie man leicht überschlagen kann, von der Größenordnung 10 bis 20, eine Unsicherheit von 1% beeinflußt daher das Resultat schon mit 0,1 bis 0,2 Einheiten. Sind die spezifischen Wärmen des Kondensats mit Sicherheit extrapolierbar, dann ist der Fehler aus dem Glied

$$\frac{1}{4{,}573\,T}\,F_{p(K)} = -\frac{1}{4{,}573\,T}\int_0^T \frac{dT}{T^2}\int_0^T C_p\,dT$$

ungefähr einige Hundertstel. Ein Fehler des Dampfdrucks von $2\frac{1}{2}\%$ beeinflußt die Konstante erst mit einem Hundertstel. Es ist wohl. überflüssig zu

[1]) A. LANGEN, Diss. Berlin 1918; ZS. f. Elektrochem. Bd. 25, S. 25. 1919.
[2]) F. SIMON, ZS. f. Phys. Bd. 15, S. 307. 1923.
[3]) A. EUCKEN, E. KARWAT u. F. FRIED, ZS. f. Phys. Bd. 29, S. 1. 1924.
[4]) W. H. VAN DE SANDE BAKHUYZEN, ZS. f. phys. Chem. Bd. 111, S. 57. 1924.

erwähnen, daß nach dem Bau von Formel (26) nur ein Absolutfehler, nicht ein prozentualer Fehler der chemischen Konstanten Bedeutung hat.

Chemische Konstante einatomiger Gase. In der Tabelle 12 sind die bisher bekannten Daten zusammengestellt:

Tabelle 12. Chemische Konstanten C einatomiger Gase.

Gas	Atomwärme des Kondensats gemessen bis		$\lambda_{0_{cal}}$		C	Autor
	T	AW				
H_2 [1]	11	0,75	183,4	1,2 a	$-1{,}11 \pm 0{,}03$	Simon[2]), Bakhuyzen[3]), Eucken[4]
A	18	2,4	1 840	2 a, 1	$+0{,}79 \pm 0{,}04$	Born[5])
Hg	10	1,1	15 536	2 a	$+1{,}95 \pm 0{,}06$	Simon[6])
K	15	1,2	21 800	2 a	$+1{,}13 \pm 0{,}32$	Zeidler[7])
Na	17	0,6	26 600	2 a	$+0{,}97 \pm 0{,}23$	Ladenburg u. Minkowski[8])
Pb	10	0,7	50 500	2 a, b	$+2{,}66 \pm 0{,}20$	Simon[9])
W	26	0,2	(212 000)	2 c	$(+3{,}7 \pm 0{,}7)$	Lange[10])

Die Ziffern hinter der Verdampfungswärme λ_0 bedeuten:

1 daß diese direkt kalorimetrisch bestimmt wurden,

2 daß sie aus der Temperaturabhängigkeit des Dampfdruckes berechnet wurden, wobei dieser a statisch, b dynamisch und c aus der Verdampfungsgeschwindigkeit gemessen wurde.

Nicht aufgenommen sind die Konstanten des Zink, Cadmium, Rubidium und Cäsium, da bei ihnen die spezifischen Wärmen des Kondensats zu unsicher sind[11]). Bei der Berechnung der Konstanten des Wolfram wurden Dampfdruckmessungen benutzt, die nach der Methode der Verdampfungsgeschwindigkeit ausgeführt wurden. Es steht aber noch nicht ganz fest, ob diese Methode völlig einwandfrei ist, so daß man auf diesen Wert noch nicht allzuviel Gewicht legen darf.

Chemische Konstanten mehratomiger Gase. Das hier vorliegende Material verdankt man größtenteils Eucken[12]); ein kleinerer Teil wurde schon vorher von Langen[13]) berechnet.

Bei den mehratomigen Substanzen ist die Extrapolation der spezifischen Wärmen des Kondensats relativ unsicher, zumal fast keine von ihnen regulär kristallisiert und außerdem ihre spezifischen Wärmen wegen der geringen zwischen den Molekülen wirkenden Kräften sehr spät abfallen. Bei einigen (O_2, N_2 und CO) treten noch bei sehr tiefen Temperaturen Umwandlungen auf, und ein kleiner Fehler der Umwandlungswärme bedingt wegen der tiefen Temperatur schon eine recht erhebliche Unsicherheit in der Konstanten. An den Konstanten von Methan

---

[1]) Wasserstoff verhält sich nach Eucken bei tiefen Temperaturen thermisch wie ein einatomiges Gas.

[2]) F. Simon, ZS. f. Phys. Bd. 15, S. 307. 1923.

[3]) W. H. van de Sande Bakhuyzen, ZS. f. phys. Chem. Bd. 111, S. 57. 1924.

[4]) A. Eucken, E. Karwat u. F. Fried, ZS. f. Phys. Bd. 29, S. 1. 1924.

[5]) F. Born, Ann. d. Phys. Bd. 69, S. 473. 1922.

[6]) F. Simon, ZS. f. phys. Chem. Bd. 57, S. 279. 1923.

[7]) W. Zeidler, Diss. Berlin 1926.

[8]) R. Ladenburg u. R. Minkowski, ZS. f. Phys. Bd. 8, S. 137. 1922.

[9]) F. Simon, ZS. f. phys. Chem. Bd. 110, S. 572. 1924.

[10]) F. Lange, ZS. f. phys. Chem. Bd. 110, S. 343. 1924.

[11]) Siehe hierzu F. Simon, ZS. f. phys. Chem. Bd. 110, S. 572. 1924.

[12]) A. Eucken, E. Karwat u. F. Fried, ZS. f. Phys. Bd. 29, S. 1. 1924; A. Eucken, Verh. d. D. Phys. Ges. Bd. 18, S. 4. 1916.

[13]) A. Langen, ZS. f. Elektrochem. Bd. 25, S. 25. 1919.

Tabelle 13. Chemische Konstanten mehratomiger Gase.

Gas	Atomwärme des Kondensats gemessen bis		$C_{p(0)}$	$\lambda_{0\,\mathrm{cal}}$		C		Autor
	T	AW						
N_2	17	1,7	$7/2\,R$	1 650	2a, 1	$-0,11$	$\pm 0,05$	EUCKEN, KARWAT u. FRIED[1]
O_2	17	1,3	$7/2\,R$	2 177	2a, 1	$+0,54$	$\pm 0,05$	,,
Cl_2	22	1,2	$7/2\,R$	7 220	2a, 1	$+1,51$	$\pm 0,16$	,,
Br_2	20	1,8	$7/2\,R$	10 980	2a	$+2,55$	$\pm 0,10$	SUHRMANN u. v. LÜDE[2]
J_2	10	0,5	$7/2\,R$	15 560	2a	$+3,44$	$\pm 0,20$	LANGE[3], WOHL[4]
J_2	10	0,5	$9/2\,R$	15 435	2a	$+0,58$	$\pm 0,07$	EUCKEN, KARWAT u. FRIED[1]
NO	22	1,0	$7/2\,R$	3 715	2a	$+0,52$	$\pm 0,06$	,,
CO	18	1,3	$7/2\,R$	2 070	2a, 1	$-0,05$	$\pm 0,08$	,,
HCl	23	0,9	$7/2\,R$	4 910	2a, 1	$-0,26$	$\pm 0,04$	,,
HBr	21	1,5	$7/2\,R$	5 640	2a, 1	$+0,53$	$\pm 0,07$	,,
HJ	59	4,5	$7/2\,R$	6 300	2a, 1	$+0,90$	$\pm 0,15$	,,
H_2O	—	—	$8/2\,R$	11 325	1, 2a	$-1,935$	$\pm 0,025$	,,
CO_2	19	0,3	$7/2\,R!$	6 313	2a	$+0,91$	$\pm 0,06$	,,
NH_3	25	0,2	$8/2\,R$	7 120	2a, 1	$-1,415$	$\pm 0,06$	,,
CH_4	29	1,3	$8/2\,R$	2 170	2a	$-2,30$	$\pm 0,08$	,,

und Ammoniak muß noch eine Korrektion angebracht werden, da GIACOMINI[5] ganz kürzlich bei ihnen den Rotationsabfall bei Temperaturen gefunden hat, die für die Berechnung der Konstanten in Betracht kommen. Die von EUCKEN angegebene mittlere Fehlergrenze ist daher als zu klein beanstandet worden[6].

23. Vergleich mit dem theoretischen Wert. In Tab. 14 sind die theoretischen [Formel (28)] neben den experimentellen Werten der chemischen Konstanten einatomiger Gase aufgezeichnet. Dabei wurden auch die Konstanten des einatomigen Chlors, Broms und Jods mit hinzugenommen, deren Berechnung aus dem Dissoziationsgleichgewicht in Ziff. 25 besprochen wird.

Tabelle 14.
Chemische Konstanten einatomiger Gase nach
Berechnung und Experiment.

Gas	$C_{\mathrm{theor.}}$	$C_{\mathrm{exp.}}$	Differenz	$U_{0(\mathrm{kcal})}$
H_2	$-1,13$	$-1,11 \pm 0,03$	$+0,02$	0,2
A	$+0,81$	$+0,79 \pm 0,04$	$-0,02$	1,8
Hg	$+1,87$	$+1,95 \pm 0,06$	$+0,08$	15,5
K	$+0,80$	$+1,13 \pm 0,32$	$+0,33$	22
Na	$+0,46$	$+0,97 \pm 0,23$	$+0,52$	26
J	$+1,56$	$+2,08 \pm 0,23$	$+0,52$	26
Br	$+1,25$	$+1,91 \pm 0,26$	$+0,65$	29
Cl	$+0,73$	$+1,44 \pm 0,24$	$+0,71$	32
Pb	$+1,89$	$+2,68 \pm 0,21$	$+0,77$	50
W	$+1,81$	$(+3,7 \pm 0,7)$	$(+1,9)$	(212)

Wir finden bei einer Reihe von Substanzen gute Übereinstimmung, bei der Mehrzahl jedoch überschreitet der experimentelle den theoretischen Wert um Beträge, die weit außerhalb der Fehlergrenzen liegen. In einer Arbeit von

---

[1] A. EUCKEN, E. KARWAT u. F. FRIED, ZS. f. Phys. Bd. 29, S. 1. 1924.
[2] R. SUHRMANN u. K. v. LÜDE, ZS. f. Phys. Bd. 29, S. 71. 1924.
[3] F. LANGE, ZS. f. phys. Chem. Bd. 110, S. 343. 1924.
[4] K. WOHL, ZS. f. phys. Chem. Bd. 110, S. 166. 1924.
[5] F. A. GIACOMINI, Phil. Mag. Bd. 50, S. 146. 1925.
[6] F. SIMON, ZS. f. Phys. Bd. 31, S. 224. 1925; A. EUCKEN, ebenda. Bd. 32, S. 150. 1925; F. SIMON, ebenda, Bd. 33, S. 946. 1925.

Simon[1]) werden die Erklärungsmöglichkeiten hierfür diskutiert. Zunächst wird festgestellt, daß irgendwelche verborgenen Fehlerquellen, z. B. Nichtbefolgen der idealen Gasgleichung, nicht in Betracht kommen, die Abweichungen sind real. Ferner ist es auch nicht möglich, die experimentellen Werte durch irgendeine andere Funktion des Molekulargewichts zu befriedigen, es muß noch eine Abhängigkeit von einem anderen Parameter des Gases eingeführt werden. Die Möglichkeit von Differenzen zwischen dem theoretischen Wert und experimentellen war bereits von Schottky[2]) vorausgesagt worden. Dieser Autor kommt auf Grund quantenstatistischer Überlegungen (s. Artikel Smekal, ds. Handb. IX) zu der Ansicht, daß solche Differenzen im Betrage von $\ln \dfrac{p_1}{p_2}$, wobei p_1 und p_2 die Quanten-gewichte im gasförmigen und festen Zustand bedeuten und als solche kleine, ganze Zahlen sein müssen, auftreten können. Die experimentell gefundenen Abweichun-gen wären nun teilweise nur durch recht große p zu erklären, die unwahrschein-lich erscheinen. Ferner sollte man erwarten, daß chemisch ähnliche Substanzen, wie Natrium und Kalium, oder Chlor, Brom und Jod die gleiche Abweichung zeigen. Bei den Mittelwerten ist dies nicht der Fall, allerdings sind vorläufig die Fehlergrenzen noch so groß, daß man zur Not noch für die beiden oben erwähnten Gruppen von Substanzen je einen gleichen Wert annehmen könnte.

Simon hat empirisch als Regel gefunden, daß die Abweichung um so größer ist, je größer die Energiedifferenz zwischen Kondensat und einatomigem Gas am absoluten Nullpunkt ist (U_0, s. Tab. 14). Diese Größe ist in gewissem Sinne ein Maß für die zwischen den Atomen wirkenden Kräfte. Im Mittel gilt

$$C_{\text{beob.}} - C_{\text{theor.}} = 0{,}015\ U_{0(\text{kcal})}\,. \tag{31}$$

Zur Klärung der Frage sind neue Versuche nötig, und zwar müssen sie mit einer solchen Genauigkeit ausgeführt werden, daß man feststellen kann, ob die von Schottky geforderten diskreten Differenzen vorhanden sind. Hier möge noch bemerkt werden, daß eine Abweichung vom Nernstschen Theorem zwar auch eine solche der chemischen Konstanten vom theoretischen Wert bedingen würde, daß aber nicht umgekehrt eine Nichtbestätigung des theoretischen Wertes der Konstanten einen Widerspruch gegen das Theorem bedeutet.

Ein Vergleich der chemischen Konstanten mehratomiger Gase mit dem theoretischen Wert [Formeln (29) und (30)] ist vorläufig nur schwer durchzuführen, da einerseits über den theoretischen Wert noch keine Klarheit besteht (Sym-metriezahl), andererseits die Trägheitsmomente der Moleküle nicht immer ge-nügend bekannt sind. Es sei deshalb hier nur auf die Zusammenstellung bei Eucken (l. c.) verwiesen.

β) Freie Energie von Reaktionen.

In den Formeln (15) und (16) des chemischen Gleichgewichts mit gasförmigen Teilnehmern (s. Ziff. 9)

$$\log_{10} K_p = -\frac{U_0}{4{,}573\,T} + \frac{\sum C_{p0}}{1{,}986}\log_{10} T - \frac{1}{4{,}573\,T}\left(\sum F_{(z)} - \sum F_{(K)}\right) + C_R, \tag{15}$$

$$\log_{10} K_c = -\frac{U_0}{4{,}573\,T} + \frac{\sum C_{v0}}{1{,}986}\log_{10} T - \frac{1}{4{,}573\,T}\left(\sum F_{(z)} - \sum F_{(K)}\right) + C_R \tag{16}$$

ist nach dem Theorem die Konstante der Reaktionsgleichung $= C_R = \sum C$.

---

[1]) F. Simon, ZS. f. phys. Chem. Bd. 110, S. 572. 1924.
[2]) W. Schottky, Phys. ZS. Bd. 22, S. 1. 1921; Bd. 23, S. 9, 448. 1922.

Das Theorem soll in der Weise geprüft werden, daß aus den experimentellen Daten des Gleichgewichts i_R bestimmt und dann festgestellt wird, ob es gleich der algebraischen Summe der chemischen Konstanten der einzelnen Gase ist.

24. Reaktionen mit Teilnahme eines Gases. Bei diesen soll die Konstante der Reaktionsgleichung unmittelbar gleich der des teilnehmenden Gases, multipliziert mit der Zahl der teilnehmenden Mole, sein.

Die Reaktion $H_2 + HgO = Hg + H_2O$. Die Gleichgewichtskonstante dieser Reaktion, also der Partialdruck des Wasserstoffs, ist aus der von BRÖNSTED gemessenen Kette $H_2/H_2O/HgO/Hg$ bestimmbar, die Wärmetönung aus deren Temperaturkoeffizienten. v. KOHNER und WINTERNITZ[1]) berechneten daraus mit Hilfe der bis zu Wasserstofftemperaturen gemessenen spezifischen Wärmen der Kondensate die Konstante des Wasserstoffs, unter Benutzung neuerer Daten findet EUCKEN $C_R = -3{,}63 \pm 0{,}15$. Diese Konstante bezieht sich auf den Wert $C_{p(0)} = 7/2R$, da die Reaktion oberhalb des Rotationsanstiegs des Wasserstoffs gemessen wurde. Die Kenntnis dieses von EUCKEN[2]) gemessenen Anstiegs gestattet die Umrechnung auf die Konstante des thermisch einatomigen Gases $(C_{p(0)} = 5/2R)$, man findet $C_R = -1{,}03 \pm 0{,}15$ in Übereinstimmung mit dem Wert aus der Verdampfung $C_{H_2} = -1{,}11 \pm 0{,}04$.

Kürzlich hat SCHREINER[3]) die Konstante des Wasserstoffs nach sehr sorgfältigen Messungen der Reaktionen

$$1.\ \text{Chinhydron} + H_2 = 2\,\text{Hydrochinon},$$

$$2.\ 2\,\text{Chinon} + H_2 = \text{Chinhydron}$$

berechnet. Die Wasserstoffpartialdrucke wurden aus der elektromotorischen Kraft der nach obigen Gleichungen arbeitenden Elektroden ermittelt, die Wärmetönungen aus deren Temperaturkoeffizienten wie auch direkt kalorimetrisch. Die spezifischen Wärmen der Kondensate sind von LANGE bis zur Temperatur des flüssigen Wasserstoffs gemessen. SCHREINER findet aus den Reaktionen nach Umrechnung auf $C_{p(0)} = 5/2R$

$$1.\ C_R = -1{,}11 \pm 0{,}05\,, \quad 2.\ C_R = -1{,}10 \pm 0{,}05$$

in ganz vorzüglicher Übereinstimmung mit dem Wert aus dem Verdampfungsgleichgewicht $C_{H_2} = -1{,}11 \pm 0{,}05$.

Die Dissoziation des Kalziumkarbonats, $CaCO_3 = CaO + CO_2$, gestattet die Berechnung der Konstanten der Kohlensäure. Die Dissoziationsdrucke sind oft gemessen, die spezifischen Wärmen der Kondensate bis zur Temperatur des flüssigen Wasserstoffs bekannt. Nach EUCKEN errechnet sich $C_R = +0{,}90 \pm 0{,}15$, aus der Verdampfung wurde der gleiche Wert $(C_{CO_2} = +0{,}91 \pm 0{,}06)$ erhalten.

Die Konstante des Chlors wurde von WOHL[4]) aus den elektromotorischen Ketten

$$1.\ 2\,Ag + Cl_2 = 2\,AgCl,$$

$$2.\ 2\,Hg + Cl_2 = 2\,HgCl,$$

$$3.\ Pb + Cl_2 = PbCl_2$$

[1]) K. v. KOHNER u. P. WINTERNITZ, Phys. ZS. Bd. 15, S. 393, 645. 1914; ferner NERNST, Wärmesatz, S. 150.
[2]) A. EUCKEN, Berl. Ber. 1912, S. 141.
[3]) E. SCHREINER, ZS. f. phys. Chem. Bd. 117, S. 57. 1925.
[4]) K. WOHL, ZS. f. phys. Chem. Bd. 110, S. 166. 1924.

berechnet. Die spezifischen Wärmen der Kondensate sind bis zu Wasserstofftemperaturen bekannt. Wohl findet aus den Reaktionen

$$1. \quad C_R = +2{,}13 \pm 0{,}43,$$
$$2. \quad C_R = +1{,}81 \pm 0{,}43,$$
$$3. \quad C_R = +1{,}95 \pm 0{,}43,$$
$$\text{im Mittel } C_R = +1{,}96.$$

Aus allen Reaktionen findet man also den gleichen Wert, die größte Abweichung (0,16) liegt weit innerhalb der Fehler[1]). Schlecht ist dagegen, wenn auch gerade noch innerhalb der allerdings recht großen Fehlergrenzen, die Übereinstimmung mit der aus der Verdampfung berechneten Konstanten $+1{,}51 \pm 0{,}16$. Bei Eucken, der mit etwas anderen Daten arbeitet, wird sie etwas besser (C_R aus dem Mittel der drei obigen Reaktionen $= +1{,}86$).

Die Konstante des Wasserdampfs läßt sich aus den Reaktionen $CuSO_4 + H_2O = CuSO_4H_2O$ und $CaO + H_2O = Ca(OH)_2$ berechnen (Eucken). Die dabei gefundene gute Übereinstimmung mit dem Wert aus der Verdampfung ist aber keine neue Bestätigung des Theorems, da sie zwangsläufig aus der in Ziff. 17 gefundenen Übereinstimmung der entsprechenden kondensierten Reaktionen mit dem Theorem folgt.

25. Reaktionen mit mehreren gasförmigen Teilnehmern. Ein Vergleich der jetzt zu betrachtenden Reaktionen, die zum Teil wegen ihrer technischen Bedeutung schon seit langem experimentell untersucht waren, mit dem Theorem wurde erst durch die von Eucken gemessenen chemischen Konstanten der mehratomigen Gase ermöglicht. In der Tab. 15 sind Eucken[2]) folgend die experimentellen Integrationskonstanten der Reaktionsgleichung mit ihren Fehlergrenzen aufgezeichnet und ferner zum Vergleich der Wert dieser Konstanten, wie er sich aus dem Theorem als $\sum C$ ergeben würde. Wegen der der Berechnung zugrunde liegenden experimentellen Daten sei auf Euckens Veröffentlichung hingewiesen.

Tabelle 15. Integrationskonstanten einiger Reaktionen nach Gl. 15.

Reaktion	C_R		$\sum C$	
	von	bis	von	bis
1. $3\,H_2 + N_2 = 2\,NH_3$	$-6{,}94$	$-7{,}14$	$-8{,}25$	$-8{,}43$
2. $2\,H_2 + O_2 = 2\,H_2O$	$-2{,}35$	$-2{,}55$	$-2{,}90$	$-3{,}02$
3. $H_2 + Cl_2 = 2\,HCl$	$-0{,}92$	$-1{,}32$	$-1{,}45$	$-1{,}87$
4. $H_2 + Br_2 = 2\,HBr$	$-0{,}8$	$-1{,}7$	$-2{,}00$	$-2{,}30$
5. $H_2 + J_2 = 2\,HJ$	$-1{,}38$	$-1{,}62$	$-2{,}04$	$-2{,}68$
6. $N_2 + O_2 = 2\,NO$	$+0{,}65$	$+1{,}25$	$+0{,}46$	$+0{,}76$
7. $2\,CO + O_2 = 2\,CO_2$	$-0{,}55$	$-1{,}05$	$-1{,}18$	$-1{,}58$
8. $H_2O + CO_2 = H_2 + CO_2$	$+0{,}70$	$+0{,}94$	$+0{,}69$	$+0{,}89$
9. $4\,HCl + O_2 = 2\,H_2O + 2\,Cl_2$	$-0{,}06$	$-0{,}34$	± 0	$+0{,}70$
10. $3\,H_2 + CO = CH_4 + H_2O$	$-5{,}95$	$-6{,}55$	$-6{,}75$	$-7{,}00$
11. $4\,H_2 + CO_2 = CH_4 + 2\,H_2O$	$-6{,}75$	$-7{,}25$	$-7{,}52$	$-7{,}80$
12. $2\,CO = C + CO_2$	$-0{,}68$	$-1{,}03$	$-0{,}83$	$-1{,}19$
13. $C + 2\,H_2 = CH_4$	$-4{,}20$	$-4{,}70$	$-4{,}97$	$-5{,}17$
14. $2\,Hg_{Gas} + O_2 = 2\,HgO$	$+4{,}14$	$+4{,}50$	$+4{,}35$	$+4{,}53$

Man sieht, daß nur bei vier Reaktionen (Nr. 6, 8, 12, 14) Übereinstimmung zwischen beiden Seiten besteht, bei den übrigen treten Abweichungen im Betrage von durchschnittlich 0,3—0,6 auf. Das würde also bedeuten, daß die

---

[1]) Kürzlich hat K. Jellinek (nach fdl. pers. Mitteilung) die Konstante des Cl_2 an eine Reihe von Gleichgewichten in sehr guter Übereinstimmung untereinander und mit den Werten Wohl zu $+1{,}99 \pm 0{,}10$ gefunden.

[2]) A. Eucken u. F. Fried, ZS. f. Phys. Bd. 29, S. 36. 1924.

beobachteten Gleichgewichtskonstanten 2- bis 4mal größer bzw. kleiner sind als die berechneten. Wie in Ziff. 22 ausgeführt, erscheinen jedoch die von EUCKEN angesetzten Fehlergrenzen zu klein, als daß sein Befund vorläufig experimentell als genügend sicher angesehen werden könnte.

Immerhin ist der Fall als möglich zu diskutieren. Die Differenz ist, da das Gas in verschiedenen Reaktionen natürlich immer die gleichen Eigenschaften hat und daher auch die gleiche Entropiekonstante besitzen muß, nur so zu erklären, daß in manchen Fällen das Kondensat, auf das die Entropieberechnung des Gases bezogen wurde, nicht die Entropie 0 am absoluten Nullpunkt hat. Dazu sei bemerkt, daß die Bezeichnung, eine Substanz habe die Entropie 0, nur als Abkürzung aufzufassen ist, da ja nur Entropiedifferenzen der Beobachtung zugänglich sind. Nach Formel (26) würde eine Entropiedifferenz des Kondensats vom Betrage $R \ln 2$ — dem Quantengewicht 2 entsprechend — sich in einer Differenz $\log_{10} 2 = 0{,}30$ auswirken. EUCKEN versucht nun eine bessere Übereinstimmung zu erzielen, indem er einigen Kondensaten eine „Nullpunktsentropie" meist vom Betrage $R \ln 2$ beilegt. Dies gelingt auf verschiedene Weise im allgemeinen auch, bleibt jedoch nicht ohne Widersprüche.

Aus Messungen BODENSTEINS über die Dissoziation des Brom- und Joddampfes und eigenen über die des Chlors hat WOHL[1] die chemischen Konstanten des einatomigen Chlors, Broms und Jods berechnet. Unter Benutzung der Konstanten der zweiatomigen Gase nach Ziff. 22 findet man jetzt:

$$C_{\text{Cl}} = +1{,}44 \pm 0{,}24, \qquad C_{\text{Br}} = +1{,}91 \pm 0{,}26, \qquad C_{\text{J}} = +2{,}08 \pm 0{,}23.$$

Daß diese Zahlen mit dem theoretischen Wert nicht übereinstimmen, wurde bereits in Ziff. 23 besprochen. Ein Vergleich mit anderen Reaktionen ist bisher nicht möglich.

Die Untersuchungen des gleichen Autors[2] über die Dissoziation des Wasserstoffs erlauben nicht, Dissoziationswärme und chemische Konstante des einatomigen Gases getrennt zu berechnen.

Schließlich sei noch auf die Berechnung der Dissoziation der Fixsterngase hingewiesen, die nach EGGERTS[3] Vorgang hauptsächlich von SAHA[4] ausgeführt wurden. Die Wärmetönung der Dissoziation in Elektron und Ion ist aus optischen Beobachtungen bekannt, die spezifischen Wärmen aller Reaktionsteilnehmer sind die einatomiger Gase. Setzt man für die chemischen Konstanten, auch für die des Elektrons, den theoretischen Wert, dann hat man alle für die Berechnung des Dissoziationsgleichgewichts nötigen Daten. Naturgemäß reichen bisher die astronomischen Beobachtungen nicht dazu aus, um Unsicherheiten der Konstanten von der Größenordnung 1 festzustellen. Man benutzt vielmehr diese Rechnungen, um auf die Temperatur der Fixsterne zu schließen, und findet sie in guter Übereinstimmung mit anderen Erfahrungen (vgl. ds. Handb. XI).

Zusammenfassend können wir also sagen, daß die besprochenen Reaktionen der berechneten chemischen Konstanten mit den aus dem Verdampfungsgleichgewicht ermittelten nur in einem Teil der Fälle in Übereinstimmung sind, in einer Reihe anderer allerdings nicht mit so großer Genauigkeit bekannten fehlt diese. Dieses letztere Resultat, das nur durch eine nicht verschwindende Entropie eines Kondensats am absoluten Nullpunkt gedeutet werden könnte, steht vorläufig vereinzelt da. Keine der kondensierten Reaktionen, die so genau unter-

---

[1] K. WOHL, ZS. f. phys. Chem. Bd. 110, S. 166. 1924.
[2] K. WOHL, ZS. f. Elektrochem. Bd. 30, S. 49. 1924.
[3] J. EGGERT, Phys. ZS. Bd. 20, S. 570. 1919.
[4] M. N. SAHA, ZS. f. Phys. Bd. 6, S. 40. 1921.

sucht sind, daß sie einen Entscheid über eine Entropiedifferenz $R \ln 2$ zulassen, führte zu diesem Ergebnis.

Für weitere Experimente zu diesem Problem ist noch folgendes zu sagen: Die Unterschiede der freien Energie, auf die es bei dem jetzigen Stande ankommt, sind so klein, daß sie in die Größenordnung der Differenzen kommen, die bei ein und derselben Substanz durch verschiedene Herstellungs- bzw. Behandlungsart auftreten können. So fanden wir beim Quarz eine sehr erhebliche Abhängigkeit der freien und der gesamten Energie in der Korngröße, ferner zeigte z. B. ein elektrolytisch niedergeschlagenes gegen ein gegossenes Blei eine Potentialdifferenz, die einer freien Energie von ca. 100 cal entspricht. Ebenso ist bekannt, daß durch verschiedene Behandlung einer reinen Substanz sich sogar eine verschiedene Kristallstruktur einstellen resp. erhalten kann. Für Versuche, bei denen es auf so kleine Unterschiede ankommt, ist also viel weitgehender als bisher darauf zu achten, daß das bei den einzelnen nachher zu kombinierenden Messungen verwendetes Material auch thermodynamisch identisch ist.

c) Freie Energie von Lösungen, Mischkristallen und Flüssigkeiten.

In den bisher besprochenen Fällen waren die Reaktionsteilnehmer reine kristallisierte Substanzen, bzw. bei den Gasen wurde die Rechnung auf solche Substanzen als Kondensat bezogen. Im folgenden soll das experimentelle Material für Lösungen und Flüssigkeiten beigebracht werden.

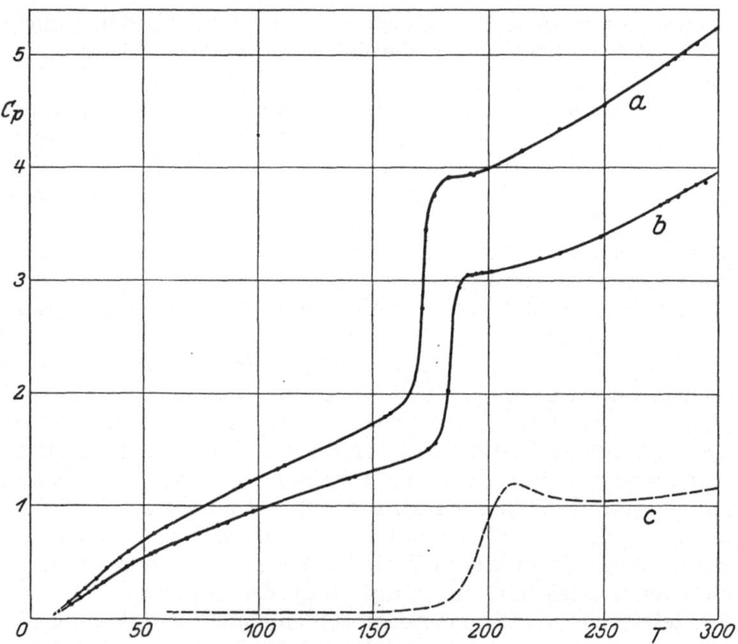

Abb. 13. Wärmekapazität von amorphem Glyzerin. a mit 18%, b mit 1% Wasser.

26. Lösungen. Bei diesen soll nach Planck[1]) der Unterschied der Entropie gegen die der reinen Bestandteile am absoluten Nullpunkt nicht Null, sondern

[1]) M. Planck, Thermodynamik, 3. Aufl., S. 278. Leipzig 1911; Wärmestrahlung, 4. Aufl., S. 219. Leipzig 1921.

$-R\sum_{n=1}^{n} c_1 \ln c_1$ (dieser Ausdruck ist wesentlich positiv) sein, wobei c_{1-n} die Konzentrationen der n Bestandteile bedeuten. Bisher lag nur ein Versuch darüber von GIBSON, PARKS und LATIMER[1]) vor; diese untersuchten die Mischung Äthyl — Propylalkohol und machten wahrscheinlich, daß die Entropieänderung am absoluten Nullpunkt nicht Null wird. Da sie jedoch die spezifischen Wärmen nur bis zur Temperatur der flüssigen Luft gemessen haben und bei diesen kompli-

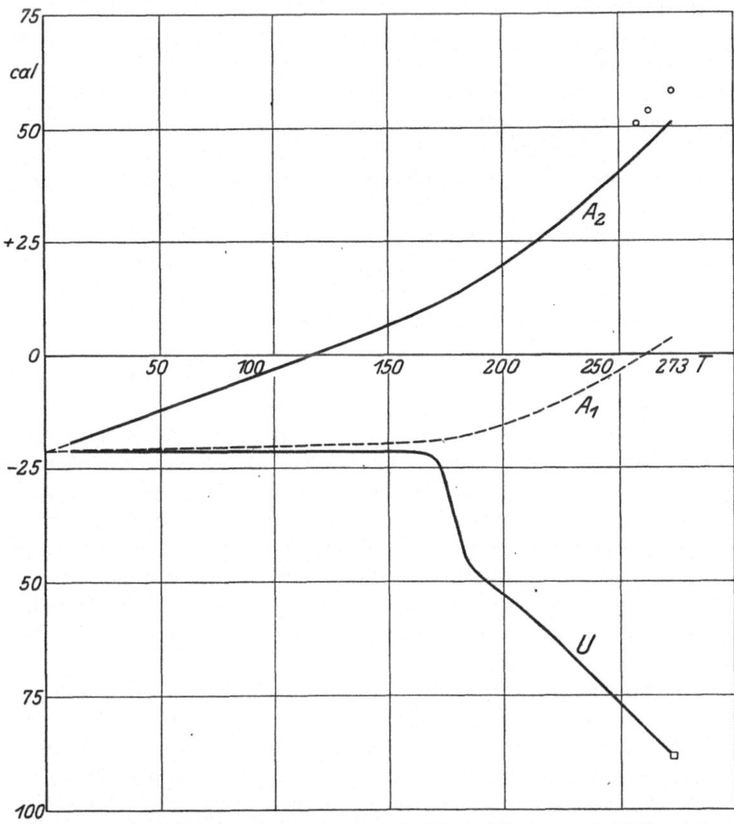

Abb. 14. Gleichgewichtsdiagramm einer Glyzerin-Wasserlösung. ◻ U (beob.), ○ A (beob.), A_1 berechnet ohne, A_2 mit Mischungsglied der Entropie.

zierten Substanzen die Extrapolation durchaus nicht eindeutig ist, so ist ihr Befund noch nicht beweiskräftig.

SIMON[2]) hat nun kürzlich die Lösung Glyzerin — Wasser genau untersucht. Die Hauptaufgabe ist, eine Lösung zu finden, die sich beliebig tief unterkühlen läßt und bei der außerdem die Änderung der freien Energie dem Experiment zugänglich ist. Dies beides ist beim Glyzerin — Wasser der Fall. Es wurde folgende Reaktion betrachtet:

$$(6{,}577 \text{ g Glyzerin}^3)), 0{,}087 \text{ g } H_2O) + 1{,}367 \text{ g } H_2O_{\text{fest}}$$
$$= (6{,}577 \text{ g Glyzerin}, 1{,}454 \text{ g } H_2O).$$

---

[1]) G. E. GIBSON, G. S. PARKS u. W. M. LATIMER, Journ. Amer. Chem. Soc. Bd. 42, S. 1542. 1920.

[2]) F. SIMON, Vortrag auf dem Physikertag in Danzig; Sept. 1925; erscheint demnächst in der ZS. f. Phys.

[3]) 6,577 g Glyzerin = 1 g Atom.

Die Wärmetönung der Auflösung ist leicht zu messen, nach Umrechnung auf Eis von 273° ergab sich $U = -88,3$ cal. Die freie Energie läßt sich berechnen, wenn die Wasserdampfspannung über dem Glyzerin in Abhängigkeit von der Konzentration bekannt ist (s. Ziff. 4). Nach Messungen von Katz und Dauth findet man $A_{273} = +58,0$, $A_{263} = +53,8$ cal. Die spezifischen Wärmen wurden bis 9° abs. gemessen und zeigten folgende Abb. 13. Zunächst steigen sie normal an wie bei allen organischen Substanzen, gehen dann in einem sehr engen Temperaturintervall stark, und zwar zeitlich durchaus reproduzierbar, in die Höhe, um schließlich normal weiter anzusteigen. Der plötzliche Anstieg hängt, wie bereits früher[1]) gezeigt, mit dem Erweichen des Glyzerins zusammen, unterhalb dieses Anstiegs ist das amorphe Glyzerin glashart. Entsprechend der geringeren Zähigkeit der verdünnteren Lösung liegt bei ihr die Sprungtemperatur entsprechend tiefer. Bei den tiefsten Temperaturen waren die Atomwärmen nur noch zirka $^1/_{300}$ des Normalwerts, Eis befand sich im T^3-Gebiet, die Lösungen waren nicht mehr weit davon entfernt.

Die Berechnung des Diagramms (Abb. 14) zeigt, daß vom absoluten Nullpunkt bis 160° U nahezu konstant, und zwar auf einem negativen Wert bleibt[2]). Unter Annahme einer Entropieänderung Null am absoluten Nullpunkt ergibt sich $A_{273} = +4$ cal, bei der Entropieänderung $-R\sum c_1 \ln c_1$ (in diesem Falle $= +0,173$) $A_{273} = +51$ cal. Die Fehlergrenze beträgt ± 15 cal, die beobachtete Änderung der freien Energie $A_{273} = +58$ kal ist also nur bei Vorhandensein des Mischungsgliedes der Entropie erklärlich.

27. Mischkristalle. Für Mischkristalle liegen bisher noch keine Messungen der spezifischen Wärmen vor. Auch bei ihnen sollte man ein Auftreten des Mischungsgliedes erwarten, falls die Moleküle statistisch im Mischkristall verteilt sind, wofür neben anderen Gründen hauptsächlich die Untersuchung mit Röntgenstrahlen spricht. Herzfeld[3]) hat bei regulären Ionengittermischkristallen gittertheoretisch die Schwingungszahlen der Ionen und damit die spezifische Wärme errechnet; er findet Übereinstimmung mit den beobachteten Gleichgewichtsverhältnissen nur dann, wenn mit der Existenz des Mischungsgliedes gerechnet wird.

Zu dem gleichen Resultat[4]) kommt man bei Benutzung der Messungen von Koch[5]) über die ultraroten Eigenfrequenzen von Mischkristallen. Frl. Koch fand, daß diese zwischen den Frequenzen der Einzelkomponenten liegen. Nun weiß man, daß die spezifischen Wärmen der Ionengitter sich in erster Näherung recht gut mit der optisch beobachteten Schwingungszahl darstellen lassen. Man kann also schließen, daß die spezifische Wärme des Mischkristalls zwischen denen der Einzelkomponenten liegen wird, d. h. daß U nahezu temperaturkonstant ist. Ohne Hinzunahme des Mischungsgliedes würde das bedeuten, daß A und U sich dauernd decken und, da bei allen Ionenmischkristallen bisher eine negative[6]) Bildungswärme beobachtet wurde, so würde der Mischkristall nie das Stabilitätsgebiet erreichen. Nimmt man jedoch das Mischungsglied

---

[1]) F. Simon, Ann. d. Phys. Bd. 68, S. 278. 1922. In Figur 13 sieht man dies deutlich an der mit c bezeichneten Kurve, die die Dielektrizitätskonstante des Glyzerins wiedergibt.

[2]) Vgl. dazu die grundlegenden theoretischen Betrachtungen von O. Stern, Ann. d. Phys. Bd. 49, S. 823. 1919.

[3]) K. F. Herzfeld, ZS. f. Phys. Bd. 16, S. 84. 1923; s. auch H. G. Grimm u. K. F. Herzfeld, ebenda Bd. 16, S. 77. 1923.

[4]) F. Simon, Vortrag auf dem Physikertag in Danzig; Sept. 1925; erscheint demnächst in der ZS. f. Phys.

[5]) E. Koch, Diss. Greifswald 1924.

[6]) Siehe dazu außer der erwähnten Arbeit von Herzfeld auch W. Schottky, Phys. ZS. Bd. 22, S. 1. 1921.

hinzu, dann erhebt sich die A-Kurve mit einer Steigung $-R\sum c_1 \ln c_1$ und schneidet schließlich die T-Achse. Da man nun bei einer Reihe von Substanzen recht gute Übereinstimmungen der so berechneten Stabilitätsgrenzen mit den experimentell gegebenen findet, kann damit das Auftreten des Mischungsgliedes der Entropie bei Mischkristallen als sehr wahrscheinlich angesehen werden, und dies bedeutet wiederum, daß bei ihnen die Moleküle statistisch verteilt sind. Immerhin sind direkte Messungen der spezifischen Wärmen von Mischkristallen natürlich noch notwendig.

28. Flüssigkeiten. Wenn bei Lösungen ein Zusatzglied zur Entropie auftritt, dann liegt es nahe, dies auch bei Flüssigkeiten zu vermuten [EINSTEIN[1])], Flüssigkeiten sind ja in gewisser Beziehung Lösungen ähnlich (s. Ziff. 29).

In der Tat fand WIETZEL[2]), daß man bei Berechnung des Gleichgewichtsdiagramms Quarzglas — Quarzkristall zu Unstimmigkeiten kommt. Er schob diese auf eine vermutete Anomalie der spezifischen Wärme des Quarzglases bei sehr tiefen Temperaturen. Inzwischen haben SIMON und LANGE[3]) diese bis 9° abs. herab gemessen und einen normalen Verlauf gefunden; daraus folgt im Verein mit WIETZELS Untersuchung, daß am absoluten Nullpunkt die Entropie eines Moles Quarzglas um ungefähr eine ganze Einheit größer ist als die des Kristalls.

Weiterhin haben GIBSON und GIAUQUE[4]) die spezifischen Wärmen von kristallisiertem und unterkühltem Glyzerin gemessen, um am Schmelzpunkt das Theorem zu prüfen. Ihre Messungen reichen bis zur Temperatur der flüssigen Luft und zeigen, daß unterhalb 150° abs. die spezifischen Wärmen von Kristall und Glas nahezu gleich sind. Sie extrapolieren dieses Resultat bis zum absoluten Nullpunkt und finden so eine Entropiedifferenz Glas — Kristall von $+5{,}6$ pro Mol Glyzerin. Da diese Extrapolation ganz unsicher ist, haben SIMON und LANGE[3])

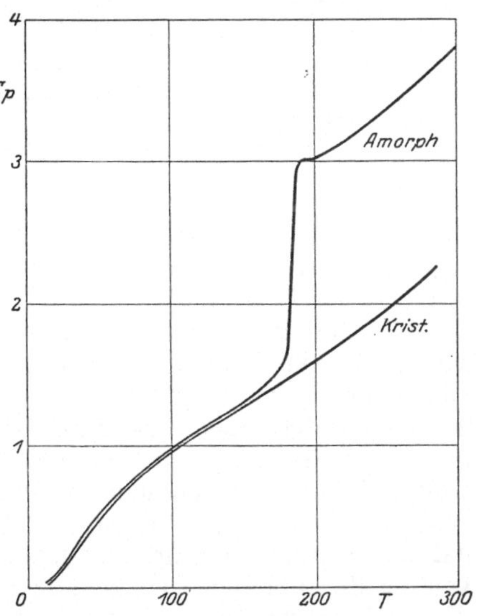

Abb. 15. Atomwärmen von amorphem und kristallisiertem Glyzerin.

die spezifischen Wärmen bis 9° abs. herab gemessen (Abb. 15). Dabei zeigt sich, daß bei tiefen Temperaturen die spezifischen Wärmen des Glases die des Kristalls recht erheblich übertreffen[3]), so z. B. bei 10° abs. um über 80%. In Abb. 16 ist die Differenz der Atomwärmen dividiert durch die Temperatur aufgetragen. Dieses Bild zeigt sehr instruktiv, wie vorsichtig man bei der Extrapolation der spezifischen Wärmen komplizierterer Substanzen sein muß. Die Entropiedifferenz $+5{,}6$, deren Fehler von GIBSON auf $\pm 0{,}1$ angegeben wurde, reduziert sich jetzt auf $+4{,}6$ cal-Grad pro Mol.

Bei Lösungen, Mischkristallen und Flüssigkeiten ergibt das Experiment also ein Zusatzglied zur Entropie. Dies wird im Rahmen der Gesamtergebnisse

[1]) A. EINSTEIN, Verh. d. D. Phys. Ges. Bd. 16, S. 820. 1914; s. auch G. N. LEWIS u. G. E. GIBSON, Journ. Amer. Chem. Soc. Bd. 42, S. 1529. 1920.

[2]) R. WIETZEL, ZS. f. anorg. Chem. Bd. 116, S. 92. 1921.

[3]) F. SIMON u. F. LANGE, Vortrag auf dem Physikertag in Danzig, Sept. 1925; erscheint demnächst in der ZS. f. Phys.

[4]) G. E. GIBSON u. W. F. GIAUQUE, Journ. Amer. Chem. Soc. Bd. 45, S. 93. 1923.

in Ziff. 29 diskutiert werden. Hier sei nur bemerkt, daß praktisch die Berechnung der freien Energie solcher Substanzen aus ihren eigenen spezifischen Wärmen nicht in Betracht kommt, da sie sich nur in äußerst seltenen Fällen beliebig

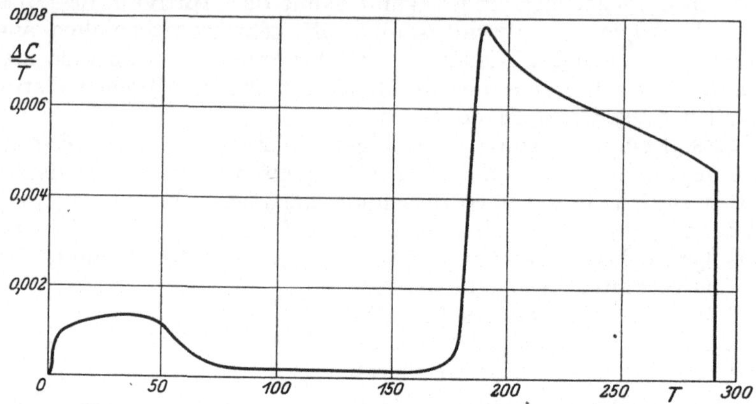

Abb 16. $\Delta C/T$ von amorphem-kristallisiertem Glyzerin.

unterkühlen lassen. Der Weg zur freien Energie führt in diesem Falle über die freie Energie der kristallisierten Substanzen und Übergang zur Lösung[1]) oder zum Glas bei endlicher Temperatur, also in gewisser Hinsicht ähnlich wie bei den Gasen.

29. Zusammenfassende Betrachtung des Materials zum Nernstschen Theorem. Wir können die Ergebnisse im Anschluß an die quantenstatistischen Überlegungen von Einstein[2]), Stern[3]), Herzfeld[4]) und hauptsächlich Schottky[5]) folgendermaßen zusammenfassen[6]): Das Nernstsche Theorem in seiner ursprünglichen Form gilt immer dann, wenn sich das System am absoluten Nullpunkt in einem eindeutigen Ordnungszustand befindet. Ob der Ordnungszustand stabil ist oder nicht, ist ohne Belang, es wird lediglich vorausgesetzt, daß das System während der Messung nur von den Zustandsvariablen und nicht von der Zeit abhängt. Ist kein Ordnungszustand vorhanden, dann tritt noch ein diese Nichtordnung berücksichtigendes Mischungsglied zur Entropie hinzu. Wenn dieses Mischungsglied bei zwei Zuständen eines Systems, die man vergleicht — und dieser Vergleich ist ja das einzige dem Experiment Zugängliche —, den gleichen Betrag hat, dann gilt das Theorem ebenfalls in seiner ursprünglichen Form. Das Gleichwerden dieses Gliedes kann entweder mehr zufälliger Natur oder auch darin begründet sein, daß die es erzeugende Unordnung von der Reaktion gar nicht berührt wird. So tritt beispielsweise bei einer Reaktion, an der ein Isotopenmischkristall teilnimmt und bei der die Isotopen, wie dies im allgemeinen der Fall ist, nicht getrennt werden, das Mischungsglied auf beiden Seiten der Reaktion auf und fällt also weg.

Kristalle. In einem eindeutigen Ordnungszustand befinden sich im allgemeinen die Kristalle, jedes Atom hat im Gitter eine ganz bestimmte

---

[1]) Hierbei sei auf die Arbeit von K. F. Herzfeld und K. Fischer, Anwendung des Nernstschen Wärmetheorems auf verdünnte Lösungen (ZS. f. Elektrochem. Bd. 28, S. 460. 1922) verwiesen.

[2]) A. Einstein, Verh. d. D. Phys. Ges. Bd. 16, S. 820. 1914.

[3]) O. Stern, Ann. d. Phys. Bd. 49, S. 823. 1916.

[4]) K. F. Herzfeld, ZS. f. phys. Chem. Bd. 95, S. 139. 1920.

[5]) W. Schottky, Phys. ZS. Bd. 22, S. 1. 1921; Bd. 23, S. 9 u. 448. 1922.

[6]) F. Simon, Vortrag auf dem Physikertag in Danzig, Sept. 1925. Erscheint demnächst in der ZS. f. Phys.

Lage[1]). Nun ist die Lage nicht nur durch die des Atomschwerpunkts bedingt, sondern auch durch die Orientierung, und außerdem bezieht sich die Ordnung nicht nur auf die geometrische Lage, sondern es ist auch möglich, daß das Molekül bzw. Atom als solches verschiedener innerer Anordnungen fähig ist. Haben diese Anordnungen — die inneren oder die der Orientierung — eine verschiedene Energie, dann wird mit fallender Temperatur die der kleinsten Energie immer mehr bevorzugt, und am absoluten Nullpunkt herrscht ein eindeutiger Ordnungszustand. Gibt es aber energetisch absolut gleichwertige Zustände, dann werden die Moleküle am absoluten Nullpunkt bezüglich der Verteilung auf diese Zustände ungeordnet sein, und es tritt zur Entropie bei beispielsweise zwei gleichwertigen Zuständen noch ein Betrag von $R \ln 2$ pro Mol hinzu. Dieser Fall der energetisch gleichwertigen Anordnungsmöglichkeiten wäre die Erklärung für eine „Nullpunktsentropie" bei Kristallen. Nun ist es schwer vorstellbar, daß in einem Kristall energetisch absolut gleichwertige Zustände bestehen können. Durch irgend etwas müssen sie sich ja unterscheiden — z. B. andere Anordnung der Elektronenbahnen oder anderer Umlaufssinn —, und es ist nicht leicht einzusehen, wie dies ohne energetisches Äquivalent bleiben sollte[2]). Dagegen ist es sehr wohl möglich, daß die dabei auftretenden Energiedifferenzen sehr klein sind. Dies würde zur Folge haben, daß bei sehr tiefen Temperaturen, wo eben die thermische Energie in die Größenordnung dieser Energiedifferenzen kommt, die Ordnung einsetzt. Das würde sich wiederum in einer bei diesen Temperaturen auftretenden Anomalie der spezifischen Wärmen auswirken, die dem Beobachter, der erst oberhalb dieser Temperatur mißt und die spezifischen Wärmen normal zum absoluten Nullpunkt extrapoliert, eine „Nullpunktsentropie" $R \ln 2$ für den Fall zweier fast gleichwertiger Energiezustände vortäuscht. Würde man aber die wahren spezifischen Wärmen bis zum absoluten Nullpunkt kennen, dann würde das Theorem ohne Zusatzglied gelten.

Man darf sich allerdings nicht darüber täuschen, daß dies nur theoretisch, nicht praktisch von Bedeutung ist. Denn einmal sind Messungen bei Heliumtemperaturen vorläufig nichts Alltägliches, und dann wäre es natürlich auch möglich, daß man bis zu noch viel tieferen Temperaturen gehen müßte, um den Ordnungszustand zu erreichen. Ferner ist auch damit zu rechnen, daß die Ordnung infolge Reaktionsverzögerung nicht einsetzen kann. Praktisch würde man die Existenz fast gleichwertiger Energiezustände erst an Unstimmigkeiten mit dem Theorem bemerken. Der wahre Wert der Entropie könnte dann, da man immer nur die Differenz gegen einen anderen Zustand beobachten kann, nur dadurch erhalten werden, daß man probiert, mit welchen Werten sich sämtliche Reaktionen befriedigen lassen. Dies dürfte sich ohne Hinzunahme theoretischer Vorstellungen bzw. anderer Beobachtungen, z. B. magnetischer oder optischer oder auch solcher über die Kristallstruktur kaum durchführen lassen. Vielleicht könnte man sogar später aus solchen bei leicht zugänglicher Temperatur auszuführenden Beobachtungen schon voraussagen, ob und wie viele energetisch fast oder gar ganz gleiche Zustände bestehen. Dieses alles kommt, wie noch einmal betont sei, nur in Betracht, wenn die Feststellungen Euckens über die Existenz einer Nullpunktsentropie bei Kristallen nicht eine andere Aufklärung finden. Vom praktischen Standpunkt gesehen ist diese Frage in den allermeisten Fällen

---

[1]) Es ist wohl überflüssig zu erwähnen, daß die Unordnung, die dadurch besteht, daß die kristallisierte Materie meist nicht in Form von Einkristallen, sondern als Kristallitgemenge vorliegt, für die Berechnung der Entropie nicht in Frage kommt. Die Zahl der Kristallite ist ja verschwindend gegen die der Atome.

[2]) Bei Gasen liegen die Verhältnisse wegen der Unabhängigkeit der Moleküle voneinander ganz anders, bzw. die obige Betrachtung würde erst im Entartungsgebiet zur Geltung kommen.

überhaupt nicht von wesentlicher Bedeutung. Der Unterschied gegen den aus dem Theorem ohne Zusatzglied berechneten Wert der freien Energie ist so klein, daß er, wie wir oben gesehen haben, an der Grenze der heutigen Meßgenauigkeit liegt.

Lösungen, Mischkristalle und Flüssigkeiten. Diese Substanzen befinden sich nicht im Ordnungszustand. Bei den Mischkristallen und Lösungen kann man aus den Konzentrationen der Komponenten das Zusatzglied der Entropie berechnen. Bei den Flüssigkeiten läßt umgekehrt die Entropiedifferenz am absoluten Nullpunkt gegen den Kristall Schlüsse auf die Art der Unordnung zu.

Es möge noch betont werden, daß der Satz von der **Unerreichbarkeit des absoluten Nullpunkts** durch die obigen Ergebnisse nicht, wie man zuerst glauben könnte, berührt wird. (Wegen näherer Ausführungen zu dieser Ziffer siehe F. Simon, Anm. 2, S. 393.)

d) Näherungsrechnungen.

Oft liegt der Fall vor, daß man sich in großen Zügen orientieren will, ob oder unter welchen Bedingungen eine bestimmte Reaktion möglich ist, und daß aber die zur sicheren Vorausberechnung notwendigen thermischen Daten fehlen. Man kann nun versuchen, diese durch theoretisch plausible Annahmen zu ersetzen und kommt so zu in erster Näherung gültigen Resultaten. Diese Annahmen werden sich im allgemeinen auf Aussagen über die spezifischen Wärmen beschränken müssen, die Wärmetönung muß dem Experiment entnommen werden, wobei man wegen der in sehr großer Zahl vorliegenden Messungen wohl auch nicht in Verlegenheit kommen wird. Nur in sehr seltenen Fällen (bei regulären einatomigen Kristallen, insbesondere Ionengittern) lassen sich Gitterenergien aus der Zustandsgleichung des Kristalls mit gewisser Annäherung berechnen. Für die Verdampfungswärme genügt für Überschlagsrechnungen eine Schätzung nach der Troutonschen Regel, die besagt, daß molare Verdampfungswärme $\lambda_{(s)}$ dividiert durch die absolute Siedetemperatur bei gewöhnlichem Druck (T_s) ungefähr gleich 22 ist. Bei den tief siedenden Substanzen treten infolge von Quanteneffekten Abweichungen von dieser Regel auf (s. Artikel Byk), und man benutzt besser die ihr von Nernst gegebene Form:

$$\frac{\lambda_s}{T_s} = 9,5 \log_{10} T_s - 0,007 \, T_s .$$

α) Kondensierte Reaktionen.

30. Unter sehr extremen Annahmen über die Änderung der kapazitäten Wärme bei der Reaktion errechnet sich für Zimmertemperatur eine Differenz $A - U$ von ungefähr 1000 cal pro reagierendes g-Atom[1]). Ist die Wärmetönung groß gegen diese Zahl, dann können wir die Änderung $A - U$ vernachlässigen und haben nun die Aussage des Berthelotschen Prinzips, das diese beiden Größen gleichsetzt. Daß dies beim absoluten Nullpunkt der Fall ist, besagt schon der zweite Hauptsatz, aber $\left(\dfrac{dA}{dT}\right)_{T=0}$ hätte ja noch so groß sein können, daß schon bei recht tiefen Temperaturen $A - U$ gegen U in Betracht kommt. Erst das Nernstsche Theorem läßt uns die Grenzen schätzen, innerhalb derer das Berthelotsche Prinzip mit gutem Gewissen als erste Näherung angesehen werden kann.

---

[1]) Für höhere Temperaturen ist der Extremwert von $A-U$ ungefähr: 3 bis 6 · T cal.

Die Näherung läßt sich noch ein großes Stück weitertreiben, wenn man über die den Verlauf der spezifischen Wärmen bestimmenden Schwingungszahlen auf Grund anderer, dem Experiment leichter zugänglicher Beobachtungen Aussagen machen kann. Hier liegen eine ganze Reihe von Möglichkeiten vor. So läßt sich die Schwingungszahl ν aus der Kompressibilität (Einstein, Madelung, Debye), aus dem Schmelzpunkt (Lindemann), aus der thermischen Ausdehnung (Grüneisen), bei Ionengittern sogar direkt optisch (Nernst) ermitteln, und schließlich kommt für metallische Leiter noch die Errechnung aus der Temperaturabhängigkeit der elektrischen Leitfähigkeit (Nernst, Grüneisen) in Frage (s. Artikel Grüneisen, ds. Handb. XIII). Bei regulären einatomigen Kristallen sind diese Bestimmungen sogar recht genau, bei den übrigen, deren spezifische Wärmen sich nicht mit einem ν darstellen lassen, ist Vorsicht am Platze.

β) Reaktionen mit gasförmigen Teilnehmern.

Zunächst sollte man meinen, daß bei Gasen wegen ihrer einfachen Kinetik die Berechnung der notwendigen Daten (spezifische Wärme und chemische Konstante) leicht auszuführen sei. Dies ist aber nur in gewissen Grenzen der Fall. Die spezifischen Wärmen der einatomigen Gase sind zwar bekannt, wir sahen aber in Ziff. 23, daß die chemische Konstante noch von einem anderen bisher unbekannten Parameter abhängen muß. Immerhin mag Formel (28) als erste Annäherung genommen werden, eventuell unter Hinzunahme von Formel (31). Bei den mehratomigen Gasen mögen die Formeln (29) und (30) zur ersten Näherung auch ausreichen, hier müssen aber die Trägheitsmomente bekannt sein und wegen der spezifischen Wärmen die Schwingungszahlen der Atome im Molekül. Bei einigen einfacheren Molekülen genügen für die erste Näherung optische Daten, bei den komplizierteren Molekülen kommt man aber so nicht weiter.

31. Nernstsche Näherungsformel, konventionelle chemische Konstante. Durch vereinfachende Annahmen über die spezifischen Wärmen gelangt Nernst zu seinen Näherungsformeln. Die spezifische Wärme des Kondensats muß, wenn man mit dem Theorem auch nur als Näherung rechnen will, am absoluten Nullpunkt Null sein, es bleibt also für eine einfache Darstellung nur übrig, sie entweder dauernd gleich Null oder proportional einer Potenz von T zu setzen. Beides wird gemacht, wir wollen zunächst $c_{\text{kond.}} = 2\,\varepsilon\,T$ rechnen. Die spezifische Wärme des Gases ist konstant gleich α, daraus folgt für die Verdampfungswärme

$$\lambda = \lambda_0 + \alpha\,T - \varepsilon\,T^2.$$

Bei relativ tiefer Temperatur kommt dieser Ansatz der Wahrheit recht nahe, in der Nähe der kritischen aber muß er versagen, da die hier vorausgesetzte Gültigkeit der idealen Gasgleichung dann nicht mehr zutrifft. Nernst fand, daß man durch

Multiplikation der Klammer mit dem Faktor $\left(1 - \dfrac{p}{p_{\text{krit.}}}\right)$ genügende Übereinstimmung mit dem Experiment erzielt, also

$$\lambda = (\lambda_0 + \alpha\,T - \varepsilon\,T^2)\left(1 - \frac{p}{p_{\text{krit.}}}\right).$$

Die zweite Klammer nimmt erst bei hohen Drucken merklich von 1 verschiedene Werte an und bewirkt, daß am kritischen Punkt $\lambda = 0$ wird. Als Zustandsgleichung des gesättigten Dampfes fand Nernst bei einer großen Zahl von Substanzen die folgende in recht guter Näherung gültig:

$$p(V - v) = RT\left(1 - \frac{p}{p_{\text{krit.}}}\right).$$

(V resp. v = Molvolumen des Dampfes resp. der Flüssigkeit).

Beide Gleichungen ergeben in die Clausius-Clapeyronsche eingesetzt:

$$\log_{10} p_{at} = -\frac{\lambda_0}{4{,}573\,T} + \frac{\alpha}{1{,}986}\log_{10}T - \frac{\varepsilon}{4{,}573}\,T + C'. \tag{32}$$

Diese Gleichung hat sich zur Darstellung von Dampfdrucken über ziemlich große Temperaturgebiete recht gut bewährt, und zwar stellte sich heraus, daß man α am besten durch den Wert 3,5 wiedergibt. Nun ist zwar die spezifische Wärme der Gase unter normalem Druck bei tiefen Temperaturen mindestens $\tfrac{5}{2}R \sim 5$, es ist aber zu beachten, daß in der Größe α alle die behelfsmäßigen Annahmen über die Zustandsgleichung und die spezifischen Wärmen des Kondensats mit kompensiert sind.

Durch Betrachtung eines Gleichgewichts bei so tiefen Temperaturen, daß neben den Gasen auch alle Kondensate vertreten sind, gelangt man zu der Reaktionsgleichung:

$$\log_{10} K_p = -\frac{U_{p_0}}{4{,}573\,T} + \varSigma\,\nu\,1{,}75\log_{10}T + \frac{\beta}{4{,}573}\,T + \varSigma\,\nu\,C' \tag{33}$$

entsprechend einer Wärmetönung

$$U_p = U_{p_0} + \varSigma\,\nu\,3{,}5\,T - \beta\,T^2$$

(ν bedeutet die Anzahl der Mole der einzelnen gasförmigen Reaktionsteilnehmer). Die Konstante ist dann gleich der Summe über die der Dampfdruckgleichungen C' („konventionelle chemische Konstanten"), wenn man unterstellt, daß durch die in der Dampfdruckgleichung über die spezifische Wärme des Kondensats gemachten Annahmen seine Entropie genügend genau wiedergegeben wird. Dies ist natürlich nur ganz roh der Fall, es ist aber zu bedenken, daß die Entropieänderung bei Teilnahme gasförmiger Bestandteile wegen der großen Volumenänderung sehr groß ist, so daß die Entropie des Kondensats dagegen nicht viel ausmacht. Infolgedessen kann man in zweiter Annäherung sogar die spezifischen Wärmen des Kondensats bzw. in Gleichung (33) das Glied mit β ganz weglassen und kommt auf diese Weise zu der Gleichung:

$$\log_{10} K_p = -\frac{U_{p_0}}{4{,}573\,T} + \varSigma\,\nu\,1{,}75\log_{10}T + \varSigma\,\nu\,C'. \tag{34}$$

Diese Gleichung beansprucht in dieser Beziehung also die gleiche annähernde Gültigkeit wie das Berthelotsche Prinzip. Bei der Näherung (34) genügt es, für U_{p_0} die bei Zimmertemperatur gemessene Wärmetönung einzusetzen.

Unabhängig von Betrachtungen über das Kondensat kann man natürlich sagen, daß die aus einem Gasgleichgewicht berechnete Konstante eines Gases in anderen den gleichen Wert besitzen muß, solange die spezifische Wärme 3,5 den wahren Verhältnissen genügend nahekommt. In folgender Tabelle ist der Überschuß von C_p für verschiedene Reaktionen, z. B. einatomiges Gas + einatomiges Gas = zweiatomiges Gas (abgekürzt: 1 at + 1 at = 2 at), berechnet, und zwar unter der Annahme, daß die Schwingungsfreiheitsgrade 1. nicht erregt, 2. erregt sind.

Reaktion	1.	2.
1 at + 1 at = 2 at	3	1
1 at + 2 at = 3 at	4	2
2 at + 2 at = 4 at	6	4
(2 at)$_2$ + 2 at = (3 at)$_2$	5	4

Man sieht, daß der Wert 3,5 cal/grad ein ganz gutes Mittel darstellt. In der Tat genügt Gleichung (33) recht gut den Experimenten und wird daher (ganz abgesehen von dem Wert der Konstanten) oft benutzt, wenn über die spezifischen Wärmen nichts bekannt ist (s. Ziff. 9).

Bei der Ermittlung der Konstanten einer Anzahl Gase fand NERNST nun, daß diese mit dem Wert der TROUTONschen Konstanten $\dfrac{\lambda}{T}$ und infolgedessen auch mit der Größe a der VAN DER WAALSschen Dampfdruckgleichung (s. Abschnitt VAN DER WAALS, ds. Bd. Kap. 3).

$$\log \frac{p_{\text{krit.}}}{p} = a\left(\frac{T_{\text{krit.}}}{T} - 1\right)$$

in Zusammenhang steht, und zwar ergab sich als ungefährer Wert für C'

$$C' = 1,1\,a = 0,14\frac{\lambda_s}{T_s}, \tag{35}$$

CEDERBERG[1]) fand $C' = 1,7 \log_{10} p_{\text{krit.}}$.

Die direkte Proportionalität in obigen Formeln kann schon aus Dimensionsgründen nur zufällig sein, daß aber ein Zusammenhang mit den Größen der Zustandsgleichung besteht, ist verständlich, man wende z. B. Gleichung (32) auf den kritischen Punkt an. Durch Benutzung des Theorems der übereinstimmenden Zustände und der Tatsache, daß der kritische Druck der meisten Gase ungefähr gleich groß ist (50 at), gelangt man zum Verständnis dieser Zusammenhänge. In Tab. 16 sind die Werte der Konstanten einiger Gase unter Benutzung sowohl der Dampfdruck- wie auch der Reaktionsgleichung und der obigen Regeln zusammengestellt.

Tabelle 16. Konventionelle chemische Konstanten.

He	0,6	CO	3,5	NO	3,5	CS$_2$	3,1
H$_2$	1,6	Cl$_2$	3,1	N$_2$O	3,3	NH$_3$	3,3
CH$_4$	2,5	J$_2$	3,9	H$_2$S	3,0	H$_2$O	3,6
N$_2$	2,6	HCl	3,0	SO$_2$	3,3	CCl$_4$	3,1
O$_2$	2,8	HJ	3,4	CO$_2$	3,2	CHCl$_3$	3,2
		HCN	3,2			C$_6$H$_6$	3,0

Entsprechend der Tatsache, daß für die normal siedenden Stoffe das Theorem der übereinstimmenden Zustände recht gut gilt, wie auch der, daß die kritischen Drucke sich nicht viel unterscheiden, findet man bei der Mehrzahl der Substanzen den gleichen Wert der Konstanten, nämlich ungefähr 3, den man somit in allererster Annäherung in Ermangelung der zur genaueren Bestimmung notwendigen Daten benutzen kann. Bei Metalldämpfen scheinen die obigen Gesetzmäßigkeiten und damit auch der Wert 3 der Konstanten nicht mehr zu stimmen, so berechnet man aus den Dampfdruckmessungen von BERNHARDT[2]) für Quecksilber $C'_{\text{Hg}} \sim + 0,5$.

32. Einige Reaktionstypen. Wir gehen von Formel (34) aus, da man über β in der Regel nichts aussagen kann.

Für Reaktionen ohne Änderung der Molekülzahl reduziert sich Gleichung (34) auf

$$\log_{10} K_p = -\frac{U_{p_0}}{4,573\,T} + \Sigma\,v\,C'. \tag{36}$$

Beachtet man ferner, daß die Konstanten für alle Gase ungefähr denselben Wert

---

[1]) J. W. CEDERBERG, Thermodynamische Berechnungen chemischer Affinitäten. Diss. Upsala 1916.
[2]) F. BERNHARDT, Phys. ZS. Bd. 26, S. 265. 1925.

haben, dann fällt das letzte Glied auch weg. Man erkennt jetzt, wieso nur Reaktionen mit sehr kleiner Wärmetönung einen merklichen Umsatz schon bei Zimmertemperatur erwarten lassen.

Da in Gleichung (36) nach Wegfall der Konstanten keine individuellen Größen der Reaktion außer der Wärmetönung auftreten, kann man einen eindeutigen Zusammenhang zwischen der Wärmetönung und der Temperatur, bei der ein bestimmter Wert der Gleichgewichtskonstanten erreicht wird, ableiten. In Abb. 17 ist dieser durch Kurve a dargestellt, und zwar für ein $K_p = 10^{-4}$.

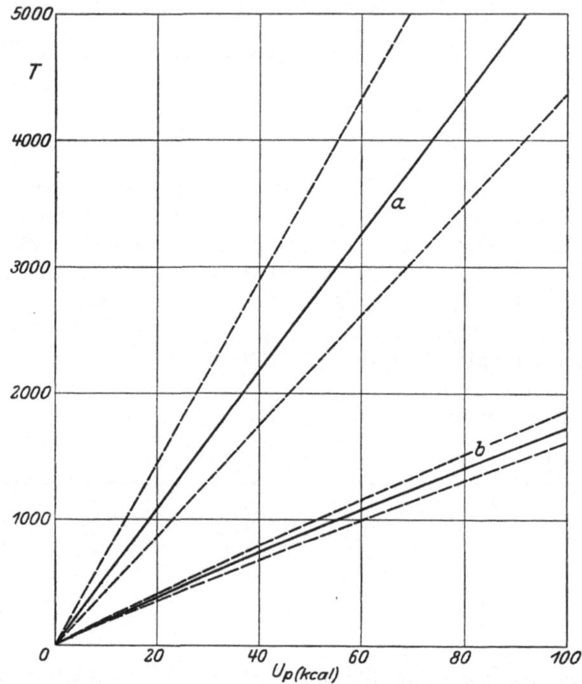

Abb. 17. Temperaturen, für die $K_p = 10^{-4}$ wird bei Reaktionen a ohne Änderung der Molzahl, b mit Zuwachs eines gasförmigen Mols.

Zum Vergleich zeigen die gestrichelten Linien, wieviel eine Änderung der Integrationskonstanten — in diesem Falle 0 — von ± 1 ausmacht.

Für Reaktionen mit einer Änderung der Molzahl von 1 gilt:

$$\log_{10} K_p = -\frac{U_{p_0}}{4{,}573\,T} + 1{,}75 \log_{10} T + \Sigma \nu\, C', \tag{37}$$

das letzte Glied wird gleich 3, wenn man wieder die annähernde Gleichheit aller Konstanten einführt. Die Reaktionsseite der größeren Molzahl wird durch die beiden letzten Glieder also bevorzugt, wie dies ja anschaulich auch ohne weiteres klar ist. So zeigt z. B. die Reaktion $2\,NO_2 = N_2O_4$ trotz ihrer ziemlich beträchtlichen Wärmetönung schon bei relativ tiefen Temperaturen merkliche Umsetzungsbeträge. Wie groß dieser Einfluß ist, erkennt man aus Abb. 17, in der Kurve b wieder die Temperatur angibt, bei der $K_p = 10^{-4}$ erreicht wird (errechnet mit $\Sigma \nu\, C' = 3$, Bedeutung der gestrichelten Linien wie bei Kurve a). Die Temperaturen sind infolge der Entstehung eines gasförmigen Mols auf ungefähr den dritten Teil der des Falles a herabgedrückt.

Für eine Reihe von Dissoziationsgleichgewichten sind in der folgenden Tabelle[1]) die beobachteten und berechneten Temperaturen aufgezeichnet, bei denen $K_p = \frac{1}{3}$ wird.

Tabelle 17. Berechnung von Gleichgewichtstemperaturen aus Dissoziationswärmen.

Reaktion	U_p	$T_{\text{beob.}}$	$T_{\text{ber.}}$
$2\,NO_2 = N_2O_4$	12 350	331	348
$2\,HCOOH = (HCOOH)_2$ . . .	14 780	410	410
$2\,CH_3COOH = (CH_3COOH)_2$.	16 600	425	450
$PCl_3 + Cl_2 = PCl_5$	18 500	480	500
$HBr + C_5H_{10} = C_5H_{10}HBr$.	19 400	483	525
$H_2O + SO_3 = H_2SO_4$	21 850	623	599

Für die Dissoziation von Molekülen in Atome erhält man für die Temperatur, bei der $K_p = 10^{-4}$ wird, folgende Werte, wenn man die chemische Konstante der Atome gleich der Hälfte der der Moleküle setzt:

Tabelle 18. Berechnung von Gleichgewichtstemperaturen aus Dissoziationswärmen.

Reaktion	U_p	$T_{\text{beob.}}$	$T_{\text{ber.}}$
$2\,J = J_2$ [2])	34 000	850	820
$2\,Br = Br_2$ [3])	46 600	1050	1100
$2\,Cl = Cl_2$ [4])	57 000	1290	1320
$2\,H = H_2$ [5])	95 000	2160	2130

Schließlich seien noch als Beispiel für heterogene Reaktionen einige Dissoziationsdrucke berechnet, für die bei Entstehung eines gasförmigen Mols gilt:

$$\log_{10}p = -\frac{U_{p_0}}{4,573\,T} + 1,75\log_{10}T + C'. \tag{38}$$

In der nachstehenden Tabelle sind nach NERNST[6]) die Temperaturen errechnet, bei denen der Dissoziationsdruck einiger Karbonate eine Atmosphäre erreicht, und mit den beobachteten verglichen.

Tabelle 19. Berechnung der Dissoziationstemperaturen der Carbonate.

Substanz	U_p	$T_{\text{beob.}}$	$T_{\text{ber.}}$
$AgCO_3$	20 060	498	548
$CdCO_3$	21 800	617	590
$PbCO_3$	22 580	545	610
$MnCO_3$	23 500	ca. 600	632
$CaCO_3$	40 000	1155	1030
$SrCO_3$	55 770	1429	1403

---

[1]) Zitiert nach POLLITZER, Die Berechnung chemischer Affinitäten nach dem NERNSTschen Wärmetheorem, Stuttgart 1912, S. 102.

[2]) M. BODENSTEIN u. STARK, ZS. f. Elektrochem. Bd. 16, S. 966. 1910; H. BRAUNE u. RAMSTETTER, ZS. f. phys. Chem. Bd. 102, S. 480. 1922.

[3]) M. BODENSTEIN u. F. CRAMER, ZS. f. Elektrochem. Bd. 22, S. 327. 1916.

[4]) K. WOHL, ZS. f. Elektrochem. Bd. 30, S. 36. 1924.

[5]) K. WOHL, ZS. f. Elektrochem. Bd. 30, S. 49. 1924.

[6]) W. NERNST, Wärmesatz, S. 123; die Daten für Kadmium- und Kalziumkarbonat nach L. ANDRUSSOW, ZS. f. phys. Chem. Bd. 115, S. 273. 1925 u. Bd. 116, S. 81. 1925.

Aus Gleichung (38) folgt mit $C' = 3$ für den mit der Temperatur sich nur wenig ändernden Quotienten $\dfrac{U_p}{T_{(p=1\,\mathrm{at})}}$ bei 300° 34, bei 500° 35. Dies ist die Erklärung für die schon früher empirisch von Le Chatelier und Matignon gefundene Regel, daß diese Zahl durchschnittlich gleich 33 ist.

In den aufgeführten Beispielen sehen wir also die Näherungsformeln soweit mit dem Experiment in Übereinstimmung, als man es bei den gemachten Voraussetzungen erwarten darf. In ihnen besitzt man ein Werkzeug, um aus leicht zu beschaffenden thermischen Daten die Gleichgewichtsverhältnisse vorauszuberechnen, und zwar mit einer Genauigkeit der Gleichgewichtskonstanten von ungefähr einer, in ungünstigeren Fällen zwei Zehnerpotenzen, wie sie für die Mehrzahl der vorkommenden Fälle ausreicht. Eine sehr große Anzahl weiterer Anwendungen der Näherungsformeln ist in den zitierten Büchern von Nernst und besonders Pollitzer behandelt.

Kapitel 8

Thermodynamik der Lösungen.

Von

C. DRUCKER, Leipzig.

Mit 28 Abbildungen.

I. Verdünnte binäre Lösungen.

a) Einleitung.

Unter einer Lösung ist ein Gebilde zu verstehen, welches mindestens zwei im Sinne des Phasengesetzes[1]) voneinander unabhängige Bestandteile in homogener Mischung enthält. Die Behandlung stützt sich auf die allgemeinen thermodynamischen Grundprinzipien und die deren Anwendbarkeit voraussetzende Unabhängigkeit des betrachteten Objektes von der Zeit — also die Annahme, daß stets Gleichgewichtszustand herrscht —, ferner auf gewisse Sätze, die teils durch Erfahrung gewonnen, teils als wahrscheinlich angenommen werden und durch nachträgliche experimentelle Prüfung ihrer Konsequenzen zu rechtfertigen sind. Für die hier hauptsächlich zu behandelnden „verdünnten" Lösungen treten vereinfachend gewisse Annahmen hinzu, die im wesentlichen in der Ersetzung allgemeiner Beziehungen durch lineare bestehen. Die Thermodynamik verdünnter Lösungen ist also immer aus der beliebiger Lösungen durch Spezialisierung abzuleiten, indessen läßt sie sich auch direkt ohne Rücksicht auf allgemeine Behandlung darstellen, was häufig weit einfacher und leichter verständlich ist.

Die Thermodynamik der Lösungen läßt sich, soweit nur Wärme und Volumarbeit in Betracht kommen, auf zwei ganz allgemein gültige Differentialgesetze begründen, erstens das die Verhältnisse bei konstanter Temperatur umfassende Gesetz der Partialdrucke, zweitens, sofern verschiedene Temperaturen auftreten, das Gesetz von CLAUSIUS-CLAPEYRON. Dieser zweite Satz ist an anderer Stelle begründet worden, den ersten wollen wir hier erst für binäre Gemische, sodann allgemeiner ableiten.

1. Allgemeine Zustandseigenschaften. Wie bei reinen Stoffen kann das Volum der Lösungen durch Druck und Temperatur verändert werden, wobei Wärmeeffekte auftreten. Das gleiche gilt von den Wärmekapazitäten.

Die allgemeinen Beziehungen, welche zwischen diesen thermisch-mechanischen Größen bestehen, gelten natürlich für Lösungen ebensowohl wie für einheitliche Stoffe, als neu kommt nur die Abhängigkeit von der Zusammensetzung hinzu. Jede der in Betracht kommenden Größen: spezifisches Volum, Ausdehnungs- und Kompressibilitätskoeffizient, spezifische Wärme u. a. ist als Funktion von mindestens so viel Größen auszudrücken als selbständige Stoffarten — im

---

[1]) Die wichtigsten Sätze der Thermodynamik und der kinetischen Theorie, die in Bd. IX ds. Handb. ausführlich dargestellt werden, sind hier und im folgenden als bekannt vorausgesetzt.

Sinne des Phasengesetzes. — anzunehmen sind. In der Tat kommt man aber nicht immer damit aus, sondern braucht mehr, denn die Darstellung als lineare Funktion der Zusammensetzung mit je einer Konstanten für jede Komponente ist allgemein nicht möglich, sondern es treten häufig kompliziertere Zusammenhänge auf. Diese fordern formal dann noch einen oder mehrere neue Koeffizienten, und hier setzt die Verschiedenheit der Theorien ein, welche versuchen, jenen neuen Koeffizienten eine Deutung zu geben. Diese Erklärungsversuche können hier nur angedeutet, nicht aber diskutiert werden, da sie nicht thermodynamischer Art sind, sondern auf kinetischen oder chemisch-konstitutiven Hypothesen beruhen.

Als Beispiel diene die spezifische Wärme c von Äther-Chloroformgemischen[1]) vom Molenbruch μ des Chloroforms bei 20°.

Nach einer linearen Mischungsformel

$$c' = 0{,}234 \cdot \mu + 0{,}539 (1 - \mu)$$

berechnen sich, wie die Tabelle zeigt, Werte, die mit den gefundenen nicht übereinstimmen. Unter der Annahme, daß in dem Gemisch eine Verbindung beider Komponenten nach konzentrationsvariablen Verhältnissen auftrete, deren Mengen anderweit — aus Dampfdruckmessungen — berechnet werden, mithin das Gemisch eigentlich ternär sei und statt des Molenbruches μ die Konzentrationen der drei Komponenten einzuführen seien, berechnen sich nach Dolezalek die Werte c'', welche wesentlich besser mit dem Experimente übereinstimmen. Hierbei ist natürlich für die angenommene Verbindung ein eigener Koeffizient eingeführt.

Auf Grund der kinetischen Theorie der Flüssigkeiten nach van der Waals verfährt man ähnlich. Eine Eigenschaft, z. B. das Volumen, kann als Funktion

Tabelle 1.

Spezifische Wärme von Äther-Chloroform im Molverhältnis $\mu : (1-\mu)$.

μ	c beob.	c' ber.	c'' ber.
0,0	0,539	—	—
0,2	0,482	0,479	0,483
0,4	0,431	0,422	0,429
0,5	0,401	0,387	0,399
0,6	0,367	0,357	0,367
0,8	0,298	0,295	0,299
1,0	0,234	—	—

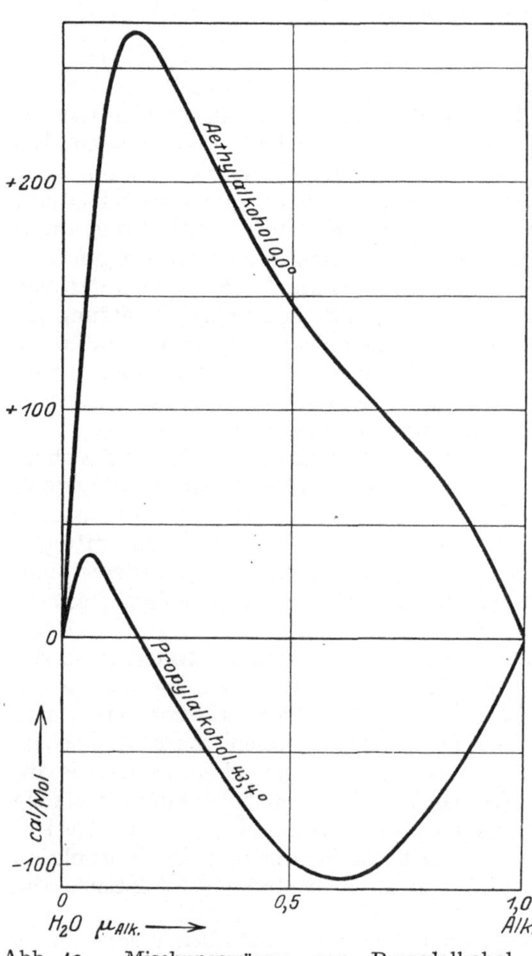

Abb. 1a. Mischungswärme von Propylalkohol und Äthylalkohol mit Wasser.

[1]) Dolezalek, ZS. f. phys. Chem. Bd. 83, S. 60. 1913.

der VAN DER WAALSschen Koeffizienten b_1 und b_2 für jede Komponente und des Mischungsverhältnisses dargestellt werden; falls dies den Tatsachen nicht genügt, wird ein weiterer Koeffizient b_{12} hinzugenommen. Das Volumen kann dann etwa als

$$v = x^2 b_1 + x(1 - x) b_{12} + (1 - x)^2 b_2$$

dargestellt werden, wobei x und $1 - x$ die relativen Anteile der Komponenten bedeuten.

Welches dieser formal gleichwertigen Verfahren vorzuziehen sei, ist mit thermodynamischen Überlegungen nicht zu entscheiden.

Soviel hat sich bis jetzt feststellen lassen, daß, wenn die Kurve einer Eigenschaft stark von der Geraden abweicht, dies auch bei anderen der Fall ist. Da nun Kompressibilität, spezifische Wärme, Ausdehnung, Dampfdruck und andere Eigenschaften thermodynamisch untereinander verknüpft sind, so ist diese Analogie leicht verständlich, und wenn die gewählte Hypothese für die eine Eigenschaft brauchbar ist, so wird sie auch die anderen darstellen können.

Die Abhängigkeit der Gemischeigenschaften von der Zusammensetzung kann sehr stark von der Linearität abweichen. Deutlicher als das Beispiel der Tab. 1 zeigt dies Abb. 1a für die Mischungswärme von Propylalkohol und Wasser[1]) bei 43,4°. Die doppelte Krümmung dieser Linie fordert zur Darstellung mindestens 3 Koeffizienten. Die in der gleichen Abbildung eingezeichnete zweite Kurve zeigt die Mischungswärme von

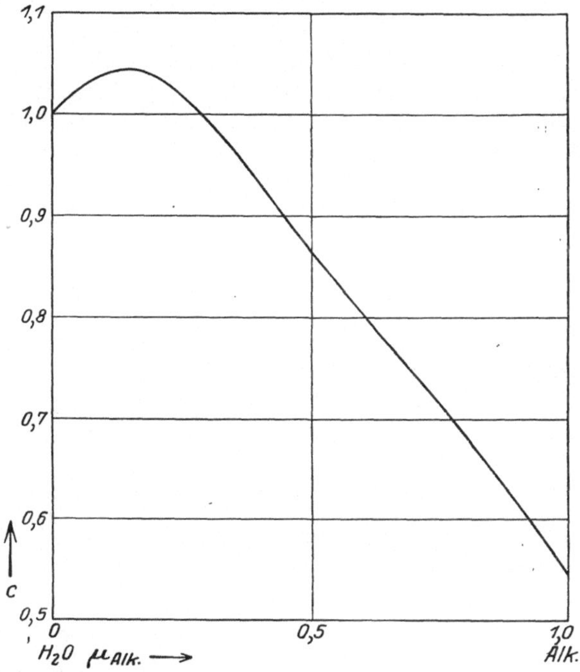

Abb. 1b. Spezifische Wärme von Wasser-Alkohol.

Äthylalkohol mit Wasser[1]) bei 0°; man erkennt, daß sie mindestens 4 Koeffizienten braucht. Diese Kurven ändern ihre Gestalt bei Temperaturänderung, und da der Temperaturkoeffizient der Mischungswärme durch die Differenz der Wärmekapazitäten von Lösung und reinen Komponenten gegeben ist, so müssen auch diese Wärmekapazitäten der Gemische eine komplizierte Abhängigkeit von der Zusammensetzung zeigen.

Dies trifft auch zu. Abb. 1b zeigt die spezifische Wärme von Äthylalkohol-Wasser bei etwa 0°. Hier ist deutlich eine Abhängigkeit von höherer als zweiter Potenz erkennbar.

Wie wir später sehen werden, müssen auch die Dampfdruckkurven stark gekrümmt sein, wenn eine große Mischungswärme auftritt.

Wie die Mischungswärme mit Dampfdruck und Wärmekapazität, so ist das Mischungsvolumen mit den Koeffizienten der Wärmeausdehnung und der Kompressibilität thermodynamisch eng verknüpft.

---

[1]) E. BOSE, ZS. f. phys. Chem. Bd. 58, S. 585. 1907.

Wird z. B. ein Stoff A vom Gesamtvolumen v_A mit dem Volumen v_B des Stoffes B gemischt, sind die relativen Kompressibilitätskoeffizienten α_A und α_B, und resultiert ein Volumen V der Lösung, deren relative Kompressibilität α ist, so erhält man bei konstanter Temperatur unter gewöhnlichem Druck ($p \approx 0$)

$$v_A + v_B = V + \delta\,,$$

wo δ die Mischungskontraktion oder -dilatation bedeutet. Bei einem anderen, hohen Drucke p aber wird

$$v_A\,(1 - \alpha_A\,p) + v_B\,(1 - \alpha_B\,p) = V\,(1 - \alpha\,p) + \delta'\,,$$

mithin

$$\frac{\delta' - \delta}{p} = (V\alpha - v_A\,\alpha_A - v_B\,\alpha_B)\,.$$

Die Größe der Volumänderung beim Mischen ist also durchaus von den jeweiligen Umständen und den Kompressibilitäten abhängig, und das gleiche gilt, wenn man die eben angestellte Überlegung auf die thermische Ausdehnung statt auf die Kompression bezieht. Andrerseits bestehen thermodynamisch strenge Beziehungen beider Koeffizienten zu den spezifischen Wärmen, z. B. sowohl für die Lösung wie für ihre getrennten Komponenten je eine Gleichung der Gestalt

$$(c_p - c_v)\,\frac{\partial^2 T}{\partial p\,\partial v} + \frac{\partial c_p}{\partial p}\cdot\frac{\partial T}{\partial v} - \frac{\partial c_v}{\partial v}\,\frac{\partial T}{\partial p} = 1\,,$$

die selbst dann, wenn — wie oft bei nicht gasförmigen Systemen — $c_p \approx c_v$ gesetzt werden darf, noch in der Form

$$\frac{\partial c_p}{\partial p}\,\frac{\partial T}{\partial v} = 1 + \frac{\partial c_v}{\partial v}\cdot\frac{\partial T}{\partial p}$$

bestehen bleibt, also den absoluten thermischen Ausdehnungskoeffizienten $\dfrac{\partial v}{\partial T}$ und den absoluten Spannungskoeffizienten $\dfrac{\partial p}{\partial T}$ — welcher bekanntlich für jedes einzelne Objekt durch

$$\frac{\partial p}{\partial T} = -\frac{\dfrac{\partial v}{\partial T}}{\dfrac{\partial v}{\partial p}}$$

mit der Kompressibilität $\dfrac{\partial v}{\partial p}$ verknüpft ist — mit den spezifischen Wärmen in Verbindung bringt, die ihrerseits, wie bemerkt, als Temperaturkoeffizienten der Mischungswärme auftreten. Alle diese Größen variieren bei Lösungen mit der Zusammensetzung und es folgt, daß bei Lösungen die Zusammensetzung oder die relative Konzentration ein thermodynamisch wesentlicher Umstand ist und genau definiert werden muß.

2. Definitionen. Die Zusammensetzung eines aus zwei oder mehr Stoffen bestehenden Gemisches wird je nach dem einzelnen Falle in verschiedenen Maßen ausgedrückt, nach Gewicht, nach Volumen und nach Mol.

Wiegt das ganze Gemisch G Gramm, jeder Bestandteil g_1, g_2 ... Gramm, so heißen $\dfrac{g_1}{G}$, $\dfrac{g_2}{G}$ ... die Gewichtsbrüche a. Setzt man G gleich 1, so sind die Gewichtsbrüche g_1, g_2 ... Für $G = 100$ nennt man sie Gewichtsprozente. Bisweilen bezieht man nicht auf die Gesamtmenge, sondern auf die Menge eines der

Bestandteile g_n, besonders wenn dieser in großer Menge zugegen ist, etwa Gramm pro 1000 g Wasser.

Die Gewichtsmengen dividiert durch die zugehörigen Molargewichte M, also die Molzahlen n, werden wieder entweder auf die gesamte Molzahl bezogen oder auf die einer Komponente. Man nennt

$$\mu_1 = \frac{\dfrac{g_1}{M_1}}{\dfrac{g_1}{M_1} + \dfrac{g_2}{M_2} + \cdots} = \frac{n_1}{n_1 + n_2 + \cdots}$$

den Molenbruch des Stoffes 1, seinen 100fachen Wert die Molprozente. Bei zwei Stoffen ist also der Gewichtsbruch

$$a_1 = \frac{g_1}{g_1 + g_2}, \qquad \text{der Molenbruch} \qquad \mu_1 = \frac{\dfrac{g_1}{M_1}}{\dfrac{g_1}{M_1} + \dfrac{g_2}{M_2}},$$

mithin

$$\mu_1 = \frac{a_1 M_2}{a_1 M_2 (1 - a_1) M_1} = \frac{a_1 M_1}{a_1 M_2 + a_2 M_1},$$

$$a_1 = \frac{\mu_1 M_1}{(1 - \mu_1) M_2 + \mu_1 M_1} = \frac{\mu_1 M_1}{\mu_2 M_2 + \mu_1 M_1};$$

entsprechende Formeln erhält man für mehr als zwei Stoffe[1]).

Diese beiden skalaren Konzentrationsmaße heißen numerische.

Die Konzentrationsmaße bezüglich der Volumina heißen räumliche. Man gibt entweder Gewichts- oder Molzahlen pro Volumeinheit des Gemisches an. (Gramm pro Liter oder Mol pro Liter, bezeichnet mit C, c, oder η). Bisweilen wird auch auf das Anfangsvolumen eines der Stoffe bezogen, z. B. Mol Salz pro Liter Wasser. Dieses Maß ist nur bei verdünnten Lösungen brauchbar. Praktisch kommt auch die Bezugnahme auf die Volumsumme der freien Komponenten vor; dies ist zu beachten, wenn beim Mischen Kontraktion oder Dilatation erfolgte. Werden die Einzelmengen ebenfalls in Volummengen gemessen, so resultiert wieder ein numerisches Maß (Volumteile bzw. Volumprozente), wobei wieder angegeben werden muß, ob auf Volumsumme der Komponenten oder Volum des Gemisches bezogen wird.

Thermodynamisch pflegt man mit Gewichtsbrüchen oder Molenbrüchen bzw. Molzahlen zu rechnen und räumliche Konzentrationen erst in der Endformel einzuführen. Bei idealen Gasen und hochverdünnten Lösungen sind numerische Konzentration (Molenbruch) und räumliche (Mol pro Liter) einander proportional. Denn bei ihnen gilt das DALTONsche Summengesetz (unten), welches bei Gasen die Partialdrucke $p_1\, p_2 \ldots$ mit Totaldruck P und Molenbrüchen $\nu_1\, \nu_2 \ldots$ durch

$$P = p_1 + p_2 + \cdots = P(\nu_1 + \nu_2 + \cdots)$$

verbindet, so daß das Gasgrenzgesetz $PV = RT$ die Beziehung

$$\frac{n_1}{V} = \frac{p_1}{RT} = \nu_1 \frac{P}{RT}$$

---

[1]) Vielfach ist die Messung in Mol pro Kilogramm einer Komponente üblich (z. B. m Mol KCl pro Kilogramm Wasser). Dieses gemischte Maß ist natürlich proportional dem rein auf Mole oder auf Gewichte bezogenen.

ergibt, was bei gegebenen Werten von P und T Proportionalität von ν und $\dfrac{n}{V}$ bedeutet.

Es darf jedoch nicht vergessen werden, daß diese Beziehung auf dem Gasgrenzgesetz beruht. Drückt man dagegen den Druck einer Komponente im Gemisch, den Partialdruck p, durch den Gesamtdruck P aus, so ist

$$\frac{p_1}{p_1 + p_2} \cdots = \frac{p_1}{P}$$

streng korrekt, weil die Partialdrucke definitionsgemäß zusammen den Totaldruck ergeben müssen. Wohl aber wird das Gasgrenzgesetz vorausgesetzt, wenn man den Partialdruck $p_1, p_2 \ldots$ mit dem Einzeldruck $p_1', p_2' \ldots$ identifiziert, den jede Komponente für sich im gleichen Raum bei gleicher Temperatur zeigen würde. Denn

$$p_1' + p_2' \cdots = P$$

ist der Ausdruck des Daltonschen Summengesetzes, während, wie eben erwähnt,

$$p_1 + p_2 \cdots = P$$

eine Definition bedeutet.

b) Verdünnte binäre Lösungen bei konstanter Temperatur.

3. Das Gesetz der Partialdampfdrucke[1]). N_1 Mol eines Stoffes A und N_2 Mol eines anderen B seien homogen gemischt. Die Partialdrucke seien $p_1 (A)$ und $p_2 (B)$, folglich der Totaldruck notwendig stets $P = p_1 + p_2$. Zwei solche gleich zusammengesetzte Lösungen seien abgesperrt in Gefäßen I und II (Abb. 2), deren jedes in der Grenzwand eine nur für den Dampf von A und eine für den von B allein durchlässige Stelle habe (a und b). Wir lassen isotherm und reversibel von I dN_1 Mol verdampfen unter Zuführung der erforderlichen kleinen Wärmemenge[2]). Es steigt p_1 auf $p_1 + dp_1$, ein Teil des Überdruckes gleicht sich durch Übertritt nach II aus — der Einfachheit wählen wir die Teile I und II ganz gleich, dann tritt die Hälfte des neugebildeten Dampfes durch a nach II. Die geleistete Energie beträgt also

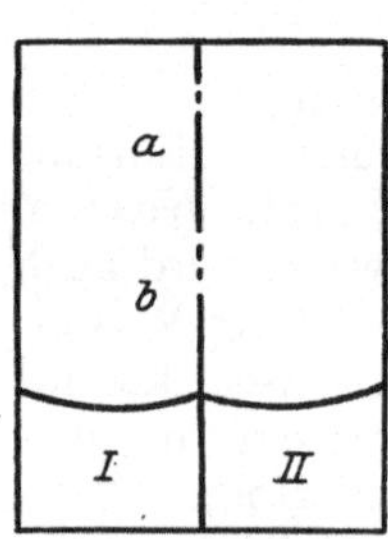

Abb. 2. Zur Berechnung der Arbeitsleistung bei der Mischung.

$$\frac{dN_1}{2} \cdot V \cdot dp_1 = \frac{dN_1}{2} \cdot RT \cdot \frac{dp_1}{p_2},$$ wenn V das Dampfvolumen bedeutet. Die Einführung des Gasgrenzgesetzes $V = \dfrac{RT}{p_1}$ in diese Gleichung ist stets in voller Strenge zulässig, da es sich nur um einen differentiellen Vorgang handelt. Hierauf wird die entsprechende Menge $dN_2 = dN_1 \cdot \dfrac{N_2}{N_1}$ in analoger Weise durch b nach II gebracht und dabei die Arbeit $\dfrac{dN_2}{2} RT \dfrac{dp_2}{p_2}$ gewonnen. Kondensiert man nun die verdampften und übergeführten Mengen wieder, so bleibt als Arbeitsbilanz:

$$\frac{dN_1}{2} \frac{dp_1}{p_1} + \frac{dN_2}{2} \cdot \frac{dp_2}{p_2} = 0.$$

---

[1]) Bezüglich der Ableitungen von Planck, Nernst, Lehfeldt, Duhem, Margules u. a. vgl. v. Zawidzki, ZS. f. phys. Chem. Bd. 35, S. 129. 1900. Hier abgeleitet nach Luther, Ostwalds Lehrbuch, 2. Aufl., Bd. II, S. 639.

[2]) Diese bleibt hier aus dem Prozeß weg, die Rechtfertigung dazu s. unten.

Einführung des Molenbruches $\mu = \dfrac{N_1}{N_2 + N_2}$ ergibt:

$$\frac{d\ln p_2}{d\ln p_1} = -\frac{\mu}{1-\mu} = \frac{d\ln(1-\mu)}{d\ln\mu}. \tag{1}$$

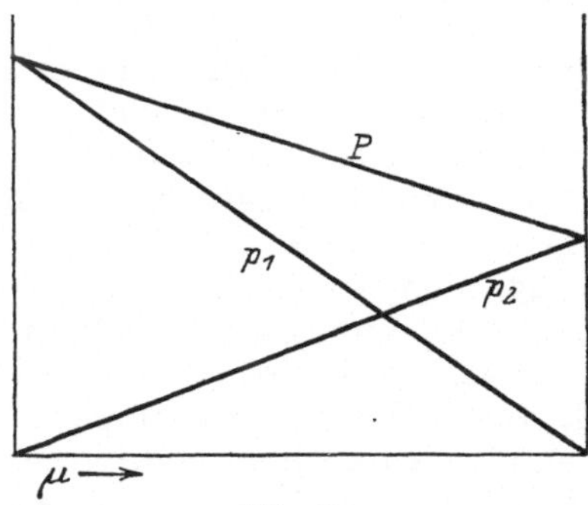

Abb. 2 a.

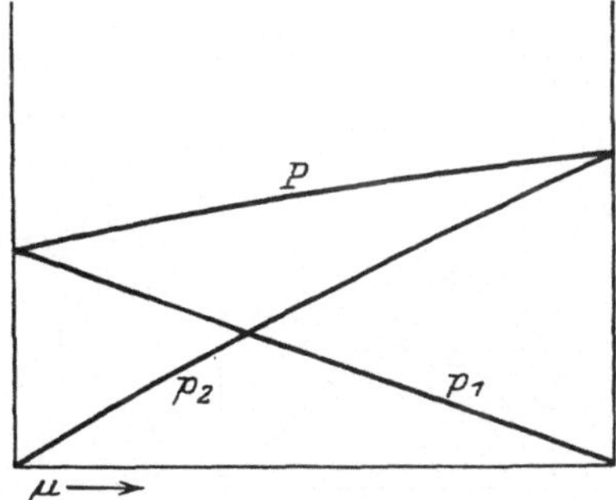

Abb. 2 b.

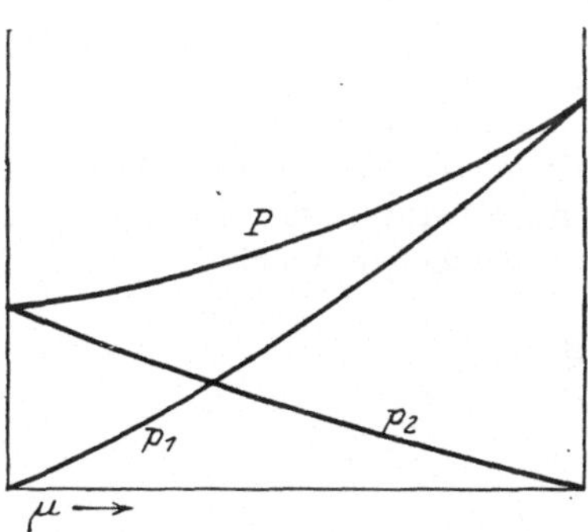

Abb. 2 c.

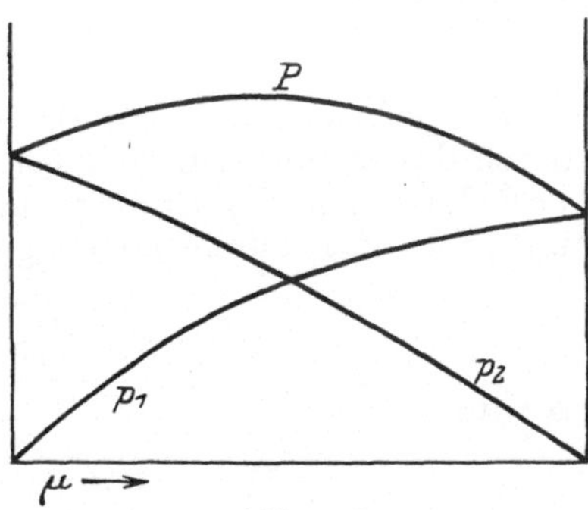

Abb. 2 d.

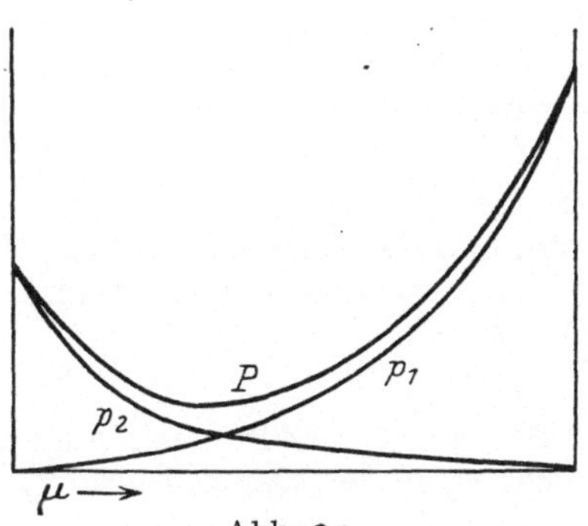

Abb. 2 e.

Abb. 2 a—2 e. Total- und Partialdrucke.

Soll diese stets richtige Gleichung integriert werden, so gehört dazu eine Beziehung zwischen p_1, p_2 und μ; diese wird für jedes spezielle System anders lauten und nicht a priori gegeben sein. Jedenfalls sind die Abhängigkeit zwischen p_1 und μ und die zwischen p_2 und μ aneinander gebunden. Die möglichen Typen des Verlaufes beider Kurven zeigt die Abbildungsserie 2 a bis 2 e. (Näheres unten bei Ziff. 12.)

4. Gesetze von Henry und Raoult. Betrachten wir ein sehr enges Intervall (Abb. 3) μ_1 bis μ_2, so ist dort näherungsweise $\dfrac{\varDelta p_1}{\varDelta \mu} = $ konst., und $\dfrac{\varDelta p_2}{-\varDelta \mu} = $ konst., mithin $\dfrac{-\varDelta p_2}{\varDelta p_1} = $ konst. Solange diese Annahme ohne merklichen Fehler in diesem endlichen Intervalle $\mu_2 - \mu_1 = \varDelta\mu$ gilt, ist hiernach $d\ln(\varDelta p_1) = d\ln(\varDelta\mu)$. Liegt nun ein solches Gebiet am Anfange der Kurve, wo $p_1 = 0$ für $\mu_1 = 0$, so ist dort $d\ln\varDelta p_1 = d\ln p_1 = d\ln\varDelta\mu = d\ln\mu_1$ also

$$\frac{p_1}{\mu} = \text{konst.} \qquad \text{oder} \qquad \frac{p_1}{N_1} = \text{konst}, \tag{2}$$

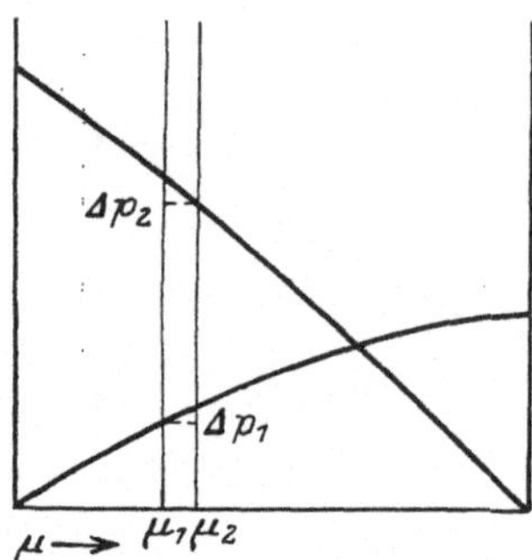

Abb. 3. Dampfdruck und Molenbruch.

da dann im Molenbruche N_1 neben dem großen und praktisch konstanten N_2 verschwindet. Demnach ist dann die in der Lösung vorhandene Menge von A proportional ihrem Partialdrucke (Gesetz von HENRY). Das gleiche gilt natürlich für die andere Kurve bezüglich $p_2 \approx 0$, $\mu \approx 1$.

Die Dimension des HENRYschen Koeffizienten ist hier Druck pro Molenbruch, also ein Druck, dasselbe ist der Fall, wenn wir für den Partialdruck p den mit dem Dampfmolenbruch ν multiplizierten Totaldruck P einführen. Praktisch sind jedoch andere Maße üblich. Da das Gesetz hauptsächlich für praktisch ideal verdünnte Lösungen endlicher Konzentration benutzt wird, so ersetzt man den Molenbruch μ bisweilen durch die Gewichtsmenge des Löungsmittels, meist aber durch dessen mit dem der Lösung identifiziertes Volumen v. Der Koeffizient enthält dann im Nenner die räumliche Konzentration c der Lösung. Führen wir nun für p einen durch das Gasgrenzgesetz gegebenen Wert

$$p = \frac{RT}{V}\cdot N = RT\cdot C$$

ein, so wird

$$h = \frac{p}{c} = RT\cdot\frac{C}{c}, \tag{2a}$$

d. h. das Verhältnis der räumlichen Konzentration in Gas und Lösung unter dem gleichen Drucke p ist konstant, und dieses Verhältnis mit RT multipliziert gibt den HENRYkoeffizienten. Dieses Maß reziprok genommen ist die „Gaslöslichkeit" nach OSTWALDS Definition (s. u. bei Tabelle 4).

Gebräuchlich ist häufig noch der BUNSENsche „Absorptionskoeffizient". Er unterscheidet sich von der Löslichkeit dadurch, daß das Gasvolumen auf „Normalbedingungen" (0° und 760 mm Druck) reduziert ist, man erhält ihn also aus der Löslichkeit durch Multiplizieren mit $\dfrac{273}{T}\cdot\dfrac{p}{760}$.

Soweit das Gesetz von HENRY zutrifft, also $d\ln p_1 = d\ln\mu$ ist, folgt aus (1) sofort $d\ln p_2 = d\ln(1-\mu)$. Für $\mu = 0$ geht p_2 in den Dampfdruck P_2 des reinen Stoffes B über, und wir erhalten

$$p_2 = P_2(1-\mu) \qquad \text{oder} \qquad -d\ln p_2 \approx \mu = \frac{P_2 - p_2}{P_2}, \tag{3}$$

d. h. die relative Dampfdruckerniedrigung von B ist gleich dem Molenbruche von A. (Gesetz von RAOULT.) An dieser Stelle darf übrigens p_2 im Nenner für den Totaldruck P eingeführt werden besonders dann, wenn der Stoff A praktisch nicht flüchtig ist, ebenso bei Formel (2), wenn der reine Stoff B einen sehr kleinen Dampfdruck im Verhältnis zu A hat.

Experimentelle Beispiele. Die Lösung von Äthylenchlorid (Stoff A) und Benzol (Stoff B) bei 50° entspricht[1]) sehr genau dem Typus Abb. 2a. Hier müssen also beide Gesetze im ganzen Intervall von $\mu = 0$ bis $\mu = 1$ zutreffen.

Ein anderer Fall; Äthylacetat (A) und Tetrachlorkohlenstoff (B) bei 50° gehört zum Typus Abb. 2b. Die beiden Gesetze sind nicht genau, doch aber noch näherungsweise erfüllt[2]).

Bei verdünnten Lösungen wird der Molenbruch nahezu proportional zu anderen Konzentrationsmaßen, denn N_1 kann neben N_2 vernachlässigt werden, und N_2 ist dann seinerseits proportional dem Volumen von B; dann wird μ proportional der räumlichen Konzentration c von A (Mol pro Liter). In Tabelle 4, welche die Dampfdruckerniedrigung von Wasser durch Mannit bei 20° wiedergibt[3]), bedeutet m Mol Mannit pro Kilogramm Wasser.

Auch bei Anwendung des HENRYschen Satzes auf verdünnte Lösungen von Gasen in Flüssigkeiten pflegt man jene bequeme Rechnung mit räumlichen Konzentrationen zu benutzen. Man definiert als Löslichkeit l eines Gases in einer Flüssigkeit das Verhältnis der räumlichen Konzentration des Gases in der Flüssigkeit zu der im Dampfraum. Bei Gültigkeit des HENRYschen und des BOYLEschen Gesetzes ist l unabhängig vom Druck, da beide Konzentrationen diesem proportional sind.

Tabelle 2.
Rel. Dampfdruckerniedrigungen bei Äthylenchlorid-Benzol.

μ	p_1 mm Hg	p_2 mm Hg	$\dfrac{P-p_2}{P_2\cdot\mu}$	$\dfrac{p_1}{\mu}$
0	0,0	268,0	—	—
0,1500	(30,4)	232,9	(0,875)	(202)
0,2927	68,3	190,5	0,985	230
0,4156	98,6	156,1	1,00	237
0,5215	123,1	128,2	1,00	236
0,6566	155,0	92,3	1,00	237
0,7542	178,1	66,0	1,00	236
0,9200	217,2	21,5	1,00	236
1,0	236,2	0,0	—	236

Tabelle 3.
Rel. Dampfdruckerniedrigungen bei Äthylacetat-Chlorkohlenstoff.

μ	p_1 mm Hg	p_2 mm Hg	$\dfrac{P_2-p_2}{P_2\cdot\mu}$	$\dfrac{p_1}{\mu}$
0,0	—	306,0	—	—
0,0920	34,4	276,8	1,04	372
0,198	66,5	249,4	0,94	336
0,327	103,7	214,3	0,92	318
0,426	126,6	189,3	0,91	298
0,600	175,4	136,0	0,93	293
0,685	196,9	110,2	0,93	288
0,750	213,7	89,6	0,94	285
0,808	228,7	70,3	0,95	283
0,850	240,1	55,5	0,96	283
1,0	280,5	0	[1,00]	[280,5]

Tabelle 4.
Rel. Dampfdruckerniedrigung bei Mannit-Wasser.

m	P_2-p_2 mm Hg	μ	$\dfrac{P_2-p_2}{P_2\cdot m}$	$\dfrac{P_2-p_2}{P_2\cdot\mu}$
0,0	17,31	0,0	—	—
0,0984	0,0307	0,00177	0,180	1,002
0,1977	0,0614	0,00355	0,179	1,000
0,2962	0,0922	0,00531	0,179	1,002
0,3945	0,1227	0,00706	0,179	1,003
0,4938	0,1536	0,00883	0,180	1,005
0,5944	0,1860	0,01058	0,181	1,015
0,6934	0,2162	0,01231	0,180	1,013
0,7977	0,2478	0,01406	0,179	1,016
0,8913	0,2791	0,01579	0,181	0,120
0,9908	0,3096	0,01752	0,180	0,118

---

[1]) v. ZAWIDZKI, ZS. f. phys. Chem. Bd. 35, S. 129. 1900. Drucke in Millimeter Hg.

[2]) Über das HENRYsche Gesetz bei hohen Drucken vgl. WROBLEWSKI, Ann. d. Phys, (3) Bd. 18, S. 290. 1893; CASSUTO, Phys. ZS. Bd. 5, S. 233. 1904; SANDER, ZS. f. phys. Chem. Bd. 78, S. 5. 1912; O. STERN, ebenda Bd. 81, S. 441. 1912.

[3]) FRAZER, LOVELACE u. ROGERS, Journ. Amer. Chem. Soc. Bd. 42, S. 1793. 1920.

Als Beispiel für die Konstanz von l diene Stickstoff in Isobuttersäure[1]) bei 25° (p_1 in mm Hg).

Die auch in verdünnten Lösungen nicht selten auftretenden Abweichungen von den Gesetzen von Henry und Raoult erfordern in groben Fällen Erklärung durch Zusatzannahmen — wie elektrolytische Dissoziation oder Bildung komplexer Verbindungen in der Lösung, Anomalie des Dampfzustandes, z. B. bei Essigsäure, Bildung von Verbindungen in der Gasphase (vgl. oben Ziff. 1).

Tabelle 5.
Gaslöslichkeit und Druck von Stickstoff-Isobuttersäure.

p_1	l
262,6	(0,1609)
388,3	0,1640
566,1	0,1647
662,4	0,1656
783,5	0,1656
832,2	0,1666

5. Zusammenhang der Total- und Partialdrucke mit den Molenbrüchen. In der Gleichung (1) lassen sich die Partialdrucke p_1 und p_2 durch den Molenbruch ν des Dampfes ersetzen, wenn dieser ein ideales Gas ist. Dann gilt $p_1 = \nu P$, $p_2 = (1 - \nu) P$, also

$$\frac{dp_2}{dp_1} = -\frac{\mu}{1-\mu} \cdot \frac{p_2}{p_1} = -\frac{\mu}{1-\mu} \cdot \frac{1-\nu}{\nu} . \tag{4}$$

Für den Totaldruck erhält man dann

$$d\ln P = \frac{\mu - \nu}{\mu} \cdot d\ln p_2 = \frac{\mu - \nu}{\nu} d\ln(1-\nu) = \frac{\nu - \mu}{1-\nu} d\ln\nu . \tag{5}$$

Wenn nun die Lösungen den Gesetzen von Raoult und Henry

$$d\ln p_2 = -\mu , \quad d\ln p_1 = d\ln\mu = d\ln\nu + d\ln P$$

folgen, so wird

$$d\ln P = \frac{\nu - \mu}{1-\nu} d\ln\nu = d\ln(1-\mu) , \tag{6}$$

und aus der Kombination dieser beiden Gleichungen folgt

$$\frac{d\ln\nu}{1-\nu} = 1 = \frac{d\nu}{\nu(1-\nu)} = -\frac{d\ln(1-\nu)}{\nu} , \tag{7}$$

da ja die Gesetze von Raoult und von Henry gleichen Gültigkeitsbereich haben.

Für den Grenzfall, daß der Stoff A praktisch nicht verdampft, d. h. $\nu \approx 0$, ist also $d\ln P \approx -\mu = d\ln p_2$; das Raoultsche Gesetz ist dann auf den Totaldruck anwendbar, wie es ja auch nach $p_2 = (1 - \nu) P$ sein muß. Außerdem erhalten wir dann

$$d\ln(1-\mu) = -\mu \, d\ln\nu \quad \text{und} \quad -\mu(1-\nu) = d\ln(1-\mu) . \tag{7a}$$

c) Verdünnte binäre Lösungen bei verschiedenen Temperaturen.

6. Siedepunktserhöhung. In der Gleichung von Clausius-Clapeyron für reversible Änderungen eines Systems, die sich nur auf Wärmeverbrauch und Volumarbeit erstrecken,

$$\frac{dP}{dT} = \frac{W}{\Delta v \cdot T} \tag{8}$$

bedeute P den auf dem System ruhenden Totaldruck, W die bei dem Übergange von T auf $T + dT$ investierte Wärmemenge, Δv die dabei auftretende totale

---

[1]) Drucker u. Moles, ZS. f. phys. Chem. Bd. 75, S. 433. 1911. — Weiteres Material bei Roth-Scheel, Tabellen.

Volumzunahme. Ist eine binäre Lösung vom Molenbruch μ gegeben und gelten für beide Dämpfe die Gasgrenzgesetze, so ist $\Delta v \cdot P = RT$ für 1 Mol bei der Verdampfung, wenn das Dampfvolum groß gegen das der Lösung ist. W ist von der Zusammensetzung der Lösung, den beiden einzelnen Verdampfungswärmen und einer eventuell auftretenden Mischungswärme der Flüssigkeiten abhängig[1]), endlich ist noch $P = p_1 + p_2$. Man erhält demnach

$$\frac{dT}{RT^2} \cdot W = \frac{dP}{P} = \frac{dp_1 + dp_2}{p_1 + p_2}.$$

Mit Hilfe von (1) können wir dies umformen in

$$\frac{dP}{P} = \frac{dp_2}{p_1 + p_2}\left(1 - \frac{1 - \mu}{\mu}\,\frac{p_1}{p_2}\right). \tag{9}$$

Der Molenbruch des Dampfes ist nun in diesem Falle $\nu = \dfrac{p_1}{p_1 + p_2}$, dies ergibt

$$\frac{dP}{P} = \frac{dp_2}{p_2} \cdot \frac{1}{\mu}\left[\mu(1 - \nu) - \nu(1 - \mu)\right]. \tag{10}$$

Wenn A wenig flüchtig, also ν sehr klein ist, so folgt

$$\frac{dP}{P} = \frac{dp_2}{p_2},$$

und wenn nun auch μ klein ist, so gilt nach dem Früheren das RAOULTsche Gesetz (3) $\mu = d\ln p_2$, mithin[2])

$$\Delta T \cdot \frac{W}{RT^2} = \mu \approx \frac{N_1}{N_2} \tag{11}$$

(Gesetz der Siedepunkterhöhung von ARRHENIUS-BECKMANN).

In (11) bedeutet, da praktisch nur der Stoff B verdampft (das „Lösungsmittel") W dessen molare Verdampfungswärme. Rechnen wir wie oben (S. 409) so, daß wir μ auf die in 1000 g Lösung enthaltene Anzahl Mole N_2 von B beziehen, so nimmt W proportional andere Werte an. Man bezeichnet die Größe $\dfrac{1000\,RT^2}{N_2 W}$ dann mit E und nennt sie die **molare Siedepunktserhöhung.** Sie bedeutet also die Erhöhung des Siedepunktes, welche ein Mol eines wenig flüchtigen Stoffes bei konstantem Drucke in 1000 g von B bewirken würde, wenn bei dieser Konzentration dies Gesetz noch gültig wäre[3]) ($E \cdot N_1 = \Delta T$).

Ist andererseits ν nicht zu vernachlässigen (etwa wenn man eine Lösung von Äther in Wasser untersucht), also $\nu(1 - \mu) > \mu(1 - \nu)$, so resultiert eine Siedepunktserniedrigung[4]).

---

[1]) Vgl. darüber unten Ziff. 11.

[2]) Das Vorzeichen von $d\ln p_2$ ist hier positiv, während bei konstanter Temperatur dem RAOULTschen Gesetz ja eine Verminderung des Dampfdruckes entspricht. Hier ist aber $d\ln p_2$ die Dampfdruckzunahme, welche durch die zur Aufrechterhaltung des konstanten Totaldruckes nötige Wärmezufuhr bewirkt wird. Es folgt also auch, daß (11) durch einen Kreisprozeß begründet werden kann, der das RAOULTsche Gesetz bei T und $T + dT$ voraussetzt, was seinerseits auf die bereits in $PV = RT$ gemachte Annahme hinauskommt, daß nicht nur das Gesetz von BOYLE, sondern auch das von CHARLES-GAY-LUSSAC gilt. — Man kann übrigens auch sagen: Die Gültigkeit von (11) setzt voraus, daß die Dampfdruckkurven des reinen Lösungsmittels und der Lösung einander parallel laufen (andernfalls könnte E nicht konstant sein).

[3]) Praktisch ist dies gewöhnlich nicht richtig, die experimentellen Methoden erlauben aber, wesentlich geringere Konzentrationen zu untersuchen.

[4]) Es muß übrigens dann wegen des „Mitverdampfens" experimentell eine Korrektur für μ ermittelt werden (vgl. BECKMANN, ZS. f. phys. Chem. Bd. 92, S. 421. 1918).

Eine andere Abweichung von (11) muß auftreten, wenn der Dampf von B — etwa wegen abnormen Molargewichtes — nicht dem Grenzgesetze $PV = RT$ gehorcht[1]).

Einige Zahlen für häufig gebrauchte Lösungsmittel folgen hier; die Konzentrationen sind in Mol/kg gerechnet (L = Verdampfungswärme von 1 kg Lösungsmittel in kcal).

Tabelle 6. Molare Siedepunktserhöhungen.

	T	L	$E_{\text{ber.}}$	$E_{\text{gef.}}$
Wasser	373	536	0,521	0,516
Äthylalkohol	351	207	1,20	1,19
Äthyläther	309	88,4	2,16	2,14
Benzol	351	94,9	2,57	2,61

Da L nur wenig von der Temperatur abhängt, so ist E ungefähr proportional zu $\dfrac{1}{T^2}$.

7. Gefrierpunktserniedrigung. Analog der Siedepunktsänderung ist die durch kleine Zusätze von A bewirkte Änderung des Gefrierpunktes von B. Wir setzen hier voraus, daß A praktisch nicht flüchtig sei[2]), der Dampf also aus reinem B bestehe, und ferner, daß das Gesetz von RAOULT im betrachteten Intervalle von Temperatur und Konzentration gelte[3]). Über reinem B herrsche bei seinem Gefrierpunkte T_0 der Druck P_0, bei T, dem Erstarrungspunkte der Lösung mit dem Molenbruche μ, sei über flüssigem B der Druck P, über festem P', über der flüssigen Lösung p, und p' über der zugehörigen festen Phase (feste Lösung von A in B). In dieser sei A mit dem Molenbruch μ' enthalten. Es ist dann zunächst[4])

$$P - p = P_1 \cdot \mu \quad \text{und} \quad P' - p' = P'\mu'$$

oder

$$p = P(1 - \mu), \quad p' = P'(1 - \mu') .$$

Wegen der Koexistenz beider Lösungen bei T ist dort $p = p'$, also

$$P(1 - \mu) = P'(1 - \mu')$$

(identisch mit dem BERTHELOTschen Verteilungssatze.)

Der Dampfdruck läßt sich nun darstellen als

$$P = P_0 + \left(\frac{dP_0}{dT}\right)_1 \cdot (T - T_0) \ldots ,$$

$$P' = P_0 + \left(\frac{dP_0}{dT}\right)_2 (T - T_0) \ldots$$

Das Abbrechen der Reihe beim ersten Gliede begründet sich auf die gleiche Voraussetzung wie die des Gesetzes von RAOULT, bedeutet also keine neue Annahme[5]).

---

[1]) Vgl. BECKMANN, ZS. f. phys. Chem. Bd. 57, S. 129. 1907. Andere „Anomalien" sind nach den S. 414 erwähnten Überlegungen zu behandeln.

[2]) Wenn dies nicht gilt, treten analoge Erweiterungen auf, wie sie oben betreffs Gleichung (11) erwähnt wurden.

[3]) Vgl. dazu die vorstehenden Anmerkungen.

[4]) Diese Ableitung wurde allgemein von ROTHMUND (ZS. f. phys. Chem. Bd. 24, S. 705. 1897) gegeben, für $\mu' = 0$ bereits früher von GULDBERG, R. v. HELMHOLTZ u. a.

[5]) Das Abbrechen der Reihe beim linearen Gliede für kleine Intervalle entspricht der in Anm. 12 S. 415 erwähnten Parallelverschiebung der Kurven.

Es folgt

$$\left[P_0 + \left(\frac{dP_0}{dT}\right)_1 (T - T_0)\right](1 - \mu) = \left[P_0 + \left(\frac{dP_0}{dT}\right)_2 (T - T_0)\right](1 - \mu')$$

oder

$$T - T_0 = \frac{P_0\,(\mu - \mu')}{\left(\dfrac{dP_0}{dT}\right)_1 (1 - \mu) - \left(\dfrac{dP_0}{dT}\right)_2 (1 - \mu')} = P_0 \frac{(\mu - \mu')}{\left(\dfrac{dP_0}{dT}\right)_1 - \left(\dfrac{dP_0}{dT}\right)_2},$$

da μ und μ' klein gegen 1 sein sollen.

Nach (8) ist nun

$$\left(\frac{dP_0}{dT}\right)_1 = \frac{w_1}{T \cdot \Delta v_1} \qquad (w_1 \text{ Verdampfungswärme von } B),$$

$$\left(\frac{dP_0}{dT}\right)_2 = \frac{w_2}{T \cdot \Delta v_2} \qquad (w_2 \text{ Sublimationswärme von } B),$$

also, wenn für den Dampf von B das Gasgrenzgesetz gilt, ferner $W = w_1 - w_2$ die beim Erstarren frei werdende Wärmemenge bedeutet (negative Schmelzwärme) und die Volumina der kondensierten Phasen neben denen der Dämpfe vernachlässigt werden[1]),

$$\frac{P_0\,(\mu - \mu')}{\left(\dfrac{dP_0}{dT}\right)_1 - \left(\dfrac{dP_0}{dT}\right)_2} = \frac{RT^2}{W} \cdot (\mu - \mu') = (T - T_0) = - \Delta T. \qquad (12)$$

Es ist also die Erniedrigung des Gefrierpunktes $- \Delta T$ proportional zu $\mu - \mu'$, da W nur wenig von der Temperatur abhängt. Wenn nun $\mu' = 0$, d. h. die feste Lösung aus reinem Lösungsmittel B besteht, so erhalten wir

$$- \Delta T = \frac{RT^2}{W} \mu \qquad (12a)$$

(Gesetz der Gefrierpunktserniedrigung von VAN 'T HOFF), eine der Formel (11) völlig analoge Beziehung von großer praktischer Bedeutung.

Wenn $\mu' > 0$, so wird ΔT kleiner, für $\mu' > \mu$ erhalten wir eine Gefrierpunktserhöhung. Diese Fälle kommen praktisch nicht selten vor[2]); wie oben erfordern sie eine besondere Feststellung.

Bei der Anwendung von (12) und (12a) pflegt man ebenso wie bei der von (11) N_2 auf 1000 g von B zu beziehen, da unter den gemachten Voraussetzungen auch hier $\mu = \dfrac{N_1}{N_2}$ zu setzen ist, so erhält man ganz analoge Beziehungen. Einige Zahlenbeispiele für (12a) zeigt die folgende Tabelle, in der $E = \dfrac{RT^2}{L}$ und L Schmelzwärme von 1 kg Lösungsmittel in $k$cal. bedeuten.

Tabelle 7.   Molare Gefrierpunktserniedrigungen.

Lösungswinkel	T_0	L	$E_{\text{ber.}}$	$E_{\text{gef.}}$
Wasser	273	79,7	1,859	1,86
Benzol	278	30,4	5,07	5,12
Essigsäure	289,5	43,7	3,81	3,9
Urethan	321,7	40,8	5,04	5,14
Äthylenbromid . . .	283	13,0	12,2	12,5

---

[1]) Diese auch oben gemachte Annahme setzt also weite Entfernung vom kritischen Verdampfungspunkte voraus, die auch schon durch $PV = RT$ gefordert wird.

[2]) Vgl. z. B. BECKMANN, ZS. f. phys. Chem. Bd. 22, S. 611. 1897.

Als Einzelbeispiel für die Formel (12a) diene Rohrzucker in Wasser[1]), wobei m Mol/kg Wasser, Δ die Depression der Temperatur in °C bedeutet.

Der theoretische Wert 1,86 besteht also bis etwa $m = 0,1$.

Die Formel (12) wurde an Thiophenlösung in Benzol verifiziert[2]). Bei g Gramm Thiophen in 1 kg Benzol sollte die Depression $\dfrac{g}{84} \cdot 5{,}1 = \Delta$ gefunden werden, da 84 das Molargewicht ist. Tatsächlich fand sich Δ'. Nun wurde aber analytisch festgestellt, daß von dem Thiophen stets ein Teil in feste Lösung ging, und zwar so, daß das Verhältnis des Thiophens in der festen Lösung zu dem in der flüssigen konstant 0,41 betrug. Die Differenz $\mu - \mu'$ der Formel (12) läßt sich also $\mu(1 - 0{,}41)$ schreiben. Somit berechnet sich $\Delta'' = \Delta \cdot 0{,}59$, was mit Δ' innerhalb der Fehlergrenzen übereinstimmt.

Ein anderes Beispiel werden wir weiter unten besprechen (vgl. Ziff. 19).

Völlig analog der Erstarrung ist die Erscheinung der

Tabelle 8.

Gefrierpunktserniedrigung von Rohrzucker-Wasser.

m	Δ	$\dfrac{\Delta}{m} = E$
0,00141	0,00264	1,87
0,00998	0,0186	1,86
0,0201	0,0378	1,88
0,1051	0,1963	1,87
0,284	0,5387	1,90
0,424	0,8151	1,92

Tabelle 9.

Gefrierpunktserniedrigung bei Thiophen-Benzol.

g	Δ	Δ'	Δ''
5,1	0,310	0,192	0,183
11,2	0,680	0,422	0,400
21,6	1,315	0,812	0,775
32,5	1,970	1,213	1,160

8. Umwandlung eines polymorphen Stoffes[3]).

In diesem Falle bedeutet W die Umwandlungswärme, die meist wesentlich kleiner ist als die Schmelzwärme. Zwei feste Formen eines Stoffes sind danach voneinander weniger verschieden als eine feste Form und ihre Schmelze[4]); damit steht die Tatsache in Übereinstimmung, daß Zusätze am Umwandlungspunkt sich in beiden festen Phasen zu lösen pflegen.

Auch hier verlangt die Gültigkeit des Henryschen Satzes (Ziff. 4), daß A in beiden Phasen gleiches Molargewicht hat. Für alle „Anomalien" gelten die schon mehrfach erwähnten Überlegungen (Ziff. 5).

Ein Beispiel für die Verschiebung des Umwandlungspunktes ist die Wirkung von Tetrachlormethan CCl_4 auf den bei 46,7° liegenden Koexistenzpunkt der beiden festen Modifikationen des Tetrabrommethans CBr_4[5]). Es entstehen hier zwei feste Lösungen verschiedener Zusammensetzung, da sie aber nicht analysiert

Tabelle 10.

Rel. Depression des Umwandlungspunktes von Chlorkohlenstoff-Bromkohlenstoff.

μ	Δ	$\dfrac{\Delta}{\mu}$
0,00155	0,16	103
0,00269	0,30	112
0,00273	0,31	113
0,00481	0,56	116
0,00695	0,74	106
0,00874	0,80	92
0,0123	1,23	100
0,0135	1,28	95
0,0194	2,06	106

werden konnten, so ist die genaue Rechnung im Gegensatz zu der Gefrierpunktserniedrigung von Thiophen in Benzol (vgl. Tab. 9) nicht möglich. Im übrigen scheinen aber die Verhältnisse hier analog zu liegen, denn die Ver-

---

[1]) Vgl. Roth-Scheel, Tabellen, 5. Aufl.
[2]) Beckmann, ZS. f. phys. Chem. Bd. 22, S. 611. 1897.
[3]) Vgl. Rothmund, ZS. f. phys. Chem. Bd. 24, S. 705. 1897.
[4]) Dasselbe finden wir bei liquokristallinen Stoffen, die mehrere flüssige Phasen haben, vgl. Ziff. 19.
[5]) Vgl. Rothmund, l. c.

schiebung des Umwandlungspunktes Δ ist proportional der Gesamtkonzentration an CCl_4, was wie dort kaum anders erklärbar ist, als durch Annahme normalen Molargewichtes von CCl_4 in beiden Phasen. Die Tabelle 10 enthält unter μ den Molenbruch von CCl_4, bezogen auf die Gesamtmenge beider Phasen, unter Δ die Temperaturdepression des Umwandlungspunktes. $\Delta : \mu$ schwankt unregelmäßig um den Mittelwert 105.

d) Weitere Sätze für verdünnte Lösungen.

9. Der osmotische Druck. Eine verdünnte Lösung, bestehend aus N_1 Mol von A und N_2 Mol von B, also $\mu = \dfrac{N_1}{N_1 + N_2} \approx \dfrac{N_1}{N_2}$, befinde sich in einem Gefäße, das oben (Abb. 4) durch einen Stempel I verschlossen ist, durch den nur das flüssige Lösungsmittel B durchzutreten vermag („halbdurchlässige Wand"). Auf der anderen Seite sei sie gegen den Dampfraum durch eine nur für den Dampf von B durchlässige Wand II abgeschlossen. Der Partialdampfdruck p_1' von A sei sehr klein, der von B betrage p_2', das Gesamtvolum V. Mittels eines differentiellen Überdruckes, also in reversibler Weise, drücke man I so lange nieder, bis ein Volumen $dV = V \cdot dN_2$ durchgetreten ist. Das Gesamtvolumen der Flüssigkeiten bleibe dabei unverändert[1]. Der ursprünglich auf I ruhende Druck π sei nun auf $\pi + d\pi$ gestiegen, p_2' auf $p_2' - dp_2'$ gesunken. Wir verwandeln die dN_2-Mole unter ihrem Dampfdrucke p_2 (entsprechend reinem B) in Dampf, dilatieren diesen auf $p_2' - dp_2'$ und bringen ihn über II unter den Stempel. Der Dampf passiert freiwillig II unter

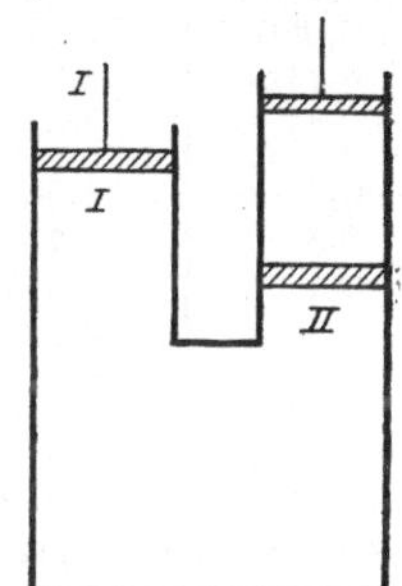

Abb. 4. Zur Erklärung des osmotischen Druckes.

Aufnahme in die Lösung. Ist er ein ideales Gas, so wird hierbei die gleiche Arbeit $dN_2 \cdot RT$ gewonnen, die zur Verdampfung unter p_2 aufzuwenden war. Als Energiebilanz des hierdurch geschlossenen Kreislaufes bleiben also die zur Trennung aufgewendete Arbeit $\pi \cdot dV = \pi \cdot V \cdot dN_2$ und die bei der Dilatation gewonnene

$$dN_2\,RT \int_{p_2}^{p_2'-dp_2'} d\ln p_2,$$

$$0 = \pi \cdot V \cdot dN_2 + dN_2\,RT \int_{p_2'-dp_2'}^{p_2} d\ln p_2.$$

Das Integral wird also $\dfrac{p_2 - p_2'}{p_2}$, führen wir nun den Satz von Raoult ein, der nach dem Früheren dieselben Grenzvoraussetzungen hat, so wird $\mu = \dfrac{p_2 - p_2'}{p_2}$ und

$$\pi \cdot V = RT \cdot \mu = RT \cdot \frac{N_1}{N_2}. \tag{13}$$

π nennt man den osmotischen Druck, weil der Durchtritt von B durch die Wände eine Osmose ist; V ist das Volumen, welches N_1 Mol von A enthält, und identisch mit dem durch N_2 Mol von B eingenommenen. Wählen wir N_2 so,

---

[1] Dies bedeutet, daß ihre Kompressibilität keine Rolle spielt und die spezifischen Volumina von Lösung und reinem B einander gleich sind. Diese und weitere experimentell begründete Vernachlässigungen werden später besprochen, sie gehören zu den Annahmen der „idealen Verdünnung" vgl. auch oben S. 407 u. 408.

daß V gerade 1 Liter beträgt, so entspricht $\dfrac{N_1}{N_2 V} = c_1$ der räumlichen Konzentration, d. h. der in 1 Liter Lösung enthaltenen Anzahl Mol von A. Somit erhalten wir

$$\pi = RT \cdot c_1 \qquad \text{(Gesetz des osmotischen Druckes von van 't Hoff)}. \qquad (13\,a)$$

Tabelle 11.

Osm. Druck bei Rohrzucker in Wasser.

m	π	T	π'
0,0292	0,686	289	0,692
0,0292	0,746	309	0,740
0,0584	1,34	287	1,37
0,0800	2,00	287	1,88
0,1168	2,75	287	2,75
0,1750	4,04	287	4,12
0,2	4,98	293	4,80
0,3	7,48	293	7,20
0,4	9,95	293	9,60
0,5	12,55	293	12,00

π ist hiernach gleich dem Drucke, den die N_1 Mol ohne Gegenwart von B im selben Raume V als Gas einnehmen würden, wie aus dem Gasgesetz $PV = RT$ hervorgeht.

Erfüllt also A die bei den früher abgeleiteten Gesetzen gemachte Voraussetzung normalen Molargewichtes, so gilt das Gesetz für verdünnte Lösungen.

Zahlenbeispiel: Lösungen von Rohrzucker mit m Mol pro Kilogramm Wasser zeigten den osmotischen Druck π Atmosphären, berechnet ist $\pi' = RT \cdot c$, wobei $RT = 0{,}0820\,T$ Literatmosphären.

Die im oberen Teile der Tabelle enthaltenen Messungen von Pfeffer zeigen die Übereinstimmung von π und π' für verdünnte Lösungen, die dann folgenden sehr genauen Zahlen von H. N. Morse lassen bei höheren Konzentrationen einen reellen Gang erkennen, der zum Teil von der Identifizierung der Konzentrationsmaße c und m herrührt.

II. Binäre Lösungen von beliebiger Zusammensetzung[1].

a) Dampfdruck- und Siedeerscheinungen.

10. Dampfdruckbeziehungen. Wie oben, Ziff. 3, dargelegt wurde, gilt die differentielle Beziehung

$$\frac{d\ln p_2}{d\ln p_1} = -\frac{\mu}{1-\mu} = \frac{d\ln(1-\mu)}{d\ln\mu}$$

in allen beliebigen Fällen vollkommen streng, soll sie aber integriert auf ein endliches Intervall angewendet werden, so bedarf es dazu weiterer Annahmen. Unter der Bedingung, daß die Dämpfe ideale Gase sind und viel größeres Volumen haben als die kondensierte Phase, erhielten wir die Grenzgesetze verdünnter Lösungen (Ziff. 4 ff.). Wenn dies nicht mehr zutrifft, müssen Formeln von größerer Allgemeinheit gelten. Solche sind nicht generell aufstellbar und darum nicht allgemein thermodynamisch zu diskutieren[2].

Der Zusammenhang mit dem Totaldrucke P ergibt sich (vgl. auch Ziff. 5) sofort, wenn man für p_2 die Differenz $P - p_1$ substituiert, zu

$$-\frac{\mu}{1-\mu} = \frac{d\ln(P-p_1)}{d\ln p_1} = -\frac{d(P-p_1)}{dp_1}\frac{p_1}{P-p_1} \qquad (14)$$

---

[1]) Vgl. den Artikel von Ph. Kohnstamm über die Thermodynamik der Gemische in diesem Band des Handb.

[2]) Spezielle Annahmen z. B. bei Margules vgl. v. Zawidzki, ZS. f. phys. Chem. Bd. 35, S. 129. 1900.

Ganz allgemein gibt diese Formel Auskunft über die Möglichkeit der verschiedenen Ziff. 3 erwähnten Typen der Dampfdruckkurven. Alle die der Abb. 2 entsprechenden Fälle sind möglich, dagegen sind weitere Fälle ausgeschlossen, die Abb. 5 darstellt. Es wäre denkbar, daß die Partialdruckkurve des Stoffes B rechts sehr steil abfällt und links sehr stark ansteigt; dann könnte ein kontinueller Verlauf nur durch Passieren eines Maximalwertes γ und eines Minimalwertes δ ermöglicht werden. Zwischen γ und δ müßte dann mit steigendem Gehalt der Lösung an B dessen Partialdruck fallen, statt zu steigen, und die

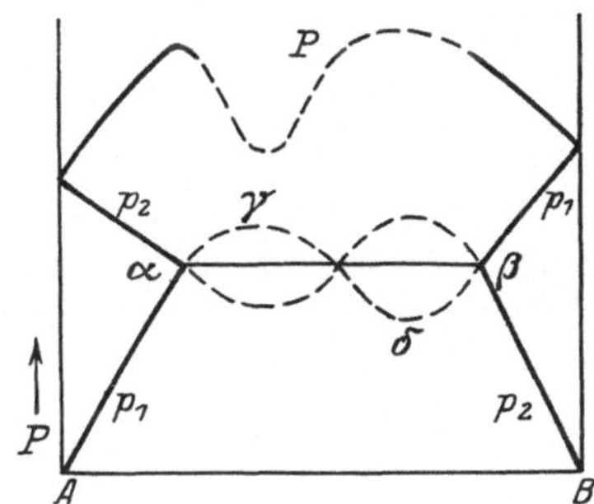
Abb. 5. Instabile Dampfdruckkurve.

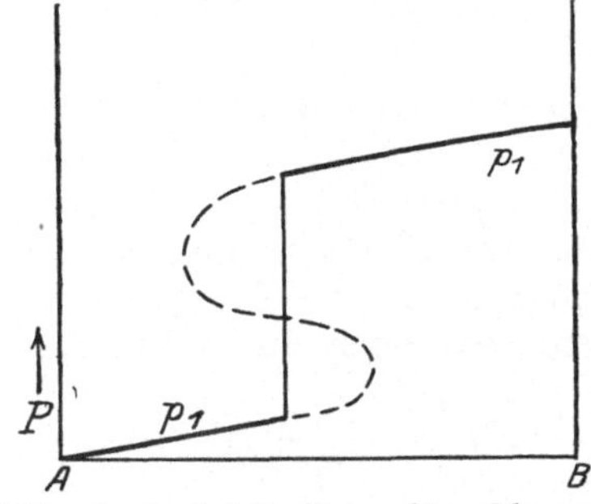
Abb. 6. Instabile Dampfdruckkurve.

andere Teildruckkurve müßte also analog verlaufen, so daß die doppelt gewundene Totaldrucklinie entstände. Derartige Fälle würden aber nicht stabil sein, sondern es würde spontane Entmischung eintreten, die Lösung also in zwei Teile zerfallen. Dieses Verhalten ist analog dem der VAN DER WAALSschen Druckkurve von Gasen.

Ebenfalls instabil und also thermodynamisch nicht zu behandeln ist der Fall der Abb. 6, denn er würde bei derselben Zusammensetzung mehrere verschiedene Drucke ergeben, also dem Phasengesetz widersprechen.

11. Einfluß der Temperatur auf homogene binäre Lösungen von beliebiger Konzentration. Da allgemeine Behandlung, wie schon bemerkt, nicht möglich ist, sei wenigstens der Fall betrachtet, daß der Dampf den Gasgrenzgesetzen gehorche und sein Volum groß gegen das des Kondensates sei. Dafür ist nach (8)

$$\frac{W}{RT^2}\,dT = \frac{dP}{P} = \frac{dp_2}{p_1 + p_2}\left(1 - \frac{1-\mu}{\mu}\,\frac{p_1}{p_2}\right). \tag{15}$$

Die gesamte Verdampfungswärme W ist nun die Summe mehrerer definierter Teile. Wir können die Verdampfung zerlegen in eine Abtrennung derjenigen Mengen der beiden reinen flüssigen Komponenten, welche zur Verdampfung kommen sollen, und deren Verdampfung für sich. Die beiden letzten Wärmemengen sind offenbar durch die Verdampfungswärmen der reinen Komponenten gegeben, die erste ist eine Summe von Lösungswärmen (natürlich mit umgekehrtem Vorzeichen) jener Mengen in dem Gemisch. Wir machen folgenden Prozeß bei konstanter Temperatur T durch. Das Gemisch bestehe aus N_1 Molen von A und N_2 von B, die Partialdrucke seien p_1 und p_2. Es verdampfe durch eine nur für den Dampf von A durchlässige Wandstelle die kleine Menge n_1 von A nach außen. Hierbei ist die Wärmemenge $n_1 W_1$ zuzuführen und es wird die äußere Arbeit $n_1 RT$ gewonnen. Analog verdampfe man $n_2 = \dfrac{N_2}{N_1}\cdot n_1$, die nötige Wärmemenge sei $n_2 W_2$ und die Arbeit $n_2 RT$. Wir bringen nun diese kleinen Dampfmengen auf die Drucke der reinen Komponenten P_1 und P_2 und leisten dabei die Arbeiten $n_1 RT \ln \dfrac{P_1}{p_1}$ und $n_2 RT \ln \dfrac{P_2}{p_2}$. Jetzt kondensieren wir sie unter P_1 und P_2, leisten dabei die Arbeiten $n_1 RT$ und $n_2 RT$ und gewinnen die Verdampfungswärmen $n_1 w_1$ und $n_2 w_2$. Sodann mischen wir die Kondensate und gewinnen die Mischungswärme ϱ [1]). Das Gemisch kann dann ohne Energieänderung der Hauptmenge wieder zugeführt werden, womit der Kreisprozeß geschlossen ist, und man erhält

$$O = - n_1 W_1 - n_2 W_2 + n_1 w_1 + n_2 w_2 + \varrho - RT \left(n_1 \ln \frac{P_1}{p_1} + n_2 \ln \frac{P_2}{p_2} \right) \quad (16)$$

oder

$$\varrho - RT \left(n_1 \ln \frac{P_1}{p_1} + n_2 \ln \frac{P_2}{p_2} \right) = n_1 (W_1 - w_1) + n_2 (W_2 - w_2) ,$$

$n_1 (W_1 - w_1)$ und $n_2 (W_2 - w_2)$ sind die Unterschiede der Wärmen für Verdampfung aus dem Gemische und im reinen Zustande, ihre Summe, vermehrt um die Ausdehnungsarbeit der Dämpfe, ist gleich der Mischungswärme der Komponenten. Dividieren wir noch durch $n_1 + n_2$, so wird

$$\frac{\varrho}{n_1 + n_2} - RT \left(\mu \ln \frac{P_1}{p_1} + (1 - \mu) \ln \frac{P_2}{p_2} \right) = \mu (W_1 - w_1) + (1 - \mu) (W_2 - w_2) . \quad (16\,\text{a})$$

Die Mischungswärme (ϱ) läßt sich übrigens auch in die zwei Teile $\varrho = n_1 L_1 + n_2 L_2$ zerlegen; und es sind dann

$$\mu \left(L_1 - RT \ln \frac{P_1}{p_1} \right) \qquad \text{und} \qquad (1 - \mu) \left((L_2 - RT \ln \frac{P_2}{p_2} \right)$$

die Wärmemengen, welche der Auflösung der kleinen Menge n_1 von reinem A oder n_2 von reinem B im Hauptgemisch entsprechen. Übrigens ist meist die Mischungswärme klein gegen die Verdampfungswärme; es ist dann die Verdampfungswärme des Gemisches linear aus dem Mischungsverhältnis und den Einzelwerten der Komponenten zu berechnen.

Beispiel: Die molaren Verdampfungswärmen von Methylalkohol und Schwefelkohlenstoff betragen bei $T = 312°$ etwa $8{,}5 \cdot 10^3$ und $6{,}4 \cdot 10^3$ cal. Ein Gemisch von $\mu = 0{,}8$ Alkohol entwickelt beim Zusammenbringen der reinen Komponenten $\varrho = -113$ cal. Ferner ergibt sich aus Dampfdruckmessungen hier

$$RT \mu \ln \frac{P_1}{p_1} = 1{,}98 \cdot 312 \cdot 0{,}8 \cdot 0{,}023 = 1{,}14 ,$$

$$RT (1 - \mu) \ln \frac{P_2}{p_2} = 1{,}98 \cdot 312 \cdot 0{,}2 \cdot 0{,}18 = 2{,}24 .$$

Man erhält also

$$\mu_1 W_1 + (1 - \mu) W_2 = (0{,}8 \cdot 8{,}5 + 0{,}2 \cdot 6{,}4) \cdot 10^3 = 7{,}22 \cdot 10^3 \, \text{cal.}$$

und

$$\mu_1 W_1 + (1 - \mu) W_2 = 7{,}22 \cdot 10^3 - 0{,}116 \cdot 10^3 = 7{,}11 \cdot 10^3 \, \text{cal.}$$

Dieser letzte Wert ist übrigens natürlich nichts anderes, als die Wärme, welche verbraucht wird, wenn aus großer Menge des Gemisches unter konstantem Totaldruck $P = p_1 + p_2$ differentielle Mengen μ bzw. $1 - \mu$ Mol verdampfen.

Sie ist theoretisch zu unterscheiden von einer nahe verwandten aber etwas anders definierten Wärme. Statt μ und $1 - \mu$ Mol verdampfen zu lassen, wobei die relative Zusammensetzung des Kondensates ungeändert bleibt, hätten wir

---

[1]) Darin ist noch eine kleine Volumarbeit enthalten, wenn die Volummischungskurve nicht gerade ist.

die Mengen auch im Molenverhältnis des Dampfes, ν und $1-\nu$, wählen können, und in der Tat wird ja in praxi die Verdampfung so vor sich gehen.

Der Kreisprozeß wäre analog durchzuführen, jedoch würde zuletzt noch eine kleine Wärmetönung auftreten, die durch das Zumischen des kondensierten Destillatgemisches zum Hauptgemisch verursacht ist, denn in diesem Falle wären ja die relativen Zusammensetzungen etwas verschieden.

Die Beziehung zwischen diesen beiden Verdampfungsvorgängen ergibt sich wie folgt.

Aus einem Gemisch vom Molenbruch μ werde bei konstantem Druck 1 Mol im Verhältnis des Dampfmolenbruches ν verdampft, abgetrennt, kondensiert und wieder zugeführt.

Die Verdampfungswärme setzt sich wieder aus dem nach der Mischungsregel aus den Werten der Komponenten berechenbaren Teile W_μ und einer Entmischungswärme ϱ_μ zusammen, gewonnen wird bei der Kondensation die Wärme W'_μ und bei der Mischung die Wärme l. Mithin

$$W_\mu + \varrho_\mu = W'_\mu + l.$$

Man hätte auch ein Gemisch vom Molenbruch $\mu' = \nu$ nehmen und daraus in analoger Weise 1 Mol von der Zusammensetzung der Flüssigkeit verdampfen können. Dies hätte ergeben

$$W_{\mu'} + \varrho_{\mu'} = W'_{\mu'},$$

da l in diesem Falle ja Null ist. Es ist aber nun $W'_{\mu'} = W'_\mu$, also

$$W_\mu + \varrho_\mu = W_{\mu'} + \varrho_{\mu'} + l. \tag{17}$$

Falls l etwa vernachlässigt werden darf — jedoch kann es auch, als meßbare Größe, berücksichtigt werden — ist also die Umrechnung der beiden Wärmetönungen leicht durchzuführen. Gemessen wird gewöhnlich $W_\mu + \varrho_\mu$; unsere Formeln dagegen beziehen sich auf $W_{\mu'} + \varrho_{\mu'}$ (oben als $n_1 W_1 + n_2 W_2$ bezeichnet).

Zahlenmaterial für diese Beziehungen ist schwer zu finden, da meist nur ein Teil der Daten bestimmt wurde.

Für Aceton-Chloroform wurde folgendes gefunden[1]). Für $\mu = 0,5$ Temperaturerhöhung 12,4°, spezifische Wärme 0,324, also Mischungswärme $\varrho = 12,4 \cdot 0,314 \cdot 0,5(58,0 + 119,5) = +360$ cal. pro Mol Gemisch. Dampfdrucke (in mm Hg) bei 55,1° $P = 580$, $P_{Ac} = 742$, $p_{Ac} = 319$, $P_{Chl} = 633$, $p_{Chl} = 261$. Verdampfungswärme der Komponenten bei 55,1° $w_{Ac} = 124$ cal., $w_{Chl} = 56,7$ cal. Es folgt nach Formel (16)

$$n_1 W_1 + n_2 W_2 = 360 - 1,98 \cdot 328 \left(0,5 \cdot \ln \frac{742}{319} + 0,5 \ln \frac{633}{261}\right) + 0,5\,(56,7 + 124)$$

$$= 6,79 \cdot 10^3 \text{ cal. pro Mol},$$

mithin

$$\frac{6,79}{(58,0 + 119,5)\,0,5} = 76,4 \text{ cal/g}.$$

Gefunden wurde 84,5 cal/g. Der Unterschied kommt von der in diesem Falle unrichtigen Annahme der Gültigkeit der Gasgesetze[2]) und von der Vernachlässigung der obendefinierten Größe l.

---

[1]) Temperaturerhöhung: YOUNG, Fract. Distill., S. 44. 1903; spezifische Wärme: WILLIAMS u. DANIELS, Journ. Amer. Chem. Soc. Bd. 47, S. 1490. 1925; Dampfdrucke: BECKMANN u. FAUST, ZS. f. phys. Chem. Bd. 89, S. 235. 1914; Verdampfungswärmen der Komponenten und des Gemisches: TYRER, Journ. Chem. Soc. Bd. 101, S. 1104. 1912.
[2]) DOLEZALEK, ZS. f. phys. Chem. Bd. 64, S. 727. 1908.

Wie bei reinen Stoffen ist übrigens die Verdampfungswärme bei konstantem Druck von der bei konstantem Volumen zu unterscheiden. Bei dem oben durchgeführten Kreisprozeß unter konstanter Temperatur fallen jedoch die äußeren Arbeiten heraus.

Die Verdampfungswärmen der Gemische sind wie die reiner Stoffe Temperaturfunktionen, welche von den Differenzen der Wärmekapazitäten abhängen.

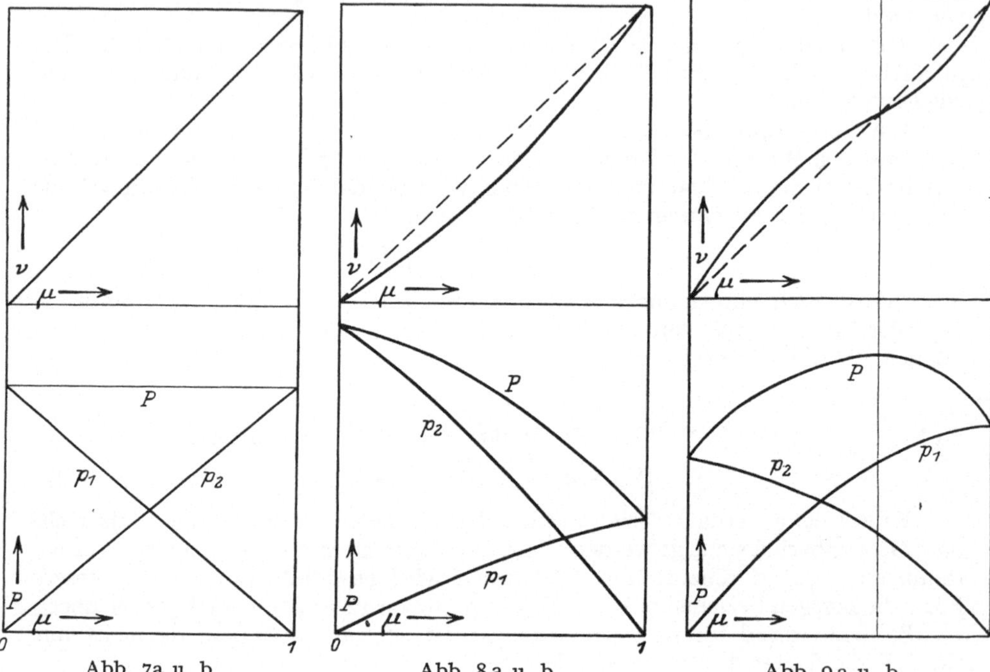

Abb. 7a u. b.   Abb. 8a u. b.   Abb. 9a u. b.

Abb. 7a, b, 8a, b, 9a, b. Dampfdrucke P und relative Molbrüche ν der Dampfphase als Funktion der relativen Molbrüche μ der Flüssigkeit.

12. Dampfdruckkurven verschiedener Typen. Wenn die Dämpfe ideale Gase sind, die Partialdrucke also durch $p_1 = \nu P$ und $p_2 = (1 - \nu) P$ ersetzt werden können, so wird (vgl. auch Ziff. 5)

$$dP = dp_2 \frac{1 - \dfrac{\nu}{\mu}}{1 - \nu} = dp_1 \cdot \frac{1 - \dfrac{\mu}{\nu}}{1 - \mu}. \tag{18}$$

Da der Verlauf von p_1 mit ν einsinnig, d. h. $\dfrac{dp_1}{d\nu}$ stets positiv und $\dfrac{dp_2}{d\nu}$ stets negativ, ferner μ stets ein echter Bruch ist, so muß P mit p_1 wachsen, wenn $\mu < \nu$, aber abnehmen für $\mu > \nu$ bei wachsendem p_1, d. h. wachsendem μ. Es ergeben sich folgende Möglichkeiten:

1. Es ist stets $\mu = \nu$; wir erhalten $\dfrac{dP}{dp_1} = 0$, mithin bleibt P bei wachsendem p_1 konstant (Abb. 7a, 7b). (Dann ist auch $dp_2 = -dp_1$.)

2. Es ist, abgesehen von Anfang und Ende, $\nu < \mu$. P ist antibat zu p_1 (bzw. μ) mit irgendwelcher Krümmung (Abb. 8a, 8b).

3. Es ist, abgesehen von Anfang und Ende, $v > \mu$. P wächst mit p_1 (bzw. μ) mit irgendeiner Krümmung.

4. Es ist anfangs $v > \mu$, später $v < \mu$, mithin tritt ein Wendepunkt des Verhältnisses ein (Abb. 9a, 9b). P nimmt mit wachsendem μ erst zu, später ab, zeigt also ein Maximum. (Die umgekehrte Folge liefert ein Minimum von P.)

5. Die Kurve (v, μ) hat mehr als einen Wendepunkt, erst ist $v > \mu$, dann $v < \mu$, zuletzt wieder $v > \mu$. P müßte erst mit μ wachsen, dann abnehmen, zuletzt wieder wachsen. Wir erhalten den schon Ziff. 10 als instabil gekennzeichneten Fall, es muß eine Spaltung in zwei kondensierte Phasen eintreten[1]). Im Intervall zwischen den Wendepunkten ist $v = \mu$ und $P =$ konst.

Die mittlere Krümmung der v-Kurve ist also nicht reell, diese fällt vielmehr mit der idealen Geraden zusammen. Erscheint jenseits dieses Intervalls die

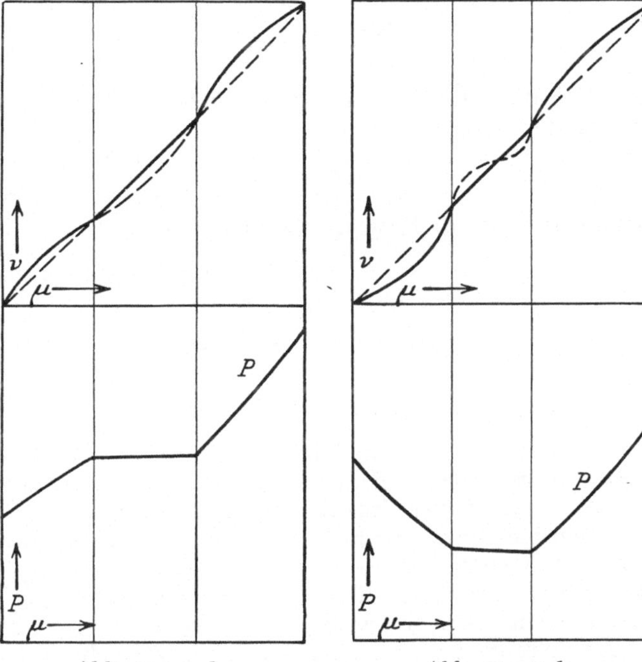

Abb. 10a u. b.   Abb. 11a u. b.

Abb. 10a, b, 11a, b.   Fortsetzung der Abb. 7a bis 9b.

Krümmung nicht in gleichem Sinne wie vorher wieder, sondern kehrt sich um (Abb. 11a und 11b), so erhält man wie bei Abb. 9a und 9b ungleiche Richtungen der P-Kurvenäste.

Wenn die Annahme des DALTONschen Gesetzes für den Dampf nicht zulässig ist, so muß der Molenbruch v durch die Partialdrucke ersetzt werden. Man erhält dann statt 18 die streng richtigen Formeln

$$dP = dp_1 \cdot \frac{p_1 - \mu P}{(1 - \mu)\, p_1}\,,$$

$$d\ln P = d\ln p_1 \cdot \frac{p_1 - \mu P}{P \cdot (1 - \mu)}\,. \tag{18a}$$

Der gelegentlich vorkommende Fall, daß P zwar durchweg geradlinig, aber nicht wie in Abb. 7 horizontal verläuft, daß also die Drucke P_1 und P_2 der reinen Komponenten verschieden sind, entspricht der in diese Formeln einzuführenden Bedingung

$$\frac{dP}{d\mu} = \text{konst.} = a, \qquad P = P_0 + a\mu\,.$$

---

[1]) Bei festen Lösungen kann wegen der Langsamkeit der Umwandlung dieser instabile Zustand beobachtet werden (vgl. KÜSTER, ZS. f. phys. Chem. Bd. 51, S. 222. 1905).

Diese Konstanten müssen, wie Abb. 7 sofort zeigt, durch P_1 und P_2 bestimmt sein. Für $\mu = 0$ ist $P = P_0 = P_2$, für $\mu = 1$ $P = P_0 + a = P_1$, mithin $a = P_1 - P_2$ oder

$$P = P_2 + \mu(P_1 - P_2) \quad \text{und} \quad \frac{dP}{d\mu} = P_1 - P_2.$$

Es muß dann aber auch

$$\frac{dp_1}{d\mu} = \text{konst.} = b, \qquad p_1 = p_0 + b\mu$$

sein, und diese Konstanten ergeben sich analog zu $p_0 = 0$ und $b = P_1$, so daß wir erhalten

$$p_1 = P_1\mu, \qquad \frac{dp_1}{d\mu} = P_1.$$

Kombination dieser Beziehungen liefert

$$P = P_2 + p_1 \frac{P_1 - P_2}{P_1},$$
$$\frac{dP}{dp_1} = \frac{P_1 - P_2}{P_1}. \tag{19}$$

In weniger einfachen Fällen erhält man $\dfrac{dP}{dp_1}$ und $\dfrac{dp_1}{d\mu}$, indem man $P = f(\mu)$ experimentell feststellt und in (18a) einführt. Natürlich kann man auch von $p_1 = \varphi(\mu)$ ausgehen und die Gestalt der Totaldruckkurve daraus ableiten.

13. Theorie der fraktionierten Destillation binärer Lösungen. Wenn über dem binären Gemische vom Molenbruch μ_1 sich das Gleichgewicht mit dem Dampf eingestellt hat, so werde ein Teil des Dampfraumes abgetrennt und kondensiert. Er enthält die Komponenten im Verhältnis des Dampfmolenbruches ν_1. Nunmehr lassen wir wieder so viel verdampfen, daß die ursprüngliche Größe des Dampfraumes v wieder erreicht wird. Zunächst nehmen wir an, daß dies bei konstanter Temperatur T geschehe. Es muß dann notwendig der Totaldruck sich ändern, p_1 und p_2 müssen dies ebenfalls tun — da jetzt ein anderer Molenbruch μ_2 erreicht wird — und also auch ν_2 statt ν_1 zu setzen ist. Fahren wir so fort[1]), indem wir immer T konstant erhalten, so wird μ immer mehr wachsen oder abnehmen; die Richtung der Änderung ergibt sich aus den soeben angestellten Überlegungen.

Im Falle $\nu = \mu$ (vgl. Ziff. 12) tritt natürlich gar keine Änderung ein, das Destillat geht in der unveränderten Zusammensetzung des Rückstandes über.

Ist aber $P_2 > P_1$, so muß für $\nu < \mu$ (vgl. Ziff. 12) der Totaldruck mit Fortschreiten zu größerem μ abnehmen, und es wird immer der Dampf relativ mehr vom Stoff A enthalten, der den kleineren Dampfdruck P_1 hat. Im Rückstande wird sich also der andere Stoff B immer mehr anhäufen, und es ist also in allen Fällen theoretisch eine völlige Trennung in die Komponenten möglich. (Praktisch wird dies nur mit mehr oder weniger großer Annäherung erreicht werden können.)

In dem Falle 3, wo ν/μ einen Wendepunkt und P ein Maximum oder Minimum passiert, ist zu unterscheiden zwischen den durch diese ausgezeichneten Punkte getrennten Kurvenzweigen. Hat das Gemisch gerade die Zusammensetzung μ des Maximalwertes von P, so wird bei der Verdampfung, da hier $\nu = \mu$, die Lösung ihre Zusammensetzung nicht ändern, also in konstantem Mengenver-

---

[1]) Natürlich kann die Verschiebung auch stetig erfolgen, statt, wie bisher angenommen, unstetig.

hältnis übergehen. Lag es aber vorher rechts von μ, so verhält es sich wie ein Gemisch des zweiten Typus ($\nu < \mu$), und es häuft sich der Stoff B im Rückstand, A im Dampf an. Dadurch aber wird schließlich wieder μ auf den Maximalwert von P kommen, und von nun an hat das Destillat dauernd die diesem entsprechende Zusammensetzung, bis alles A entfernt ist und ein Rückstand des Maximalgemisches bleibt. Links von μ erfolgt der Gegenvorgang: Trennung in reines Destillat B und Rückstand vom Maximaldrucke. Bei umgekehrter Lage der Kurven für (ν, μ) und P erfolgt eine Trennung in ein Destillat vom Minimaldrucke und Rückstand aus reinem A oder B.

Der Fall 4 endlich entspricht in seinem linken und rechten Teile dem Falle 2, und die Trennung erfolgt entsprechend. Der mittlere horizontale Teil der P-Kurve dagegen zeigt den Fall 1, d. h. das Destillat hat konstante Zusammensetzung. Dies folgt auch aus dem Phasengesetz, denn wir haben hier Dampf und zwei kondensierte Phasen, und wenn die Temperatur voraussetzungsgemäß konstant sein soll, so bleibt für P keine Variationsmöglichkeit mehr.

Für gewöhnlich erfolgt jedoch eine Destillation unter normalem Atmosphärendruck, also bei $P = $ konst. Dann muß natürlich mit Fortschreiten des Prozesses die Temperatur sich ändern, und zwar, da sie dem Dampfdruck symbat ist, dann fallen, wenn bei konstanter Temperatur P zunehmen würde. Kurven zwischen μ und T stellen also die Abhängigkeit des Siedepunktes unter konstantem Druck von der Zusammensetzung dar. Die Kurve eines Gemisches mit Dampfdruckmaximum z. B. (Fall 3) geht dann über in eine mit Siedepunktsminimum. Die Überlegung betreffs Trennung führt dann zu demselben Ergebnis wie dort: es destilliert schließlich das minimal siedende Gemisch und im Rückstande bleibt eine reine Komponente.

Jedoch ist hierbei der Vorbehalt zu machen, daß die Lage des Maximums oder Minimums wie überhaupt der Kurvenverlauf nicht von der Temperatur abhängt[1]). Dies wird sowohl von der Verdampfungswärme des Gemisches (nach der CLAUSIUS-CLAPEYRONschen Gleichung) wie auch von dem Dampfdrucktemperaturverlaufe der reinen Komponenten abhängen. Tatsächlich ist die Änderung des Kurvenverlaufes mit der Temperatur meist geringfügig, und deshalb ist auch bisweilen ein konstant siedendes Gemisch als eine chemische Verbindung, d. h. eine neue Komponente im Sinne des Phasengesetzes, angesehen worden. Eine solche würde ihm auch in der Tat thermodynamisch gleichwertig sein[2]). Wohl aber ist auf Auftreten eines neuen chemischen Individuums dann zu schließen, wenn das Maximum oder Minimum nicht in einem stetigen Kurvenzuge liegt, sondern einen scharfen Knick darstellt[3]). Fälle also, bei welchen ein Minimum von P innerhalb eines sehr engen, doch von Null verschiedenen Intervalls von μ auftritt, dürfen so aufgefaßt werden, daß eine Verbindung im Zustande partieller Dissoziation vorliegt, d. h. ein ternäres Gleichgewicht, und je flacher die Kurve wird, desto mehr ist die Verbindung gespalten. Die Feststellung ihrer stöchiometrischen Zusammensetzung wird natürlich bei flachem Verlaufe sehr unsicher. Ein Dampfdruckmaximum würde übrigens weniger auf das Vorliegen einer Verbindung der beiden Komponenten, als auf das einer stabilen Polymeriestufe der einen von ihnen hinweisen. Bei allen diesen Überlegungen ist außerdem zu beachten, ob nicht auch im Dampf solche Erscheinungen vorliegen. Sie würden

---

    [1]) Für die Betrachtung bei konstanter Temperatur und variablem Druck ist dieser Vorbehalt unnötig, da der Druckeinfluß auch bei hohen Temperaturen klein ist und die Dampfdrucke nie sehr groß sind (vgl. Ziff. 14 „Pressung").

    [2]) Es ist hierfür unwesentlich, ob die Zusammensetzung eines solchen extremen Gemisches einer einfachen chemischen Formel entspricht oder nicht.

    [3]) In diesem Falle ist das Diagramm durch eine Ordinate in zwei Teile zu zerlegen, die jeder für sich einem binären Gemisch entsprechen.

sich durch Anomalie der Dampfdichte, d. h. Abweichung vom Idealzustande der Gase, zu erkennen geben und formal, statt durch derartige chemische Annahmen, durch ein anderes Gasgesetz erklärbar sein. In der van der Waalsschen Auffassung der Gasgleichung binärer Gemische werden sie durch das Verhalten der für das Gemisch charakteristischen Koeffizienten a_{12} ausgedrückt[1]).

14. Einfluß des Druckes auf homogene binäre Lösungen (Pressung). Wie bei reinen Stoffen ist der Dampfdruck von Gemischen nicht nur von der Temperatur, sondern auch vom Drucke abhängig. Die Formel für diese Abhängigkeit lautet dahin, daß, wenn φ das Volumen eines Mols des Objektes, π die Größe der Pressung, d. h. des äußeren Druckes, bedeutet, die Änderung des Dampfdruckes

$$\frac{d\ln P}{d\pi} = \frac{\varphi}{RT} \tag{20}$$

beträgt. Unter P ist bei Gemischen der Totaldampfdruck zu verstehen. Da φ ungefähr in der Größenordnung von 0,1 l liegt und bei Messung in Literatmosphären $R = 8,2 \cdot 10^{-2}$ ist, so wird bei gewöhnlichen Temperaturen

$$\frac{d\ln P}{d\pi} \approx \frac{0,1}{8,2 \cdot 10^{-2} \cdot 300} = 0,004 \,,$$

also erhöht eine Atmosphäre Überdruck den Dampfdruck um einige Promille. Dies kommt bei niederem Druck praktisch nicht in Betracht. Erzeugt man, wie dies geschehen ist, den Überdruck durch ein komprimiertes Gas, so wird dieses sich teilweise lösen; es besteht dann also ein ternäres System, mit dem wir uns hier nicht zu beschäftigen haben. Doch kann es nötig sein, diese Erscheinung in Rechnung zu ziehen, wenn es sich um die Löslichkeit eines Gases in einer reinen Flüssigkeit handelt. Der durch die Auflösung bewirkten Verminderung ihres Partialdruckes, welche nach dem Henryschen Gesetz (vgl. Ziff. 3) erfolgen möge, wirkt der Pressungseffekt entgegen, und es wird dann scheinbar die Raoultsche Dampfdruckerniedrigung nicht bestehen, obwohl sie doch vom Henryschen Gesetz verlangt wird. Dieser Fall kann bei wenig löslichen Gasen auftreten.

Beispiel. Bei 1 Atm. Druck löst Wasser von 0° im Liter ($= 55$ Mol) 0,00096 Mol Wasserstoffgas. Die Raoultsche Depression des Wasserpartialdruckes ergibt sich also zu

$$\frac{0,00096}{55} = 1,74 \cdot 10^{-5} = 0,00174\,\% = \varepsilon_1 \,.$$

Der Pressungsdruck P beträgt, da der Wasserdampfdruck von 4,6 mm für den Totaldruck nicht in Betracht kommt, 1 Atm., es folgt also

$$\frac{d\ln P}{d\pi} = \frac{0,018}{82 \cdot 10^{-2} \cdot 273} = 0,00081 = 0,081\,\% = \varepsilon_2 \,.$$

Mißt man also die Partialdampfdruckänderung des Wassers, so wird man statt der Raoultschen Depression von 0,00174% eine Erhöhung von 0,08% finden.

Bei größerer Löslichkeit des Gases verschiebt sich dieses Verhältnis. Der Pressungseffekt behält seinen Wert unabhängig von der Löslichkeit, die Raoultsche Depression dagegen wächst.

---

[1]) Vgl. über diese etwas über die rein formal-thermodynamische Behandlung hinausgreifenden, jedoch sehr wichtigen Fragen der Deutung ausgezeichneter Punkte etwa Beckmann u. Liesche, ZS. f. phys. Chem. Bd. 98, S. 438. 1921; Drucker, Molekularkinetik und Molarassoziation, Leipzig 1913; ferner Drucker, ZS. f. phys. Chem. Bd. 68, S. 616. 1910, und die dort zitierte Literatur, besonders Dolezalek.

Das sehr leicht lösliche Kohlendioxyd würde unter den gleichen Bedingungen die RAOULTsche Depression 0,136% ergeben, da sich bei 0° unter 1 Atm. davon 0,075 Mol in 1 l Wasser lösen. Mithin sinkt hier der Partialdruck des Wassers, aber nicht um 0,136%, sondern nur um den merklich kleineren Betrag von 0,136—0,081 = 0,055%.

Vom Druck ist die Erscheinung relativ nicht abhängig, solange die Grenzgesetze gelten und der Partialdruck des Gases praktisch gleich dem totalen Druck, also der Pressung, gesetzt werden darf. Denn dann steigen beide Einflüsse auf den Lösungsmittelpartialdruck proportional dem Gasdrucke, und das Verhältnis $\varepsilon_1 : \varepsilon_2$ bleibt konstant. Die Differenz $\varepsilon_1 - \varepsilon_2$ ändert sich natürlich proportional.

Da die Messung der Dampfdruckerniedrigung häufig durch die der Gefrierpunkterniedrigung $\varDelta$ ersetzt (vgl. Ziff. 7) wird, so beachte man, daß hier der Pressungseffekt nicht bemerkt werden kann, also die normale Erniedrigung $\varDelta$ beobachtet werden muß. Denn der Pressungsdruck wirkt nicht nur auf die Lösung, sondern auch auf das Eis, und der Überdruck wird also sich nur in einer Verschiebung des Gefrierpunktes um den von der CLAUSIUS-CLAPEYRONschen Formel geforderten Betrag (für Wasser —0,0076° pro Atmosphäre) äußern. Als Nullpunkt ist aber bei praktischen Messungen natürlich immer der bereits durch den Druck von 1 Atm. um 0,0076° erniedrigte Gefrierpunkt des Wassers gebräuchlich, so daß der Effekt für 1 Atm. wegfällt und für höhere Drucke — unter denen aber noch nicht gemessen wurde — einfach ein anderer Gefriernullpunkt gesetzt werden müßte.

Wegen der Abnahme der Gaslöslichkeit unter konstantem Drucke bei steigender Temperatur muß der Pressungseinfluß gegenüber der RAOULTschen Depression stärker ins Gewicht fallen.

Beispiel. Kohlendioxyd bei 50° $m = 0,0171$ Mol/Liter, also $\varepsilon_1 = 0,00031$,

$$\varepsilon_2 = \frac{0,0182}{8,2 \cdot 10^{-2} \cdot 323} = 0,00069 ,$$

mithin wird also hier nicht mehr wie bei 0° eine wenn auch verkleinerte Dampfdruckerniedrigung, sondern wiederum eine Erhöhung um 0,069 — 0,031 = 0,038% eintreten.

b) Erstarrungskurven[1]).

15. Allgemeine Verhältnisse. Wird ein binäres flüssiges Gemisch abgekühlt, so beginnt bei einer bestimmten Temperatur die Abscheidung fester Teile. Wir nehmen zunächst den Fall an, daß nur der reine feste Stoff A abgeschieden werde. Die Lösung ist dann an A bei t gesättigt, weitere Abkühlung ergibt also die Löslichkeitskurve dieses Bestandteiles. Ein ursprünglich wesentlich anders zusammengesetztes Gemisch wird bei der Abkühlung nicht A, sondern B abscheiden, und bei weiterer Abkühlung dessen Löslichkeitskurve ergeben. Stellen wir beide Vorgänge im Diagramme dar, etwa mit dem Molenbruche der Lösung als Abszisse und der Temperatur als Ordinate, so entspricht dem ersten Falle die Ordinate bei μ_1, dem zweiten die bei μ_2. An

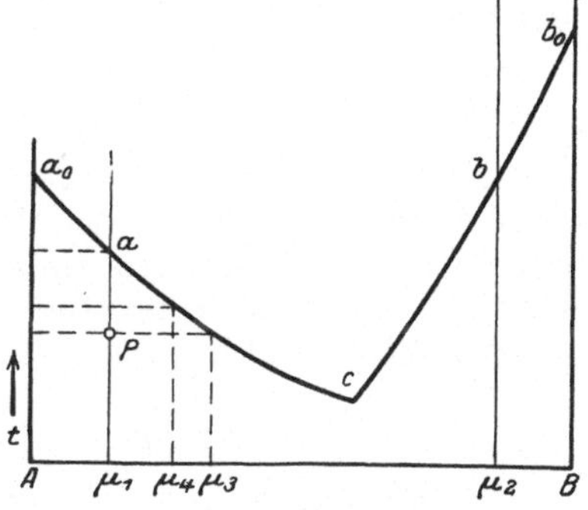

Abb. 12. Schmelzdiagramm bei reinen Komponenten.

---

[1]) Vgl. auch den Artikel von F. KÖRBER, Schmelzen, Erstarren und Sublimieren; dieser Bd. des Handb.

dem Punkte a wird das bis dahin homogene Gemisch zweiphasig: festes A und Lösung μ_1; analoges gilt für b. Die Zusammensetzung der festen Phase ist dann natürlich für a durch die Ordinate bei A, für b durch die bei B gegeben, es stellt also der Verlauf der Linien $a_0\,a$ und $a_0\,A$ (bzw. $b_0\,b$ und $b_0 B$) die Zusammensetzungen der jeweiligen beiden Phasen für jede Temperatur dar. Eine durch den Punkt P charakterisierte Lösung wäre übersättigt an A und müßte sich in reines A und Lösung μ_3 spalten (sofern die Erstarrungswärme nicht abgeführt wird, endet die Spaltung, da die Temperatur dann nicht konstant bleibt, bei einem von μ_3 abweichenden Werte μ_4). Die Neigung der Kurve $a_0\,a$ wird also durch die Lösungswärme und die auftretende Volumänderung, d. h. durch die Formel von Clausius-Clapeyron, in gewissen Fällen durch die spezielle Formel 12a Ziff. 7 bestimmt sein. Analoges gilt für die andere Seite. Die Kurven $a_0\,a$ und $b_0\,b$ werden sich in e schneiden, dies ist der Punkt, wo unter einer ganz bestimmten Lösung bei bestimmter Temperatur sowohl A wie B fest anwesend sein können (Tripelpunkt, Dreiphasenpunkt, Kryohydratpunkt).

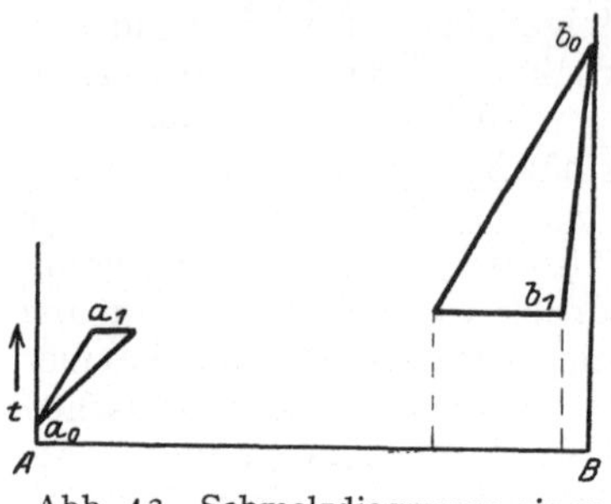

Abb. 13. Schmelzdiagramm einer festen Lösung.

Bei Gegenwart einer Dampfphase ist dann auch der Druck festgelegt, fehlt diese aber, so ist der Dreiphasenpunkt durch Druck veränderlich, wenn auch praktisch nur wenig[1]).

Friert B nicht rein aus, sondern als feste Lösung von beiden, so tritt an Stelle der Ordinaten $b_0 B$ eine andere Linie $b_0 b_1$ (Abb. 13), auch können nach Formel (12) Gefrierpunkterhöhungen eintreten ($a_0\,a_1$), und endlich ist die Bildung von Verbindungen möglich. Über alle diese Fälle wird unter „Phasengesetz" näher berichtet. Bei der thermodynamischen Behandlung betrachten wir zunächst den Fall der Abb. 12, wo der Bodenkörper ein reiner Stoff ist.

Im Anschlusse an die Ableitung für verdünnte Lösungen, bei denen das Gesetz von Raoult gilt, könnte man hier ebenso verfahren und nur ein anderes Dampfdruckgesetz einführen. Man könnte auch wie folgt vorgehen, immer unter der Annahme, daß die Dämpfe ideale Gase seien.

Die Clausius-Clapeyronsche Gleichung, auf die Lösung bezogen, lautet

$$\frac{d\ln P_l}{dT} = \frac{w_l}{RT^2} \quad \text{(Verdampfung)}$$

und für das „Eis"

$$\frac{d\ln P_s}{dT} = \frac{w_s}{RT^2} \quad \text{(Sublimation)}.$$

Nun ist bei größeren Temperaturintervallen w_s temperaturabhängig, und zwar durch die Differenz der Wärmekapazitäten von Eis (c) und Dampf (c_p) als $dw_s = (c_p - c)\,dT$ gegeben, wobei $c_p - c$ wiederum eine Temperaturfunktion sein kann. Für w_l gilt eine etwas kompliziertere Beziehung $w_l = f(\mu, T)$, wenn μ der Molenbruch des Zusatzes — allgemein seine Konzentration — ist, mithin

$$dw_l = \left(\frac{\partial w_l}{\partial T}\right)_\mu dT + \left(\frac{\partial w_l}{\partial \mu}\right)_T d\mu. \tag{21}$$

---

[1]) Eine solche Lösung muß also bei Wärmeentziehung derart erstarren, daß die reinen Komponenten stets im Verhältnis $\dfrac{\mu_l}{1 - \mu_l}$ ausfrieren, mithin die Zusammensetzung der Lösung bis zuletzt unverändert bleibt, desgleichen die Temperatur.

Der erste partielle Differentialquotient ist wiederum gleich $(c_p - c')\,dT$, wo c' der Lösung entspricht und seinerseits von Temperatur und Konzentration abhängt, dagegen enthält der zweite die ebenfalls von μ und T abhängige Verdünnungswärme der Lösung. Da nun $w_s - w_l = w$ die Schmelzwärme des Eises unter der Lösung darstellt, so würde man durch Superposition der beiden Gleichungen zu einer Beziehung des $\ln \dfrac{P_l}{P_s}$ und der Wärmetönungen gelangen und also bei Kenntnis der eben diskutierten Koeffizienten, die prinzipiell empirisch gefunden werden können, zu einer Auswertung dieses Logarithmus, mithin zur Kenntnis der im ersten angegebenen Wege einzuführenden Beziehung gelangen.

Eine allgemeine Zusammenfassung für den Fall, daß der Dampf den Gasgesetzen folge und sein Volumen groß sei gegen das der beiden kondensierten Phasen, erhalten wir durch folgende Überlegung.

Gegeben sei ein flüssiges Gemisch vom Molenbruche μ (von A), dessen Totaldampfdruck bei T gleich P sei. Es gilt dann für dieses

$$\frac{d\ln P}{dT} = \frac{w}{RT^2},$$

wo w die totale Verdampfungswärme von 1 Mol, d. h. μ Mol von A und $1 - \mu$ Mol von B bedeutet.

Eine feste Lösung vom Molenbruche μ', dem Totaldruck P' und der totalen Sublimationswärme w' wird dann der Gleichung folgen

$$\frac{d\ln P'}{dT} = \frac{w'}{RT^2}.$$

Wenn nun der Dampf sich wie ein ideales Gas verhält, so gilt nach (5)

$$d\ln P = \frac{\mu - \nu}{\mu}\,d\ln p_2 \qquad \text{und} \qquad d\ln P' = \frac{\mu' - \nu'}{\mu'}\,d\ln p_2'.$$

Koexistenz beider Phasen bei T entspricht natürlich $\nu = \nu'$, also

$$(w' - w)\frac{dT}{RT^2} = W\frac{dT}{RT^2} = d\ln P' - d\ln P = d\ln p_2' - d\ln p_2 - \nu\left(\frac{d\ln p_2'}{\mu'} - \frac{d\ln p_2}{\mu}\right). \tag{22}$$

Die hierdurch definierte Größe W ist also die Schmelzwärme von 1 Mol fester Lösung unter der Schmelze. w setzt sich zusammen aus den Verdampfungswärmen λ_1 und λ_2 der reinen Komponenten und den Wärmemengen ϱ_1 und ϱ_2, die der Auflösung von je 1 Mol A oder B im flüssigen Gemische entsprechen (vgl. Ziff. 11); für w' gilt analoges, also

$$\left.\begin{aligned}
w &= \mu(\lambda_1 + \varrho_1) + (1 - \mu)(\lambda_2 + \varrho_2)\\
w' &= \mu'(\lambda_1' + \varrho_1') + (1 - \mu')(\lambda_2' + \varrho_2').
\end{aligned}\right\} \tag{23}$$

Alle diese Werte sind meßbar und hängen von der Temperatur, die ϱ auch von der Zusammensetzung ab.

Erfahrungsgemäß pflegen übrigens die ϱ-Werte nicht sehr in Betracht zu kommen.

Praktisch interessiert oft die Frage der Differenz $\mu' - \mu$, die ja ein bequemes Maß für den Kurvenverlauf von μ mit T abgibt.

Diese Differenz kann natürlich aus den obenstehenden Beziehungen abgeleitet werden; eine besonders einfache Gestalt erhält sie bei Gültigkeit des

Raoultschen Gesetzes für beide Phasen. Denn dann wird

$$d\ln P = \nu - \mu, \qquad d\ln P' = \nu - \mu',$$

also

$$-(\mu' - \mu) = \frac{W}{RT^2}\,dT,$$

identisch mit der bereits oben Ziff. 7 abgeleiteten Beziehung.

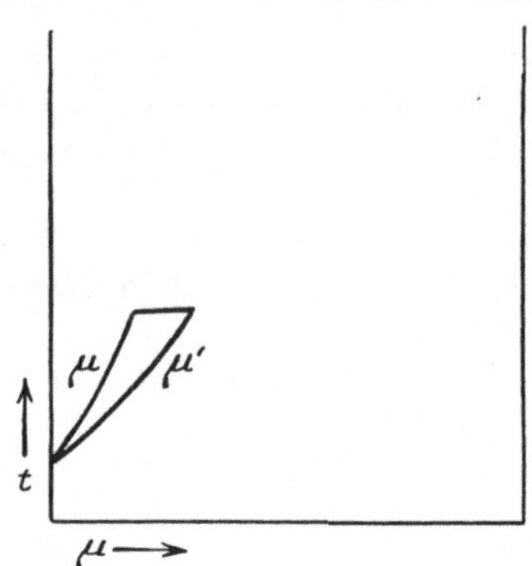

Abb. 14. Schmelzpunktserhöhung.

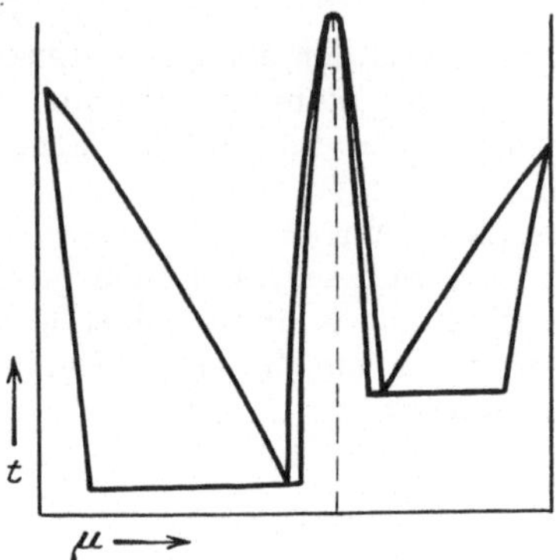

Abb. 15. Schmelzdiagramm mit
Verbindung.

Der Vergleich mit den früheren Beziehungen läßt auch erkennen, daß die Gültigkeit der Gesetze verdünnter Lösungen gleichbedeutend ist mit dem Wegfallen der Mischungswärmen.

Außer den beiden Typen der Abb. 13 spielt eine besondere Rolle der Fall, daß die Erstarrungskurve entweder gleich bei $\mu = 0$ oder erst später sich nach oben wendet. .Den ersten zeigt Abb. 14, er entspricht in unseren Formeln der Bedingung $\mu' > \mu$, während die frühere Abb. 13 für $\mu' < \mu$ gezeichnet ist, und besagt also, daß beim Zusatz des Stoffes A zu B eine Schmelzpunktserhöhung eintritt. Der zweite (Abb. 15) ist hier nicht zu behandeln. Denn das Auftreten eines Schmelzpunktsmaximums bedeutet, daß eine Verbindung der Komponenten A und B hinzukommt, also das System ternär ist.

16. Theorie der Trennung durch Kristallisation. Verlaufen die Kurven nach Abb. 12, so erhält man beim Abkühlen rechts e reines festes A und flüssige

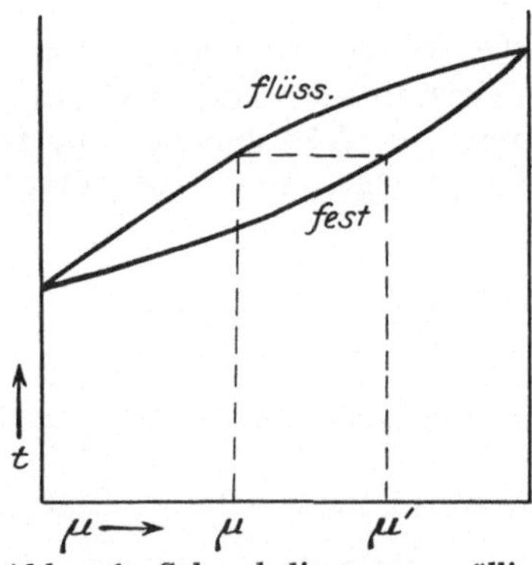

Abb. 16. Schmelzdiagramm völlig
trennbarer Komponenten.

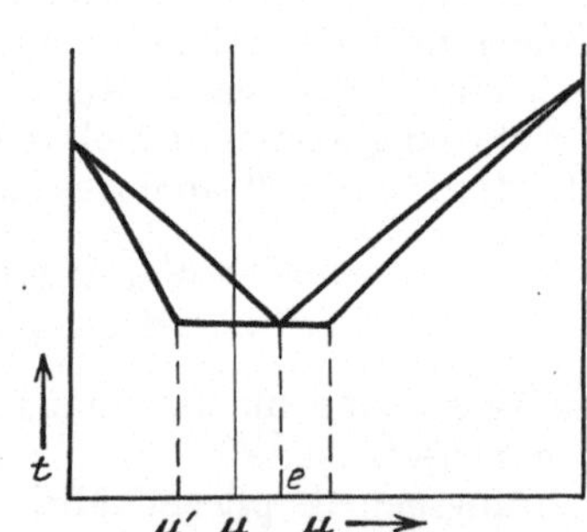

Abb. 17. Schmelzdiagramm
teilweise trennbarer Komponenten.

Lösung, links reines festes B und flüssige Lösung. Die Trennung kann so weit geführt werden, bis die Schmelze die eutektische Zusammensetzung e hat.

Besteht völlige Mischbarkeit im festen Zustande, so trennt sich ein flüssiges Gemisch beim Abkühlen in flüssige Schmelze μ und feste Lösung μ'. Jede von beiden Phasen kann durch Wiederholung der Operation getrennt werden, indem μ weiter nach links, μ' weiter nach rechts rückt (Abb. 16).

Nach Abb. 17 kann ein Gemisch von $\mu < e$, d. h. links vom Eutektikum, so weit getrennt werden, bis dieses einerseits, eine feste Masse von $\mu' < \mu$ andererseits erreicht wird.

Ein Gemisch mit Schmelzpunktsmaximum, dem das Auftreten einer Verbindung entspricht, ist in zwei Teile rechts und links vom Maximum zu zerlegen; für diese gilt dann das bezüglich Abb. 15 Gesagte.

17. Kältegemische. Ein Gemisch von zwei festen Stoffen A und B, die miteinander eine flüssige Lösung geben, neben der sie im reinen festen Zustande bestehen. können, wird sich unter teilweiser oder völliger Bildung der Lösung von der Anfangstemperatur t auf t' abkühlen. Sind beliebige Mengen verfügbar und besteht eine eutektische Temperatur (Abb. 18), so wird die Abkühlung bis dahin vorschreiten. Es entsteht die Frage nach der hierdurch gebundenen Wärmemenge — der **Kühlungskapazität** des Gemisches.

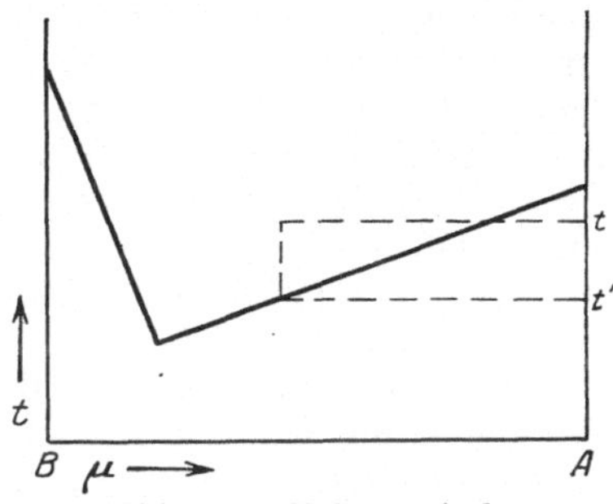

Abb. 18. Kältegemisch.

Beginnt man bei t und dem Molenbruche μ, so erfolgt unter Schmelzen Abkühlung bis t'. Ist μ so gewählt, daß die Lösung bei t' an A gesättigt ist, so würde bei weiterer Abkühlung Ausscheidung von A erfolgen, was mit Wärmeentwicklung verbunden ist, also die weitere Abkühlung verhindert. Wärmeverbrauch erfolgt durch Schmelzen von A und B und deren Mischung, d. h. der gesamte Wärmeverbrauch besteht aus zwei Schmelzwärmen und einer Mischungswärme

$$L = \mu \lambda_1 + (1 - \mu) \lambda_2 + \varrho \,. \tag{24}$$

Faßt man die beiden letzten Glieder zusammen, so bedeuten sie die Lösungswärme von festem B in flüssigem A, ebenso ist $\mu \lambda_1 + \varrho$ die Lösungswärme von festem A in flüssigem B.

Ein Teil von L wird kompensiert, da die Abkühlung der entstandenen Lösung Wärme liefert, und zwar $c\,(t - t')$, wenn c die mittlere Wärmekapazität ist. Es bleibt also zum Verbrauche übrig die Kühlungskapazität $L - c\,(t - t')$.

Falls etwa t oberhalb des Schmelzpunktes von reinem A liegt — oder auch noch von B — so fällt die in L enthaltene Schmelzwärme fort, und die Kühlungskapazität wird kleiner. Eine allgemeine Abhängigkeit zwischen L und $t - t'$ besteht nicht. Im folgenden Beispiele sind die bei Mischung von 1 g festem Chlorcalcium ($CaCl_2 \cdot 6\,aq$) mit x g Eis bei $0°$ auftretenden Effekte zusammengestellt [1]).

Tabelle 12. Kühlungskapazität Chlorcalcium-Eis.

x	t'	$L - c\,(t-t')$	x	t'	$L - c\,(t-t')$
0,35	0,0	52,1 cal	0,91	$-36,5$	52,5 cal
0,49	$-19,7$	49,5 ,,	1,19	$-22,7$	84,1 ,,
0,61	$-39,0$	40,3 ,,	1,64	$-14,7$	124,3 ,,
0,70	$-54,9$	30,0 ,,	2,72	$-8,1$	213,1 ,,
0,74	$-48,2$	36,9 ,,	4,92	$-4,0$	392,3 ,,

[1]) Hammerl, Wiener Ber. Bd. 78, S. 59. 1878.

18. Abhängigkeit der Erstarrungskurven vom Drucke. Die Berechnung ist wie früher (Ziff. 7) auf den Satz von CLAUSIUS-CLAPEYRON zu gründen:

$$\frac{dp}{dT} = \frac{w}{T \cdot \Delta v}.$$

Δv ist der Unterschied des Volumens zwischen fester und flüssiger Phase, w die Schmelzwärme der ganzen Masse, P der äußere Druck.

Falls die eine Komponente rein ausfriert (Abb. 12), wird der Fall mit dem der Löslichkeitsänderung durch Druck identisch (vgl. Ziff. 21). Frieren beide Komponenten rein aus, entsteht also ein Kryohydrat (Abb. 12), so läßt sich folgende Überlegung anstellen.

Sobald der Druck höher wird als der Dampfdruck, verschwindet die Dampfphase, und es sind nur noch Schmelze und beide feste Phasen vorhanden. Mithin ist das System jetzt univariant, und $dT:dp$ ist eindeutig bestimmt (totaler Differentialquotient). w und Δv lassen sich entweder berechnen — bei Näherungsverfahren nach der Mischungsregel — oder direkt messen, w z. B. auch aus der Gefrierdepressionskonstante (Ziff. 7) ableiten. Zu beachten ist bei der Berechnung, daß w und Δv natürlich nicht auf die Schmelztemperaturen der Komponenten zu beziehen sind, sondern auf die kryohydratische Temperatur. (Die Reduktion erfolgt mittels der Wärmekapazitäten und Ausdehnungskoeffizienten.)

Im Falle des bei $32°$ erstarrenden Kryohydrates aus Naphthalin und Diphenylamin wurde gefunden durch ROLOFF[1]. (pro Gramm)

$$w = 23{,}3 \text{ cal}, \qquad \Delta v = 0{,}098 \text{ cm}^3.$$

Mittels des Umrechnungsfaktors von Literatmosphären auf Kalorien (24,2) ergibt sich also

$$\frac{dT}{dp} = \frac{305 : 0{,}09\,810^{-3}}{23{,}3} \cdot 24{,}2 = 0{,}0311 \frac{\text{Grad}}{\text{Atm}},$$

während aus direkter Messung 0,0302 gefunden wurde.

Es fragt sich weiter, welche **Änderungen der Konzentration der Schmelze durch den Druck** bewirkt werden. Dieser Effekt muß eindeutig bestimmt sein, da ja das System univariant, mithin auch die Änderung des Molenbruches $\dfrac{d\mu}{dp}$ ein totaler Differentialquotient ist.

Stellen wir T als Funktion von p und μ dar, so ist

$$dT = \left(\frac{\partial T}{\partial p}\right)_\mu dp + \left(\frac{\partial T}{\partial \mu}\right)_p d\mu.$$

Die Änderung dT muß nach dem eben Gesagten dieselbe Größe haben, wenn wir $1 - \mu$ statt μ als Variable wählen; dies bedeutet, daß wir die Änderungen entweder auf den Stoff I oder den Stoff II beziehen. Mithin ist, wenn wir die partiellen Differentialquotienten durch Indizes unterscheiden,

$$dT = \left(\frac{\partial T_1}{\partial p}\right)_\mu dp + \left(\frac{\partial T_1}{\partial \mu}\right)_p d\mu = \left(\frac{\partial T_2}{\partial p}\right)_{1-\mu} dp + \left(\frac{\partial T_2}{\partial(1-\mu)}\right)_p d(1-\mu)$$

oder

$$\frac{\left(\dfrac{\partial T_1}{\partial p}\right)_\mu - \left(\dfrac{\partial T_2}{\partial p}\right)_{1-\mu}}{-\left(\dfrac{\partial T_1}{\partial \mu}\right)_p + \left(\dfrac{\partial T_2}{\partial \mu}\right)_p} = \frac{d\mu}{dp}. \tag{25}$$

---

[1] M. ROLOFF, ZS. f. phys. Chem. Bd. 17, S. 325. 1895. — Die Schmelzwärme w und auch Δv folgen in diesem Falle nicht ganz streng der Mischungsregel.

Diese vier einzelnen Koeffizienten sind zunächst nicht bekannt. Die im Nenner stehenden sind nichts anderes als partielle molare Gefrierpunktserniedrigungen und können geschrieben werden

$$-\frac{\partial T_1}{\partial \mu} = +\frac{\partial T_1}{\partial (1-\mu)} = E_1' \qquad \frac{\partial T_1}{\partial (1-\mu)} = -\frac{\partial T_2}{\partial \mu} = E_2',$$

so daß E_1' die Depression der Menge μ von I durch $\partial(1-\mu)$ von II, E_2' die der Menge $1-\mu$ von II durch $\partial\mu$ von I bedeutet. Beide Größen brauchen nicht mit denen identisch zu sein, welche die beiden „Lösungsmittel" am Anfange ihrer Depressionskurven — von den Schmelztemperaturen auf die kryohydratische umgerechnet — zeigen würden (E_1 und E_2). Machen wir aber in Ermangelung anderer Kenntnisse, welche die Ermittlung der Mischungswärmen voraussetzen würden, die Annahmen

$$E_1' = \frac{E_1}{\mu} = \frac{RT^2}{w_1} \cdot \frac{1}{\mu}; \qquad E_2' = \frac{E_2}{1-\mu} = \frac{RT^2}{w_2}\,\frac{1}{1-\mu}$$

so erhält der Nenner den Wert

$$\left(\frac{E_1}{\mu} + \frac{E_2}{1-\mu}\right).$$

Für die Terme des Zählers, welche sich nach CLAUSIUS-CLAPEYRON als

$$\left(\frac{\partial T_1}{\partial p}\right)_\mu = \frac{T\cdot\Delta_1'}{w_1'}; \qquad \left(\frac{\partial T_2}{\partial p}\right)_{1-\mu} = \frac{T\Delta_2'}{w_2'}$$

darstellen lassen, machen wir die analoge Annahme, daß auch $\Delta_1' = \mu\Delta_1$ und $\Delta_2' = (1-\mu)\Delta_2$, die Partialeffekte der Komponenten in der Lösung, sich linear durch die Werte der reinen Stoffe — bei der kryohydratischen Temperatur — ausdrücken lassen. Der Zähler wird dann, da μ und $1-\mu$ herausfallen, identisch mit der Differenz der Schmelzdruckwirkungen der reinen Stoffe, welche bekannt sind, und man erhält

$$\frac{d\mu}{dp} = \frac{\left(\dfrac{dT}{dp}\right)_I - \left(\dfrac{dT}{dp}\right)_{II}}{\dfrac{E_1}{\mu} + \dfrac{E_2}{1-\mu}} = T\,\frac{\dfrac{\Delta_1}{w_1} - \dfrac{\Delta_2}{w_2}}{\dfrac{E_1}{\mu} + \dfrac{E_2}{1-\mu}} = \frac{1}{RT}\,\frac{\dfrac{\Delta_1}{w_1} - \dfrac{\Delta_2}{w_2}}{\dfrac{1}{w_1\mu} + \dfrac{1}{w_2(1-\mu)}}. \qquad (26)$$

Für den bereits erwähnten Fall Naphthalin-Diphenylamin gelten für die Atm. als Druckeinheit folgende Werte

$$\frac{\partial T_1}{\partial p} = 0{,}0358 \quad \text{(Naphthalin)} \qquad \frac{\partial T_2}{\partial p} = 0{,}0242 \quad \text{Diphenylamin,}$$

$$E_1 = 55{,}5\,\frac{100}{128} = 44{,}3 \qquad E_2 = 77{,}8\,\frac{100}{169} = 46{,}0$$

$\mu = 0{,}363$ (Naphthalin), es wird also

$$\frac{d\mu}{dp} = \frac{0{,}0358 - 0{,}0242}{\dfrac{44{,}3}{0{,}363} + \dfrac{46{,}0}{0{,}637}} = 0{,}000060\,.$$

Ein Druck von 100 Atm. erhöht hiernach μ von 0,363 auf $0{,}363 + 0{,}0060$, falls die Näherungsannahmen gültig bleiben.

Für den Fall der Nichtgültigkeit ist aus den vorstehenden Ausführungen zu ersehen, wie dieser Rechnung zu tragen ist. Formel (25) bleibt jedenfalls immer richtig.

Wenn das Kryohydrat nicht aus reinen Komponenten besteht, sondern aus festen Lösungen, so müssen deren Zusammensetzungen bestimmt werden. Da dann auch nur eine Freiheit vorhanden ist, so behalten die allgemeinen Zusammenhänge, welche hier benutzt wurden, ihre Gültigkeit, tritt jedoch nur eine feste Lösung auf (vgl. Abb. 16), so besteht eine Freiheit mehr, und man muß noch ein Datum ermitteln.

19. Flüssige Kristalle. Ein besonderer Fall von Erstarrungsdiagrammen findet sich bei Stoffen, welche zwei flüssige Phasen bilden können. Ein solcher „liquokristalliner" Stoff (A) schmilzt etwa bei t_0, erwärmt man die Schmelze weiter, so zeigt sie bei $t' > t_0$ einen weiteren mehr oder weniger scharfen Phasenübergang, und zwar ist meist die erste flüssige Phase trüb, die zweite klar. Wenn ein zweiter Stoff (B) zugesetzt wird, so gibt er von t an eine gewöhnliche Schmelzpunktserniedrigung — der Einfachheit wegen sei angenommen, daß B nicht in feste Lösung gehe. Die beiden flüssigen Phasen sind thermodynamisch nur wenig verschieden, und so löst sich B in beiden, so daß von t' an eine Doppellinie nach Abb. 19 für klare Phase (I) und trübe (II) beginnt.

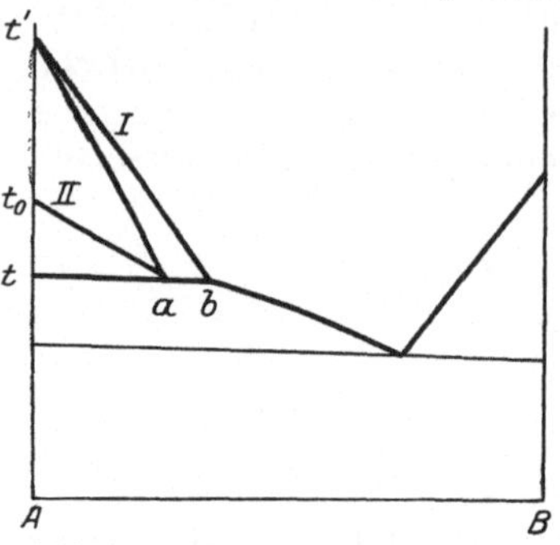

Abb. 19. Erstarrungsdiagramm flüssiger Kristalle.

Auf die Doppellinie I, II sind nun die Betrachtungen von Ziff. 15 anwendbar. Eine experimentelle Schwierigkeit besteht aber infolge der Unmöglichkeit, klare und trübe Flüssigkeit voneinander mechanisch zu trennen, um sie zu analysieren. Diese läßt sich umgehen, wenn man die Linien so weit verfolgt, daß die Horizontale a, b erreicht wird. Denn bei der Zusammensetzung b scheidet sich festes A aus klarer, bei a dagegen aus trüber Phase ab, was genau beobachtet werden kann. Die Distanz gibt also direkt die bei t bestehende Differenz der Molenbrüche in beiden Phasen an. Da $t' - t$ gleich der zugehörigen Temperaturerniedrigung ist, so braucht man, falls B in beiden Phasen gleiches Molargewicht hat, nur noch die „Klärungswärme" W, um die Berechnung nach Formel (12)

$$\mu' - \mu = \frac{W}{RT^2}\,(t' - t)$$

ausführen zu können.

Beispiel. In dem liquokristallinen Azoxyanisol sei Hydrochinon gelöst[1]). Es wurde gefunden $t' = 135°$, $t = 111{,}4$, $\mu = 0{,}100$, $\mu' = 0{,}0875$. Die Klärungswärme muß hier natürlich pro Mol Azoxyanisol gerechnet werden, sie wurde indirekt aus der Druckabhängigkeit von t' und den spezifischen Volumina der flüssigen Phasen nach Formel (25) zu $258 \cdot 0{,}71 = 183$ cal ermittelt. Es folgt

$$\frac{(0{,}1000 - 0{,}0875) \cdot 408^2 \cdot 1{,}985}{135 - 111{,}4} = 176 = W,$$

also in Übereinstimmung mit der direkten Messung.

Der hier behandelte, dem Diagramm Abb. 19 entsprechende Fall kehrt wieder, wenn eine Komponente Dimorphie im festen Zustande zeigt.

c) Löslichkeit.

20. Löslichkeit, Lösungswärme und Dampfdruck. Bringt man zwei reine Stoffe A und B in beliebigen Mengen zusammen, so erfolgt eine mehr oder

---

[1]) De Kock, ZS. f. phys. Chem. Bd. 48, S. 129. 1904.

weniger weitgehende Vermischung. Das Phasengesetz bestimmt für diesen Fall, daß maximal vier Phasen zugleich bestehen können; dies ist nur für eine bestimmte Temperatur und einen bestimmten Druck möglich. Verfügt man jedoch über diese beiden Größen beliebig, so sind drei oder zwei Phasen miteinander koexistenzfähig. Diese können entweder aus den reinen Stoffen oder aus Lösungen bestehen. Wenn Lösungen auftreten, so haben sie bei der Koexistenz eindeutig definierte Zusammensetzung. Man drückt die Zusammensetzung in verschiedenen Maßen aus (vgl. Ziff. 2), entweder durch die Molzahlen N_1 und N_2 der beiden Komponenten, also als Molenbruch $\mu = \dfrac{N_1}{N_1 + N_2}$ bzw. als $\dfrac{N_1}{N_2}$, gelegentlich auch durch die Gewichtsmengen g_1 und g_2 als Gewichtsbruch $q = \dfrac{g_1}{g_1 + g_2}$ bzw. $\dfrac{g_1}{g_2}$ (numerische Konzentration) oder durch die räumlichen Konzentrationen $\dfrac{N_1}{V}$ oder $\dfrac{g_1}{V}$, wo V das Totalvolumen der Phase bedeutet; die molare räumliche Konzentration ist bei idealen Gasen identisch mit $\dfrac{N_1}{V} = \dfrac{p_1}{RT}$.

Diejenige Zusammensetzung, welche eine Lösung beim Koexistenzpunkte hat, nennt man die Sättigungskonzentration; enthält die Lösung aus A und B so viel von B, daß sie unter den gegebenen Umständen nichts mehr davon aufnehmen kann, so ist sie also an B gesättigt, und die Konzentration von B in ihr heißt die Löslichkeit von B in A. Die Abhängigkeit der Löslichkeit von Temperatur und Druck läßt sich thermodynamisch erfassen.

Wir betrachten folgenden Fall: A und die gesättigte Lösung sind flüssig, B ist fest und nimmt nichts von A auf. Die Phasen bestehen dann aus Lösung und reinem B (eventuell auch aus zwei flüssigen Lösungen von verschiedener Zusammensetzung), dazu kann eine Gasphase

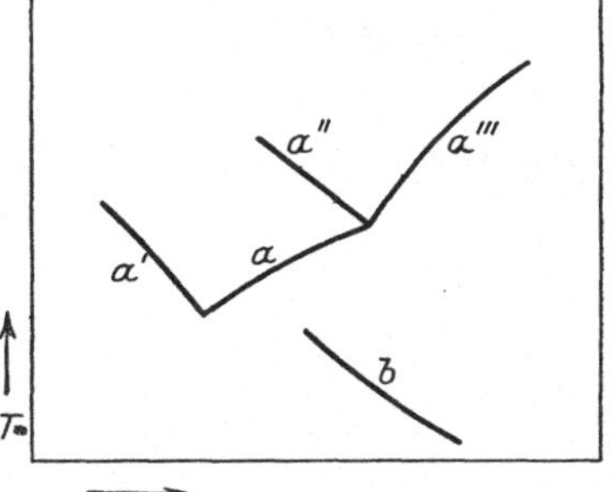

Abb. 20. Löslichkeitskurven.

kommen, die aus A oder B oder aus beiden besteht, oder auch noch eine feste, bestehend aus reinem A oder einem Gemisch. Wir betrachten nur den Fall: flüssige Lösung + festes B nebst dem Grenzfalle des Hinzutretens von festem A.

Die Löslichkeit l von B in A ist dann eine eindeutige Funktion der Temperatur und verläuft nach Abb. 20 in steigender (a) oder fallender (b) Kurve (der erste Fall ist häufiger). Der Differentialquotient $\dfrac{dl}{dT}$ kann beliebige Werte haben. Die Kurve hat einen Unstetigkeitspunkt bei der Temperatur, wo auch A fest wird, es koexistieren dann A und B mit gegenseitig gesättigter Lösung. An diesem Punkte trifft sie sich mit der Kurve der Gefrierpunktserniedrigung von A durch B (a' in Abb. 20). Ein anderer Unstetigkeitspunkt liegt da, wo B unter der gesättigten Lösung schmilzt (a'' oder a'''). Wir betrachten nur die Kurve a (oder b).

Ganz allgemein erfolgen bei der Auflösung Änderungen des Totalvolumens und des Druckes sowie als Lösungswärmen bezeichnete Wärmetönungen. Die beiden ersten geben Auskunft über die den Prozeß begleitenden Volumarbeiten, bezüglich der Lösungswärme ist eine nähere Definition erforderlich. Lösen wir bei konstanter Temperatur bis zur Sättigung S, so erhalten wir die sogenannte totale oder integrale Lösungswärme als Integral der Kurve von O bis S in Abb. 21. Der Anfangsteil bei $l=O$ heißt die erste Lösungswärme, sie wird entwickelt, wenn man nur wenig löst — also nicht bis zur Sättigung geht. Das Endstück bei S heißt die letzte Lösungswärme, auch die theoretische, weil sie den Zusammenhang zwischen Temperatur und Löslichkeit bestimmt,

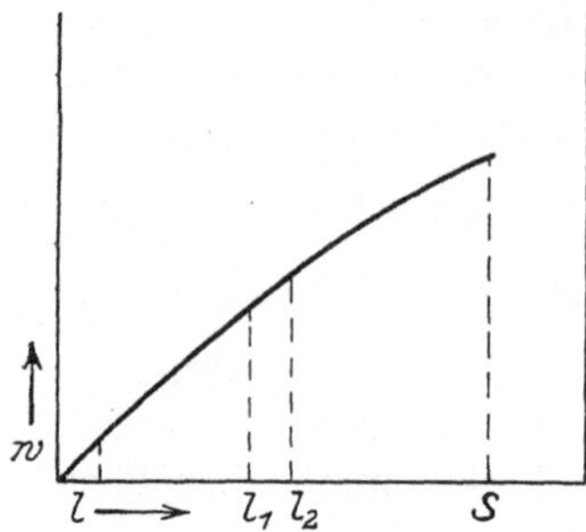

oder die fiktive, weil sie oft nicht direkt gemessen werden kann[1]). Erste und letzte wie überhaupt alle zwischen zwei verschiedenen Ordinaten l_1 und l_2 liegenden Werte $w_1 - w_2$ sind „differentielle Lösungswärmen". Die totale ist von Bedeutung für die Kühlungskapazität von Kältemischungen (vgl. Ziff. 17).

Abb. 21. Lösungswärme w als Funktion der Löslichkeit l.

Der Zusammenhang zwischen Löslichkeit, Temperatur und Lösungswärme ergibt sich durch Anwendung der Gleichung von Clausius-Clapeyron. Wir betrachten zunächst das Temperaturgebiet, in welchem die Löslichkeit klein ist; dort wird die theoretische Lösungswärme mit der ersten praktisch identisch, und die Lösung darf als ideal verdünnt angesehen werden (vgl. Ziff. 1), so daß der osmotische Druck π der Lösung durch deren Volumen V nach $\pi V = RT$ gegeben ist. Die bei der Lösung von B aufgenommene Wärmemenge sei L.

Da in diesem Falle (vgl. Ziff. 9) die räumliche Konzentration von B in der gesättigten Lösung als

$$c = \frac{1}{V} = \frac{\pi}{RT}$$

gegeben ist, so folgt hieraus

$$\frac{d\pi}{dT} = RT \frac{dc}{dT} + Rc. \tag{27}$$

Wenn wir weiter in der Clausiusschen Gleichung das Volum des in Lösung gegangenen Bodenkörpers B gegen das der Lösung vernachlässigen, so wird

$$\frac{d\pi}{dT} = \frac{L}{T \cdot \Delta v} = \frac{L \cdot c}{T} = RT \frac{dc}{dT} + Rc$$

oder die Lösungswärme von 1 Mol

$$L - RT = RT^2 \frac{d\ln c}{dT} = L'. \tag{28}$$

L' ist die kalorimetrisch bestimmte Wärmemenge, von ihr ist also die bei der Auflösung gegen den osmotischen Druck geleistete Arbeit abzuziehen. Hiermit ist der Temperaturkoeffizient der Löslichkeit c bestimmt. R ist natürlich in kalorischem Maße auszudrücken. Wird also bei der Lösung Wärme aufgenommen, d. h. kühlt sich das System ab, falls man ihm keine Wärme zuführt, so nimmt, da RT klein gegen L zu sein pflegt, c mit steigender Temperatur immer zu.

Zur Integration ist noch die Temperaturabhängigkeit von L nötig. Für kleine Temperaturintervalle ist sie gering, man erhält also dann mit $L =$ konst.

$$\ln c = -\frac{L - RT}{RT} + \text{konst.} = -\frac{L'}{RT} + \text{konst.} \tag{29}$$

oder für zwei Temperaturen

$$\ln \frac{c_1}{c_2} = -\frac{L'}{R} \cdot \left(\frac{1}{T_1} - \frac{1}{T_2} \right).$$

Beispiel. Wasser löst bei 0° 0,314, bei 12° 0,471 Mol/Liter Borsäure (DITTE), folglich

$$L' = 2{,}30 \cdot 1{,}985 \cdot \frac{273 \cdot 285}{12} \cdot \log \frac{0{,}474}{0{,}314} = 5{,}2 \cdot 10^3 \, \text{cal}.$$

Gefunden hat THOMSEN eine Wärmeaufnahme von $5{,}6 \cdot 10^3$ cal pro Mol.

Erfolgt bei der Auflösung elektrolytische Dissoziation, so tritt zu c der VAN 'T HOFFsche Faktor i, welcher wenig von der Temperatur abhängt; man erhält dann statt (28) und (29)

$$\frac{d\ln(i \cdot c)}{dT} = \frac{L - iRT}{iRT^2} \approx \frac{d\ln c}{dT} \,. \qquad (28\,\text{a})$$

$$\ln c = -\frac{L - iRT}{iRT} + \text{konst.} \qquad (29\,\text{a})$$

bzw.

$$\ln \frac{c_1}{c_2} = -\frac{L - iRT}{iR} \left(\frac{1}{T_1} - \frac{1}{T_2} \right).$$

Beispiel. Wasser löst bei 10° 0,0781, bei 20° 0,1205 Mol Kaliumperchlorat pro Liter, für beide Temperaturen ist nahezu $i = 2$, folglich

$$L' = 2{,}30 \cdot 1{,}985 \cdot 2 \cdot \frac{283 \cdot 293}{10} \cdot \log \frac{0{,}1205}{0{,}0781} = 14{,}2 \cdot 10^3 \, \text{cal/Mol}.$$

Gefunden wurde Aufnahme von $12{,}1 \cdot 10^3$ cal/Mol.

Für beliebig konzentrierte Lösungen ist diese Näherungsrechnung nicht mehr zulässig. Hier wie in allen Fällen, wo der Dampf als ideales Gas angesehen werden darf, begründet man die Rechnung am besten auf Dampfdrucke [HELM-HOLTZ[1])].

Wir lösen bei verschiedenen Temperaturen B in A bis zur Sättigung und nehmen an, daß der Dampf über der Lösung nur aus A bestehe und den Gasgrenzgesetzen folge. Die CLAUSIUS-CLAPEYRONsche Gleichung wenden wir auf die Verdampfung von A aus der gesättigten Lösung an, deren Volumen gegen das des Dampfes vernachlässigt wird. Die Temperaturänderung bezieht sich also auf stets gesättigte Lösung, der Druck ist der Dampfdruck von A, die Wärmetönung die Verdampfungswärme ϱ von A.

ϱ ist zerlegbar in die Wärme ϱ', welche zur Verdampfung von 1 Mol A aus konstant konzentrierter Lösung verbraucht wird, und die Wärme, welche zur Abscheidung von x Mol B nötig ist, die in diesem Mol gelöst waren, dies ist nichts anderes als der negative Wert der theoretischen Lösungswärme, also Lx, wenn L für 1 Mol gilt:

$$\varrho = \varrho' - L \cdot x \,.$$

Danach erhalten wir zwei Gleichungen nach CLAUSIUS-CLAPEYRON:

$$\frac{dp}{dT} = \frac{\varrho \cdot p}{RT^2} \quad \text{und} \quad \left(\frac{\partial p}{\partial T} \right)_x = \frac{\varrho' p}{RT^2} \,,$$

deren erste stets, die zweite nur für den besonderen Fall $x = $ konst., d. h. Verdampfung aus einer Lösung unveränderlicher Konzentration, gilt. Da nun hier p nur durch x und T bestimmt ist, $p = f(x, T)$, so folgt mathematisch

$$\frac{dp}{dT} = \left(\frac{\partial p}{\partial T} \right)_x + \left(\frac{\partial p}{\partial x} \right)_T \cdot \frac{dx}{dT} \,.$$

---

[1]) Diese wie die vorhergehende Ableitung ist der vortrefflichen Monographie von ROTHMUND, Löslichkeit und Löslichkeitsbeeinflussung, Leipzig 1907 (J. A. Barth), entnommen.

Dies führt mittels Substitution von ϱ und ϱ' durch die Differentialquotienten zu

$$\frac{dx}{dT} = -\frac{Lxp}{RT^2\left(\dfrac{\partial p}{\partial T}\right)_x} \qquad \text{oder} \qquad \frac{d\ln x}{dT} = -\frac{L}{RT^2\left(\dfrac{\partial \ln p}{\partial T}\right)_x}.$$

Ersetzen wir x durch den Molenbruch μ von B, da $\dfrac{x}{1+x} = \mu$, so erhalten wir endlich

$$\frac{d\ln\mu}{dT} = -\frac{L}{RT^2\cdot(1-\mu)\left(\dfrac{\partial\ln p}{\partial\mu}\right)_T}. \tag{30}$$

Da μ stets ein positiver echter Bruch, $\dfrac{\partial\ln p}{\partial\mu}$ aber stets negativ ist, ergibt sich also Eindeutigkeit des Vorzeichens.

Für geringe Löslichkeiten vereinfacht sich die Gleichung. Denn dann gelten die Gesetze ideal verdünnter Lösungen, und es ist nach Gleichung (3) Ziff. 4

$$\partial\ln p = \partial\ln(1-\mu) = -\frac{\partial\mu}{1-\mu} \qquad \text{(Raoult)}.$$

Somit geht dann (30) in die frühere Gleichung (28) über, da für verdünnte Lösungen μ und c einander proportional sind. Gilt aber — bei verdünnten Lösungen — das Raoultsche Gesetz nicht, so wird $\dfrac{d\ln p}{\partial\mu}(1-\mu)$ statt 1 gleich dem van 't Hoffschen Koeffizienten i, und (30) geht über in (28a).

Für die experimentelle Prüfung von (30) liegt nur sehr wenig Material vor. Chlornatrium hat in der Nähe von $25°$ $\dfrac{d\ln\mu}{dT} = -4\cdot10^{-4}$ und $(1-\mu)\dfrac{\partial\ln p}{\partial\mu} = 2{,}45$, so daß man erhält

$$L = -4\cdot10^{-4}\cdot1{,}985\cdot298^2\cdot2{,}45 = 180 \text{ cal/Mol.,}$$

eine Zahl, die von dem direkt gemessenen[1]) Betrage der letzten Lösungswärme 413 cal wegen der Unsicherheit von $\dfrac{d\ln\mu}{dT}$ merklich verschieden ist. Die erste Lösungswärme weicht jedoch noch viel stärker ab (1019 cal) und darf zur Berechnung der Löslichkeitsänderungen nicht benutzt werden.

Daß bei leicht löslichen Stoffen sogar Verschiedenheit des Vorzeichens von erster und letzter Lösungswärme auftreten kann, zeigt sich bei Kupferchlorid $CuCl_2\cdot H_2O$ in Wasser. In hoher Verdünnung werden hier pro Mol $3{,}7\cdot10^3$ cal entwickelt, in gesättigter Lösung $0{,}8\cdot10^3$ cal aufgenommen. Dem entspricht dies tatsächlich beobachtete Anwachsen der Löslichkeit bei Temperaturerhöhung.

Wenn, wie bei konzentrierten Lösungen, das Gesetz von Raoult nicht gilt, so trifft häufig eine von Dolezalek[2]) gefundene Beziehung zu, welche lautet

$$\left(\frac{\partial\ln p}{\partial n}\right)_T = \text{konst.} = a > 1, \tag{31}$$

wobei a mit der chemischen Natur variiert, aber kaum merklich mit der Temperatur, und n die Anzahl Mol Salz pro Mol Wasser bedeutet. Der in Formel (30)

---

[1]) Randall u. Bisson, Journ. Amer. Chem. Soc. Bd. 42, S. 347. 1920.
[2]) Dolezalek, Verh. d. D. Phys. Ges. Bd. 5, S. 90. 1903.

vorkommende Ausdruck

$$(1 - \mu) \left(\frac{\partial \ln p}{\partial \mu} \right)_T$$

wird bei Gültigkeit der DOLEZALEKschen Formel, da $\mu = \dfrac{n}{1 + n}$,

$$\frac{d \ln \mu}{dT} = - \frac{L}{aRT^2} \cdot \frac{1}{n + 1} = - \frac{L}{aRT^2} (1 - \mu). \tag{31a}$$

21. Einfluß des Druckes auf die Löslichkeit. Der Zusammenhang ergibt sich sofort aus dem CLAUSIUS-CLAPEYRONschen Satze, den wir hier mit dem partiellen Differentialquotienten schreiben

$$\left(\frac{\partial P}{\partial T} \right)_c = \frac{w}{\Delta v \cdot T}. \tag{32}$$

P ist der auf dem ganzen System ruhende Druck, Δv die bei der Auflösung auftretende Änderung des Gesamtvolumens, w die theoretische Lösungswärme. Der Index c entspricht der Bedingung, daß stets die Konzentration die der Sättigung unter dem Drucke P sein, eine Druckänderung also durch Temperaturänderung kompensiert werden soll. Da P, T und c voneinander abhängig sind, ist

$$\left(\frac{\partial P}{\partial T} \right)_c = - \left(\frac{\partial P}{\partial c} \right)_T \cdot \left(\frac{\partial c}{\partial T} \right)_P.$$

Hieraus erhält man mit Hilfe der Gleichung (30), welche die Gültigkeit der Gasgesetze für den Dampf voraussetzt,

$$\left(\frac{\partial \ln c}{\partial P} \right)_T = - \frac{\Delta v}{RT(1 - c) \left(\dfrac{\partial \ln p}{\partial c} \right)_T}, \tag{33}$$

wenn p den Partialdruck des Lösungsmittels bedeutet. Für verdünnte Lösungen geht (33), wie früher, über in

$$\left(\frac{d \ln c}{dP} \right)_T = \frac{\Delta v}{RT}, \quad \text{bzw.} \quad \left(\frac{\partial \ln c}{\partial P} \right)_T = \frac{\Delta v}{iRT},$$

wenn statt des RAOULTschen Koeffizienten 1 der VAN 'T HOFFsche i zu setzen ist.

Bei der Prüfung der strengen Formel, welche aus (32) infolge des eindeutigen Zusammenhanges $P = f(c, T)$ erhalten wird,

$$- \frac{\left(\dfrac{\partial c}{\partial T} \right)_P}{\left(\dfrac{\partial c}{\partial P} \right)_T} = \frac{w}{\Delta v T}, \tag{34}$$

wurde für die Löslichkeit von Dinitrobenzol in Äthylacetat bei 30° gefunden

$$\left(\frac{\partial c}{\partial T} \right)_P = 0{,}755, \quad \Delta v = 0{,}0442 \cdot 10^{-3} \frac{\text{Liter}}{\text{g}},$$

$w = 21{,}02 \, \text{cal} = 0{,}847$ Literatmosphären pro Gramm, dies ergibt

$$\left(\frac{\partial c}{\partial P} \right)_T = \frac{0{,}755 \cdot 0{,}0442 \cdot 10^{-3} \cdot 303}{0{,}870} = 0{,}0116 \frac{\text{g}}{\text{Atm}},$$

was mit dem gefundenen Werte 0,01161 übereinstimmt [1]).

---

[1]) COHEN u. MOESVELD, ZS. f. phys. Chem. Bd. 93, S. 385. 1919.

22. Löslichkeit und Korngröße. Experimentell ist in einigen Fällen festgestellt, daß die Löslichkeit eines Stoffes nicht nur von Temperatur und Druck,
sondern auch von seinem Zerteilungszustande abhängt. Thermodynamisch muß
dies dahin gedeutet werden, daß dann eine bisher außer Betracht gelassene
Energieform zur Geltung kommt, da für binäre Gemische die Berücksichtigung
von Wärme- und Volumenergie allein für eine solche Erscheinung keinen Raum

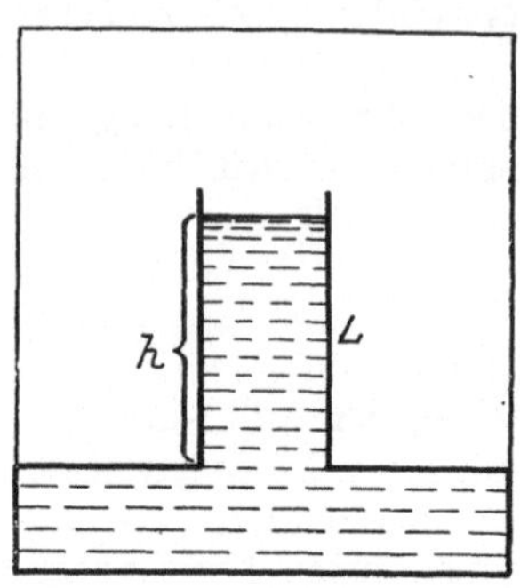

läßt. Wir kommen zu einem Ansatz dafür durch eine
zunächst auf reine Stoffe beschränkte Überlegung,
deren Ergebnis bereits früher (Ziff. 14) benutzt wurde.
Ein abgeschlossener Raum enthalte bei konstanter
Temperatur T eine Flüssigkeitsschicht von der Dichte d.
Auf ihrer Oberfläche stehe ein Rohr L, das bis zur
Höhe h mit derselben Flüssigkeit gefüllt und unten
durch eine Membran abgeschlossen sei, welche nur
dem Dampfe, nicht aber der Flüssigkeit Durchtritt
gestatte[1]). Wenn alles im Gleichgewicht ist, so herrscht
oben ein Dampfdruck p', unten dagegen ein anderer p.
Diese beiden unterscheiden sich um den Betrag

Abb. 22. Steighöhe und
Dampfdruck.

$$p - p' = \frac{h}{V} \cdot \text{konst},$$

wo $V = \dfrac{1}{D}$ das spezifische Volum des Dampfes (D seine Dichte) ist. (Wir setzen

hierbei voraus, daß h klein ist, also D als „mittlere Dichte" betrachtet werden
darf; bei hohen Säulen wird D nach der barometrischen Höhenformel von h abhängen.)

Die Flüssigkeitssäule im Rohr lastet auf der Membran mit einem Drucke
P, der durch ihre Dichte d bzw. ihr spezifisches Volumen v und ihre Höhe h
gegeben ist

$$P = \frac{h}{v} \cdot \text{konst}$$

Sie darf als inkompressibel betrachtet werden, so daß auch d nicht von h abhängt[2]).
Es folgt also

$$(p - p')V = P \cdot v.$$

Ist nun der Dampf ein ideales Gas, so folgt, wenn M sein Molargewicht
bedeutet,

$$p = \frac{RT}{V \cdot M},$$

also für sehr kleine Differenzen $p - p'$

$$\frac{Pv}{V} = p - p'$$

oder

$$d\ln p = P\frac{Mv}{RT}. \tag{35}$$

Mv ist dann das Molarvolumen der Flüssigkeit.

Diese bereits Ziff. 14 erwähnte Beziehung wird Pressungseffekt genannt.

---

[1]) Solche Membranen sind in gewissen Fällen herstellbar.
[2]) Andernfalls wäre ein mittlerer Wert für d einzusetzen, oder — für völlig strenge
Betrachtung — wie für den Dampf ein Dichtegefälle einzuführen.

Wenn wir nun die Membran weglassen, also einfach ein Steigrohr eintauchen, so wird die Flüssigkeit gemäß ihrer Oberflächenspannung γ im Rohr bis zu einer bestimmten Höhe h aufsteigen, jetzt aber oben, wie bekannt, eine konkave Fläche haben[1]). Hier wird das Gewicht der Flüssigkeitssäule getragen durch die an der Randlinie des Meniskus wirkende Oberflächenkraft.

Der Rohrradius ist zunächst beliebig, wir wählen ihn der Einfachheit wegen so, daß der Meniskus nahezu als eine Halbkugel betrachtet werden darf.

Die Größe P der vorigen Formel stellt sich also hier als ein Zug oder negativer Druck dar; die Formel ist auf diesen Fall durchaus sinngemäß anwendbar und es folgt, daß die Krümmung des Meniskus für den Dampfdruckunterschied mitbestimmend ist. Diese Krümmung steht nun bei gegebenem Rohrradius r mit der Oberflächenspannung γ in Zusammenhang, und wenn wir nach der obengemachten Annahme einen kugelförmigen Meniskus haben, so ist nach der Kapillaritätstheorie

$$2\gamma = P \cdot r, \tag{36}$$

wo P der an der Oberfläche wirkende Druck, also die oben als Pressung definierte Größe ist. Danach wird also

$$d \ln p = P \frac{Mv}{RT} = \frac{2\gamma}{r} \cdot \frac{Mv}{RT}, \tag{37}$$

d. h., die Dampfdruckänderung ist, solange γ konstant bleibt, umgekehrt proportional dem Radius der Krümmung. Wird dieser negativ, so haben wir eine geschlossene Flüssigkeitskugel vor uns, und es ist dann an dieser der Dampfdruck größer als an der planen Fläche, weil er bei der inneren Krümmung kleiner war. Ein Tropfen oder jede gekrümmte Oberfläche eines Stoffes hat also größeren Dampfdruck als eine plane Fläche aus der gleichen Substanz, und um so größer, je kleiner ihr Radius ist.

Demnach muß auch die Löslichkeit einer gekrümmten Oberfläche — und als solche darf außer einer Tropfenoberfläche auch die unstetig gekrümmte Fläche eines beliebigen Kristallbruchstückes gelten — größer sein als die einer ebenen, und von zwei Körnern verschiedener Größe, also verschiedener Radien, näherungsweise als Kugeln betrachtet, muß das kleinere die größere Löslichkeit haben.

Dies konnte experimentell nachgewiesen werden. Wegen der Kleinheit des Effektes, der erst bei Korngrößen von $< 0,0001$ mm meßbar wird, eignet sich zum Nachweise die Messung einer elektromotorischen Kraft, die von dem betrachteten Stoffe abhängt.

Z. B. fand sich für die Kette[2])

$$\text{Hg} \,|\, \underset{\text{grob}}{\text{HgO}} + \text{KOH} \,|\, \text{KOH} + \underset{\text{fein}}{\text{HgO}} \,|\, \text{Hg}$$

eine elektromotorische Kraft von $0,685 \cdot 10^{-3}$ Volt.

Hieraus folgt das Verhältnis der Löslichkeit bzw. das der Dampfdrucke zu

$$0,685 \cdot 10^3 = 0,058 \cdot \log \frac{c_1}{c_2} = 0,058 \log \frac{p}{p_1}$$

oder

$$p : p' = 1,03.$$

---

[1]) Für nicht benetzende Stoffe (Hg) ist die Krümmung umgekehrt, aber auch die Steighöhe negativ.

[2]) COHEN, ZS. f. phys. Chem. Bd. 34, S. 69. 1900; OSTWALD, ebenda S. 485.

Dies würde mit Hilfe der Formel 37 die Berechnung von γ erlauben.

In analoger Weise läßt sich der Fall von Flüssigkeitstropfen verschiedener Größe behandeln, die in einer anderen Flüssigkeit suspendiert sind.

Der oben als „Pressung" definierte Druck ist wesentlich verschieden von dem, welcher in Ziff. 21 in seiner Wirkung auf die Löslichkeit betrachtet wurde. Er wirkt nur auf einen Teil des Systems, nicht wie jener auf das ganze Objekt.

23. Die gegenseitige Löslichkeit flüssiger Stoffe. Die oben Ziff. 10 besprochene Spaltung eines binären Gemisches in zwei flüssige Phasen ist wie jedes Löslichkeitsgleichgewicht von der Temperatur abhängig. Experimentell ist festgestellt, daß die „Mischungslücke" $\mu_1 - \mu_2$ (Abb. 5) bei Erhöhung der Temperatur sowohl größer als auch kleiner werden und beides sogar bei demselben Objekte eintreten kann.

Beispiele. Temperaturverlauf des Molenbruches μ. Der Index entspricht dem erstgenannten Stoffe.)

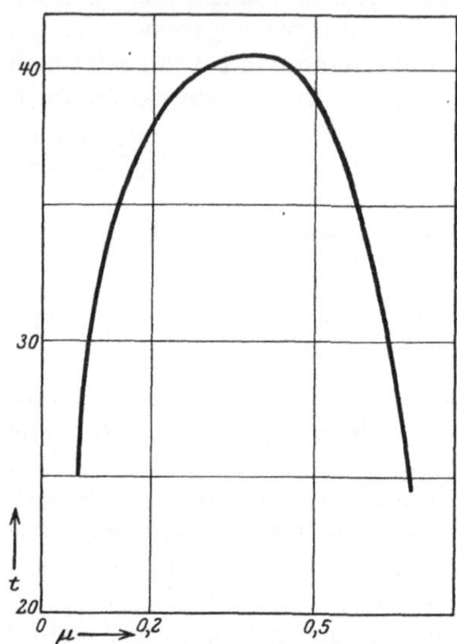

Abb. 23. Mischkurve Schwefel-kohlenstoff-Methylalkohol.

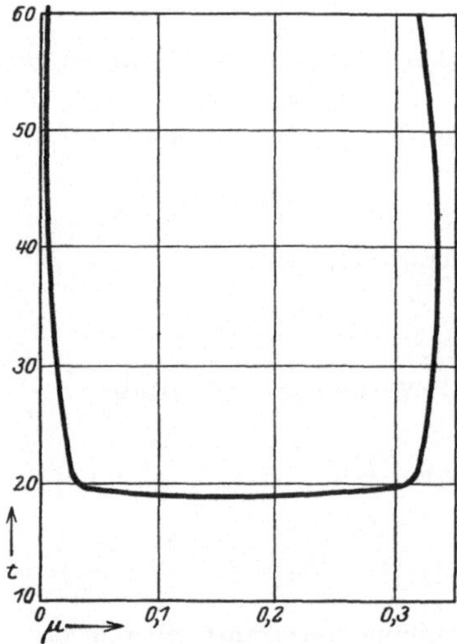

Abb. 24. Mischkurve Triäthyl-amin-Wasser.

Tabelle 13.

1. Schwefelkohlenstoff-Methylalkohol. Mischbarkeit.

t	μ_1	μ_2
25	0,072	0,672
30	0,086	0,638
32	0,101	0,617
34	0,122	0,592
35	0,135	0,575
36	0,152	0,562
38	0,195	0,527
40	0,283	0,462
40,6	0,375	0,375

Tabelle 14.

2. Triäthylamin-Wasser. Mischbarkeit.

t	μ_1	μ_2
18,6	0,161	0,161
20,0	0,0287	0,315
30,0	0,0109	0,336
40,0	0,0067	0,329
50,0	0,0052	0,323
60,0	0,0040	0,313

Das erste Beispiel zeigt den Fall einer „oberen kritischen Mischungstemperatur", das zweite den einer „unteren", das dritte eine geschlossene Kurve mit oberer und unterer kritischer Temperatur. Bei diesen Grenztemperaturen ist nur eine flüssige Phase vorhanden, liegen aber μ_1 und μ_2 näher an den Endordinaten, so zerfällt das Gemisch in zwei flüssige Anteile

Tabelle 15. 3. Nikotin-Wasser. Mischbarkeit.

t	μ_1	μ_2	t	μ_1	μ_2
61	0,0545	0,0545	160	0,0109	0,335
70	0,0163	0,165	180	0,0135	0,225
80	0,0109	0,241	190	0,0163	0,171
100	0,0089	0,335	200	0,0208	0,120
130	0,0089	0,332	208	0,0545	0,0545

von gleichem Totaldrucke. In diesem Falle wird also die Totaldruckkurve im Entmischungsintervall eine horizontale Gerade, und dasselbe muß auch für die Partialdrucklinien gelten. Denn wäre zwar der Totaldruck für zwei solche Phasen identisch, die Partialdrucke über der einen aber p_1 und p_2, über der anderen p_1' und p_2', so müßte für $p_1 > p_1'$ natürlich $p_2 < p_1'$ sein. Dann aber würde Destillation des einen Stoffes unter der Druckdifferenz $p_1 > p_2'$ in einer Richtung, des anderen unter $p_2' > p_2$ in der Gegenrichtung erfolgen, was immer weitere Entmischung, d. h. freiwillige Entfernung aus dem Gleichgewichtszustande bedeuten würde. Die Totaldrucke und Partialdrucke im Entmischungsintervalle, die also hiernach konstant sein müssen, können danach überhaupt nicht realisiert werden, da Metastabilität bei flüssigen Systemen bisher noch nicht

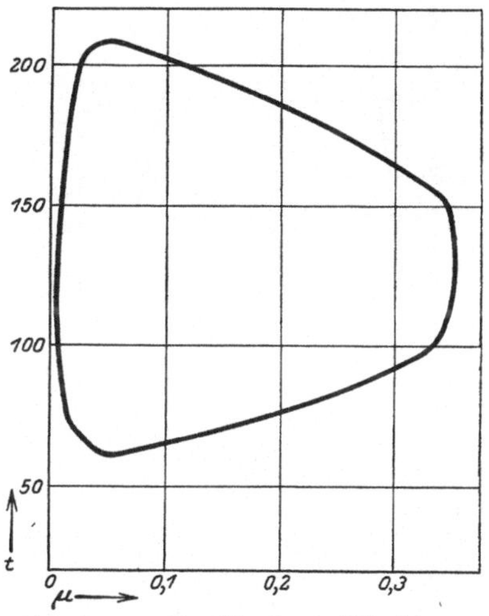

Abb. 25.   Geschlossene Mischkurve
Nikotin-Wasser.

beobachtet wurde, also die zu jenen Drucken gehörenden intermediären Gemische nicht existenzfähig sind. Wie schon oben Ziff. 12 bemerkt wurde, sind im Entmischungsintervall auch die Molenbrüche von Dampf und Kondensat einander gleich[1]) $(v = \mu)$; hieraus folgt für die Theorie der Destillation, daß diese Gemische mit konstanter Zusammensetzung destillieren, bis eines von ihnen verbraucht ist, falls eine obere kritische Mischungstemperatur besteht, wie in Abb. 23. Hat die Kombination dagegen eine untere kritische Temperatur, so bleibt das Gemisch als Rückstand, bis eine der Phasen verbraucht ist. Das Verhalten ist also das gleiche wie bei den homogenen Gemischen mit Maximal- oder Minimaldampfdruck, und es muß danach wahrscheinlich eine Kombination mit Dampfdruckmaximum durch hinreichend starke Temperaturerniedrigung in ein Entmischungsgebiet kommen und eine obere kritische Mischungstemperatur zeigen (Aceton-Schwefelkohlenstoff), falls nicht etwa vorher Erstarrung eintritt; bei einem Dampfdruckminimum ist das umgekehrte Verhalten zu erwarten (Aceton-Chloroform).

In Abb. 26 ist als Beispiel der Totaldruckverlauf von Schwefelkohlenstoff-Methylalkohol wiedergegeben; die obere kritische Temperatur liegt bei 40,6°, dem entsprechend zeigt die Kurve für 45° ein Maximum statt des geradlinigen Intervalls. Übrigens brauchen, wie oben Abb. 10 zeigt, die beiden Zweige von P nicht

---

[1]) Wenn die Dämpfe nicht ideale Gase sind, tritt statt v der Partialdruck ein, der mit μ nach Formel (4) zusammenhängt.

mit verschiedenen Vorzeichen von $\dfrac{dP}{d\mu}$ zu verlaufen, sondern der eine kann vom Intervall an steigen, der andere fallen.

Bei der Bildung eines im Entmischungsintervalle liegenden Gemisches tritt natürlich wie bei homogenen Gemischen eine Mischungswärme auf, deren Wert vom Molenbruch μ (und außerdem in geringem Maße von der Temperatur) abhängt.

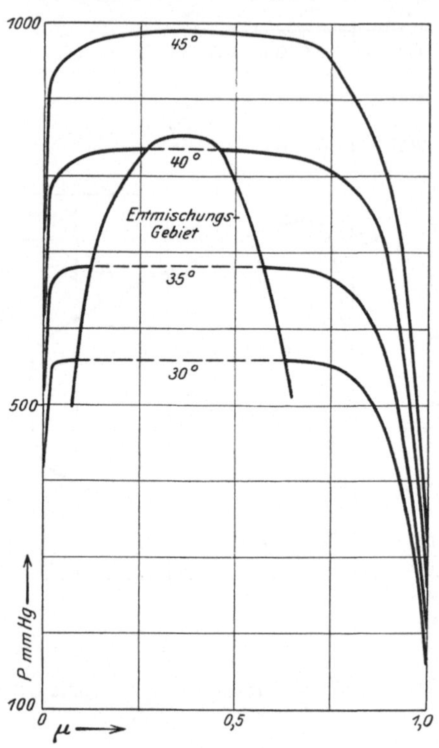

Abb. 26. Dampfdruck von Schwefel-kohlenstoff-Methylalkohol.

Einige Werte der ersten Lösungswärme, die also Mengenverhältnissen entsprechen, bei denen das Gemisch noch homogen ist, zeigt folgende Übersicht, in der ϱ angibt, wieviel Grammkalorien bei der Auflösung von 1 Mol des erstgenannten Stoffes in unendlicher Menge der zweiten frei werden (Tab. 16).

Diese Anfangsmischungswärmen sind nicht identisch mit den theoretischen Lösungswärmen, welche auftreten, wenn gerade die Mischungsverhältnisse der Mischbarkeitsgrenze gewählt werden. Nur diese aber kommen für die folgende thermodynamische Überlegung in Betracht. Ein Wechsel des Vorzeichens wurde z. B. beobachtet bei dem Gemische Wasser-Äthylalkohol, welches keine Mischungslücke hat. Bei 74° C wird durch kleinen Alkoholzusatz zu Wasser Wärme entwickelt, durch Zufügung von wenig Wasser zu viel Alkohol dagegen Wärme gebunden. Hiervon abgesehen zeigt die vorstehende Tabelle, daß, wenn ein Maximum der Dampfdruckkurve auftritt, bei der Mischung Wärme verbraucht, bei einem Minimum Wärme entwickelt wird. Die angeführten unvollständig mischbaren Kombinationen mit Mischungslücke zeigen gleichfalls ein Maximum und verbrauchen Wärme bei der Mischung. Danach ist für Kombinationen mit unterer kritischer Mischungstemperatur Dampfdruckminimum

Tabelle 16. Mischungswärmen ϱ in g/cal bei hoher Verdünnung.

Stoffe	ϱ	Bemerkungen
Benzol in Chlorkohlenstoff . . .	−0,12	Völlig mischbar, Dampfdruckmaximum
Chlorkohlenstoff in Benzol . . .	−0,16	,, ,, ,,
Äthylalkohol in Äthylacetat . . .	−1,80	,, ,, ,,
Äthylacetat in Äthylalkohol . . .	−1,15	,, ,, ,,
Äthylalkohol in Benzol	−4,0	,, ,, ,,
Benzol in Äthylalkohol	−0,36	,, ,, ,,
Chloroform in Schwefelkohlenstoff	−0,58	Unvollst. ,, ,,
Äthylalkohol in ,,	−1,60	,, ,, ,,
Aceton in Chloroform	+1,9	Völlig ,, Dampfdruckminimum
Chloroform in Aceton	+1,16	,, ,, ,,
Pyridin in Essigsäure	+6,5	,, ,, ,,
Chloroform in Äther	+2,0	,, ,, ,,
Äther in Chloroform	+2,1	,, ,, ,,

und Wärmeentwicklung bei der Mischung zu erwarten. Gemäß der Überlegung Ziff. 11 besteht ein thermodynamischer Zusammenhang zwischen Mischungswärme, Verdampfungswärme und Dampfdruck, und wenn die Mischung Wärme verbraucht, so wird die Verdampfungswärme vermindert, folglich steigt der Dampfdruck schwächer mit der Temperatur, als wenn die Verdampfungswärme linear mit dem Mischungsverhältnis variierte, die Mischungswärme also Null wäre. Setzen wir den Fall, daß die Mischungswärme ϱ gemäß Abb. 27 verlaufe, d. h. beim Zusammenbringen der reinen Komponenten zum Molenbruche μ Wärme verbraucht werde, und zwar bei mittleren Werten von μ ein Maximum von ϱ bestehe, so wird die Verdampfungswärme w (hier in willkürlichem Maßstabe dargestellt) konvex gegen die Abszisse verlaufen. Gemäß der CLAUSIUS-CLAPEYRONschen Gleichung

$$\frac{d \ln P}{dT} = \frac{w}{RT^2}$$

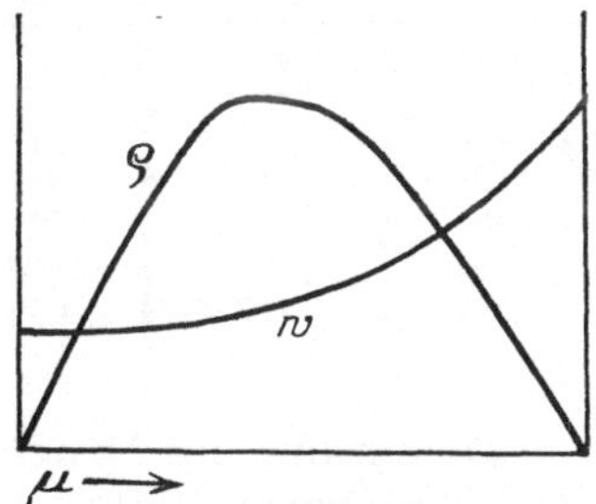

Abb. 27.   Mischungswärme ϱ und Verdampfungswärme w.

wird dann bei den mittleren Werten von μ der Dampfdruck stärker ansteigen als bei einer der reinen Komponenten, in besonderen Fällen auch stärker als bei beiden. Hat nun, was in solchen Fällen tatsächlich einzutreten pflegt, das Gemisch ein Dampfdruckmaximum im mittleren Gebiete, so wird dieses bei höherer Temperatur steiler werden. Bei Kombinationen mit einer Mischungslücke bedeutet dies natürlich Verengung der Mischungslücke, also Ansteigen der Mischbarkeit mit wachsender Temperatur oder Existenz einer oberen kritischen Mischbarkeit. Dies entspricht auch den Tatsachen (vgl. Ziff. 23 Anf.); und die anderen möglichen Fälle lassen sich durch analoge Überlegung behandeln.

Der Einfluß der Mischungswärme auf die Mischbarkeit ergibt sich — solange der Dampf noch ein einigermaßen ideales Gas ist — auch durch direkte Überlegung. In Ziff. 20 war gezeigt worden, daß die Löslichkeit eines Stoffes in einem Lösungsmittel bei steigender Temperatur wächst, wenn bei der Auflösung Wärme verbraucht wird. Wir betrachten nun die eine Phase eines beliebigen Gemisches mit zwei flüssigen Phasen, etwa ein Gemisch mit $\mu_1 = 0.25$, in Abb. 26. Wird beim Zufügen einer kleinen Menge des Stoffes B, auf den sich der Wert μ_1 bezieht, Wärme verbraucht, so muß die Löslichkeit von B im Gemisch zunehmen, wenn die Temperatur steigt, bei höherer Temperatur wird also μ_1 größer werden. Das gleiche gilt für die koexistente Phase mit μ_2 für den Stoff A: es muß $1 - \mu_2$ wachsen, also μ_2 abnehmen, wenn die Zumischung von A Wärme verbraucht. Dies bedeutet wieder Verengung der Mischungslücke bei Temperaturerhöhung und obere kritische Mischungstemperatur; Wärmeentwicklung auf beiden Seiten dagegen führt auf untere kritische Temperatur. Sind die Vorzeichen beider Seiten verschieden, so braucht eine Mischbarkeitsgrenzkurve nicht aufzutreten.

Diese Überlegung werde durch den Fall Methylalkohol-Schwefelkohlenstoff illustriert. Die Mischung erfolgt endotherm, so daß beim Mischen von μ Mol Alkohol mit $1 - \mu$ Mol Schwefelkohlenstoff ϱ cal ·gebunden werden.

Bei 30° koexistieren $\mu_1 = 0,086$ und $\mu_2 = 0,638$ (vgl. Tab. 13). Durch kurze Extrapolation finden wir, daß dann für $\mu_1 = 0,086$ 73, für $\mu_2 = 0,638$ 146 cal gebunden werden sollten. Der Effekt ist also auf beiden auf Seiten eine Wärmeaufnahme, und es muß die Mischbarkeit der Temperatur symbat sein, wie es tatsächlich gefunden wurde (vgl. Tab. 17).

Die Mischungswärme ist ihrerseits natürlich im allgemeinen von der Temperatur abhängig, jedoch nicht sehr stark. Bestimmt wird diese Veränderlichkeit noch durch die Differenz der Wärmekapazitäten vor und nach der Mischung. Ist diese Null, also die spezifische Wärme linear vom Mischungsverhältnis abhängig, so ist die Mischungswärme von der Temperatur unabhängig. In diesem Beispiele trifft das nicht genau zu. Bei quantitativer Rechnung folgt übrigens, daß bei μ_2, da hier ϱ zufällig doppelt so groß ist wie bei μ_1, auch die relative Veränderlichkeit größer ist, mithin die Mischungslücke mit wachsender Temperatur sich gegen kleinere Werte von μ verschiebt, was ebenfalls den Tatsachen entspricht (vgl. Abb. 26 und Tab. 13).

Tabelle 17.
Mischungswärme ϱ, Schwefelkohlenstoff-Methylalkohol.

μ	ϱ	μ	ϱ
0,0108	34,7	0,716	138
185	42,3	811	111
361	56,5	891	73,1
532	65,5	967	27,1
697	72,7	992	6,9

24. Einfluß des Druckes auf die Mischbarkeit. Wie bei der Löslichkeit eines homogenen Stoffes (s. Ziff. 21) ist dieser Effekt klein, bestimmt wird er auch hier durch die CLAUSIUS-CLAPEYRONsche Formel. Ist P der äußere Druck, Δv die Volumabnahme beim Mischen, μ der Molenbruch, ϱ die bei der Mischung aufgenommene Wärme, so gilt auch hier

$$\left(\frac{\partial P}{\partial T}\right)_\mu = \frac{\varrho}{T \cdot \Delta v}$$

und, wenn der Dampf als ideales Gas betrachtet werden darf,

$$\left(\frac{\partial \ln \mu}{\partial P}\right)_T = - \frac{\Delta v}{R T (1 - \mu) \left(\dfrac{\partial \ln p}{\partial \mu}\right)_T}. \tag{38}$$

Der Nenner ist stets negativ — im Grenzfalle der Gültigkeit des RAOULTschen Gesetzes — (vgl. Ziff. 21) gleich —1. Danach hat der Differentialquotient dasselbe Vorzeichen wie Δv. Tritt also bei der Mischung Kontraktion ein, so muß die Mischbarkeit durch Druck erhöht werden, d. h. es wird der Wert von μ begünstigt, der einem kleineren Gesamtvolumen entspricht als das ungedrückte System. Koexistieren die beiden Phasen mit μ_1 und $\mu_2 > \mu_1$, so wird Druckerhöhung ein System (μ_1', μ_2') herstellen, und es ist $\mu_1 < \mu_1'$ und $\mu_2 > \mu_2'$, wenn das Volumen des Systems (μ_1', μ_2') kleiner ist als das von (μ_1, μ_2). In diesem Falle wird also die Lücke verkleinert, d. h. die Mischbarkeit erhöht. Messungen von $\left(\dfrac{dT}{dP}\right)_\mu$ sind meist an dem Gemisch der kritischen Zusammensetzung ausgeführt worden. Einige dieser Zahlen seien hier angeführt. Die Drucke verstehen sich in Atmosphären.

Tabelle 18.
Änderung der kritischen Mischungstemperatur bei Druckerhöhung um 1 At.

Wasser-Phenol	$+0,004°$
„ -Anilin	$+0,009°$
„ -Triäthylamin	$+0,02°$
„ -Äthylencyanid	$-0,003°$
„ -Isobutylalkohol	$-0,03°$
„ -Nikotin	$+0,01°$
Äthan-Äthylalkohol	$+1,02°$
Hexan-Methylalkohol	$+0,03°$
„ -Anilin	$-0,012°$
„ -Nitrobenzol	$-0,015°$

III. Ternäre und höhere Systeme.

a) Verdünnte Lösungen.

25. Konstante Temperatur. Bei Systemen mit drei unabhängigen Bestandteilen sind die gleichen Erscheinungen zu behandeln wie bei binären. Auch sie lassen sich thermodynamisch durch Kombination der Formel von CLAUSIUS-CLAPEYRON mit einer Partialdruckbeziehung beherrschen, nur nimmt natürlich jede Beziehung eine weniger einfache Form an. Eine der DUHEM-MARGULES-NERNSTschen Gleichung entsprechende Beziehung erhält man leicht durch eine Überlegung, die der Ziff. 3 angestellten vollkommen entspricht und deshalb nicht erst nochmals abgeleitet zu werden braucht[1].

Sie lautet, wenn $\mu_1\,\mu_2\,\mu_3$ die Molenbrüche der drei Stoffe A, B, C und $p_1\,p_2\,p_3$ ihre Partialdrucke bezeichnen,

$$0 = \mu_1\,d\ln p_1 + \mu_2\,d\ln p_2 + \mu_3\,d\ln p_3\,. \tag{39}$$

Wenn P den Totaldruck bezeichnet und der Dampf als ideales Gas betrachtet werden darf, so sind die Molenbrüche im Dampfe $\nu_1\,\nu_2\,\nu_3$ gegeben durch

$$p_1 = \nu_1 P \qquad p_2 = \nu_2 P \qquad p_3 = \nu_3 P\,,$$

und es folgt daraus

$$0 = \mu_1\,d\ln \nu_1 + \mu_2\,d\ln \nu_2 + \mu_3\,d\ln \nu_3 + d\ln P\,. \tag{40}$$

Falls bei einer Änderung der Totaldruck konstant bleibt, wird also

$$0 = \mu_1\,d\ln \nu_1 + \mu_2\,d\ln \nu_2 + \mu_3\,d\ln \nu_3\,. \tag{41}$$

Die allgemeine Behandlung beliebiger ternärer Systeme wird im Artikel PH. KOHNSTAMM „Thermodynamik der Gemische", in diesem Bd. des Handb. gegeben. Wir beschränken uns hier auf einige Fälle von besonderem Interesse.

Wir ersetzen die Molenbrüche $\mu_1\,\mu_2\,\mu_3$ durch die Molzahlen $N_1\,N_2\,N_3$, so daß also

$$N_1\,d\ln p_1 + N_2\,d\ln p_2 + N_3\,d\ln p_3 = 0\,.$$

Wenn nun etwa der Fall eintritt, daß eine Veränderung von N_1 zwar p_3, nicht aber p_2 verändert, z. B. wenn einer Lösung, die anfangs gar kein A, sondern nur B und C enthielt, etwas von A zugesetzt wird, so ist natürlich $d\ln p_2 = 0$ und also

$$N_1\,d\ln p_1 = -N_3\left(\frac{dp_3}{p_3}\right)_{p_2} = \text{konst.}$$

oder

$$\mu_1\,d\ln p_1 = -\mu_3\,d\ln p_3 = -\mu_3\left(\frac{dp_3}{p_3}\right)_{p_2} = \text{konst.}\,, \tag{42}$$

was formal identisch ist mit der Beziehung (1) in Ziff. 3. [Es wird in diesem Falle auch p_1 durch eine Änderung von N_2 nicht beeinflußt werden, somit

$$\mu_2\,d\ln p_2 = -\mu_3\left(\frac{dp_3}{p_3}\right)_{p_1} = \text{konst.} \tag{42a}$$

gelten[2].]

---

[1] Über eine andere Ableitung vgl. G. N. LEWIS, Journ. Amer. Chem. Soc. Bd. 28.
[2] Andernfalls würde ein dem 1. Hauptsatz widersprechender Prozeß möglich sein.

Diese Formeln bedeuten gegenseitige Unabhängigkeit der Partialdrucke p_1 und p_2 voneinander[1]), man kann sie durch

$$\frac{d\ln p_1}{dN_2} = \frac{d\ln p_2}{dN_1} = 0 \tag{43}$$

ausdrücken.

Sie werden vornehmlich dann zutreffen können, wenn N_3 sehr groß gegen μ_1 und μ_2 ist, d. h. A und B sich in verdünnter Lösung in C befinden. Aus ihnen läßt sich nach ganz analogen Überlegungen wie oben, Ziff. 4, die Gültigkeit der Gesetze von Henry und von Raoult in der Form ableiten, daß

$$\left(\frac{p_1}{\mu_1}\right)_{p_2=\text{konst.}} = \text{konst.}, \qquad \left(\frac{p_2}{\mu_2}\right)_{p_1=\text{konst.}} = \text{konst.} \quad \text{(Henry)}$$

oder

$$(d\ln p_1)_{p_2=\text{konst.}} = d\ln\mu_1, \qquad (d\ln p_2)_{p_1=\text{konst.}} = d\ln\mu_2.$$

Daraus folgt weiter, da bei großem Überschusse von C ja

$$\mu_3 \approx 1 = \mu_1 + \mu_2 + \mu_3,$$

$$\mu_1\, d\ln\mu_1 + \mu_2\, d\ln\mu_2 = -d\ln p_3 = d\mu_1 + d\mu_2, \tag{44}$$

was bei hohen Verdünnungen mit

$$\mu_1 + \mu_2 = -d\ln p_2 \quad \text{(Raoult)}$$

übereinstimmt.

Demnach verhalten sich in diesem Falle die Wirkungen der Zusätze von A und B auf den Dampfdruck von C rein additiv, diese Additivität ist also eine Folge der Annahme, daß Änderung von μ_1 den Dampfdruck von B, Änderung von μ_2 den von A ungeändert läßt.

Diese Beziehung nennt man das Daltonsche Gesetz der Lösungen, weil die reine Additivität der Molenbrüche in enger Beziehung zu der Additivität der Drucke in einem Gasgemische steht. Da nämlich nunmehr mit der Summe $\mu_1 + \mu_2$ alle die oben, Ziff. 9, mit μ durchgeführten Ableitungen ebenso durchgeführt werden können und analoge Resultate liefern, in denen nur statt des Molenbruches oder der Konzentration eines in verdünnter Lösung befindlichen Stoffes die Summe dieser Werte für zwei Stoffe[2]) auftritt, so gilt dies auch für die oben erwähnte Größe des osmotischen Druckes, und man erhält also das Ergebnis, daß der totale osmotische Druck in diesem Falle gleich der Summe der osmotischen Einzeldrucke ist, was dem Daltonschen Summensatze für ideale Gase entspricht. Da der osmotische Druck eines Stoffes als $\pi = RT \cdot c$ geschrieben werden kann (vgl. Ziff. 9), wo c die räumliche Konzentration und bei großem Überschusse des „Lösungsmittels" dem Molenbruche proportional ist, so folgt also für unseren Fall

$$\pi = \pi_1 + \pi_2 \ldots = RT\,(c_1 + c_2 \ldots). \tag{45}$$

Dieser Zusammenhang wird weiterhin bei der Ableitung der Formel des chemischen Gleichgewichtes wiederkehren.

Wir sehen auch weiter, daß z. B. die Formel der Siedepunktserhöhung (Ziff. 6) verdünnter Lösungen

$$\mu = \Delta T \cdot \frac{W}{RT^2}$$

---

[1]) Demnach ist keine Arbeit nötig, um A in der Lösung von B zu trennen, d. h. die Lösungswärme von A im Gemisch ist gleich der in reinem C.

[2]) Ganz dasselbe gilt in analoger Erweiterung aller Formeln für beliebig viele Stoffe, die in großer Menge eines anderen verdünnt gelöst sind.

für unseren Fall übergeht in

$$\mu_1 + \mu_2 \ldots = \Delta T \cdot \frac{W}{RT^2}, \tag{46}$$

wo W die Verdampfungswärme des „Lösungsmittels" C ist[1]), und daß das gleiche für die Gefrierpunktserniedrigung gilt (Ziff. 7). Auch ist natürlich die Identifizierung des Lösungsmittelpartialdruckes p_3 mit dem Totaldrucke P an dieselben Voraussetzungen wie dort geknüpft.

Eine Komplikation tritt nur ein, wenn bei der Siedepunktserhöhung die gelösten Stoffe merklich mitverdampfen oder bei der Gefrierpunktserniedrigung merklich mit in feste Lösung gehen. Denn dann kann das natürlich für jeden von ihnen in individuell verschiedenen Verhältnissen geschehen; an Stelle der Differenz $\mu - \mu'$ in den Formeln tritt dann $(\mu_1 - \mu_1') + (\mu_2 - \mu_2') \ldots$

Unsere Bedingung der gegenseitigen Unabhängigkeit der Größen p_1 und N_2 bzw. p_2 und N_1 läßt sich übrigens auch anders ausdrücken. Verändern wir die Lösung durch Änderung von N_3, setzen also „Lösungsmittel" zu, ohne N_1 und N_2 zu ändern, so bedeutet dies natürlich relativ gleiche Änderung von N_1 und N_2, oder

$$d\ln\mu_1 = d\ln\mu_2 .$$

Dies kommt aber bei Gültigkeit des HENRYschen Gesetzes, die ja hier bestehen soll, auf

$$d\ln p_1 = d\ln p_2$$

hinaus, oder es wird

$$(\mu_1 + \mu_2)\, d\ln p_1 = -\,\mu_3\, d\ln p_3 \tag{47}$$

oder

$$-\,\mu_3\, d\ln p_3 = (1 - \mu_3)\, d\ln p_1 , \tag{47a}$$

d. h. wir erhalten wiederum die Formel des Partialdruckgesetzes für binäre Systeme und können ganz wie oben weiter verfahren.

Ein zweiter wichtiger Fall ist der, daß nicht

$$\frac{d\ln p_1}{d N_2} = \frac{d\ln p_2}{d N_1} = 0 ,$$

sondern

$$\frac{d\ln p_2}{d N_1} = \frac{d\ln p_3}{d N_1} . \tag{48}$$

Die Grundgleichung

$$d N_1\, d\ln p_1 + d N_2\, d\ln p_2 + d N_3\, d\ln p_3 = 0$$

geht dann über in

$$-\,d\ln p_1 = (d N_2 + d N_3)\,\frac{d\ln p_3}{d N_1}$$

oder

$$-\,d\ln p_1 = \frac{1 - \mu_1}{\mu_1} \cdot d\ln p_3 , \tag{49}$$

also wiederum in eine der Formel (1) (s. Ziff. 3) völlig gleichartige Beziehung. Sie sagt aus, daß die relativen Beeinflussungen der beiden Stoffe B und C durch Änderung der Menge von A einander gleich sind, und es folgt aus ihr, daß sich $B + C$ so verhält wie ein einheitlicher Stoff. Es bedarf keines Beweises dafür, daß dann dieselben vereinfachenden Annahmen, wie sie oben, Ziff. 4, gemacht

---

[1]) Alle anderen Wärmetönungen fallen, wie Ziff. 11 erwähnt, bei „ideal verdünnten" Lösungen weg.

wurden, die gleichen Konsequenzen für das „Lösungsmittelgemisch" aus B und C ergeben, mithin also das Gesetz von HENRY und das Gesetz des osmotischen Druckes bezüglich A und das Gesetz von RAOULT für die Erniedrigung der Dampfdrucksumme $p_2 + p_3$ resultieren, sowie auch, daß natürlich, wenn p_1 klein sowohl gegen p_2 wie gegen p_3, $p_2 + p_3 = P$ gesetzt werden darf.

Ein Beispiel für die Prüfung des HENRYschen Gesetzes in diesem Falle zeigt nebenstehende Tabelle[1] (Wasser $\mu_2 = 0{,}891$, Isobuttersäure $\mu_3 = 0{,}109$, gelöstes Gas Stickstoff [p_1 in mm Hg], Temperatur $23{,}0°$, h HENRY-Koeffizient).

Weiterhin werden auch die Gesetze der Löslichkeit und der Siedepunktserhöhung in genau der gleichen Gestalt herauskommen wie bei binären Gemischen. Diese Beziehungen bedürfen jedoch noch einer näheren Besprechung, weil in ihnen die latente Wärme W auftritt.

26. Temperaturabhängige Erscheinungen. α) Siedepunktserhöhungen in Gemischen. Wir erhalten wieder wie oben Ziff. 6 unter den gleichen Voraussetzungen

Tabelle 19.

Löslichkeit von Stickstoff in. Isobuttersäure-Wasser.

p_1 mm Hg	h HENRY-Koeffizient
246,2	0,0393
492,2	0,0393
563,6	0,0393
836,3	0,0400
867,3	0,0401

$$\frac{W}{RT^2} \cdot dT = d\ln P = d\ln p_2 \cdot \frac{\mu_1 - \nu_1}{\mu_1} \tag{49 a}$$

oder

$$\frac{W}{RT^2} \cdot dT = \mu_1 - \nu_1$$

resp.

$$\frac{W}{RT^2} \cdot dT = \mu_1,$$

wenn A nicht merklich verdampft, also ν_1 klein gegen μ_1 ist. Es fragt sich nun, was wir unter der Verdampfungswärme W zu verstehen haben. Sie ist erforderlich für die Verdampfung von so viel $B + C$, als der Menge N_1 von A im Gemisch entspricht; wir sahen aber schon früher (Ziff. 11), daß sie sich zusammensetzen muß aus den Verdampfungswärmen[2] $w_2 \cdot N_2$ von B und $w_3 N_3$ von C und den zur Trennung erforderlichen (negativen) Lösungswärmen ϱ_2 von B und ϱ_3 von C. Damit nun W den Wert behält, den es für das Gemisch $B + C$ allein ohne Zusatz von A hat, muß also $\dfrac{dW}{dN_1} = 0$ sein, mithin darf keine Lösungswärme von A hinzukommen.

Dies entspricht also wiederum der früheren Bedingung, daß eine Lösung sich nur dann wie eine „ideal verdünnte" verhalten, also den Lösungsgrenzgesetzen (HENRY, RAOULT usw.) folgen kann, wenn die Verdünnungswärme des „gelösten" Stoffes (A) Null ist. In gleicher Weise finden wir für die Löslichkeit (vgl. Ziff. 20), daß die dafür entwickelten Formeln auch für diese ternären Gemische gültig bleiben, falls die molare Lösungswärme für alle in Betracht gezogenen Konzentrationen von A konstant bleibt.

Als Beispiel für die Formel der Siedepunktserhöhung diene nebenstehende Tabelle[3].

Tabelle 20.

Molare Siedepunktserhöhung in Methylalkohol-Schwefelkohlenstoff.

m	Δt	E
0,0355	0,055	1,55
0,0752	0,125	1,66
0,134	0,220	1,64
0,171	0,280	1,64
0,215	0,345	1,60

---

[1] DRUCKER u. MOLES, ZS. f. phys. Chem. Bd. 75, S. 433. 1917.

[2] Diese sind natürlich nicht identisch mit denen für reine Komponenten, weil ja die Temperatur nicht gleich den Siedetemperaturen ist. Man muß also die Temperaturveränderlichkeit von w_2 und w_1 berücksichtigen.

[3] DRUCKER u. WEISSBACH, ZS. f. phys. Chem. Bd. 117, S. 209. 1925.

(Methylalkohol $\mu_2 = 0{,}368$, Schwefelkohlenstoff 0,632, Zusatz Diphenylamin, m Gramm pro Kilogramm Lösungsmittel), $E = \dfrac{RT^2}{W}$ berechnet zu 1,56.

β) **Gefrierpunktsänderungen.** Die Formel der Gefrierpunktserniedrigung in einem Gemische kann nicht die einfache Analogie zeigen wie die der Siedepunktserhöhung, weil ja die Dämpfe immer vollkommen mischbar sind, feste Phasen aber nicht. Es kann jedoch in manchen Fällen die gleiche Formel wie für einheitliche Lösungsmittel resultieren. Solches Verhalten wird z. B. eintreten, wenn wir die **Gefrierpunktserniedrigung in einem geschmolzenen Salzhydrate**, z. B. Glaubersalz $Na_2SO_4 \cdot 10H_2O$, untersuchen, das in der Lösung partiell in Salz und Wasser gespalten ist und deshalb formal als ein Gemisch zweier Stoffe betrachtet werden darf. Frieren aber, wie das gewöhnlich geschehen wird, Salz und Wasser als festes Hydrat in gleichen Verhältnissen aus, wie sie in der Lösung vorhanden sind[1]), so verhält sich die Salzschmelze wie ein einheitlicher Stoff. Thermodynamisch darf sie überhaupt auch als ein solcher betrachtet werden, da die Mengenverhältnisse der Komponenten durch stöchiometrische Beziehung aneinander gebunden sind, was formal das gleiche bewirkt wie unsere oben gemachten Spezialannahmen bezüglich der Partialdampfdrucke.

Beispiel[2]). Das Glaubersalz $Na_2SO_4 \cdot 10H_2O$ schmilzt bei 32,4°. Löst man in ihm kleine Mengen von Formamid $CONH_2$, g Gramm in 1 kg, so erhält man folgende Depressionen $\varDelta$, aus denen sich die Depressionskonstante $E = \dfrac{RT^2}{w}$ für 1 Mol/kg Zusatz ergibt.

Tabelle 21.

Molare Gefrierpunktserniedrigung von $Na_2SO_4 \cdot 10H_2O$.

g	$\varDelta$	E
5,57	0,407	3,29
8,54	0,619	3,27
11,25	0,809	3,23

Aus der spezifischen Schmelzwärme $w = 51{,}3$ cal/g erhält man $E = 3{,}62$; die Abweichung ist gering und hat Gründe sekundärer Art.

27. Erniedrigung der kryohydratischen Temperatur. Ist das Lösungsmittel aus B und C derart zusammengesetzt, daß bei Erreichung der Temperatur T beide Komponenten in reinem Zustande als „Kryohydrat" oder „Eutektikum" ausfallen, so wird diese Temperatur durch kleine Zusätze von A, welche nicht mit in die festen Phasen gehen, in folgender Weise erniedrigt, falls die Bedingung (48) gilt. Das reine Gemisch (aus N_2 Mol B und N_3 Mol C bestehend) erstarrt bekanntlich (vgl. Ziff. 15) derart, daß stets die ausfrierenden Mengen im Verhältnisse $N_2 : N_3$ stehen. Der Zusatz erniedrigt nun die Erstarrungstemperatur um dT, da aber seine Wirkung auf die Partialdrucke von B und C dieselbe sein soll, so frieren beide auch bei $T - dT$ im Verhältnis $N_2 : N_3$ aus.

Diese Depression muß nun den Partialdruckänderungen entsprechen, d. h. diese Drucke müssen — wie bei einheitlichen Lösungsmitteln — durch die Änderung um dT so vermindert werden, daß sie gleich den Dampfdrucken der entsprechenden festen Phasen werden, weil ja erst dann diese ausfallen können. Dies bedeutet, daß wie bei einheitlichen Lösungsmitteln die Partialdruckkurven durch den Zusatz parallel mit sich selbst verschoben werden, und folgt aus der angenommenen Gleichheit von $\dfrac{d\ln p_2}{dN_1}$ und $\dfrac{d\ln p_3}{dN_1}$, die die gegenseitige Unabhängigkeit der Wirkungen des Zusatzes auf beide Lösungsmittelkomponenten aus-

---

[1]) Das Gegenteil kann eintreten; dann muß natürlich bestimmt werden, in welchen Verhältnissen die Ausscheidung erfolgt, und die Formeln verlieren ihre Einfachheit.

[2]) Löwenherz, ZS. f. phys. Chem. Bd. 18, S. 70. 1895.

drückt. dT kann dargestellt werden durch

$$dT = \frac{RT^2}{w_2}\, d\ln p_2 = \frac{RT^2}{w_3}\, d\ln p_3 ,$$

wo w_2 und w_3 die molaren Schmelzwärmen sind (vgl. Ziff. 7).

Unsere Annahme ergibt nun für kleine Zusätze von A, da dann $d\ln p_1 \approx 1$ wird,

$$dN_1 = -dN_2\, d\ln p_2 - dN_3\, d\ln p_3 = (dN_2 + dN_3)\, d\ln p_3$$

und

$$\frac{dN_1}{dN_2 + dN_3} = \mu = -d\ln p_3 = \varDelta T\, \frac{w_2\, dN_2 + w_3\, dN_3}{RT^2} . \tag{50}$$

Der Ausdruck $w_2\, dN_2 + w_3\, dN_3 = W$, die molare Schmelzwärme des Kryohydrates, spielt also hier die gleiche Rolle wie bei einheitlichen Lösungsmitteln deren Schmelzwärme, und die Erniedrigung der kryohydratischen Temperatur folgt in unserem Spezialfalle dem gleichen Gesetz wie die Gefrierpunktserniedrigung einer binären Lösung.

Zu beachten ist, daß w_2 und w_3 auf die kryohydratische Temperatur bezogen werden müssen, nicht aber auf die Schmelztemperaturen der reinen Komponenten.

Der allgemeine Fall, daß keine der Vereinfachungen (43) und (48) gilt, gehört nicht mehr in das Gebiet der ideal verdünnten Lösungen. Indessen liegt doch auch hier noch relativ einfaches Verhalten vor, wenn μ_1 klein gegen μ_2 und μ_3 ist, der Partialdruck p_1 neben den beiden anderen vernachlässigt werden darf, und die Dämpfe sich wie ideale Gase verhalten.

28. Verdünnte nicht ideale Lösung in Lösungsmittelgemischen. Für die Siedepunktserhöhung erhält man hier folgendes.

Wenn das aus B und C bestehende Lösungsmittel für sich betrachtet wird, muß nach Ziff. 3 gelten

$$0 = \mu_2\, d\ln p_2 + \mu_3\, d\ln p_3 .$$

Setzt man eine sehr kleine Menge von A zu, so würden zunächst μ_2 und μ_3 ihre Werte unverändert behalten und im Falle der Annahme Ziff. 25, daß

$$\frac{d\ln p_2}{dN_1} = \frac{d\ln p_3}{dN_1} ,$$

würde wie oben

$$\mu_1\, d\ln p_1 = d\mu_1 = \frac{W}{RT^2}\, dT = \frac{dT}{E} \quad \left(\text{oder } \mu_1 = \frac{\varDelta T}{E} = \mu_2\, d\ln p_3 + \mu_3\, d\ln p_3\right).$$

Nun wird aber hier, da diese Annahme wegfällt, statt p_2 und p_3 zu setzen sein

$$p_2' = \frac{p_2}{\alpha_2} \quad \text{und} \quad p_3' = \frac{p_3}{\alpha_3} , \tag{51}$$

da ja die Partialdrucke sich gegen einander verschieben werden. Diese Reduktionsfaktoren sind natürlich, da $p_2 + p_3 = p_2' = p_3' = P$, voneinander abhängig, und zwar ist, wie man leicht findet

$$\alpha_2 = \frac{\alpha_3\, p_2}{P\alpha_3 - p_3} \quad \text{oder} \quad \alpha_3 = \frac{\alpha_2\, p_3}{P\alpha_2 - p_2} . \tag{52}$$

Es folgt also

$$-\mu_1\, d\ln p_1' = \mu_2\, d\ln p_2' + \mu_3\, d\ln p_3' = \mu_2\, d\ln p_2 + \mu_3\, d\ln p_3 - \mu_2\, d\ln \alpha_2 - \mu_3\, d\ln \alpha_3 ,$$

$$= -\left(\frac{W}{RT^2}\, dT - \mu_2\, d\ln \alpha_2 - \mu_3\, d\ln \alpha_3\right). \tag{52a}$$

Machen wir nun die — streng genommen nicht zulässige — Annahme $d\ln p_1' = d\ln p_1$, d. h. $d\ln\alpha_1 = 0$, so erhalten wir für kleine endliche Werte von μ_1

$$\mu_1 = \frac{\Delta T}{E}\,(1 - \xi)\,, \tag{53}$$

wo

$$\xi = E\left(\mu_2\,\frac{d\ln\alpha_2}{dT} + \mu_3\,\frac{d\ln\alpha_3}{dT}\right) \tag{54}$$

$\dfrac{\mu_1}{\Delta T} = \dfrac{1}{E'}$ wird tatsächlich anstatt $\dfrac{1}{E}$ beobachtet, ist mithin bekannt, und so folgt

$$\xi = 1 - \frac{E}{E'}\,. \tag{55}$$

Hieraus kann man die Größen α_2 und α_3 berechnen, die außerdem durch direkte Untersuchung des Dampfes bestimmt werden können.

Die Vernachlässigung von $d\ln\alpha_1$ muß sich bei der Messung in einer geringen Konzentrationsabhängigkeit von E' bemerklich machen (vgl. unten), während bei idealer Verdünnung das HENRYsche Gesetz streng gelten und E konstant sein würde. Die Größe W in 52a hat natürlich die gleiche Bedeutung wie in 49a Ziff. 26, d. h. sie setzt sich, wie dort dargelegt wurde, aus den Verdampfungs- und Mischungswärmen zusammen. Der Ausdruck ξ [Formel (54)] entspricht also einer zusätzlichen Wärmetönung $\lambda_2 + \lambda_3$, wo

$$\lambda_2 = RT\,\mu_2\,d\ln\alpha_2\,, \qquad \lambda_3 = RT\,\mu_3\,d\ln\alpha_3\,, \tag{56}$$

und es folgt, daß diese Größe $\lambda_2 + \lambda_3$ ein Maß der Verdünnungswärme von A in dem konstant zusammengesetzten Gemische $B + C$ sein muß. Hieraus ist ebenfalls zu ersehen, daß derartiges Verhalten nicht bei ideal verdünnten Lösungen vorkommen kann.

Beispiel[1]). Lösungsmittel Methylalkohol ($\mu_2 = 0{,}795$) + Schwefelkohlenstoff ($\mu_3 = 0{,}205$). Zusatz Diphenylamin. E berechnet zu $0{,}95$.

Tabelle 22.

Relative Partialdruckänderung durch nichtflüchtige Zusätze.

m	ΔT	E'	α_2	α_3	$\dfrac{1-\alpha_2}{m}$	$\dfrac{1-\alpha_3}{m}$
0,0546	0,205	3,75	0,991	1,004	+ 0,16	− 0,07
0,0874	0,321	3,68	0,985	1,006	+ 0,17	− 0,07
0,137	0,485	3,55	0,981	1,007	+ 0,14	− 0,05
0,204	0,712	3,49	0,968	1,014	+ 0,16	− 0,07

In den beiden letzten Kolumnen stehen zwei Ausdrücke, die, wie man sieht, praktisch konstant sind. Sie stellen den molaren Einfluß des Zusatzes auf die Veränderung der Partialdrucke p_2 und p_3 dar und bedeuten also die molare Beeinflussung der „Dampflöslichkeiten", sind mithin gleichbedeutend mit „Aussalzeffekten" (vgl. Ziff. 29). Die Abweichung des speziellen Falles (48) (Ziff. 25) vom allgemeinen Falle erweist sich somit formal ganz analog der bei dem Spezialfalle (43) (Ziff. 25) auftretenden. Man kann ja auch die soeben erwähnten Verdünnungswärmen von A als Veränderungen der Verdampfungswärmen (Dampflöslichkeitswärmen) von B und C auffassen.

---

[1]) Vgl. DRUCKER u. WEISSBACH, zitiert auf S. 452. m bedeutet Mol pro Kilogramm Lösungsmittel, entsprechend ist W auf diese Maßeinheit bezogen.

29. Verdünnte Lösung mehrerer Stoffe im gleichen Lösungsmittel. Eine Vereinfachung des allgemeinen Falles tritt auch ein, wenn μ_1 und μ_2 klein gegen $\mu_3 \approx 1$ sind. Ganz analog wie oben erhält man dann

$$- \mu_3 \, d\ln p_3' = \mu_1 \, d\ln p_1' + \mu_2 \, d\ln p_2'$$
$$= \mu_1 \, d\ln p_1 + \mu_2 \, d\ln p_2 - \mu_1 \, d\ln \alpha_1 - \mu_2 \, d\ln \alpha_2. \qquad (57)$$

Bezüglich Siedepunktserhöhung — und hier auch Gefrierpunktserniedrigung, falls das „Lösungsmittel" C rein ausfriert — erhalten wir wie oben

$$- \mu_3 \, d\ln p_3' = \frac{\Delta T}{RT^2} \, w \, (1 - \xi) = \frac{\Delta T}{E} \, (1 - \xi), \qquad (58)$$

wo ξ wie oben durch

$$\frac{RT^2}{w} \left(\mu_1 \frac{d\ln \alpha_1}{dT} + \mu_2 \frac{d\ln \alpha_2}{dT} \right)$$

definiert ist und die Größen α_1 und α_2 ebenfalls voneinander abhängig sind. Die experimentell feststellbare Größe $- \mu_3 \, d\ln p_3' = \dfrac{dT}{E'}$ (vgl. oben) erlaubt also wiederum die „Anomaliekoeffizienten" α_1 und α_2 zu berechnen, und wie früher bedeuten $RT \, d\ln \alpha_1$ und $RT \, d\ln \alpha_2$ Verdünnungswärmen der „gelösten" Stoffe A und B. Wenn diese beide praktisch keinen Dampfdruck haben, wird auch p_3 gleich dem Totaldrucke.

Für die simultane Löslichkeit zweier Stoffe A und B in demselben Lösungsmittel C gilt die ganz analoge Überlegung. Die Partialdampfdrucke von A und B sind nicht mehr proportional den Molenbrüchen. Da die Dampfdrucke durch die Bedingung der Sättigung auf die bestimmten Werte der Dampfdrucke P_1 und P_2 festgelegt sind, die bei der Temperatur T über reinem A und B bestehen, so können μ_1 und μ_2 nicht mehr willkürlich verändert werden. Sie sind also gegenseitig abhängig voneinander, d. h. die Veränderung der Löslichkeit von B bei Gegenwart von A bedingt auch Löslichkeitsveränderung von A durch B[1]).

Dies ist der Fall der „Aussalzwirkung" zweier in großer Menge eines dritten gelöster Stoffe aufeinander.

b) Lösungen im zweiphasig-flüssigen Systeme.

30. Der Verteilungssatz. Die vorstehenden allgemeinen und besonderen Beziehungen werden nicht geändert, wenn die Lösung inhomogen wird (vgl. Ziff. 23), also etwa zwei Lösungsphasen bildet. Denn diese sind nur dann miteinander im Gleichgewicht, wenn sie ohne Veränderung nebeneinander bestehen können, also auch neben der gemeinsamen Gasphase. Dann hat aber der Partialdruck jedes Bestandteils immer gleichen Wert, und wir können jede für sich in Zusammenhang mit der Gasphase betrachten; was für die eine gilt, trifft notwendig auch für die andere zu. Doch sind natürlich, eben weil sie verschiedene Phasen sind, die Molenbrüche verschieden.

Wenn nun in einem ternären Systeme aus A, B, C wieder der Fall eintritt, daß zwei Stoffe B und C in großen Mengen vorhanden sind, der dritte aber nur in sehr geringer, so werden für diesen oft die idealen Grenzgesetze der Lösungen

---

[1]) Über den experimentellen Nachweis dieser Beziehung vgl. Rothmund u. Wilsmore, ZS. f. phys. Chem. Bd. 40, S. 610. 1902.

(vgl. Ziff. 4 ff.) gelten. Der HENRYsche Satz lautet dann bezüglich A in beiden Phasen

$$\frac{p_1}{\mu_1} = H_1, \qquad \frac{p_1}{\mu_1'} = H_1'$$

oder

$$\frac{\mu_1}{\mu_1'} = \frac{H_1'}{H_1} = h = \text{konst.} \tag{59}$$

(BERTHELOT-NERNSTscher Verteilungssatz).

Dies gilt, solange die Voraussetzung der idealen Verdünnung zulässig ist, anderfalls werden H_1 und H_1' Konzentrationsfunktionen, und h braucht nicht konstant zu bleiben. Da aber dann nach Ziff. 28 auch die Partialdrucke von B und C verändert werden, so folgt eine Veränderung des ganzen Systems derart, daß die Molenbrüche von B und C in beiden Phasen sich verändern. Diesen Einfluß eines Zusatzes (A) auf die Mischbarkeit zweier Stoffe B und C werden wir weiter unten näher besprechen.

Besonders wichtig wird der Verteilungssatz, wenn die beiden „Lösungsmittel" B und C ineinander sehr wenig löslich sind, wie z. B. Benzol und Wasser. Denn dann werden die HENRY-Koeffizienten H_1 und H_1' identisch mit den für die beiden reinen Lösungsmittel B und C geltenden Werte, so daß der Verteilungskoeffizient h direkt deren Verhältnis liefert. Dies erlaubt z. B., den Partialdruck von A über B zu berechnen, wenn dieser für eine hinreichend verdünnte Lösung wegen zu geringer Größe der Messung nicht zugänglich wäre, für höhere Konzentration aber das HENRYsche Gesetz nicht mehr gelten würde. Man bestimmt dann den anderen HENRY-Koeffizienten über A, falls er gut meßbar ist, und außerdem die Verteilung verdünnter Lösungen von A zwischen B und C. Z. B. kann A Propylalkohol, B Benzol und C Wasser oder A Chlor, C Tetrachlorkohlenstoff, B Wasser sein.

Als Beispiel diene die Verteilung von Brom zwischen Schwefelkohlenstoff (S) und Wasser (W) bei 25°. Die Molenbrüche sind durch die ihnen hier proportionalen Konzentrationen (Mol/Liter) ersetzt.

<table>
<tr><td colspan="3">Tabelle 23.
Verteilung von Brom zwischen Schwefelkohlenstoff
(S) — Wasser (W)
Mol/Liter</td></tr>
<tr><td>S</td><td>W</td><td>$S:W$</td></tr>
<tr><td>0,7750</td><td>0,01015</td><td>76,4</td></tr>
<tr><td>1,470</td><td>0,01910</td><td>77,0</td></tr>
<tr><td>2,635</td><td>0,03467</td><td>76,0</td></tr>
<tr><td>4,063</td><td>0,05194</td><td>78,2</td></tr>
</table>

<table>
<tr><td colspan="3">Tabelle 24.
Verteilung von $HgCl_2$ zwischen Toluol (T) — Wasser (W)
Mol/Liter</td></tr>
<tr><td>T</td><td>W</td><td>$\dfrac{W}{T}$</td></tr>
<tr><td>0,05230</td><td>0,004692</td><td>11,14</td></tr>
<tr><td>0,03910</td><td>0,003537</td><td>11,06</td></tr>
<tr><td>0,02660</td><td>0,002412</td><td>11,03</td></tr>
<tr><td>0,01953</td><td>0,001777</td><td>10,98</td></tr>
<tr><td>0,01059</td><td>0,000965</td><td>10,98</td></tr>
</table>

Trotz der Größe von S, die einem Molenbruche von etwa 0,2 entspricht, trifft hier das Gesetz noch zu.

Ein Beispiel für solche Fälle, wo der Partialdruck von A über beiden Phasen unmeßbar klein ist, also nur der Koeffizient h gemessen werden kann, zeigt die Verteilung von Merkurichlorid zwischen Toluol (T) und Wasser (W) bei 25° (ebenfalls Mol/Liter). (Der schwache Gang ist vermutlich reell, aber durch sekundäre Umstände erklärbar.)

Zwischen festen und flüssigen Lösungen besteht auch hier formal kein Unterschied.

Beispiele für die Gültigkeit des Verteilungssatzes sind auch die Ziff. 7 und 8 angeführten Messungen der Erniedrigung von Gefrier- und Umwandlungspunkt bei Vorhandensein des gelösten Stoffes in beiden Phasen. In den dort angeführten Fällen kann die Berechnung nur dann richtig sein, wenn die Differenz der Molenbrüche (bzw. Konzentrationen) $\mu - \mu'$ sich ausdrücken läßt durch

$$\mu - \mu' = \mu\left(1 - \frac{\mu'}{\mu}\right) = \mu\,(1 - h) \tag{60}$$

und also h eine Konstante, d. h. der BERTHELOTsche Koeffizient ist. Bei Inkonstanz von h würde die Ersetzung von μ' durch einen konstanten Bruchteil $h\,\mu$ von μ unzulässig sein und jene Rechnungsweise den Formeln nicht genügt haben.

In solchen Fällen führt bei verdünnten Lösungen fast immer die Annahme zur Erfüllung des Verteilungssatzes, daß der gelöste Stoff in beiden Phasen verschiedenes Molargewicht habe und also die Molenbrüche unrichtig angenommen seien. Dies ist z. B. der Fall, wenn der gelöste Stoff eine Dissoziation oder Assoziation erfährt. Dissoziation liegt vor bei der Verteilung von schwefliger Säure zwischen Wasser und Chloroform[1]). Das Wasser enthält H_2SO_3 und die Ionen HSO_3' und $H^{\cdot}$, das Chloroform dagegen hauptsächlich SO_2. Da H_2SO_3 im Wasser zu einem Teile in H_2O und SO_2 gespalten ist, so hat man die Verteilung auf diesen beiden Phasen gemeinsamen Bestandteil zu beziehen, und der HENRYsche Satz lautet dann (c_2 Konz. von SO_2 in Wasser, Z in Chloroform)

$$\frac{c_2}{Z} = \varkappa'\,.$$

Da aber in Wasser H_2SO_3 proportional zu SO_2 sein muß, weil Wasser in großem Überschusse vorhanden ist und somit nach dem Massenwirkungsgesetze (vgl. unten Ziff. 33)

$$\frac{C_{H_2O} \cdot C_{SO_2}}{C_{H_2SO_3}} = k\,\frac{C_{SO_2}}{C_{H_2SO_3}},$$

so ist auch

$$\frac{C_{H_2SO_3}}{Z} = \varkappa = \text{konst.}$$

Wenn für die elektrolytische Dissoziation $H_2SO_3 \rightleftarrows HSO_3' + H^{\cdot}$ ebenfalls das Massenwirkungsgesetz gilt, so folgt, da $C_{HSO_3'} = C_{H^{\cdot}}$ sein muß, bei Ersetzung der Konzentrationen durch den Dissoziationsgrad und die Gesamtkonzentration in Wasser $C\,(1 - \alpha) = C_{H_2SO_3}$, $C_\alpha = C_{H^{\cdot}} = C_{HSO_3'}$, daß

$$\varkappa \cdot Z = C\,(1 - \alpha) = \frac{C^2\,\alpha^2}{k},$$

C und Z sind bestimmbar, und man erhält durch Zusammenziehung

$$\sqrt{k \cdot \varkappa \cdot \vartheta} + \varkappa\,\sqrt{Z} = \frac{C}{\sqrt{Z}},$$

woraus mit zwei zusammengehörigen Werten von C und Z die Konstanten k und $\varkappa$ berechnet werden können.

Dies konnte an Versuchen bestätigt werden[2]). Tritt eine Assoziation ein, wie z. B. bei Salicylsäure oder Benzoesäure in Benzol[3]), so ist die nämliche Überlegung anzustellen.

---

[1]) Uc. CRAE und WILSON, ZS. f. anorg. Chemie Bd. 35, S. 11. 1903.
[2]) Vgl. DRUCKER, ZS. f. phys. Chem. Bd. 49, S. 579. 1904.
[3]) NERNST, ZS. f. phys. Chem. Bd. 8, S. 121. 1891.

In beiden Fällen zeigte sich die Zulässigkeit der Annahme inkonstanten „Molargewichtes" mit Hilfe anderer Methoden, z. B. der kryoskopischen. Diese muß ja beim — reellen oder scheinbaren — Versagen des HENRYschen Satzes ebenfalls anomale Resultate liefern, und zwar quantitativ in Zusammenhang mit der Abweichung vom HENRY-BERTHELOTschen Gesetze, und das ist auch in dem theoretisch zu berechnenden Maße der Fall.

Sehr komplizierte Fälle, wie die Verteilung von Dichloressigsäure zwischen Wasser und Benzol, die im ersten Medium partiell dissoziiert, im zweiten partiell assoziiert ist, lassen sich zwar analog ansetzen, aber nur mit Hinzuziehung einer zweiten Methode berechnen[1]).

31. Einfluß von Zusätzen auf die Mischbarkeit. Wenn zwei Stoffe B und C partiell mischbar sind, so entsteht (vgl. Ziff. 23) ein Zweiphasengemisch. Zusatz eines dritten Stoffes A, der sich zwischen beiden verteilt, hat auf die relativen Molenbrüche der Phasen keinen Einfluß, solange die in Ziff. 30 erwähnte Vereinfachung gilt, mithin sein Verteilungskoeffizient konstant bleibt. Ist dies aber nicht der Fall, so sind die Molenbrüche μ_2, μ_3 von B und C in der einen und μ_2' und μ_3' in der anderen von der Menge des Zusatzes abhängig; und es kann auch, wenn man sehr viel A zusetzt, schließlich eine homogene Lösung entstehen. Andererseits ist das Mischungsverhältnis $\mu_2 : \mu_3$ bzw. $\mu_2' : \mu_3'$ auch von der Temperatur abhängig, mithin kann bei einem solchen System unter Umständen durch Temperaturänderung die durch den Zusatz von A bewirkte Änderung der Zusammensetzung rückgängig gemacht werden.

Wenn speziell μ_2 und μ_3, μ_2', μ_3' so gewählt sind, daß sie bei einer bestimmten Temperatur T_0 gerade paarweise einander gleich werden, d. h. $\mu_2 = \mu_2'$, $\mu_3 = \mu_3'$, so befindet sich das binäre Gemisch B, C auf der Zustandslinie der Abb. 23 bis 35, welche die Mischbarkeitsgrenze darstellt. Angenommen nun, ein Zusatz von A verschiebe die vier Molenbrüche so, daß das erst homogene Gemisch in das Gebiet der Heterogenie gelangt, so wird es möglich sein, eine andere Temperatur T zu finden, bei der das jetzt ternäre Gemisch wieder eben homogen wird, und so kann man die Temperaturdifferenz $T - T_0$ mit der zugesetzten Menge von A in Beziehung setzen. Man nennt diese Differenz die Verschiebung der Mischungstemperatur. Ebenso kann ein kleiner Zusatz von A auch ein eben noch nicht homogenes Gemisch homogen machen und dieser Effekt gleichfalls durch eine Temperaturänderung ausgeglichen werden. Ob die Differenz $T - T_0$ positiv oder negativ ist, hängt erstens spezifisch von dem Zusatze, zweitens auch von den absoluten Werten von μ_2, μ_3 ... und endlich davon ab, ob die Mischbarkeitskurve von B und C einen oberen oder einen unteren kritischen Punkt hat, d. h. konvex oder konkav gegen die Achse der Molenbrüche verläuft (Abb. 23 bis 35).

Maßgebend werden also die Größen α_1, α_2, α_3 der Formeln (52ff.) sein, eine allgemeine Theorie läßt sich aber zurzeit noch nicht geben. Doch hat sich bisher in einer beträchtlichen Anzahl von Fällen gezeigt, daß ein und dasselbe Gemisch von B und C durch kleine Mengen von A diesen nahe proportionale Verschiebungen $T - T_0$ erfährt, dies bedeutet, daß die Größen α (Ziff. 28) ihrerseits zwar nicht wie bei ideal verdünnten Lösungen gleich 1 sind, aber einfache Beziehungen zu den Molenbrüchen haben. Erfahrungsgemäß tritt dieser Fall dann ein, wenn A in reinem B sehr gut, in dem anderen Stoffe C dagegen schwer löslich ist. Er pflegt dann eine über die vom RAOULTschen Gesetz (Ziff. 4) geforderte, wesentlich hinausgehende Dampfdruckerniedrigung von B, und — bei ungefähr konstantem Totaldrucke — eine Dampfdruckerhöhung von C zu bewirken, was im Sinne der Ausführungen von Ziff. 29 als eine negative und eine positive Aussalzwirkung auf-

---

[1]) Vgl. DRUCKER, ZS. f. phys. Chemie, Bd. 49, S. 579. 1904.

zufassen ist. Ist dagegen A in B und C ungefähr gleich gut löslich, so wird auch die Anomalie der Partialdruckveränderung ungefähr die gleiche sein, d. h. die Größen α werden einander weitgehend kompensieren, und die Aussalzwirkung oder Mischbarkeitsveränderung wird sehr klein, ja unter Umständen negativ[1]).

Einige Beispiele werden dies erläutern.

Das kritische Gemisch Methylalkohol-Schwefelkohlenstoff (vgl. Ziff. 23), das bei 40,5° eben homogen wird, hat den Molenbruch 0,367 des Alkohols. Zusatz von m Millimol Wasser pro Kilogramm Gemisch macht es inhomogen, durch Erhöhung der Temperatur um $\varDelta°$ wird es wieder homogen gemacht.

<table>
<tr><td colspan="3">Tabelle 25.
Erhöhung der Mischtemperatur des kritischen Gemisches Schwefelkohlenstoff-Methylalkohol durch m Millimol Wasser.</td></tr>
<tr><td>m</td><td>$\varDelta$</td><td>$\dfrac{\varDelta}{m}$</td></tr>
<tr><td>32</td><td>2,89</td><td>0,090</td></tr>
<tr><td>39</td><td>3,43</td><td>0,090</td></tr>
<tr><td>88</td><td>7,73</td><td>0,088</td></tr>
</table>

<table>
<tr><td colspan="3">Tabelle 26.
Erniedrigung der Mischtemperatur Schwefelkohlenstoff-Wasser durch m Millimol Diphenylamin.</td></tr>
<tr><td>m</td><td>$\varDelta$</td><td>$\dfrac{\varDelta}{m}$</td></tr>
<tr><td>0,94</td><td>−0,06</td><td>−0,06</td></tr>
<tr><td>1,83</td><td>−0,12</td><td>−0,060</td></tr>
<tr><td>3,99</td><td>−0,24</td><td>−0,060</td></tr>
<tr><td>6,76</td><td>−0,46</td><td>−0,068</td></tr>
</table>

Das in CS_2 sehr wenig, in Alkohol aber sehr gut lösliche Wasser erhöht also die obere kritische Mischungstemperatur, Diphenylamin dagegen, welches in den beiden Lösungsmitteln zwar nicht ganz, aber viel näher gleich löslich ist als Wasser, gibt eine Depression der Mischungstemperatur, wie Tabelle 26 zeigt.

Die Effekte jedes beliebigen Zusatzes hängen, wie erwähnt, auch von der Zusammensetzung des Gemisches B, C ab, und zwar nicht nur nach der Größe, sondern auch betreffs des Vorzeichens.

Der Zusammenhang mit den durch A bewirkten Partialdruckänderungen ist experimentell festgestellt. Ziff. 26 wurde an einem Gemische von $\mu_2 = 0,368$ des Methylalkohols mit $\mu_3 = 0,632$ Schwefelkohlenstoff die Gültigkeit der Formel (49a) nachgewiesen, welche der relativ gleichen Partialdruckverschiebung von B und C durch A (Diphenylamin) entspricht. Mischt man jedoch die gleichen Komponenten im Verhältnis $\mu_2 = 0,795$, $\mu_3 = 0,705$, so erhält man durch Diphenylaminzusatz nicht die berechnete Siedepunktserhöhung, sondern eine viel größere. In Ziff. 28 wurden daraus die Größen α_2 und α_3, die relativen Partialdruckänderungen der Lösungsmittelkomponenten, berechnet, die hier auf eine Vermehrung des Alkoholpartialdruckes p_2 und Verminderung des anderen Druckes p_3 hinweisen. Diphenylamin erniedrigt auch in diesem Gemische die Mischungstemperatur. Natriumjodid dagegen, für welches sich aus den ebullioskopischen Bestimmungen die umgekehrte Veränderung der Partialdrucke ergab, erhöht die Mischungstemperatur.

Aus dem Vorstehenden geht so viel hervor, daß auf Grund der Partialdruckbeziehungen und des Clausius-Clapeyronschen Satzes sowie der damit, wie gezeigt, in Zusammenhang stehenden Lösungs- und Verdünnungswärmen eine formale Beherrschung der Erscheinungen möglich ist.

32. Löslichkeitserniedrigung eines flüssigen Stoffes in einem anderen[2]). Die soeben besprochene Partialdruckverschiebung ist in einem speziellen Falle

---

[1]) Literatur bei Timmermans, ZS. f. phys. Chem. Bd. 58, S. 129. 1907.
[2]) Methode der Molargewichtsbestimmung aus der Löslichkeitserniedrigung: Nernst, ZS. f. phys. Chem. Bd. 6, S. 1. 1890; s. auch Tolloczko, ebenda Bd. 20, S. 389. 1896.

von Interesse. Wenn der Zusatz A in kleiner Menge vorhanden ist, praktisch keinen Dampfdruck hat und sich praktisch nur in einer der beiden flüssigen Phasen löst, so erhält man bei konstanter Temperatur und konstantem Totaldruck P einen sehr einfachen Effekt. Es wird dann $dp_2 + dp_3 = 0$, und dementsprechend müssen sich die Zusammensetzungen der beiden Phasen verschieben. Nimmt man nun von der einen sehr viel, von der anderen, in welcher A enthalten ist, wenig, so wird die Veränderung der Menge wesentlich die erste betreffen. In dieser muß der Partialdruck des A lösenden Bestandteils B sinken, während in der anderen, wo A praktisch nicht vorhanden ist, keine analoge Ursache für Partialdruckänderung auftritt. Die ganze Änderung wird sich also nach dem Effekt in der ersten Phase bestimmen, und wenn für diese bezüglich A die Gesetze idealer Verdünnung gelten, so ist dann die relative Veränderung des Partialdruckes proportional der Konzentration von A. Mithin verhält sich das System so, als wenn die zweite Phase nur ein großer Vorratsraum für den Dampf von B wäre, der so lange von diesem abgibt, bis eine der Menge von A entsprechende Aufnahme von B aus ihm erfolgt ist.

Dies wird z. B. eintreten, wenn man wenig Äthyläther mit viel Wasser zu einem zweiphasig-flüssigen Gemisch vereinigt und in der Ätherphase dann etwas Naphthalin oder Kampfer löst.

Von der einfachen Koexistenz Ätherlösung des Naphthalins + Ätherdampf unterscheidet sich unser Fall dadurch, daß bei jenem der Ätherdampf dauernd kondensiert wird, solange sein Totaldruck auf dem Werte des Dampfdrucks des anfänglich reinen Äthers gehalten und die Temperatur nicht erhöht wird, während hier eine Kompensation auch bei konstantem Totaldruck dadurch möglich ist, daß der Partialdruck des Äthers über der wässerigen Phase durch die Abgabe von Äther vermindert und dafür der des Wassers erhöht wird, wie oben dargelegt wurde (vgl. Ziff. 30). Man hat also hier eine Möglichkeit der direkten Messung der Partialdruckänderung des Äthers.

Praktisch gestaltet sich die Messung so, daß man die Volumina beider Phasen vor und nach dem Zusatz von A bestimmt. Die große Wasserphase bleibt fast unverändert, die kleine Ätherphase nimmt an Volumen zu, und bei hinreichender Verdünnung ist die relative Volumzunahme proportional der Zusatzkonzentration. Die Proportionalitätskonstante ist natürlich berechenbar, wird aber viel rascher und sicherer empirisch gefunden.

c) Chemisches Gleichgewicht in Lösungen.

33. Massenwirkungsgesetz bei konstanter Temperatur. Wenn zwei Stoffe A und B in stöchiometrischen Verhältnissen sich miteinander umsetzen, wobei etwa zwei andere, C und D, entstehen, so wird im allgemeinen ein Gleichgewicht zwischen den Mengenverhältnissen bestehen, welches zahlenmäßig von Druck und Temperatur sowie je einer von jeder Stoffart abhängenden Größe bestimmt wird.

Daß dies so ist, folgt aus der Zahl der Energieformen, welche an der Erscheinung beteiligt sind, nämlich Wärme, Volumenergie und so viele chemische Energiearten, als Stoffe anzunehmen sind. Der thermodynamische Zusammenhang, welcher zur Ableitung einer das Gleichgewicht charakterisierenden Formel führt, ergibt sich für ein homogenes gasförmiges System sehr einfach, wenn jeder Stoff durch seinen Partialdruck thermodynamisch dargestellt wird.

Wir betrachten bei konstanter Temperatur ein in abgeschlossenem Raume v befindliches Gemisch der vier Gase A, B, C, D, welche nach $A + B = C + 2D$ reagieren können, und warten, bis keine Veränderung mehr eintritt. Würde man dann etwas von einem der Stoffe wegnehmen oder zufügen oder das Ganze komprimieren, so würden die Mengenverhältnisse aller vier Stoffe verändert werden. In dem so definierten „Gleichgewichte" bezeichnen p_1, p_2, p_3, p_4 die Partialdrucke der „Komponenten", es ist also der Totaldruck P

$$P = p_1 + p_2 + p_3 + p_4 \,.$$

Die absoluten Mengen seien sehr groß. Weiter seien von den Ausgangsstoffen A und B so viele Mole wie in der Reaktionsgleichung, d. h. hier je 1 Mol, unter den Einzeldrucken P_1 und P_2 bei der gleichen Temperatur einzeln vorhanden; auch diese Mengen sollen dem Gasgrenzgesetze gehorchen. Wir bringen sie isotherm und reversibel auf die Drucke p_1 und p_2, wobei die Arbeiten

$$A_1 = RT \ln \frac{p_1}{P_1} \qquad \text{und} \qquad A_2 = RT \ln \frac{p_2}{P_2}$$

gewonnen werden[1]). Durch je eine für A und für B durchlässige Wandstelle des Gleichgewichtskastens bringen wir nun die beiden Mengen in diesen hinein. Dabei steigen die Partialdrucke p_1 und p_2 nur um differentielle Beträge, weil die eingeführten Mengen voraussetzungsgemäß relativ nur sehr klein sind. Die aufgewendeten Arbeiten betragen je $1 RT$. Im Kasten erfolgt nun Umsetzung der Zufuhr in C und D, die vollständig sein muß, wenn wir die entstandenen Mengen in gleicher Weise nach außen abführen, wie die Ausgangsstoffe eingeführt worden sind. Hierbei gewinnen wir an äußerer Arbeit RT für C und $2 RT$ für D, und es wird ferner eine Wärmeentwicklung w im Kasten erfolgen, die durch Abführung nach außen ausgeglichen wird, so daß der ganze Prozeß isotherm und reversibel bleibt. Diese Wärmetönung ist also die, welche der vollen Umsetzung nach dem Reaktionsschema entspricht, ohne daß dabei äußere Arbeit geleistet oder gewonnen wird[2]). Endlich bringen wir die entstandenen Mengen noch auf beliebige Drucke P_3 und P_4, wobei die Arbeiten $A_3 = RT \ln \dfrac{P_3}{p_3}$ und $A_4 = 2 RT \ln \dfrac{P_4}{p_4}$ zu leisten sind (und der entsprechende Wärmeaufwand $w_3 + 2 w_4$ wie oben nicht berücksichtigt wird). Als gesamte Energieänderung erhält man dann den Gewinn

$$E = A_1 + A_2 - A_3 - A_4 + n RT + w = w + n RT + RT \ln \frac{p_1}{P_1} \cdot \frac{p_2}{P_2} \cdot \frac{P_3}{P_3} \frac{P_4^2}{p_4^2} \,.$$

Hätte statt des Totaldruckes P ein anderer $P_1' = p_1' + p_2' + p_3' + p_4'$ im Kasten bestanden, so wäre bei gleicher Führung des Prozesses die gewonnene Energie

$$E' = w + n RT + RT \ln \frac{p_1'}{P_1} \frac{p_2'}{P_2} \frac{P_3}{p_3'} \cdot \frac{P_4}{p_4'} \,,$$

und da dann die Differenz von Anfangs- und Endzustand dieselbe wäre wie vorher, so folgt $E = E'$, also

$$\ln \frac{p_1 p_2}{p_3 p_4^2} = \ln \frac{p_1' p_2'}{p_3' p_4'^2} = \ln k \,. \tag{61}$$

Danach besteht also, wenn Gleichgewicht im Kasten herrscht, eine bestimmte Beziehung der Partialdrucke zueinander (bei idealer Verdünnung).

---

[1]) Die hierfür erforderlichen Wärmezufuhren w_1 und w_2 lassen wir zunächst außer Betracht.

[2]) Denn die den soeben erwähnten Arbeiten für Austritt der Reaktionsprodukte aus dem Kasten entsprechenden Wärmemengen sollen darin nicht enthalten sein.

In (61) können wir statt der Partialdrucke die molaren räumlichen Konzentrationen $c = \dfrac{p}{RT}$ einführen; ersetzt man ferner die Molarkoeffizienten 1, 1, 1, 2 unserer hier betrachteten Reaktion allgemein durch n_1, n_2, n_3, n_4, so folgt

$$\ln \frac{c_1^{n_1} c_2^{n_2} \cdots}{c_3^{n_3} c_4^{n_4} \cdots} + (n_1 + n_2 - n_3 - n_4) \ln RT = \ln k \qquad (62)$$

(Gesetz der Massenwirkung bei idealen Gasen) oder

$$\ln K = \ln k - n \ln RT = \ln \frac{c_1^{n_1} c_2^{n_2} \cdots}{c_3^{n_3} c_4^{n_4} \cdots}, \qquad (62\mathrm{a})$$

wenn $n = n_1 + n_2 - n_3 - n_4$.

Befindet sich nun ein solches ins Gleichgewicht gekommenes Gasgemisch über einem Lösungsmittel, so werden in diesem die einzelnen Komponenten partiell gelöst werden. Bei geringer Löslichkeit wird diese dem HENRYSCHEN Gesetz gehorchen, also jede Konzentration in der Lösung ihrem Partialdrucke proportional sein[1]). Unter diesen Umständen ist auch die Lösung als ideal verdünnt zu betrachten (s. o.). Stellt sich auch in der Lösung das Gleichgewicht der Komponenten ein, so wird jeder Druck p durch die ihm proportionale Konzentration C in der Lösung ersetzt ($p_1 = \varkappa_1 C_1$ usw.), und man erhält

$$\ln k = \ln \frac{C_1^{n_1} C_2^{n_2}}{C_3^{n_3} C_4^{n_4}} \cdot \frac{\varkappa_1^{n_1} \varkappa_2^{n_2}}{\varkappa_3^{n_3} \varkappa_4^{n_4}} \qquad (63)$$

oder

$$\ln \frac{C_1^{n_1} C_2^{n_2}}{C_3^{n_3} C_4^{n_4}} = \ln k_L \qquad (63\mathrm{a})$$

(Massenwirkungsgesetz für ideal verdünnte Lösungen).

Gesetze für nicht ideal verdünnte Lösungen sind nach der gleichen Überlegung unter Ersatz der Grenzformeln durch andere zu gewinnen; eine bestimmte Abhängigkeit der Partialkonzentrationen voneinander wird aber stets bestehen.

Wie schon die Ableitung zeigt, hat die Gleichgewichtskonstante k_L bei derselben Reaktion für jedes Lösungsmittel einen besonderen Wert. Diese Werte sind untereinander durch die Verteilungskoeffizienten ebenso verknüpft wie durch die Henry-Koeffizienten mit der Gasphase.

Die Lösung kann auch eine „feste Lösung" sein; es besteht nur der rein experimentelle Unterschied gegen flüssige Lösungen, daß der Gleichgewichtszustand sich sehr langsam einstellt.

Die Abhängigkeit des Gleichgewichts von dem Lösungsmittel ist ausführlich an der Reaktion $2\,NO_2 \leftrightarrows N_2O_4$ untersucht; hierfür wurden in verschiedenen Medien folgende Werte gefunden (bei 20°).

Tabelle 27. Gleichgewichtskonstante für $N_2O_4 \rightleftarrows 2\,NO_2$.

Lösungsmittel	$k_L \cdot 10^6$	Lösungsmittel	$k_L \cdot 10^6$
Chloroform	12,9	Brombenzol	9,3
Methylenchlorid	9,3	Bromoform	7,8
Tetrachlormethan	19,8	Bromäthyl	13,6
Äthylenchlorid	4,5	Äthylenbromid	10,2
Äthylidenchlorid	11,5	Siliciumchlorid	44
Benzol	5,6	Schwefelkohlenstoff	34
Chlorbenzol	9,3	Essigsäure	14,2

---

[1]) Falls eine der Komponenten in der Lösung polymer sein sollte, würde das potenzierte HENRYsche Gesetz gelten, im übrigen aber nichts geändert werden.

Sind für NO_2 die Henry-Koeffizienten gegen Lösung in Chloroform h_1, für N_2O_4 h_2, in Benzol H_1 und H_2, so folgt für die Partialdrucke

$$k_1 = \frac{p_1^2}{h_1^2} \cdot \frac{h_2}{p_2},$$

$$k_2 = \frac{p_1^2}{H_1^2} \cdot \frac{H_2}{p_2}$$

oder

$$\frac{k_1}{k_2} = \left(\frac{H_1}{h_1}\right)^2 \cdot \left(\frac{h_2}{H_2}\right). \tag{64}$$

Spezielle Fälle. Es kann der Fall vorliegen, daß das Lösungsmittel selbst zu den Reaktionsteilnehmern gehört. Da dann seine Konzentration, falls die Lösung ideal verdünnt ist, wegen des sehr großen Überschusses über die anderen Komponenten praktisch konstant ist, so vereinfacht sich die Beziehung (63) dahin, daß diese Konzentration in die Gleichgewichtskonstante einbezogen werden kann. Ein solcher Fall ist die Reaktion Äthylalkohol + Essigsäure $\rightleftarrows$ Äthylacetat + Wasser, wenn sie in verdünnter wässeriger Lösung erfolgt.

Weiterhin kann, selbst in verdünnter Lösung, eine der Komponenten stets die Konzentration der Sättigung haben. Dann ist diese auch eine konstante Größe und kann in k_L einbezogen werden.

Gleichgewichtsverschiebung durch Änderung der Konzentration. Wenn bei einem Gasgleichgewicht der Totaldruck bei konstanter Temperatur erhöht wird, muß er sich in der Richtung verschieben, in welcher Verbrauch des Überdruckes erfolgt. Einer solchen Totaldruckerhöhung entspricht bei Lösungen Erhöhung der Konzentration — oder des osmotischen Totaldruckes[1] —, demnach bewirkt Erhöhung der Gesamtkonzentration eine Veränderung der Teilkonzentrationen zugunsten der Reaktionsseite mit kleinerer Summe der Molarkoeffizienten n, also z. B. bei $2\,NO_2 \rightleftarrows N_2O_4$ zugunsten von N_2O_4.

34. Einfluß der Temperatur auf das Gleichgewicht der Lösung. Ein Einfluß von sekundärer Größe besteht infolge der thermischen Ausdehnung, da hierdurch die Gesamtkonzentration verändert wird. Will man diesen nicht vernachlässigen, was aber wegen der geringen Ausdehnung der flüssigen Stoffe innerhalb nicht zu großer Temperaturintervalle meist erlaubt sein wird, so braucht man nur solche Lösungen zum Vergleich bei verschiedenen Temperaturen zu wählen, die bei diesen Temperaturen gleiche räumliche Konzentration haben. Die Gleichgewichtskonstante k_L hängt ja von den absoluten Totalkonzentrationen nicht ab, sondern nur die Einzelkonzentrationen der Komponenten. Indessen muß k_L selbst eine Temperaturfunktion sein, da in den Gleichungen für die bei einer Umsetzung gewinnbare Energie (Ziff. 33) nicht nur die Temperatur, sondern auch die Reaktionswärme auftritt.

Wenn wir die Formel für den Energieumsatz bei Erreichung des Gleichgewichts (Ziff. 33) auf zwei Temperaturen anwenden wollen, so wählen wir zweckmäßig die auf Konzentrationen bezogene Größe K (Formel 62a) und lassen das Gleichgewicht sich bei konstantem Volumen einstellen. Es werden dann keine äußeren Arbeiten geleistet, und demnach wird die Änderung der Gesamtenergie gleich der Wärmetönung des Prozesses bei konstantem Volumen. Wenn ζ das analog K aufgestellte Konzentrationsverhältnis vor Einstellung des Gleichgewichtes bedeutet und wir dies so wählen, daß es gleich 1 wird, d. h. also die Arbeit A be-

---

[1] Die Gleichgewichtsformel für Lösungen hätte auch, statt auf Gasgleichgewicht und Henry-Koeffizienten, auf osmotische Drucke begründet werden können.

trachten, die beim Übergange der Konzentrationen 1 in die des Gleichgewichtes gewonnen wird, so ist dann

$$A = RT \ln K$$

und somit, wenn die Abnahme der Gesamtenergie E und die Wärmeentwicklung w ist,

$$E - w = RT \ln K.$$

In unserem Falle ist nun (isothermer reversibler Prozeß bei konstantem Volumen)

$$w = T \frac{dA}{dT} = RT\left(T \frac{d \ln K}{dT} + \ln K\right).$$

Außerdem ist ja aber auch $E - w = 0$, weil überhaupt keine äußere Arbeit geleistet wird[1]), es folgt also

$$w = RT^2 \frac{d \ln K}{dT} \tag{65}$$

(„Gleichung der Reaktionsisochore"). Dies gilt natürlich unseren Voraussetzungen gemäß nur für ideale Verdünnung und ist anderenfalls zu erweitern. Die Integration setzt die Kenntnis von w als Temperaturfunktion voraus, die thermodynamisch durch die Differenz der Wärmekapazitäten gegeben ist. Innerhalb enger Temperaturintervalle kann oft w als konstant betrachtet werden; dann ist

$$\frac{w}{R}\left(\frac{1}{T_1} - \frac{1}{T_2}\right) = \ln \frac{K_2}{K_1}.$$

Nach Ziff. 33 ist übrigens $\ln K = \ln k - n \ln RT$; hieraus folgt

$$w = RT^2 \frac{d \ln K}{dT} = RT^2 \frac{d \ln k}{dT} - n RT$$

oder

$$w - n RT = RT^2 \frac{d \ln k}{dT}. \tag{66}$$

Das heißt: für das auf Partialdrucke bezogene Gleichgewicht, bei dem also äußere Arbeit auftritt, ist als Reaktionswärme die Wärmetönung zu setzen, welche bei Leistung äußerer Arbeit, d. h. bei konstantem Druck, auftritt.

Bei Lösungen erfolgt im allgemeinen praktisch keine Volumänderung, d. h. es ist die Gleichung (65) zu benutzen.

35. Einfluß des Druckes auf das Gleichgewicht in Lösungen. Ein Einfluß auf die Gleichgewichtskonstante kann nur bestehen, wenn bei der Reaktion eine Volumänderung erfolgt, was aber bei ideal verdünnten Lösungen nicht eintritt. In dem besonderen Falle, daß eine der Reaktionskomponenten in fester Form anwesend ist, also in stets gesättigter Lösung, ist für die Gleichgewichtsbeeinflussung durch den Druck die Abhängigkeit der Löslichkeit vom Druck bestimmend (vgl. Ziff. 21).

36. Gleichgewicht bei Gegenwart eines Bodenkörpers. Sobald durch irgendein Mittel die Konzentration eines Gleichgewichtsbestandteils konstant gehalten wird, vereinfacht sich die Formel (63). Diese Konstanz ergibt sich, wenn das Gemisch an diesem Stoff gesättigt ist und er in fester oder flüssiger Form als reine Phase mit ihm koexistiert. Sein Partialdruck über dem Gemisch muß dann konstant gleich dem Werte sein, den er in reinem Zustande hat; bei ideal verdünnten Lösungen bleibt auch die Konzentration konstant, bei nicht

---

[1]) Denn wir sind ja bereits vom Gleichgewichtszustand bei einer Anfangstemperatur ausgegangen und lassen nur bei $T + dT$ die Änderung sich einstellen.

ideal verdünnten dagegen nicht. Sie ist ja dann nicht mehr dem Partialdrucke proportional (Ungültigkeit des HENRYschen Gesetzes, Aussalzung).

Die Massenwirkungsbeziehung verdünnter Lösungen nimmt folgende Gestalt an. Es seien drei Stoffe A, B, C anwesend, die nach $nA + mB - rC$ reagieren. C sei als Bodenkörper vorhanden. Wir erhalten

$$c_A^m \cdot c_B^n = k \cdot c_C^r = k' \, . \tag{67}$$

Zusatz von A zum Gleichgewichtssystem erniedrigt dann B im entsprechenden Verhältnis, also

$$c_A = \text{konst.} \, c_B^{-\frac{n}{m}} \, . \tag{68}$$

Analoges tritt ein, wenn der Stoff C nicht als reine Phase, sondern in einem zweiten Medium in sehr großer Konzentration und stets im Verteilungsgleichgewicht vorhanden ist. Die Gleichgewichtsänderung beeinflußt dann die Konzentration von C in dieser Hilfslösung nicht merklich, und sein Partialdruck bleibt ebenfalls konstant. Er kann auch in der Gleichgewichtslösung dadurch praktisch konstant gehalten werden, daß in dieser ein weiterer Stoff in sehr großem Überschusse vorhanden ist, der zwar am eigentlichen Gleichgewicht nicht teilnimmt, wohl aber mit C eine Verbindung bildet. Sobald C durch Verschiebung des Gleichgewichts entsteht, geht es in die Verbindung über, da die Hilfskomponente ja wegen ihres großen Überschusses konstante Konzentration hat und deshalb auch c_C^r mittels einer der Formel (67) analogen Beziehung konstant hält.

Ein solcher Fall liegt vor, wenn einer Silbersalzlösung ein großer Überschuß von Cyankalium zugesetzt ist. Die komplexe, aber spaltbare Cyansilberverbindung hält dann die Konzentration des Silberions konstant, natürlich auf einem anderen Werte als ohne Cyankalium. Sehr wichtig ist in dieser Hinsicht die Erscheinung der „Solvatation", d. h. der Verbindung einer Komponente mit dem an sich für die Reaktion unwesentlichen „Lösungsmittel", welches in großem Überschuß vorhanden ist und also die gleiche Rolle spielt wie im vorgenannten Beispiele das Cyankalium. Ein solcher Fall wurde oben (Ziff. 30) erörtert. Das Schwefeldioxyd SO_2 bildet in Wasser in unbekanntem, aber bei hinreichender Verdünnung konstantem Verhältnisse schweflige Säure H_2SO_3 nach

$$SO_2 + H_2O = H_2SO_3 \, ,$$

da c_{H_2O} dann konstant ist, ist c_{SO_2} proportional $c_{H_2SO_3}$ und damit auch ein konstanter Bruchteil der Gesamtkonzentration $c_{SO_2} + C_{H_2SO_3}$. Bei einer Reaktion, bei der SO_2 Komponente ist (z. B. Oxydation durch Jod), oder einer, an der die Säure H_2SO_3 teilnimmt (vgl. Ziff. 30), ändert sich also die Form des Massenwirkungsgesetzes nicht, wenn man C_{SO_2} oder $C_{H_2SO_3}$ durch die Summe beider Größen ersetzt.

Andererseits folgt hieraus, daß auf Grund der Gesetze idealer Verdünnung das Verhältnis $C_{SO_2} : C_{H_2SO_3}$ nicht bestimmt werden kann.

Der anfangs genannte Fall mit Bodenkörper setzt an Stelle des allgemeinen Massenwirkungsgesetzes bei ideal verdünnten Lösungen das spezielle Gesetz der Konstanz des Löslichkeitsproduktes. Hat man z. B. eine gesättigte Lösung eines schwer löslichen Elektrolyten, so enthält diese den undissoziierten Teil als konstant konzentrierte Komponente und außerdem seine Ionen, diese zunächst in gleicher Konzentration. Zusatz eines Elektrolyten, der ein gleiches Ion bildet, verschiebt diese Konzentrationen.

Es sei eine gesättigte Lösung von Benzoesäure gegeben, so daß

$$C_H \cdot C_{C_6H_5CO_2'} = k_1 \cdot c_{C_6H_5CO_2H} = \text{konst.} = L \, .$$

Zusatz von Essigsäure in irgend einer Konzentration

$$c_\mathrm{H} \cdot c_{\mathrm{CH_3CO_2'}} = k_2\, C_{\mathrm{CH_3CO_2H}}$$

mit dem gemeinsamen Ion H· ergibt dann für die eintretende Veränderung die Bedingung

$$C_\mathrm{H} \cdot (C_{\mathrm{C_6H_5CO_2}} + C_{\mathrm{CH_3CO_2'}}) = L\,,$$

$$C_\mathrm{H} \cdot C_{\mathrm{CH_3CO_2'}} = k_2 \cdot C'_{\mathrm{CH_3CO_2H}}\,.$$

Bei Kenntnis von L und k_2 sind die Verschiebungen berechenbar. Sehr einfach wird der Fall, wenn der Zusatz entweder relativ hoch konzentriert ist oder eine gegen k_1 große Konstante k_2 hat.

Dies tritt ein, wenn zu gesättigter Chlorsilberlösung ein Zusatz des praktisch völlig dissoziierten Chlorkaliums gegeben wird. $C_{\mathrm{Cl'}}$ wird dann mit C_{KCl} praktisch identisch, und wir erhalten

$$C_\mathrm{Ag} \cdot C_{\mathrm{KCl}} = L\,,$$

also C_Ag ist umgekehrt proportional zu C_{KCl}.

IV. Allgemeines zur Thermodynamik der Lösungen.

37. Vergleichung verschiedener Ableitungen. Die vorstehenden Ableitungen beruhen auf zwei thermodynamisch streng gültigen Formeln: dem Partialdruckdifferentialgesetz — für konstante Temperatur — und dem Satze von CLAUSIUS-CLAPEYRON, sofern Vorgänge bei verschiedenen Temperaturen beobachtet wurden. Die speziellen Integralfälle leiten sich aus beiden Beziehungen durch Einführung von Erfahrungssätzen oder Näherungsannahmen ab.

Statt dieses Verfahrens kann man vermöge allgemeiner thermodynamischer Zusammenhänge auch andere wählen.

An Stelle der bei Verdampfungsvorgängen aufzuwendenden Arbeit kann die dieser gleiche Wärmegröße gesetzt werden, die bei isothermen Vorgängen als $w = \int RT\, d\ln p$ gegeben ist. Diese Wärme kann eine Lösungs-, Verdünnungs- oder latente Wärme sein (die Verdünnungswärme ist, wie wir sahen, bei idealer Verdünnung gleich Null). Man kann also zunächst alle Arbeiten als Wärmegrößen darstellen und dann erst im Schlußergebnis, falls etwa nach Konzentrationen und Druckgrößen gefragt wird, diese substituieren. Die Formeln für nichtisotherme Vorgänge, z. B. für Siedepunkt- oder Gefrierpunktänderungen, lassen sich statt nach unserem Verfahren dadurch gewinnen, daß man das System einem CARNOTschen Kreisprozeß unterwirft, und dann die in Betracht kommenden Wärmetönungen, welche bei verschiedenen Temperaturen aufgenommen und abgegeben werden, mit $d\ln T$ multipliziert. Bei verdünnten Lösungen werden dann die Verdünnungswärmen vernachlässigt. Die Dampfdruckarbeiten können auch ersetzt werden durch osmotische Arbeiten, selbst wenn der osmotische Druck nicht wie bei verdünnten Lösungen der Konzentration proportional ist. Denn der hier auftretende osmotische Druck kann zwar nicht immer gemessen, wohl aber stets genau experimentell definiert werden als der zur Konzentrationsänderung aufzuwendende Betrag, und im Schlußergebnis substituiert man dann die Konzentrationen oder Dampfdrucke.

Ebenso ist es möglich, allgemein mit thermodynamischen Funktionen, der freien Energie, der maximalen Arbeit, dem thermodynamischen Potential oder

Entropiegrößen zu rechnen und in die Schlußformeln die für den besonderen Fall geltenden Beziehungen einzusetzen.

Alle diese Verfahren müssen notwendig übereinstimmende Resultate liefern, doch sind sie in der Durchführung je nach Umständen mehr oder weniger einfach.

Das Rechnen mit Dampfdruckformeln hat den großen Vorzug, daß, weil selbst bei nicht ideal verdünnten Lösungen die Dämpfe sehr oft den Gasgesetzen folgen und gegenüber den kondensierten Phasen große Volumina haben, die Dampfdruckarbeiten in den meisten Fällen auch als Integralgrößen einfach logarithmisch angesetzt werden dürfen, z. B. also in der Clausius-Clapeyronschen Formel das Produkt $T \cdot (v_1 - v_2)$ den allgemeinen, nicht von der kondensierten Phase abhängenden Wert RT^2/P annimmt.

Dies sei an einigen Beispielen näher erläutert. Das van't Hoffsche Gesetz der Gefrierpunkterniedrigung für ideal verdünnte Lösungen nicht verdampfender Stoffe, deren Lösungsmittel rein ausfriert, ergibt sich durch einen reversiblen Kreisprozeß wie folgt.

Die Lösung enthalte 1 Mol gelösten Stoff und N Mol Lösungsmittel und stehe bei ihrem Gefrierpunkte T unter dem Dampfdruck p des Lösungsmittels, der mit dem Totaldrucke identisch ist.

Man entziehe die kleine Wärmemenge dw bei T; es friert die kleine Menge dN Mol aus. Das Gesamtvolumen ändert sich von v auf $v + dv = v_L + v_E$, der Druck von p auf $p - dp$. Das Eis wird abgetrennt, und beide Phasen werden auf den Gefrierpunkt $T_0 = T + dT$ des Lösungsmittels erwärmt; man muß die Wärmemengen $c_L \cdot dT$ für die Lösung und $c_E \cdot dT$ für das Eis zuführen, und die Volumina ändern sich von v_L auf $v_L + dv_L$ und v_E auf $v_E + dv_E$. Jetzt führt man dem Eis bei T_0 die eben zum Schmelzen nötige Wärmemenge w_0 zu und bringt mittels einer halbdurchlässigen Membran das geschmolzene Lösungsmittel auf osmotischem Wege in die Lösung zurück, wobei eine Volumarbeit dA und eine Verdünnungswärme $d\varrho$ auftreten. Die Volumarbeit hängt von der Konzentrationsänderung, d. h. von $dN : N$ ab, ferner von den Kompressibilitäten, dem osmotischen Drucke P und dem Dampfdrucke. Zuletzt kühlt man wieder auf T ab, dem man die Wärmemenge $c'_L dT$ entzieht.

Die gesamte Energiebilanz $du = 0$ setzt sich zusammen aus all diesen Wärmegrößen. Es ergibt sich nun für ideal verdünnte Lösungen, daß die Verdünnungswärmen Null, die Schmelzwärmen w und w_0 einander gleich, die Volumina stets gleich der Summe der Einzelvolumina der Phasen sind, die Wärmekapazitäten $c_E + c_L = c'_L$ einander kompensieren, der osmotische Druck proportional der räumlichen Konzentration ist[1]).

Es fallen dann alle Terme fort mit Ausnahme von $w \cdot d\ln T$ und

$$P \cdot v = \frac{1}{dN} RT = RT \cdot C,$$

so daß man erhält

$$C = \frac{w}{RT^2} \Delta T,$$

indem man das Differential dT durch die endliche kleine Größe ΔT ersetzt.

Weiterhin wollen wir das Massenwirkungsgesetz für ideale Gase und Lösungen ableiten.

---

[1]) Über osmotischen Druck konzentrierter Lösungen vgl. Sackur u. O. Stern, ZS. f. phys. Chem. Bd. 81, S. 441. 1912. Bei den dort betrachteten Fällen wurde der osmotische Druck nicht direkt gemessen, sondern spielt nur die Rolle einer fingierten Rechengröße, was natürlich formal korrekt ist.

Das System möge der Reaktionsgleichung $n_1A + n_2B = n_3C$ entsprechen und sich bereits im Gleichgewicht befinden. Wir führen bei konstanter Temperatur in reversibler Weise die Wärmemenge w zu, die so gewählt ist, daß je ein sehr kleiner Teil von A und B sich in C umwandelt, was wegen der stöchiometrischen Verknüpfung im Verhältnis $dn_1 : dn_2 : dn_3 = n_1 : n_2 : n_3$ geschehen muß. Halten wir den Druck konstant, so muß sich dabei das Gesamtvolumen ändern, bei konstant gehaltenem Volumen dagegen ändert sich der Totaldruck, und zwar, wenn die Gasgrenzgesetze anwendbar sind, so, daß $dP = P(-dn_1 - dn_2 + dn_3)$. Wegen der Reversibilität des Prozesses ist die gesamte Entropieänderung dS gleich dem Quotienten $\dfrac{w}{T}$, und sie setzt sich aus den Einzelwerten der Komponenten nach $dS = S_A dn_1 + S_B dn_2 + S_3 dn_3$ zusammen.

Nun ist die Entropie eines idealen Gases

$$S = c_v \ln T + R \ln v + S_0, \tag{69}$$

und c_v ist in diesem Falle konstant. v kann durch die räumliche Konzentration c (gemäß dem Gasgesetz) ersetzt werden. Halten wir es konstant, so ist die eben erwähnte Wärmegröße die bei konstantem Volum zur Umsetzung von $dn_1 + dn_2$ Mol in dn_3 Mol erforderliche Reaktionswärme. Durch Superposition von drei solchen Einzelgleichungen für die Teilentropien folgt dann

$$0 = \Sigma c_v \cdot \ln T + R \ln \frac{c_1^{n_1} c_2^{n_2}}{c_3^{n_3}} + \frac{w}{T} + \Sigma S_0$$

oder

$$-\frac{w}{RT} - \frac{\Sigma c_v}{R} \ln T - \frac{\Sigma S_0}{R} = \ln \frac{c_1^{n_1} c_2^{n_2}}{c_3^{n_3}} = \ln K_c, \tag{70}$$

was bei konstanter Temperatur konstant sein muß. K ist also die „Massenwirkungskonstante", bezogen auf Konzentrationen. Ersetzen wir diese durch Partialdrucke $p_1 = RT c_1 \ldots$, so tritt überall noch ein Glied mit $\ln RT$ hinzu, und wir erhalten, da $c_1 = \dfrac{n_1}{v}$ usw.,

$$\ln \frac{p_1^{n_1} p_2^{n_2}}{p_3^{n_3}} = \ln K_p = \ln K_c - (n_1 + n_2 - n_3) \ln RT. \tag{71}$$

Die Übertragung dieser Formel auf eine Lösung führt PLANCK (Thermodynamik) mittels der Annahme durch, daß die Lösung isentropisch in den idealen Gaszustand übergeführt werden könne. Man erkennt, daß dies gleichbedeutend sein muß mit der Annahme, daß der osmotische Druck gleich dem Gasdruck oder daß für die Partialdrucke über der Lösung und die Konzentrationen in ihr das HENRYsche Gesetz gelte, das wir oben Ziff. 33 benutzt haben.

Die Temperaturabhängigkeit der Gleichgewichtskonstanten gewinnt man aus der Formel (70) entweder mittels Durchführung eines Kreisprozesses zwischen T und $T + dT$ und $P + dP$ bei konstantem Volumen, wobei als Temperaturkoeffizient der Wärmetönung die bei idealer Verdünnung konstante Größe Σc_v auftritt, oder durch Differentiation nach T. Auf beiden Wegen fällt dann das konstante Glied mit ΣS_0 und bei idealer Verdünnung auch das mit Σc_v weg, und man erhält

$$\frac{d \ln K_c}{dT} = \frac{w}{RT^2}$$

wie früher[1]).

---

[1]) Bei Nichtgültigkeit der Grenzgesetze bleibt dann ein Temperaturkoeffizient von w, d. h. eine Differenz von Wärmekapazitäten, bei noch gröberen Fällen auch deren Temperaturkoeffizient in der Formel stehen.

Ein dritter Weg würde ebenfalls von der Betrachtung des bereits eingetretenen Gleichgewichtszustandes ausgehen und die Reaktionswärme mit den bei konstantem Volum auftretenden Zunahmen der Partialdrucke, bei Lösungen der osmotischen Partialdrucke oder der räumlichen Konzentrationen, in Zusammenhang bringen. Da bei idealer Verdünnung $\dfrac{dp}{dc}$ für alle Stoffe gleich ist, so ergibt sich dann die Reaktionswärme als $w = RT\int d\ln\Sigma c^n + f(\Sigma c_v)$, was explizit geschrieben mit jenen Formeln identisch wird.

Ausführliche Vergleiche der verschiedenen Wege sollen hier nicht durchgeführt werden. Ein interessanter Fall sei jedoch betrachtet, der nicht ideale Lösungen betrifft und trotzdem eine sehr einfache Beziehung darstellt.

38. Ideal konzentrierte Lösungen. In Ziff. 10 wurde die Formel 16 als Resultat eines Kreisprozesses dargestellt. Sie enthielt die Verdampfungsarbeit und die Wärmetönungen bei Überführung eines Bruchteils einer Lösung in eine zweite. Wir wollen hier eine ganz ähnliche Überlegung durchführen, jedoch sollen hier die Mengenverhältnisse beider Lösungen gleicher Bestandteile verschieden und außerdem nur der eine von diesen praktisch flüchtig sein. Wir lassen von diesem aus der einen Lösung die kleine Menge n Mol verdampfen und nehmen den Dampf in der zweiten auf, was alles nicht nur isotherm, sondern auch reversibel geschehen soll. Dann tritt als Gesamtenergieänderung des Systems

$$U = n\,RT\ln\frac{p}{p'} - n\,(W - W') \tag{72}$$

auf, wobei p und p' die Dampfdrucke, W und W' die Verdampfungswärmen des flüchtigen Bestandteiles aus beiden Lösungen sind. Der erste Term ist die geleistete Arbeit[1]), der zweite die aufgetretene Wärmetönung.

Die Abscheidung und Zuführung der n Mol hätte auch auf einem anderen isothermen und reversiblen Wege geschehen können (z. B. osmotisch). Es wären dann Verdünnungswärmen aufgetreten, wie das bei der Ableitung erwähnt worden ist. Deren Differenz muß ebenfalls der Gesamtenergieänderung gleich sein, also

$$U = n\,(L - L')\,. \tag{73}$$

Gemäß dem allgemeinen Ausdrucke für den ersten und zweiten Hauptsatz

$$A - U = T\,\frac{dA}{dT} \tag{74}$$

ist A aus Formel 13 und U aus 72 bekannt, die rechts stehende Differenz ist also hier gleich der Wärmetönung $n\,(W - W')$.

Wir können nun drei Fälle von besonderer Art auszeichnen. Es kann erstens $U = 0$ sein. Das finden wir bei ideal verdünnten Lösungen, denn bei diesen ist die Verdünnungswärme Null und die Arbeit gleich der Wärmetönung (vgl. Ziff. 11). Falls etwa $A = 0$, haben wir die Fälle der Umwandlungen bei konstantem Volumen (vgl. Massenwirkungsgesetz Ziff. 33). Der dritte ist der, daß $A = U$, d. h. die Differenz der Verdampfungswärmen $Q = W' - W = 0$. Alsdann ist die äußere Verdampfungsarbeit gleich der Differenz der Verdünnungswärmen. Lösungen dieser Art heißen ideal konzentriert[2]).

Wie nun die ideal verdünnte Lösung zwar ein Grenzfall ist, aber viele Lösungen endlicher Konzentration sich praktisch wie ideal verdünnt verhalten,

---

[1]) Hierbei ist der Dampf als ideales Gas angenommen. Prinzipiell ist das unwichtig, da wir den expliziten Ausdruck der Arbeit nicht brauchen.
[2]) Nernst, Ann. d. Phys. (3) Bd. 53, S. 57. 1894.

d. h. eine flache asymptotische Näherung zum Grenzzustande zeigen, so gibt es auch endliche Intervalle konzentrierter Lösungen, innerhalb deren praktisch das Verhalten ideal konzentrierter Lösungen besteht.

Für solche Lösungen folgt nun, daß

$$\frac{dA}{dT} = 0, \qquad \text{also auch} \qquad \frac{dU}{dT} = 0, \qquad \text{mithin} \qquad \frac{dQ}{dT} = 0.$$

Die Differenz der Verdünnungswärmen oder die Wärmetönung der Vermischung von zwei ideal konzentrierten Lösungen hängt dann nicht von der Temperatur ab.

Während also bei ideal verdünnten Lösungen die Dampfdruckänderung mit der Konzentration von der Verdampfungswärme bestimmt wird, hängt sie bei ideal konzentrierten von der Differenz der Verdünnungswärme ab. Beide Fälle zeigen somit ein besonders einfaches Verhalten.

Daß übrigens bei konzentrierten Lösungen ebenso wie bei ideal verdünnten oft eine Vereinfachung der Dampfdruckgesetze eintritt, zeigt die bereits Ziff. 20 erwähnte, von DOLEZALEK[1]) aufgefundene Gesetzmäßigkeit. Eine Lösung aus n_1 Mol Wasser auf 1 Mol gewisser Elektrolyte, bzw. n_2 Mol Elektrolyt auf 1 Mol Wasser, gehorcht, wenn sie ideal verdünnt ist, dem RAOULTschen Gesetz[2])

$$\frac{d\ln p}{dn_2} = -1.$$

Für gewisse konzentrierte Salzlösungen fand nun DOLEZALEK die Beziehung

$$\frac{d\ln p}{dn_2} = -a > -1,$$

wobei a für jeden Stoff einen anderen, aber in großem Intervall konstanten Wert hat, der nur sehr wenig von der Temperatur abhängt und, wie die Tatsachen zeigen, in jedenfalls sehr enger Beziehung zu anderen Eigenschaften konzentrierter Lösungen, z. B. zur Solvatation (vgl. Ziff. 36) und der „Aussalzung" (vgl. Ziff. 29) steht. Die Intervalle scheinen mit denen zusammenzufallen, wo die Lösungen sich im Sinne der vorstehenden Darstellung wie ideal konzentriert verhalten, so daß die Größe a sich als ein Proportionalitätsfaktor für die Verdünnungswärme darstellt[3]).

39. Ansätze für hohe Konzentrationen. Wenn die Dämpfe der Lösung so konzentriert sind, daß auch für sie in Intervallen von meßbarer endlicher Größe die Gasgrenzgesetze nicht mehr angewandt werden dürfen, so bleiben trotzdem die Differentialgleichungen richtig. Man kann dann alle Überlegungen formal ebenso führen wie hier geschehen und muß nur das Gasgrenzgesetz durch eine andere Formel ersetzen. Diese enthält dann spezifische Konstante und ergibt auch für Lösungen nicht mehr das linear-additive Verhalten. Eine solche Formel ist das VAN DER WAALSsche Gasgesetz

$$\left(p + \frac{a}{v_2}\right)(v - b) = RT. \tag{75}$$

Ob dieses Verfahren bequemer ist als die Einführung direkt auf die Lösung bezüglicher empirischer Sätze in die allgemeinen thermodynamischen Beziehungen, läßt sich nicht immer vorher sagen.

---

[1]) DOLEZALEK, Verh. d. D. Phys. Ges. Bd. 5, S. 90. 1903.

[2]) Bei völliger Dissoziation eines binären Elektrolyten tritt bekanntlich statt -1 die doppelte Größe -2 auf.

[3]) Weitere Literatur bei BRÖNSTED, ZS. f. phys. Chem. Bd. 68, S. 693. 1910; WREWSKY, ebenda Bd. 112, S. 83 ff. 1924.

Jedenfalls aber müssen bei Lösungen dann die Größen a und b in Funktionen der Mengenverhältnisse aufgelöst werden, wie das bereits van der Waals selbst und H. A. Lorentz getan haben, etwa

$$a = a_1 x^2 + a_{12} x (1 - x) + a_2 (1 - x)^2 \qquad (76)$$

für binäre Gemische mit dem Molenbruch x.

Von Interesse ist hier die neue Größe a_{12}, welche die „gegenseitige Beeinflussung" der beiden Komponenten ausdrückt und in erster Näherung als nur von diesen bestimmt, in zweiter auch als Druck- und Temperaturfunktion aufzufassen ist.

In jedem Falle wird durch derartige neue Bestimmungsgrößen zum Ausdruck gebracht, daß an Stelle des additiven bzw. kolligativen Verhaltens der Lösungskomponenten ein konstitutives tritt. Nun ist es — rein thermodynamisch betrachtet — zwar unwesentlich, ob man jenen neuen Koeffizienten eine bestimmte Deutung gibt, doch ist eine solche natürlich stets möglich. Sie führt meist entweder auf eine kinetische Hypothese hinaus wie die Attraktionsgröße a von van der Waals, evtl. auch, bei Elektrolyten, auf elektrokinetische Vorstellungen, welche die „Attraktion" und „Repulsion" durch elektrostatische Effekte zwischen diskreten Teilchen deuten, oder auf „chemische" Auffassungen.

Beispielsweise kann man formal die bekannte Anomalie des Essigsäuredampfes mittels der van der Waalsschen Formeln darstellen (Horstmann) oder auch auf Polymerie der Essigsäure zurückführen (Playfair und Wanklyn). Daß in diesem Falle, und auch in anderen, die zweite Auffassung sich als praktisch überlegen gezeigt hat, ändert nichts an der formalen Gleichwertigkeit der verschiedenen Behandlungsweisen.

Immerhin sind auch bei Lösungen deutliche Anzeichen dafür vorhanden, daß die Deutung des nicht additiven Verhaltens einer Eigenschaft, z. B. des Verlaufes zwischen Lösungsmolenbruch und Partialdruck, durch chemische Prozesse, also Auftreten neuer Komponenten, die das binäre System zu einem ternären oder höheren machen, aussichtsreich erscheint. Denn die Gemische z. B. mit Minimum des Totaldruckes zeigen deutliche Verwandtschaft zu denen mit einem scharfen Knick in dieser Kurve, der als Unstetigkeitspunkt die Annahme des Auftretens einer „Verbindung" nötig macht. Das Gleiche gilt von Gemischen mit Schmelzpunktsmaximum. Weiterhin sind auch z. B. Dampfdruckminima meist nicht sehr stark durch Temperatur oder Druck auf der Achse der Zusammensetzung verschiebbar, und wenn diese Verschiebbarkeit überhaupt fehlt, so kann ein solches „ausgezeichnetes" Gemisch von einer chemischen Verbindung thermodynamisch gar nicht unterschieden werden. Ein Gemisch mit nicht ganz scharfem Maximum oder Minimum erscheint so als eine in partieller Spaltung befindliche Verbindung der Komponenten.

Diese „chemische" Auffassung erlaubt im allgemeinen leichter die Hilfsannahmen zu finden, welche in die Grenzformeln einzuführen sind, um die Tatsachen darzustellen, als die molekularkinetische, weil ihr außer den stöchiometrischen Beziehungen der Leitsatz zur Verfügung steht, daß bei quantitativ richtiger Wahl der Komponenten und Mengenverhältnisse die Grenzgesetze hoher Verdünnung gelten müssen, während die Molekularkinetik zur Zeit wenigstens über solche einfache Hilfssätze nicht verfügt. Eine Schwierigkeit dagegen besteht für sie darin, daß man oft mehrere oder viele neue Komponenten wird annehmen müssen, was die Sicherheit und Einfachheit des Ansatzes erschwert.

Die Wärmeeffekte, welche bei nicht idealer Verdünnung auftreten, also Mischungswärmen, können im Sinne der „chemischen" Auffassung als Bildungswärmen neuer Stoffe verstanden werden. Wie sie formal thermodynamisch mit den Partialdrucken — oder im Sinne von GIBBS mit den chemischen Potentialen — zusammenhängen, ist oben gezeigt worden.

40. Osmotischer Druck konzentrierter Lösungen. Der oben Ziff. 9 definierte Begriff des osmotischen Druckes hat leider aus praktischen Gründen nicht die Bedeutung gewinnen können, die ihm als Analogon des Gasdruckes in thermodynamischer Hinsicht zukommen sollte. Dies liegt daran, daß man ihn bisher nur in verhältnismäßig wenigen Fällen direkt hat messen können, weil die theoretisch notwendigen halbdurchlässigen Wände meist nicht realisierbar sind, während für den Dampfdruck die Flüssigkeitsoberfläche eine solche Wand darstellt. Formal natürlich kann man auch mit ihm rechnen, nur muß dann bei der Prüfung der Endformeln für ihn eine meßbare Eigenschaft substituiert werden, die mit ihm in theoretischem Zusammenhange steht, wie z. B. der Dampfdruck[1]). Bei den thermodynamischen Rechnungen solcher Art ist als neues Moment zu beachten, daß bei hohen osmotischen Drucken, wie sie konzentrierten Lösungen entsprechen, die Kompressibilität[2]) der Lösungen nicht außer acht gelassen werden darf, ebenso auch die Volumänderung bei der Mischung, während im Gebiete idealer Verdünnung beide Effekte ohne Einfluß sind.

41. Oberflächenerscheinungen bei Lösungen. Alle bisher betrachteten Erscheinungen bezogen sich auf Umwandlung von thermischen und Volumgrößen sowie auf chemischen Umsatz. Andere Energieformen in ihrer Beziehung zu den Lösungen werden an anderer Stelle behandelt, jedoch haben wir uns noch mit derjenigen zu beschäftigen, welche an Grenzflächen auftritt. Es ist hierzu zunächst allgemein zu bemerken, daß diese Oberflächenenergie, wenn sie meßbaren Einfluß bekommt, eine Erweiterung des Phasengesetzes verlangt, insofern als dann dessen Formel $Ph + F = B + 2$ in $Ph + F = B + 3$ übergeht. Infolgedessen sind natürlich die thermodynamischen Formeln für Lösungen ebenfalls zu erweitern, da Konzentration, Dampfdruck usw. mehrdeutig werden. Ist die Oberfläche, als Sitz der Oberflächenenergie, energetisch von dem Inneren verschieden, wie das schon oben (Ziff. 22) gezeigt wurde, so wird bei Lösungen

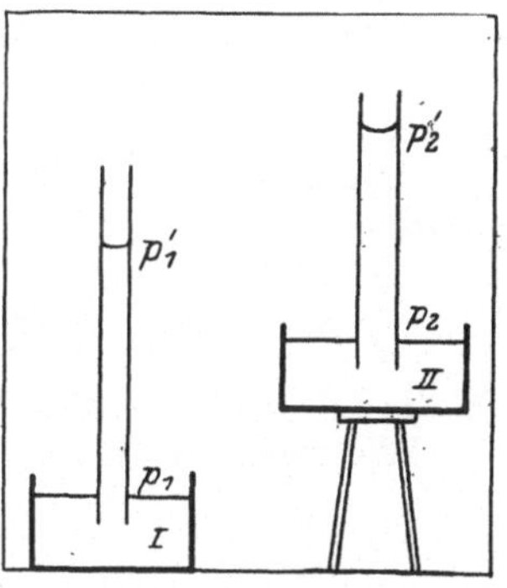

Abb. 28. Dampfdruck und Oberflächenkrümmung.

auch ein Zusammenhang zwischen Oberflächenspannung und Zusammensetzung der Oberfläche bestehen. Wir gewinnen ihn durch folgende Betrachtung, welche sich an die bereits früher (Ziff. 22) angestellte anschließt.

Wie in Abb. 28 sei in einem abgeschlossenen Raume ein reines Lösungsmittel I aufgestellt, das in dem Steigrohr so hoch steht, daß oben am Meniskus der Dampfdruck p_1' herrscht, während unten der einer ebenen Oberfläche entsprechende Druck $p_1 > p_1'$ besteht. Neben I sei etwas erhöht das eine Lösung enthaltende Gefäß II aufgestellt, bei dem unten der Partialdruck p_2, oben p_2' des Lösungsmittels herrsche. Wir setzen nun voraus:

1. Die Lösung und der Dampf seien so verdünnt, daß die Grenzgesetze gelten (vgl. Ziff. 3 ff.), speziell das RAOULTsche Gesetz.

2. Der gelöste Stoff sei praktisch nicht flüchtig.

---

[1]) Über eine solche Behandlung vgl. O. STERN, ZS. f. phys. Chem. Bd. 81, S. 441. 1912.

[2]) Bei einer normalen wässerigen Lösung, etwa von Zucker, beträgt der osmotische Druck bei Zimmertemperatur rund 23 at, die Kompressibilität $5 \cdot 10^{-3}\%$ pro at, mithin erfolgt schon dadurch eine Volumänderung von 0,1%. Äthyläther mit der vierfachen Kompressibilität würde 0,4% ergeben.

3. Die Dichte der Lösung in II sei ohne merklichen Fehler gleich der des Lösungsmittels in I zu setzen.

Es müssen dann zunächst folgende Beziehungen gelten, wenn μ der Molenbruch des Zusatzes unten in II, μ' der oben in II, π_1 und π_2 die „Pressungen" (vgl. Ziff. 22) bedeuten.

$$1. \ \frac{p_1 - p_1'}{p_1} = \pi_1 \frac{Mv}{RT} \left.\vphantom{\frac{p}{p}}\right\}$$
$$2. \ \frac{p_2 - p_2'}{p_2} = \pi_2 \frac{Mv}{RT} \ \Big\} \quad \text{[nach Gleichung (35) Ziff. 22].}$$

Ferner ist

$$\frac{p_1 - p_2}{p_1} = \mu, \qquad\qquad (\text{Raoult})$$

wenn wir II gerade um so viel über I aufstellen, daß die Höhendifferenz dem Unterschiede $p_1 - p_2$ entspricht. Es herrscht dann Gleichgewicht zwischen p_1, p_2 und p_1'. Damit das auch für p_2' gelte, muß die Höhendifferenz beider Menisken so groß sein, daß

$$\frac{p_1' - p_2'}{p_1'} = \mu', \qquad\qquad (\text{Raoult})$$

wo μ' der Molenbruch ist, welcher p_2' entspricht.

Dies kann erreicht werden, wenn wir die Radien der Steigröhren passend wählen[1]).

Aus diesen vier Gleichungen lassen sich p_1, p_2, p_1', p_2' eliminieren, und wir erhalten

$$\frac{\mu - \mu'}{1 - \mu} = \frac{Mv}{RT} \cdot \frac{\pi_1 - \pi_2}{1 - \pi_1 \alpha}. \qquad\qquad (77)$$

Da die Lösungen verdünnt sein sollen, darf $1 - \mu \approx 1 - \pi_1 \alpha \approx 1$ gesetzt werden.

Wir erhalten also

$$\mu - \mu' = \frac{Mv}{RT} (\pi_1 - \pi_2)$$

oder für differentielle Unterschiede

$$\frac{d\mu}{d\pi} = \frac{Mv}{RT} = \text{konst.} \qquad\qquad (77a)$$

Nun ist $\mu = \dfrac{n}{N}$ bzw. $\mu' = \dfrac{n'}{N}$ die pro Mol Lösungsmittel vorhandene Molzahl des gelösten Stoffes; da $N \cdot M \cdot v = \varphi$ also das Volumen der Lösung ist, so bedeutet $c = \dfrac{n}{\varphi}$ die molare Konzentration in der planen, $c' = \dfrac{n'}{\varphi}$ die in der gekrümmten Oberfläche.

Gleichheit von μ und μ' kann nur bei $\pi_1 = \pi_2$ bestehen, die aber nicht vorhanden ist. Bei zwei Tropfen einer Lösung von im Innern gleicher Zusammensetzung, die verschiedene Radien haben, müssen also die Zusammensetzungen der Oberflächenschichten verschieden sein. Tropfen haben konvexe Oberflächen, mithin wächst nach Ziff. 22 die Pressung, wenn der Radius abnimmt.

---

[1]) Wir nehmen hierbei an, daß beide Menisken hinreichend genau Halbkugeln bilden. Diese Vernachlässigung ist geringfügig. Übrigens erhält man das Resultat (76) auch, wenn man nicht Steigröhren verwendet, sondern in passender Höhe kugelförmige Tropfen von I und II angeordnet denkt. Es werden dann nur die Pressungen positiv, was aber herausfällt.

Eine zweite Lösung vom Molenbruch μ'' würde ergeben

$$\mu - \mu'' = \frac{Mv}{RT}\,(\pi_1 - \pi_3)\,,$$

also beträgt die Differenz bei beiden Lösungen

$$\mu' - \mu'' = \frac{Mv}{RT}\,(\pi_2 - \pi_3)\,, \tag{78}$$

und es ist der Unterschied der Oberflächenzusammensetzung der gekrümmten Flächen proportional dem Unterschiede der auf ihnen lastenden Pressungen.

Nun ist nach Ziff. 22 die Pressung $\pi = \dfrac{2\gamma}{r}$, wenn r den Krümmungsradius, γ die Oberflächenspannung bedeutet. Wenn wir die eine Oberfläche plan wählen, also die Werte von II in Abb. 28 vergleichen, oder etwa einen Tropfen vom Radius r neben eine plane Oberfläche derselben Lösung legen, so wird $\pi_2 = 0$ und $\pi_3 = \dfrac{2\gamma_3}{r_3}$ stellt den Unterschied der Pressungen zwischen planer Oberfläche und Tropfen dar. Dies ist natürlich bei derselben Lösung ein nur von der Tropfengröße abhängiger Wert, mithin ist $d\ln\gamma = d\ln r$.

Weiterhin sind die Molenbrüche μ' und μ'', welche den Oberflächen entsprechen, durch die Molzahlen n' und n'' des gelösten Stoffes und N des Lösungsmittels gegeben, und $M \cdot v \cdot N = \varphi$ ist das Volumen, in dem 1 Mol Zusatz enthalten ist. Die Oberfläche des kugelförmigen Tropfens ist $w = \dfrac{d\varphi}{dr}$, mithin $(\mu' - \mu'') : \omega$ der Unterschied der molaren Mengen, die pro Einheit der Oberfläche zwischen Tropfen und Ebene bestehen. Schreiben wir den Unterschied als Differential, so folgt[1])

$$\frac{dn}{\omega} = -\frac{1}{RT} \cdot \frac{\varphi}{d\varphi}\,dr \cdot \frac{\gamma}{r} = -\frac{1}{RT}\,\frac{d\ln r}{d\ln\varphi}\,\gamma = +\frac{1}{RT}\,\frac{d\ln r}{d\ln c}\,\gamma\,, \tag{79}$$

wo $c = \dfrac{1}{\varphi}$ die molare Konzentration bedeutet.

Da nun $d\ln\gamma = d\ln r$, so wird

$$\frac{dn}{\omega} = \frac{1}{RT}\,\frac{d\gamma}{d\ln c}\,, \qquad \text{(Formel von Gibbs)} \tag{80}$$

$\dfrac{d\gamma}{dc}$ ist die Änderung der Oberflächenspannung mit der Konzentration, ist sie positiv, d. h. erhöht der Zusatz die Oberflächenspannung, so wird dieser in der Oberfläche des Tropfens relativ geringer vorhanden sein als in der ebenen Oberfläche, und umgekehrt[2]). Bei einem Tropfen muß also je nach Größe und Vorzeichen von $\dfrac{d\gamma}{dc}$ die Zusammensetzung der Oberfläche von der der inneren Masse abweichen. Wird die Oberfläche entfernt, so muß die neu entstehende zunächst andere Zusammensetzung haben, sich aber dann dem früheren Oberflächenwerte annähern. Erfolgt die Entfernung rasch genug, was durch gewisse experimentelle

---

[1]) Die Umkehrung des Vorzeichens gegen Formel (37) kommt daher, daß dort der Meniskus konkav war, während er bei einem Tropfen konvex ist, mithin der Radius in Formel (37) negativ genommen werden muß.

[2]) Dies entspricht dem als „Prinzip von le Chatelier und Braun" bekannten allgemeinen Satze von dem Verbrauche des Zwanges.

Anordnungen möglich gemacht werden kann, so läßt sich der Unterschied der „dynamischen" und der „statischen" Oberflächenspannung ermitteln.

[Die vorstehende Ableitung läßt sich auch auf „reine" Stoffe anwenden. Diese sind allgem ein als Gemische von verschiedenen Polymeren aufzufassen, mithin als Lösungen. Ihre Zusammensetzungsverhältnisse können jedoch, weil man die Komponenten nicht trennen kann, nicht direkt ermittelt werden, sondern nur, in gewissen Fällen, indirekt. Zwischen diesen Komponenten bestehen nun Gleichgewichtsbeziehungen irgendwelcher Art, die von äußeren Umständen, z. B. einer Pressung, abhängen müssen. So aufgefaßt stellt sich also die Oberfläche eines einheitlichen, d. h. nicht in Komponenten trennbaren, Stoffes als im Mischungsverhältnis der Bestandteile von dem Inneren der Masse abweichend dar.]

Grenzt eine Lösungsoberfläche nicht an Dampf, sondern an eine — im übrigen indifferente — feste Wand, so kann dies an den Gleichgewichtsbeziehungen nichts ändern. Die Krümmung der Oberfläche wird in diesem Falle der Flüssigkeit durch die Benetzung der Wand aufgezwungen, und wenn man durch Abgießen die Grenzschicht vom Inneren trennt, lassen sich die aufgetretenen Konzentrationsänderungen nachweisen. Diese relative Anhäufung des gelösten Stoffes (oder des Lösungsmittels) in der Grenzfläche bezeichnet man als positive (bzw. negative) Adsorption.

Die oben für den speziellen Fall verdünnter Lösungen nichtflüchtiger Stoffe gegebenen Ableitung läßt sich auf den allgemeinen Fall beliebiger binärer — und auch höherer — Lösungen erweitern, wenn man je nach dem Falle die einschränkenden Annahmen von S. 473 fallen läßt.

Man hat dann statt des hier mit dem Totaldruck identifizierten Lösungsmittelpartialdruckes die Beziehung von Nernst-Duhem-Margules (Ziff. 3) bzw. deren allgemeine Form (Ziff. 25), unter Umständen auch statt des Gasgrenzgesetzes eine andere Formel einzuführen. Verschiedenheiten der Temperatur sind mit Hilfe des Clausius-Clapeyronschen Satzes oder entsprechend mittels Carnotscher Kreisprozesse zu behandeln. Man erhält dann analoge Beziehungen wie Ziff. 25 für Mischungs- und Verdünnungswärmen, d. h. also Ausdrücke, welche die Wärmetönung der Adsorption enthalten. Überhaupt läßt sich formell die Verschiedenheit der Oberfläche vom Inneren in Analogie zur Verschiedenheit von zwei koexistenten, nicht völlig mischbaren Flüssigkeiten setzen (vgl. Ziff. 23). Das Phasengesetz verlangt dann die Unterscheidung von Oberfläche und Innerem als zwei Phasen verschiedener Zusammensetzung und geht allgemein aus der gewöhnlichen Form $Ph + F = B + 2$ in die durch das Hinzutreten der neuen Energieart erweiterte Gestalt $Ph + F = B + 3$ über[1]).

42. Anhang: Zeitphänomene.

Da die Thermodynamik allgemein keine Rücksicht auf die Zeit nimmt, so kommen für sie nur zwei Arten von Vorgängen in Betracht: diejenigen, welche mit unmeßbar großer Geschwindigkeit vor sich gehen, und diejenigen, welche gar nicht, d. h. in einer für die thermodynamische Überlegung unendlich langen Zeit, erfolgen. Diese lassen also das Versuchssystem praktisch unverändert; die anderen erlauben eine beliebige Veränderung an dem Objekt momentan vorzunehmen. Ihre Annahme, die, theoretisch gesprochen, stets nach Wunsch und Bedarf erfolgen kann, schafft also die Grundlage für alle gedachten thermodynamischen Prozesse, sowohl der geschlossenen wie auch der ungeschlossenen.

---

[1]) Soweit allgemeinere Fälle als der hier behandelte studiert sind, findet sich Näheres bei Freundlich, Kapillarchemie.

Ob die Annahme in dem besonderen Falle zulässig war, hat dann das Experiment zu entscheiden. Bestätigt es die theoretisch gewonnenen Schlußformeln nicht, so ist in diesem Falle wenigstens eine der über die Zeit verfügenden Annahmen nicht erfüllt, an der Richtigkeit der Formeln für den Fall des angenommenen idealen Verhaltens wird dadurch nichts geändert.

Tatsächlich gibt es sehr viele Fälle sowohl bei reinen Stoffen wie bei Lösungen, in denen ein angenommener Vorgang nicht praktisch momentan erfolgt oder das Objekt während der zur Prüfung der Formeln erforderlichen Versuchsdauer nicht im Sinne der Theorie unverändert bleibt. Doch besteht oft die Möglichkeit, im ersten Falle den Vorgang durch eine an sich für den thermodynamisch betrachteten Zustand unwesentliche Maßnahme zu beschleunigen oder beschleunigt zu denken, im zweiten Falle eine Verzögerung zu bewirken. Wenn auch die nähere Diskussion solcher Maßregeln oder Annahmen in die Lehre von der Reaktionsgeschwindigkeit gehört, so muß hier doch wenigstens angedeutet werden, für welche thermodynamischen Begriffe und Beziehungen, besonders bei Lösungen, jene Umstände zu beachten sind.

Es ist da hauptsächlich zu nennen der Begriff des Gleichgewichtes, sowohl des „chemischen" zwischen mehreren Stoffen bestehenden, wie des oft als „physikalisch" bezeichneten, welches sich zwischen koexistenten Phasen einstellt, also das Gleichgewicht der Verdampfung, der Löslichkeit, der Verteilung usw. Demnach sind auch der Begriff des „Bestandteils" und der „Phase" mit Rücksicht auf Zeitphänomene näher zu definieren und endlich die Erscheinungen der „Überschreitung", des „metastabilen" Gleichgewichtes, zu diskutieren.

Wenn wir bei Zimmertemperatur beliebige Mengen von Sauerstoff, Wasserstoff und Wasserdampf mischen, so erfolgt zwischen diesen praktisch keine Umsetzung, mithin liegen drei unabhängige Bestandteile vor. Gegenwart von flüssigem Wasser wird lediglich bewirken, daß der Wasserdampfpartialdruck einen (durch die Temperatur bestimmten) festen Wert annimmt und sich ein wenig von den beiden anderen Gasen auflöst, doch sind auch dann drei Bestandteile anzunehmen. Enthält aber das Wasser eine kleine Menge kolloides Platin — das im übrigen für die thermodynamischen Überlegungen außer Betracht bleiben darf —, so erfolgt eine langsame Vereinigung des Knallgases zu Wasser, und die drei Stoffe sind nicht mehr streng als unabhängig zu betrachten. Immerhin darf dies unter Umständen — bei sehr langsamem Fortschreiten der Reaktion — noch näherungsweise angenommen werden. Bringt man aber die drei Gase auf sehr hohe Temperatur, so erfolgt die Reaktion bis zum Gleichgewicht sehr schnell, und statt drei sind nur zwei Bestandteile als thermodynamisch unabhängig zu betrachten; die Menge und thermodynamische Bedeutung des dritten sind von den beiden anderen abhängig geworden. Das Zwischengebiet langsamer Veränderung ist thermodynamisch nicht faßbar[1].

Ein zweiter Fall sei an dem flüssigen Gemisch von Acetaldehyd (CH_3CHO) und seinem dreifach Polymeren, dem Paraldehyd ($CH_3CHO)_3$ erörtert. Diese beiden flüssigen Stoffe sind vollkommen miteinander mischbar und verhalten sich wie andere binäre Kombinationen. Setzt man aber eine sehr kleine Menge Schwefelsäure zu der Lösung, so erfolgt die Reaktion $(CH_3CHO)_3 \rightleftarrows 3\ CH_3CHO$ im einen oder anderen Sinne, je nach dem anfänglichen Mischungsverhältnisse. Die Lösung verhält sich dann thermodynamisch wie ein Stoff. Bei Destillation

---

[1] Ähnliche Verhältnisse trifft man bei dem Dampfe des Salmiaks, der in völlig trockenem Zustande der Dampfdichte von NH_4Cl entspricht, bei Gegenwart einer Spur Wasserdampf aber in $NH_3 + HCl$ zerfällt. (JOHNSON, ZS. f. phys. Chem. Bd. 61, S. 458. 1908; Bd. 65, S. 36. 1909; s. auch BAKER, Journ. chem. soc. Bd. 121, S. 568. 1922; Bd. 123, S. 1223. 1923 und A. SMITS, Theorie der Allotropie, Leipzig: J. A. Barth 1921.)

erhält man — praktisch reinen — Acetaldehyd, weil der Paraldehyd einen viel kleineren Dampfdruck hat und sich dauernd nachspaltet, beim Abkühlen dagegen muß fast reiner Paraldehyd ausfrieren, da dessen Erstarrungspunkt mehr als 100° über dem des Acetaldehyds liegt und dieser sich dauernd weiter polymerisieren muß[1]).

Wählt man den Säurezusatz außerordentlich gering, so können die Verhältnisse denen des vorigen Beispiels ähnlich werden, d. h. das System sich in kurzen Versuchszeiten wie ein binäres, in langen wie ein unäres verhalten.

Fälle wie diese haben zur Aufstellung des Begriffs des „falschen Gleichgewichts" geführt[2]). Man kann diese definieren als Systeme, die unter gegebenen Bedingungen zwar nicht völlig stabil sind, jedoch innerhalb gewisser begrenzter Zeiten sich nur so wenig verändern, daß sie näherungsweise den für stabile geltenden thermodynamischen Formeln folgen.

Bei heterogenen Systemen wird außer dem Begriff des „Bestandteils" auch der der „Phase" durch Zeitvorgänge beeinflußt. Es kommt oft vor, daß eine Phase, welche thermodynamisch möglich sein, also sich bilden sollte, nicht entsteht, außer wenn man besondere Hilfsmittel anwendet. Ein Dampf — aus einem oder mehreren Bestandteilen — kondensiert sich nicht immer sofort, wenn er das nach den jeweiligen Umständen tun sollte, sondern kann „überhitzt" bleiben, eine Flüssigkeit braucht an ihrem „Siedepunkte" nicht in Dampf überzugehen, sondern kann über diesen hinaus erwärmt werden, obwohl ihr Dampfdruck den äußeren Druck übertreffen müßte, ebenso kann man sie „überkälten", d. h. unter ihren normalen Erstarrungspunkt abkühlen, ohne daß sie irgendeinen festen Bestandteil abscheidet; sie bleibt dann, wenn sie eine Lösung ist, übersättigt[3]). So lange ein solcher Zustand besteht, muß er thermodynamisch so betrachtet werden, als ob die ausbleibende Phase nicht entstehen könnte, d. h. also das System einen Freiheitsgrad mehr hätte als bei Entstehung dieser Phase das Phasengesetz erlauben würde.

Systeme mit solchen „Überschreitungen" sind oft sehr beständig, und es ist noch nicht festgestellt, ob sie ohne Einwirkung von außen tatsächlich beliebig lange existenzfähig sind oder sich doch äußerst langsam umwandeln. Man nennt sie deshalb „metastabil". Soviel ist aber sicher, daß die Umwandlung in das stabile System quantitativ wesentlich anders erfolgt als bei den „falschen Gleichgewichten"[4]). Während diese sich dauernd, aber im allgemeinen nur sehr langsam verändern, bedarf es meistens einer sehr geringen Einwirkung, um ein metastabiles System plötzlich — fast explosiv — in den stabilen Zustand umzuwandeln. Wenn Wasser [das man bis gegen —50° flüssig hat erhalten können[5])] auf etwa —2° abgekühlt längere Zeit gestanden hat und dann an irgendeiner Stelle mit einem Eiskriställchen berührt wird, kristallisiert es sofort unter Erwärmung auf 0°. Das gleiche gilt von Lösungen. Eine bei 20° gesättigte Lösung von Kalisalpeter in Wasser enthält 23,7 Gewichtsprozent Salz, jedoch kann eine Lösung mit 40% lange haltbar sein und erst dann Salz ausscheiden, wenn Berührung mit einem kleinen Kristalle erfolgt. Es tritt zwar aus noch unbekannten Ursachen bisweilen auch „spontane" Kristallisation ein, jedoch nicht immer.

---

[1]) Vgl. Näheres bei HOLLMANN, ZS. f. phys. Chem. Bd. 43, S. 129. 1903.

[2]) Vgl. DUHEM, Thermodynamik.

[3]) Beim Schmelzprozeß und dem Zerfall einer Lösung in zwei flüssige Phasen sind analoge Erscheinungen nicht nachgewiesen worden.

[4]) Das metastabile System unterscheidet sich von dem stabilen thermodynamisch durch größeren Energiegehalt, sein Übergang in dieses erfolgt unter Abnahme der freien Energie. Das gleiche gilt von falschen und wahren Gleichgewichten.

[5]) Der Dampfdruck unterkühlten Wassers konnte bis nahe an —20° exakt gemessen werden.

Die Aufhebung der „Übersättigung" beruht wahrscheinlich auf „Keim"-zuführung oder „Keim"bildung. Wenigstens ist festgestellt[1]), daß ein Objekt in großer Masse weit weniger lange metastabil beständig ist, als wenn man es in viele kleine Mengen teilt. Dies kann gedeutet werden durch die Annahme, daß eine kleine Zahl Keime vorhanden ist und bei der Teilung nicht jeder Bruchteil einen Keim erhält. Dafür spricht weiter der Umstand, daß der metastabile Zustand um so länger bestehen bleibt, je weniger er von dem stabilen abweicht, und besonders je länger man die Substanz vorher im stabilen Zustande aufbewahrt hatte und je langsamer man im Metastabilitätsgebiete vorwärts geht[2]). So ist Wasser, das lange oberhalb 0° stand, viel leichter überkaltet zu erhalten, als wenn es eben mehrmals gefroren und scheinbar völlig wieder aufgetaut war; und eine Lösung kristallisiert bei sehr langsamer gleichmäßiger Abkühlung unter die Sättigungstemperatur meist schwerer als bei rascher ungleichmäßiger Kühlung.

Übersättigte Dämpfe werden nachweislich durch Staub zur Einstellung des Gleichgewichtes gebracht (Nebelbildung).

Ein besonderer Fall, der mehrfach zu theoretischen Diskussionen Veranlassung gegeben hat, ist die Tatsache, daß ein Thermometer im Dampfraume einer siedenden Lösung nicht deren Siedetemperatur anzeigt, sondern die des Lösungsmittels (falls nur dieses verdampft), z. B. also oberhalb einer beliebig konzentrierten Lösung von Kochsalz in Wasser das Thermometer unter Atmosphärendruck stets 100° anzeigt (falls Spritzen vermieden ist). Es ist festgestellt[3]), daß schon ganz dicht oberhalb der Grenzfläche im Dampfraume diese Siedetemperatur des Lösungsmittels besteht.

Da der Dampf die Lösung mit höherer Temperatur verlassen muß als — in diesem Falle — 100°, so muß der Ausgleich und also die Kondensation außerordentlich rasch erfolgen. Es ist gelungen, durch Wärmeschutz und Zusatzheizung des Dampfes die Wegstrecke des Vorganges etwas zu verlängern[3]) und dadurch diese Auffassung des Vorganges zu bekräftigen. Indessen ist es an sich denkbar, daß ein Fall gefunden würde, bei dem die Kondensation des entwickelten Dampfes meßbar langsam erfolgt. Dann wäre das thermodynamische Gleichgewicht nicht realisiert, und die dafür aufstellbaren Formeln würden nicht gelten.

Besonders häufig treten Verzögerungen der Gleichgewichtseinstellung bei festen Stoffen auf. Scheidet man aus einer flüssigen Lösung eine feste ab, so ist diese je nach Umständen mehr oder weniger inhomogen, mithin zunächst nicht als einheitliche Phase anzusehen. Sie kann demnach Dampfdrucke zeigen, die thermodynamisch der mittleren Zusammensetzung nicht entsprechen, und dasselbe gilt von anderen Eigenschaften. Allmählich erfolgt durch Diffusion eine Annäherung an den Gleichgewichtswert, indessen oft unmerklich langsam, besonders dann, wenn die feste Lösung nach ihrer Bildung noch weit unter die Anfangserstarrungstemperatur abgekühlt wird. Denn die Geschwindigkeit der Diffusion nimmt besonders bei festen Stoffen bei fallender Temperatur sehr stark ab. Diese Erscheinungen spielen technisch eine große Rolle bei Legierungen. Durch nachträgliches Erwärmen (Tempern, Anlassen) wird der Ausgleich beschleunigt[4]). Bekannt ist die „Rekristallisation" des Glases und anderer Stoffe[5]).

[1]) N. STÜCKER, Ber. Wiener Akad. d. Wiss., Math.-naturwiss. Klasse. Bd. 114. 1905.
[2]) Vgl. DRUCKER, Vers. D. Naturf. u. Ärzte Dresden 1907.
[3]) Literatur bei W. MÖBIUS, ZS. f. techn. Phys. Bd. 6, S. 58. 1925.
[4]) Vgl. darüber die Untersuchungen von TAMMANN; etwa sein Buch über „Aggregatzustände", sowie LE BLANC u. RÖSSLER, ZS. f. anorg. Chem. Bd. 143, S. 1. 1925.
[5]) Thermodynamische Ansätze hierzu bei MARCHIS, ZS. f. phys. Chem. Bd. 29, S. 1. 1899; vgl. auch TAMMANN, l. c.

Derartige inhomogene Gebilde sind also auch thermodynamisch nicht einheitlich definiert. Sie müssen, hinreichend langsame Umwandlung vorausgesetzt, als mehrphasig betrachtet werden.

Da die Heterogenie dieser Substanzen oft sehr fein ist, kann auch die Oberflächenenergie in Betracht kommen (vgl. Ziff. 22 u. 41). Bei kristallinen festen Gemischen — Mischkristallen — ist diese ohnehin thermodynamisch zu berücksichtigen, da die Eigenschaften der Kristalle vektoriell differieren können.

Für die Anwendung thermodynamischer Relationen bleibt bei Berücksichtigung dieser Zeitvorgänge allgemein die Regel bestehen:

Erfolgt ein thermodynamisch angenommener Vorgang praktisch nicht merklich rasch, so ist das Gebilde theoretisch so zu behandeln, als wenn er überhaupt nicht stattfände; erfolgt ein thermodynamisch außer Betracht gelassener Vorgang doch, und zwar mit sehr großer Geschwindigkeit, so ist der ihm entsprechende Endzustand in die Theorie einzuführen. Sind die Geschwindigkeiten im ersten Falle gering aber merkbar, im zweiten Falle groß, aber praktisch endlich, so sind thermodynamische Betrachtungen nicht streng auf das System anwendbar, jedoch können unter Vernachlässigungen gewonnene Formeln näherungsweise zutreffen.

Handbuch der Physik

Inhaltsübersicht des Gesamtwerkes:

I. Allgemeines

Band I

Geschichte der Physik. Von Prof. Dr. Edmund Hoppe, Göttingen.

Physikalische Literatur. Von Prof. Dr. Karl Scheel, Berlin-Dahlem.

Unterricht und Forschung. Von Professor Dr. H. Timerding, Braunschweig.

Vorlesungstechnik. Von Dr. Anton Lambertz, Köln a. Rh., und Dr. R. Mecke, Bonn a. Rh.

Band II

Einheiten, Dimensionen, Maßsysteme. Von Professor Dr. J. Wallot, Charlottenburg.

Längenmessung, Winkelmessung. Von Professor Dr. F. Göpel, Charlottenburg.

Massenmessung, Volumen und Dichtemessung. Von Dr. W. Felgentraeger, Charlottenburg.

Zeitmessung, Geschwindigkeitsmessung. Von Professor Dr. C. Cranz, Charlottenburg, Gen.-Ing. V. Ritter von Niesiolowski-Gawin, Wien und Dipl.-Ing. W. Schmundt, Charlottenburg.

Erzeugung und Messung von Drucken. Von Dr. H. Ebert, Charlottenburg.

Schweremessungen. Von Dr.-Ing. A. Berroth, Potsdam.

Band III

Infinitesimalrechnung, Algebra. Von Dr. Adalbert Duschek, Wien.

Vektor- und Tensorrechnung. Von Dr. Theodor Radakovic, Wien.

Geometrie. Von Dr. Adalbert Duschek, Wien.

Funktionentheorie. Von Dr. Theod. Radakovic, Wien.

Spezielle Funktionen. Von Dr. Josef Lense, Wien.

Gewöhnliche Differentialgleichungen. Von Dr. Theodor Radakovic, Wien.

Partielle Differentialgleichungen. Von Dr. Josef Lense, Wien.

Variationsrechnung. Von Dr. Theodor Radakovic, Wien.

Differentialgeometrie. Von Dr. Adalbert Duschek, Wien.

Integralgleichungen, Potentialtheorie. Von Dr. Josef Lense, Wien.

Wahrscheinlichkeitsrechnung, Ausgleichsrechnung, Nomographie, Numerische Differentiation und Integration. Von Dr. Karl Mader, Wien.

II. Grundlagen der Physik

Band IV

Ziele und Wege der physikalischen Erkenntnis. Von Professor Dr. H. Reichenbach, Stuttgart.

Der Aufbau der theoretischen Physik. Von Professor Dr. H. Thirring, Wien.

Physikalische Statistik und Wahrscheinlichkeitsrechnung. Von Professor Dr. F. Zernicke, Groningen.

Prinzipien der Statistik. Von Dr. O. Halpern, Wien.

Allgemeine Relativitätstheorie. Von Dr. G. Beck, Wien.

Der Bau des Kosmos. Von Dr. W. Bernheimer, Wien.

III. Mechanik

Band V

Axiomatik der Mechanik. Von Prof. Dr. G. Hamel, Berlin.

Prinzipe der Dynamik. Von Dr. R. Weyrich, Marburg a. L.

Geometrie der Bewegungen. Von Dr. H. Alt, Dresden.

Geometrie der Kräfte und Massen. Von Professor Dr. C. B. Biezeno, Delft.

Mechanik der Massenpunkte. Von Professor Dr. R. Grammel, Stuttgart.

Störungstheorie. Von Dr. E. Fues, Zürich.

Kinetik der starren Körper. Von Professor Dr. M. Winkelmann, Jena.

Technische Anwendungen der Stereomechanik. Von Professor Dr.-Ing. Th. Pöschl, Prag.

Relativitätsmechanik. Von Dr. Otto Halpern, Wien.

Band VI

Physikalische Grundlagen der Elastomechanik. Von Professor Dr. Otto Föppl und Dr. Busemann, Braunschweig.

Mathematische Elastizitätstheorie. Von Professor D. E. Trefftz, Dresden.

Elastostatik. Von Prof. Dr. Th. von Kármán, Aachen.

Elastokinetik. Von Prof. Dr. F. Pfeiffer, Stuttgart.

Theorie der Erdbebenwellen. Von Professor Dr. G. Angenheister, Göttingen.

Plastizität. Von Dr.-Ing. A. Nádai, Göttingen.

Band VII

Ideale Flüssigkeiten. Von Professor Dr. M. Lagally, Dresden.

Zähe Flüssigkeiten. Von Prof. Dr. L. Hopf, Aachen.

Kapillarität. Von Dr. A. Gyemant, Charlottenburg.

Strömungen. Von Prof. Dr. Ph. Forchheimer, Wien.

Tragflügel und hydraulische Maschinen. Von Dipl.-Ing. Dr. A. Betz, Göttingen.

Gasdynamik. Von Dr. Ackeret, Göttingen.

Band VIII: Akustik

Einleitung. Von Dr. Ferd. Trendelenburg, Berlin-Nikolassee.

Mathematische Darstellungen. Von Dr. H. Backhaus, Charlottenburg.

Schallerzeugung mit mechanischen Mitteln. Von Prof. Dr. A. Kalähne, Danzig-Oliva.

Elektrische Schallsender. Von Dr. H. Lichte, Berlin-Schöneberg.

Thermodynamische Schallerzeugung. Von Dr. Johann Friese, Breslau.

Musikinstrumente. Von Prof. Dr. C. V. Raman, Kalkutta.

Musikalische Tonsysteme. Von Prof. Dr. E. von Hornbostel, Berlin-Steglitz.

Physik der Sprachklänge. Von Dr. Ferd. Trendelenburg, Berlin-Nikolassee.

Empfang, Messung und Umformung akustischer Energie. Von Dr. E. Lübcke, Berlin-Siemensstadt, Dr. H. Sell, Berlin-Siemensstadt, Dr. Ferd. Trendelenburg, Berlin-Nikolassee.

Die Ausbreitung akustischer Schwingungsvorgänge. Von Dr. E. Lübcke, Berlin-Siemensstadt, Professor Dr. E. Michel, Hannover.

Das Gehör. Von Dr. F. Meyer, Berlin-Wilmersdorf.

Schallausbreitung in festen Stadien. Von Dr. E. Lübcke, Berlin-Siemensstadt, und Dr. Ferd. Trendelenburg, Berlin-Nikolassee.

IV. Wärme
Band IX: Grundlegende Theorien der Wärme

Klassische Thermodynamik. Von Prof. Dr. K. F. Herzfeld, München.

Der Nernstsche Wärmesatz. Von Dr. K. Bennewitz, Charlottenburg.

Molekulare und statistische Theorie der Wärme. Von Dr. A. Smekal, Wien.

Axiomatische Begriffe der Thermodynamik durch Caratheodory. Von Professor Dr. A. Landé, Tübingen.

Quantentheorie der molaren thermodynamischen Zustandsgrößen. Von Professor Dr. A. Byk, Charlottenburg.

Kinetische Theorie der Gase und Flüssigkeiten. Von Prof. Dr. G. Jäger, Wien.

Temperaturmessung. Von Professor Dr. F. Henning, Berlin-Lichterfelde.

Band X: Thermische Eigenschaften der Stoffe

Zustand des festen Körpers. Von Prof. Dr. E. Grüneisen, Charlottenburg.

Schmelzen, Erstarren, Sublimieren. Von Professor Dr. F. Körber, Düsseldorf.

Zustand der gasförmigen und flüssigen Körper. Von Prof. Dr. J. D. van der Waals, Amsterdam.

Thermodynamik der Gemische. Von Prof. Dr. Ph. Kohnstamm, Amsterdam.

Spezifische Wärme (theoretischer Teil). Von Professor Dr. E. Schrödinger, Zürich.

Spezifische Wärme (experimenteller Teil). Von Professor Dr. Karl Scheel, Berlin-Dahlem.

Die Bestimmung der freien Energie. Von Dr. F. Simon, Berlin.

Thermodynamik der Lösungen. Von Prof. Dr. C. Drucker, Leipzig.

Band XI: Anwendung der Thermodynamik

Thermodynamik der Erzeugung des elektrischen Stromes. Von Professor Dr. W. Jaeger, Charlottenburg.

Wärmeleitung. Von Prof. Dr. M. Jakob, Charlottenburg

Atmosphärische Thermodynamik. Von Professor Dr. A. Wegener, Graz.

Hygrometrie. Von Dr. M. Robitzsch, Lindenberg.

Thermodynamik der Gestirne und des Kosmos. Von Professor Dr. E. Finlay Freundlich, Potsdam.

Thermodynamik des Lebensprozesses. Von Professor Dr. O. Meyerhof, Berlin-Dahlem.

Erzeugung tiefer Temperaturen und Gasverflüssigung. Von Dr. W. Meißner, Charlottenburg.

Erzeugung hoher Temperaturen. Von Dr. C. Müller, Charlottenburg.

Wärmeumsatz bei Maschinen. Von Prof. Dr. K. Neumann, Hannover.

V. Elektrizität und Magnetismus
Band XII

Maxwell-Hertz'sche Theorie, Elektronentheorie. Von Professor Dr. L. Flamm, Wien.

Elektrodynamik bewegter Körper. Von Professor Dr. H. Thirring, Wien.

Das Elektron und die Ionen. Von Professor Dr. Edgar Meyer, Zürich.

Ladung und elektrostatisches Feld, Influenz. Von Prof. Dr. F. Kottler, Wien.

Berechnung elektrostatischer Felder. Von Professor Dr. F. Noether, Breslau.

Dielektrika. Von Prof. Dr. A. Güntherschulze, Charlottenburg.

Elektrostriktion. Von Prof. Dr. F. Kottler, Wien.

Band XIII

Leitfähigkeit der Metalle. Von Professor Dr. E. Grüneisen, Charlottenburg.

Berechnung von Strömungsfeldern. Von Professor Dr. F. Noether, Breslau.

Thermoelektrizität. Von Dr. Gerda Laski, Berlin.

Thermomagnetische und galvanomagnetische Erscheinungen. Von Professor Dr. W. Gerlach, Tübingen.

Austritt von Ionen und Elektronen aus glühenden Körpern. Von Dr. O. Halpern, Wien.

Lichtelektrische Erscheinungen. Von Prof. Dr. B. Gudden, Göttingen.

Pyro- und Piezoelektrizität. Von Dr. H. Falkenhagen, Köln.

Elektrolytische Leitung in festen Körpern. Von Prof. Dr. G. von Hevesy, Kopenhagen.

Berührungs- und Reibungselektrizität. Von Professor Dr. A. Coehn, Göttingen.

Elektrizitätsleitung in Flüssigkeiten, Theorie der elektrolytischen Dissoziation, Elektrolyse. Von Dr. E. Baars, Marburg.

Elektrokinetik, Elektrokapillarität. Von Dr. G. Ettisch, Berlin-Dahlem.

Wasserfall-Elektrizität. Von Prof. Dr. A. Coehn, Göttingen.

Band XIV

Unselbständige Entladung, Flammenleitung und reine Temperaturionisation. Von Dr. Hildegart Stücklen, Zürich.

Glimmentladung. Von Dr. R. Bär, Zürich.

Funkenentladung, Über die stille Entladung. Von Professor Dr. E. Warburg, Charlottenburg.

Lichtbogen. Von Prof. Dr. A. Hagenbach, Basel.

Atmosphärische Elektrizität und Elektrizität im Weltraum. Von Professor Dr. G. Angenheister, Göttingen.

Band XV

Magnetostatik, Magnetische Felder von Strömen. Von Professor Dr. P. Hertz, Göttingen.

Berechnung spezieller magnetischer Felder. Von Professor Dr. F. Noether, Breslau.

Die magnetischen Eigenschaften der Körper. Von Professor Dr. E. Gumlich und Dr. W. Steinhaus, Charlottenburg.

Erd- und Sonnenmagnetismus. Von Professor Dr. G. Angenheister, Göttingen.

Elektromagnetische Induktion. Von Professor Dr. S. Valentiner. Clausthal.

Wechselströme. Von Dr. Rudolf Schmidt, Charlottenburg.

Elektrische Schwingungen. Von Dr. E. Alberti, Berlin.

Band XVI

Die elektrischen Maßsysteme und Normalien. Von Professor Dr. W. Jaeger, Charlottenburg.

Auf Influenz und Reibungselektrizität beruhende Apparate und Geräte. Von Dr. G. Michel, Berlin.

Elemente, Normalelemente, Akkumulatoren. Von Professor Dr. H. von Steinwehr, Charlottenburg.

Auf der Induktion beruhende Apparate. Von Professor Dr. S. Valentiner, Clausthal.

Ventile, Gleichrichter, Verstärkerröhren, Relais. Von Professor Dr. A. Güntherschulze, Charlottenburg.

Telephon und Mikrophon. Von Dr. W. Meißner, Charlottenburg.

Schwingung und Dämpfung in Meßgeräten u. elektr. Stromkreisen. Von Prof. Dr. W. Jaeger, Charlottenburg.

Elektrostatische Meßinstrumente. Von Professor Dr. F. Kottler, Wien.

Auf dem magnetischen Feld beruhende Meßinstrumente. Von Dr. Rudolf Schmidt und Professor Dr. A. Schering, Charlottenburg.

Auf dem thermischen Effekt beruhende Meßinstrumente. Von Professor Dr. A. Schering, Charlottenburg.

Auf elektrolytischer Wirkung beruhende Meßinstrumente. Von Dr. Rudolf Schmidt, Charlottenburg.

Widerstände. Von Prof. Dr. H. v. Steinwehr, Charlottenburg